深入 Flowable 流程引擎
核心原理与高阶实战

贺波 刘晓鹏 胡海琴◎著

人民邮电出版社

北京

图书在版编目（CIP）数据

深入Flowable流程引擎 : 核心原理与高阶实战 / 贺波, 刘晓鹏, 胡海琴著. -- 北京 : 人民邮电出版社, 2024. -- ISBN 978-7-115-64900-3

Ⅰ. TP273

中国国家版本馆CIP数据核字第2024LQ9495号

内 容 提 要

本书旨在为读者提供关于Flowable的全面指南，深入探讨基于业务流程开发的思想和方法。全书分为4篇：基础准备篇介绍Flowable的基础用法、流程设计器集成与使用、工作流引擎配置、数据库设计、核心概念和API等，让读者建立对Flowable的基本认识；常规应用篇介绍Flowable各种功能和特性的配置与使用，让读者掌握Flowable的基础用法；高级实战篇立足实战，介绍如何基于Flowable的扩展特性实现对多种复杂流程场景的支持；架构扩展篇主要介绍提高Flowable性能和增大其容量的措施，并提出一套多引擎架构方案来支撑大容量、高并发和高稳定流程场景。

本书适合从事业务流程管理的开发人员、业务分析师、项目经理、企业管理者阅读。

◆ 著　　贺　波　刘晓鹏　胡海琴
　　责任编辑　郭泳泽
　　责任印制　王　郁　焦志炜

◆ 人民邮电出版社出版发行　北京市丰台区成寿寺路11号
　　邮编　100164　电子邮件　315@ptpress.com.cn
　　网址　https://www.ptpress.com.cn
　　北京七彩京通数码快印有限公司印刷

◆ 开本：787×1092　1/16
　　印张：41.25　　　　　　　　2024年10月第1版
　　字数：1 335千字　　　　　　2025年1月北京第3次印刷

定价：139.80元

读者服务热线：(010)81055410　印装质量热线：(010)81055316
反盗版热线：(010)81055315
广告经营许可证：京东市监广登字20170147号

推荐序一

基于个人经验，我可以肯定地说，对于任何技术作家，写一本书都是一项伟大的成就，而贺波在完成关于Activiti的一书之后，又写一本关于Flowable的新书，这确实令人惊叹。

作为Flowable项目及之前的Activiti项目的负责人，看到这本写得很好的聚焦技术的书得以出版，我感到非常高兴。贺波不遗余力地用大量的示例描述了BPMN/工作流引擎，以及将Flowable与其他框架集成的可能方式。本书提供的丰富内容将帮助任何对开源BPM感兴趣的人成功学习Flowable。

注意，Flowable还提供了CMMN和事件注册表引擎，这些在本书中没有描述，将在贺波的下一本书或其他材料中介绍，因此在您通过本书学习了BPMN引擎之后，还有更多的材料值得期待和探索。

我强烈推荐本书给Flowable的初学者，以及已经在使用Flowable并希望了解更多的开发者。

Flowable项目创始人　泰斯·拉德梅克
2024年3月11日

Out of personal experience I can say that writing a book is a great accomplishment for any technical writer, and it's amazing that He Bo has accomplished to write a new book about Flowable after his previous Activiti book.

As the project lead of Flowable, and before of Activiti, it's really great to see this well-written and technical focused book reach the light of day. He Bo goes in great length to describe the BPMN / process engine with tons of examples and possible ways to integrate Flowable with other frameworks. For anyone interested in open source BPM this book provides great content that will help you succeeding with learning about Flowable.

Note that Flowable also provides a CMMN and Event Registry engine that are not described in this book, which will be introduced in He Bo's next book or other materials, so there's even more material for you to look forward to and explore after learning all about the BPMN engine in this book.

I highly recommend this book for beginners, starting with Flowable, but also for developers already using Flowable and wanting to know more about it.

Tijs Rademakers
March 11, 2024

推荐序二

"根据熵增原理，任何企业管理的政策、制度、文化等因素在运营过程中，都会伴随有效功率的逐步减少、无效功率逐渐增加的情况，企业混乱度逐步增加，企业逐渐向无效、无序和混乱的方向运行，最终进入熵死状态。"这是任正非在《熵减：华为活力之源》中描述的企业熵增时的状态。任正非认为，这种熵增源于企业的各种内部矛盾，企业要想生成用于抵消熵增的负熵，必须通过制度、变革，激活组织与人的竞争与活力。

在21世纪初期，企业内部的生产协同更多依靠流水线作业，上下游衔接紧密，组织普遍呈树状结构，员工之间的沟通协作也通常是上下游之间的单点协作。随着互联网和移动互联网的兴起，大量企业为了满足业务需求而进行了线上化和数字化转型，生产模式发生巨大变化的同时，业务节奏显著加快，组织内部的生产协同偏向网状结构，上下游之间的单点协作也演变成各种职能角色之间的复杂协同。在此基础之上，企业通常会通过构建自己的信息化协同能力来抵御这种熵增。

我所在的企业是一家大型互联网公司，为了满足业务需求，从2012年创立开始便搭建了大量的业务类系统，随着时间的推移，业务的复杂度越来越高，各类系统不断被推倒、重构、升级。除了大量支撑业务发展的系统，也有大量支撑运营效率和内部协同效率的系统被搭建。据不完全统计，2022年，公司的各类系统已经超过3000个。随着业务的发展和业务系统的建设，组织和人员不断膨胀，组织内部的协同呈现网状结构，协同效率显著下降。2015年，公司成立了效能团队，在此之前，公司就引入了一些OA系统，但简单的OA系统根本无法满足组织内复杂的协同需求。从部门成立伊始，我就一直在思考，是否可以打造一套易用的BPM平台来满足公司复杂的网状协同需求，让大家在统一的平台上完成流程节点任务。它类似于PaaS平台，可以很方便地让各系统接入，降低系统重复建设流程功能的成本；当公司需要搭建一个线上化流程时，可以通过简单的低代码或无代码配置快速生成一个流程，进而统一全公司的流程管理语言，通过一个引擎来寻找企业治理过程中的阻塞点，改善企业熵增的情况。

通过反复的论证和调研，我们认为这种想法是可行的，完成这个任务可以分4步走。第一步是招聘一名BPM技术专家并组建包含产品、研发和实施的全功能团队；第二步是构建全公司统一、简单易用的BPM平台；第三步是推动全公司的业务类系统、运营类系统、内部效率类系统接入；第四步是通过工作流引擎中的流程耗时来优化流程，推动企业治理，减少阻塞点。

截至2024年1月，公司内绝大多数系统都已接入BPM平台来管理流程，平台上线了1.7万余个流程模型，每周发起实例4000万个，累计发起流程实例72.61亿个，累计任务实例达到1601.81亿个，公司全员每周都在使用BPM平台进行协同。团队经受住了考验，我们也验证了最初的想法，公司流程运转效率得到了大幅提升。

回望2017年BPM团队成立伊始，我面试了很多技术专家，但贺波无疑是其中最合适的那个人，他在Activiti和Flowable框架与技术深度层面经验丰富，对BPM平台在企业内的落地路径有非常深入独到的见解，对产品有自己的思考和规划。BPM平台经历了6年多的演进，证明了贺波和他带领的团队是非常优秀的。

在接到为本书写推荐序的邀请时，我非常开心，一是因为这本书有大量的干货，二是因为它凝练了贺波和他的团队这些年在BPM领域大量的实战经验，这些经验经受住了大平台的考验，这两个特点在BPM领域的其他图书中是不多见的。

滴滴出行企业服务事业群总经理　蔡晓鸥
2024年3月29日

推荐序三

在数字时代，数字化转型升级是企业可持续发展的必要条件。企业业务流程的高效管理和自动化成为企业数字化转型和在竞争激烈的市场中脱颖而出的关键因素。Flowable工作流引擎作为目前业界领先的BPM和工作流引擎之一，通过支持业务流程管理和自动化，帮助企业在数字化转型过程中提高效率，降低成本，提高客户满意度，从而取得竞争优势。

当前，Flowable正以前所未有的技术深度、广度和速度迭代发展。本书的作者为读者精心打造了一张全面深入Flowable世界的地图。从Flowable的初探，到深入的技术切入，再到最实用的实战案例设计，都是作者经过反复研究、实践并以清晰的语言、图解和代码示例呈现出的精华。

贺波在研究生毕业后加入东华软件，从一线开发人员开始职业生涯，经过多年历练成长为技术负责人（技术总监），一路走来在BPM领域积累了非常丰富的技术和行业实践经验。看到贺波和他的团队能将其多年的积累编写成书，我十分欣喜。我相信本书会激发您更深层次地理解和使用Flowable的愿望，相信本书会成为您学习、实践过程中的得力助手。

最后，感谢贺波团队的努力和付出。期待您在使用Flowable打造高效、灵活的业务流程管理解决方案的道路上取得满意的成果。您手中的这本书会随时为您提供支持和陪伴。

东华软件股份公司董事长　薛向东

2024年2月20日

推荐序四

企业数字化转型升级已经成为企业可持续发展的必要条件，而BPM是企业流程建模和管理的核心技术，可以为企业数字化转型保驾护航。快速构建企业的BPM平台成为企业信息化系统建设中的一个难点。

随着外部环境的变化，企业的组织、管理、协作需求也在不断变化，加上企业所面临的市场竞争不断加剧，简单的流程和业务管理系统已经很难满足企业的需求。因此，需要有更灵活、更开放、更具扩展性的企业级BPM系统平台。

贺波结合他在滴滴BPM的应用实践，基于Flowable框架的深度研发和系统规划，厚积薄发，深入浅出地为企业BPM平台建设指明了方向。本书是产品经理、研发人员和运营管理者的工作流引擎开发宝典，希望本书能够推动企业业务管理和组织协同的数字化转型升级。

看到贺波和他的团队能将其多年的积累编写成书，我十分欣喜。本书干货满满，诚意十足，是企业级BPM工作流系统架构与研发的不可多得的教程。

北京中科汇联科技股份有限公司董事长　游世学

2024年5月19日

推荐序五

Flowable作为一款功能强大的工作流引擎,在企业数字化转型中发挥着至关重要的作用。它能够通过流程自动化持续提高效率、降低成本,并有效连接IT与业务,实现业务集成与融合,进而推动企业在数字化时代实现高质量发展。本书对Flowable的核心原理进行了详尽解读,深入剖析了其架构、设计思想及实现方式,帮助读者从理论到实践全面掌握这一工具。

在收到为本书写推荐序的邀请时,我感到非常荣幸。感谢贺波及其团队为Flowable的应用和推广做出的贡献。作为《深入Activiti流程引擎:核心原理与高阶实战》的姊妹篇,与其他技术图书相比,本书不仅深入剖析了Flowable的技术细节,更强调了其在企业中的实际应用价值。本书详细指导读者如何利用Flowable优化和自动化业务流程,提升企业的运营效率。本书理论与实践相结合,具有极高的实用性和指导意义。丰富的实战案例能让读者直观地感受Flowable在实际工作中的应用成效,加速掌握Flowable应用技巧,为企业流程自动化提供有力支持,持续获取竞争优势。

无论您是Flowable的初学者还是经验丰富的开发者,相信本书都能为您提供宝贵的启示与实用技巧。它不仅是一本技术指南,更是一本发挥Flowable最大价值的实用手册。我强烈推荐本书给对Flowable感兴趣的朋友们,期望大家共同发掘Flowable在业务流程管理中的无限潜力,持续推动数字化转型和运营创新,赋能企业高质量发展。

北京炎黄盈动科技发展有限责任公司创始人兼CEO　刘金柱

2024年3月11日

推荐序六

热烈祝贺贺波新作问世！作为继《深入Activiti流程引擎：核心原理与高阶实战》之后对企业级工作流引擎的深度探索，本书无疑将成为业界的又一杰作。自Activiti项目起步至今，我和我在2015年出版的《Activiti实战》一起见证了它的成长与演变，尤其是Flowable分支的崛起，代表了工作流引擎技术的新发展方向。

Flowable作为Activiti的衍生项目，继承了Activiti强大功能的同时，融合了更多创新。本书不仅延续了《深入Activiti流程引擎：核心原理与高阶实战》一书的实用主义风格，更在内容上做到了丰富与深入。书中结合了贺波及其团队在滴滴出行流程平台上的真实实践，为读者详细展现了在复杂业务场景下的Flowable应用与优化，尤其是在大规模使用中遇到的性能瓶颈及其解决方案，为企业业务流程提供了全方位指导。

对准备引入或已经在使用Flowable的企业来说，本书中的实战经验和二次开发指引将帮助其在构建本土化工作流中，少走弯路，提高效率。从基础概念到高级技巧，从研发实现到项目运维，每个环节在本书中都有详尽的讲解和案例分析，源码解析更是锦上添花。

无论是产品经理、开发人员还是运维专家，都能在本书中找到宝贵的知识和启示。本书不仅是一本教程，更是一本可供随时参考的工作手册。我相信本书将帮助更多技术人员掌握并优化自己的流程管理能力。在此毫无保留地向大家推荐这本书！

《Activiti实战》作者　闫洪磊（咖啡兔）

2024年1月8日

推荐辞

我们公司的企业内部信息化团队一直致力于在业务规模化发展的前提下,通过信息化和数字化提升管理效率和员工体验。贺波带领的BPM团队在这个过程中从无到有搭建了完整的流程管理平台,有效支持了公司各类业务场景的快速落地和高效运转,并能通过数据洞察持续促进流程优化。本书立足于基础、着眼于实战,干货满满,是BPM领域一本不可多得的好书。

滴滴出行企业信息化高级总监　李　淼

BPM日渐成为企业不可或缺的基础。贺波先生多年磨一剑,将自己丰富的经验沉淀下来编写成书,通过深入浅出的结构、缜密的文字把BPM呈现给广大读者。通过阅读本书,读者会全面了解BPM的"道、法、术、器",也会在实践BPM时得到它的帮助。

滴滴出行杰出工程师　齐　贺

多年前,我所在的企业高速发展,各种系统如雨后春笋般出现,这带来了审批入口分散、审批不及时、流程难以跟踪、管理混乱等问题。当时我们想构建一套内部统一的BPM流程管理平台,却受限于内部没有专业的BPM人才、市面上没有足够专业详细的实战书籍供参考,只能摸着石头过河,遇到了很大的困难。研发负责人"三顾茅庐",终于请到了有丰富BPM实战经验的贺波加盟,BPM的建设由此步入正轨。贺波在短短一年半内,与团队一起从无到有搭建了业界一流的BPM体系。本书结合了贺波对BPM理论知识的梳理、总结和多年BPM体系建设的实战经验。如果想通过一本书详细了解BPM的基础理论和实战落地,这本书非常适合。

滴滴出行产品运营高级总监　区　觅

本书是贺波及其领导的技术团队的又一流程引擎实战力作!全书分为4篇:基础准备篇、常规应用篇、高级实战篇和架构扩展篇,循序渐进,逐步深入,为业界同行提供了强有力的技术指导,提升了我国工作流技术领域的研发水平。本书倾注了作者的心血,作者将多年的BPM研发经验奉献给大家。本书不仅给出了翔实的研发案例,更提供了丰富的研发思路,是工作流研发的必备指导教程。

北京科技大学副教授　张庆华

业务流程管理是管理软件的灵魂,流程开发技术是软件技术人员的核心技术能力。贺波曾担任东华软件技术总监,带领产研团队从0到1建设BPM平台,并推动其商业化应用,取得了很可观的成果。他作为一线开发人员开始职业生涯,经过多年历练才成为BPM领域专家,一路走来积累了非常丰富的技术和行业经验。因此,本书理论性、实用性都很强,是难得的BPM技术教程。

东华软件股份公司高级副总裁　董玉锁

组织可以创造社会财富,维护社会秩序,推动社会进步。组织靠什么践行这些使命呢?当然是靠抱负、洞见和强有力的行动。而行动的持续有效依赖规则、流程和体系。在数字化时代,规则、流程和体系需要交给信息系统来管理,BPM应运而生。贺波先生的这本关于BPM的书将深刻的理论洞见和深厚的实践功底融合,我们不仅可以学习观念,还可以实行"拿来主义",直接复用作者的经验。

金融街集团CIO　邓遵红

作为贺老师前一本书的读者,我在2023年有幸认识了贺老师。通过跟贺老师的交流和学习,能够强烈感受到他绝对的匠心精神,对技术的无限追求,以及对社会的无私贡献。在贺老师的指导下,我们顺利升级了公司的低代码开发平台,大大提高了公司的数字化转型能力,在资源有限的情况下,完美地完成了公司年度经营目标并超额75%。本书沉淀了贺老师十余年的经验,深入浅出地讲解了Flowable的使用,书中的所有内容在我们公司是经历了实战验证的,属于流程引擎中理论与实践并存的上品。无论是初学者还是从业专家都可以借助本书构建自己企业的流程平台,助力企业完成数字化转型。

新希望乳业股份有限公司CTO　刘文军

BPM流程引擎是企业应用中常见的基础应用构件,虽然早在十多年前OMG就发布了BPMN 2.0规范,但在国内,系统性介绍BPM基础理论,并以企业真实场景为例指导应用落地的专业图书少之又少,贺波老师的这本书很好地弥补了这一领域的空白。贺波老师作为这一领域的专家,持续耕耘在BPM理论研究与产品研发一线,书中大量的观点和代码都是他在BPM领域多年研究开发的经验沉淀和最佳实践,对于企业级BPM开发与应用具有非常强的指导意义。难能可贵的是,本书理论与实战相结合,由浅入深,照顾到了不同阶段的学习群体,相信无论是这一领域的理论研究人员还是工程实践从业人员,都会从本书中受益。

鸿泰鼎石资产管理有限责任公司信息科技部总经理　高海涛

企业级系统的构建离不开流程,很多年前成熟的企业级软件包都拥有其内部的、耦合性极强的BPM功能。随着企业级系统需求的发展和变化,独立的专业化BPM产品慢慢产生了,互联网领域也产生了开源的BPM产品——Flowable。随着互联网的发展和数字化转型的迫切需要,BPM越来越被重视,成为数字化转型的必备组件。本书以Flowable软件为基础,由浅入深,详细介绍Flowable系统及其使用案例,极具参考价值。期待本书能带您在BPM的海洋中遨游。

房车宝集团系统建设总经理　喻继鹏

BPM自引入国内以来,有力支撑了企业的流程管理和组织战略的发展,但市面上缺少对其进行系统性介绍的技术书籍。本书从实际应用问题出发,通过具体的示例介绍如何使用Flowable解决实际问题,从基础到实战落地,深入浅出地全面介绍了Flowable流程引擎,包含基本的入门知识和大量实践经验,是BPM领域的优质作品。

叮当快药CTO　于庆龙

忘掉BPM的复杂性吧!这是一本封装了Flowable力量的书,也是一本让人轻松上手、难以放下的读物。本书以实战为路标,引领您突破技术迷雾,直达专业高峰。如果想在业务流程管理中驾驭风云,本书就是您的导航仪。

阿里巴巴XRender团队

自　　序

本书是我的"工作流引擎实战"系列的第一本书——《深入Activiti流程引擎：核心原理与高阶实战》的姊妹篇，也是该系列的第二本书。第一本书于2023年4月出版，备受读者欢迎和好评，出版至今已多次重印，并被多所高校馆采或选作教材。第一本书能在业界得到如此好的口碑，受到读者的认可、好评和追捧，对我来说是莫大的鼓舞。

关于编写流程引擎实战系列图书的缘起，可以追溯到5年前。当时，人民邮电出版社的刘涛老师找到我，邀请我写一本介绍BPM的书。我欣然接受，因为这也是我长久以来的一个愿望。我已从事BPM相关工作多年，回想刚接触BPM时，JBPM风头正劲，Activiti方兴未艾，但基本没有系统介绍BPM的中文版图书，网络上能找到的相关资料多为英文资料的翻译版本，很多概念语焉不详，甚至有不少错误，也没有任何实际使用的范例，导致我走了很多弯路。另外，理论学习与实际应用之间还存在很大的差距。在为多家企业提供技术咨询和经验分享时，我了解到很多企业在自研BPM方面遇到了很大的困难，甚至一些业界知名的大厂也不乏失败的案例。

回顾我职业生涯中的两段工作经历：一段是在传统软件公司作为技术负责人，从0到1研发BPM平台，并将其应用于多个商业化项目的交付；另一段是加入某知名互联网公司，带领团队从无到有搭建"倚天"BPM平台，支撑公司差异化业务和复杂流程场景的落地应用。这两段经历对应了在两个不同类型公司的成功实践，覆盖了不同业务场景，基于这些实际经验，结合理论知识，再加以沉淀总结，我相信能对行业有所贡献，避免其他企业及同行走弯路。

正是基于这些经历，我更加坚定了写介绍BPM的书的决心。在第一本书的策划阶段，经过深思熟虑，我最终决定选取受众广、实战性强并且我最擅长的方向，锚定对当时如日中天的Activiti进行介绍、剖析、应用和扩展，并由此展开企业级BPM的开发应用实战落地。第一本书出版之后，很多读者提出希望我再写一本专门介绍Flowable的书。Flowable是在Activiti的基础上演化出来的又一款应用广泛的开源流程引擎，二者内核基本相同，用法相近，但Flowable做了大量的功能增强、架构升级和优化改造。于是我开启了流程引擎实战系列的第二本书（也就是本书）的创作。

流程、流程管理和流程技术是BPM领域密不可分的3个专业术语。流程是企业和组织内被管理和支持的对象，支撑着企业和组织的运营；流程管理是管理BPM领域的方法论，主要阐述与流程管理相关的理论、方法、模型等，用以管理企业和组织内的流程；流程技术是流程管理方法论的支撑，指将流程管理方法论计算机化的相关技术。

当今社会高速发展，企业和组织的外部环境瞬息万变，要求企业和组织内部的业务运营能对此快速响应，而其响应速度直接决定了它们的竞争力。从价值链角度看，企业或组织运营本质上是其众多业务流程运行的过程。因此说，流程是保证企业或组织具有竞争优势的关键所在。正如麻省理工学院斯隆管理学院莱斯特·瑟罗教授所说："在21世纪，持续的竞争将更多地出自新流程技术，而非新产品技术。"既然流程技术如此重要，那么怎么更好地应用流程技术呢？

提到流程技术，人们第一时间会想到工作流或者BPM。工作流技术源自20世纪60年代的办公自动化应用。进入21世纪后，随着互联网、内容管理、移动终端等的广泛应用，BPM理论及其技术体系逐步产生，成为现代中间件体系的重要组成部分。流程管理属于业务领域，流程技术属于IT领域，BPM的出现模糊了业务领域和IT领域的界限，使二者有机结合起来。业务驱动需求，需求驱动技术，技术推动业务，三者形成良性循环。

有了前一本书的经验，我在本书的目录结构和章节内容的设计安排上更加驾轻就熟。全书共30章，以流程及流程管理作为引子，引出流程技术，聚焦于Flowable的应用与实战。为了更聚焦于BPM技术研发，本书在第一本书的基础上做了调整，循序渐进，逐步深入。本书内容较为详尽、覆盖面广、实战性强，结合精心挑选的案例演示，便于读者学习与理解。

写书是一项工作量巨大且漫长的任务，但有了前一本书的基础，我在本书的编写过程中更加从容。本书从选题、内容结构设计到书稿编写完成耗费了近两年的时间。因为平时工作繁忙，本书的创作只能在工作时间之外进行，所以在过去的两年里，周末和节假日的闲暇时间，乃至加班归来的夜晚，我都与文字为伴，与代码共舞。

本书创作前期的选题和内容结构设计都是我完成的，同时我负责了其中20章的编写工作。本书的编写团队与前一本书相同，我依然邀请了团队的刘晓鹏和胡海琴加入。具体写作分工为：第1～3、6、8～17、22～27章共20章由我编写，第4、5、7、18、19、21、28～30章共9章由刘晓鹏编写，第20章由胡海琴编写，全书的统稿工作由胡海琴完成。

本书得以顺利完成，首先我要感谢家人的理解与支持。两年来，节假日我基本上都沉浸在本书的创作之中，忽略了对家庭的照顾和对家人的陪伴。在此要特别感谢我的妻子尹迎，她一直给予我鼓励并对本书充满期待，同时承担起照顾家庭和教育孩子的责任。

同时，感谢人民邮电出版社的刘涛老师，他的热忱邀请给了我实现心愿的机会。感谢人民邮电出版社信息技术分社社长陈冀康老师，在本书编写过程中他给予了各种支持和帮助。感谢人民邮电出版社的张涛、郭泳泽和栾传龙三位老师，他们在创作过程中给了我很多的建议和指导，使本书得以顺利出版。在此，对参与本书出版工作的人民邮电出版社其他工作人员一并表示感谢。

还要感谢刘晓鹏和胡海琴两位伙伴，他们的"火线"加入、鼎力支持，加快了本书编写的进程。

特别感谢Flowable项目创始人Tijs Rademakers、滴滴出行企业服务事业群总经理蔡晓鸥、东华软件股份公司董事长薛向东、北京中科汇联科技股份有限公司董事长游世学、北京炎黄盈动科技发展有限责任公司创始人兼CEO刘金柱和《Activiti实战》作者咖啡兔，他们一直密切关注本书的编写进程，悉心准备了精彩的推荐序，给予了我莫大的支持和鼓励。同时，还要感谢李淼、齐贺、区觅、张庆华、董玉锁、邓遵红、刘文军、高海涛、喻继鹏、于庆龙等专家的认可和推荐。另外，IT东方会的王迪、汪锦岐和靳占风三位领导在本书成书过程中提供了诸多帮助，在此也表示感谢。

最后，我还要感谢广大的业内同行们。他们给前一本书提出了许多宝贵的意见和建议，这些意见和建议在本书的编写过程中得到了充分的吸收和采纳。比如橙单团队，为本书的结构设计和源码细节提供了一些改进建议，期间多次与我探讨各种技术和功能细节，并成功应用于橙单产品的流程模块之中。还有新希望乳业CTO刘文军，在推进由他主导的公司核心系统重大升级改造项目时，与我密切沟通落地方案，大量"尝鲜"使用了本书所介绍的设计思想、实现机制和示例代码，使得本书内容在大型集团公司的生产环境中得到了大规模的实践和应用。

在阅读本书的过程中，您将深刻感受到几位作者丰富的专业知识和饱满的分享热情。我们不仅对Flowable技术进行了深入研究，还结合了实际项目经验，为您提供了实用的建议和最佳实践。

百密总有一疏。虽然在本书的编写过程中我们严格把关质量，反复审阅校对，力求精益求精，但错误及不足之处在所难免，敬请广大读者批评指正。若读者阅读本书时发现错误或有疑问，可发电子邮件到HeboWorkFlowPro@163.com或添加微信号HeboWorkFlowPro与我联系。

希望本书能够成为您在Flowable领域的权威指南，并为您在业务流程管理方面的职业发展提供有力支撑。让我们一起踏上Flowable的学习之旅，探索业务流程管理的无限可能性！祝您阅读愉快，学有所获！

贺 波

2024年5月于北京

前　　言

随着社会的进步与经济的发展，企业规模逐渐扩大，行业之间的交叉渗透日益加深，全球范围内的竞争也越来越激烈。在残酷的市场竞争中，为了赢得市场份额和获取利润，企业需要建立一种能够快速响应市场变化、降低生产成本、提高生产效率的方法和机制。

在社会化大生产的背景下，工作的分工越来越精细，人与人之间的合作越来越重要。为了高效地组织生产，信息需要快速流动，并分发给需要这些信息的人。通过协同工作，人们可以提高完成一项工作或任务的效率。

近年来，随着计算机技术和软件技术的进步，信息化技术在企业的生产、经营和管理过程中发挥着越来越重要的作用。在当今数字化的时代，业务流程的高效管理和自动化已经成为企业在竞争激烈的市场中脱颖而出的关键因素。在这一背景下，工作流和BPM技术应运而生，用于实现"业务过程的部分或整体在计算机应用环境下的自动化"，主要解决"使在多个参与者之间按照某种预定义的规则传递文档、信息或任务的过程自动进行，从而实现某个预期的业务目标，或者促使此目标实现"。企业采用工作流或BPM技术来组织业务流程、明确业务逻辑和管理组织结构，这在很大程度上解决了企业信息化过程中出现的问题。

BPM是企业流程建模和流程管理的核心技术之一，是根据企业中业务环境的变化，推进人与人之间、人与系统之间、系统与系统之间的整合及调整的经营方法与解决方案的IT工具。通过BPM对企业内部及外部的业务流程的整个生命周期进行建模、自动化、管理监控和优化，可以简化企业信息化系统开发流程，方便地实现企业业务管理自动化，使企业快速地响应市场变化，提高企业组织生产率和运行效率，同时在实践过程中优化业务流程模型，实现企业流程再造，组合已有业务，不断创新。BPM在企业中应用领域广泛，凡是有业务流程的地方都可以使用BPM进行管理。早期用于OA、CRM等系统的流程审批时，可极大地提高企业的生产效率；现在用于电商、金融等领域时，可用来处理复杂的业务形态变化问题，在很多公司的大项目中担当重要角色。

Flowable是著名的Java工作流引擎Activiti的作者从Activiti分支创建的新工作流引擎，它是覆盖了业务流程管理、工作流、服务协作等领域的一个开源的、灵活的、易扩展的BPM框架。Flowable基于Apache许可的开源BPM平台，支持新的BPMN 2.0标准，为企业提供了强大的工具和平台，让企业可以将业务系统中复杂的业务流程抽取出来，使用专门的建模语言BPMN 2.0进行定义，业务流程按照预先定义的流程执行。使用Flowable，企业可以实现业务流程的自动化和优化，从而提高效率、降低成本、提高质量，并增强对业务流程的控制和可视性，在数字化时代实现业务流程的高效管理和自动化。

本书旨在为读者提供关于Flowable的全面指南，深入探讨基于业务流程开发的思想和方法。通过阅读本书，读者将快速掌握Flowable的基础知识，包括其核心概念、架构和功能。书中详细介绍了Flowable的开发技能，提供了丰富的使用技巧和最佳实践，以及大量的实际案例和示例代码，让读者可以快速、高效、全面地掌握Flowable（从入门到高级应用），帮助读者充分利用Flowable的强大功能来解决实际业务问题。

无论是开发人员、业务分析师、项目经理还是企业管理者，都可以从本书中获得宝贵的知识和经验。通过学习本书，读者将掌握如何利用Flowable来构建高效、灵活和可扩展的业务流程解决方案，从而提升企业的效率和竞争力。

本书主要内容

本书共分为4篇：基础准备篇（包括第1~5章），主要介绍Flowable的基础用法、流程设计器集成与使用、工作流引擎配置、数据库设计、核心概念和API等，让读者建立对Flowable的基本认识；常规应用篇（包括

第6～17章），主要介绍Flowable各种功能和特性的配置和使用，让读者掌握Flowable的基础用法；高级实战篇（包括第18～27章），立足实战，主要介绍如何基于Flowable的扩展特性实现对多种复杂流程场景和能力的支持；架构扩展篇（包括第28～30章），主要介绍提高Flowable性能和增大其容量的措施，并提出一套多引擎架构方案来支撑大容量、高并发和高稳定流程场景。

全书共30章，概要介绍如下。

第1章首先介绍流程、工作流和相关的规范，然后引出对Flowable的介绍，最后通过Flowable的官方应用Flowable UI演示一个简单流程的配置和运行过程，向读者展示Flowable工作流引擎的初步使用。

第2章主要介绍在IDEA和Eclipse中集成安装Flowable流程设计插件的过程，并讲解用流程设计插件绘制流程图的方法。

第3章主要介绍Flowable工作流引擎的配置方法，包含数据库连接配置，以及其他属性（如历史数据级别、异步执行器、邮件服务器等）的配置，并通过一个项目示例，引领读者掌握Flowable的配置和使用。

第4章主要介绍Flowable的数据表结构，帮助读者快速了解和掌握Flowable的数据结构，以及了解各种数据之间的相互关系。

第5章主要介绍Flowable核心接口的功能及用法。Flowable中的流程部署、流程发起、任务创建与办理等重要操作都是通过这些核心接口提供的服务来实现的。熟练掌握Flowable各个核心接口的用法，能够帮助读者更好地学习和应用Flowable框架。

第6章主要介绍Flowable内置的用户、用户组及其关系，以及使用IdentityService服务接口对用户和用户组进行操作的方法和技巧。

第7章主要介绍Flowable加载资源文件进行流程部署的过程，以及流程定义信息的各类操作，并通过具体示例详细介绍它们的用法。

第8章主要介绍Flowable支持的开始事件和结束事件，详细介绍各种事件的基本信息、应用场景和使用过程中的注意事项，并通过项目示例演示其用法。

第9章主要介绍Flowable支持的BPMN 2.0规范中定义的边界事件和中间事件，以及它们的特点和适用场景。边界事件是依附在流程活动上的"捕获型"事件，中间事件用来处理流程执行过程中抛出、捕获的事件。

第10章主要介绍Flowable的3种任务节点——用户任务、手动任务、接收任务，并展示相关应用场景。用户任务表示需要人工参与完成的工作，手动任务是会自动执行的任务，接收任务是会使流程处于等待状态并需要触发的任务，3种任务可以用于不同场景的流程建模。

第11章主要介绍Flowable的另外3种任务节点——服务任务、脚本任务、业务规则任务，并展示相关应用场景。服务任务、脚本任务和业务规则任务都是无须人工参与的自动化任务，其中服务任务可自动执行一段Java程序，脚本任务可用于执行一段脚本代码，而业务规则任务可用于执行一条或多条规则。

第12章主要介绍由Flowable扩展出来的4种任务，包括邮件任务、Camel任务、Mule任务和Shell任务，以及它们的特性和应用场景。

第13章主要介绍由Flowable扩展出来的另外4种任务，包括Http任务、外部工作者任务、Web Service任务和决策任务，以及它们的特性和应用场景。

第14章主要介绍顺序流和网关这两种BPMN元素。顺序流是连接两个流程节点的连线，流程执行完一个节点后，会沿着节点的所有外出顺序流继续执行；网关是工作流引擎中的一个重要路径决策，用来控制流程中的流向，常用于拆分或合并复杂的流程场景。

第15章主要介绍流程拆解和布局的3种方式：子流程、调用活动和泳池与泳道。可以通过子流程或者调用活动将不同的阶段规划为一个子流程，作为主流程的一部分，或通过泳池与泳道对流程节点进行区域划分。

第16章主要介绍Flowable监听器及其适用场景。执行监听器和任务监听器允许在流程和任务执行的过程中，在发生对应的流程和任务相关事件时执行特定的Java程序或者表达式，而全局事件监听器是引擎范围的事件监听器，可以监听到所有Flowable的操作事件，并且可以判断事件类型，进而执行不同的业务逻辑。

第17章主要介绍多实例的概念和配置及其应用场景，并结合具体案例介绍Flowable中多实例用户任务、多实例服务任务和多实例子流程的使用方法。

第18章介绍Flowable的核心架构。本章先对Flowable的架构设计、设计模式进行分析和梳理，然后讲解流程部署、流程启动、节点流转、网关控制等核心代码，帮助读者掌握Flowable核心架构、工作机制和原理，为后续章节的扩展改造打好基础。

第19章主要介绍Flowable集成Spring Boot。本章先简单介绍Spring Boot及starter，然后手动实现了Spring Boot与Flowable的整合，包括配置文件的加载、MyBatis的管理、事务的处理，以及通过Spring Boot管理工作流引擎实例。同时，介绍如何通过Flowable官网提供的flowable-spring-boot-starter实现Spring Boot与Flowable的集成。

第20章主要介绍Flowable与外部表单设计器集成的方法。以Xrender开源表单设计器为例介绍其与Flowable的集成，通过完整示例演示适配Xrender设计表单模型，与Flowable流程模型绑定，通过表单页面提交流程、办理任务，来提高工作流中数据收集和处理的效率。

第21章主要介绍Flowable与外部流程设计器集成的方法。以bpmn-js开源流程设计器为例介绍其与Flowable的集成，包括属性面板的配置、整体的汉化，以及流程、节点自定义属性的实现等，通过完整示例演示使用bpmn-js创建符合Flowable规范的流程模型，再调用Flowable相关接口对流程进行部署和执行的过程。

第22章主要介绍自定义ProcessEngineConfiguration扩展、自定义流程元素属性、自定义流程活动行为、自定义事件、自定义流程校验和实现多租户动态切换多数据源等多种自定义扩展Flowable引擎的方式。

第23章主要介绍自定义Flowable身份管理引擎、适配国产数据库和自定义查询等多种扩展Flowable引擎的方式。

第24章主要介绍自定义流程活动、更换默认Flowable流程定义缓存、手动创建定时器任务和自定义业务日历等多种扩展Flowable引擎的方式。

第25章主要介绍通过对Flowable进行扩展封装，使其支持动态跳转、任务撤回和流程撤销等各类本土化业务流程场景的方法。这种方法在实际应用中很有代表性。

第26章主要介绍通过对Flowable进行扩展封装，使其支持通过代码创建流程模型、为流程实例动态增加临时节点、会签加签和会签减签等各类本土化业务流程场景的方法。

第27章主要介绍通过对Flowable进行扩展封装，使其支持流程复活、任务知会（流程抄送）、流程节点自动跳过、流程实例跨版本迁移、动态修改流程定义元素属性和多语种支持等各类本土化业务流程场景的方法。

第28章主要介绍Flowable的性能和容量瓶颈及其解决方案。该章从自定义ID生成器、基于MQ的定时器和历史数据异步化3个方面对Flowable底层逻辑进行了调整和优化，以提高Flowable的性能和增大其容量。

第29章主要介绍Flowable在大数据、高并发场景下的问题，以及传统分库分表方式在流程领域的局限性，并创造性地提出基于Flowable的多引擎架构方案，通过流程建模服务、路由表和网关服务，完成一个多引擎架构的初阶实现。

第30章在初阶多引擎架构基础上，通过Nacos实现流程引擎的集群模式，采用Spring Gateway实现网关的动态路由，并用Elasticsearch构建查询服务实现跨集群数据查询，从而实现高性能、高并发、高可用的Flowable多引擎流程服务。

本书约定

本书有如下约定。

- 本书的示例代码均在JDK 1.8中运行，使用的数据库均为H2或MySQL数据库。
- 本书的示例代码基于IntelliJ IDEA构建，使用Maven管理JAR包依赖，使用JUnit管理测试用例，通过Lombok注解简化Java类样板代码（如getter与setter、构造函数和日志配置等）。

- 本书中列举的Java源代码省略了通过import导入指定包下的类或接口的部分，完整内容参见本书配套资源。
- 本书中列举的XML源代码（包括但不限于Maven配置文件、Flowable配置文件、Spring配置文件和流程模型文件等）如非特殊需要，均省略了命名空间配置，完整内容参见本书配套资源。

本书示例程序源代码

本书所有示例程序的源代码均以配套资源的方式提供，可通过异步社区下载（参见"资源与支持"）。每章的示例代码均对应一个独立的IDEA项目，导入IDEA后即可使用。

贺 波

2024年1月于北京

资源与支持

资源获取

本书提供如下资源：

- 配套代码；
- 本书思维导图；
- 异步社区7天VIP会员。

要获得以上资源，您可以扫描下方二维码，根据指引领取。

提交勘误

作者和编辑尽最大努力来确保书中内容的准确性，但难免会存在疏漏。欢迎您将发现的问题反馈给我们，帮助我们提升图书的质量。

当您发现错误时，请登录异步社区（www.epubit.com），按书名搜索，进入本书页面，单击"发表勘误"，输入勘误信息，单击"提交勘误"按钮即可（见下图）。本书的作者和编辑会对您提交的勘误进行审核，确认并接受后，您将获赠异步社区的100积分。积分可用于在异步社区兑换优惠券、样书或奖品。

与我们联系

我们的联系邮箱是contact@epubit.com.cn。

如果您对本书有任何疑问或建议,请您发邮件给我们,并请在邮件标题中注明本书书名,以便我们更高效地做出反馈。

如果您有兴趣出版图书、录制教学视频,或者参与图书翻译、技术审校等工作,可以发邮件给我们。

如果您所在的学校、培训机构或企业想批量购买本书或异步社区出版的其他图书,也可以发邮件给我们。

如果您在网上发现有针对异步社区出品图书的各种形式的盗版行为,包括对图书全部或部分内容的非授权传播,请您将怀疑有侵权行为的链接通过邮件发给我们。您的这一举动是对作者权益的保护,也是我们持续为您提供有价值的内容的动力之源。

关于异步社区和异步图书

"异步社区"是由人民邮电出版社创办的IT专业图书社区,于2015年8月上线运营,致力于优质内容的出版和分享,为读者提供高品质的学习内容,为作译者提供专业的出版服务,实现作译者与读者在线交流互动,以及传统出版与数字出版的融合发展。

"异步图书"是异步社区策划出版的精品IT图书的品牌,依托于人民邮电出版社在计算机图书领域数十年的发展与积淀。异步图书面向IT行业以及各行业使用IT的用户。

目　录

基础准备篇

第 1 章　初识 Flowable ················· 3

1.1　流程、工作流及相关规范 ············· 3
　　1.1.1　流程的概念 ····················· 3
　　1.1.2　工作流介绍 ····················· 3
　　1.1.3　BPMN 规范 ····················· 6
1.2　Flowable 介绍 ························ 13
　　1.2.1　工作流开源框架 ··············· 13
　　1.2.2　Flowable 的特点 ··············· 13
1.3　Flowable 之初体验 ··················· 14
　　1.3.1　下载 Flowable 安装包 ········ 14
　　1.3.2　启动 Flowable UI ············· 14
　　1.3.3　Flowable 初体验：运行
　　　　　 Flowable UI ··················· 15
1.4　本章小结 ······························· 20

**第 2 章　Flowable 流程设计器集成与
　　　　 使用** ······························· 21

2.1　使用 IDEA 集成 Flowable 流程
　　 设计器 ································· 21
　　2.1.1　在 IDEA 中安装 Flowable
　　　　　 BPMN visualizer 流程设计器
　　　　　 插件 ······························· 21
　　2.1.2　使用 IDEA 绘制 BPMN
　　　　　 流程图 ··························· 22
2.2　使用 Eclipse 集成 Flowable 流程
　　 设计器 ································· 25
　　2.2.1　在 Eclipse 中安装 Flowable
　　　　　 BPMN Designer 插件 ········ 25
　　2.2.2　使用 Eclipse 绘制 BPMN
　　　　　 流程图 ··························· 26
2.3　本章小结 ······························· 30

第 3 章　Flowable 工作流引擎配置 ······ 31

3.1　Flowable 工作流引擎的配置 ········· 31
　　3.1.1　工作流引擎配置对象
　　　　　 ProcessEngineConfiguration ···· 31
　　3.1.2　工作流引擎对象
　　　　　 ProcessEngine ··················· 35
3.2　Flowable 工作流引擎配置文件 ······ 36
　　3.2.1　Flowable 配置风格 ············ 37
　　3.2.2　Spring 配置风格 ··············· 37
3.3　数据库连接配置 ······················· 38
　　3.3.1　数据库连接属性配置 ········· 38
　　3.3.2　数据库策略属性配置 ········· 40
3.4　其他属性配置 ·························· 40
　　3.4.1　历史数据级别配置 ············ 40
　　3.4.2　异步执行器配置 ··············· 41
　　3.4.3　邮件服务器配置 ··············· 44
　　3.4.4　事件日志记录配置 ············ 44
3.5　编写第一个 Flowable 程序 ··········· 44
　　3.5.1　建立工程环境 ·················· 44
　　3.5.2　创建配置文件 ·················· 47
　　3.5.3　创建流程模型 ·················· 47
　　3.5.4　加载流程模型与启动
　　　　　 流程 ······························· 48
3.6　本章小结 ······························· 49

第 4 章　Flowable 数据库设计 ································ 51

4.1　Flowable 数据表设计概述 ··················· 51
4.2　Flowable 数据表结构说明 ··················· 51
4.2.1　通用数据表 ·························· 51
4.2.2　流程存储表 ·························· 52
4.2.3　身份数据表 ·························· 53
4.2.4　运行时数据表 ······················ 56
4.2.5　历史数据表 ·························· 64
4.3　Flowable 数据库乐观锁 ······················ 69
4.4　本章小结 ·· 69

第 5 章　Flowable 核心概念和 API ··············· 71

5.1　Flowable 核心概念 ······························ 71
5.1.1　流程定义 ···························· 71
5.1.2　流程实例 ···························· 71
5.1.3　执行实例 ···························· 72
5.2　工作流引擎服务 ································· 72
5.3　存储服务 API ····································· 73
5.3.1　部署流程定义 ······················ 74
5.3.2　删除流程定义 ······················ 74
5.3.3　挂起流程定义 ······················ 75
5.3.4　激活流程定义 ······················ 77
5.4　运行时服务 API ································· 78
5.4.1　发起流程实例 ······················ 78
5.4.2　唤醒一个等待状态的执行 ···· 80
5.5　任务服务 API ····································· 81
5.5.1　待办任务查询 ······················ 81
5.5.2　任务办理及权限控制 ··········· 83
5.5.3　评论和附件管理 ·················· 86
5.6　历史服务 API ····································· 88
5.7　管理服务 API ····································· 89
5.7.1　数据库管理 ·························· 89
5.7.2　异步任务管理 ······················ 91
5.7.3　执行命令 ···························· 93
5.8　身份服务 API ····································· 95
5.9　利用 Flowable Service API 完成流程实例 ······································· 96
5.9.1　Flowable 工作流引擎工具类 ······························· 96
5.9.2　综合使用示例 ······················ 97
5.10　本章小结 ·· 99

常规应用篇

第 6 章　Flowable 身份管理 ························ 103

6.1　身份管理引擎 ··································· 103
6.2　用户管理 ·· 104
6.2.1　新建用户 ··························· 105
6.2.2　查询用户 ··························· 105
6.2.3　修改用户 ··························· 111
6.2.4　删除用户 ··························· 112
6.2.5　设置用户图片 ···················· 113
6.3　用户组管理 ······································ 113
6.3.1　新建用户组 ······················· 114
6.3.2　查询用户组 ······················· 114
6.3.3　修改用户组 ······················· 117
6.3.4　删除用户组 ······················· 117
6.4　用户与用户组关系管理 ··················· 118
6.4.1　添加用户至用户组 ············ 118
6.4.2　从用户组中移除用户 ········ 119
6.4.3　查询用户组中的用户 ········ 119
6.4.4　查询用户所在的用户组 ···· 120
6.5　用户附加信息管理 ·························· 120
6.6　本章小结 ·· 121

第 7 章　Flowable 流程部署 ························ 123

7.1　流程资源 ·· 123
7.2　流程部署 ·· 123
7.2.1　DeploymentBuilder 对象 ···· 123
7.2.2　执行流程部署 ···················· 124
7.3　部署结果查询 ·································· 127

7.3.1 部署记录查询 127
7.3.2 流程定义查询 131
7.3.3 流程资源查询 135
7.4 流程部署完整示例 136
7.4.1 示例代码 136
7.4.2 相关表的变更 137
7.5 本章小结 138

第8章 开始事件与结束事件 139
8.1 事件概述 139
8.2 事件定义 139
8.2.1 定时器事件定义 139
8.2.2 信号事件定义 141
8.2.3 消息事件定义 142
8.2.4 错误事件定义 143
8.2.5 取消事件定义 143
8.2.6 补偿事件定义 143
8.2.7 终止事件定义 143
8.2.8 升级事件定义 143
8.2.9 条件事件定义 144
8.2.10 变量监听器事件定义 144
8.3 开始事件 144
8.3.1 空开始事件 145
8.3.2 定时器开始事件 146
8.3.3 信号开始事件 147
8.3.4 消息开始事件 148
8.3.5 错误开始事件 150
8.3.6 升级开始事件 152
8.3.7 条件开始事件 153
8.3.8 变量监听器开始事件 153
8.4 结束事件 153
8.4.1 空结束事件 154
8.4.2 错误结束事件 154
8.4.3 取消结束事件 156
8.4.4 终止结束事件 159
8.4.5 升级结束事件 159
8.5 本章小结 159

第9章 边界事件与中间事件 161
9.1 边界事件 161
9.1.1 定时器边界事件 161
9.1.2 信号边界事件 163
9.1.3 消息边界事件 165
9.1.4 错误边界事件 166
9.1.5 取消边界事件 168
9.1.6 补偿边界事件 169
9.1.7 条件边界事件 170
9.1.8 变量监听器边界事件 171
9.1.9 升级边界事件 171
9.2 中间事件 172
9.2.1 定时器中间捕获事件 172
9.2.2 信号中间捕获事件和信号中间抛出事件 174
9.2.3 消息中间捕获事件 177
9.2.4 补偿中间抛出事件 177
9.2.5 空中间抛出事件 183
9.2.6 条件中间捕获事件 183
9.2.7 变量监听器中间捕获事件 187
9.2.8 升级中间抛出事件 189
9.3 本章小结 192

第10章 用户任务、手动任务和接收任务 193
10.1 用户任务 193
10.1.1 用户任务介绍 193
10.1.2 用户任务分配给办理人 195
10.1.3 用户任务分配给候选人（组） 196
10.1.4 动态分配任务 197
10.2 手动任务 202
10.2.1 手动任务介绍 203
10.2.2 手动任务使用示例 203
10.3 接收任务 204
10.3.1 接收任务介绍 204
10.3.2 接收任务使用示例 205

第11章 服务任务、脚本任务和业务规则任务 ... 207

- 11.1 服务任务 ... 207
  - 11.1.1 服务任务介绍 ... 207
  - 11.1.2 服务任务的属性注入 ... 210
  - 11.1.3 服务任务的可触发和异步执行 ... 218
  - 11.1.4 服务任务的执行结果 ... 218
  - 11.1.5 服务任务的异常处理 ... 219
  - 11.1.6 在JavaDelegate中使用Flowable服务 ... 222
- 11.2 脚本任务 ... 222
  - 11.2.1 脚本任务介绍 ... 222
  - 11.2.2 脚本任务中流程变量的使用 ... 223
  - 11.2.3 脚本任务的执行结果 ... 223
- 11.3 业务规则任务 ... 223
  - 11.3.1 业务规则任务介绍 ... 224
  - 11.3.2 业务规则任务使用示例 ... 225
- 11.4 本章小结 ... 228

第12章 Flowable扩展的系列任务（一） ... 229

- 12.1 邮件任务 ... 229
- 12.2 Camel任务 ... 230
  - 12.2.1 Camel任务介绍 ... 230
  - 12.2.2 Flowable与Camel集成 ... 230
  - 12.2.3 Camel任务使用示例 ... 233
- 12.3 Mule任务 ... 235
  - 12.3.1 Mule任务介绍 ... 236
  - 12.3.2 Mule的集成与配置 ... 236
  - 12.3.3 Mule任务使用示例 ... 240
- 12.4 Shell任务 ... 242
  - 12.4.1 Shell任务介绍 ... 243
  - 12.4.2 Shell任务使用示例 ... 243
- 12.5 本章小结 ... 244

第13章 Flowable扩展的系列任务（二） ... 245

- 13.1 Http任务 ... 245
- 13.2 外部工作者任务 ... 250
- 13.3 Web Service任务 ... 253
  - 13.3.1 Web Service任务介绍 ... 253
  - 13.3.2 Web Service任务使用示例 ... 255
- 13.4 决策任务 ... 259
  - 13.4.1 决策任务介绍 ... 259
  - 13.4.2 决策任务使用示例 ... 260
- 13.5 本章小结 ... 264

第14章 顺序流与网关 ... 265

- 14.1 顺序流 ... 265
  - 14.1.1 标准顺序流 ... 265
  - 14.1.2 条件顺序流 ... 266
  - 14.1.3 默认顺序流 ... 268
- 14.2 网关 ... 269
  - 14.2.1 排他网关 ... 269
  - 14.2.2 并行网关 ... 272
  - 14.2.3 包容网关 ... 274
  - 14.2.4 事件网关 ... 277
- 14.3 本章小结 ... 279

第15章 子流程、调用活动、泳池与泳道 ... 281

- 15.1 子流程 ... 281
  - 15.1.1 内嵌子流程 ... 281
  - 15.1.2 事件子流程 ... 285
  - 15.1.3 事务子流程 ... 292
- 15.2 调用活动 ... 298
  - 15.2.1 调用活动介绍 ... 298
  - 15.2.2 调用活动使用示例 ... 300
  - 15.2.3 内嵌子流程与调用活动的区别 ... 304
- 15.3 泳池与泳道 ... 304
- 15.4 本章小结 ... 305

10.4 本章小结 ... 206

第 16 章　监听器 ································ 307

- 16.1　执行监听器与任务监听器 ········ 307
  - 16.1.1　执行监听器 ······················ 307
  - 16.1.2　任务监听器 ······················ 314
- 16.2　全局事件监听器 ······················ 318
  - 16.2.1　全局事件监听器工作原理 ································ 319
  - 16.2.2　支持的事件类型 ·············· 319
  - 16.2.3　事件监听器的实现 ·········· 322
  - 16.2.4　配置事件监听器 ·············· 323
  - 16.2.5　事件监听器使用示例 ······ 326
  - 16.2.6　日志监听器 ······················ 329
  - 16.2.7　禁用事件监听器 ·············· 329
- 16.3　本章小结 ·································· 329

第 17 章　多实例实战应用 ··············· 331

- 17.1　多实例概述 ······························ 331
  - 17.1.1　多实例的概念 ··················· 331
  - 17.1.2　多实例的配置 ··················· 332
  - 17.1.3　多实例与其他流程元素的搭配使用 ························ 333
- 17.2　多实例用户任务应用 ················ 335
- 17.3　多实例服务任务应用 ················ 341
- 17.4　多实例子流程应用 ···················· 343
- 17.5　本章小结 ···································· 346

高级实战篇

第 18 章　Flowable 核心架构解析 ············ 349

- 18.1　Flowable 工作流引擎架构概述 ···· 349
- 18.2　Flowable 设计模式 ······················ 350
  - 18.2.1　Flowable 命令模式 ············ 350
  - 18.2.2　Flowable 责任链模式 ········ 351
  - 18.2.3　Flowable 命令链模式 ········ 352
- 18.3　核心代码走读 ······························ 353
  - 18.3.1　流程模型部署 ···················· 353
  - 18.3.2　流程定义解析 ···················· 356
  - 18.3.3　流程启动 ···························· 360
  - 18.3.4　节点流转 ···························· 363
  - 18.3.5　网关控制 ···························· 368
  - 18.3.6　流程结束 ···························· 373
- 18.4　本章小结 ······································ 376

第 19 章　Flowable 集成 Spring Boot ········ 377

- 19.1　Spring Boot 简介 ·························· 377
  - 19.1.1　Spring Boot 特性 ················ 377
  - 19.1.2　自定义 starter ······················ 379
- 19.2　Spring Boot 配置详解 ·················· 381
  - 19.2.1　配置文件读取 ···················· 381
  - 19.2.2　自定义配置属性 ················ 381
  - 19.2.3　多环境配置 ························ 382
- 19.3　手动实现 Spring Boot 与 Flowable 的集成 ···································· 383
  - 19.3.1　通过 Spring Boot 配置工作流引擎 ···················· 384
  - 19.3.2　Flowable、MyBatis 与 Spring Boot 整合 ················ 385
  - 19.3.3　通过 Spring Boot 管理工作流引擎 ···················· 386
- 19.4　通过官方 starter 实现 Spring Boot 与 Flowable 的集成 ················ 387
- 19.5　本章小结 ······································ 387

第 20 章　集成外部表单设计器 ············ 389

- 20.1　Flowable 支持的表单类型 ············ 389
  - 20.1.1　内置表单 ···························· 389
  - 20.1.2　外置表单 ···························· 389
- 20.2　表单数据存储方案简介 ·············· 390
  - 20.2.1　动态建表存储方案 ············ 390
  - 20.2.2　数据宽表存储方案 ············ 390
  - 20.2.3　使用 Key/Value 格式存储方案 ································ 391

20.2.4 文档型数据库存储方案……391
20.3 集成外部表单设计器……391
 20.3.1 创建 React 工程……392
 20.3.2 定义前后端交互接口……394
 20.3.3 创建视图页面……395
 20.3.4 配置页面路由……401
20.4 自定义表单引擎……402
 20.4.1 创建 Spring Boot 工程……403
 20.4.2 集成 Flowable……403
 20.4.3 集成自定义表单引擎……407
 20.4.4 Web 服务接口实现……410
20.5 运行示例……416
 20.5.1 新建表单模型……416
 20.5.2 新建流程定义并绑定表单模型……418
 20.5.3 部署流程……418
 20.5.4 发起流程实例……419
 20.5.5 填写表单办理任务……419
20.6 本章小结……420

第 21 章 集成在线流程设计器 bpmn-js……421

21.1 bpmn-js 简介……421
21.2 bpmn-js 与 React 的集成……421
 21.2.1 React 开发环境搭建……421
 21.2.2 React 与 bpmn-js 的集成……423
 21.2.3 bpmn-js 的属性面板实现……425
 21.2.4 bpmn-js 的汉化……426
21.3 bpmn-js 与 Flowable 的集成……427
 21.3.1 bpmn-js 扩展用户节点属性……427
 21.3.2 保存 Flowable 流程模型……430
21.4 本章小结……433

第 22 章 Flowable 自定义扩展（一）……435

22.1 自定义 ProcessEngineConfiguration 扩展……435
 22.1.1 自定义 ProcessEngineConfiguration……435
 22.1.2 编写工作流引擎配置文件……435

 22.1.3 使用示例……436
22.2 自定义流程元素属性……437
 22.2.1 使用 ExtensionElement 自定义流程元素属性……437
 22.2.2 使用 ExtensionAttribute 自定义流程元素属性……438
 22.2.3 使用示例……439
22.3 自定义流程活动行为……442
 22.3.1 创建自定义流程活动行为类……444
 22.3.2 创建自定义流程活动行为工厂……446
 22.3.3 在工作流引擎中设置自定义流程活动行为工厂……446
 22.3.4 使用示例……446
22.4 自定义事件……447
 22.4.1 创建自定义事件类型……447
 22.4.2 创建自定义事件……448
 22.4.3 实现自定义事件监听器……448
 22.4.4 使用示例……449
22.5 自定义流程校验……450
 22.5.1 创建自定义校验规则……450
 22.5.2 重写流程校验器……451
 22.5.3 在工作流引擎中设置自定义流程校验器……451
 22.5.4 使用示例……453
22.6 实现多租户动态切换多数据源……454
 22.6.1 Flowable 对多租户多数据源模式的支持……454
 22.6.2 Flowable 对多租户多数据源模式的实现……455
22.7 本章小结……460

第 23 章 Flowable 自定义扩展（二）……461

23.1 自定义 Flowable 身份管理引擎……461
 23.1.1 自定义实体管理器和数据管理器……461
 23.1.2 自定义身份管理引擎配置及配置器……466

23.1.3 在工作流引擎中注册自定义
　　　　身份管理引擎 …………… 467
23.1.4 使用示例 ………………… 469
23.2 适配国产数据库 ………………… 470
23.2.1 修改 SQL 脚本模式 ……… 470
23.2.2 修改 Liquibase 模式 …… 473
23.2.3 使用示例 ………………… 474
23.3 自定义查询 ……………………… 477
23.3.1 使用 NativeSql 查询 …… 477
23.3.2 使用 CustomSql 查询 …… 480
23.4 本章小结 ………………………… 484

第 24 章 Flowable 自定义扩展（三） …… 485
24.1 自定义流程活动 ………………… 485
24.1.1 流程定义 XML 文件解析
　　　　原理 ……………………… 485
24.1.2 自定义 Mq 任务的实现 … 485
24.1.3 使用示例 ………………… 490
24.2 更换默认 Flowable 流程定义
　　 缓存 ……………………………… 491
24.2.1 Flowable 流程定义缓存的
　　　　用途 ……………………… 491
24.2.2 自定义 Flowable 流程定义
　　　　缓存 ……………………… 492
24.3 手动创建定时器任务 …………… 500
24.3.1 创建自定义作业处理器 … 500
24.3.2 在工作流引擎中注册自定义
　　　　作业处理器 ……………… 501
24.3.3 使用示例 ………………… 502
24.4 自定义业务日历 ………………… 503
24.4.1 自定义业务日历的实现 … 503
24.4.2 使用示例 ………………… 505
24.5 本章小结 ………………………… 507

第 25 章 本土化业务流程场景的实现
　　　　（一） ……………………… 509
25.1 动态跳转 ………………………… 509
25.1.1 Flowable 对动态跳转的
　　　　支持 ……………………… 509

25.1.2 动态跳转的基础场景 …… 511
25.1.3 动态跳转与网关结合
　　　　场景 ……………………… 513
25.1.4 动态跳转与子流程结合
　　　　场景 ……………………… 517
25.1.5 动态跳转与调用活动结合
　　　　场景 ……………………… 521
25.2 任务撤回 ………………………… 525
25.2.1 任务撤回的扩展实现 …… 525
25.2.2 任务撤回使用示例 ……… 529
25.3 流程撤销 ………………………… 530
25.3.1 流程撤销的扩展实现 …… 531
25.3.2 流程撤销使用示例 ……… 533
25.4 本章小结 ………………………… 534

第 26 章 本土化业务流程场景的实现
　　　　（二） ……………………… 535
26.1 通过代码创建流程模型 ………… 535
26.1.1 工具类实现 ……………… 535
26.1.2 使用示例 ………………… 538
26.2 为流程实例动态增加临时节点 … 539
26.2.1 动态增加临时节点的扩展
　　　　实现 ……………………… 541
26.2.2 动态增加临时节点的使用
　　　　示例 ……………………… 544
26.3 会签加签/减签 ………………… 546
26.3.1 会签加签/减签的扩展
　　　　实现 ……………………… 546
26.3.2 会签加签/减签的使用
　　　　示例 ……………………… 549
26.4 本章小结 ………………………… 552

第 27 章 本土化业务流程场景的实现
　　　　（三） ……………………… 553
27.1 流程复活 ………………………… 553
27.1.1 流程复活扩展实现 ……… 553
27.1.2 流程复活使用示例 ……… 555
27.2 任务知会 ………………………… 557
27.2.1 任务知会扩展实现 ……… 557

	27.2.2 任务知会使用示例 …… 559	27.5.1 动态修改流程定义元素属性的思路 …… 567
27.3	流程节点自动跳过 …… 561	27.5.2 动态修改流程定义元素属性的使用示例 …… 568
27.4	流程实例跨版本迁移 …… 562	27.6 多语种支持 …… 570
	27.4.1 Flowable 对流程实例跨版本迁移的支持 …… 562	27.6.1 Flowable 多语种的支持 …… 570
	27.4.2 流程实例跨版本迁移使用示例 …… 563	27.6.2 流程多语种设置使用示例 …… 571
27.5	动态修改流程定义元素属性 …… 567	27.7 本章小结 …… 573

架构扩展篇

第 28 章 Flowable 性能与容量优化 …… 577

28.1 ID 生成器优化 …… 577
    28.1.1 数据库 ID 生成器 DbIdGenerator …… 577
    28.1.2 UUID 生成器 StrongUuidGenerator …… 578
    28.1.3 自定义 ID 生成器 …… 579
28.2 定时器优化 …… 580
    28.2.1 Flowable 定时器执行过程 …… 580
    28.2.2 Flowable 定时器优化 …… 581
28.3 历史数据异步化 …… 585
    28.3.1 Flowable 异步历史机制 …… 585
    28.3.2 基于 RocketMQ 的历史数据异步化 …… 588
    28.3.3 基于 MongoDB 的历史数据异步化 …… 590
    28.3.4 数据一致性保证 …… 596
28.4 本章小结 …… 598

第 29 章 Flowable 多引擎架构的初阶实现 …… 599

29.1 多引擎架构分析 …… 599
    29.1.1 水平分库分表方案的局限性 …… 599
    29.1.2 多引擎架构方案设计 …… 600
29.2 多引擎建模服务实现 …… 601
    29.2.1 建模服务搭建 …… 601
    29.2.2 工作流引擎服务缓存改造 …… 602

29.3 工作流引擎路由 …… 604
    29.3.1 Pika 与 Spring Boot 的整合 …… 605
    29.3.2 将路由信息写入 Pika …… 606
29.4 建立服务网关 …… 609
    29.4.1 Spring Cloud Gateway 简介 …… 609
    29.4.2 Spring Cloud Gateway 服务搭建 …… 609
    29.4.3 新发起流程路由配置 …… 610
    29.4.4 已有流程路由配置 …… 611
29.5 本章小结 …… 613

第 30 章 Flowable 多引擎架构的高阶实现 …… 615

30.1 工作流引擎集群搭建 …… 615
    30.1.1 Nacos 服务搭建 …… 615
    30.1.2 基于 Nacos 的引擎集群构建 …… 616
    30.1.3 引擎集群路由配置 …… 618
30.2 网关动态路由配置 …… 619
    30.2.1 引擎信息动态配置 …… 619
    30.2.2 路由信息动态配置 …… 620
30.3 流程查询服务搭建 …… 623
    30.3.1 Elasticsearch 与 Spring Boot 的整合 …… 623
    30.3.2 将数据写入 Elasticsearch …… 623
    30.3.3 创建查询服务 …… 626
30.4 本章小结 …… 627

基础准备篇

第1章

初识Flowable

流程是企业运作的基础，企业所有的管理和业务都需要通过流程来驱动。为了实现业务流程在计算机应用环境下的自动化，工作流技术应运而生，并诞生了工作流参考模型和BPMN 2.0等行业规范。在此之后，Flowable等一批优秀的开源工作流框架陆续出现。本章将介绍流程、工作流和相关的规范，并引出对Flowable的介绍，最后通过一个简单流程的配置和运行过程，向读者展示Flowable工作流引擎的初步使用。

1.1 流程、工作流及相关规范

本节将讲解流程的概念，并介绍工作流技术的发展和相关的行业规范，以帮助读者对这些概念有初步的了解。

1.1.1 流程的概念

《尚书·盘庚上》有云："若网在纲，有条而不紊。"盘庚是成汤十世孙，他为解除水患，复兴殷商，决定迁都于殷（今河南安阳），史称"盘庚迁殷"。但臣民们觉得迁都工程庞大且繁杂，因而强烈反对，于是盘庚在告谕臣民的劝告之词中用了这句话，意思是"只有把网结在纲上，才会有条有理不紊乱。"这里的纲就是结网的主绳，所有其他绳子都围绕着主绳来结，就会形成一张有条不紊的网。盘庚迁殷后，整顿政治，发展经济，使衰落的商朝再现中兴，盘庚也被称为圣明之君。后世人在形容一个人做事有条理时，往往会说"有条不紊，井然有序"。

《周礼》中记载的"六官"制度，详细描述了国家行政机构和官职等组织结构，规定了各级官员的职责和工作流程。"六官"包括天官、地官、春官、夏官、秋官和冬官，官职任命有详细的流程安排和规定，每个官职都有明确的职责和权限，形成了一套完整的行政管理体系。这些官职在周朝的政治体系中起着重要的作用，负责管理不同领域的事务，维护国家的秩序和稳定。

以上是我国古籍中有关流程的一些表述。流程是指一系列有序的活动或步骤，用于完成特定的任务或达到特定的目标。到了20世纪90年代，现代流程之父迈克尔·哈默（Michael Hammer）在《企业再造》（*Reengineering the Corporation*）一书中提出业务流程的概念：流程是把一个或多个输入转化为对顾客有价值的输出的活动。简而言之，业务流程是企业中一系列创造价值的活动的组合。

流程在企业中无处不在，可广泛应用于各个领域，研发有研发的流程，生产有生产的流程，销售有销售的流程，财务有财务的流程。可以说，流程是企业运作的基础，企业所有的业务与管理都需要流程来驱动，通过流程可以提高效率、保证质量、降低风险、提升协同能力和实现有效的管理与监控。

1.1.2 工作流介绍

工作流（workflow）起源于生产组织和办公自动化领域，是业务流程的整体或部分在计算机应用环境下的自动化，是计算机支持的协同工作的一部分。

工作流管理联盟（Workflow Management Coalition，WfMC）对工作流的定义如下："工作流指一类能够完全或者部分自动执行的经营过程，能根据一系列过程规则，使文档、信息或任务在不同的执行者之间传递或执行。"

简单地说，工作流就是一系列相互衔接、自动进行的业务活动或任务。一个工作流不仅包括一组业务活动及它们的相互顺序关系，还包括流程及活动的启动和终止条件，以及对每个活动的描述。例如，在日常工作中，填写好请假申请表之后，需要将其提交给领导进行审批，可能根据请假时间长短，还需要提交给更上一级领导进行审批。这样一个请假申请文档就会在多人之间顺序或同时传递。对于这样的场景，可以使用工作流技术来控制和管理文档在各台计算机之间自动传递。对文档的自动化处理只是工作流技术的一种简单应用，在现实生活中工作流技术还能够完成更多更复杂的任务，例如企业内部的各种数据或信息的自动处理，多种业务流程的整合，企业之间的数据交换，甚至是跨地域的数据传输和处理等。

工作流技术是一项飞速发展的技术，它能够结合人工和机器行为，特别是能够与应用程序和工具进行交互，从而完成业务过程的自动化处理。WfMC颁布的一系列工作流产品标准，包括工作流参考模型、工作流管理系统等，奠定了工作流技术的基础。

工作流参考模型（workflow reference model）是1995年由WfMC提出的工作流管理系统体系结构模型，标识了工作流管理系统的基本组件和这些组件的交互接口，如图1.1所示。

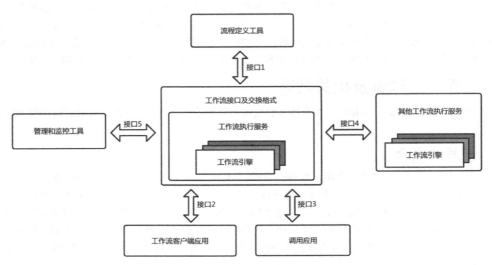

图1.1　工作流参考模型—组件与接口

工作流参考模型中的组件包括工作流执行服务、工作流引擎、流程定义工具、工作流客户端应用、调用应用及管理和监控工具。

- 工作流执行服务由一个或多个工作流引擎组成，用于创建、管理和执行工作流实例的软件服务。
- 工作流引擎是为流程实例提供运行时执行环境的软件服务。
- 流程定义工具用于提供工作流定义服务，可以以图形方式显示并操作复杂的流程定义，并输出可被工作流引擎识别的工作流定义。
- 工作流客户端应用是一种通过请求的方式与工作流执行服务交互的应用。也可以说，工作流客户端应用调用工作流执行服务。
- 调用应用是被工作流执行服务调用的应用，调用应用与工作流执行服务交互，协作完成一个流程实例的执行。
- 管理和监控工具是管理和监控工作流管理系统的工具，包括用户管理、角色管理、审计管理、资源管理、流程监控等。

此外，工作流参考模型还定义了5个接口，用于定义以上组件间的交互接口规范。

- 接口1：工作流定义接口。此接口的规范有WPDL、XPDL、BPEL等，用于为用户提供一种可视化的、可以对实际业务进行建模的工具，并生成可被计算机处理的业务过程形式化描述。
- 接口2：工作流客户应用接口。此接口的规范为WAPI（Workflow Application Programming Interface）。它提供了一种手段，使用户可以处理流程运行过程中需要人工干预的任务[实际上就是工作项（workitem）]，工作流管理系统负责维护这个工作项列表。
- 接口3：工作流调用应用接口。此接口的规范为WAPI。WAPI是工作流引擎调用外部业务应用的规范，如在流程执行过程中调用业务系统提供的接口处理业务数据等。
- 接口4：工作流引擎协作接口。此接口的规范为Wf-XML 2.0。Wf-XML 2.0是不同的工作流引擎之间进行协作的接口规范。
- 接口5：管理和监控接口。此接口的规范为CWAD（Common Workflow Audit Data）。该接口监控工作流管理系统中所有实例的状态，如组织机构管理、实例监控管理、统计分析管理等。

关于工作流参考模型的作用，2004年，大卫·霍林斯沃思（David Hollingsworth）在回顾工作流参考模型的十年历程时指出：工作流参考模型的引入为人们讨论工作流技术提供了一个规范的术语表，为在一般意义上讨论工作流系统的体系结构提供了基础；工作流参考模型为工作流管理系统的关键软件部件提供了功能描述，并描述了关键软件部件间的交互，而且这个描述是独立于特定产品或技术的实现的；工作流参考模型从功能的角度定义了5个关键软件部件的交互接口，推动了信息交换的标准化，使得不同产品间的互操作成为可能。

WfMS是一款用于定义和管理工作流，并按照在计算机中预先定义好的工作流逻辑推进工作流实例执行的软件系统。WfMS为方便修改业务交互逻辑、业务处理逻辑及参与者提供了可视化流程设计及表单设计工具，为实现WfMS的扩展提供了一系列接口。一个完整的WfMS通常由工作流引擎、工作流设计器、流程操作、工作流客户端程序、流程监控、表单设计器、与表单的集成，以及与应用程序的集成8个部分组成。WfMS的产品结构如图1.2所示。

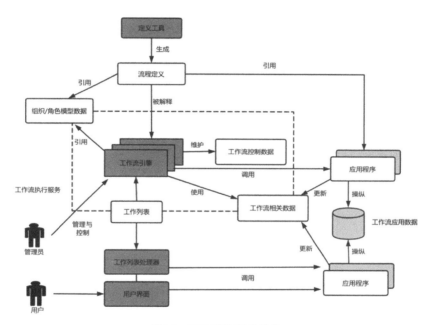

图1.2　WfMS的产品结构

工作流引擎作为WfMS的核心部分，主要提供对工作流定义文件的解析及流程流转的支持。工作流定义文件描述了业务的交互逻辑，由工作流引擎解析并按照业务交互逻辑进行业务的流转。工作流引擎通常通过参考某种模型进行设计，通过流程调度算法进行流程流转（如流程的启动、终止、挂起、恢复等），通过各种环节调度算法实现环节的流转（如环节的合并、分叉、选择、条件选择等）。

流程设计工具一般是可视化的，用户可以以拖放元素的方式来绘制流程，并通过环节配置实现对环节操作、环节表单、环节参与者的配置。流程设计工具的好坏决定了WfMS是否易用。

流程操作指工作流支持的针对流程环节的操作，如启动、终止、挂起、分支、合并等，工作流引擎直接支持上述操作。而在实际需求中，通常需要自由操作流程，如回退、跳转、加签、减签等，对于这些操作，工作流引擎不直接支持，用户必须单独实现。是否支持流程操作直接决定了WfMS是否实用。

工作流客户端程序是WfMS的工作界面，通常以Web方式展现，通过提供待办列表和已办列表、执行流程操作、查看流程历史信息等内容，展现WfMS的功能。

流程监控以图形化方式监控流程执行过程，包括流程运转状况、每个环节耗费的时间等，流程监控数据是流程优化的依据。

表单设计工具一般是可视化的，用户可以以拖放元素的方式绘制业务所需的表单，并绑定表单数据。表单设计工具的好坏同样会决定WfMS是否易用。

通常业务流转需要表单来表达实际的业务，因此需要与表单进行集成来实现业务逻辑。与表单的集成通常包括表单数据的自动获取、存储、修改，表单域的权限控制，流程相关数据的维护，以及流程环节表单的绑定。与表单的集成程度直接决定WfMS对开发效率的提升效果。

与应用程序的集成用于完善WfMS的业务逻辑，主要涉及与权限系统及组织机构的集成。流程环节需要绑定相应的执行角色，而流程操作需要关联权限系统、组织机构。

1.1.3 BPMN规范

为了将实际的业务流程转化为计算机可处理的形式化定义，2000年以后，多个标准化组织制定了各种流程描述和建模方法，如BPEL、BPMN等语言标准。BPEL是一种基于XML的、用于描写业务流程的编程语言，是一种用于产品间交换的标准，业务流程中的各步骤则由Web服务实现。BPMN是一种基于流程图的通用可视化标准，提供通用、易于理解的流程符号，它在业务流程设计与业务流程实现之间搭建了一座标准化桥梁，最新的BPMN 2.0标准于2011年发布。BPMN 2.0的出现结束了多年来多种业务流程建模语言标准竞争的局面。目前，BPMN 2.0已成为BPM及工作流的主流建模语言标准之一。

1. BPMN 2.0概述

BPMN 2.0是对象管理组织（Object Management Group，OMG）于2011年推出的一种业务流程建模通用语言标准，是对BPMN 1.0的重定义。BPMN 2.0相对于BPMN 1.0、XPDL、BPML及BPEL等规范，最大的区别在于定义了规范的执行语义和格式，利用标准图元描述真实业务发生过程，保证同一业务流程在不同的工作流引擎下的执行结果是一致的。制定BPMN 2.0标准的一个目的是提供一种能够创建简单易懂业务流程模型的机制，以处理复杂的业务流程。为此，BPMN 2.0定义了丰富的元素，并对这些元素进行了分类，使用户能够轻松识别，从而读懂并理解模型。掌握了BPMN 2.0基本元素，就掌握了BPMN 2.0的核心。BPMN 2.0基本元素分类及符号如表1.1和表1.2所示。

表1.1 BPMN 2.0基本元素分类

基本元素分类	基本元素
流对象（Flow Object）	事件（Event）、活动（Activity）、网关（Gateway）
数据（Data）	数据对象（Data Object）、数据输入（Data Input）、数据输出（Data Output）、数据存储（Data Store）
连接对象（Connecting Object）	顺序流（Sequence Flow）、消息流（Message Flow）、关联（Association）、数据关联（Data Association）
泳道（Swimlane）	池（Pool）、通道（Lane）
工件（Artifact）	组（Group）、文本标注（Text Annotation）

表1.2 BPMN 2.0基本元素符号

基本元素	说明
事件（Event）	事件用于表明流程整个生命周期中发生了什么，如流程的启动、结束、边界条件等；基于发生时间对流程的影响，包含开始事件（start event）、中间事件（intermediate event）、边界事件（boundary event）和结束事件（end event），其中边界事件可看作一种特殊的中间事件；事件表示为具有开放中心的闭合圆圈，通过内部标记和圆圈粗细区分不同的事件
活动（Activity）	活动是流程中执行的工作或任务，工作流中所有具备生命周期状态的操作都可以称为"活动"；活动可以是原子的［如用户任务（user task）］，也可以是复合的［如子流程（sub process）］；活动表示为圆角矩形
网关（Gateway）	网关决定流程流转指向，可以作为条件分支或聚合，也可以作为并行执行或基于事件的排他性条件判断；网关控制流程和编排中顺序流的发散和收敛，决定了路径的分支、分叉、合并和连接；网关表示为菱形，内部标记用于区分不同行为的网关

续表

基本元素	说明
顺序流（Sequence Flow）	顺序流描述活动在流程和编排中执行的顺序；顺序流表示为实心箭头
消息流（Message Flow）	消息流用于显示两个参与者之间的消息流动
关联（Association）	关联是用于连接消息和活动的图形元素；文本标注和其他活动都可以以这种图形元素连接
池（Pool）	池是协作中参与者的图形表示，还充当"泳道"和图形容器，用于从其他池中划分一组活动；池中可以有内部细节，包含将要执行的进程，也可以没有内部细节，作为一个"黑匣子"
通道（Lane）	通道是流程或池中的子分区，用于在横向或纵向延长整个流程，常用于组织和分类活动
数据对象（Data Object）	数据对象提供活动所需的信息，或者活动产生的信息；数据对象可以表示单个对象或对象的集合
消息（Message）	消息用于描述两个参与者之间的通信内容
组（Group）	组将同一类别的一组图形元素直观地显示在流程图上，主要用于分析或文档化流程，不影响组内的序列流
文本标注（Text Annotation）	文本标注是建模者为流程图的阅读者提供的附加文本信息

图1.3使用BPMN 2.0中的图形符号创建了一个简单请假流程示例，主要由事件、活动、网关和顺序流这4种基本元素构成。

图1.3 简单请假流程示例

流程定义文件的扩展名一般为.bpmn.xml或者.bpmn20.xml，可以看出BPMN 2.0实际上基于XML表示业务流程。使用文本编辑器可以打开该请假流程示例的流程定义文件，其内容如下：

```xml
<?xml version='1.0' encoding='UTF-8'?>
<definitions xmlns="http://www.omg.org/spec/BPMN/20100524/MODEL"
  xmlns:xsi="http://www.w3.org/2001/XMLSchema-instance"
  xmlns:xsd="http://www.w3.org/2001/XMLSchema"
  xmlns:activiti="http://activiti.org/bpmn"
  xmlns:bpmndi="http://www.omg.org/spec/BPMN/20100524/DI"
  xmlns:omgdc="http://www.omg.org/spec/DD/20100524/DC"
  xmlns:omgdi="http://www.omg.org/spec/DD/20100524/DI"
  typeLanguage="http://www.w3.org/2001/XMLSchema"
  expressionLanguage="http://www.w3.org/1999/XPath"
  targetNamespace="http://www.activiti.org/processdef">
  <process id="process_simple" name="请假流程" isExecutable="true">
    <startEvent id="startEvent1"/>
    <userTask id="leave_apply" name="请假申请" activiti:assignee="${initiator}"
      activiti:formKey="simple_form"/>
    <sequenceFlow id="sf1" sourceRef="startEvent1" targetRef="leave_apply"/>
    <userTask id="leader_approval" name="领导审批" activiti:assignee="${leader}"
      activiti:formKey="simple_form"/>
    <sequenceFlow id="sf2" sourceRef="leave_apply" targetRef="leader_approval"/>
    <exclusiveGateway id="gateway1"/>
    <sequenceFlow id="sf3" sourceRef="leader_approval" targetRef="gateway1"/>
    <serviceTask id="holiday_management" name="假期管理"/>
    <endEvent id="endEvent1"/>
    <sequenceFlow id="sf4" sourceRef="holiday_management" targetRef="endEvent1"/>
    <sequenceFlow id="sf5" name="通过" sourceRef="gateway1"
      targetRef="holiday_management">
      <conditionExpression xsi:type="tFormalExpression">
```

```xml
          <![CDATA[${task_领导审批_outcome=='agree'}]]></conditionExpression>
      </sequenceFlow>
      <sequenceFlow id="sf6" name="驳回" sourceRef="gateway1" targetRef="leave_apply">
        <conditionExpression xsi:type="tFormalExpression">
          <![CDATA[${task_领导审批_outcome=='disagree'}]]></conditionExpression>
      </sequenceFlow>
  </process>
  <bpmndi:BPMNDiagram id="BPMNDiagram_qj">
    <bpmndi:BPMNPlane bpmnElement="qj" id="BPMNPlane_qj">
      <bpmndi:BPMNShape bpmnElement="startEvent1" id="BPMNShape_startEvent1">
        <omgdc:Bounds height="30.0" width="30.0" x="100.0" y="163.0"/>
      </bpmndi:BPMNShape>
      <bpmndi:BPMNShape bpmnElement="leave_apply" id="BPMNShape_leave_apply">
        <omgdc:Bounds height="80.0" width="100.0" x="175.0" y="138.0"/>
      </bpmndi:BPMNShape>
      <bpmndi:BPMNShape bpmnElement="leader_approval" id="BPMNShape_leader_approval">
        <omgdc:Bounds height="80.0" width="100.0" x="320.0" y="138.0"/>
      </bpmndi:BPMNShape>
      <bpmndi:BPMNShape bpmnElement="gateway1" id="BPMNShape_gateway1">
        <omgdc:Bounds height="40.0" width="40.0" x="465.0" y="158.0"/>
      </bpmndi:BPMNShape>
      <bpmndi:BPMNShape bpmnElement="holiday_management"
        id="BPMNShape_holiday_management">
        <omgdc:Bounds height="80.0" width="100.0" x="570.0" y="138.0"/>
      </bpmndi:BPMNShape>
      <bpmndi:BPMNShape bpmnElement="endEvent1" id="BPMNShape_endEvent1">
        <omgdc:Bounds height="28.0" width="28.0" x="715.0" y="164.0"/>
      </bpmndi:BPMNShape>
      <bpmndi:BPMNEdge bpmnElement="sf5" id="BPMNEdge_sf5">
        <omgdi:waypoint x="504.57089552238807" y="178.42910447761193"/>
        <omgdi:waypoint x="570.0" y="178.18587360594796"/>
      </bpmndi:BPMNEdge>
      <bpmndi:BPMNEdge bpmnElement="sf1" id="BPMNEdge_sf1">
        <omgdi:waypoint x="130.0" y="178.0"/>
        <omgdi:waypoint x="175.0" y="178.0"/>
      </bpmndi:BPMNEdge>
      <bpmndi:BPMNEdge bpmnElement="sf4" id="BPMNEdge_sf4">
        <omgdi:waypoint x="670.0" y="178.0"/>
        <omgdi:waypoint x="715.0" y="178.0"/>
      </bpmndi:BPMNEdge>
      <bpmndi:BPMNEdge bpmnElement="sf2" id="BPMNEdge_sf2">
        <omgdi:waypoint x="275.0" y="178.0"/>
        <omgdi:waypoint x="320.0" y="178.0"/>
      </bpmndi:BPMNEdge>
      <bpmndi:BPMNEdge bpmnElement="sf6" id="BPMNEdge_sf6">
        <omgdi:waypoint x="485.5" y="158.5"/>
        <omgdi:waypoint x="485.5" y="110.0"/>
        <omgdi:waypoint x="225.0" y="110.0"/>
        <omgdi:waypoint x="225.0" y="138.0"/>
      </bpmndi:BPMNEdge>
      <bpmndi:BPMNEdge bpmnElement="sf3" id="BPMNEdge_sf3">
        <omgdi:waypoint x="420.0" y="178.2164502164502"/>
        <omgdi:waypoint x="465.4130434782609" y="178.41304347826087"/>
      </bpmndi:BPMNEdge>
    </bpmndi:BPMNPlane>
  </bpmndi:BPMNDiagram>
</definitions>
```

流程定义文件的根元素是definitions，该元素至少需要包含xmlns和targetNamespace两个属性，xmlns用于声明默认命名空间，targetNamespace用于声明目标命名空间。这些属性值通常表示为固定的URI。每个流程定义文件都必须包含这些属性。此外，每个流程定义文件都包含BPMN业务流程和流程图形化展示两部分，分别对应根元素definitions的两个子元素：process和BPMNDiagram。

子元素process代表一个真正的业务流程定义。definitions可以包含多个process，不过建议只包含一个，以简化流程定义开发和维护的难度。process元素有3个属性：id、name和isExecutable。属性id是必填项，是业务流程的标识,用以启动一个流程实例;属性name用于定义业务流程名称;属性isExecutable用于定义流程是否可执行。

使用BPMN定义的元素都包含在process元素下,在上述请假流程示例的流程定义文件中,process元素包括1个开始事件(startEvent)、2个用户任务(userTask)、1个排他网关(exclusiveGateway)、1个服务任务(serviceTask)、1个结束事件(endEvent)和6个顺序流(sequenceFlow)。工作流引擎在执行业务流程时会读取这部分内容来获取业务流程规则。

BPMNDiagram定义了业务流程模型的布局,包括每个BPMN元素的位置和大小等信息。流程设计工具可以根据BPMNDiagram中的描述信息绘制可视化流程图,让用户直观地理解业务流程。

2. BPMN 2.0结构

在BPMN 2.0基本元素中,要重点掌握事件、活动、网关这3类流对象。它们是BPMN 2.0的核心结构,如图1.4所示。

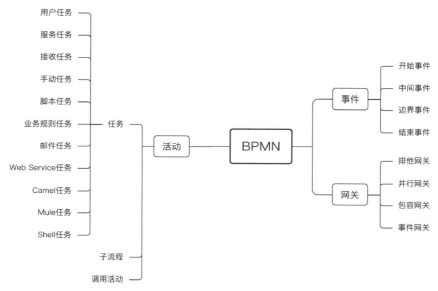

图1.4　BPMN 2.0核心结构

1)事件

事件主要分为开始事件、中间事件、边界事件和结束事件。

开始事件是流程的起点,定义流程如何启动,以及显示的图标类型。在流程定义文件中,开始事件类型由子元素声明定义。根据不同的触发条件,可将开始事件分为不同类型,如表1.3所示。

表1.3　依触发条件划分的开始事件类型

触发条件	说明	详细介绍
无(none)	未指定启动流程实例触发器的开始事件	参阅8.3.1小节
定时器(timer)	定时器开始事件:在指定时间创建流程实例。在流程只需启动一次,或者需在特定时间间隔重复启动时,可以使用定时器开始事件	参阅8.3.2小节
信号(signal)	使用具名信号启动流程实例	参阅8.3.3小节
消息(message)	使用具名消息启动流程实例	参阅8.3.4小节
错误(error)	错误开始事件总是中断,可用于触发事件子流程,不能用于启动流程实例	参阅8.3.5小节
升级(escalation)	升级开始事件只能用于触发事件子流程,不能用于启动流程实例	参阅8.3.6小节
条件(conditional)	条件开始事件只能用于触发事件子流程。条件开始事件用于根据特定条件来启动子流程。当满足条件时,子流程会被启动并执行	参阅8.3.7小节
变量监听(variable listener)	通过监听指定变量的变化来发起流程实例	参阅8.3.8小节

结束事件标志着流程或子流程中的一个分支结束。结束事件总是抛出型事件。这意味着当流程执行到达结束事件时，会抛出一个结果，结果类型由事件内部自带的填充图标表示。在流程定义文件中，结束事件类型由子元素声明定义。根据不同的触发条件，可将结束事件分为不同类型，如表1.4所示。

表1.4　依触发条件划分的结束事件类型

触发条件	说明	详细介绍
无（none）	空的结束事件意味着当流程执行到这个事件时，无指定的抛出结果。工作流引擎除结束当前执行分支，不做任何操作	参阅8.4.1小节
错误（error）	当流程执行到错误结束事件时，结束执行当前分支，并抛出错误，这个错误可以由匹配的错误边界中间事件捕获。如果找不到匹配的错误边界中间事件，则会抛出异常	参阅8.4.2小节
取消（cancel）	取消结束事件只能与BPMN事务子流程同时使用。当流程执行到取消结束事件时，会抛出取消事件，且必须由取消边界事件捕获。取消边界事件将取消BPMN事务，并触发补偿	参阅8.4.3小节
终止（terminate）	当流程执行到终止结束事件时，当前流程实例或子流程会被终止	参阅8.4.4小节
升级（escalation）	当流程到达升级结束事件时，当前路径的执行结束，并且会抛出升级	参阅8.4.5小节

开始事件和结束事件之间发生的事件统称为中间事件。中间事件会影响流程的流转路径，但不会启动或直接终止流程。按照其特性，中间事件又可分为中间捕获事件和中间抛出事件两类。当流程执行到中间捕获事件时，它会一直处于待触发状态，直到接收特定信息时被触发；当流程执行到中间抛出事件时，它会被自动触发并抛出相应的结果或者信息。中间事件类型如表1.5所示。

表1.5　中间事件类型

类型	说明	详细介绍
定时器中间捕获事件（timer intermediate catching event）	当流程执行到定时器中间捕获事件时，启动定时器；当定时器触发后（如间隔一段时间后触发），沿定时器中间捕获事件的外出顺序流继续执行	参阅9.2.1小节
信号中间捕获事件（signal intermediate catching event）	用于捕获与其引用的信号定义具有相同信号名称的信号。与其他事件（如错误事件）不同，信号在被信号中间捕获事件捕获后不会被消耗。如果两个激活的信号中间捕获事件同时捕获了相同的信号，则这两个事件都会被触发，即使它们并不处于同一个流程实例中	参阅9.2.2小节
信号中间抛出事件（signal intermediate throwing event）	用于抛出流程中的定义信号	参阅9.2.2小节
消息中间捕获事件（message intermediate catching event）	用于捕获特定名称的消息	参阅9.2.3小节
补偿中间抛出事件（compensate intermediate throwing event）	用于触发补偿。当执行到补偿中间抛出事件时，会触发该流程已完成活动的边界补偿事件	参阅9.2.4小节
空中间抛出事件（intermediate throwing none event）	用于指示流程已经处于某种状态	参阅9.2.5小节
条件中间捕获事件（conditional intermediate catching event）	等待接收符合条件的事件时触发	参阅9.2.6小节
变量监听器中间捕获事件（variable listener intermediate catching event）	等待指定的变量变化事件时触发	参阅9.2.7小节
升级中间抛出事件（escalation intermediate throwing event）	用于抛出升级事件	参阅9.2.8小节

边界事件是一种特殊的中间事件,依附在活动上。边界事件永远不会抛出。这意味着当活动运行时,边界事件将监听特定类型的触发器。当工作流引擎捕获到边界事件时,会终止活动,并沿该事件的外出顺序流继续执行。根据不同的触发条件,可将边界事件分为不同类型,如表1.6所示。

表1.6 依触发条件划分的边界事件类型

触发条件	说明	详细介绍
定时器(timer)	当流程执行到边界事件所依附的活动时,将启动定时器。定时器触发后(如间隔特定时间后触发),会中断活动,并沿着边界事件的外出顺序流继续执行	参阅9.1.1小节
信号(signal)	依附在活动边界上的信号中间捕获事件,用于捕获与其信号定义具有相同名称的信号	参阅9.1.2小节
消息(message)	依附在活动边界上的消息中间捕获事件,用于捕获与其消息定义具有相同名称的消息	参阅9.1.3小节
错误(error)	依附在活动边界上的错误中间捕获事件,捕获其所依附的活动范围内抛出的错误。在嵌入式子流程或者调用活动上定义错误边界事件最有意义,因为子流程活动范围包括其中的所有活动。错误可以由错误结束事件抛出。错误会逐层向其上级活动范围传播,直到活动找到一个匹配错误事件定义的错误边界事件。当捕获错误边界事件时,会销毁错误边界事件定义所在的活动,同时销毁其中所有当前执行活动(如并行活动、嵌套子流程等)。流程将沿着错误边界事件的外出顺序流继续执行	参阅9.1.4小节
取消(cancel)	依附在事务子流程边界上的取消中间捕获事件,在事务取消时触发。当取消边界事件触发后,先会中断当前活动范围内所有活动的执行,然后,启动事务活动范围内所有有效补偿边界事件。补偿会同步执行,也就是说,在离开事务前,边界事件会等待补偿完成。当补偿完成后,流程沿取消边界事件的任何外出顺序流离开事务子流程	参阅9.1.5小节
补偿(compensation)	依附在活动边界上的补偿中间捕获事件,用于为活动附加补偿处理器。补偿边界事件必须使用直接关联方式引用单个补偿处理器。补偿边界事件与其他边界事件的活动策略有所不同。其他边界事件,如信号边界事件,在其依附的活动启动时激活,当该活动结束时结束,并取消相应的事件订阅。补偿边界事件在其依附的活动成功完成时激活,同时创建补偿边界事件的相应订阅。当补偿边界事件被触发或者相应的流程实例结束时,才会移除相应的订阅	参阅9.1.6小节
条件(conditional)	条件边界事件可以附加在某个流程活动上,当流程到达该流程活动时,在其依附的流程活动的生命周期内会根据指定的条件来判断是否触发边界事件。如果条件满足,则会触发边界事件,流程会沿其外出顺序流继续流转。如果该边界事件设置为中断,依附的流程活动将被终止	参阅9.1.7小节
变量监听(variable listener)	变量监听器边界事件可以附加在某个流程活动上,当流程到达该流程活动时,工作流引擎会创建一个捕获事件,在其依附的流程活动的生命周期内会监听变量的变化来判断是否触发边界事件。如果条件满足,则会触发边界事件,流程会沿其外出顺序流继续流转。如果该边界事件设置为中断,依附的流程活动将被终止	参阅9.1.8小节
升级(escalation)	升级边界事件只能依附于一个子流程,或者一个调用活动。升级只能被升级中间抛出事件或者升级结束事件抛出	参阅9.1.9小节

2)活动

活动是业务流程定义的核心元素,是业务流程中执行的工作或任务的统称。在工作流中所有具备生命周期状态的元素可以称为"活动"。

活动既可以是流程的基本处理单元(如用户任务、服务任务等),也可以是组合单元(如调用活动、嵌套子流程等)。

活动表示为圆角矩形。活动类型如表1.7所示。

表1.7 活动类型

类型	说明	详细介绍
用户任务(user task)	也称为人工任务,指对需要人工执行的任务进行建模。当流程执行到用户任务时,会在指派到该任务的用户或组的任务列表中创建一个新任务	参阅10.1节

类型	说明	详细介绍
手动任务（manual task）	手动任务在流程中几乎不做任何操作，只是在流程历史记录中留下一点痕迹，表明流程走过哪些节点。对工作流引擎而言，手动任务是作为直接通过的活动处理的，流程执行到此会自动继续执行	参阅10.2节
接收任务（receive task）	接收任务是一个简单的任务，等待某个消息的到来。当流程执行到接收任务时，流程将一直保持等待状态，工作流引擎接收到特定消息时，会触发流程继续执行接收任务	参阅10.3节
服务任务（service task）	一个自动化任务。当流程执行到服务任务时，调用某些服务（如网页服务、Java服务等），然后继续执行后继任务	参阅11.1节
脚本任务（script task）	一个自动化任务。当流程执行到脚本任务时，会自动执行编写的脚本，然后继续执行后继任务。Activiti支持的脚本语言有Groovy、JavaScript、BeanShell等	参阅11.2节
业务规则任务（business rule task）	用于同步执行一个或多个规则，可以通过制定一系列规则来实现流程自动化。Activiti使用Drool规则引擎来执行业务规则	参阅11.3节
邮件任务（mail task）	服务任务的一种扩展任务，旨在向外部参与者（相对于流程）发送邮件。一旦邮件被发送，任务就完成了	参阅12.1节
Camel任务（Camel task）	服务任务的一种扩展任务，可以向Camel（一种基于规则的路由和中介引擎）发送和接收消息	参阅12.2节
Mule任务（Mule task）	服务任务的一种扩展任务，可以向Mule（一款轻量级的企业服务总线和集成平台）发送消息	参阅12.3节
Shell任务（Shell task）	服务任务的一种扩展任务，可以在流程执行过程中运行Shell脚本与命令	参阅12.4节
Http任务（http task）	Http任务是用于发出HTTP请求的任务，它可以发送HTTP请求并接收响应，可以执行GET、POST、PUT和DELETE等不同类型的请求	参阅13.1节
外部工作者任务（external worker task）	允许创建由"外部工作者"获取并执行的任务。外部工作者可通过Java API或REST API获取该任务	参阅13.2节
Web Service任务（Web Service task）	服务任务的一种扩展任务，可以通过Web Service通信技术同步调用外部Web服务	参阅13.3节
决策任务（decision task）	用于根据预定义的规则和条件对流程进行决策	参阅13.4节
子流程（sub process）	一个可以包含其他活动、分支、事件等的活动，经常用于分解大的复杂的业务流程	参阅15.1节
调用活动（call activity）	可以在一个流程定义中调用另一个独立的流程定义	参阅15.2节

3）网关

网关用于控制顺序流在流程中的汇聚和发散。从其名称可以看出，它具备网关门控机制。网关与活动一样，能够使用或生成额外的令牌，可以有效控制给定流程的执行语义。两者的主要区别在于，网关不代表正在完成的"工作"，它对正在执行的流程的运行成本、时间等的影响为零。

网关可以定义所有类型的业务流程序列流行为，如决策/分支（独占、包含和复杂）、合并、分叉和加入等。网关表示为菱形，虽然菱形传统上用于表示排他性决策，但BPMN 2.0扩展了菱形行为，所有类型的网关都有一个内部指示器或标记来表明正在使用的网关类型。网关类型如表1.8所示。

表1.8 网关类型

类型	说明	详细介绍
排他网关（exclusive gateway）	排他网关用于对流程中的决策进行建模。当流程执行到该网关时，会按照所有外出顺序流定义的顺序对它们进行计算，选择第一个条件计算结果为true的顺序流继续执行	参阅14.2.1小节
并行网关（parallel gateway）	并行网关可以将执行分支（fork）为多条路径，也可以合并（join）多条入口路径的执行。并行网关与其他网关类型有一个重要区别：并行网关不计算条件。如果连接到并行网关的顺序流上定义了条件，会直接忽略该条件	参阅14.2.2小节

类型	说明	详细介绍
包容网关（inclusive gateway）	包容网关可以看作排他网关与并行网关的组合。与排他网关一样，可以在包容网关的外出顺序流上定义条件，包容网关会自动计算条件。两者的主要区别在于，包容网关类似并行网关，可以同时选择多条外出顺序流	参阅14.2.3小节
事件网关（event-based gateway）	事件网关提供了基于事件的选择方式。网关的每一条外出顺序流都需要连接到一个中间捕获事件。当流程执行到基于事件的网关时，与等待状态类似，该网关会暂停执行，并且为每一条外出顺序流创建一个事件订阅	参阅14.2.4小节

1.2 Flowable介绍

Flowable是一个基于Java的开源工作流引擎，用于管理和执行复杂的业务流程。它提供了一套强大的工具和功能，用于定义、模拟、执行和监控业务流程。Flowable支持BPMN 2.0规范，并提供了一系列的API和界面，使开发人员能够轻松地创建、部署和管理业务流程。Flowable还提供了与其他系统集成的能力，如与REST API、消息队列和数据库的集成，以便实现更复杂的业务流程。Flowable是一个灵活和可扩展的工作流引擎，适用于各种规模和类型的业务流程管理。

1.2.1 工作流开源框架

目前市面上主流的工作流开源框架有4个，分别是jBPM、Activiti、Camunda和Flowable。其中，Activiti、Camunda和Flowable均基于jBPM 4.0框架演化而来，它们之间的关系如图1.5所示。

jBPM 4.0是JBoss公司推出的一款工作流开源框架，后来由于团队内部出现分歧，部分团队核心人员离开JBoss公司加入Alfresco公司，很快Alfresco公司推出了新的基于jBPM 4.0的开源工作流框架Activiti 5.0。

Activiti 5.0以jBPM 4.0为基础，继承了jBPM 4.0强大的可扩展能力，同时增强了流

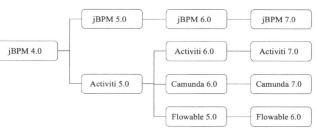

图1.5 jBPM、Activiti、Camunda、Flowable之间的关系

程可视化与管理能力。Activiti 5.0经过一段时间的发展，衍生出了Camunda框架，Activiti 5.0也向Activiti 6.0演化。Activiti 6.0开发过程中，核心开发团队产生分歧，分化出了Flowable。Flowable 5基于Activiti 5的分支重构而成，到了Flowable 6.0时，不仅修复了很多Activiti 6.0的bug，还注入了更多的新特性。

本书选用Flowable来讲解企业级工作流引擎开发与应用的实现，一方面是因为Flowable免费开源、稳定可靠、应用广泛，另一方面是因为Flowable有着十分优秀的设计思想及代码风格，易于入门。

1.2.2 Flowable的特点

作为Activiti的分支，Flowable不但继承前者功能强大、稳定可靠的特点，而且更加注重功能性、扩展性、性能方面的优化。

- ❑ 更完善的功能。Flowable引入了CMMN（Case Management Model and Notation）和DMN（Decision Model and Notation）来支持更复杂的流程建模和执行，增加支持动态流程，支持Http任务等新的类型节点，提供跳转API等。本书会详细介绍Flowable新增扩展的各种功能。
- ❑ 更优的性能。为提升运行效率，工作流引擎通常会将运行时数据与历史数据进行分离，历史数据通过事务同步写入的方式来实现，但随着历史数据的增长，系统的性能会急剧下降，容量也会达到瓶颈。Flowable提供一系列方法实现历史数据异步存储，并支持不同数据存储引擎来存储历史数据，从而提升性能及容量。
- ❑ Flowable也对异步任务进行了优化。在有大量异步任务的情况下，通常Flowable通过引入更多的执行实例来提升执行效率和提高吞吐量，但在高并发场景下这会引发Job抢占执行的问题，造成性能下降，Flowable通过引入全局锁来解决这一问题。

1.3　Flowable之初体验

本节将介绍正式使用Flowable进行开发前的基础准备工作，包括下载与启动Flowable官方提供的应用Flowable UI，并通过Flowable UI来演示Flowable提供的功能，向读者展示Flowable工作流引擎的初步使用及能力。

1.3.1　下载Flowable安装包

本书使用Flowable 6.8.0版本，可从Flowable官方网站下载相应安装包。

将下载的flowable-6.8.0.zip文件解压缩，得到图1.6所示的文件目录。

名称	修改日期	类型	大小
database	2023/9/23 14:36	文件夹	
docs	2023/9/23 14:36	文件夹	
libs	2023/9/23 14:36	文件夹	
wars	2023/9/23 14:37	文件夹	
license.txt	2022/12/22 13:16	文本文档	12 KB
notice.txt	2022/12/22 13:16	文本文档	13 KB
readme.html	2022/12/22 13:16	360 Chrome HTML ...	58 KB

图1.6　flowable-6.8.0文件目录

从图1.6中可以看到4个文件夹，即database、docs、libs和wars，它们的用途分别如下。

- database：存放Flowable数据库表的创建、修改和升级SQL脚本，不同数据库有不同的SQL文件。目前Flowable支持DB2、Oracle、SQL Server、MySQL、PostgreSQL、HSQL、CockroachDB和H2等数据库。
- docs：存放Flowable的文档，如用户指南和API文档。
- libs：存放Flowable发布的JAR包，包含JAR包和源码包。
- wars：存放Flowable官方提供的WAR包，包括flowable-rest.war和flowable-ui.war两个WAR包。其中，flowable-rest.war主要提供Flowable的rest接口，Flowable通过统一的restful接口来服务，主要有部署管理、任务管理、流程管理等功能，可以不通过Java API来调用相关接口。flowable-ui.war是Flowable工作流引擎的用户界面应用Flowable UI，它提供了一个可视化的用户界面，用户可以通过这个界面来创建、部署和管理流程，以及监控和执行这些流程。

1.3.2　启动Flowable UI

可以通过两种方式来启动Flowable UI：一种方式是将flowable-ui.war文件复制到Tomcat的webapps目录下，通过启动Tomcat即可运行Flowable UI；另一种方式是独立运行Flowable UI，它是基于Spring Boot 2.0开发的，可以直接以独立应用模式运行，而不需要应用服务器。后一种方式需要进入flowable-ui.war所在目录中，执行如下命令启动Flowable UI：

```
java -jar flowable-ui.war
```

通过以上任意一种方式启动Flowable UI后，通过浏览器访问http://localhost:8080/flowable-ui，可以看到图1.7所示的登录页面。

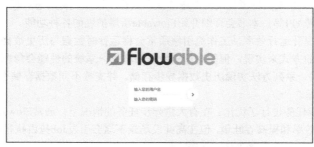

图1.7　Flowable UI登录页面

默认情况下，Flowable UI应用内置默认管理员账号，用户名为admin，密码为test。输入用户名和密码，成功登录后，进入图1.8所示的界面。

图1.8　Flowable UI主页面

从图1.8可以看出，Flowable UI包含以下4个模块。
- 任务应用（Flowable task）：这个模块主要进行流程相关的操作，提供了启动流程实例、编辑任务表单、完成任务，以及查询流程实例与任务的功能。
- 建模器应用（Flowable modeler）：让拥有建模权限的用户可以创建流程模型、表单、决策表与应用定义。
- 管理员应用（Flowable admin）：让拥有管理员权限的用户可以查询流程模型、表单、决策表等，并提供了许多选项用于修改流程实例、任务、作业等。
- 身份管理应用（Flowable IDM）：为所有Flowable UI应用提供单点登录认证功能，并且为拥有IDM管理员权限的用户提供了管理用户、组与权限的功能。

需要注意的是，由于Flowable UI默认使用H2内存数据库，重启应用后存储数据会丢失。

1.3.3　Flowable初体验：运行Flowable UI

Flowable UI是Flowable提供的一套较为完整的工作流应用，可以通过它体验Flowable的大部分功能。本节将以一个简单的报销流程制作为例，向读者展示Flowable的功能，使读者对工作流引擎有初步的了解。

1．报销流程概述

在本报销流程中，员工发起报销申请，由财务经理审批。其流程如图1.9所示。

2．创建用户

由图1.9可知，报销流程包含员工报销申请和财务经理审批两个环节，因此需要创建两个用户：员工（staff）和经理（manager）。

图1.9　报销流程示例

使用admin账号登录Flowable UI后，进入图1.8所示的页面，单击身份管理应用程序，跳转到身份管理页面，单击"用户"标签，切换到用户管理页面，如图1.10所示。

图1.10　用户管理页面

单击"创建用户"按钮，就会弹出创建用户界面，如图1.11所示，需要输入用户id、邮箱、密码等信息。这里我们创建两个用户，用户id分别是staff和manager，创建完成后页面如图1.12所示。

3．定义流程

使用admin账号登录Flowable UI后，进入图1.8所示的页面，单击建模器应用程序，进入流程模型管理页面，如图1.13所示。

单击"创建流程"按钮，跳转到新建流程模型界面，如图1.14所示，输入模型名称、模型key、描述等信息，单击"创建新模型"按钮。

图1.11 创建用户界面

图1.12 用户创建完成页面

图1.13 流程模型管理页面

图1.14 新建流程模型界面

此时跳转到图1.15所示的流程模型设计页面，根据图1.9所示的报销流程，通过鼠标拖放可视化组件绘制流程模型。

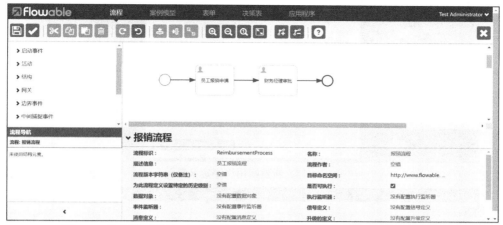

图1.15　流程模型设计页面（"中间捕捉事件"本书称"中间捕获事件"）

从图1.15可知，该流程模型中定义了一个开始事件、两个用户任务和一个结束事件。接下来，将两个用户任务分别分配给staff和manager用户。在画布上单击第一个用户任务，在打开的属性面板上单击"分配用户"属性，进入图1.16所示的界面，将"员工报销申请"任务分配给"员工"用户（"员工"是用户的真实名称，其用户id为staff），单击"保存"按钮保存配置。采用同样的方法，将"财务经理审批"任务分配给"经理"用户（"经理"是用户的真实名称，其用户id为manager）。配置完成后，切换到流程模型设计界面，单击"保存模型"按钮（图1.15所示界面画布顶部工具栏左侧第一个按钮）保存流程模型。

图1.16　分配用户任务办理人界面

4．发布流程

流程模型创建完成之后，就可以部署了。在Flowable UI中，一个应用可包含多个流程模型，因此在发布流程前，先新建一个应用程序并为其设置流程模型。在图1.13所示的页面中，单击"应用程序"标签，跳转到应用程序管理页面，单击"创建应用程序"按钮，进入新建应用程序定义界面，如图1.17所示，输入应用程序定义名称、应用程序定义key和描述后，单击"创建新的应用程序定义"按钮即可新建一个应用程序，跳转到图1.18所示的页面。

接下来为其设置流程模型。在图1.18所示的页面中，单击"编辑包含的模型"按钮，进入流程模型选择界面，如图1.19所示。选中流程模型之后，单击"关闭"按钮完成配置。

图1.17 新建应用程序定义界面

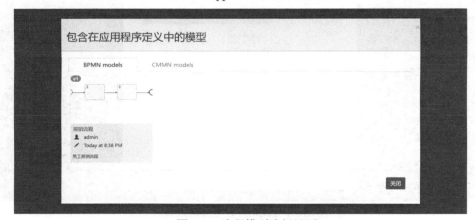

图1.18 App定义详细信息页面1

图1.19 流程模型选择界面

此时即可发布该应用程序。单击"应用程序"标签，跳转到应用程序管理页面，在页面中单击"报销App"图标，跳转到App定义详情信息页面，如图1.20所示，单击右上角的"发布"按钮即可发布应用程序。

5．启动与完成流程

完成以上步骤后，我们使用创建的账号staff启动一个流程实例。启动流程实例前需要先给创建的两个账号staff和manager赋权限，这样它们才能看到创建的报销App应用。在图1.8所示的页面中单击身份管理应用程序，再单击"权限控制"标签，在左侧"访问workflow应用"菜单下添加用户staff和manager的权限，如图1.21所示。

图1.20　App定义详细信息页面2

图1.21　分配workflow应用访问权限

使用staff账号重新登录系统，便能看到刚发布的应用程序，如图1.22所示。

图1.22　刚发布的"报销App"

单击"报销App"，进入"报销App"应用，再单击"流程"标签，即可在流程列表中找到刚才创建的报销流程，如图1.23所示。单击"启动流程"按钮，就可以成功启动一个流程实例。

图1.23　启动流程页面

根据流程模型的定义可知，启动流程后，由staff用户完成第一个用户任务。单击"任务"标签，跳转到图1.24所示的页面，在左侧任务列表中选中要办理的任务，单击右上角的"完成"按钮即可完成当前用户任务。

staff完成任务后，由manager完成第二个用户任务。使用manager账号登录系统，进入"报销App"应用，单击"任务"标签，同样可以看到分配给manager用户的任务，以同样的方式完成任务后，报销流程结束。至此，一个简单的员工报销流程在Flowable UI上运行成功。

图1.24　办理任务页面

6．使用管理员应用查看流程

使用admin账号登录后，进入"管理员"应用，单击"流程引擎"标签，即可查看部署对象、定义、实例、任务等各类信息，单击"实例"标签，如图1.25所示，可查看所有的流程。

图1.25　查看流程实例页面

在流程实例列表中单击流程实例即可查看实例详细信息，如图1.26所示。

图1.26　流程实例详细信息页面

"管理员"应用中的其他标签这里不做介绍，读者可以自行体验。

"管理员"应用中的数据都可以通过Flowable提供的接口获取，接口的使用将在本书后续章节讲述。

1.4　本章小结

本章首先讲解了流程的概念，并介绍了工作流技术的发展和相关的行业规范，帮助读者初步了解这些概念，接下来介绍了Flowable开源工作流框架，最后基于Flowable提供的官方应用，通过一个报销流程的设计、发布、执行、监控的全演示，让读者对Flowable工作流引擎有了初步的认识。本章的学习为读者进一步探索和应用工作流技术奠定了基础。

第 2 章 Flowable流程设计器集成与使用

第1章介绍了Flowable开发前的基础准备工作。学习绘制流程图是认识Flowable工作流引擎的起点,当前主流IDE开发工具均为Flowable提供了可视化的流程设计器插件。本章将介绍在IDEA、Eclipse等主流IDE中集成Flowable流程设计器、绘制一个简单流程的方法与技巧。

2.1 使用IDEA集成Flowable流程设计器

IDEA全称为IntelliJ IDEA,是一款优秀的Java集成开发环境(Integrated Development Environment,IDE),支持Java、Scala和Groovy等语言,以及当前主流软件开发技术和框架,常用于企业应用、移动应用和Web应用的开发。IDEA由JetBrains公司开发和维护,提供Apache 2.0开放式授权的社区版及专有软件的商业版,开发者可按需下载使用。

IDEA有3种版本:教育版(Educational)、社区版(Community)和旗舰版(Ultimate)。其中,IDEA社区版是免费且开源的,但功能较少;旗舰版提供了较为全面的功能,是付费版本,用户可以试用30天;教育版是免费版本,功能无限制,但仅限于学生或教师用于非商业教育目的。初学者使用免费的社区版即可。

IDEA官方网站提供了Windows、mac OS和Linux操作系统下的安装包,读者根据自己机器的操作系统类型选择对应的安装包下载,并按提示安装即可。

2.1.1 在IDEA中安装Flowable BPMN visualizer流程设计器插件

Flowable BPMN visualizer是IDEA中的Flowable插件,用于提供可视化流程设计能力。本小节将介绍如何在IDEA中安装Flowable BPMN visualizer插件。本节基于IDEA 2021.3.2版本介绍安装Flowable BPMN visualizer插件的过程。

IDEA支持在线安装Flowable BPMN visualizer插件,可在IDEA插件市场中直接搜索Flowable BPMN visualizer插件并安装。

启动IDEA后,依次选择File→Settings,在Settings对话框中选择Plugins目录,在搜索框中输入Flowable BPMN visualizer,IDEA会立即开始搜索并展示结果,如图2.1所示。

图2.1 搜索Flowable BPMN visualizer插件

在搜索结果列表中选中Flowable BPMN visualizer插件，单击Install按钮。

IDEA开始下载并自动安装Flowable BPMN visualizer插件，安装成功后的界面如图2.2所示，可以看到Flowable BPMN visualizer插件安装后的按钮已变为Installed。最后单击OK按钮。

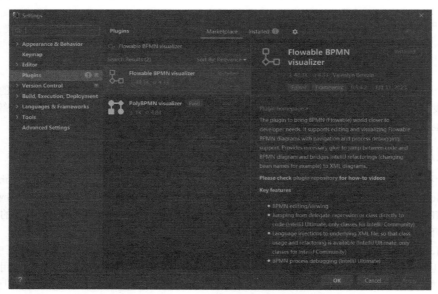

图2.2　Flowable BPMN visualizer插件安装成功后的界面

2.1.2　使用IDEA绘制BPMN流程图

本小节将介绍使用IDEA绘制BPMN流程图的过程。

1．创建项目

启动IDEA后，依次选择File→New→Project，在弹出的New Project对话框（图2.3）中选择Java目录，在Project SDK下拉列表框中选择JDK版本，这里选择1.8（带有java version "1.8.0_40"字样）。单击Next按钮。

在图2.4所示的对话框中直接单击Next按钮。

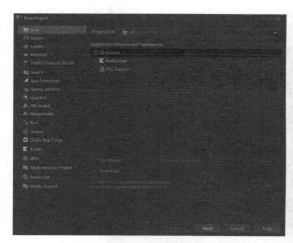

图2.3　New Project对话框（1）　　　　　图2.4　New Project对话框（2）

在图2.5所示的对话框中设置项目名和项目路径，单击Finish按钮，完成项目的创建。

2.1 使用 IDEA 集成 Flowable 流程设计器

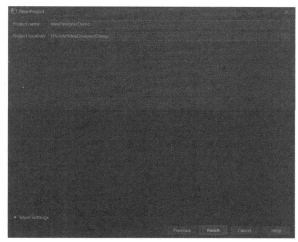

图2.5 设置项目名和项目路径

2．设计流程

右击创建好的项目，在弹出的快捷菜单中依次选择New→New Flowable BPMN 2.0 file，如图2.6所示。

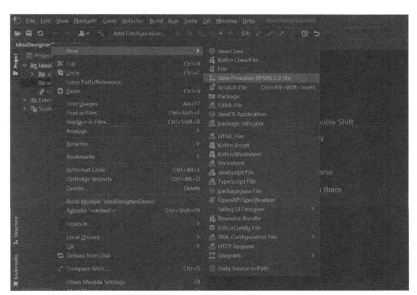

图2.6 依次选择New→New Flowable BPMN 2.0 file

在弹出的New Flowable BPMN 2.0 file对话框的文本框中输入流程图名称，如图2.7所示，按Enter键，此时将自动生成一个XML文件，右击该XML文件，在弹出的快捷菜单中选择View BPMN (Flowable) Diagram命令，如图2.8所示。

图2.7 New BPMN File对话框

进入流程设计器界面，如图2.9所示，在画布上右击，在弹出的快捷菜单中选择各种流程元素，即可在画布上创建对应的流程元素。

在画布上创建多个流程元素后，单击一个流程元素，在该流程元素显示出的浮层中选中↗图标，拖动鼠标指针到另一图标上，即可完成线条的连接，如图2.10所示。

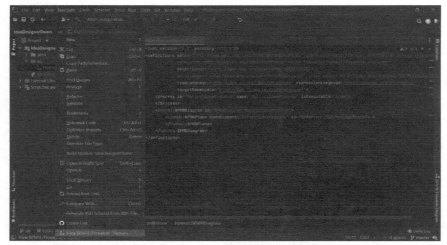

图2.8 选择View BPMN (Flowable) Diagram命令

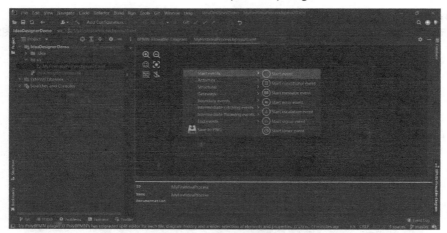

图2.9 在画布上右击选择流程元素

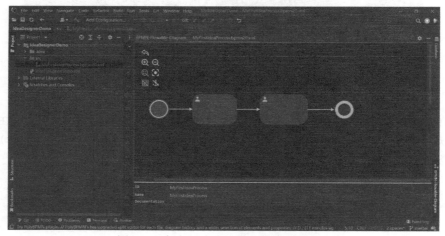

图2.10 在流程设计器界面中绘制流程图

3. 查看流程XML内容

设计流程后,如果需要查看XML内容,可以单击右边栏下方的BPMN-Flowable-Diagram标签进行流程设计界面与XML内容查看界面的切换,如图2.11所示。

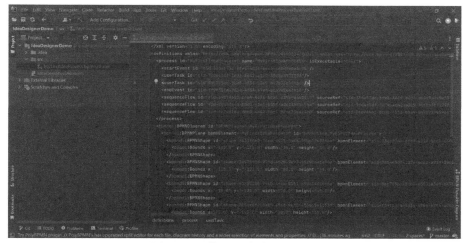

图2.11　切换XML内容查看界面

2.2　使用Eclipse集成Flowable流程设计器

Eclipse是一个开源的、基于Java的可扩展开发平台。Eclipse官方版是一款集成开发环境，可以通过安装插件实现对其他计算机语言的编辑开发。Eclipse的设计思想是"一切皆插件"。就其本身而言，它只是一个框架和一组服务，众多功能都是通过插件实现的。Eclipse作为一款优秀的开发工具，内置了一个标准插件集，其中包括JDK。Eclipse具有强大的代码编排功能，可以帮助程序开发人员完成语法修正、代码修正、代码补全、信息提示等工作，大大提高了程序开发效率。

Eclipse官方网站提供了Windows、mac OS和Linux等不同操作系统下的安装包，读者根据自己机器的操作系统类型选择对应的安装包下载安装即可。

2.2.1　在Eclipse中安装Flowable BPMN Designer插件

Flowable BPMN Designer是一款基于Eclipse的可视化流程设计器插件，由Flowable团队开发，支持BPMN 2.0规范及Flowable扩展元素。本小节将基于Eclipse Neon版本介绍安装Flowable BPMN Designer插件的过程。

（1）启动Eclipse后，依次选择Help→Install New Software…，如图2.12所示。

（2）在打开的Install窗口（图2.13）中，单击Add按钮。

图2.12　依次选择Help→Install New Software…

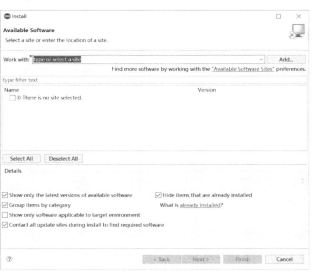

图2.13　Install窗口

（3）在弹出的Add Repository对话框的Name文本框中输入Flowable BPMN Designer，在Location文本框中输入图2.14所示的内容，单击OK按钮。

（4）Eclipse开始搜索Flowable BPMN Designer插件，如图2.15所示，选中搜索到的所有项目，单击Next按钮。需要注意的是，在Details窗格中需要选中Contact all update sites during install to find required software复选框，它会搜索所有更新站点以查找所需的插件并通过Eclipse下载。

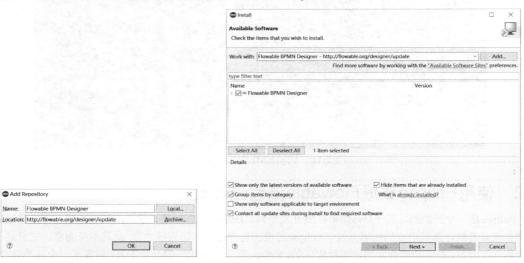

图2.14　Add Repository对话框　　　　　图2.15　搜索Flowable BPMN Designer插件

（5）进入图2.16所示的界面，单击Next按钮。
（6）进入图2.17所示的界面，选中I accept the terms of the license agreements，单击Finsh按钮。

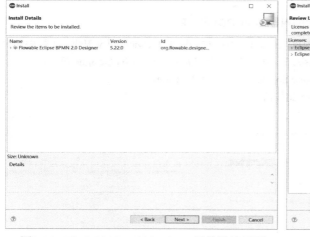
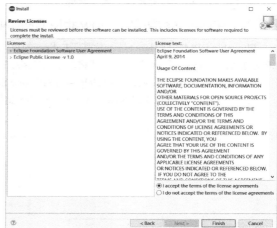

图2.16　Flowable BPMN Designer插件详情界面　　　图2.17　选择license协议界面

（7）Eclipse开始下载插件，下载完成后，弹出图2.18所示的对话框，单击Yes按钮重启Eclipse即可完成Flowable BPMN Designer插件的安装。

不同版本的Eclipse安装过程稍有不同，但主要步骤和选项大同小异，仍可参考以上操作。

图2.18　Software Updates对话框

2.2.2　使用Eclipse绘制BPMN流程图

本小节介绍使用Eclipse绘制BPMN流程图的过程。

1. 创建Flowable项目

（1）启动Eclipse后，依次选择File→New→Project，进入图2.19所示的界面，在向导列表中展开Flowable节点，选择Flowable Project选项，单击Next按钮。

（2）进入图2.20所示的界面，在Project name文本框中输入项目名称，单击Finish按钮。

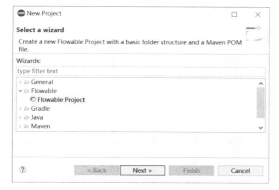
图2.19　创建向导界面

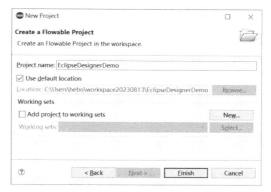
图2.20　创建Flowable项目界面

（3）到此，项目创建完成，其目录结构如图2.21所示。这是Maven的标准目录结构。其中项目路径src/main/resources下的diagrams包用于存放设计的流程定义XML文件。

2. 设计流程

（1）选中前面创建好的项目，在Eclipse菜单栏中依次选择File→New→Other，如图2.22所示。

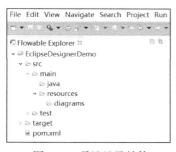
图2.21　项目目录结构

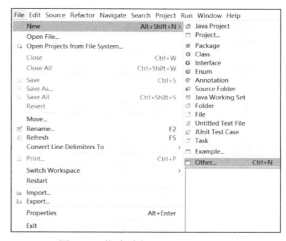
图2.22　依次选择File→New→Other

（2）进入图2.23所示界面，在向导列表中展开Flowable节点，选择Flowable Diagram选项，单击Next按钮。

（3）进入图2.24所示界面，选择流程在项目中的存储路径，然后在File name文本框中输入流程名称，单击Finish按钮。

（4）进入图2.25所示流程设计器界面，最左侧为项目目录，中间为流程画布区域，右侧为BPMN的各种流程元素，画布下方区域为流程属性配置区域。在流程属性配置区域，可以配置以下属性。

- ❑ Id：流程的唯一标识，一般由英文字母和数字组成。
- ❑ Name：流程的名称，可以是任意字符。
- ❑ Namespace：命名空间，一般由公司名称和项目名称组成，可以进一步细化到每个系统的模块。
- ❑ Documentation：流程的备注描述。

（5）拖曳StartEvent元素到画布上，如图2.26所示。图中的圆形图标即为StartEvent（开始事件）元素，将鼠标指针指向该元素时会显示快捷工具提示层,可以从中选择下一个流程节点,快速创建一个节点,当然也可以在右侧区域选择一种节点元素并拖曳到画布上。

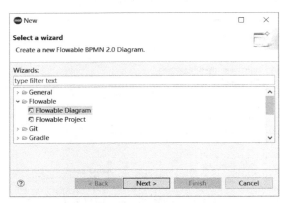

图2.23　创建向导界面

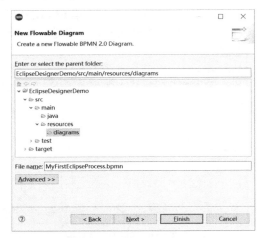

图2.24　New Flowable Diagram设置界面

图2.25　流程设计器界面

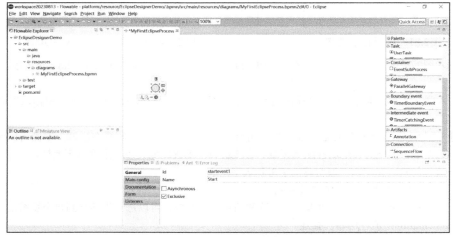

图2.26　创建开始事件节点

（6）第（5）步中通过快捷工具提示层创建的节点，会在开始事件旁创建，并自动用顺序流连接。选中该节点，在属性配置区域可以配置Id、Name等属性，将用户任务节点的Name属性设置为"用户申请"，可以看到画布中的元素名称也随之发生变化，如图2.27所示。

图2.27 配置用户任务节点属性

（7）在设计器右侧区域再次分别拖曳一个用户任务节点（UserTask）和一个结束事件（EndEvent）到画布上，配置用户任务节点的Name属性为"客服处理"。单击"用户申请"节点，在显示快捷工具提示层中找到顺序流，将其拖曳到"客服处理"节点，即可完成两个任务节点之间的连接。客服处理到结束事件之间也采用这种方式完成连接，从而完成整个流程属性的配置。绘制完成的流程图如图2.28所示。

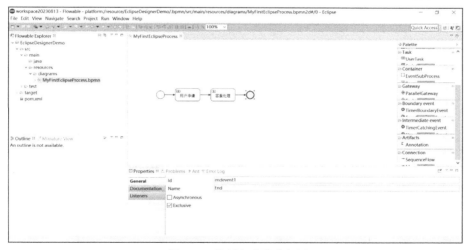

图2.28 绘制完成的流程图

至此，第一个流程的设计完成。在流程设计过程中，可以发现属性配置区域中还存在大量的陌生属性，这些属性会在后续章节介绍。目前，读者只需掌握使用Flowable BPMN Designer设计简单流程的方法。

3．查看流程XML内容

设计流程后，如果需要查看XML内容，可以在左侧项目目录区域查找要查看的流程文件并右击，在弹出的快捷菜单中依次选择Open With→XML Editor，如图2.29所示。

图2.30所示就是用XML Editor命令查询的流程XML内容。

如果要返回流程设计界面，可以右击流程XML文件，在弹出的快捷菜单中依次选择Open With→Flowable Diagram Editor。

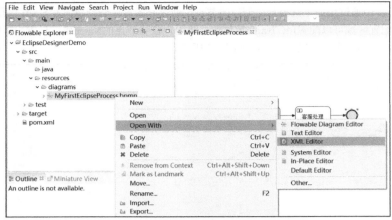

图2.29　查看流程文件内容

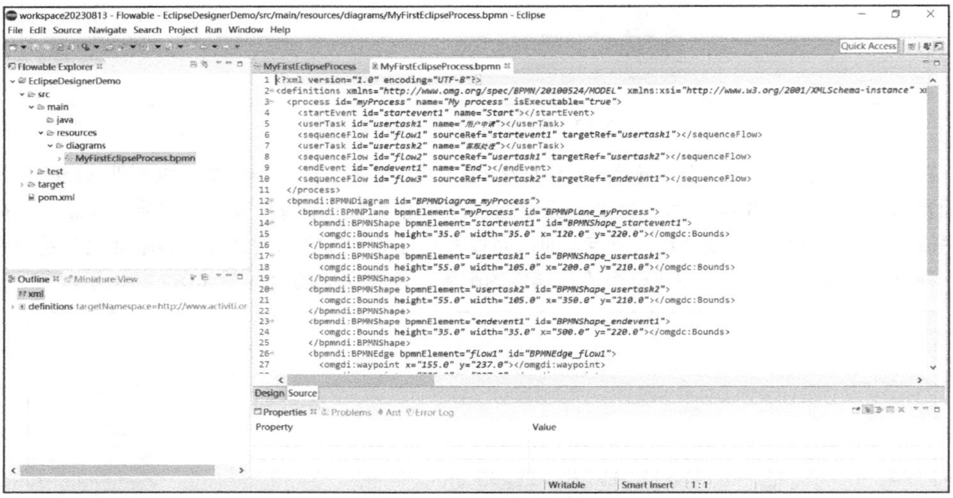

图2.30　使用XML Editor查看流程XML内容

2.3　本章小结

当前主流开发IDE均提供了Flowable的流程设计插件，在IDEA中是Flowable BPMN visualizer，在Eclipse中是Flowable BPMN Designer。本章分别介绍了这两种IDE中流程设计插件的集成安装过程，并分别通过一个项目示例演示了使用流程设计插件绘制流程图的过程。读者可以选择一款熟悉的IDE，完成设计器插件的安装，学习用流程设计插件绘制流程图的方法。

第 3 章

Flowable工作流引擎配置

工作流引擎可以看作一架飞机的发动机，飞机起飞前需要做一系列的准备工作和参数设置，保证发动机能够顺利启动、稳定运行、按指令完成各项操作。同样，Flowable工作流引擎启动时，也需要配置各类参数，如数据库配置、事务配置、历史级别配置及Flowable内置服务配置等。本章将对Flowable工作流引擎的配置进行比较详细的介绍，并通过一个示例项目进行综合演示，帮助读者深入理解Flowable的配置和使用。

3.1 Flowable工作流引擎的配置

工作流引擎对象ProcessEngine是Flowable工作流引擎的核心部分，是用于管理和执行流程的引擎，负责创建、部署、执行和监控流程等。ProcessEngine提供了一系列API和服务，使开发人员能够使用Flowable工作流引擎来构建和管理复杂的工作流应用程序。通过ProcessEngine，开发人员可以创建流程模型、部署流程定义、启动工作流实例、执行工作流任务、查询和管理运行中的工作流实例等。

工作流引擎配置对象ProcessEngineConfiguration是Flowable工作流引擎的核心配置类，用于创建和配置ProcessEngine。ProcessEngineConfiguration提供了丰富的配置选项和属性，可以让用户非常灵活地控制和优化工作流引擎的性能和行为，以满足不同场景下的需求。

Flowable工作流引擎启动时，需要经过以下两个步骤：
- 创建一个工作流配置对象ProcessEngineConfiguration的实例对工作流引擎进行配置；
- 通过工作流引擎配置对象创建工作流引擎对象ProcessEngine实例。

3.1.1 工作流引擎配置对象ProcessEngineConfiguration

在Flowable工作流引擎中，需要进行很多参数配置，如数据库配置、事务配置、工作流引擎内置服务配置等，Flowable通过工作流引擎配置对象封装这些配置。工作流引擎配置对象ProcessEngineConfiguration存储Flowable工作流引擎的配置，代表Flowable的一个配置实例，通过该类提供的setter()和getter()方法可以对工作流引擎的可配置属性进行配置和获取。ProcessEngineConfiguration本身是一个抽象类，它继承抽象父类AbstractEngineConfiguration，同时扩展出一系列子类，其结构图如图3.1所示。

AbstractEngineConfiguration是实现引擎配置的顶层抽象类，是Flowable引擎的核心部件之一。它不仅是工作流引擎配置对象ProcessEngineConfiguration的父类，同时还是事件注册引擎配置对象EventRegistryEngineConfiguration、表单引擎配置对象FormEngineConfiguration、身份引擎配置对象IdmEngineConfiguration和决策引擎配置对象DmnEngineConfiguration的父类。AbstractEngineConfiguration主要用于配置Flowable引擎使用的各种数据库信息，如数据库类型、数据库驱动、数据库URL、用户名、密码等。这样可以使引擎更加灵活，可以根据不同的需求进行定制化的配置，比如本书23.2节适配国产数据库时就对AbstractEngineConfiguration进行了定制。

ProcessEngineConfiguration是所有工作流引擎配置类的父类，它有一个ProcessEngineConfigurationImpl子类（这个子类也是抽象类）。ProcessEngineConfigurationImpl有4个直接子类，分别如下。
- org.flowable.engine.impl.cfg.StandaloneProcessEngineConfiguration：标准工作流引擎配置类。使用该类作为配置对象，工作流引擎处于独立环境下时，Flowable将对数据库事务进行管理。默认情况下，工作流引擎启动时会检查数据库结构及版本是否正确。
- org.flowable.spring.SpringProcessEngineConfiguration：Spring环境工作流引擎配置类。当Flowable与Spring整合时，可以使用该类。它提供了以下重要功能：创建工作流引擎实例对象，在工作流引擎启动后自动部署配置的流程文档（需要设置），设置工作流引擎连接的数据源、事务管理器等。这是常用的一种配置方式，由Spring代理创建工作流引擎和管理数据库事务。将Flowable引擎嵌入业务系统，可以实现业务系统事务与Flowable引擎事务的统一管理。

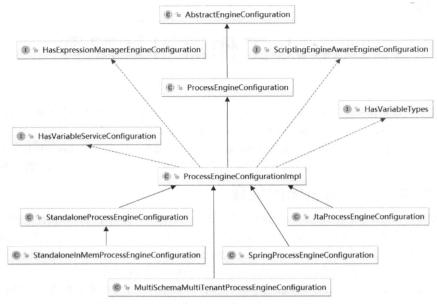

图3.1　ProcessEngineConfiguration及其子类结构图

- org.flowable.engine.impl.cfg.JtaProcessEngineConfiguration：JTA工作流引擎配置类。该类不使用Flowable管理事务，而是使用JTA管理事务。
- org.flowable.engine.impl.cfg.multitenant.MultiSchemaMultiTenantProcessEngineConfiguration：多数据库多租户工作流引擎配置类。Flowable通过此类提供自动路由机制，当工作流引擎需要连接多个数据库时，客户端无须关心工作流引擎要连接哪个数据库，该类会通过路由规则自动选择需要操作的数据库，且数据库操作对客户端透明，客户端无须关心其内部路由实现机制。

其中，StandaloneProcessEngineConfiguration类有一个子类org.Flowable.engine.impl.cfg.StandaloneInMemProcessEngineConfiguration，适用于单元测试，默认采用H2数据库存储数据，由Flowable处理事务。

ProcessEngineConfigurationImpl 实现了ScriptingEngineAwareEngineConfiguration、HasVariableTypes、HasExpressionManagerEngineConfiguration和HasVariableServiceConfiguration 4个接口类。

- ScriptingEngineAwareEngineConfiguration用于配置Flowable引擎的脚本引擎。脚本引擎用于执行一些脚本任务，比如执行脚本任务节点中的脚本。
- HasExpressionManagerEngineConfiguration用于配置Flowable引擎的表达式管理器。表达式管理器用于解析和执行表达式，比如在流程定义中使用的条件表达式。
- HasVariableTypes用于配置Flowable引擎的变量类型。变量类型用于定义流程实例中的变量的数据类型，比如字符串、整数、日期等。
- HasVariableServiceConfiguration用于配置Flowable引擎的变量服务。变量服务用于管理流程实例中的变量，比如设置变量、获取变量、删除变量等操作。

ProcessEngineConfiguration类提供了多个创建该类对象的静态方法：

- ProcessEngineConfiguration createProcessEngineConfigurationFromResourceDefault();
- ProcessEngineConfiguration createProcessEngineConfigurationFromResource(String resource);
- ProcessEngineConfiguration createProcessEngineConfigurationFromResource(String resource, String beanName);
- ProcessEngineConfiguration createProcessEngineConfigurationFromInputStream(InputStream inputStream);
- ProcessEngineConfiguration createProcessEngineConfigurationFromInputStream(InputStream inputStream, String beanName);

- ProcessEngineConfiguration createStandaloneProcessEngineConfiguration();
- ProcessEngineConfiguration createStandaloneInMemProcessEngineConfiguration()。

这些方法会读取和解析相应的配置文件,并通过该类中的setter()和getter()方法对工作流引擎配置对象进行配置和获取,然后返回该对象的实例。

1. createProcessEngineConfigurationFromResourceDefault()方法

该方法通过加载默认配置文件来创建工作流引擎配置对象:

```java
public static ProcessEngineConfiguration createProcessEngineConfigurationFromResourceDefault() {
    return createProcessEngineConfigurationFromResource("flowable.cfg.xml", "processEngineConfiguration");
}
```

由上述源码可知,该方法默认加载classpath下的flowable.cfg.xml文件,该文件是Spring环境的bean配置文件,利用Spring的依赖注入,获取名称为processEngineConfiguration的bean实例。flowable.cfg.xml配置文件相关内容将在3.2节介绍。

采用默认方式创建工作流引擎配置对象的示例代码如下:

```java
public void testCreateFromResourceDefault() {
    ProcessEngineConfiguration processEngineConfigurationFromResourceDefault =
            ProcessEngineConfiguration.createProcessEngineConfigurationFromResourceDefault();
    System.out.println(processEngineConfigurationFromResourceDefault);
}
```

2. createProcessEngineConfigurationFromResource()方法

该方法通过加载自定义配置文件来创建一个工作流引擎配置对象:

```java
public static ProcessEngineConfiguration createProcessEngineConfigurationFromResource(String resource, String beanName) {
    return (ProcessEngineConfiguration) BeansConfigurationHelper.parseEngineConfigurationFromResource
            (resource, beanName);
}
```

由上述源码可知,该方法并非加载默认配置文件flowable.cfg.xml,而是加载指定的配置文件,并获取给定名称的bean从而创建一个工作流引擎配置对象。该方法有两个参数,一个是文件名称的字符串参数,另一个是通过指定配置文件完成依赖注入的对象的名称字符串参数。其在org.flowable.common.engine.impl.cfg.BeansConfigurationHelper类中实现:

```java
public static AbstractEngineConfiguration parseEngineConfigurationFromResource(String resource,
        String beanName) {
    Resource springResource = new ClassPathResource(resource);
    return parseEngineConfiguration(springResource, beanName);
}
public static AbstractEngineConfiguration parseEngineConfiguration(Resource springResource,
        String beanName) {
    DefaultListableBeanFactory beanFactory = new DefaultListableBeanFactory();
    XmlBeanDefinitionReader xmlBeanDefinitionReader = new XmlBeanDefinitionReader(beanFactory);
    xmlBeanDefinitionReader.setValidationMode(XmlBeanDefinitionReader.VALIDATION_XSD);
    xmlBeanDefinitionReader.loadBeanDefinitions(springResource);
    Collection<BeanFactoryPostProcessor> factoryPostProcessors = beanFactory.getBeansOfType
            (BeanFactoryPostProcessor.class, true, false).values();
    if (factoryPostProcessors.isEmpty()) {
        factoryPostProcessors = Collections.singleton(new PropertyPlaceholderConfigurer());
    }
    for (BeanFactoryPostProcessor factoryPostProcessor : factoryPostProcessors) {
        factoryPostProcessor.postProcessBeanFactory(beanFactory);
    }
    AbstractEngineConfiguration engineConfiguration = (AbstractEngineConfiguration) beanFactory.
            getBean(beanName);
    engineConfiguration.setBeans(new SpringBeanFactoryProxyMap(beanFactory));
    return engineConfiguration;
}
```

由以上代码段可知,这种加载方法的实现步骤如下。

(1)使用ClassPathResource访问classpath下根据resource参数指定的配置文件,将其转换成Resource对象。

(2)通过XmlBeanDefinitionReader设置一个BeanDefinitionRegistry子类DefaultListableBeanFactory,作为

Spring的beanFactory。

（3）通过XmlBeanDefinitionReader加载由配置文件转换得到的Resource对象。

（4）在beanFactory中通过参数beanName获取processEngineConfiguration的实例，并将beanFactory赋给processEngineConfiguration。

通过以上4步操作，Flowable通过Spring完成了ProcessEngineConfiguration类的配置、加载和获取，在processEngineConfiguration中可以通过beanFactory直接获取配置文件中的bean。这种加载方式的好处是Flowable可以对自身的工作流引擎配置信息进行单独管理，不受其他Spring配置文件的干扰，实现了配置文件管理的隔离。

此外，ProcessEngineConfiguration还提供了createProcessEngineConfigurationFromResource(String resource)方法：

```
public static ProcessEngineConfiguration createProcessEngineConfigurationFromResource(String
        resource) {
    return createProcessEngineConfigurationFromResource(resource, "processEngineConfiguration");
}
```

该方法默认加载classpath下指定的XML配置文件，传入String类型的resource参数，指定bean为processEngineConfiguration的ProcessEngineConfiguration实例。

通过读取自定义配置文件创建工作流引擎配置对象的示例代码如下：

```
public void testCreateFromResource() {
    ProcessEngineConfiguration processEngineConfigurationFromResource =
            ProcessEngineConfiguration.createProcessEngineConfigurationFromResource(
            "resource/my-config.xml","myProcessEngineConfiguration");
    System.out.println(processEngineConfigurationFromResource);
}
```

由以上代码段可知，Flowable会在classpath下查找my-config.xml配置文件，并创建一个名为myProcessEngineConfiguration的工作流引擎配置对象。

3. createProcessEngineConfigurationFromInputStream()方法

该方法基于配置文件输入流创建工作流引擎配置对象。这种方法不再限制Flowable必须将配置文件放在classpath下，可以通过输入流加载任意路径下的配置文件，从而创建ProcessEngineConfiguration实例。其源码中也提供了两种createProcessEngineConfigurationFromInputStream()方法：

```
public static ProcessEngineConfiguration createProcessEngineConfigurationFromInputStream(InputStream
        inputStream) {
    return createProcessEngineConfigurationFromInputStream(inputStream, "processEngineConfiguration");
}
public static ProcessEngineConfiguration createProcessEngineConfigurationFromInputStream(InputStream
        inputStream, String beanName) {
    return (ProcessEngineConfiguration) BeansConfigurationHelper.parseEngineConfigurationFromInputStream
            (inputStream, beanName);
}
```

第一种方法只需传入配置文件输入流，默认获取一个名为processEngineConfiguration的ProcessEngineConfiguration实例。第二种方法不仅可传入配置文件输入流，还可传入指定beanName的ProcessEngineConfiguration实例。其在org.flowable.common.engine.impl.cfg.BeansConfigurationHelper类中实现：

```
public static AbstractEngineConfiguration parseEngineConfigurationFromInputStream(InputStream
        inputStream, String beanName) {
    Resource springResource = new InputStreamResource(inputStream);
    return parseEngineConfiguration(springResource, beanName);
}
```

由以上代码段可知，该方法先将输入流转换为Resource对象，然后调用parseEngineConfiguration()方法创建一个ProcessEngineConfiguration实例。

使用createProcessEngineConfigurationFromInputStream()方法创建工作流引擎配置对象的示例代码如下：

```
public void testCreateFromInputStream() {
    File file = new File("resource/my-config.xml");
    //获取文件输入流
    InputStream fis = new FileInputStream(file);
```

```
//使用createProcessEngineConfigurationFromInputStream()方法创建ProcessEngineConfiguration
ProcessEngineConfiguration processEngineConfigurationFromInputStream =
        ProcessEngineConfiguration.createProcessEngineConfigurationFromInputStream(fis,
        "myProcessEngineConfiguration");
System.out.println(processEngineConfigurationFromInputStream);
}
```

由以上代码段可知，Flowable根据my-config.xml配置文件输入流，创建了一个名为myProcessEngineConfiguration的工作流引擎配置对象。

4．createStandaloneProcessEngineConfiguration()方法

该方法基于硬编码创建工作流引擎配置对象，不加载任何配置文件，所有数据属性均硬编码在代码中。该方法的源码如下：

```
public static ProcessEngineConfiguration createStandaloneProcessEngineConfiguration() {
    return new StandaloneProcessEngineConfiguration();
}
```

由以上代码段可知，此方法返回的实例是StandaloneProcessEngineConfiguration，其所有属性均已在ProcessEngineConfiguration中设置。该方法的属性配置（如数据库连接配置）在代码中手动进行，示例代码如下：

```
public void testCreateFromStandalone() {
    ProcessEngineConfiguration processEngineConfigurationFromStandalone =
            ProcessEngineConfiguration.createStandaloneProcessEngineConfiguration();
    processEngineConfigurationFromStandalone.setJdbcDriver("com.mysql.jdbc.Driver");
    processEngineConfigurationFromStandalone.setJdbcUrl("jdbc:mysql://localhost:3306/workflow");
    processEngineConfigurationFromStandalone.setJdbcUsername("root");
    processEngineConfigurationFromStandalone.setJdbcPassword("root");
    processEngineConfigurationFromStandalone.setDatabaseSchemaUpdate("true");
    System.out.println(processEngineConfigurationFromStandalone);
}
```

5．createStandaloneInMemProcessEngineConfiguration()方法

该方法也是基于硬编码创建工作流引擎配置对象，同样不加载任何配置文件，所有数据属性也是硬编码在代码中。该方法的源码如下：

```
public static ProcessEngineConfiguration createStandaloneInMemProcessEngineConfiguration() {
    return new StandaloneInMemProcessEngineConfiguration();
}
```

由以上代码段可知，此方法返回实例StandaloneInMemProcessEngineConfiguration，它是StandaloneProcessEngineConfiguration的子类，只特别指定了databaseSchemaUpdate属性和jdbcUrl属性，值分别为DB_SCHEMA_UPDATE_CREATE_DROP和jdbc:h2:mem:flowable，说明该方法默认使用h2内存数据库。如果在代码编写过程中需要改变某个属性的值，需要调用这个类的set()方法。

使用createStandaloneInMemProcessEngineConfiguration()方法创建工作流引擎配置对象的示例代码如下：

```
public void testCreateFromStandaloneInMem() {
    ProcessEngineConfiguration processEngineConfigurationFromStandaloneInMem =
            ProcessEngineConfiguration.createStandaloneInMemProcessEngineConfiguration();
    System.out.println(processEngineConfigurationFromStandaloneInMem);
}
```

3.1.2 工作流引擎对象ProcessEngine

工作流引擎对象ProcessEngine是Flowable的核心对象之一，一个ProcessEngine实例代表一个工作流引擎，使用ProcessEngine提供的诸如getRuntimeService()、getTaskService()、getRepositoryService()、getHistoryService()和getManagementService()等一系列方法可以获取对应的工作流引擎服务，用于执行工作流部署、执行、管理等操作。要获取ProcessEngine，需要先获取ProcessEngineConfiguration配置工作流引擎。创建ProcessEngine的方法一般有以下两种：

- 通过ProcessEngineConfiguration的buildProcessEngine()方法创建；
- 通过ProcessEngines创建。

1. 通过ProcessEngineConfiguration的buildProcessEngine()方法创建

ProcessEngineConfiguration负责Flowable框架的属性配置、初始化工作，初始化入口是buildProcessEngine()方法。这种方式先通过调用ProcessEngineConfiguration类的静态方法，加载相应的XML配置文件，获取ProcessEngineConfiguration实例，然后调用buildProcessEngine()方法，创建一个ProcessEngine对象。其示例代码如下：

```
public void createProcessEngineByBuildProcessEngineTest() {
    ProcessEngineConfiguration configuration = ProcessEngineConfiguration
            .createProcessEngineConfigurationFromResourceDefault();
    ProcessEngine processEngine = configuration.buildProcessEngine();
    System.out.println(processEngine);
}
```

以上代码段先使用ProcessEngineConfiguration的createProcessEngineConfigurationFromResourceDefault()静态方法加载默认配置文件flowable.cfg.xml，获取一个ProcessEngineConfiguration实例，然后调用其buildProcessEngine()方法创建工作流引擎。在实际应用中，可以根据具体场景选择不同方法获取ProcessEngineConfiguration实例。

2. 通过ProcessEngines创建

ProcessEngines是一个创建、关闭工作流引擎的工具类，所有创建的ProcessEngine实例均被注册到ProcessEngines中。它类似一个容器工厂，维护了一个Map，其key为ProcessEngine实例的名称，value为ProcessEngine实例。通过ProcessEngines类创建工作流引擎对象的方法有以下两种。

第一种方法是通过ProcessEngines.init()方法创建。ProcessEngines的init()方法会依次扫描、解析classpath下的flowable.cfg.xml和flowable-context.xml文件，并将创建的工作流引擎对象缓存到Map中。该方法会在Map中创建key值为default的ProcessEngine对象，然后就可以先获取这个Map，再通过Map获取key等于default的工作流引擎对象了。其示例代码如下：

```
public void createProcessEngineByInitTest() {
    //读取flowable配置文件，创建工作流引擎对象缓存到Map中
    ProcessEngines.init();
    //获取Map
    Map<String, ProcessEngine> enginesMap = ProcessEngines.getProcessEngines();
    //获取key为default的对象
    ProcessEngine processEngine = enginesMap.get("default");
    System.out.println(processEngine);
}
```

第二种方法是通过getDefaultProcessEngine()方法创建。ProcessEngines的getDefaultProcessEngine()方法会返回缓存Map中key值为default的工作流引擎对象，如果该Map还没有进行初始化，getDefaultProcessEngine()方法会先调用ProcessEngines.init()方法初始化缓存Map，然后再获取key为default的工作流引擎对象。其示例代码如下：

```
public void createProcessEngineByGetDefaultProcessEngineTest() {
    ProcessEngine defaultProcessEngine = ProcessEngines.getDefaultProcessEngine();
    System.out.println(defaultProcessEngine);
}
```

一般建议使用ProcessEngines的getDefaultProcessEngine()方法创建ProcessEngine。这是因为它比较简单，只需提供配置文件flowable.cfg.xml或flowable-context.xml，并做好工作流引擎配置，即可创建一个工作流引擎对象。

3.2 Flowable工作流引擎配置文件

工作流引擎配置对象ProcessEngineConfiguration需要通过加载、解析流程配置文件完成初始化。Flowable配置文件主要有以下两种配置方式。

- 遵循Flowable配置风格。这种方式是Flowable的默认配置方式，使用这种方式的配置文件名称为flowable.cfg.xml。对于flowable.cfg.xml文件，工作流引擎会使用Flowable的经典方式——ProcessEngineConfiguration.createProcessEngineConfigurationFromInputStream(inputStream).buildProcessEngine()构建，具体逻辑详见org.flow.engine.ProcessEngines的initProcessEngineFromResource (URL resourceUrl)

方法。
- 遵循Spring配置风格。这种方式一般在与Spring集成时使用，使用这种方式的文件名称可以自定义，如flowable.context.xml、spring.flowable.xml等。对于flowable.context.xml文件，工作流引擎会使用Spring方法构建：先创建一个Spring环境，然后通过该环境获得工作流引擎，具体逻辑详见org.flowable.engine.ProcessEngines的initProcessEngineFromSpringResource(URL resource)方法。

以上两种方式均可以实现工作流引擎的配置，下面将分别对其进行详细说明。

3.2.1 Flowable配置风格

flowable.cfg.xml配置文件内容如下：

```xml
<beans>
    <!--数据源配置-->
    <bean id="dataSource" class="org.apache.commons.dbcp.BasicDataSource">
        <property name="driverClassName" value="org.h2.Driver"/>
        <property name="url" value="jdbc:h2:mem:flowable"/>
        <property name="username" value="sa"/>
        <property name="password" value=""/>
    </bean>
    <!--flowable工作流引擎-->
    <bean id="processEngineConfiguration"
        class="org.flowable.engine.impl.cfg.StandaloneProcessEngineConfiguration">
        <!-- 数据源 -->
        <property name="dataSource" ref="dataSource"/>
        <!-- 数据库更新策略 -->
        <property name="databaseSchemaUpdate" value="true"/>
    </bean>
</beans>
```

从以上配置文件内容可知，flowable.cfg.xml配置文件采用Spring bean配置文件格式。其先定义了一个id为processEngineConfiguration的bean对象，即Flowable默认引擎配置管理器，接着为其指定一个具体的Java类org.flowable.engine.impl.cfg.StandaloneProcessEngineConfiguration，由Spring负责实例化引擎配置管理器并注入一系列配置。使用这种方式配置工作流引擎的示例代码如下：

```java
public void createProcessEngineByGetDefaultProcessEngineTest() {
    ProcessEngineConfiguration configuration = ProcessEngineConfiguration
            .createProcessEngineConfigurationFromResource("flowable.cfg.xml");
    ProcessEngine processEngine = configuration.buildProcessEngine();
    System.out.println(processEngine);
}
```

3.2.2 Spring配置风格

flowable.context.xml配置文件内容如下：

```xml
<beans>
    <!--数据源配置-->
    <bean id="dataSource" class="org.apache.commons.dbcp.BasicDataSource">
        <property name="driverClassName" value="org.h2.Driver"/>
        <property name="url" value="jdbc:h2:mem:flowable"/>
        <property name="username" value="sa"/>
        <property name="password" value=""/>
    </bean>
    <!-- 事务管理 -->
    <bean id="transactionManager"
        class="org.springframework.jdbc.datasource.DataSourceTransactionManager">
        <property name="dataSource" ref="dataSource" />
    </bean>
    <!-- 定义工作流引擎配置类 -->
    <bean id="processEngineConfiguration"
        class="org.flowable.spring.SpringProcessEngineConfiguration">
        <!-- 配置数据源 -->
        <property name="dataSource" ref="dataSource" />
        <!-- 配置事务管理器 -->
        <property name="transactionManager" ref="transactionManager" />
        <!-- 数据库更新策略 -->
```

```xml
        <property name="databaseSchemaUpdate" value="true"/>
    </bean>
    <!-- 定义工作流引擎接口 -->
    <bean id="processEngine" class="org.flowable.spring.ProcessEngineFactoryBean">
        <property name="processEngineConfiguration" ref="processEngineConfiguration" />
    </bean>
    <!-- 定义Service服务接口 -->
    <bean id="repositoryService" factory-bean="processEngine"
        factory-method="getRepositoryService" />
    <bean id="runtimeService" factory-bean="processEngine"
        factory-method="getRuntimeService" />
    <bean id="taskService" factory-bean="processEngine"
        factory-method="getTaskService" />
    <bean id="historyService" factory-bean="processEngine"
        factory-method="getHistoryService" />
    <bean id="IdentityService" factory-bean="processEngine"
        factory-method="getIdentityService" />
    <bean id="managementService" factory-bean="processEngine"
        factory-method="getManagementService" />
    <bean id="formService" factory-bean="processEngine"
        factory-method="getFormService" />
</beans>
```

从以上配置文件内容可知，flowable.context.xml配置文件也采用Spring bean配置文件格式，先定义了一个id为processEngineConfiguration的bean对象，即Flowable默认引擎配置管理器，接着为其指定一个具体的Java类org.flowable.spring.SpringProcessEngineConfiguration，由Spring负责实例化引擎配置管理器并注入一系列配置。其与flowable.cfg.xml配置文件大同小异，但使用Spring配置风格需要注意以下4点：

- 这种方式可以配置事务管理器，由Spring管理数据库事务；
- 必须定义工作流引擎接口ProcessEngineFactoryBean并为其设置processEngineConfiguration属性，从而创建工作流引擎；
- 可以定义Service接口，由工作流引擎接口引入；
- 使用这种方式实现工作流引擎配置需要在Spring配置文件中引入：<import resource="flowable.context.xml"/>。

使用Spring配置风格配置工作流引擎的示例代码如下：

```java
public void createProcessEngineBySpringXmlTest() throws IOException {
    //读取flowable.context.xml配置文件
    ClassLoader classLoader = ReflectUtil.getClassLoader();
    URL resource = classLoader.getResource("flowable.context.xml");
    //实例化Spring的ApplicationContext对象
    ApplicationContext applicationContext =
        new GenericXmlApplicationContext(new UrlResource(resource));
    //从Spring中获取ProcessEngine对象
    Map<String, ProcessEngine> beansOfType =
            applicationContext.getBeansOfType(ProcessEngine.class);
    if ((beansOfType == null) || (beansOfType.isEmpty())) {
        throw new FlowableException("no " + ProcessEngine.class.getName() +
                " defined in the application context " + resource.toString());
    }
    //获取第一个ProcessEngine实例对象
    ProcessEngine processEngine = beansOfType.values().iterator().next();
    System.out.println(processEngine);
}
```

3.3 数据库连接配置

Flowable启动时，会加载工作流引擎配置文件中的数据库连接配置连接数据库，从而实现对数据库的操作。Flowable支持多种主流的数据库，包括DB2、Oracle、SQL Server、MySQL、PostgreSQL、HSql、CockroachDB和H2等。

3.3.1 数据库连接属性配置

Flowable支持通过JDBC和DataSource方式配置数据库连接。

1. JDBC方式配置

一个标准的Flowable配置文件flowable.cfg.xml的内容如下：

```xml
<beans>
    <!--flowable工作流引擎配置-->
    <bean id="processEngineConfiguration"
        class="org.flowable.engine.impl.cfg.StandaloneProcessEngineConfiguration">
        <!-- 数据库驱动名称 -->
        <property name="jdbcDriver" value="com.mysql.jdbc.Driver"/>
        <!-- 数据库地址 -->
        <property name="jdbcUrl" value="jdbc:mysql://localhost:3306/workflow"/>
        <!-- 数据库用户名 -->
        <property name="jdbcUsername" value="root"/>
        <!-- 数据库密码 -->
        <property name="jdbcPassword" value="123456"/>
    </bean>
</beans>
```

从以上配置文件内容可知，使用JDBC方式配置数据库连接时，将数据库相关配置信息写入了配置文件。使用JDBC方式连接数据库，会用到jdbcDriver、jdbcUrl、jdbcUsername、jdbcPassword。ProcessEngineConfiguration类中有相应属性的setter()方法，可将这4个数据库属性注入该bean。

- jdbcDriver：针对特定数据库类型的驱动程序的实现。
- jdbcUrl：数据库的JDBC URL。
- jdbcUsername：连接数据库的用户名。
- jdbcPassword：连接数据库的密码。

Flowable默认使用MyBatis数据连接池org.apache.ibatis.datasource.pooled.PooledDataSource，基于提供的jdbc属性构建的数据源具有默认的MyBatis连接池设置，可以通过以下属性调整该连接池。

- jdbcMaxActiveConnections：连接池中处于激活状态的最大连接值，默认为10。
- jdbcMaxIdleConnections：连接池中处于空闲状态的最大连接值。
- jdbcMaxCheckoutTime：连接被取出使用的最长时间（单位为毫秒），默认为20 000毫秒（20秒），超过时间的连接会被强制回收。
- jdbcMaxWaitTime：当整个连接池需要重新获取连接时，设置等待时间（单位为毫秒）。这是一个底层配置，使连接池可以在长时间无法获得连接时打印日志状态，并重新尝试获取连接，避免在连接池配置错误的情况下静默失败，默认为20 000毫秒（20秒）。

2. DataSource方式配置

对于Flowable数据库连接配置，除了采用上面介绍的JDBC方式配置，还可以采用DataSource方式配置，如使用DBCP、C3P0、Hikari、Proxool、Druid或Tomcat连接池等配置数据库连接。这里以采用DBCP连接池配置数据库连接为例进行说明：

```xml
<beans>
    <!--数据源配置-->
    <bean id="dataSource" class="org.apache.commons.dbcp.BasicDataSource">
        <!-- 数据库驱动名称 -->
        <property name="driverClassName" value="com.mysql.jdbc.Driver"/>
        <!-- 数据库地址 -->
        <property name="url" value="jdbc:mysql://localhost:3306/workflow"/>
        <!-- 数据库用户名 -->
        <property name="username" value="root"/>
        <!-- 数据库密码 -->
        <property name="password" value="123456"/>
    </bean>
    <!--flowable工作流引擎配置-->
    <bean id="processEngineConfiguration"
        class="org.flowable.engine.impl.cfg.StandaloneProcessEngineConfiguration">
        <!-- 数据源配置 -->
        <property name="dataSource" ref="dataSource"/>
    </bean>
</beans>
```

在上述数据库连接配置中，Flowable先配置了一个DBCP连接池，然后通过dataSource属性将其引入ProcessEngineConfiguration。

3.3.2 数据库策略属性配置

不论使用JDBC方式还是使用DataSource方式配置数据库连接，都可以设置以下属性。

1. databaseType属性

该属性用于指定数据库类型，默认为h2。通常无须指定此属性，因为工作流引擎会在数据库连接元数据中自动分析该属性，只有在自动检测失败的情况下才需要指定，其值可以是h2、hsql、mysql、oracle、postgres、mssql、db2或cockroachdb。该属性用于确定引擎使用哪种数据库的create/drop/upgrade的SQL DDL脚本（其中DDL代表Data Definition Language，即数据定义语言），以及数据库操作的sql语句。Flowable的SQL DDL存储在flowable-6.8.0.zip的database子文件夹，或JAR文件中（详见第23章表23.1），其命名规范为flowable.{db}.{create|drop|upgrade}.{type}.sql。其中，db为支持的数据库名，type为engine、common、history、task、variable、identitylink、batch、job或eventsubscription等。

2. databaseSchemaUpdate属性

该属性用于设置工作流引擎启动、关闭时数据库执行的策略。该属性值可以是false、create、true、create-drop或drop-create。

- false：默认值。设置为该值后，Flowable启动时会对比数据库表中保存的版本，如果数据库中没有表或者版本不匹配，则抛出异常。
- create：设置为该值后，Flowable启动时会创建数据库表，如果数据库表已经存在，则会抛出异常。
- true：设置为该值后，Flowable启动时会更新所有数据库表，如果数据库表不存在，则自动创建数据库表。
- create-drop：设置为该值后，Flowable启动时会自动执行数据库表的创建操作，关闭时会自动执行数据库表的删除操作。
- drop-create：设置为该值后，Flowable启动时会先执行数据库表的删除操作，再执行数据库表的创建操作。与create-drop不同的是，无论是否关闭工作流引擎，它都会执行数据库表的创建操作。

3.4 其他属性配置

除了数据库连接配置，Flowable还提供了其他一系列属性用于定义工作流引擎的各项能力，如历史数据级别配置、邮件服务配置和作业执行器配置等，下面将分别介绍。

3.4.1 历史数据级别配置

Flowable在设计上采用了运行时与历史数据相分离的策略，Flowable的运行表和历史表在流程运行时可以同步记录数据，当流程实例结束或任务办理完成时，会自动删除运行表中的相关数据，而保留历史表中的相关数据。这种设计可以快速读取运行时数据，仅当需要查询历史数据时才从专门的历史数据表中读取历史数据，大幅提高了数据的存取效率。Flowable提供了history属性设置记录历史级别，实现按需存储历史数据。history属性值可配置为none、activity、audit和full，级别由低到高。

- none（无）：不保存任何历史数据，对于运行时流程执行来说性能最好，但流程结束后无可用的历史信息。
- activity（活动）：级别高于none，归档所有流程实例和活动实例。在流程实例结束时，流程变量的最新值将复制到历史变量实例中，不保存任何详细信息。
- audit（审计）：Flowable的默认级别。除activity级别会保存的数据，还保存提交的表单属性，以便跟踪通过表单进行的所有用户交互，且可进行审计。
- full（完整）：历史最高级别，性能较差。保存最完整的历史记录，除audit级别的信息，还记录所有其他可能的详细信息，主要是流程变量更新，如果需要日后跟踪详情可以开启full（一般不建议开启）。

Flowable 6.1.0后引入了异步历史，使用历史作业执行器异步地进行历史数据的持久化。异步历史配置详见第28章。

3.4.2 异步执行器配置

Flowable6提供了异步执行器组件，管理执行计时器与其他异步任务的线程池。默认情况下，此组件不开启，需要通过asyncExecutorActivate属性开启：

```xml
<bean id="processEngineConfiguration"
    class="org.flowable.engine.impl.cfg.StandaloneProcessEngineConfiguration">
    <!--开启异步执行器 -->
    <property name="asyncExecutorActivate" value="true" />
</bean>
```

只有异步执行器开启了，Flowable启动时才会开启线程池扫描定时操作任务。

Flowable的异步执行器是一个高度可配置的组件，提供了许多与异步执行相关的功能和配置项。以下属性用于配置Flowable引擎中的异步执行器和异步任务执行器的相关参数与实现类，可以通过这些属性来自定义异步执行器的行为和配置。

- asyncExecutor：该属性用于指定异步执行器的实现类，表示异步执行器的实例，它用于处理异步任务。Flowable默认使用org.flowable.job.service.impl.asyncexecutor.DefaultAsyncJobExecutor作为异步执行器。可以通过配置该属性来指定自定义的异步执行器。
- asyncExecutorConfiguration：该属性用于配置异步执行器的各种参数，比如线程池大小、队列容量等。
- asyncTaskExecutor：该属性用于指定异步任务执行器的实现类，表示异步任务执行器的实例，它用于执行异步任务。当Flowable需要执行异步任务时，会使用此TaskExecutor来执行任务。Flowable默认使用org.flowable.common.engine.impl.async.DefaultAsyncTaskExecutor作为异步任务执行器。可以通过该属性来指定自定义的异步任务执行器。
- asyncExecutorTaskExecutorConfiguration：该属性用于配置异步任务执行器的各种参数，比如线程池大小、队列容量等。

一个完整的异步执行器配置如下：

```xml
<beans>
    <!--Flowable工作流引擎-->
    <bean id="processEngineConfiguration"
        class="org.flowable.engine.impl.cfg.StandaloneProcessEngineConfiguration">
        <!--激活异步执行器-->
        <property name="asyncExecutorActivate" value="true"/>
        <!--配置异步执行器-->
        <property name="asyncExecutorConfiguration" ref="asyncJobExecutorConfiguration"/>
        <!--指定异步执行器-->
        <property name="asyncExecutor" ref="asyncJobExecutor"/>
        <!--配置异步任务执行器-->
        <property name="asyncExecutorTaskExecutorConfiguration"
            ref="asyncExecutorTaskExecutorConfiguration"/>
        <!--指定异步任务执行器-->
        <property name="asyncTaskExecutor" ref="asyncTaskExecutor"/>
        <!--作业可以重试的次数，超过最大重试次数该作业将被移除并记录-->
        <property name="asyncExecutorNumberOfRetries" value="3"/>
    </bean>
    <!--配置异步执行器-->
    <bean id="asyncJobExecutorConfiguration"
        class="org.flowable.job.service.impl.asyncexecutor.AsyncJobExecutorConfiguration">
        <!--获取异步作业时锁定的时间量。在此期间，没有其他异步执行器会尝试获取和锁定此作业。-->
        <property name="asyncJobLockTime">
            <bean class="java.time.Duration" factory-method="ofHours">
                <constructor-arg value="1"/>
            </bean>
        </property>
        <!--是否启动用于获取异步作业的线程-->
        <property name="asyncJobAcquisitionEnabled" value="true"/>
        <!--是否启动用于获取计时器作业的线程-->
        <property name="timerJobAcquisitionEnabled" value="true"/>
        <!--是否启动用于重置过期作业的线程-->
```

```xml
            <property name="resetExpiredJobEnabled" value="true"/>
            <!--是否在启动或关闭时解锁此执行器拥有的作业（具有相同的lockOwner）-->
            <property name="unlockOwnedJobs" value="true"/>
            <!--是否启用以获取计时器作业-->
            <property name="timerRunnableNeeded" value="true"/>
            <!--获取异步作业的线程名称-->
            <property name="acquireRunnableThreadName" value="acquireRunnableThreadName"/>
            <!--重置过期作业的线程的名称-->
            <property name="resetExpiredRunnableName" value="resetExpiredRunnableName"/>
            <!--移动计时器作业的线程池容量-->
            <property name="moveTimerExecutorPoolSize" value="4"/>
            <!--在一次获取中获取计时器作业的数量-->
            <property name="maxTimerJobsPerAcquisition" value="512"/>
            <!--在一次获取中获取异步/历史作业的数量-->
            <property name="maxAsyncJobsDuePerAcquisition" value="512"/>
            <!--计时器获取线程在执行下一个获取逻辑之前等待的时间-->
            <property name="defaultTimerJobAcquireWaitTime">
                <bean class="java.time.Duration" factory-method="ofSeconds">
                    <constructor-arg value="10"/>
                </bean>
            </property>
            <!--异步作业获取线程在执行下一个获取逻辑之前等待的时间-->
            <property name="defaultAsyncJobAcquireWaitTime">
                <bean class="java.time.Duration" factory-method="ofSeconds">
                    <constructor-arg value="10"/>
                </bean>
            </property>
            <!--当队列已满时，获取线程执行下一个获取逻辑前等待的时间-->
            <property name="defaultQueueSizeFullWaitTime">
                <bean class="java.time.Duration" factory-method="ofSeconds">
                    <constructor-arg value="5"/>
                </bean>
            </property>
            <!--是否使用全局获取锁-->
            <property name="globalAcquireLockEnabled" value="true"/>
            <!--全局获取锁的前缀。设置不同的前缀可以区分不同的执行器，避免它们竞争同一个锁-->
            <property name="globalAcquireLockPrefix" value=""/>
            <!--异步任务获取线程等待获取全局锁的时间量-->
            <property name="asyncJobsGlobalLockWaitTime">
                <bean class="java.time.Duration" factory-method="ofMinutes">
                    <constructor-arg value="1"/>
                </bean>
            </property>
            <!--异步任务获取线程用于检查全局锁是否已释放的轮询率-->
            <property name="asyncJobsGlobalLockPollRate">
                <bean class="java.time.Duration" factory-method="ofMillis">
                    <constructor-arg value="500"/>
                </bean>
            </property>
            <!--在最后一次全局锁获取时间之后，将强制获取锁的时间量。这意味着，如果由于某种原因，另一个节点没有正确释放锁，
则另一个节点将能够获取锁-->
            <property name="asyncJobsGlobalLockForceAcquireAfter">
                <bean class="java.time.Duration" factory-method="ofMinutes">
                    <constructor-arg value="10"/>
                </bean>
            </property>
            <!--计时器作业获取线程等待获取全局锁的时间量-->
            <property name="timerLockWaitTime">
                <bean class="java.time.Duration" factory-method="ofMinutes">
                    <constructor-arg value="1"/>
                </bean>
            </property>
            <!--计时器作业获取线程检查全局锁是否已释放的轮询频率-->
            <property name="timerLockPollRate">
                <bean class="java.time.Duration" factory-method="ofMillis">
                    <constructor-arg value="500"/>
```

3.4 其他属性配置

```xml
            </bean>
        </property>
        <!--在上一个全局锁获取时间之后强制获取锁的时间量。这意味着，如果由于某种原因，另一个节点没有正确释放锁，则另一个节点将能够获取锁-->
        <property name="timerLockForceAcquireAfter">
            <bean class="java.time.Duration" factory-method="ofMinutes">
                <constructor-arg value="10"/>
            </bean>
        </property>
        <!--获取计时器作业时锁定的时间量。在这段时间内，没有其他异步执行器会尝试获取并锁定此作业-->
        <property name="timerLockTime">
            <bean class="java.time.Duration" factory-method="ofHours">
                <constructor-arg value="1"/>
            </bean>
        </property>
        <!--重置过期作业线程在执行下一个重置逻辑之前等待的时间。过期作业是指被锁定（被某个执行器写入了锁拥有者+时间）但从未完成的作业。在检查时，过期的作业将再次变为可用，这意味着锁拥有者和锁时间将被移除，其他执行者可接手该作业。如果当前时间已经超过了锁定时间，那么该作业被视为过期-->
        <property name="resetExpiredJobsInterval">
            <bean class="java.time.Duration" factory-method="ofMinutes">
                <constructor-arg value="1"/>
            </bean>
        </property>
        <!--在一个周期中重新开始的已过期作业数量-->
        <property name="resetExpiredJobsPageSize" value="3"/>
        <!--异步执行器在解锁作业时使用的租户的ID-->
        <property name="tenantId" value=""/>
    </bean>
    <!--指定异步执行器-->
    <bean id="asyncJobExecutor"
          class="org.flowable.job.service.impl.asyncexecutor.DefaultAsyncJobExecutor">
        <property name="configuration" ref="asyncJobExecutorConfiguration"/>
        <property name="taskExecutor" ref="asyncTaskExecutor"/>
    </bean>
    <!--配置异步任务执行器-->
    <bean id="asyncExecutorTaskExecutorConfiguration"
          class="org.flowable.common.engine.impl.async.AsyncTaskExecutorConfiguration">
        <!--异步执行器线程池容量 -->
        <property name="queueSize" value="2048" />
        <!--线程池中为执行作业而保持活动状态的最小线程数-->
        <property name="corePoolSize" value="8"/>
        <!--线程池中为执行作业而保持活动状态的最大线程数-->
        <property name="maxPoolSize" value="8"/>
        <!--用于作业执行的线程在被销毁之前保持活动状态的时间，默认设置为5秒。如果设置为0秒会占用资源，但在执行许多作业的情况下，它可以避免一直创建新线程-->
        <property name="keepAlive">
            <bean class="java.time.Duration" factory-method="ofSeconds">
                <constructor-arg value="5"/>
            </bean>
        </property>
        <!--关闭用于作业执行的线程池所等待的时间-->
        <property name="awaitTerminationPeriod">
            <bean class="java.time.Duration" factory-method="ofSeconds">
                <constructor-arg value="60"/>
            </bean>
        </property>
        <!--核心线程是否会超时（这对于缩减线程是必需的）-->
        <property name="allowCoreThreadTimeout" value="true"/>
        <!-- 线程池线程的命名模式 -->
        <property name="threadPoolNamingPattern" value="flowable-async-job-executor-thread-%d"/>
    </bean>
    <!--指定异步任务执行器-->
    <bean id="asyncTaskExecutor"
          class="org.flowable.common.engine.impl.async.DefaultAsyncTaskExecutor" init-method="start">
        <constructor-arg name="configuration" ref="asyncExecutorTaskExecutorConfiguration"/>
    </bean>
</beans>
```

3.4.3 邮件服务器配置

Flowable支持在流程运行过程中通过邮件任务发送电子邮件，前提是在工作流引擎中配置了邮件服务器。Flowable引擎通过具备简单邮件传输协议（Simple Mail Transfer Protocol，SMTP）功能的外部邮件服务器发送电子邮件。Flowable邮件服务器配置参数如表3.1所示。

表3.1 Flowable邮件服务器配置参数

参数名称	默认值	描述
mailServerHost	localhost	邮件服务器的主机名（例如，mail.qq.com）
mailServerPort	25	邮件服务器上的SMTP通信端口
mailServerDefaultFrom	flowable@localhost	电子邮件发件人的默认电子邮件地址
mailServerUsername	无	某些邮件服务器需要凭证才能发送电子邮件。默认不设置
mailServerPassword	无	某些邮件服务器需要凭证才能发送电子邮件。默认不设置
mailServerUseSSL	false	某些邮件服务器需要SSL通信
mailServerUseTLS	false	某些邮件服务器（如Gmail）需要TLS通信

3.4.4 事件日志记录配置

Flowable引入了一种事件日志记录机制，其实现方式是捕获来自工作流引擎的各种事件，创建包含所有事件数据的映射并将其提供给org.flowable.engine.impl.event.logger.EventFlusher（默认实现是org.flowable.engine.impl.event.logger.DatabaseEventFlusher），再由它对这些数据进行处理。工作流引擎将事件数据通过Jackson序列化为JSON文件，并将其作为EventLogEntryEntity实例存储在数据库中。默认情况下禁用事件日志记录机制，如果要使用该机制可通过enableDatabaseEventLogging属性开启：

```
<bean id="processEngineConfiguration"
    class="org.flowable.engine.impl.cfg.StandaloneProcessEngineConfiguration">
    <!--开启事件日志记录机制-->
    <property name="enableDatabaseEventLogging" value="true" />
</bean>
```

在以上代码段中，配置enableDatabaseEventLogging属性为true表示开启事件日志记录机制。存储事件日志的数据库表为ACT_EVT_LOG，默认情况下会创建此表，如果不开启事件日志记录机制，则可以删除此表。

3.5 编写第一个Flowable程序

通过前面几章的学习，读者已经掌握了Flowable依赖的运行环境、开发工具、流程设计器和引擎配置，接下来编写第一个Flowable项目。本节将通过IDEA创建一个Maven项目，集成Flowable开发环境，配置工作流引擎参数，连接MySQL数据库，使用Flowable BPMN visualizer插件设计一个简单流程，最后使用Flowable提供的API完成流程部署、流程发起、任务查询、任务办理等一系列操作。

3.5.1 建立工程环境

1．创建Maven项目

启动IDEA后，依次选择File→New→Project，在弹出的New Project对话框中选择Maven目录，设置Project SDK为1.8（会同步显示Java版本，本例中为1.8.0_40），并选中Create from archetype复选框，在Maven模板列表中选择org.apache.maven.archetypes:maven-archetype-quickstart选项，单击Next按钮，如图3.2所示。

在弹出的对话框中，输入对应的Name、Location，展开Artifact Coordinates选项，输入对应的GroupId、ArtifactId和Version，单击Next按钮，如图3.3所示。

提示：GroupId一般是公司域名的反写，而ArtifactId是项目名或模块名，Version是该项目或模块所对应的版本号。

在弹出的对话框中，依次选择本地的Maven，选择Maven的配置文件路径及本地Maven仓库路径，单击

Finish按钮即可完成项目的创建,如图3.4所示。

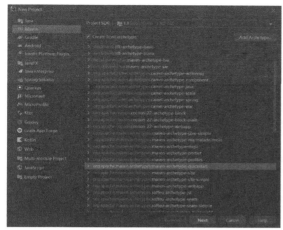

图3.2　创建Maven项目

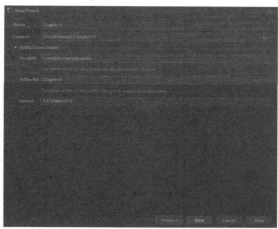

图3.3　配置Maven项目参数

图3.4　配置Maven参数

2. 引入项目第三方依赖

完成Maven项目的创建后,还需要在pom.xml文件中引入项目的第三方依赖,代码如下:

```
<project>
  <modelVersion>4.0.0</modelVersion>

  <groupId>com.bpm.example</groupId>
  <artifactId>Chapter3</artifactId>
  <version>1.0-SNAPSHOT</version>

  <name>Chapter3</name>
  <!-- FIXME change it to the project's website -->
  <url>http://www.example.com</url>

  <properties>
    <project.build.sourceEncoding>UTF-8</project.build.sourceEncoding>
    <maven.compiler.source>1.8</maven.compiler.source>
    <maven.compiler.target>1.8</maven.compiler.target>
    <flowable.version>6.8.0</flowable.version>
    <mysql.version>5.1.43</mysql.version>
    <dbcp.version>1.4</dbcp.version>
    <junit.version>4.10</junit.version>
```

```xml
    <slf4j.version>1.7.25</slf4j.version>
    <spring-framework.version>5.3.0</spring-framework.version>
</properties>

<dependencies>
    <!-- flowable依赖包 -->
    <dependency>
        <groupId>org.flowable</groupId>
        <artifactId>flowable-engine</artifactId>
        <version>${flowable.version}</version>
    </dependency>
    <!--flowable自动排版包-->
    <dependency>
        <groupId>org.flowable</groupId>
        <artifactId>flowable-bpmn-layout</artifactId>
        <version>${flowable.version}</version>
    </dependency>
    <!-- mysql驱动包 -->
    <dependency>
        <groupId>mysql</groupId>
        <artifactId>mysql-connector-java</artifactId>
        <version>${mysql.version}</version>
        <scope>runtime</scope>
    </dependency>
    <!-- DBCP数据库连接池 -->
    <dependency>
        <groupId>commons-dbcp</groupId>
        <artifactId>commons-dbcp</artifactId>
        <version>${dbcp.version}</version>
    </dependency>
    <dependency>
        <groupId>org.slf4j</groupId>
        <artifactId>slf4j-log4j12</artifactId>
        <version>${slf4j.version}</version>
    </dependency>
    <dependency>
        <groupId>junit</groupId>
        <artifactId>junit</artifactId>
        <version>4.11</version>
        <scope>test</scope>
    </dependency>
    <dependency>
        <groupId>org.springframework</groupId>
        <artifactId>spring-core</artifactId>
        <version>${spring-framework.version}</version>
    </dependency>
    <dependency>
        <groupId>commons-collections</groupId>
        <artifactId>commons-collections</artifactId>
        <version>3.2.2</version>
    </dependency>
    <dependency>
        <groupId>org.projectlombok</groupId>
        <artifactId>lombok</artifactId>
        <version>1.16.18</version>
        <scope>provided</scope>
    </dependency>
</dependencies>

    <!-- 此处省去build配置 -->
</project>
```

以上配置文件中省略了命名空间部分的代码，完整内容可参见本书配套资源。从以上配置文件中可知，这里主要引入了以下第三方依赖。

❑ **flowable-engine**：Flowable开发运行的核心依赖包。

- mysql-connector-java：MySQL的JDBC驱动。如果采用其他数据库，则需要引入对应数据库版本的JDBC驱动包。
- commons-dbcp：Apache Commons DBCP数据库连接池，当然也可以选择其他数据库连接池。
- slf4j-log4j12：连接slf4j-api和log4j的适配器，用于日志记录。
- junit：Java语言的单元测试框架。

3.5.2 创建配置文件

首先创建log4j.properties日志配置文件，在项目的src\main\resources路径下创建log4j.properties日志配置文件，其内容如下：

```
log4j.rootLogger=INFO, stdout

# Console Appender
log4j.appender.stdout=org.apache.log4j.ConsoleAppender
log4j.appender.stdout.layout=org.apache.log4j.PatternLayout
log4j.appender.stdout.layout.ConversionPattern= %d{HH:mm:ss,SSS} [%t] %-5p %c %x - %m%n

# Custom tweaks
log4j.logger.org.apache=WARN
log4j.logger.org.hibernate=WARN
log4j.logger.org.hibernate.engine.internal=debug
log4j.logger.org.hibernate.validator=WARN
log4j.logger.org.springframework=WARN
log4j.logger.org.springframework.web=WARN
log4j.logger.org.springframework.security=WARN
```

接下来创建工作流引擎配置文件。在项目的src\main\resources路径下创建flowable.cfg.xml工作流引擎配置文件，其内容如下：

```xml
<beans>
    <!--数据源配置-->
    <bean id="dataSource" class="org.apache.commons.dbcp.BasicDataSource">
        <property name="driverClassName" value="com.mysql.jdbc.Driver"/>
        <property name="url" value="jdbc:mysql://localhost:3306/workflow"/>
        <property name="username" value="root"/>
        <property name="password" value="123456"/>
    </bean>
    <!--flowable工作流引擎-->
    <bean id="processEngineConfiguration"
        class="org.flowable.engine.impl.cfg.StandaloneProcessEngineConfiguration">
        <!-- 数据源 -->
        <property name="dataSource" ref="dataSource"/>
        <!-- 数据库更新策略 -->
        <property name="databaseSchemaUpdate" value="true"/>
    </bean>
</beans>
```

3.5.3 创建流程模型

在Flowable项目的src\main\resources路径下，新建一个processes目录，用于存储设计的流程图文件。参照2.1.2小节的操作，绘制如下流程图：

- ID为LeaveApplyProcess，Name为"请假申请流程"；
- 流程包括4个节点：开始事件节点、结束事件节点、"请假申请"用户任务节点和"上级审批"用户任务节点；
- "请假申请"用户任务的办理人，配置其assignee属性为liuxiaopeng；
- "上级审批"用户任务的办理人，配置其assignee属性为hebo。

请假申请流程图如图3.5所示。

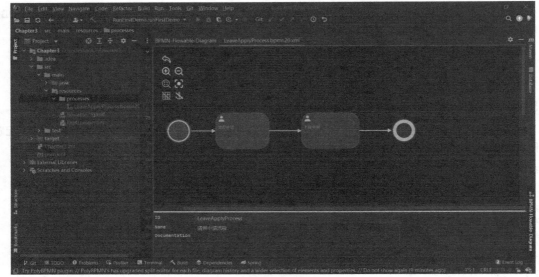

图3.5　请假申请流程图

该流程对应的XML内容如下：

```xml
<process id="LeaveApplyProcess" name="请假申请流程" isExecutable="true">
    <startEvent id="startEvent1" name="开始节点"/>
    <userTask id="userTask1" name="请假申请" flowable:assignee="liuxiaopeng"/>
    <userTask id="userTask2" name="上级审批" flowable:assignee="hebo"/>
    <endEvent id="endEvent1" name="结束节点"/>
    <sequenceFlow id="seqFlow1" sourceRef="startEvent1" targetRef="userTask1"/>
    <sequenceFlow id="seqFlow2" sourceRef="userTask1" targetRef="userTask2"/>
    <sequenceFlow id="seqFlow3" sourceRef="userTask2" targetRef="endEvent1"/>
</process>
```

3.5.4　加载流程模型与启动流程

加载该流程模型并执行相应流程控制的代码如下：

```java
@Slf4j
public class RunFirstDemo {
    @Test
    public void runFirstDemo() {
        //创建工作流引擎
        ProcessEngine engine = ProcessEngines.getDefaultProcessEngine();
        //获取流程存储服务
        RepositoryService repositoryService = engine.getRepositoryService();
        //获取运行时服务
        RuntimeService runtimeService = engine.getRuntimeService();
        //获取流程任务
        TaskService taskService = engine.getTaskService();
        //部署流程
        repositoryService.createDeployment()
                .addClasspathResource("processes/LeaveApplyProcess.bpmn20.xml")
                .deploy();

        //启动流程
        runtimeService.startProcessInstanceByKey("LeaveApplyProcess");
        TaskQuery taskQuery = taskService.createTaskQuery();
        //查询第一个任务
        Task firstTask = taskQuery.taskAssignee("liuxiaopeng").singleResult();
        //完成第一个任务
        taskService.complete(firstTask.getId());
        log.info("用户任务{}办理完成,办理人为：{}", firstTask.getName(), firstTask.getAssignee());
        //查询第二个任务
        Task secondTask = taskQuery.taskAssignee("hebo").singleResult();
        log.info("用户任务{}办理完成,办理人为：{}", secondTask.getName(), secondTask.getAssignee());
```

```
        //完成第二个任务(流程结束)
        taskService.complete(secondTask.getId());
        //查询任务数
        long taskNum = taskService.createTaskQuery().count();
        log.info("流程结束后,剩余任务数:{}", taskNum);

        //关闭工作流引擎
        engine.close();
    }
}
```

在以上代码段中,先通过ProcessEngines的getDefaultProcessEngine()方法创建并获取工作流引擎(默认读取flowable.cfg.xml工作流引擎配置文件),然后通过工作流引擎获取RepositoryService、RuntimeService和TaskService服务,最后通过这3个服务调用Flowable API实现流程部署、流程发起、任务查询和任务办理操作,直到流程结束。代码运行结果如下:

```
18:43:50,529 [main] INFO  com.bpm.example.demo1.RunFirstDemo  - 用户任务请假申请办理完成,办理人为:
liuxiaopeng
18:43:50,531 [main] INFO  com.bpm.example.demo1.RunFirstDemo  - 用户任务上级审批办理完成,办理人为:hebo
18:43:50,564 [main] INFO  com.bpm.example.demo1.RunFirstDemo  - 流程结束后,剩余任务数:0
```

这里使用到的各种Flowable服务和接口将在第8章进行详细介绍。

3.6 本章小结

本章首先介绍了Flowable创建工作流引擎配置对象ProcessEngineConfiguration、工作流引擎对象ProcessEngine的方法,然后介绍了Flowable工作流引擎配置文件的两种配置方式,讲解了工作流引擎配置对象的各种属性及配置方法,包括数据库连接配置、历史数据级别配置、作业执行器配置、邮件服务器配置和事件日志记录配置,并通过一个示例项目演示了通过IDEA创建Maven项目、集成Flowable的开发环境、配置工作流引擎属性及绘制流程图的过程。本章还使用Flowable提供的接口完成了流程部署、流程发起、任务查询和任务办理等一系列操作。本章内容基本覆盖了Flowable开发全过程。

第 4 章 Flowable数据库设计

Flowable支持多种主流关系型数据库，如DB2、MySQL、Oracle等，并且提供了相应的数据库建表语句。本章将以MySQL数据库为例，对Flowable的数据库表结构进行梳理和介绍，以帮助读者快速理解Flowable各个表和字段的含义与作用。

4.1 Flowable数据表设计概述

Flowable默认生成了79张数据表，这些表的名称均由以下划线连接的三部分组成。

第一部分是表名的前缀，固定以ACT或FLW开头，ACT代指Activiti，FLW代指Flowable，Flowable是基于Activiti开发出来的工作流引擎，所以从表的名字上还能看到Activiti的影子。

第二部分表示表的用途，通过这一部分标识很容易将79张数据表分为以下类别：
- APP，表示与应用程序相关的表；
- CMMN，表示与CMMN协议相关的表；
- CO（代表content），表示与内容引擎相关的表；
- DMN，表示与DMN协议相关的表；
- EVT，EVENT的缩写，表示与事件相关的表；
- FO，FORM的缩写，表示与表单相关的表；
- GE，GENERAL的缩写，表示通用表，用于存放流程或业务使用的通用资源数据；
- ID，IDENTITY的缩写，表示与用户身份认证相关的表；
- PROCDEF，表示与记录流程定义相关的表；
- RE，REPOSITORY的缩写，表示流程存储表，用于存放流程的定义、流程的资源等静态信息；
- RU，RUNTIME的缩写，表示运行时数据的表，用于存放流程执行实例、任务、变量等流程运行过程中产生的数据；
- HI，HISTORY的缩写，表示历史数据的表，用于存放历史流程实例、变量和任务等历史记录；
- CHANNEL，表示与泳道相关的表；
- EV，与FLW_搭配使用，用于存放Liquibase执行记录相关的数据；
- EVENT，与FLW_搭配使用，用于存放与事件定义相关的数据。

第三部分是表名的后缀，表示存储的内容。例如，ACT_RU_IDENTITYLINK和ACT_HI_IDENTITYLINK表中存储的都是IDENTITYLINK身份连接数据，前者是运行时数据，后者是历史数据。

4.2 Flowable数据表结构说明

Flowable的79张表囊括了与工作流引擎、表单引擎、内容引擎、CMMN引擎、DMN引擎相关的表，本节将对最常用的工作流引擎相关表结构进行详细说明。由于篇幅有限，其他引擎的表结构此处不展开详述。

4.2.1 通用数据表

通用数据表指Flowable中以ACT_GE_开头的表，用于存放流程或业务使用的通用资源数据，主要包括ACT_GE_BYTEARRAY资源表和ACT_GE_PROPERTY属性表。

1. ACT_GE_BYTEARRAY资源表

ACT_GE_BYTEARRAY资源表用于存储与工作流引擎相关的资源数据，Flowable使用该资源表保存流程定义文件内容、流程图片内容和序列化流程变量等二进制数据。ACT_GE_BYTEARRAY资源表字段如

表4.1所示。

表4.1　ACT_GE_BYTEARRAY资源表字段

字段	类型	字段说明
ID_	VARCHAR(64)	资源ID（主键）
REV_	INT	版本（乐观锁）
NAME_	VARCHAR(255)	资源名称
DEPLOYMENT_ID_	VARCHAR(64)	部署ID，非必填字段，当有值时，可与部署表ACT_RE_DEPLOYMENT的主键ID_关联
BYTES_	LONGBLOB	资源内容，最大可存4 GB数据
GENERATED_	TINYINT	是否是Flowable自动产生的资源

2．ACT_GE_PROPERTY属性表

ACT_GE_PROPERTY属性表用于存储整个工作流引擎级别的属性数据，Flowable将全部属性抽象为key-value，每个属性都有相应的名称和值。ACT_GE_PROPERTY属性表字段如表4.2所示。

表4.2　ACT_GE_PROPERTY属性表字段

字段	类型	字段说明
NAME_	VARCHAR(64)	属性名称
VALUE_	VARCHAR(300)	属性值
REV_	INT	版本（乐观锁）

4.2.2　流程存储表

流程存储表指Flowable中以ACT_RE_开头的表，用于存储流程定义和部署信息等，主要包括ACT_RE_MODEL表、ACT_RE_DEPLOYMENT表和ACT_RE_PROCDEF表。

1．ACT_RE_MODEL表

ACT_RE_MODEL表即流程设计模型表，其字段如表4.3所示。该数据表主要用于存储流程的设计模型。

表4.3　ACT_RE_MODEL表字段

字段	类型	字段说明
ID_	VARCHAR(64)	流程模型ID（主键）
REV_	INT	版本（乐观锁）
NAME_	VARCHAR(255)	流程模型名称
KEY_	VARCHAR(255)	流程模型标识
CATEGORY_	VARCHAR(255)	分类
CREATE_TIME_	TIMESTAMP	创建时间
LAST_UPDATE_TIME_	TIMESTAMP	最后更新时间
VERSION_	INT	流程版本
META_INFO_	VARCHAR(4000)	采用JSON格式保存的流程模型
DEPLOYMENT_ID_	VARCHAR(64)	部署ID
EDITOR_SOURCE_VALUE_ID_	VARCHAR(64)	提供给用户存储私有定义文件，对应ACT_GE_BYTEARRAY资源表中的字段ID_，表示该模型对应的模型定义文件（JSON格式数据）
EDITOR_SOURCE_EXTRA_VALUE_ID_	VARCHAR(64)	提供给用户存储私有定义图片，对应ACT_GE_BYTEARRAY资源表中的字段ID_，表示该模型生成的图片文件
TENANT_ID_	VARCHAR(255)	租户ID

2．ACT_RE_DEPLOYMENT表

ACT_RE_DEPLOYMENT表即部署信息表，其字段如表4.4所示。该表主要用于存储流程定义的部署信

息。Flowable一次部署可以添加多个资源，资源保存在ACT_GE_BYTEARRAY资源表中，部署信息则保存在该表中。

表4.4 ACT_RE_DEPLOYMENT表字段

属性值	类型	字段说明
ID_	VARCHAR(64)	部署记录ID（主键）
NAME_	VARCHAR(255)	部署的名称
CATEGORY_	VARCHAR(255)	类别
KEY_	VARCHAR(255)	流程模型标识
TENANT_ID_	VARCHAR(255)	租户ID
DEPLOY_TIME_	TIMESTAMP	部署的时间
DERIVED_FROM_	VARCHAR(64)	派生部署的源部署ID（动态修改流程定义的时候被用到）
DERIVED_FROM_ROOT_	VARCHAR(64)	派生部署的根部署ID（动态修改流程定义的时候被用到）
PARENT_DEPLOYMENT_ID_	VARCHAR(255)	父部署ID
ENGINE_VERSION_	VARCHAR(255)	引擎版本

3. ACT_RE_PROCDEF表

ACT_RE_PROCDEF表即流程定义数据表，其字段如表4.5所示。该表主要用于存储流程定义信息。Flowable部署流程时，除了将流程定义文件存储到资源表，还会解析流程定义文件内容，生成流程定义保存在该表中。

表4.5 ACT_RE_PROCDEF表字段

字段	类型	字段说明
ID_	VARCHAR(64)	流程定义ID（主键）
REV_	INT	版本（乐观锁）
CATEGORY_	VARCHAR(255)	流程定义类别
NAME_	VARCHAR(255)	流程定义名称
KEY_	VARCHAR(255)	流程定义标识
VERSION_	INT	流程定义版本
DEPLOYMENT_ID_	VARCHAR(64)	流程定义部署对应的部署数据ID
RESOURCE_NAME_	VARCHAR(4000)	流程定义对应的资源名称
DGRM_RESOURCE_NAME_	VARCHAR(4000)	流程定义对应流程图的资源名称
DESCRIPTION_	VARCHAR(4000)	对流程定义的描述
HAS_START_FORM_KEY_	TINYINT	是否存在开始表单标识
HAS_GRAPHICAL_NOTATION_	TINYINT	是否存在图形信息
SUSPENSION_STATE_	INT	流程定义的挂起状态
TENANT_ID_	VARCHAR(255)	租户ID
ENGINE_VERSION_	VARCHAR(255)	引擎版本
DERIVED_FROM_	VARCHAR(64)	派生部署的来源流程定义ID（动态修改流程定义的时候被用到）
DERIVED_FROM_ROOT_	VARCHAR(64)	派生部署的来源根流程定义ID（动态修改流程定义的时候被用到）
DERIVED_VERSION_	INT	派生部署的来源流程定义版本（动态修改流程定义的时候被用到）

4.2.3 身份数据表

身份数据表指Flowable中以ACT_ID_开头的表，用于存储用户、组、关系、权限等身份认证相关信息。

1. ACT_ID_USER表

ACT_ID_USER表即用户表，其字段如表4.6所示。该表主要用于存储用户基本信息数据。

表4.6 ACT_ID_USER表字段

字段	类型	字段说明
ID_	VARCHAR(64)	用户ID（主键）
REV_	INT	版本（乐观锁）
FIRST_	VARCHAR(255)	人名
LAST_	VARCHAR(255)	姓氏
DISPLAY_NAME_	VARCHAR(255)	显示名称
EMAIL_	VARCHAR(255)	用户邮箱
PWD_	VARCHAR(255)	用户密码
PICTURE_ID_	VARCHAR(64)	用户图片，对应ACT_GE_BYTEARRAY_资源表中的字段ID_
TENANT_ID_	VARCHAR(255)	租户ID

2. ACT_ID_INFO表

ACT_ID_INFO表即用户信息扩展表，其字段如表4.7所示。该表主要用于存储用户扩展信息。

表4.7 ACT_ID_INFO表字段

字段	类型	字段说明
ID_	VARCHAR(64)	用户信息ID（主键）
REV_	INT	版本（乐观锁）
USER_ID_	VARCHAR(64)	对应用户表的ID
TYPE_	VARCHAR(64)	信息类型，可以设置用户账号（account）、用户信息（userinfo）和空（null）3种值
KEY_	VARCHAR(255)	用户信息的key
VALUE_	VARCHAR(255)	用户信息的value
PASSWORD_	LONGBLOB	用户信息密码
PARENT_ID_	VARCHAR(255)	父信息ID

3. ACT_ID_GROUP表

ACT_ID_GROUP表即用户组表，其字段如表4.8所示。该表主要用于存储用户组数据。

表4.8 ACT_ID_GROUP表字段

字段	类型	字段说明
ID_	VARCHAR(128)	用户组ID（主键）
REV_	INT	版本（乐观锁）
NAME_	VARCHAR(255)	用户组名称
TYPE_	VARCHAR(255)	用户组类型

4. ACT_ID_MEMBERSHIP表

ACT_ID_MEMBERSHIP表即用户与用户组关系表，其字段如表4.9所示。该表主要用于存储用户与用户组的关系，一个用户组可以有多个用户，一个用户也可以隶属于多个用户组。

表4.9 ACT_ID_MEMBERSHIP表字段

字段	类型	字段说明
USER_ID_	VARCHAR(64)	用户ID
GROUP_ID_	VARCHAR(64)	用户组ID

5. ACT_ID_PRIV表

ACT_ID_PRIV表即权限表，其字段如表4.10所示。该表主要用于存储系统权限信息。

表4.10 ACT_ID_PRIV表字段

字段	类型	字段说明
ID_	VARCHAR(128)	权限ID（主键）
NAME_	VARCHAR(255)	权限名称

6. ACT_ID_PRIV_MAPPING表

ACT_ID_PRIV_MAPPING表即用户或用户组的权限信息表，其字段如表4.11所示。该表主要用于存储用户或用户组与权限的关系。

表4.11 ACT_ID_PRIV_MAPPING表字段

字段	类型	字段说明
ID_	VARCHAR(64)	关联ID（主键）
PRIV_ID_	VARCHAR(64)	权限ID
USER_ID_	VARCHAR(255)	用户ID
GROUP_ID_	VARCHAR(255)	用户组ID

7. ACT_ID_PROPERTY表

ACT_ID_PROPERTY表即用户或用户组的属性扩展表，其字段如表4.12所示。

表4.12 ACT_ID_PROPERTY表字段

字段	类型	字段说明
NAME_	VARCHAR(64)	变量名称
VALUE_	VARCHAR(300)	变量值
REV_	INT	版本（乐观锁）

8. ACT_ID_TOKEN表

ACT_ID_TOKEN表即用户访问记录表，其字段如表4.13所示。

表4.13 ACT_ID_TOKEN表字段

字段	类型	字段说明
ID_	VARCHAR(64)	主键ID
REV_	INT	版本（乐观锁）
TOKEN_VALUE_	VARCHAR(255)	令牌值
TOKEN_DATE_	TIMESTAMP(3)	令牌创建时间
IP_ADDRESS_	VARCHAR(255)	客户端访问地址
USER_AGENT_	VARCHAR(255)	用户登录客户端
USER_ID_	VARCHAR(255)	用户ID
TOKEN_DATA_	VARCHAR(2000)	用户登录其他数据，暂时没有用到

9. ACT_ID_BYTEARRAY表

ACT_ID_BYTEARRAY表即用户或用户组的二进制资源表，其字段如表4.14所示。

表4.14 ACT_ID_BYTEARRAY表字段

字段	类型	字段说明
ID_	VARCHAR(64)	资源ID（主键）
REV_	INT	版本（乐观锁）
NAME_	VARCHAR(255)	资源名称
BYTES_	LONGBLOB	资源，最大可存4 GB数据

4.2.4 运行时数据表

运行时数据表指Flowable中以ACT_RU_开头的表，用于存储流程执行实例、任务、变量等流程运行过程中产生的数据，主要包括ACT_RU_EXECUTION表、ACT_RU_ACTINST表、ACT_RU_TASK表、ACT_RU_VARIABLE表、ACT_RU_IDENTITYLINK表和ACT_RU_JOB表等13张表。

1. ACT_RU_EXECUTION表

ACT_RU_EXECUTION表即运行时流程执行实例表，其字段如表4.15所示。该表主要用于存储流程运行时的执行实例。流程启动时，会生成一个流程实例，以及相应的子执行实例，流程实例和执行实例都存储在ACT_RU_EXECUTION表中。

表4.15 ACT_RU_EXECUTION表字段

字段	类型	字段说明
ID_	VARCHAR(64)	执行实例ID（主键）
REV_	INT	版本（乐观锁）
PROC_INST_ID_	VARCHAR(64)	执行实例所属的流程实例ID，一个流程实例可能会产生多个执行实例
BUSINESS_KEY_	VARCHAR(255)	业务主键
PARENT_ID_	VARCHAR(64)	父执行实例ID
PROC_DEF_ID_	VARCHAR(64)	流程定义ID
SUPER_EXEC_	VARCHAR(64)	主流程实例对应的执行实例ID
ROOT_PROC_INST_ID_	VARCHAR(64)	主流程实例ID
ACT_ID_	VARCHAR(255)	当前执行实例的节点ID
IS_ACTIVE_	TINYINT	是否为活跃的执行实例
IS_CONCURRENT_	TINYINT	是否为并行的执行实例
IS_SCOPE_	TINYINT	是否为父作用域
IS_EVENT_SCOPE_	TINYINT	是否在事件范围内
IS_MI_ROOT_	TINYINT	是否为多实例根执行流
SUSPENSION_STATE_	INT	挂起状态
CACHED_ENT_STATE_	INT	缓存结束状态
TENANT_ID_	VARCHAR(255)	租户ID
NAME_	VARCHAR(255)	实例名称
START_ACT_ID_	VARCHAR(255)	开始节点ID
START_TIME_	DATETIME	实例开始时间
START_USER_ID_	VARCHAR(255)	实例启动用户
LOCK_TIME_	TIMESTAMP	锁定时间
LOCK_OWNER_	VARCHAR(255)	锁的所有者
IS_COUNT_ENABLED_	TINYINT	是否启用计数
EVT_SUBSCR_COUNT_	INT	事件订阅的数量
TASK_COUNT_	INT	任务的数量
JOB_COUNT_	INT	作业的数量
TIMER_JOB_COUNT_	INT	定时作业的数量
SUSP_JOB_COUNT_	INT	挂起作业的数量
DEADLETTER_JOB_COUNT_	INT	不可执行作业的数量
VAR_COUNT_	INT	变量的数量
ID_LINK_COUNT_	INT	身份关系的数量
CALLBACK_ID_	VARCHAR(255)	回调ID
CALLBACK_TYPE_	VARCHAR(255)	回调类型

续表

字段	类型	字段说明
REFERENCE_ID_	VARCHAR(255)	引用的案例实例ID
REFERENCE_TYPE_	VARCHAR(255)	引用类型
PROPAGATED_STAGE_INST_ID_	VARCHAR(255)	案例阶段实例ID
BUSINESS_STATUS_	VARCHAR(255)	业务状态

2. ACT_RU_ACTINST表

ACT_RU_ACTINST表即运行时活动实例表，其字段如表4.16所示。该表主要用于存储流程运行时的节点和序列流实例。运行中的流程实例，每到达一个流程活动、网关、事件或序列流，就会生成一个活动实例，保存在ACT_RU_ACTINST表中。

表4.16　ACT_RU_ACTINST表字段

字段	类型	字段说明
ID_	VARCHAR(64)	活动实例ID（主键）
REV_	INT	版本（乐观锁）
PROC_DEF_ID_	VARCHAR(64)	流程定义ID
PROC_INST_ID_	VARCHAR(64)	流程实例ID
EXECUTION_ID_	VARCHAR(64)	执行实例ID
ACT_ID_	VARCHAR(255)	活动ID
TASK_ID_	VARCHAR(64)	任务实例ID
CALL_PROC_INST_ID_	VARCHAR(64)	调用流程实例ID
ACT_NAME_	VARCHAR(255)	活动名称
ACT_TYPE_	VARCHAR(255)	活动类型
ASSIGNEE_	VARCHAR(255)	办理人
START_TIME_	DATETIME(3)	开始时间
END_TIME_	DATETIME(3)	结束时间
DURATION_	BIGINT	耗时
TRANSACTION_ORDER_	INT	事务执行顺序
DELETE_REASON_	VARCHAR(4000)	删除原因
TENANT_ID_	VARCHAR(255)	租户ID

3. ACT_RU_TASK表

ACT_RU_TASK表即运行时任务实例表，其字段如表4.17所示。该表主要用于存储流程运行过程中产生的任务实例数据。

表4.17　ACT_RU_TASK表字段

字段	类型	字段说明
ID_	VARCHAR(64)	任务实例ID（主键）
REV_	INT	版本（乐观锁）
EXECUTION_ID_	VARCHAR(64)	执行实例ID
PROC_INST_ID_	VARCHAR(64)	流程实例ID
PROC_DEF_ID_	VARCHAR(64)	流程定义ID
TASK_DEF_ID_	VARCHAR(64)	任务定义ID（暂时未使用）
SCOPE_TYPE_	VARCHAR(255)	范围类型，如bpmn、cmmn、dmn、form、task等
SCOPE_ID_	VARCHAR(255)	案例实例ID
SUB_SCOPE_ID_	VARCHAR(255)	案例计划项实例ID

字段	类型	字段说明
SCOPE_DEFINITION_ID_	VARCHAR(255)	案例定义ID
PROPAGATED_STAGE_INST_ID_	VARCHAR(255)	案例阶段实例ID
NAME_	VARCHAR(255)	任务实例名称
PARENT_TASK_ID_	VARCHAR(64)	父任务实例ID
DESCRIPTION_	VARCHAR(4000)	节点描述
TASK_DEF_KEY_	VARCHAR(255)	任务定义标识
OWNER_	VARCHAR(255)	拥有者
ASSIGNEE_	VARCHAR(255)	办理人
DELEGATION_	VARCHAR(64)	委托办理状态：pending、resolved
PRIORITY_	INT	优先级
CREATE_TIME_	TIMESTAMP	创建时间
DUE_DATE_	DATETIME	过期时间
CATEGORY_	VARCHAR(255)	类别
SUSPENSION_STATE_	INT	挂起状态
TENANT_ID_	VARCHAR(255)	租户ID
FORM_KEY_	VARCHAR(255)	表单模型key
CLAIM_TIME_	DATETIME	认领时间
IS_COUNT_ENABLED_	TINYINT	是否启用计数
VAR_COUNT_	INT	变量数量
ID_LINK_COUNT_	INT	任务与身份关系的数量
SUB_TASK_COUNT_	INT	子任务数量

4. ACT_RU_VARIABLE表

ACT_RU_VARIABLE表即运行时流程变量数据表，其字段如表4.18所示。该表主要用于存储流程运行中的变量，包括流程实例变量、执行实例变量和任务实例变量。

表4.18　ACT_RU_VARIABLE表字段

字段	类型	字段说明
ID_	VARCHAR(64)	变量ID（主键）
REV_	INT	版本（乐观锁）
TYPE_	VARCHAR(255)	变量类型
NAME_	VARCHAR(255)	变量名称
EXECUTION_ID_	VARCHAR(64)	执行实例ID
PROC_INST_ID_	VARCHAR(64)	流程实例ID
TASK_ID_	VARCHAR(64)	任务实例ID
SCOPE_TYPE_	VARCHAR(255)	范围类型，如bpmn、cmmn、dmn、form、task等
SCOPE_ID_	VARCHAR(255)	案例实例ID
SUB_SCOPE_ID_	VARCHAR(255)	案例计划项实例ID
BYTEARRAY_ID_	VARCHAR(64)	复杂变量值存储在资源表中，此处存储关联的资源ID
DOUBLE_	DOUBLE	存储小数类型的变量值
LONG_	BIGINT	存储整数类型的变量值
TEXT_	VARCHAR(4000)	存储字符串类型的变量值
TEXT2_	VARCHAR(4000)	此处存储JPA持久化对象时才会有值。此值为对象ID

5. ACT_RU_ENTITYLINK表

ACT_RU_ENTITYLINK表即运行时实体关系表，其字段如表4.19所示。该表主要用于存储实例的父子关系。例如，当流程实例启动子流程实例后，则在此表中存储实体之间的关系，这样可以轻松查询。

表4.19 ACT_RU_ENTITYLINK表字段

字段	类型	字段说明
ID_	VARCHAR(64)	关系ID（主键）
REV_	INT	版本（乐观锁）
CREATE_TIME_	DATETIME(3)	创建时间
LINK_TYPE_	VARCHAR(255)	关系类型，如child、association
SCOPE_TYPE_	VARCHAR(255)	范围类型，如bpmn、cmmn、dmn、form、task等
SCOPE_ID_	VARCHAR(255)	案例实例ID
SUB_SCOPE_ID_	VARCHAR(255)	案例计划项实例ID
SCOPE_DEFINITION_ID_	VARCHAR(255)	案例定义ID
PARENT_ELEMENT_ID_	VARCHAR(255)	父元素ID
REF_SCOPE_TYPE_	VARCHAR(255)	引用类型
REF_SCOPE_ID_	VARCHAR(255)	引用的案例实例ID
REF_SCOPE_DEFINITION_ID_	VARCHAR(255)	引用的案例定义ID
ROOT_SCOPE_ID_	VARCHAR(255)	根案例实例ID
ROOT_SCOPE_TYPE_	VARCHAR(255)	根案例范围类型
HIERARCHY_TYPE_	VARCHAR(255)	等级类型

6. ACT_RU_IDENTITYLINK表

ACT_RU_IDENTITYLINK表即运行时流程与身份关系表，其字段如表4.20所示。该表主要用于存储运行时流程实例、任务实例与参与者之间的关系信息。

表4.20 ACT_RU_IDENTITYLINK表字段

字段	类型	字段说明
ID_	VARCHAR(64)	关系ID（主键）
REV_	INT	版本（乐观锁）
GROUP_ID_	VARCHAR(255)	用户组ID
TYPE_	VARCHAR(255)	关系类型：assignee、candidate等
USER_ID_	VARCHAR(255)	用户ID
TASK_ID_	VARCHAR(64)	任务ID
PROC_INST_ID_	VARCHAR(64)	流程实例ID
PROC_DEF_ID_	VARCHAR(64)	流程定义ID
SCOPE_TYPE_	VARCHAR(255)	范围类型，如bpmn、cmmn、dmn、form、task等
SCOPE_ID_	VARCHAR(255)	案例实例ID
SUB_SCOPE_ID_	VARCHAR(255)	案例计划项实例ID
SCOPE_DEFINITION_ID_	VARCHAR(255)	案例定义ID

7. ACT_RU_JOB表

ACT_RU_JOB表即运行时作业表，其字段如表4.21所示。该表主要用于存储Flowable正在执行的异步任务数据。

8. ACT_RU_DEADLETTER_JOB表

ACT_RU_DEADLETTER_JOB表即运行时无法执行的作业表，其字段如表4.22所示。该表主要用于存储Flowable无法执行的异步任务数据。

表4.21 ACT_RU_JOB表字段

字段	类型	字段说明
ID_	VARCHAR(64)	运行时工作ID（主键）
REV_	INT	版本（乐观锁）
CATEGORY_	VARCHAR(255)	类别
TYPE_	VARCHAR(255)	异步任务类型
LOCK_EXP_TIME_	TIMESTAMP	锁定释放时间
LOCK_OWNER_	VARCHAR(255)	锁定者
EXCLUSIVE_	TINYINT	是否排他
EXECUTION_ID_	VARCHAR(64)	执行实例ID
PROCESS_INSTANCE_ID_	VARCHAR(64)	流程实例ID
PROC_DEF_ID_	VARCHAR(64)	流程定义ID
ELEMENT_ID_	VARCHAR(255)	元素ID
ELEMENT_NAME_	VARCHAR(255)	元素名称
SCOPE_TYPE_	VARCHAR(255)	范围类型，如bpmn、cmmn、dmn、form、task等
SCOPE_ID_	VARCHAR(255)	案例实例ID
SUB_SCOPE_ID_	VARCHAR(255)	案例计划项实例ID
SCOPE_DEFINITION_ID_	VARCHAR(255)	案例定义ID
CORRELATION_ID_	VARCHAR(255)	关联标识
RETRIES_	INT	重试次数
EXCEPTION_STACK_ID_	VARCHAR(64)	异常栈ID
EXCEPTION_MSG_	VARCHAR(4000)	异常信息
DUEDATE_	TIMESTAMP	截止时间
REPEAT_	VARCHAR(255)	重复执行信息，如重复次数
HANDLER_TYPE_	VARCHAR(255)	处理器类型
HANDLER_CFG_	VARCHAR(4000)	处理器配置
CUSTOM_VALUES_ID_	VARCHAR(64)	自定义参数值ID，如果该字段有值，值关联ACT_GE_BYTEARRAY表的ID字段，参数内容从BYTES_中获取
CREATE_TIME_	TIMESTAMP	创建时间
TENANT_ID_	VARCHAR(255)	租户ID

表4.22 ACT_RU_DEADLETTER_JOB表

字段	类型	字段说明
ID_	VARCHAR(64)	无法执行的工作ID（主键）
REV_	INT	版本（乐观锁）
CATEGORY_	VARCHAR(255)	类别
TYPE_	VARCHAR(255)	定时器类型
EXCLUSIVE_	TINYINT	是否唯一
EXECUTION_ID_	VARCHAR(64)	执行实例ID
PROCESS_INSTANCE_ID_	VARCHAR(64)	流程实例ID
PROC_DEF_ID_	VARCHAR(64)	流程定义ID
ELEMENT_ID_	VARCHAR(255)	元素ID
ELEMENT_NAME_	VARCHAR(255)	元素名称
SCOPE_TYPE_	VARCHAR(255)	范围类型，如bpmn、cmmn、dmn、form、task等
SCOPE_ID_	VARCHAR(255)	案例实例ID
SUB_SCOPE_ID_	VARCHAR(255)	案例计划项实例ID

续表

字段	类型	字段说明
SCOPE_DEFINITION_ID_	VARCHAR(255)	案例定义ID
CORRELATION_ID_	VARCHAR(255)	关联标识
EXCEPTION_STACK_ID_	VARCHAR(64)	异常栈ID
EXCEPTION_MSG_	VARCHAR(4000)	异常信息
DUEDATE_	TIMESTAMP	截止时间
REPEAT_	VARCHAR(255)	重复执行信息，如重复次数
HANDLER_TYPE_	VARCHAR(255)	处理器类型
HANDLER_CFG_	VARCHAR(4000)	处理器配置
CUSTOM_VALUES_ID_	VARCHAR(64)	自定义参数值ID，如果该字段有值，值关联ACT_GE_BYTEARRAY表的ID字段，参数内容从BYTES_中获取
CREATE_TIME_	TIMESTAMP	创建时间
TENANT_ID_	VARCHAR(255)	租户ID

9. ACT_RU_SUSPENDED_JOB表

ACT_RU_SUSPENDED_JOB表即运行时中断的作业表，其字段如表4.23所示。该表主要用于存储Flowable中断的异步任务数据。

表4.23 ACT_RU_SUSPENDED_JOB表

字段	类型	字段说明
ID_	VARCHAR(64)	中断的工作ID（主键）
REV_	INT	版本（乐观锁）
CATEGORY_	VARCHAR(255)	类别
TYPE_	VARCHAR(255)	定时器类型
EXCLUSIVE_	TINYINT	是否排他
EXECUTION_ID_	VARCHAR(64)	执行实例ID
PROCESS_INSTANCE_ID_	VARCHAR(64)	流程实例ID
PROC_DEF_ID_	VARCHAR(64)	流程定义ID
ELEMENT_ID_	VARCHAR(255)	元素ID
ELEMENT_NAME_	VARCHAR(255)	元素名称
SCOPE_TYPE_	VARCHAR(255)	范围类型，如bpmn、cmmn、dmn、form、task等
SCOPE_ID_	VARCHAR(255)	案例实例ID
SUB_SCOPE_ID_	VARCHAR(255)	案例计划项实例ID
SCOPE_DEFINITION_ID_	VARCHAR(255)	案例定义ID
CORRELATION_ID_	VARCHAR(255)	关联标识
RETRIES_	INT	重试次数
EXCEPTION_STACK_ID_	VARCHAR(64)	异常栈ID
EXCEPTION_MSG_	VARCHAR(4000)	异常信息
DUEDATE_	TIMESTAMP	截止时间
REPEAT_	VARCHAR(255)	重复执行信息，如重复次数
HANDLER_TYPE_	VARCHAR(255)	处理器类型
HANDLER_CFG_	VARCHAR(4000)	处理器配置
CUSTOM_VALUES_ID_	VARCHAR(64)	自定义参数值ID，如果该字段有值，值关联ACT_GE_BYTEARRAY表的ID字段，参数内容从BYTES_中获取
CREATE_TIME_	TIMESTAMP	创建时间
TENANT_ID_	VARCHAR(255)	租户ID

10. ACT_RU_TIMER_JOB表

ACT_RU_TIMER_JOB表即运行时定时器作业表，其字段如表4.24所示。该表主要用于存储流程运行时的定时器任务数据。流程执行到中间定时器事件节点或带有边界定时器事件的节点时，会生成一个定时器任务，并将相关数据存储到该表中。

表4.24 ACT_RU_TIMER_JOB表字段

字段	类型	字段说明
ID_	VARCHAR(64)	定时作业ID（主键）
REV_	INT	版本（乐观锁）
TYPE_	VARCHAR(255)	定时器类型
LOCK_EXP_TIME_	TIMESTAMP	锁定释放时间
LOCK_OWNER_	VARCHAR(255)	锁定者
EXCLUSIVE_	TINYINT	是否排他
EXECUTION_ID_	VARCHAR(64)	执行实例ID
PROCESS_INSTANCE_ID_	VARCHAR(64)	流程实例ID
PROC_DEF_ID_	VARCHAR(64)	流程定义ID
ELEMENT_ID_	VARCHAR(255)	元素ID
ELEMENT_NAME_	VARCHAR(255)	元素名称
SCOPE_TYPE_	VARCHAR(255)	范围类型，如bpmn、cmmn、dmn、form、task等
SCOPE_ID_	VARCHAR(255)	案例实例ID
SUB_SCOPE_ID_	VARCHAR(255)	案例计划项实例ID
SCOPE_DEFINITION_ID_	VARCHAR(255)	案例定义ID
CORRELATION_ID_	VARCHAR(255)	关联标识
RETRIES_	INT	重试次数
EXCEPTION_STACK_ID_	VARCHAR(64)	异常栈ID
EXCEPTION_MSG_	VARCHAR(4000)	异常信息
DUEDATE_	TIMESTAMP	截止时间
REPEAT_	VARCHAR(255)	重复执行信息，如重复次数
HANDLER_TYPE_	VARCHAR(255)	处理器类型
HANDLER_CFG_	VARCHAR(4000)	处理器配置
CUSTOM_VALUES_ID_	VARCHAR(64)	自定义参数值ID，如果该字段有值，值关联ACT_GE_BYTEARRAY表的ID字段，参数内容从BYTES_中获取
CREATE_TIME_	TIMESTAMP	创建时间
TENANT_ID_	VARCHAR(255)	租户ID

11. ACT_RU_HISTORY_JOB表

ACT_RU_HISTORY_JOB表即运行时异步历史作业表，其字段如表4.25所示。Flowable可以使用历史作业执行器异步持久化历史数据，该表主要用于记录异步历史作业。

表4.25 ACT_RU_HISTORY_JOB表字段

字段	类型	字段说明
ID_	VARCHAR(64)	定时作业ID（主键）
REV_	INT	版本（乐观锁）
LOCK_EXP_TIME_	TIMESTAMP(3)	锁定释放时间
LOCK_OWNER_	VARCHAR(255)	锁定者
RETRIES_	INT	重试次数
EXCEPTION_STACK_ID_	VARCHAR(64)	异常栈ID

续表

字段	类型	字段说明
EXCEPTION_MSG_	VARCHAR(4000)	异常信息
HANDLER_TYPE_	VARCHAR(255)	处理器类型
HANDLER_CFG_	VARCHAR(4000)	处理器配置
CUSTOM_VALUES_ID_	VARCHAR(64)	自定义参数值ID，如果该字段有值，值关联ACT_GE_BYTEARRAY表的ID字段，参数内容从BYTES_中获取
ADV_HANDLER_CFG_ID_	VARCHAR(64)	关联历史数据转换为JSON格式后存在ACT_GE_BYTEARRAY表中的ID
CREATE_TIME_	TIMESTAMP(3)	创建时间
SCOPE_TYPE_	VARCHAR(255)	范围类型，如bpmn、cmmn、dmn、form、task等
TENANT_ID_	VARCHAR(255)	租户ID

12. ACT_RU_EXTERNAL_JOB表

ACT_RU_EXTERNAL_JOB表即运行时外部作业表，其字段如表4.26所示。当流程执行外部工作任务时，会在该表插入相应的记录。

表4.26 ACT_RU_EXTERNAL_JOB表字段

字段	类型	字段说明
ID_	VARCHAR(64)	外部作业ID（主键）
REV_	INT	版本（乐观锁）
CATEGORY_	VARCHAR(255)	分类
TYPE_	VARCHAR(255)	定时器类型
LOCK_EXP_TIME_	TIMESTAMP(3)	锁定释放时间
LOCK_OWNER_	VARCHAR(255)	锁定者
EXCLUSIVE_	TINYINT(1)	是否排他
EXECUTION_ID_	VARCHAR(64)	执行实例ID
PROCESS_INSTANCE_ID_	VARCHAR(64)	流程实例ID
PROC_DEF_ID_	VARCHAR(64)	流程定义ID
ELEMENT_ID_	VARCHAR(255)	元素ID
ELEMENT_NAME_	VARCHAR(255)	元素名称
SCOPE_TYPE_	VARCHAR(255)	范围类型，如bpmn、cmmn、dmn、form、task等
SCOPE_ID_	VARCHAR(255)	案例实例ID
SUB_SCOPE_ID_	VARCHAR(255)	案例计划项实例ID
SCOPE_DEFINITION_ID_	VARCHAR(255)	案例定义ID
CORRELATION_ID_	VARCHAR(255)	关联标识
RETRIES_	INT	重试次数
EXCEPTION_STACK_ID_	VARCHAR(64)	异常栈ID
EXCEPTION_MSG_	VARCHAR(4000)	异常信息
DUEDATE_	TIMESTAMP(3)	截止时间
REPEAT_	VARCHAR(255)	重复执行信息，如重复次数
HANDLER_TYPE_	VARCHAR(255)	处理器类型
HANDLER_CFG_	VARCHAR(4000)	处理器配置
CUSTOM_VALUES_ID_	VARCHAR(64)	自定义参数值ID，如果该字段有值，值关联ACT_GE_BYTEARRAY表的ID字段，参数内容从BYTES_中获取
CREATE_TIME_	TIMESTAMP(3)	创建时间
TENANT_ID_	VARCHAR(255)	租户ID

13. ACT_RU_EVENT_SUBSCR表

ACT_RU_EVENT_SUBSCR表即运行时事件订阅表，其字段如表4.27所示。该表主要用于存储流程运行时的事件订阅。流程执行到事件节点时，会在该表插入事件订阅，这些事件订阅决定事件的触发。

表4.27　ACT_RU_EVENT_SUBSCR表字段

字段	类型	字段说明
ID_	VARCHAR(64)	事件ID（主键）
REV_	INT	版本（乐观锁）
EVENT_TYPE_	VARCHAR(255)	事件类型，不同类型的事件会产生不同的事件订阅，但并非所有事件都会产生事件订阅
EVENT_NAME_	VARCHAR(255)	事件名称
EXECUTION_ID_	VARCHAR(64)	事件所属的执行实例ID
PROC_INST_ID_	VARCHAR(64)	事件所属的流程实例ID
ACTIVITY_ID_	VARCHAR(64)	具体事件节点ID
CONFIGURATION_	VARCHAR(255)	配置属性
CREATED_	TIMESTAMP(3)	创建时间
PROC_DEF_ID_	VARCHAR(64)	流程定义ID
SCOPE_TYPE_	VARCHAR(64)	范围类型，如bpmn、cmmn、dmn、form、task等
SCOPE_ID_	VARCHAR(64)	案例实例ID
SUB_SCOPE_ID_	VARCHAR(64)	案例计划项实例ID
SCOPE_DEFINITION_ID_	VARCHAR(64)	案例定义ID
LOCK_TIME_	TIMESTAMP(3)	锁定时间
LOCK_OWNER_	VARCHAR(255)	锁的所有者
TENANT_ID_	VARCHAR(255)	租户ID

4.2.5　历史数据表

历史数据表指Flowable中以ACT_HI_开头的表，用于存储历史流程实例、变量和任务等历史记录。历史数据表主要包括ACT_HI_PROCINST表、ACT_HI_ACTINST表、ACT_HI_TASKINST表、ACT_HI_VARINST表、ACT_HI_IDENTITYLINK表等10张表。

1. ACT_HI_PROCINST表

ACT_HI_PROCINST表即历史流程实例表，其字段如表4.28所示。该表主要用于存储历史流程实例。流程启动后，保存ACT_RU_EXECUTION表的同时，会将流程实例写入ACT_HI_PROCINST表。

表4.28　ACT_HI_PROCINST表字段

字段	类型	字段说明
ID_	VARCHAR(64)	流程实例ID（主键）
REV_	INT	版本（乐观锁）
PROC_INST_ID_	VARCHAR(64)	流程实例ID，值同ID
BUSINESS_KEY_	VARCHAR(255)	业务主键
PROC_DEF_ID_	VARCHAR(64)	流程定义ID
START_TIME_	DATETIME(3)	开始时间
END_TIME_	DATETIME(3)	结束时间
DURATION_	BIGINT(20)	耗时
START_USER_ID_	VARCHAR(255)	发起人ID
START_ACT_ID_	VARCHAR(255)	开始节点
END_ACT_ID_	VARCHAR(255)	结束节点

续表

字段	类型	字段说明
SUPER_PROCESS_INSTANCE_ID_	VARCHAR(64)	主流程实例ID
DELETE_REASON_	VARCHAR(4000)	删除理由
TENANT_ID_	VARCHAR(255)	租户ID
NAME_	VARCHAR(255)	流程名称
CALLBACK_ID_	VARCHAR(255)	回调ID
CALLBACK_TYPE_	VARCHAR(255)	回调类型
REFERENCE_ID_	VARCHAR(255)	引用案例实例ID
REFERENCE_TYPE_	VARCHAR(255)	引用案例类型
PROPAGATED_STAGE_INST_ID_	VARCHAR(255)	案例阶段实例ID
BUSINESS_STATUS_	VARCHAR(255)	业务状态

2. ACT_HI_ACTINST表

ACT_HI_ACTINST表即历史节点表，其字段如表4.29所示。该表主要用于存储历史节点实例数据、记录所有流程活动实例。通过该表可以追踪最完整的流程信息。

表4.29 ACT_HI_ACTINST表字段

字段	类型	字段说明
ID_	VARCHAR(64)	节点实例ID（主键）
REV_	INT	版本（乐观锁）
PROC_DEF_ID_	VARCHAR(64)	流程定义ID
PROC_INST_ID_	VARCHAR(64)	流程实例ID
EXECUTION_ID_	VARCHAR(64)	执行实例ID
ACT_ID_	VARCHAR(255)	活动ID
TASK_ID_	VARCHAR(64)	任务实例ID
CALL_PROC_INST_ID_	VARCHAR(64)	调用流程实例ID
ACT_NAME_	VARCHAR(255)	活动名称
ACT_TYPE_	VARCHAR(255)	活动类型
ASSIGNEE_	VARCHAR(255)	办理人
START_TIME_	DATETIME	开始时间
END_TIME_	DATETIME	结束时间
TRANSACTION_ORDER_	INT	事务顺序
DURATION_	BIGINT(20)	耗时
DELETE_REASON_	VARCHAR(4000)	删除理由
TENANT_ID_	VARCHAR(255)	租户ID

3. ACT_HI_TASKINST表

ACT_HI_TASKINST表即历史任务实例表，其字段如表4.30所示。该表与运行时任务实例表类似，用于存储历史任务实例数据。当流程执行到某个用户任务节点时，就会向该表中写入历史任务数据。

表4.30 ACT_HI_TASKINST表字段

字段	类型	字段说明
ID_	VARCHAR(64)	任务实例ID（主键）
REV_	INT	版本（乐观锁）
PROC_DEF_ID_	VARCHAR(64)	流程定义ID

续表

字段	类型	字段说明
TASK_DEF_ID_	VARCHAR(64)	任务定义ID（暂时未使用）
TASK_DEF_KEY_	VARCHAR(255)	任务定义ID
PROC_INST_ID_	VARCHAR(64)	流程实例ID
EXECUTION_ID_	VARCHAR(64)	执行实例ID
SCOPE_TYPE_	VARCHAR(64)	范围类型，如bpmn、cmmn、dmn、form、task等
SCOPE_ID_	VARCHAR(64)	案例实例ID
SUB_SCOPE_ID_	VARCHAR(64)	案例计划项实例ID
SCOPE_DEFINITION_ID_	VARCHAR(64)	案例定义ID
PROPAGATED_STAGE_INST_ID_	VARCHAR(255)	案例阶段实例ID
NAME_	VARCHAR(255)	任务名称
PARENT_TASK_ID_	VARCHAR(64)	父任务ID
DESCRIPTION_	VARCHAR(4000)	描述
OWNER_	VARCHAR(255)	拥有者
ASSIGNEE_	VARCHAR(255)	办理人
START_TIME_	DATETIME	开始时间
CLAIM_TIME_	DATETIME	认领时间
END_TIME_	DATETIME	结束时间
DURATION_	BIGINT(20)	耗时
DELETE_REASON_	VARCHAR(4000)	删除原因
PRIORITY_	INT	优先级
DUE_DATE_	DATETIME	到期时间
FORM_KEY_	VARCHAR(255)	表单模型key
CATEGORY_	VARCHAR(255)	分类
TENANT_ID_	VARCHAR(255)	租户ID
LAST_UPDATED_TIME_	DATETIME	最后更新时间

4．ACT_HI_DETAIL表

ACT_HI_DETAIL表即历史流程详情表，其字段如表4.31所示。该表主要用于存储流程执行过程中的明细数据。默认情况下，Flowable不保存流程明细数据，除非将工作流引擎的历史数据配置为full。

表4.31 ACT_HI_DETAIL表字段

字段	类型	字段说明
ID_	VARCHAR(64)	ID（主键）
TYPE_	VARCHAR(255)	变量类型
PROC_INST_ID_	VARCHAR(64)	流程实例ID
EXECUTION_ID_	VARCHAR(64)	执行实例ID
TASK_ID_	VARCHAR(64)	任务实例ID
ACT_INST_ID_	VARCHAR(64)	活动实例ID
NAME_	VARCHAR(255)	变量名称
VAR_TYPE_	VARCHAR(255)	变量类型
REV_	INT	版本（乐观锁）
TIME_	DATETIME	创建时间
BYTEARRAY_ID_	VARCHAR(64)	二进制数据ID，关联资源表
DOUBLE_	DOUBLE	存储小数类型的变量值

续表

字段	类型	字段说明
LONG_	BIGINT(20)	存储整数类型的变量值
TEXT_	VARCHAR(4000)	存储字符串类型的变量值
TEXT2_	VARCHAR(4000)	此处存储JPA持久化对象时才会有值。此值为对象ID

5. ACT_HI_VARINST表

ACT_HI_VARINST表即历史变量表，其字段如表4.32所示。该表主要用于存储历史流程的变量信息。

表4.32 ACT_HI_VARINST表字段

字段	类型	字段说明
ID_	VARCHAR(64)	变量ID（主键）
REV_	INT	版本（乐观锁）
PROC_INST_ID_	VARCHAR(64)	流程实例ID
EXECUTION_ID_	VARCHAR(64)	执行实例ID
TASK_ID_	VARCHAR(64)	任务实例ID
NAME_	VARCHAR(255)	变量名称
VAR_TYPE_	VARCHAR(100)	变量类型
SCOPE_TYPE_	VARCHAR(255)	范围类型，如bpmn、cmmn、dmn、form、task等
SCOPE_ID_	VARCHAR(255)	案例实例ID
SUB_SCOPE_ID_	VARCHAR(255)	案例计划项实例ID
BYTEARRAY_ID_	VARCHAR(64)	二进制数据ID，关联资源表
DOUBLE_	DOUBLE	存储小数类型的变量值
LONG_	BIGINT(20)	存储整数类型的变量值
TEXT_	VARCHAR(4000)	存储字符串类型的变量值
TEXT2_	VARCHAR(4000)	此处存储JPA持久化对象时才会有值。此值为对象ID
CREATE_TIME_	DATETIME	创建时间
LAST_UPDATED_TIME_	DATETIME	最近更改时间

6. ACT_HI_IDENTITYLINK表

ACT_HI_IDENTITYLINK表即历史流程与身份关系表，其字段如表4.33所示。该表主要用于存储历史流程实例、任务实例与参与者之间的关联关系。

表4.33 ACT_HI_IDENTITYLINK表字段

字段	类型	字段说明
ID_	VARCHAR(64)	关系ID（主键）
GROUP_ID_	VARCHAR(255)	用户组ID
TYPE_	VARCHAR(255)	用户组类型
USER_ID_	VARCHAR(255)	用户ID
TASK_ID_	VARCHAR(64)	任务实例ID
CREATE_TIME_	DATETIME(3)	创建时间
PROC_INST_ID_	VARCHAR(64)	流程实例ID
SCOPE_TYPE_	VARCHAR(255)	范围类型，如bpmn、cmmn、dmn、form、task等
SCOPE_ID_	VARCHAR(255)	案例实例ID
SUB_SCOPE_ID_	VARCHAR(255)	案例计划项实例ID
SCOPE_DEFINITION_ID_	VARCHAR(255)	案例定义ID

7. ACT_HI_COMMENT表

ACT_HI_COMMENT表即历史评论表，其字段如表4.34所示。该表主要用于存储通过TaskService添加的评论记录。

表4.34 ACT_HI_COMMENT表字段

字段	类型	字段说明
ID_	VARCHAR(64)	评论ID（主键）
TYPE_	VARCHAR(255)	意见记录类型
TIME_	DATETIME	记录时间
USER_ID_	VARCHAR(255)	用户ID
TASK_ID_	VARCHAR(64)	任务实例ID
PROC_INST_ID_	VARCHAR(64)	流程实例ID
ACTION_	VARCHAR(255)	行为类型
MESSAGE_	VARCHAR(4000)	处理意见
FULL_MSG_	LONGBLOB	全部消息

8. ACT_HI_ATTACHMENT表

ACT_HI_ATTACHMENT表即历史附件表，其字段如表4.35所示。该表主要用于存储通过任务服务TaskService添加的附件记录。

表4.35 ACT_HI_ATTACHMENT表字段

字段	类型	字段说明
ID_	VARCHAR(64)	附件ID（主键）
REV_	INT	版本（乐观锁）
USER_ID_	VARCHAR(255)	用户ID
NAME_	VARCHAR(255)	附件名称
DESCRIPTION_	VARCHAR(4000)	附件描述
TYPE_	VARCHAR(255)	附件类型
TASK_ID_	VARCHAR(64)	关联的任务实例ID
PROC_INST_ID_	VARCHAR(64)	关联的流程实例ID
URL_	VARCHAR(4000)	附件的URL
CONTENT_ID_	VARCHAR(64)	附件内容ID，内容存储在ACT_GE_BYTEARRAY资源表中
TIME_	DATETIME	附件上传时间

9. ACT_HI_ENTITYLINK表

ACT_HI_ENTITYLINK表即历史实体关系表，其字段如表4.36所示。该表主要用于存储历史的实例的父子关系。

表4.36 ACT_HI_ENTITYLINK表字段

字段	类型	字段说明
ID_	VARCHAR(64)	实体关系ID（主键）
LINK_TYPE_	VARCHAR(255)	实体关系类型
CREATE_TIME_	DATETIME(3)	创建时间
SCOPE_TYPE_	VARCHAR(255)	范围类型，如bpmn、cmmn、dmn、form、task等
SCOPE_ID_	VARCHAR(255)	案例实例ID
SUB_SCOPE_ID_	VARCHAR(255)	计划项实例ID
SCOPE_DEFINITION_ID_	VARCHAR(255)	案例定义ID
PARENT_ELEMENT_ID_	VARCHAR(255)	父元素ID

续表

字段	类型	字段说明
REF_SCOPE_ID_	VARCHAR(255)	引用案例实例ID
REF_SCOPE_TYPE_	VARCHAR(255)	引用案例类型
REF_SCOPE_DEFINITION_ID_	VARCHAR(255)	引用案例定义ID
ROOT_SCOPE_ID_	VARCHAR(255)	根案例实例ID
ROOT_SCOPE_TYPE_	VARCHAR(255)	根案例类型
HIERARCHY_TYPE_	VARCHAR(255)	等级类型

10. ACT_HI_TSK_LOG表

ACT_HI_TSK_LOG表用来记录跟踪用户/人工任务发生的更改，比如任务的办理人、所有者、到期日期等发生变化时记录。默认情况下，用户/人工任务日志记录是禁用的，可以通过enableHistoricTaskLogging属性启用。ACT_HI_TSK_LOG表字段如表4.37所示。

表4.37 ACT_HI_TSK_LOG表字段

字段	类型	字段说明
ID_	BIGINT	日志ID（主键）
TYPE_	VARCHAR(64)	日志类型
TASK_ID_	VARCHAR(64)	任务实例ID
TIME_STAMP_	TIMESTAMP(3)	时间戳
USER_ID_	VARCHAR(255)	用户ID
DATA_	VARCHAR(4000)	日志内容
EXECUTION_ID_	VARCHAR(64)	执行实例ID
PROC_INST_ID_	VARCHAR(64)	流程实例ID
PROC_DEF_ID_	VARCHAR(64)	流程定义ID
SCOPE_TYPE_	VARCHAR(255)	范围类型，如bpmn、cmmn、dmn、form、task等
SCOPE_ID_	VARCHAR(255)	案例实例ID
SUB_SCOPE_ID_	VARCHAR(255)	案例计划项实例ID
SCOPE_DEFINITION_ID_	VARCHAR(255)	案例定义ID
TENANT_ID_	VARCHAR(255)	租户ID

4.3 Flowable数据库乐观锁

Flowable基于数据库乐观锁机制解决并发问题。在Flowable数据表中每张表都存在一个字段REV_，该字段用于实现乐观锁。下面以多线程同时操ACT_RU_VARIABLE表中的同一个变量为例，详细说明Flowable乐观锁的实现过程。假设两个线程A和B同时对一个ID为varId的变量进行更新操作，则如下过程。

（1）A线程拿到变量varId相关数据，此时字段REV_的值为1。
（2）B线程也拿到变量varId相关数据，此时字段REV_的值也为1。
（3）A线程更新变量，更新ID为varId变量时，将REV_的值更新为2。
（4）这时B线程再执行更新变量varId的操作，已无法找到ID为varId且REV_值为1的记录。此时，数据库update操作返回受影响的行数为0，Flowable抛出异常FlowableOptimisticLockingException。
（5）B线程执行的事务回滚。

4.4 本章小结

本章对Flowable的79张数据表进行了分类，并简要说明了各种类型的数据表的用途，重点介绍了工作流引擎相关的数据表及其字段，帮助读者快速了解和掌握Flowable的数据结构，以及各个数据之间的关系。

第 5 章 Flowable核心概念和API

工作流引擎ProcessEngine是Flowable的门面接口，也是Flowable中最核心的API。通过ProcessEngine可以获取Flowable所有的核心API服务接口。在Flowable中，流程的部署、启动，任务的创建、办理，以及后续一系列的操作都围绕核心API进行。通过学习Flowable核心概念和API，可以窥探Flowable工作全貌。

5.1 Flowable核心概念

在介绍核心API前，我们先要明确流程定义、流程实例和执行实例这3个基本概念，后续章节会反复用到这些概念。

5.1.1 流程定义

一个流程模型通过执行部署操作可以生成一个流程定义，执行几次部署操作就可以生成几个流程定义。通常流程模型修改后，都需要执行部署操作发布新版本的流程定义。所以一个流程模型可能会部署多个版本的流程定义，二者之间是一对多的关系。

一个流程定义包括.bpmn和.png两个文件。.bpmn文件是流程步骤的说明，是遵循BPMN 2.0标准的XML文件。.png文件是Flowable生成的流程图片。图5.1是一个简单的请假流程图。

图5.1 请假流程图

流程定义对应的数据表是ACT_RE_PROCDEF，该表存储了流程定义的基本信息。而.bpmn和.png文件则存储在资源表ACT_GE_BYTEARRAY中，两个表的数据通过DEPLOYMENT_ID_字段进行关联。

5.1.2 流程实例

流程定义部署后，用户（或系统）即可调用Flowable的核心API根据流程定义发起一个流程实例，并通过该API管理该流程实例的执行。一个流程定义可以发起多个流程实例。流程定义是静态的，流程实例是动态的。例如，图5.1所示的请假流程部署后，张三要申请年假需要发起一个请假流程实例，李四要申请病假也需要发起一个请假流程实例，这两个流程实例互不影响。流程实例和流程定义的关系如图5.2所示。

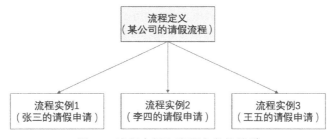

图5.2 流程实例和流程定义的关系

流程定义与流程实例的关系类似Java类与对象，一个Java类可以实例化多个对象，一个流程定义也可以发起多个流程实例。

流程实例对应的数据表是ACT_HI_PROCINST，该表存储了流程实例的基本信息，而流程实例的节点信息主要存储在ACT_HI_ACTINST表中，流程任务信息主要存储在ACT_HI_TASKINST表中，流程变量信息主要存储在ACT_HI_VARINST表中。ACT_HI_PROCINST为主表，其他表通过PROC_INST_ID_字段与ACT_HI_PROCINST表的ID_字段关联。

5.1.3 执行实例

在Flowable中每启动一个流程就会创建一个流程实例，每个流程实例至少会有一个执行实例，当流程执行过程中遇到并行分支或多实例任务时，就会生成多个执行实例。图5.3所示为包含并行网关的流程示例。

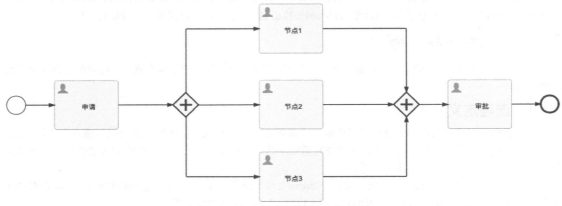

图5.3 包含并行网关的流程示例

在图5.3中，流程启动后，会在ACT_RU_EXECUTION表中创建两个执行实例，一个是流程的主执行实例（即流程实例），另一个是流程的子执行实例。流程每执行一步操作，都会更新子执行实例，来表明当前流程的执行进度。当流程流经第一个并行网关后，会新增2个子执行实例，此时共有3个子执行实例。再加上流程的主执行实例，一共可以在ACT_RU_EXECUTION表中查询到4个执行实例。所有的子执行实例都按照规则执行完毕时，流程主执行实例也随之结束。

执行实例对应的数据表是ACT_RU_EXECUTION，该表存储了执行实例的基本信息，而执行实例的任务信息主要存储在ACT_RU_TASK表中，执行实例的变量信息主要存储在ACT_RU_VARIABLE表中。ACT_RU_EXECUTION为主表，其他表通过EXECUTION_ID_字段与ACT_RU_EXECUTION表的ID_字段关联。

5.2 工作流引擎服务

ProcessEngine接口是Flowable的门面接口，也是最重要的API，其他核心服务API都可以通过ProcessEngine接口来获取。Flowable核心API主要有以下9个。

- RepositoryService：提供流程部署和流程定义的操作方法，如流程定义的挂起、激活等。
- RuntimeService：提供运行时流程实例的操作方法，如流程实例的发起、流程变量的设置等。
- TaskService：提供运行时流程任务的操作方法，如任务的创建、办理、指派、认领和删除等。
- HistoryService：提供历史流程数据的操作方法，如历史流程实例、历史变量、历史任务的查询等。
- ManagementService：提供对工作流引擎进行管理和维护的方法，如数据库表数据、表元数据的查询和执行命令。
- IdentityService：提供用户或者组的操作方法，如用户的增、删、改、查等。
- FormService：提供流程表单的操作方法，如表单获取、表单保存等。
- DynamicBpmnService：提供流程定义的动态修改方法，从而避免重新部署它。
- ProcessMigrationService：用于支持流程实例的迁移和升级。

这些核心API构成了Flowable的系统服务结构，如图5.4所示。

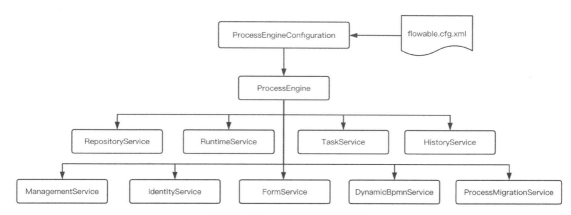

图5.4 Flowable系统服务结构

在图5.4中，flowable.cfg.xml是工作流引擎的配置文件。ProcessEngineConfiguration是工作流引擎的配置类，根据flowable.cfg.xml创建。通过ProcessEngineConfiguration可以创建ProcessEngine实例。在Flowable中，一个ProcessEngine实例代表一个工作流引擎，示例代码如下：

```
//加载工作流引擎配置
ProcessEngineConfiguration configuration = ProcessEngineConfiguration
    .createProcessEngineConfigurationFromResource("flowable.cfg.xml");
//创建ProcessEngine对象
ProcessEngine processEngine = configuration.buildProcessEngine();
```

以上代码段通过调用ProcessEngineConfiguration的createProcessEngineConfigurationFromResource()方法加载了工作流引擎的配置文件flowable.cfg.xml，创建了一个工作流引擎配置类实例对象configuration，并调用configuration的buildProcessEngine()方法创建了一个工作流引擎对象processEngine。通过processEngine可以获取Flowable所有核心API服务，示例代码如下：

```
//获取存储服务RepositoryService
RepositoryService repositoryService = processEngine.getRepositoryService();
//获取运行时服务RuntimeService
RuntimeService runtimeService = processEngine.getRuntimeService();
//获取任务服务TaskService
TaskService taskService = processEngine.getTaskService();
//获取历史服务HistoryService
HistoryService historyService = processEngine.getHistoryService();
//获取表单服务FormService
FormService formService= processEngine.getFormService();
//获取身份服务IdentityService
IdentityService identityService = processEngine.getIdentityService();
//获取管理服务ManagementService
ManagementService managementService = processEngine.getManagementService();
//获取动态BPMN服务DynamicBpmnService
DynamicBpmnService dynamicBpmnService = processEngine.getDynamicBpmnService();
//获取流程迁移服务ProcessMigrationService
ProcessMigrationService processMigrationService = processEngine.getProcessMigrationService();
```

5.3 存储服务API

RepositoryService接口主要用于执行Flowable中与流程存储相关的数据操作，主要有以下4类。

- ❑ 流程部署相关操作：包括对部署记录的创建、删除、查询等，主要操作部署记录表ACT_RE_DEPLOYMENT。
- ❑ 流程定义相关操作：包括对流程定义的查询、挂起、激活等，主要操作流程定义表ACT_RE_PROCDEF。
- ❑ 流程模型相关操作：包括对模型的新建、保存、删除等，主要操作流程模型表ACT_RE_MODEL。
- ❑ 流程与发起人关系管理操作：包括对候选人和候选组的新增、删除、查询等，主要操作流程人员关系表ACT_HI_IDENTITYLINK。

本节将以流程定义的部署、删除、挂起和激活应用场景为例，讲解RepositoryService接口的具体使用方法。

5.3.1 部署流程定义

RepositoryService接口中提供了一个createDeployment()方法,可用于创建流程部署,相关代码如下:

```java
public interface RepositoryService {
    //创建DeploymentBuilder
    DeploymentBuilder createDeployment();
}
```

下面通过一个示例来讲解调用RepositoryService接口实现流程部署的过程,示例代码如下:

```java
@Slf4j
public class RunDemo1 extends FlowableEngineUtil {
    @Test
    public void runDemo1() {
        //加载Flowable配置文件并初始化工作流引擎及服务
        loadFlowableConfigAndInitEngine("flowable.cfg.xml");
        //部署流程
        Deployment deployment = repositoryService.createDeployment()
                .addClasspathResource("processes/SimpleProcess.bpmn20.xml")
                .deploy();
        //查询流程定义
        ProcessDefinition processDefinition = repositoryService
                .createProcessDefinitionQuery()
                .deploymentId(deployment.getId()).singleResult();
        log.info("流程定义ID为: {}, 流程名称为: {}, 版本号: {}", processDefinition.getId(),
                processDefinition.getName(), processDefinition.getVersion());
        //再次部署流程
        Deployment deployment2 = repositoryService.createDeployment()
                .addClasspathResource("processes/SimpleProcess.bpmn20.xml")
                .deploy();
        //再次查询流程定义
        ProcessDefinition processDefinition2 = repositoryService
                .createProcessDefinitionQuery()
                .deploymentId(deployment2.getId()).singleResult();
        log.info("流程定义ID为: {}, 流程名称为: {}, 版本号: {}", processDefinition2.getId(),
                processDefinition2.getName(), processDefinition2.getVersion());
    }
}
```

以上代码段中有两段加粗的代码,这两段代码执行相同的流程部署操作:先调用repositoryService接口的createDeployment()方法创建一个DeploymentBuilder对象,接着通过DeploymentBuilder的addClasspathResource()方法加载流程定义文件的路径信息,最后调用DeploymentBuilder的deploy()方法执行流程部署操作。

代码运行结果如下:

```
12:30:10,779 [main] INFO  RunDemo1  - 流程定义ID为: SimpleProcess:1:4, 流程名称为: SimpleProcess, 版本号: 1
12:30:10,966 [main] INFO  RunDemo1  - 流程定义ID为: SimpleProcess:2:8, 流程名称为: SimpleProcess, 版本号: 2
```

流程部署操作会向ACT_RE_DEPLOYMENT、ACT_RE_PROCDEF和ACT_GE_BYTEARRAY这3张表中插入相应的记录。其中,ACT_RE_DEPLOYMENT表存储流程定义名称和部署时间,每部署一次流程就会增加一条记录;ACT_RE_PROCDEF表存储流程定义的基本信息,每次部署新版本的流程定义都会在该表中增加一条记录,同时使版本号加1;ACT_GE_BYTEARRAY表存储流程定义相关资源信息,每部署一次流程至少会在该表中增加两条记录,一条是.bpmn流程描述文件记录,另一条是.png流程图片文件记录。流程描述文件和流程图片文件均以二进制形式存储在数据库中。流程定义表ACT_RE_PROCDEF和资源表ACT_GE_BYTEARRAY均通过字段DEPLOYMENT_ID_与流程部署表ACT_RE_DEPLOYMENT的ID_字段关联。

5.3.2 删除流程定义

RepositoryService接口中提供了两个删除流程定义的方法:

```java
public interface RepositoryService {
    //删除指定的部署, 不进行级联删除
    void deleteDeployment(String deploymentId);

    //可级联删除指定的部署, 级联删除包括删除流程实例、作业等
```

```java
void deleteDeployment(String deploymentId, boolean cascade);
}
```

第一个方法只有一个参数deploymentId，第二个方法增加了一个cascade参数，用于指定是否进行级联删除。不管是否指定进行级联删除，流程部署信息、流程定义数据、资源数据等都会被删除。如果指定进行级联删除，会同时删除流程对应的运行时流程实例、历史流程实例、关联的作业等。

下面将通过一个示例讲解通过RepositoryService接口删除已部署流程的过程，示例代码如下：

```java
@Slf4j
public class RunDemo2 extends FlowableEngineUtil {
    @Test
    public void runDemo2() {
        //加载Flowable配置文件并初始化工作流引擎及服务
        loadFlowableConfigAndInitEngine("flowable.cfg.xml");
        //部署流程
        ProcessDefinition processDefinition =
                deployByClasspathResource("processes/SimpleProcess.bpmn20.xml");
        log.info("流程定义ID为: {}, 部署ID为: {}", processDefinition.getId(),
                processDefinition.getDeploymentId());
        //删除流程定义
        repositoryService.deleteDeployment(processDefinition.getDeploymentId());
        log.info("删除部署ID为{}的流程", processDefinition.getDeploymentId());
        //再次查询流程定义
        ProcessDefinition processDefinition2 = repositoryService
                .createProcessDefinitionQuery()
                .deploymentId(processDefinition.getDeploymentId())
                .singleResult();
        log.info("流程定义ID为: {}", (processDefinition2 == null ? "null" :
                processDefinition2.getId()));
    }
}
```

以上代码段中加粗部分的代码通过调用repositoryService接口的deleteDeployment()方法传入部署ID，执行了对流程定义的删除操作。

该示例代码继承了FlowableEngineUtil类。FlowableEngineUtil类是本书封装的一个自定义工具类，它封装了工作流引擎初始化、流程部署等与通用操作相关的代码，设计该类的目的是简化示例代码，提高代码的可复用性，本书中的许多示例代码都会用到该工具类。关于该工具类的详细介绍可参阅5.9.1小节的内容。

代码运行结果如下：

```
15:59:12,910 [main] INFO   RunDemo2   - 流程定义ID为: SimpleProcess:1:4, 部署ID为: 1
15:59:12,922 [main] INFO   RunDemo2   - 删除部署ID为1的流程
15:59:12,923 [main] INFO   RunDemo2   - 流程定义ID为: null
```

5.3.3 挂起流程定义

如果暂时不想再使用部署后的流程定义，则可以将其挂起。

RepositoryService接口中提供了多种挂起流程定义的方法：

```java
public interface RepositoryService {
    //根据流程定义ID立即挂起
    void suspendProcessDefinitionById(String processDefinitionId);
    //根据流程定义ID在指定时间挂起
    void suspendProcessDefinitionById(String processDefinitionId, boolean
    suspendProcessInstances, Date suspensionDate);
    //根据流程定义key立即挂起
    void suspendProcessDefinitionByKey(String processDefinitionKey);
    //根据流程定义key在指定时间挂起
    void suspendProcessDefinitionByKey(String processDefinitionKey, boolean
    suspendProcessInstances, Date suspensionDate);
    //根据流程定义key和租户ID立即挂起
    void suspendProcessDefinitionByKey(String processDefinitionKey, String tenantId);
    //根据流程定义key和租户ID在指定时间挂起
    void suspendProcessDefinitionByKey(String processDefinitionKey, boolean
            suspendProcessInstances, Date suspensionDate, String tenantId);
}
```

可以按流程定义ID挂起指定流程定义，也可以根据流程定义key挂起具有相同key的流程定义，还可以根据流程定义key和租户ID挂起流程定义。这3种挂起方式都提供了立即挂起和在指定时间挂起两种挂起方式，其中在指定时间挂起方式需要启用作业执行器（参阅3.4.2小节）执行定时器任务。

下面通过一个示例讲解通过RepositoryService接口挂起流程定义的过程，示例代码如下：

```java
@Slf4j
public class RunDemo3 extends FlowableEngineUtil {
    @Test
    public void runDemo3() {
        //初始化工作流引擎
        loadFlowableConfigAndInitEngine("flowable.cfg.xml");
        //部署流程
        ProcessDefinition procDef = deployResource("processes/SimpleProcess.bpmn20.xml");
        //查询流程定义状态
        queryProcessDefinition(procDef.getId());
        //发起流程实例
        startProcessInstance(procDef.getId());
        //挂起流程定义
        repositoryService.suspendProcessDefinitionById(procDef.getId());
        log.info("挂起ID为{}的流程定义", procDef.getId());
        //再次查询流程定义状态
        queryProcessDefinition(procDef.getId());
        //再次发起流程实例
        startProcessInstance(procDef.getId());
    }

    //查询流程定义状态
    private void queryProcessDefinition(String procDefId) {
        ProcessDefinition procDef = repositoryService
                .createProcessDefinitionQuery()
                .processDefinitionId(procDefId)
                .singleResult();
        log.info("流程定义ID为：{}，流程定义key为：{}，是否挂起：{}", procDef.getId(),
                procDef.getKey(), procDef.isSuspended());
    }

    //根据流程定义ID发起流程
    private void startProcessInstance(String procDefId) {
        try {
            ProcessInstance procInst = runtimeService
                    .startProcessInstanceById(procDefId);
            log.info("发起的流程实例ID为：{}，流程定义ID为：{}，流程定义key为：{}",
                    procInst.getId(), procInst.getProcessDefinitionId(),
                    procInst.getProcessDefinitionKey());
        } catch (Exception e) {
            log.error("发起流程实例失败，错误原因：{}", e.getMessage());
        }
    }
}
```

以上代码段中加粗部分的代码通过调用repositoryService接口的suspendProcessDefinitionById()方法传入流程定义ID，将流程定义挂起。挂起后的流程定义不能再发起流程实例。

代码运行结果如下：

```
16:04:45,796 [main] INFO  RunDemo3  - 流程定义ID为：SimpleProcess:1:4，流程定义key为：SimpleProcess，是否挂起：false
16:04:45,836 [main] INFO  RunDemo3  - 发起的流程实例ID为：5，流程定义ID为：SimpleProcess:1:4，流程定义key为：SimpleProcess
16:04:45,845 [main] INFO  RunDemo3  - 挂起ID为SimpleProcess:1:4的流程定义
16:04:45,846 [main] INFO  RunDemo3  - 流程定义ID为：SimpleProcess:1:4，流程定义key为：SimpleProcess，是否挂起：true
16:04:45,855 [main] ERROR RunDemo3  - 发起流程实例失败，错误原因：
Cannot start process instance. Process definition SimpleProcess (id = SimpleProcess:1:4) is suspended
```

5.3.4 激活流程定义

挂起的流程定义可以激活后再次投入使用，RepositoryService接口中提供了多种激活流程定义的方法：

```java
public interface RepositoryService {
    //根据流程定义ID立即激活
    void activateProcessDefinitionById(String processDefinitionId);
    //根据流程定义ID在指定时间激活
    void activateProcessDefinitionById(String processDefinitionId,
            boolean activateProcessInstances, Date activationDate);
    //根据流程定义key立即激活
    void activateProcessDefinitionByKey(String processDefinitionKey);
    //根据流程定义key在指定时间激活
    void activateProcessDefinitionByKey(String processDefinitionKey,
            boolean activateProcessInstances, Date activationDate);
    //根据流程定义key和租户ID立即激活
    void activateProcessDefinitionByKey(String processDefinitionKey, String tenantId);
    //根据流程定义key和租户ID在指定时间激活
    void activateProcessDefinitionByKey(String processDefinitionKey,
            boolean activateProcessInstances, Date activationDate, String tenantId);
}
```

可以按流程定义ID激活指定流程定义，也可以根据流程定义key激活具有相同key的所有流程定义，还可以根据流程定义key和租户ID等条件激活流程定义。这3种激活方式也都提供了立即激活和在指定时间激活两种激活方式，其中在指定时间激活方式需要启用作业执行器来执行定时器任务。

下面通过一个示例讲解通过RepositoryService接口激活流程定义的过程，示例代码如下：

```java
@Slf4j
public class RunDemo4 extends FlowableEngineUtil {
    @Test
    public void runDemo4() {
        //初始化工作流引擎
        loadFlowableConfigAndInitEngine("flowable.cfg.xml");
        //部署流程
        ProcessDefinition procDef =
                deployByClasspathResource("processes/SimpleProcess.bpmn20.xml");
        //查询流程定义状态
        queryProcessDefinition(procDef.getId());
        //挂起流程定义
        repositoryService.suspendProcessDefinitionById(procDef.getId());
        log.info("挂起ID为{}的流程定义", procDef.getId());
        //再次查询流程定义状态
        queryProcessDefinition(procDef.getId());
        //激活流程定义
        repositoryService.activateProcessDefinitionById(procDef.getId());
        log.info("激活ID为{}的流程定义", procDef.getId());
        //再次查询流程定义状态
        queryProcessDefinition(procDef.getId());
    }

    private void queryProcessDefinition(String procDefId) {
        ProcessDefinition procDef = repositoryService
                .createProcessDefinitionQuery()
                .processDefinitionId(procDefId)
                .singleResult();
        log.info("流程定义ID为{}，流程定义key为{}，是否挂起：{}", procDef.getId()
                , procDef.getKey(), procDef.isSuspended());
    }
}
```

以上代码段中有两行加粗的代码，第一行加粗代码调用repositoryService接口的suspendProcessDefinitionById()方法，将流程定义挂起。第二行加粗代码调用repositoryService接口的activeProcessDefinitionById()方法，激活挂起的流程定义。

代码运行结果如下：

```
16:06:49,620 [main] INFO  RunDemo4  - 流程定义ID为SimpleProcess:1:4，流程定义key为SimpleProcess，是否挂起: false
```

```
16:06:49,630 [main] INFO  RunDemo4 - 挂起ID为SimpleProcess:1:4的流程定义
16:06:49,631 [main] INFO  RunDemo4 - 流程定义ID为SimpleProcess:1:4, 流程定义key为SimpleProcess, 是否挂
起: true
16:06:49,633 [main] INFO  RunDemo4 - 激活ID为SimpleProcess:1:4的流程定义
16:06:49,636 [main] INFO  RunDemo4 - 流程定义ID为SimpleProcess:1:4, 流程定义key为SimpleProcess, 是否挂
起: false
```

5.4 运行时服务API

RuntimeService接口主要用于对Flowable中与流程运行时相关的数据进行操作，对应名称以ACT_RU_开头的相关运行时表。该接口提供的方法主要包括以下6类：

- 创建和发起流程实例；
- 唤醒等待状态的流程实例；
- 流程权限的管理，主要指流程实例和人员之间的关系管理，如流程参与人管理等；
- 流程变量的管理，包括流程变量的新增、删除、查询等；
- 管理运行时流程实例、执行实例、数据对象等运行时对象；
- 信号、消息等事件的发布与接收，以及事件监听器的管理。

本节将通过发起流程实例和唤醒等待流程实例的常见应用场景，讲解RuntimeService接口的具体使用方法。

5.4.1 发起流程实例

RuntimeService中提供了多种发起流程实例的方法，方便用户根据不同条件发起流程实例：

```java
public interface RuntimeService {
    //创建流程实例builder
    ProcessInstanceBuilder createProcessInstanceBuilder();

    /*****根据流程定义key发起流程 *****/
    //根据流程定义key发起流程
    ProcessInstance startProcessInstanceByKey(String processDefinitionKey);
    //根据流程定义key及业务主键发起流程
    ProcessInstance startProcessInstanceByKey(String processDefinitionKey, String businessKey);
    //根据流程定义key及变量发起流程
    ProcessInstance startProcessInstanceByKey(String processDefinitionKey,
            Map<String, Object> variables);
    //根据流程定义key、业务主键及变量发起流程
    ProcessInstance startProcessInstanceByKey(String processDefinitionKey,
            String businessKey, Map<String, Object> variables);
    //根据流程定义key及租户ID发起流程
    ProcessInstance startProcessInstanceByKeyAndTenantId(String processDefinitionKey,
            String tenantId);
    //根据流程定义key、业务主键及租户ID发起流程
    ProcessInstance startProcessInstanceByKeyAndTenantId(String processDefinitionKey,
            String businessKey, String tenantId);
    //根据流程定义key、变量及租户ID发起流程
    ProcessInstance startProcessInstanceByKeyAndTenantId(String processDefinitionKey,
            Map<String, Object> variables, String tenantId);
    //根据流程定义key、业务主键、变量及租户ID发起流程
    ProcessInstance startProcessInstanceByKeyAndTenantId(String processDefinitionKey,
            String businessKey, Map<String, Object> variables, String tenantId);

    /*****根据流程定义ID发起流程*****/
    //根据流程定义ID发起流程
    ProcessInstance startProcessInstanceById(String processDefinitionId);
    //根据流程定义ID及业务主键发起流程
    ProcessInstance startProcessInstanceById(String processDefinitionId, String businessKey);
    //根据流程定义ID及变量发起流程
    ProcessInstance startProcessInstanceById(String processDefinitionId,
            Map<String, Object> variables);
    //根据流程定义ID、业务主键及变量发起流程
    ProcessInstance startProcessInstanceById(String processDefinitionId,
            String businessKey, Map<String, Object> variables);
    //根据流程定义ID发起流程，如果流程绑定了表单，使用该方法
    ProcessInstance startProcessInstanceWithForm(String processDefinitionId,
    String outcome, Map<String, Object> variables, String processInstanceName);
```

```java
/*****根据消息发起流程*****/
//根据消息发起流程
ProcessInstance startProcessInstanceByMessage(String messageName);
//根据消息及租户ID发起流程
ProcessInstance startProcessInstanceByMessageAndTenantId(String messageName,
        String tenantId);
//根据消息、业务主键发起流程
ProcessInstance startProcessInstanceByMessage(String messageName, String businessKey);
//根据消息、业务主键及租户ID发起流程
ProcessInstance startProcessInstanceByMessageAndTenantId(String messageName,
        String businessKey, String tenantId);
//根据消息、变量发起流程
ProcessInstance startProcessInstanceByMessage(String messageName,
        Map<String, Object> processVariables);
//根据消息、变量及租户ID发起流程
ProcessInstance startProcessInstanceByMessageAndTenantId(String messageName,
        Map<String, Object> processVariables, String tenantId);
//根据消息、业务主键及变量发起流程
ProcessInstance startProcessInstanceByMessage(String messageName, String businessKey,
        Map<String, Object> processVariables);
//根据消息、业务主键、变量及租户ID发起流程
ProcessInstance startProcessInstanceByMessageAndTenantId(String messageName,
        String businessKey, Map<String, Object> processVariables, String tenantId);
}
```

由上述代码段可知，RuntimeService接口提供了以下4类发起流程实例的方法：

❑ 通过创建ProcessInstanceBuilder对象后发起流程实例；

❑ 通过流程定义key发起流程实例；

❑ 通过流程定义ID发起流程实例；

❑ 通过消息名称发起流程实例。

以上4种方式均支持传入业务主键、变量、租户ID等参数，支持基于不同参数的组合发起流程实例。通过消息发起流程实例，要求流程的开始事件为启动消息事件，如果启动事件为空，则只能通过流程定义ID或者流程定义key发起流程。

下面通过一个示例讲解通过RuntimeService接口发起一个包含空启动事件的流程实例的过程，示例代码如下：

```java
@Slf4j
public class RunDemo5 extends FlowableEngineUtil {
    @Test
    public void runDemo5() {
        //初始化工作流引擎
        loadFlowableConfigAndInitEngine("flowable.cfg.xml");
        //部署流程
        ProcessDefinition procDef =
                deployByClasspathResource("processes/SimpleProcess.bpmn20.xml");
        //根据流程定义ID发起流程
        ProcessInstance procInst1 = runtimeService
                .startProcessInstanceById(procDef.getId());
        queryProcessInstance(procInst1.getId());
        //根据流程定义key发起流程
        ProcessInstance procInst2 = runtimeService.createProcessInstanceBuilder()
                .processDefinitionKey(procDef.getKey())
                .name("SimpleProcessInstance")
                .start();
        queryProcessInstance(procInst2.getId());
    }

    private void queryProcessInstance(String procInstId) {
        ProcessInstance procInst = runtimeService.createProcessInstanceQuery()
                .processInstanceId(procInstId)
                .singleResult();
        log.info("流程实例ID为：{}，流程定义ID为：{}，流程实例名称为：{}", procInst.getId(),
                procInst.getProcessDefinitionId(), procInst.getName()
        );
```

            }
        }

以上代码段中有两段加粗代码，采用两种方式发起流程实例：第一段加粗代码直接调用runtimeService的startProcessInstanceById()方法，根据流程定义ID发起流程实例；第二段加粗代码调用runtimeService的createProcessInstanceBuilder()方法创建了一个ProcessInstanceBuilder对象，并传入流程定义key和流程名称等参数，然后调用start()方法发起流程实例。

代码运行结果如下：

```
16:12:37,782 [main] INFO   RunDemo5   - 流程实例ID为：5, 流程定义ID为：SimpleProcess:1:4, 流程实例名称为：null
16:12:37,796 [main] INFO   RunDemo5   - 流程实例ID为：11, 流程定义ID为：SimpleProcess:1:4, 流程实例名称为：
SimpleProcessInstance
```

5.4.2　唤醒一个等待状态的执行

RuntimeService接口提供了trigger()方法，用于唤醒一个等待状态的执行实例。该接口支持根据执行实例ID进行唤醒操作，还支持唤醒时传入流程变量、瞬时变量等参数。相关代码如下：

```java
public interface RuntimeService {
    //唤醒等待状态的执行
    void trigger(String executionId);
    //唤醒等待状态的执行，但是通过异步任务来执行
    void triggerAsync(String executionId);
    //唤醒等待状态的执行，同时传入新的流程变量
    void trigger(String executionId, Map<String, Object> processVariables);
    //唤醒等待状态的执行，同时传入新的流程变量，但是通过异步任务来执行
    void triggerAsync(String executionId, Map<String, Object> processVariables);
    //唤醒等待状态的执行，同时传入新的流程变量和瞬时变量
    void trigger(String executionId, Map<String, Object> processVariables,
            Map<String, Object> transientVariables);
}
```

图5.5展示了一个包含接收任务的流程模型，当发起流程实例后，用户完成"申请"节点的操作，流程流转到"等待触发"节点时，流程的执行实例就会进入等待状态，需要调用RuntimeService的trigger()方法才能触发流程的继续流转。

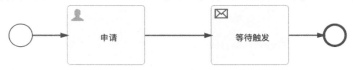

图5.5　包含接收任务的流程模型

下面是一个调用RuntimeService的trigger()方法唤醒等待执行实例的示例代码：

```java
@Slf4j
public class RunDemo6 extends FlowableEngineUtil {
    SimpleDateFormat dateFormat = new SimpleDateFormat("yyyy-MM-dd HH:mm:ss.SSS");

    @Test
    public void runDemo6() {
        //初始化工作流引擎
        loadFlowableConfigAndInitEngine("flowable.cfg.xml");
        //部署流程
        ProcessDefinition procDef =
                deployByClasspathResource("processes/SimpleProcess2.bpmn20.xml");
        //根据流程定义ID发起流程
        ProcessInstance procInst = runtimeService
                .startProcessInstanceById(procDef.getId());
        log.info("流程实例的ID为：{}", procInst.getId());
        //查询第一个任务
        Task firstTask = taskService.createTaskQuery()
                .processInstanceId(procInst.getId()).singleResult();
        log.info("第一个任务ID为：{}, 任务名称为：{}", firstTask.getId(), firstTask.getName());
        taskService.setAssignee(firstTask.getId(), "huhaiqin");
```

```
        //完成第一个任务
        taskService.complete(firstTask.getId());
        log.info("第一个任务办理完成！");

        Execution execution = runtimeService.createExecutionQuery()
                .processInstanceId(procInst.getId()).onlyChildExecutions()
                .singleResult();
        log.info("当前执行实例ID为：{}", execution.getId());
        runtimeService.trigger(execution.getId());
        log.info("触发机器节点，继续流转！");
        //查询流程执行历史
        HistoricProcessInstance hisProcInst = historyService
                .createHistoricProcessInstanceQuery()
                .processInstanceId(procInst.getId())
                .singleResult();
        log.info("流程实例开始时间为：{}，结束时间为：{}",
                dateFormat.format(hisProcInst.getStartTime()),
                dateFormat.format(hisProcInst.getEndTime()));
    }
}
```

以上代码段执行过程中，完成"申请"节点的用户任务时，流程流转到"等待触发"节点，进入等待状态，而加粗部分的代码通过调用runtimeService的trigger()方法，实现对等待执行实例的唤醒操作，流程继续流转到"结束"节点。

代码运行结果如下：

```
16:15:34,471 [main] INFO  RunDemo6 - 流程实例的ID为：5
16:15:34,497 [main] INFO  RunDemo6 - 第一个任务ID为：10，任务名称为：申请
16:15:34,571 [main] INFO  RunDemo6 - 第一个任务办理完成！
16:15:34,584 [main] INFO  RunDemo6 - 当前执行实例ID为：6
16:15:34,633 [main] INFO  RunDemo6 - 触发机器节点，继续流转！
16:15:34,638 [main] INFO  RunDemo6 - 流程实例开始时间为：2023-12-14 16:15:34.429，结束时间为：2023-12-14 16:15:34.621
```

5.5 任务服务API

TaskService接口主要用于操作正在运行的流程任务，主要提供以下6类方法：
- 任务实例的创建、保存、查询、删除等，主要操作运行时任务表ACT_RU_TASK；
- 任务权限相关操作，主要指任务和人员之间的关系管理，可以设置办理人、候选人、候选组，以及其他类型的关系，主要操作运行时身份关系表ACT_RU_IDENTITYLINK；
- 任务办理相关操作，包括认领、委托、办理等；
- 变量管理相关操作，包括变量的新增、删除、查询等，主要操作运行时变量表ACT_RU_VARIABLE；
- 任务评论管理相关操作，包括任务评论的新增、删除、查询等，主要操作评论表ACT_HI_COMMENT；
- 任务附件管理相关操作，包括任务附件的新增、删除、查询等，主要操作附件表ACT_HI_ATTACHMENT。

本节将通过待办任务的查询、办理及权限控制等常见应用场景，讲解TaskService接口的具体使用方法。

5.5.1 待办任务查询

获取用户的待办任务是Flowable常用应用场景之一。待办任务存储在ACT_RU_TASK表中。TaskService接口提供查询ACT_RU_TASK表的方法，因此可以通过TaskService接口获取用户的待办任务。TaskService接口中提供了2种查询任务实例的方法：一种是通过创建TaskQuery对象传入参数查询，另一种是通过创建NativeTaskQuery对象传入SQL查询。TaskService接口相关代码如下：

```
public interface TaskService {
    //通过创建TaskQuery对象传入参数查询
    TaskQuery createTaskQuery();
    //通过创建NativeTaskQuery对象传入SQL查询
    NativeTaskQuery createNativeTaskQuery();
}
```

TaskQuery对象封装了丰富的查询条件，可以方便地传入参数进行查询。下面通过一个示例讲解通过

TaskService接口获取用户待办任务的过程，示例代码如下：

```java
@Slf4j
public class RunDemo7 extends FlowableEngineUtil {
    SimpleDateFormat dateFormat = new SimpleDateFormat("yyyy-MM-dd HH:mm:ss.SSS");

    @Test
    public void runDemo7() {
        //初始化工作流引擎
        loadFlowableConfigAndInitEngine("flowable.cfg.xml");
        //部署流程
        ProcessDefinition processDefinition =
                deployByClasspathResource("processes/SimpleProcess4.bpmn20.xml");
        //发起5个流程实例
        log.info("发起5个流程实例");
        for (int i = 0; i < 5; i++) {
            ProcessInstance processInstance = runtimeService
                    .startProcessInstanceById(processDefinition.getId());
            try {
                Thread.sleep(1000);
            } catch (InterruptedException e) {
                e.printStackTrace();
            }
        }
        int i = 0;
        while (completeTask()) {
            i++;
            log.info("完成待办任务处理第{}次轮询！", i);
        }
    }

    //查询并办理任务
    private boolean completeTask() {
        List<Task> tasks1 = queryUserTodoTasks("huhaiqin");
        List<Task> tasks2 = queryUserTodoTasks("hebo");
        if (tasks1 != null && tasks1.size() != 0) {
            log.info("huhaiqin开始审批任务：");
            for (Task task : tasks1) {
                taskService.complete(task.getId());
                log.info("完成ID为{}的任务", task.getId());
            }
        }
        if (tasks2 != null && tasks2.size() != 0) {
            log.info("hebo开始审批任务：");
            for (Task task : tasks2) {
                taskService.complete(task.getId());
                log.info("完成ID为{}任务", task.getId());
            }
        }
        return (tasks1 != null && tasks1.size() != 0) || (tasks2 != null && tasks2.size() != 0);
    }

    //查询用户待办任务
    private List<Task> queryUserTodoTasks(String userId) {
        log.info("查询{}的待办任务", userId);
        List<Task> taskList = taskService.createTaskQuery()
                .taskCandidateOrAssigned(userId)
                .orderByTaskCreateTime().desc().list();
        if (taskList != null && taskList.size() > 0) {
            for (Task task : taskList) {
                log.info("ID为{}的任务的办理人为{}创建时间为: {}", task.getId(),
                        task.getAssignee(), dateFormat.format(task.getCreateTime())
                );
            }
        } else {
            log.info("{}没有待办任务", userId);
        }
        return taskList;
    }
}
```

以上代码段中的加粗代码调用TaskService接口的createTaskQuery()方法创建了一个TaskQuery对象。该TaskQuery对象采用建造者模式，可以很方便地设置各种查询条件。该示例设置查询条件为taskCandidateOrAssigned等于传入的userId参数值，查询用户作为办理人或候选人身份的待办任务，调用orderByTaskCreateTime()方法将待办任务按照任务创建时间排序，调用desc()方法指定排序条件为降序，最后调用list()方法返回符合条件的待办任务列表。在该示例中，huhaiqin是第一个节点的办理人，hebo是第二个节点的候选人。

代码运行结果如下：

```
16:18:00,326 [main] INFO  RunDemo7 - 发起5个流程实例
16:18:05,406 [main] INFO  RunDemo7 - 查询huhaiqin的待办任务
16:18:05,427 [main] INFO  RunDemo7 - ID为42的任务的办理人为huhaiqin创建时间为：2023-12-14 16:18:04.391
16:18:05,427 [main] INFO  RunDemo7 - ID为34的任务的办理人为huhaiqin创建时间为：2023-12-14 16:18:03.385
16:18:05,427 [main] INFO  RunDemo7 - ID为26的任务的办理人为huhaiqin创建时间为：2023-12-14 16:18:02.377
16:18:05,427 [main] INFO  RunDemo7 - ID为18的任务的办理人为huhaiqin创建时间为：2023-12-14 16:18:01.369
16:18:05,427 [main] INFO  RunDemo7 - ID为10的任务的办理人为huhaiqin创建时间为：2023-12-14 16:18:00.339
16:18:05,427 [main] INFO  RunDemo7 - 查询hebo的待办任务
16:18:05,429 [main] INFO  RunDemo7 - hebo没有待办任务
16:18:05,430 [main] INFO  RunDemo7 - huhaiqin开始审批任务：
16:18:05,462 [main] INFO  RunDemo7 - 完成ID为42的任务
16:18:05,484 [main] INFO  RunDemo7 - 完成ID为34的任务
16:18:05,501 [main] INFO  RunDemo7 - 完成ID为26的任务
16:18:05,523 [main] INFO  RunDemo7 - 完成ID为18的任务
16:18:05,534 [main] INFO  RunDemo7 - 完成ID为10的任务
16:18:05,534 [main] INFO  RunDemo7 - 完成待办任务处理第1次轮询！
16:18:05,534 [main] INFO  RunDemo7 - 查询huhaiqin的待办任务
16:18:05,535 [main] INFO  RunDemo7 - huhaiqin没有待办任务
16:18:05,535 [main] INFO  RunDemo7 - 查询hebo的待办任务
16:18:05,555 [main] INFO  RunDemo7 - ID为75的任务的办理人为null创建时间为：2023-12-14 16:18:05.526
16:18:05,555 [main] INFO  RunDemo7 - ID为68的任务的办理人为null创建时间为：2023-12-14 16:18:05.504
16:18:05,556 [main] INFO  RunDemo7 - ID为61的任务的办理人为null创建时间为：2023-12-14 16:18:05.489
16:18:05,556 [main] INFO  RunDemo7 - ID为54的任务的办理人为null创建时间为：2023-12-14 16:18:05.468
16:18:05,556 [main] INFO  RunDemo7 - ID为47的任务的办理人为null创建时间为：2023-12-14 16:18:05.439
16:18:05,556 [main] INFO  RunDemo7 - hebo开始审批任务：
16:18:05,607 [main] INFO  RunDemo7 - 完成ID为75任务
16:18:05,631 [main] INFO  RunDemo7 - 完成ID为68任务
16:18:05,645 [main] INFO  RunDemo7 - 完成ID为61任务
16:18:05,669 [main] INFO  RunDemo7 - 完成ID为54任务
16:18:05,685 [main] INFO  RunDemo7 - 完成ID为47任务
16:18:05,685 [main] INFO  RunDemo7 - 完成待办任务处理第2次轮询！
16:18:05,685 [main] INFO  RunDemo7 - 查询huhaiqin的待办任务
16:18:05,687 [main] INFO  RunDemo7 - huhaiqin没有待办任务
16:18:05,687 [main] INFO  RunDemo7 - 查询hebo的待办任务
16:18:05,691 [main] INFO  RunDemo7 - hebo没有待办任务
```

5.5.2 任务办理及权限控制

用户任务需要经过人工办理后，才能触发流程的继续流转。一般在实际应用中，都需要对任务办理人权限进行控制。某些任务可以指定由某人专门进行办理；某些任务可以指定仅有某几人可以办理；某些任务，任务办理人还可以委托他人进行办理。

TaskService接口提供了多种任务办理方法，以及人员与任务关系管理方法，上层应用可以根据实际情况选用一种方法。TaskService接口相关代码如下：

```java
public interface TaskService {
    //任务办理相关设置
    void claim(String taskId, String userId);
    void unclaim(String taskId);
    void delegateTask(String taskId, String userId);
    void resolveTask(String taskId);
    void resolveTask(String taskId, Map<String, Object> variables);
    void resolveTask(String taskId, Map<String, Object> variables,
            Map<String, Object> transientVariables);
    void complete(String taskId);
    void complete(String taskId, Map<String, Object> variables);
    void complete(String taskId, Map<String, Object> variables,
```

```java
            Map<String, Object> transientVariables);
    void complete(String taskId, Map<String, Object> variables, boolean localScope);

    //人员与任务关系管理
    void setAssignee(String taskId, String userId);
    void setOwner(String taskId, String userId);
    void addCandidateUser(String taskId, String userId);
    void addCandidateGroup(String taskId, String groupId);
    void addUserIdentityLink(String taskId, String userId, String identityLinkType);
    void addGroupIdentityLink(String taskId, String groupId, String identityLinkType);
    void deleteCandidateUser(String taskId, String userId);
    void deleteCandidateGroup(String taskId, String groupId);
    void deleteUserIdentityLink(String taskId, String userId, String identityLinkType);
    void deleteGroupIdentityLink(String taskId, String groupId, String identityLinkType);
    List<IdentityLink> getIdentityLinksForTask(String taskId);
}
```

下面通过一个示例讲解通过TaskService接口实现任务办理权限控制的过程，示例代码如下：

```java
@Slf4j
public class RunDemo8 extends FlowableEngineUtil {
    SimpleDateFormat dateFormat = new SimpleDateFormat("yyyy-MM-dd HH:mm:ss.SSS");

    @Test
    public void runDemo8() {
        //初始化工作流引擎
        loadFlowableConfigAndInitEngine("flowable.cfg.xml");
        //部署流程定义
        ProcessDefinition procDef =
                deployByClasspathResource("processes/SimpleProcess.bpmn20.xml");
        //根据流程定义ID发起流程
        ProcessInstance procInst = runtimeService
                .startProcessInstanceById(procDef.getId());
        log.info("发起了一个流程实例，流程实例ID为：{}", procInst.getId());
        //查询第一个任务
        Task firstTask = taskService.createTaskQuery()
                .processInstanceId(procInst.getId()).singleResult();
        log.info("第一个任务ID为：{}，任务名称为：{}", firstTask.getId(),
                firstTask.getName());
        //完成第一个任务
        taskService.complete(firstTask.getId());
        log.info("第一个任务办理完成！没有进行权限控制");
        //查询第二个任务
        Task secondTask = taskService.createTaskQuery()
                .processInstanceId(procInst.getId()).singleResult();
        log.info("第二个任务ID为：{}，任务名称为：{}", secondTask.getId(),
                secondTask.getName());
        //设置任务与人员的关系
        taskService.addCandidateUser(secondTask.getId(), "hebo");
        taskService.addCandidateUser(secondTask.getId(), "liuxiaopeng");
        taskService.addUserIdentityLink(secondTask.getId(), "wangjunlin", "participant");
        //办理任务
        MyTaskService myTaskService = new MyTaskService(taskService);
        myTaskService.complete(secondTask.getId(), "huhaiqin");
        myTaskService.complete(secondTask.getId(), "wangjunlin");
        myTaskService.complete(secondTask.getId(), "liuxiaopeng");
        myTaskService.complete(secondTask.getId(), "hebo");
        //因为流程已结束，所以只能通过历史服务来获取任务实例
        log.info("查询ID为{}的流程实例中任务办理情况", procInst.getId());
        List<HistoricTaskInstance> hisTaskInsts = historyService
                .createHistoricTaskInstanceQuery()
                .processInstanceId(procInst.getId())
                .orderByHistoricTaskInstanceStartTime().asc()
                .list();
        for (HistoricTaskInstance hisTaskInst : hisTaskInsts) {
            log.info("ID为{}的任务的办理人为{}，开始时间{}，结束时间{}", hisTaskInst.getId(),
                    hisTaskInst.getAssignee(),
                    dateFormat.format(hisTaskInst.getCreateTime()),
                    dateFormat.format(hisTaskInst.getEndTime())
            );
```

                }
            }
}

以上代码段中加粗部分的代码先调用taskService的addCandidateUser()、addUserIdentityLink()方法，添加了任务与人员的关系（即添加了任务的权限控制），然后让4个用户调用了MyTaskService的complete()方法，依次办理该任务。

代码运行结果如下：

```
16:24:29,540 [main] INFO  RunDemo8   - 发起了一个流程实例，流程实例ID为：5
16:24:29,551 [main] INFO  RunDemo8   - 第一个任务ID为：10，任务名称为：申请
16:24:29,635 [main] INFO  RunDemo8   - 第一个任务办理完成！没有进行权限控制
16:24:29,640 [main] INFO  RunDemo8   - 第二个任务ID为：13，任务名称为：审批
16:24:29,667 [main] INFO  MyTaskService  - huhaiqin尝试办理ID为13的任务
16:24:29,676 [main] INFO  MyTaskService  - huhaiqin没有权限查看ID为13的任务
16:24:29,676 [main] INFO  MyTaskService  - wangjunlin尝试办理ID为13的任务
16:24:29,679 [main] INFO  MyTaskService  - wangjunlin是任务的participant
16:24:29,679 [main] INFO  MyTaskService  - wangjunlin没有权限办理ID为13的任务
16:24:29,679 [main] INFO  MyTaskService  - liuxiaopeng尝试办理ID为13的任务
16:24:29,682 [main] INFO  MyTaskService  - liuxiaopeng是任务的candidate
16:24:29,752 [main] INFO  MyTaskService  - liuxiaopeng完成了ID为13的任务的办理
16:24:29,752 [main] INFO  MyTaskService  - hebo尝试办理ID为13的任务
16:24:29,754 [main] INFO  MyTaskService  - 任务不存在或已被其他候选人办理完成
16:24:29,754 [main] INFO  RunDemo8   - 查询ID为5的流程实例中任务办理情况
16:24:29,764 [main] INFO  RunDemo8   - ID为10的任务的办理人为null，开始时间2023-12-14 16:24:29.501，结束时间2023-12-14 16:24:29.592
16:24:29,764 [main] INFO  RunDemo8   - ID为13的任务的办理人为liuxiaopeng，开始时间2023-12-14 16:24:29.600，结束时间2023-12-14 16:24:29.715
```

下面来看MyTaskService类实现任务办理权限控制的具体过程，代码如下：

```
@Slf4j
public class MyTaskService {
    private TaskService taskService;

    public MyTaskService(TaskService taskService) {
        this.taskService = taskService;
    }

    public void complete(String taskId, String userId) {
        log.info("{}尝试办理ID为{}的任务", userId, taskId);
        Task curTask = taskService.createTaskQuery().taskId(taskId).singleResult();
        if (curTask == null || curTask.getAssignee() != null) {
            log.info("任务不存在或已被其他候选人办理完成");
            return;
        }

        //查找用户与任务的关系
        List<IdentityLink> identityLinks = taskService.getIdentityLinksForTask(taskId);

        IdentityLink userIdentityLink = null;
        for (IdentityLink identityLink : identityLinks) {
            if (identityLink.getUserId().equals(userId)) {
                userIdentityLink = identityLink;
                break;
            }
        }
        if (userIdentityLink == null) {
            log.info("{}没有权限查看ID为{}的任务", userId, taskId);
        } else {
            log.info("{}是任务的{}", userId, userIdentityLink.getType());
            if (userIdentityLink.getType().equals("candidate")) {
                //认领任务
                taskService.claim(taskId, userId);
                //设置审批意见
                Map<String, Object> variables = new HashMap<>();
                variables.put("task_审批_outcome", "agree");
                taskService.complete(taskId, variables);
                log.info("{}完成了ID为{}的任务的办理", userId, taskId);
```

```
            } else {
                log.info("{}没有权限办理ID为{}的任务", userId, taskId);
            }
        }
    }
}
```

以上代码段执行了以下步骤。

（1）调用taskService的createTaskQuery()方法，创建一个任务查询对象，并指定查询条件taskId为传入的任务ID，通过调用任务查询对象的singleResult()方法获取符合条件的任务实例。如果没有找到，则任务可能已经办理，从运行时任务表ACT_RU_TASK中移除了。

（2）调用taskService的getIdentityLinksForTask()方法，获取任务的人员关系。然后，找到传入参数userId和任务的关系，判断用户是否为任务候选人（其他人不允许办理任务），以实现任务的权限控制。

（3）如果步骤（2）判断用户任务候选人，先调用taskService的claim()方法认领任务，再调用taskService的complete()方法办理任务，并同时传入流程变量，为流程后续网关判断所用。

5.5.3 评论和附件管理

Flowable可以针对流程实例或任务实例添加评论和附件。评论数据存储在ACT_HI_COMMENT表中，附件数据存储在ACT_HI_ATTACHMENT和ACT_GE_BYTEARRAY表中。评论和附件相关的接口都由TaskService提供。核心接口如下所示：

```java
public interface TaskService {
    //为流程任务实例或流程实例添加评论
    Comment addComment(String taskId, String processInstanceId, String message);
    //为流程任务实例或流程实例添加特定类型的评论
    Comment addComment(String taskId, String processInstanceId, String type, String message);
    //根据评论ID更新评论，如果ID不存在，则抛出异常
    void saveComment(Comment comment);
    //根据评论ID查询评论，如果ID不存在，则返回null
    Comment getComment(String commentId);
    //根据任务ID或流程实例ID删除评论
    void deleteComments(String taskId, String processInstanceId);
    //根据评论ID删除评论
    void deleteComment(String commentId);
    //根据任务ID查询所有评论
    List<Comment> getTaskComments(String taskId);
    //根据任务ID和类型查询所有评论
    List<Comment> getTaskComments(String taskId, String type);
    //查询某一类型的所有评论
    List<Comment> getCommentsByType(String type);
    //根据流程实例ID查询评论
    List<Comment> getProcessInstanceComments(String processInstanceId);
    //根据流程实例ID和类型查询评论
    List<Comment> getProcessInstanceComments(String processInstanceId, String type);

    //创建附件
    Attachment createAttachment(String attachmentType, String taskId, String processInstanceId,
            String attachmentName, String attachmentDescription, InputStream content);
    //根据URL创建附件
    Attachment createAttachment(String attachmentType, String taskId, String processInstanceId,
            String attachmentName, String attachmentDescription, String url);
    //根据附件ID更新附件
    void saveAttachment(Attachment attachment);
    //根据附件ID查询附件（不包含附件的具体内容）
    Attachment getAttachment(String attachmentId);
    //查询附件内容，并将其转换为输入流
    InputStream getAttachmentContent(String attachmentId);
    //查询任务ID对应的附件列表
    List<Attachment> getTaskAttachments(String taskId);
}
```

下面通过一个示例讲解通过TaskService接口实现对评论和附件操作的过程，示例代码如下：

```java
@Slf4j
public class RunDemo13 extends FlowableEngineUtil {

    @Test
    public void runDemo13() throws IOException {
        //初始化工作流引擎
        initFlowableEngineAndServices("flowable.cfg.xml");
        ProcessDefinition processDefinition =
                deployResource("processes/SimpleProcess.bpmn20.xml");
        ProcessInstance processInstance =
                runtimeService.startProcessInstanceById(processDefinition.getId());

        //评论测试
        Task task = taskService.createTaskQuery().processInstanceId(
                processInstance.getId()).singleResult();

        taskService.addComment(task.getId(), task.getProcessInstanceId(),
                "任务【" + task.getName() + "】:添加评论");

        taskService.complete(task.getId());
        task = taskService.createTaskQuery().processInstanceId(
                processInstance.getId()).singleResult();

        taskService.addComment(task.getId(), task.getProcessInstanceId(),
                "任务【" + task.getName() + "】:添加评论");

        List<Comment> taskComments =
                taskService.getProcessInstanceComments(task.getProcessInstanceId());
        for (Comment taskComment : taskComments) {
            log.info(taskComment.getFullMessage());
        }
        taskService.deleteComments(null, task.getProcessInstanceId());
        taskComments =
                taskService.getProcessInstanceComments(task.getProcessInstanceId());
        if (taskComments.size() < 1) {
            log.info("该流程实例已经没有评论了");
        }

        //附件测试
        InputStream inputStream = this.getClass().getClassLoader().getResourceAsStream(
                "processes/SimpleProcess.bpmn20.xml");
        taskService.createAttachment("", task.getId(),
                task.getProcessInstanceId(),
                "测试附件",
                "测试附件描述",
                inputStream);

        List<Attachment> taskAttachments = taskService.getTaskAttachments(task.getId());
        for (Attachment taskAttachment : taskAttachments) {
            log.info(taskAttachment.getName());
            InputStream attachmentContent =
                    taskService.getAttachmentContent(taskAttachment.getId());
            log.info("附件字节数：{}", attachmentContent.available());
        }
    }
}
```

以上代码段中的加粗部分代码调用TaskService接口的addComment()方法分别给两个任务添加了评论，然后调用TaskService的deleteComments()方法删除了对应流程实例的评论。最后调用TaskService的createAttachment()方法为指定任务实例添加附件，并读取了附件的内容。代码运行结果如下：

```
20:58:38.718 [main] INFO  RunDemo13  - 任务【审批】:添加评论
20:58:38.718 [main] INFO  RunDemo13  - 任务【申请】:添加评论
20:58:38.721 [main] INFO  RunDemo13  - 该流程实例已经没有评论了
20:58:38.725 [main] INFO  RunDemo13  - 测试附件
20:58:38.727 [main] INFO  RunDemo13  - 附件字节数：4052
```

配套资源验证码231922

5.6 历史服务API

历史服务接口HistoryService主要提供历史数据的查询、删除等服务，即提供与名称以ACT_HI_开头的相关的数据表服务。通过该服务接口可以查询历史流程实例、历史活动、历史任务、历史流程变量，以及删除历史流程实例、历史任务实例等。

HistoryService接口代码如下：

```java
public interface HistoryService {
    //创建历史流程实例查询
    HistoricProcessInstanceQuery createHistoricProcessInstanceQuery();
    //创建历史活动实例查询
    HistoricActivityInstanceQuery createHistoricActivityInstanceQuery();
    //创建历史任务实例查询
    HistoricTaskInstanceQuery createHistoricTaskInstanceQuery();
    //创建历史详情查询
    HistoricDetailQuery createHistoricDetailQuery();
    //创建历史变量查询
    HistoricVariableInstanceQuery createHistoricVariableInstanceQuery();
    //查询流程实例历史日志
    ProcessInstanceHistoryLogQuery createProcessInstanceHistoryLogQuery(String
            processInstanceId);

    /*****创建原生查询，可以通过传入SQL进行检索*****/
    //创建通过SQL直接查询历史流程实例的对象
    NativeHistoricProcessInstanceQuery createNativeHistoricProcessInstanceQuery();
    //创建通过SQL直接查询历史活动实例的对象
    NativeHistoricActivityInstanceQuery createNativeHistoricActivityInstanceQuery();
    //创建通过SQL直接查询历史任务实例的对象
    NativeHistoricTaskInstanceQuery createNativeHistoricTaskInstanceQuery();
    //创建通过SQL直接查询历史详情的对象
    NativeHistoricDetailQuery createNativeHistoricDetailQuery();
    //创建通过SQL直接查询历史变量的对象
    NativeHistoricVariableInstanceQuery createNativeHistoricVariableInstanceQuery();

    //删除历史任务实例
    void deleteHistoricTaskInstance(String taskId);
    //删除历史流程实例
    void deleteHistoricProcessInstance(String processInstanceId);

    //查询与任务实例关联的用户
    List<HistoricIdentityLink> getHistoricIdentityLinksForTask(String taskId);
    //查询与流程实例关联的用户
    List<HistoricIdentityLink> getHistoricIdentityLinksForProcessInstance(String
            processInstanceId);
}
```

HistoryService接口主要提供以下4类方法：
- 创建历史流程实例、历史活动实例、历史任务实例、历史详情、历史变量等对象的查询；
- 创建历史流程实例、历史活动实例、历史任务实例、历史详情、历史变量等对象的原生查询，支持传入SQL；
- 删除历史流程实例、历史任务实例；
- 查询与历史流程实例、任务实例关联的用户。

关于HistoryService接口的使用，前文已多次提到，其中5.5节调用了HistoryService的createHistoricTaskInstanceQuery()方法创建历史任务查询对象进行历史任务的查询。其他历史流程实例、历史活动、历史变量等对象的查询方法与之类似，此处不再赘述。

下面以历史流程实例的原生查询为例，示范如何通过创建原生查询传入SQL及其参数，获取符合条件的流程实例。示例代码如下：

```java
@Slf4j
public class RunDemo9 extends FlowableEngineUtil {
    SimpleDateFormat dateFormat = new SimpleDateFormat("yyyy-MM-dd HH:mm:ss.SSS");
```

```java
@Test
public void runDemo9() {
    //初始化工作流引擎
    loadFlowableConfigAndInitEngine("flowable.cfg.xml");
    //部署流程
    ProcessDefinition procDef =
            deployByClasspathResource("processes/SimpleProcess.bpmn20.xml");
    //启动3个流程实例
    String businessKeyPrefix = "code_";
    ProcessInstance procInst1 = runtimeService
            .startProcessInstanceById(procDef.getId(), businessKeyPrefix + 1);
    ProcessInstance procInst2 = runtimeService
            .startProcessInstanceById(procDef.getId(), businessKeyPrefix + 2);
    ProcessInstance procInst3 = runtimeService
            .startProcessInstanceById(procDef.getId(), businessKeyPrefix + 3);

    //查询历史流程实例
    List<HistoricProcessInstance> hisProcInsts = historyService
            .createNativeHistoricProcessInstanceQuery()
            .sql("select * from ACT_HI_PROCINST where BUSINESS_KEY_ like concat(#{prefix}, '%')")
            .parameter("prefix", businessKeyPrefix)
            .list();
    for (HistoricProcessInstance hisProcInst : hisProcInsts) {
        log.info("流程实例ID为：{}，业务主键：{}，创建时间：{}", hisProcInst.getId(),
                hisProcInst.getBusinessKey(),
                dateFormat.format(hisProcInst.getStartTime())
        );
    }
}
```

以上代码段中的加粗代码通过HistoryService的createNativeHistoricProcessInstanceQuery()方法创建历史流程实例的原生查询对象，通过传入自定义的SQL（根据BUSINESS_KEY_进行模糊查询）及其参数，获取符合条件的历史流程实例对象。

代码运行结果如下：

```
16:26:10,045 [main] INFO   RunDemo9   - 流程实例ID为：5, 业务主键：code_1, 创建时间：2023-12-14 16:26:09.994
16:26:10,046 [main] INFO   RunDemo9   - 流程实例ID为：11, 业务主键：code_2, 创建时间：2023-12-14 16:26:10.028
16:26:10,046 [main] INFO   RunDemo9   - 流程实例ID为：17, 业务主键：code_3, 创建时间：2023-12-14 16:26:10.035
```

5.7 管理服务API

管理服务接口ManagementService主要提供数据表和表元数据的管理和查询服务。另外，它还提供了查询和管理异步任务的功能。Flowable异步任务应用很广，如定时器、异步操作、延迟暂停、激活等。此外，它还可以通过ManagementService接口直接执行某个CMD命令。

5.7.1 数据库管理

ManagementService接口提供了一系列数据库管理方法，包括数据表与表元数据的查询方法、数据库更新方法等：

```java
public interface ManagementService {
    //获取Flowable数据表名称和数据量
    Map<String, Long> getTableCount();
    //获取实体对应的表名
    String getTableName(Class<?> entityClass);
    //查询指定表的元数据
    TableMetaData getTableMetaData(String tableName);
    //获取表的分页查询对象
    TablePageQuery createTablePageQuery();
    //更新数据库schema
    String databaseSchemaUpgrade(Connection connection, String catalog, String schema);
}
```

通过getTableCount()方法可以查询全部数据表的数据量，该方法返回一个Map，其key是表的名称，value是表的数据量，根据表名可以从Map中获取该表的数据量。

通过getTableName()方法可以获取一个实体类对应的表名。

通过getTableMetaData()方法可以获取数据表元数据信息,返回结果TableMetaData中包括表名、字段名称列表、字段类型列表等在内的基础信息。

通过createTablePageQuery()方法可以创建数据表查询对象,可通过该对象的tableName()方法指定查询的数据表,通过orderAsc()、orderDesc()方法指定排序规则,通过listPage()获取分页查询结果。

通过databaseSchemaUpgrade()方法可以更新数据库schema,如创建表、删除表等。

下面将通过一个示例,示范如何通过ManagementService接口实现数据库管理,代码如下:

```java
@Slf4j
public class RunDemo10 extends FlowableEngineUtil {
    @Test
    public void runDemo10() {
        //初始化工作流引擎
        loadFlowableConfigAndInitEngine("flowable.cfg.xml");
        //获取数据表的记录数量
        Map<String, Long> tableCount = managementService.getTableCount();
        for (Map.Entry<String, Long> entry : tableCount.entrySet()) {
            log.info("表{}的记录数为{}", entry.getKey(), entry.getValue());
        }
        //获取数据表的名称及元数据
        String tableName = managementService
                .getTableName(HistoricProcessInstanceEntity.class);
        log.info("HistoricProcessInstanceEntity对应的表名为: {}", tableName);
        TableMetaData tableMetaData = managementService.getTableMetaData(tableName);
        List<String> columnNames = tableMetaData.getColumnNames();
        log.info("字段分别为: " + String.join(",", columnNames));
        //获取表的分页查询对象
        TablePage tablePage = managementService.createTablePageQuery()
                .tableName(tableName).orderAsc("START_TIME_").listPage(1, 10);
        log.info("{}的记录数为{}", tableName, tablePage.getTotal());
    }
}
```

以上代码段执行以下步骤:

(1) 通过FlowableEngineUtil工具类创建工作流引擎,并获取managementService接口;

(2) 调用managementService的getTableCount()方法获取全部数据表;

(3) 调用managementService的getTableName()方法获取HistoricProcessInstanceEntity实体类对应的数据表名;

(4) 调用managementService的getTableMetaData()方法获取表的字段信息;

(5) 调用managementService的createTablePageQuery()方法创建数据表查询对象,指定查询条件,查询表的记录数量。

代码运行结果如下:

```
15:11:21,146 [main] INFO  RunDemo10  - 表ACT_RU_EVENT_SUBSCR的记录数为0
15:11:21,146 [main] INFO  RunDemo10  - 表FLW_EVENT_DEPLOYMENT的记录数为0
15:11:21,146 [main] INFO  RunDemo10  - 表FLW_EV_DATABASECHANGELOG的记录数为3
15:11:21,146 [main] INFO  RunDemo10  - 表ACT_ID_USER的记录数为0
15:11:21,146 [main] INFO  RunDemo10  - 表ACT_HI_ENTITYLINK的记录数为0
15:11:21,146 [main] INFO  RunDemo10  - 表ACT_HI_ATTACHMENT的记录数为0
15:11:21,146 [main] INFO  RunDemo10  - 表ACT_GE_BYTEARRAY的记录数为0
15:11:21,146 [main] INFO  RunDemo10  - 表ACT_RE_MODEL的记录数为0
15:11:21,146 [main] INFO  RunDemo10  - 表ACT_RU_VARIABLE的记录数为0
15:11:21,147 [main] INFO  RunDemo10  - 表ACT_RU_TASK的记录数为0
15:11:21,147 [main] INFO  RunDemo10  - 表FLW_RU_BATCH的记录数为0
15:11:21,147 [main] INFO  RunDemo10  - 表ACT_ID_BYTEARRAY的记录数为0
15:11:21,147 [main] INFO  RunDemo10  - 表ACT_ID_TOKEN的记录数为0
15:11:21,147 [main] INFO  RunDemo10  - 表FLW_EV_DATABASECHANGELOGLOCK的记录数为1
15:11:21,147 [main] INFO  RunDemo10  - 表ACT_ID_PRIV_MAPPING的记录数为0
15:11:21,147 [main] INFO  RunDemo10  - 表ACT_ID_PROPERTY的记录数为1
15:11:21,147 [main] INFO  RunDemo10  - 表ACT_RE_DEPLOYMENT的记录数为0
15:11:21,147 [main] INFO  RunDemo10  - 表ACT_RE_PROCDEF的记录数为0
15:11:21,147 [main] INFO  RunDemo10  - 表ACT_ID_GROUP的记录数为0
15:11:21,147 [main] INFO  RunDemo10  - 表ACT_ID_PRIV的记录数为0
```

```
15:11:21,147 [main] INFO  RunDemo10   - 表ACT_HI_VARINST的记录数为0
15:11:21,147 [main] INFO  RunDemo10   - 表FLW_EVENT_RESOURCE的记录数为0
15:11:21,147 [main] INFO  RunDemo10   - 表ACT_HI_COMMENT的记录数为0
15:11:21,147 [main] INFO  RunDemo10   - 表ACT_HI_PROCINST的记录数为0
15:11:21,147 [main] INFO  RunDemo10   - 表ACT_ID_INFO的记录数为0
15:11:21,147 [main] INFO  RunDemo10   - 表ACT_ID_MEMBERSHIP的记录数为0
15:11:21,147 [main] INFO  RunDemo10   - 表ACT_RU_HISTORY_JOB的记录数为0
15:11:21,147 [main] INFO  RunDemo10   - 表FLW_CHANNEL_DEFINITION的记录数为0
15:11:21,147 [main] INFO  RunDemo10   - 表FLW_RU_BATCH_PART的记录数为0
15:11:21,147 [main] INFO  RunDemo10   - 表ACT_RU_DEADLETTER_JOB的记录数为0
15:11:21,147 [main] INFO  RunDemo10   - 表ACT_RU_JOB的记录数为0
15:11:21,147 [main] INFO  RunDemo10   - 表ACT_RU_EXTERNAL_JOB的记录数为0
15:11:21,147 [main] INFO  RunDemo10   - 表ACT_PROCDEF_INFO的记录数为0
15:11:21,147 [main] INFO  RunDemo10   - 表ACT_RU_SUSPENDED_JOB的记录数为0
15:11:21,147 [main] INFO  RunDemo10   - 表ACT_HI_ACTINST的记录数为0
15:11:21,147 [main] INFO  RunDemo10   - 表ACT_RU_EXECUTION的记录数为0
15:11:21,147 [main] INFO  RunDemo10   - 表ACT_HI_TASKINST的记录数为0
15:11:21,147 [main] INFO  RunDemo10   - 表FLW_EVENT_DEFINITION的记录数为0
15:11:21,147 [main] INFO  RunDemo10   - 表ACT_RU_ENTITYLINK的记录数为0
15:11:21,148 [main] INFO  RunDemo10   - 表ACT_HI_DETAIL的记录数为0
15:11:21,148 [main] INFO  RunDemo10   - 表ACT_EVT_LOG的记录数为0
15:11:21,148 [main] INFO  RunDemo10   - 表ACT_RU_IDENTITYLINK的记录数为0
15:11:21,148 [main] INFO  RunDemo10   - 表ACT_HI_IDENTITYLINK的记录数为0
15:11:21,148 [main] INFO  RunDemo10   - 表ACT_GE_PROPERTY的记录数为13
15:11:21,148 [main] INFO  RunDemo10   - 表ACT_RU_ACTINST的记录数为0
15:11:21,148 [main] INFO  RunDemo10   - 表ACT_HI_TSK_LOG的记录数为0
15:11:21,148 [main] INFO  RunDemo10   - 表ACT_RU_TIMER_JOB的记录数为0
15:11:21,150 [main] INFO  RunDemo10   - HistoricProcessInstanceEntity对应的表名为: ACT_HI_PROCINST
15:11:21,160 [main] INFO  RunDemo10   - 字段分别为: ID_,REV_,PROC_INST_ID_,BUSINESS_KEY_,PROC_DEF_ID_,
START_TIME_,END_TIME_,DURATION_,START_USER_ID_,START_ACT_ID_,END_ACT_ID_,SUPER_PROCESS_INSTANCE_ID_,
DELETE_REASON_,TENANT_ID_,NAME_,CALLBACK_ID_,CALLBACK_TYPE_,REFERENCE_ID_,REFERENCE_TYPE_,
PROPAGATED_STAGE_INST_ID_,BUSINESS_STATUS_
15:11:21,163 [main] INFO  RunDemo10   - ACT_HI_PROCINST的记录数为0
```

5.7.2 异步任务管理

Flowable中的定时器中间事件、定时器边界事件等都会产生异步任务。Flowable提供了6个用于存储异步任务的表。运行时异步任务存储在ACT_RU_JOB表中，定时器任务存储在ACT_RU_TIMER_JOB表中，定时中断任务存储在ACT_RU_SUSPENDED_JOB表中，不可执行任务存储在ACT_RU_DEADLETTER_JOB表中，异步历史任务存储在ACT_RU_HISTORY_JOB表中，外部任务存储在ACT_RU_EXTERNAL_JOB表中。

以定时器中间事件为例，异步任务产生后会被写入ACT_RU_TIMER_JOB表。任务达到触发条件后，会写入ACT_RU_JOB表中执行。如果该任务执行异常，可以重新执行。当重试次数大于设定的最大重试次数时，任务会被写入ACT_RU_DEADLETTER_JOB表。如果在任务等待过程中调用了中断流程实例的方法，异步任务将会被写入ACT_RU_SUSPENDED_JOB表。

ManagementService接口中关于异步任务管理的代码片段如下：

```java
public interface ManagementService {
    //获取异步任务查询对象
    JobQuery createJobQuery();
    //获取外部工作任务查询对象
    ExternalWorkerJobQuery createExternalWorkerJobQuery();
    //获取定时器任务查询对象
    TimerJobQuery createTimerJobQuery();
    //获取挂起任务查询对象
    SuspendedJobQuery createSuspendedJobQuery();
    //获取不可执行任务查询对象
    DeadLetterJobQuery createDeadLetterJobQuery();
    //获取异步历史任务查询对象
    HistoryJobQuery createHistoryJobQuery();
    //获取关联的ID查询job
    Job findJobByCorrelationId(String jobCorrelationId);
    //强制执行任务
    void executeJob(String jobId);
    //强制执行历史任务
    void executeHistoryJob(String historyJobId);
```

```java
//查询历史任务JSON格式数据
String getHistoryJobHistoryJson(String historyJobId);
//将定时器任务移入可执行任务
Job moveTimerToExecutableJob(String jobId);
//将任务移入不可执行任务
Job moveJobToDeadLetterJob(String jobId);
//将不可执行任务重新加入可执行任务
Job moveDeadLetterJobToExecutableJob(String jobId, int retries);
//将不可执行任务加入历史任务
HistoryJob moveDeadLetterJobToHistoryJob(String jobId, int retries);
//批量将不可执行任务加入可执行任务列表或历史任务列表
void bulkMoveDeadLetterJobs(Collection<String> jobIds, int retries);
//批量将不可执行任务加入可执行历史任务列表
void bulkMoveDeadLetterJobsToHistoryJobs(Collection<String> jobIds, int retries);
//将挂起任务重新加入可执行任务
Job moveSuspendedJobToExecutableJob(String jobId);
//删除异步任务
void deleteJob(String jobId);
//删除定时器任务
void deleteTimerJob(String jobId);
//删除挂起的任务
void deleteSuspendedJob(String jobId);
//删除不可执行的任务
void deleteDeadLetterJob(String jobId);
//删除外部工作任务
void deleteExternalWorkerJob(String jobId);
//删除历史任务
void deleteHistoryJob(String jobId);
//设置异步任务剩余重试次数
void setJobRetries(String jobId, int retries);
//设置定时器任务剩余重试次数
void setTimerJobRetries(String jobId, int retries);
//重新设置定时器任务的执行日期
Job rescheduleTimeDateJob(String jobId, String timeDate);
//通过时间段重新设置定时器任务的执行日期
Job rescheduleTimeDurationJob(String jobId, String timeDuration);
//重新设置定时器的循环执行信息
Job rescheduleTimeCycleJob(String jobId, String timeCycle);
//上述三个方式的合并,不过一次只能使用其中一种方式
Job rescheduleTimerJob(String jobId, String timeDate, String timeDuration,
        String timeCycle, String endDate, String calendarName);
//获取异步任务异常栈
String getJobExceptionStacktrace(String jobId);
//获取定时器任务异常栈
String getTimerJobExceptionStacktrace(String jobId);
//获取挂起任务异常栈
String getSuspendedJobExceptionStacktrace(String jobId);
//获取不可执行的任务异常栈
String getDeadLetterJobExceptionStacktrace(String jobId);
//获取外部工作任务的详细异常信息
String getExternalWorkerJobErrorDetails(String jobId);
}
```

ManagementService接口提供6个后缀为Query()的方法,分别用于查询运行任务表、外部工作任务表、定时器任务表、挂起任务表、不可执行任务表及异步历史任务中的任务记录。

Flowable的任务表之间的数据可以相互转移,如ACT_RU_JOB、ACT_RU_TIMER_JOB、ACT_RU_SUSPENDED_JOB和ACT_RU_DEADLETTER_JOB中存储着不同状态的任务,当任务状态需要改变时,可以调用moveTimerToExecutableJob()、moveJobToDeadLetterJob()和moveDeadLetterJobToExecutableJob()方法转移任务。

ManagementService接口的getJobExceptionStacktrace()、getTimerJobExceptionStacktrace()、getSuspendedJobExceptionStacktrace()和getDeadLetterJobExceptionStacktrace()方法分别用于查询运行任务表、定时器任务表、挂起任务表、不可执行任务表的异常栈数据。

图5.6展示了一个包含定时器中间事件的流程模型。当流程发起后,用户完成了"申请"节点用户任务流程流转到定时器节点,这时就会生成一个定时器任务,定时器任务设置为10分钟后执行。

图5.6　包含定时器中间事件的流程模型

下面通过ManagementService接口实现提前执行定时器任务需求，示例代码如下：

```java
@Slf4j
public class RunDemo11 extends FlowableEngineUtil {
    SimpleDateFormat dateFormat = new SimpleDateFormat("yyyy-MM-dd HH:mm:ss.SSS");

    @Test
    public void runDemo11() {
        //初始化工作流引擎
        loadFlowableConfigAndInitEngine("flowable.cfg.xml");
        //部署流程
        ProcessDefinition procDef =
                deployByClasspathResource("processes/SimpleProcess3.bpmn20.xml");
        //发起一个流程实例
        ProcessInstance procInst = runtimeService
                .startProcessInstanceById(procDef.getId());
        log.info("流程实例ID为：{}", procInst.getId());
        //查询第一个任务
        Task firstTask = taskService.createTaskQuery()
                .processInstanceId(procInst.getId()).singleResult();
        //完成第一个任务
        taskService.complete(firstTask.getId());
        //查询流程实例ID对应的job任务列表
        List<Job> timerJobs = managementService.createTimerJobQuery()
                .processInstanceId(procInst.getId()).list();
        for (Job job : timerJobs) {
            log.info("定时器任务{}的类型为{}，执行时间为{}", job.getId(),job.getJobType(),
                    dateFormat.format(job.getDuedate()));
            managementService.moveTimerToExecutableJob(job.getId());
            log.info("立即执行定时器任务{}", job.getId());
            managementService.executeJob(job.getId());
        }
        //查询流程执行历史
        HistoricProcessInstance hisProcInst = historyService
                .createHistoricProcessInstanceQuery()
                .processInstanceId(procInst.getId())
                .singleResult();
        log.info("流程实例开始时间：{}，结束时间：{}",
                dateFormat.format(hisProcInst.getStartTime()),
                dateFormat.format(hisProcInst.getEndTime()));
    }
}
```

以上代码段中的加粗代码先调用ManagementService接口的createTimerJobQuery()方法查询定时器任务，接着调用ManagementService接口的moveTimerToExecutableJob()方法将定时器任务移入执行任务列表，最后调用ManagementService接口的executeJob()方法立即执行该任务。

代码运行结果如下：

```
16:28:21,442 [main] INFO   RunDemo11  - 流程实例ID为：5
16:28:21,617 [main] INFO   RunDemo11  - 定时器任务14的类型为timer，执行时间为2023-12-14 16:38:21.536
16:28:21,630 [main] INFO   RunDemo11  - 立即执行定时器任务14
16:28:21,682 [main] INFO   RunDemo11  - 流程实例开始时间：2023-12-14 16:28:21.408，结束时间：
2023-12-14 16:28:21.665
```

5.7.3　执行命令

ManagementService接口提供了两个executeCommand()方法用于执行自定义命令：

```java
public interface ManagementService {
    //执行自定义命令，使用的默认的配置
```

```
    <T> T executeCommand(Command<T> command);
    //执行自定义命令，使用自定义配置
    <T> T executeCommand(CommandConfig config, Command<T> command);
}
```

我们先自定义一个命令，该命令用于执行表达式：

```java
public class ExecuteExpressionCmd implements Command<Object> {
    //表达式
    private String express;
    //变量
    private Map<String, Object> variableMap;

    public ExecuteExpressionCmd(String express, Map<String, Object> variableMap) {
        this.express = express;
        this.variableMap = variableMap;
    }

    @Override
    public Object execute(CommandContext commandContext) {
        ExpressionFactory factory = new ExpressionFactoryImpl();
        SimpleContext context = new SimpleContext();
        if (variableMap != null) {
            for (String key : variableMap.keySet()) {
                if (variableMap.get(key) != null) {
                    context.setVariable(key,
                            factory.createValueExpression(variableMap.get(key),
                            variableMap.get(key).getClass()));
                } else {
                    context.setVariable(key,
                            factory.createValueExpression(null, Object.class));
                }
            }
        }
        ValueExpression valueExpression = factory.createValueExpression(context,
                express, Object.class);
        return valueExpression.getValue(context);
    }
}
```

接下来，调用ManagementService接口的executeCommand()方法执行该命令：

```java
@Slf4j
public class RunDemo12 extends FlowableEngineUtil {
    @Test
    public void runDemo12() {
        //初始化工作流引擎
        loadFlowableConfigAndInitEngine("flowable.cfg.xml");
        //准备参数
        Date curDate = new Date();
        log.info("当前时间为: {}", curDate);
        String express = "${dateFormat.format(date)}";
        Map<String, Object> variableMap = new HashMap<>();
        variableMap.put("date", curDate);
        variableMap.put("dateFormat", new SimpleDateFormat("yyyy-MM-dd HH:mm:ss.SSS"));
        //调用执行表达式的CMD
        Object result = managementService.executeCommand(
                new ExecuteExpressionCmd(express, variableMap));
        log.info("格式化后: {}", result);
    }
}
```

以上代码段中的加粗部分代码调用ManagementService接口的executeCommand()方法，传入了自定义命令ExecuteExpressionCmd对象，返回命令执行的结果。代码运行结果如下：

```
15:34:22,004 [main] INFO  RunDemo12    - 当前时间为: Thu Dec 14 15:34:21 CST 2023
15:34:22,029 [main] INFO  RunDemo12    - 格式化后: 2023-12-14 15:34:21.998
```

5.8 身份服务API

Flowable使用ACT_ID_GROUP、ACT_ID_USER、ACT_ID_INFO和ACT_ID_MEMBERSHIP这4张表维护人员组织架构。身份服务接口IdentityService负责提供用户、组和人员组织关系管理等服务。

IdentityService接口核心代码如下：

```
public interface IdentityService {
    //新建用户
    User newUser(String userId);
    //保存用户
    void saveUser(User user);
    //更新密码
    void updateUserPassword(User user);
    //创建用户查询
    UserQuery createUserQuery();
    //创建本地SQL查询
    NativeUserQuery createNativeUserQuery();
    //删除用户
    void deleteUser(String userId);
    //检查指定密码与用户密码是否一致
    boolean checkPassword(String userId, String password);
    //设置当前环境下的认证用户ID
    void setAuthenticatedUserId(String authenticatedUserId);
    //设置用户图片
    void setUserPicture(String userId, Picture picture);
    //获取用户图片
    Picture getUserPicture(String userId);

    //新建组
    Group newGroup(String groupId);
    //创建组查询对象
    GroupQuery createGroupQuery();
    //创建本地组SQL查询
    NativeGroupQuery createNativeGroupQuery();
    //查询指定流程定义ID上配置的发起小组
    List<Group> getPotentialStarterGroups(String processDefinitionId);
    //查询指定流程定义ID上配置的发起用户
    List<User> getPotentialStarterUsers(String processDefinitionId);
    //保存组
    void saveGroup(Group group);
    //删除组
    void deleteGroup(String groupId);

    //创建用户与组的关系
    void createMembership(String userId, String groupId);
    //删除用户与组的关系
    void deleteMembership(String userId, String groupId);

    //设置用户扩展信息
    void setUserInfo(String userId, String key, String value);
    //查询用户指定key的扩展信息
    String getUserInfo(String userId, String key);
    //查询用户所有扩展信息的key
    List<String> getUserInfoKeys(String userId);
    //删除用户某个key的扩展信息
    void deleteUserInfo(String userId, String key);
}
```

IdentityService接口主要提供以下4类方法。

- 与用户管理相关的方法：包括新建用户、更新用户、查询用户、删除用户等。
- 与组管理相关的方法：包括新建组、保存组、查询组、删除组等。
- 维护用户与组的关系的方法：包括新建关系、删除关系等。
- 管理用户扩展信息的方法：包括新增扩展信息、删除扩展信息及查询扩展信息。

具体用法详见第9章。

5.9 利用Flowable Service API完成流程实例

本章已经介绍了Flowable的各个核心API的功能及其调用方式。本节将通过一个示例，串联各核心API的调用，实现从流程部署到流程实例运行结束全生命周期过程。

5.9.1 Flowable工作流引擎工具类

创建工作流引擎、获取核心API服务等方法在本书后续章节经常用到，因此我们将这些方法封装到工具类FlowableEngineUtil中。FlowableEngineUtil类主要提供初始化工作流引擎、部署流程、关闭工作流引擎等常用方法，可以方便地调用。FlowableEngineUtil类代码如下：

```java
@Data
public class FlowableEngineUtil {

    //工作流引擎配置
    protected ProcessEngineConfigurationImpl processEngineConfiguration;
    //工作流引擎
    protected ProcessEngine engine;
    //流程存储服务
    protected RepositoryService repositoryService;
    //运行时服务
    protected RuntimeService runtimeService;
    //任务服务
    protected TaskService taskService;
    //历史服务
    protected HistoryService historyService;
    //管理服务
    protected ManagementService managementService;
    //身份服务
    protected IdentityService identityService;

    /**
     * 初始化工作流引擎及各种服务
     * @param resource FLowable配置文件
     */
    public void loadFlowableConfigAndInitEngine(String resource) {
        //创建工作流引擎配置
        this.processEngineConfiguration =
                (ProcessEngineConfigurationImpl)
                ProcessEngineConfiguration.createProcessEngineConfigurationFromResource(resource);
        //创建工作流引擎
        this.engine = processEngineConfiguration.buildProcessEngine();
        //获取流程存储服务
        this.repositoryService = engine.getRepositoryService();
        //获取运行时服务
        this.runtimeService = engine.getRuntimeService();
        //获取任务服务
        this.taskService = engine.getTaskService();
        //获取历史服务
        this.historyService = engine.getHistoryService();
        //获取管理服务
        this.managementService = engine.getManagementService();
        //获取身份服务
        this.identityService = engine.getIdentityService();
    }

    /**
     * 部署单个流程
     * @param resource  单个流程XML文件地址
     * @return
     */
    public ProcessDefinition deployByClasspathResource(String resource) {
        //部署流程
        Deployment deployment = repositoryService.createDeployment()
                .addClasspathResource(resource).deploy();
        //查询流程定义
        ProcessDefinition processDefinition = repositoryService.createProcessDefinitionQuery()
```

```java
            .deploymentId(deployment.getId()).singleResult();
    return processDefinition;
}

/**
 * 部署多个流程
 * @param resources    多个流程XML文件地址
 * @return
 */
public ProcessDefinition deployByClasspathResource(String... resources) {
    DeploymentBuilder deploymentBuilder = repositoryService.createDeployment();
    //部署流程
    for (String resource : resources) {
        deploymentBuilder.addClasspathResource(resource);
    }
    Deployment deployment = deploymentBuilder.deploy();
    //查询流程定义
    ProcessDefinition processDefinition = repositoryService.createProcessDefinitionQuery()
            .deploymentId(deployment.getId()).singleResult();
    return processDefinition;
}

/**
 * 关闭工作流引擎
 */
@After
public void closeEngine() {
    engine.close();
}
```

5.9.2 综合使用示例

本小节以完成图5.1所示简单请假流程为例进行讲解,示例代码如下:

```java
@Slf4j
public class RunDemo14 extends FlowableEngineUtil {
    SimpleDateFormat dateFormat = new SimpleDateFormat("yyyy-MM-dd HH:mm:ss.SSS");

    @Test
    public void runDemo13() {
        //初始化工作流引擎配置
        loadFlowableConfigAndInitEngine("flowable.cfg.xml");
        //部署流程定义
        ProcessDefinition procDef =
                deployByClasspathResource("processes/SimpleProcess.bpmn20.xml");
        //启动流程
        ProcessInstance procInst = runtimeService
                .startProcessInstanceById(procDef.getId());
        log.info("流程实例ID为: {}", procInst.getId());
        //查询第一个任务
        Task firstTask = taskService.createTaskQuery().
                processInstanceId(procInst.getId()).singleResult();
        log.info("第一个任务ID为: {}, 任务名称为: {}", firstTask.getId(),
                firstTask.getName());
        taskService.setAssignee(firstTask.getId(), "huhaiqin");
        //完成第一个任务
        taskService.complete(firstTask.getId());
        log.info("第一个任务办理完成!");
        try {
            Thread.sleep(1000);
        } catch (InterruptedException e) {
            e.printStackTrace();
        }
        //查询第二个任务
        Task secondTask = taskService.createTaskQuery()
                .processInstanceId(procInst.getId()).singleResult();
        log.info("第二个任务ID为: {}, 任务名称为: {}", secondTask.getId(),
                secondTask.getName());
```

```java
        taskService.setAssignee(secondTask.getId(), "hebo");
        //设置审批意见
        Map<String, Object> variables = new HashMap<>();
        variables.put("task_审批_outcome", "agree");
        //完成第二个任务
        taskService.complete(secondTask.getId(), variables);
        log.info("第二个任务办理完成！");
        //查询流程执行历史
        HistoricProcessInstance hisProcInst = historyService
                .createHistoricProcessInstanceQuery()
                .processInstanceId(procInst.getId())
                .singleResult();
        log.info("流程实例开始时间为：{}，结束时间为：{}",
                dateFormat.format(hisProcInst.getStartTime()),
                dateFormat.format(hisProcInst.getEndTime()));
        //查询历史活动实例
        List<HistoricActivityInstance> hisActivityInsts = historyService
                .createHistoricActivityInstanceQuery()
                .processInstanceId(procInst.getId())
                .orderByHistoricActivityInstanceStartTime().asc()
                .list();
        for (HistoricActivityInstance hisActivityInst : hisActivityInsts) {
            log.info("活动实例[{}]的开始时间为：{}，结束时间为：{}", hisActivityInst.getActivityName(),
                    dateFormat.format(hisActivityInst.getStartTime()),
                    dateFormat.format(hisActivityInst.getEndTime()));
        }
        //查询历史任务实例
        List<HistoricTaskInstance> hisTaskInsts = historyService
                .createHistoricTaskInstanceQuery()
                .processInstanceId(procInst.getId())
                .orderByHistoricTaskInstanceStartTime().asc()
                .list();
        for (HistoricTaskInstance hisTaskInst : hisTaskInsts) {
            log.info("任务实例[{}]的办理人为：{}", hisTaskInst.getName(),
                    hisTaskInst.getAssignee()
            );
        }
        //查询历史流程变量
        List<HistoricVariableInstance> hisVariableInsts = historyService
                .createHistoricVariableInstanceQuery()
                .processInstanceId(procInst.getId())
                .list();
        for (HistoricVariableInstance hisVariableInst : hisVariableInsts) {
            log.info("流程变量[{}]的值为：{}", hisVariableInst.getVariableName(),
                    hisVariableInst.getValue());
        }
    }
}
```

以上代码段执行以下步骤。

（1）调用FlowableEngineUtil类的initFlowableEngineAndServices()方法加载工作流引擎配置文件并初始化工作流引擎。

（2）调用FlowableEngineUtil类的deployByClasspathResource()方法部署流程，并返回流程定义。

（3）调用RuntimeService接口的startProcessInstanceById()方法，根据流程定义ID发起一个流程实例。

（4）调用TaskService接口的createTaskQuery()方法查询流程实例的第一个用户任务。

（5）调用TaskService接口的setAssignee()方法设置办理人。

（6）调用TaskService接口的complete()方法办理任务。

（7）调用TaskService接口的createTaskQuery()方法查询流程实例的第二个用户任务。

（8）调用TaskService接口的setAssignee()方法设置办理人。

（9）调用TaskService接口的complete()方法办理任务，同时传入流程变量。流程变量用于网关条件的判断：如果条件为true，流程将流转到结束节点；如果条件为false，流程将流转到"申请"节点。

（10）调用HistoryService接口的createHistoricProcessInstanceQuery()方法查询历史流程实例。

（11）调用HistoryService接口的createHistoricActivityInstanceQuery()方法查询历史活动实例。

（12）调用HistoryService接口的createHistoricTaskInstanceQuery()方法查询历史任务实例。

（13）调用HistoryService接口的createHistoricVariableInstanceQuery()方法查询历史流程变量。

（14）调用FlowableEngineUtil接口的closeEngine()方法关闭工作流引擎。

代码运行结果如下：

```
15:51:18,148 [main] INFO  RunDemo13  - 流程实例ID为：5
15:51:18,162 [main] INFO  RunDemo13  - 第一个任务ID为：10，任务名称为：申请
15:51:18,204 [main] INFO  RunDemo13  - 第一个任务办理完成！
15:51:19,205 [main] INFO  RunDemo13  - 第二个任务ID为：16，任务名称为：审批
15:51:19,264 [main] INFO  RunDemo13  - 第二个任务办理完成！
15:51:19,270 [main] INFO  RunDemo13  - 流程实例开始时间为：2023-12-14 15:51:18.114，结束时间为：2023-12-14 15:51:19.252
15:51:19,277 [main] INFO  RunDemo13  - 活动实例[开始]的开始时间为：2023-12-14 15:51:18.115，结束时间为：2023-12-14 15:51:18.118
15:51:19,277 [main] INFO  RunDemo13  - 活动实例[1]的开始时间为：2023-12-14 15:51:18.122，结束时间为：2023-12-14 15:51:18.122
15:51:19,277 [main] INFO  RunDemo13  - 活动实例[申请]的开始时间为：2023-12-14 15:51:18.122，结束时间为：2023-12-14 15:51:18.193
15:51:19,277 [main] INFO  RunDemo13  - 活动实例[2]的开始时间为：2023-12-14 15:51:18.194，结束时间为：2023-12-14 15:51:18.194
15:51:19,277 [main] INFO  RunDemo13  - 活动实例[审批]的开始时间为：2023-12-14 15:51:18.194，结束时间为：2023-12-14 15:51:19.229
15:51:19,277 [main] INFO  RunDemo13  - 活动实例[3]的开始时间为：2023-12-14 15:51:19.230，结束时间为：2023-12-14 15:51:19.230
15:51:19,277 [main] INFO  RunDemo13  - 活动实例[网关]的开始时间为：2023-12-14 15:51:19.231，结束时间为：2023-12-14 15:51:19.239
15:51:19,277 [main] INFO  RunDemo13  - 活动实例[5]的开始时间为：2023-12-14 15:51:19.239，结束时间为：2023-12-14 15:51:19.239
15:51:19,277 [main] INFO  RunDemo13  - 活动实例[结束]的开始时间为：2023-12-14 15:51:19.240，结束时间为：2023-12-14 15:51:19.242
15:51:19,286 [main] INFO  RunDemo13  - 任务实例[申请]的办理人为：huhaiqin
15:51:19,286 [main] INFO  RunDemo13  - 任务实例[审批]的办理人为：hebo
15:51:19,291 [main] INFO  RunDemo13  - 流程变量[task_审批_outcome]的值为：agree
```

5.10 本章小结

本章主要介绍Flowable的核心API，包括ProcessEngine、RepositoryService、RuntimeService、TaskService、HistoryService、ManagementService等，同时介绍了各个API所提供的服务及其用法。其中，ProcessEngine接口是Flowable最重要的API，是Flowable的门面接口，其他API均通过ProcessEngine接口创建。Flowable的流程部署、流程发起、任务创建、任务办理等重要操作都是通过核心API实现的。因此，熟练掌握Flowable各个核心API的用法是用好Flowable的基础。

常规应用篇

第6章 Flowable身份管理

在需要人工参与的系统中，用户和组是身份系统的基础。Flowable同样提供了包括User、Group管理的身份管理引擎，用于满足基本业务需求。本章将讲解Flowable内置的用户、组及其关系，以及IdentityService的使用方法，并结合应用实例介绍Flowable身份管理应用技巧和注意事项。

6.1 身份管理引擎

Flowable默认提供了一套用于身份和权限管理的身份管理引擎IdmEngine，提供用户和用户组及相应权限的创建、修改、删除等功能。在Flowable 6中身份管理引擎IdmEngine被从工作流引擎中拆分出来作为独立的组件，包含flowable-idm-api、flowable-idm-engine、flowable-idm-spring和flowable-idm-engine-configurator等模块。因此要使用身份管理引擎IdmEngine，需要在项目的pom.xml文件中加入以下JAR依赖：

```xml
<dependency>
    <groupId>org.flowable</groupId>
    <artifactId>flowable-idm-engine</artifactId>
    <version>${flowable.version}</version>
</dependency>
<dependency>
    <groupId>org.flowable</groupId>
    <artifactId>flowable-idm-api</artifactId>
    <version>${flowable.version}</version>
</dependency>
<dependency>
    <groupId>org.flowable</groupId>
    <artifactId>flowable-idm-engine-configurator</artifactId>
    <version>${flowable.version}</version>
</dependency>
<dependency>
    <groupId>org.flowable</groupId>
    <artifactId>flowable-idm-spring</artifactId>
    <version>${flowable.version}</version>
</dependency>
```

身份管理引擎IdmEngine的配置方式如下：

```xml
<beans>
    <!-- 身份管理引擎配置 -->
    <bean id="idmEngineConfiguration" class="org.flowable.idm.engine.IdmEngineConfiguration">
        <!-- 数据源 -->
        <property name="dataSource" ref="dataSource"/>
        <!-- 数据库更新策略 -->
        <property name="databaseSchemaUpdate" value="create-drop"/>
        <!-- 配置用户密码编码器 -->
        <property name="passwordEncoder">
            <bean class="org.flowable.idm.engine.impl.authentication.ClearTextPasswordEncoder"/>
        </property>
        <!-- 配置密码加密盐 -->
        <property name="passwordSalt">
            <bean class="org.flowable.idm.engine.impl.authentication.BlankSalt"/>
        </property>
    </bean>

    <!-- 身份管理引擎配置器 -->
    <bean id="idmEngineConfigurator" class="org.flowable.idm.engine.configurator.IdmEngineConfigurator">
        <property name="idmEngineConfiguration" ref="idmEngineConfiguration"/>
    </bean>
```

```xml
<!-- Flowable工作流引擎 -->
<bean id="processEngineConfiguration"
    class="org.flowable.engine.impl.cfg.StandaloneProcessEngineConfiguration">
    <!-- 数据源 -->
    <property name="dataSource" ref="dataSource"/>
    <!-- 数据库更新策略 -->
    <property name="databaseSchemaUpdate" value="create-drop"/>
    <!-- 启用IdmEngine -->
    <property name="disableIdmEngine" value="false"/>
    <!-- 注册IdmEngine -->
    <property name="idmEngineConfigurator" ref="idmEngineConfigurator"/>
</bean>

<!--数据源配置-->
<bean id="dataSource" class="org.apache.commons.dbcp.BasicDataSource">
    <property name="driverClassName" value="org.h2.Driver"/>
    <property name="url" value="jdbc:h2:mem:flowable"/>
    <property name="username" value="sa"/>
    <property name="password" value=""/>
</bean>
</beans>
```

对以上配置的解释如下。

首先，定义身份管理引擎配置idmEngineConfiguration，它对应的身份管理引擎配置类为org.flowable.idm.engine.IdmEngineConfiguration。它的dataSource属性用于设置数据源，databaseSchemaUpdate属性用于设置数据库更新策略，可参考工作流引擎配置的介绍，这里不再赘述。IdmEngine不允许用户密码为明文，需要加密，必须配置用户密码编码器passwordEncoder和密码加密盐passwordSalt。用户密码编码器需要实现org.flowable.idm.api.PasswordEncoder接口，密码加密盐需要实现org.flowable.idm.api.PasswordSalt接口。如果在Spring环境下，可以使用IdmEngineConfiguration的子类org.flowable.idm.spring.SpringIdmEngineConfiguration来配置，从而实现与Spring的集成，需要通过Spring管理事务时建议采用这种方式。

然后，定义身份管理引擎配置器idmEngineConfigurator，通过它的idmEngineConfiguration属性指定了前面定义的身份管理引擎配置。

最后，定义工作流引擎配置processEngineConfiguration，通过配置disableIdmEngine为false启用身份管理引擎，通过idmEngineConfigurator属性指定前面定义的身份管理引擎配置器，从而实现了身份管理引擎与工作流引擎的集成。

身份管理引擎可以集成到工作流引擎中，也可以作为独立的引擎运行。因为本书主要介绍工作流引擎，所以身份管理引擎以集成到工作流引擎中的方式来介绍。

6.2 用户管理

用户是各种系统操作的主体。第4章介绍过Flowable数据表的设计，其中ACT_ID_USER表用于存储用户数据。在Flowable中，用户对应的对象为org.flowable.idm.api.User。这是一个接口，一个User实例对应ACT_ID_USER表中的一条数据。该接口只提供用户属性的getter()、setter()方法，其实体类为org.flowable.idm.engine.impl.persistence.entity.UserEntityImpl（UserEntityImpl类是org.flowable.idm.engine.impl.persistence.entity.UserEntity接口的实现类，UserEntity继承User）。用户的对象拥有以下属性。

- id：用户编号，对应ACT_ID_USER表的ID_字段（主键）。
- firstName：用户的名称，对应ACT_ID_USER表的FIRST_字段。
- lastName：用户的姓氏，对应ACT_ID_USER表的LAST_字段。
- displayName：用户的显示名，对应ACT_ID_USER表的DISPLAY_NAME_字段。
- email：用户的电子邮箱，对应ACT_ID_USER表的EMAIL_字段。
- password：用户的密码，对应ACT_ID_USER表的PWD_字段。
- tenantId：租户编号，对应ACT_ID_USER表的TENANT_ID_字段。
- pictureByteArrayRef：用户的图片对象，其id属性对应ACT_ID_USER表的PICTURE_ID_字段。PICTURE_ID_字段存储ACT_GE_BYTEARRAY表中存储图片二进制流记录的ID_字段的值。

- revision：用户的数据版本，对应ACT_ID_USER表的REV_字段。

6.2.1 新建用户

在Flowable中，通过IdentityService新建用户的步骤如下：

（1）调用IdentityService的newUser(String userId)方法创建User实例；
（2）调用setter()方法为创建的User实例设置属性值；
（3）调用IdentityService的saveUser(User user)方法将User实例存储到数据库。

用户操作工具类com.bpm.example.demo.user.util.UserUtil创建用户的代码如下：

```java
/**
 * 新建用户
 * @param id              用户编号
 * @param lastName        用户姓氏
 * @param firstName       用户名字
 * @param displayName     用户显示名
 * @param email           用户电子邮箱
 * @param password        用户密码
 */
public void addUser(String id, String lastName, String firstName, String displayName, String email,
        String password) {
    //调用IdentityService的newUser()方法创建User实例
    User newUser = identityService.newUser(id);
    //调用setter()方法为创建的User实例设置属性值
    newUser.setFirstName(firstName);
    newUser.setLastName(lastName);
    newUser.setDisplayName(displayName);
    newUser.setEmail(email);
    newUser.setPassword(password);
    //调用IdentityService的saveUser()方法将User实例保存到数据库中
    identityService.saveUser(newUser);
}
```

在以上代码段中，addUser()方法完全遵循创建用户步骤执行。需要注意的是，调用newUser()方法时，需要传入userId参数，其值将作为新创建的User实例的id属性的值，它对应的ACT_ID_USER表中的ID_字段是主键。因此，传入的参数不能为null，否则会抛出org.flowable.common.engine.api.FlowableIllegalArgumentException异常，异常信息为userId is null。同时，该参数不能是数据库中已存在的参数，否则会抛出主键冲突异常。为了避免主键冲突问题，可以采用Flowable内置的主键生成策略，或者自定义主键生成策略（具体内容可参阅28.1节）。

使用以上工具类新建用户的示例代码如下：

```java
public class RunAddUserDemo extends FlowableEngineUtil {
    @Test
    public void runAddUserDemo() {
        loadFlowableConfigAndInitEngine("flowable.cfg.xml");
        UserUtil userUtil = new UserUtil(identityService);
        userUtil.addUser("hebo", "贺", "波", "诗雨花魂", "hebo824@163.com", "******");
    }
}
```

6.2.2 查询用户

Flowable提供了多种查询用户的方法，其中IdentityService提供了createUserQuery()方法，用于查询用户对象。createUserQuery()方法返回一个org.flowable.common.engine.api.query.Query实例，Query是所有查询对象的父接口，定义了多种查询相关的方法，分别介绍如下。

- asc()：设置查询结果的排序方式为升序。
- desc()：设置查询结果的排序方式为降序。
- list()：返回查询结果的集合，如果查不到，则返回一个空的集合。
- listPage()：分页返回查询结果的集合。
- count()：返回查询结果的数量。

- singleResult()：查询单条符合条件的记录。如果查询不到，则返回null；如果查询到多条记录，则抛出异常。

本小节主要介绍list()、listPage()、count()和singleResult()方法。

1. list()方法

Query接口的list()方法以集合形式返回查询对象实体数据，返回的集合中需要指定元素类型，如果未设置查询条件，则查询表中全部数据，且默认按照主键升序排序。

用户操作工具类com.bpm.example.demo.user.util.UserUtil执行UserQuery的list()方法查询用户列表的示例代码如下：

```java
public void executeList(UserQuery userQuery) {
    List<User> users = userQuery.list();
    for (User user : users) {
        log.info("用户编号：{}, 姓名：{}, 显示名：{}, 邮箱：{}", user.getId(), user.getLastName() + user.
                getFirstName(), user.getDisplayName(), user.getEmail());
    }
}
```

其中，executeList()方法中加粗部分的代码通过调用UserQuery的list()方法查询用户列表，然后遍历用户列表输出符合查询条件的用户信息。

使用以上工具类查询用户列表的示例代码如下：

```java
public class RunListAllUsersDemo extends FlowableEngineUtil {
    @Test
    public void runListAllUsersDemo() {
        loadFlowableConfigAndInitEngine("flowable.cfg.xml");
        UserUtil userUtil = new UserUtil(identityService);
        //创建用户
        userUtil.addUser("hebo", "贺", "波", "诗雨花魂", "hebo824@163.com", "");
        userUtil.addUser("liuxiaopeng", "刘", "晓鹏", "阿凡提", "lxpcnic@163.com", "");
        userUtil.addUser("huhaiqin", "胡", "海琴", "清波~微醉", "aiqinhai_hu@163.com", "");
        //初始化UserQuery
        UserQuery userQuery = identityService.createUserQuery();
        //查询所有用户
        userUtil.executeList(userQuery);
    }
}
```

以上代码先新建3个用户，初始化UserQuery，然后通过用户操作工具类的executeList()方法调用UserQuery的list()方法查询用户列表，并遍历用户列表，输出符合查询条件的用户信息。代码运行结果如下：

```
08:09:31,963 [main] INFO  UserUtil  - 用户编号：hebo, 姓名：贺波, 显示名：诗雨花魂, 邮箱：hebo824@163.com
08:09:31,964 [main] INFO  UserUtil  - 用户编号：huhaiqin, 姓名：胡海琴, 显示名：清波~微醉, 邮箱：
aiqinhai_hu@163.com
08:09:31,964 [main] INFO  UserUtil  - 用户编号：liuxiaopeng,姓名：刘晓鹏,显示名：阿凡提,邮箱：lxpcnic@163.com
```

Flowable用户查询还支持多查询条件（所有条件都以AND组合）查询及精确排序条件查询，其支持的查询条件方法如表6.1所示，其支持的排序条件方法如表6.2所示。

表6.1　Flowable用户查询API支持的查询条件方法

查询条件方法	说明
userId(String id)	通过指定的id查询用户
userIdIgnoreCase(String id)	通过指定的id忽略字母大小写查询用户
userIds(List<String> ids)	通过指定的id列表查询用户列表
userFirstName(String firstName)	通过指定的firstName查询用户
userFirstNameLike(String firstNameLike)	通过指定的firstNameLike模糊查询用户
userFirstNameLikeIgnoreCase(String firstNameLikeIgnoreCase)	通过指定的firstNameLikeIgnoreCase忽略字母大小写模糊查询用户
userLastName(String lastName)	通过指定的lastName查询用户
userLastNameLike(String lastNameLike)	通过指定的lastNameLike模糊查询用户

查询条件方法	说明
userLastNameLikeIgnoreCase(String lastNameLikeIgnoreCase)	通过指定的lastNameLikeIgnoreCase忽略字母大小写模糊查询用户
userFullNameLike(String fullNameLike)	通过指定的fullNameLike模糊查询用户，即同时模糊查询firstName和lastName字段
userFullNameLikeIgnoreCase(String fullNameLikeIgnoreCase)	通过指定的fullNameLikeIgnoreCase忽略字母大小写模糊查询用户，即同时忽略字母大小写模糊查询firstName和lastName字段
userDisplayName(String displayName)	通过指定的displayName查询用户
userDisplayNameLike(String displayNameLike)	通过指定的displayNameLike模糊查询用户
userDisplayNameLikeIgnoreCase(String displayNameLikeIgnoreCase)	通过指定的displayNameLikeIgnoreCase忽略字母大小写模糊查询用户
userEmail(String email)	通过指定的email查询用户
userEmailLike(String emailLike)	通过指定的emailLike模糊查询用户
tenantId(String tenantId)	通过租户ID查询用户
memberOfGroup(String groupId)	通过用户组ID查询用户列表
memberOfGroups(List<String> groupIds)	通过用户组ID列表查询用户列表

表6.2　Flowable用户查询API支持的排序条件方法

排序条件方法	说明
orderByUserId()	根据用户ID排序
orderByUserFirstName()	根据用户的firstName排序
orderByUserLastName()	根据用户的lastName排序
orderByUserEmail()	根据用户的email排序

通过调用UserQuery的list()方法综合运用查询条件方法和排序条件方法的示例代码如下：

```
public class RunListUsersByConditionDemo extends FlowableEngineUtil {
    @Test
    public void runListUsersByConditionDemo() {
        loadFlowableConfigAndInitEngine("flowable.cfg.xml");
        UserUtil userUtil = new UserUtil(identityService);
        //创建用户
        userUtil.addUser("hebo", "贺", "波", "诗雨花魂", "hebo824@163.com", "");
        userUtil.addUser("tonyhebo", "贺", "博", "唐尼", "tonyhebo@163.com", "");
        userUtil.addUser("liuxiaopeng", "刘", "晓鹏", "阿凡提", "lxpcnic@163.com", "");
        userUtil.addUser("huhaiqin", "胡", "海琴", "清波~微醉", "aiqinhai_hu@163.com", "");
        //根据查询条件查询匹配用户并输出用户信息
        UserQuery userQuery = identityService.createUserQuery()
                .userLastName("贺").userEmailLike("%163.com%")
                .orderByUserId().asc();
        userUtil.executeList(userQuery);
    }
}
```

以上代码段中加粗部分的代码调用userLastName()、userEmailLike()两个查询条件方法，根据lastName进行精确查询、emailLike进行模糊查询，再调用orderByUserId()排序条件方法和asc()排序方法，根据用户ID进行升序排序，最后通过用户操作工具类的executeList()方法调用UserQuery的list()方法查询用户列表，并遍历用户列表，输出符合查询条件的用户信息。代码运行结果如下：

```
11:56:58,659 [main] INFO  UserUtil  - 用户编号：hebo，姓名：贺波，显示名：诗雨花魂，邮箱：hebo824@163.com
11:56:58,660 [main] INFO  UserUtil  - 用户编号：tonyhebo，姓名：贺博，显示名：唐尼，邮箱：tonyhebo@163.com
```

上述示例体现了链式编程的思想。链式编程的表现形式为，以"."分割多个方法，连续编写需要执行的代码块，在调用并执行一个方法后，该方法返回当前方法的对象实例，这样可以继续调用返回对象实例的其他方法。链式编程不仅可以减少临时变量，还可以让代码更加优雅、简单易读，编写也更方便。Flowable

中的各类Query都支持链式编程。

需要注意的是，在对查询结果进行排序时，如果直接调用asc()或者desc()方法，而不先调用orderByUserId()、orderByUserEmail()等排序条件方法，Flowable会抛出org.flowable.common.engine.api.FlowableIllegalArgumentException异常，异常信息为You should call any of the orderBy methods first before specifying a direction。因此，调用asc()或者desc()方法对查询结果进行排序时，必须先调用orderByUserId()、orderByUserEmail()等排序条件方法指定排序字段。

在实际应用中，除了按照单个字段排序，还可以按照多个字段进行排序，如根据firstName降序排序后根据id升序排序。调用asc()和desc()方法时需要注意，asc()方法和desc()方法会根据Query实例的orderProperty属性决定排序的字段。示例代码如下：

```java
public class RunListUsersByMultiOrdersDemo extends FlowableEngineUtil {
    @Test
    public void runListUsersByMultiOrdersDemo() {
        loadFlowableConfigAndInitEngine("flowable.cfg.xml");
        UserUtil userUtil = new UserUtil(identityService);
        //创建用户
        userUtil.addUser("hebo", "贺", "波", "诗雨花魂", "hebo824@163.com", "");
        userUtil.addUser("tonyhebo", "贺", "博", "唐尼", "tonyhebo@163.com", "");
        userUtil.addUser("liuxiaopeng", "刘", "晓鹏", "阿凡提", "lxpcnic@163.com", "");
        userUtil.addUser("huhaiqin", "胡", "海琴", "清波~微醉", "aiqinhai_hu@163.com", "");
        //根据查询条件查询用户并输出用户信息
        UserQuery userQuery = identityService.createUserQuery()
                .orderByUserLastName().desc()
                .orderByUserId().asc();
        userUtil.executeList(userQuery);
    }
}
```

以上代码段中加粗部分的代码先依次调用orderByUserLastName()和desc()方法，再依次调用orderByUserId()和asc()方法，从而实现查询结果根据lastName降序排序后根据id升序排序。运行这段代码，可以看到查询时控制台输出的SQL信息如下：

```
12:14:19,610 [main] DEBUG selectUserByQueryCriteria   - ==>  Preparing: SELECT RES.* from ACT_ID_USER RES order by RES.LAST_ desc,RES.ID_ asc
12:14:19,610 [main] DEBUG selectUserByQueryCriteria   - ==> Parameters: 
12:14:19,618 [main] TRACE selectUserByQueryCriteria   - <==    Columns: ID_, REV_, FIRST_, LAST_, DISPLAY_NAME_, EMAIL_, PWD_, PICTURE_ID_, TENANT_ID_
12:14:19,618 [main] TRACE selectUserByQueryCriteria   - <==        Row: hebo, 1, 波, 贺, 诗雨花魂, hebo824@163.com, , null, null
12:14:19,622 [main] TRACE selectUserByQueryCriteria   - <==        Row: tonyhebo, 1, 博, 贺, 唐尼, tonyhebo@163.com, , null, null
12:14:19,623 [main] TRACE selectUserByQueryCriteria   - <==        Row: huhaiqin, 1, 海琴, 胡, 清波~微醉, aiqinhai_hu@163.com, , null, null
12:14:19,626 [main] TRACE selectUserByQueryCriteria   - <==        Row: liuxiaopeng, 1, 晓鹏, 刘, 阿凡提, lxpcnic@163.com, , null, null
12:14:19,626 [main] DEBUG selectUserByQueryCriteria   - <==      Total: 4
```

控制台输出的SQL信息证实，SQL语句的逻辑为查询结果先根据lastName降序排序，再根据id升序排序，代码运行结果如下：

```
12:14:19,626 [main] INFO  UserUtil    - 用户编号：hebo，姓名：贺波，显示名：诗雨花魂，邮箱：hebo824@163.com
12:14:19,626 [main] INFO  UserUtil    - 用户编号：tonyhebo，姓名：贺博，显示名：唐尼，邮箱：tonyhebo@163.com
12:14:19,626 [main] INFO  UserUtil    - 用户编号：huhaiqin，姓名：胡海琴，显示名：清波~微醉，邮箱：aiqinhai_hu@163.com
12:14:19,626 [main] INFO  UserUtil    - 用户编号：liuxiaopeng，姓名：刘晓鹏，显示名：阿凡提，邮箱：lxpcnic@163.com
```

接下来看一种错误的用法，将查询条件修改如下：

```java
UserQuery userQuery = identityService.createUserQuery()
        .orderByUserLastName()
        .orderByUserId().asc();
userUtil.executeList(userQuery);
```

由以上代码段可知，修改后的listUsersByMultiOrders()方法中，依次调用了orderByUserLastName()、orderByUserId()和asc()方法进行排序。运行这段代码，则SQL输出信息如下：

```
12:17:19,510 [main] DEBUG selectUserByQueryCriteria   - ==>  Preparing: SELECT RES.* from ACT_ID_
USER RES order by RES.ID_ asc
12:17:19,510 [main] DEBUG selectUserByQueryCriteria   - ==> Parameters:
12:17:19,521 [main] TRACE selectUserByQueryCriteria   - <==    Columns: ID_, REV_, FIRST_, LAST_,
DISPLAY_NAME_, EMAIL_, PWD_, PICTURE_ID_, TENANT_ID_
12:17:19,521 [main] TRACE selectUserByQueryCriteria   - <==        Row: hebo, 1, 波, 贺, 诗雨花魂,
hebo824@163.com, , null, null
12:17:19,523 [main] TRACE selectUserByQueryCriteria   - <==        Row: huhaiqin, 1, 海琴, 胡, 清波~微
醉, aiqinhai_hu@163.com, , null, null
12:17:19,523 [main] TRACE selectUserByQueryCriteria   - <==        Row: liuxiaopeng, 1, 晓鹏, 刘, 阿凡
提, lxpcnic@163.com, , null, null
12:17:19,523 [main] TRACE selectUserByQueryCriteria   - <==        Row: tonyhebo, 1, 博, 贺, 唐尼,
tonyhebo@163.com, , null, null
12:17:19,523 [main] DEBUG selectUserByQueryCriteria   - <==      Total: 4
```

SQL中并没有根据lastName属性进行排序，说明orderByUserLastName()方法并未生效，而是被后面的orderByUserId()方法覆盖了。代码运行结果如下：

```
12:17:19,524 [main] INFO    UserUtil    - 用户编号: hebo, 姓名: 贺波, 显示名: 诗雨花魂, 邮箱: hebo824@163.com
12:17:19,524 [main] INFO    UserUtil    - 用户编号: huhaiqin, 姓名: 胡海琴, 显示名: 清波~微醉, 邮箱:
aiqinhai_hu@163.com
12:17:19,524 [main] INFO    UserUtil    - 用户编号: liuxiaopeng, 姓名: 刘晓鹏, 显示名: 阿凡提, 邮箱: lxpcnic@163.com
12:17:19,524 [main] INFO    UserUtil    - 用户编号: tonyhebo, 姓名: 贺博, 显示名: 唐尼, 邮箱: tonyhebo@163.com
```

由代码运行结果可知，该示例仅按照id进行了升序排列。

从这两段示例代码的对比可知，在调用多个名称以orderBy开头的排序方法按照多个字段进行排序时，每个排序方法后一定要调用asc()或desc()方法，否则后一个排序方法会覆盖前一个排序方法。在实际使用中一定要注意这一点。

2. listPage()方法

list()方法会查询并返回满足查询条件的所有用户记录，如果数据量比较大，就需要进行分页查询，这时可以使用listPage()方法。listPage()方法比list()方法多了firstResult和maxResults两个参数，它们分别表示查询的起始记录数和要查询的记录数。listPage()方法同样支持链式编程，以及所有的查询条件方法和排序条件方法。

用户操作工具类com.bpm.example.demo.user.util.UserUtil中执行UserQuery接口的listPage()方法查询用户列表的代码如下：

```
public void executeListPage(UserQuery userQuery, int firstResult, int maxResults) {
    List<User> users = userQuery.listPage(firstResult, maxResults);
    for (User user : users) {
        log.info("用户编号: {}, 姓名: {}, 显示名: {}, 邮箱: {}", user.getId(), user.getLastName() + user.
            getFirstName(), user.getDisplayName(), user.getEmail());
    }
}
```

其中，executeListPage()方法中加粗部分的代码通过调用UserQuery的listPage()方法分页查询用户列表，然后遍历用户列表并输出符合查询条件的用户信息。

使用以上工具类分页查询用户的示例代码如下：

```
public class RunListPageUsersDemo extends FlowableEngineUtil {
    @Test
    public void runListPageUsersDemo() {
        loadFlowableConfigAndInitEngine("flowable.cfg.xml");
        UserUtil userUtil = new UserUtil(identityService);
        //创建用户
        userUtil.addUser("hebo", "贺", "波", "诗雨花魂", "hebo824@163.com", "");
        userUtil.addUser("tonyhebo", "贺", "博", "唐尼", "tonyhebo@163.com", "");
        userUtil.addUser("zhanghe", "张", "禾", "禾苗", "zhanghe@qq.com", "");
        userUtil.addUser("liheng", "李", "横", "横刀立马", "liheng@qq.com", "");
        userUtil.addUser("liuxiaopeng", "刘", "晓鹏", "阿凡提", "lxpcnic@163.com", "");
        userUtil.addUser("huhaiqin", "胡", "海琴", "清波~微醉", "aiqinhai_hu@163.com", "");
        //分页查询用户并打印
        UserQuery userQuery = identityService.createUserQuery()
                .userEmailLike("%he%").orderByUserId().desc();
        userUtil.executeListPage(userQuery, 1, 3);
```

    }
}
```

以上代码段先新建了6个用户,由加粗部分的代码调用userEmailLike()查询条件方法根据指定的emailLike进行模糊查询,再调用orderByUserId排序条件方法和desc()排序方法根据id将结果降序排序,最后通过用户操作工具类的executeListPage()方法调用UserQuery的listPage()方法从第二条记录开始查询3条用户记录,并输出用户信息。代码运行结果如下:

```
12:41:59,766 [main] INFO    UserUtil    - 用户编号: tonyhebo, 姓名: 贺博, 显示名: 唐尼, 邮箱: tonyhebo@163.com
12:41:59,766 [main] INFO    UserUtil    - 用户编号: liheng, 姓名: 李横, 显示名: 横刀立马, 邮箱: liheng@qq.com
12:41:59,766 [main] INFO    UserUtil    - 用户编号: hebo, 姓名: 贺波, 显示名: 诗雨花魂, 邮箱: hebo824@163.com
```

提示:listPage()方法中的firstResult属性为符合查询结果的第一条数据的索引值,从0开始计数,上面的示例中设置firstResult()值为1,因此从匹配的第二条记录开始。maxResults表示结果数量。这点与MySQL中limit的用法很相似。

3. count()方法

调用count()方法可统计符合查询条件的查询结果的用户数量,类似SQL中的select count语句。count()方法同样支持链式编程,支持所有查询条件方法。

在用户操作工具类com.bpm.example.demo.user.util.UserUtil中执行UserQuery接口的count()方法查询用户数量的代码如下:

```java
public void executeCount(UserQuery userQuery) {
    long userNum = userQuery.count();
    log.info("用户数为: {}", userNum);
}
```

其中,executeCount()方法中加粗部分的代码通过调用UserQuery的count()方法查询用户数量。

使用以上工具类统计用户数量的示例代码如下:

```java
public class RunCountUsersDemo extends FlowableEngineUtil {
    @Test
    public void runCountUsersDemo() {
        loadFlowableConfigAndInitEngine("flowable.cfg.xml");
        UserUtil userUtil = new UserUtil(identityService);
        //创建用户
        userUtil.addUser("hebo", "贺", "波", "", "hebo824@163.com", "");
        userUtil.addUser("tonyhebo", "贺", "博", "", "tonyhebo@163.com", "");
        userUtil.addUser("zhanghe", "张", "禾", "", "zhanghe@qq.com", "");
        userUtil.addUser("liheng", "李", "横", "", "liheng@qq.com", "");
        userUtil.addUser("liuxiaopeng", "刘", "晓鹏", "", "lxpcnic@163.com", "");
        userUtil.addUser("huhaiqin", "胡", "海琴", "", "aiqinhai_hu@163.com", "");
        //查询符合条件的用户数
        UserQuery userQuery = identityService.createUserQuery()
                .userLastName("贺").userEmailLike("%he%");
        userUtil.executeCount(userQuery);
    }
}
```

上述代码中的加粗部分调用userLastName()和userEmailLike()两个查询条件方法分别根据指定的lastName进行精确查询、emailLike进行模糊查询,然后通过用户操作工具类的executeCount()方法调用UserQuery的count()方法统计符合查询条件的用户数量,并输出用户数。代码运行结果如下:

```
12:49:15,517 [main] INFO    UserUtil    - 用户数为: 2
```

4. singleResult()方法

调用singleResult()方法可查询符合查询条件的单条用户记录,如果符合查询条件的记录多于一条,Flowable会抛出org.flowable.common.engine.api.FlowableException异常,异常信息为Query return *** results instead of max 1。

用户操作工具类com.bpm.example.demo.user.util.UserUtil中执行UserQuery的singleResult()方法查询单个用户的示例代码如下:

```java
public User executeSingleResult(UserQuery userQuery) {
```
```

```
        User user = userQuery.singleResult();
        return user;
    }
```

其中，executeSingleResult()方法中加粗部分的代码通过调用UserQuery的singleResult()方法查询用户对象。

使用以上工具类查询单个用户的示例代码如下：

```java
@Slf4j
public class RunSingleResultUsersDemo extends FlowableEngineUtil {
    @Test
    public void runSingleResultUsersDemo() {
        loadFlowableConfigAndInitEngine("flowable.cfg.xml");
        UserUtil userUtil = new UserUtil(identityService);
        //创建用户
        userUtil.addUser("hebo", "贺", "波", "诗雨花魂", "", "");
        userUtil.addUser("liuxiaopeng", "刘", "晓鹏", "阿凡提", "", "");
        userUtil.addUser("huhaiqin", "胡", "海琴", "清波~微醉", "", "");
        //查询符合条件的单个用户
        UserQuery userQuery = identityService.createUserQuery()
                .userLastName("贺").userFirstName("波");
        User user = userUtil.executeSingleResult(userQuery);
        if (user != null) {
            log.info("用户编号：{}，姓名：{}，显示名：{}", user.getId(),
                    user.getLastName() + user.getFirstName(), user.getDisplayName());
        }
    }
}
```

以上代码中的加粗部分调用userLastName()和userFirstName()两个查询条件方法，根据指定的lastName、firstName进行精确查询，通过用户操作工具类的executeSingleResult()方法调用UserQuery的singleResult()方法查询符合查询条件的单个用户。代码运行结果如下：

```
01:09:17,198 [main] INFO  RunSingleResultUsersDemo  - 用户编号：hebo，姓名：贺波，显示名：诗雨花魂
```

6.2.3 修改用户

Flowable通过IdentityService服务修改用户的步骤如下：

- 获取单个User实例；
- 调用setter()方法为User实例设置新属性值；
- 调用IdentityService接口的saveUser(User user)方法将User实例更新保存到数据库。

用户操作工具类com.bpm.example.demo.user.util.UserUtil中修改用户的示例代码如下：

```java
/**
 * 修改用户信息
 * @param id              用户编号
 * @param newLastName     新用户姓氏
 * @param newFirstName    新用户名字
 * @param newDisplayName  新用户显示名
 * @param newEmail        新用户电子邮箱
 * @param newPassword     新用户密码
 */
public void updateUser(String id, String newLastName, String newFirstName, String newDisplayName,
        String newEmail, String newPassword) {
    //查询用户信息
    User user = executeSingleResult(identityService.createUserQuery().userId(id));
    //调用setter()方法为创建的User实例设置属性值
    user.setFirstName(newFirstName);
    user.setLastName(newLastName);
    user.setDisplayName(newDisplayName);
    user.setEmail(newEmail);
    user.setPassword(newPassword);
    //调用IdentityService的saveUser()方法将User实例保存到数据库中
    identityService.saveUser(user);
}
```

在以上代码段中，updateUser()方法完全遵循修改用户步骤执行。

使用以上工具类修改用户的示例代码如下：

```java
@Slf4j
public class RunUpdateUserDemo extends FlowableEngineUtil {
    @Test
    public void runUpdateUserDemo() {
        loadFlowableConfigAndInitEngine("flowable.cfg.xml");
        UserUtil userUtil = new UserUtil(identityService);
        //新建用户
        userUtil.addUser("hebo", "贺", "波", "诗雨花魂", "", "");
        //查询用户信息
        User oldUser = userUtil.executeSingleResult(identityService
                .createUserQuery().userId("hebo"));
        //打印原始用户信息
        log.info("修改前: id: {}, displayName: {}", oldUser.getId(), oldUser.getDisplayName());
        //修改用户显示名称
        userUtil.updateUser("hebo", oldUser.getFirstName(), oldUser.getLastName(), "爱者独语",
                "", "");
        //再次查询用户信息
        User newUser = userUtil.executeSingleResult(identityService
                .createUserQuery().userId("hebo"));
        log.info("修改后: id: {}, displayName: {}", newUser.getId(), newUser.getDisplayName());
    }
}
```

以上代码段先新建一个用户，根据指定的id查询用户并输出该用户信息，然后执行用户修改代码，修改用户显示名，最后再次根据指定的id查询新的用户信息并输出。代码运行结果如下：

```
01:13:16,820 [main] INFO  RunUpdateUserDemo   - 修改前: id: hebo, displayName: 诗雨花魂
01:13:16,831 [main] INFO  RunUpdateUserDemo   - 修改后: id: hebo, displayName: 爱者独语
```

IdentityService的saveUser(User user)方法有两个作用：保存新用户信息和更新用户信息。调用saveUser(User user)方法时，Flowable会根据user的revision属性值决定执行哪种逻辑：如果revision属性值为0，则执行保存新用户信息逻辑；反之，则执行更新用户信息逻辑。

6.2.4 删除用户

删除用户的方法很简单，调用IdentityService服务的deleteUser()方法即可。用户操作工具类com.bpm.example.demo.user.util.UserUtil中执行IdentityService的deleteUser()方法删除用户的代码如下：

```java
/**
 * 删除用户
 * @param id    用户编号
 */
public void deleteUser(String id) {
    identityService.deleteUser(id);
}
```

需要注意的是，IdentityService的deleteUser()方法的参数不能为null，如果传入null，Flowable会抛出org.flowable.common.engine.api.FlowableIllegalArgumentException异常，异常信息为userId is null。

使用以上工具类删除用户的示例代码如下：

```java
@Slf4j
public class RunDeleteUserDemo extends FlowableEngineUtil {
    @Test
    public void runDeleteUserDemo() {
        loadFlowableConfigAndInitEngine("flowable.cfg.xml");
        UserUtil userUtil = new UserUtil(identityService);
        //新建用户
        userUtil.addUser("zhangsan", "张", "三", "三丰", "zhangsan@qq.com", "******");
        //查询用户信息
        User user = userUtil.executeSingleResult(identityService
                .createUserQuery().userId("zhangsan"));
        log.info("用户编号: {}, 姓名: {}, 邮箱: {}", user.getId(), user.getLastName() + user.
                getFirstName(), user.getEmail());
        //删除用户
        userUtil.deleteUser("zhangsan");
        //再次查询用户信息
        user = userUtil.executeSingleResult(identityService
                .createUserQuery().userId("zhangsan"));
```

```
        if (user == null) {
            log.error("用户编号为{}的用户不存在", "zhangsan");
        }
    }
}
```

以上代码段新建一个用户,根据指定的id查询用户并输出该用户信息,然后删除该用户,再次根据指定的id查询该用户信息。代码运行结果如下:

```
01:20:54,503 [main] INFO  RunDeleteUserDemo    - 用户编号: zhangsan, 姓名: 张三, 邮箱: zhangsan@qq.com
01:20:54,524 [main] ERROR RunDeleteUserDemo    - 用户编号为zhangsan的用户不存在
```

6.2.5 设置用户图片

Flowable允许为用户设置图片,如头像等。用户图片被序列化后存储在ACT_GE_BYTEARRAY表中。IdentityService提供了setUserPicture()方法,用于设置用户图片。用户操作工具类com.bpm.example.demo.user.util.UserUtil中执行IdentityService的setUserPicture()方法设置用户图片的代码如下:

```java
/**
 * 为用户设置图片
 * @param userId            用户编号
 * @param userPictureFile   用户图片文件
 */
public void setPictureForUser(String userId, File userPictureFile) {
    try {
        FileInputStream fileInputStream = new FileInputStream(userPictureFile);
        BufferedImage bufferedImage = ImageIO.read(fileInputStream);
        ByteArrayOutputStream outputStream = new ByteArrayOutputStream();
        ImageIO.write(bufferedImage, "png", outputStream);
        //将图片转换为byte数组
        byte[] pictureArray = outputStream.toByteArray();
        //创建用户图片的Picture实例
        Picture userPicture = new Picture(pictureArray, "the picture of user:" + userId);
        //为用户设置图片
        identityService.setUserPicture(userId, userPicture);
    } catch(IOException e) {
        log.error(e.getMessage());
    }
}
```

其中,setPictureForUser()方法中加粗部分的代码调用IdentityService的setUserPicture(String userId, Picture picture)方法设置用户图片。

使用以上工具类设置用户图片的示例代码如下:

```java
public class RunSetUserPictureDemo extends FlowableEngineUtil {
    @Test
    public void runSetUserPictureDemo() {
        //加载Flowable配置文件并初始化工作流引擎及服务
        loadFlowableConfigAndInitEngine("flowable.cfg.xml");
        UserUtil userUtil = new UserUtil(identityService);
        //新建用户
        userUtil.addUser("hebo", "贺", "波", "", "", "");
        //读取图片
        URL resource = RunSetUserPictureDemo.class.getClassLoader()
                .getResource("pictures/photo.png");
        File userPictureFile = new File(resource.getPath());
        //为用户设置图片
        userUtil.setPictureForUser("hebo", userPictureFile);
    }
}
```

以上代码段先新建一个用户,然后为该用户设置图片。如果要查询用户图片,调用IdentityService的getUserPicture(String userId)方法即可。

6.3 用户组管理

用户组是一个很重要的概念,可以理解为具有某种共同特征的用户的集合,如部门或团队等。第4章介

绍过Flowable的数据表设计,其中ACT_ID_GROUP表用于存储用户组数据。在Flowable中,用户组对应的对象为org.flowable.idm.api.Group。这是一个接口,一个Group实例对应ACT_ID_GROUP表中的一条数据。Group接口中只提供用户组属性的getter()和setter()方法,实体类为org.flowable.idm.engine.impl.persistence.entity.GroupEntityImpl(GroupEntityImpl是org.flowable.idm.engine.impl.persistence.entity.GroupEntity接口的实现类,GroupEntity继承自Group)。用户组对象拥有以下属性。

- id:用户组ID,对应ACT_ID_GROUP表的ID_字段(主键)。
- name:用户组名称,对应ACT_ID_GROUP表的NAME_字段。
- type:用户组类型,对应ACT_ID_GROUP表的TYPE_字段。
- revision:用户组的数据版本,对应ACT_ID_GROUP表的REV_字段。

IdentityService对用户组的操作均围绕Group进行。

6.3.1 新建用户组

在Flowable中通过IdentityService服务新建用户组的步骤如下:

(1)调用IdentityService的newGroup(String groupId)方法创建Group实例;
(2)调用setter()方法为创建的Group实例设置属性值;
(3)调用IdentityService的saveGroup(Group group)方法将Group实例保存到数据库中。

用户组操作工具类com.bpm.example.demo.group.util.GroupUtil中通过IdentityService创建用户组的示例代码如下:

```java
/**
 * 新建用户组
 * @param id    用户组编号
 * @param name  用户组名称
 * @param type  用户组类型
 */
public void addGroup(String id, String name, String type) {
    //调用IdentityService的newGroup()方法创建Group实例
    Group newGroup = identityService.newGroup(id);
    //调用setter()方法为创建的User实例设置属性值
    newGroup.setName(name);
    newGroup.setType(type);
    //调用IdentityService的saveGroup()方法将Group实例保存到数据库中
    identityService.saveGroup(newGroup);
}
```

在以上代码段中,addGroup()方法完全遵循创建用户组的步骤执行。新建用户组的注意事项与新建用户相同,这里不再赘述。

使用以上工具类新建用户组的示例代码如下:

```java
public class RunAddGroupDemo extends FlowableEngineUtil {
    @Test
    public void runAddGroupDemo() {
        loadFlowableConfigAndInitEngine("flowable.cfg.xml");
        GroupUtil groupUtil = new GroupUtil(identityService);
        groupUtil.addGroup("process_platform_department", "流程平台部", "department");
    }
}
```

6.3.2 查询用户组

Flowable引擎提供了多种查询用户组的方法。IdentityService提供了createGroupQuery()方法,用于查询用户组对象。createGroupQuery()方法同样返回一个org.flowable.common.engine.api.query.Query实例,具体的特性参见6.2.2小节。

1. list()方法

用户组操作工具类com.bpm.example.demo.group.util.GroupUtil中执行GroupQuery的list()方法查询用户组列表的代码如下:

```
public void executeList(GroupQuery groupQuery) {
    List<Group> list = groupQuery.list();
    for (Group group : list) {
        log.info("用户组编号:{}, 名称:{}, 类型:{}", group.getId(), group.getName(), group.getType());
    }
}
```

其中，executeList()方法中加粗部分的代码通过调用list()方法查询用户组列表，然后遍历用户组列表并输出用户组信息。

使用以上工具类查询用户组的示例代码如下：

```
public class RunListGroupsByConditionDemo extends FlowableEngineUtil {
    @Test
    public void runListGroupsByConditionDemo() {
        loadFlowableConfigAndInitEngine("flowable.cfg.xml");
        GroupUtil groupUtil = new GroupUtil(identityService);
        //查询匹配的用户组并打印
        GroupQuery groupQuery = identityService.createGroupQuery()
                .groupType("department").orderByGroupId().asc();
        groupUtil.executeList(groupQuery);
    }
}
```

以上代码段中加粗部分的代码先调用了groupType()查询条件方法，根据type属性值进行精确查询；再调用orderByGroupId()排序条件方法和asc()排序方法，根据id进行升序排序；通过用户组操作工具类的executeList()方法调用GroupQuery的list()方法查询用户组列表，并遍历用户组列表，输出用户组信息。

Flowable用户组查询还支持多查询条件（所有条件都以AND组合），以及多字段排序。其支持的查询条件方法如表6.3所示，其支持的排序条件方法如表6.4所示。

表6.3　Flowable用户组查询API支持的查询条件方法

查询条件方法	说明
groupId(String groupId)	通过指定的id查询用户组
groupIds(List<String> groupIds)	通过指定的id列表查询用户组列表
groupName(String groupName)	通过指定的name查询用户组
groupNameLike(String groupNameLike)	通过指定的groupNameLike模糊查询用户组
groupNameLikeIgnoreCase(String groupNameLikeIgnoreCase)	通过指定的groupNameLikeIgnoreCase忽略大小写模糊查询用户组
groupType(String groupType)	通过指定的type查询用户组
groupMember(String groupMemberUserId)	根据指定的用户ID查询所在的用户组
groupMembers(List<String> groupMemberUserIds)	根据指定的用户ID列表查询所在的用户组列表

表6.4　Flowable用户组查询API支持的排序条件方法

排序条件方法	说明
orderByGroupId()	根据用户组的id排序
orderByGroupName()	根据用户组的name排序
orderByGroupType()	根据用户组的type排序

关于调用list()方法查询用户组的应用技巧和注意事项，可以参考6.2.2小节，这里不再赘述。

2. listPage()方法

listPage()方法用于分页查询用户组列表。用户组操作工具类com.bpm.example.demo.group.util.GroupUtil中执行GroupQuery的listPage()方法查询用户组列表的代码如下：

```
public void executeListPage(GroupQuery groupQuery, int firstResult, int maxResults) {
    List<Group> list = groupQuery.listPage(firstResult, maxResults);
    for (Group group : list) {
        log.info("用户组编号:{}, 名称:{}, 类型:{}", group.getId(), group.getName(), group.getType());
    }
}
```

其中，executeListPage()方法调用GroupQuery的listPage()方法分页查询用户组列表，然后遍历用户组列表并输出用户组的信息。

使用以上工具类分页查询用户组的示例代码如下：

```java
public class ListPageGroupsDemo extends FlowableEngineUtil {
    @Test
    public void listPageGroupsTest() {
        loadFlowableConfigAndInitEngine("flowable.cfg.xml");
        GroupUtil groupUtil = new GroupUtil(identityService);
        GroupQuery groupQuery = identityService.createGroupQuery()
                .groupType("department").orderByGroupId().asc();
        groupUtil.executeListPage(groupQuery,1,3);
    }
}
```

以上代码段中加粗部分的代码调用了groupType()查询条件方法，根据type属性值进行精确查询；调用orderByGroupId()排序条件方法和asc()排序方法，根据用户组的id进行升序排序；通过用户组操作工具类的executeListPage()方法调用GroupQuery的listPage()方法从第二条记录开始查询3个用户组，并输出用户组信息。

关于调用listPage()方法分页查询用户组的应用技巧和注意事项，可以参考6.2.2小节，这里不再赘述。

3．count()方法

调用count()方法可统计符合查询条件的查询结果的用户组数量。用户组操作工具类com.bpm.example.demo.group.util.GroupUtil中执行GroupQuery的count()方法统计用户组数量的代码如下：

```java
public void executeCount(GroupQuery groupQuery) {
    long groupNum = groupQuery.count();
    log.info("用户组数为：{}", groupNum);
}
```

其中，executeCount()方法调用GroupQuery的count()方法，统计用户组数量。

使用以上工具类统计用户组数量的示例代码如下：

```java
public class RunCountGroupsDemo extends FlowableEngineUtil {
    @Test
    public void runCountGroupsDemo() {
        loadFlowableConfigAndInitEngine("flowable.cfg.xml");
        GroupQuery groupQuery = identityService.createGroupQuery().groupType("department");
        GroupUtil groupUtil = new GroupUtil(identityService);
        //统计用户组数量
        groupUtil.executeCount(groupQuery);
    }
}
```

以上代码段中加粗部分的代码调用了groupType()查询条件方法，根据type属性值进行精确匹配，通过用户组操作工具类的executeCount()方法调用GroupQuery的count()方法统计符合查询条件的用户组数量，并输出用户组数。

4．singleResult()方法

调用singleResult()方法可查询符合查询条件的单条用户组记录。用户组操作工具类com.bpm.example.demo.group.util.GroupUtil中执行GroupQuery的singleResult()方法查询单个用户组的代码如下：

```java
public Group executeSingleResult(GroupQuery groupQuery) {
    Group group = groupQuery.singleResult();
    return group;
}
```

其中，executeSingleResult()方法调用GroupQuery的singleResult()方法查询用户组对象。

使用以上工具类查询单个用户组的示例代码如下：

```java
public class RunSingleResultGroupsDemo extends FlowableEngineUtil {
    @Test
    public void runSingleResultGroupsDemo() {
        loadFlowableConfigAndInitEngine("flowable.cfg.xml");
        GroupUtil groupUtil = new GroupUtil(identityService);
        GroupQuery groupQuery = identityService.createGroupQuery()
                .groupId("process_platform_department").groupType("department");
```

```
        //查询单个用户组
        groupUtil.executeSingleResult(groupQuery);
    }
}
```

以上代码段中加粗部分的代码调用了groupId()和groupType()两个查询条件方法,根据id、type属性值进行精确查询,通过用户组操作工具类的executeSingleResult()方法调用GroupQuery的singleResult()方法查询符合条件的单个用户组,并输出该用户组信息。

6.3.3 修改用户组

在Flowable中通过IdentityService服务修改用户组的步骤如下:
(1)获取单个Group实例;
(2)调用setter()方法为Group实例设置新属性值;
(3)调用IdentityService的saveGroup(Group group)方法将Group实例更新保存到数据库中。

用户组操作工具类com.bpm.example.demo.group.util.GroupUtil修改用户组的代码如下:

```
/**
 * 修改用户组信息
 * @param groupId       用户组编号
 * @param newName       新用户组名称
 * @param newType       新用户组类型
 */
public void updateGroup(String groupId, String newName, String newType) {
    //查询用户组信息
    Group group = executeSingleResult(identityService.createGroupQuery().groupId(groupId));
    //调用setter()方法为创建的Group实例设置属性值
    group.setName(newName);
    group.setType(newType);
    //调用IdentityService的saveGroup()方法将Group实例保存到数据库中
    identityService.saveGroup(group);
}
```

其中,updateGroup()方法完全遵循修改用户组步骤执行,先根据用户组编号查询Group实例,然后调用setter()方法为新创建的Group实例设置属性值,最后调用IdentityService的saveGroup(Group group)方法将Group实例更新保存到数据库中。

使用以上工具类修改用户组的示例代码如下:

```
@Slf4j
public class RunUpdateGroupDemo extends FlowableEngineUtil {
    @Test
    public void runUpdateGroupTest() {
        //加载Flowable配置文件并初始化工作流引擎及服务
        loadFlowableConfigAndInitEngine("flowable.cfg.xml");
        GroupUtil groupUtil = new GroupUtil(identityService);
        //新建用户组
        groupUtil.addGroup("process_platform_department", "流程平台部", "department");
        //查询用户组信息
        Group oldGroup = groupUtil.executeSingleResult(identityService
                .createGroupQuery().groupId("process_platform_department"));
        //打印原始用户组信息
        log.info("修改前: id: {}, name: {}", oldGroup.getId(), oldGroup.getName());
        //修改用户组信息
        groupUtil.updateGroup("process_platform_department","BPM平台部", "department");
        //再次查询用户组信息
        Group newGroup = groupUtil.executeSingleResult(identityService
                .createGroupQuery().groupId("process_platform_department"));
        log.info("修改后: id: {}, name: {}", newGroup.getId(), newGroup.getName());
    }
}
```

修改用户组的注意事项与修改用户相同,这里不再赘述。

6.3.4 删除用户组

删除用户组的方法很简单,调用IdentityService服务的deleteGroup()方法即可。用户组操作工具类

com.bpm.example.demo.group.util.GroupUtil调用IdentityService的deleteGroup()方法删除用户组的代码如下：

```java
/**
 * 删除用户组
 * @param groupId      用户组编号
 */
public void deleteGroup(String groupId) {
    identityService.deleteGroup(groupId);
}
```

其中，deleteGroup()方法调用IdentityService的deleteGroup(String groupId)方法删除用户组。

使用以上工具类删除用户组的示例代码如下：

```java
public class RunDeleteGroupDemo extends FlowableEngineUtil {
    @Test
    public void runDeleteGroupDemo() {
        loadFlowableConfigAndInitEngine("flowable.cfg.xml");
        GroupUtil groupUtil = new GroupUtil(identityService);
        //删除用户组
        groupUtil.deleteGroup("testGroup");
    }
}
```

删除用户组的注意事项与删除用户相同，这里不再赘述。

6.4 用户与用户组关系管理

前面提到过，用户组是用户的集合，用户和用户组是多对多的关系，即一个用户组中可以包含多个用户，一个用户也可以隶属于多个用户组。第4章在介绍Flowable数据表设计时，介绍过ACT_ID_MEMBERSHIP表存储用户与用户组的关联关系数据。Flowable提供了专门的API，用于维护用户与用户组的关系。

6.4.1 添加用户至用户组

要添加用户至用户组，直接调用IdentityService的createMembership()方法即可。用户组操作工具类com.bpm.example.demo.group.util.GroupUtil添加用户至用户组的代码如下：

```java
/**
 * 将用户加入用户组
 * @param userId       用户编号
 * @param groupId      用户组编号
 */
public void addUserToGroup(String userId, String groupId) {
    identityService.createMembership(userId, groupId);
}
```

其中，addUserToGroup()方法调用IdentityService的createMembership (String userId, String groupId)创建用户与用户组的关联关系，从而将用户加入用户组。

使用以上工具类添加用户至用户组的示例代码如下：

```java
public class RunAddUserToGroupDemo extends FlowableEngineUtil {
    @Test
    public void runAddUserToGroupDemo() {
        loadFlowableConfigAndInitEngine("flowable.cfg.xml");
        UserUtil userUtil = new UserUtil(identityService);
        //新建用户
        userUtil.addUser("hebo", "贺", "波", "诗雨花魂", "hebo824@163.com", "******");
        GroupUtil groupUtil = new GroupUtil(identityService);
        //新建用户组
        groupUtil.addGroup("process_platform_department", "流程平台部", "department");
        //将用户加入用户组
        groupUtil.addUserToGroup("hebo", "process_platform_department");
    }
}
```

以上代码先新建了一个用户和一个用户组，然后根据用户编号和用户组编号创建二者的关联关系，实现添加用户至用户组。

6.4.2 从用户组中移除用户

从用户组中移除用户,直接调用IdentityService的deleteMembership()方法即可。用户组操作工具类com.bpm.example.demo.group.util.GroupUtil从用户组中移除用户的代码如下:

```
/**
 * 将用户从用户组中移除
 * @param userId        用户编号
 * @param groupId       用户组编号
 */
public void removeUserFromGroup(String userId, String groupId) {
    identityService.deleteMembership(userId, groupId);
}
```

以上代码通过调用IdentityService的deleteMembership(String userId, String groupId)方法删除用户与用户组的关联关系,从而从用户组中移除用户。需要注意的是,deleteMembership(String userId, String groupId)方法的两个参数都不允许为null,否则Flowable会抛出org.flowable.common.engine.api.FlowableIllegalArgumentException异常,异常信息为userId is null或groupId is null。deleteMembership()方法只会移除用户与用户组的关联关系,但如果调用IdentityService的deleteUser(String userId)方法删除用户,或调用deleteGroup(String groupId)方法删除用户组,会同时删除相关的用户与用户组的关联关系。

使用以上工具类将用户从用户组移除的示例代码如下:

```
public class RunRemoveUserFromGroupDemo extends FlowableEngineUtil {
    @Test
    public void runRemoveUserFromGroupDemo() {
        loadFlowableConfigAndInitEngine("flowable.cfg.xml");
        GroupUtil groupUtil = new GroupUtil(identityService);
        //将用户从用户组中移除
        groupUtil.removeUserFromGroup("zhangsan", "testgroup");
    }
}
```

6.4.3 查询用户组中的用户

将用户加入用户组之后,二者的关联关系就构建好了。Flowable提供了查询用户组中用户列表的API,示例代码如下:

```
public class RunQueryUsersOfGroupDemo extends FlowableEngineUtil {
    @Test
    public void runQueryUsersOfGroupDemo() {
        loadFlowableConfigAndInitEngine("flowable.cfg.xml");
        UserUtil userUtil = new UserUtil(identityService);
        //新建用户
        userUtil.addUser("hebo", "贺", "波", "诗雨花魂", "hebo824@163.com", "");
        userUtil.addUser("liuxiaopeng", "刘", "晓鹏", "阿凡提", "lxpcnic@163.com", "");
        userUtil.addUser("huhaiqin", "胡", "海琴", "清波~微醉", "aiqinhai_hu@163.com", "");
        userUtil.addUser("wangjunlin", "王", "俊林", "木秀于林", "wangjl@163.com", "");
        GroupUtil groupUtil = new GroupUtil(identityService);
        //新建用户组
        groupUtil.addGroup("process_platform_department", "流程平台部", "department");
        //将用户加入用户组
        groupUtil.addUserToGroup("hebo", "process_platform_department");
        groupUtil.addUserToGroup("liuxiaopeng", "process_platform_department");
        groupUtil.addUserToGroup("huhaiqin", "process_platform_department");
        groupUtil.addUserToGroup("wangjunlin", "process_platform_department");
        //查询用户组中的用户
        UserQuery userQuery = identityService.createUserQuery()
                .memberOfGroup("process_platform_department")
                .orderByUserId().asc();
        userUtil.executeList(userQuery);
    }
}
```

以上代码段中加粗部分的代码先调用UserQuery的memberOfGroup(String groupId)查询条件方法,根据用户所在的用户组的编号进行精确查询,再调用orderByUserId()排序条件方法和asc()排序方法,根据用户编号进行升序排序，最后通过用户操作工具类的executeList()方法调用UserQuery的list()方法查询用户列表，并遍历用户列表输出符合查询条件的用户信息。代码运行结果如下：

```
02:16:47,214 [main] INFO  UserUtil  - 用户编号：hebo，姓名：贺波，显示名：诗雨花魂，邮箱：hebo824@163.com
02:16:47,214 [main] INFO  UserUtil  - 用户编号：huhaiqin，姓名：胡海琴，显示名：清波~微醉，邮箱：aiqinhai_hu@163.com
02:16:47,214 [main] INFO  UserUtil  - 用户编号：liuxiaopeng，姓名：刘晓鹏，显示名：阿凡提，邮箱：lxpcnic@163.com
02:16:47,214 [main] INFO  UserUtil  - 用户编号：wangjunlin，姓名：王俊林，显示名：木秀于林，邮箱：wangjl@163.com
```

6.4.4 查询用户所在的用户组

Flowable提供了查询用户所在用户组列表的API，示例代码如下：

```
public class RunQueryGroupsOfUserDemo extends FlowableEngineUtil {
    @Test
    public void runQueryGroupsOfUserDemo() {
        loadFlowableConfigAndInitEngine("flowable.cfg.xml");
        GroupUtil groupUtil = new GroupUtil(identityService);
        //查询用户所在的用户组列表
        GroupQuery groupQuery = identityService.createGroupQuery()
                .groupMember("hebo").orderByGroupId().asc();
        groupUtil.executeList(groupQuery);
    }
}
```

以上代码段中加粗部分的代码先调用GroupQuery的groupMember(String groupMemberUserId)查询条件方法，根据用户组中的用户编号进行精确查询，再调用orderByGroupId()排序条件方法和asc()排序方法，根据用户组编号进行升序排序，最后通过用户组操作工具类的executeList()方法调用GroupQuery的list()方法查询用户组列表，并遍历用户组列表，输出所有符合查询条件的用户组信息。

6.5 用户附加信息管理

由6.2节可知，Flowable默认的用户信息只有id、firstName、lastName、displayName、email、password和tenantId，往往无法满足实际应用场景的需要。为此，Flowable提供了一种设置用户附加信息的机制，允许为用户设置多种扩展属性，如联系方式、身份证号等。第4章中介绍过的ACT_ID_INFO表可用于存储用户附加信息数据。

新建用户扩展属性和值的示例代码如下：

```
identityService.setUserInfo("hebo", "mobile", "13999999999");
identityService.setUserInfo("hebo", "sex","男");
```

以上代码调用IdentityService的setUserInfo()方法为用户hebo新建了mobile和sex两个附加属性。setUserInfo()方法有3个参数，分别为用户编号、附加属性名称、附加属性的值。如果多次调用该方法为同一个用户的某个扩展属性赋值，则前面设置的值会被后面设置的值覆盖。

删除用户扩展属性可以通过调用IdentityService的deleteUserInfo()方法来实现，示例代码如下：

```
identityService.deleteUserInfo("hebo","sex");
```

以上代码调用IdentityService的deleteUserInfo()方法删除用户hebo的sex属性和值。deleteUserInfo()方法有两个参数，第一个参数为用户编号，第二个参数为扩展属性名称。

如果要查询用户某个扩展属性的值，可以调用IdentityService的getUserInfo()方法，示例代码如下：

```
String mobileStr = identityService.getUserInfo("hebo","mobile");
log.info("mobileStr: {}", mobileStr);
```

在以上代码中，调用了IdentityService的getUserInfo()方法查询并输出了用户hebo的mobile属性值。getUserInfo()方法有两个参数，第一个参数为用户编号，第二个参数为扩展属性名称。

如果用户有多个扩展属性，可以通过IdentityService的getUserInfoKeys()方法查询用户所有扩展属性，示例代码如下：

```
List<String> userInfoKeys = identityService.getUserInfoKeys("hebo");
for (String userInfoKey : userInfoKeys) {
    String value = identityService.getUserInfo("hebo", userInfoKey);
```

```
    log.info("userInfoKey: {}, value: {}", userInfoKey, value);
}
```

以上代码调用了IdentityService的getUserInfoKeys()方法查询用户hebo的所有扩展属性,并遍历输出各扩展属性的名称和值。getUserInfoKeys()方法只有一个参数,即用户编号。

6.6 本章小结

Flowable内置了一套简单的工具,可对用户和用户组提供支持,满足基本业务需求。Flowable中的用户与用户组主要用于界定用户任务的候选人与办理人(这将在10.1节中介绍)。用户组可以理解为一组用户的集合,用户和用户组中的用户都可以作为某个任务的候选人或者办理人。本章主要讲解如何通过IdentityService API对用户和用户组进行添加、删除、查询等操作,以及如何添加用户至用户组、如何将用户移出用户组,并结合示例代码介绍了其应用技巧和注意事项。

第 7 章

Flowable流程部署

设计好流程模型之后,在正式使用前还需要执行流程部署操作,以便根据部署后生成的流程定义发起流程实例和运行流程。Flowable流程部署工作主要分为3项:保存流程资源、生成流程模型对应的缩略图、生成流程定义信息。本章将详细介绍执行流程部署和查询部署后的流程定义等相关操作。

7.1 流程资源

流程资源指流程在启动或运行过程中需要用到的资源,可以是各种类型的文件,其中最常用的流程资源包括以下6种。

- ❑ 流程定义文件:扩展名为.bpmn20.xml或.bpmn。
- ❑ 流程定义图片:用遵循BPMN 2.0规范的各种图形描绘的图片,通常为.png格式。
- ❑ 表单文件:用于存储流程挂载的表单内容的文件,扩展名为.form。一个流程可以挂载多个表单。
- ❑ 规则文件:使用Drools语法定义的规则,扩展名为.drl。
- ❑ 决策表文件:用于存储决策表的文件,扩展名为.dmn。
- ❑ 案例文件:用于存储案例模型的文件,扩展名为.cmmn.xml。

要想在流程启动或运行过程中正确使用这些文件,不仅要通过流程部署操作对其进行保存和转化,还要确保其能够根据指定的条件被正确查询到。

7.2 流程部署

第5章介绍过RepositoryService接口主要负责流程部署及流程定义管理。该接口提供了一个createDeployment()方法用于创建流程部署对象DeploymentBuilder,并通过DeploymentBuilder对象实现流程部署。

7.2.1 DeploymentBuilder对象

DeploymentBuilder是流程部署对象Deployment的构造器,通过DeploymentBuilder可以设置流程部署的名称、部署分类和部署的key等基本属性,以及添加流程部署资源文件。将一个符合BPMN 2.0规范的XML资源文件转换为Flowable对应的流程定义对象是流程部署的一个必要环节。DeploymentBuilder中定义了6种添加资源的方式,包括添加输入流资源、添加classpath下的文件资源、添加字符串资源、添加字节数组资源、添加压缩包资源和添加BpmnModel模型资源。

DeploymentBuilder接口核心代码如下:

```
public interface DeploymentBuilder {
    //添加输入流资源
    DeploymentBuilder addInputStream(String resourceName, InputStream inputStream);
    //添加classpath下的文件资源
    DeploymentBuilder addClasspathResource(String resource);
    //添加字符串资源
    DeploymentBuilder addString(String resourceName, String text);
    //添加字节数组资源
    DeploymentBuilder addBytes(String resourceName, byte[] bytes);
    //添加ZIP压缩包资源
    DeploymentBuilder addZipInputStream(ZipInputStream zipInputStream);
    //添加BpmnModel模型资源
    DeploymentBuilder addBpmnModel(String resourceName, BpmnModel bpmnModel);
    //禁用XML格式合法性校验
    DeploymentBuilder disableSchemaValidation();
    //禁用BPMN元素合法性校验
    DeploymentBuilder disableBpmnValidation();
```

```java
    //设置部署名称
    DeploymentBuilder name(String name);
    //设置部署分类
    DeploymentBuilder category(String category);
    //设置部署key
    DeploymentBuilder key(String key);
    //设置父部署ID
    DeploymentBuilder parentDeploymentId(String parentDeploymentId);
    //设置租户ID
    DeploymentBuilder tenantId(String tenantId);
    //设置启用过滤重复部署
    DeploymentBuilder enableDuplicateFiltering();
    //设置流程定义激活日期
    DeploymentBuilder activateProcessDefinitionsOn(Date date);
    //设置部署属性
    DeploymentBuilder deploymentProperty(String propertyKey, Object propertyValue);
    //执行部署
    Deployment deploy();
}
```

DeploymentBuilder接口中提供了deploy()方法。设置好流程部署的基本属性和添加流程资源后,可以直接调用deploy()方法执行流程部署。

7.2.2 执行流程部署

本小节将分别采用DeploymentBuilder提供的6种资源添加方式实现流程资源部署。

1. 添加输入流资源

Flowable底层的DeploymentEntityImpl类使用Map来维护流程资源,每调用一次DeploymentBuilder的addInputStream()方法,就会向资源Map中添加一个元素。如果要同时部署多个流程资源,如同时部署流程模型、表单模型等,则可以通过多次调用addInputStream()方法来实现。

下面通过一个示例,示范如何调用addInputStream()方法实现流程资源部署,示例代码如下:

```java
/**
 * 通过加载输入流的方式进行部署
 */
@Test
public void deployByInputStream() throws IOException {
    //从文件系统读取资源文件,创建输入流
    try (FileInputStream inputStream = new FileInputStream(
        new File("/Users/bpm/processes/HolidayRequest.bpmn20.xml"))) {
        //创建DeploymentBuilder
        DeploymentBuilder builder = repositoryService.createDeployment();
        //将输入流传递给DeploymentBuilder,同时指定资源名称
        builder.addInputStream("HolidayRequest.bpmn20.xml", inputStream);
        //执行部署
        builder.deploy();
    }
}
```

以上代码段先从文件系统中加载资源文件(绝对路径为/Users/bpm/processes/HolidayRequest.bpmn20.xml)并创建输入流资源inputStream,然后调用repositoryService接口的createDeployment()方法创建一个DeploymentBuilder对象,调用该DeploymentBuilder对象的addInputStream()方法将输入流资源inputStream保存到资源Map中,同时指定该输入流资源的key为HolidayRequest.bpmn20.xml(代码中加粗的部分),最后调用DeploymentBuilder的deploy()方法执行流程部署。

2. 添加classpath下的文件资源

调用DeploymentBuilder的addClasspathResource()方法可以直接加载类路径下的资源文件。addClasspathResource()方法底层实现通过ClassLoader加载类路径下的文件,并将其转换为InputStream,再调用addInputStream()方法添加资源。因此,addClasspathResource()方法和addInputStream()方法类似,也会向资源Map中添加元素,可以通过多次调用来添加多个资源文件。

下面通过一个示例,示范如何调用addClasspathResource()方法实现资源部署,示例代码如下:

```java
/**
 * 通过加载类路径下的资源文件进行部署
 */
@Test
public void deployByClasspathResource() {
    //创建DeploymentBuilder
    DeploymentBuilder builder = repositoryService.createDeployment();
    //加载classpath下的文件
    builder.addClasspathResource("processes/HolidayRequest.bpmn20.xml");
    //执行部署
    builder.deploy();
}
```

以上代码先调用repositoryService接口的createDeployment()方法创建DeploymentBuilder对象,然后调用DeploymentBuilder对象的addClasspathResource()方法添加类路径为processes/HolidayRequest.bpmn20.xml的资源文件(代码中加粗的部分),并将流程资源保存到资源Map中,最后调用DeploymentBuilder的deploy()方法执行流程部署。

调用addClasspathResource()方法实现流程部署比较简单,只需传入资源文件路径,无须指定资源名称。Flowable会直接将文件名作为资源名称存储。

3. 添加字符串资源

调用DeploymentBuilder的addString()方法可以添加字符串类型的资源。addString()方法也会向资源Map中添加元素,可以通过多次调用来添加多个资源文件。

下面通过一个示例,示范如何使用addString()方法实现资源部署,示例代码如下:

```java
/**
 * 通过加载字符串的方式进行部署
 */
@Test
public void deployByString() throws IOException {
    //读取文件并转换为string
    try (FileReader fileReader =
            new FileReader(new File("/Users/bpm/processes/HolidayRequest.bpmn20.xml"));
        BufferedReader bufferedReader = new BufferedReader(fileReader);) {
        StringBuilder stringBuilder = new StringBuilder();
        String line;
        while ((line = bufferedReader.readLine()) != null) {
            stringBuilder.append(line);
        }
        //创建DeploymentBuilder
        DeploymentBuilder builder = repositoryService.createDeployment();
        //将输入流传递给DeploymentBuilder,同时指定资源名称
        builder.addString("HolidayRequest.bpmn20.xml", stringBuilder.toString());
        //执行部署
        builder.deploy();
    }
}
```

以上代码先根据绝对路径/Users/bpm/processes/HolidayRequest.bpmn20.xml从文件系统中加载文件,然后通过BufferedReader将文件内容加载到StringBuilder对象中(StringBuilder可以转化为String对象)。加粗部分的代码调用DeploymentBuilder的addString()方法将字符串资源保存到资源Map中,同时指定该资源的key为HolidayRequest.bpmn20.xml。代码最后调用DeploymentBuilder的deploy()方法执行流程部署。

4. 添加字节数组资源

调用DeploymentBuilder的addBytes()方法可以添加字节数组类型的流程资源,多次调用addBytes()方法可以添加多个资源文件。addBytes()方法底层的处理逻辑与addString()方法非常类似。

下面通过一个示例,示范如何调用addBytes()方法实现资源部署,示例代码如下:

```java
/**
 * 通过加载字节数组的方式进行部署
 */
@Test
public void deployByBytes() throws IOException {
    //读取文件并转换为byte[]
```

```java
    try (FileInputStream inputStream =
            new FileInputStream(new File("/Users/bpm/processes/HolidayRequest.bpmn20.xml"));
            ByteArrayOutputStream bos = new ByteArrayOutputStream();) {
        byte[] temp = new byte[1024];
        int n;
        while ((n = inputStream.read(temp)) != -1) {
            bos.write(temp, 0, n);
        }
        //创建DeploymentBuilder
        DeploymentBuilder builder = repositoryService.createDeployment();
        //将字节数组传递给DeploymentBuilder,同时指定资源名称
        builder.addBytes("HolidayRequest.bpmn20.xml", bos.toByteArray());
        //执行部署
        builder.deploy();
    }
}
```

以上代码先根据绝对路径/Users/bpm/processes/HolidayRequest.bpmn20.xml从文件系统中加载资源文件,然后将其加载到ByteArrayOutputStream字节数组输出流中。加粗部分的代码调用DeploymentBuilder的addBytes()方法将字节数组资源保存到资源Map中,并指定该输入流资源的key为HolidayRequest.bpmn20.xml。代码最后调用DeploymentBuilder的deploy()方法执行流程部署。

5. 添加压缩包资源

调用DeploymentBuilder的addZipInputStream()方法添加资源,可以实现一次部署多个资源文件,只需将要部署的资源文件置入同一个资源压缩包。

下面通过一个示例,示范如何调用addZipInputStream()方法实现资源部署,示例代码如下:

```java
/**
 * 通过加载压缩包的方式进行部署
 */
@Test
public void deployByZipInputStream() throws IOException {
    //读取ZIP文件
    try (FileInputStream inputStream =
            new FileInputStream(new File("/Users/bpm/processes/HolidayRequest.zip"));
            ZipInputStream zipInputStream = new ZipInputStream(inputStream);) {
        //创建DeploymentBuilder
        DeploymentBuilder builder = repositoryService.createDeployment();
        //传递ZIP输入流给DeploymentBuilder
        builder.addZipInputStream(zipInputStream);
        //执行部署
        builder.deploy();
    }
}
```

以上代码先从文件系统中加载资源压缩文件/Users/bpm/processes/HolidayRequest.zip,然后将其保存到zipInputStream对象中。加粗部分的代码调用了DeploymentBuilder的addZipInputStream()方法加载压缩资源流zipInputStream,Flowable底层会读取压缩文件中的资源,并逐个保存到资源Map中。调用addZipInputStream()方法加载压缩资源时无须指定资源名称,Flowable会从zipInputStream中读取压缩包内文件的名称作为资源名称。

6. 添加BpmnModel模型资源

DeploymentBuilder提供的addBpmnModel()方法支持传入动态创建的BpmnModel对象以进行流程部署。addBpmnModel()方法底层实现实际上是先通过BpmnXMLConverter类将BpmnModel对象转换为String对象,再调用addString()方法加载流程资源的。

下面通过一个示例,示范如何调用addBpmnModel()方法实现流程部署,示例代码如下:

```java
/**
 * 通过加载BpmnModel的方式进行部署
 */
@Test
public void deployByBpmnModel() {
    //创建BpmnModel对象
    BpmnModel model = new BpmnModel();
```

```
//创建流程(Process)
org.flowable.bpmn.model.Process process = new org.flowable.bpmn.model.Process();
model.addProcess(process);
process.setId("HolidayRequest");
process.setName("请假申请流程");
//创建开始节点
StartEvent startEvent = new StartEvent();
startEvent.setId("startEvent1");
startEvent.setName("开始");
process.addFlowElement(startEvent);
//创建任务节点
UserTask userTask1 = new UserTask();
userTask1.setId("userTask1");
userTask1.setName("申请");
process.addFlowElement(userTask1);
//创建任务节点
UserTask userTask2 = new UserTask();
userTask2.setId("userTask2");
userTask2.setName("审批");
process.addFlowElement(userTask2);
//创建结束节点
EndEvent endEvent = new EndEvent();
endEvent.setId("endEvent1");
endEvent.setName("结束");
process.addFlowElement(endEvent);
//创建节点的关联关系
process.addFlowElement(new SequenceFlow("startEvent1", "userTask1"));
process.addFlowElement(new SequenceFlow("userTask1", "userTask2"));
process.addFlowElement(new SequenceFlow("userTask2", "endEvent1"));
//创建DeploymentBuilder
DeploymentBuilder builder = repositoryService.createDeployment();
//传递BpmnModel给DeploymentBuilder
builder.addBpmnModel("HolidayRequest.bpmn20.xml", model);
//执行部署
builder.deploy();
}
```

以上代码先通过编码的形式创建了一个BpmnModel对象model，并在该对象中添加了一个Process对象，Process包括1个StartEvent、2个UserTask、1个EndEvent和3个SequenceFlow。加粗部分的代码调用DeploymentBuilder的addBpmnModel()方法将BPMN模型资源model保存到资源Map中，同时指定该模型资源的key为HolidayRequest.bpmn20.xml。代码最后调用DeploymentBuilder的deploy()方法执行流程部署。

通过编码的方式创建BpmnModel对象比较复杂，将在26.1节详细介绍。需要注意，该示例代码中创建的BpmnModel对象中未指定元素的位置信息，因此无法根据该BPMN资源文件生成流程缩略图。

7.3 部署结果查询

流程部署主要涉及3张表：部署记录表（ACT_RE_DEPLOYMENT，主要用于存储流程部署记录）、流程定义表（ACT_RE_PROCDEF，主要用于存储流程定义信息）、静态资源表（ACT_GE_BYTEARRAY，主要用于存储静态资源文件，如BPMN文件和流程缩略图）。本节将详细介绍从这3张表中查询相应记录的方法。

7.3.1 部署记录查询

部署记录存储在ACT_RE_DEPLOYMENT表中，对应Flowable中的实体类DeploymentEntity。DeploymentEntityManager类主要用于操作ACT_RE_DEPLOYMENT表，如将DeploymentEntity保存到ACT_RE_DEPLOYMENT表中，或者将数据库记录查询结果转换为DeploymentEntity对象。DeploymentQuery类是Flowable提供的部署记录查询接口，可以方便地设置查询条件，而DeploymentEntityManager类可以根据设置好查询条件的DeploymentQuery对象执行查询操作，并返回符合条件的DeploymentEntity对象。

1. DeploymentEntity

DeploymentEntity接口的实现类为DeploymentEntityImpl，该类与ACT_RE_DEPLOYMENT表对应。DeploymentEntityImpl类包含以下属性。

- id：部署ID，继承自父类AbstractEntityNoRevision的id属性，对应ACT_RE_DEPLOYMENT表的ID_字段（主键）。
- name：部署名称，对应ACT_RE_DEPLOYMENT表的NAME_字段。
- category：流程部署分类，对应ACT_RE_DEPLOYMENT表的CATEGORY_字段。
- key：流程部署key，对应ACT_RE_DEPLOYMENT表的KEY_字段。
- tenantId：租户ID，对应ACT_RE_DEPLOYMENT表的TENANT_ID_字段。
- resources：关联的资源文件。该属性是一个Map，前面介绍的DeploymentBuilder加载流程资源的方法都是将资源文件保存到该Map中。一个Map中可以保存多个资源文件。流程部署通常包含一个.bpmn文件和一个缩略图文件。
- isNew：是否全新部署，数据库中无对应字段，true表示全新部署，会生成新的部署记录，false则仅将数据库中的内容加载到缓存中。
- derivedFrom：派生部署时的来源部署ID，通过DynamicBpmnService动态为流程注入节点或子流程时使用，对应ACT_RE_DEPLOYMENT表的DERIVED_FROM_字段。
- derivedFromRoot：派生部署时的来源根部署ID，通过DynamicBpmnService动态为流程注入节点或子流程时使用，对应ACT_RE_DEPLOYMENT表的DERIVED_FROM_ROOT_字段。
- parentDeploymentId：父部署ID，对应ACT_RE_DEPLOYMENT表的PARENT_DEPLOYMENT_ID_字段。
- engineVersion：工作流引擎版本，主要用于解决工作流引擎向后兼容的问题，对应ACT_RE_DEPLOYMENT表的ENGINE_VERSION_字段。
- deploymentTime：部署时间，对应ACT_RE_DEPLOYMENT表的DEPLOY_TIME_字段。

2. DeploymentEntityManager

DeploymentEntityManager接口继承自EntityManager接口，支持对ACT_RE_DEPLOYMENT表进行通用的增、删、改、查操作。在DeploymentEntityManager接口中还定义了一些特殊的查询，如根据DeploymentQuery对象对流程部署表进行查询。DeploymentEntityManager接口代码如下：

```java
public interface DeploymentEntityManager extends EntityManager<DeploymentEntity> {
    //根据部署记录ID查询部署资源名称
    List<String> getDeploymentResourceNames(String deploymentId);
    //原生查询，返回分页记录
    List<Deployment> findDeploymentsByNativeQuery(Map<String, Object> parameterMap,
            int firstResult, int maxResults);
    //原生查询，返回记录数量
    long findDeploymentCountByNativeQuery(Map<String, Object> parameterMap);
    //根据DeploymentQuery查询
    List<Deployment> findDeploymentsByQueryCriteria(DeploymentQueryImpl deploymentQuery);
    //根据DeploymentQuery查询，返回记录数量
    long findDeploymentCountByQueryCriteria(DeploymentQueryImpl deploymentQuery);
    //级联删除部署记录
    void deleteDeployment(String deploymentId, boolean cascade);
}
```

关于DeploymentEntityManager接口流程查询操作的具体执行过程，感兴趣的读者可以自行查看其实现类DeploymentEntityManagerImpl一探究竟。

3. DeploymentQuery

DeploymentQuery类是Flowable提供的部署记录查询接口。该接口提供了多种查询方法，实现了根据部署ID查询、根据部署名称查询、根据部署分类查询等操作，如表7.1所示。

表7.1 Flowable部署记录查询API支持的查询方法

查询方法	说明
deploymentId(String deploymentId)	根据部署ID查询
deploymentIds(List<String> deploymentId)	根据部署ID批量查询
deploymentName(String name)	根据部署名称查询
deploymentNameLike(String nameLike)	根据部署名称模糊查询

7.3 部署结果查询

续表

查询方法	说明
deploymentCategory(String category)	根据部署分类查询
deploymentCategoryLike(String categoryLike)	根据部署分类模糊查询
deploymentCategoryNotEquals(String categoryNotEquals)	查询排除某个分类后的部署记录
deploymentKey(String key)	根据部署key查询
deploymentKeyLike(String keyLike)	根据部署key模糊查询
deploymentTenantId(String tenantId)	根据租户ID查询
deploymentTenantIdLike(String tenantIdLike)	根据租户ID模糊查询
deploymentWithoutTenantId()	查询没有租户ID的部署记录
deploymentEngineVersion(String engineVersion)	根据工作流引擎版本查询
deploymentDerivedFrom(String deploymentId)	根据派生的部署ID查询
parentDeploymentId(String parentDeploymentId)	根据父部署ID查询
parentDeploymentIdLike(String parentDeploymentIdLike)	根据父部署ID模糊查询
parentDeploymentIds(List\<String\> parentDeploymentIds)	根据父部署ID批量查询
processDefinitionKey(String key)	根据流程定义key查询
processDefinitionKeyLike(String keyLike)	根据流程定义key模糊查询
latest()	查找最新的部署记录，一般与部署key条件联合查询

除了表7.1中的部署记录查询方法，Flowable还提供了多种部署记录排序方法，如表7.2所示。

表7.2　Flowable部署记录查询API支持的排序方法

排序方法	说明
orderByDeploymentId()	按部署ID排序，需要指定升序或降序排列
orderByDeploymentName()	按部署名称排序，需要指定升序或降序排列
orderByDeploymenTime()	按部署时间排序，需要指定升序或降序排列
orderByTenantId()	按租户ID排序，需要指定升序或降序排列

DeploymentQuery接口继承自Query接口，支持Query接口中的所有查询方法，如singleResult()、list()和count()等方法。Query接口代码如下：

```java
public interface Query<T extends Query<?, ?>, U extends Object> {
    //按排序条件升序排列
    T asc();
    //按排序条件降序排列
    T desc();
    //指定排序字段
    T orderBy(QueryProperty property);
    //指定排序字段以及对空值的处理
    T orderBy(QueryProperty property, NullHandlingOnOrder nullHandlingOnOrder);
    //执行查询并返回结果集数量
    long count();
    //执行查询并返回唯一结果，没有找到返回null，结果数量大于1时报错
    U singleResult();
    //执行查询并返回结果集
    List<U> list();
    //执行分页查询并返回结果集
    List<U> listPage(int firstResult, int maxResults);
}
```

从DeploymentQuery接口的实现类DeploymentQueryImpl的源码中可知，当上层调用DeploymentQuery的list()方法时，DeploymentQueryImpl会调用DeploymentEntityManager的相关方法执行查询。DeploymentQueryImpl的代码片段如下：

```java
public class DeploymentQueryImpl extends AbstractQuery<DeploymentQuery, Deployment>
        implements DeploymentQuery, Serializable {
```

```java
//查询数量
public long executeCount(CommandContext commandContext) {
    return CommandContextUtil
            .getDeploymentEntityManager(commandContext)
            .findDeploymentCountByQueryCriteria(this);
}

//查询结果集
public List<Deployment> executeList(CommandContext commandContext, Page page) {
    return CommandContextUtil
            .getDeploymentEntityManager(commandContext)
            .findDeploymentsByQueryCriteria(this);
}
```

以上代码段中加粗部分的代码分别调用了DeploymentEntityManager的findDeploymentCountByQueryCriteria()方法和findDeploymentsByQueryCriteria()方法,将当前DeploymentQueryImpl对象作为参数传递给DeploymentEntityManager接口,由DeploymentEntityManager执行查询操作并返回查询结果。

Flowable的核心接口RepositoryService中提供了一个createDeploymentQuery()方法,调用该方法可以创建一个DeploymentQuery对象。调用DeploymentQuery中的方法设置查询条件,再调用singleResult()方法或list()方法,即可获取相应的Deployment对象。

下面通过一个示例,示范如何通过DeploymentQuery接口查询流程部署记录,示例代码如下:

```java
/**
 * 根据部署key查找最新的部署记录
 *
 * @param deploymentKey 部署key
 * @return 单条部署记录
 */
public Deployment queryLastDeploymentByKey(String deploymentKey) {
    return repositoryService.createDeploymentQuery()
            //指定部署key
            .deploymentKey(deploymentKey)
            //查找最新版本
            .latest()
            //返回单个记录
            .singleResult();
}
```

以上代码先调用RepositoryService的createDeploymentQuery()方法创建了一个DeploymentQuery对象,然后调用该对象的deploymentKey()方法将参数deploymentKey设置为查询条件,调用latest()方法设置条件查询最新的部署记录,最后调用singleResult()方法根据查询条件进行查询,并返回符合条件的Deployment对象。

下面再看一个查询多条部署记录并指定排序条件的示例:

```java
/**
 * 根据部署key查找部署记录列表
 *
 * @param deploymentKey 部署key
 * @return 部署记录列表
 */
public List<Deployment> queryDeploymentsByKey(String deploymentKey) {
    return repositoryService.createDeploymentQuery()
            //指定流程定义key
            .deploymentKey(deploymentKey)
            //按部署时间排序
            .orderByDeploymentTime()
            //降序
            .desc()
            //返回全部记录
            .list();
}
```

以上代码先调用RepositoryService的createDeploymentQuery()方法创建了一个DeploymentQuery对象,然后调用该对象的deploymentKey()方法将参数deploymentKey设置为查询条件,调用orderByDeploymentTime()

方法指定按照流程部署时间进行排序，调用desc()方法设置按降序排列，最后调用list()方法根据查询条件进行查询，并返回符合条件的Deployment列表。

7.3.2 流程定义查询

流程定义存储在ACT_RE_PROCDEF表中，对应Flowable中的实体类ProcessDefinitionEntity。ProcessDefinitionEntityManager类主要用于操作ACT_RE_PROCDEF表，如将ProcessDefinitionEntity保存到ACT_RE_PROCDEF表中，或将数据库记录查询结果转换为ProcessDefinitionEntity对象。ProcessDefinitionQuery类是Flowable提供的流程定义查询接口，可以方便地设置查询条件，而ProcessDefinitionEntityManager类可以根据设置好查询条件的ProcessDefinitionQuery对象执行查询操作，并返回符合条件的ProcessDefinitionEntity对象。

1. ProcessDefinitionEntity

ProcessDefinitionEntity接口的实现类为ProcessDefinitionEntityImpl，该类对应ACT_RE_PROCDEF表。ProcessDefinitionEntityImpl类包含以下属性。

- id：流程定义ID，继承自AbstractEntity类的id属性，对应ACT_RE_PROCDEF表的ID_字段（主键）。
- name：流程名称，对应ACT_RE_PROCDEF表的NAME_字段。
- localizedName：本地化流程名称，数据库中无对应字段，只在展示的时候根据配置进行本地化处理。
- description：流程描述，对应ACT_RE_PROCDEF表的DESCRIPTION_字段。
- localizedDescription：本地化流程描述，数据库中无对应字段，只在展示的时候根据配置进行本地化处理。
- key：流程的key，对应ACT_RE_PROCDEF表的KEY_字段。
- version：流程的版本，对应ACT_RE_PROCDEF表的REV_字段，同一个key可以对应多个版本，不同版本之间流程定义的ID是不同的。
- category：流程分类，对应ACT_RE_PROCDEF表的CATEGORY_字段。
- deploymentId：部署ID，对应ACT_RE_PROCDEF表的DEPLOYMENT_ID_字段，与ACT_RE_DEPLOYMENT表中的ID_字段关联。
- resourceName：资源名称，对应ACT_RE_PROCDEF表的RESOURCE_NAME_字段。
- tenantId：租户ID，对应ACT_RE_PROCDEF表的TENANT_ID_字段。
- historyLevel：历史数据级别，在ACT_RE_PROCDEF表中没有对应字段，主要用于判断流程执行过程中是否需要保存历史数据。
- diagramResourceName：图片资源名称，对应ACT_RE_PROCDEF表的DGRM_RESOURCE_NAME_字段。
- isGraphicalNotationDefined：是否存在图片信息，对应ACT_RE_PROCDEF表的HAS_GRAPHICAL_NOTATION_字段。
- variables：流程定义变量信息，类型为Map，在ACT_RE_PROCDEF表中没有对应字段。
- hasStartFormKey：是否存在发起表单，对应ACT_RE_PROCDEF表的HAS_START_FORM_KEY_字段。
- suspensionState：挂起状态，对应ACT_RE_PROCDEF表的SUSPENSION_STATE_字段，已挂起的流程定义不能再发起和流转。
- ioSpecification：主要用于Webservice场景，数据库中无对应字段。
- derivedFrom：派生部署的来源流程定义ID，通过DynamicBpmnService动态为流程注入节点或子流程时使用，对应ACT_RE_PROCDEF表的DERIVED_FROM_字段。
- derivedFromRoot：派生部署的来源根流程定义ID，通过DynamicBpmnService动态为流程注入节点或子流程时使用，对应ACT_RE_PROCDEF表的DERIVED_FROM_ROOT_字段。
- derivedVersion：派生部署的来源流程定义版本，通过DynamicBpmnService动态为流程注入节点或子流程时使用，对应ACT_RE_PROCDEF表的DERIVED_VERSION_字段。
- engineVersion：工作流引擎版本,主要用于解决工作流引擎向后兼容的问题,对应ACT_RE_PROCDEF表的ENGINE_VERSION_字段。

2. ProcessDefinitionEntityManager

ProcessDefinitionEntityManager接口继承自EntityManager接口，支持对ACT_RE_PROCDEF表进行通用的增、删、改、查操作。在ProcessDefinitionEntityManager接口中还定义了一些特殊的查询，如根据ProcessDefinitionQuery对象对流程定义表进行查询。ProcessDefinitionEntityManager接口的相关代码如下：

```java
public interface ProcessDefinitionEntityManager extends EntityManager
        <ProcessDefinitionEntity> {
    //根据流程定义key查找最新的流程定义
    ProcessDefinitionEntity findLatestProcessDefinitionByKey(String processDefinitionKey);
    //根据流程定义key和租户ID查找最新的流程定义
    ProcessDefinitionEntity findLatestProcessDefinitionByKeyAndTenantId(String
            processDefinitionKey, String tenantId);
    //根据流程定义key查找最新派生出的流程定义
    ProcessDefinitionEntity findLatestDerivedProcessDefinitionByKey(String
            processDefinitionKey);
    //根据流程定义key和租户ID查找最新派生出的流程定义
    ProcessDefinitionEntity findLatestDerivedProcessDefinitionByKeyAndTenantId(
            String processDefinitionKey, String tenantId);
    //根据ProcessDefinitionQuery条件查询
    List<ProcessDefinition>
            findProcessDefinitionsByQueryCriteria(ProcessDefinitionQueryImpl
            processDefinitionQuery);
    //根据ProcessDefinitionQuery条件查询，返回记录数量
    long findProcessDefinitionCountByQueryCriteria(ProcessDefinitionQueryImpl
            processDefinitionQuery);
    //根据部署ID和流程定义key查找
    ProcessDefinitionEntity findProcessDefinitionByDeploymentAndKey(String
            deploymentId, String processDefinitionKey);
    //根据部署ID、流程定义key和租户ID查找
    ProcessDefinitionEntity
            findProcessDefinitionByDeploymentAndKeyAndTenantId(String deploymentId, String
            processDefinitionKey, String tenantId);
    //根据父部署ID和流程定义key查找
    ProcessDefinitionEntity findProcessDefinitionByParentDeploymentAndKey(String
            parentDeploymentId, String processDefinitionKey);
    //根据父部署ID、流程定义key和租户ID查找
    ProcessDefinitionEntity findProcessDefinitionByParentDeploymentAndKeyAndTenantId(
            String parentDeploymentId, String processDefinitionKey, String tenantId);
    //根据流程定义key、流程定义版本和租户ID查找
    ProcessDefinition findProcessDefinitionByKeyAndVersionAndTenantId(String
            processDefinitionKey, Integer processDefinitionVersion, String tenantId);
    //原生查询流程定义列表
    List<ProcessDefinition> findProcessDefinitionsByNativeQuery(Map<String, Object>
            parameterMap);
    //原生查询，返回记录数量
    long findProcessDefinitionCountByNativeQuery(Map<String, Object> parameterMap);
    //根据部署ID更新相应流程定义的租户ID
    void updateProcessDefinitionTenantIdForDeployment(String deploymentId, String newTenantId);
    //根据流程定义ID更新版本号
    void updateProcessDefinitionVersionForProcessDefinitionId(String
            processDefinitionId, int version);
    //根据部署ID删除流程定义
    void deleteProcessDefinitionsByDeploymentId(String deploymentId);
}
```

关于ProcessDefinitionEntityManager接口查询操作的具体执行过程，感兴趣的读者可以自行查看其实现类ProcessDefinitionEntityManagerImpl一探究竟。

3. ProcessDefinitionQuery

ProcessDefinitionQuery类是Flowable提供的流程定义查询接口。该接口提供了多种查询方法，实现了根据流程定义ID查询、根据流程定义分类查询、根据流程定义名称查询等操作，如表7.3所示。

表7.3 Flowable流程定义查询API支持的查询方法

查询方法	说明
processDefinitionId(String processDefinitionId)	根据指定的流程定义ID查询
processDefinitionIds(Set<String> processDefinitionIds)	根据一组流程定义ID批量查询

续表

查询方法	说明
processDefinitionCategory (String processDefinitionCategory)	根据流程定义分类查询
processDefinitionCategoryLike (String processDefinitionCategoryLike)	根据流程定义分类模糊查询
processDefinitionCategoryNotEquals (String categoryNotEquals)	查询排除某个分类后的流程定义
processDefinitionName(String processDefinitionName)	根据流程定义名称查询
processDefinitionNameLike (String processDefinitionNameLike)	根据流程定义名称模糊查询
processDefinitionNameLikeIgnoreCase (String nameLikeIgnoreCase)	根据流程定义名称模糊查询，忽略大小写
deploymentId(String deploymentId)	根据部署ID查询
deploymentIds(Set<String> deploymentIds)	根据一组部署ID批量查询
parentDeploymentId(String deploymentId)	根据父部署ID查询
processDefinitionKey(String processDefinitionKey)	根据流程定义key查询
processDefinitionKeyLike(String processDefinitionKeyLike)	根据流程定义key模糊查询
processDefinitionVersion(Integer processDefinitionVersion)	查询指定版本的流程定义，一般与流程定义key条件联合查询
processDefinitionVersionGreaterThan (Integer processDefinitionVersion)	查询版本号大于指定版本的流程定义
processDefinitionVersionGreaterThanOrEquals (Integer processDefinitionVersion)	查询版本号大于或等于指定版本的流程定义
processDefinitionVersionLowerThan (Integer processDefinitionVersion)	查询版本号小于指定版本的流程定义
processDefinitionVersionLowerThanOrEquals (Integer processDefinitionVersion)	查询版本号小于或等于指定版本的流程定义
latestVersion()	查询最新版本的流程定义
processDefinitionResourceName(String resourceName)	根据资源名称查询
processDefinitionResourceNameLike(String resourceNameLike)	根据资源名称模糊查询
startableByUser(String userId)	根据流程限定的发起人查询
suspended()	查询挂起状态的流程定义
active()	查询激活状态的流程定义
processDefinitionTenantId(String tenantId)	根据租户ID查询
processDefinitionTenantIdLike(String tenantIdLike)	根据租户ID模糊查询
processDefinitionWithoutTenantId()	查询没有租户ID的流程定义
processDefinitionEngineVersion(String engineVersion)	根据工作流引擎版本查询
messageEventSubscriptionName(String messageName)	查询具有指定消息名称的启动消息事件的流程定义

除了表7.3中的流程定义查询方法，Flowable还提供了多种流程定义排序方法，如表7.4所示。

表7.4 Flowable流程定义查询API支持的排序方法

排序方法	说明
orderByProcessDefinitionCategory()	按流程定义分类排序，还需要指定升序或降序排列
orderByProcessDefinitionKey()	按流程定义key排序，还需要指定升序或降序排列
orderByProcessDefinitionId()	按流程定义ID排序，还需要指定升序或降序排列
orderByProcessDefinitionVersion()	按流程定义版本号排序，还需要指定升序或降序排列
orderByProcessDefinitionName()	按流程定义名称排序，还需要指定升序或降序排列
orderByDeploymentId()	按部署ID排序，还需要指定升序或降序排列
orderByTenantId()	按租户ID排序，还需要指定升序或降序排列

ProcessDefinitionQuery也继承自Query接口，同样支持Query接口中的所有查询方法，如singleResult()、list()和count()等。

从ProcessDefinitionQuery接口的实现类ProcessDefinitionQueryImpl的源码中可知，当上层调用ProcessDefinitionQuery的list()或者count()方法时，ProcessDefinitionQueryImpl会调用ProcessDefinitionEntityManager的相关方法执行查询操作。ProcessDefinitionQueryImpl的代码片段如下：

```java
public class ProcessDefinitionQueryImpl extends
AbstractQuery<ProcessDefinitionQuery, ProcessDefinition> implements ProcessDefinitionQuery {
    //查询结果集数量
    public long executeCount(CommandContext commandContext) {
        return CommandContextUtil
                .getProcessDefinitionEntityManager(commandContext)
                .findProcessDefinitionCountByQueryCriteria(this);
    }
    //查询结果集
    public List<ProcessDefinition> executeList(CommandContext commandContext, Page page) {
        ProcessEngineConfigurationImpl processEngineConfiguration =
                CommandContextUtil.getProcessEngineConfiguration(commandContext);

        List<ProcessDefinition> processDefinitions =
                CommandContextUtil.getProcessDefinitionEntityManager(commandContext)
                    .findProcessDefinitionsByQueryCriteria(this);

        if (processDefinitions != null && processEngineConfiguration
                .getPerformanceSettings().isEnableLocalization() && processEngineConfiguration
                .getInternalProcessDefinitionLocalizationManager() != null) {
            for (ProcessDefinition processDefinition : processDefinitions) {
                processEngineConfiguration
                        .getInternalProcessDefinitionLocalizationManager()
                        .localize(processDefinition, locale, withLocalizationFallback);
            }
        }
        return processDefinitions;
    }
}
```

以上代码段中加粗部分的代码分别调用ProcessDefinitionEntityManager的findProcessDefinitionCountByQueryCriteria()方法和findProcessDefinitionsByQueryCriteria()方法，将当前ProcessDefinitionQueryImpl对象作为参数传递给ProcessDefinitionEntityManager接口，由ProcessDefinitionEntityManager执行查询操作，并返回查询结果，最后对返回结果进行本地化处理。

Flowable的核心接口RepositoryService中提供了createProcessDefinitionQuery()方法，可以创建一个ProcessDefinitionQuery对象。调用ProcessDefinitionQuery提供的方法设置查询条件后，调用singleResult()方法或list()方法即可获取相应的ProcessDefinition对象。

下面通过一个示例，示范如何通过ProcessDefinitionQuery接口查询流程定义，示例代码如下：

```java
/**
 * 根据流程定义key查找最新的流程定义
 *
 * @param processDefinitionKey 流程定义key
 * @return 单个流程定义
 */
public ProcessDefinition queryLastProcessDefinitionByKey(String processDefinitionKey) {
    return repositoryService.createProcessDefinitionQuery()
        //指定流程定义key
        .processDefinitionKey(processDefinitionKey)
        //指定激活状态
        .active()
        //查找最新版本
        .latestVersion()
        //返回单个记录
        .singleResult();
}
```

以上代码先调用RepositoryService的createProcessDefinitionQuery()方法创建了一个ProcessDefinitionQuery

对象，然后调用该对象的processDefinitionKey()方法将参数processDefinitionKey设置为查询条件，调用active()方法设置查询条件为只查询激活状态的流程定义，调用latestVersion()方法设置查询条件为只查询最新版本，最后调用singleResult()方法根据查询条件进行查询，并返回符合条件的ProcessDefinition对象。

接下来看一下如何查询多个流程定义并指定排序条件，示例代码如下：

```java
/**
 * 根据租户ID查找流程定义列表
 *
 * @param tenantId 租户ID
 * @return 流程定义列表
 */
public List<ProcessDefinition> queryProcessDefinitionByTenantId(String tenantId) {
    return repositoryService.createProcessDefinitionQuery()
            //指定租户ID
            .processDefinitionTenantId(tenantId)
            //按流程定义key排序
            .orderByProcessDefinitionKey()
            //升序
            .asc()
            //返回全部记录
            .list();
}
```

以上代码先调用RepositoryService的createProcessDefinitionQuery()方法创建了一个ProcessDefinitionQuery对象，再调用该对象的processDefinitionTenantId()方法将参数tenantId设置为查询条件，调用orderByProcessDefinitionKey()方法指定按照流程定义key进行排序，调用asc()方法设置按照升序排列，最后调用list()方法根据查询条件进行查询，并返回符合条件的ProcessDefinition列表。

7.3.3 流程资源查询

流程资源存储在ACT_GE_BYTEARRAY表中，Flowable中的实体类ResourceEntity与该资源表相对应。ResourceEntityManager类主要用于操作ACT_GE_BYTEARRAY表，如将ResourceEntity保存到ACT_GE_BYTEARRAY表中，或者将数据库记录查询结果转换为ResourceEntity对象。流程资源查询的条件比较少，因此Flowable并未提供针对ResourceEntity的Query接口。

1. ResourceEntity

ACT_GE_BYTEARRAY表是一个公共表，用于存储所有静态资源信息，包括流程部署资源文件，如流程的BPMN文件、流程缩略图、表单模型、规则文件等。ResourceEntity接口的实现类为ResourceEntityImpl，该类与ACT_GE_BYTEARRAY表对应。ResourceEntityImpl类包含以下属性。

- id：资源ID，继承自AbstractEntityNoRevision类，对应ACT_GE_BYTEARRAY表的ID_字段（主键）。
- name：资源名称，对应ACT_GE_BYTEARRAY表的NAME_字段。
- bytes：资源内容，以二进制形式保存，对应ACT_GE_BYTEARRAY表的BYTES_字段。
- deploymentId：部署ID，对应ACT_GE_BYTEARRAY表的DEPLOYMENT_ID_字段，与ACT_RE_DEPLOYMENT表的ID_字段相关联。
- generated：标识对应的资源是否由系统生成，对应ACT_GE_BYTEARRAY表的GENERATED_字段。

2. ResourceEntityManager

ResourceEntityManager接口继承自EntityManager接口，支持对ACT_GE_BYTEARRAY表进行通用的增、删、改、查操作。在ResourceEntityManager接口中还定义了一些特殊的查询，如根据部署ID对资源表进行查询，相关代码如下：

```java
public interface ResourceEntityManager extends EntityManager<ResourceEntity> {
    //根据部署ID查询资源列表
    List<ResourceEntity> findResourcesByDeploymentId(String deploymentId);
    //根据部署ID和资源名称查询资源
    ResourceEntity findResourceByDeploymentIdAndResourceName(
            String deploymentId, String resourceName);
    //根据部署ID删除资源
    void deleteResourcesByDeploymentId(String deploymentId);
}
```

Flowable并未提供类似DeploymentQuery的接口用于查询ResourceEntity，核心接口RepositoryService中也没有相应的方法能创建流程资源对象的查询，那如何查询流程部署资源呢？实际上，Flowable在DeploymentEntity中提供了获取流程资源的方法，当调用该方法时，就会调用ResourceEntityManager对流程资源进行查询。其调用过程可以参阅DeploymentEntityImpl的相关代码：

```java
public class DeploymentEntityImpl extends AbstractEntityNoRevision implements
        DeploymentEntity, Serializable {

    public Map<String, ResourceEntity> getResources() {
        if (resources == null && id != null) {
            List<ResourceEntity> resourcesList = CommandContextUtil
                    .getResourceEntityManager().findResourcesByDeploymentId(id);
            resources = new HashMap<String, ResourceEntity>();
            for (ResourceEntity resource : resourcesList) {
                resources.put(resource.getName(), resource);
            }
        }
        return resources;
    }
}
```

以上代码段中加粗部分的代码调用ResourceEntityManager的findResourcesByDeploymentId()方法查询流程资源，并将查询结果保存在DeploymentEntity对象的资源Map中。因此，如果要获取流程资源，可以先查询相应的DeploymentEntity对象，再调用DeploymentEntity对象的getResources()方法。

7.4 流程部署完整示例

本节将通过一个完整的示例，演示如何执行流程部署，以及查询部署结果。

7.4.1 示例代码

示例代码如下：

```java
@Slf4j
public class DeployQueryDemo extends FlowableEngineUtil {
    @Test
    public void deploy() {
        //加载flowable配置文件并初始化工作流引擎及服务
        initFlowableEngineAndServices("flowable.cfg.xml");
        //部署流程
        Deployment deployment = repositoryService.createDeployment()
                //设置部署基本属性
                .key("HolidayRequest")
                .name("请假申请")
                .category("HR")
                .tenantId("HR")
                //添加classpath下的流程定义资源
                .addClasspathResource("processes/HolidayRequest.bpmn20.xml")
                //执行部署
                .deploy();
        log.info("部署记录: deployment_id={}, deployment_name={}",
                deployment.getId(), deployment.getName());
        //查询流程资源
        log.info("部署资源:");
        if (deployment instanceof DeploymentEntity) {
            DeploymentEntity entity = (DeploymentEntity) deployment;
            Map<String, EngineResource> resourceEntityMap = entity.getResources();
            for (Map.Entry<String, EngineResource> resourceEntity :
                    resourceEntityMap.entrySet()) {
                EngineResource entityValue = resourceEntity.getValue();
                log.info("resource_name={},
                        deployment_id={}", entityValue.getName(), entityValue.getDeploymentId());
            }
        }
        //查询流程定义
```

```
            ProcessDefinition processDefinition = repositoryService.createProcessDefinitionQuery()
                    //指定流程定义key
                    .processDefinitionKey("HolidayRequest")
                    //指定激活状态
                    .active()
                    //查找最新版本
                    .latestVersion()
                    //返回单个记录
                    .singleResult();
            log.info("流程定义:processDefinition_id={},
                    processDefinition_key={}",processDefinition.getId(),processDefinition.getKey());
        }
    }
```

以上代码执行以下步骤。

（1）调用父类FlowableEngineUtil的initFlowableEngineAndServices()方法加载工作流引擎配置文件，并初始化工作流引擎。

（2）调用repositoryService的createDeployment()方法创建DeploymentBuilder对象，并设置部署对象的key、name、category、tenantId属性，再调用addClasspathResource()方法加载类路径资源processes/HolidayRequest.bpmn20.xml，接着调用deploy()方法执行流程部署，并返回流程部署对象deployment。

（3）调用deployment对象的getResources()方法获取部署的流程资源。

（4）先调用repositoryService的createProcessDefinitionQuery()方法创建ProcessDefinitionQuery对象，再调用processDefinitionKey()方法传入参数HolidayRequest，调用active()方法设置查询条件为只查询激活状态的流程定义，调用latestVersion()方法设置查询条件为只查询最新版本的流程定义，最后调用singleResult()方法，根据查询条件查询并返回符合条件的ProcessDefinition对象。

代码运行结果如下：

```
部署记录: deployment_id=1, deployment_name=请假申请
部署资源：
resource_name=processes/HolidayRequest.HolidayRequest.png, deployment_id=1
resource_name=processes/HolidayRequest.bpmn20.xml, deployment_id=1
流程定义:processDefinition_id=HolidayRequest:1:4, processDefinition_key=HolidayRequest
```

示例代码在流程部署时只添加了一个资源processes/HolidayRequest.bpmn20.xml，但流程部署查询结果中有两个资源，其中processes/HolidayRequest.HolidayRequest.png是Flowable根据BPMN文件信息自动生成的流程缩略图。

需要注意的是，流程定义资源的扩展名必须是.bpmn20.xml或.bpmn，否则，即使部署成功，也不会生成流程定义信息——ACT_RE_PROCDEF表中不会有对应的流程定义记录，调用ProcessDefinitionQuery也查询不到流程定义对象。

7.4.2 相关表的变更

每次执行流程部署，Flowable都会向部署记录表（ACT_RE_DEPLOYMENT）、流程定义表（ACT_RE_PROCDEF）和静态资源表（ACT_GE_BYTEARRAY）中插入相应的记录。其中，ACT_RE_DEPLOYMENT为主表，ACT_RE_PROCDEF和ACT_GE_BYTEARRAY通过DEPLOYMENT_ID_字段与ACT_RE_DEPLOYMENT的主键ID_字段关联。需要注意的是，ACT_RE_PROCDEF与ACT_RE_DEPLOYMENT并没有建立数据库层面的约束关系，但是ACT_GE_BYTEARRAY与ACT_RE_DEPLOYMENT之间存在外键约束。这3张表之间的关系如图7.1所示。

7.4.1小节的示例代码执行流程部署操作成功后，可以在这3张表中看到对应的数据。其部分字段如表7.5～表7.7所示。

ACT_RE_DEPLOYMENT表中有一条记录，记录了部署操作的基本信息，如部署ID、部署时间等；ACT_GE_BYTEARRAY表中有两条记录，记录了流程的.bpmn文件和一个流程缩略图，具体内容存储在BYTES_字段中；ACT_RE_PROCDEF表中有一条记录，记录了流程定义基本信息，如流程定义ID、流程定义key、流程定义版本、挂起状态等。部署成功后，就可以根据ACT_RE_PROCDEF表的流程定义ID、流程定义key等发起流程实例，运行流程了。

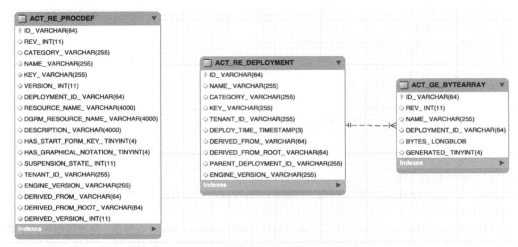

图7.1　Flowable部署相关数据表之间的关系

表7.5　ACT_RE_DEPLOYMENT表数据

ID_	NAME_	CATEGORY_	KEY_	TENANT_ID_
1	请假申请	HR	HolidayRequest	HR

表7.6　ACT_GE_BYTEARRAY表数据

ID_	REV_	NAME_	DEPLOYMENT_ID_	BYTES_	GENERATED_
2	1	processes/HolidayRequest.bpmn20.xml	1	BLOB	0
3	1	processes/HolidayRequest.HolidayRequest.png	1	BLOB	1

表7.7　ACT_RE_PROCDEF表数据

ID_	REV_	NAME_	KEY_	DEPLOYMENT_ID_	RESOURCE_NAME_
HolidayRequest:1:4	1	HolidayRequest	HolidayRequest	1	processes/HolidayRequest.bpmn20.xml

7.5　本章小结

　　本章前半部分介绍了流程部署、流程定义和资源文件的关系，详细讲解了Flowable中多种加载流程模型的方式，包括从文件系统加载、从输入流加载及手动创建流程模型等。读者在实际应用中可以根据实际情况选择合适的方式进行流程部署。

　　本章后半部分详细讲解了通过各种查询条件查询流程部署结果的方法，包括查询部署记录、流程定义及流程资源的方法。这些查询方法在实际应用中使用较多，需要读者熟练掌握。

第 8 章

开始事件与结束事件

事件是常见的BPMN流程建模元素，表示在流程中"发生"的事情。BPMN 2.0中规定了多种事件定义，这些事件定义被嵌套到不同的事件中，具备不同的功能和特性。同时，BPMN 2.0规定了事件允许出现的位置和它们的作用。流程以开始事件开始，以一个或多个结束事件终止。本章将对Flowable支持的BPMN 2.0规范定义的开始事件和结束事件展开介绍。

8.1 事件概述

事件用于表明流程的生命周期中发生了什么事。在BPMN 2.0中，事件用圆圈符号表示。按照特性分类，可以将其分为捕获（catching）事件和抛出（throwing）事件两大类。

- 捕获事件：当流程执行到该事件时，会中断执行，等待被触发。触发类型由XML定义文件中的类型声明决定。
- 抛出事件：当流程执行到该事件时，会抛出一个结果。抛出的类型由XML定义文件中的类型声明决定。

捕获事件与抛出事件在图形标记方面是根据内部图标是否被填充来区分的。捕获事件的内部图标填充为白色，而抛出事件的内部图标填充为黑色。

在业务流程中可以出现多种不同类型的事件，BPMN能够支持其中的大多数事件。总的来说，BPMN 2.0支持60多种不同类型的事件。基于事件对流程的影响，主要有三大类型的事件：开始事件、中间事件（包括边界事件）和结束事件。

8.2 事件定义

事件定义（event definition）指用于定义事件的语义。BPMN 2.0中规定了多种事件定义，这些事件定义可被嵌入不同的事件，从而组成不同类型的事件，如为空开始事件添加定时器事件定义就构成了定时器开始事件。Flowable支持的事件定义主要有以下10种：

- 定时器事件定义（timer event definition）；
- 信号事件定义（signal event definition）；
- 消息事件定义（message event definition）；
- 错误事件定义（error event definition）；
- 取消事件定义（cancel event definition）；
- 补偿事件定义（compensate event definition）；
- 终止事件定义（terminate event definition）；
- 升级事件定义（escalation event definition）；
- 条件事件定义（conditional event definition）；
- 变量监听器事件定义（variable listener event definition）。

8.2.1 定时器事件定义

定时器事件指由定时器所触发的事件，可以嵌入开始事件、边界事件和中间捕获事件。

定时器事件由timerEventDefinition元素定义，定时器事件的行为取决于它所使用的业务日历。每个定时器事件都有一个默认的业务日历，也可以通过timerEventDefinition的flowable:businessCalendarName属性指定工作流引擎配置中的自定义业务日历：

```xml
<timerEventDefinition flowable:businessCalendarName="customBusinessCalendar">
...
</timerEventDefinition>
```

其中通过flowable:businessCalendarName属性指定了名为customBusinessCalendar的业务日历，这个业务日历是在工作流引擎中配置的。关于自定义业务日历的用法，详见24.4节。当不通过flowable:businessCalendarName属性指定业务日历时，会使用默认业务日历。

timerEventDefinition必须包含且只能包含timeDate、timeDuration和timeCycle元素中的一个。

1. timeDate元素

timeDate元素用于设置在指定时间触发定时器事件，配置方式如下：

```xml
<timerEventDefinition>
    <timeDate>2022-01-01T07:30:00</timeDate>
</timerEventDefinition>
```

timeDate是使用ISO 8601格式指定的开始时间，表示在一个确定的时间触发定时器事件，以上配置表示定时器事件会在2022年1月1日7时30分触发。

需要注意的是，采用ISO 8601格式表示时间，日期和时间之间使用字母T分隔。

2. timeDuration元素

timeDuration元素用于指定某一时间段后触发定时器事件，配置方式如下：

```xml
<timerEventDefinition>
    <timeDuration>PT1H</timeDuration>
</timerEventDefinition>
```

timeDuration是使用ISO 8601格式指定的运行间隔，表示在定时器事件触发之前要等待多长时间，以上配置表示定时器事件会在1小时后触发。

ISO 8601时间间隔格式以字母P开始，同样以字母T分隔日期和时间。其中，日期的年、月、日分别用Y、M、D表示，时间的时、分、秒分别用H、M、S表示，如P1Y2M3DT4H5M6S表示间隔1年2个月3天4小时5分6秒触发定时器事件。需要注意的是，即使运行间隔没有日期只有时间，也不能省略用于分隔的字母T；如果运行间隔只有日期没有时间，可以省略T。因此，上述代码中的PT1H表示间隔1小时触发定时器事件，而间隔10天可以使用P10D表示。

3. timeCycle元素

timeCycle元素用于指定定时器事件重复执行的时间间隔，目前有两种配置方式：ISO 8601格式和Cron表达式。ISO 8601格式的配置有以下两种：

```xml
<timerEventDefinition>
    <timeCycle>R2/PT1M/${endDate}</timeCycle>
</timerEventDefinition>
```

或者

```xml
<timerEventDefinition>
    <timeCycle flowable:endDate="2025-01-01T10:00:00+00:00">R2/PT1M</timeCycle>
</timerEventDefinition>
```

在以上两种配置中，使用ISO 8601格式配置timeCycle，字母R表示需要执行的次数，如R2/PT1M表示执行两次，每次间隔1分钟。另外可以配置终止时间，这是一个可选配置，以上第一种配置在时间表达式的末尾指定表达式${endDate}，第二种配置通过timeCycle的endDate属性配置，定时器将会在指定的时间停止工作。目前，Flowable的定时器边界事件和定时器中间捕获事件支持配置endDate属性。

Cron表达式由7个子表达式组成，依次表示秒、分、时、日、月、星期、年（可选），以空格隔开。如0 0 12 ? * WED表示每星期三中午12时。Cron表达式中每个子表达式可设置的内容如表8.1所示。

表8.1　Cron表达式各子表达式可设置的内容

子表达式名	允许的值	允许的特殊字符
秒	0～59	, - * /
分	0～59	, - * /
时	0～23	, - * /

续表

子表达式名	允许的值	允许的特殊字符
日	1~31	, - * ? / L W
月	1~12或JAN~DEC	, - * /
星期	1~7或SUN~SAT	, - * ? / L #
年	1970~2099	, - * /

Cron表达式各子表达式中允许出现的特殊字符含义如下。
- *：表示所有可能的值，比如将"分"配置为"*"，表示每分钟都会触发定时器事件。
- -：表示指定范围。例如，将"分"配置为"5-20"，表示从第5分钟到第20分钟每分钟触发一次定时器事件。
- ,：表示列出枚举值。例如，将"分"配置为"5,20"，表示在第5分钟和第20分钟分别触发一次定时器事件。
- /：表示从起始时间开始触发定时器事件，然后每隔固定时间触发一次定时器事件。例如，将"分"配置为"5/20"，表示从第5分钟开始触发定时器事件，然后每隔20分钟触发一次定时器事件。
- ?：只能用在日和星期中，指"没有具体的值"。当日和星期其中之一被指定值后，为了避免冲突，需要将另外一个的值设为"?"。例如，每月10日（不论星期几）触发定时器事件，可以配置0 0 0 10 * ?，其中最后一位只能用"?"，而不能用"*"。
- L：只能用在日和星期中，表示从后向前计数。例如，将"日"配置为"6L"，表示该月的倒数第6天。
- W：只能用在日中，表示离指定日期最近的有效工作日（星期一~星期五）。例如，将"日"配置为"5W"，如果5日是星期六，则表示最近的工作日——星期五，即4日；如果5日是星期天，则表示6日（周一）；如果5日是星期一到星期五中的一天，则表示5日。
- #：只能用在星期中，用于确定每个月第几个星期的第几天（约定以星期日作为星期的第一天）。例如，将星期配置为4#2，表示某月的第二个星期三。

8.2.2 信号事件定义

信号事件是一种引用了信号的事件，可以向全局作用域下使用同样名称的信号的流程发送广播。信号事件可以嵌入开始事件、边界事件、中间捕获事件和中间抛出事件，从而组成信号开始事件、信号边界事件、信号中间捕获事件和信号中间抛出事件。

信号使用signal元素定义，被声明为流程定义definitions根元素的子元素。其属性包含id、name和scope，其中，id、name属性值不允许为空，scope属性值可以设置为global（默认值，表示事件范围为全局）或processInstance（表示限制事件范围为同一个流程实例）。信号事件使用signalEventDefinition元素定义，通过其signalRef属性引用一个信号（其值为signal的id）。以定义信号中间抛出事件为例：

```
<!-- 定义信号 -->
<signal id="theSignal" name="测试信号" flowable:scope="global"/>
<process id="signalProcess">
    <!-- 定义信号中间抛出事件 -->
    <intermediateThrowEvent id="throwSignalEvent" name="测试信号中间抛出事件">
        <!-- 包含 signalEventDefinition子元素，代表信号中间抛出事件 -->
        <signalEventDefinition signalRef="theSignal" />
    </intermediateThrowEvent>

    <!-- 其他元素省略 -->
</process>
```

在以上流程定义中，加粗部分的代码定义了两个流程元素：信号theSignal、信号中间抛出事件throwSignalEvent。其中，信号作为流程定义definitions根元素的子元素，与process元素平级，配置flowable:scope="global"说明信号事件范围是全局的；信号中间抛出事件下包含了signalEventDefinition子元素，并通过其signalRef属性引入信号，从而构成了信号中间抛出事件。

信号可以由信号中间抛出事件抛出，也可以由Flowable的API抛出。Flowable中可以通过运行时服务（org.flowable.engine.RuntimeService）的signalEventReceived()系列方法抛出一个指定的信号，如表8.2所示。

表8.2　运行时服务的signalEventReceived()系列方法

API方法	含义
signalEventReceived(String signalName)	将信号发送给全局所有订阅的处理器（广播）
signalEventReceivedWithTenantId(String signalName, String tenantId)	将信号发送给指定租户ID下所有订阅的处理器（广播）
signalEventReceivedAsync(String signalName)	将信号异步发送给全局所有订阅的处理器（广播）
signalEventReceivedAsyncWithTenantId(String signalName, String tenantId)	将信号异步发送给指定租户ID下所有订阅的处理器（广播）
signalEventReceived(String signalName, Map<String, Object> processVariables)	将信号发送给全局所有订阅的处理器（广播），同时传递流程变量
signalEventReceivedWithTenantId(String signalName, Map<String, Object> processVariables, String tenantId)	将信号发送给指定租户ID下所有订阅的处理器（广播），同时传递流程变量
signalEventReceived(String signalName, String executionId)	将信号发送给指定执行流
signalEventReceived(String signalName, String executionId, Map<String, Object> processVariables)	将信号发送给指定执行流，同时传递流程变量
signalEventReceivedAsync(String signalName, String executionId)	将信号异步发送给指定执行流

在表8.2中，参数signalName是抛出信号的name属性值。

默认情况下，信号事件与特定的流程实例无关，而是在工作流引擎全局范围内广播给所有流程实例。同时，信号事件不是一次性的，不会被消费掉。这意味着当一个流程实例抛出一个信号事件时，所有订阅这个信号的流程实例（包括不同流程定义的不同流程实例）都会接收这个信号。如果只需在同一个流程实例中响应，可以配置该信号定义的scope属性值为processInstance。如果只为某一特定的执行实例传递信号，则可以使用表8.2中的runtimeService.signalEventReceived(String signalName, String executionId)方法实现。查询订阅了某一信号事件的所有执行实例可以通过Flowable的运行时服务实现，示例代码如下：

```
List<Execution> executions = runtimeService.createExecutionQuery()
        .signalEventSubscriptionName("测试信号")
        .list();
```

8.2.3　消息事件定义

在BPMN 2.0规范中，消息表示流程参与者的沟通信息对象。消息事件是一种引用了消息的事件。与信号不同的是，消息只能指向一个接收对象，而不能像信号那样全局广播。消息事件可以嵌入开始事件、边界事件和中间捕获事件中构成消息开始事件、消息边界事件和消息中间事件。消息使用message元素定义，被声明为流程定义definitions根元素的子元素，属性包含id和name。消息事件使用messageEventDefinition元素定义，通过其messageRef属性引用一个消息（其值为message的id）。以定义消息中间捕获事件为例：

```
<!-- 定义消息 -->
<message id="theMessage" name="测试消息" />
<process id="messageProcess">
    <!-- 定义消息中间捕获事件 -->
    <intermediateCatchEvent id="catchMessageEvent" name="测试消息中间事件">
        <!-- 包含 messageEventDefinition子元素，代表消息中间事件 -->
        <messageEventDefinition messageRef="theMessage" />
    </intermediateCatchEvent>

    <!-- 其他元素省略 -->
</process>
```

在以上流程定义中，加粗部分的代码定义了两个流程元素：消息theMessage和消息中间事件catchMessageEvent。其中，message作为流程定义definitions根元素的子元素，与process元素平级；中间捕获事件下包含messageEventDefinition子元素，并通过其messageRef属性引用消息，从而构成消息中间事件。

如果消息需要被运行中的流程实例处理，先要根据消息找到对应的执行实例，然后抛出消息。根据消息找到对应的执行实例可以通过Flowable的运行时服务实现，示例代码如下：

```
List<Execution> executions = runtimeService.createExecutionQuery()
        .messageEventSubscriptionName("测试消息")
        .list();
```

匹配对应的执行实例后，可以通过调用Flowable运行时服务的messageEventReceived()系列方法抛出消息。Flowable的运行时服务messageEventReceived()系列方法如表8.3所示。

表8.3 运行时服务的messageEventReceived()系列方法

API方法	含义
messageEventReceived(String messageName, String executionId)	将消息发送给指定执行流
messageEventReceived(String messageName, String executionId, Map\<String, Object\> processVariables)	将消息发送给指定执行流，同时传递流程变量
messageEventReceivedAsync(String messageName, String executionId)	将消息异步发送给指定执行流

8.2.4 错误事件定义

BPMN错误与Java异常没有直接关联。BPMN错误事件主要用于表示流程中出现的业务异常。例如，在财务审计流程中，有一个环节是审计财务状况是否正常，如果发现财务状况异常，则触发事先定义好的错误事件，进入特定的处理流程。

BPMN错误使用error元素定义，被声明为流程定义definitions根元素的子元素，其属性包含id、name和errorCode，其中id属性值不允许为空。在处理业务时抛出相应的异常代码，工作流引擎会根据该异常代码匹配对应的错误事件（errorCode跟异常代码相同）。如果errorCode属性为空，则表示可以匹配所有错误事件。错误事件使用errorEventDefinition元素定义，通过其errorRef属性引用一个BPMN错误（其值为error元素的id）。

错误事件可以嵌入开始事件、边界事件和结束事件，从而构成错误开始事件、错误边界事件和错误结束事件。错误事件只会出现在流程的以下位置：

❑ 活动（如任务、子流程）边界上，以错误边界事件的形式出现；
❑ 流程结束处，以错误结束事件的形式出现；
❑ 子流程开始处，以错误开始事件的形式出现。

8.2.5 取消事件定义

在BPMN 2.0规范中，取消事件通常搭配事务子流程使用。取消事件可以嵌入边界事件和结束事件，构成取消边界事件和取消结束事件。取消事件使用cancelEventDefinition元素定义。

8.2.6 补偿事件定义

当一个流程操作完成后，其结果可能不符合预期，这时可以使用补偿机制对已经成功完成的流程操作进行补偿处理。补偿事件主要用于触发补偿机制。Flowable目前支持将补偿事件嵌入边界事件和中间抛出事件，构成补偿边界事件和补偿中间抛出事件。补偿事件使用compensateEventDefinition元素定义。

8.2.7 终止事件定义

终止事件搭配结束事件使用，构成终止结束事件，主要用于终止流程或子流程。如果在流程实例中使用它，则整个流程会被终止；如果在子流程中使用它，则该子流程会被终止。终止事件使用terminateEventDefinition元素定义。

8.2.8 升级事件定义

升级事件是一种引用了升级的事件。升级事件是用于子流程给主流程，或子流程与其平级的子流程之间传递信息的事件。升级事件可以嵌入开始事件、边界事件、中间抛出事件和结束事件，从而组成升级开始事件、升级边界事件、升级中间抛出事件和升级结束事件。升级事件与错误事件不同，它会从抛出的位置继续执行。如果没有捕获器捕获对应的升级事件，则该事件不会被处理。

升级使用escalation元素定义，被声明为流程定义definitions根元素的子元素。其属性包含id、name和escalationCode，其中，id、escalationCode属性值不允许为空。升级事件使用escalationEventDefinition元素定义，通过其escalationRef属性引用一个升级（其值为escalation元素的id）。以定义升级开始事件为例：

```
<!-- 定义升级 -->
<escalation id="theEscalation" name="测试升级" escalationCode="theEscalationCode"/>
```

```xml
<process id="escalationProcess">
    <!-- 定义升级开始事件 -->
    <startEvent id="escalationStartEvent" name="测试升级开始事件" isInterrupting="true">
        <escalationEventDefinition escalationRef="theEscalation"/>
    </startEvent>

    <!-- 其他元素省略 -->
</process>
```

在以上流程定义中，加粗部分的代码定义了两个流程元素：升级theEscalation、升级开始事件escalationStartEvent。其中，escalation作为流程定义definitions根元素的子元素，与process元素平级；开始事件下包含了escalationEventDefinition子元素，并通过其escalationRef属性引用升级，从而构成了升级开始事件。

8.2.9 条件事件定义

条件事件是一种等待事件，只有在给定条件被求值为true时才会触发。它可以嵌入开始事件、边界事件和中间捕获事件。条件事件只能是捕获事件。

条件事件由conditionalEventDefinition元素定义，它必须包含一个condition子元素用于判定条件事件是否触发。示例代码如下：

```xml
<conditionalEventDefinition>
    <condition type="tFormalExpression">${num > 10}</condition>
</conditionalEventDefinition>
```

上面配置的条件是支持EL表达式的，通过调用RuntimeService的以下两个API接口可以检查流程中的条件事件并评估它们的条件，如果条件满足，则会触发相应的条件事件：

- void evaluateConditionalEvents(String processInstanceId);
- void evaluateConditionalEvents(String processInstanceId, Map<String, Object> processVariables)。

8.2.10 变量监听器事件定义

变量监听器事件指由流程变量变化所触发的事件，可以嵌入开始事件、边界事件和中间捕获事件。变量监听器事件作为扩展属性存在于这些事件的extensionElements下，通过flowable:variableListenerEventDefinition元素定义，包含variableName和variableChangeType属性。以定义变量监听器事件为例：

```xml
<startEvent id="variableListenerStartEvent" isInterrupting="true">
    <extensionElements>
        <flowable:variableListenerEventDefinition variableName="totalNum"
            variableChangeType="createupdate"/>
    </extensionElements>
</startEvent>
```

在以上配置中，加粗部分的代码配置了一个变量监听器事件，它作为扩展属性存在于开始任务下。变量监听器事件的variableName属性用于指定监听的变量名；variableChangeType属性用于指定监听变量变化类型，其值可配置为create、update、createupdate和all。

8.3 开始事件

开始事件表示流程的开始，定义流程如何启动，如流程在接收事件时启动、在指定时间启动等。

在BPMN 2.0中，开始事件可以划分为以下8种类型：

- 空开始事件（none start event）；
- 定时器开始事件（timer start event）；
- 信号开始事件（signal start event）；
- 消息开始事件（message start event）；
- 错误开始事件（error start event）；
- 升级开始事件（escalation start event）；
- 条件开始事件（conditional start event）；
- 变量监听器开始事件（variable listener start event）。

在图形表示上，不同类型的开始事件以内部的白色小图标来区分。在XML表示中，这些类型是通过声明不同的子元素来区分的。所有开始事件都是捕获事件，从概念上讲，这些事件（任何时候）会一直等待，需要由具体的动作或事件来触发。

8.3.1 空开始事件

空开始事件意味着没有指定启动流程实例的触发条件。它是最常见的一种开始事件，一般需要人工启动，或通过API触发。需要注意的是，在内嵌子流程中必须有空开始事件，因为子流程需要被主流程调用发起。

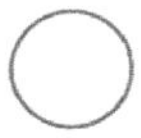

1．图形标记

空开始事件表示为空圆圈，表示未指定触发类型，如图8.1所示。

图8.1 空开始事件图形标记

2．XML内容

空开始事件的XML表示格式就是普通的开始事件声明，不附带任何子元素（其他种类的开始事件都附带子元素，用于声明其类型），代码如下：

```
<startEvent id="noStartEvent" name="NoStartEvent" flowable:initiator="INITIATOR"/>
```

其中，initiator为可选属性，用于指定保存认证用户ID的变量名，在流程启动时，发起人ID会保存在这个变量中。上述配置中会将流程发起人ID保存在名称为INITIATOR的变量中。认证用户调用IdentityService.setAuthenticatedUserId(String)方法进行设置时，Flowable采用的是线程变量的方式，因此需要及时释放该变量。以下示例是确保能在finally块中释放的：

```
try {
    identityService.setAuthenticatedUserId("hebo");
    runtimeService.startProcessInstanceByKey("myProcessKey");
} finally {
    identityService.setAuthenticatedUserId(null);
}
```

这段代码执行后，流程实例下会创建一个名称为INITIATOR的变量，其值为hebo。

3．使用示例

开始事件无须指定触发条件，可以由API触发。在Flowable中可以通过调用运行时服务中名称以startProcessInstanceBy开头的各种方法发起流程实例，如表8.4所示。

表8.4 运行时服务的"startProcessInstanceBy…"系列方法

API方法	含义
startProcessInstanceById(String processDefinitionId)	通过流程实例定义编号发起流程实例
startProcessInstanceById(String processDefinitionId, Map<String,Object> variables)	通过流程实例定义编号发起流程实例，并初始化流程变量
startProcessInstanceById(String processDefinitionId, String businessKey)	通过流程实例定义编号和指定的业务主键发起流程实例
startProcessInstanceById(String processDefinitionId, String businessKey, Map<String,Object> variables)	通过流程实例定义编号和指定的业务主键发起流程实例，并初始化流程变量
startProcessInstanceByKey(String processDefinitionKey)	通过流程实例定义key发起流程实例
startProcessInstanceByKey(String processDefinitionKey, Map<String,Object> variables)	通过流程实例定义key发起流程实例，并初始化流程变量
startProcessInstanceByKey(String processDefinitionKey, String businessKey)	通过流程实例定义key和指定的业务主键发起流程实例
startProcessInstanceByKey(String processDefinitionKey, String businessKey, Map<String,Object> variables)	通过流程实例定义key和指定的业务主键发起流程实例，并初始化流程变量
startProcessInstanceByKeyAndTenantId (String processDefinitionKey, Map<String,Object> variables, String tenantId)	通过流程实例定义key和指定的租户ID发起流程实例，并初始化流程变量
startProcessInstanceByKeyAndTenantId (String processDefinitionKey, String tenantId)	通过流程实例定义key和指定的租户ID发起流程实例
startProcessInstanceByKeyAndTenantId(String processDefinitionKey, String businessKey, Map<String,Object> variables, String tenantId)	通过流程实例定义key和指定的业务主键、租户ID发起流程实例，并初始化流程变量

API方法	含义
startProcessInstanceByKeyAndTenantId(String processDefinitionKey, String businessKey, String tenantId)	通过流程实例定义key和指定的业务主键、租户ID发起流程实例

8.3.2 定时器开始事件

定时器开始事件用于在指定的时间启动一个流程，或者在指定周期内循环启动多次流程，如在2025年1月1日10时整发起年度目标审核流程，或每月1日0时启动账务结算处理流程。当满足设定的时间条件时，定时器开始事件被触发，从而启动流程。

需要注意的是，使用定时器开始事件需要开启Flowable的作业执行器（参阅3.4.2小节）。

1. 图形标记

定时器开始事件表示为带有定时器图标的圆圈，如图8.2所示。

图8.2 定时器开始事件图形标记

2. XML内容

定时器开始事件的XML内容是在普通开始事件的定义中嵌入一个定时器事件。定时器开始事件的定义格式如下：

```xml
<!-- 定义开始节点 -->
<startEvent id="timerStart" >
    <timerEventDefinition>
        <!-- 流程会根据指定的时间启动一次 -->
        <timeDate>2024-03-14T12:13:14</timeDate>
    </timerEventDefinition>
</startEvent>
```

3. 使用示例

下面看一个定时器开始事件的使用示例，如图8.3所示。该流程为数据上报流程，在指定的时间间隔后启动，流转到"数据上报"用户任务节点，在完成该任务后结束。

该流程对应的XML内容如下：

```xml
<process id="timerStartEventProcess" name="定时器开始事件示例流程">
    <!-- 定义定时器开始事件 -->
    <startEvent id="start">
        <timerEventDefinition>
            <timeDuration>PT1M</timeDuration>
        </timerEventDefinition>
    </startEvent>
    <userTask id="task1" name="数据上报"/>
    <endEvent id="end"/>
    <sequenceFlow id="seqFlow1" sourceRef="start" targetRef="task1"/>
    <sequenceFlow id="seqFlow2" sourceRef="task1" targetRef="end"/>
</process>
```

图8.3 定时器开始事件示例流程

在以上流程定义中，加粗部分的代码定义了一个定时器开始事件，为定时器配置了timeDuration子元素，PT1M表示定时器开始事件将在1分钟后触发。

加载该流程模型并执行相应流程控制的示例代码如下：

```java
@Slf4j
public class RunTimerStartEventProcessDemo extends FlowableEngineUtil {
    @Test
    public void runTimerStartEventProcessDemo() throws Exception {
        //加载Flowable配置文件并初始化工作流引擎及服务
```

```
        initFlowableEngineAndServices("flowable.job.xml");
        //部署流程
        ProcessDefinition procDef =
                deployResource("processes/TimerStartEventProcess.bpmn20.xml");

        //暂停90秒
        Thread.sleep(1000 * 90);

        //查询任务个数
        TaskQuery taskQuery = taskService.createTaskQuery()
                .processDefinitionId(procDef.getId());
        log.info("流程实例中任务个数为: {}", taskQuery.count());
        Task task = taskQuery.singleResult();
        log.info("当前任务名称为: {}", task.getName());
        //完成任务
        taskService.complete(task.getId());
    }
}
```

以上代码先初始化工作流引擎并部署流程,暂停90秒后查询用户任务数,最后完成该任务。需要注意的是,在工作流引擎配置文件**flowable.job.xml**中通过配置工作流引擎的**asyncExecutorActivate**属性为**true**开启了作业执行器。代码运行结果如下:

```
19:37:05,373 [main] INFO    RunTimerStartEventProcessDemo    - 流程实例中任务个数为: 1
19:37:05,373 [main] INFO    RunTimerStartEventProcessDemo    - 当前任务名称为: 数据上报
```

从代码运行结果可知,流程中存在名称为"数据上报"的用户任务。这个流程是在60秒时由定时器开始事件启动的。

4. 注意事项

使用定时器开始事件时的注意事项如下。
- 子流程中不能嵌入定时器开始事件。
- 定时器开始事件是从流程部署开始计时的,到了指定的时间点会自动触发,无须调用运行时服务的"startProcessInstanceBy..."系列方法发起流程实例。如果调用,则会在定时启动之外额外启动一个流程。
- 当嵌入定时器开始事件的流程部署新版本时,上一版本流程中的定时器作业会被移除(从而被当成一个普通的空开始事件处理),这是因为通常并不需要旧版本的流程仍然自动发起新的流程实例。

8.3.3 信号开始事件

信号开始事件在接收到特定的信号后被触发,发起一个流程实例。如果有多个流程含有相同信号名称的信号开始事件,那么它们都会被触发。

1. 图形标记

信号开始事件表示为带有信号事件图标(三角形)的圆圈。信号事件图标是未填充的,表示捕获语义,如图8.4所示。

图8.4 信号开始事件图形标记

2. XML内容

信号开始事件的XML内容是在普通开始事件定义中嵌入一个信号事件定义。信号开始事件的定义格式如下:

```xml
<!-- 定义信号 -->
<signal id="theSignal" name="The Signal" />
<process id="signalStartProcess">
    <!-- 定义开始节点 -->
    <startEvent id="signalStart" >
        <!-- 包含 signalEventDefinition子元素,代表信号开始事件 -->
        <signalEventDefinition signalRef="theSignal" />
    </startEvent>

    <!-- 其他元素省略 -->
</process>
```

在以上流程定义中,加粗部分的代码定义了两个流程元素:信号theSignal和信号开始事件signalStart。其

中，信号的id属性值为theSignal，开始事件通过signalEventDefinition子元素嵌入信号定义，并通过设置其signalRef属性值为theSignal引用该信号，从而构成信号开始事件。

信号开始事件的触发方式通常有以下3种：
- 由流程中的信号中间抛出事件抛出信号，所有订阅了该信号的信号开始事件所在的流程定义都会被启动；
- 通过Flowable API（运行时服务中名称以signalEventReceived开头的方法）抛出一个信号，所有订阅了该信号的信号开始事件所在的流程定义都会被启动；
- 作为普通开始事件，启动流程。

8.3.4 消息开始事件

消息开始事件在接收到特定的消息后被触发，发起一个流程实例。

1．图形标记

消息开始事件表示为带有消息事件图标（信封）的圆圈。消息事件图标是未填充的，表示捕获语义，如图8.5所示。

图8.5 消息开始事件图形标记

2．XML内容

消息开始事件的XML内容是在普通开始事件定义中嵌入一个消息事件定义。消息开始事件的定义格式如下：

```xml
<!-- 定义消息 -->
<message id="theMessage" name="newMessageName" />
<process id="messageStartEventProcess">
    <!-- 定义开始节点 -->
    <startEvent id="messageStart" >
        <!-- 包含 messageEventDefinition子元素，代表消息开始事件 -->
        <messageEventDefinition messageRef="theMessage" />
    </startEvent>

    <!-- 其他元素省略 -->
</process>
```

在以上流程定义中，加粗部分的代码定义了两个流程元素：消息theMessage和消息开始事件messageStart。其中，消息的id属性值为theMessage；开始事件通过messageEventDefinition子元素嵌入消息事件定义，并通过设置其messageRef属性值为theMessage引用该消息，从而构成消息开始事件。

消息开始事件需要由指定的消息触发，Flowable运行时服务提供了startProcessInstanceByMessage()系列方法，如表8.5所示。使用这些API方法可以通过消息开始事件发起一个流程实例。

表8.5 运行时服务的startProcessInstanceByMessage()系列方法

API方法	含义
startProcessInstanceByMessage(String messageName)	通过消息名称发起流程实例
startProcessInstanceByMessageAndTenantId(String messageName, String tenantId)	通过消息名称、租户ID发起流程实例
startProcessInstanceByMessage(String messageName, String businessKey)	通过消息名称、业务主键发起流程实例
startProcessInstanceByMessageAndTenantId(String messageName, String businessKey, String tenantId)	通过消息名称、业务主键和租户ID发起流程实例
startProcessInstanceByMessage(String messageName, Map<String, Object> processVariables)	通过消息名称、流程变量发起流程实例
startProcessInstanceByMessageAndTenantId(String messageName, Map<String, Object> processVariables, String tenantId)	通过消息名称、流程变量和租户ID发起流程实例
startProcessInstanceByMessage(String messageName, String businessKey, Map<String, Object< processVariables)	通过消息名称、业务主键和流程变量发起流程实例
startProcessInstanceByMessageAndTenantId(String messageName, String businessKey, Map<String, Object> processVariables, String tenantId)	通过消息名称、业务主键、流程变量和租户ID发起流程实例

在以上方法中，参数messageName是messageEventDefinition的messageRef属性引用的message元素的name属性。使用这些API需要注意以下事项。

- 如果流程定义中有多个消息开始事件，那么startProcessInstanceByMessage()系列方法会选择对应的开始事件。
- 如果流程定义中既有消息开始事件又有一个空开始事件，那么startProcessInstanceByKey()方法和startProcessInstanceById()方法会使用空开始事件发起流程实例。
- 如果流程定义中有多个消息开始事件，而没有空开始事件，那么startProcessInstanceByKey()方法和startProcessInstanceById()方法会抛出异常。
- 如果流程定义中只有一个消息开始事件，那么startProcessInstanceByKey()方法和startProcessInstanceById()方法会通过这个消息开始事件发起流程实例。
- 如果被启动的流程是一个调用活动（call activity）并且有多个开始事件，那么该流程定义中除了含有消息开始事件，还需要含有一个空开始事件；或者该调用活动中只有一个消息开始事件。

3. 使用示例

下面看一个消息开始事件的使用示例，如图8.6所示。该流程为数据上报流程，在接收到指定消息后启动，然后流转到"数据上报"用户任务节点，在完成该任务后结束。

图8.6 消息开始事件示例流程

该流程对应的XML内容如下：

```xml
<!-- 定义消息 -->
<message id="theMessage" name="dataReportingMessage"/>
<process id="messageStartEventProcess" name="消息开始事件示例流程">
    <!-- 定义消息开始事件 -->
    <startEvent id="messageStart">
        <messageEventDefinition messageRef="theMessage"/>
    </startEvent>
    <userTask id="task1" name="数据上报"/>
    <endEvent id="end"/>
    <sequenceFlow id="seqFlow1" sourceRef="task1" targetRef="end"/>
    <sequenceFlow id="seqFlow2" sourceRef="messageStart" targetRef="task1"/>
</process>
```

在以上流程定义中，加粗部分的代码定义了两个流程元素：消息theMessage和消息开始事件messageStart，消息开始事件messageStart的消息定义引用了消息theMessage。

加载该流程模型并执行相应流程控制的示例代码如下：

```java
@Slf4j
public class RunMessageStartEventProcessDemo extends FlowableEngineUtil {
    @Test
    public void runMessageStartEventProcessDemo() {
        //加载Flowable配置文件并初始化工作流引擎及服务
        initFlowableEngineAndServices("flowable.cfg.xml");
        //部署流程
        deployResource("processes/MessageStartEventProcess.bpmn20.xml");

        //通过API发起流程
        ProcessInstance processInstance = runtimeService
                .startProcessInstanceByMessage("dataReportingMessage");
        //查询任务
        Task task = taskService.createTaskQuery()
                .processInstanceId(processInstance.getId()).singleResult();
        log.info("当前任务名称为: {}", task.getName());
        //完成任务
        taskService.complete(task.getId());
    }
}
```

以上代码先初始化工作流引擎并部署流程,然后通过Flowable的API发起流程(加粗的代码),最后查询用户任务并办理。代码运行结果如下:

```
08:24:18,967 [main] INFO  RunMessageStartEventProcessDemo  - 当前任务名称为:数据上报
```

4. 注意事项

在部署包含一个或多个消息开始事件的流程定义时,需要注意以下事项。

- 在一个流程定义中,消息开始事件引用的消息的名称必须是唯一的。如果流程定义中有两个及两个以上消息开始事件引用了同一个消息,或两个及两个以上消息开始事件引用了拥有相同名称的消息,Flowable部署流程定义时会抛出异常。
- 在所有已部署的流程定义中,消息开始事件引用的消息的名称必须是唯一的。如果在流程定义中,一个或多个消息开始事件引用了已经部署的另一流程定义中消息开始事件的消息名称,则Flowable会在部署该流程定义时抛出异常。
- 在发布新版流程定义时,会取消上一版本的消息订阅,即使在新版本中并没有该消息事件。
- 只有顶级流程(top-level process)才支持消息开始事件,内嵌子流程不支持消息开始事件。如果流程被调用活动启动,消息开始事件只支持以下两种情况:在消息开始事件以外,还有一个单独的空开始事件;流程只有一个消息开始事件,没有空开始事件。

8.3.5 错误开始事件

错误开始事件可以触发一个事件子流程,且总是在另外一个流程异常结束时触发。

BPMN 2.0规定了错误开始事件只能在事件子流程中被触发,不能在其他流程中被触发,包括顶级流程、嵌套子流程和调用活动。

1. 图形标记

错误开始事件表示为带有错误事件图标(闪电)的圆圈。错误事件图标是未填充的,表示捕获语义,如图8.7所示。

2. XML内容

错误开始事件的XML内容是在普通开始事件定义中嵌入一个错误事件定义。错误开始事件的定义格式如下:

图8.7 错误开始事件图形标记

```xml
<!-- 定义消息 -->
<error id="theError" errorCode="theErrorCode"/>
<process id="errorStartEventProcess">
    <!-- 定义开始节点 -->
    <startEvent id="errorStart" >
        <!-- 包含 errorEventDefinition子元素,代表错误开始事件 -->
        <errorEventDefinition errorRef="theError" />
    </startEvent>

    <!-- 其他元素省略 -->
</process>
```

在以上流程定义中,加粗部分的代码定义了两个流程元素:BPMN错误theError和错误开始事件errorStart。其中,BPMN错误的id属性值为theError;开始事件通过errorEventDefinition子元素嵌入错误事件定义,并通过设置其errorRef属性值为theError引用该BPMN错误,从而构成错误开始事件。

> **提示**:错误开始事件不能独立存在,必须存在于事件子流程中。错误开始事件可以用来触发一个事件子流程。错误开始事件不能用来启动流程实例。错误开始事件都是中断事件。

3. 使用示例

下面看一个错误开始事件的使用示例,如图8.8所示。该流程为财务审计流程,发起后流转到"财务审计"服务任务节点,执行相关操作时若发现账务问题则抛出异常信息。此时异常信息被事件子流程的错误开始事件捕获,启动"上报财务主管事件子流程",流程流转到"上报财务主管"服务任务节点执行相关操作。

8.3 开始事件 151

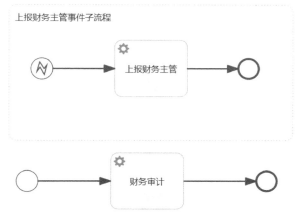

图8.8 错误开始事件示例流程

该流程对应的XML内容如下:

```xml
<!-- 定义id为financialError的错误 -->
<error id="financialError" errorCode="financialErrorCode"/>
<process id="errorStartEventProcess" name="错误开始事件示例流程">
    <startEvent id="startEvent1"/>
    <serviceTask id="serviceTask1" name="财务审计" flowable:class=
        "com.bpm.example.startevent.demo.delegate.FinancialAuditDelegate"/>
    <sequenceFlow id="sequenceFlow1" sourceRef="startEvent1" targetRef="serviceTask1"/>
    <endEvent id="endEvent1"/>
    <sequenceFlow id="sequenceFlow2" sourceRef="serviceTask1" targetRef="endEvent1"/>
    <!--triggeredByEvent配置必须为true，默认是false-->
    <subProcess id="subProcess1" name="上报财务主管事件子流程" flowable:exclusive="true"
        triggeredByEvent="true">
        <!-- 定义错误开始事件 -->
        <startEvent id="startEvent2" flowable:isInterrupting="true">
            <errorEventDefinition errorRef="financialError"/>
        </startEvent>
        <serviceTask id="serviceTask2" name="上报财务主管" flowable:class=
            "com.bpm.example.startevent.demo.delegate.ReportFinanceOfficerDelegate"/>
        <endEvent id="endEvent2"/>
        <sequenceFlow id="sequenceFlow3" sourceRef="startEvent2" targetRef="serviceTask2"/>
        <sequenceFlow id="sequenceFlow4" sourceRef="serviceTask2" targetRef="endEvent2"/>
    </subProcess>
</process>
```

在以上流程定义中，先定义id为financialError的错误（第一处加粗的代码），再在事件子流程的开始事件startEvent2中通过errorEventDefinition子元素的errorRef属性引用该错误（第二处加粗的代码），构成错误开始事件。流程定义中使用了服务任务，其使用方法可参阅11.1节。

"财务审计"服务任务的委托类内容如下:

```java
@Slf4j
public class FinancialAuditDelegate implements JavaDelegate {
    @Override
    public void execute(DelegateExecution execution) {
        log.error("财务审计异常，抛出错误！");
        //抛出错误，子流程的错误开始事件会捕获
        throw new BpmnError("financialErrorCode");
    }
}
```

在以上代码中，加粗部分的代码抛出了errorCode为financialErrorCode的BPMN错误。

"上报财务主管"服务任务的委托类内容如下:

```java
@Slf4j
public class ReportFinanceOfficerDelegate implements JavaDelegate {
    @Override
    public void execute(DelegateExecution delegateExecution) {
```

```
            log.info("发现财务审计异常,上报财务主管!");
    }
}
```

加载该流程模型并执行相应流程控制的示例代码如下:

```
@Slf4j
public class RunErrorStartEventProcessDemo extends FlowableEngineUtil {
    @Test
    public void runErrorStartEventProcessDemo() {
        //加载Flowable配置文件并初始化工作流引擎及服务
        initFlowableEngineAndServices("flowable.cfg.xml");
        //部署流程
        deployResource("processes/ErrorStartEventProcess.bpmn20.xml");

        //发起流程
        ProcessInstance procInst = runtimeService
                .startProcessInstanceByKey("errorStartEventProcess");
        log.info("流程实例id: {}", procInst.getId());
    }
}
```

在以上代码中,先初始化工作流引擎并部署流程,然后发起流程实例,自动执行主流程的服务任务抛出错误,子流程的错误开始事件捕获到错误后执行服务任务。代码运行结果如下:

```
18:00:41,976 [main] ERROR FinancialAuditDelegate    - 财务审计异常,抛出错误!
18:00:41,984 [main] INFO  ReportFinanceOfficerDelegate - 发现财务审计异常,上报财务主管!
18:00:42,017 [main] INFO  RunErrorStartEventProcessDemo - 流程实例id: 5
```

8.3.6 升级开始事件

升级开始事件只能用于触发事件子流程,而不能用于启动流程实例。

1. 图形标记

升级开始事件表示为带有升级事件图标(箭头)的圆圈。升级事件图标是未填充的,表示捕获语义,如图8.9所示。

图8.9 升级开始事件图形标记

2. XML内容

升级开始事件的XML内容是在普通开始事件定义中嵌入一个升级事件定义。升级开始事件的定义格式如下:

```
<!-- 定义升级 -->
<escalation id="theEscalation" name="升级" escalationCode="theEscalationCode"/>
<process id="escalationStartEventProcess">
    <!-- 定义开始节点 -->
    <startEvent id="escalationStart" >
        <!-- 包含escalationEventDefinition子元素,代表升级开始事件 -->
        <escalationEventDefinition escalationRef="theEscalation"/>
    </startEvent>

    <!-- 其他元素省略 -->
</process>
```

在以上流程定义中,加粗部分的代码定义了两个流程元素:BPMN升级theEscalation和升级开始事件escalationStart。其中,BPMN升级的id属性值为theEscalation;开始事件通过escalationEventDefinition子元素嵌入升级事件定义,并通过设置其escalationRef属性值为theEscalation引用该BPMN升级,从而构成升级开始事件。

如果没有设置escalationRef,或者escalationCode属性引用的升级没有提供,升级开始事件所在的事件子流程会被任何升级事件触发。如果设置了escalationRef,升级开始事件子流程只会被定义了escalationCode的升级事件触发。

提示:升级开始事件不能独立存在,必须存在于事件子流程中。升级开始事件可以用来触发一个事件子流程。带有升级开始事件的事件子流程只能被在相同作用域或者子作用域的升级事件触发。

升级开始事件的使用示例请参见9.2.8小节。

8.3.7 条件开始事件

条件开始事件只能用于事件子流程。条件开始事件用于根据特定条件来启动子流程。当满足条件时，子流程会被启动并执行。

1．图形标记

条件开始事件表示为带有条件事件图标（四条横线）的圆圈。条件事件图标是未填充的，表示捕获语义，如图8.10所示。

2．XML内容

条件开始事件的XML内容是在普通开始事件定义中嵌入一个条件事件定义。条件开始事件的定义格式如下：

图8.10 条件开始事件图形标记

```xml
<!-- 定义条件开始事件 -->
<startEvent id="conditionalStartEvent">
    <conditionalEventDefinition>
        <condition>${num>10}</condition>
    </conditionalEventDefinition>
</startEvent>
```

当部署使用条件开始事件的流程定义时，需要注意以下两点。

- 在一个流程定义中的条件开始事件的条件必须是唯一的，即一个流程定义中不允许有多个条件开始事件引用相同的条件。如果多个条件开始事件包含相同的条件，则在部署流程时工作流引擎会抛出异常。
- 在部署一个流程定义的新版本时，之前版本的条件订阅将会被取消。新版本中没有提供的条件事件也会被取消。

条件开始事件用于事件子流程可以是可中断的，也可以是不可中断的。需要注意的是，事件子流程只能有一个开始事件。

条件开始事件的用法详见9.2.6小节。

8.3.8 变量监听器开始事件

变量监听器开始事件可以通过监听指定变量的变化来发起流程实例。

1．图形标记

变量监听器开始事件表示为带有变量监听器事件图标（五边形）的圆圈。变量监听器事件图标是未填充的，表示捕获语义，如图8.11所示。

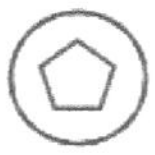

图8.11 变量监听器开始事件图形标记

2．XML内容

变量监听器开始事件的XML内容是在普通开始事件定义中嵌入一个变量监听器事件定义。变量监听器开始事件的定义格式如下：

```xml
<startEvent id="variableListenerEventStartEvent">
    <extensionElements>
        <flowable:variableListenerEventDefinition variableName="variableName" variableChangeType=
            "createupdate"/>
    </extensionElements>
</startEvent>
```

在以上配置中，加粗部分的代码配置了一个变量监听器事件，它作为扩展属性存在于开始事件下。变量监听器事件的variableName属性用于指定监听的变量名，variableChangeType用于指定监听变量变化类型，其值可配置为create、update、createupdate和all。

变量监听器开始事件的用法详见9.2.7小节。

8.4 结束事件

结束事件表示流程或分支的结束。结束事件总是抛出事件，这意味着当流程执行到结束事件时，会抛出一个结果。

在BPMN 2.0中，结束事件可以划分为以下5种类型：

- 空结束事件（none end event）；

- 错误结束事件（error end event）；
- 取消结束事件（cancel end event）；
- 终止结束事件（terminate end event）；
- 升级结束事件（escalation end event）。

在图形表示上，不同类型的结束事件以内部的黑色小图标区分。在XML表示中，这些类型通过声明不同的子元素区分。

8.4.1 空结束事件

空结束事件是最常见的一种结束事件，也是最简单的一种结束事件。只需将结束事件置于流程或分支的末节点，当一个流程实例流转到该节点时，工作流引擎就会结束该流程实例或分支。结束事件总是抛出事件，但空结束事件不处理抛出结果，可以理解为流程或分支正常结束，无须执行其他的操作。

需要注意的是，当流程实例中有多个流程分支被激活时，只有当最后一个分支触发空结束事件且执行结束后，流程实例才结束。

1．图形标记

空结束事件表示为空心粗边圆圈，表示无结果类型，如图8.12所示。

2．XML内容

空结束事件的XML内容是普通结束事件声明，不包含任何子元素（其他类型的结束事件都包含子元素，用于声明其类型）。其定义格式如下：

图8.12　空结束事件图形标记

```
<endEvent id = "endEvent1" name="noneEndEvent"/>
```

8.4.2 错误结束事件

流程流转到错误结束事件时，会结束当前的流程分支，并抛出错误。该错误可以被事件子流程中引用相同错误码的错误开始事件捕获，从而启动事件子流程。也可以被错误边界事件捕获。

错误结束事件一般用在内嵌子流程或调用活动中，错误抛出后触发依附在边界上的错误边界事件。如果错误没有被任何错误开始事件或错误边界事件捕获，工作流引擎会抛出异常。

1．图形标记

错误结束事件表示为带有错误事件图标的粗边圆圈。错误图标填充颜色，表示抛出语义，如图8.13所示。

2．XML内容

错误结束事件的XML内容是在结束事件定义中嵌入一个错误事件定义。错误结束事件的定义格式如下：

图8.13　错误结束事件图形标记

```
<!-- 定义消息 -->
<error id="theError" errorCode="theErrorCode"/>
<process id="errorEndEventProcess">
    <!-- 定义结束节点 -->
    <endEvent id="errorEnd">
        <!-- 包含errorEventDefinition子元素，代表错误结束事件 -->
        <errorEventDefinition errorRef="theError" />
    </endEvent>

    <!-- 其他元素省略 -->
</process>
```

以上流程定义中，加粗部分的代码分别定义了两个流程元素：BPMN错误theError和错误结束事件errorEnd。其中，BPMN错误的id属性值为theError；结束事件通过errorEventDefinition子元素嵌入一个错误事件定义，并通过设置其errorRef属性值为theError引用该BPMN错误，从而构成错误结束事件。

3．使用示例

错误结束事件一般与错误边界事件搭配使用，通常在内嵌子流程和调用活动中使用，由错误结束事件抛出BPMN错误、由错误边界事件捕获该错误。如果找不到匹配的错误边界事件，则会抛出异常。

下面看一个错误结束事件的使用示例，如图8.14所示。该流程为电商采购流程。用户发起流程，完成下单操作之后进入付款子流程。如果付款成功，则付款子流程流转到空结束事件从而结束子流程，进入后续的"发货"节点；如果付款失败，则触发错误结束事件，抛出错误并结束子流程，附属在子流程节点上的错误边界事件捕获到错误信息，重新发起付款子流程。

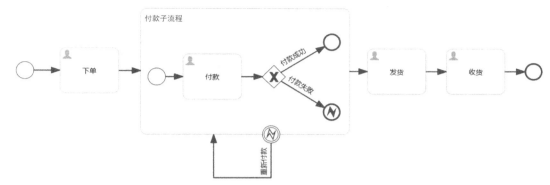

图8.14 错误结束事件示例流程

该流程对应的XML内容如下：

```xml
<!-- 定义id为payError的错误 -->
<error id="payError" errorCode="payErrorCode"/>
<process id="errorEndEventProcess" name="错误结束事件示例流程">
    <startEvent id="startEvent1"/>
    <userTask id="userTask1" name="下单"/>
    <sequenceFlow id="seqFlow1" sourceRef="startEvent1" targetRef="userTask1"/>
    <subProcess id="subProcess1" name="付款子流程">
        <startEvent id="startEvent2"/>
        <userTask id="userTask2" name="付款"/>
        <exclusiveGateway id="exclusiveGateway1"/>
        <endEvent id="endEvent2"/>
        <!-- 定义错误结束事件 -->
        <endEvent id="endEvent3">
            <errorEventDefinition errorRef="payError"/>
        </endEvent>
        <sequenceFlow id="seqFlow2" sourceRef="startEvent2" targetRef="userTask2"/>
        <sequenceFlow id="seqFlow3" sourceRef="userTask2" targetRef="exclusiveGateway1"/>
        <sequenceFlow id="seqFlow4" name="付款成功" sourceRef="exclusiveGateway1"
            targetRef="endEvent2">
            <conditionExpression xsi:type="tFormalExpression">
                <![CDATA[${payResult == true}]]>
            </conditionExpression>
        </sequenceFlow>
        <sequenceFlow id="seqFlow5" name="付款失败" sourceRef="exclusiveGateway1"
            targetRef="endEvent3">
            <conditionExpression xsi:type="tFormalExpression">
                <![CDATA[${payResult == false}]]>
            </conditionExpression>
        </sequenceFlow>
    </subProcess>
    <!-- 定义错误边界事件 -->
    <boundaryEvent id="boundaryEvent1" attachedToRef="subProcess1">
        <errorEventDefinition errorRef="payError"/>
    </boundaryEvent>
    <sequenceFlow id="seqFlow6" sourceRef="userTask1" targetRef="subProcess1"/>
    <userTask id="userTask3" name="发货"/>
    <sequenceFlow id="seqFlow7" sourceRef="subProcess1" targetRef="userTask3"/>
    <userTask id="userTask4" name="收货"/>
    <sequenceFlow id="seqFlow8" sourceRef="userTask3" targetRef="userTask4"/>
    <endEvent id="endEvent1"/>
    <sequenceFlow id="seqFlow9" sourceRef="userTask4" targetRef="endEvent1"/>
    <sequenceFlow id="seqFlow10" name="重新付款"
        sourceRef="boundaryEvent1" targetRef="subProcess1"/>
</process>
```

在以上流程定义中，加粗部分的代码定义了3个流程元素：BPMN错误payError、错误结束事件endEvent3和错误边界事件boundaryEvent1。其中，错误结束事件endEvent3、错误边界事件boundaryEvent1引用同一个BPMN错误payError。在该示例中，判断是否付款成功用到了排他网关：如果流程变量payResult的值为true，则正常结束子流程；如果流程变量payResult的值为false，则触发错误结束事件。

加载该流程模型并执行相应流程控制的示例代码如下：

```java
@Slf4j
public class RunErrorEndEventProcessDemo extends FlowableEngineUtil {
    @Test
    public void runErrorEndEventProcessDemo() {
        //加载Flowable配置文件并初始化工作流引擎及流程服务
        initFlowableEngineAndServices("flowable.cfg.xml");
        //部署流程
        deployResource("processes/ErrorEndEventProcess.bpmn20.xml");

        //启动流程
        ProcessInstance procInst = runtimeService
                .startProcessInstanceByKey("errorEndEventProcess");
        TaskQuery taskQuery = taskService.createTaskQuery()
                .processInstanceId(procInst.getId());
        //查询并完成下单服务
        Task orderTask = taskQuery.singleResult();
        taskService.complete(orderTask.getId());
        //查询付款任务
        Task payTask = taskQuery.singleResult();
        //设置payResult变量值
        Map<String, Object> varMap = ImmutableMap.of("payResult", false);
        //完成付款任务
        taskService.complete(payTask.getId(), varMap);
        //查看到达的任务
        Task task = taskQuery.singleResult();
        log.info("当前流程到达的用户任务名称为:{}",task.getName());
    }
}
```

以上代码段中，加粗部分的代码用于设置流程变量payResult的值，此处设置为false。运行这段代码，将会触发错误结束事件，此时依附在子流程中的错误边界事件将会捕获抛出的错误，再次进入付款子流程，最终输出结果：付款。如果将payResult的值设为true，付款子流程将正常结束，流程会继续流转，最终输出结果：发货。

8.4.3 取消结束事件

取消结束事件只能在事务子流程中使用，用于取消一个事务子流程的执行。在实际应用中，它通常会与取消事件、事务子流程和补偿事件搭配使用。当事务子流程流转到取消结束事件时，会抛出取消事件，取消事件会被依附在事务子流程上的取消边界事件捕获。取消边界事件会取消事务，并触发补偿机制。

需要注意的是，在BPMN 2.0中，对于已经完成的活动，可以触发补偿机制；对于一些正在进行的活动，则不能触发补偿机制，只能触发取消机制。取消事件一定要包含补偿事件，否则无法运行，会抛出org.flowable.common.engine.api.FlowableException: No execution found for sub process of boundary cancel event ***的异常。

1. 图形标记

取消结束事件表示为带有取消事件图标的粗边圆圈。取消事件图标填充颜色，表示抛出语义，如图8.15所示。

2. XML内容

取消结束事件的XML内容是在普通结束事件定义中嵌入取消事件定义。取消结束事件的定义格式如下：

图8.15 取消结束事件图形标记

```xml
<!-- 定义结束节点 -->
<endEvent id="cancelEndEvent">
    <!-- 包含cancelEventDefinition子元素，代表取消结束事件 -->
    <cancelEventDefinition/>
</endEvent>
```

3. 使用示例

下面看一个取消结束事件的使用示例,如图8.16所示。该流程为系统上线流程,启动后进入"系统上线事务子流程",首先流转到"人工上线"用户任务节点,任务处理完成后流转到取消结束事件,抛出取消事件,触发"自动回滚"补偿机制,触发取消边界事件并结束子流程,进而流转到"问题排查"用户任务节点。该示例流程涉及取消边界事件、用户任务节点、服务任务节点和事务子流程,这些都是BPMN定义的流程元素,在后续章节中会展开介绍。

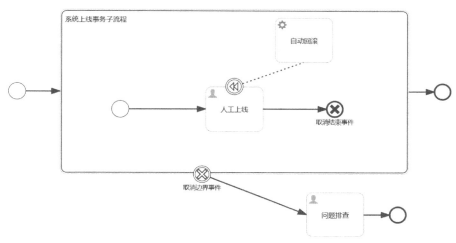

图8.16 取消结束事件示例流程

该流程对应的XML内容如下:

```xml
<process id="cancelEndEventProcess" name="取消结束事件示例流程">
    <startEvent id="startEventOfMainProcess"/>
    <!-- 定义事务子流程 -->
    <transaction id="transaction1" name="系统上线事务子流程">
        <startEvent id="startEventOfSubProcess"/>
        <userTask id="firstUserTaskOfSubProcess" name="人工上线"/>
        <!-- 定义补偿边界事件 -->
        <boundaryEvent id="boundaryEvent1" attachedToRef="firstUserTaskOfSubProcess"
            cancelActivity="true">
            <compensateEventDefinition waitForCompletion="true"/>
        </boundaryEvent>
        <!-- 定义取消结束事件 -->
        <endEvent id="cancelEndEventOfSubProcess" name="取消结束事件">
            <cancelEventDefinition/>
        </endEvent>
        <serviceTask id="firstServiceTaskOfSubProcess" name="自动回滚"
            flowable:class="com.bpm.example.endevent.demo.delegate.
            CompensationForCancelEndEventDelegate" isForCompensation="true"/>
        <sequenceFlow id="seqFlow1" sourceRef="firstUserTaskOfSubProcess"
            targetRef="cancelEndEventOfSubProcess"/>
        <sequenceFlow id="seqFlow2" sourceRef="startEventOfSubProcess"
            targetRef="firstUserTaskOfSubProcess"/>
    </transaction>
    <!-- 定义取消边界事件 -->
    <boundaryEvent id="boundaryEvent2" name="取消边界事件"
        attachedToRef="transaction1" cancelActivity="true">
        <cancelEventDefinition/>
    </boundaryEvent>
    <sequenceFlow id="seqFlow3" sourceRef="boundaryEvent2"
        targetRef="firstUserTaskOfMainProcess"/>
    <userTask id="firstUserTaskOfMainProcess" name="问题排查"/>
    <endEvent id="secondEndEventOfMainProcess"/>
    <sequenceFlow id="seqFlow4" sourceRef="firstUserTaskOfMainProcess"
        targetRef="secondEndEventOfMainProcess"/>
    <sequenceFlow id="seqFlow5" sourceRef="startEventOfMainProcess"
        targetRef="transaction1"/>
```

```xml
        <endEvent id="firstEndEventOfMainProcess"/>
        <sequenceFlow id="seqFlow6" sourceRef="transaction1"
            targetRef="firstEndEventOfMainProcess"/>
        <!-- 连接补偿边界事件与服务任务 -->
        <association id="association1" sourceRef="boundaryEvent1"
            targetRef="firstServiceTaskOfSubProcess" associationDirection="None"/>
</process>
```

以上流程定义中，加粗部分的代码定义了4个流程元素：事务子流程transaction1、补偿边界事件boundaryEvent1、取消结束事件cancelEndEventOfSubProcess和取消边界事件boundaryEvent2。其中，取消结束事件cancelEndEventOfSubProcess和补偿边界事件boundaryEvent1是事务子流程transaction1的子元素，取消边界事件boundaryEvent2依附于事务子流程transaction1。

"自动回滚"服务节点是一个服务任务节点，用于执行补偿操作。其委托类代码如下：

```java
@Slf4j
public class CompensationForCancelEndEventDelegate implements JavaDelegate {
    @Override
    public void execute(DelegateExecution execution) {
        log.info("执行补偿操作！");
    }
}
```

加载该流程模型并执行相应流程控制的示例代码如下：

```java
@Slf4j
public class RunCancelEndEventProcessDemo extends FlowableEngineUtil {
    @Test
    public void runCancelEndEventProcessDemo() {
        //加载Flowable配置文件并初始化工作流引擎及服务
        initFlowableEngineAndServices("flowable.cfg.xml");
        //部署流程
        deployResource("processes/CancelEndEventProcess.bpmn20.xml");

        //发起流程
        ProcessInstance mainProcessInstance = runtimeService
                .startProcessInstanceByKey("cancelEndEventProcess");
        TaskQuery taskQuery = taskService.createTaskQuery()
                .processInstanceId(mainProcessInstance.getId());
        //查询子流程第一个任务
        Task firstTaskOfSubProcess = taskQuery.singleResult();
        log.info("发起流程后，当前流程所在用户任务为：{}", firstTaskOfSubProcess.getName());
        //查询BpmnModel
        BpmnModel bpmnModel = repositoryService
                .getBpmnModel(mainProcessInstance.getProcessDefinitionId());
        //查询当前用户任务所在的父容器
        FlowElementsContainer firstTaskOfSubProcessContainer = bpmnModel
                .getFlowElement(firstTaskOfSubProcess.getTaskDefinitionKey())
                .getParentContainer();
        log.info("用户任务{}处于{}中", firstTaskOfSubProcess.getName(),
                firstTaskOfSubProcessContainer instanceof SubProcess ? "子流程" : "主流程");
        //完成子流程第一个任务
        taskService.complete(firstTaskOfSubProcess.getId());
        //查询主流程第一个任务
        Task firstTaskOfMainProcess = taskQuery.singleResult();
        log.info("完成第一个用户任务后，当前流程所在用户任务为：{}", firstTaskOfMainProcess.getName());
        //查询当前用户任务所在的父容器
        FlowElementsContainer firstTaskOfMainProcessContainer = bpmnModel
                .getFlowElement(firstTaskOfMainProcess.getTaskDefinitionKey())
                .getParentContainer();
        log.info("用户任务{}处于{}中", firstTaskOfMainProcess.getName(),
                firstTaskOfMainProcessContainer instanceof SubProcess ? "子流程" : "主流程");
        //完成子流程第一个任务
        taskService.complete(firstTaskOfMainProcess.getId());
    }
}
```

以上代码先初始化工作流引擎并部署流程，在流程启动后进入事务子流程，查询并办理"人工上线"用户任务。流程流转到取消结束事件后触发取消边界事件及结束子流程，最后流转到"问题排查"用户任务节点，完成该任务。代码执行结果如下：

```
18:17:51,071 [main] INFO  RunCancelEndEventProcessDemo - 发起流程后,当前流程所在用户任务为: 人工上线
18:17:51,072 [main] INFO  RunCancelEndEventProcessDemo - 用户任务人工上线处于子流程中
18:17:51,130 [main] INFO  CompensationForCancelEndEventDelegate - 执行补偿操作!
18:17:51,155 [main] INFO  RunCancelEndEventProcessDemo - 完成第一个用户任务后,当前流程所在用户任务为: 问题排查
18:17:51,155 [main] INFO  RunCancelEndEventProcessDemo - 用户任务问题排查处于主流程中
```

8.4.4 终止结束事件

当流程流转到终止结束事件时,当前流程实例或子流程将会被终止。如果流程实例有多个流程分支被激活,只要有一个分支流转到终止结束事件,所有其他流程分支也会立即被终止。终止结束事件对嵌入式子流程、调用活动、事件子流程或事务子流程均有效。

1. 图形标记

终止结束事件表示为带有终止事件图标的粗边圆圈。终止事件图标填充颜色,表示抛出语义,如图8.17所示。

图8.17 终止结束事件图形标记

2. XML内容

终止结束事件的XML内容是在普通结束事件定义中嵌入一个终止事件定义。终止结束事件的定义格式如下:

```
<endEvent id="myEndEvent">
    <terminateEventDefinition flowable:terminateAll="true"/>
</endEvent>
```

需要注意的是,terminateAll属性是可选项,默认为false。当存在多实例的调用活动或嵌入式子流程时,如果terminateAll属性为默认值false,则仅终止当前实例,而其他实例与子流程不会受影响。如果terminateAll属性设置为true,则不论该终止结束事件在流程定义中的什么位置,也不论它是否在子流程(甚至是嵌套子流程)中,都会终止(根)流程实例。

8.4.5 升级结束事件

当流程到达升级结束事件时,当前路径的执行结束,并且会抛出升级。这个升级可以被升级边界事件捕获,或者触发一个拥有相同escalationCode或者没有escalationCode的子流程。

1. 图形标记

升级结束事件表示为带有升级事件图标的粗边圆圈。升级事件图标填充颜色,表示抛出语义,如图8.18所示。

图8.18 升级结束事件图形标记

2. XML内容

升级结束事件的XML内容是在普通结束事件定义中嵌入一个升级事件定义。升级结束事件的定义格式如下:

```
<!-- 定义升级 -->
<escalation id="theEscalation" escalationCode="theEscalationCode"/>
<process id="escalationEndEventProcess">
    <!-- 定义结束节点 -->
    <endEvent id="escalationEnd">
        <escalationEventDefinition escalationRef="theEscalation"/>
    </endEvent>

    <!-- 其他元素省略 -->
</process>
```

以上流程定义中,加粗部分的代码分别定义了两个流程元素: BPMN升级theEscalation和升级结束事件escalationEnd。其中,结束事件通过escalationEventDefinition子元素嵌入一个升级事件定义,并通过设置其escalationRef属性值为theEscalation引用该BPMN升级,从而构成升级结束事件。

升级结束事件的使用示例请见9.2.8小节。

8.5 本章小结

本章主要介绍了Flowable支持的开始事件和结束事件,并详细讲解了各种事件的基本信息、应用场景和使用过程中的注意事项,通过使用示例详细介绍了其用法。开始事件表示一个流程的开始,是捕获事件;结束事件表示一个流程的结束,是抛出事件。不同类型的开始事件和结束事件各有特点,适用于不同的应用场景,读者需要结合本章介绍及示例代码深入理解,举一反三。

第 9 章

边界事件与中间事件

事件是常见的BPMN流程建模元素，表示在流程中"发生"的事情。BPMN 2.0中有多种事件定义，这些事件定义被嵌套到不同的事件中，具备不同的功能和特性。同时，BPMN 2.0规定了这些事件允许出现的位置和作用。边界事件（boundary event）是依附在流程活动上的"捕获型"事件，中间事件（intermediate event）用于处理流程执行过程中抛出、捕获的事件。本章将介绍Flowable遵循的BPMN 2.0规范中定义的边界事件和中间事件。

9.1 边界事件

依附于某个流程活动（如任务、子流程等）的事件称为边界事件。边界事件总是捕获事件，会等待被触发。可根据边界事件被触发后对流程后续执行路线影响的不同行为，将其分为以下两种类型。

❏ 边界中断事件：该事件被触发后，所依附的活动实例被终止，流程将执行该边界事件的外出顺序流。
❏ 边界非中断事件：该事件被触发后，所依附的活动实例可继续执行，同时执行该事件的外出顺序流。

边界事件使用boundaryEvent元素定义，图形标记表示为依附在流程活动边界上的圆环，通过在圆环中嵌入不同的图标来区分不同的边界事件类型。Flowable中支持的边界事件主要有以下9种类型：

❏ 定时器边界事件（timer boundary event）；
❏ 信号边界事件（signal boundary event）；
❏ 消息边界事件（message boundary event）；
❏ 错误边界事件（error boundary event）；
❏ 取消边界事件（cancel boundary event）；
❏ 补偿边界事件（compensate boundary event）；
❏ 条件边界事件（conditional boundary event）；
❏ 变量监听器边界事件（variable listener boundary event）；
❏ 升级边界事件（escalation boundary event）。

9.1.1 定时器边界事件

当流程执行到定时器边界事件依附的流程活动（如用户任务、子流程等）时，工作流引擎会创建一个定时器，当定时器触发后，流程会沿定时器边界事件的外出顺序流继续流转。如果该边界事件设置为中断事件，依附的流程活动将被终止。

1．图形标记

定时器边界事件表示为依附在流程活动边界上、带有定时器图标的圆环。如图9.1所示，两个用户任务边界上分别依附着一个定时器边界事件，其中，左侧定时器边界事件的圆环是实线，代表它是边界中断事件；右侧定时器边界事件的圆环是虚线，代表它是边界非中断事件。

图9.1 定时器边界事件图形标记

2．XML内容

定时器边界事件的XML内容是在标准边界事件的定义中嵌入一个定时器事件定义。定时器边界事件的定义格式如下：

```
<process id="timerBoundaryEventProcess">
    <!-- 定义用户任务节点 -->
    <userTask id="theUserTask" name="审批"/>
```

```xml
    <!-- 定义边界事件 -->
    <boundaryEvent id="timerBoundaryEvent" name="Timer" attachedToRef="theUserTask"
        cancelActivity="false">
        <!-- 包含 timerEventDefinition子元素，代表定时器边界事件 -->
        <timerEventDefinition>
            <timeDuration>PT1M</timeDuration>
        </timerEventDefinition>
    </boundaryEvent>

    <!-- 其他元素省略 -->
</process>
```

在以上流程定义中，加粗部分的代码定义了两个元素：用户任务theUserTask和边界事件timerBoundaryEvent。边界事件通过配置attachedToRef属性值为theUserTask依附在用户任务上。同时，在边界事件中嵌入了定时器事件定义，构成了定时器边界事件。在这个流程定义中，定时器边界事件依附在用户任务上，当然它也可以依附在其他流程活动上，如子流程等。

需要特别指出的是，定时器边界事件配置了cancelActivity属性，用于说明该事件是否为中断事件。cancelActivity属性值默认为true，表示它是边界中断事件，当该边界事件被触发时，它所依附的活动实例被终止，原有的执行流会被中断，流程将沿边界事件的外出顺序流继续流转。如果将其设置为false，则表示它是边界非中断事件，当边界事件触发时，原来的执行流仍然存在，所依附的活动实例继续执行，同时也执行边界事件的外出顺序流。

3. 使用示例

下面看一个定时器边界事件的使用示例，如图9.2所示。该流程为客户投诉处理流程：客户提交投诉信息后，先由一线客服人员处理。如果不超过2小时一线客服处理完成，则流程将流转到"结案"节点；如果超过2小时一线客服仍然未能处理完成，则自动流转给二线客服人员继续处理。这个示例是通过在"一线客服处理"用户任务上附加定时器边界事件来实现这一需求的。

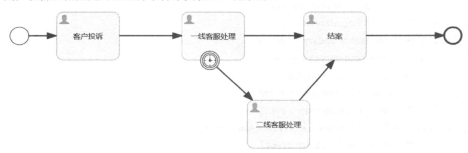

图9.2 定时器边界事件示例流程

该流程对应的XML内容如下：

```xml
<process id="timerBoundaryEventProcess" name="定时器边界事件示例流程">
    <startEvent id="startEvent1"/>
    <userTask id="userTask1" name="客户投诉"/>
    <sequenceFlow id="seqFlow1" sourceRef="startEvent1" targetRef="userTask1"/>
    <userTask id="userTask2" name="一线客服处理"/>
    <sequenceFlow id="seqFlow2" sourceRef="userTask1" targetRef="userTask2"/>
    <userTask id="userTask3" name="结案"/>
    <sequenceFlow id="seqFlow3" sourceRef="userTask2" targetRef="userTask3"/>
    <endEvent id="endEvent1"/>
    <sequenceFlow id="seqFlow4" sourceRef="userTask3" targetRef="endEvent1"/>
    <!-- 定义定时器边界事件 -->
    <boundaryEvent id="boundaryEvent1" attachedToRef="userTask2" cancelActivity="true">
        <timerEventDefinition>
            <timeDuration>PT2H</timeDuration>
        </timerEventDefinition>
    </boundaryEvent>
    <userTask id="userTask4" name="二线客服处理"/>
    <sequenceFlow id="seqFlow5" sourceRef="boundaryEvent1" targetRef="userTask4"/>
    <sequenceFlow id="seqFlow6" sourceRef="userTask4" targetRef="userTask3"/>
</process>
```

在以上流程定义中，加粗部分的代码定义了定时器边界事件boundaryEvent1，通过设置其attachedToRef属性将其依附在"一线客服处理"用户任务上，cancelActivity属性值设置为true。同时，在其嵌入的定时器事件定义中使用timeDuration元素声明该定时器事件将会在2小时后触发。以上配置意味着如果"一线客服处理"用户任务无法在2小时内处理完成，则会触发该边界事件，当前的活动会被中断，流程流转到"二线客服处理"用户任务。

9.1.2 信号边界事件

信号边界事件会捕获与其信号事件定义引用的信号具有相同信号名称的信号。当流程流转到信号边界事件依附的流程活动（如用户任务、子流程等）时，工作流引擎会创建一个捕获事件，在其依附的流程活动的生命周期内等待一个抛出信号。该信号可以由信号中间抛出事件抛出或由API触发。信号边界事件被触发后，流程会沿其外出顺序流继续流转。如果该边界事件设置为中断，则依附的流程活动将被终止。

1. 图形标记

信号边界事件表示为依附在流程活动边界上、带有信号事件图标的圆环。信号事件图标是未填充的，表示捕获语义。如图9.3所示，两个用户任务边界上分别依附着一个信号边界事件，其中左侧的信号边界事件的圆环是实线，代表它是边界中断事件；右侧的信号边界事件的圆环是虚线，代表它是边界非中断事件。

图9.3　信号边界事件图形标记

2. XML内容

信号边界事件的XML内容是在标准边界事件的定义中嵌入一个信号事件定义。信号边界事件的定义格式如下：

```xml
<!-- 定义信号 -->
<signal id="theSignal" name="The Signal" />
<process id="signalBoundaryEventProcess">
    <!-- 定义用户任务节点 -->
    <userTask id="theUserTask" name="审批"/>
    <!-- 定义边界事件 -->
    <boundaryEvent id="signalBoundaryEvent" name="信号边界事件"
        attachedToRef="theUserTask" cancelActivity="false">
        <!-- 包含signalEventDefinition子元素，代表信号边界事件 -->
        <signalEventDefinition signalRef="theSignal"/>
    </boundaryEvent>

    <!-- 其他元素省略 -->
</process>
```

在以上流程定义中，加粗部分的代码定义了3个元素：信号theSignal、用户任务theUserTask和边界事件signalBoundaryEvent。信号边界事件通过设置其attachedToRef属性将其依附在用户任务上，在它嵌入的信号事件定义中通过signalRef属性引用前面定义的信号。信号边界事件的cancelActivity属性的用法与定时器边界事件相同。在这个流程定义中，信号边界事件依附在用户任务上。此外，它也可以依附在其他流程活动上，如子流程等。

信号边界事件在接收到指定的信号时触发。需要注意的是，信号事件是全局的，也就是说，当一个流程实例抛出一个信号时，其他不同流程定义下的流程实例也可以捕获该信号（即一处发出信号，所有信号边界事件都能接收，前提是引用了同名的信号）。如果想限制信号传播的范围，如只希望在同一个流程实例中响应该信号事件，可以通过信号事件定义中的scope属性指定，示例代码如下：

```xml
<signal id="alertSignal" name="alert" flowable:scope="processInstance"/>
```

在以上信号定义中，加粗的flowable:scope属性表示信号传播的范围，其默认值为global，表示全局；将其设置为processInstance，表示信号仅在当前流程实例中传播。注意，scope属性不是BPMN 2.0的标准属性，而是由Flowable扩展出来的。

前面介绍过，信号边界事件的触发条件是接收到指定的信号。它有以下两种触发方式。

❑ 由流程中的信号中间抛出事件抛出的信号触发。
❑ 由API触发。在Flowable中通过调用运行时服务的signalEventReceived()系列方法可以发出指定的信号,具体用法详见8.2.2小节。

3. 使用示例

下面看一个信号边界事件的使用示例,如图9.4所示。该流程为合同签订流程:"起草合同"用户任务完成后流程流转到"确认合同"用户任务,在确认合同的过程中,如果用户要修改合同,可以抛出一个信号,从而使流程流转到"修改合同"用户任务。

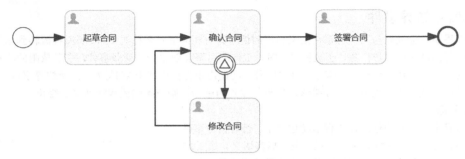

图9.4 信号边界事件示例流程

该流程对应的XML内容如下:

```xml
<!-- 定义id为changeContract的信号 -->
<signal id="changeContract" name="修改合同" />
<process id="signalBoundaryEventProcess" name="信号边界事件示例流程">
    <startEvent id="startEvent1"/>
    <userTask id="userTask1" name="起草合同"/>
    <sequenceFlow id="seqFlow1" sourceRef="startEvent1" targetRef="userTask1"/>
    <userTask id="userTask2" name="确认合同"/>
    <sequenceFlow id="seqFlow2" sourceRef="userTask1" targetRef="userTask2"/>
    <userTask id="userTask3" name="签署合同"/>
    <sequenceFlow id="seqFlow3" sourceRef="userTask2" targetRef="userTask3"/>
    <endEvent id="endEvent1"/>
    <sequenceFlow id="seqFlow4" sourceRef="userTask3" targetRef="endEvent1"/>
    <!-- 定义信号边界事件 -->
    <boundaryEvent id="signalBoundaryEvent1" attachedToRef="userTask2"
        cancelActivity="true">
        <signalEventDefinition signalRef="changeContract"/>
    </boundaryEvent>
    <userTask id="userTask4" name="修改合同"/>
    <sequenceFlow id="seqFlow5" sourceRef="signalBoundaryEvent1"
        targetRef="userTask4"/>
    <sequenceFlow id="seqFlow6" sourceRef="userTask4" targetRef="userTask2"/>
</process>
```

在以上流程定义中,加粗部分的代码定义了3个元素:信号changeContract、用户任务userTask2和边界事件signalBoundaryEvent1。信号边界事件通过设置其attachedToRef属性依附在用户任务userTask2上,在它嵌入的信号事件定义中通过signalRef属性引用前面定义的信号changeContract。

加载该流程模型并执行相应流程控制的示例代码如下:

```java
@Slf4j
public class RunSignalBoundaryEventProcessDemo extends FlowableEngineUtil {
    @Test
    public void runSignalBoundaryEventProcessDemo() throws Exception {
        //加载Flowable配置文件并初始化工作流引擎及服务
        initFlowableEngineAndServices("flowable.cfg.xml");
        //部署流程
        ProcessDefinition procDef =
                deployResource("processes/SignalBoundaryEventProcess.bpmn20.xml");

        //启动两个流程实例
        ProcessInstance procInst1 = runtimeService
                .startProcessInstanceById(procDef.getId());
        log.info("第1个流程实例的编号为: {}", procInst1.getId());
        ProcessInstance procInst2 = runtimeService
```

```
            .startProcessInstanceById(procDef.getId());
log.info("第2个流程实例的编号为：{}", procInst2.getId());

//将实例一进行到确认合同
Task task1OfProcInst1 = taskService.createTaskQuery()
        .processInstanceId(procInst1.getId()).singleResult();
taskService.complete(task1OfProcInst1.getId());
Task task2OfProcInst1 = taskService.createTaskQuery()
        .processInstanceId(procInst1.getId()).singleResult();
log.info("第1个流程实例当前所在用户任务为：{}", task2OfProcInst1.getName());
//将实例二进行到确认合同
Task task1OfProcInst2 = taskService.createTaskQuery()
        .processInstanceId(procInst2.getId()).singleResult();
taskService.complete(task1OfProcInst2.getId());
Task task2OfProcInst2 = taskService.createTaskQuery()
        .processInstanceId(procInst2.getId()).singleResult();
log.info("第2个流程实例当前所在用户任务为：{}", task2OfProcInst2.getName());
//发送合同变更信号
runtimeService.signalEventReceived("修改合同");
log.info("发送合同变更信号完成");
//根据流程定义查询任务
List<Task> tasks = taskService.createTaskQuery()
        .processDefinitionId(procDef.getId()).list();
for(Task task : tasks) {
    log.info("编号为{}的流程实例当前所在用户任务为：{}", task.getProcessInstanceId(),
            task.getName());
    }
  }
}
```

以上代码初始化工作流引擎并部署流程，启动两个流程实例procInst1和procInst2，并分别完成两个流程中第一个任务，同时输出当前任务的名称，通过API发送名称为"修改合同"的信号（加粗部分的代码），查询流程实例当前所在用户任务并输出其相关信息。代码运行结果如下：

```
20:48:16,538 [main] INFO    RunSignalBoundaryEventProcessDemo  - 第1个流程实例的编号为：5
20:48:16,569 [main] INFO    RunSignalBoundaryEventProcessDemo  - 第2个流程实例的编号为：11
20:48:16,726 [main] INFO    RunSignalBoundaryEventProcessDemo  - 第1个流程实例当前所在用户任务为：确认合同
20:48:16,776 [main] INFO    RunSignalBoundaryEventProcessDemo  - 第2个流程实例当前所在用户任务为：确认合同
20:48:16,872 [main] INFO    RunSignalBoundaryEventProcessDemo  - 发送合同变更信号完成
20:48:16,877 [main] INFO    RunSignalBoundaryEventProcessDemo  - 编号为5的流程实例当前所在用户任务为：修改合同
20:48:16,877 [main] INFO    RunSignalBoundaryEventProcessDemo  - 编号为11的流程实例当前所在用户任务为：修改合同
```

从代码运行结果可知，信号发出后，两个订阅该信号的流程实例中的信号边界事件均被触发，流程沿信号边界事件的外出顺序流流转到"修改合同"用户任务。

9.1.3 消息边界事件

消息边界事件会捕获与其消息事件定义引用的消息具有相同消息名称的消息。当流程流转到消息边界事件依附的流程活动（如用户任务、子流程）时，工作流引擎会创建一个捕获事件，在其依附的流程活动的生命周期内等待一个抛出消息。在Flowable中，消息只能通过调用运行时服务的messageEventReceived()系列方法（参阅8.2.3小节）抛出。消息边界事件被触发后流程会沿其外出顺序流继续流转。如果该边界事件设置为中断，依附的流程活动将被终止。

1. 图形标记

消息边界事件表示为依附在流程活动边界上、带有消息事件图标的圆环。消息事件图标是未填充的，表示捕获语义。如图9.5所示，两个用户任务边界上分别依附着一个消息边界事件。其中，左侧消息边界事件的圆环是实线，表示它是边界中断事件；右侧消息边界事件的圆环是虚线，表示它是边界非中断事件。

图9.5 消息边界事件图形标记

2. XML内容

消息边界事件的XML内容是在标准边界事件的定义中嵌入一个消息事件定义。消息边界事件的定义格式如下：

```xml
<!-- 定义消息 -->
<message id="theMessage" name="newInvoiceMessage"/>
<process id="messageBoundaryEventProcess">
    <!-- 定义用户任务节点 -->
    <userTask id="theUserTask" name="审批"/>
    <!-- 定义边界事件 -->
    <boundaryEvent id="messageBoundaryEvent" name="消息边界事件"
            attachedToRef="theUserTask" cancelActivity="false">
        <!-- 包含messageEventDefinition子元素，代表消息边界事件 -->
        <messageEventDefinition messageRef="theMessage" />
    </boundaryEvent>

    <!-- 其他元素省略 -->
</process>
```

在以上流程定义中，加粗部分的代码定义了3个元素：消息theMessage、用户任务theUserTask和边界事件messageBoundaryEvent。消息边界事件通过设置其attachedToRef属性依附在用户任务上，在它嵌入的消息事件定义中通过messageRef属性引用前面定义的消息。消息边界事件的cancelActivity属性用法与定时器边界事件相同。在该流程定义中，消息边界事件依附在用户任务点上，当然它也可以依附在其他流程活动上，如子流程等。

9.1.4 错误边界事件

错误边界事件依附在某个流程活动中，用于捕获定义于该活动作用域内的错误。错误边界事件通常用于嵌入子流程或者调用活动，也可以用于其他节点。当错误边界事件依附的流程活动抛出BpmnError错误后，错误事件被捕获，错误边界事件被触发，所依附的流程活动被终止，流程继续沿着错误边界事件的外出顺序流流转。

1. 图形标记

错误边界事件表示为依附在流程活动边界上、带有错误事件图标的圆环。错误事件图标是未填充的，表示捕获语义。图9.6展示了一个错误边界事件依附在一个调用活动上的示例。

图9.6 错误边界事件图形标记示例

2. XML内容

错误边界事件的XML内容是在标准边界事件的定义中嵌入一个错误事件定义。错误边界事件的定义格式如下：

```xml
<!-- 定义BPMN错误 -->
<error id="theError" errorCode="410" />
<process id="errorBoundaryEventProcess">
    <!-- 定义用户任务节点 -->
    <userTask id="theUserTask" name="审批"/>
    <!-- 定义边界事件 -->
    <boundaryEvent id="errorBoundaryEvent" name="错误边界事件"
        attachedToRef="theUserTask">
        <!-- 包含errorEventDefinition子元素，代表错误边界事件 -->
        <errorEventDefinition errorRef="theError"/>
    </boundaryEvent>

    <!-- 其他元素省略 -->
</process>
```

在以上流程定义中，加粗部分的代码定义了3个元素：BPMN错误theError、用户任务theUserTask和边界事件errorBoundaryEvent。错误边界事件通过设置其attachedToRef属性依附在用户任务上，在它嵌入的错误事件定义中通过errorRef属性引用前面定义的BPMN错误。在这个流程定义中，错误边界事件依附在用户任务上，当然它也可以依附在其他流程活动上，如子流程、调用活动和服务任务等。因为错误边界事件总是中断的，所以无须专门配置cancelActivity属性。

当错误边界事件依附在子流程上时，会为所有子流程内部的节点创建一个作用域。当子流程的错误结束事件抛出错误时，该错误会往上层作用域传递，直到找到一个与错误事件定义匹配的错误边界事件。

3. 使用示例

下面看一个错误边界事件的使用示例，如图9.7所示。该流程为材料审核流程："提交材料"用户任务完成后，流程流转到"自动审核"服务任务。在自动审核时，如果发现状态异常，则抛出一个BPMN错误，从而使流程流转到"人工复审"用户任务；如果发现状态正常，则流程正常流转到"结果登记"用户任务，完成任务后流程结束。

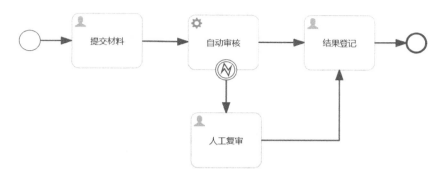

图9.7　错误边界事件示例流程

该流程对应的XML内容如下：

```xml
<!-- 定义BPMN错误 -->
<error id="theError" errorCode="healthCodeNotGreen" />
<process id="errorBoundaryEventProcess" name="错误边界事件示例流程">
    <startEvent id="startEvent1"/>
    <userTask id="userTask1" name="提交材料"/>
    <sequenceFlow id="seqFlow1" sourceRef="startEvent1" targetRef="userTask1"/>
    <!-- 定义服务任务节点 -->
    <serviceTask id="serviceTask1" name="自动审核" flowable:class="com.bpm.example.boundaryevent.
        demo.delegate.AutomaticReviewService"/>
    <sequenceFlow id="seqFlow2" sourceRef="userTask1" targetRef="serviceTask1"/>
    <!-- 定义错误边界事件 -->
    <boundaryEvent id="errorBoundaryEvent1" attachedToRef="serviceTask1">
        <errorEventDefinition errorRef="theError"/>
    </boundaryEvent>
    <userTask id="userTask2" name="人工复审"/>
    <sequenceFlow id="seqFlow3" sourceRef="errorBoundaryEvent1" targetRef="userTask2"/>
    <userTask id="userTask3" name="结果登记"/>
    <sequenceFlow id="seqFlow4" sourceRef="serviceTask1" targetRef="userTask3"/>
    <endEvent id="endEvent1"/>
    <sequenceFlow id="seqFlow5" sourceRef="userTask3" targetRef="endEvent1"/>
    <sequenceFlow id="seqFlow6" sourceRef="userTask2" targetRef="userTask3"/>
</process>
```

在以上流程定义中，加粗部分的代码定义了3个元素：BPMN错误theError、服务任务serviceTask1和错误边界事件errorBoundaryEvent1。错误边界事件通过设置其attachedToRef属性依附在服务任务上，在它嵌入的错误事件定义中通过errorRef属性引用前面定义的BPMN错误。

流程中的"自动审核"节点是一个服务任务节点，其委托类代码如下：

```java
@Slf4j
public class AutomaticReviewService implements JavaDelegate {
    @Override
    public void execute(DelegateExecution execution) {
        String healthCodeStatus = (String) execution.getVariable("healthCodeStatus");
        if (!"green".equals(healthCodeStatus)) {
            String errorCode = "healthCodeNotGreen";
            log.error("健康码异常，抛出BPMN错误，errorCode为：{}", errorCode);
            throw new BpmnError(errorCode);
        }
    }
}
```

以上代码段中，加粗部分代码的逻辑是，对提交的材料进行校验，在发现健康码异常时抛出errorCode为healthCodeNotGreen的BPMN错误。

加载该流程模型并执行相应流程控制的示例代码如下：

```java
@Slf4j
public class RunErrorBoundaryEventProcessDemo extends FlowableEngineUtil {
    @Test
    public void runErrorBoundaryEventProcessDemo() {
        //加载Flowable配置文件并初始化工作流引擎及服务
        initFlowableEngineAndServices("flowable.cfg.xml");
        //部署流程
        deployResource("processes/ErrorBoundaryEventProcess.bpmn20.xml");

        //启动流程
        ProcessInstance procInst = runtimeService
                .startProcessInstanceByKey("errorBoundaryEventProcess");
        TaskQuery taskQuery = taskService.createTaskQuery()
                .processInstanceId(procInst.getId());
        //查询并完成第一个任务
        Task firstTask = taskQuery.singleResult();
        log.info("第一个用户任务为: {}", firstTask.getName());
        Map<String, Object> varMap = ImmutableMap.of("healthCodeStatus", "red");
        taskService.complete(firstTask.getId(), varMap);
        //查询第二个任务
        Task secondTask = taskQuery.singleResult();
        log.info("第二个用户任务为: {}", secondTask.getName());
        //完成第二个任务
        taskService.complete(secondTask.getId());
    }
}
```

以上代码首先初始化工作流引擎并部署流程，发起流程实例后获取第一个用户任务并输出用户任务节点名称。然后，设置流程变量healthCodeStatus的值为red并完成第一个用户任务（加粗部分的代码）。最后，查询第二个用户任务，输出其节点名称并完成第二个用户任务。因为流程变量healthCodeStatus的值不为green，所以服务任务的委托类代码执行时会抛出BPMN错误，触发错误边界事件。代码运行结果如下：

```
23:45:49,426 [main] INFO  RunErrorBoundaryEventProcessDemo - 第一个用户任务为: 提交材料
23:45:49,495 [main] ERROR AutomaticReviewService - 健康码异常,抛出BPMN错误,errorCode为:healthCodeNotGreen
23:45:49,702 [main] INFO  RunErrorBoundaryEventProcessDemo - 第二个用户任务为: 人工复审
```

从代码运行结果可知，错误边界事件触发后，流程沿着错误边界事件的外出顺序流流转到"人工复审"用户任务。

4. 注意事项

当流程中要对不同的BPMN错误使用不同的错误处理逻辑时，可在一个流程活动上定义多个错误边界事件。对于每个错误边界事件，需要使用不同的错误代码来区分错误类型。

错误边界事件通过设置其errorRef属性引用BPMN错误，BPMN错误的errorCode属性用于查询符合查询条件的错误捕获边界事件。具体规则如下：

- 如果错误边界事件的错误事件定义设置了errorRef属性，并引用了一个已定义的BPMN错误，则仅捕获errorCode与之相同的错误；
- 如果错误边界事件的错误事件定义设置了errorRef属性，但不匹配任何已定义的错误，则errorRef会作为errorCode使用；
- 如果错误边界事件的错误事件定义没有设置errorRef属性，错误边界事件将会捕获任何BPMN错误，无论错误的errorCode是什么。

9.1.5 取消边界事件

取消边界事件依附在事务子流程的边界上，在事务取消时被触发。当取消边界事件被触发时，首先中断当前作用域中的所有活动的执行，然后开始执行所有在这个事务的作用域内的活动的补偿边界事件。补偿是同步执行的，意味着边界事件会一直等待到补偿事件完成，才会离开事务子流程。当补偿完成后，事务子流程会沿着取消边界事件的外出顺序流继续流转。

1. 图形标记

取消边界事件表示为依附在事务子流程边界上、带有取消事件图标的圆环。取消事件图标是未填充的，表示捕获语义。图9.8展示了一个取消边界事件依附在一个事务子流程上的示例。

2. XML内容

取消边界事件的XML内容是在标准边界事件的定义中嵌入一个取消事件定义。取消边界事件的定义格式如下:

图9.8 取消边界事件图形标记

```xml
<process id="cancelBoundaryEventProcess">
    <!-- 定义事务子流程 -->
    <transaction id="transactionSubProcess" name="事务子流程">
    <!-- 省略事务子流程元素-->
    </transaction>
    <!-- 定义边界事件 -->
    <boundaryEvent id="cancelBoundaryEvent" name="取消边界事件" attachedToRef=
        "transactionSubProcess">
        <cancelEventDefinition />
    </boundaryEvent>

    <!-- 其他元素省略 -->
</process>
```

在以上流程定义中,加粗部分的代码定义了两个元素:事务子流程transactionSubProcess和取消边界事件cancelBoundaryEvent。取消边界事件通过设置其attachedToRef属性将其依附在事务子流程上,它嵌入了一个取消事件定义。因为取消边界事件总是中断的,所以无须专门配置cancelActivity属性。

3. 注意事项

取消边界事件总是与事务子流程搭配使用,具体的使用示例可参见本书第11章中有关事务子流程的部分。取消边界事件使用时需要注意以下3点:

- 每个事务子流程只能有一个取消边界事件;
- 如果事务子流程包含内嵌子流程,那么当取消边界事件被触发时,补偿只会触发已经结束的子流程;
- 如果取消边界事件所依附的事务子流程配置为多实例,那么一旦其中一个流程实例触发取消边界事件,所有的流程实例都会触发取消边界事件。

9.1.6 补偿边界事件

补偿边界事件可以为所依附的流程活动附加补偿处理器(compensation handler),补偿处理器通过单向关联(association)连接补偿边界事件。补偿边界事件会在流程活动完成后根据实际情况触发,当补偿边界事件被触发时,执行它所连接的补偿处理器。

补偿边界事件必须通过直接引用设置唯一的补偿处理器。如果要通过一个活动补偿另一个活动的影响,可以将该活动的isForCompensation属性值设置为true,声明其为补偿处理器。补偿是通过活动附加的补偿边界事件所关联的补偿处理器完成的。需要注意的是,补偿处理器不允许存在流入或流出顺序流,它不在正常流程中执行,只在流程抛出补偿事件时执行。

补偿边界事件与其他边界事件的行为策略不同,其他边界事件(如信号边界事件)在流程流转到其所依附的流程活动时即被激活,在流程活动结束时结束,并且对应的事件订阅也会被取消,而补偿边界事件在其所依附流程活动结束后才被激活,并创建相应的边界事件订阅,在补偿边界事件触发或对应的流程实例结束时,事件订阅才会删除。

补偿边界事件一般在以下两种情况下被触发:

- 由补偿中间事件触发补偿边界事件,相关内容可参阅9.2.4小节;
- 事务子流程被取消,导致依附在事务子流程活动上的补偿边界事件被触发,相关内容可参阅15.1.3小节。

1. 图形标记

补偿边界事件表示为依附在流程活动边界上、带有补偿事件图标的圆环。补偿事件图标是未填充的,表示捕获语义。图9.9所示为一个补偿边界事件依附在用户任务边界上的示例。

需要注意的是,补偿边界事件需要通过关联(用点状虚线表示)连接补偿处理器,而非通过顺序流连接补偿处理器。

2. XML内容

补偿边界事件的XML内容是在标准边界事件的定义中嵌入一个补偿事件定义。补偿边界事件的定义格式如下:

```xml
<process id="compensateBoundaryEventProcess">
    <!-- 定义用户任务节点 -->
    <userTask id="usertask1" name="审批"/>
    <!-- 定义边界事件 -->
    <boundaryEvent id="compensateBoundaryEvent1" name="补偿边界事件"
        attachedToRef="usertask1">
        <compensateEventDefinition/>
    </boundaryEvent>
    <!-- 定义服务任务，作为补偿处理器 -->
    <serviceTask id="serviceTask1" name="CompensationHandler"
        isForCompensation="true" flowable:class="**.**.**.****"/>
    <!-- 定义关联 -->
    <association id="association1" sourceRef="compensateBoundaryEvent1"
        targetRef="serviceTask1" associationDirection="None"/>
    <!-- 其他元素省略 -->
</process>
```

图9.9　补偿边界事件示例图形标记

在以上流程定义中，加粗部分的代码定义了3个流程元素：补偿边界事件compensateBoundaryEvent1、服务任务serviceTask1和关联association1。服务任务serviceTask1配置isForCompensation属性值为true，表明它将作为一个补偿处理器。关联association1连接了补偿边界事件与补偿处理器，其sourceRef属性值是补偿边界事件，targetRef属性值是补偿处理器。需要注意的是，因为补偿边界事件在用户任务完成后激活，所以不支持cancelActivity属性。

3．注意事项

在Flowable中，当流程流转到依附边界事件的流程活动时，会向ACT_RU_EVENT_SUBSCR表中插入事件订阅数据，当其他边界事件所依附的活动完成后，这些事件订阅数据会被删除，但是补偿边界事件所产生的事件订阅数据不会被删除（直到补偿边界事件触发或流程实例结束）。这是因为即使流程活动完成了，依附的补偿事件仍有可能被触发。

补偿边界事件使用时遵循以下规则：
- 当补偿被触发时，所有已成功完成的活动上附加的补偿边界事件对应的补偿处理器将被调用，如果补偿边界事件所依附的活动尚未产生历史任务，则不会被触发；
- 如果附有补偿边界事件的活动完成若干次，那么当补偿边界事件触发后，这些补偿边界事件的执行次数与活动的完成次数相等；
- 如果补偿边界事件依附在多实例活动上，则会为每个实例创建补偿事件订阅，补偿边界事件被触发的次数与依附活动的循环多实例活动的成功完成次数相等；
- 如果流程实例结束，则订阅的补偿事件都会结束；
- 补偿边界事件不支持依附在内嵌子流程中。

9.1.7　条件边界事件

条件边界事件是指在流程执行过程中，当某个特定条件满足时触发的边界事件。条件边界事件可以依附在某个流程活动上，当流程到达该流程活动时，在其依附的流程活动的生命周期内会根据指定的条件来判断是否触发边界事件。如果条件满足，则触发边界事件，流程沿其外出顺序流继续流转。如果该边界事件设置为中断，依附的流程活动将被终止。

1．图形标记

条件边界事件表示为依附在流程活动边界上、带有条件事件图标（四条横线）的圆环。条件事件图标是未填充的，表示捕获语义。图9.10所示为一个条件边界事件依附在用户任务边界上的示例。

2．XML内容

条件边界事件的XML内容是在标准边界事件的定义中嵌入一个条件事件定义。条件边界事件的定义格式如下：

图9.10　条件边界事件示例图形标记

```xml
<process id="conditionalBoundaryEventProcess">
    <!-- 定义用户任务节点 -->
    <userTask id="userTask1" name="用户任务"/>
    <!-- 定义边界事件 -->
```

```xml
<boundaryEvent id="conditionalBoundaryEvent1" name="条件边界事件" attachedToRef="userTask1"
    cancelActivity="true">
    <conditionalEventDefinition>
        ${condition==true}
    </conditionalEventDefinition>
</boundaryEvent>

<!-- 其他元素省略 -->
</process>
```

在以上流程定义中，加粗部分的代码定义了条件边界事件conditionalBoundaryEvent1。条件边界事件通过设置其attachedToRef属性将其依附在其他流程节点上。条件边界事件可以是中断的，也可以是非中断的，通过其cancelActivity属性指定。条件边界事件的条件通过conditionalEventDefinition子元素配置。

9.1.8 变量监听器边界事件

变量监听器边界事件是指在流程执行过程中，当指定的流程变量变化时所触发的边界事件。变量监听器边界事件可以附加在某个流程活动上，当流程到达该流程活动时，工作流引擎会创建一个捕获事件，在其依附的流程活动的生命周期内会监听变量的变化来判断是否触发边界事件。如果条件满足，则触发边界事件，流程沿其外出顺序流继续流转。如果该边界事件设置为中断，依附的流程活动将被终止。

1. 图形标记

变量监听器边界事件表示为依附在流程活动边界上、带有变量监听器事件图标（五边形）的圆环。变量监听器事件图标是未填充的，表示捕获语义。图9.11所示为一个变量监听器边界事件依附在用户任务边界上的示例。

2. XML内容

变量监听器边界事件的XML内容是在标准边界事件的定义中嵌入一个变量监听器事件定义。变量监听器边界事件的定义格式如下：

```xml
<process id="variableListenerBoundaryEventProcess">
    <!-- 定义用户任务节点 -->
    <userTask id="theUserTask" name="用户任务"/>
    <!-- 定义边界事件 -->
    <boundaryEvent id="variableListenerBoundaryEvent1" name="变量监听器边界事件"
        attachedToRef="theUserTask" cancelActivity="true">
        <extensionElements>
            <flowable:variableListenerEventDefinition variableName=
                "totalNum" variableChangeType="all"/>
        </extensionElements>
    </boundaryEvent>

    <!-- 其他元素省略 -->
</process>
```

图9.11 变量监听器边界事件示例图形标记

在以上流程定义中，加粗部分的代码定义了变量监听器边界事件variableListenerBoundaryEvent1。变量监听器边界事件通过设置其attachedToRef属性将其依附在其他流程节点上。变量监听器边界事件可以是中断的，也可以是非中断的，通过其cancelActivity属性指定。变量监听器事件配置作为扩展属性存在于边界事件下，通过variableListenerEventDefinition子元素配置，其variableName属性用于指定监听的变量名，variableChangeType用于指定监听变量变化类型，其值可配置为create、update、createupdate和all。

变量监听器边界事件的使用示例详见9.2.7小节。

9.1.9 升级边界事件

升级边界事件用于捕获一个在作用域内的活动抛出的升级。升级边界事件只能依附在子流程或者调用活动上。升级只能被升级中间抛出事件或者升级结束事件抛出。

1. 图形标记

升级边界事件表示为依附在子流程或调用活动边界上、带有升级事件图标（向上的箭头）的圆环。升级事件图标是未填充的，表示捕获语义。图9.12所示为一个升级边界事件依附在调用活动边界上的示例。

图9.12 升级边界事件示例图形标记

2. XML内容

升级边界事件的XML内容是在标准边界事件的定义中嵌入一个升级事件定义。升级边界事件的定义格式如下：

```xml
<escalation id="testEscalation" name="升级" escalationCode="testEscalationCode"/>
<process id="escalationBoundaryEventProcess">
    <subProcess id="eventSubProcess1" name="质量检查事件子流程" triggeredByEvent="true">
        <!-- 其他元素省略 -->
    </subProcess>
    <boundaryEvent id="escalationBoundaryEvent1" name="升级边界事件" attachedToRef="eventSubProcess1"
        cancelActivity="false">
        <escalationEventDefinition escalationRef="testEscalation"/>
    </boundaryEvent>

    <!-- 其他元素省略 -->
</process>
```

在以上流程定义中，第一处加粗部分的代码定义了升级testEscalation，第二处加粗部分的代码定义了升级边界事件escalationBoundaryEvent1，通过设置其attachedToRef属性将其附加到了子流程上。升级边界事件可以是中断的，也可以是非中断的，通过其cancelActivity属性指定。

升级边界事件的使用示例详见9.2.8小节。

9.2 中间事件

在开始事件和结束事件之间发生的事件统称为中间事件。BPMN 2.0规范中的中间事件也包括边界事件，但本节所介绍的中间事件指可以单独作为流程元素的事件，即直接出现在流程连线上的中间事件，这类事件既可以捕获触发器又可以抛出结果。中间事件会影响流程的流转路线，但不会启动或直接终止流程的执行。

中间事件的图形标记表示为圆环，通过在内部嵌入不同的图标来区分中间事件类型。在元素定义上，中间捕获事件使用intermediateCatchEvent元素定义，中间抛出事件使用intermediateThrowEvent元素定义，通过在内部嵌入不同的事件定义来代表不同的事件类型。在Flowable中支持的中间事件主要有以下9种类型：

- ❑ 定时器中间捕获事件（timer intermediate catching event）；
- ❑ 信号中间捕获事件（signal intermediate catching event）；
- ❑ 信号中间抛出事件（signal intermediate throwing event）；
- ❑ 消息中间捕获事件（message intermediate catching event）；
- ❑ 补偿中间抛出事件（compensate intermediate throwing event）；
- ❑ 空中间抛出事件（none intermediate throwing event）；
- ❑ 条件中间捕获事件（conditional intermediate catching event）；
- ❑ 变量监听器中间捕获事件（variable listener intermediate catching event）；
- ❑ 升级中间抛出事件（escalation intermediate throwing event）。

9.2.1 定时器中间捕获事件

定时器中间捕获事件指在流程中将一个定时器作为独立的节点来运行，是一个捕获事件。当流程流转到定时器中间捕获事件时，会启动一个定时器，并一直等待触发，只有到达指定时间，定时器才被触发，然后流程沿着定时器中间事件的外出顺序流继续流转。

1. 图形标记

定时器中间捕获事件表示为带有定时器图标的圆环，如图9.13所示。

图9.13 定时器中间捕获事件图形标记

2. XML内容

定时器中间捕获事件的XML内容是在标准中间捕获事件的定义中嵌入一个定时器事件定义。定时器中间捕获事件的定义格式如下：

```xml
<process id="timerIntermediateCatchingEventProcess">
    <intermediateCatchEvent id="intermediateCatchEvent1">
        <!-- 包含timerEventDefinition子元素，代表定时器中间捕获事件 -->
        <timerEventDefinition>
            <timeDuration>PT5M</timeDuration>
```

```
        </timerEventDefinition>
    </intermediateCatchEvent>

    <!-- 其他元素省略 -->
</process>
```

在以上流程定义中,加粗部分的代码定义了一个中间捕获事件,其内部嵌入了一个定时器事件,从而构成了定时器中间捕获事件。

需要注意的是,当包含定时器中间捕获事件的流程新版本被部署后,处于活动状态的旧版本定时器会继续执行,直至旧版本不再有新的实例产生。

3. 使用示例

下面看一个定时器中间捕获事件的使用示例,如图9.14所示。该流程为库房出库的流程:出库申请发起后,需要给一定的时间让库房准备,然后进行出库作业,此时可以嵌入定时器中间捕获事件定义流程自动向下执行的时间间隔。

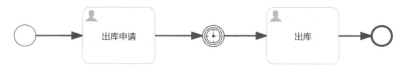

图9.14 定时器中间捕获事件示例流程

该流程对应的XML内容如下:

```xml
<process id="timerIntermediateCatchingEventProcess" name="定时器中间捕获事件示例流程">
    <startEvent id="startEvent1"/>
    <userTask id="userTask1" name="出库申请"/>
    <sequenceFlow id="seqFlow1" sourceRef="startEvent1" targetRef="userTask1"/>
    <userTask id="userTask2" name="出库"/>
    <!-- 定义定时器中间捕获事件 -->
    <intermediateCatchEvent id="intermediateCatchEvent1">
        <timerEventDefinition>
            <timeDuration>PT5M</timeDuration>
        </timerEventDefinition>
    </intermediateCatchEvent>
    <sequenceFlow id="seqFlow2" sourceRef="userTask1" targetRef="intermediateCatchEvent1"/>
    <sequenceFlow id="seqFlow3" sourceRef="intermediateCatchEvent1" targetRef="userTask2"/>
    <endEvent id="endEvent1"/>
    <sequenceFlow id="seqFlow4" sourceRef="userTask2" targetRef="endEvent1"/>
</process>
```

在以上流程定义中,加粗部分的代码定义了一个定时器中间捕获事件,表示5分钟后定时器将被触发。

加载该流程模型并执行相应流程控制的示例代码如下:

```java
@Slf4j
public class RunTimerIntermediateCatchingEventProcessDemo extends FlowableEngineUtil {
    @Test
    public void runTimerIntermediateCatchingEventProcessDemo() throws Exception {
        //加载Flowable配置文件并初始化工作流引擎及服务
        initFlowableEngineAndServices("flowable.job.xml");
        //部署流程
        deployResource("processes/TimerIntermediateCatchingEventProcess.bpmn20.xml");

        //启动流程
        ProcessInstance procInst = runtimeService
                .startProcessInstanceByKey("timerIntermediateCatchingEventProcess");
        TaskQuery taskQuery = taskService.createTaskQuery()
                .processInstanceId(procInst.getId());
        //查询第一个任务
        Task firstTask = taskQuery.singleResult();
        log.info("第一个任务为:{}", firstTask.getName());
        //完成第一个任务
        taskService.complete(firstTask.getId());
        //暂停6分钟
        log.info("暂停6分钟");
        Thread.sleep(1000 * 60 * 6);
```

```
        //查询第二个任务
        Task secondTask = taskQuery.singleResult();
        log.info("第二个任务为: {}", secondTask.getName());
    }
}
```

以上代码先初始化工作流引擎并部署流程，发起流程后查询并办理第一个任务，然后程序暂停6分钟，查询第二个任务，并输出该任务的名称。代码运行结果如下：

```
21:07:00,180 [main] INFO   RunTimerIntermediateCatchingEventProcessDemo  - 第一个任务为: 出库申请
21:07:00,270 [main] INFO   RunTimerIntermediateCatchingEventProcessDemo  - 暂停6分钟
21:13:00,285 [main] INFO   RunTimerIntermediateCatchingEventProcessDemo  - 第二个任务为: 出库
```

从代码运行结果可知，流程会经过定时器中间捕获事件后流转到"出库"用户任务。

9.2.2 信号中间捕获事件和信号中间抛出事件

信号中间事件又分为捕获事件和抛出事件两种类型，即信号中间捕获事件和信号中间抛出事件。

当流程流转到信号中间捕获事件时会中断并等待触发，直到接收到相应的信号后沿信号中间捕获事件的外出顺序流继续流转。信号事件默认是全局的，与其他事件（如错误事件）不同，其信号不会在捕获之后被消费。如果存在多个引用了相同信号的事件被激活，即使它们不在同一个流程实例中，当接收到该信号时，这些事件也会被一并触发。

当流程流转到信号中间抛出事件时，工作流引擎会直接抛出信号，其他引用了与其相同信号的信号捕获事件都会被触发，信号发出后信号中间抛出事件结束，流程沿其外出顺序流继续流转。信号中间抛出事件抛出的信号可以被信号开始事件、信号中间捕获事件和信号边界事件订阅处理。

1. 图形标记

信号中间捕获事件表示为带有信号事件图标的圆环。信号事件图标是未填充的，表示捕获语义，如图9.15所示。

信号中间抛出事件表示为带有信号事件图标的圆环。信号事件图标填充颜色，表示抛出语义，如图9.16所示。

图9.15　信号中间捕获事件图形标记　　　　　　　　图9.16　信号中间抛出事件图形标记

2. XML内容

1）信号中间捕获事件

信号中间捕获事件的XML内容是在标准中间捕获事件的定义中嵌入一个信号事件定义。信号中间捕获事件的定义格式如下：

```xml
<!-- 定义信号 -->
<signal id="theSignal" name="测试信号" />
<process id="signalIntermediateCatchEventProcess">
    <intermediateCatchEvent id="signalIntermediateCatchEvent">
        <!-- 包含signalEventDefinition子元素，代表信号中间捕获事件 -->
        <signalEventDefinition signalRef="theSignal" />
    </intermediateCatchEvent>

    <!-- 其他元素省略 -->
</process>
```

在以上流程定义中，加粗部分的代码定义了两个元素：信号theSignal和信号中间捕获事件signalIntermediateCatchEvent。信号中间捕获事件在它嵌入的信号事件定义中通过signalRef属性引用了前面定义的信号。

触发信号中间捕获事件的方式主要有以下两种：
- 通过流程中的信号中间抛出事件、信号结束事件发出的信号触发；
- 通过API触发，即在Flowable中通过调用运行时服务的signalEventReceived()系列方法发出一个指定信号触发信号中间捕获事件，相关内容可参阅8.2.2小节。

2）信号中间抛出事件

信号中间抛出事件的XML内容是在标准中间抛出事件的定义中嵌入一个信号事件定义。信号中间抛出事件的定义格式如下：

```xml
<!-- 定义信号 -->
<signal id="theSignal" name="测试信号" />
<process id="signalIntermediateThrowingEventProcess">
    <!-- 定义中间抛出事件 -->
    <intermediateThrowEvent id="signalIntermediateThrowEvent">
        <!-- 包含signalEventDefinition子元素，代表信号中间抛出事件 -->
        <signalEventDefinition signalRef="theSignal" flowable:async="false"/>
    </intermediateThrowEvent>

    <!-- 其他元素省略 -->
</process>
```

在以上流程定义中，加粗部分的代码定义了两个元素：信号theSignal和信号中间抛出事件signalIntermediateThrowEvent。信号中间抛出事件在它嵌入的信号事件定义中通过signalRef属性引用了前面定义的信号。

信号中间抛出事件又分为同步与异步两种类型，可以通过信号事件定义的flowable:async属性设置。flowable:async属性值默认为false，表示同步信号中间抛出事件。当它抛出信号时，捕获这个信号的信号捕获事件将在同一个事务中完成各自的动作，如果其中有一个信号捕获事件出现异常，那么所有信号捕获事件都会失败。若flowable:async属性值为true，则表示异步信号中间抛出事件，当它抛出信号时，捕获这个信号的信号捕获事件将各自完成对应的动作而互不影响；即使其中一个信号捕获事件失败，其他已经成功的信号捕获事件也不会受到影响。

3. 使用示例

下面看一个信号中间捕获事件和信号中间抛出事件的使用示例，如图9.17所示。该流程为费用报销流程：报销申请提交后，后续有3个并行分支，一个分支会流转到"业务主管确认"用户任务，另外两个分支会流转到信号中间捕获事件，这两个事件会一直等待触发。当"业务主管确认"用户任务完成后，流程流转到信号中间抛出事件抛出信号，从而触发两个信号中间捕获事件，使另两个分支分别流转到"部门主管审批"用户任务和"财务主管审批"用户任务。

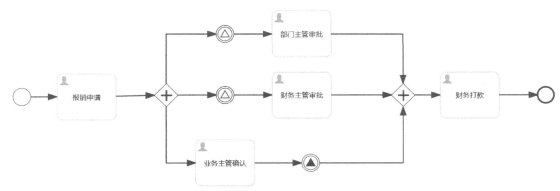

图9.17　信号中间捕获事件和信号中间抛出事件示例流程

该流程对应的XML内容如下：

```xml
<!-- 定义id为theSignal的信号 -->
<signal id="theSignal" name="The Signal" />
<process id="signalIntermediateEventProcess" name="信号中间捕获事件和信号中间抛出事件示例流程">
    <startEvent id="startEvent1"/>
    <userTask id="userTask1" name="报销申请"/>
    <sequenceFlow id="seqFlow1" sourceRef="startEvent1" targetRef="userTask1"/>
    <parallelGateway id="parallelGateway1"/>
    <sequenceFlow id="seqFlow2" sourceRef="userTask1" targetRef="parallelGateway1"/>
    <!-- 定义信号中间捕获事件 -->
    <intermediateCatchEvent id="intermediateCatchEvent1">
```

```xml
        <signalEventDefinition signalRef="theSignal"/>
    </intermediateCatchEvent>
    <intermediateCatchEvent id="intermediateCatchEvent2">
        <signalEventDefinition signalRef="theSignal"/>
    </intermediateCatchEvent>
    <!-- 定义信号中间抛出事件 -->
    <intermediateThrowEvent id="intermediateThrowEvent1">
        <signalEventDefinition signalRef="theSignal"/>
    </intermediateThrowEvent>
    <userTask id="userTask2" name="业务主管确认"/>
    <sequenceFlow id="seqFlow3" sourceRef="parallelGateway1" targetRef="userTask2"/>
    <sequenceFlow id="seqFlow4" sourceRef="parallelGateway1" targetRef="intermediateCatchEvent1"/>
    <sequenceFlow id="seqFlow5" sourceRef="userTask2" targetRef="intermediateThrowEvent1"/>
    <userTask id="userTask3" name="部门主管审批"/>
    <sequenceFlow id="seqFlow6" sourceRef="intermediateCatchEvent1" targetRef="userTask3"/>
    <sequenceFlow id="seqFlow7" sourceRef="parallelGateway1" targetRef="intermediateCatchEvent2"/>
    <userTask id="userTask4" name="财务主管审批"/>
    <sequenceFlow id="seqFlow8" sourceRef="intermediateCatchEvent2" targetRef="userTask4"/>
    <parallelGateway id="parallelGateway2"/>
    <sequenceFlow id="seqFlow9" sourceRef="userTask4" targetRef="parallelGateway2"/>
    <userTask id="userTask5" name="财务打款"/>
    <sequenceFlow id="seqFlow10" sourceRef="parallelGateway2" targetRef="userTask5"/>
    <endEvent id="endEvent1"/>
    <sequenceFlow id="seqFlow11" sourceRef="userTask5" targetRef="endEvent1"/>
    <sequenceFlow id="seqFlow12" sourceRef="userTask3" targetRef="parallelGateway2"/>
    <sequenceFlow id="seqFlow13" sourceRef="intermediateThrowEvent1" targetRef="parallelGateway2"/>
</process>
```

在以上流程定义中，加粗部分的代码定义了4个元素：信号theSignal，信号中间捕获事件intermediateCatchEvent1、intermediateCatchEvent2，信号中间抛出事件intermediateThrowEvent1。其中，两个信号中间捕获事件和一个信号中间抛出事件在它们嵌入的信号事件定义中通过signalRef属性引用了前面定义的信号。

加载该流程模型并执行相应流程控制的示例代码如下：

```java
@Slf4j
public class RunSignalIntermediateEventProcessDemo extends FlowableEngineUtil {
    @Test
    public void runSignalIntermediateEventProcessDemo() {
        //加载Flowable配置文件并初始化工作流引擎及服务
        initFlowableEngineAndServices("flowable.cfg.xml");
        //部署流程
        deployResource("processes/SignalIntermediateEventProcess.bpmn20.xml");

        //启动流程
        ProcessInstance procInst = runtimeService
                .startProcessInstanceByKey("signalIntermediateEventProcess");
        TaskQuery taskQuery = taskService.createTaskQuery()
                .processInstanceId(procInst.getId());
        //查询并完成第一个任务
        Task firstTask = taskQuery.singleResult();
        log.info("第一个用户任务为：{}", firstTask.getName());
        taskService.complete(firstTask.getId());
        //查询并完成第二个任务
        Task secondTask = taskQuery.singleResult();
        log.info("第二个用户任务为：{}", secondTask.getName());
        taskService.complete(secondTask.getId());
        //根据流程实例查询任务
        List<Task> tasks = taskQuery.list();
        log.info("当前流程所处的用户任务有：{}", tasks.stream().map(Task::getName)
                .collect(Collectors.joining(", ")));
    }
}
```

以上代码首先初始化工作流引擎并部署流程，发起流程后查询并办理第一个任务，这时流程经并行网关流转到两个信号中间捕获事件和"业务主管确认"用户任务。然后，查询并办理第二个任务，从而使流程流转到信号中间抛出事件。最后，查询流程当前所处的用户任务并聚合输出任务的名称。代码运行结果如下：

```
22:38:53,469 [main] INFO  RunSignalIntermediateEventProcessDemo  - 第一个用户任务为：报销申请
22:38:53,666 [main] INFO  RunSignalIntermediateEventProcessDemo  - 第二个用户任务为：业务主管确认
```

```
22:38:53,778 [main] INFO  RunSignalIntermediateEventProcessDemo  - 当前流程所处的用户任务有：财务主管审批，
部门主管审批
```

从代码运行结果可知，信号中间抛出事件发出的信号被两个信号中间捕获事件捕获，流程流转到"部门主管审批"用户任务和"财务主管审批"用户任务。

9.2.3 消息中间捕获事件

消息中间捕获事件指在流程中将一个消息事件作为独立的节点来运行，是一种捕获事件。当流程执行到消息中间捕获事件时会暂停，并一直等待触发，直到该事件接收到相应的消息后，流程沿外出顺序流继续流转。

1. 图形标记

消息中间捕获事件表示为带有消息图标的圆环。消息图标是未填充的，表示捕获语义，如图9.18所示。

图9.18 消息中间捕获事件图形标记

2. XML内容

消息中间捕获事件的XML内容是在标准中间捕获事件的定义中嵌入一个消息事件定义。消息中间捕获事件的定义格式如下：

```xml
<!-- 定义消息 -->
<message id="theMessage" name="测试消息" />
<process id="messageIntermediateCatchEventProcess">
    <intermediateCatchEvent id="messageIntermediateCatchEvent">
        <!-- 包含messageEventDefinition子元素，代表消息中间捕获事件 -->
        <messageEventDefinition messageRef="theMessage" />
    </intermediateCatchEvent>

    <!-- 其他元素省略 -->
</process>
```

在以上流程定义中，加粗部分的代码定义了两个元素：消息theMessage和消息中间捕获事件messageIntermediateCatchEvent。消息中间捕获事件在它嵌入的消息事件定义中通过messageRef属性引用了前面定义的消息。

消息中间捕获事件的触发方式有3种，具体内容参见8.2.3小节。

9.2.4 补偿中间抛出事件

补偿中间抛出事件用于触发补偿，当流程流转到补偿中间抛出事件时触发该流程已完成活动的边界补偿事件，完成补偿操作后流程沿补偿中间抛出事件的外出顺序流继续流转。

1. 图形标记

补偿中间抛出事件表示为带有补偿事件图标的圆环。补偿事件图标填充颜色，表示抛出语义，如图9.19所示。

图9.19 补偿中间抛出事件图形标记

2. XML内容

补偿中间抛出事件的XML内容是在标准中间抛出事件的定义中嵌入一个补偿事件定义。补偿中间抛出事件的定义格式如下：

```xml
<process id="intermediateThrowEventProcess">
    <intermediateThrowEvent id="intermediateCompensation" name="补偿中间抛出事件">
        <!-- 包含compensateEventDefinition子元素，代表补偿中间抛出事件 -->
        <compensateEventDefinition />
    </intermediateThrowEvent>

    <!-- 其他元素省略 -->
</process>
```

在以上流程定义中，加粗部分的代码定义了中间抛出事件intermediateCompensation，其内部嵌入了补偿事件定义，构成了补偿中间抛出事件。另外，在补偿中间抛出事件嵌入的补偿事件定义中提供了可选参数activityRef，用于触发一个指定活动或者作用域的补偿：

```xml
<intermediateThrowEvent id="intermediateCompensation" name="补偿中间抛出事件">
    <compensateEventDefinition activityRef="theServiceTask" />
</intermediateThrowEvent>
```

在上述补偿中间抛出事件嵌入的补偿事件定义中，通过activityRef属性指定了一个id为theServiceTask的

节点，其上依附有补偿边界事件，并通过关联连接到一个补偿处理器上。

3. 注意事项

补偿中间抛出事件主要用于触发补偿，可以针对指定活动或包含补偿事件的作用域触发补偿，通过执行与活动相关联的补偿处理器来执行补偿。补偿遵循以下规则。

- 如果针对某项流程活动进行补偿，则相关补偿处理器执行的次数与活动成功完成的次数相等。
- 如果针对当前作用域进行补偿，则对当前作用域内的所有活动进行补偿，包括并行分支上的活动。
- 补偿是分级触发的：如果要补偿的活动是子流程，则为子流程中包含的所有活动触发补偿；如果该子流程包含嵌套的活动，则补偿事件会递归地向下抛出，但是补偿事件不会传播到比该流程高的层级；如果补偿在子流程中触发，则不会传播到该子流程作用域外的活动上。BPMN规范规定，只有"同一级别的子流程"的活动才触发补偿。
- 触发补偿时，补偿的执行次序与流程执行顺序相反，这意味着最后完成的活动会最先执行补偿，以此类推。
- 补偿中间抛出事件可以用于补偿已经完成的事务子流程。
- 当多实例活动抛出补偿时，只有当所有实例都结束了，相关补偿处理器才会执行。这意味着多实例活动在被补偿前必须先结束。

在Flowable中使用补偿中间抛出事件要考虑以下限制：

- 目前暂不支持waitForCompletion="false"属性配置，当使用补偿中间抛出事件触发补偿时，事件仅在补偿成功完成后才被保留；
- 补偿不会传播给调用活动创建的子流程实例。

需要注意的是，如果补偿被一个包含子流程的作用域触发，并且子流程包含带有补偿处理器的活动，则只有当子流程结束后，并且有补偿事件被抛出时，才会执行该子流程中的补偿。如果子流程中的某些活动已经完成并且附加了补偿处理器，但包含这些活动的子流程尚未结束，则补偿不会被执行。

下面看一个补偿中间抛出事件与子流程的使用示例，如图9.20所示。该流程为用户报名流程："预报名"用户任务提交后，由并行网关分出两个并行分支，其中一个分支流转到在线报名内嵌子流程，另一个分支流转到"银行卡支付"用户任务。假设当前流程实例已经流转到这两个分支，并且第一个分支流转到子流程后正在等待由用户完成"报名审核"任务，另一个分支在执行"银行卡支付"用户任务处抛出"支付失败"错误，流转到"取消报名"补偿中间抛出事件抛出补偿事件。如果此时子流程尚未结束，意味着补偿事件不会传播给子流程，因此子流程中的"取消正式报名"服务任务（被指定为补偿处理器）不会执行；如果子流程中的"报名审核"用户任务在"取消报名"抛出事件之前完成、子流程已结束，则补偿事件会传播给子流程。"取消预报名"服务任务（被指定为补偿处理器）在以上两种情况下均会执行。

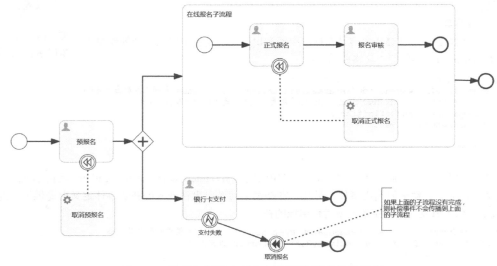

图9.20　补偿中间抛出事件与子流程综合使用示例

对于内嵌子流程，如果在其结束后触发了补偿，其补偿处理器可以访问该流程结束时的本地流程变量（local process variable）。为了实现这一特性，子流程作用域内的流程变量将被作为快照保存起来，其具备以下特点：

- 补偿处理器无法访问执行中的子流程作用域内创建的流程变量；
- 快照中不包含与更高层执行相关的流程变量，如与流程实例执行相关的流程变量；
- 当补偿触发时，补偿处理器通过它们所在的执行访问这些流程变量；
- 变量快照只适用于内嵌子流程，不适用于其他节点。

4．使用示例

下面以图9.20所示的流程为例介绍补偿中间抛出事件的用法。

该流程对应的XML内容如下：

```xml
<!-- 定义id为errorFlag的错误 -->
<error id="errorFlag" errorCode="500" />
<process id="compensateIntermediateThrowingEventProcess" name="补偿中间抛出事件示例流程">
    <startEvent id="firstStartEventOfMainProcess"/>
    <parallelGateway id="parallelGateway1"/>
    <endEvent id="firstEndEventOfMainProcess"/>
    <sequenceFlow id="seqFlow1" sourceRef="secondUserTaskOfMainProcess"
        targetRef="firstEndEventOfMainProcess"/>
    <endEvent id="thirdEndEventOfMainProcess"/>
    <sequenceFlow id="seqFlow2"
        sourceRef="firstIntermediateThrowEventOfMainProcess"
        targetRef="thirdEndEventOfMainProcess"/>
    <subProcess id="signUpSubProcess" name="在线报名子流程">
        <startEvent id="firstStartEventOfSubProcess"/>
        <userTask id="secondUserTaskOfSubProcess" name="报名审核"/>
        <userTask id="firstUserTaskOfSubProcess" name="正式报名"/>
        <serviceTask id="secondServiceTaskOfSubProcess" name="取消正式报名"
            flowable:class="com.bpm.example.intermediateevent.demo.delegate.CancelSignUpService"
            isForCompensation="true"/>
        <endEvent id="firstEndEventOfSubProcessF"/>
        <!-- 定义补偿边界事件 -->
        <boundaryEvent id="boundaryEvent1" attachedToRef="firstUserTaskOfSubProcess"
            cancelActivity="false">
            <compensateEventDefinition waitForCompletion="true"/>
        </boundaryEvent>
        <sequenceFlow id="seqFlow3" sourceRef="firstUserTaskOfSubProcess"
            targetRef="secondUserTaskOfSubProcess"/>
        <sequenceFlow id="seqFlow4" sourceRef="secondUserTaskOfSubProcess"
            targetRef="firstEndEventOfSubProcessF"/>
        <sequenceFlow id="seqFlow5" sourceRef="firstStartEventOfSubProcess"
            targetRef="firstUserTaskOfSubProcess"/>
    </subProcess>
    <userTask id="secondUserTaskOfMainProcess" name="银行卡支付">
        <extensionElements>
                <flowable:taskListener event="complete"
                    class="com.bpm.example.intermediateevent.demo
                        .listener.PaymentListener" />
        </extensionElements>
    </userTask>
    <endEvent id="secondEndEventOfMainProcess"/>
    <sequenceFlow id="seqFlow6" sourceRef="signUpSubProcess"
        targetRef="secondEndEventOfMainProcess"/>
    <sequenceFlow id="seqFlow7" sourceRef="parallelGateway1"
        targetRef="signUpSubProcess"/>
    <sequenceFlow id="seqFlow8" sourceRef="parallelGateway1"
        targetRef="secondUserTaskOfMainProcess"/>
    <sequenceFlow id="seqFlow9" sourceRef="firstErrorBoundaryEventOfMainProcess"
        targetRef="firstIntermediateThrowEventOfMainProcess"/>
    <!-- 定义补偿中间抛出事件 -->
    <intermediateThrowEvent id="firstIntermediateThrowEventOfMainProcess"
        name="取消报名">
        <compensateEventDefinition waitForCompletion="true"/>
    </intermediateThrowEvent>
    <!-- 定义错误边界事件 -->
```

```xml
    <boundaryEvent id="firstErrorBoundaryEventOfMainProcess" name="支付失败"
        attachedToRef="secondUserTaskOfMainProcess" cancelActivity="true">
        <errorEventDefinition errorRef="errorFlag"/>
    </boundaryEvent>
    <sequenceFlow id="seqFlow10" sourceRef="firstUserTaskOfMainProcess"
        targetRef="parallelGateway1"/>
    <userTask id="firstUserTaskOfMainProcess" name="预报名"/>
    <sequenceFlow id="seqFlow11" sourceRef="firstStartEventOfMainProcess"
        targetRef="firstUserTaskOfMainProcess"/>
    <!-- 定义补偿边界事件 -->
    <boundaryEvent id="boundaryEvent2" attachedToRef="firstUserTaskOfMainProcess">
        <compensateEventDefinition waitForCompletion="true"/>
    </boundaryEvent>
    <serviceTask id="firstServiceTaskOfMainProcess" name="取消预报名"
        flowable:flowable="com.bpm.example.intermediateevent.demo.delegate.
        CancelPredictionService" isForCompensation="true"/>
    <textAnnotation id="textAnnotation1">
        <text>如果上面的子流程没有完成，则补偿事件不会传播到上面的子流程</text>
    </textAnnotation>
    <association id="association1" sourceRef="firstIntermediateThrowEventOfMainProcess"
        targetRef="textAnnotation1" associationDirection="None"/>
    <association id="association2" sourceRef="boundaryEvent1"
        targetRef="secondServiceTaskOfSubProcess" associationDirection="None"/>
    <association id="association3" sourceRef="boundaryEvent2"
        targetRef="firstServiceTaskOfMainProcess" associationDirection="None"/>
</process>
```

在以上流程定义中，加粗部分的代码定义了5个元素：BPMN错误errorFlag，补偿边界事件boundaryEvent1、boundaryEvent2，补偿中间抛出事件firstIntermediateThrowEventOfMainProcess，以及错误边界事件firstErrorBoundaryEventOfMainProcess。该流程定义说明如下。

- 主流程中的"预报名"用户任务上依附了补偿边界事件boundaryEvent2，通过关联连接到"取消预报名"服务任务，该服务任务上配置了isForCompensation="true"属性，表明它是一个补偿处理器。
- 主流程中的"银行卡支付"用户任务上依附了错误边界事件firstErrorBoundaryEventOfMainProcess，该错误边界事件捕获BPMN错误errorFlag。
- 子流程中的"正式报名"用户任务上依附了补偿边界事件boundaryEvent1，通过关联连接到"取消正式报名"服务任务，该服务任务节点上配置了isForCompensation="true"属性，表明它是一个补偿处理器。

主流程中的"取消预报名"服务任务被指定为补偿处理器，用于执行补偿操作。其委托类代码如下：

```java
@Slf4j
public class CancelPredictionService implements JavaDelegate {
    @Override
    public void execute(DelegateExecution execution) {
        log.info("执行补偿, 取消预报名完成! ");
    }
}
```

子流程中的"取消报名"服务任务同样被指定为补偿处理器，用于执行补偿操作。其委托类代码如下：

```java
@Slf4j
public class CancelSignUpService implements JavaDelegate {
    @Override
    public void execute(DelegateExecution execution) {
        log.info("执行补偿, 取消正式报名完成! ");
    }
}
```

主流程中的"银行卡支付"用户任务，在流程定义中为其配置了任务完成事件（complete）的任务监听器（相关内容可参阅16.1.2小节）。该任务监听器在任务完成时执行，这里实现的主要逻辑是比对报名费和余额，并在余额不足时抛出BPMN错误。示例代码如下：

```java
@Slf4j
public class PaymentListener implements TaskListener {
    private int balance = 100;

    @Override
```

```java
    public void notify(DelegateTask delegateTask) {
        int applicationFee = (Integer) delegateTask.getVariable("applicationFee");
        try {
            if (applicationFee > balance) {
                log.error("余额不足，支付失败！");
                throw new BpmnError("500");
            } else {
                log.info("余额充足，支付成功！");
            }
        } catch (BpmnError error) {
            ExecutionEntity exectuion = Context.getProcessEngineConfiguration()
                    .getExecutionEntityManager().findById(delegateTask.getExecutionId());
            //抛出错误事件
            ErrorPropagation.propagateError(error, exectuion);
        }
    }
}
```

加载该流程模型并执行相应流程控制的示例代码如下：

```java
@Slf4j
public class RunCompensateIntermediateThrowingEventProcessDemo
        extends FlowableEngineUtil {
    SimplePropertyPreFilter executionFilter = new SimplePropertyPreFilter(Execution.class,
            "id", "parentId", "businessKey", "processInstanceId", "superExecutionId",
            "rootProcessInstanceId", "scope", "activityId");

    @Test
    public void runCompensateIntermediateThrowingEventProcessDemo() {
        //加载Flowable配置文件并初始化工作流引擎及服务
        initFlowableEngineAndServices("flowable.cfg.xml");
        //部署流程
        ProcessDefinition procDef = deployResource("processes" +
                "/CompensateIntermediateThrowingEventProcess.bpmn20.xml");

        //启动流程
        ProcessInstance procInst = runtimeService
                .startProcessInstanceById(procDef.getId());
        ExecutionQuery executionQuery = runtimeService.createExecutionQuery()
                .processInstanceId(procInst.getId());
        //查询执行实例
        List<Execution> executionList1 = executionQuery.list();
        log.info("主流程发起后，执行实例数为：{}，分别为：{}", executionList1.size(),
                JSON.toJSONString(executionList1, executionFilter));
        TaskQuery taskQuery = taskService.createTaskQuery()
                .processInstanceId(procInst.getId());
        //查询"预报名"用户任务
        Task firstTask = taskQuery.taskName("预报名").singleResult();
        //设置流程变量
        Map<String, Object> varMap1 = ImmutableMap.of("applicant", "zhangsan");
        //完成"预报名"用户任务
        taskService.complete(firstTask.getId(), varMap1);
        log.info("办理完成名称为：{}的用户任务", firstTask.getName());
        //查询执行实例
        List<Execution> executionList2 = executionQuery.list();
        log.info("子流程发起后，执行实例数为：{}，分别为：{}", executionList2.size(),
                JSON.toJSONString(executionList2, executionFilter));
        //查询"正式报名"用户任务
        Task secondTask = taskQuery.taskName("正式报名").singleResult();
        //完成"正式报名"用户任务
        taskService.complete(secondTask.getId());
        log.info("办理完成名称为：{}的用户任务", secondTask.getName());
        //查询"报名审核"用户任务
        Task thirdTask = taskQuery.taskName("报名审核").singleResult();
        //完成"报名审核"用户任务
        taskService.complete(thirdTask.getId());
        log.info("办理完成名称为：{}的用户任务", thirdTask.getName());
        //查询执行实例
        List<Execution> executionList3 = executionQuery.list();
```

```
            log.info("子流程结束后，执行实例数为：{}，分别为：{}", executionList3.size(),
                    JSON.toJSONString(executionList3, executionFilter));
        //查询"银行卡支付"任务
        Task fourthTask = taskQuery.taskName("银行卡支付").singleResult();
        log.info("即将办理名称为：{}的用户任务", fourthTask.getName());
        //设置流程变量
        Map<String, Object> varMap2 = ImmutableMap.of("applicationFee", 1000);
        //完成第二个任务（流程结束）
        taskService.complete(fourthTask.getId(), varMap2);
        //查询执行实例
        List<Execution> executionList4 = executionQuery.list();
        log.info("流程结束后，执行实例数为：{}，执行实例信息为：{}", executionList4.size(),
                JSON.toJSONString(executionList4, executionFilter));
    }
}
```

以上代码首先初始化工作流引擎并部署流程，在流程发起后查询并办理"预报名"用户任务，此时流程流转到子流程和"银行卡支付"用户任务。然后，依次查询并办理子流程中的"正式报名"和"报名审核"用户任务，使子流程结束。最后，查询并完成主流程的"银行卡支付"用户任务，并设置流程变量applicationFee（报名费）为1000（大于余额100），导致在执行其任务监听器时抛出BPMN错误，被错误边界事件捕获流转到"取消报名"补偿中间抛出事件节点，抛出补偿事件，触发主流程和子流程中的补偿边界事件。在这个过程中的不同阶段输出了执行实例信息，以方便观察整个过程中数据的变化情况。代码运行结果如下：

```
22:56:21,309 [main] INFO   RunCompensateIntermediateThrowingEventProcessDemo   - 主流程发起后，执行实例数
为:2,分别为:[{"id":"5","processInstanceId":"5","rootProcessInstanceId":"5","scope":true},{"activityId":
"firstUserTaskOfMainProcess","id":"6","parentId":"5","processInstanceId":"5","rootProcessInstanceId":
"5","scope":false}]
22:56:21,443 [main] INFO   RunCompensateIntermediateThrowingEventProcessDemo   - 办理完成名称为：预报名的
用户任务
22:56:21,453 [main] INFO   RunCompensateIntermediateThrowingEventProcessDemo   - 子流程发起后，执行实例数
为:5,分别为:[{"activityId":"secondUserTaskOfMainProcess","id":"16","parentId":"5","processInstanceId":"5",
"rootProcessInstanceId":"5","scope":false},{"activityId":"signUpSubProcess","id":"19","parentId":
"5","processInstanceId":"5","rootProcessInstanceId":"5","scope":true},{"activityId":
"firstUserTaskOfSubProcess","id":"21","parentId":"19","processInstanceId":"5","rootProcessInstanceId":
"5","scope":false},{"activityId":"firstErrorBoundaryEventOfMainProcess","id":"23","parentId":"16",
"processInstanceId":"5","rootProcessInstanceId":"5","scope":false},{"id":"5","processInstanceId":
"5","rootProcessInstanceId":"5","scope":true}]
22:56:21,497 [main] INFO   RunCompensateIntermediateThrowingEventProcessDemo   - 办理完成名称为：正式报名
的用户任务
22:56:21,562 [main] INFO   RunCompensateIntermediateThrowingEventProcessDemo   - 办理完成名称为：报名审核
的用户任务
22:56:21,569 [main] INFO   RunCompensateIntermediateThrowingEventProcessDemo   - 子流程结束后，执行实例数
为:4,分别为:[{"activityId":"secondUserTaskOfMainProcess","id":"16","parentId":"5","processInstanceId":"5",
"rootProcessInstanceId":"5","scope":false},{"activityId":"firstErrorBoundaryEventOfMainProcess",
"id":"23","parentId":"16","processInstanceId":"5","rootProcessInstanceId":"5","scope":false},
{"activityId":"signUpSubProcess","id":"38","parentId":"5","processInstanceId":"5","rootProcessInstanceId":
"5","scope":false},{"id":"5","processInstanceId":"5","rootProcessInstanceId":"5","scope":true}]
22:56:21,573 [main] INFO   RunCompensateIntermediateThrowingEventProcessDemo   - 即将办理名称为：银行卡支
付的用户任务
22:56:21,584 [main] ERROR  PaymentListener      - 余额不足，支付失败！
22:56:21,614 [main] INFO   CancelSignUpService      - 执行补偿，取消正式报名完成！
22:56:21,616 [main] INFO   CancelPredictionService  - 执行补偿，取消预报名完成！
22:56:21,677 [main] INFO   RunCompensateIntermediateThrowingEventProcessDemo   - 流程结束后，执行实例数为：
0，执行实例信息为：[]
```

由代码运行结果可以得出以下结论。

- 当主流程发起时，存在2个执行实例，如表9.1所示，二者互为父子关系。
- 当子流程发起后，存在5个执行实例：1个主流程实例、2个主流程的执行实例、1个子流程的执行实例和1个错误边界事件的执行实例，如表9.2所示。
- 当子流程结束后，存在4个执行实例：1个主流程实例、2个主流程的执行实例和1个错误边界事件的执行实例，如表9.3所示。
- 主流程结束之后，执行实例数为0。

表9.1 主流程发起时的执行实例

id	parentId	processInstanceId	rootProcessInstanceId	activityId	scope	描述
5	无	5	5	无	true	主流程实例
6	5	5	5	firstUserTaskOfMainProcess	false	主流程的执行实例

表9.2 子流程发起后的执行实例

id	parentId	processInstanceId	rootProcessInstanceId	activityId	scope	描述
5	无	5	5	无	true	主流程实例
16	5	5	5	secondUserTaskOfMainProcess	false	主流程的执行实例
19	5	5	5	signUpSubProcess	true	主流程的执行实例
21	19	5	5	firstUserTaskOfSubProcess	false	子流程的执行实例
23	16	5	5	firstErrorBoundaryEventOfMainProcess	false	错误边界事件的执行实例

表9.3 子流程结束后的执行实例

id	parentId	processInstanceId	rootProcessInstanceId	activityId	scope	描述
5	无	5	5	无	true	主流程实例
16	5	5	5	secondUserTaskOfMainProcess	false	主流程的执行实例
23	16	5	5	firstErrorBoundaryEventOfMainProcess	false	错误边界事件的执行实例
38	5	5	5	signUpSubProcess	false	主流程的执行实例

9.2.5 空中间抛出事件

空中间抛出事件是一个抛出事件,即在标准中间抛出事件的定义中不嵌入任何事件定义。它通常用于表示流程中的某个状态,在实际应用中可以通过添加执行监听器(相关内容可参阅16.1.1小节),来表示流程状态的改变。

1. 图形标记

空中间抛出事件表示为中空的圆环,如图9.21所示。

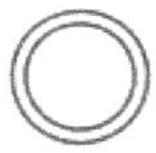

2. XML内容

空中间抛出事件的XML内容是在标准中间抛出事件的定义中不嵌入任何事件定义元素。空中间抛出事件的定义格式如下:

图9.21 空中间抛出事件图形标记

```
<process id="noneIntermediateThrowingEventProcess">
    <intermediateThrowEvent id="noneEventIntermediateThrowEvent1">
        <extensionElements>
            <flowable:executionListener class=
            "com.bpm.example.intermediateevent.demo.listener.MyExecutionListener"
            event="start" />
        </extensionElements>
    </intermediateThrowEvent>

    <!-- 其他元素省略 -->
</process>
```

在以上流程定义中,加粗部分的代码定义了空中间抛出事件noneEventIntermediateThrowEvent1,它没有嵌入任何事件定义。这里通过extensionElements子元素配置了执行监听器。

9.2.6 条件中间捕获事件

条件中间捕获事件指在流程中将一个条件事件作为独立的节点来运行,是一种捕获事件。当流程执行到条件中间事件时会暂停，等待接收到符合条件的事件触发后，流程沿外出顺序流继续流转。

1. 图形标记

条件中间事件表示为带有条件事件图标的圆环。条件事件图标是未填充的，表示捕获语义，如图9.22所示。

图9.22　条件中间捕获事件图形标记

2. XML内容

条件中间捕获事件的XML内容是在标准中间捕获事件的定义中嵌入一个条件事件定义。条件中间捕获事件的定义格式如下：

```xml
<intermediateCatchEvent id="conditionalIntermediateCatchEvent1">
    <!-- 包含conditionalEventDefinition子元素，代表条件中间捕获事件 -->
    <conditionalEventDefinition>${condition==true}</conditionalEventDefinition>
</intermediateCatchEvent>
```

在以上流程定义中，定义了条件中间捕获事件conditionalIntermediateCatchEvent1。条件中间事件在它嵌入的中间事件定义中配置了条件。

3. 使用示例

下面看一个综合使用条件中间捕获事件、条件边界事件和条件开始事件的使用示例，如图9.23所示。该流程为奖项评审流程：提名提交后，首先到达条件中间捕获事件，当投票数到达5的时候，进入"材料审核"任务节点，如果判断材料齐全，则流转到"结果公示"任务节点；如果判断材料不齐全，则进入"补充材料"任务节点，完成后再回到"材料审核"任务节点。结果公示完成时触发条件发起发证事件子流程。

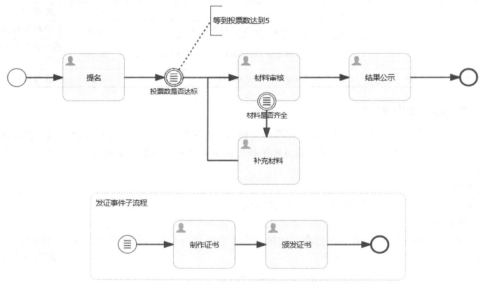

图9.23　条件中间捕获事件示例流程

该流程对应的XML内容如下：

```xml
<process id="conditionalIntermediateCatchingEventProcess" name="条件中间捕获事件示例流程">
    <startEvent id="startEvent1"/>
    <userTask id="userTask1" name="提名"/>
    <intermediateCatchEvent id="intermediateCatchEvent1" name="投票数是否达标">
        <conditionalEventDefinition>
            <condition>${voteNum>=5}</condition>
        </conditionalEventDefinition>
    </intermediateCatchEvent>
    <userTask id="userTask2" name="材料审核"/>
    <endEvent id="endEvent1"/>
    <userTask id="userTask3" name="补充材料"/>
    <boundaryEvent id="boundaryEvent1" name="材料是否齐全" attachedToRef="userTask2"
        cancelActivity="true">
        <conditionalEventDefinition>
```

```xml
            <condition>${materialState==false}</condition>
        </conditionalEventDefinition>
    </boundaryEvent>
    <userTask id="userTask4" name="结果公示"/>
    <subProcess id="eventSubProcess1" name="发证事件子流程" triggeredByEvent="true">
        <startEvent id="startEvent2" isInterrupting="false">
            <conditionalEventDefinition>
                <condition>
                    ${"success".equals(execution.getVariable("result"))}
                </condition>
            </conditionalEventDefinition>
        </startEvent>
        <userTask id="userTask5" name="制作证书"/>
        <endEvent id="endEvent2"/>
        <userTask id="userTask6" name="颁发证书"/>
        <sequenceFlow id="seqFlow8" sourceRef="startEvent2" targetRef="userTask5"/>
        <sequenceFlow id="seqFlow9" sourceRef="userTask5" targetRef="userTask6"/>
        <sequenceFlow id="seqFlow10" sourceRef="userTask6" targetRef="endEvent2"/>
    </subProcess>
    <sequenceFlow id="seqFlow1" sourceRef="startEvent1" targetRef="userTask1"/>
    <sequenceFlow id="seqFlow2" sourceRef="userTask1" targetRef="intermediateCatchEvent1"/>
    <sequenceFlow id="seqFlow3" sourceRef="intermediateCatchEvent1" targetRef="userTask2"/>
    <sequenceFlow id="seqFlow4" sourceRef="userTask2" targetRef="userTask4"/>
    <sequenceFlow id="seqFlow5" sourceRef="userTask4" targetRef="endEvent1"/>
    <sequenceFlow id="seqFlow6" sourceRef="boundaryEvent1" targetRef="userTask3"/>
    <sequenceFlow id="seqFlow7" sourceRef="userTask3" targetRef="userTask2"/>
    <textAnnotation id="textAnnotation1">
        <text>等到投票数达到5</text>
    </textAnnotation>
    <association id="association1" sourceRef="intermediateCatchEvent1"
        targetRef="textAnnotation1" associationDirection="None"/>
</process>
```

在以上流程定义中，加粗部分的代码定义了3个元素：条件中间捕获事件intermediateCatchEvent1、条件边界事件boundaryEvent1，以及条件开始事件startEvent2。该流程定义说明如下。

- 条件中间捕获事件intermediateCatchEvent1中嵌入的条件事件定义中配置了条件${voteNum>=5}，说明当流程变量voteNum的值大于或等于5时，满足条件离开该中间事件。
- 条件边界事件boundaryEvent1中嵌入的条件事件定义中配置了条件${materialState==false}，说明当流程变量materialState的值为false时，将触发条件沿着该边界事件的外出顺序流继续流转。该条件边界事件的cancelActivity值配置为true，说明它是一个中断事件，事件触发时依附的用户任务将被终止。
- 条件开始事件startEvent2中嵌入的条件事件定义中配置了条件${"success".equals(execution.getVariable("result"))}，说明当流程变量result的值为success时，将触发该事件子流程发起。该条件开始事件的isInterrupting值配置为false，说明它是一个非中断事件。

加载该流程模型并执行相应流程控制的示例代码如下：

```java
@Slf4j
public class RunConditionalIntermediateCatchingEventProcessDemo
        extends FlowableEngineUtil {
    @Test
    public void runConditionalIntermediateCatchingEventProcessDemo() {
        //加载Flowable配置文件并初始化工作流引擎及服务
        initFlowableEngineAndServices("flowable.cfg.xml");
        //部署流程
        ProcessDefinition procDef = deployResource("processes" +
                "/ConditionalIntermediateCatchingEventProcess.bpmn20.xml");

        //启动流程
        ProcessInstance procInst = runtimeService
                .startProcessInstanceById(procDef.getId());
        TaskQuery taskQuery = taskService.createTaskQuery()
                .processInstanceId(procInst.getId());
        //查询并办理第一个用户任务
        Task firstTask = taskQuery.singleResult();
        log.info("流转到第1个Task: {}", firstTask.getName());
        taskService.complete(firstTask.getId());
```

```java
        Task secondTask = null;
        int voteNum = 1;
        do {
            //设置变量并计算条件
            Map<String, Object> varMap1 = ImmutableMap.of("voteNum", voteNum);
            runtimeService.evaluateConditionalEvents(procInst.getId(), varMap1);
            //查询第二个用户任务
            secondTask = taskQuery.singleResult();
            if (secondTask == null) {
                log.info("voteNum=={}时没有触发条件中间捕获事件", voteNum);
                voteNum++;
            } else {
                log.info("voteNum=={}时触发条件中间捕获事件,流程流转到第2个Task: {}", voteNum,
                        secondTask.getName());
                break;
            }
        } while (true);
        //设置变量并计算条件
        Map<String, Object> varMap2 = ImmutableMap.of("materialState", false);
        runtimeService.evaluateConditionalEvents(procInst.getId(), varMap2);
        //查询并办理第三个用户任务
        Task thirdTask = taskQuery.singleResult();
        log.info("materialState==false时触发条件边界事件,流程流转到第3个Task: {}",
                thirdTask.getName());
        taskService.complete(thirdTask.getId());
        //查询并办理第四个用户任务
        Task fourthTask = taskQuery.singleResult();
        log.info("流程流转到第4个Task: {}", fourthTask.getName());
        taskService.complete(fourthTask.getId());
        //查询第五个用户任务
        Task fifthTask = taskQuery.singleResult();
        log.info("流程流转到第5个Task: {}", fifthTask.getName());
        //设置变量并计算条件
        Map<String, Object> varMap3 = ImmutableMap.of("result", "success");
        runtimeService.evaluateConditionalEvents(procInst.getId(), varMap3);
        //办理第五个用户任务
        taskService.complete(fifthTask.getId());
        //查询第六个用户任务
        Task sixTask = taskQuery.singleResult();
        log.info("流程流转到第6个Task: {}", sixTask.getName());
    }
}
```

以上代码首先初始化工作流引擎并部署流程,在流程发起后查询并办理"提名"用户任务,此时流程流转到条件中间捕获事件。其次,循环使用变量voteNum模拟投票人数增加并计算条件,直到条件${voteNum>=5}满足离开条件中间捕获事件到达"材料审核"用户任务结束循环。再次,设置变量materialState值为false并计算条件,触发"材料审核"用户任务上附属的中间边界事件流转到"补充材料"任务节点,"材料审核"用户任务的实例被销毁。然后,办理"补充材料"用户任务使流程流转到"材料审核"任务节点,再办理"材料审核"用户任务使流程流转到"结果公示"任务节点。最后设置变量result的值为success并计算条件,办理完成"结果公示"用户任务。代码运行结果如下:

```
23:12:07,367 [main] INFO   RunConditionalIntermediateCatchingEventProcessDemo  - 流转到第1个Task: 提名
23:12:07,456 [main] INFO   RunConditionalIntermediateCatchingEventProcessDemo  - voteNum==1时没有触发
条件中间捕获事件
23:12:07,469 [main] INFO   RunConditionalIntermediateCatchingEventProcessDemo  - voteNum==2时没有触发
条件中间捕获事件
23:12:07,480 [main] INFO   RunConditionalIntermediateCatchingEventProcessDemo  - voteNum==3时没有触发
条件中间捕获事件
23:12:07,488 [main] INFO   RunConditionalIntermediateCatchingEventProcessDemo  - voteNum==4时没有触发
条件中间捕获事件
23:12:07,506 [main] INFO   RunConditionalIntermediateCatchingEventProcessDemo  - voteNum==5时触发条件
中间捕获事件,流程流转到第2个Task: 材料审核
23:12:07,531 [main] INFO   RunConditionalIntermediateCatchingEventProcessDemo  - materialState==false
时触发条件边界事件,流程流转到第3个Task: 补充材料
23:12:07,555 [main] INFO   RunConditionalIntermediateCatchingEventProcessDemo  - 流程流转到第4个Task: 材
料审核
23:12:07,581 [main] INFO   RunConditionalIntermediateCatchingEventProcessDemo  - 流程流转到第5个Task: 结
```

```
果公示
23:12:07,621 [main] INFO  RunConditionalIntermediateCatchingEventProcessDemo  - 流程流转到第6个Task:制
作证书
```

从运行结果可以看出,事件子流程中的条件开始事件被触发,子流程被发起,流程流转到了"制作证书"任务节点。

9.2.7 变量监听器中间捕获事件

变量监听器中间捕获事件指在流程中将一个变量监听器事件作为独立的节点来运行,是一种捕获事件。当流程执行到变量监听器中间捕获事件时会暂停,等待指定的变量变化事件触发后,流程沿外出顺序流继续流转。

1. 图形标记

变量监听器中间捕获事件表示为带有变量监听事件图标的圆环。变量监听事件图标是未填充的,表示捕获语义,如图9.24所示。

图9.24 变量监听器中间捕获事件图形标记

2. XML内容

变量监听器中间捕获事件的XML内容是在标准中间捕获事件的定义中嵌入一个变量监听器事件定义。变量监听器中间捕获事件的定义格式如下:

```xml
<intermediateCatchEvent id="variableListenerIntermediateCatchEvent1">
    <!-- 包含variableListenerEventDefinition子元素,代表变量监听器中间捕获事件 -->
    <extensionElements>
        <flowable:variableListenerEventDefinition variableName="materialState" variableChangeType="all"/>
    </extensionElements>
</intermediateCatchEvent>
```

在以上流程定义中,定义了变量监听器中间捕获事件variableListenerIntermediateCatchEvent1,变量监听器事件配置作为它的扩展属性,通过variableListenerEventDefinition子元素配置,其variableName属性用于指定监听的变量名,variableChangeType用于指定监听变量变化类型,其值可配置为create、update、createupdate和all。

3. 使用示例

下面看一个综合使用变量监听器中间捕获事件、变量监听器边界事件和变量监听器开始事件的使用示例,如图9.25所示。该流程为Offer申请流程:Offer申请提交后,首先到达"材料初审"任务节点,如果判断材料没有问题,则流程流转到变量监听器中间捕获事件;如果判断材料存在问题,则流程流转到"材料复审"任务节点。材料复审完成时流转到变量监听器中间捕获事件,同时触发变量监听事件发起"外部背调事件子流程",流转到"背调"任务节点。背调完成时更新变量值。

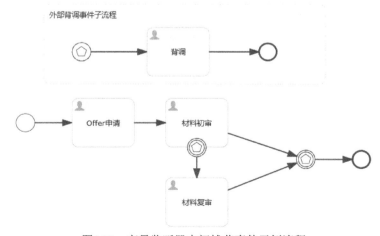

图9.25 变量监听器中间捕获事件示例流程

该流程对应的XML内容如下:

```xml
<process id="variableListenerIntermediateCatchingEventProcess" name="变量监听器中间捕获事件示例流程">
    <startEvent id="startEvent1"/>
```

```xml
<userTask id="userTask1" name="Offer申请"/>
<userTask id="userTask2" name="材料初审"/>
<userTask id="userTask3" name="材料复审"/>
<boundaryEvent id="boundaryEvent1" attachedToRef="userTask2" cancelActivity="true">
    <extensionElements>
        <flowable:variableListenerEventDefinition variableName="materialState"
            variableChangeType="update"/>
    </extensionElements>
</boundaryEvent>
<intermediateCatchEvent id="intermediateCatchEvent1">
    <extensionElements>
        <flowable:variableListenerEventDefinition variableName="materialState"
            variableChangeType="all"/>
    </extensionElements>
</intermediateCatchEvent>
<endEvent id="endEvent1"/>
<subProcess id="subProcess1" name="外部背调事件子流程" triggeredByEvent="true">
    <startEvent id="startEvent2" isInterrupting="false">
        <extensionElements>
            <flowable:variableListenerEventDefinition
                variableName="backgroundCheckState" variableChangeType="create"/>
        </extensionElements>
    </startEvent>
    <userTask id="userTask4" name="背调"/>
    <endEvent id="endEvent2"/>
    <sequenceFlow id="seqFlow7" sourceRef="startEvent2" targetRef="userTask4"/>
    <sequenceFlow id="seqFlow8" sourceRef="userTask4" targetRef="endEvent2"/>
</subProcess>
<sequenceFlow id="seqFlow1" sourceRef="startEvent1" targetRef="userTask1"/>
<sequenceFlow id="seqFlow2" sourceRef="userTask1" targetRef="userTask2"/>
<sequenceFlow id="seqFlow3" sourceRef="userTask2" targetRef="intermediateCatchEvent1"/>
<sequenceFlow id="seqFlow4" sourceRef="userTask3" targetRef="intermediateCatchEvent1"/>
<sequenceFlow id="seqFlow5" sourceRef="intermediateCatchEvent1" targetRef="endEvent1"/>
<sequenceFlow id="seqFlow6" sourceRef="boundaryEvent1" targetRef="userTask3"/>
</process>
```

在以上流程定义中，加粗部分的代码定义了3个元素：变量监听器边界事件boundaryEvent1、变量监听器中间捕获事件intermediateCatchEvent1，以及变量监听器开始事件startEvent2。该流程定义说明如下。

- 变量监听器边界事件boundaryEvent1的扩展元素中通过variableListenerEventDefinition子元素配置variableName属性值为materialState、variableChangeType属性值为update，说明当变量materialState发生值变化时将触发该边界事件沿着外出顺序流继续流转。该边界事件的cancelActivity值配置为true，说明它是一个中断事件，事件触发时依附的用户任务将被终止。
- 变量监听器中间捕获事件intermediateCatchEvent1的扩展元素中通过variableListenerEventDefinition子元素配置variableName属性值为materialState、variableChangeType属性值为all，说明变量materialState的所有create、update和delete事件都将触发离开该中间事件。
- 变量监听器开始事件startEvent2的扩展元素中通过variableListenerEventDefinition子元素配置variableName属性值为backgroundCheckState、variableChangeType属性值为create，说明当变量backgroundCheckState创建时将触发该事件子流程发起。该变量监听器开始事件的isInterrupting值配置为false，说明它是一个非中断事件。

加载该流程模型并执行相应流程控制的示例代码如下：

```java
@Slf4j
public class RunVariableListenerIntermediateCatchingEventProcessDemo
        extends FlowableEngineUtil {
    @Test
    public void runVariableListenerIntermediateCatchingEventProcessDemo() {
        //加载Flowable配置文件并初始化工作流引擎及服务
        initFlowableEngineAndServices("flowable.cfg.xml");
        //部署流程
        ProcessDefinition procDef = deployResource("processes" +
                "/VariableListenerIntermediateCatchingEventProcess.bpmn20.xml");

        //设置变量
```

```
        Map<String, Object> varMap1 = ImmutableMap.of("materialState", "init");
        //启动流程
        ProcessInstance procInst = runtimeService
                .startProcessInstanceById(procDef.getId(), varMap1);
        TaskQuery taskQuery = taskService.createTaskQuery()
                .processInstanceId(procInst.getId());
        //查询并办理第一个任务
        Task firstTask = taskQuery.singleResult();
        taskService.complete(firstTask.getId());
        Task secondTask = taskQuery.singleResult();
        log.info("流程流转到: {}", secondTask.getName());
        //修改变量
        runtimeService.setVariable(procInst.getId(), "materialState", "fushen");
        Task thirdTask = taskQuery.singleResult();
        log.info("修改变量materialState值为fushen后,流程流转到: {}", thirdTask.getName());
        //完成第三个任务同时修改变量
        Map<String, Object> varMap2 = ImmutableMap.of("backgroundCheckState", "init");
        taskService.complete(thirdTask.getId(), varMap2);
        Task fourthTask = taskQuery.singleResult();
        log.info("新建变量backgroundCheckState后,流程流转到: {}", fourthTask.getName());
        //完成第四个任务同时修改变量
        Map<String, Object> varMap3 = ImmutableMap.of("materialState", "success");
        taskService.complete(fourthTask.getId(), varMap3);

        HistoricProcessInstance historicProcessInstance = historyService
                .createHistoricProcessInstanceQuery()
                .processInstanceId(procInst.getId()).singleResult();
        if (historicProcessInstance.getEndTime() != null) {
            log.info("修改变量materialState值为success后,流程已结束");
        }
    }
}
```

以上代码首先初始化工作流引擎并部署流程,在流程发起后查询并办理"Offer申请"用户任务,此时流程流转到"材料初审"任务节点。其次,修改变量materialState值为fushen,触发变量监听器边界事件boundaryEvent1,终止"材料初审"用户任务,流转到"材料复审"任务节点。再次,办理"材料复审"用户任务并设置变量backgroundCheckState值为init,触发"外部背调事件子流程",子流程流转到"背调"任务节点。最后办理"背调"用户任务并设置变量materialState的值为success,子流程结束同时触发主流程的变量监听器中间捕获事件,从而主流程结束。代码运行结果如下:

```
23:50:05,381 [main] INFO  RunVariableListenerIntermediateCatchingEventProcessDemo - 流程流转到:材料初审
23:50:05,427 [main] INFO  RunVariableListenerIntermediateCatchingEventProcessDemo - 修改变量
materialState值为fushen后,流程流转到: 材料复审
23:50:05,451 [main] INFO  RunVariableListenerIntermediateCatchingEventProcessDemo - 新建变量
backgroundCheckState后,流程流转到: 背调
23:50:05,504 [main] INFO  RunVariableListenerIntermediateCatchingEventProcessDemo - 修改变量
materialState值为success后,流程已结束
```

9.2.8 升级中间抛出事件

升级中间抛出事件指在流程中将一个升级事件作为独立的节点来运行,是一种抛出事件。当流程流转到升级中间抛出事件时,工作流引擎会直接抛出升级事件,其他引用了与其相同升级的捕获事件都会被触发,升级抛出后升级中间抛出事件结束,流程沿其外出顺序流继续流转。升级中间抛出事件抛出的升级可以被升级边界事件捕获,或者触发一个拥有相同escalationCode或者没有escalationCode的事件子流程。

跟错误事件类似,升级事件将会向上层作用域扩散,直到它被捕获。如果没有边界事件或者流程捕获到这个事件,它会跟普通流程一样。

1. 图形标记

升级中间抛出事件表示为带有升级事件图标的圆环。升级事件图标是填充的,表示抛出语义,如图9.26所示。

图9.26 升级中间抛出事件图形标记

2. XML内容

升级中间抛出事件的XML内容是在标准中间捕获事件的定义中嵌入一个升级事件

定义。升级中间抛出事件的定义格式如下：

```
<escalation id="escalation1" escalationCode="escalationCode"/>
<process id="escalationIntermediateThrowingEventProcess">
    <intermediateThrowEvent id="intermediateThrowEvent1">
        <escalationEventDefinition escalationRef="escalation1"/>
    </intermediateThrowEvent>

    <!-- 其他元素省略 -->
</process>
```

在以上流程定义中，加粗部分的代码定义了两个元素：升级escalation1和升级中间抛出事件intermediateThrowEvent1。升级中间抛出事件在它嵌入的升级事件定义中通过escalationRef属性引用了前面定义的升级。

3．使用示例

下面看一个综合使用升级开始事件、升级结束事件、升级中间抛出事件和升级边界事件的使用示例，如图9.27所示。该流程为客服处理流程：问题上报后，流程首先经包容网关到达"一线客服处理"用户任务，如果存在质量问题，还会经包容网关到达"质量检查升级结束事件"。升级结束事件会触发"质量检查事件子流程"发起，到达"质量检查"用户任务。"质量检查"用户任务判定问题级别，如果属于一般问题，则子流程结束，如果属于严重问题，则到达"客服升级中间抛出事件"，抛出升级触发附属在该子流程边界上的"客服升级边界事件"流转到"客服经理处理"用户任务，同时子流程结束。最后，"一线客服处理""客服经理处理"用户任务处理完成经包容网关汇聚后流程结束。

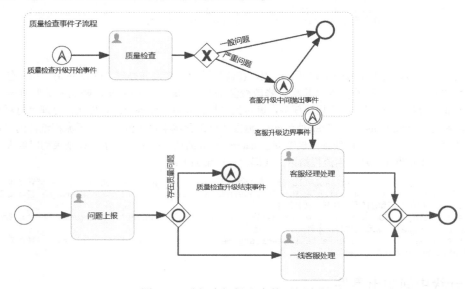

图9.27 升级中间抛出事件示例流程

该流程对应的XML内容如下：

```
<escalation id="qualityEscalation" name="质量检查升级" escalationCode="qualityEscalationCode"/>
<escalation id="customerServiceEscalation" name="客服处理升级" escalationCode=
    "customerServiceEscalationCode"/>
<process id="escalationIntermediateThrowingEventProcess" name="升级中间抛出事件示例流程">
    <startEvent id="startEvent1"/>
    <userTask id="userTask1" name="问题上报"/>
    <userTask id="userTask3" name="客服经理处理"/>
    <endEvent id="endEvent1" name="质量检查升级结束事件">
        <escalationEventDefinition escalationRef="qualityEscalation"/>
    </endEvent>
    <subProcess id="eventSubProcess1" name="质量检查事件子流程" triggeredByEvent="true">
        <startEvent id="startEvent2" name="质量检查升级开始事件" isInterrupting="true">
            <escalationEventDefinition escalationRef="qualityEscalation"/>
        </startEvent>
```

```xml
        <userTask id="userTask4" name="质量检查"/>
        <endEvent id="endEvent3"/>
        <intermediateThrowEvent id="intermediateThrowEvent1" name="客服升级中间抛出事件">
            <escalationEventDefinition escalationRef="customerServiceEscalation"/>
        </intermediateThrowEvent>
        <exclusiveGateway id="exclusiveGateway1"/>
        <sequenceFlow id="seqFlow9" sourceRef="startEvent2" targetRef="userTask4"/>
        <sequenceFlow id="seqFlow10" sourceRef="userTask4"
            targetRef="exclusiveGateway1"/>
        <sequenceFlow id="seqFlow11" name="一般问题" sourceRef="exclusiveGateway1"
            targetRef="endEvent3">
            <conditionExpression xsi:type="tFormalExpression">
                <![CDATA[${"general".equals(problemLeve)}]]>
            </conditionExpression>
        </sequenceFlow>
        <sequenceFlow id="seqFlow12" name="严重问题" sourceRef="exclusiveGateway1"
            targetRef="intermediateThrowEvent1">
            <conditionExpression xsi:type="tFormalExpression">
                <![CDATA[${"serious".equals(problemLeve)}]]>
            </conditionExpression>
        </sequenceFlow>
        <sequenceFlow id="seqFlow13" sourceRef="intermediateThrowEvent1"
            targetRef="endEvent3"/>
    </subProcess>
    <userTask id="userTask2" name="一线客服处理"/>
    <endEvent id="endEvent2"/>
    <inclusiveGateway id="inclusiveGateway2"/>
    <sequenceFlow id="seqFlow1" sourceRef="startEvent1" targetRef="userTask1"/>
    <sequenceFlow id="seqFlow2" sourceRef="userTask1" targetRef="inclusiveGateway1"/>
    <sequenceFlow id="seqFlow3" sourceRef="inclusiveGateway1" targetRef="userTask2"/>
    <sequenceFlow id="seqFlow5" sourceRef="boundaryEvent1" targetRef="userTask3"/>
    <sequenceFlow id="seqFlow6" sourceRef="userTask2" targetRef="inclusiveGateway2"/>
    <sequenceFlow id="seqFlow7" sourceRef="userTask3" targetRef="inclusiveGateway2"/>
    <sequenceFlow id="seqFlow8" sourceRef="inclusiveGateway2" targetRef="endEvent2"/>
    <inclusiveGateway id="inclusiveGateway1"/>
    <sequenceFlow id="seqFlow4" name="存在质量问题" sourceRef="inclusiveGateway1"
        targetRef="endEvent1">
        <conditionExpression xsi:type="tFormalExpression">
            <![CDATA[${isQualityIssue==true}]]>
        </conditionExpression>
    </sequenceFlow>
    <boundaryEvent id="boundaryEvent1" name="客服升级边界事件"
        attachedToRef="eventSubProcess1" cancelActivity="false">
        <escalationEventDefinition escalationRef="customerServiceEscalation"/>
    </boundaryEvent>
</process>
```

在以上流程定义中,加粗部分的代码定义了6个元素:升级qualityEscalation和customerServiceEscalation、升级结束事件endEvent1、子流程中的升级开始事件startEvent2、子流程中的升级中间抛出事件intermediateThrowEvent1,以及依附在子流程上的升级边界事件boundaryEvent1。

加载该流程模型并执行相应流程控制的示例代码如下:

```java
@Slf4j
public class RunEscalationIntermediateThrowingEventProcessDemo
        extends FlowableEngineUtil {
    @Test
    public void runEscalationIntermediateThrowingEventProcessDemo() {
        //加载Flowable配置文件并初始化工作流引擎及服务
        initFlowableEngineAndServices("flowable.cfg.xml");
        //部署流程
        ProcessDefinition procDef = deployResource("processes" +
                "/EscalationIntermediateThrowingEventProcess.bpmn20.xml");

        ProcessInstance procInst = runtimeService
                .startProcessInstanceById(procDef.getId());
        TaskQuery taskQuery = taskService.createTaskQuery()
                .processInstanceId(procInst.getId());
        //查询第一个任务
```

```java
            Task task1 = taskQuery.singleResult();
            log.info("流程发起后,第一个任务名称为: {}", task1.getName());
            //设置流程变量并完成第一个任务
            Map<String, Object> varMap1 = ImmutableMap.of("isQualityIssue", true);
            taskService.complete(task1.getId(), varMap1);
            //查询流程当前任务
            List<Task> taskList1 = taskQuery.list();
            log.info("问题上报任务完成后,流程当前任务名称为: {}", taskList1.stream()
                    .map(Task::getName).collect(Collectors.joining(", ")));
            //设置流程变量,完成质量检查任务
            Map<String, Object> varMap2 = ImmutableMap.of("problemLeve", "serious");
            Task task2 = taskList1.stream().filter(task -> task.getName().equals("质量检查"))
                    .findFirst().get();
            taskService.complete(task2.getId(), varMap2);
            //查询流程当前任务
            List<Task> taskList2 = taskQuery.list();
            log.info("质量检查任务完成后,流程当前任务名称为: {}", taskList2.stream()
                    .map(Task::getName).collect(Collectors.joining(", ")));
            for (Task task : taskList2) {
                log.info("办理任务: {}", task.getName());
                taskService.complete(task.getId());
            }
        }
    }
```

代码运行结果如下:

```
22:49:50,341 [main] INFO  RunEscalationIntermediateThrowingEventProcessDemo   - 流程发起后,第一个任务名称为: 问题上报
22:49:50,409 [main] INFO  RunEscalationIntermediateThrowingEventProcessDemo   - 问题上报任务完成后,流程当前任务名称为: 一线客服处理, 质量检查
22:49:50,459 [main] INFO  RunEscalationIntermediateThrowingEventProcessDemo   - 质量检查任务完成后,流程当前任务名称为: 一线客服处理, 客服经理处理
22:49:50,459 [main] INFO  RunEscalationIntermediateThrowingEventProcessDemo   - 办理任务: 一线客服处理
22:49:50,476 [main] INFO  RunEscalationIntermediateThrowingEventProcessDemo   - 办理任务: 客服经理处理
```

9.3 本章小结

本章主要介绍了Flowable支持的边界事件和中间事件。边界事件是依附在活动上的"捕获型"事件,会一直监听所有进行时活动的某种事件的触发,然后沿边界事件的外出顺序流继续流转,如果是中断事件,则会终止所依附的活动。中间事件提供的特殊功能可以用于处理流程执行过程中抛出、捕获的事件。不同类型的边界事件和中间事件的特性也不同,适用于不同的应用场景,读者可以根据实际情况灵活选用。

第10章 用户任务、手动任务和接收任务

本章将介绍Flowable支持的3种任务节点：用户任务（user task）、手动任务（manual task）和接收任务（receive task）。用户任务指需要人工参与完成的任务，手动任务指会自动执行的任务，接收任务指会使流程处于等待状态、需要触发的任务，3种任务用于实现不同场景的流程建模。

10.1 用户任务

用户任务是常见的一类任务，指业务流程中需要人工参与完成的任务。

10.1.1 用户任务介绍

顾名思义，用户任务需要人工参与处理。当流程流转到用户任务时，工作流引擎会给指定的用户（办理人或候选人）或一组用户（候选组）创建待处理的任务项，等待用户进行处理。

用户任务的参与者类型主要分为以下两种：
- ❏ 分配到一个用户（私有任务）；
- ❏ 共享给多个用户（共享任务）。

在大部分流程场景中，一个用户任务通常被具体指派给一个人进行处理，通过这种方式被指派的人在Flowable中称为办理人。而在某些业务处理场景中，一个用户任务可以被共享给多个人，这类任务在工作流引擎中只创建一个任务实例，它会出现在所有候选人和候选组成员的待办任务列表中，这些人都有权认领（claim）并完成该任务。任务被认领之后，其他候选人和候选组成员的待办任务列表中将无法查询到此任务。

> 提示：一个用户任务只允许分配给一个办理人，但可以分配给多个候选人（组）。

1．图形标记

用户任务表示为左上角带有用户图标的圆角矩形，如图10.1所示。

2．XML内容

用户任务使用userTask元素定义，其定义格式如下：

```
<userTask id="userTask1" name="用户任务" />
```

其中，id属性是必需项，name属性是可选项。

用户任务还支持其他属性配置，如添加描述、设置过期时间等。

图10.1 用户任务图形标记

1）描述

用户任务可以添加描述，实际上所有BPMN 2.0元素都可以添加描述。描述使用documentation元素定义，将其嵌入用户任务定义即可为用户任务添加描述，代码如下：

```
<userTask id="userTask1" name="用户任务">
    <documentation>
        这是一个用户任务节点。
    </documentation>
</userTask>
```

以上用户任务定义中加粗部分的代码就是添加的描述。

描述的内容可以通过以下方法获取：

```
task.getDescription()
```

2）过期时间

每个用户任务都可以设置一个过期时间。Flowable为用户任务提供了一个扩展属性dueDate，用于在用户

任务定义中添加一个表达式，从而在用户任务创建时为其设置过期时间，代码如下：

```xml
<userTask id="userTask1" name="用户任务" flowable:dueDate="${dueDateVariable}"/>
```

这个表达式的值应该能被解析为Java的Date、ISO 8601标准的时间字符串或null。当使用ISO 8601格式的字符串设置过期时间时，可以指定一个确切的时间点（如设置为"2024-01-01T10:00:00"，表示用户任务在2024年1月1日10时整过期），也可以指定一个相对于任务创建的时间段。当指定为时间段时，过期时间会基于任务创建时间进行计算，再通过给定的时间段进行累加，如表达式设置为"PT1H"时，表示任务的过期时间为其创建后1小时。

用户任务的过期时间除了可以在任务定义中配置，还可以通过TaskService提供的API进行修改，或在TaskListener中通过传入的DelegateTask参数进行修改。

注意，dueDate属性只是标识该用户任务何时过期，但该用户任务过期后不会自动完成。在Flowable中，用户任务过期时间存储在ACT_RU_TASK表的DUE_DATE_字段中，Flowable提供了基于过期时间进行查询的API。

3．使用示例

下面看一个用户任务的使用示例，其流程如图10.2所示。该流程为请假申请流程：流程发起后流转到"请假申请"用户任务，请假申请提交后流转到"经理审批"用户任务，该审批完成后流程结束。

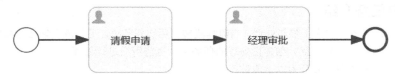

图10.2　用户任务示例流程

图10.2所示流程对应的XML内容如下：

```xml
<process id="userTaskProcess" name="用户任务示例流程">
    <startEvent id="startEvent1"/>
    <userTask id="leaveApplication" name="请假申请">
        <documentation>这是员工请假申请环节。</documentation>
    </userTask>
    <userTask id="managerApproval" name="经理审批" flowable:dueDate="PT2H">
        <documentation>这是经理审批环节。</documentation>
    </userTask>
    <endEvent id="endEvent1"/>
    <sequenceFlow id="seqFlow1" sourceRef="startEvent1" targetRef="leaveApplication"/>
    <sequenceFlow id="seqFlow2" sourceRef="leaveApplication" targetRef="managerApproval"/>
    <sequenceFlow id="seqFlow3" sourceRef="managerApproval" targetRef="endEvent1"/>
</process>
```

在以上流程定义中，加粗部分的代码定义了两个用户任务——leaveApplication和managerApproval，并分别通过documentation元素设置了描述信息。另外，用户任务managerApproval通过dueDate属性设置任务过期时间表达式为PT2H，表示任务创建2小时后过期。

加载该流程模型并执行相应流程控制的示例代码如下：

```java
@Slf4j
public class RunUserTaskProcessDemo extends FlowableEngineUtil {
    @Test
    public void runUserTaskProcessDemo() {
        //加载Flowable配置文件并初始化工作流引擎及服务
        initFlowableEngineAndServices("flowable.cfg.xml");
        //部署流程
        deployResource("processes/UserTaskProcess.bpmn20.xml");

        //启动流程
        ProcessInstance procInst = runtimeService
                .startProcessInstanceByKey("userTaskProcess");
        TaskQuery taskQuery = taskService.createTaskQuery()
                .processInstanceId(procInst.getId());
        //查询第一个任务
        Task task1 = taskQuery.singleResult();
        log.info("第一个任务taskId: {}, taskName为: {}", task1.getId(), task1.getName());
```

```java
        log.info("用户任务描述信息为: {}", task1.getDescription());
        log.info("用户任务创建时间为: {}", getStringDate(task1.getCreateTime()));
        //设置流程变量
        Map<String, Object> varMap = ImmutableMap.of("dayNum", 3,
                "applyReason", "休探亲假。");
        //办理第一个任务
        taskService.complete(task1.getId(), varMap);
        //查询第二个任务
        Task task2 = taskQuery.singleResult();
        log.info("第二个任务taskId: {}, taskName为: {}", task2.getId(), task2.getName());
        log.info("用户任务描述信息为: {}", task2.getDescription());
        log.info("用户任务创建时间为: {}, 过期时间为: {}", getStringDate(task2.getCreateTime()),
                getStringDate(task2.getDueDate()));
    }

    //转换时间为字符串
    private String getStringDate(Date time) {
        SimpleDateFormat formatter = new SimpleDateFormat("yyyy-MM-dd HH:mm:ss");
        String dateString = formatter.format(time);
        return dateString;
    }
}
```

以上代码先初始化工作流引擎并部署流程，发起流程后再依次查询并办理两个用户任务，同时输出这两个任务的相关信息。代码运行结果如下：

```
19:18:28,521 [main] INFO   RunUserTaskProcessDemo  - 第一个任务taskId: 10, taskName为: 请假申请
19:18:28,521 [main] INFO   RunUserTaskProcessDemo  - 用户任务描述信息为: 这是员工请假申请环节。
19:18:28,521 [main] INFO   RunUserTaskProcessDemo  - 用户任务创建时间为: 2023-08-29 19:18:28
19:18:28,650 [main] INFO   RunUserTaskProcessDemo  - 第二个任务taskId: 15, taskName为: 经理审批
19:18:28,650 [main] INFO   RunUserTaskProcessDemo  - 用户任务描述信息为: 这是经理审批环节。
19:18:28,650 [main] INFO   RunUserTaskProcessDemo  - 用户任务创建时间为: 2023-08-29 19:18:28, 过期时间为:
2023-08-29 21:18:28
```

用户任务需要人工参与办理，因此需要提供将任务分配给不同办理人的机制。Flowable支持多种用户任务分配方式，本章后续会对此分别进行介绍。

10.1.2 用户任务分配给办理人

用户任务可以直接分配给一个用户，这个任务只能出现在该用户的个人任务列表中，而不会出现在其他人的任务列表中。查看和办理这个任务的用户称为办理人。Flowable将用户任务分配给办理人的方式主要有以下两种：

❑ 通过humanPerformer元素定义；
❑ 通过assignee属性定义。

1. 通过humanPerformer元素定义

这是BPMN 2.0规定的标准方式。humanPerformer是UserTask的子元素，采用这种方式，需要为humanPerformer定义一个resourceAssignmentExpression来实际定义办理人，目前Flowable支持通过formalExpression指派：

```xml
<userTask id='userTask1' name='分配给办理人的用户任务' >
    <humanPerformer>
        <resourceAssignmentExpression>
            <formalExpression>hebo</formalExpression>
        </resourceAssignmentExpression>
    </humanPerformer>
</userTask>
```

在以上用户任务定义中，加粗部分的代码将用户任务分配给了办理人hebo。formalExpression除了可以指定固定的办理人，还支持通过表达式定义在运行期间分配办理人，例如：

```xml
<userTask id="userTask2" name="分配给办理人的用户任务">
    <humanPerformer>
        <resourceAssignmentExpression>
            <formalExpression>${userName}</formalExpression>
        </resourceAssignmentExpression>
```

```
        </humanPerformer>
</userTask>
```

在以上用户任务定义中，加粗部分的代码通过formalExpression配置了表达式${userName}作为任务办理人。只需在流程流转到该用户任务之前设置流程变量userName的值，该用户任务创建时就会自动分配给对应的办理人。

2. 通过assignee属性定义

为了简化用户任务办理人的配置，Flowable提供了扩展属性assignee，可以直接将用户任务分配给指定用户。其定义代码如下：

```
<userTask id="userTask3" name="分配给办理人的用户任务" flowable:assignee="hebo" />
```

在以上用户任务定义中，加粗部分的代码通过flowable:assignee属性将用户任务分配给了办理人hebo。它和使用humanPerformer元素定义的效果完全一致。assignee属性同样支持通过表达式配置，代码如下：

```
<userTask id="userTask4" name="分配给办理人的用户任务" flowable:assignee="${userName}" />
```

在以上用户任务定义中，加粗部分的代码通过flowable:assignee配置了表达式${userName}作为任务办理人。只需在流程流转到该用户任务之前设置流程变量userName的值，该用户任务创建时就会自动分配给对应的办理人。

以上两种直接分配给办理人的任务可以通过taskService服务提供的API查询，示例代码如下：

```
List<Task> tasks = taskService.createTaskQuery().taskAssignee("hebo").list();
```

在以上代码中，通过API查询了用户hebo作为办理人的任务列表。

在任务已经分配给指定用户的情况下，可以通过taskService服务提供的API重新指定办理人，示例代码如下：

```
taskService.setAssignee(task.getId(),"liuxiaopeng");
```

其中，第一个参数是任务实例的唯一标识，第二个参数是重新指定为办理人的用户。

10.1.3 用户任务分配给候选人（组）

除了前面介绍的办理人，对用户任务来说还有候选人和候选组两个很重要的概念。可以这么理解：一个用户任务不能预先确定指派给哪个办理人，可能是对该任务进行操作的一批人，即候选人。候选组的概念与候选人比较类似，它不是把任务分配给一个或多个候选人，而是分配给用户组。Flowable支持将任务分配给一个或多个候选人或候选组。候选人或候选组中的用户能同时看到被分配的任务，需要其中一人认领该任务后才能办理。任务被某个候选人认领之后，该候选人将变成该任务的办理人，其他用户将不能再查看和办理该任务。Flowable将用户任务分配给候选人（组）有以下两种方式：

- 通过potentialOwner元素定义；
- 通过candidateUsers/candidateGroups属性定义。

1. 通过potentialOwner元素定义

这是BPMN 2.0规定的标准方式。potentialOwner元素与humanPerformer一样，也是UserTask的子元素，其用法也很相似：

```
<userTask id='userTask1' name='分配给候选人（组）的用户任务' >
    <potentialOwner>
        <resourceAssignmentExpression>
            <formalExpression>user(hebo),user(liuxiaopeng),group(manager),group(staff)
            </formalExpression>
        </resourceAssignmentExpression>
    </potentialOwner>
</userTask>
```

在以上用户任务定义中，加粗部分的代码将用户任务分配给候选人hebo、liuxiaopeng，以及候选组manager、staff。注意，采用这种方式，需要指定表达式中的每个元素是用户还是群组，如果没有指定，工作流引擎会默认当作群组处理，所以下面的代码与使用group(manager)的效果一致。

```
<formalExpression>manager</formalExpression>
```

2. 通过candidateUsers/candidateGroups属性定义

为了简化用户任务办理人的配置，Flowable提供了扩展属性candidateUsers，用于把用户任务分配给候选

人。其定义如下:

```
<userTask id="userTask1" name="分配给候选人的用户任务"
         flowable:candidateUsers="hebo,liuxiaopeng" />
```

在以上用户任务定义中,加粗部分的代码通过flowable:candidateUsers将用户任务分配给候选人hebo、liuxiaopeng。这和使用potentialOwner定义的效果完全一致。使用它无须像使用potentialOwner那样通过user(hebo)声明,因为该属性只能用于用户。

Flowable提供了扩展属性candidateGroups,用于把用户任务分配给候选组。其定义如下:

```
<userTask id="userTask2" name="分配给候选组的用户任务"
         flowable:candidateGroups="manager,staff" />
```

在以上用户任务定义中,加粗部分的代码通过flowable:candidateGroups将用户任务分配给候选组manager、staff。这和使用potentialOwner定义的效果完全一致。使用它无须像使用potentialOwner那样通过group(manager)声明,因为该属性只能用于群组。

注意,可以为一个用户任务同时配置candidateUsers和candidateGroups属性。

以上两种用户作为候选人的任务列表可以通过taskService服务提供的API查询,代码如下:

```
List<Task> tasks = taskService.createTaskQuery().taskCandidateUser("hebo").list();
```

在以上代码中,通过API查询了用户hebo作为候选人的任务列表。需要注意的是,这不仅会获取hebo作为候选人的任务列表,也会获取所有分配给包含hebo的候选组(如manager组中包含hebo,并且使用了flowable的身份管理引擎)的任务列表。用户所在的群组是在运行阶段获取的,它们可以通过identityService服务进行管理。

通过taskService服务提供的以下API可以查询用户作为办理人和候选人的待办任务列表,代码如下:

```
List<Task> tasks = taskService.createTaskQuery().taskCandidateOrAssigned("hebo").list();
```

它会返回该用户作为办理人的任务列表,以及作为候选人的任务列表(前提是该任务没有分配办理人,也没有被其他候选人认领)。

候选人认领任务可以通过taskService服务提供的以下API实现,代码如下:

```
taskService.claim(task.getId(),"hebo");
```

其中第一个参数是任务实例的唯一标识,第二个参数是进行认领操作的用户,候选人认领任务后将转换为任务的办理人。进行任务认领操作需要注意以下两点:

- 如果该任务已经被其他用户认领,或者该任务已分配办理人并且非当前认领人,该接口将会抛出org.flowable.engine.FlowableTaskAlreadyClaimedException异常,异常信息为Task *** is already claimed by someone else;
- 当用户认领任务时,即使该用户不在候选人列表中,依然可以认领任务。

10.1.4 动态分配任务

10.1.2小节和10.1.3小节分别介绍了使用BPMN 2.0的XML元素和Flowable的扩展属性分配任务办理人和候选人(组),但在实际应用中,用户组和用户均有可能发生变化,所以将其固定配置到流程定义文件中不能满足需求。本节将介绍两种动态分配任务的方法。

1. 使用UEL表达式实现动态分配任务

UEL即统一表达式语言(Unified Expression Language),是Java EE规范的一部分。Flowable使用UEL进行表达式解析,可在Java服务任务、执行监听器、任务监听器和条件顺序流等需要执行表达式的场景下使用。UEL表达式分为值表达式(UEL-value)和方法表达式(UEL-method)两种类型,Flowable对两者均提供了支持。

1)值表达式

值表达式解析结果为一个值。默认情况下,所有流程变量都可以在表达式中使用。此外,如果Flowable集成了Spring环境,则所有Spring Bean都可以在表达式中使用,例如:

```
//使用流程变量
${userName}
```

```
//使用Spring Bean的属性
${userBean.userName}
```
需要注意的是，在上述代码中，第二个表达式需要在userBean中为userName属性调用相应的getter()方法，否则会抛出javax.el.PropertyNotFoundException: Cannot read property userName异常。

2）方法表达式

方法表达式可以调用不带或带有参数的方法。调用不带参数的方法时，需确保在方法名称后添加空括号（用于区分表达式与值表达式）；调用带有参数的方法时，传递的参数可以是文字值或自行解析的表达式。例如：

```
//调用不带参数的方法
${taskAssigneeBean.getMangerOfProcessInitiator()}
//调用带有参数的方法
${taskAssigneeBean.getMangerOfDeptId("EP", execution)}
```

不论是值表达式，还是方法表达式，均支持原始类型（primitive）、Java Bean、列表（list）、数组（array）和映射（map）。这些表达式可以使用所有流程变量，同时Flowable还允许使用一些默认对象。

❑ execution：当前正在运行的执行实例的DelegateExecution对象。
❑ task：当前正在操作的任务实例的DelegateTask对象，仅在任务监听器求值表达式中有效。
❑ authenticatedUserId：当前已认证的用户的唯一标识，如果没有用户通过身份验证，则该变量不可用。

前面简单介绍了使用表达式进行分配的方法，下面看一个通过UEL表达式为用户任务进行动态分配的使用示例。图10.3所示流程中包含4个用户任务，每个用户任务都需分配给不同的人员办理。

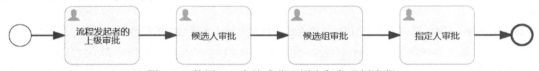

图10.3 使用UEL表达式分配用户任务示例流程

该流程对应的XML内容如下：

```xml
<process id="assigneeTaskByUelProcess" name="使用UEL表达式分配用户任务示例流程">
    <startEvent id="startEvent1"/>
    <userTask id="userTask1" name="流程发起者的上级审批"
        flowable:assignee="${taskAssigneeBean.getMangerOfProcessInitiator()}"/>
    <userTask id="userTask2" name="候选人审批"
        flowable:candidateUsers="${taskAssigneeBean.getCandidateUsers()}"/>
    <userTask id="userTask3" name="候选组审批"
        flowable:candidateGroups="${taskAssigneeBean.getCandidateGroups()}"/>
    <userTask id="userTask4" name="指定人审批"
        flowable:assignee="${taskAssigneeBean.designatedUserName}"/>
    <endEvent id="endEvent1"/>
    <sequenceFlow id="seqFlow1" sourceRef="startEvent1" targetRef="userTask1"/>
    <sequenceFlow id="seqFlow2" sourceRef="userTask1" targetRef="userTask2"/>
    <sequenceFlow id="seqFlow3" sourceRef="userTask2" targetRef="userTask3"/>
    <sequenceFlow id="seqFlow4" sourceRef="userTask3" targetRef="userTask4"/>
    <sequenceFlow id="seqFlow5" sourceRef="userTask4" targetRef="endEvent1"/>
</process>
```

在以上流程定义中，加粗部分的代码定义了以下4个用户任务，均通过UEL表达式实现动态人员分配：

❑ 用户任务userTask1使用flowable:assignee属性指定一个方法表达式，调用taskAssigneeBean的getMangerOfProcessInitiator()方法获取任务办理人；
❑ 用户任务userTask2使用flowable:candidateUsers属性指定一个方法表达式，调用taskAssigneeBean的getCandidateUsers()方法获取任务候选人；
❑ 用户任务userTask3使用flowable:candidateGroups属性指定一个方法表达式，调用taskAssigneeBean的getCandidateGroups()方法获取任务候选组；
❑ 用户任务userTask4使用flowable:assignee属性指定一个值表达式，通过taskAssigneeBean的designatedUserName属性设置任务办理人。

在以上流程定义中，用户任务动态分配所使用的UEL表达式调用的taskAssigneeBean是一个普通的Java

类，该类的内容如下：
```java
@Data
public class TaskAssigneeBean implements Serializable {
    //指定任务办理人
    private String designatedUserName;

    //该方法将获取任务办理人
    public String getMangerOfProcessInitiator() {
        return "hebo";
    }

    //该方法将获取任务候选人
    public List<String> getCandidateUsers() {
        List<String> candidateUsers = Arrays.asList("liuxiaopeng","huhaiqin");
        return candidateUsers;
    }

    //该方法将获取任务候选组
    public List<String> getCandidateGroups() {
        List<String> candidateGroups = Arrays.asList("group1","group2");
        return candidateGroups;
    }
}
```

注意，在以上代码中，使用了Lombok的@Data注解，它可以生成属性designatedUserName的getter()/setter()方法。这是因为用户任务userTask4配置的UEL表达式使用taskAssigneeBean的designatedUserName属性设置任务办理人。

另外，因为taskAssigneeBean对象的实例将作为流程变量在整个流程生命周期内被工作流引擎使用，Flowable会将该对象序列化存储到数据库中，在使用时再从数据库中加载并反序列化，所以TaskAssigneeBean必须实现Serializable接口。

加载该流程模型并执行相应流程控制的示例代码如下：
```java
@Slf4j
public class RunAssigneeTaskByUelProcessDemo extends FlowableEngineUtil {
    SimplePropertyPreFilter identityLinkFilter
            = new SimplePropertyPreFilter(IdentityLink.class,
                    "type","userId","groupId");

    @Test
    public void runAssigneeTaskByUelProcessDemo() {
        //加载Flowable配置文件并初始化工作流引擎及服务
        initFlowableEngineAndServices("flowable.cfg.xml");
        //部署流程
        deployResource("processes/AssigneeTaskByUelProcess.bpmn20.xml");

        //初始化taskAssigneeBean
        TaskAssigneeBean taskAssigneeBean = new TaskAssigneeBean();
        //设置designatedUserName属性值
        taskAssigneeBean.setDesignatedUserName("wangjunlin");
        //设置流程变量
        Map<String, Object> varMap = ImmutableMap
                .of("taskAssigneeBean", taskAssigneeBean);
        //启动流程
        ProcessInstance procInst = runtimeService
                .startProcessInstanceByKey("assigneeTaskByUelProcess", varMap);
        TaskQuery taskQuery = taskService.createTaskQuery()
                .processInstanceId(procInst.getId());
        //查询第一个任务
        Task firstTask = taskQuery.singleResult();
        log.info("当前任务名称为：{}，办理人为：{}", firstTask.getName(), firstTask.getAssignee());
        //完成第一个任务
        taskService.complete(firstTask.getId());
        //查询第二个任务
        Task secondTask = taskQuery.singleResult();
        //查询任务的候选人信息
        List<IdentityLink> identityLinkList1 = taskService
```

```
            .getIdentityLinksForTask(secondTask.getId());
    log.info("当前任务名称为: {}, 候选人为: {}", secondTask.getName(), JSON.toJSONString
            (identityLinkList1, identityLinkFilter));
    //候选人liuxiaopeng认领第二个任务
    taskService.claim(secondTask.getId(), "liuxiaopeng");
    //完成第二个任务
    taskService.complete(secondTask.getId());
    //查询第三个任务
    Task thirdTask = taskQuery.singleResult();
    //查询任务的候选组信息
    List<IdentityLink> identityLinkList2 = taskService
            .getIdentityLinksForTask(thirdTask.getId());
    log.info("当前任务名称为: {}, 候选组为: {}", thirdTask.getName(), JSON.toJSONString
            (identityLinkList2, identityLinkFilter));
    //候选人xuqiangwei认领第三个任务(用户xuqiangwei是用户组group1的成员)
    taskService.claim(thirdTask.getId(), "xuqiangwei");
    //完成第三个任务
    taskService.complete(thirdTask.getId());
    //查询第四个任务
    Task fourthTask = taskQuery.singleResult();
    log.info("当前任务名称为: {}, 办理人为: {}", fourthTask.getName(), fourthTask.getAssignee());
    //完成第四个任务
    taskService.complete(fourthTask.getId());
  }
}
```

以上代码首先初始化工作流引擎并部署流程，然后初始化taskAssigneeBean并作为流程变量发起流程（加粗部分的代码），最后依次查询并办理各个用户任务，同时输出各用户任务的办理人、候选人/组信息。代码运行结果如下：

```
20:12:52,876 [main] INFO    RunAssigneeTaskByUelProcessDemo  - 当前任务名称为:流程发起者的上级审批,办理人为:hebo
20:12:53,022 [main] INFO    RunAssigneeTaskByUelProcessDemo  - 当前任务名称为: 候选人审批, 候选人为:
[{"type":"candidate","userId":"liuxiaopeng"},{"type":"candidate","userId":"huhaiqin"}]
20:12:53,053 [main] INFO    RunAssigneeTaskByUelProcessDemo  - 当前任务名称为: 候选组审批, 候选组为:
[{"groupId":"group1","type":"candidate"},{"groupId":"group2","type":"candidate"}]
20:12:53,086 [main] INFO    RunAssigneeTaskByUelProcessDemo  - 当前任务名称为: 指定人审批, 办理人为:
wangjunlin
```

从代码运行结果可知，用户任务userTask1分配给了办理人hebo，用户任务userTask2分配给了候选人liuxiaopeng和huhaiqin，用户任务userTask3分配给了候选组group1和group2，用户任务userTask4分配给了办理人wangjunlin。

2. 使用任务监听器实现动态分配任务

Flowable提供了任务监听器，允许在任务执行过程中执行特定的Java程序或者表达式。通过这个机制，可以在任务监听器中使用编码方式实现动态分配任务。下面展示一个通过Flowable任务监听器对用户任务进行动态分配的使用示例。图10.4所示的流程中包含4个用户任务，每个用户任务都要分配给不同的人员办理。

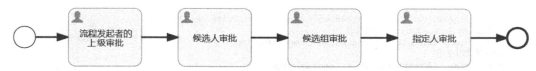

图10.4　使用任务监听器动态分配用户任务示例流程

该流程对应的XML内容如下：

```xml
<process id="assigneeTaskByTaskListenerProcess" name="使用任务监听器动态分配用户任务示例流程">
    <startEvent id="startEvent1"/>
    <userTask id="userTask1" name="流程发起者的上级审批">
        <extensionElements>
            <flowable:taskListener event="create"
                class="com.bpm.example.usertask.demo3.listener.UserTaskListener"/>
        </extensionElements>
    </userTask>
    <userTask id="userTask2" name="候选人审批">
        <extensionElements>
            <flowable:taskListener event="create"
```

```xml
            class="com.bpm.example.usertask.demo3.listener.UserTaskListener"/>
        </extensionElements>
    </userTask>
    <userTask id="userTask3" name="候选组审批">
        <extensionElements>
            <flowable:taskListener event="create"
                class="com.bpm.example.usertask.demo3.listener.UserTaskListener"/>
        </extensionElements>
    </userTask>
    <userTask id="userTask4" name="指定人审批">
        <extensionElements>
            <flowable:taskListener event="create"
                class="com.bpm.example.usertask.demo3.listener.UserTaskListener"/>
        </extensionElements>
    </userTask>
    <endEvent id="endEvent1"/>
    <sequenceFlow id="seqFlow1" sourceRef="startEvent1" targetRef="userTask1"/>
    <sequenceFlow id="seqFlow2" sourceRef="userTask1" targetRef="userTask2"/>
    <sequenceFlow id="seqFlow3" sourceRef="userTask2" targetRef="userTask3"/>
    <sequenceFlow id="seqFlow4" sourceRef="userTask3" targetRef="userTask4"/>
    <sequenceFlow id="seqFlow5" sourceRef="userTask4" targetRef="endEvent1"/>
</process>
```

在以上流程定义中，加粗部分的代码定义了4个用户任务，它们均使用flowable:taskListener元素定义任务监听器。这些任务监听器会在任务创建（event属性为create）时执行。flowable:taskListener元素并不属于BPMN 2.0规范，而是由Flowable扩展出来的元素。流程定义中各用户任务的任务监听器UserTaskListener的内容如下：

```java
public class UserTaskListener implements TaskListener {
    public void notify(DelegateTask delegateTask) {
        switch (delegateTask.getTaskDefinitionKey()){
            case "userTask1":    //为用户任务userTask1设置办理人
                delegateTask.setAssignee("hebo");
                break;
            case "userTask2":    //为用户任务userTask2设置候选人
                List<String> candidateUsers = Arrays.asList("liuxiaopeng","huhaiqin");
                delegateTask.addCandidateUsers(candidateUsers);
                break;
            case "userTask3":    //为用户任务userTask3设置候选组
                List<String> candidateGroups = Arrays.asList("group1","group2");
                delegateTask.addCandidateGroups(candidateGroups);
                break;
            case "userTask4":    //为用户任务userTask4设置办理人
                String designatedUserName
                    = (String)delegateTask.getVariable("designatedUserName");
                delegateTask.setAssignee(designatedUserName);
                break;
        }
    }
}
```

在以上代码中，任务监听器UserTaskListener实现了org.flowable.engine.delegate.TaskListener接口，并重写了notify()方法，核心逻辑是根据不同的用户任务使用DelegateTask对象进行任务分配：

- 用户任务userTask1和用户任务userTask4使用setAssignee()方法设置办理人；
- 用户任务userTask2使用addCandidateUsers()方法批量设置候选人，单个设置候选人可使用addCandidateUser()方法；
- 用户任务userTask3使用addCandidateGroups()方法批量设置候选组，单个设置候选组可以使用addCandidateGroup()方法。

加载该流程模型并执行相应流程控制的示例代码如下：

```java
@Slf4j
public class RunAssigneeTaskByTaskListenerProcessDemo extends FlowableEngineUtil {
    static SimplePropertyPreFilter identityLinkFilter = new SimplePropertyPreFilter(IdentityLink.class,
            "type","userId","groupId");

    @Test
    public void runAssigneeTaskByTaskListenerProcessDemo() {
```

```java
//加载Flowable配置文件并初始化工作流引擎及服务
initFlowableEngineAndServices("flowable.cfg.xml");
//部署流程
deployResource("processes/AssigneeTaskByTaskListenerProcess.bpmn20.xml");

//设置流程变量
Map<String, Object> varMap = ImmutableMap.of("designatedUserName", "wangjunlin");
//启动流程
ProcessInstance procInst = runtimeService
        .startProcessInstanceByKey("assigneeTaskByTaskListenerProcess", varMap);
TaskQuery taskQuery = taskService.createTaskQuery()
        .processInstanceId(procInst.getId());
//查询并完成第一个任务
Task firstTask = taskQuery.singleResult();
log.info("当前任务名称为: {}, 办理人为: {}", firstTask.getName(), firstTask.getAssignee());
taskService.complete(firstTask.getId());
//查询第二个任务
Task secondTask = taskQuery.singleResult();
//查询任务的候选人信息
List<IdentityLink> identityLinkList1 = taskService
        .getIdentityLinksForTask(secondTask.getId());
log.info("当前任务名称为: {}, 候选人为: {}", secondTask.getName(), JSON.toJSONString(
        identityLinkList1, identityLinkFilter));
//候选人liuxiaopeng认领第二个任务
taskService.claim(secondTask.getId(), "liuxiaopeng");
//完成第二个任务
taskService.complete(secondTask.getId());
//查询第三个任务
Task thirdTask = taskQuery.singleResult();
//查询任务的候选组信息
List<IdentityLink> identityLinkList2 = taskService
        .getIdentityLinksForTask(thirdTask.getId());
log.info("当前任务名称为: {}, 候选组为: {}", thirdTask.getName(), JSON.toJSONString(
        identityLinkList2, identityLinkFilter));
//候选人xuqiangwei认领第三个任务（用户xuqiangwei是用户组group1的成员）
taskService.claim(thirdTask.getId(), "xuqiangwei");
//完成第三个任务
taskService.complete(thirdTask.getId());
//查询并完成第四个任务
Task fourthTask = taskQuery.singleResult();
log.info("当前任务名称为: {}, 办理人为: {}", fourthTask.getName(), fourthTask.getAssignee());
taskService.complete(fourthTask.getId());
    }
}
```

以上代码首先初始化工作流引擎并部署流程，设置流程变量、发起流程（加粗部分的代码），然后依次查询并办理各个用户任务，同时输出各用户任务的办理人、候选人/组信息。代码运行结果如下：

```
20:15:13,595 [main] INFO   RunAssigneeTaskByTaskListenerProcessDemo   - 当前任务名称为: 流程发起者的上级审批, 办理人为: hebo
20:15:13,728 [main] INFO   RunAssigneeTaskByTaskListenerProcessDemo   - 当前任务名称为: 候选人审批, 候选人为: [{"type":"candidate","userId":"liuxiaopeng"},{"type":"candidate","userId":"huhaiqin"}]
20:15:13,755 [main] INFO   RunAssigneeTaskByTaskListenerProcessDemo   - 当前任务名称为: 候选组审批, 候选组为: [{"groupId":"group1","type":"candidate"},{"groupId":"group2","type":"candidate"}]
20:15:13,783 [main] INFO   RunAssigneeTaskByTaskListenerProcessDemo   - 当前任务名称为: 指定人审批, 办理人为: wangjunlin
```

从代码运行结果可知，用户任务userTask1分配给了办理人hebo，用户任务userTask2分配给了候选人liuxiaopeng和huhaiqin，用户任务userTask3分配给了候选组group1和group2，用户任务userTask4分配给了办理人wangjunlin。

10.2 手动任务

手动任务指BPMN工作流引擎外部的任务，一般用于完善流程结构描述，不被工作流引擎执行。对工作流引擎而言，手动任务作为直接通过的活动处理。在Flowable中，手动任务作为一个空任务处理，当流程执行到此任务时直接离开继续流转流程。如果工作流引擎历史数据级别配置为activity、audit或full，工作流引擎会记录手动任务相关的流程历史数据。

10.2.1 手动任务介绍

手动任务是预期在没有任何工作流引擎或应用帮助下执行的任务，用于建模那些工作流引擎无须关注的、由人所做的工作，通常指需要线下人工处理的活动，如由电话技术人员在客户位置安装电话。手动任务是一个自动执行的流程活动，工作流引擎仅记录相关的流程历史数据，无法通过taskService查询。

1. 图形标记

手动任务表示为左上角带有手形图标的圆角矩形，如图10.5所示。

2. XML内容

手动任务使用manualTask元素定义，其定义格式如下：

```
<manualTask id="manualTask1" name="手动任务" />
```

图10.5 手动任务图形标记

10.2.2 手动任务使用示例

下面看一个手动任务的使用示例，其流程如图10.6所示。该流程为奖品兑换流程：当客户发起流程提交"奖品兑换申请"后，先流转到"主办方审核"用户任务，操作完成后流转到"奖品发放"手动任务，任务自动流转直到流程结束。

图10.6 手动任务示例流程

该流程对应的XML内容如下：

```xml
<process id="manualTaskProcess" name="手动任务示例流程">
    <startEvent id="startEvent1"/>
    <userTask id="userTask1" name="奖品兑换申请"/>
    <userTask id="userTask2" name="主办方审核"/>
    <!-- 定义手动任务 -->
    <manualTask id="manualTask1" name="奖品发放">
        <documentation>这是手动任务，会自动完成</documentation>
        <extensionElements>
            <flowable:executionListener event="start"
                class="com.bpm.example.manualtask.demo.listener.ManualTaskExecutionListener"/>
        </extensionElements>
    </manualTask>
    <endEvent id="endEvent1"/>
    <sequenceFlow id="seqFlow1" sourceRef="startEvent1" targetRef="userTask1"/>
    <sequenceFlow id="seqFlow2" sourceRef="userTask1" targetRef="userTask2"/>
    <sequenceFlow id="seqFlow3" sourceRef="userTask2" targetRef="manualTask1"/>
    <sequenceFlow id="seqFlow4" sourceRef="manualTask1" targetRef="endEvent1"/>
</process>
```

在以上流程定义中，加粗部分的代码定义了手动任务manualTask1，它使用flowable:executionListener元素定义了一个执行监听器，该执行监听器会在手动任务创建（event属性为start）时执行。flowable:executionListener元素并不属于BPMN 2.0规范，而是由Flowable扩展出来的元素。流程定义中手动任务的执行监听器ManualTaskExecutionListener的内容如下：

```java
@Slf4j
public class ManualTaskExecutionListener implements ExecutionListener {
    @Override
    public void notify(DelegateExecution execution) {
        //获取当前节点信息
        FlowElement currentFlowElement = execution.getCurrentFlowElement();
        log.info("到达手动任务,当前节点名称：{},备注：{}", currentFlowElement.getName(),
                currentFlowElement.getDocumentation());
        log.info("处理结果：奖品线下发放完成！");
    }
```

}
```

在以上代码中,ManualTaskExecutionListener实现了org.flowable.engine.delegate.ExecutionListener接口,重写了其notify()方法,输出了当前节点信息和处理结果信息。

加载该流程模型并执行相应流程控制的示例代码如下:

```java
@Slf4j
public class RunManualTaskProcessDemo extends FlowableEngineUtil {
    @Test
    public void runManualTaskProcessDemo() {
        //加载Flowable配置文件并初始化工作流引擎及服务
        initFlowableEngineAndServices("flowable.cfg.xml");
        //部署流程
        deployResource("processes/ManualTaskProcess.bpmn20.xml");

        //启动流程
        ProcessInstance procInst = runtimeService
                .startProcessInstanceByKey("manualTaskProcess");
        TaskQuery taskQuery = taskService.createTaskQuery()
                .processInstanceId(procInst.getId());
        //查询并完成第一个任务
        Task firstTask = taskQuery.singleResult();
        log.info("即将完成第一个任务,当前任务名称: {}", firstTask.getName());
        taskService.complete(firstTask.getId());
        //查询并完成第二个任务
        Task secondTask = taskQuery.singleResult();
        log.info("即将完成第二个任务,当前任务名称: {}", secondTask.getName());
        taskService.complete(secondTask.getId());
        //查询历史流程实例
        HistoricProcessInstance hisProcInst = historyService
                .createHistoricProcessInstanceQuery()
                .processInstanceId(procInst.getId())
                .singleResult();
        if (hisProcInst.getEndTime() != null) {
            SimpleDateFormat dateFormat = new SimpleDateFormat("yyyy-MM-dd HH:mm:ss");
            log.info("当前流程已结束,结束时间: {}", dateFormat.format(hisProcInst.getEndTime()));
        }
    }
}
```

以上代码先初始化工作流引擎并部署流程,在发起流程后,依次查询并办理前两个用户任务,最后查询历史流程实例,并根据流程结束时间判定流程状态。代码运行结果如下:

```
19:33:44,071 [main] INFO  RunManualTaskProcessDemo    - 即将完成第一个任务,当前任务名称: 奖品兑换申请
19:33:44,100 [main] INFO  RunManualTaskProcessDemo    - 即将完成第二个任务,当前任务名称: 主办方审核
19:33:44,111 [main] INFO  ManualTaskExecutionListener - 到达手动任务,当前节点名称: 奖品发放,备注: 这是手动任务,会自动完成
19:33:44,111 [main] INFO  ManualTaskExecutionListener - 处理结果: 奖品线下发放完成!
19:33:44,146 [main] INFO  RunManualTaskProcessDemo    - 当前流程已结束,结束时间: 2023-08-29 19:33:44
```

从代码运行结果可知,流程流转到手动任务后会继续流转,直至流程结束。

10.3 接收任务

接收任务和手动任务类似,不同之处在于手动任务会直接通过,而接收任务则会停下来等待触发,只有被触发才会继续流转。

10.3.1 接收任务介绍

接收任务通常用于表示由外部完成的但需要耗费一定时间的工作。当流程流转到接收任务时,流程状态会持久化到数据库中,这意味着该流程将一直处于等待状态,等待被触发。当完成工作后,需要触发流程离开接收任务才能继续流转,在Flowable中可以调用运行时服务的trigger()系列方法实现。runtimeService.trigger()系列方法如表10.1所示。
```

表10.1 runtimeService.trigger()系列方法

API方法	含义
trigger(String executionId)	触发指定的执行流
trigger(String executionId, Map<String, Object> processVariables)	触发指定的执行流，同时传递流程变量
trigger(String executionId, Map<String, Object> processVariables, Map<String, Object> transientVariables)	触发指定的执行流，同时传递流程变量和瞬时变量

1. 图形标记

接收任务表示为左上角带有消息图标的圆角矩形，如图10.7所示。
需要注意的是，接收任务中的消息图标是未填充的。

2. XML内容

接收任务使用receiveTask元素定义，其定义格式如下：

图10.7 接收任务图形标记

```xml
<receiveTask id="receiveTask1" name="接收任务" />
```

10.3.2 接收任务使用示例

下面看一个接收任务的使用示例，其流程如图10.8所示。该流程为账号激活流程：当客户账号激活申请提交后，先流转到"管理员审核"用户任务，操作完成后流转到"等待激活结果"接收任务，该任务被触发后继续流转，直到流程结束。

图10.8 接收任务示例流程

该流程对应的XML内容如下：

```xml
<process id="receiveTaskProcess" name="接收任务示例流程">
    <startEvent id="startEvent1"/>
    <userTask id="userTask1" name="账号激活申请"/>
    <!-- 定义接收任务 -->
    <receiveTask id="receiveTask1" name="等待激活结果">
        <documentation>这是接收任务，等待触发后流程离开继续往下执行</documentation>
        <extensionElements>
            <flowable:executionListener event="end"
                class="com.bpm.example.receivetask.demo.listener.ReceiveTaskExecutionListener"/>
        </extensionElements>
    </receiveTask>
    <userTask id="userTask2" name="管理员审核"/>
    <endEvent id="endEvent1"/>
    <sequenceFlow id="seqFlow1" sourceRef="startEvent1" targetRef="userTask1"/>
    <sequenceFlow id="seqFlow2" sourceRef="userTask1" targetRef="userTask2"/>
    <sequenceFlow id="seqFlow3" sourceRef="userTask2" targetRef="receiveTask1"/>
    <sequenceFlow id="seqFlow4" sourceRef="receiveTask1" targetRef="endEvent1"/>
</process>
```

在以上流程定义中，加粗部分的代码定义了接收任务receiveTask1，它使用flowable:executionListener元素定义了一个执行监听器。该执行监听器会在接收任务结束（event属性为end）时执行。流程定义中接收任务的执行监听器ReceiveTaskExecutionListener的内容如下：

```java
@Slf4j
public class ReceiveTaskExecutionListener implements ExecutionListener {
    @Override
    public void notify(DelegateExecution execution) {
        FlowElement currentFlowElement = execution.getCurrentFlowElement();
        log.info("当前为接收任务，节点名称：{}，备注：{}", currentFlowElement.getName(),
                currentFlowElement.getDocumentation());
        String result = (String) execution.getVariable("result");
        log.info("接收任务已被触发，处理结果为：{}", result);
    }
}
```

在以上代码中，ReceiveTaskExecutionListener实现了org.flowable.engine.delegate.ExecutionListener接口，重写了其notify()方法，输出了当前节点信息和处理结果信息。

加载该流程模型并执行相应流程控制的示例代码如下：

```
@Slf4j
public class RunReceiveTaskProcessDemo extends FlowableEngineUtil {
    @Test
    public void runReceiveTaskProcessDemo() {
        //加载Flowable配置文件并初始化工作流引擎及服务
        initFlowableEngineAndServices("flowable.cfg.xml");
        //部署流程
        deployResource("processes/ReceiveTaskProcess.bpmn20.xml");

        //启动流程
        ProcessInstance procInst = runtimeService
                .startProcessInstanceByKey("receiveTaskProcess");
        TaskQuery taskQuery = taskService.createTaskQuery()
                .processInstanceId(procInst.getId());
        //查询并完成第一个任务
        Task firstTask = taskQuery.singleResult();
        log.info("即将完成第一个任务，当前任务名称：{}", firstTask.getName());
        taskService.complete(firstTask.getId());
        //查询并完成第二个任务
        Task secondTask = taskQuery.singleResult();
        log.info("即将完成第二个任务，当前任务名称：{}", secondTask.getName());
        taskService.complete(secondTask.getId());
        //查询执行到此接收任务的执行实例
        Execution execution = runtimeService.createExecutionQuery()
                .processInstanceId(procInst.getId())  //使用流程实例ID查询
                .activityId("receiveTask1")   //当前活动的ID，对应ReceiveTask的节点ID
                .singleResult();
        //设置流程变量
        Map<String, Object> varMap = ImmutableMap.of("result", "账号成功激活！");
        //触发流程离开接收任务继续往下执行
        runtimeService.trigger(execution.getId(), varMap);
        //查询历史流程实例
        HistoricProcessInstance hisProcInst = historyService
                .createHistoricProcessInstanceQuery()
                .processInstanceId(procInst.getId())
                .singleResult();
        if (hisProcInst.getEndTime() != null) {
            SimpleDateFormat dateFormat = new SimpleDateFormat("yyyy-MM-dd HH:mm:ss");
            log.info("当前流程已结束，结束时间：{}", dateFormat.format(hisProcInst.getEndTime()));
        }
    }
}
```

以上代码先初始化工作流引擎并部署流程，在发起流程后，依次查询并办理前两个用户任务，使流程流转到接收任务；根据流程实例ID、活动节点ID查询执行到此接收任务的执行实例，设置流程变量并调用运行时服务的trigger(executionId, processVariables)方法（加粗部分的代码）触发流程；查询历史流程实例，并根据流程结束时间判定流程状态。代码运行结果如下：

```
19:37:53,598 [main] INFO   RunReceiveTaskProcessDemo    - 即将完成第一个任务，当前任务名称：账号激活申请
19:37:53,651 [main] INFO   RunReceiveTaskProcessDemo    - 即将完成第二个任务，当前任务名称：管理员审核
19:37:53,711 [main] INFO   ReceiveTaskExecutionListener - 当前为接收任务，节点名称：等待激活结果，备注：这是接收任务，等待触发后流程离开继续往下执行
19:37:53,712 [main] INFO   ReceiveTaskExecutionListener - 接收任务已被触发，处理结果为：账号成功激活！
19:37:53,814 [main] INFO   RunReceiveTaskProcessDemo    - 当前流程已结束，结束时间：2023-08-29 19:37:53
```

从代码运行结果可知，接收任务被触发后流程将离开并继续流转，直至结束。

10.4 本章小结

本章主要介绍了Flowable支持的用户任务、手动任务和接收任务。用户任务指业务流程中需要由人参与完成的工作，可以在流程定义中通过BPMN 2.0标准规范或Flowable扩展方式指派给固定的办理人、候选人（组），也可以使用UEL表达式或任务监听器灵活地进行动态分配。手动任务和接收任务是两种特定的流程节点。手动任务用于表示不需要任何程序或工作流引擎驱动而自动执行的任务；接收任务用于表示使流程处于一种等待状态的任务，需要被触发才继续执行。这3类任务节点各有特点，读者可根据实际需求场景灵活运用。

第 11 章 服务任务、脚本任务和业务规则任务

本章介绍Flowable支持的3种任务节点：服务任务（service task）、脚本任务（script task）和业务规则任务（business rule task）。服务任务、脚本任务和业务规则任务都是无须人工参与的自动化任务，其中，服务任务可自动执行一段Java程序，脚本任务可用于执行一段脚本代码，而业务规则任务可用于执行一条或多条规则，3种任务可以实现不同场景的流程建模。

11.1 服务任务

服务任务不同于用户任务，用户任务需要人工处理，而服务任务是一种自动化任务。在Flowable中，当流程流转到服务任务时，会自动执行服务任务中编写的Java程序。Java程序执行完毕后，流程将沿服务任务的外出顺序流继续流转。

11.1.1 服务任务介绍

服务任务是一种自动执行的活动，无须人工参与，可以通过调用Java代码实现自定义的业务逻辑。

1. 图形标记

服务任务表示为左上角带有齿轮图标的圆角矩形，如图11.1所示。

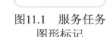

图11.1 服务任务图形标记

2. XML内容

服务任务由serviceTask元素定义。Flowable提供了3种方法来声明Java调用逻辑，用于指定该服务任务所要调用的Java类或Spring容器的Bean（如果已集成Spring）。

1）通过flowable:class属性指定一个Java类

通过这种方式指定一个在流程流转到服务任务时所要调用的Java类，需要在serviceTask的flowable:class属性中指定合法的全路径类名，该类必须实现JavaDelegate、ActivityBehavior或FutureJavaDelegate接口。下面分别进行介绍。

若指定为实现JavaDelegate接口的Java类，则示例代码如下：

```
<serviceTask id="serviceTask1" name="服务任务"
    flowable:class="com.bpm.example.servicetask.demo1.delegate.MyJavaDelegate" />
```

在以上服务任务定义中，加粗部分的代码通过flowable:class属性指定调用的Java类为com.bpm.example.servicetask.demo1.delegate.MyJavaDelegate。该类实现了org.flowable.engine.delegate.JavaDelegate接口，并重写了其execute()方法，代码如下：

```
public class MyJavaDelegate implements JavaDelegate {
    @Override
    public void execute(DelegateExecution execution) {
        //在这里编写服务任务调用逻辑
    }
}
```

若指定为实现ActivityBehavior接口的Java类，则示例代码如下：

```
<serviceTask id="serviceTask2" name="服务任务"
    flowable:class="com.bpm.example.servicetask.demo1.behavior.MyActivityBehavior" />
```

在以上服务任务定义中，加粗部分的代码通过flowable:class属性指定调用的Java类为com.bpm.example.servicetask.demo1.behavior.MyActivityBehavior。该类实现了org.flowable.engine.impl.delegate.ActivityBehavior接口，并重写了其execute()方法，代码如下：

```
public class MyActivityBehavior implements ActivityBehavior {
    @Override
    public void execute(DelegateExecution execution) {
        //在这里编写服务任务调用逻辑
    }
}
```

以上两种方式通过flowable:class属性指定服务任务执行的Java类,当流程流转到服务任务时,工作流引擎会调用该Java类的execute()方法执行事先定义的业务逻辑。如果在execute()方法中需要用到流程实例、流程变量等,可以通过DelegateExecution来获取和操作。

前面介绍的两种方式,服务任务的执行都是单线程的。图11.2所示为并行网关外出顺序流流转到多个服务节点上,而上面两种方式配置的这些服务任务并不是并行执行,而是按顺序一个接一个串行同步执行的。

Flowable提供了能够使服务任务并行异步执行的方案,通过实现FutureJavaDelegate接口。FutureJavaDelegate继承自JavaDelegate接口,并添加了返回Future的方法execute()和处理返回结果的afterExecution()方法。指定为实现FutureJavaDelegate接口的Java类的示例代码如下:

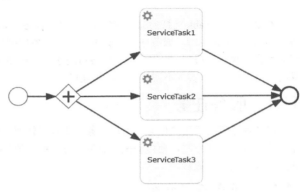

图11.2 并行网关后的Http任务并非并行执行

```
<serviceTask id="serviceTask3" name="服务任务"
    flowable:class="com.bpm.example.servicetask.demo1.delegate.MyFutureJavaDelegate" />
```

在以上服务定义中,加粗部分的代码通过flowable:class属性指定调用的Java类为com.bpm.example.servicetask.demo1.delegate.MyFutureJavaDelegate。该类实现了org.flowable.engine.delegate.FutureJavaDelegate接口,并重写了其execute()和afterExecution()方法,代码如下:

```
public class MyFutureJavaDelegate implements FutureJavaDelegate {
    @Override
    public CompletableFuture execute(DelegateExecution execution, AsyncTaskInvoker taskInvoker) {
        //这里与流程实例是在同一个数据库事务中运行,可以通过execution设置和获取相关数据
        String variable = (String)execution.getVariable("variableName");
        return taskInvoker.submit(()->{
            //这里是在一个新线程中运行,execution不能在这里使用
            //这里没有数据库事务,如果需要事务控制,应该由自己的服务进行管理
            //这里通常用于执行一些比较耗时的复杂逻辑,比如调用外部服务
            return result;
        });
    }
    @Override
    public void afterExecution(DelegateExecution execution, Object executionData) {
        //executionData参数是execute()方法返回的结果
        //这里与流程实例是在同一个数据库事务中运行,可以通过execution进行一些操作,比如设置变量
        execution.setVariable("result", executionData);
    }
}
```

在流程执行过程中,当流程到达一个FutureJavaDelegate类型的服务任务时,execute()方法会异步执行该任务,并等待任务执行完成后获取返回的Future对象。通过这个Future对象,afterExecution()方法可以在后续的流程中获取任务执行的结果。下面来介绍一下这段代码。

execute()方法中的参数AsyncTaskInvoker是一个接口,通过其submit()方法可使用Flowable维护的公共共享线程池执行异步任务。在submit()方法中通常可以将一些耗时的复杂逻辑异步执行,并且在执行完成后将结果返回。这里的AsyncTaskInvoker也可以使用自己自定义的ExecutorService,或者从自己服务中返回的CompletableFuture。

afterExecution()方法在异步任务完成后执行,它的参数executionData是执行execute()方法返回的结果。这

样可以避免阻塞整个流程的执行,提高流程的执行效率。

FutureJavaDelegate类还有两个子接口FlowableFutureJavaDelegate和MapBasedFlowableFutureJavaDelegate,它们同样能使服务任务并行异步执行。

如果通过flowable:class属性指定类实现org.flowable.engine.delegate.FlowableFutureJavaDelegate接口,需要重写prepareExecutionData()、execute()和afterExecution()方法,代码如下:

```
public class MyFlowableFutureJavaDelegate implements FlowableFutureJavaDelegate {
    @Override
    public Object prepareExecutionData(DelegateExecution execution) {
        //这里与流程实例是在同一个数据库事务中运行,可以通过execution设置和获取相关数据
        //这里用于初始化异步执行前的数据
        return outputData;
    }
    @Override
    public Object execute(Object inputData) {
        //inputData参数是prepareExecutionData()方法返回的结果
        //这里的代码将由Flowable交由线程池异步运行,通常用于执行一些比较耗时的复杂逻辑
        //这里没有数据库事务,如果需要事务控制,应该由自己的服务进行管理
        return result;
    }
    @Override
    public void afterExecution(DelegateExecution execution, Object executionData) {
        //executionData参数是execute()方法返回的结果
        //这里与流程实例是在同一个数据库事务中运行,可以通过execution进行一些操作,比如设置变量
        execution.setVariable("totalAmount", executionData);
    }
}
```

如果通过flowable:class属性指定类实现org.flowable.engine.delegate.MapBasedFlowableFutureJavaDelegate接口,需要重写execute()方法,代码如下:

```
public class MyMapBasedFlowableFutureJavaDelegate implements MapBasedFlowableFutureJavaDelegate {
    @Override
    public Map<String, Object> execute(ReadOnlyDelegateExecution execution) {
        //该方法使用DelegateExecution的快照作为执行的输入数据
        //这里的代码将由Flowable交由线程池异步运行,通常用于执行一些比较耗时的复杂逻辑
        //这里没有数据库事务,如果需要事务控制,应该由自己的服务进行管理
        //执行结果需要以Map的方式返回,Flowable会以该Map的key作为变量名、value为变量值设置到流程中
        Map<String, Object> map = ImmutableMap.of("result", "success");
        return map;
    }
}
```

以上3种方式通过flowable:class属性指定服务任务执行的Java类,当流程流转到服务任务时,工作流引擎会异步执行该任务,并可对异步执行得到的结果进行处理。

需要注意的是,流程定义中由服务任务使用flowable:class属性指定的Java类不会在流程部署时实例化。服务任务通过flowable:class属性指定的Java类只会创建一个实例,即只有当流程初次流转到调用该Java类的服务任务时,才会实例化一个对象,该对象会被复用。所有的流程实例都会共享相同的类实例,并调用其execute()方法。这就意味着,如果该Java类中使用了成员变量,必须保证线程安全(在多线程运行环境下,每次调用都能得到正确的逻辑结果)。这也会影响属性注入的处理方式,该部分内容会在11.1.2小节进行介绍。

如果找不到指定的Java类,引擎会抛出一个org.flowable.common.engine.api.FlowableClassLoadingException异常。

2)通过flowable:delegateExpression使用委托表达式指定

这种方式可以通过flowable:delegateExpression属性指定为解析结果为对象的表达式,该对象必须遵循与使用flowable:class属性时创建的对象相同的规则:

```
<serviceTask id="serviceTask4" name="服务任务"
    flowable:delegateExpression="${delegateExpressionBean}" />
```

在以上服务任务定义中,加粗部分的代码通过flowable:delegateExpression属性指定委托表达式为

${delegateExpressionBean}。其中,delegateExpressionBean是一个实现JavaDelegate接口的Bean,在表达式调用之前需要初始化到流程变量中,或者注册在Spring容器中。委托表达式中只需指定Bean的名称,无须指定方法名,工作流引擎会自动调用其execute()方法。

3) 通过flowable:expression属性使用UEL表达式指定

这种方式可以通过flowable:expression属性指定为UEL方法表达式或值表达式,调用一个普通Java Bean的方法或属性,在表达式调用之前需要将其初始化到流程变量中,或者注册在Spring容器中。与通过flowable:delegateExpression属性指定方式不同,通过flowable:expression属性指定的表达式调用的Bean不需要实现JavaDelegate接口,表达式中必须指定调用的方法名或属性名。

若指定为UEL方法表达式,则示例代码如下:

```
<serviceTask id="serviceTask5" name="服务任务"
    flowable:expression="${businessBean.calculateMount1()}" />
```

在以上服务任务定义中,加粗部分的代码通过flowable:expression属性指定UEL表达式为${businessBean.calculateMount1()},表示服务任务调用businessBean对象的calculateMount1(无参数)方法。

同样,通过UEL方法表达式也可以指定为带参数的表达式,示例代码如下:

```
<serviceTask id="serviceTask6" name="服务任务"
    flowable:expression="${businessBean.calculateMount2(execution, money)}" />
```

在以上服务任务定义中,加粗部分的代码通过flowable:expression属性指定UEL表达式为${businessBean.calculateMount2(execution, money)},表示服务任务调用businessBean对象的calculateMount2()方法。该方法第一个参数是DelegateExecution,在表达式环境中默认名称为execution;第二个参数是当前流程实例中名为money的流程变量。

若指定为UEL值表达式,则示例代码如下:

```
<serviceTask id="serviceTask7" name="服务任务"
    flowable:expression="${businessBean.total}" />
```

在以上服务任务定义中,加粗部分的代码通过flowable:expression属性指定UEL表达式为${businessBean.total},表示服务任务会获取businessBean的total属性的值,实质是调用其getTotal()方法。

以上通过flowable:expression属性指定的UEL表达式中都使用了businessBean,其内容如下:

```
@Data
public class BusinessBean implements Serializable {
    private float total;

    /**
     * 无参表达式
     */
    public void calculateMount1() {
        //此处省略方法逻辑代码
    }
    /**
     * 带参数的表达式
     * @param execution    DelegateExecution对象
     * @param money        名称为money的流程变量
     */
    public void calculateMount2(DelegateExecution execution, float money) {
        //此处省略方法逻辑代码
    }
}
```

从以上代码中可知,该类是一个普通的Java Bean,其中成员变量total、方法calculateMount1()和calculateMount2()分别对应前面介绍的通过flowable:expression属性指定的UEL值表达式、无参表达式和有参表达式。

11.1.2 服务任务的属性注入

11.1.1小节介绍了服务任务可以调用指定的Java类或者表达式,本小节继续介绍调用过程中的属性注入。通过flowable:class指定实现JavaDelegate接口的类,或通过flowable:delegateExpression指定委托表达式,都可以实现为属性注入数据的目的。Flowable支持如下类型的注入。

- 固定字符串。对于某些常量，可以直接在流程定义中配置字符串注入。
- 表达式。对于某些变量或者对象，可以将其配置为UEL表达式注入。

按照BPMN 2.0 XML Schema规范要求，服务任务要注入的属性必须嵌入服务任务定义的extensionElements子元素中，并使用flowable:field元素声明。下面分别针对这两种方式进行介绍。

1. 固定字符串注入

下面看一个将常量值注入服务任务指定的Java类中声明的字段的示例，设计如图11.3所示的流程。

图11.3　服务任务示例流程（1）

该流程对应的XML内容如下：

```xml
<process id="serviceTaskStringFieldInjectedProcess" name="服务任务示例流程(1)">
    <startEvent id="startEvent1"/>
    <serviceTask id="serviceTask1" name="计算总价服务任务"
        flowable:class="com.bpm.example.servicetask.demo1.delegate.
        CalculationStringFieldInjectedJavaDelegate">
        <extensionElements>
            <flowable:field name="unitPrice" stringValue="100.00" />
            <flowable:field name="quantity" stringValue="10" />
            <flowable:field name="description">
                <flowable:string>这是一段比较长的描述信息</flowable:string>
            </flowable:field>
        </extensionElements>
    </serviceTask>
    <endEvent id="endEvent1"/>
    <sequenceFlow id="seqFlow1" sourceRef="startEvent1" targetRef="serviceTask1"/>
    <sequenceFlow id="seqFlow2" sourceRef="serviceTask1" targetRef="endEvent1"/>
</process>
```

在以上流程定义中，加粗部分的代码定义了服务任务serviceTask1，它通过flowable:class属性指定调用的Java类为com.bpm.example.servicetask.demo1.delegate.CalculationStringFieldInjectedJavaDelegate，在其嵌入的extensionElements子元素中通过flowable:field子元素分别定义了name属性为unitPrice、quantity和description的3个字段，stringValue属性为相应字段的值。对于长文本（如这里的description字段），可以使用flowable:string子元素为其赋值。CalculationStringFieldInjectedJavaDelegate类的代码如下：

```java
@Slf4j
@Setter
public class CalculationStringFieldInjectedJavaDelegate implements JavaDelegate {
    private Expression unitPrice;
    private Expression quantity;
    private Expression description;

    public void execute(DelegateExecution execution) {
        //读取注入的unitPrice、quantity和description字段值
        double unitPriceNum = Double.valueOf((String) unitPrice.getValue(execution));
        int quantityNum = Integer.valueOf((String) quantity.getValue(execution));
        String descriptionStr = (String) description.getValue(execution);
        double totalAmount = unitPriceNum * quantityNum;
        log.info("单价: {}, 数量: {}, 总价: {}", unitPriceNum, quantityNum, totalAmount);
        log.info("描述信息: {}", descriptionStr);
        //将totalAmount放入流程变量中
        execution.setVariable("totalAmount", totalAmount);
    }
}
```

在以上代码段中，加粗部分的代码定义了3个属性：unitPrice、quantity和description。这与服务任务定义中声明要注入的属性名一致。这些属性都提供了setter()方法（这里使用Lombok的@Setter注解实现），并且属性类型均为org.flowable.common.engine.api.delegate.Expression，通过调用它们的getValue(execution)方法即可得到注入的属性值。execute()方法的核心逻辑是，首先通过调用属性的getValue(execution)方法分别获取注入的属性值，然后进行计算操作并输出日志，最后将计算结果放入流程变量中。需要注意的是，无论在服务任务定义中声明的属性值是何种类型，注入目标Java类中的属性类型都应该为org.flowable.common.engine.api.

delegate.Expression，经表达式解析后可以将其转换为对应的类型。

加载该流程模型并执行相应流程控制的示例代码如下：

```
@Slf4j
public class RunServiceTaskStringFieldInjectedProcessDemo extends FlowableEngineUtil {
    @Test
    public void runServiceTaskStringFieldInjectedProcessDemo() {
        //加载Flowable配置文件并初始化工作流引擎及服务
        initFlowableEngineAndServices("flowable.cfg.xml");
        //部署流程
        deployResource("processes/ServiceTaskStringFieldInjectedProcess.bpmn20.xml");

        //启动流程
        ProcessInstance procInst = runtimeService
                .startProcessInstanceByKey("serviceTaskStringFieldInjectedProcess");
        //查询历史流程变量
        HistoricVariableInstance historicVariable = historyService
                .createHistoricVariableInstanceQuery()
                .processInstanceId(procInst.getId())
                .variableName("totalAmount")
                .singleResult();
        log.info("totalAmount的值为: {}", historicVariable.getValue());
    }
}
```

以上代码首先初始化工作流引擎并部署流程，然后发起流程，执行服务任务后流程结束，最后查询历史流程变量中名为totalAmount的值。代码运行结果如下：

```
11:28:06,201 [main] INFO  CalculationStringFieldInjectedJavaDelegate    - 单价:100.0,数量:10,总价:1000.0
11:28:06,201 [main] INFO  CalculationStringFieldInjectedJavaDelegate    - 描述信息：这是一段比较长的描述信息
11:28:06,241 [main] INFO  RunServiceTaskStringFieldInjectedProcessDemo  - totalAmount的值为: 1000.0
```

从代码运行结果可知，服务任务通过调用CalculationStringFieldInjectedJavaDelegate类执行其execute()方法成功获取了注入的属性值，并进行了对应的业务处理（计算总价并输出日志，以及将totalAmount放入流程变量），流程结束后从历史流程变量中获取totalAmount变量的值，均符合预期。

除了通过flowable:class属性指定Java类时支持属性注入，通过flowable:delegateExpression使用委托表达式指定时也支持属性注入，这里不再赘述。

由于篇幅的原因，本案例通过flowable:class属性指定调用实现FutureJavaDelegate、FlowableFutureJavaDelegate和MapBasedFlowableFutureJavaDelegate接口的Java类的内容详见本书配套资源。

2．UEL表达式注入

除了前面介绍的注入固定字符串，还可以使用UEL表达式注入在运行时动态解析的值。这些表达式可以使用流程变量或Spring容器的Bean。前面提到，当服务任务使用flowable:class属性指定调用的Java类时，该Java类的一个实例将在服务任务所在的所有流程实例之间共享。为了动态注入属性的值，可以在org.flowable.common.engine.api.delegate.Expression中使用值和方法表达式，它会使用传递给execute()方法的DelegateExecution参数进行解析。

下面看一个将UEL表达式注入服务任务指定的Java类中声明的属性的示例，如图11.4所示。该流程为采购总价计算流程：" 提交采购单" 用户任务提交后，将由"计算采购总价"服务任务计算采购费用。

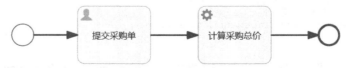

图11.4　服务任务示例流程（2）

该流程对应的XML内容如下：

```xml
<process id="serviceTaskUelFieldInjectedProcess" name="服务任务示例流程（2）">
    <startEvent id="startEvent1"/>
    <!-- 定义服务任务 -->
    <serviceTask id="serviceTask1" name="计算采购总价" flowable:class="com.bpm.example.servicetask.
```

```xml
            demo2.delegate.CalculationUelFieldInjectedJavaDelegate">
            <extensionElements>
                <flowable:field name="inventoryCheckResult">
                    <flowable:expression>
                        ${quantity > 5 ? "库存不足" : "库存充足"}
                    </flowable:expression>
                </flowable:field>
                <flowable:field name="totalAmount">
                    <flowable:expression>
                        ${calculationBean.calculationAmount(unitPrice,quantity)}
                    </flowable:expression>
                </flowable:field>
                <flowable:field name="description">
                    <flowable:expression>${description}</flowable:expression>
                </flowable:field>
            </extensionElements>
        </serviceTask>
        <endEvent id="endEvent1"/>
        <userTask id="userTask1" name="提交采购单"/>
        <sequenceFlow id="seqFlow1" sourceRef="startEvent1" targetRef="userTask1"/>
        <sequenceFlow id="seqFlow2" sourceRef="userTask1" targetRef="serviceTask1"/>
        <sequenceFlow id="seqFlow3" sourceRef="serviceTask1" targetRef="endEvent1"/>
</process>
```

在以上流程定义中，加粗部分的代码定义了服务任务serviceTask1，它通过flowable:class属性指定调用的Java类为com.bpm.example.servicetask.demo2.delegate.CalculationUelFieldInjectedJavaDelegate，在其嵌入的extensionElements子元素中通过flowable:field子元素分别定义了name属性为inventoryCheckResult、totalAmount和description的3个字段，再通过flowable:expression子元素设置各字段对应的值或方法表达式。CalculationUelFieldInjectedJavaDelegate类的内容如下：

```java
@Slf4j
@Setter
public class CalculationUelFieldInjectedJavaDelegate implements JavaDelegate {
    private Expression inventoryCheckResult;
    private Expression totalAmount;
    private Expression description;

    @Override
    public void execute(DelegateExecution execution) {
        //读取注入的inventoryCheckResult字段值
        String inventoryCheckResultStr = (String) inventoryCheckResult.getValue(execution);
        if ("库存不足".equals(inventoryCheckResultStr)) {
            log.error("库存不足！");
            return;
        }
        //读取注入的totalAmount字段值
        double totalAmountNum = (double) totalAmount.getValue(execution);
        //读取注入的description字段值
        String descriptionStr = (String) description.getValue(execution);
        //从流程变量中获取unitPrice、quantity的值
        double unitPrice = (double)execution.getVariable("unitPrice");
        int quantity = (int)execution.getVariable("quantity");
        log.info("单价: {}, 数量: {}, 总价: {}", unitPrice, quantity, totalAmountNum);
        log.info("描述信息: {}", descriptionStr);
        //将totalAmount放入流程变量中
        execution.setVariable("totalAmount", totalAmountNum);
    }
}
```

以上代码段的加粗部分定义了3个属性——inventoryCheckResult、totalAmount和description，并为这些属性提供了setter()方法（这里通过Lombok的@Setter注解实现）。这些属性的类型均为org.flowable.common.engine.api.delegate.Expression，通过调用它们的getValue(execution)方法可以获取注入的属性值。execute()方法的核心逻辑是，首先通过调用属性的getValue(execution)方法分别获取注入的属性值，然后进行计算操作并输出日志，最后将计算结果放入流程变量。

服务任务注入的totalAmount字段值为方法表达式，调用了CalculationBean的calculationAmount()方法。CalculationBean类的内容如下：

```java
public class CalculationBean implements Serializable {
    public double calculationAmount(double unitPrice, int quantity) {
        return unitPrice * quantity;
    }
}
```

以上代码段中，加粗部分的代码计算unitPrice * quantity的值，并将其作为calculationAmount()方法的返回结果。在实际应用中可以根据需求开发各种复杂的业务逻辑。

加载该流程模型并执行相应流程控制的示例代码如下：

```java
@Slf4j
public class RunServiceTaskUelFieldInjectedProcessDemo extends FlowableEngineUtil {
    @Test
    public void runServiceTaskUelFieldInjectedProcessDemo() {
        //加载Flowable配置文件并初始化工作流引擎及服务
        initFlowableEngineAndServices("flowable.cfg.xml");
        //部署流程
        deployResource("processes/ServiceTaskUelFieldInjectedProcess.bpmn20.xml");

        //启动流程
        ProcessInstance procInst = runtimeService
                .startProcessInstanceByKey("serviceTaskUelFieldInjectedProcess");
        //查询第一个任务
        Task task = taskService.createTaskQuery()
                .processInstanceId(procInst.getId())
                .singleResult();
        //初始化流程变量
        Map<String, Object> varMap = ImmutableMap.of("unitPrice", 100.0,
                "quantity", 4, "description", "此次采购了4个单价100元的办公耗材",
                "calculationBean", new CalculationBean());
        //办理第一个任务
        taskService.complete(task.getId(), varMap);
        //查询历史流程变量
        HistoricVariableInstance historicVariableInstance = historyService
                .createHistoricVariableInstanceQuery()
                .processInstanceId(procInst.getId())
                .variableName("totalAmount")
                .singleResult();
        log.info("totalAmount的值为：{}", historicVariableInstance.getValue());
    }
}
```

以上代码首先初始化工作流引擎并部署流程，然后发起流程，查询并办理第一个任务，设置流程变量并办理该任务（加粗部分的代码）。需要注意的是，流程变量中除了放入了unitPrice、quantity和description属性的值，还放入了CalculationBean实例化对象，因为表达式中需要用到它们。执行完服务任务后流程结束，查询历史流程变量中名为totalAmount的值。代码运行结果如下：

```
11:49:20,856 [main] INFO  CalculationUelFieldInjectedJavaDelegate     - 单价：100.0，数量：4，总价：400.0
11:49:20,856 [main] INFO  CalculationUelFieldInjectedJavaDelegate     - 描述信息：此次采购了4个单价100元的办公耗材
11:49:20,896 [main] INFO  RunServiceTaskUelFieldInjectedProcessDemo   - totalAmount的值为：400.0
```

从代码运行结果可知，服务任务通过调用CalculationUelFieldInjectedJavaDelegate类执行其execute()方法成功获取了注入的属性值，并进行了对应的业务处理（逻辑判断并输出日志，以及将totalAmount放入流程变量），流程结束后从历史流程变量中获取totalAmount变量的值，均符合预期。

这里将CalculationBean实例化对象放入了流程变量，如果集成了Spring环境并且CalculationBean由Spring托管，则无须这一步操作，这是因为UEL表达式可以使用Spring托管的对象。

在以上示例流程中，服务任务中使用flowable:expression元素设置表达式，这会使XML显得比较冗长。Flowable提供了简化的expression属性来替代这种用法，以上示例流程中服务任务的配置可简化如下：

```xml
<serviceTask id="serviceTask1" name="计算总价"
    flowable:class=
```

```xml
            "com.bpm.example.servicetask.demo2.delegate.CalculationUelFieldInjectedJavaDelegate"
    <extensionElements>
        <flowable:field name="inventoryCheckResult"
            expression="${quantity > 5 ? '库存不足' : '库存充足'}" />
        <flowable:field name="totalAmount"
            expression="${calculationBean.calculationAmount(unitPrice,quantity)}" />
        <flowable:field name="description" expression="${description}" />
    </extensionElements>
</serviceTask>
```

在以上服务任务定义中，加粗部分的代码使用expression属性替代了之前的flowable:expression元素实现属性注入，这使代码简化了很多。

一般来说，服务任务使用的以上两种属性注入方式是线程安全的。但是，在某些情况下，则不能保证这种线程的安全性。这取决于Flowable设置的运行环境。

使用flowable:class属性时，使用属性注入总是线程安全的。引用了某个Java类的每一个服务任务都会实例化新的实例，并且在创建实例时注入一次字段。在不同的服务任务或流程定义中多次重复使用同一个Java类是没有问题的。多实例服务任务的属性注入示例详见17.3节。

使用flowable:expression属性时，不能使用属性注入，只能通过方法调用传递参数，这些参数总是线程安全的。

使用flowable:delegateExpression属性时，使用属性注入的线程安全性将取决于表达式的解析方式。如果该委托表达式在多个服务任务或流程定义中重复使用，并且表达式总是返回相同的实例，则使用属性注入不是线程安全的。下面通过几个示例对其进行讲解。

假设表达式是${delegateBean.doSomething(someVariable)}，其中delegateBean是工作流引擎引用的Java Bean（如与Spring集成后由Spring托管的Bean），并在每次解析表达式时都会创建一个新实例（如Spring的prototype模式）。在这种情况下，使用属性注入是线程安全的，因为每次解析表达式时，这些属性都会注入这个新实例。

然而，如果表达式为${someJavaDelegateBean}，它解析为JavaDelegate类的实现，并且在创建单例的环境（如Spring的singleton模式）中运行。当在不同的服务任务或流程定义中使用这个表达式时，表达式总会解析为相同的实例。在这种情况下，使用属性注入就不是线程安全的了。看下面这个示例：

```xml
<serviceTask id="serviceTask1" flowable:delegateExpression="${someJavaDelegateBean}">
    <extensionElements>
        <flowable:field name="someField" expression="${input * 2}"/>
    </extensionElements>
</serviceTask>
<serviceTask id="serviceTask2" flowable:delegateExpression="${someJavaDelegateBean}">
    <extensionElements>
        <flowable:field name="someField" expression="${input * 2000}"/>
    </extensionElements>
</serviceTask>
```

在以上示例中定义了两个服务任务：serviceTask1和serviceTask2。它们通过flowable:delegateExpression指定了同一个表达式，但注入someField属性时使用expression配置了不同的表达式。如果flowable:delegateExpression指定的表达式解析为相同的实例，那么在并发场景下，注入someField属性时可能会产生竞争。为了避免出现这种问题，可以使用flowable:expression方式替代flowable:delegateExpression方式，通过方法参数传递所需的数据，也可以在每次委托表达式解析时返回委托类的新实例，如在与Spring集成时将Bean的scope参数设置为prototype（在类上添加@Scope(SCOPE_PROTOTYPE)注解）。

当使用flowable:delegateExpression属性时，可以通过配置工作流引擎配置delegateExpressionFieldInjectionMode属性设置在委托表达式上使用属性注入模式，代码如下：

```xml
<bean id="processEngineConfiguration"
    class="org.flowable.engine.impl.cfg.StandaloneProcessEngineConfiguration">
    <!-- 设置delegateExpressionFieldInjectionMode参数 -->
    <property name="delegateExpressionFieldInjectionMode" value="MIXED"/>
    <!--此处省略其他引擎配置 -->
</bean>
```

在以上工作流引擎配置中，加粗部分的代码配置delegateExpressionFieldInjectionMode属性为MIXED。

delegateExpressionFieldInjectionMode属性可以取org.flowable.engine.impl.cfg.DelegateExpressionFieldInjectionMode枚举中的以下值。

- **DISABLED**：禁用模式，表示当使用委托表达式时完全禁用属性注入。这是最安全的一种方式，保证线程安全。
- **COMPATIBILITY**：兼容模式，表示可以在委托表达式中使用属性注入。如果在配置的委托类中没有定义要注入的字段，会抛出org.flowable.common.engine.api.FlowableIllegalArgumentException异常，异常信息为Field definition uses non-existent field *** of class ***。这是线程最不安全的模式，但可以保证历史版本的兼容性，也可以在委托表达式只在一个任务中使用时安全使用（不会产生并发竞争）。
- **MIXED**：混合模式，表示可以在使用委托表达式时注入，但当配置的委托类中没有定义要注入的字段时不会抛出异常。这是Flowable 6中的默认模式。这样可以在部分委托（如非单例的实例）中使用注入，而在部分委托中不使用注入。

下面看一个使用flowable:delegateExpression配置委托表达式使用属性注入的示例，设计如图11.5所示的流程，工作流引擎delegateExpressionFieldInjectionMode属性配置为MIXED。

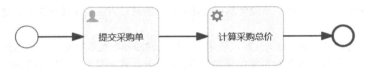

图11.5 服务任务示例流程（3）

该流程对应的XML内容如下：

```xml
<process id="serviceTaskDelegateExpressionFieldInjectedProcess" name="服务任务示例流程(3)">
    <startEvent id="startEvent1"/>
    <!-- 定义服务任务 -->
    <serviceTask id="serviceTask1" name="计算采购总价" flowable:delegateExpression=
        "${calculationDelegateExpressionFieldInjectedJavaDelegate}">
        <extensionElements>
            <flowable:field name="inventoryCheckResult"
                expression="${quantity > 5 ? '库存不足' : '库存充足'}" />
            <flowable:field name="totalAmount" expression="${unitPrice * quantity}" />
            <flowable:field name="description" expression="${description}"/>
        </extensionElements>
    </serviceTask>
    <endEvent id="endEvent1"/>
    <userTask id="userTask1" name="提交采购单"/>
    <sequenceFlow id="seqFlow1" sourceRef="startEvent1" targetRef="userTask1"/>
    <sequenceFlow id="seqFlow2" sourceRef="userTask1" targetRef="serviceTask1"/>
    <sequenceFlow id="seqFlow3" sourceRef="serviceTask1" targetRef="endEvent1"/>
</process>
```

在以上流程定义中，加粗部分的代码定义了服务任务serviceTask1，通过flowable:delegateExpression属性指定委托表达式为${calculationDelegateExpressionFieldInjectedJavaDelegate}，在其嵌入的extensionElements子元素中通过flowable:field子元素分别定义了name属性为inventoryCheckResult、totalAmount和description的3个字段，并通过expression属性设置各字段对应的表达式。CalculationDelegateExpressionFieldInjectedJavaDelegate类的代码如下：

```java
@Slf4j
public class CalculationDelegateExpressionFieldInjectedJavaDelegate implements JavaDelegate {
    @Setter
    private Expression inventoryCheckResult;

    @Override
    public void execute(DelegateExecution execution) {
        //读取注入的inventoryCheckResult字段值
        String inventoryCheckResultStr = (String) inventoryCheckResult.getValue(execution);
        if ("库存不足".equals(inventoryCheckResultStr)) {
            log.error("库存不足！");
            return;
        }
```

```java
        //读取注入的totalAmount字段值
        Expression totalAmountNumExpression = DelegateHelper
                .getFieldExpression(execution, "totalAmount");
        double totalAmountNum = (double) totalAmountNumExpression.getValue(execution);
        //读取注入的description字段值
        Expression descriptionExpression = DelegateHelper
                .getFieldExpression(execution, "description");
        String descriptionStr = (String) descriptionExpression.getValue(execution);
        //从流程变量中获取unitPrice、quantity的值
        double unitPrice = (double) execution.getVariable("unitPrice");
        int quantity = (int) execution.getVariable("quantity");
        log.info("单价: {}, 数量: {}, 总价: {}", unitPrice, quantity, totalAmountNum);
        log.info("描述信息: {}", descriptionStr);
        //将totalAmount放入流程变量中
        execution.setVariable("totalAmount", totalAmountNum);
    }
}
```

以上代码定义了inventoryCheckResult属性，并提供了setter()方法（这里通过Lombok的@Setter注解实现）。该属性类型均为org.flowable.common.engine.api.delegate.Expression，通过调用其getValue(execution)方法即可获取注入的属性值。这个委托代理类中没有定义流程定义的服务任务中声明要注入的另外两个属性totalAmount和description，在COMPATIBILITY模式下这样做会抛出异常，而在MIXED模式下这样做是允许的。代码中加粗的两部分与注入Expression不同，使用了org.flowable.engine.delegate.DelegateHelper工具类的getFieldExpression()方法获取表达式，直接读取BpmnModel并在方法执行时创建表达式，因此是线程安全的。同时可知，这种方式与注入Expression在服务任务定义上是相同的。

加载该流程模型并执行相应流程控制的示例代码如下：

```java
@Slf4j
public class RunServiceTaskDelegateExpressionFieldInjectedProcessDemo
        extends FlowableEngineUtil {
    @Test
    public void runServiceTaskDelegateExpressionFieldInjectedProcessDemo() {
        //加载Flowable配置文件并初始化工作流引擎及服务
        initFlowableEngineAndServices("flowable.cfg.xml");
        //部署流程
        deployResource("processes" +
                "/ServiceTaskDelegateExpressionFieldInjectedProcess.bpmn20.xml");

        //启动流程
        ProcessInstance procInst = runtimeService
                .startProcessInstanceByKey("serviceTaskDelegateExpressionFieldInjectedProcess");
        //查询第一个任务
        Task task = taskService.createTaskQuery()
                .processInstanceId(procInst.getId()).singleResult();
        //初始化流程变量
        Map<String, Object> varMap = ImmutableMap.of("unitPrice", 100.0, "quantity", 4,
                "description", "此次采购了4个单价100元的办公耗材");
        //初始化瞬时变量
        Map<String, Object> traVarMap = ImmutableMap
                .of("calculationDelegateExpressionFieldInjectedJavaDelegate",
                        new CalculationDelegateExpressionFieldInjectedJavaDelegate());
        //办理第一个任务
        taskService.complete(task.getId(), varMap, traVarMap);
        //查询历史流程变量
        HistoricVariableInstance historicVariableInstance = historyService
                .createHistoricVariableInstanceQuery()
                .processInstanceId(procInst.getId())
                .variableName("totalAmount")
                .singleResult();
        log.info("totalAmount的值为: {}", historicVariableInstance.getValue());
    }
}
```

以上代码首先初始化工作流引擎并部署流程，发起流程后，查询第一个任务，然后设置流程变量、瞬时变量并办理该任务（加粗部分的代码）。需要注意的是，流程变量中放入了unitPrice、quantity和description

属性的值,还在瞬时变量中放入了CalculationDelegateExpressionFieldInjectedJavaDelegate实例化对象,因为表达式中需要用到它们。执行服务任务后流程结束,最后查询历史流程变量中名为totalAmount的值。代码运行结果如下:

```
06:59:08,244 [main] INFO  CalculationDelegateExpressionFieldInjectedJavaDelegate  - 单价:100.0,数量:4,总价:400.0
06:59:08,244 [main] INFO  CalculationDelegateExpressionFieldInjectedJavaDelegate  - 描述信息:此次采购了4个单价100元的办公耗材
06:59:08,279 [main] INFO  RunServiceTaskDelegateExpressionFieldInjectedProcessDemo  - totalAmount的值为:400.0
```

从代码运行结果可知,服务任务通过委托表达式调用CalculationDelegateExpressionFieldInjectedJavaDelegate类的execute()方法成功获取注入的属性值,并进行了对应的业务处理(逻辑判断并输出日志,并将totalAmount放入流程变量),流程结束后从历史流程变量中获取totalAmount变量的值。

这里用到了瞬时变量(transient variable),它类似流程变量,只是不会被持久化,只能在流程下一个等待状态之前访问,之后即消失。瞬时变量会屏蔽同名的流程变量。也就是说,当一个流程实例中设置了同名的流程变量与瞬时变量时,getVariable("someVariable")方法会返回瞬时变量的值。瞬时变量通常用于一些高级使用场景,比如这里的CalculationDelegateExpressionFieldInjectedJavaDelegate对象不能序列化的情况。

11.1.3 服务任务的可触发和异步执行

当使用服务任务发送JMS消息或访问HTTP接口等方式调用外部服务时,流程实例会进入等待状态,直到外部服务回复响应后,流程实例才离开服务任务继续流转。这种场景通常可以使用服务任务和接收任务来实现,但是存在一种极端条件:外部服务的响应可能会早于流程实例持久化和接收任务激活,这种情况下就来不及对外部服务的响应做处理。为了解决这个问题,Flowable为服务任务增加了triggerable(可触发)属性,用于将服务任务转变为执行服务逻辑,并在继续执行之前等待外部的响应。如果在可触发的服务任务上同时设置async(异步)属性为true,则流程实例会先持久化,然后由异步作业来执行服务任务逻辑。

```xml
<serviceTask id="triggerableServiceTask" name="可触发服务任务"
    flowable:expression="#{myService.doSomething()}"
    flowable:triggerable="true" flowable:async="true" />
```

外部服务可以同步或异步地触发等待中的流程实例。为了避免乐观锁异常,建议使用异步触发,可以使用RuntimeService的triggerAsync()方法异步触发等待中的流程实例。当然,使用RuntimeService的trigger()方法同步触发也可以。

配置为异步时,还可以通过配置failedJobRetryTimeCycle属性指定处理失败作业时的重试策略。它可以设置为一个ISO 8601标准时间表达式,用于定义重试作业的时间间隔。当服务任务执行失败时,Flowable会根据该属性的值进行重试,直到作业成功执行或达到最大重试次数。配置方式如下:

```xml
<serviceTask id="triggerableServiceTask" name="异步可重试服务任务"
    flowable:expression="#{myService.doSomething()}" flowable:async="true">
  <extensionElements>
    <flowable:failedJobRetryTimeCycle>R5/PT10M</flowable:failedJobRetryTimeCycle>
  </extensionElements>
</serviceTask>
```

在以上配置中,异步执行服务任务失败后会重试5次,每次间隔10分钟。

11.1.4 服务任务的执行结果

对于使用表达式的服务任务,服务执行的返回值可以通过服务任务定义的flowable:resultVariable属性设置为流程变量,它可以是新的流程变量,也可以是已经存在的流程变量。如果指定为已存在的流程变量,则流程变量的值会被服务执行的结果覆盖。如果不指定返回变量名,则服务任务的结果值将被忽略。

下面看一个服务任务示例,示例代码如下:

```xml
<serviceTask id="expressionServiceTask" name="服务任务"
    flowable:expression="${businessBean.calculateMount()}"
    flowable:resultVariable="totalMount" />
```

在以上服务任务定义中,加粗部分代码的作用如下。
- 通过flowable:expression属性指定服务任务调用businessBean的calculateMount()方法。这里的businessBean可以是流程变量中的一个Java实例对象或由Spring托管的Bean。
- 通过flowable:resultVariable指定返回变量名为totalMount,在服务执行完成后,会将调用businessBean的calculateMount()方法的返回值赋给名称为totalMount的流程变量。

11.1.5 服务任务的异常处理

使用服务任务,当执行自定义逻辑时,经常需要捕获对应的业务异常,并在流程中进行处理。对于该问题,Flowable提供了多种解决方式。

1. 抛出BPMN错误

Flowable支持在以下3种服务任务的自定义逻辑中抛出BPMN错误。
- 通过flowable:class属性指定的Java类的execute()方法。
- 通过flowable:delegateExpression属性指定的委托类的execute()方法。
- 通过flowable:expression属性指定的表达式方法。

在以上3种情况下,抛出类型为BpmnError的特殊FlowableExeption会被工作流引擎捕获,并被转发到对应的错误处理器(如错误边界事件或错误事件子流程)。下面看一个示例,示例代码如下:

```java
public class ThrowBpmnErrorDelegate implements JavaDelegate {
    public void execute(DelegateExecution execution) {
        try {
            //执行自定义业务逻辑
            executeBusinessLogic();
        } catch (BusinessException e) {
            throw new BpmnError("BusinessExeptionOccured");
        }
    }
}
```

在这个JavaDelegate类的execute()方法中,执行自定义业务逻辑发生异常时,抛出了BpmnError(加粗部分的代码),该构造函数的参数是业务错误代码,用于决定由哪个错误处理器来响应这个错误。

需要注意的是,这种方式只适用于业务错误,需要通过流程中定义的错误边界事件或错误事件子流程进行处理。而技术上的错误应该使用其他异常类型,通常不在流程内部处理。

2. 配置异常映射

Flowable还支持配置异常映射,直接将Java异常映射为业务错误。下面看一个示例,示例代码如下:

```xml
<serviceTask id="serviceTask1" name="服务任务"
    flowable:class="com.bpm.example.servicetask.custom.MyJavaDelegate">
    <extensionElements>
        <flowable:mapException errorCode="customErrorCode1">
            com.bpm.example.servicetask.custom.CustomException</flowable:mapException>
    </extensionElements>
</serviceTask>
```

以上服务任务定义中,加粗部分的代码通过flowable:mapException元素配置了异常映射,表示如果服务任务抛出com.bpm.example.servicetask.custom.CustomException异常,工作流引擎会将其捕获并转换为指定errorCode的BPMN错误,然后像普通BPMN错误一样进行处理。而其他未配置映射的异常,仍将被抛出到API调用处。

也可以结合使用includeChildExceptions属性,映射特定异常的所有子异常,示例代码如下:

```xml
<serviceTask id="serviceTask2" name="服务任务"
    flowable:class="com.bpm.example.servicetask.custom.MyJavaDelegate" >
    <extensionElements>
        <flowable:mapException errorCode="customErrorCode1" includeChildExceptions=
            "true">com.bpm.example.servicetask.custom.CustomException</flowable:mapException>
    </extensionElements>
</serviceTask>
```

以上服务任务定义中,加粗部分的代码通过flowable:mapException元素配置了异常映射,并配置了

includeChildExceptions属性,Flowable会将CustomException的任何直接或间接的子类转换为指定errorCode的BPMN错误。当不配置includeChildExceptions属性时,工作流引擎将视其值为false。

Flowable还支持配置默认映射。默认映射是一个不指定类的映射,可以匹配任何Java异常,示例代码如下:

```xml
<serviceTask id="serviceTask1" name="服务任务"
    flowable:class="com.bpm.example.servicetask.custom.MyJavaDelegate">
    <extensionElements>
        <flowable:mapException errorCode="defaultErrorCode"/>
    </extensionElements>
</serviceTask>
```

以上服务任务定义中,加粗部分的代码通过flowable:mapException元素配置了异常映射,并且只配置了errorCode属性。这是一个默认映射。当配置了默认映射后,一旦服务任务抛出异常,工作流引擎就会按照从上到下的顺序检查默认映射之外的其他所有映射,并使用第一个匹配的映射,只有在所有映射都不能成功匹配时才使用默认映射。需要注意的是,只有第一个不指定类的映射会作为默认映射,默认映射会忽略includeChildExceptions属性。

3. 指定异常顺序流

在发生异常时,如果服务任务是通过flowable:class属性指定的Java类,或者通过flowable:delegateExpression属性指定的委托类,实现了ActivityBehavior接口,可以在其execute()方法中控制流程离开当前服务任务沿指定的外出顺序流继续流转。图11.6展示了物品领用流程:"库存检查"为服务任务,当库存不足时会抛出异常。

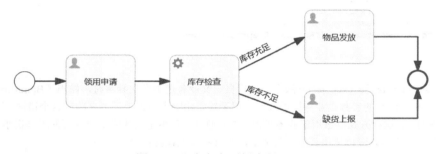

图11.6 服务任务示例流程(4)

该流程对应的XML内容如下:

```xml
<process id="serviceTaskThrowsExceptionBehaviorProcess" name="服务任务示例流程(4)">
    <startEvent id="startEvent1"/>
    <userTask id="userTask1" name="领用申请"/>
    <serviceTask id="serviceTask1" name="库存检查"
        flowable:class="com.bpm.example.servicetask.demo4.delegate.InventoryCheckingActivityBehavior"/>
    <userTask id="userTask2" name="物品发放"/>
    <userTask id="userTask3" name="缺货上报"/>
    <endEvent id="endEvent1"/>
    <sequenceFlow id="seqFlow1" sourceRef="startEvent1" targetRef="userTask1"/>
    <sequenceFlow id="seqFlow2" sourceRef="userTask1" targetRef="serviceTask1"/>
    <sequenceFlow id="seqFlow3" sourceRef="userTask2" targetRef="endEvent1"/>
    <sequenceFlow id="seqFlow4" sourceRef="userTask3"    targetRef="endEvent1"/>
    <sequenceFlow id="noExceptionSequenceFlow" name="库存充足"
        sourceRef="serviceTask1" targetRef="userTask2"/>
    <sequenceFlow id="exceptionSequenceFlow" name="库存不足"
        sourceRef="serviceTask1" targetRef="userTask3"/>
</process>
```

以上流程定义中,加粗部分的代码定义了服务任务的两个外出顺序流——noExceptionSequenceFlow和exceptionSequenceFlow,分别连接两个用户任务。服务任务通过flowable:class属性指定Java类为com.bpm.example.servicetask.demo4.delegate.InventoryCheckingActivityBehavior,内容如下:

```java
@Slf4j
public class InventoryCheckingActivityBehavior implements ActivityBehavior {
```

```java
//初始化库存
int storage = 5;

@Override
public void execute(DelegateExecution execution) {
    int applyNum = (int)execution.getVariable("applyNum");
    String description = (String)execution.getVariable("description");
    log.info("申请领用数量: {}", applyNum);
    log.info("申请原因: {}", description);
    String sequenceFlowToTake = "noExceptionSequenceFlow";
    try {
        //执行库存校验逻辑
        checkInventory(applyNum);
    } catch (Exception e) {
        sequenceFlowToTake = "exceptionSequenceFlow";
    }
    //控制流程流向
    DelegateHelper.leaveDelegate(execution, sequenceFlowToTake);
}
/**
 * 库存校验接口，库存不足时抛出异常
 * @param applyNum  物品领用数量
 * @throws Exception
 */
public void checkInventory(int applyNum) throws Exception{
    if (applyNum > storage) {
        log.error("库存数量为: {}，库存不足！", storage);
        throw new Exception("库存不足！");
    }
}
}
```

在以上代码段中，加粗部分代码的核心逻辑是，判断申请数量和库存数量，如果库存充足，则流程沿外出顺序流noExceptionSequenceFlow继续流转；如果库存不足，则抛出异常，流程沿外出顺序流exceptionSequenceFlow继续流转。这里调用org.flowable.engine.delegate.DelegateHelper的leaveDelegate()方法控制流程流向。

加载该流程模型并执行相应流程控制的示例代码如下：

```java
@Slf4j
public class RunServiceTaskThrowsExceptionProcessDemo extends FlowableEngineUtil {
    @Test
    public void runServiceTaskThrowsExceptionProcessDemo() {
        //加载Flowable配置文件并初始化工作流引擎及服务
        initFlowableEngineAndServices("flowable.cfg.xml");
        //部署流程
        deployResource("processes/ServiceTaskThrowsExceptionProcess.bpmn20.xml");

        //启动流程
        ProcessInstance procInst = runtimeService
                .startProcessInstanceByKey("serviceTaskThrowsExceptionProcess");
        TaskQuery taskQuery = taskService.createTaskQuery()
                .processInstanceId(procInst.getId());
        //查询第一个任务
        Task firstTask = taskQuery.singleResult();
        log.info("第一个用户任务为: " + firstTask.getName());
        //初始化流程变量
        Map<String, Object> varMap = ImmutableMap.of("applyNum", 10,
                "description", "申请领用10台电脑");
        //办理第一个任务
        taskService.complete(firstTask.getId(), varMap);

        //查询第二个任务
        Task secondTask = taskQuery.singleResult();
        log.info("第二个用户任务为: " + secondTask.getName());
    }
}
```

以上代码首先初始化工作流引擎并部署流程，然后发起流程，查询第一个任务，设置流程变量并办理该任务（加粗部分的代码），最后查询流程的第二个任务并输出节点名称。代码运行结果如下：

```
07:11:56,343 [main] INFO  RunServiceTaskThrowsExceptionProcessDemo  - 第一个用户任务为：领用申请
07:11:56,367 [main] INFO  InventoryCheckingActivityBehavior  - 申请领用数量：10
07:11:56,367 [main] INFO  InventoryCheckingActivityBehavior  - 申请原因：申请领用10台电脑
07:11:56,367 [main] ERROR InventoryCheckingActivityBehavior  - 库存数量为：5，库存不足！
07:11:56,386 [main] INFO  RunServiceTaskThrowsExceptionProcessDemo  - 第二个用户任务为：缺货上报
```

从代码运行结果可知，服务节点抛出异常后，流程沿指定的外出顺序流流转到了"缺货上报"用户任务。

11.1.6　在JavaDelegate中使用Flowable服务

在某些场景下，需要在服务任务中使用Flowable服务（如需要通过RuntimeService启动一个新的流程实例，而调用活动不满足需求），可以通过Context.getProcessEngineConfiguration()方法获取。示例代码如下：

```
public class StartProcessInstanceDelegate implements JavaDelegate {
    public void execute(DelegateExecution execution) {
        RuntimeService runtimeService = Context.
            getProcessEngineConfiguration().getRuntimeService();
        runtimeService.startProcessInstanceByKey("myProcess");
    }
}
```

在以上代码中，JavaDelegate类的execute()方法通过调用Context.getProcessEngineConfiguration()获取了RuntimeService服务，然后调用了其startProcessInstanceByKey(String processDefinitionKey)方法。可以通过这种方式访问所有Flowable服务的API。

使用这种方式访问Flowable服务的API，造成的所有数据变更都发生在当前事务中。示例代码如下：

```
@Component("startProcessInstanceDelegate")
public class StartProcessInstanceDelegateWithInjection {
    @Autowired
    private RuntimeService runtimeService;

    public void startProcess() {
        runtimeService.startProcessInstanceByKey("myProcess");
    }
}
```

这是通过注入获取的RuntimeService服务，与前面的代码具有相同的功能。

需要注意的是，因为服务任务是在当前命令链中执行的，而对数据库的操作是在命令链执行完毕后的拦截器中集中提交的（参见org.flowable.common.engine.impl.interceptor.CommandContextInterceptor的execute方法中的逻辑），所以执行服务任务之前当前命令链执行过程中产生或修改的数据尚未存入数据库，这些未提交的更改在服务任务中通过API调用不可见。

11.2　脚本任务

脚本任务是一种自动执行的活动。当流程流转到脚本任务时，会执行相应的脚本，然后继续流转。

11.2.1　脚本任务介绍

脚本任务无须人为参与，可以通过定义脚本实现自定义的业务逻辑。

1．图形标记

脚本任务表示为左上角带有脚本图标的圆角矩形，如图11.7所示。

2．XML内容

脚本任务由scriptTask元素定义，需要指定script和scriptFormat，例如：

图11.7　脚本任务图形标记

```
<scriptTask id="scriptTask1" name="脚本任务" scriptFormat="groovy">
    <script>
        sum = 0
        for (i in inputArray) {
            sum += i
        }
    </script>
</scriptTask>
```

其中，scriptFormat属性表示脚本格式，其值必须兼容JSR-223（Java平台的脚本语言）。Flowable支持3种脚本任务类型：javascript、groovy和juel。默认情况下，javascript已经包含在JDK中，因此无须额外的依赖。如

果想使用其他兼容JSR-223的脚本引擎，需要把对应的JAR包添加到classpath下，并使用合适的名称。例如，Flowable单元测试经常使用groovy，因为其语法与Java十分类似。脚本任务通过script子元素配置需要执行的脚本。

需要注意的是，使用groovy脚本引擎时需要添加以下依赖：

```xml
<dependency>
    <groupId>org.codehaus.groovy</groupId>
    <artifactId>groovy-all</artifactId>
    <version>2.x.x<version>
</dependency>
```

11.2.2 脚本任务中流程变量的使用

当流程流转到脚本任务时，所有的流程变量都可以在脚本中使用。在11.2.1小节的示例中，脚本任务使用的inputArray，实际上就是一个流程变量（一个integer数组）。

默认情况下，变量不会自动保存。如果要在脚本中自动保存变量，可以将scriptTask的flowable:autoStoreVariables属性值设置为true，示例代码如下：

```xml
<scriptTask id="scriptTask1" name="脚本任务" scriptFormat="groovy"
    flowable:autoStoreVariables="true">
    <script>
        sum = 0
        for (i in inputArray) {
            sum += i
        }
    </script>
</scriptTask>
```

其中，flowable:autoStoreVariables属性的默认值为false，表示脚本声明的所有变量将只在脚本执行期间有效。当将其设置为true时，Flowable会自动保存任何在脚本中定义的变量，如这里的sum。然而并不建议这样做，因为这样做对于流程变量的控制不是很好友。在脚本中设置流程变量，建议调用execution.setVariable("variableName", variableValue)方法实现，例如：

```xml
<scriptTask id="scriptTask1" name="脚本任务" scriptFormat="groovy">
    <script>
        sum = 0
        for (i in inputArray) {
            sum += i
        }
        execution.setVariable("sum", sum)
    </script>
</scriptTask>
```

在以上代码中，通过显式调用execution.setVariable()方法将脚本中的变量设置到流程变量sum中。

需要注意的是，以下名称属于保留字，不能用于变量名：out、out:print、lang:import、context、elcontext。

11.2.3 脚本任务的执行结果

脚本任务的返回值可以通过为脚本任务定义的flowable:resultVariable属性设置为流程变量。它可以是新的流程变量，也可以是已经存在的流程变量。如果指定为已存在的流程变量，则流程变量值会被脚本执行结果值覆盖。如果不指定返回变量名，则脚本执行结果值将被忽略。下面看一个示例：

```xml
<scriptTask id="scriptTask1" name="脚本任务" scriptFormat="juel"
    flowable:resultVariable="totalAmount">
    <script>${unitPrice * quantity}</script>
</scriptTask>
```

在以上脚本任务定义中，scriptFormat属性设置为juel，flowable:resultVariable属性设置为totalAmount，通过script子元素设置表达式为${unitPrice * quantity}，脚本执行结果（表达式执行结果）将设置到名为totalAmount的变量中。

11.3 业务规则任务

在实际的业务场景中，往往存在很多业务规则，而且这些业务规则是经常变化的。如果把业务规则写死在业务代码中，一旦业务规则发生变化，就必须连带修改业务代码，给后期运维带来很多麻烦。因此，业务规则和业务代码分离可极大地提高业务的可维护性。业务规则任务用于同步执行一条或多条规则，可以通过制定一系列的规则来实现流程自动化。使用业务规则任务后，一旦业务规则发生改变，可以只修改业务规则文件，而无须修改业务代码。

11.3.1 业务规则任务介绍

Flowable默认支持Drools规则引擎，用于执行业务规则。在Flowable中，包含业务规则的Drools规则引擎.drl文件必须与定义了业务规则服务并执行规则的流程定义一起部署，这意味着流程中使用的所有.drl文件都需要打包到流程BAR文件中。这一点与任务表单类似。

Drools（JBoss Rules）是一个易于访问企业策略、调整及管理的开源业务规则引擎，可以实现业务代码和业务规则的分离。在工作流引擎中使用规则可极大地提高业务的可维护性。需要注意的是，使用Drools时必须添加以下依赖：

```xml
<dependency>
    <groupId>org.drools</groupId>
    <artifactId>drools-core</artifactId>
    <version>7.30.0.Final</version>
</dependency>
<dependency>
    <groupId>org.drools</groupId>
    <artifactId>drools-compiler</artifactId>
    <version>7.30.0.Final</version>
</dependency>
<dependency>
    <groupId>org.drools</groupId>
    <artifactId>knowledge-api</artifactId>
    <version>6.5.0.Final</version>
</dependency>
```

1. 图形标记

业务规则任务表示为左上角带有表格图标的圆角矩形，如图11.8所示。

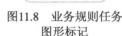

图11.8 业务规则任务图形标记

2. XML内容

业务规则任务由businessRuleTask元素定义，一个完整的业务规则任务的XML文件定义如下：

```xml
<businessRuleTask id="businessRuleTask1" name="业务规则任务"
    flowable:ruleVariablesInput="${rulesInputVariables}"
    flowable:resultVariable="rulesOutput"
    flowable:rules="rule1, rule2" flowable:exclude="true" />
```

业务规则任务可配置属性如表11.1所示。

表11.1 业务规则任务可配置属性

属性	是否必需	描述
flowable:rules	否	在Drools规则引擎.drl文件中定义的规则名称，多个规则之间用英文逗号分隔。如果不设置该属性，则执行规则文件中的全部规则
flowable:ruleVariablesInput	是	输入变量，用于定义业务规则执行需要的变量，可以表示为由英文逗号分隔的多个流程变量
flowable:resultVariable	否	输出变量，用于定义业务规则执行结果变量，只能包含一个变量名。工作流引擎会将执行业务规则后返回的对象保存到对应的流程变量中。变量的值为该属性定义的变量列表。如果没有指定输出变量名称，默认会使用org.flowable.engine.rules.OUTPUT
flowable:exclude	否	用于设置是否排除某些规则。如果设置为true，则忽略flowable:rules指定的规则，执行其他的规则；如果设置为false，则只执行flowable:rules指定的规则；如果设置为fasle的同时flowable:rules值为空，则不执行任何规则

灵活搭配使用业务规则任务的各种属性，可以实现不同的规则逻辑，如使用flowable:rules可以将业务规则任务配置为只执行部署的.drl文件中的一组规则，只需指定规则名称列表（用英文逗号分隔），示例代码如下：

```xml
<businessRuleTask id="businessRuleTask"
    flowable:ruleVariablesInput="${rulesInputVariables}"
    flowable:rules="rule1,rule2"/>
```

这样只会执行rule1与rule2这两个规则。

又如，可以使用flowable:rules、flowable:exclude定义需要从执行中排除的规则列表，示例代码如下：

```xml
<businessRuleTask id="businessRuleTask"
    flowable:ruleVariablesInput="${rulesInputVariables}"
    flowable:rules="rule1,rule2" flowable:exclude="true" />
```

该示例中，除rule1与rule2，其他所有与流程定义一起部署在同一个BAR文件中的规则都会被执行。

如果想要使用自定义规则任务实现，如希望通过不同方式使用Drools，或者想使用完全不同的规则引擎，则可以通过设置BusinessRuleTask的class或expression属性实现。例如：

```xml
<businessRuleTask id="businessRuleTask" flowable:class="${myRuleServiceDelegate}" />
```

这样配置的业务规则任务与服务任务的行为完全一致，但仍保持业务规则任务的图标，代表在这里处理业务规则。

11.3.2 业务规则任务使用示例

下面看一个业务规则任务的使用示例，如图11.9所示。该流程为电商结算流程。其中，"折扣策略计算"为业务规则任务，用于根据消费金额匹配折扣规则计算折扣率和折扣金额。

图11.9 业务规则任务示例流程

折扣计算规则如下：

- 消费金额不足5000元时，不打折；
- 消费金额满5000元且不足10 000元时，打九折；
- 消费金额满10 000元时，打八折。

1．设计流程

该流程对应的XML内容如下：

```xml
<process id="businessRuleTaskProcess" name="业务规则任务示例流程">
    <startEvent id="startEvent1"/>
    <userTask id="userTask1" name="提交订单"/>
    <!-- 定义业务规则任务 -->
    <businessRuleTask id="ruleTask1" name="折扣策略计算"
        flowable:ruleVariablesInput="${myCostCalculation}"
        flowable:rules="rule1,rule2,rule3"
        flowable:resultVariable="costCalculationResults"/>
    <!-- 定义服务任务 -->
    <serviceTask id="serviceTask1" name="结算扣款"
        flowable:class="com.bpm.example.businessruletask.demo.delegate.DeductionJavaDelegate"/>
    <endEvent id="endEvent1"/>
    <sequenceFlow id="seqFlow1" sourceRef="startEvent1" targetRef="userTask1"/>
    <sequenceFlow id="seqFlow2" sourceRef="userTask1" targetRef="ruleTask1"/>
    <sequenceFlow id="seqFlow3" sourceRef="ruleTask1" targetRef="serviceTask1"/>
    <sequenceFlow id="seqFlow4" sourceRef="serviceTask1" targetRef="endEvent1"/>
</process>
```

在以上流程定义中，加粗部分的代码定义了业务规则任务ruleTask1，通过flowable:ruleVariablesInput属性定义输入变量为myCostCalculation，并交给规则引擎进行处理；通过flowable:rules属性指定规则为rule1、rule2和rule3；通过flowable:resultVariable属性指定最终返回结果的名称为costCalculationResults，结果类型是一个集合。

2．编写规则文件

规则文件按照具体的业务和Drools的语法制定，内容如下：

```
package rules
import com.bpm.example.businessruletask.demo.model.CostCalculation;

//折扣规则1：消费金额不足5000元时，不打折
rule "rule1"
    no-loop true
    lock-on-active true
    when
        $s:CostCalculation(originalTotalPrice<5000)
    then
        $s.setDiscountRatio(1.0);
        $s.setActualTotalPrice($s.getOriginalTotalPrice() * 1.0);
        update($s)
        System.out.println("触发规则rule1：消费金额不足5000元时，不打折");
end
//折扣规则2：消费金额满5000元且不足10000元时，打九折
rule "rule2"
    no-loop true
    lock-on-active true
    when
        $s:CostCalculation(originalTotalPrice>=5000 && originalTotalPrice<10000)
    then
        $s.setDiscountRatio(0.9);
        $s.setActualTotalPrice($s.getOriginalTotalPrice() * 0.9);
        update($s)
        System.out.println("触发规则rule2：消费金额满5000元且不足10000元时，打九折");
end
//折扣规则3：消费金额满10000元时，打八折
rule "rule3"
    no-loop true
    lock-on-active true
    when
        $s:CostCalculation(originalTotalPrice>=10000)
    then
        $s.setDiscountRatio(0.8);
        $s.setActualTotalPrice($s.getOriginalTotalPrice() * 0.8);
        update($s)
        System.out.println("触发规则rule3：消费金额满10000元时，打八折");
end
```

这里定义了3个规则：rule1、rule2和rule3。这3个规则均设置no-loop和lock-on-active属性为true，表示某个规则被触发后，其他规则（包括自身）将不会被再次触发。执行这3个规则，符合条件后，流程均会调用CostCalculation的setDiscountRatio()方法设置折扣率，调用setActualTotalPrice()方法设置折扣后金额。

3．编写相关java类

1）编写消费对象类

规则中使用到了CostCalculation对象，它提供了getOriginalTotalPrice()方法，用于返回折扣前的消费金额，会被规则的条件所调用，判断是否符合规则触发的条件。CostCalculation对象中的getActualTotalPrice()方法返回折扣后的消费金额，用于显示结果值。CostCalculation对象中的discountRatio属性用于表示折扣率。CostCalculation类的内容如下：

```
@Data
public class CostCalculation implements Serializable {
    //原价
    double originalTotalPrice;
    //折扣比例
    double discountRatio;
    //实际价格
    double actualTotalPrice;
}
```

以上代码使用Lombok在类上加了@Data注解。我们无须再编写getter()、setter()方法，程序编译时会自动生成它们。

2）编写服务任务的JavaDelegate接口类

服务任务的JavaDelegate接口类内容如下：

```java
@Slf4j
public class DeductionJavaDelegate implements JavaDelegate {
    @Override
    public void execute(DelegateExecution execution) {
        List<CostCalculation> list =
                (List)execution.getVariable("costCalculationResults");
        log.info("折扣前消费金额: {}, 折扣率: {}, 折扣后实际消费金额: {}",
                list.get(0).getOriginalTotalPrice(),
                list.get(0).getDiscountRatio(), list.get(0).getActualTotalPrice());
    }
}
```

这里获取了业务规则任务处理后的结果（一个集合），取出其中的第一个元素，并将其类型强制转换为CostCalculation对象，然后将CostCalculation的各个属性输出。

4. 配置工作流引擎配置文件

要使工作流引擎识别定义的Drools规则，需要为其添加规则文件的部署实现类，在flowable.drools.xml文件中的配置如下：

```xml
<bean id="processEngineConfiguration"
    class="org.flowable.engine.impl.cfg.StandaloneProcessEngineConfiguration">
    <property name="customPostDeployers">
        <list>
            <bean class="org.flowable.engine.impl.rules.RulesDeployer" />
        </list>
    </property>
    <!--省略其他元素-->
</bean>
```

5. 运行代码

加载该流程模型并执行相应流程控制的示例代码如下：

```java
@Slf4j
public class RunBusinessRuleTaskProcessDemo extends FlowableEngineUtil {
    @Test
    public void runBusinessRuleTaskProcessDemo() {
        //加载Activiti配置文件并初始化工作流引擎及服务
        initFlowableEngineAndServices("flowable.drools.xml");
        //部署流程
        deployResources("processes/BusinessRuleTaskProcess.bpmn20.xml",
                "rules/DiscountCalculation.drl");

        //启动流程
        ProcessInstance procInst = runtimeService
                .startProcessInstanceByKey("businessRuleTaskProcess");
        //查询第一个任务
        Task task = taskService.createTaskQuery()
                .processInstanceId(procInst.getId()).singleResult();
        //初始化流程变量
        CostCalculation costCalculation = new CostCalculation();
        costCalculation.setOriginalTotalPrice(6666);
        Map<String, Object> varMap = ImmutableMap
                .of("myCostCalculation", costCalculation);
        //办理第一个任务
        taskService.complete(task.getId(), varMap);
        //查询并打印流程变量
        List<HistoricVariableInstance> hisVars = historyService
                .createHistoricVariableInstanceQuery()
                .processInstanceId(procInst.getId()).list();
        hisVars.stream().forEach((hisVar) -> log.info("流程变量名: {}, 变量值: {}",
                hisVar.getVariableName(),JSON.toJSONString(hisVar.getValue())));
    }
}
```

以上代码首先初始化工作流引擎并部署流程，除了正常部署流程文件（BusinessRuleTaskProcess.bpmn20.xml），还将Drools规则文件（DiscountCalculation.drl）部署到工作流引擎中。然后，流程初始化CostCalculation实例，设置消费金额为6666元，将该对象设置为myCostCalculation流程变量并发起流程，最后获取并输出流程变量。代码运行结果如下：

```
触发规则rule2：消费金额满5000元且不足10000元时，打九折
23:17:29,237 [main] INFO  DeductionJavaDelegate      - 折扣前消费金额：6666.0,折扣率：0.9,折扣后实际消费金额：
5999.400000000001
23:17:29,376 [main] INFO  RunBusinessRuleTaskProcessDemo      - 流程变量名：myCostCalculation，变量值：
{"actualTotalPrice":5999.400000000001,"discountRatio":0.9,"originalTotalPrice":6666.0}
23:17:29,377 [main] INFO  RunBusinessRuleTaskProcessDemo      - 流程变量名：costCalculationResults，变量值：
[{"actualTotalPrice":5999.400000000001,"discountRatio":0.9,"originalTotalPrice":6666.0}]
```

从代码运行结果可知，消费金额为6666元时，经过业务规则任务匹配触发了rule2，得到折扣率为0.9，实际支付金额为5999.4元。修改消费金额将得到不同的结果，读者可以自行尝试。

11.4 本章小结

本章主要介绍了Flowable中的服务任务、脚本任务和业务规则任务。服务任务是一种自动执行的活动，无须人为参与，在Flowable中提供了3种调用Java代码实现自定义业务逻辑的方法。脚本任务也是一种无须人为参与的可自动执行的活动，可以通过定义脚本实现自定义的业务逻辑。业务规则任务可同步执行一条或多条规则，通过制定一系列规则来实现流程自动化。这3类任务节点各有特点，适用于不同的应用场景，读者可以根据实际需求灵活选用。

第12章 Flowable扩展的系列任务（一）

本章将介绍由Flowable扩展出来的4种任务：邮件任务（mail task）、Camel任务（Camel task）、Mule任务（Mule Task）和Shell任务（Shell task），它们均基于服务任务扩展而来，具有不同的特性，可以用于实现不同的流程场景建模，大大增强了Flowable引擎的能力。

12.1 邮件任务

顾名思义，邮件任务是用于发邮件的任务，Flowable支持通过自动邮件服务任务增强业务流程。流程流转到邮件任务时，可以向指定的一个或多个收信人发送邮件，同时支持cc（代表carbon copy，即抄送）、bcc（代表blind carbon copy，即密送），邮件内容还支持HTML格式。

1. 图形标记

因为邮件任务不是BPMN 2.0规范的"官方"任务，所以没有专用图标。在Flowable中，邮件任务是作为一种特殊的服务任务来扩展实现的，表示为左上角带有消息图标的圆角矩形，如图12.1所示。

图12.1 邮件任务图形标记

2. XML内容

在Flowable中邮件任务是由服务任务扩展而来的，同样使用serviceTask元素定义，为了与服务任务区分，邮件任务将type属性设置为mail。邮件任务的定义格式如下：

```
<serviceTask id="mailTask1" name="邮件任务" flowable:type="mail" />
```

邮件任务可以通过属性注入的方式配置各种属性，这些属性的值可以使用UEL表达式，并将在流程执行时进行解析。邮件任务可配置属性如表12.1所示。

表12.1 邮件任务可配置属性

属性	是否必需	描述
to	是	邮件接收者的邮箱地址。可以使用英文逗号分隔多个接收者的邮箱地址
from	否	邮件发送人的邮箱地址。如果不提供，会使用默认配置的地址（默认地址配置见下文介绍）
subject	否	邮件的主题
cc	否	邮件抄送人的邮箱地址。可以使用英文逗号分隔多个抄送人邮箱地址
bcc	否	邮件密送人的邮箱地址。可以使用英文逗号分隔多个密送人邮箱地址
charset	否	用于指定邮件的字符集，对很多非英语语言是必须设置的
html	否	邮件的HTML文本
text	否	邮件的内容，用于纯文本邮件。对于不支持富文本内容的客户端，与html一起使用，邮件客户端可以降级为显式纯文本格式
htmlVar	否	存储邮件HTML内容的流程变量名。与html属性的不同之处在于，这个属性会在邮件任务发送前，使用其内容进行表达式替换
textVar	否	存储邮件纯文本内容的流程变量名。与text属性的不同之处在于，这个属性会在邮件任务发送前，使用其内容进行表达式替换
ignoreException	否	当处理邮件失败时，是忽略还是抛出FlowableException。默认为false
exceptionVariableName	否	当设置ignoreException = true，而处理邮件失败时，使用此属性指定名称的变量将保存失败信息

为了使用邮件任务发送邮件,需要事先为Flowable配置支持SMTP功能的外部邮件服务器,可以在flowable.cfg.xml配置文件中配置如表12.2所示的属性。

表12.2 flowable.cfg.xml配置文件邮件服务器可配置属性

属性	是否必需	描述
mailServerHost	否	邮件服务器的主机名(如mail.qq.com)。默认为localhost
mailServerPort	如果不是使用默认端口,则为必需	邮件服务器上的SMTP传输端口。默认为25
mailServerDefaultFrom	否	如果没有指定发送邮件的邮件地址,默认设置的发送者的邮件地址。默认为flowable@localhost
mailServerUsername	视邮件服务器要求	多数邮件服务器需要授权用户名才能发送邮件。默认不设置
mailServerPassword	视邮件服务器要求	多数邮件服务器需要授权用户名对应的密码才能发送邮件。默认不设置
mailServerUseSSL	视邮件服务器要求	部分邮件服务器需要SSL通信。默认为false
mailServerUseTLS	视邮件服务器要求	一些邮件服务器要求TLS通信(如Gmail)。默认为false

12.2 Camel任务

Camel是Apache基金会下的一个开源项目,是一款集成项目利器,针对应用集成场景抽象出了一套消息交互模型,通过组件的方式进行第三方系统的接入。目前Camel已经提供了300多种组件,支持HTTP、JMS、TCP、WebSocket等多种传输协议。Camel结合企业应用集成模式的特点提供了消息路由、消息转换等领域特定语言(Domain-Specific Language,DSL),极大地降低了集成应用的开发难度。

为了增强集成能力,Flowable扩展出了Camel任务,它可以向Camel发送和接收消息。

12.2.1 Camel任务介绍

Camel任务并非BPMN 2.0规范定义的"官方"任务,在Flowable中,Camel任务作为一种特殊的服务任务实现。

1. 图形标记

因为Camel任务并非BPMN 2.0规范的"官方"任务,所以没有提供其专用图标。在Flowable中,Camel任务表示为左上角带有骆驼图标的圆角矩形,如图12.2所示。

图12.2 Camel任务图形标记

2. XML内容

在Flowable中,Camel任务是基于服务任务扩展而来的,同样使用serviceTask元素定义,为了与服务任务区分,Camel任务通过将type属性设置为camel进行定义。Camel任务的定义格式如下:

```
<serviceTask id="camelTask1" name="Camel任务" flowable:type="camel" />
```

在流程定义的服务任务上将type属性设置为camel即可,集成逻辑将通过Camel容器委托。

12.2.2 Flowable与Camel集成

本节将具体介绍Flowable与Camel集成的过程,以及Flowable基于Camel扩展的各种特性及用法。

1. Camel的配置与依赖

默认情况下,使用Camel任务时,Flowable工作流引擎会在Spring容器中查找名称为camelContext的Bean。camelContext用于定义Camel容器装载的Camel路由,Camel路由可以在Spring配置文件中定义,也可以按照指定的Java包装载路由。Camel路由在Spring配置文件中的定义示例如下:

```
<camelContext id="camelContext" xmlns="http://camel.apache.org/schema/spring">
    <packageScan>
        <package>com.bpm.example.demo1.camel.route</package>
    </packageScan>
</camelContext>
```

通过以上配置,在初始化camelContext时会把com.bpm.example.demo1.camel.route中的路由定义类(继承自org.apache.camel.builder.RouteBuilder)注册到camelContext对象中。camelContext是Camel中一个很重要的

概念，它横跨了Camel服务的整个生命周期，并且为Camel服务的工作环境提供支撑。Camel中的各个服务的关联衔接通过camelContext上下文对象完成。

因为Flowable的配置文件采用的是Spring Bean配置文件格式，所以在Flowable与Camel集成时，以上配置内容可以直接添加到Flowable的配置文件中。

如果想要定义多个camelContext，或想使用不同的Bean名称，可以在Camel任务定义中通过以下方式指定：

```xml
<serviceTask id="camelTask1" name="Camel任务" flowable:type="camel" >
    <extensionElements>
        <flowable:field name="camelContext" stringValue="customCamelContext" />
    </extensionElements>
</serviceTask>
```

需要注意的是，如果要使用Camel任务，需要在项目中包含flowable-camel模块依赖及Camel相关依赖。Maven依赖定义如下：

```xml
<dependency>
    <groupId>org.flowable</groupId>
    <artifactId>flowable-camel</artifactId>
    <version>6.8.0</version>
</dependency>
<dependency>
    <groupId>org.apache.camel</groupId>
    <artifactId>camel-core</artifactId>
    <version>3.14.0</version>
</dependency>
<dependency>
    <groupId>org.apache.camel</groupId>
    <artifactId>camel-spring</artifactId>
    <version>3.14.0</version>
</dependency>
<dependency>
    <groupId>org.apache.camel</groupId>
    <artifactId>camel-http</artifactId>
    <version>3.14.0</version>
</dependency>
```

2. 定义Camel路由

Camel最重要的特色之一就是路由，路由用于应用中通信或者应用间通信。Camel的路由需要通过手动编排的方式，在指定的端点间进行数据的传输、过滤和转换等操作。Camel路由易于使用的一个特性是可以通过指定端点（endpoint）URI，确定要使用的组件，以及该组件的配置，然后决定是将消息发送到由该URI配置的组件，还是使用该组件发出消息。

Flowable的flowable-camel模块提供了Camel与Flowable通信的桥梁，当流程流转到Camel任务后，工作流引擎将调用Camel执行对应的路由。同时，还可以选择把流程变量传递给路由，并在路由处理结束后选择把路由得到的结果以流程变量的方式回传给流程实例。

我们可以通过Java DSL构建Camel路由（也可通过XML文件配置），需要继承org.apache.camel.builder.RouteBuilder类，然后重写其configure()方法。Flowable与Camel集成后，一个典型的路由定义类内容如下：

```java
public class customFlowableRoute extends RouteBuilder {
    @Override
    public void configure() throws Exception {
        from("flowable:CamelTaskProcess:camelTask1?username=hebo")
                .to("log:org.flowable.camel.examples.SimpleCamelCall");
    }
}
```

在以上路由定义类的configure()方法中，通过Java的DSL描述路由规则。from和to是两个关键字，Camel会从from声明的起始端点将消息路由至to声明的终点。from是所有路由的起点，它接受端点URI作为参数。flowable-camel模块定义了"flowable"类型的路由URI协议。以上面的配置为例，from端点的格式包含用冒号和问号分隔的4个参数，各参数的含义如表12.3所示。

表12.3 flowable-camel模块提供的URI协议的参数

参数	描述
flowable	协议开头，指向工作流引擎端点
CamelTaskProcess	流程定义key
camelTask1	流程定义中Camel任务的ID
username=hebo	路由URI的参数

关于Camel路由的配置，这里不做过多讲解，读者可以自行在Camel官方网站上查询相关资料。

3. 路由URI参数配置

我们可以通过在URI中附加一些参数，使用Flowable提供的行为，实现干预Camel组件的功能。本节将介绍URI支持的参数，包括输入参数和输出参数两类。

1) 输入参数

Flowable提供了3种输入参数，用于控制将流程变量复制到Camel的策略，如表12.4所示。

表12.4 flowable-camel模块提供的URI协议的输入参数

输入参数	对应Flowable行为类	描述
copyVariablesToProperties	org.flowable.camel.impl.CamelBehaviorDefaultImpl	默认配置，将Flowable的流程变量复制为Camel参数，在路由中可以通过形如${property.variableName}的表达式获取参数值
copyCamelBodyToBody	org.flowable.camel.impl.CamelBehaviorCamelBodyImpl	只将名为"camelBody"的Flowable流程变量复制为Camel消息体。如果camelBody的值是Map对象，在路由中可以通过形如${body[variableName]}的表达式获取参数值；如果camelBody的值是纯字符，可以通过${body}表达式获取
copyVariablesToBodyAsMap	org.flowable.camel.impl.CamelBehaviorBodyAsMapImpl	把Flowable的所有流程变量复制到一个Map对象中，作为Camel的消息体，在路由中可以通过形如${body[variableName]}的表达式获取参数值

以如下路由规则为例：

```
from("flowable:CamelTaskProcess:camelTask1?copyVariablesToProperties=true")
    .to("log:org.flowable.camel.examples.SimpleCamelCall");
```

这里的配置在URI中附加了copyVariablesToProperties=true，表示将Flowable的流程变量复制为Camel参数。

2) 输出参数

同样，Flowable提供了4种输出参数，用于控制将Camel执行结果复制到流程变量的策略，如表12.5所示。

表12.5 flowable-camel模块提供的URI协议的输出参数

输出参数	描述
default	默认配置。如果Camel消息体是一个Map对象，则在路由执行结束后将其中每一个属性复制为Flowable的流程变量，否则将整个Camel消息体复制到名为"camelBody"的流程变量中
copyVariablesFromProperties	将Camel参数以相同的名称复制为Flowable流程变量
copyVariablesFromHeader	将Camel Header中的内容以相同的名称复制为Flowable流程变量
copyCamelBodyToBodyAsString	与default相同，但如果Camel消息体并非Map对象，则先将其转换为字符串，然后复制到名为camelBody的流程变量中

下面以如下路由规则为例进行介绍：

```
from("flowable:CamelTaskProcess:camelTask1?copyVariablesFromProperties=true")
    .to("log:org.flowable.camel.examples.SimpleCamelCall");
```

这里的配置在URI中附加了copyVariablesFromProperties=true，表示将Camel参数以相同的名称复制到

Flowable流程变量中。

4．异步Camel调用

默认情况下，Camel任务是同步执行的。流程执行到Camel任务后将处于等待状态，直到Camel执行结束并返回结果，才会离开Camel任务继续流转。如果Camel任务执行时间较长，或者某些场景下不需要同步执行，则可以使用Camel任务的异步功能实现，只需将Camel任务的async参数设置为true：

```xml
<serviceTask id="camelTask1" name="异步Camel任务" flowable:type="camel"
    flowable:async="true"/>
```

设置这个参数后，Camel路由会由Flowable作业执行器异步启动。

5．通过Camel启动流程

前面介绍了如何整合Camel与Flowable，以及两者如何通信：首先启动Flowable流程实例，然后在流程实例中启动Camel路由。对应地，也可以通过Camel任务启动或调用流程实例，Camel路由规则可以设计如下：

```
from("flowable:ParentProcess:camelTaskForStartSubprocess")
        .to("flowable:SubProcessCreateByCamel");
```

其中，from声明的起始端点的URI分为3部分——"flowable"协议头、主流程定义key、Camel任务ID；to声明的终止端点的URI分为2部分——"flowable"协议头、子流程定义key。

12.2.3　Camel任务使用示例

下面看一个使用Camel任务的示例，如图12.3所示。该流程为调用外部第三方服务自动获取IP信息的流程。流程发起后，先通过用户任务提交数据，然后通过Camel任务调用外部Web服务查询IP信息。

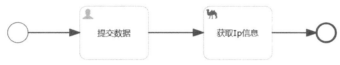

图12.3　Camel任务示例流程

1．配置Camel

Camel路由配置整合到Flowable的配置文件中的内容如下：

```xml
<beans>
    <!--数据源配置-->
    <bean id="dataSource" class="org.apache.commons.dbcp.BasicDataSource">
        <property name="driverClassName" value="org.h2.Driver"/>
        <property name="url" value="jdbc:h2:mem:flowable"/>
        <property name="username" value="sa"/>
        <property name="password" value=""/>
    </bean>
    <!--事务管理器配置-->
    <bean id="transactionManager"
        class="org.springframework.jdbc.datasource.DataSourceTransactionManager">
        <property name="dataSource" ref="dataSource"/>
    </bean>
    <!-- Flowable工作流引擎-->
    <bean id="processEngineConfiguration"
        class="org.flowable.spring.SpringProcessEngineConfiguration">
        <!-- 数据源 -->
        <property name="dataSource" ref="dataSource"/>
        <!-- 数据库更新策略 -->
        <property name="databaseSchemaUpdate" value="create-drop"/>
        <!-- 使用spring事务管理器 -->
        <property name="transactionManager" ref="transactionManager"/>

        <!-- 此处省略其他属性配置 -->

    </bean>
    <!-- 配置camel路由-->
    <camelContext id="camelContext" xmlns="http://camel.apache.org/schema/spring">
        <packageScan>
            <package>com.bpm.example.demo1.camel.route</package>
```

```xml
        </packageScan>
    </camelContext>
</beans>
```

由以上配置可知：
- 工作流引擎配置使用SpringProcessEngineConfiguration，这是因为Flowable与Camel集成时，需要通过SpringProcessEngineConfiguration获取camelContext；
- Camel路由是通过在Spring环境中扫描路由配置实现的，配置中加粗部分的代码配置了camel路由，Spring会扫描包路径com.bpm.example.demo1.camel.route下的Route类，并加载到camelContext中。

2. 设计流程模型

图12.3所示流程对应的XML内容如下：

```xml
<process id="camelTaskProcess" name="Camel任务示例流程">
    <startEvent id="startEvent1"/>
    <userTask id="userTask1" name="提交数据"/>
    <serviceTask id="camelTask1" name="获取Ip信息" flowable:type="camel"/>
    <endEvent id="endEvent1"/>
    <sequenceFlow id="seqFlow1" sourceRef="startEvent1" targetRef="userTask1"/>
    <sequenceFlow id="seqFlow2" sourceRef="userTask1" targetRef="camelTask1"/>
    <sequenceFlow id="seqFlow3" sourceRef="camelTask1" targetRef="endEvent1"/>
</process>
```

在以上流程定义中，加粗部分的代码定义了一个camel任务。

3. 设计Camel路由代码

Camel路由类的代码如下：

```java
public class GetIpInfoCamelCallRoute extends RouteBuilder {
    @Override
    public void configure() throws Exception {
        from("flowable:camelTaskProcess:camelTask1?copyVariablesToProperties=true")
            .toD("http://whois.pconline.com.cn/ipJson.jsp?ip=${exchange.properties[ip]}&json=true")
            .process(new ResultProcessor());
    }
}
```

该Java类重写了org.apache.camel.builder.RouteBuilder类的configure()方法，并在该方法中实现了路由逻辑。from声明的起始端点的URI中，flowable为协议头，camelTaskProcess为流程定义key，camelTask1为Camel任务ID，输入参数配置的copyVariablesToProperties=true表示将Flowable的流程变量复制为Camel参数，输出参数使用默认配置。

终止端点采用toD声明，它允许通过表达式的方式来动态定义消息的接收节点，这里使用表达式${exchange.properties[ip]}，表示从Camel参数中获取ip属性值。

路由中使用了自定义Processor处理器ResultProcessor。Processor处理器是Camel中的一个重要元素，用于接收从控制端点、路由选择条件或另一个处理器的Exchange中传来的消息信息，并进行处理。通过自定义Processor处理器可以编写一些业务逻辑处理，如用于实现外部服务返回结果数据格式的转换，代码如下：

```java
@Slf4j
public class ResultProcessor implements Processor {
    public void process(Exchange exchange) {
        //获取Camel调用获取结果
        String callResult = exchange.getIn().getBody(String.class);
        //打印Camel调用结果
        log.info("Camel调用结果为：{}", callResult);
        //转换成Map
        Map<String, String> callResultMap = JSON.parseObject(callResult, Map.class);
        //过滤得到需要的键值对
        Map<String, String> resultMap = callResultMap.entrySet().stream()
            .filter(map -> "ip".equals(map.getKey()) || "pro".equals(map.getKey())
                || "city".equals(map.getKey()) || "addr".equals(map.getKey()))
            .collect(Collectors.toMap(Map.Entry::getKey, Map.Entry::getValue));
        //将Camel消息体作为Map回传
        exchange.getMessage().setBody(resultMap, Map.class);
    }
}
```

以上代码首先获取访问外部服务返回的结果（一个JSON字符串），然后将其转为Map对象，并对其key进行过滤，仅保留country、regionName、city和isp组成一个新的Map，最后将该Map作为Camel消息体回传给Flowable。

4．设计流程控制代码

加载该流程模型并执行相应流程控制的示例代码如下：

```
@Slf4j
public class RunCamelTaskProcessDemo {
    @Test
    public void runCamelTaskProcessDemo() {
        ApplicationContext applicationContext =
                new ClassPathXmlApplicationContext("flowable.camel.xml");
        //创建工作流引擎配置
        ProcessEngineConfiguration processEngineConfiguration = applicationContext
                .getBean("processEngineConfiguration", ProcessEngineConfiguration.class);
        //创建工作流引擎
        ProcessEngine engine = processEngineConfiguration.buildProcessEngine();
        //部署流程
        engine.getRepositoryService().createDeployment()
                .addClasspathResource("processes/CamelTaskProcess.bpmn20.xml")
                .deploy();
        //启动流程
        ProcessInstance procInst = engine.getRuntimeService()
                .startProcessInstanceByKey("camelTaskProcess");
        //查询第一个任务
        Task task = engine.getTaskService().createTaskQuery()
                .processInstanceId(procInst.getId()).singleResult();
        //设置流程变量
        Map<String, Object> varMap = ImmutableMap.of("ip", "119.99.130.0");
        //办理第一个任务
        engine.getTaskService().complete(task.getId(), varMap);
        //查询并打印流程变量
        List<HistoricVariableInstance> hisVars = engine.getHistoryService()
                .createHistoricVariableInstanceQuery()
                .processInstanceId(procInst.getId()).list();
        hisVars.stream().forEach((hisVar) -> log.info("流程变量名：{}，变量值：{}",
                hisVar.getVariableName(), JSON.toJSONString(hisVar.getValue())));

        //关闭工作流引擎
        engine.close();
    }
}
```

以上代码首先初始化工作流引擎并部署流程，然后发起流程，初始化流程变量ip并办理第一个用户任务（加粗部分的代码），最后获取并输出流程变量。

代码运行结果如下：

```
13:24:54,684 [main] INFO  ResultProcessor  - Camel调用结果为：{"ip":"119.99.130.0","pro":"湖北省",
"proCode":"420000","city":"孝感市","cityCode":"420900","region":"","regionCode":"0","addr":"湖北省孝
感市 电信","regionNames":"","err":""}
13:24:54,831 [main] INFO  RunCamelTaskProcessDemo  - 流程变量名：ip, 变量值："119.99.130.0"
13:24:54,831 [main] INFO  RunCamelTaskProcessDemo  - 流程变量名：city, 变量值："孝感市"
13:24:54,831 [main] INFO  RunCamelTaskProcessDemo  - 流程变量名：addr, 变量值："湖北省孝感市 电信"
13:24:54,831 [main] INFO  RunCamelTaskProcessDemo  - 流程变量名：pro, 变量值："湖北省"
```

从代码运行结果可知，通过Camel调用外部接口返回的结果是一个JSON字符串，在流程结束后输出了所有流程变量：

- pro、city和addr这3个流程变量来自Camel任务执行后的返回值；
- 流程变量ip是办理第一个用户任务时赋值的。

12.3 Mule任务

Mule是一款轻量级的基于Java的企业服务总线（Enterprise Service Bus，ESB）和集成平台，允许用户快捷地连接多个应用并且在这些应用之间交换数据。Mule基于SOA体系结构，可以方便地集成各种使用不同技

术构建的系统，包括JMS、Web Services、JDBC、HTTP及其他技术。Mule提供了可升级的、高分布式的对象代理，可以通过异步传输消息技术无缝处理服务与应用之间的交互。

12.3.1 Mule任务介绍

为了增强集成能力，Flowable扩展出了Mule任务，用以向Mule发送消息。注意，Mule任务并非BPMN 2.0规范定义的"官方"任务。

1. 图形标记

因为Mule任务并非BPMN 2.0规范定义的"官方"任务，所以没有提供其专用图标。在Flowable中，Mule任务表示为左上角带有M形图标的圆角矩形，如图12.4所示。

2. XML内容

在Flowable中，Mule任务由服务任务扩展而来，同样使用serviceTask元素定义。为了与服务任务区分，Mule任务通过将type属性设置为mule进行定义。Mule任务的定义格式如下：

图12.4 Mule任务图形标记

```
<serviceTask id="muleTask1" name="Mule任务" flowable:type="mule" />
```

Mule任务可以通过属性注入的方式配置各种属性，这些属性的值可以是UEL表达式，并在流程执行时对其进行解析。Mule任务可配置属性如表12.6所示。

表12.6 Mule任务可配置属性

属性	是否必需	描述
endpointUrl	是	希望调用的Mule终端（endpoint）
language	是	解析消息载荷表达式（payloadExpression）所用的语言
payloadExpression	是	作为消息载荷的表达式
resultVariable	否	保存调用结果的流程变量名

一个完整的Mule任务配置示例如下：

```
<serviceTask id="muleTask1" name="Mule任务" flowable:type="mule" >
    <extensionElements>
        <flowable:field name="endpointUrl">
            <flowable:string>vm://in</flowable:string>
        </flowable:field>
        <flowable:field name="language">
            <flowable:string>juel</flowable:string>
        </flowable:field>
        <flowable:field name="payloadExpression">
            <flowable:string>"hi"</flowable:string>
        </flowable:field>
        <flowable:field name="resultVariable">
            <flowable:string>reslut</flowable:string>
        </flowable:field>
    </extensionElements>
</serviceTask>
```

在以上配置中，通过为serviceTask配置flowable:type="mule"表示它是一个Mule任务。Mule任务可以配置endpointUrl、language、payloadExpression和resultVariable这4个参数。其中，endpointUrl配置请求Mule容器的URL地址，language为参数解析的语言，payloadExpression为请求参数的表达式，resultVariable为返回值的名称。

12.3.2 Mule的集成与配置

Mule能够很好地结合Spring。在Mule 3中，可以将Spring作为核心组件。这种"开箱即用"的使用方式与一般J2EE应用的开发方式无异。因此，Mule与Flowable同样能无缝集成。本节将介绍Mule与Flowable集成，以及Mule的基础配置。

由于Mule3.x不允许使用与其发行版中所包含的版本不同的Spring版本，使用与Mule版本不匹配的Spring版本可能会导致意外错误。Mule3.x的任何版本都不支持Spring 5，本书创作时Mule3.9.0是Mule3.x的最新版本，本节基于Mule3.9.0与Spring 4.1.0集成来介绍。

1．Mule与Spring集成

默认情况下，使用Mule任务时，Flowable工作流引擎会在Spring容器中查找名称为muleContext的bean。在Spring中使用Mule时，Mule中的Bean直接由Spring托管，在Spring中的配置如下：

```xml
<!-- 定义Mule上下文工厂 -->
<bean id="muleFactory" class="org.mule.context.DefaultMuleContextFactory" />
<!-- 定义Mule上下文 -->
<bean id="muleContext" factory-bean="muleFactory"
    factory-method="createMuleContext" init-method="start">
    <constructor-arg type="java.lang.String" value="mule/mule-config.xml" />
</bean>
```

通过以上配置，在初始化时muleContext会通过调用Mule上下文工厂muleFactory的createMuleContext()方法创建，muleContext会加载Mule的配置文件mule/mule-config.xml，并执行start()方法，从而完成Mule服务的启动。

由于Flowable的配置文件采用Spring Bean配置文件格式，在Flowable与Mule集成时，以上配置内容可以直接添加到Flowable的配置文件中。

需要注意的是，如果要使用Mule任务，需要在项目中包含flowable-mule模块依赖及Mule相关依赖。Maven依赖定义如下：

```xml
<dependency>
    <groupId>org.flowable</groupId>
    <artifactId>flowable-mule</artifactId>
    <version>6.8.0</version>
</dependency>
<dependency>
    <groupId>org.mule.modules</groupId>
    <artifactId>mule-module-spring-config</artifactId>
    <scope>compile</scope>
    <version>3.9.0</version>
</dependency>
<dependency>
    <groupId>org.mule.transports</groupId>
    <artifactId>mule-transport-vm</artifactId>
    <version>3.9.0</version>
</dependency>
<dependency>
    <groupId>org.mule.transports</groupId>
    <artifactId>mule-transport-http</artifactId>
    <version>3.9.0</version>
</dependency>
```

2．Mule的基础配置

前面介绍了muleContext初始化时会加载Mule的配置文件mule/mule-config.xml，Mule使用XML配置来定义每个应用，完整地描述了运行应用所需的组成部分。Mule配置的语法由一组XMLschema文件定义，配置文件既定义了schema的命名空间URI作为XML命名空间，又关联了schema的命名空间和位置，这由顶级元素mule标签实现。示例代码如下：

```xml
<mule xmlns="http://www.mulesoft.org/schema/mule/core"
    xmlns:vm="http://www.mulesoft.org/schema/mule/vm"
    xmlns:http="http://www.mulesoft.org/schema/mule/http"
    xmlns:doc="http://www.mulesoft.org/schema/mule/documentation"
    xmlns:xsi="http://www.w3.org/2001/XMLSchema-instance"
    xsi:schemaLocation="http://www.mulesoft.org/schema/mule/core
    http://www.mulesoft.org/schema/mule/core/current/mule.xsd
    http://www.mulesoft.org/schema/mule/http
    http://www.mulesoft.org/schema/mule/http/current/mule-http.xsd
    http://www.mulesoft.org/schema/mule/vm
    http://www.mulesoft.org/schema/mule/vm/current/mule-vm.xsd">
```

在以上配置中，mule core的schema命名空间被定义为配置文件的默认命名空间。Mule模块约定使用名称作为命名空间的前缀，如这里配置的vm和http等。xsi:schemaLocation属性关联命名空间到它们的位置，如这里配置了mule vm schema和mule http schema等的位置。在Mule配置中，这些部分是必需的，因为它们保证了schema能够被查询到，这样配置文件才能使用它们进行检验。

Mule通过端点来发送和接收数据，负责连接外部资源并发送信息。端点可以是输入端点也可以是输出端点。输入端点通过关联的连接器接收信息，每个连接器负责输入节点的实现。输出端点通过关联的连接器接收信息，每个连接器负责输出节点的实现。一个Mule应用至少有一个端点连接器作为入口来响应来自网络的请求。当端点作为出口端点使用时，可理解为作为客户端向外发送请求。常用的端点包括HTTP、Quartz、FTP、File、POP3/SMTP、Generic、VM、Jetty、TCP/UDP、STDIO、JDBC和JMS等。下面以HTTP端点和VM端点为例进行介绍。

HTTP端点作为入口时接收HTTP的请求，作为出口时则向指定服务器发送HTTP请求。HTTP端点的常用属性如表12.7所示。

表12.7　HTTP端点常用属性

属性	是否必需	默认值	描述
name	是	无	唯一标识，供Mule的其他元素引用
host	是	无	域名或IP地址
port	是	8081	连接端口
user	否	无	如果HTTP访问需要授权，这里设置验证的用户名
password	否	无	如果HTTP访问需要授权，这里设置验证的密码
path	否	无	HTTP URL的相对路径
contentType	否	text/plain	设置HTTP访问的ContentType参数
keep-alive	否	false	设置Socket连接是否保持持续连接状态（true/false）
method	否	GET	设置HTTP访问的方法，可配置为GET、POST和DELETE等
exchange-pattern	否	one-way	请求应答模式，配置为request-response表示同步模式，需要等待应答；配置为one-way表示异步模式，单向无应答
responseTimeout	否	10 000	端点需要应答时，等待应答超时时间，单位为毫秒
address	否	无	通用URI路径，不能和host、port、path同时使用（http://user:pwd@host:port/path）
disableTransportTransformer	否	无	禁止端点使用端点信息转换器
connector-ref	否	无	端点引用同类型全局连接器名称，如果存在多个同类型全局连接器，端点必须指定一个连接器
transformer-refs	否	无	端点接收消息后被执行的转换器列表，多个转换器之间用空格分隔
responseTransformerrefs	否	无	应答消息到来后被执行的转换器列表，多个转换器之间用空格分隔
encoding	否	无	数据在各端点内转换的编码格式
doc:name	否	无	显示名称
doc:description	否	无	描述

VM端点通过Mule内存队列实现出入口的通信，作为出口端点时将数据写入内存队列，作为入口端点时监听一个内存队列当队列，当有数据到达时读取数据并向下传递。VM端点在本应用内的内存队列名称必须是唯一的，有且只能有一个对该队列的入口端点监听，不能用于多个Mule应用之间的交互。VM端点的常用属性如表12.8所示。

表12.8　VM端点常用属性

属性	是否必需	默认值	描述
name	是	无	唯一标识，供Mule的其他元素引用
path	是	无	内存队列名称，每个ESB应用内必须唯一
exchange-pattern	是	one-way	配置为one-way时表示异步模式，作为出口端点时，数据发出即返回，无须等待结果；配置为request-response时表示同步模式，作为出口端点时，数据发出后需等待结果

续表

属性	是否必需	默认值	描述
responseTimeout	否	无	当exchange-pattern属性配置为request-response时等待应答的超时时间，单位为毫秒
address	否	无	URI地址：vm://path
transformer-refs	否	无	端点接收消息后被执行的转换器列表，多个转换器之间用空格分隔
responseTransformerrefs	否	无	应答消息到来后被执行的转换器列表，多个转换器之间用空格分隔
encoding	否	无	数据在各端点内转换的编码格式
doc:name	否	无	显示名称
doc:description	否	无	描述

对于每一个端点，都必须指明其传输协议及传输类型，指定方式有两种：
- 在endpoint元素前加上传输协议前缀，如\<http:endpoint name="httpendpoint" host="localhost" port="8081" exchange-pattern="request-response" doc:name="HTTP端点"/\>；
- 通过endpoint元素的address属性指定，如\<endpoint name="vmendpoint" address="vm://in" exchange-pattern="request-response" doc:name="VM端点"/\>。

Mule中，转换器主要用于在输出、输入数据类型不一致时对消息数据类型进行转换。常用Mule标准转换器如下。
- Object-to-Xml/Xml-to-Object：实现Object对象类型和XML格式串间的相互转换。
- Append String：对String的来源数据追加一个配置指定的字符串。
- Byte-Array-to-Object / Object-to-Byte-Array / Byte-Array-to-String / String-to-Byte-Array：实现Object对象类型和Byte数组、字符串与Byte数组间的转换。
- Byte-Array-to-Serializable / Serializable-to-Byte-Array：实现序列化的Java对象与Byte数组间的相互转换。
- Object-to-Json/Json-to-Object：实现Object对象类型和JSON格式串间的相互转换。
- Custom Transformer：自定义数据转换器。

以Custom Transformer为例。该转换器指定一个Java类作为转换处理器，允许用户自定义两个数据类型的转换操作。Custom Transformer的常用属性如表12.9所示。

表12.9 Custom Transformer常用属性

属性	是否必需	默认值	描述
doc:name	否	无	名称
doc:description	否	无	描述
name	是	无	被引用转换器的名称，在每个Mule应用中必须全局唯一，即使是在多个编排配置文件中，也必须是唯一的
class	是	无	用于转换数据的Java实现类，该类一般重写AbstractTransformer的protected Object doTransform(Object src, String encoding)方法

Custom Transformer配置示例代码如下：

```
<custom-transformer class="com.bpm.example.demo2.mule.transformer.JsonToObject"
    name="jsonToObject" doc:name="Json转换Object自定义转换器" />
```

流是Mule处理的基本单元，将若干独立的组件（如端点、转换器等）连接在一起以完成消息的接收、处理及最终的路由。每一个Mule流都包含一系列接收、传输和处理消息的组件，流以flow标签定义，示例代码如下：

```
<flow name="getIpInfoFlow" doc:name="获取IP信息">
    <vm:inbound-endpoint ref="in" doc:name="VM入口端点"/>
    <http:outbound-endpoint ref="out" doc:name="HTTP出口端点"/>
</flow>
```

关于Mule的配置，这里不做过多讲解，读者可以自行在Mule官方网站上查阅相关资料。

12.3.3　Mule任务使用示例

下面看一个使用Mule任务的示例流程，如图12.5所示。该流程调用外部第三方服务自动获取IP信息：流程发起后，先通过用户任务提交数据，然后通过Mule任务调用外部Web服务查询IP信息。

图12.5　Mule任务示例流程

1．编写Mule配置文件

在Mule配置文件中，可以定义所需的schema、URL地址，以及数据转换器和Mule请求的服务等内容。Mule配置文件mule-config.xml的内容如下：

```
<mule xmlns="http://www.mulesoft.org/schema/mule/core"
    xmlns:vm="http://www.mulesoft.org/schema/mule/vm"
    xmlns:http="http://www.mulesoft.org/schema/mule/http"
    xmlns:doc="http://www.mulesoft.org/schema/mule/documentation"
    xmlns:xsi="http://www.w3.org/2001/XMLSchema-instance"
    xsi:schemaLocation="http://www.mulesoft.org/schema/mule/core
        http://www.mulesoft.org/schema/mule/core/current/mule.xsd
        http://www.mulesoft.org/schema/mule/http
        http://www.mulesoft.org/schema/mule/http/current/mule-http.xsd
        http://www.mulesoft.org/schema/mule/vm
        http://www.mulesoft.org/schema/mule/vm/current/mule-vm.xsd">

    <!-- 定义自定义数据转换器-->
    <custom-transformer class="com.bpm.example.demo2.mule.transformer.JsonToObject"
        name="jsonToObject" doc:name="自定义数据转换器" />

    <!-- 定义端点 -->
    <vm:endpoint name="in" path="getIpInfo" exchange-pattern="request-response"
        doc:name="VM端点" />
    <http:endpoint name="out" address="http://whois.pconline.com.cn/ipJson.jsp?ip=#[payload]&amp;
        json=true" exchange-pattern="request-response" responseTransformer-refs="jsonToObject"
        doc:name="HTTP端点" />

    <!--定义流 -->
    <flow name="getIpInfoFlow" doc:name="获取IP信息">
        <vm:inbound-endpoint ref="in" doc:name="VM入口端点"/>
        <http:outbound-endpoint ref="out" doc:name="HTTP出口端点"/>
    </flow>
</mule>
```

在以上配置文件中，顶级元素mule标签定义以schema的命名空间URI作为XML命名空间，同时又关联了schema的命名空间和位置。Mule约定使用它们的名称作为命名空间的前缀，如这里用到的vm、http等。这样，配置文件中就可以直接使用这两种命名空间下的元素。

配置文件中通过custom-transformer定义数据转换器，用于在应用间交换不同格式的信息，其name属性表示转换器的名称，供其他Mule元素（如端点）引用；其class属性用于指定转换器的Java实现类，这里指定的转换器类为com.bpm.example.demo2.mule.transformer.JsonToObject，用于实现将请求返回的JSON字符串转换为com.bpm.example.demo2.mule.entity.IpInfo对象。

配置中分别通过vm:endpoint元素和http:endpoint元素定义了VM端点和HTTP端点，名称分别为in和out，供其他Mule元素（如flow）引用。这里的in和out是根据后面的用途以Mule的视角来定位的，前者指外部请求"流入"Mule的端点，也就是Mule服务暴露给外部应用可以访问的端点；后者是Mule消息向外"流出"的端点，即可以访问外部应用的端点。

配置中通过flow元素定义了名称为getIpInfoFlow的流，通过vm:inbound-endpoint子元素定义了VM输入端点，其ref元素引用了前面定义的名称为in的VM端点；通过http:outbound-endpoint子元素定义了HTTP输出端点，其ref元素引用了前面定义的名称为out的HTTP端点。该流实现的效果是响应地址为vm://getIpInfo的请求，从VM输入端点开始，经过一系列的处理，最后从HTTP输出，这期间会使用到上述提及的多种组件参与处理，如自定义转换器等。

2．编写Mule自定义转换器

Mule配置文件中定义了自定义转换器，其Java类内容如下：

```java
@Slf4j
public class JsonToObject extends AbstractTransformer {
    public JsonToObject() {
        super();
        this.registerSourceType(DataTypeFactory.STRING);
        this.setReturnDataType(DataTypeFactory.create(IpInfo.class));
    }

    @Override
    protected Object doTransform(Object src, String outputEncoding) throws TransformerException {
        String responseString = (String) src;
        log.info("Mule调用结果为：{}", responseString);
        IpInfo ipInfo = JSON.parseObject(responseString, new TypeReference<IpInfo>() {});
        return ipInfo;
    }
}
```

该Java类重写了org.mule.transformer.AbstractTransformer类的doTransform(Object src, String outputEncoding)方法，在该方法中实现了由JSON字符串向IpInfo对象的数据转换。需要注意的是，在该Java类的构造方法中使用registerSourceType(DataType dataType)方法指定了期望输入的数据类型，使用setReturnDataType(DataType dataType)方法指定了返回的数据类型。

数据转换器中将请求返回的结果转换成了IpInfo对象，内容如下：

```java
@Data
public class IpInfo implements Serializable {
    //IP
    private String ip;
    //省份
    private String pro;
    //城市
    private String city;
    //互联网服务提供商
    private String addr;
}
```

该Java类定义了ip、pro、city和addr这4个属性，并分别定义了其getter()和setter()方法（这里采用Lombok的@Data注解实现）。

3．集成Flowable与Mule

Flowable的配置文件采用Spring Bean配置文件格式，因此在Flowable与Mule集成时，可以直接将12.3.2小节中Mule与Spring集成的配置内容添加到Flowable的配置文件中。由于篇幅有限，这里不做具体介绍，读者可以查看本书相关代码。

4．设计流程模型

图12.5所示流程对应的XML内容如下：

```xml
<process id="muleTaskProcess" name="MuleTask示例流程">
    <startEvent id="startEvent1"/>
    <userTask id="userTask1" name="提交IP数据"/>
    <serviceTask id="muleTask1" name="获取Ip信息" flowable:type="mule">
        <extensionElements>
            <flowable:field name="endpointUrl">
                <flowable:string>vm://getIpInfo</flowable:string>
            </flowable:field>
            <flowable:field name="payloadExpression">
                <flowable:expression>${ip}</flowable:expression>
            </flowable:field>
            <flowable:field name="resultVariable">
                <flowable:string>ipInfo</flowable:string>
```

```xml
            </flowable:field>
            <flowable:field name="language">
                <flowable:string>juel</flowable:string>
            </flowable:field>
        </extensionElements>
    </serviceTask>
    <endEvent id="endEvent1"/>
    <sequenceFlow id="seqFlow1" sourceRef="startEvent1" targetRef="userTask1"/>
    <sequenceFlow id="seqFlow2" sourceRef="userTask1" targetRef="muleTask1"/>
    <sequenceFlow id="seqFlow3" sourceRef="muleTask1" targetRef="endEvent1"/>
</process>
```

在以上流程定义中，加粗部分的代码定义了Mule任务，通过flowable:field子元素注入了endpointUrl、payloadExpression、resultVariable和language这4个属性。其中，通过endpointUrl属性配置请求地址为vm://getIpInfo的Mule服务，通过payloadExpression属性配置请求参数的UEL表达式为${ip}，通过resultVariable属性配置请求Mule服务返回值的名称为ipInfo。

5. 设计流程控制代码

加载该流程模型并执行相应流程控制的示例代码如下：

```java
@Slf4j
public class RunMuleTaskProcessDemo extends FlowableEngineUtil {
    @Test
    public void runMuleTaskProcessDemo() throws Exception {
        //加载Flowable配置文件并初始化工作流引擎及服务
        initFlowableEngineAndServices("flowable.mule.xml");
        //部署流程
        deployResource("processes/MuleTaskProcess.bpmn20.xml");

        //启动流程
        ProcessInstance procInst = runtimeService
                .startProcessInstanceByKey("muleTaskProcess");
        //设置流程变量
        Map<String, Object> varMap = ImmutableMap.of("ip", "119.99.130.0");
        //查询并办理第一个任务
        Task task = taskService.createTaskQuery()
                .processInstanceId(procInst.getId()).singleResult();
        taskService.complete(task.getId(), varMap);
        //查询并打印流程变量
        List<HistoricVariableInstance> hisVars = historyService
                .createHistoricVariableInstanceQuery()
                .processInstanceId(procInst.getId()).list();
        hisVars.stream().forEach((hisVar) -> log.info("流程变量名：{}，变量值：{}",
                hisVar.getVariableName(), hisVar.getValue()));
    }
}
```

以上代码首先初始化工作流引擎并部署流程，然后发起流程实例，再初始化流程变量ip，接着查询并办理第一个任务，最后查询并输出流程变量。代码运行结果如下：

```
13:33:27,496 [main] INFO  JsonToObject   - Mule调用结果为:{"ip":"119.99.130.0","pro":"湖北省","proCode":
"420000","city":"孝感市","cityCode":"420900","region":"","regionCode":"0","addr":"湖北省孝感市 电信",
"regionNames":"","err":""}
13:33:27,639 [main] INFO  RunMuleTaskProcessDemo   - 流程变量名：ip, 变量值：119.99.130.0
13:33:27,640 [main] INFO  RunMuleTaskProcessDemo   - 流程变量名：ipInfo, 变量值：
IpInfo(ip=119.99.130.0, pro=湖北省, city=孝感市, addr=湖北省孝感市 电信)
```

从代码运行结果可知，通过Mule调用外部接口返回的结果是一个JSON字符串，在流程结束后输出了所有的流程变量，其中：

- ipInfo来自Mule任务执行后的返回值；
- ip是流程发起时初始化得到的。

12.4 Shell任务

Shell任务可以在流程执行过程中运行Shell脚本与命令。需要注意的是，Shell任务并非BPMN 2.0规范定义的"官方"任务。在Flowable中，Shell任务作为一种特殊服务任务实现。

12.4.1 Shell任务介绍

1. 图形标记

Shell任务在Flowable中并没有专用图标，而是复用了服务任务的图标，表示为左上角带有齿轮图标的圆角矩形，如图12.6所示。

图12.6 Shell任务图形标记

2. XML内容

在Flowable中，Shell任务是基于服务任务扩展而来的，同样使用serviceTask元素定义，为了与服务任务区分，Shell任务通过将type属性设置为shell进行定义。Shell任务的定义格式如下：

`<serviceTask id="shellTask1" name="Shell任务" flowable:type="shell" />`

Shell任务可以通过属性注入的方式配置各种属性，这些属性的值可以是UEL表达式，在流程执行时解析。Shell任务可配置属性如表12.10所示。

表12.10 Shell任务可配置属性

属性	是否必需	类型	描述	默认值
command	是	String	要执行的Shell命令	无
arg1～arg5	否	String	参数，限制为5个。运行时多个参数之间用空格分隔	无
wait	否	boolean	是否要等待Shell进程终止	true
redirectError	否	boolean	是否把错误信息输出到标准输出流中	false
cleanEnv	否	boolean	Shell进程是否继承当前环境	false
outputVariable	否	String	保存输出的变量名	空，不会记录输出
errorCodeVariable	否	String	保存结果错误码的变量名	空，不会记录错误码
directory	否	String	执行命令、脚本的目录	当前目录

12.4.2 Shell任务使用示例

下面看一个使用Shell任务的示例，如图12.7所示。该流程根据用户提交的浏览器路径和网页URL，由ShellTask执行Shell命令启动浏览器并访问该网页。

图12.7 Shell任务使用示例流程

该流程对应的XML内容如下：

```
<process id="shellTaskProcess" name="Shell任务使用示例流程" >
    <startEvent id="startEvent1"/>
    <userTask id="userTask1" name="提交访问请求"/>
    <serviceTask id="shellTask1" name="ShellTask启动浏览器访问网页" flowable:type="shell">
        <extensionElements>
            <flowable:field name="command" stringValue="cmd" />
            <flowable:field name="arg1" stringValue="/c" />
            <flowable:field name="arg2" expression="${browserLocation}" />
            <flowable:field name="arg3" expression="${webUrl}" />
            <flowable:field name="wait" stringValue="false" />
        </extensionElements>
    </serviceTask>
    <endEvent id="endEvent1"/>
    <sequenceFlow id="seqFlow1" sourceRef="startEvent1" targetRef="userTask1"/>
    <sequenceFlow id="seqFlow2" sourceRef="shellTask1" targetRef="endEvent1"/>
    <sequenceFlow id="seqFlow3" sourceRef="userTask1" targetRef="shellTask1"/>
</process>
```

在以上流程定义中，加粗部分的代码定义了一个Shell任务，通过flowable:field子元素注入5个属性command、arg1、arg2、arg3和wait，表示当流程流转到这个Shell任务时将运行cmd /c及${browserLocation}、${webUrl}表达式解析结果组成的Shell命令。

加载该流程模型并执行相应流程控制的示例代码如下：

```
@Slf4j
public class RunShellTaskProcessDemo extends FlowableEngineUtil {
    @Test
    public void runShellTaskProcessDemo() {
        //加载Flowable配置文件并初始化工作流引擎及服务
        initFlowableEngineAndServices("flowable.cfg.xml");
        //部署流程
        deployResource("processes/ShellTaskProcess.bpmn20.xml");
        //启动流程
        ProcessInstance procInst = runtimeService
                .startProcessInstanceByKey("shellTaskProcess");
        //查询用户任务
        Task userTask = taskService.createTaskQuery()
                .processInstanceId(procInst.getId()).singleResult();
        //设置流程变量
        Map<String, Object> varMap = ImmutableMap.of("browserLocation",
                "C:\\Program Files (x86)\\GoogleChrome\\App\\Chrome\\chrome.exe",
                "webUrl", "https://www.epubit.com/bookDetails?id=UBd189db7e65bd");
        //完成第一个任务
        taskService.complete(userTask.getId(), varMap);
    }
}
```

以上代码首先初始化工作流引擎并部署流程，然后发起流程实例，最后查询用户任务。在提交时设置的browserLocation和webUrl两个流程变量（加粗部分的代码）分别代表浏览器安装路径和要访问的网页地址。执行以上流程控制代码，成功打开浏览器并访问指定的网址，如图12.8所示。

图12.8　成功访问指定的网址

12.5　本章小结

本章主要介绍了Flowable中扩展的4种任务，包括邮件任务、Camel任务、Mule任务和Shell任务。邮件任务可以向一个或多个收信人发送邮件，支持cc、bcc、HTML内容等。Camel任务可以向Camel发送和接收消息，Mule任务可以向Mule发送消息，Shell任务可以在流程执行过程中运行Shell脚本与命令。这4种任务都基于服务节点扩展而来，适用于不同的应用场景，读者可根据实际场景选用。

第 13 章

Flowable扩展的系列任务（二）

本章将介绍由Flowable扩展出来的4种任务：Http任务（HTTP task）、外部工作者任务（external worker task）、Web Service任务（Web Service task）和决策任务（decision task），它们均基于服务任务扩展而来，具有不同的特性，可以用于实现不同的流程场景建模，大大增强了Flowable引擎的能力。

13.1 Http任务

顾名思义，Http任务是用于发出HTTP请求的任务，它可以发送HTTP请求并接收响应，可以执行GET、POST、PUT和DELETE等不同类型的请求。通过Http任务，可以实现与其他系统的数据交互、系统集成、调用外部服务等功能，提供了在工作流中与外部系统进行通信的便捷方式。

1. 图形标记

因为Http任务不是BPMN 2.0规范的"官方"任务，所以没有专用图标。在Flowable中，Http任务是作为一种特殊的服务任务来扩展实现的，表示为左上角带有小火箭图标的圆角矩形，如图13.1所示。

图13.1 Http任务图形标记

2. XML内容

在Flowable中Http任务是由服务任务扩展而来的，同样使用serviceTask元素定义，为了与服务任务区分，Http任务将type属性设置为http。Http任务的定义格式如下：

```
<serviceTask id="httpTask1" name="Http任务" flowable:type="http" />
```

Http任务可以通过属性注入的方式配置各种属性，这些属性的值可以使用UEL表达式，并将在流程执行时进行解析。Http任务可配置属性如表13.1所示。

表13.1 Http任务可配置属性

属性	是否必需	描述
requestMethod	是	请求方法，值可以为GET、POST、PUT和DELETE
requestUrl	是	请求URL
requestHeaders	否	行分隔的HTTP请求头。例如： Content-Type: application/json Authorization: Basic aGFRlc3Q=
requestBody	否	请求体
requestTimeout	否	请求超时时间，单位为毫秒。默认值为0，即不超时
disallowRedirects	否	是否禁用Http重定向。默认为false
failStatusCodes	否	英文逗号分隔的Http状态码，将使请求失败并抛出FlowableException。例如，400,404,500,503；又如，400,5XX
handleStatusCodes	否	英文逗号分隔的Http状态码，将使任务抛出BpmnError，并可用错误边界事件捕获。BpmnError的错误码为HTTP+状态码，如404状态码会将错误码设置为HTTP404。仅当disallowRedirects字段设置为true时，3XX状态码才会被抛出。若同一个状态码在handleStatusCodes及failStatusCodes中都有配置，则handleStatusCodes生效。例如，400,404,500,503；又如，3XX,4XX,5XX
ignoreException	否	是否忽略异常，默认为false。设置为true时异常将被捕获，并存储在名为errorMessage的变量中

续表

属性	是否必需	描述
saveRequestVariables	否	是否保存请求参数为变量，默认为false。设置为true时会将调用外部HTTP服务时设置的参数存储到变量中，可以在流程中访问和使用这些参数。默认情况下，只会保存与响应相关的变量
saveResponseParameters	否	是否保存调用外部HTTP服务的响应参数为变量，包括HTTP状态码、响应头等。默认为false
resultVariablePrefix	否	指定保存请求参数和响应结果变量的前缀。可以为这些结果变量设置一个统一的前缀，以便于区分和管理这些变量。如果不设置前缀，变量名默认为该Http任务的id+响应结果名。例如，对于id为httpServiceTask10的任务，其请求URL将保存为httpServiceTask10RequestUrl
saveResponseParametersTransient	否	若配置为true，则会将响应结果设置为瞬时变量
saveResponseVariableAsJson	否	若配置为true，则响应体会保存为JSON格式的变量，可以方便地在流程实例中保存复杂的数据结构
httpActivityBehaviorClass	否	默认值为org.flowable.engine.impl.bpmn.http.DefaultBpmnHttpActivityDelegate。可以配置为自定义扩展实现类的全路径类名，比如本书随书代码中提供了模拟的实现，这里就可以配置为com.bpm.example.demo1.http.behavior.CustomHttpServiceActivityBehavior

如果配置saveResponseParameters属性为true，在执行成功后会设置如表13.2所示的变量。如果设置了resultVariablePrefix，将以它作为变量的前缀；如果没有设置resultVariablePrefix，将以该Http任务的id作为变量的前缀。

表13.2 Http服务设置变量

变量	描述
responseProtocol	HTTP版本
responseReason	HTTP响应原因短语
responseStatusCode	HTTP响应状态码，比如200
responseHeaders	行分隔的HTTP响应头。例如： Content-Type: application/json Content-Length: 1000
responseBody	字符串形式的响应体，若有
errorMessage	被忽略的异常信息，若有

默认情况下，当发生链接、IO或其他未处理的异常时，Http任务会抛出FlowableException。同时，默认情况下不会处理任何重定向、客户端或服务端错误状态码。如果需要自定义处理异常及HTTP状态的方式，可以设置failStatusCodes及handleStatusCodes字段。

通过设置handleStatusCodes属性，可以配置Http任务在遇到特定状态码时抛出BpmnError异常，与其他BPMN异常一样，需要由对应的错误边界事件处理。示例代码如下：

```xml
<serviceTask id="handleStatusCodeTask" name="Http任务" flowable:type="http">
    <extensionElements>
        <flowable:field name="requestMethod">
            <flowable:string><![CDATA[GET]]></flowable:string>
        </flowable:field>
        <flowable:field name="requestUrl">
            <flowable:string><![CDATA[http://localhost:8080/api/fail]]></flowable:string>
        </flowable:field>
        <flowable:field name="handleStatusCodes">
            <flowable:string><![CDATA[4XX]]></flowable:string>
        </flowable:field>
    </extensionElements>
</serviceTask>
<boundaryEvent id="catch400ErrorBoundaryEvent" attachedToRef="handleStatusCodeTask">
    <errorEventDefinition errorRef="HTTP400"/>
</boundaryEvent>
```

在以上配置中，加粗部分的代码通过handleStatusCodes配置了4XX，表示Http任务在遇到4XX状态码时抛出BpmnError。如果状态码为400，则BpmnError的错误码为HTTP400，会被附属的错误边界事件catch400ErrorBoundaryEvent捕获。

通过设置failStatusCodes字段，可以配置Http任务在遇到特定状态码时抛出异常，可以看下面的例子：

```xml
<serviceTask id="failStatusCodesTask" name="Http服务" flowable:async="true" flowable:type="http">
    <extensionElements>
        <flowable:field name="requestMethod">
            <flowable:string><![CDATA[GET]]></flowable:string>
        </flowable:field>
        <flowable:field name="requestUrl">
            <flowable:string><![CDATA[http://localhost:8080/api/fail]]></flowable:string>
        </flowable:field>
        <flowable:field name="failStatusCodes">
            <flowable:string><![CDATA[400,5XX]]></flowable:string>
        </flowable:field>
        <flowable:failedJobRetryTimeCycle>R5/PT3S</flowable:failedJobRetryTimeCycle>
    </extensionElements>
</serviceTask>
```

在以上配置中，加粗部分的代码配置了failStatusCodes，表示Http任务在遇到"400,5XX"状态码时抛出FlowableException。同时配置Http任务的async属性为true、扩展属性failedJobRetryTimeCycle为R5/PT3S，表示该Http任务为异步执行，当遇到400及5XX状态码时，将按照3秒的间隔重试5次。

通过配置ignoreException为true，可以忽略该异常。

Flowable的Http任务基于Apache Http Client访问外部HTTP服务，支持通过可配置的HTTP客户端发出HTTP请求，在工作流引擎配置中配置httpClientConfig属性即可。示例代码如下：

```xml
<bean id="processEngineConfiguration"
    class="org.flowable.engine.impl.cfg.StandaloneProcessEngineConfiguration">
    <!-- http客户端配置 -->
    <property name="httpClientConfig" ref="httpClientConfig"/>
</bean>
<bean id="httpClientConfig" class="org.flowable.engine.cfg.HttpClientConfig">
    <property name="connectTimeout" value="5000"/>
    <property name="socketTimeout" value="5000"/>
    <property name="connectionRequestTimeout" value="5000"/>
    <property name="requestRetryLimit" value="5"/>
</bean>
```

org.flowable.engine.cfg.HttpClientConfig的可配置参数如表13.3所示。

表13.3　HttpClientConfig可配置参数

变量	是否必填	描述
connectTimeout	否	连接超时时间，单位毫秒。默认值为5000
socketTimeout	否	Socket超时时间，单位毫秒。默认值为5000
connectionRequestTimeout	否	请求连接超时时间，单位毫秒。默认值为5000
requestRetryLimit	否	请求重试次数，默认值为3。配置为0表示不重试
disableCertVerify	否	禁用SSL证书验证。默认值为false

3. 使用示例

下面看一个Http任务的使用示例。如图13.2所示，"获取Ip信息"服务任务为Http任务，它会调用RESTful API查询IP相关信息。

图13.2　Http任务示例流程

该流程对应的XML内容如下：

```xml
<process id="httpServiceTaskProcess" name="Http任务示例流程">
    <startEvent id="startEvent1"/>
    <userTask id="userTask1" name="提交数据"/>
    <sequenceFlow id="seqFlow1" sourceRef="startEvent1" targetRef="userTask1"/>
    <serviceTask id="serviceTask1" name="获取IP信息"
        flowable:parallelInSameTransaction="true" flowable:type="http">
        <extensionElements>
            <flowable:field name="requestMethod">
                <flowable:string><![CDATA[POST]]></flowable:string>
            </flowable:field>
            <flowable:field name="requestUrl">
                <flowable:expression>
                    <![CDATA[http://ip-api.com/json/${ip}?lang=zh-CN&bridgeEndpoint=true]]>
                </flowable:expression>
            </flowable:field>
            <flowable:field name="requestBody">
                <flowable:expression><![CDATA[{'ip':'${ip}'}]]></flowable:expression>
            </flowable:field>
            <flowable:field name="resultVariablePrefix">
                <flowable:string><![CDATA[http-result-]]></flowable:string>
            </flowable:field>
            <flowable:field name="saveRequestVariables">
                <flowable:string><![CDATA[true]]></flowable:string>
            </flowable:field>
            <flowable:field name="saveResponseParameters">
                <flowable:string><![CDATA[true]]></flowable:string>
            </flowable:field>
            <flowable:field name="responseVariableName">
                <flowable:string><![CDATA[myResponseVariableName]]></flowable:string>
            </flowable:field>
            <flowable:field name="saveResponseVariableAsJson">
                <flowable:string><![CDATA[true]]></flowable:string>
            </flowable:field>
            <flowable:field name="ignoreException">
                <flowable:string><![CDATA[true]]></flowable:string>
            </flowable:field>
        </extensionElements>
    </serviceTask>
    <sequenceFlow id="seqFlow2" sourceRef="userTask1" targetRef="serviceTask1"/>
    <endEvent id="endEvent1"/>
    <sequenceFlow id="seqFlow3" sourceRef="serviceTask1" targetRef="endEvent1"/>
</process>
```

在以上流程定义中，服务任务serviceTask1的flowable:type属性值为http，表示它是一个Http任务。它配置了requestMethod、requestUrl、requestBody、resultVariablePrefix、saveRequestVariables、saveResponseParameters、responseVariableName、saveResponseVariableAsJson和ignoreException扩展属性。

加载该流程模型并执行相应流程控制的示例代码如下：

```java
@Slf4j
public class RunHttpServiceTaskProcessDemo extends FlowableEngineUtil {
    @Test
    public void runHttpServiceTaskProcessDemo() {
        //加载Flowable配置文件并初始化工作流引擎及服务
        initFlowableEngineAndServices("flowable.cfg.xml");
        //部署流程
        deployResource("processes/HttpServiceTaskProcess.bpmn20.xml");

        //发起流程
        ProcessInstance procInst = runtimeService
                .startProcessInstanceByKey("httpServiceTaskProcess");
        //设置流程变量
        Map<String, Object> varMap = ImmutableMap.of("ip", "114.247.88.20");
        //查询第一个任务
        Task task = taskService.createTaskQuery()
                .processInstanceId(procInst.getId()).singleResult();
        //办理第一个任务
        taskService.complete(task.getId(), varMap);
        //查询历史变量
```

```java
        List<HistoricVariableInstance> variableList = historyService
                .createHistoricVariableInstanceQuery()
                .processInstanceId(procInst.getId()).list();
        variableList.stream().forEach((variable) ->
                log.info("流程变量名：{}，变量类型：{}，变量值：{}", variable.getVariableName(),
                        variable.getVariableTypeName(),variable.getValue()));
    }
}
```

以上代码首先初始化工作流引擎并部署流程，然后初始化流程变量ip并发起流程，查询并办理第一个用户任务，最后获取并输出流程变量。以上代码运行结果如下：

```
11:10:36,989 [main] INFO  RunHttpServiceTaskProcessDemo    - 流程变量名：http-result-RequestMethod, 变量类型：string, 变量值：POST
11:10:36,989 [main] INFO  RunHttpServiceTaskProcessDemo    - 流程变量名：http-result-RequestUrl, 变量类型：string, 变量值：http://ip-api.com/json/114.247.88.20?lang=zh-CN&bridgeEndpoint=true
11:10:36,989 [main] INFO  RunHttpServiceTaskProcessDemo    - 流程变量名：http-result-RequestHeaders, 变量类型：string, 变量值：
11:10:36,989 [main] INFO  RunHttpServiceTaskProcessDemo    - 流程变量名：http-result-RequestBody, 变量类型：string, 变量值："{'ip':'114.247.88.20'}
11:10:36,989 [main] INFO  RunHttpServiceTaskProcessDemo    - 流程变量名：http-result-RequestBodyEncoding, 变量类型：null, 变量值：null
11:10:36,989 [main] INFO  RunHttpServiceTaskProcessDemo    - 流程变量名：http-result-RequestTimeout, 变量类型：integer, 变量值：0
11:10:36,989 [main] INFO  RunHttpServiceTaskProcessDemo    - 流程变量名：http-result-DisallowRedirects, 变量类型：boolean, 变量值：false
11:10:36,989 [main] INFO  RunHttpServiceTaskProcessDemo    - 流程变量名：http-result-FailStatusCodes, 变量类型：null, 变量值：null
11:10:36,989 [main] INFO  RunHttpServiceTaskProcessDemo    - 流程变量名：http-result-HandleStatusCodes, 变量类型：null, 变量值：null
11:10:36,989 [main] INFO  RunHttpServiceTaskProcessDemo    - 流程变量名：http-result-IgnoreException, 变量类型：boolean, 变量值：true
11:10:36,989 [main] INFO  RunHttpServiceTaskProcessDemo    - 流程变量名：http-result-SaveRequestVariables, 变量类型：boolean, 变量值：true
11:10:36,989 [main] INFO  RunHttpServiceTaskProcessDemo    - 流程变量名：http-result-SaveResponseParameters, 变量类型：boolean, 变量值：true
11:10:36,989 [main] INFO  RunHttpServiceTaskProcessDemo    - 流程变量名：http-result-ResponseProtocol, 变量类型：string, 变量值：HTTP/1.1
11:10:36,989 [main] INFO  RunHttpServiceTaskProcessDemo    - 流程变量名：http-result-ResponseStatusCode, 变量类型：integer, 变量值：200
11:10:36,989 [main] INFO  RunHttpServiceTaskProcessDemo    - 流程变量名：http-result-ResponseReason, 变量类型：string, 变量值：OK
11:10:36,989 [main] INFO  RunHttpServiceTaskProcessDemo    - 流程变量名：http-result-ResponseHeaders, 变量类型：string, 变量值：Date: Wed, 26 Jul 2023 03:10:36 GMT
Content-Type: application/json; charset=utf-8
Content-Length: 307
Access-Control-Allow-Origin: *
X-Ttl: 60
X-Rl: 44
11:10:36,989 [main] INFO  RunHttpServiceTaskProcessDemo    - 流程变量名：myResponseVariableName, 变量类型：json, 变量值：{"status":"success","country":"中国","countryCode":"CN","region":"BJ","regionName":"北京市","city":"北京","zip":"","lat":39.911,"lon":116.395,"timezone":"Asia/Shanghai","isp":"China Unicom Beijing Province Network","org":"","as":"AS4808 China Unicom Beijing Province Network","query":"114.247.88.20"}
11:10:36,989 [main] INFO  RunHttpServiceTaskProcessDemo    - 流程变量名：ip, 变量类型：string, 变量值：114.247.88.20
```

从代码运行结果可知，该流程中存在以下3类流程变量。

- 以http-result-为前缀的变量，因为Http任务配置resultVariablePrefix属性为"http-result-"，同时配置saveRequestVariables和saveResponseParameters属性为true。
- 变量myResponseVariableName，用于存储Http任务调用外部HTTP服务后返回的结果。它的类型为json，因为Http任务配置responseVariableName属性为"myResponseVariableName"，同时配置saveResponseVariableAsJson属性为true。
- 变量ip，这是办理用户任务时设置的。

在上述流程定义的Http任务中，加粗部分的代码配置属性parallelInSameTransaction为true，表示可以在同一事务中并行执行Http任务。如图13.3所示，并行网关的流出顺序流是3个Http任务，默认情况下这些Http任务并不是并行执行的，而是按顺序执行的。而配置parallelInSameTransaction属性为true后就能并行执行了。

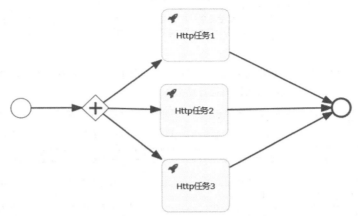

图13.3　并行网关后的Http任务并非并行执行

13.2 外部工作者任务

Flowable提供了外部工作者任务，允许创建由"外部工作者"获取并执行的作业（job）。外部工作者可以Java API或REST API获取该作业。这看起来类似异步服务任务，它们的不同之处在于，外部工作者任务不是由工作流引擎执行逻辑，而是由外部工作者（可以用任何语言实现）来查询作业，执行它们并将结果发送给工作流引擎。通过外部工作者任务，可以将复杂的业务逻辑委托给外部服务来处理，工作流引擎等待外部系统完成工作后再继续流程，从而提高了系统的可扩展性和灵活性。

1．图形标记

因为外部工作者任务不是BPMN 2.0规范的"官方"任务，所以没有专用图标。在Flowable中，外部工作者任务是作为一种特殊的服务任务来扩展实现的，它的图标与普通服务任务相同。

2．XML内容

在Flowable中，外部工作者任务是由服务任务扩展而来的，同样使用serviceTask元素定义，为了与服务任务区分，外部工作者任务将type属性设置为external-worker。外部工作者任务的定义格式如下：

```
<serviceTask id="externalWorkerTask1" name="外部工作者任务" flowable:type="external-worker"
    flowable:topic="testTopic" flowable:exclusive="false"/>
```

以上加粗部分的代码设置type属性为external-worker，说明它是一个外部工作者任务，同时设置了topic、exclusive属性。

流程流转到外部工作者任务后处于等待状态，当执行到该任务时，它将创建一个外部工作者作业，可以由外部工作者查询。查询外部作业可以使用Flowable的以下API查询：

```
List<ExternalWorkerJob> externalWorkerJobs = managementService
    .createExternalWorkerJobQuery().list();
```

如果要处理外部工作者作业，需要先获取和锁定它。使用Flowable的API获取并锁定外部工作者作业的示例如下：

```
List<AcquiredExternalWorkerJob> acquiredJobs = managementService
    .createExternalWorkerJobAcquireBuilder()
    .topic("testTopic", Duration.ofMinutes(30))
    .acquireAndLock(5, "worker-1");
```

在以上代码中，根据topic进行查询，最多获取5个作业，将作业的所有者设置为worker-1，并将该作业锁定30分钟，等待外部工作者完成任务并通知工作流引擎。

通过AcquiredExternalWorkerJob的getVariables()方法可以访问流程的流程变量。如果将外部工作者任务的exclusive属性设置为true，AcquiredExternalWorkerJob将锁定这个流程实例。

使用Flowalbe的API完成外部工作者作业的实例如下：

```
managementService.createExternalWorkerCompletionBuilder(jobId, "worker-1")
    .variable("result", "COMPLETED")
    .complete();
```

在以上代码中，通过所有者worker-1完成了编号为jobId的AcquiredExternalWorkerJob，同时设置了变量result的值，流程将离开外部工作者任务继续执行。需要注意的是，继续执行将是以异步方式在新事务中完成的。这意味着工作流引擎会创建一个新的异步作业来完成该外部工作任务，并且当前线程会在它执行完后返回。外部工作者任务之后的操作将在同一个事务中执行，这类似常规的异步服务任务。因此，使用外部工作者任务需要开启作业执行器。

外部工作者任务必须被获取和锁定后才能被完成，否则会报FlowableIllegalArgumentException异常，异常信息为*** does not hold a lock on the requested job。

当执行外部工作者任务出现异常时，Flowable提供了两种方式来处理。

第一种方式的示例如下：

```
managementService.createExternalWorkerCompletionBuilder(jobId, "worker-1")
    .variable("result", "FAILED")
    .bpmnError("failed");
```

在以上代码中，将给流程变量result赋值，同时抛出一个错误码为failed的BPMNError。需要注意的是，只有获取了该作业的外部工作者才能抛出BPMNError。

第二种方式的示例如下：

```
managementService.createExternalWorkerJobFailureBuilder(jobId, " worker-1")
    .errorMessage("执行外部工作作业异常")
    .errorDetails("出现了空指针错误")
    .retries(4)
    .retryTimeout(Duration.ofHours(1))
    .fail();
```

在以上代码中，errorMessage和errorDetails将被设置到该作业上，同时设置该作业的重试次数为4，将在1小时后再次被获取。该任务只能由获取它的工作者来执行。如果未设置重试次数，则采用默认值3，工作流引擎将自动将该任务的重试次数减1。当重试次数为0时，该任务将被移到DeadLetter表中，并且不再可供获取。

3. 使用示例

下面看一个外部工作者任务的使用示例。如图13.4所示，"提交数据"用户任务办理完成后，流程流转到"外部系统执行数据归档"外部工作者任务。如果外部工作者任务正常完成，则流程流转到"数据检查"用户任务；如果外部工作者任务抛出错误，则被附属的边界错误事件捕获流转到"手动补偿归档"用户任务。

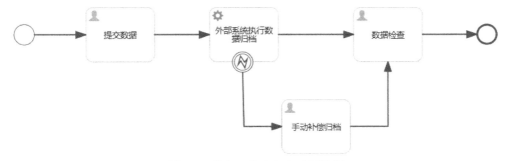

图13.4 外部工作者任务示例流程

该流程对应的XML内容如下：

```xml
<error id="externalWorkerTaskError" errorCode="externalWorkerTaskErrorrCode"/>
<process id="externalWorkerTaskProcess" name="外部工作者任务示例流程">
    <startEvent id="startEvent1"/>
    <serviceTask id="serviceTask1" name="外部系统执行数据归档"
        flowable:type="external-worker" flowable:topic="batchTopic"
```

```xml
        flowable:exclusive="false"/>
<userTask id="userTask3" name="数据检查"/>
<endEvent id="endEvent1"/>
<userTask id="userTask1" name="提交数据"/>
<userTask id="userTask2" name="手动补偿归档"/>
<boundaryEvent id="boundaryEvent1" attachedToRef="serviceTask1">
    <errorEventDefinition errorRef="externalWorkerTaskError"/>
</boundaryEvent>
<sequenceFlow id="seqFlow1" sourceRef="startEvent1" targetRef="userTask1"/>
<sequenceFlow id="seqFlow2" sourceRef="userTask1" targetRef="serviceTask1"/>
<sequenceFlow id="seqFlow3" sourceRef="serviceTask1" targetRef="userTask3"/>
<sequenceFlow id="seqFlow4" sourceRef="boundaryEvent1" targetRef="userTask2"/>
<sequenceFlow id="seqFlow5" sourceRef="userTask2" targetRef="userTask3"/>
<sequenceFlow id="seqFlow6" sourceRef="userTask3" targetRef="endEvent1"/>
</process>
```

在以上流程定义中,加粗部分的代码定义了3个元素:BPMN错误externalWorkerTaskError、服务任务serviceTask1和错误边界事件boundaryEvent1。其中,服务任务设置type为external-worker,说明它是一个外部工作者任务,其topic设置为batchTopic。错误边界事件附属在外部工作者任务上,捕获错误externalWorkerTaskError。

加载该流程模型并执行相应流程控制的示例代码如下:

```java
@Slf4j
public class RunExternalWorkerTaskProcessDemo extends FlowableEngineUtil {
    @Test
    public void runExternalWorkerTaskProcessDemo() throws Exception {
        //加载Flowable配置文件并初始化工作流引擎及服务
        initFlowableEngineAndServices("flowable.cfg.xml");
        //部署流程
        ProcessDefinition processDefinition =
                deployResource("processes/ExternalWorkerTaskProcess.bpmn20.xml");

        //启动流程
        ProcessInstance procInst1 = runtimeService
                .startProcessInstanceById(processDefinition.getId());
        ProcessInstance procInst2 = runtimeService
                .startProcessInstanceById(processDefinition.getId());
        //初始化变量
        Map<String, Object> varMap1 = ImmutableMap.of("batchNo", "batch001");
        Map<String, Object> varMap2 = ImmutableMap.of("batchNo", "batch002");
        //查询并办理第一个任务
        Task task1_1 = taskService.createTaskQuery()
                .processInstanceId(procInst1.getId()).singleResult();
        Task task2_1 = taskService.createTaskQuery()
                .processInstanceId(procInst2.getId()).singleResult();
        taskService.complete(task1_1.getId(), varMap1);
        taskService.complete(task2_1.getId(), varMap2);
        //查询任务
        List<ExternalWorkerJob> externalWorkerJobs = managementService
                .createExternalWorkerJobQuery().list();
        log.info("查询到的外部工作者作业数:{}", externalWorkerJobs.size());
        //获取并锁定外部工作者作业
        List<AcquiredExternalWorkerJob> acquiredJobs = managementService
                .createExternalWorkerJobAcquireBuilder()
                .topic("batchTopic", Duration.ofMinutes(30))
                .acquireAndLock(5, "worker-1");
        log.info("获取并锁定的外部工作者作业数:{}", acquiredJobs.size());
        //模拟外部工作者处理外部任务,暂停30秒
        Thread.sleep(30 * 1000);
        //第一个外部工作作业正常完成
        managementService
                .createExternalWorkerCompletionBuilder(acquiredJobs.get(0).getId(), "worker-1")
                .variable("result", "COMPLETED")
                .complete();
        //第二个外部工作作业抛出错误
        managementService
                .createExternalWorkerCompletionBuilder(acquiredJobs.get(1).getId(), "worker-1")
                .variable("result", "FAILED")
```

```
            .bpmnError("externalWorkerTaskError");
    //等待异步执行,暂停10秒
    Thread.sleep(10 * 1000);
    //查询流程当前任务
    Task task1_2 = taskService.createTaskQuery()
            .processInstanceId(procInst1.getId()).singleResult();
    Task task2_2 = taskService.createTaskQuery()
            .processInstanceId(procInst2.getId()).singleResult();
    log.info("第一个流程当前节点: {}", task1_2.getName());
    log.info("第二个流程当前节点: {}", task2_2.getName());
    //查看变量
    Map<String, Object> varMap3 = runtimeService.getVariables(procInst1.getId());
    Map<String, Object> varMap4 = runtimeService.getVariables(procInst2.getId());
    log.info("第一个流程的变量为: {}", JSON.toJSONString(varMap3));
    log.info("第二个流程的变量为: {}", JSON.toJSONString(varMap4));
    }
}
```

以上代码首先初始化工作流引擎并部署流程，分别发起两个流程并均办理完成第一个任务，接着查询、获取并锁定外部工作者作业，然后使第一个外部工作者作业完成，使第二个外部工作者作业抛出错误，最后分别查询两个流程实例的当前所在任务和流程变量。以上代码运行结果如下：

```
21:04:14,950 [main] INFO    RunExternalWorkerTaskProcessDemo    - 查询到的外部工作者作业数: 2
21:04:14,968 [main] INFO    RunExternalWorkerTaskProcessDemo    - 获取并锁定的外部工作者作业数: 2
21:04:54,983 [main] INFO    RunExternalWorkerTaskProcessDemo    - 第一个流程当前节点: 数据检查
21:04:54,983 [main] INFO    RunExternalWorkerTaskProcessDemo    - 第二个流程当前节点: 手动补偿归档
21:04:55,032 [main] INFO    RunExternalWorkerTaskProcessDemo    - 第一个流程的变量为:
{"result":"COMPLETED","batchNo":"batch001"}
21:04:55,032 [main] INFO    RunExternalWorkerTaskProcessDemo    - 第二个流程的变量为:
{"result":"FAILED","batchNo":"batch002"}
```

从代码运行结果可知，第一个流程的外部工作者任务完成后流转到了"数据检查"用户任务，它的变量result是在完成该外部工作者任务时赋值的；第二个流程的外部工作者任务抛出错误后流转到了"手动补偿归档"用户任务，它的变量result是抛出异常时设置的。

13.3 Web Service任务

Web Service是一种跨编程语言和跨操作系统平台的远程调用技术，可以使运行在不同机器上的应用相互交换数据或集成，而无须借助附加的、专门的第三方软件或硬件。Web Service是一款平台独立、低耦合、自包含、基于可编程的Web应用程序，可使用开放的XML标准来描述、发布、发现、协调和配置这些应用程序，用于开发分布式交互操作应用程序。依据Web Service规范实施的应用之间都可以交换数据，无论这些应用使用什么语言、平台或内部协议。Web Service是自描述、自包含的可用网络模块，可以执行具体的业务功能，为整个企业甚至多个组织之间的业务与应用的集成提供一种通用机制。BPMN 2.0规范中定义了Web Service任务，可用于同步调用外部的Web服务。

13.3.1 Web Service任务介绍

Web Service任务是BPMN 2.0的规范之一，可以使用BPMN 2.0的XML文件实现Web Service的配置，并封装Web Service的调用过程。

1. 图形标记

Web Service任务是BPMN 2.0中的一种任务类型，但在Flowable中并没有专用图标表示。它复用了服务任务的图标，表示为左上角带有齿轮图标的圆角矩形，如图13.5所示。

图13.5　Web Service任务图形标记

2. XML内容

Web Service任务也使用serviceTask元素定义，不过为了实现Web Service的调用，Flowable为其引入了多种属性和元素。

1）import元素

使用Web Service之前，需要导入其操作和类型。可以使用import元素指定Web Service的Web服务定义语言（Web Service Definition Language，WSDL）：

```xml
<import importType="http://schemas.xmlsoap.org/wsdl/"
    location="http://localhost:9090/WeatherWS.asmx?wsdl"
    namespace="http://webservice.flowable.org/" />
```

其中，importType属性表示引入Web Service的类型，location属性表示要调用的Web Service的WSDL路径，namespace为该import元素的命名空间。

2）itemDefinition元素与message元素

通过import元素导入了Web Service的WSDL定义后，需要创建item定义和消息。itemDefinition元素用于定义数据对象或消息对象，这些对象可以在流程中操作、传输、转换或存储。itemDefinition元素默认遵守XML语法规则。message元素用于定义流程参与者之间的交互信息，其格式由itemDefinition元素定义，因此message元素通过引用一个itemDefinition元素来声明其格式：

```xml
<itemDefinition id="theItem" structureRef="数据对象" />
<message id="theMessage" itemRef="theItem" />
```

这里定义了一个id为theItem的itemDefinition元素，它使用structureRef属性指定数据结构约束；同时定义了一个id为theMessage的message对象，通过itemRef属性引用前面的itemDefinition。需要注意的是，前面通过import元素指定了Web Service的WSDL，如果在itemDefinition中配置了structureRef属性，那么structureRef属性所有的元素结构必须在相应的WSDL中有所体现。

3）interface元素与operation元素

在声明服务任务之前，必须定义实际引用Web Service的接口和操作。interface元素用于定义一个Web Service接口。interface元素下可以定义多个operation元素，表示一个服务下的多个操作。对于每一个操作，都可以复用之前定义的"传入"与"传出"消息。看以下示例：

```xml
<interface id="theInterface" name="示例接口定义" implementationRef="WSDL中portType的名称">
    <operation id="theOperation" name="示例操作定义" implementationRef="WSDL中的操作名称">
        <inMessageRef>WSDL中操作的input message</inMessageRef>
        <outMessageRef>WSDL中操作的output message</outMessageRef>
    </operation>
</interface>
```

这里定义了id为theInterface的服务接口，在其下面定义了一个id为theOperation的操作。使用Web Service任务时，在其serviceTask定义中加入operationRef属性指定该Web Service任务使用的操作。

4）设置Web Service服务的输入与输出参数

在Flowable中自定义了设置Web Service调用的输入与输出参数的规范，它比BPMN 2.0标准的Web Service任务声明IO规范简单很多。要设置Web Service服务的输入和输出参数，可以为serviceTask元素添加dataInputAssociation和dataOutputAssociation子元素。dataInputAssociation子元素定义了属性输入关系，dataOutputAssociation子元素定义了属性输出关系。看以下示例：

```xml
<serviceTask id="theWebServiceTask" name="Web Service任务"
    implementation="##WebService" operationRef="theOperation">
    <dataInputAssociation>
        <sourceRef>item1</sourceRef>
        <targetRef>item2</targetRef>
    </dataInputAssociation>
    <dataOutputAssociation>
        <sourceRef>item3</sourceRef>
        <targetRef>item4</targetRef>
    </dataOutputAssociation>
</serviceTask>
```

这里首先定义了一个dataInputAssociation。该元素下有sourceRef和targetRef两个子元素，它们均需要引用相应的itemDefinition，这决定了参数的数据结构。我们还定义了一个dataOutputAssociation，表示调用Web Service后返回的结果，其中sourceRef定义返回值的数据结构。如果返回值是一个普通字符串，可以使用下面的itemDefinition：

```xml
<itemDefinition id="item1" structureRef="string" />
```

如果返回值是一个对象，则需要为itemDefinition指定相应的结构：

```xml
<itemDefinition id="item1" structureRef="数据对象" />
```

dataOutputAssociation元素还有一个targetRef元素,用于设置返回值的名称。调用Web Service返回结果后,Flowable会将结果作为流程变量进行保存,其变量名为targetRef引用的itemDefinition的id属性值。

13.3.2 Web Service任务使用示例

下面看一个使用Web Service任务的示例,其流程如图13.6所示。该流程为调用第三方Web Service获取手机号信息的流程。流程发起后首先通过Web Service任务调用外部第三方Web Service查询手机号信息,然后通过脚本任务对结果进行格式化处理,最后通过邮件任务将查询结果发送给申请人。该流程综合应用了Web Service任务、脚本任务和邮件任务。

图13.6 Web Service任务示例流程

1. 配置邮件服务器

由于该示例流程使用了邮件服务,需要在工作流引擎配置文件flowable.cfg.xml中配置邮件服务器:

```xml
<beans>
    <!-- Flowable工作流引擎 -->
    <bean id="processEngineConfiguration"
        class="org.flowable.engine.impl.cfg.StandaloneProcessEngineConfiguration">
        <!-- 设置邮箱的SMTP服务器 -->
        <property name="mailServerHost" value="smtp.163.com" />
        <!-- 设置邮箱的端口 -->
        <property name="mailServerPort" value="465"/>
        <!-- 设置默认的发送邮箱 -->
        <property name="mailServerDefaultFrom" value="hebo824@163.com" />
        <!-- 设置邮箱用户名 -->
        <property name="mailServerUsername" value="hebo824@163.com" />
        <!-- 设置邮箱密码 -->
        <property name="mailServerPassword" value="******" />
        <!-- 设置SSL通信-->
        <property name="mailServerUseSSL" value="true" />

        <!-- 此处省略其他配置 -->
    </bean>

    <!-- 此处省略其他配置 -->
</beans>
```

2. 设计流程模型

该流程对应的XML内容如下:

```xml
<definitions xmlns="http://www.omg.org/spec/BPMN/20100524/MODEL"
        xmlns:xsi="http://www.w3.org/2001/XMLSchema-instance"
        xmlns:xsd="http://www.w3.org/2001/XMLSchema"
        xmlns:flowable="http://flowable.org/bpmn"
        xmlns:bpmndi="http://www.omg.org/spec/BPMN/20100524/DI"
        xmlns:omgdc="http://www.omg.org/spec/DD/20100524/DC"
        xmlns:omgdi="http://www.omg.org/spec/DD/20100524/DI"
        typeLanguage="http://www.w3.org/2001/XMLSchema"
        expressionLanguage="http://www.w3.org/1999/XPath"
        targetNamespace="http://www.flowable.org/processdef"
        xmlns:tns="http://www.flowable.org/processdef"
        xmlns:mobile="http://WebXml.com.cn/">

    <!-- 这里的命名空间对应于WSDL中的命名空间,在这里定义一下方便后面使用 -->

    <!--引入外部的WSDL文件中存储的数据,也就是我们的Web服务生成的WSDL数据 -->
    <import importType="http://schemas.xmlsoap.org/wsdl/"
        location="http://ws.webxml.com.cn/WebServices/MobileCodeWS.asmx?wsdl"
        namespace="http://WebXml.com.cn/" />
```

```xml
<process id="webServiceTaskProcess" name="Web Service任务示例流程">
    <startEvent id="startEvent1"/>
    <serviceTask id="webServiceTask1" name="获取手机号信息"
        implementation="##WebService" operationRef="getMobileCodeInfoOperation">
        <!-- 要输入的参数，可以有多个 -->
        <dataInputAssociation>
            <sourceRef>myMobileCode</sourceRef>
            <targetRef>mobileCode</targetRef>
        </dataInputAssociation>
        <dataInputAssociation>
            <sourceRef>myUserID</sourceRef>
            <targetRef>userID</targetRef>
        </dataInputAssociation>
        <dataOutputAssociation><!--输出的参数，只可以有一个-->
            <sourceRef>getMobileCodeInfoResult</sourceRef><!--输出变量在WSDL中的名称-->
            <targetRef>mobileCodeInfoResult</targetRef><!--输出变量在流程中的名称-->
        </dataOutputAssociation>
    </serviceTask>
    <scriptTask id="scriptTask1" name="格式化处理" scriptFormat="javascript"
        flowable:autoStoreVariables="false">
        <script>
            var array1 = mobileCodeInfoResult.split(": ");
            var array2 = array1[1].split(" ");
            execution.setVariable("province", array2[0]);
            execution.setVariable("city", array2[1]);
            execution.setVariable("type", array2[2]);
        </script>
    </scriptTask>
    <serviceTask id="mailTask1" name="邮件发送结果" flowable:type="mail">
        <extensionElements>
            <flowable:field name="from" stringValue="hebo824@163.com" />
            <flowable:field name="to" expression="${userMail}" />
            <flowable:field name="subject" expression="手机号信息查询结果" />
            <flowable:field name="html">
                <flowable:expression>
                    <![CDATA[<html><body>
                    用户<b>${userName}</b>你好，<br/>
                    你查询的手机号<b>${myMobileCode}</b>的信息为：<br/>
                    <table border="1">
                    <tr><td>卡号</td><td>${myMobileCode}</td></tr>
                    <tr><td>省份</td><td>${province}</td></tr>
                    <tr><td>城市</td><td>${city}</td></tr>
                    <tr><td>卡类型</td><td>${type}</td></tr>
                    </table>
                    </body></html>]]>
                </flowable:expression>
            </flowable:field>
            <flowable:field name="charset">
                <flowable:string><![CDATA[utf-8]]></flowable:string>
            </flowable:field>
        </extensionElements>
    </serviceTask>
    <endEvent id="endEvent1"/>
    <sequenceFlow id="seqFlow1" sourceRef="startEvent1" targetRef="webServiceTask1"/>
    <sequenceFlow id="seqFlow2" sourceRef="webServiceTask1" targetRef="scriptTask1"/>
    <sequenceFlow id="seqFlow3" sourceRef="scriptTask1" targetRef="mailTask1"/>
    <sequenceFlow id="seqFlow4" sourceRef="mailTask1" targetRef="endEvent1"/>
</process>

<interface id="getMobileCodeInfoInterface" name="获取手机号信息接口"
    implementationRef="mobile:MobileCodeWSSoap">
    <operation id="getMobileCodeInfoOperation" name="获取手机号信息操作"
        implementationRef="mobile:getMobileCodeInfo" >
        <inMessageRef>tns:getMobileCodeInfoRequestMessage</inMessageRef>
        <outMessageRef>tns:getMobileCodeInfoResponseMessage</outMessageRef>
    </operation>
</interface>

<message id="getMobileCodeInfoRequestMessage" itemRef="tns:getMobileCodeInfoRequestItem"/>
```

```xml
<message id="getMobileCodeInfoResponseMessage" itemRef="tns:getMobileCodeInfoResponseItem"/>

<itemDefinition id="getMobileCodeInfoRequestItem" structureRef="mobile:getMobileCodeInfo"/>
<itemDefinition id="getMobileCodeInfoResponseItem"
    structureRef="mobile:getMobileCodeInfoResponse" />

<itemDefinition id="myMobileCode" structureRef="string" />
<itemDefinition id="mobileCode" structureRef="string" />
<itemDefinition id="myUserID" structureRef="string" />
<itemDefinition id="userID" structureRef="string" />

<itemDefinition id="getMobileCodeInfoResult" structureRef="string" />
<itemDefinition id="mobileCodeInfoResult" structureRef="string" />
```

`</definitions>`

在以上流程定义中，为了使用Web Service任务，做了一系列的配置工作。

首先，根节点中增加了tns、mobile两个命名空间，因此流程定义中可以使用这两个命名空间下的元素和属性。然后，定义了import元素，由其指定Web服务的WSDL路径和命名空间，以便后续使用。

为了表示Web Service任务，流程中定义了id为webServiceTask1的服务任务，其implementation属性设置为##WebService，表示这是一个Web Service任务。这个Web Service任务下配置了两个dataInputAssociation子元素，表示调用Web服务的参数，对应的数据结构为myMobileCode、mobileCode、myUserID和userID的itemDefinition；同时配置了一个dataOutputAssociation子元素，表示调用Web服务后的返回值，sourceRef为Web服务的返回值名称，对应数据结构为getMobileCodeInfoResult，targetRef为存储返回结果的流程变量名，对应数据结构为mobileCodeInfoResult。Web Service任务的operationRef引用调用Web服务接口的操作。

为了表示Web服务的接口和操作，定义id为getMobileCodeInfoInterface的interface元素，其implementationRef为Web服务的WSDL文件中对应接口的wsdl:portType元素的name属性值（注意，需要带上相应的命名空间）。下面是这里调用的Web服务接口对应的WSDL文件的部分片段：

```xml
<wsdl:portType name="MobileCodeWSSoap">
<wsdl:operation name="getMobileCodeInfo">
<wsdl:documentation xmlns:wsdl="http://schemas.xmlsoap.org/wsdl/"><br /><h3>获得国内手机号码归属地省份、地区和手机卡类型信息</h3><p>输入参数:mobileCode = 字符串(手机号码,最少前7位数字),userID = 字符串(商业用户ID) 免费用户为空字符串; 返回数据: 字符串（手机号码：省份 城市 手机卡类型）。</p><br /></wsdl:documentation>
<wsdl:input message="tns:getMobileCodeInfoSoapIn"/>
<wsdl:output message="tns:getMobileCodeInfoSoapOut"/>
</wsdl:operation>
<wsdl:operation name="getDatabaseInfo">
<wsdl:documentation xmlns:wsdl="http://schemas.xmlsoap.org/wsdl/"><br /><h3>获得国内手机号码归属地数据库信息</h3><p>输入参数：无; 返回数据: 一维字符串数组（省份 城市 记录数量）。</p><br /></wsdl:documentation>
<wsdl:input message="tns:getDatabaseInfoSoapIn"/>
<wsdl:output message="tns:getDatabaseInfoSoapOut"/>
</wsdl:operation>
</wsdl:portType>
<wsdl:message name="getMobileCodeInfoSoapIn">
    <wsdl:part name="parameters" element="tns:getMobileCodeInfo"/>
</wsdl:message>
<wsdl:message name="getMobileCodeInfoSoapOut">
    <wsdl:part name="parameters" element="tns:getMobileCodeInfoResponse"/>
</wsdl:message>
<wsdl:message name="getDatabaseInfoSoapIn">
    <wsdl:part name="parameters" element="tns:getDatabaseInfo"/>
</wsdl:message>
<wsdl:message name="getDatabaseInfoSoapOut">
    <wsdl:part name="parameters" element="tns:getDatabaseInfoResponse"/>
</wsdl:message>
```

interface元素下定义了operation。operation的配置信息同样可以在Web Service的WSDL文件中找到，其implementationRef属性对应WSDL文件中对应接口的wsdl:operation元素的name属性值（注意，需要带上相应的命名空间）。operation元素下的inMessageRef、outMessageRef子元素分别对应WSDL文件中的wsdl:input、wsdl:output，对应的消息格式需要引用对应的message。

前面在定义interface的operation时需要引用两个message，在这里定义了id分别为getMobileCodeInfo

RequestMessage、getMobileCodeInfoResponseMessage的两个message元素，用于定义消息的内容格式，分别引用了tns命名空间下的getMobileCodeInfoRequestItem和getMobileCodeInfoResponseItem两个itemDefinition。getMobileCodeInfoRequestItem和getMobileCodeInfoResponseItem的结构同样引用了Web Service的WSDL中的定义，因此在配置structureRef属性时要带上命名空间。

对于流程中使用到的脚本任务scriptTask1，通过scriptFormat属性配置脚本类型为javascript，通过设置flowable:autoStoreVariables="false"表示不自动保存变量，通过其script子元素配置了需要执行的脚本，对存储Web Service任务返回结果的mobileCodeInfoResult变量进行了格式化解析处理，并将处理结果分别设置到流程变量province、city和type中。

对于流程中使用到的邮件任务mailTask1，这里配置了from、to、subject、html和charset属性，并以邮件的方式将查询结果发给申请人。

3. 设计流程控制代码

加载该流程模型并执行相应流程控制的示例代码如下：

```
@Slf4j
public class RunWebServiceTaskProcessDemo extends FlowableEngineUtil {
    @Test
    public void runWebServiceTaskProcessDemo() {
        //加载Flowable配置文件并初始化工作流引擎及服务
        initFlowableEngineAndServices("flowable.mail.xml");
        //部署流程
        deployResource("processes/WebServiceTaskProcess.bpmn20.xml");

        //设置流程变量
        Map<String, Object> varMap = ImmutableMap.of("userName", "诗雨花魂",
                "userMail", "280******@qq.com", "myMobileCode", "136********");
        //启动流程
        ProcessInstance procInst = runtimeService
                .startProcessInstanceByKey("webServiceTaskProcess", varMap);
        //查询并打印流程变量
        List<HistoricVariableInstance> hisVariables = historyService
                .createHistoricVariableInstanceQuery()
                .processInstanceId(procInst.getId()).list();
        hisVariables.stream().forEach(hisVariable -> log.info("流程变量名：{}，变量值：{}",
                hisVariable.getVariableName(), hisVariable.getValue()));
    }
}
```

以上代码首先初始化工作流引擎并部署流程，然后初始化流程变量userName、userMail和myMobileCode，并发起流程（加粗部分的代码），最后获取并输出流程变量。

代码运行结果如下：

```
07:31:40,149 [main] INFO  RunWebServiceTaskProcessDemo    - 流程变量名：mobileCodeInfoResult，变量值：
13693511055：北京 北京 北京移动神州行卡
07:31:40,149 [main] INFO  RunWebServiceTaskProcessDemo    - 流程变量名：province，变量值：北京
07:31:40,149 [main] INFO  RunWebServiceTaskProcessDemo    - 流程变量名：city，变量值：北京
07:31:40,149 [main] INFO  RunWebServiceTaskProcessDemo    - 流程变量名：type，变量值：北京移动神州行卡
07:31:40,149 [main] INFO  RunWebServiceTaskProcessDemo    - 流程变量名：myMobileCode，变量值：136********
07:31:40,149 [main] INFO  RunWebServiceTaskProcessDemo    - 流程变量名：userMail，变量值：280******@qq.com
07:31:40,149 [main] INFO  RunWebServiceTaskProcessDemo    - 流程变量名：userName，变量值：诗雨花魂
```

以上代码运行结果中输出了所有流程变量：

- 流程变量mobileCodeInfoResult来自于Web Service任务执行后的返回值，变量名由dataOutputAssociation元素的targetRef子元素定义；
- 流程变量province、city和type由脚本任务中的脚本设置得到；
- 流程变量myMobileCode、userName和userMail由流程发起时初始化得到。

查看邮箱可以看到，邮件任务发出的邮件也已成功到达，如图13.7所示。

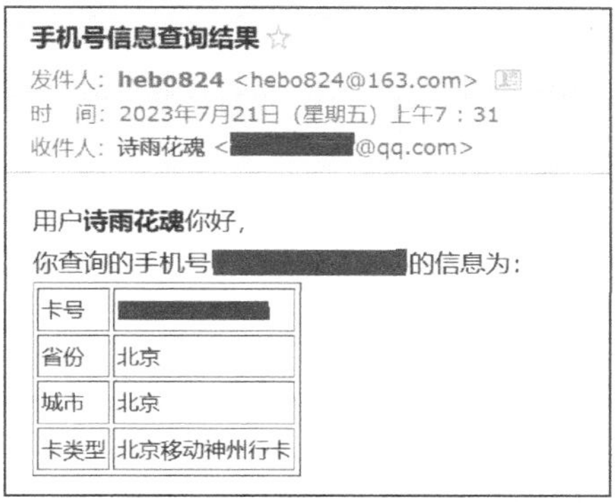

图13.7 邮件任务发送的邮件

13.4 决策任务

在Flowable中，决策任务是一种特定的任务类型，是指流程中需要基于一些条件或规则来做出决策的任务。决策任务可以根据输入的数据和条件，执行相关的决策规则，并根据不同的决策结果采取不同的操作。比如可以根据不同的条件和规则来确定后续执行的路线，这样就可以根据具体的业务逻辑和规则来动态地决定工作流程的走向，提高流程的灵活性和自动化程度。

13.4.1 决策任务介绍

决策任务用于根据预定义的规则和条件对流程进行决策，从而满足各种特定的业务需求。

1. 图形标记

决策任务是BPMN 2.0的规范之一，表示为左上角带有表格图标的圆角矩形，如图13.8所示。

图13.8 决策任务图形标记

2. XML内容

在Flowable中决策任务是由服务任务扩展而来的，同样使用serviceTask元素定义，为了与服务任务区分，决策任务将type属性设置为dmn。决策任务的定义格式如下：

```
<serviceTask id="decisionTask1" name="决策任务" flowable:type="dmn" />
```

DMN是Decision Modeling Notation（决策建模符号）的缩写，是用于业务决策的图形语言。DMN的主要目的是为分析人员提供一种工具，用于将业务决策逻辑与业务流程分离，这将极大地降低业务流程模型的复杂性并促进其可读性，使用DMN封装业务决策逻辑还允许业务流程或业务规则在不相互影响的情况下进行更改。Flowable是通过dmn实现决策的，既支持DMN决策表（DMN decision table），又支持DMN决策服务（DMN decision service），由于篇幅限制，这里主要介绍DMN决策表的使用。

决策任务可以通过属性注入的方式配置各种属性，如表13.4所示。

表13.4 决策任务可配置属性

属性	是否必需	描述
decisionTableReferenceKey	是	引用决策表的唯一标识符，可以使用UEL表达式
decisionTaskThrowErrorOnNoHits	否	值可为true或false，用于定义决策任务找不到匹配的规则时是否抛出错误。可以使用UEL表达式，通过设置该属性，根据业务需求来决定在找不到匹配规则时的处理方式：当设置为true时，如果决策任务找不到匹配的规则，Flowable将抛出FlowableException；当设置为false时，如果决策任务找不到匹配的规则，Flowable将不会抛出错误，而是继续执行后续的流程
fallbackToDefaultTenant	否	值可为true或false。配置为true时表示在当前租户下找不到决策表，退回默认租户查找
sameDeployment	否	值可为true或false，用于定义是否将流程与决策表放在同一个部署单元中

13.4.2 决策任务使用示例

下面看一个决策任务的使用示例。这里使用决策任务替代业务规则任务实现11.3.2节的流程需求，流程图如图13.9所示。

图13.9 决策任务示例流程

1. 引入Maven依赖

要使用决策任务，需要在项目中添加DMN的相关依赖，在pom.xml文件中引入以下内容：

```xml
<dependency>
    <groupId>org.flowable</groupId>
    <artifactId>flowable-dmn-engine</artifactId>
    <version>6.8.0</version>
</dependency>
<dependency>
    <groupId>org.flowable</groupId>
    <artifactId>flowable-dmn-engine-configurator</artifactId>
    <version>6.8.0</version>
</dependency>
```

对于常规使用，引入以上flowable-dmn-engine和flowable-dmn-engine-configurator两个依赖即可。如果与Spring集成，还可以引入flowable-dmn-spring-configurator依赖，并将flowable-dmn-engine-configurator替换为flowable-dmn-spring-configurator。

2. 在工作流引擎配置文件中配置DMN引擎

要使用DMN引擎，需要在工作流引擎配置文件flowable.dmn.xml中做以下操作：

（1）定义DMN引擎配置和DMN引擎配置器；

（2）在工作流引擎配置中引入DMN引擎配置器。

工作流引擎配置文件flowable.dmn.xml的内容如下：

```xml
<beans>
    <!--数据源配置-->
    <bean id="dataSource" class="org.apache.commons.dbcp.BasicDataSource">
        <property name="driverClassName" value="org.h2.Driver"/>
        <property name="url" value="jdbc:h2:mem:flowable"/>
        <property name="username" value="sa"/>
        <property name="password" value=""/>
    </bean>
    <!--DMN引擎配置-->
    <bean id="dmnEngineConfiguration"
        class="org.flowable.dmn.engine.impl.cfg.StandaloneDmnEngineConfiguration">
        <property name="dataSource" ref="dataSource"/>
    </bean>
    <!--DMN引擎配置器-->
    <bean id="dmnEngineConfigurator"
        class="org.flowable.dmn.engine.configurator.DmnEngineConfigurator">
        <property name="dmnEngineConfiguration" ref="dmnEngineConfiguration"/>
    </bean>
    <!--Flowable工作流引擎配置-->
    <bean id="processEngineConfiguration"
        class="org.flowable.engine.impl.cfg.StandaloneProcessEngineConfiguration">
        <!--数据源-->
        <property name="dataSource" ref="dataSource"/>
        <!--引入DMN引擎配置器-->
        <property name="configurators">
            <list>
                <ref bean="dmnEngineConfigurator"/>
            </list>
        </property>
```

```xml
        <!--此处省略其他配置-->
    </bean>
</beans>
```

以上配置中：

第一处加粗部分的代码定义了DMN引擎配置dmnEngineConfiguration，通过它的dataSource引用了前面配置的数据源。DMN引擎还可以配置其他属性，由于篇幅限制，这里不进行介绍，而是使用默认配置；

第二处加粗部分的代码定义了DMN引擎配置器dmnEngineConfigurator，通过它的dmnEngineConfiguration属性引用了前面配置的DMN引擎配置；

第三处加粗部分的代码是在工作流引擎配置中，通过configurators属性引入了前面配置的DMN引擎配置器。通过以上配置，就可以在Flowable工作流引擎中使用DMN引擎了。

3．设计决策表

接下来根据流程需求来设计决策表。决策表是一种用于描述和表示决策规则的工具，适用于描述处理判断条件较多，各条件又相互组合、有多种决策方案的情况。决策表是一组相关输入（input）和输出（output）表达式的表格表示形式，被组织成规则（rule），这些规则指示哪个输出条目适用于一组特定的输入条目，一个完整的表包含输入值（所有规则）的所有可能组合，可以清晰地展示所有可能的情况和对应的决策结果，从而精确而简洁地描述复杂逻辑。

决策表可以通过决策表设计器来创建。1.3.3小节中介绍的Flowable UI内置了决策表设计器，在如图1.12所示页面，单击"决策表"标签，跳转到决策表管理页面，单击"创建决策表"按钮，在弹出的对话框里输入决策表名称、决策表key和描述后，单击"创建新的决策"按钮即可跳转到决策表设计器页面。它由一个表格组成，表格的每一行代表一个可能的情况或条件，每一列代表一个可能的决策结果或动作。在表格中，可以使用符号或者文字来表示条件和动作，以及它们之间的关系。根据这个示例流程的需求配置的决策表如图13.10所示。这个决策表一共有4列，分别是一列输入（消费金额）、两列输出（折扣价格和折扣率）和一列备注。决策表一共有3行，分别对应流程需求的3个条件。每一行的第一列表示输入条件，这里配置的是使用流程变量originalTotalPrice的判断表达式，第二列和第三列表示对应的输出结果。Hit Policy选择的是"唯一"，表示只匹配一个规则。

Hit Policy: 唯一				
输入	输出	And		
消费金额	折扣价格	折扣率	备注	
number	number	number		
1	${originalTotalPrice < 5000}	${originalTotalPrice}	1	消费金额不足5000元时，不打折
2	${originalTotalPrice >= 5000 && originalTotalPrice < 10000}	${originalTotalPrice * 0.9}	0.9	消费金额满5000元且不足10000元时，打九折
3	${originalTotalPrice >= 10000}	${originalTotalPrice * 0.8}	0.8	消费金额满10000元时，打八折

图13.10　决策表

将配置好的决策表导出后，其内容如下：

```xml
<definitions xmlns="https://www.omg.org/spec/DMN/20191111/MODEL/" xmlns:dmndi="https://www.omg.org/spec/DMN/20191111/DMNDI/" xmlns:dc="http://www.omg.org/spec/DMN/20180521/DC/" xmlns:di="http://www.omg.org/spec/DMN/20180521/DI/" id="definition_6a644d31" name="折扣计算决策表" namespace="http://www.flowable.org/dmn">
  <decision id="discountCalculationDecision" name="折扣计算决策表">
    <decisionTable id="decisionTable_a9d2480c" hitPolicy="FIRST">
      <input id="InputClause_1hmm6z2" label="消费金额">
        <inputExpression id="inputExpression_56eb2d74" typeRef="number">
          <text>originalTotalPrice</text>
        </inputExpression>
      </input>
      <output id="outputExpression_d0b9edf4" label="折扣价格" name="actualTotalPrice" typeRef="number"></output>
      <output id="outputExpression_edcf700b" label="折扣率" name="discountRatio" typeRef="number">
```

```xml
</output>
      <rule id="DecisionRule_19v0bf6">
        <description>消费金额不足5000元时,不打折</description>
        <inputEntry id="inputEntry_56eb2d74_1">
          <text><![CDATA[${originalTotalPrice < 5000}]]></text>
        </inputEntry>
        <outputEntry id="outputEntry_d0b9edf4_1">
          <text><![CDATA[${originalTotalPrice}]]></text>
        </outputEntry>
        <outputEntry id="outputEntry_edcf700b_1">
          <text><![CDATA[1]]></text>
        </outputEntry>
      </rule>
      <rule id="DecisionRule_1se1yl6">
        <description>消费金额满5000元且不足10000元时,打九折</description>
        <inputEntry id="inputEntry_56eb2d74_2">
          <text><![CDATA[${originalTotalPrice >= 5000 && originalTotalPrice < 10000}]]></text>
        </inputEntry>
        <outputEntry id="outputEntry_d0b9edf4_2">
          <text><![CDATA[${originalTotalPrice * 0.9}]]></text>
        </outputEntry>
        <outputEntry id="outputEntry_edcf700b_2">
          <text><![CDATA[0.9]]></text>
        </outputEntry>
      </rule>
      <rule id="DecisionRule_0pgnp50">
        <description>消费金额满10000元时,打八折</description>
        <inputEntry id="inputEntry_56eb2d74_3">
          <text><![CDATA[${originalTotalPrice >= 10000}]]></text>
        </inputEntry>
        <outputEntry id="outputEntry_d0b9edf4_3">
          <text><![CDATA[${originalTotalPrice * 0.8}]]></text>
        </outputEntry>
        <outputEntry id="outputEntry_edcf700b_3">
          <text><![CDATA[0.8]]></text>
        </outputEntry>
      </rule>
    </decisionTable>
  </decision>
  <dmndi:DMNDI/>
</definitions>
```

在以上代码中,定义了id为discountCalculationDecision的决策表,通过input元素定义了输入参数,通过output元素定义了输出结果,两个输出结果对应的变量名分别为actualTotalPrice、discountRatio。通过rule元素定义了3个规则,它的inputEntry子元素是输入条件,outputEntry子元素是输出的结果值。

4. 设计流程模型

该流程对应的XML内容如下:

```xml
<process id="decisionTaskProcess" name="决策任务示例流程">
    <startEvent id="startEvent1"/>
    <userTask id="userTask1" name="提交订单"/>
    <serviceTask id="dmnTask1" name="折扣策略计算" flowable:type="dmn">
        <extensionElements>
            <flowable:field name="decisionTableReferenceKey">
                <flowable:string>
                    <![CDATA[discountCalculationDecision]]>
                </flowable:string>
            </flowable:field>
            <flowable:field name="decisionTaskThrowErrorOnNoHits">
                <flowable:string><![CDATA[false]]></flowable:string>
            </flowable:field>
            <flowable:field name="fallbackToDefaultTenant">
                <flowable:string><![CDATA[false]]></flowable:string>
            </flowable:field>
            <flowable:field name="sameDeployment">
                <flowable:string><![CDATA[false]]></flowable:string>
            </flowable:field>
        </extensionElements>
```

```xml
</serviceTask>
<serviceTask id="serviceTask1" name="结算扣款"
    flowable:class="com.bpm.example.demo4.delegate.DeductionJavaDelegate"/>
<endEvent id="endEvent1"/>
<sequenceFlow id="seqFlow1" sourceRef="startEvent1" targetRef="userTask1"/>
<sequenceFlow id="seqFlow2" sourceRef="userTask1" targetRef="dmnTask1"/>
<sequenceFlow id="seqFlow3" sourceRef="dmnTask1" targetRef="serviceTask1"/>
<sequenceFlow id="seqFlow4" sourceRef="serviceTask1" targetRef="endEvent1"/>
</process>
```

服务任务dmnTask1的flowable:type属性值为dmn，表示它是一个决策任务。它配置了decisionTableReferenceKey、decisionTaskThrowErrorOnNoHits、fallbackToDefaultTenant和sameDeployment扩展属性。其中decisionTableReferenceKey属性配置的值为discountCalculationDecision，这是上一步设计的决策表的id，从而实现了决策任务节点与决策表之间的关联。

服务任务serviceTask1的JavaDelegate接口类的内容如下：

```java
@Slf4j
public class DeductionJavaDelegate implements JavaDelegate {
    @Override
    public void execute(DelegateExecution execution) {
        Number originalTotalPrice = (Number)execution.getVariable("originalTotalPrice");
        Number actualTotalPrice = (Number)execution.getVariable("actualTotalPrice");
        Number discountRatio = (Number)execution.getVariable("discountRatio");
        log.info("折扣前消费金额：{}，折扣率：{}，折扣后实际消费金额：{}", originalTotalPrice,
                discountRatio, actualTotalPrice);
    }
}
```

这里获取了originalTotalPrice、actualTotalPrice和discountRatio这3个流程变量的值并输出日志，其中变量actualTotalPrice和discountRatio是决策任务处理后返回的结果。

5. 设计流程控制代码

加载该流程模型并执行相应流程控制的示例代码如下：

```java
@Slf4j
public class RunDecisionTaskProcessDemo extends FlowableEngineUtil {
    @Test
    public void runDecisionTaskProcessDemo() {
        //加载Flowable配置文件并初始化工作流引擎及服务
        initFlowableEngineAndServices("flowable.dmn.xml");
        //部署流程和决策表
        deployResources("processes/DecisionTaskProcess.bpmn20.xml",
                "dmn/DiscountCalculationDecision.dmn");

        //启动流程
        ProcessInstance procInst = runtimeService
                .startProcessInstanceByKey("decisionTaskProcess");
        //查询第一个任务
        Task task = taskService.createTaskQuery()
                .processInstanceId(procInst.getId()).singleResult();
        //初始化流程变量
        Map<String, Object> varMap = ImmutableMap.of("originalTotalPrice", 6666);
        //办理第一个任务
        taskService.complete(task.getId(), varMap);
        //查询并打印流程变量
        List<HistoricVariableInstance> hisVariables = historyService
                .createHistoricVariableInstanceQuery()
                .processInstanceId(procInst.getId()).list();
        hisVariables.stream().forEach(hisVariable -> log.info("流程变量名：{}，变量值：{}",
                hisVariable.getVariableName(), hisVariable.getValue()));
    }
}
```

以上代码先初始化工作流引擎并部署流程，除了正常部署流程文件（DecisionTaskProcess.bpmn20.xml），还将决策表文件（DiscountCalculationDecision.dmn）部署到工作流引擎中。发起流程后，查询第一个用户任务，初始化流程变量并办理该任务，最后获取并输出流程变量。代码运行结果如下：

```
11:59:01,414 [main] INFO  DeductionJavaDelegate - 折扣前消费金额: 6666, 折扣率: 0.9, 折扣后实际消费金额:
5999.400000000001
11:59:01,538 [main] INFO  RunDecisionTaskProcessDemo - 流程变量名: originalTotalPrice, 变量值: 6666
11:59:01,551 [main] INFO  RunDecisionTaskProcessDemo - 流程变量名: actualTotalPrice, 变量值:
5999.400000000001
11:59:01,551 [main] INFO  RunDecisionTaskProcessDemo - 流程变量名: discountRatio, 变量值: 0.9
```

从代码运行结果可知，消费金额为6666元时，经过决策任务决策之后，得到折扣率为0.9，实际支付金额为5999.4元。修改消费金额将得到不同的结果，读者可以自行尝试。

13.5 本章小结

本章主要介绍了Flowable中扩展的4种任务，包括Http任务、外部工作者任务、Web Service任务和决策任务。Http任务用于发出HTTP请求，外部工作者任务允许创建由"外部工作者"获取并执行的作业，Web Service任务可用于同步调用外部的Web服务，决策任务用于根据预定义的规则和条件对流程进行决策。这4种任务都基于服务节点扩展而来，增强了Flowable的集成能力，适用于不同的应用场景，读者可根据实际场景自行选用。

第14章

顺序流与网关

本章将继续介绍BPMN中的两种元素：顺序流和网关。顺序流是连接两个流程节点的连线。流程执行完一个节点后会沿着节点的外出顺序流继续流转。网关是工作流引擎中的一个重要路径决策，可以控制流程的流向，常用于拆分或合并复杂的流程场景。

14.1 顺序流

顺序流是BPMN 2.0规范中的流程定义元素，是连接两个流程节点的连线。顺序流可以在编排流程时控制流程的执行顺序，流程执行完一个节点后会沿着节点所有外出顺序流继续流转。顺序流在BPMN 2.0中的行为默认是并发的：多条外出顺序流会创造多个单独的并发流程分支。顺序流主要分为两类：标准顺序流和条件顺序流。如果节点有多条外出顺序流，可以将其中一条顺序流设置为默认顺序流。

14.1.1 标准顺序流

标准顺序流是最常见的顺序流，连接流程内的各个元素（如事件、活动和网关等），表示元素间的执行顺序。

1. 图形标记

标准顺序流表示为一端带有箭头的实线，从起点指向终点，如图14.1所示。

图14.1 标准顺序流图形标记

2. XML内容

顺序流需要用户提供流程范围内的唯一标识（即id），以及对起点元素与终点元素的引用。每条顺序流都有一个源头和一个目标引用，包含活动、事件或网关。其定义格式如下：

```
<sequenceFlow id="testSequenceFlow" name="顺序流1" sourceRef="sourceNodeId"
    targetRef="targetNodeId" />
```

其中，sourceRef属性值为起点元素的id，targetRef属性值为终点元素的id。name属性可以理解为顺序流的注释，会在流程图上显示。注释可以让流程路线更直观和易于识别，不参与引擎规则判断。

3. 使用示例

下面实现一个简单的流程，其中包含5个元素：1个开始事件、1个结束事件、1个用户任务和2个标准顺序流。顺序流示例流程如图14.2所示。

图14.2 顺序流示例流程

图14.2所示流程对应的XML内容如下：

```
<process id="sequenceFlowProcess" name="顺序流示例流程">
    <!-- 定义开始事件 -->
    <startEvent id="startEvent1" name="开始事件"/>
    <!-- 定义用户任务 -->
    <userTask id="userTask1" name="用户任务"/>
    <!-- 定义结束事件 -->
    <endEvent id="endEvent1" name="结束事件"/>
    <!-- 定义顺序流1，连接开始事件和用户任务 -->
```

```xml
<sequenceFlow id="seqFlow1" name="sequenceFlow1" sourceRef="startEvent1"
    targetRef="userTask1"/>
<!-- 定义顺序流2，连接用户任务和结束事件 -->
<sequenceFlow id="seqFlow2" name="sequenceFlow2" sourceRef="userTask1"
    targetRef="endEvent1"/>
</process>
```

以上代码先定义了3个节点——开始事件startEvent1、用户任务userTask1和结束事件endEvent1，然后定义了seqFlow1和seqFlow2两个顺序流，其中顺序流seqFlow1连接开始事件和用户任务，顺序流seqFlow2连接用户任务和结束事件。

14.1.2 条件顺序流

顾名思义，条件顺序流（conditional sequence flow）需要满足一定的条件才能被执行。我们可以为从网关、活动、事件离开的顺序流设定规则条件，使工作流引擎在执行网关、活动的后续拆分路线时，可通过评估连线上的条件来选择路径。在标准顺序流上设置一个条件表达式（condition expression）来决定下一步流出的目标，就构成了一个条件顺序流。当流程离开一个节点时，工作流引擎会计算其每个外出顺序流上的条件表达式，得到boolean类型的结果。当条件表达式的执行结果为true时，工作流引擎将选择该外出顺序流。当有多条顺序流被选中时，会创建多条分支，流程会以并行方式继续流转。

但需要注意的是，当条件顺序流搭配网关使用时，网关会以特定的方式处理顺序流上的条件，处理方式与网关类型相关。

1. 图形标记

条件顺序流一般表示为起点带有菱形的标准顺序流，条件表达式也会显示在顺序流上，如图14.3所示。然而，使用某些插件配置条件顺序流时往往省略起点的菱形，这使得条件顺序流的表现形式与标准顺序流相同。在这种情况下，若不设置条件，则表示标准顺序流；若设置条件，则表示条件顺序流。本书下文采用省略菱形的图形标记。

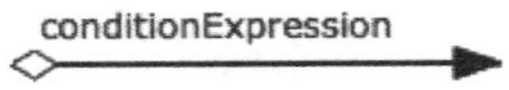

图14.3 条件顺序流图形标记（菱形可省略）

2. XML内容

条件顺序流定义为一个标准顺序流，包含conditionExpression子元素。其定义格式如下：

```xml
<sequenceFlow id="seqFlow" sourceRef="theStart" targetRef="theTask">
    <conditionExpression xsi:type="tFormalExpression">
        <![CDATA[${totalPrice > 10000}]]>
    </conditionExpression>
</sequenceFlow>
```

因为目前Flowable只支持tFormalExpression，所以需要把xsi:type="tFormalExpression"添加到conditionExpression中。条件表达式放在$后的大括号中，只能使用UEL（Java EE规范的一部分），表达式的计算结果需要返回boolean值，否则会在解析表达式时抛出异常。

Flowable支持两种UEL表达式：值表达式和方法表达式。

- 值表达式解析为值，默认所有流程变量都可以在表达式中使用，所有Spring Bean（在Spring环境中）也可以在表达式中使用，如${isDeptLeader}、${***Bean.***Property}等。
- 方法表达式用于调用一个方法，可以传递参数（也可以不传递）。传递的参数可以是常量值，也可以是表达式，它们会被自动解析。当调用一个无参数的方法时，需要在方法名后添加空括号，如${userBean.isEnable()}。

3. 使用示例

下面看一个条件顺序流的使用示例，其流程如图14.4所示。该流程为采购申请流程。由员工提交采购申请，根据采购金额做出判断：如果采购金额小于1万元，则由财务经理审批；如果采购金额达到或超过1万元，则由财务主管审批。

图14.4所示流程对应的XML内容如下：

```xml
<process id="conditionalSequenceFlowProcess" name="条件顺序流示例流程">
    <startEvent id="startEvent1"/>
    <userTask id="userApply" name="采购申请"/>
    <userTask id="managerApprove" name="财务经理审批"/>
```

```xml
    <userTask id="directorApprove" name="财务主管审批"/>
    <endEvent id="endEvent1"/>
    <sequenceFlow id="seqFlow1" sourceRef="managerApprove" targetRef="endEvent1"/>
    <sequenceFlow id="seqFlow2" sourceRef="directorApprove" targetRef="endEvent1"/>
    <sequenceFlow id="seqFlow3" name="totalPrice&lt;10000" sourceRef="userApply"
        targetRef="managerApprove">
        <conditionExpression xsi:type="tFormalExpression">
            <![CDATA[${totalPrice<10000}]]>
        </conditionExpression>
    </sequenceFlow>
    <sequenceFlow id="seqFlow4" name="totalPrice&gt;=10000" sourceRef="userApply"
        targetRef="directorApprove">
        <conditionExpression xsi:type="tFormalExpression">
            <![CDATA[${totalPrice>=10000}]]>
        </conditionExpression>
    </sequenceFlow>
    <sequenceFlow id="seqFlow5" sourceRef="startEvent1" targetRef="userApply"/>
</process>
```

图14.4 条件顺序流示例流程

在以上流程定义中，加粗部分的代码定义了id分别为seqFlow3和seqFlow4的两条条件顺序流。其中，条件顺序流seqFlow3设置的表达式为${totalPrice<10000}，条件顺序流seqFlow4设置的表达式为${totalPrice>=10000}。当流程从"采购申请"节点离开时，如果流程变量totalPrice的值小于10000，那么seqFlow3条件顺序流将被执行，流程流转到"财务经理审批"节点；如果流程变量totalPrice的值大于或等于10000，那么seqFlow4条件顺序流将被执行，流程流转到"财务主管审批"节点。

加载该流程模型并执行相应流程控制的示例代码如下：

```java
@Slf4j
public class RunConditionalSequenceFlowProcessDemo extends FlowableEngineUtil {
    @Test
    public void runConditionalSequenceFlowProcessDemo() {
        //加载Flowable配置文件并初始化工作流引擎及服务
        initFlowableEngineAndServices("flowable.cfg.xml");
        //部署流程
        deployResource("processes/ConditionalSequenceFlowProcess.bpmn20.xml");

        //启动流程
        ProcessInstance processInstance = runtimeService
                .startProcessInstanceByKey("conditionalSequenceFlowProcess");
        TaskQuery taskQuery = taskService.createTaskQuery()
                .processInstanceId(processInstance.getId());
        //查询采购申请任务
        Task userApplyTask = taskQuery.singleResult();
        //设置totalPrice变量值
        Map<String, Object> varMap = ImmutableMap.of("totalPrice", 15000);
        //完成采购申请任务
        taskService.complete(userApplyTask.getId(), varMap);
        //查询审批任务
        Task approveTask = taskQuery.singleResult();
        log.info("审批任务taskId: {}, 节点名称: {}", approveTask.getId(), approveTask.getName());
```

```
        //完成审批任务
        taskService.complete(approveTask.getId());
    }
}
```

以上代码段中加粗部分的代码主要用于设置流程变量totalPrice的值并办理任务,此处设置为15 000。代码运行结果如下:

```
23:00:01,446 [main] INFO  RunConditionalSequenceFlowProcessDemo  - 审批任务taskId: 14,节点名称: 财务主管审批
```

从代码运行结果可知,流程流转到"财务主管审批"节点。如果将totalPrice的值设为4000,则流程将会流转到"财务经理审批"节点,读者可自行进行测试。

14.1.3 默认顺序流

在BPMN 2.0规范中,所有的任务和网关都可以设置一个默认顺序流。当节点的其他外出顺序流的条件都不满足时,工作流引擎将会选择默认顺序流作为外出顺序流继续执行,此时默认顺序流的条件设置不会生效。

1. 图形标记

默认顺序流表示为一条起点有一个"斜线"标记的普通顺序流,如图14.5所示。

图14.5　默认顺序流图形标记

2. 使用示例

默认顺序流通过对应节点的default属性定义。下面看一个为排他网关设置默认顺序流的使用示例,如图14.6所示。

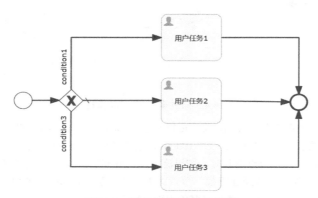

图14.6　默认顺序流示例流程

图14.6所示流程对应的XML内容如下:

```xml
<process id="defaultSequenceFlowProcess" name="默认顺序流示例流程">
    <startEvent id="startEvent1"/>
    <exclusiveGateway id="exclusiveGateway1" default="seqFlow3"/>
    <sequenceFlow id="seqFlow1" sourceRef="startEvent1" targetRef="exclusiveGateway1"/>
    <userTask id="userTask1" name="用户任务1"/>
    <userTask id="userTask2" name="用户任务2"/>
    <userTask id="userTask3" name="用户任务3"/>
    <endEvent id="endEvent1"/>
    <sequenceFlow id="seqFlow2" name="condition1" sourceRef="exclusiveGateway1"
        targetRef="userTask1">
        <conditionExpression xsi:type="tFormalExpression">
            <![CDATA[${condition1}]]>
        </conditionExpression>
    </sequenceFlow>
    <sequenceFlow id="seqFlow3" sourceRef="exclusiveGateway1" targetRef="userTask2"/>
    <sequenceFlow id="seqFlow4" name="condition3" sourceRef="exclusiveGateway1"
        targetRef="userTask3">
        <conditionExpression xsi:type="tFormalExpression">
            <![CDATA[${condition3}]]>
        </conditionExpression>
    </sequenceFlow>
    <sequenceFlow id="seqFlow5" sourceRef="userTask2" targetRef="endEvent1"/>
```

```
        <sequenceFlow id="seqFlow6" sourceRef="userTask1" targetRef="endEvent1"/>
        <sequenceFlow id="seqFlow7" sourceRef="userTask3" targetRef="endEvent1"/>
</process>
```

在以上流程定义中，排他网关exclusiveGateway1后有3条外出顺序流——seqFlow2、seqFlow3和seqFlow4，分别连接节点用户任务1、用户任务2和用户任务3，其中seqFlow2和seqFlow4上分别配置了条件表达式${condition1}和${condition3}。流程定义中加粗部分的代码为exclusiveGateway1设置了default="seqFlow3"，表示指定seqFlow3作为其默认顺序流。当表达式condition1和condition3计算结果都返回false时，会选择默认顺序流seqFlow3作为外出顺序流继续执行。

14.2 网关

网关是BPMN 2.0规范中的流程定义元素，可控制流程的执行流向，常用于拆分或合并复杂的流程场景。网关表示为菱形，如图14.7所示。网关内部一般会有一个小图标，用来表示网关的类型。

常用网关可分为以下4种类型：
- 排他网关；
- 并行网关；
- 包容网关；
- 事件网关。

图14.7　网关图形标记

14.2.1 排他网关

排他网关，也称异或（XOR）网关，是BPMN中的常见网关，用于在流程流转中实现分支决策建模。排他网关需要和条件顺序流搭配使用，当流程流转到排他网关时，所有流出的顺序流都会被按顺序求解，其中第一条条件解析为true的顺序流会被选中（当多条顺序流的条件为true时，只有第一条顺序流会被选中）。此时，流程不再计算其他流出分支，而是沿着被选中的顺序流流转。如果所有顺序流条件计算结果都为false且该网关定义了一个默认顺序流，那么该默认顺序流将被执行。如果所有顺序流条件计算结果都为false且没有定义默认顺序流，则抛出异常，中断执行（在流程设计时应该避免这种情况，至少确保有一条分支的顺序流计算结果为true）。

建议为排他网关的流程分支的顺序流配置条件。未配置条件的顺序流会被计算为true。

排他网关没有合并的效果，只要有一条流入的顺序流到达，该网关流出的顺序流即被激活，开始执行计算。如果前置有多条正在执行的分支，排他网关之后的路径将在每条分支到达时被重复实例化。应避免这种情况的发生，除非业务需求的确如此。

1．图形标记

排他网关的图形标记有两种，如图14.8所示。没有特殊约定时，网关的菱形图标即表示排他网关。若为了与其他网关区分，也可以使用内部带有"X"图标的菱形表示。"X"图标表示"异或"语义。但需要注意的是，BPMN 2.0规范不允许在同一个流程定义中同时混合带有X和没有X的菱形标记。

图14.8　排他网关图形标记

2．XML内容

排他网关可用一行语句定义，并将条件表达式定义在流出顺序流中。示例代码如下：

```
<process id="exclusiveGatewayProcess">
    <!-- 定义排他网关-->
    <exclusiveGateway id="exclusiveGateway1"/>
    <sequenceFlow id="seqFlow1" name="condition1" sourceRef="exclusiveGateway1"
        targetRef="userTask1">
        <conditionExpression xsi:type="tFormalExpression">
            <![CDATA[${condition1}]]>
        </conditionExpression>
    </sequenceFlow>
    <sequenceFlow id="seqFlow2" name="condition2" sourceRef="exclusiveGateway1"
        targetRef="userTask2">
        <conditionExpression xsi:type="tFormalExpression">
            <![CDATA[${condition2}]]>
        </conditionExpression>
    </sequenceFlow>
```

```
<!-- 其他元素省略 -->
</process>
```

以上代码段中加粗部分的代码定义了排他网关exclusiveGateway1，其流出的条件顺序流为seqFlow1和seqFlow2，分别定义了条件${condition1}和${condition2}。

3．使用示例

下面看一个排他网关的使用示例，其流程如图14.9所示。该流程为费用报销流程。排他网关exclusiveGateway1后流出3条分支：如果流程变量variable1的值等于1，则沿"部门经理审批"节点路径流转；如果流程变量variable1的值等于2，则沿"总监审批"节点路径流转；如果条件都不满足，则沿"直属上级审批"节点路径流转。接下来，如果"部门经理审批"用户任务或"总监审批"用户任务被执行，排他网关exclusiveGateway2将被激活；如果流程变量variable2的值等于1，将沿"财务经理审批"节点路径流转；如果variable2的值等于2，则沿"财务主管审批"节点路径流转。

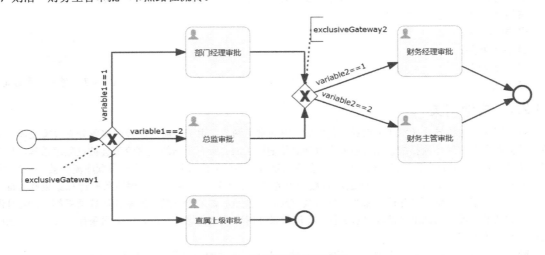

图14.9　排他网关示例流程

图14.9所示流程对应的XML内容如下：

```xml
<process id="exclusiveGatewayProcess" name="排他网关示例流程">
    <startEvent id="startEvent1"/>
    <!-- 定义排他网关 -->
    <exclusiveGateway id="exclusiveGateway1" default="seqFlow4"/>
    <userTask id="userTask1" name="部门经理审批"/>
    <userTask id="userTask2" name="总监审批"/>
    <userTask id="userTask3" name="直属上级审批"/>
    <!-- 定义排他网关 -->
    <exclusiveGateway id="exclusiveGateway2"/>
    <userTask id="userTask4" name="财务经理审批"/>
    <endEvent id="endEvent1"/>
    <endEvent id="endEvent2"/>
    <userTask id="userTask5" name="财务主管审批"/>
    <sequenceFlow id="seqFlow1" sourceRef="startEvent1" targetRef="exclusiveGateway1"/>
    <sequenceFlow id="seqFlow5" sourceRef="userTask1" targetRef="exclusiveGateway2"/>
    <sequenceFlow id="seqFlow6" sourceRef="userTask2" targetRef="exclusiveGateway2"/>
    <sequenceFlow id="seqFlow10" sourceRef="userTask4" targetRef="endEvent1"/>
    <sequenceFlow id="seqFlow11" sourceRef="userTask5" targetRef="endEvent1"/>
    <sequenceFlow id="seqFlow7" sourceRef="userTask3" targetRef="endEvent2"/>
    <sequenceFlow id="seqFlow4" sourceRef="exclusiveGateway1" targetRef="userTask3"/>
    <sequenceFlow id="seqFlow2" name="variable1==1" sourceRef="exclusiveGateway1"
        targetRef="userTask1">
        <conditionExpression xsi:type="tFormalExpression">
            <![CDATA[${variable1==1}]]>
        </conditionExpression>
    </sequenceFlow>
    <sequenceFlow id="seqFlow3" name="variable1==2" sourceRef="exclusiveGateway1"
```

```xml
        targetRef="userTask2"/>
    <sequenceFlow id="seqFlow8" name="variable2==1" sourceRef="exclusiveGateway2"
        targetRef="userTask4">
        <conditionExpression xsi:type="tFormalExpression">
            <![CDATA[${variable2==1}]]>
        </conditionExpression>
    </sequenceFlow>
    <sequenceFlow id="seqFlow9" name="variable2==2" sourceRef="exclusiveGateway2"
        targetRef="userTask5">
        <conditionExpression xsi:type="tFormalExpression">
            <![CDATA[${variable2==2}]]>
        </conditionExpression>
    </sequenceFlow>
    <textAnnotation id="textAnnotation1">
        <text>exclusiveGateway1</text>
    </textAnnotation>
    <association id="association1" sourceRef="exclusiveGateway1"
        targetRef="textAnnotation1" associationDirection="None"/>
    <textAnnotation id="textAnnotation2">
        <text>exclusiveGateway2</text>
    </textAnnotation>
    <association id="association2" sourceRef="exclusiveGateway2"
        targetRef="textAnnotation2" associationDirection="None"/>
</process>
```

在以上流程定义中，加粗部分的代码定义了两个排他网关exclusiveGateway1和exclusiveGateway2。排他网关exclusiveGateway1拥有3条外出顺序流，分别连接"部门经理审批"节点、"总监审批"节点和"直属上级审批"节点，其中连接"直属上级审批"节点的顺序流为默认顺序流。排他网关exclusiveGateway2有两条外出顺序流，分别连接"财务经理审批"节点和"财务主管审批"节点。

加载该流程模型并执行相应流程控制的示例代码如下：

```java
@Slf4j
public class RunExclusiveGatewayProcessDemo extends FlowableEngineUtil {
    @Test
    public void runExclusiveGatewayProcessDemo() {
        //加载Flowable配置文件并初始化工作流引擎及服务
        initFlowableEngineAndServices("flowable.cfg.xml");
        //部署流程
        deployResource("processes/ExclusiveGatewayProcess.bpmn20.xml");

        //设置variable1变量值
        Map<String, Object> varMap1= ImmutableMap.of("variable1", 1);
        //启动流程
        ProcessInstance processInstance = runtimeService
                .startProcessInstanceByKey("exclusiveGatewayProcess", varMap1);
        TaskQuery taskQuery = taskService.createTaskQuery()
                .processInstanceId(processInstance.getId());
        //查询任务
        Task task1 = taskQuery.singleResult();
        log.info("流程发起后，第一个用户任务的名称: {}", task1.getName());
        //设置variable2变量值
        Map<String, Object> varMap2= ImmutableMap.of("variable2", 2);
        //完成任务
        taskService.complete(task1.getId(), varMap2);
        //查询任务
        Task task2 = taskQuery.singleResult();
        log.info("第一个任务提交后，流程当前所在的用户任务的名称: {}", task2.getName());
        //完成任务
        taskService.complete(task2.getId());
    }
}
```

以上代码先初始化工作流引擎并部署流程，设置流程变量variable1后发起流程实例，查询并完成第一个待办任务，然后设置流程变量variable2，在查询并完成第二个待办任务后结束流程。代码运行结果如下：

```
05:31:56,205 [main] INFO  RunExclusiveGatewayProcessDemo  - 流程发起后，第一个用户任务的名称: 部门经理审批
05:31:56,227 [main] INFO  RunExclusiveGatewayProcessDemo  - 第一个任务提交后，流程当前所在的用户任务的名称:
财务主管审批
```

从代码运行结果可知，经过排他网关exclusiveGateway1决策后，流程会流转到"部门经理审批"节点，经过排他网关exclusiveGateway2决策后，流程会流转到"财务主管审批"节点。

14.2.2 并行网关

并行网关能够在一个流程中用于进行并发建模处理，将单条线路拆分为多条路径并行执行，或者将多条路径合并处理。在一个流程模型中引入并发最直接的网关是并行网关，它基于进入和外出顺序流，有分支和合并两种行为，允许将流程拆分为多个分支，或者将多个分支合并。

分支即并行拆分，流程从并行网关流出后，并行网关会为所有外出顺序流分别创建一个并发分支。需要注意的是，并行网关会忽略外出顺序流上的条件（不会解析条件）。顺序流中即使定义了条件也会被忽略，它的每个后续分支路径都会被无条件执行。

合并即并行合并，所有到达并行网关的分支路径都将汇聚于此并等待，只有当所有进入顺序流的分支都到达后，流程才会通过并行网关。如果其中有分支未到达或中断，那么该并行网关将一直处于等待状态。

并行网关允许多进多出。如果同一个并行网关有多条进入和多条外出顺序流，那么它就同时具有分支和合并功能。在这种情况下，并行网关会先合并所有进入顺序流，再将其拆分为多个并行分支往外流出。

1．图形标记

并行网关表示为内部带有"+"图标的普通网关（菱形），如图14.10所示。"+"图标表示"与"（AND）语义。

图14.10 并行网关图形标记

2．XML内容

定义并行网关的XML内容如下：

```
<parallelGateway id="parallelGateway1" />
```

并行网关的实际行为（分支、合并，或同时进行分支和合并）是由并行网关的进入和外出顺序流决定的。

3．使用示例

下面看一个并行网关的使用示例，其流程如图14.11所示。该流程为物料领用流程。并行网关parallelGateway1拆分了3个分支，分别流转到"财务经理审批"节点、"直属上级审批"节点和"物料管理员审批"节点。"财务经理审批"节点和"直属上级审批"节点后续分支被并行网关parallelGateway2合并继续流转到"部门主管审批"节点。并行网关parallelGateway3等待"部门主管审批"节点和"物料管理员审批"节点任务办理完成后，流程结束。

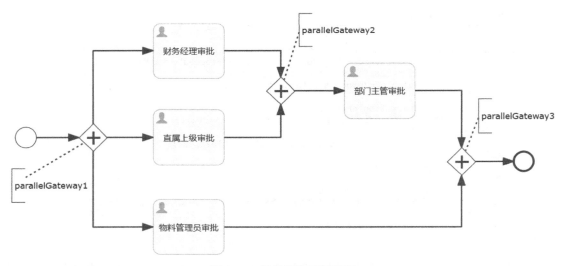

图14.11 并行网关示例流程

图14.11所示流程对应的XML内容如下：

```
<process id="parallelGatewayProcess" name="并行网关示例流程">
    <startEvent id="startEvent1"/>
```

```xml
<!-- 定义并行网关 -->
<parallelGateway id="parallelGateway1"/>
<sequenceFlow id="seqFlow1" sourceRef="startEvent1" targetRef="parallelGateway1"/>
<userTask id="userTask1" name="财务经理审批"/>
<userTask id="userTask2" name="直属上级审批"/>
<userTask id="userTask3" name="物料管理员审批"/>
<sequenceFlow id="seqFlow2" sourceRef="parallelGateway1" targetRef="userTask2"/>
<!-- 定义并行网关 -->
<parallelGateway id="parallelGateway2"/>
<userTask id="userTask4" name="部门主管审批"/>
<sequenceFlow id="seqFlow3" sourceRef="parallelGateway2" targetRef="userTask4"/>
<!-- 定义并行网关 -->
<parallelGateway id="parallelGateway3"/>
<endEvent id="endEvent1"/>
<sequenceFlow id="seqFlow4" sourceRef="parallelGateway3" targetRef="endEvent1"/>
<sequenceFlow id="seqFlow5" sourceRef="parallelGateway1" targetRef="userTask1"/>
<sequenceFlow id="seqFlow6" sourceRef="parallelGateway1" targetRef="userTask3"/>
<sequenceFlow id="seqFlow7" sourceRef="userTask1" targetRef="parallelGateway2"/>
<sequenceFlow id="seqFlow8" sourceRef="userTask2" targetRef="parallelGateway2"/>
<sequenceFlow id="seqFlow9" sourceRef="userTask4" targetRef="parallelGateway3"/>
<sequenceFlow id="seqFlow10" sourceRef="userTask3" targetRef="parallelGateway3"/>
<textAnnotation id="textAnnotation1">
    <text>parallelGateway1</text>
</textAnnotation>
<textAnnotation id="textAnnotation2">
    <text>parallelGateway2</text>
</textAnnotation>
<textAnnotation id="textAnnotation3">
    <text>parallelGateway3</text>
</textAnnotation>
<association id="association1" sourceRef="textAnnotation1"
    targetRef="parallelGateway1" associationDirection="None"/>
<association id="association2" sourceRef="textAnnotation2"
    targetRef="parallelGateway2" associationDirection="None"/>
<association id="association3" sourceRef="textAnnotation3"
    targetRef="parallelGateway3" associationDirection="None"/>
</process>
```

以上流程定义中,加粗部分的代码定义了3个并行网关:parallelGateway1、parallelGateway2和parallelGateway3。其中,parallelGateway1起分支作用,parallelGateway2和parallelGateway3起合并作用。

加载该流程模型并执行相应流程控制的示例代码如下:

```java
@Slf4j
public class RunParallelGatewayProcessDemo extends FlowableEngineUtil {
    @Test
    public void runParallelGatewayProcessDemo() {
        //加载Flowable配置文件并初始化工作流引擎及服务
        initFlowableEngineAndServices("flowable.cfg.xml");
        //部署流程
        deployResource("processes/ParallelGatewayProcess.bpmn20.xml");

        //启动流程
        ProcessInstance processInstance = runtimeService
                .startProcessInstanceByKey("parallelGatewayProcess");
        TaskQuery taskQuery = taskService.createTaskQuery()
                .processInstanceId(processInstance.getId());
        //查询任务
        List<Task> taskList1 = taskQuery.list();
        log.info("流程发起后,当前任务个数为:{},分别为:{}", taskList1.size(),
                taskList1.stream().map(Task::getName)
                        .collect(Collectors.joining(", ")));
        //办理前taskList1.size()个用户任务
        taskList1.stream().forEach(task -> {
            taskService.complete(task.getId());
            log.info("办理完成用户任务:{}", task.getName());
        });
        List<Task> taskList2 = taskQuery.list();
        //查询任务
        log.info("办理完前{}个任务后,当前流程的任务个数为{},分别为:{}", taskList1.size(),
```

```
                taskList2.size(), taskList2.stream().map(Task::getName)
                    .collect(Collectors.joining(","))));
        //办理taskList2.size()个用户任务
        taskList2.stream().forEach(task -> {
            taskService.complete(task.getId());
            log.info("办理完成用户任务: {}", task.getName());
        });
        //查询剩余任务
        List<Task> taskList3 = taskQuery.list();
        log.info("最后剩余的用户任务数为: {}", taskList3.size());
    }
}
```

以上代码先初始化工作流引擎并部署流程，然后发起流程实例，依次查询流程任务并办理，最后结束流程。代码运行结果如下：

```
10:01:22,912 [main] INFO    RunParallelGatewayProcessDemo    - 流程发起后,当前任务个数为：3,分别为：直属上级
审批,财务经理审批,物料管理员审批
10:01:22,937 [main] INFO    RunParallelGatewayProcessDemo    - 办理完成用户任务: 直属上级审批
10:01:22,957 [main] INFO    RunParallelGatewayProcessDemo    - 办理完成用户任务: 财务经理审批
10:01:22,970 [main] INFO    RunParallelGatewayProcessDemo    - 办理完成用户任务: 物料管理员审批
10:01:22,972 [main] INFO    RunParallelGatewayProcessDemo    - 办理完前3个任务后,当前流程的任务个数为1,分别为：
部门主管审批
10:01:23,008 [main] INFO    RunParallelGatewayProcessDemo    - 办理完成用户任务: 部门主管审批
10:01:23,009 [main] INFO    RunParallelGatewayProcessDemo    - 最后剩余的用户任务数为：0
```

从代码运行结果可知，当流程发起后，经过parallelGateway1的拆分流转到3个节点："直属上级审批""财务经理审批"和"物料管理员审批"。办理完成"直属上级审批"节点和"财务经理审批"节点的任务后，这两个节点的后续分支经parallelGateway2合并后继续流转到"部门主管审批"节点，办理完成"物料管理员审批"节点任务后，汇聚到parallelGateway3处等待，此时流程的任务数为1。办理完成"部门主管审批"节点的任务后，"物料管理员审批"节点和"部门主管审批"节点的后续分支都流转到parallelGateway3，分支合并完成后继续流转到流程结束，此时查询任务数为0。

在使用并行网关时，初学者大多有一个误解，认为并行网关需要成对出现，即由一个并行网关fork出来的分支必须有一个对应的并行网关来join。其实，并行网关只是等待所有进入顺序流到达，并为每条外出顺序流创建并发分支，并不要求fork和join成对出现。

14.2.3　包容网关

包容网关可以看作排他网关和并行网关的结合体。与排他网关一样，我们可以在外出顺序流上定义条件。但与排他网关有所不同的是，进行决策判断时，包容网关所有条件为true的后继分支都会被依次执行。如果所有分支条件决策都为false且该网关定义了一个默认分支，那么该默认分支将被执行。如果没有可执行的分支，则会抛出异常（流程设计上应避免这种情况发生）。包容网关同样包含分支和合并两种行为。

分支即包容拆分。所有外出顺序流的条件都会被解析，结果为true的顺序流会以并行方式继续执行，并为每条顺序流创建一条分支。如果后续分支都无法通过，则应合理地选择一条默认路径，否则工作流引擎执行到该网关的分支都将中断于此。

合并即包容合并。所有到达包容网关的活动分支路径都将汇聚于此等待，直到所有"可以到达"包容网关的分支路径全部"到达"包容网关，流程才会通过包容网关。这与并行网关的合并策略有所不同。工作流引擎判断是否"可以到达"包容网关的路径的逻辑如下：计算该流程实例当前所处的所有节点，检查从其位置是否有一条到达包容网关的路径（忽略顺序流上的任何条件），如果存在这样的路径（可以到达但尚未到达），则不会触发包容网关的合并行为。需要注意的是，在流程设计上应尽量避免复杂的网关嵌套，防止包容网关认为路径可能不可以到达而放弃等待。

包容网关允许多进多出。如果同一个包容节点有多条进入和外出顺序流，那么它会同时具备分支和合并功能。网关会先合并所有"可以到达"包容网关的进入顺序流，再根据条件判断结果为true的外出顺序流，为它们生成多个并行分支。

图14.12　包容网关图形标记

1. 图形标记

包容网关表示为内部包含一个圆圈图标的普通网关（菱形），如图14.12所示。

2. XML内容

定义包容网关的XML内容如下：

```xml
<inclusiveGateway id="inclusiveGateway1" />
```

包容网关的实际行为（分支、合并或同时分支合并）是由包容网关的流出和流入顺序流决定的。

3. 使用示例

下面看一个包容网关的使用示例，其流程如图14.13所示。该流程为请假申请流程。"请假申请"节点提交请假申请后，流程先流转到包容网关inclusiveGateway1，其3条外出顺序流上的条件分别为"请假天数<3"（对应条件表达式${leaveDays<3}）、"请假天数≥3"（对应条件表达式${leaveDays>=3}）和"请假天数≥1"（对应条件表达式${leaveDays>=1}），分别可以流转到"HR实习生审批"节点、"HR助理审批"节点和"直属领导审批"节点；"HR实习生审批"节点和"HR助理审批"节点的任务办理完成后，经包容网关inclusiveGateway2合并后流转到"HR经理审批"节点；"HR经理审批"节点和"直属领导审批"节点的任务办理完成后，经包容网关inclusiveGateway3合并后流程结束。

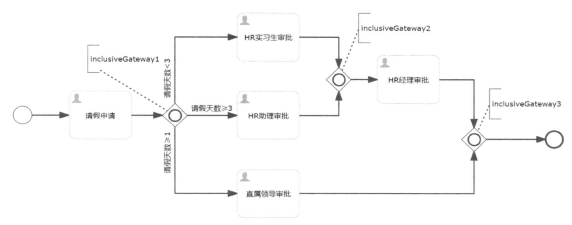

图14.13 包容网关示例流程

图14.13所示流程对应的XML内容如下：

```xml
<process id="inclusiveGatewayProcess" name="包容网关示例流程">
    <startEvent id="startEvent1"/>
    <userTask id="applyTask" name="请假申请"/>
    <sequenceFlow id="seqFlow1" sourceRef="startEvent1" targetRef="applyTask"/>
    <!-- 定义包容网关 -->
    <inclusiveGateway id="inclusiveGateway1"/>
    <sequenceFlow id="seqFlow2" sourceRef="applyTask" targetRef="inclusiveGateway1"/>
    <userTask id="internTask" name="HR实习生审批"/>
    <userTask id="assistantTask" name="HR助理审批"/>
    <userTask id="superiorTask" name="直属领导审批"/>
    <!-- 定义包容网关 -->
    <inclusiveGateway id="inclusiveGateway2"/>
    <sequenceFlow id="seqFlow3" sourceRef="internTask" targetRef="inclusiveGateway2"/>
    <sequenceFlow id="seqFlow4" sourceRef="assistantTask" targetRef="inclusiveGateway2"/>
    <userTask id="managerTask" name="HR经理审批"/>
    <sequenceFlow id="seqFlow5" sourceRef="inclusiveGateway2" targetRef="managerTask"/>
    <!-- 定义包容网关 -->
    <inclusiveGateway id="inclusiveGateway3"/>
    <sequenceFlow id="seqFlow6" sourceRef="inclusiveGateway3" targetRef="endEvent1"/>
    <endEvent id="endEvent1"/>
    <sequenceFlow id="seqFlow7" sourceRef="managerTask" targetRef="inclusiveGateway3"/>
    <sequenceFlow id="seqFlow8" sourceRef="superiorTask" targetRef="inclusiveGateway3"/>
    <sequenceFlow id="seqFlow9" name="请假天数&lt;3" sourceRef="inclusiveGateway1"
        targetRef="internTask">
        <conditionExpression xsi:type="tFormalExpression">
            <![CDATA[${leaveDays<3}]]>
        </conditionExpression>
```

```xml
        </sequenceFlow>
        <sequenceFlow id="seqFlow10" name="请假天数≥3" sourceRef="inclusiveGateway1"
            targetRef="assistantTask">
            <conditionExpression xsi:type="tFormalExpression">
                <![CDATA[${leaveDays>=3}]]>
            </conditionExpression>
        </sequenceFlow>
        <sequenceFlow id="seqFlow11" name="请假天数≥1" sourceRef="inclusiveGateway1"
            targetRef="superiorTask">
            <conditionExpression xsi:type="tFormalExpression">
                <![CDATA[${leaveDays>=1}]]>
            </conditionExpression>
        </sequenceFlow>
        <textAnnotation id="textAnnotation1">
            <text>inclusiveGateway1</text>
        </textAnnotation>
        <association id="association1" sourceRef="textAnnotation1"
            targetRef="inclusiveGateway1" associationDirection="None"/>
        <textAnnotation id="textAnnotation2">
            <text>inclusiveGateway2</text>
        </textAnnotation>
        <association id="association2" sourceRef="textAnnotation2"
            targetRef="inclusiveGateway2" associationDirection="None"/>
        <textAnnotation id="textAnnotation3">
            <text>inclusiveGateway3</text>
        </textAnnotation>
        <association id="association3" sourceRef="textAnnotation3"
            targetRef="inclusiveGateway3" associationDirection="None"/>
</process>
```

以上流程定义中,加粗部分的代码定义了3个包容网关:inclusiveGateway1、inclusiveGateway2和inclusiveGateway3。其中,inclusiveGateway1起分支作用,inclusiveGateway2和inclusiveGateway3起合并作用。

加载该流程模型并执行相应流程控制的示例代码如下:

```java
@Slf4j
public class RunInclusiveGatewayProcessDemo extends FlowableEngineUtil {
    @Test
    public void runInclusiveGatewayProcessDemo() {
        //加载Flowable配置文件并初始化工作流引擎及服务
        initFlowableEngineAndServices("flowable.cfg.xml");
        //部署流程
        deployResource("processes/InclusiveGatewayProcess.bpmn20.xml");

        //启动流程
        ProcessInstance processInstance = runtimeService
                .startProcessInstanceByKey("inclusiveGatewayProcess");
        TaskQuery taskQuery = taskService.createTaskQuery()
                .processInstanceId(processInstance.getId());
        //查询请假申请任务
        Task applyTask = taskQuery.singleResult();
        log.info("流程发起后,第一个用户任务名称为: {}", applyTask.getName());
        //设置leaveDays变量值
        Map<String, Object> varMap = ImmutableMap.of("leaveDays", 5);
        //完成请假申请任务
        taskService.complete(applyTask.getId(), varMap);
        List<Task> taskList1 = taskQuery.list();
        //查询任务个数
        log.info("第一个任务办理后,当前流程的任务个数为{},分别为: {}", taskList1.size(),
                taskList1.stream().map(Task::getName).collect(Collectors.joining(", ")));
        //办理任务
        taskList1.stream().forEach(task -> {
            taskService.complete(task.getId());
            log.info("办理完成用户任务: {}", task.getName());
        });
        List<Task> taskList2 = taskQuery.list();
        //查询任务个数
        log.info("办理完前{}个任务后,流程当前任务个数为{},分别为: {}", taskList1.size(),
                taskList2.size(),
                taskList2.stream().map(Task::getName)
```

```
            .collect(Collectors.joining(", ")));
    //办理任务
    taskList2.stream().forEach(task -> {
        taskService.complete(task.getId());
        log.info("办理完成用户任务：{}", task.getName());
    });
    //查询剩余任务个数
    log.info("最后剩余的用户任务数为{}", taskQuery.list().size());
    }
}
```

以上代码首先初始化工作流引擎并部署流程，然后发起流程（加粗部分的代码在办理"请假申请"用户任务时设置流程变量leaveDays值为5），依次查询流程任务并办理，最后流程结束。代码运行结果如下：

```
05:41:31,225 [main] INFO  RunInclusiveGatewayProcessDemo - 流程发起后，第一个用户任务名称为：请假申请
05:41:31,259 [main] INFO  RunInclusiveGatewayProcessDemo - 第一个任务办理后，当前流程的任务个数为2，分别为：
HR助理审批，直属领导审批
05:41:31,277 [main] INFO  RunInclusiveGatewayProcessDemo - 办理完成用户任务：HR助理审批
05:41:31,285 [main] INFO  RunInclusiveGatewayProcessDemo - 办理完成用户任务：直属领导审批
05:41:31,287 [main] INFO  RunInclusiveGatewayProcessDemo - 办理完前2个任务后，流程当前任务个数为1，分别为：
HR经理审批
05:41:31,329 [main] INFO  RunInclusiveGatewayProcessDemo - 办理完成用户任务：HR经理审批
05:41:31,330 [main] INFO  RunInclusiveGatewayProcessDemo - 最后剩余的用户任务数为0
```

从代码运行结果可知，流程经过包容网关inclusiveGateway1拆分后流转到"HR助理审批"和"直属领导审批"节点，"HR助理审批"用户任务办理完成后，分支经包容网关inclusiveGateway2合并流转到"HR经理审批"节点；"直属领导审批"用户任务办理完成后，分支流转到包容网关inclusiveGateway3等待；"HR经理审批"用户任务完成后，满足包容网关inclusiveGateway3的合并条件，继续流转，直到流程结束。

对于不同的流程变量leaveDays值，代码执行结果也会有所不同，读者可自行进行验证。

14.2.4 事件网关

通常网关基于连线条件决定后续路径，但事件网关有所不同，其基于事件决定后续路径。事件网关的每条外出顺序流都需要连接一个捕获中间事件。事件网关只有分支行为，流程的走向完全由中间事件决定，允许从多条候选分支中选择事件最先到达的分支（如时间事件、消息事件），并取消其他分支。

1．图形标记

事件网关表示为一个内部嵌套圆和五边形图标的普通网关（菱形），如图14.14所示。

图14.14　事件网关图形标记

2．XML内容

定义事件网关的XML内容如下：

```
<eventBasedGateway id="eventBasedGateway" />
```

使用事件网关时需要注意以下约束条件：
- 一个事件网关必须有两条或两条以上外出顺序流；
- 事件网关后只能连接中间捕获事件类型的元素；
- 连接到事件网关的中间捕获事件必须只有一个入口顺序流。

3．使用示例

下面看一个事件网关的使用示例，其流程如图14.15所示。该流程为客户投诉处理流程。"客户投诉"提交发起的流程执行到事件网关时会暂停执行。与此同时，流程实例会订阅信号事件，并创建一个30分钟后触发的定时器。这使得工作流引擎等待信号事件30分钟：如果信号在30分钟内触发，则定时器会被取消，执行沿着信号继续，流转到"一线客服处理"节点；如果30分钟内信号未被触发，执行会在定时器到时后继续，流程沿着定时器方向流转到"二线客服处理"节点，同时取消信号订阅。

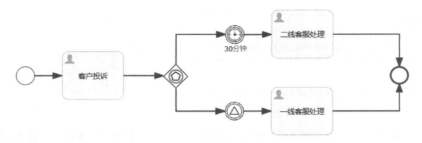

图14.15　事件网关示例流程

图14.15所示流程对应的XML内容如下：

```xml
<!-- 定义信号 -->
<signal id="alertSignal" name="alert" />
<process id="eventGatewayProcess" name="事件网关示例流程">
    <startEvent id="startEvent1"/>
    <userTask id="userTask1" name="客户投诉"/>
    <!-- 定义事件网关 -->
    <eventBasedGateway id="eventBasedGateway1"/>
    <!-- 定义定时器中间捕获事件 -->
    <intermediateCatchEvent id="intermediateCatchEvent1" name="30min">
        <timerEventDefinition>
            <timeDuration>PT30M</timeDuration>
        </timerEventDefinition>
    </intermediateCatchEvent>
    <!-- 定义信号中间捕获事件 -->
    <intermediateCatchEvent id="intermediateCatchEvent2">
        <signalEventDefinition signalRef="alertSignal" />
    </intermediateCatchEvent>
    <userTask id="userTask2" name="二线客服处理"/>
    <userTask id="userTask3" name="一线客服处理"/>
    <endEvent id="endEvent1"/>
    <sequenceFlow id="seqFlow1" sourceRef="startEvent1" targetRef="userTask1"/>
    <sequenceFlow id="seqFlow2" sourceRef="userTask1" targetRef="eventBasedGateway1"/>
    <sequenceFlow id="seqFlow3" sourceRef="eventBasedGateway1"
        targetRef="intermediateCatchEvent1"/>
    <sequenceFlow id="seqFlow4" sourceRef="eventBasedGateway1"
        targetRef="intermediateCatchEvent2"/>
    <sequenceFlow id="seqFlow5" sourceRef="intermediateCatchEvent1"
        targetRef="userTask2"/>
    <sequenceFlow id="seqFlow6" sourceRef="intermediateCatchEvent2" targetRef="userTask3"/>
    <sequenceFlow id="seqFlow7" sourceRef="userTask2" targetRef="endEvent1"/>
    <sequenceFlow id="seqFlow8" sourceRef="userTask3" targetRef="endEvent1"/>
</process>
```

在以上流程定义中，加粗部分的代码首先定义了信号alertSignal，然后定义了事件网关eventBasedGateway1、定时器中间捕获事件intermediateCatchEvent1和信号中间捕获事件intermediateCatchEvent2，它们处于事件网关eventBasedGateway1的外出分支上，其中信号中间捕获事件intermediateCatchEvent2引用了信号alertSignal。

加载该流程模型并执行相应流程控制的示例代码如下：

```java
@Slf4j
public class RunEventGatewayProcessDemo extends FlowableEngineUtil {
    @Test
    public void runEventGatewayProcessDemo() throws Exception {
        //加载Flowable配置文件并初始化工作流引擎及服务
        initFlowableEngineAndServices("flowable.job.xml");
        //部署流程
        deployResource("processes/EventGatewayProcess.bpmn20.xml");

        //启动流程
        ProcessInstance procInst = runtimeService
                .startProcessInstanceByKey("eventGatewayProcess");
        TaskQuery taskQuery = taskService.createTaskQuery()
                .processInstanceId(procInst.getId());
```

```
        //查询并办理第一个任务
        Task task1 = taskQuery.singleResult();
        taskService.complete(task1.getId());
        //查询执行实例
        List<Execution> executionList = runtimeService.createExecutionQuery()
                .processInstanceId(procInst.getId())
                .onlyChildExecutions().list();
        log.info("第一个任务办理后,当前流程所处节点为: {}", executionList.stream()
                .map(Execution::getActivityId).collect(Collectors.joining(",")));
        //等待5分钟
        Thread.sleep(1000 * 60 * 5);
        //触发信号
        runtimeService.signalEventReceived("alert");
        Task task2 = taskQuery.singleResult();
        log.info("触发信号后,当前流程所处用户任务名称: {}", task2.getName());
        //办理任务
        taskService.complete(task2.getId());
    }
}
```

以上代码首先初始化工作流引擎并部署流程,并在发起流程实例后查询并办理第一个用户任务;然后查询所有的执行实例,输出流程当前所在的节点;等待5分钟后,加粗部分的代码触发信号,查询流程中当前的任务,输出任务信息并办理任务。代码运行结果如下:

```
05:49:25,450 [main] INFO  RunEventGatewayProcessDemo  - 第一个任务办理后,当前流程所处节点为:
intermediateCatchEvent2,intermediateCatchEvent1
05:54:25,484 [main] INFO  RunEventGatewayProcessDemo  - 触发信号后,当前流程所处用户任务名称:一线客服处理
```

从代码运行结果可知,触发信号后事件网关从两条候选分支中选择了先触发的信号中间捕获事件所在的分支,流程流转到"一线客服处理"节点。

14.3 本章小结

本章主要介绍了Flowable中的顺序流和网关。顺序流是连接两个流程节点的连线,分为标准顺序流和条件顺序流两种类型。流程执行完一个节点后,会沿着节点的所有外出顺序流继续执行。条件顺序流在标准顺序流上添加了条件表达式,只有满足条件表达式才能通过顺序流到达目标活动。网关用于拆分或合并复杂的流程场景,常见的网关包括排他网关、并行网关、包容网关和事件网关。每种网关都有各自的特性:排他网关用于在流程中实现决策;并行网关允许将流程拆分为多条分支,也可以合并多条分支;包容网关可以看作排他网关和并行网关的结合体。它们分别适用于不同的流程场景,读者可以根据实际应用场景选用。

第15章

子流程、调用活动、泳池与泳道

在实际企业应用中,业务流程往往比较复杂,一般可以划分为多个不同的阶段或不同的功能职责。BPMN规范提供了子流程、调用活动,以及泳池与泳道,可以通过子流程或者调用活动将不同阶段规划为一个子流程,作为主流程的一部分,或通过泳池与泳道对流程节点进行区域划分。本章将详细介绍子流程、调用活动、泳池与泳道的特性和使用场景。

15.1 子流程

当业务流程非常复杂时,可以将流程拆分为一个主流程和若干子流程。当主流程执行一部分后便进入子流程流转,子流程流转完成后又回到主流程继续流转。子流程经常用于分解大的业务流程。

Flowable支持以下子流程:
- 内嵌子流程;
- 事件子流程;
- 事务子流程。

15.1.1 内嵌子流程

内嵌子流程又称为嵌入式子流程,是一个可以包含其他活动、分支、事件等的活动。通常意义上的子流程指的就是内嵌子流程,表现为将一个流程(子流程)定义在另一个流程(主流程)的内部。子流程作为主流程的一部分,是主流程中的流程片段,并非独立的流程定义,一般作为局部通用逻辑处理。根据特定业务需要,使用子流程可以使复杂的单个主流程设计清晰直观。

内嵌子流程就是将其中一部分可复用的片段组合到一个区域块中进行复用,将整个子流程完整地定义在主流程中。内嵌子流程支持子流程的展开与折叠,使流程图设计更加简洁明了。如果不使用内嵌子流程,同样也可以将这些流程活动定义到主流程中,但是使用内嵌子流程可以为某部分流程活动添加特定的事件范围。内嵌子流程的应用场景主要有以下两种。
- 用于分层建模:在常见的建模工具中,都允许折叠子流程以隐藏子流程的所有细节,从而展示业务流程的高层端到端总览。
- 为事件创建新的作用域:在子流程执行过程中抛出的事件可以通过子流程边界上的边界事件捕获,事件所创建的作用域只局限在子流程内。

在使用子流程时要考虑以下限制。
- 子流程有且只能有一个空开始事件,不允许有其他类型的开始事件。
- 子流程至少有一个结束事件。需要注意的是,在BPMN 2.0规范中允许子流程没有启动与结束事件,但是当前Flowable并不支持。

顺序流不能跨越子流程边界,子流程中顺序流不能直接输出流到子流程之外的活动上。若有需要,可以用边界事件替代。

1. 图形标记

内嵌子流程表示为圆角矩形,它有两种形态:如果子流程是折叠的,则在底部中间带有加号标记,不展示内部细节,如图15.1所示;如果子流程是展开的,子流程内部的元素将显示在子流程边界内,如图15.2所示。

2. XML内容

内嵌子流程由subProcess元素定义,作为子流程一部分的所有活动、网关和事件等都需要包含在该元素中。其XML内容如下：

```xml
<process id="mainProcess" name="主流程">
    <startEvent id="startEvent1"/>
    <subProcess id="subProcess">
        <startEvent id="subProcessStart" />
        <!-- 此处省略子流程其他元素定义 -->
        <endEvent id="subProcessEnd" />
    </subProcess>

    <!-- 此处省略主流程其他元素定义 -->
</process>
```

在以上流程定义中，加粗部分的代码定义了一个内嵌子流程，其中subProcess元素与主流程的其他元素同级，可以视作主流程的一部分。该段代码本质上只有一个流程，因此共享数据。可以使用主流程的key查询子流程的任务等信息。主流程和子流程的变量信息也是共享的。

图15.1　子流程（折叠展示）

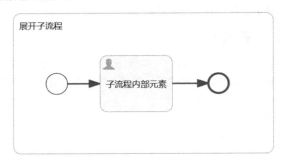

图15.2　子流程（展开展示）

3. 使用示例

下面看一个内嵌子流程的使用示例，其流程如图15.3所示。该流程为贷款申请流程。贷款申请业务包含贷款申请、贷款额度审批和发放贷款3个阶段，在流程实现中"贷款申请"和"发放贷款"阶段使用用户任务实现，而"贷款额度审批"阶段使用内嵌子流程实现。同时，子流程边界上加入定时器边界事件，如果定时器触发前子流程结束，则主流程流转到"发放贷款"节点；如果定时器触发时子流程还没有结束，则直接流转到结束节点，整个流程结束。

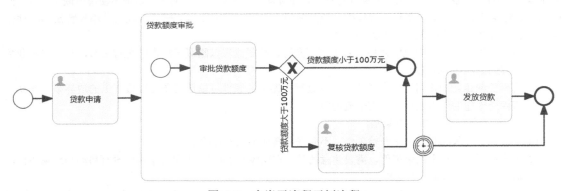

图15.3　内嵌子流程示例流程

图15.3所示流程对应的XML内容如下：

```xml
<process id="subProcessProcess" name="内嵌子流程示例流程">
    <startEvent id="startEventOfMainProcess"/>
    <userTask id="firstTaskOfMainProcess" name="贷款申请"/>
    <subProcess id="subProcess" name="贷款额度审批">
        <startEvent id="startEventOfSubProcess"/>
        <userTask id="firstTaskOfSubProcess" name="审批贷款额度"/>
        <exclusiveGateway id="exclusiveGatewayOfSubProcess"/>
        <endEvent id="endEventOfSubProcess"/>
```

```xml
        <userTask id="secondTaskOfSubProcess" name="复核贷款额度"/>
        <sequenceFlow id="seqFlow1" sourceRef="startEventOfSubProcess"
            targetRef="firstTaskOfSubProcess"/>
        <sequenceFlow id="seqFlow2" sourceRef="firstTaskOfSubProcess"
            targetRef="exclusiveGatewayOfSubProcess"/>
        <sequenceFlow id="seqFlow3" sourceRef="secondTaskOfSubProcess"
            targetRef="endEventOfSubProcess"/>
        <sequenceFlow id="seqFlow4" name="贷款额度小于100万元"
            sourceRef="exclusiveGatewayOfSubProcess" targetRef="endEventOfSubProcess">
            <conditionExpression xsi:type="tFormalExpression">
                <![CDATA[${loanAmount<1000000}]]>
            </conditionExpression>
        </sequenceFlow>
        <sequenceFlow id="seqFlow5" name="贷款额度大于100万元"
            sourceRef="exclusiveGatewayOfSubProcess" targetRef="secondTaskOfSubProcess">
            <conditionExpression xsi:type="tFormalExpression">
                <![CDATA[${loanAmount>=1000000}]]>
            </conditionExpression>
        </sequenceFlow>
    </subProcess>
    <userTask id="secondTaskOfMainProcess" name="发放贷款"/>
    <sequenceFlow id="seqFlow6" sourceRef="subProcess"
        targetRef="secondTaskOfMainProcess"/>
    <sequenceFlow id="seqFlow7" sourceRef="startEventOfMainProcess"
        targetRef="firstTaskOfMainProcess"/>
    <sequenceFlow id="seqFlow8" sourceRef="firstTaskOfMainProcess"
        targetRef="subProcess"/>
    <endEvent id="endEventOfMainProcess"/>
    <sequenceFlow id="seqFlow9" sourceRef="secondTaskOfMainProcess"
        targetRef="endEventOfMainProcess"/>
    <sequenceFlow id="seqFlow10" sourceRef="boundaryEventOfMainProcess"
        targetRef="endEventOfMainProcess"/>
    <boundaryEvent id="boundaryEventOfMainProcess" attachedToRef="subProcess"
        cancelActivity="true">
        <timerEventDefinition>
            <timeDuration>PT1M</timeDuration>
        </timerEventDefinition>
    </boundaryEvent>
</process>
```

在以上流程定义中，加粗部分的代码定义了定时器边界事件，它依附在内嵌子流程边界上。定时器边界事件配置了cancelActivity="true"属性，表示它为边界中断事件。当定时器触发时，原有的执行流将会被中断，附加的活动（子流程）实例被终止，执行该事件的后续路线，直到流程结束节点。

加载该流程模型并执行相应流程控制的示例代码如下：

```java
@Slf4j
public class RunSubProcessProcessDemo extends FlowableEngineUtil {
    SimplePropertyPreFilter executionFilter = new SimplePropertyPreFilter(Execution.class,
            "id", "parentId", "processInstanceId", "processDefinitionId",
            "rootProcessInstanceId", "scope", "activityId", "businessKey");
    SimplePropertyPreFilter jobFilter = new SimplePropertyPreFilter(Job.class,
            "id", "executionId", "duedate", "jobHandlerType", "jobType",
            "processDefinitionId", "processInstanceId", "retries");

    @Test
    public void runSubProcessProcessDemo() throws Exception {
        //加载Flowable配置文件并初始化工作流引擎及服务
        initFlowableEngineAndServices("flowable.job.xml");
        //部署流程
        deployResource("processes/SubProcessProcess.bpmn20.xml");

        //设置主流程的流程变量
        Map<String, Object> varMap1 = ImmutableMap.of("lender", "huhaiqin");
        //发起流程
        ProcessInstance mainProcessInstance = runtimeService
                .startProcessInstanceByKey("subProcessProcess", varMap1);
        ExecutionQuery executionQuery = runtimeService.createExecutionQuery()
                .processInstanceId(mainProcessInstance.getId());
```

```java
//查询执行实例
List<Execution> executionList1 = executionQuery.list();
log.info("主流程发起后, 执行实例数为{}, 分别为: {}", executionList1.size(),
        JSON.toJSONString(executionList1, executionFilter));
//查询主流程的流程变量
Map<String, Object> mainProcessVarMap1 = runtimeService
        .getVariables(mainProcessInstance.getId());
log.info("主流程的流程变量为: {}", mainProcessVarMap1);
TaskQuery taskQuery = taskService.createTaskQuery()
        .processInstanceId(mainProcessInstance.getId());
//查询主流程第一个任务
Task firstTaskOfMainProcess = taskQuery.singleResult();
log.info("主流程发起后, 流程当前所在用户任务为: {}", firstTaskOfMainProcess.getName());
//完成主流程第一个任务
taskService.complete(firstTaskOfMainProcess.getId());
log.info("完成用户任务: {}, 启动子流程", firstTaskOfMainProcess.getName());
//查询执行实例
List<Execution> executionList2 = executionQuery.list();
log.info("子流程发起后, 执行实例数为{}, 分别为: {}", executionList2.size(),
        JSON.toJSONString(executionList2, executionFilter));
//查询子流程第一个任务
Task firstTaskOfSubProcess = taskQuery.singleResult();
log.info("子流程发起后, 流程当前所在用户任务为: {}", firstTaskOfSubProcess.getName());
//查询子流程的流程变量
Map<String, Object> subProcessVarMap1 = runtimeService
        .getVariables(firstTaskOfSubProcess.getProcessInstanceId());
log.info("子流程的流程变量为: {}", subProcessVarMap1);
//设置子流程的流程变量
Map<String, Object> varMap2 = ImmutableMap.of("loanAmount", 10000000);
//完成子流程第一个任务
taskService.complete(firstTaskOfSubProcess.getId(), varMap2);
log.info("完成用户任务: {}", firstTaskOfSubProcess.getName());
//查询子流程第一个任务
Task secondTaskOfSubProcess = taskQuery.singleResult();
log.info("完成用户任务: {}后, 流程当前所在用户任务为: {}",
        firstTaskOfSubProcess.getName(), secondTaskOfSubProcess.getName());
Map<String, Object> mainProcessVarMap2 = runtimeService
        .getVariables(mainProcessInstance.getId());
log.info("主流程的流程变量为: {}", mainProcessVarMap2);

//查询定时器任务
List<Job> jobs = managementService.createTimerJobQuery().list();
log.info("定时器任务有: {}", JSON.toJSONString(jobs, jobFilter));
log.info("暂停90秒...");
//暂停90秒,触发边界定时事件,流程结束
Thread.sleep(90 * 1000);

//查询执行实例
List<Execution> executionList4 = executionQuery.list();
log.info("主流程结束后, 执行实例数为{}, 执行实例信息为: {}", executionList4.size(),
        JSON.toJSONString(executionList4, executionFilter));
    }
}
```

以上代码首先初始化工作流引擎并部署流程,初始化流程变量并发起主流程后,查询并完成主流程的第一个用户任务(此时流程将流转到内嵌子流程),然后查询并办理子流程的用户任务。最后,程序暂停90秒,等待定时器(1分钟时)触发流程结束。以上代码在不同阶段输出了执行实例和流程变量的信息用以观察整个执行过程中数据的变化。代码运行结果如下:

```
07:35:04,893 [main] INFO  RunSubProcessProcessDemo  - 主流程发起后, 执行实例数为2, 分别为: [{"id":"5",
"processDefinitionId":"subProcessProcess:1:4","processInstanceId":"5","rootProcessInstanceId":"5",
"scope":true},{"activityId":"firstTaskOfMainProcess","id":"7","parentId":"5","processDefinitionId":
"subProcessProcess:1:4","processInstanceId":"5","rootProcessInstanceId":"5","scope":false}]
07:35:04,910 [main] INFO  RunSubProcessProcessDemo  - 主流程的流程变量为: {lender=huhaiqin}
07:35:04,933 [main] INFO  RunSubProcessProcessDemo  - 主流程发起后, 流程当前所在用户任务为: 贷款申请
07:35:05,124 [main] INFO  RunSubProcessProcessDemo  - 完成用户任务: 贷款申请, 启动子流程
07:35:05,132 [main] INFO  RunSubProcessProcessDemo  - 子流程发起后, 执行实例数为4, 分别为:
[{"activityId":"subProcess","id":"13","parentId":"5","processDefinitionId":"subProcessProcess:1:4",
```

```
"processInstanceId":"5","rootProcessInstanceId":"5","scope":true},{"activityId":"boundaryEventOfMai
nProcess","id":"15","parentId":"13","processDefinitionId":"subProcessProcess:1:4","processInstanceId":
"5","rootProcessInstanceId":"5","scope":false},{"activityId":"firstTaskOfSubProcess","id":"17",
"parentId":"13","processDefinitionId":"subProcessProcess:1:4","processInstanceId":"5",
"rootProcessInstanceId":"5","scope":false},{"id":"5","processDefinitionId":"subProcessProcess:1:4",
"processInstanceId":"5","rootProcessInstanceId":"5","scope":true}]
07:35:05,134 [main] INFO    RunSubProcessProcessDemo    - 子流程发起后，流程当前所在用户任务为：审批贷款额度
07:35:05,139 [main] INFO    RunSubProcessProcessDemo    - 子流程的流程变量为：{lender=huhaiqin}
07:35:05,185 [main] INFO    RunSubProcessProcessDemo    - 完成用户任务：审批贷款额度
07:35:05,189 [main] INFO    RunSubProcessProcessDemo    - 完成用户任务：审批贷款额度后，流程当前所在用户任务为：
复核贷款额度
07:35:05,194 [main] INFO    RunSubProcessProcessDemo    - 主流程的流程变量为：{lender=huhaiqin, loanAmount=
10000000}
07:35:05,249 [main] INFO    RunSubProcessProcessDemo    - 定时器任务有：
[{"duedate":1693179365015,"executionId":"15","id":"19","jobHandlerType":"trigger-timer","jobType":
"timer","processDefinitionId":"subProcessProcess:1:4","processInstanceId":"5","retries":3}]
07:35:05,249 [main] INFO    RunSubProcessProcessDemo    - 暂停90秒...
07:36:35,251 [main] INFO    RunSubProcessProcessDemo    - 主流程结束后，执行实例数为0，执行实例信息为：[]
```

从代码运行结果中可以看出执行实例的变化过程。

❑ 当主流程发起的时候，存在两个执行实例，二者互为父子关系，如表15.1所示。

表15.1　主流程发起时的执行实例

id	parentId	processInstanceId	rootProcessInstanceId	activityId	scope	描述
5	无	5	5	无	true	主流程实例
7	5	5	5	firstTaskOfMainProcess	false	执行实例

❑ 当子流程发起后，存在4个执行实例：1个主流程实例、1个主流程的执行实例、1个子流程的执行实例和1个定时器任务的执行实例，如表15.2所示。所有执行实例的processInstanceId和rootProcessInstanceId均为5，说明子流程并没有生成新的流程实例，而是在主流程下新建了一个执行实例用于执行子流程。

表15.2　子流程发起后的执行实例

id	parentId	processInstanceId	rootProcessInstanceId	activityId	scope	描述
5	无	5	5	无	true	主流程实例
13	5	5	5	subProcess	true	主流程的执行实例
15	13	5	5	boundaryEventOfMainProcess	false	定时器任务的执行实例
17	13	5	5	firstTaskOfSubProcess	false	子流程的执行实例

❑ 当主流程结束之后，执行实例数为0。

另外可以看出，由于子流程和主流程在同一个流程实例下，流程变量也都是共用的。

15.1.2　事件子流程

事件子流程是BPMN 2.0中加入的新元素，指通过事件触发的子流程，可以存在于流程级别，或者任何子流程级别。和内嵌子流程类似，事件子流程同样把一系列的活动组合到一个区域块中，不同之处在于事件子流程不能直接启动，而是被动地由其他事件触发启动。事件子流程可以通过消息事件、信号事件、错误事件、定时器事件、条件事件、升级事件或变量监听器事件等触发，因此不能在事件子流程中使用空开始事件。开始事件的订阅在包含事件子流程的作用域（流程实例或子流程）创建时就会被创建，也会在作用域销毁时被删除。事件子流程里面必须有结束节点。

事件子流程可以配置为中断或非中断。中断的子流程会取消当前作用域内的所有执行实例，而非中断的事件子流程将创建一个新的并行执行实例。中断事件子流程只会被作用域范围内的事件触发一次，而非中断事件子流程可以被触发多次。子流程是否中断由触发事件子流程的开始事件配置。

事件子流程不能有任何入口或外出顺序流。事件子流程是由事件触发的，所以入口顺序流是没有意义的。

当事件子流程结束时，要么当前作用域已经结束（中断事件子流程的情况），要么非中断子流程创建的并行执行已经结束。

1．图形标记

事件子流程表示为边框为虚线的展开的内嵌子流程，如图15.4所示。

2．XML内容

事件子流程的XML内容与内嵌子流程是一样的，使用subProcess元素定义，不同之处在于事件子流程需要把triggeredByEvent属性设置为true，具体如下：

```
<process id="mainProcess" name="主流程">
    <startEvent id="startEvent1"/>
    <subProcess id="subProcess" triggeredByEvent="true">
        <startEvent id="subProcessStart" />
        <!-- 此处省略子流程其他元素定义 -->
        <endEvent id="subProcessEnd" />
    </subProcess>
```

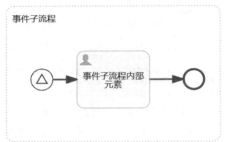

图15.4　事件子流程图形标记

```
    <!-- 此处省略主流程其他元素定义 -->
</process>
```

以上流程定义中，加粗部分的代码通过subProcess元素定义了一个子流程，其triggeredByEvent属性设置为true，这说明它是一个事件子流程。

3．使用示例

事件子流程可以存在于流程级别，也可以存在于子流程级别。下面分别介绍事件子流程在这两种情况下的使用。

1）事件子流程处于"流程"级别

先来看一个事件子流程处于"流程"级别的示例，如图15.5所示。主流程是一个扩容流程，用户申请扩容后，由客服进行扩容操作。如果扩容成功，则流程正常结束；如果扩容失败，则流程异常结束，抛出错误信号，事件子流程捕获到错误信号后被触发，由管理员进行扩容操作。

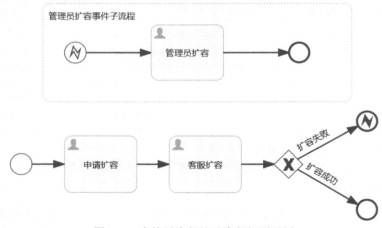

图15.5　事件子流程处于流程级别示例

该流程对应的XML内容如下：

```
<!-- 定义错误 -->
<error id="dilatationError" errorCode="dilatationErrorCode"/>
<process id="eventSubProcessInMainProcess" name="事件子流程处于流程级别示例">
    <startEvent id="startEvent"/>
    <!-- 定义主流程的错误结束事件 -->
    <endEvent id="errorEndEvent">
        <errorEventDefinition errorRef="dilatationError"/>
    </endEvent>
    <userTask id="firstTaskOfMainProcess" name="申请扩容"/>
```

```xml
        <userTask id="secondTaskOfMainProcess" name="客服扩容"/>
        <!-- 定义事件子流程 -->
        <subProcess id="eventSubProcess" name="管理员扩容事件子流程" triggeredByEvent="true">
            <startEvent id="errorStartEvent" flowable:isInterrupting="true">
                <errorEventDefinition errorRef="dilatationError"/>
            </startEvent>
            <userTask id="firstTaskOfSubProcess" name="管理员扩容"/>
            <endEvent id="endEvent2"/>
            <sequenceFlow id="seqFlow1" sourceRef="errorStartEvent"
                targetRef="firstTaskOfSubProcess"/>
            <sequenceFlow id="seqFlow2" sourceRef="firstTaskOfSubProcess"
                targetRef="endEvent2"/>
        </subProcess>
        <sequenceFlow id="seqFlow3" sourceRef="startEvent"
            targetRef="firstTaskOfMainProcess"/>
        <sequenceFlow id="seqFlow4" sourceRef="firstTaskOfMainProcess"
            targetRef="secondTaskOfMainProcess"/>
        <exclusiveGateway id="exclusiveGateway1"/>
        <sequenceFlow id="seqFlow5" sourceRef="secondTaskOfMainProcess"
            targetRef="exclusiveGateway1"/>
        <endEvent id="endEvent1"/>
        <sequenceFlow id="seqFlow6" name="扩容失败" sourceRef="exclusiveGateway1"
            targetRef="errorEndEvent">
            <conditionExpression xsi:type="tFormalExpression">
                <![CDATA[${operateResult == false}]]>
            </conditionExpression>
        </sequenceFlow>
        <sequenceFlow id="seqFlow7" name="扩容成功" sourceRef="exclusiveGateway1"
            targetRef="endEvent1">
            <conditionExpression xsi:type="tFormalExpression">
                <![CDATA[${operateResult == true}]]>
            </conditionExpression>
        </sequenceFlow>
</process>
```

在以上流程定义中，加粗部分的代码定义了事件子流程eventSubProcess，它内部定义了错误开始事件errorStartEvent，该事件引用了错误dilatationError，当捕获到对应的错误事件时就会被触发，从而启动事件子流程。在主流程中定义有错误结束事件errorEndEvent，它引用了错误dilatationError，当流程流转到它时将抛出错误事件。

加载该流程模型并执行相应流程控制的示例代码如下：

```java
@Slf4j
public class RunEventSubProcessInMainProcessDemo extends FlowableEngineUtil {
    SimplePropertyPreFilter executionFilter = new SimplePropertyPreFilter(Execution.class,
            "id", "parentId", "scope", "businessKey", "processInstanceId",
            "rootProcessInstanceId", "activityId");

    @Test
    public void runEventSubProcessInMainProcessDemo() {
        //加载Flowable配置文件并初始化工作流引擎及服务
        initFlowableEngineAndServices("flowable.cfg.xml");
        //部署流程
        deployResource("processes/EventSubProcessInMainProcess.bpmn20.xml");

        //发起流程
        ProcessInstance procInst = runtimeService
                .startProcessInstanceByKey("eventSubProcessInMainProcess");
        ExecutionQuery executionQuery = runtimeService.createExecutionQuery()
                .processInstanceId(procInst.getId());
        //查询执行实例
        List<Execution> executionList1 = executionQuery.list();
        log.info("主流程发起后，执行实例数为{}，分别为：{}", executionList1.size(),
                JSON.toJSONString(executionList1, executionFilter));
        TaskQuery taskQuery = taskService.createTaskQuery()
                .processInstanceId(procInst.getId());
        //查询主流程第一个任务
        Task firstTaskOfMainProcess = taskQuery.singleResult();
        log.info("主流程发起后，流程当前所在的用户任务为：{}",
```

```
                    firstTaskOfMainProcess.getName());
    //完成主流程第一个任务
    taskService.complete(firstTaskOfMainProcess.getId());
    log.info("完成用户任务: {}", firstTaskOfMainProcess.getName());
    //查询主流程第二个任务
    Task secondTaskOfMainProcess = taskQuery.singleResult();
    log.info("完成用户任务{}后,流程当前所在的用户任务为: {}",
                    firstTaskOfMainProcess.getName(), secondTaskOfMainProcess.getName());
    //设置流程变量
    Map<String, Object> varMap = ImmutableMap.of("operateResult", false);
    //完成主流程第二个任务,流程结束,抛出错误信号
    taskService.complete(secondTaskOfMainProcess.getId(), varMap);
    log.info("完成用户任务: {}, 发起子流程", secondTaskOfMainProcess.getName());

    //查询执行实例
    List<Execution> executionList2 = executionQuery.list();
    log.info("子流程发起后,执行实例数为{}, 分别为: {}", executionList2.size(),
            JSON.toJSONString(executionList2, executionFilter));

    //查询子流程第一个任务
    Task firstTaskOfSubProcess = taskQuery.singleResult();
    log.info("子流程发起后,流程当前所在的用户任务为: {}", firstTaskOfSubProcess.getName());
    //完成子流程第一个任务,子流程结束
    taskService.complete(firstTaskOfSubProcess.getId());
    log.info("完成用户任务: {}, 子流程结束", firstTaskOfSubProcess.getName());

    //查询执行实例
    List<Execution> executionList4 = executionQuery.list();
    log.info("主流程结束后,执行实例数为{}, 执行实例信息为: {}", executionList4.size(),
            JSON.toJSONString(executionList4, executionFilter));
    }
}
```

以上代码首先初始化工作流引擎并部署流程,发起主流程后,查询并完成第一个用户任务,然后查询第二个用户任务,设置流程变量operateResult为false并完成该任务。此时,主流程流转至错误结束事件,抛出错误事件,从而触发事件子流程。最后,获取事件子流程的用户任务并完成,流程结束。代码中在不同的阶段输出了执行实例和流程变量的信息用以观察整个执行中数据的变化。代码运行结果如下:

```
07:45:19,142 [main] INFO  RunEventSubProcessInMainProcessDemo   - 主流程发起后,执行实例数为2,分别为:
[{"id":"5","processInstanceId":"5","rootProcessInstanceId":"5","scope":true},{"activityId":
"firstTaskOfMainProcess","id":"6","parentId":"5","processInstanceId":"5","rootProcessInstanceId":
"5","scope":false}]
07:45:19,157 [main] INFO  RunEventSubProcessInMainProcessDemo   - 主流程发起后,流程当前所在的用户任务为:
申请扩容
07:45:19,183 [main] INFO  RunEventSubProcessInMainProcessDemo   - 完成用户任务: 申请扩容
07:45:19,185 [main] INFO  RunEventSubProcessInMainProcessDemo   - 完成用户任务申请扩容后,流程当前所在的用
户任务为: 客服扩容
07:45:19,237 [main] INFO  RunEventSubProcessInMainProcessDemo   - 完成用户任务: 客服扩容, 发起子流程
07:45:19,241 [main] INFO  RunEventSubProcessInMainProcessDemo   - 子流程发起后,执行实例数为3,分别为:
[{"activityId":"eventSubProcess","id":"19","parentId":"5","processInstanceId":"5","rootProcessInstanceId":
"5","scope":false},{"activityId":"firstTaskOfSubProcess","id":"21","parentId":"19","processInstanceId":
"5","rootProcessInstanceId":"5","scope":false},{"id":"5","processInstanceId":"5","rootProcessInstanceId":
"5","scope":true}]
07:45:19,244 [main] INFO  RunEventSubProcessInMainProcessDemo   - 子流程发起后,流程当前所在的用户任务为:
管理员扩容
07:45:19,283 [main] INFO  RunEventSubProcessInMainProcessDemo   - 完成用户任务: 管理员扩容, 子流程结束
07:45:19,284 [main] INFO  RunEventSubProcessInMainProcessDemo   - 主流程结束后,执行实例数为0,执行实例信息
为: []
```

从代码运行结果中可以看出执行实例的变化过程。

❑ 当主流程发起的时候,存在两个执行实例,二者互为父子关系,如表15.3所示。

表15.3 主流程发起时的执行实例

id	parentId	processInstanceId	rootProcessInstanceId	activityId	scope	描述
5	无	5	5	无	true	主流程实例
6	5	5	5	firstTaskOfMainProcess	false	主流程的执行实例

❏ 当子流程发起后,存在3个执行实例:1个主流程实例、1个主流程的执行实例、1个子流程的执行实例,如表15.4所示。可以看出,所有执行实例的processInstanceId和rootProcessInstanceId均为5,说明子流程并没有生成新的流程实例,而是在主流程下新建了一个执行实例,用于执行子流程。

表15.4 子流程发起后的执行实例

id	parentId	processInstanceId	rootProcessInstanceId	activityId	scope	描述
5	无	5	5	无	true	主流程实例
19	5	5	5	eventSubProcess	false	主流程的执行实例
21	19	5	5	firstTaskOfSubProcess	false	子流程的执行实例

❏ 当主流程结束之后,执行实例数为0。

另外可以看出,因为子流程和主流程在同一个流程实例下,所以流程变量也都是共用的。

2)事件子流程处于"子流程"级别

下面看一个事件子流程处于"子流程"级别的示例,如图15.6所示。主流程中用户申请扩容后,进入嵌入式子流程,由客服进行扩容操作。如果扩容成功,则流程正常结束;如果扩容失败,则流程异常结束,抛出错误信号,嵌入式子流程中的事件子流程捕获到错误事件后触发,由管理员进行扩容操作。

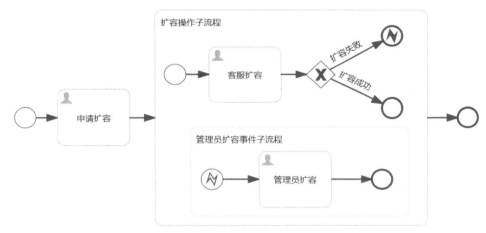

图15.6 事件子流程处于子流程级别示例

图15.6所示流程对应的XML内容如下:

```xml
<!-- 定义错误 -->
<error id="dilatationError" errorCode="dilatationErrorCode"/>
<process id="eventSubProcessInSubProcess" name="事件子流程处于子流程级别示例">
    <startEvent id="startEvent1"/>
    <userTask id="firstTaskOfMainProcess" name="申请扩容"/>
    <sequenceFlow id="seqFlow1" sourceRef="startEvent1" targetRef="firstTaskOfMainProcess"/>
    <!-- 定义内嵌子流程 -->
    <subProcess id="subProcess" name="扩容操作子流程">
        <startEvent id="startEvent2"/>
        <userTask id="firstTaskOfSubProcess" name="客服扩容"/>
        <exclusiveGateway id="exclusiveGateway1"/>
        <endEvent id="endEvent3"/>
        <endEvent id="errorEndEvent">
            <errorEventDefinition errorRef="dilatationError"/>
        </endEvent>
        <!-- 定义事件子流程 -->
        <subProcess id="eventSubProcess" name="管理员扩容事件子流程" triggeredByEvent="true">
            <startEvent id="errorStartEvent" flowable:isInterrupting="true">
                <errorEventDefinition errorRef="dilatationError"/>
            </startEvent>
            <userTask id="firstTaskOfEventSubProcess" name="管理员扩容"/>
            <endEvent id="endEvent2"/>
```

```xml
        <sequenceFlow id="seqFlow2" sourceRef="errorStartEvent"
            targetRef="firstTaskOfEventSubProcess"/>
        <sequenceFlow id="seqFlow3" sourceRef="firstTaskOfEventSubProcess"
            targetRef="endEvent2"/>
    </subProcess>
    <sequenceFlow id="seqFlow4" sourceRef="startEvent2"
        targetRef="firstTaskOfSubProcess"/>
    <sequenceFlow id="seqFlow5" sourceRef="firstTaskOfSubProcess"
        targetRef="exclusiveGateway1"/>
    <sequenceFlow id="seqFlow6" name="扩容失败" sourceRef="exclusiveGateway1"
        targetRef="errorEndEvent">
        <conditionExpression xsi:type="tFormalExpression">
            <![CDATA[${operateResult == false}]]>
        </conditionExpression>
    </sequenceFlow>
    <sequenceFlow id="seqFlow7" name="扩容成功" sourceRef="exclusiveGateway1"
        targetRef="endEvent3">
        <conditionExpression xsi:type="tFormalExpression">
            <![CDATA[${operateResult == true}]]>
        </conditionExpression>
    </sequenceFlow>
</subProcess>
<sequenceFlow id="seqFlow8" sourceRef="firstTaskOfMainProcess"
    targetRef="subProcess"/>
<endEvent id="endEvent1"/>
<sequenceFlow id="seqFlow9" sourceRef="subProcess" targetRef="endEvent1"/>
</process>
```

在以上流程定义中,加粗部分的代码定义了事件子流程eventSubProcess,它内部定义了错误开始事件errorStartEvent,该事件引用了错误dilatationError,当捕获到对应的错误事件时就会被触发从而启动事件子流程。该事件子流程处于内嵌子流程中,内嵌子流程中定义有错误结束事件errorEndEvent,它引用了错误dilatationError,当内嵌子流程流转到它时将抛出错误事件。

加载该流程模型并执行相应流程控制的示例代码如下:

```java
@Slf4j
public class RunEventSubProcessInSubProcessDemo extends FlowableEngineUtil {
    SimplePropertyPreFilter executionFilter = new SimplePropertyPreFilter(Execution.class,
            "id", "parentId", "scope", "businessKey", "processInstanceId",
            "rootProcessInstanceId", "activityId");

    @Test
    public void runEventSubProcessInSubProcessDemo()   {
        //加载Flowable配置文件并初始化工作流引擎及服务
        initFlowableEngineAndServices("flowable.cfg.xml");
        //部署流程
        deployResource("processes/EventSubProcessInSubProcess.bpmn20.xml");

        //发起流程
        ProcessInstance procInst = runtimeService
                .startProcessInstanceByKey("eventSubProcessInSubProcess");
        ExecutionQuery executionQuery = runtimeService.createExecutionQuery()
                .processInstanceId(procInst.getId());
        //查询执行实例
        List<Execution> executionList1 = executionQuery.list();
        log.info("主流程发起后,执行实例数为{},分别为:{}", executionList1.size(),
                JSON.toJSONString(executionList1, executionFilter));
        TaskQuery taskQuery = taskService.createTaskQuery()
                .processInstanceId(procInst.getId());
        //查询主流程第一个任务
        Task firstTaskOfMainProcess = taskQuery.singleResult();
        log.info("主流程发起后,流程当前用户任务为:{}", firstTaskOfMainProcess.getName());
        //完成主流程第一个任务
        taskService.complete(firstTaskOfMainProcess.getId());
        //查询子流程第一个任务
        Task firstTaskOfSubProcess = taskQuery.singleResult();
        log.info("办理完成用户任务{}后,流程当前用户任务点为:{}",
                firstTaskOfMainProcess.getName(), firstTaskOfSubProcess.getName());
        //查询执行实例
```

```
        List<Execution> executionList2 = executionQuery.list();
        log.info("子流程发起后,执行实例数为{},分别为: {}", executionList2.size(),
                JSON.toJSONString(executionList2, executionFilter));
        //设置流程变量
        Map<String, Object> varMap = ImmutableMap.of("operateResult", false);
        //完成子流程第一个任务,子流程到达错误结束节点,抛出错误信号
        taskService.complete(firstTaskOfSubProcess.getId(), varMap);
        //查询执行实例
        List<Execution> executionList3 = executionQuery.list();
        log.info("事件子流程发起后,执行实例数为{},分别为: {}", executionList3.size(),
                JSON.toJSONString(executionList3, executionFilter));
        //查询事件子流程第一个任务
        Task firstTaskOfEventSubProcess = taskQuery.singleResult();
        log.info("事件子流程发起后,流程当前用户任务点为: {}",
                firstTaskOfEventSubProcess.getName());
        //完成事件子流程第一个任务,事件子流程结束
        taskService.complete(firstTaskOfEventSubProcess.getId());
        //查询执行实例
        List<Execution> executionList4 = executionQuery.list();
        log.info("主流程结束后,执行实例数为{},执行实例信息为: {}", executionList4.size(),
                JSON.toJSONString(executionList4, executionFilter));
    }
}
```

以上代码首先初始化工作流引擎并部署流程,发起主流程后,查询并完成第一个用户任务,进入内嵌子流程,然后查询子流程中的用户任务,设置流程变量operateResult为false并完成该任务。此时,内嵌子流程流转到错误结束事件,抛出错误事件,从而触发事件子流程发起。最后,获取并完成事件子流程的用户任务,流程结束。代码中在不同的阶段输出了执行实例和流程变量的信息用以观察整个执行中数据的变化。代码运行结果如下:

```
07:48:38,261 [main] INFO   RunEventSubProcessInSubProcessDemo   - 主流程发起后,执行实例数为2,分别为:
[{"id":"5","processInstanceId":"5","rootProcessInstanceId":"5","scope":true},{"activityId":
"firstTaskOfMainProcess","id":"6","parentId":"5","processInstanceId":"5","rootProcessInstanceId":
"5","scope":false}]
07:48:38,275 [main] INFO   RunEventSubProcessInSubProcessDemo   - 主流程发起后,流程当前用户任务为: 申请扩容
07:48:38,317 [main] INFO   RunEventSubProcessInSubProcessDemo   - 办理完成用户任务申请扩容后,流程当前用户任务点为: 客服扩容
07:48:38,324 [main] INFO   RunEventSubProcessInSubProcessDemo   - 子流程发起后,执行实例数为3,分别为:
[{"activityId":"subProcess","id":"12","parentId":"5","processInstanceId":"5","rootProcessInstanceId":
"5","scope":true},{"activityId":"firstTaskOfSubProcess","id":"14","parentId":"12","processInstanceId":
"5","rootProcessInstanceId":"5","scope":false},{"id":"5","processInstanceId":"5","rootProcessInstanceId":
"5","scope":true}]
07:48:38,430 [main] INFO   RunEventSubProcessInSubProcessDemo   - 事件子流程发起后,执行实例数为4,分别为:
[{"activityId":"subProcess","id":"12","parentId":"5","processInstanceId":"5","rootProcessInstanceId":
"5","scope":true},{"activityId":"eventSubProcess","id":"24","parentId":"12","processInstanceId":"5",
"rootProcessInstanceId":"5","scope":false},{"activityId":"firstTaskOfEventSubProcess","id":"26",
"parentId":"24","processInstanceId":"5","rootProcessInstanceId":"5","scope":false},{"id":"5",
"processInstanceId":"5","rootProcessInstanceId":"5","scope":true}]
07:48:38,432 [main] INFO   RunEventSubProcessInSubProcessDemo   - 事件子流程发起后,流程当前用户任务点为: 管理员扩容
07:48:38,498 [main] INFO   RunEventSubProcessInSubProcessDemo   - 主流程结束后,执行实例数为0,执行实例信息为: []
```

从代码运行结果中可以看出执行实例的变化过程。

❑ 当主流程发起的时候,存在2个执行实例,二者互为父子关系,如表15.5所示。

表15.5 主流程发起时的执行实例

id	parentId	processInstanceId	rootProcessInstanceId	activityId	scope	描述
5	无	5	5	无	true	主流程实例
6	5	5	5	firstTaskOfMainProcess	false	主流程的执行实例

❑ 当子流程发起后,存在3个执行实例:1个主流程实例、1个主流程的执行实例、1个子流程的执行实例,如表15.6所示。从中可以看出,所有执行实例的processInstanceId和rootProcessInstanceId均为5,说明子流程并没有生成新的流程实例,而是在主流程下新建了一个执行实例来执行子流程。

表15.6 子流程发起时的执行实例

id	parentId	processInstanceId	rootProcessInstanceId	activityId	scope	描述
5	无	5	5	无	true	主流程实例
12	5	5	5	subProcess	true	主流程的执行实例
14	12	5	5	firstTaskOfSubProcess	false	子流程的执行实例

- 当事件子流程发起后，存在4个执行实例：1个主流程实例、1个主流程的执行实例、1个内嵌子流程的执行实例、1个事件子流程的执行实例，如表15.7所示。

表15.7 事件子流程发起时的执行实例

id	parentId	processInstanceId	rootProcessInstanceId	activityId	scope	描述
5	无	5	5	无	true	主流程实例
12	5	5	5	subProcess	true	主流程的执行实例
24	12	5	5	eventSubProcess	false	内嵌子流程的执行实例
26	24	5	5	firstTaskOfEventSubProcess	false	事件子流程的执行实例

- 当主流程结束之后，执行实例数为0。

同时可以看出，由于子流程和主流程处于同一个流程实例下，流程变量都是共用的。

事件子流程添加到嵌入式子流程内，可以代替边界事件的功能，如图15.7所示。

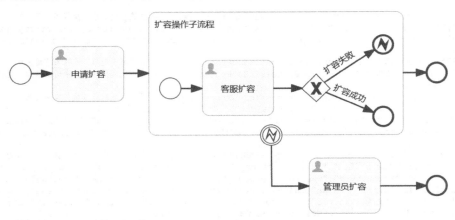

图15.7 子流程边界事件示例流程

图15.7与图15.6所示流程实现的效果是等价的，两者相同点如下：
- 内嵌子流程都会抛出一个错误事件；
- 错误都会被捕获并使用一个用户任务处理，两种场景都会执行相同的任务。

但是，这两种不同的实现方式的执行过程有所不同。图15.7中内嵌子流程是使用与执行作用域宿主相同的流程实例执行的，这意味着内嵌子流程可以访问其作用域内的内部变量。当使用边界事件时，事件由它的主流程处理，为执行内嵌子流程而创建的执行实例会被删除，并生成一个执行实例根据边界事件的顺序流继续流转，这意味着被内嵌子流程执行创建的内部变量不再起作用。而在图15.6中，当使用事件子流程时，事件完全由其添加的子流程处理。这些差别帮助使用者在实际流程场景中决定是使用内嵌子流程搭配边界事件实现，还是使用事件子流程实现。

15.1.3 事务子流程

事务子流程也称作事务块，是一种特殊的内嵌子流程，用于处理一组必须在同一个事务中完成的活动，使它们共同成功或失败。事务子流程中如果有一个活动失败或者取消，那么整个事务子流程的所有活动都会回滚，可能导致以下3种不同的结果。

- 事务成功。没有取消也没有因为异常终止。如果事务子流程是成功的，就会使用外出顺序流继续执行。如果流程后来抛出了一个补偿事件，成功的事务可能被补偿。需要注意的是，与普通内嵌子流程一样，事务可能在成功后，使用中间补偿事件进行补偿。
- 事务取消。流程流转到取消结束事件。在这种情况下，所有的执行都被终止并被删除，然后剩余的一个执行被设置为取消边界事件，这会触发补偿。在补偿完成之后，事务子流程会沿着取消边界事务的外出顺序流向下流转。
- 事务异常。如果有错误事件被抛出，并且没有在事务子流程中被捕获，事务将异常结束（在事务子流程的边界上捕获错误也适用于这种情况）。在这种情况下，不会执行补偿。

这里说的事务指BPMN事务，它与数据库ACID事务有相似之处，但它们是两个不同的概念，有以下几点不同。

数据库ACID事务一般持续时间很短，但BPMN事务可能持续较长时间（几小时，几天，甚至更长时间），如一个BPMN事务中包含用户任务，由于办理人的原因导致时间过长，或者BPMN事务可能会等待某个事件发生才往下执行。这样的操作通常要比在数据库中更新记录或使用事务队列存储消息花费更长的时间。

BPMN事务一般会跨越多个ACID事务，因为通常无法在事务子流程中多个节点的流转过程中保持ACID事务。当BPMN事务处理涉及多个ACID事务时，会失去ACID特性。

BPMN事务不能使用通常的方式回滚。这是因为BPMN事务可横跨多个ACID事务，在BPMN事务取消时部分ACID事务可能已经提交。

BPMN事务通常需要长时间运行，所以缺乏隔离性和回滚机制，需要以不同的方式处理。在实现BPMN事务时，针对回滚机制的缺乏，可以使用补偿执行回滚。如果在事务范围内引发取消事件，则所有成功执行并具有补偿处理器的活动将执行补偿。针对隔离性的缺乏，通常需要使用特定领域的解决方法来解决。

BPMN事务可以保证一致性，即所有活动都能够成功执行，或者某些活动无法执行时由所有已执行成功的活动补偿。无论哪种情况，BPMN事务最终都处于一致状态。但是，需要注意的是，在Flowable中，BPMN事务的一致性模型建立在流程执行的一致性模型之上。Flowable执行流程是ACID事务性的，并使用乐观锁解决并发问题。在Flowable中，BPMN的错误、取消和补偿事件同样建立在ACID事务和乐观锁的基础上。例如，当两个并发执行流转到取消结束事件时，可能会触发两次补偿，最终因为乐观锁冲突而失败。

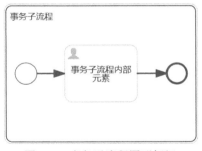

图15.8 事务子流程图形标记

1. 图形标记

事务子流程表示为使用双线边框的展开的内嵌子流程，如图15.8所示。

2. XML内容

事务子流程使用transaction元素定义，作为子流程一部分的所有活动、网关和事件等都需要包含在该元素中。事务子流程定义如下：

```xml
<process id="mainProcess" name="主流程">
    <startEvent id="startEvent1"/>
    <transaction id="myTransaction" >
        <startEvent id="subProcessStart" />
        <!-- 此处省略事务子流程其他元素定义 -->
        <endEvent id="subProcessEnd" />
    </transaction>

    <!-- 此处省略主流程其他元素定义 -->
</process>
```

在以上流程定义中，加粗部分的代码通过transaction元素定义了一个事务子流程。

3. 使用示例

下面看一个事务子流程的使用示例，其流程如图15.9所示。该流程为电商用户下单支付流程。用户提交订单后，流程流转到"订单支付事务子流程"，完成订单支付需要经过"锁定库存""用户支付订单""扣减库存"3个节点。如果用户取消订单、10分钟未支付订单，或扣减库存失败，都会使子流程流转到取消结束事件并执行"释放库存"和"费用退回"补偿，被依附在事务流程上的取消边界事件捕获后结束子流程。流程流转到"自动取消订单"服务节点，最终流转到结束节点。

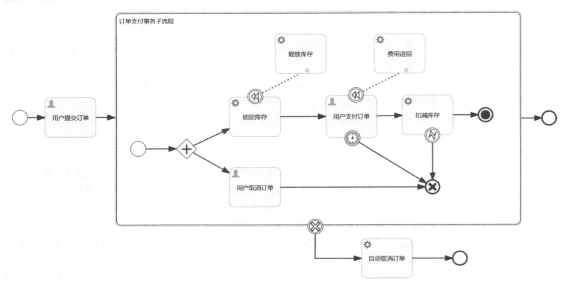

图15.9 事务子流程示例流程

图15.9所示流程对应的XML内容如下：

```xml
<error id="errorFlag" errorCode="500"/>
<process id="transactionSubProcessProcess" name="事务子流程示例流程">
    <startEvent id="startEventOfMainProcess"/>
    <userTask id="firstUserTaskOfMainProcess" name="用户提交订单"/>
    <sequenceFlow id="seqFlow1" sourceRef="startEventOfMainProcess"
        targetRef="firstUserTaskOfMainProcess"/>
    <transaction id="transactionSubProcess" name="订单支付事务子流程">
        <startEvent id="startEventOfSubProcess"/>
        <parallelGateway id="parallelGateway1"/>
        <userTask id="firstUserTaskOfSubProcess" name="用户支付订单"/>
        <userTask id="secondUserTaskOfSubProcess" name="用户取消订单"/>
        <endEvent id="cancelEndEventOfSubProcess">
            <cancelEventDefinition/>
        </endEvent>
        <serviceTask id="secondServiceTaskOfSubProcess" name="扣减库存" flowable:class="com.bpm.
            example.subprocess.demo3.delegate.TreasuryDeductService"/>
        <boundaryEvent id="boundaryEvent1" attachedToRef="firstUserTaskOfSubProcess"
            cancelActivity="true">
            <timerEventDefinition>
                <timeDuration>PT10M</timeDuration>
            </timerEventDefinition>
        </boundaryEvent>
        <boundaryEvent id="boundaryEvent2" attachedToRef="secondServiceTaskOfSubProcess">
            <errorEventDefinition errorRef="errorFlag"/>
        </boundaryEvent>
        <endEvent id="endEventOfSubProcess"><terminateEventDefinition/></endEvent>
        <serviceTask id="firstServiceTaskOfSubProcess" name="锁定库存"
            flowable:class="com.bpm.example.subprocess.demo3.delegate.TreasuryLockService"/>
        <serviceTask id="thirdServiceTaskOfSubProcess" name="释放库存" isForCompensation="true"
            flowable:class="com.bpm.example.subprocess.demo3.delegate.TreasuryReleaseService"/>
        <boundaryEvent id="boundaryEvent4" attachedToRef="firstUserTaskOfSubProcess" cancelActivity=
            "true">
            <compensateEventDefinition waitForCompletion="true"/>
        </boundaryEvent>
```

```xml
            <serviceTask id="fourthServiceTaskOfSubProcess" name="费用退回" isForCompensation="true"
                flowable:class="com.bpm.example.subprocess.demo3.delegate.RefundPaymentService"/>
            <boundaryEvent id="boundaryEvent5" attachedToRef="firstServiceTaskOfSubProcess"
                cancelActivity="true">
                <compensateEventDefinition waitForCompletion="true"/>
            </boundaryEvent>
            <sequenceFlow id="seqFlow2" sourceRef="startEventOfSubProcess"
                targetRef="parallelGateway1"/>
            <sequenceFlow id="seqFlow3" sourceRef="secondUserTaskOfSubProcess"
                targetRef="cancelEndEventOfSubProcess"/>
            <sequenceFlow id="seqFlow4" sourceRef="firstUserTaskOfSubProcess"
                targetRef="secondServiceTaskOfSubProcess"/>
            <sequenceFlow id="seqFlow5" sourceRef="boundaryEvent1"
                targetRef="cancelEndEventOfSubProcess"/>
            <sequenceFlow id="seqFlow6" sourceRef="secondServiceTaskOfSubProcess"
                targetRef="endEventOfSubProcess"/>
            <sequenceFlow id="seqFlow7" sourceRef="parallelGateway1"
                targetRef="firstServiceTaskOfSubProcess"/>
            <sequenceFlow id="seqFlow8" sourceRef="firstServiceTaskOfSubProcess"
                targetRef="firstUserTaskOfSubProcess"/>
            <sequenceFlow id="seqFlow9" sourceRef="parallelGateway1"
                targetRef="secondUserTaskOfSubProcess"/>
            <sequenceFlow id="seqFlow10" sourceRef="boundaryEvent2"
                targetRef="cancelEndEventOfSubProcess"/>
        </transaction>
        <endEvent id="firstEndEventOfMainProcess"></endEvent>
        <sequenceFlow id="seqFlow11" sourceRef="transactionSubProcess"
            targetRef="firstEndEventOfMainProcess"/>
        <serviceTask id="firstServiceTaskOfMainProcess" name="自动取消订单"
            flowable:class="com.bpm.example.subprocess.demo3.delegate.CancelOrderService"/>
        <endEvent id="secondEndEventOfMainProcess"></endEvent>
        <sequenceFlow id="seqFlow12" sourceRef="firstServiceTaskOfMainProcess"
            targetRef="secondEndEventOfMainProcess"/>
        <sequenceFlow id="seqFlow13" sourceRef="boundaryEvent3"
            targetRef="firstServiceTaskOfMainProcess"/>
        <sequenceFlow id="seqFlow14" sourceRef="firstUserTaskOfMainProcess"
            targetRef="transactionSubProcess"/>
        <boundaryEvent id="boundaryEvent3" attachedToRef="transactionSubProcess"
            cancelActivity="false">
            <cancelEventDefinition/>
        </boundaryEvent>
        <association id="association1" sourceRef="boundaryEvent5"
            targetRef="thirdServiceTaskOfSubProcess" associationDirection="None"/>
        <association id="association2" sourceRef="boundaryEvent4"
            targetRef="fourthServiceTaskOfSubProcess" associationDirection="None"/>
</process>
```

在以上流程定义中,事务子流程transactionSubProcess包含取消结束事件cancelEndEventOfSubProcess。用户取消订单、订单支付超时或扣减库存失败都会流转到该取消结束事件,抛出取消事件。事务子流程上依附着取消边界事件,捕获到取消事件后将结束事务子流程,执行事务子流程中已结束活动的补偿。

流程中定义了5个服务任务,分别指定了委托类用于实现对应的业务逻辑,由于这里仅是示例,故进行了简化处理。

锁定库存服务任务的委托类代码如下:

```java
@Slf4j
public class TreasuryLockService implements JavaDelegate {
    @Override
    public void execute(DelegateExecution execution) {
        log.info("锁定库存完成! ");
    }
}
```

扣减库存服务任务的委托类代码如下:

```java
@Slf4j
public class TreasuryDeductService implements JavaDelegate {
```

```java
        int goodsTreasury = 10;

        @Override
        public void execute(DelegateExecution execution) {
            int goodsNum = (Integer) execution.getVariable("goodsNum");
            if (goodsNum > goodsTreasury) {
                log.error("库存不足,订单将取消!");
                throw new BpmnError("500");
            } else {
                log.info("库存充足,订单即将发货!");
            }
        }
    }
```

释放库存服务任务的委托类代码如下:

```java
@Slf4j
public class TreasuryReleaseService implements JavaDelegate {
    @Override
    public void execute(DelegateExecution execution) {
        log.info("执行补偿,释放库存完成!");
    }
}
```

费用退回服务任务的委托类代码如下:

```java
@Slf4j
public class RefundPaymentService implements JavaDelegate {
    @Override
    public void execute(DelegateExecution execution) {
        log.info("执行补偿,费用退回完成!");
    }
}
```

自动取消订单服务任务的委托类代码如下:

```java
@Slf4j
public class CancelOrderService implements JavaDelegate {
    @Override
    public void execute(DelegateExecution execution) {
        log.info("自动取消订单完成!");
    }
}
```

加载该流程模型并执行相应流程控制的示例代码如下:

```java
@Slf4j
public class RunTransactionSubProcessProcessDemo extends FlowableEngineUtil {
    SimplePropertyPreFilter executionFilter = new SimplePropertyPreFilter(Execution.class,
            "id", "parentId", "scope", "businessKey", "processInstanceId",
            "rootProcessInstanceId", "activityId");

    @Test
    public void runTransactionSubProcessProcessDemo() {
        //加载Flowable配置文件并初始化工作流引擎及服务
        initFlowableEngineAndServices("flowable.cfg.xml");
        //部署流程
        deployResource("processes/TransactionSubProcessProcess.bpmn20.xml");

        //设置主流程的流程变量
        Map<String, Object> varMap1 = ImmutableMap.of("goodsNum", 100, "orderCost", 1000);
        //发起流程
        ProcessInstance mainProcessInstance = runtimeService
                .startProcessInstanceByKey("transactionSubProcessProcess", varMap1);
        ExecutionQuery executionQuery = runtimeService.createExecutionQuery()
                .processInstanceId(mainProcessInstance.getId());
        //查询执行实例
        List<Execution> executionList1 = executionQuery.list();
        log.info("主流程发起后,执行实例数为{},分别为: {}", executionList1.size(),
                JSON.toJSONString(executionList1, executionFilter));
        //查询主流程的流程变量
        Map<String, Object> mainProcessVarMap1 = runtimeService
```

```java
            .getVariables(mainProcessInstance.getId());
        log.info("主流程的流程变量为: {}", mainProcessVarMap1);
        TaskQuery taskQuery = taskService.createTaskQuery()
                .processInstanceId(mainProcessInstance.getId());
        //查询主流程第一个任务
        Task firstTaskOfMainProcess = taskQuery.singleResult();
        log.info("主流程发起后,流程当前所在用户任务为: {}", firstTaskOfMainProcess.getName());
        //完成主流程第一个任务
        log.info("办理用户任务: {}, 启动事务子流程", firstTaskOfMainProcess.getName());
        taskService.complete(firstTaskOfMainProcess.getId());
        //查询执行实例
        List<Execution> executionList2 = executionQuery.list();
        log.info("子流程发起后,执行实例数为{},分别为: {}", executionList2.size(),
                JSON.toJSONString(executionList2, executionFilter));
        //查询子流程第一个任务
        Task firstTaskOfSubProcess = taskService.createTaskQuery()
                .taskName("用户支付订单").processInstanceId(mainProcessInstance.getId())
                .includeProcessVariables().singleResult();
        log.info("子流程发起后,流程当前所在用户任务为: {}", firstTaskOfSubProcess.getName());
        //查询子流程的流程变量
        Map<String, Object> subProcessVarMap1 = firstTaskOfSubProcess
                .getProcessVariables();
        log.info("子流程的流程变量为: {}", subProcessVariabes1);
        log.info("办理用户任务: {}", firstTaskOfSubProcess.getName());
        //完成子流程第一个任务,后续到达服务节点
        taskService.complete(firstTaskOfSubProcess.getId());
        //查询执行实例
        List<Execution> executionList4 = executionQuery.list();
        log.info("主流程结束后,执行实例数为{},执行实例信息为: {}", executionList4.size(),
                JSON.toJSONString(executionList4, executionFilter));
    }
}
```

以上代码先初始化工作流引擎并部署流程,发起流程实例后,查询并完成第一个用户任务,流转到订单支付事务子流程的"用户取消订单"节点,同时经"锁定库存"节点流转到"用户支付订单"节点。接下来,根据任务名称"用户支付订单"查询任务,办理完成后流程流转到"扣减库存"节点,执行扣减库存发生异常抛出错误信号。该信号被错误边界事件捕获进而流转到取消结束事件,执行"释放库存"和"费用退回"任务进行补偿,被事务子流程上的取消边界事件捕获后结束子流程。最后,流程流转到"自动取消订单"服务节点,主流程结束。代码中在不同的阶段分别输出了执行实例和流程变量信息,用以观察整个执行中数据的变化情况。代码运行结果如下:

```
07:52:28,872 [main] INFO  RunTransactionSubProcessProcessDemo  - 主流程发起后,执行实例数为2,分别为:
[{"id":"5","processInstanceId":"5","rootProcessInstanceId":"5","scope":true},{"activityId":
"firstUserTaskOfMainProcess","id":"8","parentId":"5","processInstanceId":"5","rootProcessInstanceId":
"5","scope":false}]
07:52:28,906 [main] INFO  RunTransactionSubProcessProcessDemo  - 主流程的流程变量为: {orderCost=1000,
goodsNum=100}
07:52:28,942 [main] INFO  RunTransactionSubProcessProcessDemo  - 主流程发起后,流程当前所在用户任务为: 用
户提交订单
07:52:28,943 [main] INFO  RunTransactionSubProcessProcessDemo  - 办理用户任务: 用户提交订单,启动事务子流程
07:52:29,014 [main] INFO  TreasuryLockService  - 锁定库存完成!
07:52:29,341 [main] INFO  RunTransactionSubProcessProcessDemo  - 子流程发起后,执行实例数为6,分别为:
[{"activityId":"transactionSubProcess","id":"14","parentId":"5","processInstanceId":"5",
"rootProcessInstanceId":"5","scope":true},{"activityId":"boundaryEvent3","id":"16","parentId":"14",
"processInstanceId":"5","rootProcessInstanceId":"5","scope":false},{"activityId":
"firstUserTaskOfSubProcess","id":"18","parentId":"14","processInstanceId":"5","rootProcessInstanceId":
"5","scope":false},{"activityId":"secondUserTaskOfSubProcess","id":"22","parentId":"14",
"processInstanceId":"5","rootProcessInstanceId":"5","scope":false},{"activityId":"boundaryEvent1",
"id":"32","parentId":"18","processInstanceId":"5","rootProcessInstanceId":"5","scope":false},{"id":
"5","processInstanceId":"5","rootProcessInstanceId":"5","scope":true}]
07:52:29,363 [main] INFO  RunTransactionSubProcessProcessDemo  - 子流程发起后,流程当前所在用户任务为: 用
户支付订单
07:52:29,363 [main] INFO  RunTransactionSubProcessProcessDemo  - 子流程的流程变量为: {orderCost=1000,
goodsNum=100}
07:52:29,363 [main] INFO  RunTransactionSubProcessProcessDemo  - 办理用户任务: 用户支付订单
07:52:29,434 [main] ERROR TreasuryDeductService  - 库存不足,订单将取消!
07:52:29,507 [main] INFO  RefundPaymentService  - 执行补偿,费用退回完成!
```

```
07:52:29,530 [main] INFO  TreasuryReleaseService - 执行补偿，释放库存完成！
07:52:29,559 [main] INFO  CancelOrderService - 自动取消订单完成！
07:52:29,661 [main] INFO  RunTransactionSubProcessProcessDemo - 主流程结束后，执行实例数为0，执行实例信息
为：[]
```

从代码运行结果可以看出执行实例的变化过程。

❑ 主流程发起时，存在两个执行实例，二者互为父子关系，如表15.8所示。

表15.8 主流程发起时的执行实例

id	parentId	processInstanceId	rootProcessInstanceId	activityId	scope	描述
5	无	5	5	无	true	主流程实例
8	5	5	5	firstUserTaskOfMainProcess	false	主流程的执行实例

❑ 当子流程发起后，存在6个执行实例：1个主流程实例、1个主流程的执行实例、4个子流程的执行实例，如表15.9所示。另外可以看出，所有执行实例的processInstanceId和rootProcessInstanceId均为5，说明子流程并没有生成新的流程实例，而是在主流程下新建了一个执行实例用于执行子流程。

表15.9 子流程发起后的执行实例

id	parentId	processInstanceId	rootProcessInstanceId	activityId	scope	描述
5	无	5	5	无	true	主流程实例
14	5	5	5	transactionSubProcess	true	主流程的执行实例
16	14	5	5	boundaryEvent3	false	取消边界事件的执行实例
18	14	5	5	firstUserTaskOfSubProcess	false	子流程的执行实例
22	14	5	5	secondUserTaskOfSubProcess	false	子流程的执行实例
32	18	5	5	boundaryEvent1	false	定时器边界事件的执行实例

❑ 主流程结束之后，执行实例数为0。

此外，由于子流程和主流程处于同一流程实例下，流程变量也都是共用的。

15.2 调用活动

调用活动一般又被称为调用子流程。概念上，子流程与调用活动在流程流转到该节点时，都会调用一个子流程实例。两者的不同之处在于，子流程嵌入原有流程定义，而调用活动是引用一个流程定义外部的流程。调用活动主要用于归纳一个有共性、可重复使用的流程定义，供多个其他流程定义调用。

15.2.1 调用活动介绍

调用活动指在一个流程定义中调用另一个独立的流程定义，通常可以定义一些通用流程作为这种调用子流程，供其他多个流程定义复用。这种子流程使用callActivity元素进行调用，可以方便地嵌入主流程。

1. 图形标记

调用活动表示为粗边框的圆角矩形，如图15.10所示。

2. XML内容

调用活动使用callActivity元素进行定义，定义格式如下：

```
<callActivity id="callactivity1" name="调用活动"
    flowable:calledElementType="key" calledElement="testProcessDefinitonKey">
```

图15.10 调用活动图形标记

```xml
    <extensionElements>
        <flowable:in source="someVariableInMainProcess"
           target="nameOfVariableInSubProcess"/>
        <flowable:out source="someVariableInSubProcss"
           target="nameOfVariableInMainProcess"/>
    </extensionElements>
</callActivity>
```

在以上调用活动定义中，通过flowable:calledElementType和calledElement属性指定被调用的外部流程定义，同时配置了向子流程传递与接收的流程变量：

- 使用flowable:in标签定义主流程流程变量传入子流程流程变量的映射，在子流程启动时复制到子流程；
- 使用flowable:out标签定义子流程流程变量回传主流程流程变量的映射，在其结束时复制回主流程。

调用活动可配置的属性如表15.10所示。

表15.10 调用活动可配置的属性

属性名称	属性说明	示例
flowable:calledElementType	其值可为key或id，用于表示通过流程定义的key还是id来调用外部流程。默认值为key，可不配置	\<callActivity calledElement="testProcessDefinitonId" flowable:calledElementType="id"\>
calledElement	被调用流程的key或id，由flowable:calledElementType属性确定其类型，对应的流程定义应独立存在。如果指定的是流程定义key，则会使用其最新版本发起流程实例。可以使用表达式	\<callActivity calledElement="testProcessDefinitonKey"\>
businessKey	子流程的businessKey，可以使用表达式	\<callActivity flowable:businessKey="subProcessBusinessKey"\>
inheritBusinessKey	值为true时，子流程复用主流程的businessKey，该属性在businessKey属性未配置时才生效，默认为false	\<callActivity flowable:inheritBusinessKey="true"\>
inheritVariables	值为true时，将主流程所有流程变量传递给子流程，默认为false	\<callActivity flowable:inheritVariables="true"\>
flowable:processInstanceName	用于指定子流程发起的流程实例的名称，可以使用表达式。可不配置	\<callActivity flowable:processInstanceName="${subProcessBusinessName}"\>
flowable:idVariableName	设置主流程中存储子流程发起实例的编号，可以使用表达式。可不配置	\<callActivity flowable:idVariableName="subProcessInstanceId"\>
flowable:in	将主流程的流程变量传入子流程（主流程变量必须事先定义，否则将不能获取）	\<flowable:in source="someVariableInMainProcess" target="nameOfVariableInSubProcess"/\>，其中，source为主流程中的变量名称，可以使用表达式；target为将主流程变量传递给子流程时变量的名称，一般与source同名以避免错误
flowable:out	调用活动执行完成后将子流程的流程变量传入主流程（子流程变量必须事先定义，否则不能获取）	\<flowable:out source="someVariableInSubProcss" target="nameOfVariableInMainProcess"/\>，其中，source为子流程中的变量名称，可以使用表达式；target为将子流程变量传递给主流程时变量的名称，一般与source同名以避免错误
flowable:sameDeployment	用于指定调用的子流程是否与主流程部署在同一个流程部署中。当设置为true时，表示调用的子流程与主流程在同一个流程部署中，意味着子流程的定义与调用流程的定义在同一个BPMN文件中，或者在同一个ZIP文件中；当设置为false时，表示子流程与调用流程不在同一个部署中。默认值为false。当flowable:calledElementType不配置或配置为key时起作用	\<callActivity id="callSubProcess" calledElement="testProcessDefinitonKey" flowable:sameDeployment="true"\>

续表

属性名称	属性说明	示例
flowable: fallbackToDefaultTenant	用于指定子流程定义的key在当前租户中不存在时的处理方式。默认为false，表示不会回退到默认租户中查找子流程。如果设置为true，则会回退到默认租户中查找子流程，若没有默认租户则不根据租户查找	\<callActivity id="callSubProcess" calledElement= "testProcessDefinitonKey" flowable:fallbackToDefaultTenant= "true" \>

需要注意的是，由于主流程和子流程是不同的流程定义，无法通过主流程的流程定义key查询子流程的任务。查询子任务时需要使用子流程的流程定义key。

15.2.2 调用活动使用示例

下面看一个调用活动的使用示例。这里依然以贷款申请为例：主流程为贷款申请主流程，通过其"贷款额度审批"调用活动，实现对贷款额度审批子流程的调用。

1. 设计子流程

贷款额度审批示例子流程如图15.11所示：子流程发起后先进入"审批贷款额度"用户任务，审批完成后由排他网关进行分支决策：若贷款额度小于或等于100万元，则流程直接结束；若贷款额度大于100万元，则进入"复核贷款额度"用户任务，复核完成后流程结束。

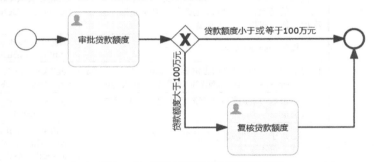

图15.11 贷款额度审批示例子流程

图15.11所示流程对应的XML内容如下：

```xml
<process id="approveLoanSubProcess" name="贷款额度审批示例子流程">
    <startEvent id="startEventOfSubProcess"/>
    <userTask id="firstTaskOfSubProcess" name="审批贷款额度"/>
    <sequenceFlow id="seqFlow1" sourceRef="startEventOfSubProcess"
        targetRef="firstTaskOfSubProcess"/>
    <exclusiveGateway id="exclusiveGatewayOfSubProcess"/>
    <sequenceFlow id="seqFlow2" sourceRef="firstTaskOfSubProcess"
        targetRef="exclusiveGatewayOfSubProcess"/>
    <userTask id="secondTaskOfSubProcess" name="复核贷款额度"/>
    <endEvent id="endEventOfSubProcess"/>
    <sequenceFlow id="seqFlow3" sourceRef="secondTaskOfSubProcess"
        targetRef="endEventOfSubProcess"/>
    <sequenceFlow id="seqFlow4" name="贷款额度小于或等于100万元"
        sourceRef="exclusiveGatewayOfSubProcess" targetRef="endEventOfSubProcess">
        <conditionExpression xsi:type="tFormalExpression">
            <![CDATA[${loanAmount<=1000000}]]>
        </conditionExpression>
    </sequenceFlow>
    <sequenceFlow id="seqFlow5" name="贷款额度大于100万元"
        sourceRef="exclusiveGatewayOfSubProcess" targetRef="secondTaskOfSubProcess">
        <conditionExpression xsi:type="tFormalExpression">
            <![CDATA[${loanAmount>1000000}]]>
        </conditionExpression>
    </sequenceFlow>
</process>
```

从示例子流程的定义中可知，子流程的流程定义实质上就是一个普通的流程，可以单独使用而不被其他流程调用。

2. 设计主流程

贷款申请主流程如图15.12所示。主流程发起后，流程流转到"贷款申请"用户任务节点，贷款申请提交后流程流转到"贷款额度审批"调用活动，主流程进入等待状态，启动并执行上述子流程，子流程流转结束后主流程流转到"发放贷款"用户任务节点。任务办理完成后流程结束。

图15.12 贷款申请主流程

图15.12所示流程对应的XML内容如下：

```xml
<process id="approveLoanMainProcess" name="审批贷款主流程">
    <startEvent id="startEventOfMainProcess"/>
    <userTask id="firstTaskOfMainProcess" name="贷款申请"/>
    <sequenceFlow id="seqFlow1" sourceRef="startEventOfMainProcess" targetRef="firstTaskOfMainProcess"/>
    <callActivity id="callActivity1" name="贷款额度审批" calledElement="approveLoanSubProcess"
        flowable:inheritVariables="false" flowable:businessKey="${subProcessBusinessKey}" flowable:
        processInstanceName="${subProcessBusinessName}" flowable:idVariableName="subProcessInstanceId">
        <extensionElements>
            <flowable:in source="lender" target="lender"/>
            <flowable:in source="subProcessBusinessName" target="subProcessBusinessName"/>
            <flowable:out source="loanAmount" target="loanAmount"/>
        </extensionElements>
    </callActivity>
    <userTask id="secondTaskOfMainProcess" name="发放贷款"/>
    <sequenceFlow id="seqFlow2" sourceRef="callActivity1"
        targetRef="secondTaskOfMainProcess"/>
    <sequenceFlow id="seqFlow3" sourceRef="firstTaskOfMainProcess"
        targetRef="callActivity1"/>
    <endEvent id="endEventOfMainProcess"/>
    <sequenceFlow id="seqFlow4" sourceRef="secondTaskOfMainProcess"
        targetRef="endEventOfMainProcess"/>
</process>
```

在以上流程定义中，加粗部分的代码定义了调用活动callActivity1，通过calledElement属性指定调用key为approveLoanSubProcess的子流程，通过设置flowable:inheritVariables="false"指定不默认将所有主流程变量复制给子流程。流程流转到子流程时，子流程的businessKey默认为空，这里通过flowable:businessKey="${subProcessBusinessKey}"设置子流程的businessKey为表达式，通过flowable:processInstanceName="${subProcessBusinessName}"设置子流程的名称为表达式，通过flowable:idVariableName="subProcessInstanceId">设置主流程中存储子流程实例编号的流程变量名称，使用flowable:in指定将主流程的lender、subProcessBusinessName变量值传递给子流程的lender、subProcessBusinessName变量，使用flowable:out指定将子流程的loanAmount变量值回传给主流程的loanAmount变量。

3. 设计流程控制代码

加载流程模型并执行相应流程控制的示例代码如下：

```java
@Slf4j
public class RunCallActivityProcessDemo extends FlowableEngineUtil {
    SimplePropertyPreFilter executionFilter = new SimplePropertyPreFilter(Execution.class,
            "id", "name", "businessKey", "processInstanceId", "rootProcessInstanceId",
            "superExecutionId", "scope", "parentId", "activityId", "processDefinitionKey");

    @Test
    public void runCallActivityProcessDemo() {
        //加载Flowable配置文件并初始化工作流引擎及服务
        initFlowableEngineAndServices("flowable.cfg.xml");
        //部署主流程和子流程
        deployResource("processes/ApproveLoanSubProcess.bpmn20.xml");
        deployResource("processes/ApproveLoanMainProcess.bpmn20.xml");
```

```java
        //设置主流程的流程变量
        Map<String, Object> varMap1 = ImmutableMap.of("lender", "huhaiqin",
                "subProcessBusinessKey", UUID.randomUUID().toString(),
                "subProcessBusinessName", "胡海琴的贷款申请");
        //发起主流程
        ProcessInstance mainProcessInstance = runtimeService
                .startProcessInstanceByKey("approveLoanMainProcess", varMap1);
        ExecutionQuery executionQuery = runtimeService.createExecutionQuery()
                .rootProcessInstanceId(mainProcessInstance.getId());
        //根据主流程实例编号查询执行实例
        List<Execution> executionList1 = executionQuery.list();
        log.info("主流程发起后,执行实例总数为{},分别为:{}", executionList1.size(),
                JSON.toJSONString(executionList1, executionFilter));
        //查询主流程的流程变量
        Map<String, Object> mainProcessVarMap1 = runtimeService
                .getVariables(mainProcessInstance.getId());
        log.info("主流程的流程变量为:{}", mainProcessVarMap1);
        //查询主流程第一个任务
        Task firstTaskOfMainProcess = taskService.createTaskQuery()
                .processInstanceId(mainProcessInstance.getId()).singleResult();
        log.info("主流程发起后,流程当前所在用户任务为:{}", firstTaskOfMainProcess.getName());
        //完成主流程第一个任务
        taskService.complete(firstTaskOfMainProcess.getId());
        log.info("完成用户任务:{},启动子流程", firstTaskOfMainProcess.getName());
        //查询执行实例
        List<Execution> executionList2 = executionQuery.list();
        log.info("子流程发起后,执行实例总数为{},分别为:{}", executionList2.size(),
                JSON.toJSONString(executionList2, executionFilter));
        //查询子流程的流程实例编号(通过callActivity的flowable:idVariableName属性指定)
        String subProcessInstanceId = (String) runtimeService
                .getVariable(mainProcessInstance.getId(), "subProcessInstanceId");
        //查询子流程第一个任务
        Task firstTaskOfSubProcess = taskService.createTaskQuery()
                .processInstanceId(subProcessInstanceId).singleResult();
        log.info("子流程发起后,子流程当前所在用户任务为:{}", firstTaskOfSubProcess.getName());
        //查询子流程的流程变量
        Map<String, Object> subProcessVarMap1 = runtimeService
                .getVariables(subProcessInstanceId);
        log.info("子流程的流程变量为:{}", subProcessVarMap1);
        //设置子流程的流程变量
        Map<String, Object> varMap2 = ImmutableMap.of("loanAmount", 100000);
        //完成子流程第一个任务,子流程结束
        taskService.complete(firstTaskOfSubProcess.getId(), varMap2);
        log.info("完成用户任务:{},结束子流程", firstTaskOfSubProcess.getName());
        //查询执行实例
        List<Execution> executionList3 = executionQuery.list();
        log.info("子流程结束后,回到主流程,执行实例总数为{},分别为:{}", executionList3.size(),
                JSON.toJSONString(executionList3, executionFilter));
        Map<String, Object> mainProcessVarMap2 = runtimeService
                .getVariables(mainProcessInstance.getId());
        log.info("主流程的流程变量为:{}", mainProcessVarMap2);
        //查询主流程第二个任务
        Task secondTaskOfMainProcess = taskService.createTaskQuery()
                .processInstanceId(mainProcessInstance.getId()).singleResult();
        log.info("流程当前所在用户任务为:" + secondTaskOfMainProcess.getName());
        //完成主流程第二个任务,主流程结束
        taskService.complete(secondTaskOfMainProcess.getId());
        log.info("完成用户任务:{},结束主流程", secondTaskOfMainProcess.getName());
        //查询执行实例
        List<Execution> executionList4 = executionQuery.list();
        log.info("主流程结束后,执行实例总数为{},分别为:{}", executionList4.size(),
                JSON.toJSONString(executionList4, executionFilter));
    }
}
```

以上代码先初始化工作流引擎并部署主流程和子流程,初始化流程变量发起主流程后,查询并完成主流程的第一个用户任务。然后,流程流转到调用活动发起子流程,子流程接收主流程传入的部分变量,执行子流程的用户任务直至子流程结束,并把子流程的部分流程变量回传给主流程。最后主流程继续流转到流程结束。以上代码中在不同的阶段输出了执行实例和流程变量的信息，用以观察整个执行中数据的变化情况。代码运行结果如下：

```
07:57:53,343 [main] INFO  RunCallActivityProcessDemo - 主流程发起后,执行实例总数为2,分别为:[{"activityId":
"firstTaskOfMainProcess","id":"13","parentId":"9","processDefinitionKey":"approveLoanMainProcess",
"processInstanceId":"9","rootProcessInstanceId":"9","scope":false},{"id":"9","processDefinitionKey":
"approveLoanMainProcess","processInstanceId":"9","rootProcessInstanceId":"9","scope":true}]
07:57:53,355 [main] INFO  RunCallActivityProcessDemo - 主流程的流程变量为:{lender=huhaiqin,
subProcessBusinessKey=229a8bee-cc43-4122-b4d0-12007ad61c65, subProcessBusinessName=胡海琴的贷款申请}
07:57:53,371 [main] INFO  RunCallActivityProcessDemo - 主流程发起后,流程当前所在用户任务为：贷款申请
07:57:53,417 [main] INFO  RunCallActivityProcessDemo - 完成用户任务：贷款申请,启动子流程
07:57:53,423 [main] INFO  RunCallActivityProcessDemo - 子流程发起后,执行实例总数为4,分别为:[{"activityId":
"callActivity1","id":"13","parentId":"9","processDefinitionKey":"approveLoanMainProcess",
"processInstanceId":"9","rootProcessInstanceId":"9","scope":false},{"businessKey":"229a8bee-cc43-
4122-b4d0-12007ad61c65","id":"20","name":"胡海琴的贷款申请","processDefinitionKey":"approveLoanSubProcess",
"processInstanceId":"20","rootProcessInstanceId":"9","scope":true,"superExecutionId":"13"},
{"activityId":"firstTaskOfSubProcess","id":"24","parentId":"20","processDefinitionKey":
"approveLoanSubProcess","processInstanceId":"20","rootProcessInstanceId":"9","scope":false},{"id":
"9","processDefinitionKey":"approveLoanMainProcess","processInstanceId":"9","rootProcessInstanceId":
"9","scope":true}]
07:57:53,430 [main] INFO  RunCallActivityProcessDemo - 子流程发起后,子流程当前所在用户任务为：审批贷款额度
07:57:53,432 [main] INFO  RunCallActivityProcessDemo - 子流程的流程变量为：
{lender=huhaiqin, subProcessBusinessName=胡海琴的贷款申请}
07:57:53,491 [main] INFO  RunCallActivityProcessDemo - 完成用户任务：审批贷款额度,结束子流程
07:57:53,494 [main] INFO  RunCallActivityProcessDemo - 子流程结束后,回到主流程,执行实例总数为2,分别为:
[{"activityId":"secondTaskOfMainProcess","id":"13","parentId":"9","processDefinitionKey":
"approveLoanMainProcess","processInstanceId":"9","rootProcessInstanceId":"9","scope":false},{"id":
"9","processDefinitionKey":"approveLoanMainProcess","processInstanceId":"9","rootProcessInstanceId":
"9","scope":true}]
07:57:53,498 [main] INFO  RunCallActivityProcessDemo - 主流程的流程变量为：{subProcessInstanceId=20,
lender=huhaiqin, subProcessBusinessKey=229a8bee-cc43-4122-b4d0-12007ad61c65, subProcessBusinessName=
胡海琴的贷款申请, loanAmount=100000}
07:57:53,501 [main] INFO  RunCallActivityProcessDemo - 流程当前所在用户任务为：发放贷款
07:57:53,520 [main] INFO  RunCallActivityProcessDemo - 完成用户任务：发放贷款,结束主流程
07:57:53,521 [main] INFO  RunCallActivityProcessDemo - 主流程结束后,执行实例总数为0,分别为：[]
```

从代码运行结果可以明确执行实例的变化过程。

- 主流程发起时，存在2个执行实例，如表15.11所示。二者互为父子关系，它们的processDefinitionKey属性值均为approveLoanMainProcess，属于主流程。

表15.11 主流程发起时的执行实例

id	parentId	processInstanceId	rootProcessInstanceId	activityId	processDefinitionKey	scope	描述
9	无	9	9	无	approveLoanMainProcess	true	主流程实例
13	9	9	9	firstTaskOfMainProcess	approveLoanMainProcess	false	主流程的执行实例

- 子流程发起后，存在4个执行实例，如表15.12所示。除了主流程的2个执行实例，又新增了id为20的子流程实例和id为24的执行实例，二者互为父子关系。它们的processDefinitionKey属性值均为approveLoanSubProcess，属于子流程。需要注意的是，id为20的子流程实例的superExecutionId为13，即主流程的执行实例，它构建了父子流程实例之间的关系。另外，父子流程的所有执行实例的rootProcessInstanceId值均为9，这是主流程实例的编号。

表15.12 子流程发起后的执行实例

id	parentId	processInstanceId	superExecutionId	rootProcessInstanceId	activityId	processDefinitionKey	scope	描述
9	无	9	无	9	无	approveLoanMainProcess	true	主流程实例
13	9	9	无	9	callActivity1	approveLoanMainProcess	false	主流程的执行实例

续表

id	parentId	processInstanceId	superExecutionId	rootProcessInstanceId	activityId	processDefinitionKey	scope	描述
20	无	20	13	9	无	approveLoanSubProcess	true	子流程实例
24	20	20	无	9	firstTaskOfSubProcess	approveLoanSubProcess	false	子流程的执行实例

- 子流程结束，重新回到主流程后，存在2个执行实例，如表15.13所示。此时只存在主流程最初的2个执行实例，子流程的执行实例在子流程结束之后全部被删除。

表15.13 子流程结束回归主流程后的执行实例

id	parentId	processInstanceId	rootProcessInstanceId	activityId	processDefinitionKey	scope	描述
9	无	9	9	无	approveLoanMainProcess	true	主流程实例
13	9	9	9	secondTaskOfMainProcess	approveLoanMainProcess	false	主流程的执行实例

- 主流程结束之后，执行实例数为0。

接下来看一下流程变量的变化。

- 主流程发起后，主流程的流程变量有lender、subProcessBusinessKey和subProcessBusinessName，当主流程第一个任务提交到达调用活动节点发起子流程后，子流程中的流程变量有lender、subProcessBusinessName，说明通过<flowable:in source="lender" target="lender"/>和<flowable:in source="subProcessBusinessName" target="subProcessBusinessName"/>将主流程中名为lender、subProcessBusinessName的变量值传递给了子流程中名为lender、subProcessBusinessName的变量。
- 子流程的第一个用户任务提交时，为子流程加入了流程变量loanAmount，子流程结束后查询主流程变量有subProcessInstanceId、lender、subProcessBusinessKey、subProcessBusinessName和loanAmount，说明通过<flowable:out source="loanAmount" target="loanAmount"/>将子流程中名为loanAmount的变量值回传给主流程中名为loanAmount的变量，通过callActivity的flowable:idVariableName="subProcessInstanceId"将子流程的流程实例编号存储在主流程名为subProcessInstanceId的流程变量中。

最后再看一下子流程的businessKey。调用活动中通过flowable:businessKey属性指定子流程的businessKey为${subProcessBusinessKey}。这是一个UEL表达式，其作用是将主流程的subProcessBusinessKey变量值传作子流程的businessKey。

15.2.3 内嵌子流程与调用活动的区别

内嵌子流程与调用活动的区别如表15.14所示。

表15.14 内嵌子流程与调用活动的区别

区别	内嵌子流程	调用活动
表现形式	直接嵌入主流程，使用subProcess定义子流程	作为一个普通的模型，定义外部流程的key
模型约束	子流程有且只能有一个空开始事件，至少有一个结束事件	无任何限制，被调用的外部流程本身就是一个完整的流程
流程变量	子流程共享主流程的所有变量	需要指定输入、输出变量
可复用性	子流程定义在主流程内部，作为主流程的一部分，无法被外部流程调用	是独立的流程，可供其他多个流程定义复用

15.3 泳池与泳道

流程图描述一个过程的步骤。当这个过程涉及多人、多个部门或功能区域时，很难跟踪每个步骤的负责人。这时可以将流程图分栏，BPMN为此提供了泳池与泳道。泳池与泳道在流程图中主要用于区分不同的功能和职责，不影响流程流转，仅对流程节点进行区域划分，使多节点流程显示得更加直观。

泳池既可以代表流程中的一个参与者，也可以作为一个图形容器分隔其他泳池，主要用作多个独立的实体或者参与者之间的物理划分。泳道是泳池的子划分，可以是横向或纵向的，用于对活动进行组织和分类，通常按照角色划分活动。流程可以在一个泳池中跨泳道流转。

下面看一个泳池与泳道的使用示例，其流程如图15.13所示。采购流程涉及员工、领导和财务共3种角色。"采购流程"使用泳池，按用户角色拆分出了"员工""领导""财务"3条泳道，清晰展示了不同角色、岗位人员的职能。

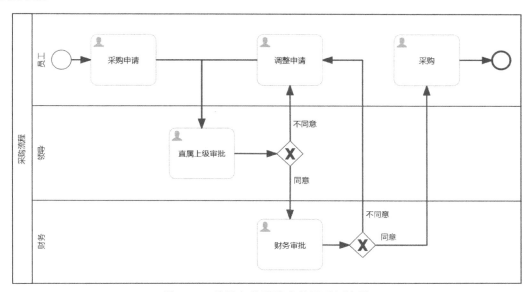

图15.13 泳池与泳道综合使用示例流程

15.4 本章小结

本章介绍了流程拆解和布局的3种方式：子流程、调用活动、泳池与泳道。子流程一般作为局部通用逻辑处理或为特定业务需求服务，使主流程直观显示，分为内嵌子流程、事件子流程和事务子流程等类型，可以根据实际需求进行选择。调用活动可以引用一个流程定义外部的其他流程，比较灵活且易复用，是常用的一种方式。泳池与泳道都表示活动的参与者，即过程中活动的执行者（可以是一个组织、角色或系统）。泳池可以划分为多条泳道，泳道具备分层结构，从而实现对流程节点区域的划分。

第16章

监听器

BPM实际使用过程中,当流程流转到某一节点、某一顺序流,或者流程开始、结束时,经常需要加入部分业务处理,这时就需要用到各类监听器。本章会详细介绍Flowable监听器的使用。执行监听器和任务监听器允许在流程和任务的执行过程中触发对应相关事件时执行特定的Java程序或者表达式。全局事件监听器是工作流引擎范围的事件监听器,可以监听到所有Flowable操作事件,也可以判断不同的事件类型,进而执行不同的业务逻辑。

16.1 执行监听器与任务监听器

在流程运转的过程中,工作流引擎会发起很多不同的事件,如在流程开始或结束、流程途经顺序流或者节点时触发对应的事件。Flowable提供的执行监听器与任务监听器可以捕获对应事件,并执行业务处理动作。例如,任务监听器可以在流程流转到某一节点且需要由某个用户处理时通知该用户;执行监听器可以在流程结束后发邮件或者短信给申请人,告知流程已处理完毕。本节将介绍执行监听器与任务监听器的基本原理和使用方法。

16.1.1 执行监听器

在流程实例执行过程中触发某个事件时,Flowable提供的执行监听器可以捕获该事件并执行相应的外部Java代码,或者对指定的表达式求值。执行监听器可以捕获的事件主要如下:

- ❑ 流程实例的开始和结束(在流程上配置);
- ❑ 顺序流的执行(在顺序流上配置);
- ❑ 任务节点的开始和结束(配置在任务节点上);
- ❑ 网关的开始和结束(配置在网关上);
- ❑ 中间事件的开始和结束(配置在中间捕获事件和中间抛出事件上);
- ❑ 开始事件或结束事件的开始和结束(配置在开始事件和结束事件上)。

从上面可以看出,执行监听器可监听流程和其下所有节点和顺序流的事件,主要包括start、end和take事件。其中,流程和节点有start、end两种事件,而顺序流则有start、end和take这3种事件。

1. 配置方式

执行监听器能添加到流程、各类节点和顺序流中,定义在其extensionElements的子元素中,并使用Flowable命名空间。示例代码如下:

```xml
<process id="executionListenersProcess">
    <extensionElements>
        <!-- 配置流程的执行监听器 -->
        <flowable:executionListener event="start"
            class="com.bpm.example.executionlistener.demo.listener.ProcessExecutionListener"/>
    </extensionElements>
    <startEvent id="startEvent" />
    <sequenceFlow id="executionListenerSequenceFlow" sourceRef="startEvent"
        targetRef="userTask">
        <extensionElements>
            <!-- 配置连线的执行监听器 -->
            <flowable:executionListener event="take"
                class="com.bpm.example.executionlistener.demo.listener.SequenceFlowExecutionListener"/>
        </extensionElements>
    </sequenceFlow>
    <userTask id="executionListenerUserTask" >
```

```xml
<extensionElements>
    <!-- 配置用户任务节点的执行监听器 -->
    <flowable:executionListener expression="${myBean.testMethod(execution)}"
        event="end" />
</extensionElements>
</userTask>

<!-- 其他元素省略 -->
</process>
```

在以上流程定义中，加粗部分的代码通过flowable:executionListener元素分别为流程executionListenersProcess、顺序流executionListenerSequenceFlow和用户任务executionListenerUserTask配置了执行监听器。通过flowable:executionListener配置执行监听器需要指定事件类型和监听器的实现方式。flowable:executionListener提供了event属性用于设置事件类型，该属性必须配置，可设置的属性值有start、end和take。

flowable:executionListener提供了4种方法用于配置执行监听器。

1）通过class属性配置执行监听器

配置执行监听器可以通过class属性指定监听器的Java类，通常通过自定义类实现，即需要实现org.flowable.engine.delegate.ExecutionListener接口的notify(DelegateExecution execution)方法。当指定的事件发生时，工作流引擎会调用该方法。通过这种方式配置的执行监听器，可以为实例化后的对象注入属性。为userTask配置执行监听器的示例代码如下：

```xml
<userTask id="myTask" name="用户任务1" >
    <extensionElements>
        <flowable:executionListener
            class="com.bpm.example.executionlistener.demo.listener.MyUserTaskExecutionListener"
            event="end">
            <flowable:field name="fixedValue" stringValue="这是一个固定值." />
            <flowable:field name="dynamicValue" expression="${myVar}" />
        </flowable:executionListener>
    </extensionElements>
</userTask>
```

在以上用户任务定义中，加粗部分的代码通过class属性为用户任务节点配置了end事件的执行监听器com.bpm.example.executionlistener.demo.listener.MyUserTaskExecutionListener，并通过flowable:field方式将fixedValue和dynamicValue两个属性注入该执行监听器。其中，fixedValue配置为固定值，而dynamicValue配置为表达式，可动态赋值。对应的执行监听器类MyUserTaskExecutionListener的内容如下：

```java
public class MyUserTaskExecutionListener implements ExecutionListener {
    private Expression fixedValue;
    private Expression dynamicValue;

    public void notify(DelegateExecution execution) {
        System.out.println("============通过class指定的监听器开始============");
        //获取节点唯一标识
        String activityId = execution.getCurrentActivityId();
        //获取事件名称
        String eventName = execution.getEventName();
        System.out.println("事件名称:" + eventName);
        System.out.println("activityId:" + activityId);
        System.out.println("fixedValue属性值为:" + fixedValue.getValue(execution));
        System.out.println("dynamicValue属性值为:" + dynamicValue.getValue(execution));
        System.out.println("============通过class指定的监听器结束============");
    }
}
```

在以上代码中，监听器实现了org.flowable.engine.delegate.ExecutionListener接口的notify(DelegateExecution execution)方法。在notify()方法中，核心逻辑除了获取并输出事件名称和当前节点唯一标识，还输出了注入的两个属性fixedValue和dynamicValue的值。需要注意的是，使用该方式时，流程定义中监听器配置的注入属性在监听器实现类中必须先定义，否则会抛出Field definition uses non-existent field *** of class ***异常。

2）通过expression属性配置执行监听器

配置执行监听器可以使用expression属性配合UEL通过配置方法表达式实现，即使用UEL表达式指定监听器的JavaBean和执行方法。为process配置执行监听器的示例代码如下：

```xml
<process id="executionListenersProcess">
    <extensionElements>
        <flowable:executionListener event="end"
            expression="${myProcessExecutionListenerBean.testMethod(execution)}"/>
    </extensionElements>
</process>
```

在以上流程定义中,加粗部分的代码通过expression为流程executionListenersProcess属性配置了表达式${myProcessExecutionListenerBean.testMethod(execution)},表示该监听器将调用MyProcessExecutionListenerBean的testMethod()方法。采用这种方式时,表达式中可以传入DelegateExecution对象和流程变量作为参数。以上示例的表达式中使用的myProcessExecutionListenerBean可以是流程变量,如果集成了Spring,也可以是Spring容器中的Bean。MyProcessExecutionListenerBean的内容如下:

```java
public class MyProcessExecutionListenerBean implements Serializable {
    public void testMethod(DelegateExecution execution) {
        System.out.println("============通过expression指定的监听器开始============");
        String activityId = execution.getCurrentActivityId();
        String eventName = execution.getEventName();
        System.out.println("事件名称:" + eventName);
        System.out.println("activityId:" + activityId);
        System.out.println("============通过expression指定的监听器结束============");
    }
}
```

从以上代码可知,MyProcessExecutionListenerBean就是一个普通的Java类,其中定义了testMethod()方法,在执行监听器运行时被表达式调用。

需要注意的是,采用这种方式时不支持注入属性(可以通过方法参数传入属性)。

3)通过delegateExpression属性配置执行监听器

配置执行监听器可以使用delegateExpression属性配合UEL配置委托表达式实现,即配置一个实现org.flowable.engine.delegate.ExecutionListener的类。为sequenceFlow配置执行监听器的示例代码如下:

```xml
<sequenceFlow sourceRef="startEvent" targetRef="userTask">
    <extensionElements>
        <flowable:executionListener delegateExpression="${myExecutionListenerBean}"
            event="take" />
    </extensionElements>
</sequenceFlow>
```

在以上顺序流定义中,加粗部分的代码通过delegateExpression属性配置了表达式${myExecutionListenerBean}。其中,myExecutionListenerBean是实现org.flowable.engine.delegate.ExecutionListener的类的一个实例,可以添加到流程变量中。Flowable在执行表达式时会查找同名的流程变量,并执行其notify()方法,如果集成了Spring,它也可以是Spring容器中的Bean。MyExecutionListenerBean的内容如下:

```java
public class MyExecutionListenerBean implements ExecutionListener {
    public void notify(DelegateExecution execution) {
        System.out.println("============通过delegateExpression指定的监听器开始============");
        //获取当前元素唯一标识
        String activityId = execution.getCurrentActivityId();
        //获取事件名称
        String eventName = execution.getEventName();
        System.out.println("事件名称:" + eventName);
        System.out.println("activityId:" + activityId);
        System.out.println("============通过delegateExpression指定的监听器结束============");
    }
}
```

在以上代码中,监听器实现了org.flowable.engine.delegate.ExecutionListener接口的notify(DelegateExecution execution)方法。在notify()方法中,核心逻辑是获取并输出事件名称和当前节点唯一标识。使用这种方式时,也可以配置注入属性。与class方式不同的是,这种方式不要求流程定义中监听器配置的注入属性在监听器实现类中有对应的定义。

4)通过配置脚本配置执行监听器

配置执行监听器还可以通过配置脚本实现,即使用Flowable提供的脚本执行监听器org.flowable.engine.

impl.bpmn.listener.ScriptExecutionListener实现。我们可以使用它为某个执行监听事件执行一段脚本。为startEvent配置执行监听器的示例代码如下：

```xml
<startEvent id="startEvent" name="开始节点">
    <extensionElements>
        <flowable:executionListener event="end"
            class="org.flowable.engine.impl.bpmn.listener.ScriptExecutionListener">
            <flowable:field name="script">
                <flowable:string>
                    println("============通过脚本指定的监听器开始============");
                    def activityId = execution.getCurrentActivityId();
                    def eventName = execution.getEventName();
                    println("事件名称:" + ${eventName});
                    println("activityId:" + ${activityId});
                    println("============通过脚本指定的监听器结束============")
                </flowable:string>
            </flowable:field>
            <flowable:field name="language" stringValue="groovy"/>
            <flowable:field name="resultVariable" stringValue="myVar"/>
        </flowable:executionListener>
    </extensionElements>
</startEvent>
```

在以上开始事件定义中，加粗部分的代码通过脚本执行监听器配置了脚本。脚本执行监听器的属性通过flowable:field注入。script属性是需要执行的脚本内容，language属性是脚本语言类型。Flowable支持多种脚本引擎的脚本语言，这些脚本语言需要与JSR-223规范兼容，如Groovy、JavaScript等。要使用脚本引擎，必须将相应的JAR包添加到类路径中。脚本任务的返回值可以通过指定流程变量的名称分配给已存在的或者新的流程变量，需要配置在resultVariable属性中。对于一个特定的流程变量，任何已存在的值都将被脚本执行的结果值复写。若未指定一个结果变量值，脚本结果值将被忽视。

2．使用示例

下面看一个执行监听器的使用示例，如图16.1所示。流程包含开始事件、用户任务、结束事件和顺序流，通过配置各种事件监听器，可以在流程执行过程中观察各类事件的触发顺序。

图16.1　执行监听器使用示例流程

图16.1所示流程对应的XML内容如下：

```xml
<process id="executionListenerProcess" name="执行监听器使用示例流程">
    <extensionElements>
        <!-- 通过expression属性配置监听器 -->
        <flowable:executionListener event="start"
            expression="${myProcessExecutionListenerBean.printInfo(execution)}"/>
        <!-- 通过expression属性配置监听器 -->
        <flowable:executionListener event="end"
            expression="${myProcessExecutionListenerBean.printInfo(execution)}"/>
    </extensionElements>
    <startEvent id="startEvent">
        <extensionElements>
            <!-- 通过脚本配置监听器 -->
            <flowable:executionListener event="start"
                class="org.flowable.engine.impl.bpmn.listener.ScriptExecutionListener">
                <flowable:field name="script">
                    <flowable:string>
                        def activityId = execution.getCurrentFlowElement().getId();
                        def eventName = execution.getEventName();
                        println("通过脚本指定的监听器: Id为" + activityId + "的开始事件的" + eventName +
                            "事件触发");
                        return activityId + "_" + eventName;
                    </flowable:string>
                </flowable:field>
```

```xml
                <flowable:field name="language" stringValue="groovy"/>
                <flowable:field name="resultVariable" stringValue="nodeEvent1"/>
            </flowable:executionListener>
            <!-- 通过脚本配置监听器 -->
            <flowable:executionListener event="end"
                class="org.flowable.engine.impl.bpmn.listener.ScriptExecutionListener">
                <flowable:field name="script">
                    <flowable:string>
                        def activityId = execution.getCurrentFlowElement().getId();
                        def eventName = execution.getEventName();
                        println("通过脚本指定的监听器: Id为" + activityId + "的开始事件的" + eventName +
                            "事件触发");
                        return activityId + "_" + eventName;
                    </flowable:string>
                </flowable:field>
                <flowable:field name="language" stringValue="groovy"/>
                <flowable:field name="resultVariable" stringValue="nodeEvent2"/>
            </flowable:executionListener>
        </extensionElements>
    </startEvent>
    <userTask id="userTask" name="数据上报">
        <extensionElements>
            <!-- 通过class属性配置监听器 -->
            <flowable:executionListener event="start" class="com.bpm.example.executionlistener.
                demo.listener.MyUserTaskExecutionListener">
                <flowable:field name="fixedValue"
                    stringValue="这是userTask的start事件注入的固定值" />
                <flowable:field name="dynamicValue" expression="${nowTime1}"/>
            </flowable:executionListener>
            <!-- 通过delegateExpression属性配置监听器 -->
            <flowable:executionListener event="end"
                delegateExpression="${myUserTaskExecutionListenerBean}">
                <flowable:field name="fixedValue" stringValue="这是userTask的end事件注入的固定值"/>
                <flowable:field name="dynamicValue" expression="${nowTime2}"/>
            </flowable:executionListener>
        </extensionElements>
    </userTask>
    <endEvent id="endEvent">
        <extensionElements>
            <!-- 通过脚本配置监听器 -->
            <flowable:executionListener event="start" class="org.flowable.engine.impl.bpmn.listener.
                ScriptExecutionListener">
                <flowable:field name="script">
                    <flowable:string>
                        def activityId = execution.getCurrentFlowElement().getId();
                        def eventName = execution.getEventName();
                        println("通过脚本指定的监听器: Id为" + activityId + "的结束事件的" + eventName +
                            "事件触发");
                        return activityId + "_" + eventName;
                    </flowable:string>
                </flowable:field>
                <flowable:field name="language" stringValue="groovy"/>
                <flowable:field name="resultVariable" stringValue="nodeEvent3"/>
            </flowable:executionListener>
            <!-- 通过脚本配置监听器 -->
            <flowable:executionListener event="end" class="org.flowable.engine.impl.bpmn.listener.
                ScriptExecutionListener">
                <flowable:field name="script">
                    <flowable:string>
                        def activityId = execution.getCurrentFlowElement().getId();
                        def eventName = execution.getEventName();
                        println("通过脚本指定的监听器: Id为" + activityId + "的结束事件的" + eventName +
                            "事件触发");
                        return activityId + "_" + eventName;
                    </flowable:string>
                </flowable:field>
                <flowable:field name="language" stringValue="groovy"/>
                <flowable:field name="resultVariable" stringValue="nodeEvent4"/>
            </flowable:executionListener>
```

```xml
            </extensionElements>
        </endEvent>
        <sequenceFlow id="seqFlow1" sourceRef="startEvent" targetRef="userTask">
            <extensionElements>
                <!-- 通过class属性配置监听器 -->
                <flowable:executionListener event="start" class="com.bpm.example.executionlistener.
                    demo.listener.MySequenceFlowExecutionListener"/>
                <flowable:executionListener event="take" class="com.bpm.example.executionlistener.demo.
                    listener.MySequenceFlowExecutionListener"/>
                <flowable:executionListener event="end" class="com.bpm.example.executionlistener.demo.
                    listener.MySequenceFlowExecutionListener"/>
            </extensionElements>
        </sequenceFlow>
        <sequenceFlow id="seqFlow2" sourceRef="userTask" targetRef="endEvent">
            <extensionElements>
                <!-- 通过delegateExpression属性配置监听器 -->
                <flowable:executionListener event="start" delegateExpression=
                    "${mySequenceFlowExecutionListenerBean}"/>
                <flowable:executionListener event="take" delegateExpression=
                    "${mySequenceFlowExecutionListenerBean}"/>
                <flowable:executionListener event="end" delegateExpression=
                    "${mySequenceFlowExecutionListenerBean}"/>
            </extensionElements>
        </sequenceFlow>
</process>
```

在以上流程定义中，流程、开始事件、用户任务、结束事件和顺序流上都配置了执行监听器。

流程的start、end事件通过expression属性配置UEL表达式指定监听器的JavaBean和执行方法，对应的**MyProcessExecutionListenerBean**的代码如下：

```java
@Slf4j
public class MyProcessExecutionListenerBean implements Serializable {
    public void printInfo(DelegateExecution execution) {
        //获取流程实例编号
        String processInstanceId = execution.getProcessInstanceId();
        //获取事件名称
        String eventName = execution.getEventName();
        log.info("通过expression指定的监听器：processInstanceId为{}的流程实例的{}事件触发",
            processInstanceId, eventName);
    }
}
```

开始事件和结束事件的start、end事件通过配置脚本方式配置了执行监听器。

顺序流seqFlow1的start、take和end事件通过class属性配置了执行监听器实现类，顺序流seqFlow2的start、take和end事件通过delegateExpression属性使用UEL配置委托表达式指定执行监听器。执行监听器实现类**MySequenceFlowExecutionListener**的代码如下：

```java
@Slf4j
public class MySequenceFlowExecutionListener implements ExecutionListener {
    public void notify(DelegateExecution execution) {
        //获取顺序流的唯一标识
        String activityId = execution.getCurrentFlowElement().getId();
        //获取事件名称
        String eventName = execution.getEventName();
        log.info("通过delegateExpression指定的监听器：Id为{}的顺序流的{}事件触发",
            activityId, eventName);
    }
}
```

用户任务的start事件通过class属性配置了执行监听器类，end事件通过delegateExpression属性使用UEL配置委托表达式指定执行监听器，对应的执行监听器类**MyUserTaskExecutionListener**的代码如下：

```java
@Slf4j
public class MyUserTaskExecutionListener implements ExecutionListener {
    private transient Expression fixedValue;
    private transient Expression dynamicValue;

    public void notify(DelegateExecution execution) {
```

```java
        //获取用户任务的唯一标识
        String activityId = execution.getCurrentFlowElement().getId();
        //获取事件名称
        String eventName = execution.getEventName();
        log.info("通过class指定的监听器: Id为{}用户任务的{}事件触发", activityId, eventName);
        log.info("fixedValue属性值为: {}", fixedValue.getValue(execution));
        log.info("dynamicValue属性值为: {}", dynamicValue.getValue(execution));
    }
}
```

加载该流程模型并执行相应流程控制的示例代码如下:

```java
@Slf4j
public class RunExecutionListenerProcessDemo extends FlowableEngineUtil {
    @Test
    public void runExecutionListenerProcessDemo() {
        //加载Flowable配置文件并初始化工作流引擎及服务
        initFlowableEngineAndServices("flowable.cfg.xml");
        //部署流程
        deployResource("processes/ExecutionListenerProcess.bpmn20.xml");

        //将监听器bean放入流程变量
        Map<String, Object> varMap1 = ImmutableMap.of("nowTime1", new Date(),
                "myProcessExecutionListenerBean", new MyProcessExecutionListenerBean(),
                "mySequenceFlowExecutionListenerBean", new MySequenceFlowExecutionListener(),
                "myUserTaskExecutionListenerBean", new MyUserTaskExecutionListener());
        //启动流程实例
        ProcessInstance procInst = runtimeService
                .startProcessInstanceByKey("executionListenerProcess",variables1);
        //查询任务
        Task task = taskService.createTaskQuery()
                .processInstanceId(procInst.getId()).singleResult();
        Map<String, Object> varMap2 = ImmutableMap.of("nowTime2", new Date());
        //办理任务
        taskService.complete(task.getId(), varMap2);
        //查询并打印流程变量
        List<HistoricVariableInstance> hisVars = historyService
                .createHistoricVariableInstanceQuery()
                .processInstanceId(procInst.getId()).list();
        hisVars.stream().forEach(hisVar -> log.info("流程变量名: {}, 变量值: {}",
                hisVar.getVariableName(), hisVar.getValue()));
    }
}
```

以上代码首先初始化工作流引擎并部署流程,然后将监听器对应的Bean放入流程变量中并发起流程,最后查询并完成任务。在这个过程中,流程中的各种事件先后被触发,对应的执行监听器会捕获其事件类型,再按照监听器的处理逻辑进行处理。代码运行结果如下:

```
12:21:13,312 [main] INFO MyProcessExecutionListenerBean      - 通过expression指定的监听器:processInstanceId
为5的流程实例的start事件触发
通过脚本指定的监听器: Id为startEvent的开始事件的start事件触发
通过脚本指定的监听器: Id为startEvent的开始事件的end事件触发
12:21:14,061 [main] INFO MySequenceFlowExecutionListener     - 通过delegateExpression指定的监听器: Id为
seqFlow1的顺序流的start事件触发
12:21:14,061 [main] INFO MySequenceFlowExecutionListener     - 通过delegateExpression指定的监听器: Id为
seqFlow1的顺序流的take事件触发
12:21:14,061 [main] INFO MySequenceFlowExecutionListener     - 通过delegateExpression指定的监听器: Id为
seqFlow1的顺序流的end事件触发
12:21:14,062 [main] INFO MyUserTaskExecutionListener         - 通过class指定的监听器: Id为userTask用户任务的
start事件触发
12:21:14,062 [main] INFO MyUserTaskExecutionListener         - fixedValue属性值为:这是userTask的start事件注入
的固定值
12:21:14,065 [main] INFO MyUserTaskExecutionListener         - dynamicValue属性值为: Sat Sep 02 12:21:13
CST 2023
12:21:14,159 [main] INFO MyUserTaskExecutionListener         - 通过class指定的监听器:Id为userTask用户任务的end
事件触发
12:21:14,159 [main] INFO MyUserTaskExecutionListener         - fixedValue属性值为:这是userTask的end事件注入的
固定值
12:21:14,159 [main] INFO MyUserTaskExecutionListener         - dynamicValue属性值为: Sat Sep 02 12:21:14
```

```
CST 2023
12:21:14,161 [main] INFO  MySequenceFlowExecutionListener   - 通过delegateExpression指定的监听器：Id为
seqFlow2的顺序流的start事件触发
12:21:14,161 [main] INFO  MySequenceFlowExecutionListener   - 通过delegateExpression指定的监听器：Id为
seqFlow2的顺序流的take事件触发
12:21:14,161 [main] INFO  MySequenceFlowExecutionListener   - 通过delegateExpression指定的监听器：Id为
seqFlow2的顺序流的end事件触发
通过脚本指定的监听器：Id为endEvent的结束事件的start事件触发
通过脚本指定的监听器：Id为endEvent的结束事件的end事件触发
12:21:14,213 [main] INFO  MyProcessExecutionListenerBean   - 通过expression指定的监听器：processInstanceId
为5的流程实例的end事件触发
12:21:14,239 [main] INFO  RunExecutionListenerProcessDemo   - 流程变量名：mySequenceFlowExecutionListenerBean，
变量值：com.bpm.example.executionlistener.demo.listener.MySequenceFlowExecutionListener@67fa5045
12:21:14,239 [main] INFO  RunExecutionListenerProcessDemo   - 流程变量名：myProcessExecutionListenerBean，
变量值：com.bpm.example.executionlistener.demo.bean.MyProcessExecutionListenerBean@6f347d7
12:21:14,239 [main] INFO  RunExecutionListenerProcessDemo   - 流程变量名：nowTime1，变量值：Sat Sep 02
12:21:13 CST 2023
12:21:14,239 [main] INFO  RunExecutionListenerProcessDemo   - 流程变量名：nodeEvent1，变量值：startEvent_
start
12:21:14,239 [main] INFO  RunExecutionListenerProcessDemo   - 流程变量名：nodeEvent2，变量值：startEvent_
end
12:21:14,239 [main] INFO  RunExecutionListenerProcessDemo   - 流程变量名：nowTime2，变量值：Sat Sep 02
12:21:14 CST 2023
12:21:14,239 [main] INFO  RunExecutionListenerProcessDemo   - 流程变量名：nodeEvent3，变量值：endEvent_
start
12:21:14,239 [main] INFO  RunExecutionListenerProcessDemo   - 流程变量名：nodeEvent4，变量值：endEvent_end
12:21:14,239 [main] INFO  RunExecutionListenerProcessDemo   - 流程变量名：myUserTaskExecutionListenerBean，
变量值：com.bpm.example.executionlistener.demo.listener.MyUserTaskExecutionListener@5974b233
```

从代码运行结果可知，流程从发起到结束的整个流转过程中，事件触发的顺序为流程start事件→开始事件start事件→开始事件end事件→顺序流start事件→顺序流take事件→顺序流end事件→用户任务start事件→用户任务end事件→顺序流start事件→顺序流take事件→顺序流end事件→结束事件start事件→结束事件end事件→流程end事件，如图16.2所示。另外，流程结束后查询的流程变量中，nodeEvent1、nodeEvent2、nodeEvent3和nodeEvent4这4个变量是由配置脚本的resultVariable属性指定的。

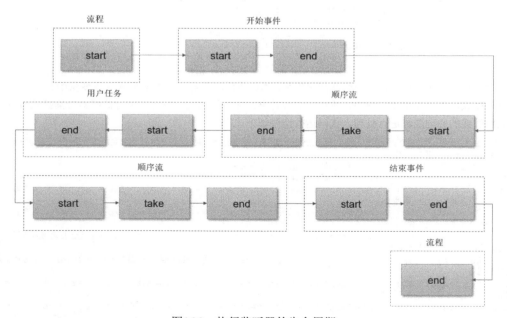

图16.2　执行监听器的生命周期

16.1.2　任务监听器

Flowable提供了任务监听器，用于在触发与某个任务相关的事件时执行自定义Java类或表达式。任务监

听器只能在用户任务节点上配置。可被任务监听器捕获的任务相关事件类型包括以下4种。
- 任务创建（create）事件：发生在任务创建时，所有属性被设置后。
- 任务指派（assignment）事件：发生在将任务指派给某人时。需要注意的是，该事件在任务创建事件前执行。
- 任务完成（complete）事件：发生在任务完成时，即任务数据从执行数据表删除之前。
- 任务删除（delete）事件：发生在任务被删除之前。当使用taskService的complete()方法完成任务时也会执行。

1. 配置方式

任务监听器只能添加到流程定义中的用户任务中，定义在userTask的extensionElements的子元素中，并使用Flowable命名空间，示例代码如下：

```xml
<userTask id="myTask" name="用户任务1" >
    <extensionElements>
        <flowable:taskListener event="create"
            class="com.bpm.example.tasklistener.demo.listener.MyTaskCreateListener" />
    </extensionElements>
</userTask>
```

在以上用户任务定义中，加粗部分的代码通过flowable:taskListener配置了任务监听器。从中可以看出，flowable:taskListener需要配置事件的类型和监听器的实现方式。flowable:taskListener提供了event属性用于设置事件类型。该属性必须配置，可设置的属性值有create、assignment、complete和delete。

flowable:taskListener提供了4种方法用于配置任务监听器。

1）通过class属性配置任务监听器

配置任务监听器可以通过class属性指定监听器的Java类，通常通过自定义类实现，即需要实现org.flowable.engine.delegate.TaskListener接口的notify()方法。为用户任务配置create事件的任务监听器的示例代码如下：

```xml
<userTask id="myTask" name="用户任务1" >
    <extensionElements>
        <flowable:taskListener event="create"
            class="com.bpm.example.tasklistener.demo.listener.MyTaskListener1" />
            <flowable:field name="fixedValue" stringValue="这是一个固定值." />
            <flowable:field name="dynamicValue" expression="${myVar}" />
        </flowable:taskListener>
    </extensionElements>
</userTask>
```

在以上用户任务定义中，加粗部分的代码通过class属性为用户任务节点配置了create事件的任务监听器com.bpm.example.tasklistener.demo.listener.MyTaskListener1，并通过flowable:field方式将fixedValue和dynamicValue两个属性注入该任务监听器。其中，fixedValue配置为固定值，而dynamicValue配置为表达式，可动态赋值。该监听器类的代码如下：

```java
@Slf4j
public class MyTaskListener1 implements TaskListener {
    private Expression fixedValue;
    private Expression dynamicValue;

    public void notify(DelegateTask delegateTask) {
        //获取任务节点定义key
        String taskDefinitionKey = delegateTask.getTaskDefinitionKey();
        //获取事件名称
        String eventName = delegateTask.getEventName();
        log.info("通过class指定的监听器：用户任务{}的{}事件触发", taskDefinitionKey, eventName);
        ExecutionEntity execution = Context.getProcessEngineConfiguration()
                .getExecutionEntityManager().findById(delegateTask.getExecutionId());
        log.info("fixedValue属性值为: {}", fixedValue.getValue(execution));
        log.info("dynamicValue属性值为: {}", dynamicValue.getValue(execution));
    }
}
```

在以上代码中，监听器实现了org.flowable.engine.delegate.TaskListener接口的notify(DelegateTask delegateTask)

方法。在notify()方法中，核心逻辑是获取并输出任务节点定义key和事件名称，以及注入的属性字段值。

使用该种方式时，可以配置注入的属性字段，其方法与执行监听器的属性注入配置和获取相同，这里不再赘述。

2）通过expression属性配置任务监听器

配置任务监听器可以使用expression属性通过配置方法表达式实现，即使用UEL表达式指定监听器的JavaBean和执行方法。为用户任务配置assignment事件的任务监听器的示例代码如下：

```xml
<userTask id="myTask" name="用户任务1">
    <extensionElements>
        <flowable:taskListener event="assignment"
            expression="${myTaskListenerBean.testMethod(task)}"/>
    </extensionElements>
</userTask>
```

在以上用户任务定义中，加粗部分的代码通过expression属性配置了表达式${myTaskListenerBean.testMethod(task)}，表示该监听器将调用myTaskListenerBean的testMethod()方法。采用这种方式时，表达式中可以使用DelegateTask对象和流程变量作为参数传入。以上示例的表达式中使用的myTaskListenerBean可以是流程变量，如果集成了Spring，也可以是Spring容器中的Bean。MyTaskListenerBean的内容如下：

```java
@Slf4j
public class MyTaskListenerBean implements Serializable {
    public void printInfo(DelegateTask task) {
        //获取任务节点定义key
        String taskDefinitionKey = task.getTaskDefinitionKey();
        //获取事件名称
        String eventName = task.getEventName();
        log.info("通过expression指定的监听器：用户任务{}的{}事件触发",
                taskDefinitionKey, eventName);
    }
}
```

从以上代码可知，MyTaskListenerBean就是一个普通的Java类，其中定义了printInfo()方法，会在任务监听器运行时被表达式调用。

需要注意的是，采用这种方式时不支持注入属性（可以通过方法参数传入）。

3）通过delegateExpression属性配置任务监听器

配置任务监听器可以使用delegateExpression配合UEL通过配置委托表达式实现，即配置一个实现org.flowable.engine.delegate.TaskListener的类。为用户任务配置complete事件的任务监听器的示例代码如下：

```xml
<userTask id="myTask" name="用户任务1">
    <extensionElements>
        <flowable:taskListener event="complete" delegateExpression="${myTaskListener2}"/>
    </extensionElements>
</userTask>
```

在以上用户任务定义中，加粗部分的代码通过delegateExpression属性配置了表达式${myTaskListener2}。其中，myTaskListener2是实现了org.flowable.engine.delegate.TaskListener的类的一个实例，可以添加到流程变量中，Flowable在执行表达式时会查询与其同名的流程变量，并执行其notify()方法；如果集成了Spring，它也可以是Spring容器中的Bean。任务监听器实现类MyTaskListener2的内容如下：

```java
@Slf4j
public class MyTaskListener2 implements TaskListener {
    public void notify(DelegateTask delegateTask) {
        //获取任务节点定义key
        String taskDefinitionKey = delegateTask.getTaskDefinitionKey();
        //获取事件名称
        String eventName = delegateTask.getEventName();
        log.info("通过delegateExpression指定的监听器：用户任务{}的{}事件触发",
                taskDefinitionKey, eventName);
    }
}
```

在以上代码中，监听器实现了org.flowable.engine.delegate.TaskListener接口的notify(DelegateTask delegateTask)方法，其核心逻辑是获取并输出任务节点定义key和事件名称。需要注意的是，使用这种方式时，也可以配置注入属性。与class方式不同的是，这种方式不要求流程定义中任务监听器配置的注入属性在监听器实现类中有对应的定义。

4）通过配置脚本配置任务监听器

配置任务监听器可以通过配置脚本实现，即使用Flowable提供的脚本任务监听器org.flowable.engine.impl.bpmn.listener.ScriptTaskListener，它可以为某个任务监听事件执行一段脚本。为用户任务配置delete事件的任务监听器的示例代码如下：

```xml
<userTask id="myTask" name="用户任务1">
    <extensionElements>
        <flowable:taskListener event="delete"
            class="org.flowable.engine.impl.bpmn.listener.ScriptTaskListener">
            <flowable:field name="script">
                <flowable:string>
                    println("============通过脚本指定的监听器开始============");
                    def taskDefinitionKey = task.getTaskDefinitionKey();
                    def eventName = task.getEventName();
                    println("事件名称:" + ${eventName});
                    println("taskDefinitionKey:" + ${taskDefinitionKey});
                    println("============通过脚本指定的监听器结束============");
                    return taskDefinitionKey + eventName;
                </flowable:string>
            </flowable:field>
            <flowable:field name="language" stringValue="groovy"/>
            <flowable:field name="resultVariable" stringValue="myVar"/>
        </flowable:taskListener>
    </extensionElements>
</userTask>
```

在以上用户任务定义中，加粗部分的代码通过脚本任务监听器配置了脚本。脚本任务监听器的属性通过flowable:field注入，script是需要执行的脚本内容，language是脚本语言类型。Flowable支持多种脚本引擎的脚本语言，这些脚本语言要与JSR-223规范兼容，如Groovy、JavaScript等。要使用脚本引擎，必须将相应的JAR包添加到类路径。脚本任务的返回值可以通过指定流程变量的名称分配给已存在的或者新的流程变量，需要配置在resultVariable属性中。对于一个特定的流程变量，任何已存在的值都将被脚本执行的结果值复写。当未指定一个结果变量值时，脚本结果值将被忽视。

2. 使用示例

下面看一个使用任务监听器的示例，其流程如图16.3所示。该流程使用本小节介绍的方式配置各种任务事件的监听器，以方便观察流程整个执行过程中各类任务事件的触发顺序。

图16.3 任务监听器使用示例流程

图16.3所示流程对应的XML内容如下：

```xml
<process id="taskListenerProcess" name="任务监听器使用示例流程">
    <startEvent id="startEvent1"/>
    <userTask id="userTask1" name="数据上报" flowable:assignee="liuxiaopeng">
        <extensionElements>
            <!-- 通过class属性配置监听器 -->
            <flowable:taskListener event="create"
                class="com.bpm.example.tasklistener.demo.listener.MyTaskListener1" />
            <!-- 通过expression属性配置监听器 -->
            <flowable:taskListener event="assignment"
                expression="${myTaskListenerBean.printInfo(task)}"/>
            <!-- 通过delegateExpression属性配置监听器 -->
            <flowable:taskListener event="complete"
                delegateExpression="${myTaskListener2}"/>
            <!-- 通过脚本配置监听器 -->
            <flowable:taskListener event="delete"
                class="org.flowable.engine.impl.bpmn.listener.ScriptTaskListener">
```

```xml
            <flowable:field name="script">
                <flowable:string>
                    def taskDefinitionKey = task.getTaskDefinitionKey();
                    def eventName = task.getEventName();
                    println("通过脚本指定的监听器：用户任务" + taskDefinitionKey + "的" +
                        eventName + "事件触发");
                    return taskDefinitionKey + "_" + eventName;
                </flowable:string>
            </flowable:field>
            <flowable:field name="language" stringValue="groovy"/>
            <flowable:field name="resultVariable" stringValue="nodeEvent"/>
        </flowable:taskListener>
    </extensionElements>
</userTask>
<sequenceFlow id="seqFlow1" sourceRef="startEvent1" targetRef="userTask1"/>
<endEvent id="endEvent1"/>
<sequenceFlow id="seqFlow2" sourceRef="userTask1" targetRef="endEvent1"/>
</process>
```

在以上流程定义中，加粗部分的代码为用户任务userTask1的create、assignment、complete和delete事件配置了任务监听器。加载该流程模型并执行相应流程控制的示例代码如下：

```java
@Slf4j
public class RunTaskListenerProcessDemo extends FlowableEngineUtil {
    @Test
    public void runTaskListenerProcessDemo() {
        //加载Flowable配置文件并初始化工作流引擎及服务
        initFlowableEngineAndServices("flowable.cfg.xml");
        //部署流程
        deployResource("processes/TaskListenerProcess.bpmn20.xml");

        //初始化流程变量
        Map varMap = ImmutableMap.of("myTaskListenerBean", new MyTaskListenerBean(),
            "myTaskListener2", new MyTaskListener2());
        //启动流程实例
        ProcessInstance procInst = runtimeService
            .startProcessInstanceByKey("taskListenerProcess", varMap);
        //查询任务
        Task task = taskService.createTaskQuery()
            .processInstanceId(procInst.getId()).singleResult();
        //设置任务办理人
        task.setAssignee("liuxiaopeng");
        //办理任务
        taskService.complete(task.getId());
    }
}
```

以上代码首先初始化工作流引擎并部署流程，然后发起流程，设置任务办理人并完成任务。在这个过程中，用户任务的事件将先后被触发，对应的任务监听器会捕获其事件类型，然后按照监听器的处理逻辑进行处理。代码运行结果如下：

```
12:43:37,722 [main] INFO  MyTaskListenerBean   - 通过expression指定的监听器：用户任务userTask1的assignment事件触发
12:43:37,726 [main] INFO  MyTaskListener1      - 通过class指定的监听器：用户任务userTask1的create事件触发
12:43:37,771 [main] INFO  MyTaskListener2      - 通过delegateExpression指定的监听器：用户任务userTask1的complete事件触发
通过脚本指定的监听器：用户任务userTask1的delete事件触发
```

从代码执行结果可知，用户任务的各种事件是按序触发的。

当流程流转到用户任务节点时，触发assignment和create事件，执行对应自定义任务监听器的内容。注意，这里先触发assignment事件进行人员分配，再触发create事件。这种触发顺序与一般的认知有些差异。可以理解为，当创建create事件时，工作流引擎需要能够获取任务的所有属性，这里当然也包括执行人。

当办理用户任务时，先触发complete事件再触发delete事件。

16.2　全局事件监听器

在16.1节中介绍的执行监听器和任务监听器可以捕获流程运转过程中工作流引擎发出的对应事件并进

行处理。但是这两种方式有一个缺点,即需要在流程定义的BPMN文件中为流程或每个节点增加监听器配置。这导致监听器被预先分散地定义在不同的流程定义中,不利于统一管理和维护。针对这个问题,Flowable引入了全局事件监听器,它是引擎范围的事件监听器,可以捕获所有Flowable事件。

16.2.1 全局事件监听器工作原理

全局事件监听器是引擎级别的,既可以注册在全部事件类型上,也可以注册在指定的事件类型上。监听器与事件的注册是在工作流引擎启动时完成的。全局事件监听器的工作原理是,在流程运行过程中,当某一个事件被触发时,工作流引擎会根据事件的类型匹配对应的监听器进行处理。这个过程如图16.4所示。

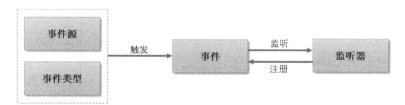

图16.4 全局事件监听器工作过程

全局事件监听器在使用过程中有以下关键要素:
- 支持的事件类型;
- 事件监听器的实现;
- 配置事件监听器。

16.2.2 支持的事件类型

Flowable引擎内置了多种事件类型,每种类型都对应org.flowable.common.engine.api.delegate.event.FlowableEngineEventType中的一个枚举值。Flowable工作流引擎内置的事件名称及事件类型如表16.1所示。

表16.1 Flowable工作流引擎内置的事件名称及事件类型

事件名称	描述	事件类型
ENTITY_CREATED	创建了一个新实体。实体包含在事件中,可以从事件中获取实体	FlowableEntityEvent
ENTITY_INITIALIZED	创建了一个新实体,初始化也完成了。如果该实体的创建包含子实体的创建,则该事件会在子实体都创建/初始化完成后被触发,这是它与ENTITY_CREATED的区别	FlowableEntityEvent
ENTITY_UPDATED	更新了已存在的实体。实体包含在事件中,可以从事件中获取实体	FlowableEntityEvent
ENTITY_DELETED	删除了已存在的实体。实体包含在事件中,可以从事件中获取实体	FlowableEntityEvent
ENTITY_SUSPENDED	挂起了已存在的实体。实体包含在事件中,可以从事件中获取实体。该事件可以被ProcessDefinition、ProcessInstance和Task抛出	FlowableEntityEvent
ENTITY_ACTIVATED	激活了已存在的实体,实体包含在事件中,可以从事件中获取实体。该事件可以被ProcessDefinition、ProcessInstance和Task抛出	FlowableEntityEvent
TIMER_SCHEDULED	定时器作业被创建	FlowableEntityEvent
TIMER_FIRED	触发了定时器。Job对象包含在事件中	FlowableEntityEvent
JOB_CANCELED	取消了一个作业。事件包含取消的作业。作业可以在以下3种情况下取消:通过API调用取消;在任务完成后取消对应的边界定时器;新流程定义发布时取消旧版本流程定义中定时器开始事件对应的定时器	FlowableEntityEvent

续表

事件名称	描述	事件类型
JOB_EXECUTION_SUCCESS	作业执行成功。Job对象包含在事件中	FlowableEntityEvent
JOB_EXECUTION_FAILURE	作业执行失败。作业和异常信息包含在事件中	FlowableEntityEvent FlowableExceptionEvent
JOB_RETRIES_DECREMENTED	因为作业执行失败，重试次数减少。作业包含在事件中	FlowableEntityEvent
JOB_REJECTED	作业被异步执行器拒绝，通常原因是队列已满	无
JOB_RESCHEDULED	作业被重新执行	FlowableJobRescheduledEvent
JOB_MOVED_TO_DEADLETTER	作业被转为死信作业，通常意味着重试的次数已耗尽	无
CUSTOM	自定义事件	无
ENGINE_CREATED	监听器监听的工作流引擎已经创建完毕，并准备接受API调用	FlowableEvent
ENGINE_CLOSED	监听器监听的工作流引擎已经关闭，不再接受API调用	FlowableEvent
ACTIVITY_STARTED	一个节点开始执行	FlowableActivityEvent
ACTIVITY_COMPLETED	一个节点成功完成	FlowableActivityEvent
ACTIVITY_CANCELLED	节点将要取消。节点可以被MessageEventSubscriptionEntity、SignalEventSubscriptionEntity、TimerEntity等取消	FlowableActivityCancelledEvent
MULTI_INSTANCE_ACTIVITY_STARTED	多实例节点开始执行	FlowableMultiInstanceActivityEvent
MULTI_INSTANCE_ACTIVITY_COMPLETED	多实例节点的所有实例都已完成，不考虑实例的条件。即使未满足完成条件，也会被触发	FlowableMultiInstanceActivityCompletedEvent
MULTI_INSTANCE_ACTIVITY_COMPLETED_WITH_CONDITION	完成条件满足，多实例节点已完成，但不考虑实例是否都完成。只有满足完成条件，才会被触发	FlowableMultiInstanceActivityCompletedEvent
MULTI_INSTANCE_ACTIVITY_CANCELLED	多实例节点将要取消。多实例节点可以被MessageEventSubscriptionEntity、SignalEventSubscriptionEntity、TimerEntity等取消	FlowableMultiInstanceActivityCancelledEvent
ACTIVITY_SIGNAL_WAITING	一个节点在等待信号	FlowableSignalEvent
ACTIVITY_SIGNALED	一个节点收到了一个信号	FlowableSignalEvent
ACTIVITY_COMPENSATE	一个节点将要被补偿。事件包含了将要执行补偿的节点ID	FlowableActivityEvent
ACTIVITY_CONDITIONAL_WAITING	一个节点在等待条件满足	FlowableConditionalEvent
ACTIVITY_CONDITIONAL_RECEIVED	一个节点等待的条件被满足	FlowableConditionalEvent
ACTIVITY_ESCALATION_WAITING	一个节点在等待升级	FlowableEscalationEvent
ACTIVITY_ESCALATION_RECEIVED	一个节点接收到升级	FlowableEscalationEvent
ACTIVITY_MESSAGE_WAITING	一个节点已经创建了一个消息事件订阅，并正在等待接收消息	FlowableMessageEvent
ACTIVITY_MESSAGE_RECEIVED	节点收到了一个消息。事件在节点接收消息前分发。节点接收消息后，会为该节点分发ACTIVITY_SIGNALED或ACTIVITY_STARTED事件，取决于其类型（边界事件，或子流程启动事件）	FlowableMessageEvent

续表

事件名称	描述	事件类型
ACTIVITY_MESSAGE_CANCELLED	一个节点已经取消了一个消息事件订阅,因此接收这个消息不会再触发该节点	FlowableMessageEvent
ACTIVITY_ERROR_RECEIVED	节点收到了错误事件。在节点实际处理错误前分发。该事件的activityId为处理错误的节点。如果错误成功传递,后续会为节点发送ACTIVITY_SIGNALED或ACTIVITY_COMPLETE消息	FlowableErrorEvent
HISTORIC_ACTIVITY_INSTANCE_CREATED	历史活动实例被创建	FlowableEntityEvent
HISTORIC_ACTIVITY_INSTANCE_ENDED	历史活动实例已结束	FlowableEntityEvent
SEQUENCEFLOW_TAKEN	一个顺序流被执行	FlowableSequenceFlowTakenEvent
VARIABLE_CREATED	创建了一个变量。事件包含变量名称、变量值和对应的分支或任务(如果存在)	FlowableVariableEvent
VARIABLE_UPDATED	更新了一个变量。事件包含变量名称、变量值和对应的分支或任务(如果存在)	FlowableVariableEvent
VARIABLE_DELETED	删除了一个变量。事件包含变量名称、变量值和对应的分支或任务(如果存在)	FlowableVariableEvent
TASK_CREATED	创建了新任务并且任务的所有属性都已设置。它位于ENTITY_CREATED事件之后。当任务是由流程创建时,该事件会在TaskListener执行之前被执行	FlowableEntityEvent
TASK_ASSIGNED	任务已经分派给了用户。该任务包含在本事件里	FlowableEntityEvent
TASK_COMPLETED	任务完成。它会在ENTITY_DELETED事件之前触发。当任务是流程的一部分时,事件会在流程继续流转之前触发,其后续事件将是ACTIVITY_COMPLETED,对应完成任务的节点	FlowableEntityEvent
TASK_OWNER_CHANGED	用户任务的owner属性发生变化	FlowableEntityEvent
TASK_PRIORITY_CHANGED	用户任务的priority属性发生变化	FlowableEntityEvent
TASK_DUEDATE_CHANGED	用户任务的dueDate属性发生变化	FlowableEntityEvent
TASK_NAME_CHANGED	用户任务的name属性发生变化	FlowableEntityEvent
PROCESS_CREATED	流程实例已经创建。已经设置所有的基础参数,但还未设置变量	FlowableEntityEvent
PROCESS_STARTED	流程实例已经启动。在启动之前创建流程时分发。PROCESS_STARTED事件在相关的ENTITY_INITIALIZED事件,以及设置变量之后分发	FlowableProcessStartedEvent
PROCESS_COMPLETED	流程已结束,在最后一个节点的ACTIVITY_COMPLETED事件之后触发。当流程实例没有任何路径可以继续时,流程结束	FlowableEntityEvent
PROCESS_COMPLETED_WITH_TERMINATE_END_EVENT	流程已经到达终止结束事件并结束	FlowableProcessTerminatedEvent
PROCESS_COMPLETED_WITH_ERROR_END_EVENT	流程已经到达错误结束事件并结束	FlowableEntityEvent
PROCESS_COMPLETED_WITH_ESCALATION_END_EVENT	流程已经到达升级结束事件并结束	FlowableEntityEvent
PROCESS_CANCELLED	流程已经被取消。在流程实例从运行时中删除前分发。流程实例由API调用RuntimeService的deleteProcessInstance()方法取消	FlowableCancelledEvent
HISTORIC_PROCESS_INSTANCE_CREATED	历史流程实例创建完成	FlowableEntityEvent

事件名称	描述	事件类型
HISTORIC_PROCESS_INSTANCE_ENDED	历史流程实例成功结束	FlowableEntityEvent
CHANGE_TENANT_ID	切换业务方	FlowableChangeTenantIdEvent

Flowable的身份管理引擎中也内置了一系列的事件，每种类型都对应org.flowable.idm.api.event.FlowableIdmEventType中的一个枚举值，由于篇幅的原因这里不进行介绍。org.flowable.common.engine.api.delegate.event.FlowableEngineEventType 和 org.flowable.idm.api.event.FlowableIdmEventType 都实现了 org.flowable.common.engine.api.delegate.event.FlowableEventType接口。

16.2.3 事件监听器的实现

事件监听器需要实现org.flowable.common.engine.api.delegate.event.FlowableEventListener的onEvent(FlowableEvent event)、isFailOnException()、isFireOnTransactionLifecycleEvent()和getOnTransaction()方法，示例代码如下：

```
public class GlobalEventListener implements FlowableEventListener {
    public void onEvent(FlowableEvent event) {
        FlowableEventType eventType = event.getType();
        if (FlowableEngineEventType.PROCESS_STARTED.equals(eventType)){
            System.out.println("流程启动, " + "processInstanceId: " +
                    event.getProcessInstanceId() + ", eventType: " + eventType);
        }else if (FlowableEngineEventType.PROCESS_COMPLETED.equals(eventType)){
            System.out.println("流程结束, " + "processInstanceId: " +
                    event.getProcessInstanceId() + ", eventType: " + eventType);
        }
        System.out.println("eventName:" + event.getType().name());
    }

    public boolean isFailOnException() {
        return false;
    }
    @Override
    public boolean isFireOnTransactionLifecycleEvent() {
        return false;
    }

    @Override
    public String getOnTransaction() {
        return null;
    }
}
```

在以上代码中，自定义事件监听器实现了org.flowable.common.engine.api.delegate.event.FlowableEventListener的4个方法。

onEvent()方法在事件触发时执行，通过其参数FlowableEvent可以获取当前事件的事件类型、流程实例编号、流程定义编号，以及事件对象等。在实现监听器的过程中，通常针对不同的事件类型执行不同的业务逻辑。

isFailOnException()方法决定了当事件触发，监听器执行onEvent()方法抛出异常时的后续处理动作：如果返回结果为false，表示忽略onEvent()方法中抛出的异常；如果返回结果为true，则表示onEvent()方法中抛出的异常继续向上传播。

isFireOnTransactionLifecycleEvent()方法用来确定onEvent()方法是立即执行还是由getOnTransaction()方法指定的事务生命周期事件触发时执行。如果isFireOnTransactionLifecycleEvent()方法返回结果为false，表示onEvent()方法将立即执行；如果返回结果为true，表示onEvent()方法将在由getOnTransaction()方法指定的事务生命周期事件触发时执行。getOnTransaction()方法返回一个字符串，其结果可配置如下。

（1）COMMITTING：表示事务正在提交，即事务已经执行完所有的操作，但还未完成提交的状态。

（2）COMMITTED：表示事务已经成功提交，即事务执行的所有操作已经永久保存到数据库的状态。

（3）ROLLINGBACK：表示事务正在回滚，即事务发生了错误正在撤销之前执行的状态。

（4）ROLLED_BACK：表示事务已经回滚完成，即事务的所有操作都已经被撤销，数据库恢复到事务开始之前的状态。

isFireOnTransactionLifecycleEvent()和getOnTransaction()方法搭配使用可以灵活地控制事件的触发时机，有些事件可能只在事务提交后触发，而有些事件可能需要在事务开始或回滚时触发。

16.2.4 配置事件监听器

全局监听器一般有以下3种配置方式：
- 在工作流引擎配置文件中配置；
- 在流程定义文件中配置；
- 在代码中调用API动态添加。

1. 通过工作流引擎配置文件配置事件监听器

把事件监听器配置到工作流引擎配置中时，需要配置eventListeners属性，为其指定org.flowable.common.engine.api.delegate.event.FlowableEventListener的实例列表。一般可以声明一个内部的Bean定义来指定监听器，也可以使用ref引用已定义的监听器Bean。通过工作流引擎配置文件配置事件监听器的片段如下：

```xml
<bean id="processEngineConfiguration"
    class="org.flowable.engine.impl.cfg.StandaloneProcessEngineConfiguration">
    <property name="eventListeners">
        <list>
            <bean class="com.bpm.example.eventlistener.demo.listener.GlobalEventListener"/>
        </list>
    </property>

    <!-- 此处省略其他属性配置 -->
</bean>
```

以上配置文件中，加粗部分的代码配置了一个事件监听器。通过eventListeners属性配置的事件监听器可覆盖所有事件类型。如果仅监听指定类型的事件，可以使用typedEventListeners属性，它需要一个map参数，其中key是以英文逗号分隔的事件名（或单独的事件名），value是org.flowable.common.engine.api.delegate.event.FlowableEventListener的实例列表。示例代码如下：

```xml
<bean id="processEngineConfiguration"
    class="org.flowable.engine.impl.cfg.StandaloneProcessEngineConfiguration">
    <property name="typedEventListeners">
        <map>
            <entry key="TASK_CREATED,TASK_COMPLETED" >
                <list>
                    <bean class=
                        "com.bpm.example.eventlistener.demo.listener.GlobalEventListener" />
                </list>
            </entry>
        </map>
    </property>
    <!-- 其他元素省略 -->
</bean>
```

在以上配置文件中，加粗部分的代码配置了一个事件监听器。它只监听TASK_CREATED和TASK_COMPLETED事件，即用户任务的create事件和complete事件。

需要注意的是，通过工作流引擎配置文件方式配置的全局事件监听器，分发事件的顺序是由监听器配置时的顺序决定的：

（1）工作流引擎调用由eventListeners属性配置的所有事件监听器，并按照它们在list中的次序执行；

（2）调用由typedEventListeners属性配置的事件监听器，对应类型的事件如果被触发则被执行。

2. 通过流程定义文件配置事件监听器

在流程定义中同样可以配置事件监听器，不过通过这种方式配置的事件监听器只会监听与该流程定义相关的事件，以及该流程定义上发起的所有流程实例的事件。监听器可以使用以下3种方式配置实现：
- 通过class属性进行全类名定义；

- 通过delegateExpression属性引用实现了监听器接口的表达式；
- 使用throwEvent属性及其额外属性指定抛出的BPMN事件类型。

关于前两种配置方式，示例代码如下：

```xml
<process id="eventListenersProcess">
    <extensionElements>
        <!-- 通过class属性进行全类名定义 -->
        <flowable:eventListener
            class="com.bpm.example.eventlistener.demo.listener.GlobalEventListener" />
        <!-- 通过delegateExpression属性引用实现了监听器接口的表达式 -->
        <flowable:eventListener delegateExpression="${globalEventListener}"
            events="TASK_CREATED,TASK_COMPLETED" />
    </extensionElements>

    <!-- 其他元素省略 -->
</process>
```

在以上流程定义中，加粗部分为流程添加了两个监听器。第一个监听器通过class属性指定监听器的全类名定义，会接收所有类型的事件。第二个监听器通过delegateExpression属性通过UEL配置委托表达式${globalEventListener}，只接收用户任务创建和用户任务完成的事件。其中，globalEventListener是实现了org.flowable.common.engine.api.delegate.event.FlowableEventListener的类的一个实例，可以添加到流程变量中。Flowable在执行表达式时会查询与其同名的流程变量，并执行其onEvent()方法。如果集成了Spring，它也可以是Spring容器中的Bean。

对于与实体相关的事件，也可以为其设置针对某个流程定义的监听器，实现只监听发生在某个流程定义上的某个类型的实体事件，示例代码如下：

```xml
<process id="eventListenersProcess">
    <extensionElements>
        <!-- 通过class属性进行全类名定义，指定了entityType -->
        <flowable:eventListener
            class="com.bpm.example.eventlistener.demo.listener.GlobalEventListener"
            entityType="task" />
        <!-- 通过delegateExpression属性引用实现了监听器接口的表达式，指定了entityType -->
        <flowable:eventListener delegateExpression="${globalEventListener}"
            events="ENTITY_CREATED" entityType="task" />
    </extensionElements>

    <!-- 其他元素省略 -->
</process>
```

在以上流程定义中，加粗部分的代码定义了两个事件监听器，两者均配置了entityType属性。第一个监听器监听了task实体的所有事件，第二个监听器监听了task实体的指定事件。entityType支持的值包括attachment、comment、execution、identity-link、job、process-instance、process-definition和task。

关于第三种配置方式，一般用于在监听到流程事件时抛出BPMN事件。接下来看4个示例。

示例1：

```xml
<process id="testEventListeners">
    <extensionElements>
        <flowable:eventListener throwEvent="signal"
            signalName="MyProcessInstanceScopeSignal" events="TASK_CREATED" />
    </extensionElements>
</process>
```

以上流程定义中，加粗部分的代码配置的事件监听器会在监听到TASK_CREATED事件时，向流程实例内部抛出名称为MyProcessInstanceScopeSignal的信号事件。通过这种方式配置的事件监听器实现类是org.flowable.engine.impl.bpmn.helper.SignalThrowingEventListener，它实现了org.flowable.common.engine.api.delegate.event.FlowableEventListener接口。

示例2：

```xml
<process id="testEventListeners">
    <extensionElements>
        <flowable:eventListener throwEvent="globalSignal"
```

```xml
        signalName="MyGlobalSignal" events="PROCESS_STARTED" />
    </extensionElements>
</process>
```

在以上流程定义中，加粗部分的代码配置的事件监听器会在监听到PROCESS_STARTED事件时，向外抛出名称为MyGlobalSignal的全局信号事件。通过这种方式配置的事件监听器实现类也是org.flowable.engine.impl.bpmn.helper.SignalThrowingEventListener。

示例3：
```xml
<process id="testEventListeners">
    <extensionElements>
        <flowable:eventListener throwEvent="message" messageName="MyMessage"
            events="TASK_ASSIGNED" />
    </extensionElements>
</process>
```

在以上流程定义中，加粗部分的代码配置的事件监听器会在监听到TASK_ASSIGNED事件时，向流程实例内部抛出名称为MyMessage的消息事件。通过这种方式配置的事件监听器实现类是org.flowable.engine.impl.bpmn.helper.MessageThrowingEventListener，它实现了org.flowable.common.engine.api.delegate.event.FlowableEventListener接口。

示例4：
```xml
<process id="testEventListeners">
    <extensionElements>
        <flowable:eventListener throwEvent="error" errorCode="CancelledError"
            events="PROCESS_CANCELLED" />
    </extensionElements>
</process>
```

在以上流程定义中，加粗部分的代码配置的事件监听器会在监听到PROCESS_CANCELLED事件时，向流程实例内部抛出错误码为CancelledError的错误事件。通过这种方式配置的事件监听器实现类是org.flowable.engine.impl.bpmn.helper.ErrorThrowingEventListener，它实现了org.flowable.common.engine.api.delegate.event.FlowableEventListener接口。

通过throwEvent属性配置时，如果需要声明额外的逻辑判断是否抛出BPMN事件，可以开发Flowable提供的以上3种监听器类的子类，重写其boolean isValidEvent(FlowableEvent event)方法。使其返回结果为false，即可阻止抛出BPMN事件，同时通过class属性或delegateExpression属性将该子类配置为监听器实现类。示例代码如下：

```xml
<process id="testEventListeners">
    <extensionElements>
        <flowable:eventListener
            class="com.bpm.example.eventlistener.demo.listener.MySignalThrowingEventListener"
            throwEvent="signal" signalName="MyProcessInstanceScopeSignal" events="TASK_CREATED" />
    </extensionElements>
</process>
```

在以上流程定义中，加粗部分的代码配置的事件监听器会在监听到TASK_CREATED事件时，向流程实例内部抛出信号名称为MyProcessInstanceScopeSignal的信号事件，同时通过class指定事件监听器的实现类为com.bpm.example.eventlistener.demo.listener.MySignalThrowingEventListener。它是org.flowable.engine.impl.bpmn.helper.SignalThrowingEventListener的子类，并重写了boolean isValidEvent(FlowableEvent event)方法，用于判断是否抛出BPMN事件。

通过流程定义文件配置事件监听器，需要注意以下5点。
- 事件监听器只能声明在process元素下作为extensionElements的子元素，而不能定义在其他流程元素（如节点）下。
- 通过delegateExpression属性配置的表达式无法访问execution上下文，这与其他表达式（如排他网关）不同。它只能引用定义在工作流引擎配置的beans属性中声明的Bean，或者使用Spring（但未使用工作流引擎配置的beans属性）中所有实现了监听器接口的Spring Bean或其他实现了监听器接口的实例。
- 在使用监听器的class属性时，只会创建一个实例，因此需要确保监听器实现类不依赖成员变量，或确保多线程、上下文的使用安全。
- 如果events属性配置了不合法的事件类型，或者配置了不合法的throwEvent值，则会在流程定义部署时抛出异常，导致部署失败。
- 如果class或delegateExpression属性指定了不合法的值，如不存在的类、不存在的Bean引用，或代理类没有实现监听器接口，那么在该流程定义的事件分发到这个监听器时，会抛出异常，因此需要确保引用的类在classpath中，并且保证表达式能够解析为有效的监听器实例。

3. 在代码中调用API动态添加事件监听器

除了前面介绍的两种配置事件监听器的方式，还可以在流程运行阶段动态添加监听器。这种方式是利用API（即runtimeService的addEventListener()方法）实现监听器的注册：

```
runtimeService.addEventListener(new GlobalEventListener());
```

注意，通过这种方式在运行阶段添加的监听器工作流引擎重启后即会消失。

另外，还可以通过API（即runtimeService的removeEventListener()方法）在运行阶段移除事件监听器，格式如下：

```
runtimeService.removeEventListener(new GlobalEventListener());
```

16.2.5 事件监听器使用示例

下面看一个事件监听器使用示例，其流程如图16.5所示。该流程包含开始事件、用户任务、结束事件和顺序流，通过流程定义文件配置事件监听器，以方便观察流程整个执行过程中各类事件的触发顺序。

图16.5　事件监听器使用示例流程

1. 设计流程

图16.5所示流程对应的XML内容如下：

```xml
<process id="eventListenersProcess" name="事件监听器使用示例流程" >
    <extensionElements>
        <flowable:eventListener class="com.bpm.example.eventlistener.demo.listener.GlobalEventListener"/>
    </extensionElements>
    <startEvent id="startEvent1"/>
    <userTask id="userTask1" name="数据上报" flowable:assignee="huhaiqin"/>
    <sequenceFlow id="seqFlow1" sourceRef="startEvent1" targetRef="userTask1"/>
    <endEvent id="endEvent1"/>
    <sequenceFlow id="seqFlow2" sourceRef="userTask1" targetRef="endEvent1"/>
</process>
```

在以上流程定义中，加粗部分的代码通过class属性进行全类名定义，添加了事件监听器com.bpm.example. eventlistener.demo.listener.GlobalEventListener。它会监听与该流程定义相关的事件，以及该流程定义上发起的所有流程实例的事件。

2. 在工作流引擎配置文件中配置监听器

上面在流程定义中配置的事件监听器无法监听工作流引擎的相关事件。如果要监听工作流引擎层面的事件，可以在工作流引擎配置文件中添加以下配置。

```xml
<beans>
    <!-- Flowable工作流引擎 -->
    <bean id="processEngineConfiguration"
        class="org.flowable.engine.impl.cfg.StandaloneProcessEngineConfiguration">
        <property name="typedEventListeners">
            <map>
                <entry key="ENGINE_CREATED,ENGINE_CLOSED" >
                    <list>
                        <bean class="com.bpm.example.eventlistener.demo.listener.GlobalEventListener" />
                    </list>
```

```xml
            </entry>
        </map>
    </property>
    <!-- 其他属性配置省略 -->
</bean>
</beans>
```

以上配置文件中略去了命名空间,完整内容可参看本书配套资源。在以上配置文件中,加粗部分的代码通过typedEventListeners属性指定事件监听器,它将监听工作流引擎的ENGINE_CREATED和ENGINE_CLOSED事件,事件监听器的实现类为com.bpm.example.eventlistener.demo.listener.GlobalEventListener。

3. 实现事件监听器

事件监听器的内容如下:

```java
@Slf4j
public class GlobalEventListener implements FlowableEventListener {
    @Override
    public void onEvent(FlowableEvent event) {
        FlowableEngineEventType eventType = (FlowableEngineEventType) event.getType();
        switch (eventType) {
            case ENGINE_CREATED:    //工作流引擎创建
                exectueEngineEvent(event, eventType);
                break;
            case ENGINE_CLOSED:     //工作流引擎销毁
                exectueEngineEvent(event, eventType);
                break;
            case PROCESS_STARTED:   //流程实例发起
                exectueProcessEvent(event, eventType);
                break;
            case PROCESS_COMPLETED://流程实例结束
                exectueProcessEvent(event, eventType);
                break;
            case ACTIVITY_STARTED: //一个节点创建
                exectueActtityEvent(event, eventType);
                break;
            case ACTIVITY_COMPLETED://一个节点结束
                exectueActtityEvent(event, eventType);
                break;
            case TASK_CREATED:      //一个用户任务创建
                exectueTaskEvent(event, eventType);
                break;
            case TASK_ASSIGNED:     //一个用户任务分配办理人
                exectueTaskEvent(event, eventType);
                break;
            case TASK_COMPLETED:    //一个用户任务办理完成
                exectueTaskEvent(event, eventType);
                break;
            default:
                break;
        }
    }

    @Override
    public boolean isFailOnException() {
        return true;
    }

    @Override
    public boolean isFireOnTransactionLifecycleEvent() {
        return false;
    }

    @Override
    public String getOnTransaction() {
        return null;
    }

    private void exectueActtityEvent(FlowableEvent event, FlowableEventType eventType) {
        FlowableActivityEvent activityEvent = (FlowableActivityEvent) event;
```

```java
        log.info("流程活动{}的{}事件触发", activityEvent.getActivityId(), eventType.name());
    }

    private void exectueEngineEvent(FlowableEvent event, FlowableEventType eventType) {
        log.info("工作流引擎的{}事件触发", eventType.name());
    }

    private void exectueProcessEvent(FlowableEvent event, FlowableEventType eventType) {
        FlowableEntityEvent entityEvent = (FlowableEntityEvent) event;
        Object entityObject = entityEvent.getEntity();
        ProcessInstance processInstance = (ProcessInstance) entityObject;
        log.info("processInstanceId为{}的流程实例的{}事件触发",
                processInstance.getProcessInstanceId(), eventType.name());
    }

    private void exectueTaskEvent(FlowableEvent event, FlowableEventType eventType) {
        FlowableEntityEvent entityEvent = (FlowableEntityEvent) event;
        Object entityObject = entityEvent.getEntity();
        TaskEntity taskEntity = (TaskEntity) entityObject;
        log.info("用户任务{}的{}事件触发", taskEntity.getTaskDefinitionKey(), eventType.name());
    }
}
```

以上代码实现了org.flowable.common.engine.api.delegate.event.FlowableEventListener接口的4个方法。其中，onEvent()方法中判断了事件类型，并处理了ENGINE_CREATED、ENGINE_CLOSED、PROCESS_STARTED、PROCESS_COMPLETED、ACTIVITY_STARTED、ACTIVITY_COMPLETED、TASK_CREATED、TASK_ASSIGNED和TASK_COMPLETED事件，并输出了事件名称及事件对象的名称或编号。

4. 使用示例

加载该流程模型并执行相应流程控制的示例代码如下：

```java
@Slf4j
public class RunEventListenersProcessDemo extends FlowableEngineUtil {
    @Test
    public void runEventListenersProcessDemo() {
        //加载Flowable配置文件并初始化工作流引擎及服务
        initFlowableEngineAndServices("flowable.eventlistener.xml");
        //部署流程
        deployResource("processes/EventListenersProcess.bpmn20.xml");

        //启动流程实例
        ProcessInstance procInst = runtimeService
                .startProcessInstanceByKey("eventListenersProcess");
        //查询任务
        Task task = taskService.createTaskQuery()
                .processInstanceId(procInst.getId()).singleResult();
        //办理任务
        taskService.complete(task.getId());
    }
}
```

以上代码首先初始化工作流引擎并部署流程，然后发起流程，最后查询并完成任务。在这个过程中，各种流程事件先后被触发，对应的事件监听器会捕获其事件类型，然后按照监听器的处理逻辑进行处理。代码运行结果如下：

```
13:04:15,794 [main] INFO  GlobalEventListener  - 工作流引擎的ENGINE_CREATED事件触发
13:04:16,474 [main] INFO  GlobalEventListener  - processInstanceId为5的流程实例的PROCESS_STARTED事件触发
13:04:16,475 [main] INFO  GlobalEventListener  - 流程活动startEvent1的ACTIVITY_STARTED事件触发
13:04:16,477 [main] INFO  GlobalEventListener  - 流程活动startEvent1的ACTIVITY_COMPLETED事件触发
13:04:16,479 [main] INFO  GlobalEventListener  - 流程活动userTask1的ACTIVITY_STARTED事件触发
13:04:16,499 [main] INFO  GlobalEventListener  - 用户任务userTask1的TASK_ASSIGNED事件触发
13:04:16,500 [main] INFO  GlobalEventListener  - 用户任务userTask1的TASK_CREATED事件触发
13:04:16,529 [main] INFO  GlobalEventListener  - 用户任务userTask1的TASK_COMPLETED事件触发
13:04:16,536 [main] INFO  GlobalEventListener  - 流程活动userTask1的ACTIVITY_COMPLETED事件触发
13:04:16,537 [main] INFO  GlobalEventListener  - 流程活动endEvent1的ACTIVITY_STARTED事件触发
13:04:16,537 [main] INFO  GlobalEventListener  - 流程活动endEvent1的ACTIVITY_COMPLETED事件触发
13:04:16,562 [main] INFO  GlobalEventListener  - processInstanceId为5的流程实例的PROCESS_COMPLETED事件触发
13:04:16,614 [main] INFO  GlobalEventListener  - 工作流引擎的ENGINE_CLOSED事件触发
```

从代码运行结果中可知：
- 工作流引擎启动时触发ENGINE_CREATED事件，工作流引擎销毁时触发ENGINE_CLOSED事件；
- 流程发起过程中的事件执行顺序为流程的PROCESS_STARTED事件→开始节点的ACTIVITY_STARTED事件→开始节点的ACTIVITY_COMPLETED事件；
- 用户任务从创建到办理完成过程的事件执行顺序为ACTIVITY_STARTED事件→TASK_ASSIGNED事件→TASK_CREATED事件→TASK_COMPLETED事件→ACTIVITY_COMPLETED事件；
- 流程结束过程中的事件执行顺序为结束节点的ACTIVITY_STARTED事件→结束节点的ACTIVITY_COMPLETED事件→PROCESS_COMPLETED事件。

16.2.6 日志监听器

日志监听器本质上也是一种全局事件监听器，用于事件触发时，保存事件的日志到数据库中，记录的数据保存在act_evt_log表中。在工作流引擎配置文件中，我们通过enableDatabaseEventLogging属性配置日志监听器，示例代码如下：

```xml
<bean id="processEngineConfiguration"
    class="org.flowable.engine.impl.cfg.StandaloneProcessEngineConfiguration">
    <!--配置日志监听器开关，属性默认为true -->
    <property name="enableDatabaseEventLogging" value="true"/>

    <!-- 其他元素省略 -->
</bean>
```

在以上工作流引擎配置中，enableDatabaseEventLogging属性值设置为true，表示会保存事件日志到数据库中。该属性默认值为false，即不保存日志。

16.2.7 禁用事件监听器

Flowable默认开启事件监听器。工作流引擎配置文件中提供了事件转发器开关属性enableEventDispatcher用于控制事件监听器的状态：

```xml
<bean id="processEngineConfiguration"
    class="org.flowable.engine.impl.cfg.StandaloneProcessEngineConfiguration">
    <!-- 配置事件转发器开关，属性默认为true -->
    <property name="enableEventDispatcher" value="false"/>

    <!-- 其他元素省略 -->
</bean>
```

注意，关闭事件转发器后仅影响全局事件监听器，而不会影响任务监听器和执行监听器的监听。

16.3 本章小结

本章主要介绍了Flowable中的监听器。监听器是Flowable在BPMN 2.0规范基础上扩展的功能，是业务与流程的"非侵入性黏合剂"，在Flowable中，开发人员可以通过配置监听器的方式监听各种动作。其中，执行监听器可以捕获流程实例的启动和结束事件，执行一条顺序流，捕获节点的开始和结束事件；任务监听器可以捕获用户任务的创建、分派、完成及删除事件；全局事件监听器可监听Flowable中的所有事件，并且判断事件类型，进而执行不同的业务逻辑。使用监听器，可以在流程流转的不同阶段执行不同的业务处理，如在任务创建后发邮件或短信通知办理人及时办理、在流程结束后发送邮件或者推送短信告知流程发起人，或者指定下一个节点的处理人等。读者可以在实际应用场景中根据需要灵活选择对应的监听器。

第 17 章 多实例实战应用

BPMN 2.0引入了多实例的概念。这是一种在业务流程中定义"重复"环节的方法，Flowable对其提供了支持。配置为多实例的活动在流程运行时会创建多个活动实例，既可以顺序依次执行也可以并行同时执行，效果相当于在活动上循环执行，并在满足设置的结束条件后退出循环。BPMN中的多种节点可以设置为多实例，从而在流程中实现各种"重复"执行的特性，满足特定的需求场景。本章将介绍Flowable多实例配置方法，并结合示例介绍多实例在常见活动或子流程上的应用。

17.1 多实例概述

BPMN中的多实例活动用于实现循环。虽然循环总是可以通过活动连接网关将后续顺序流指向自己或前面的活动的方式来实现，但是多实例活动在某些情况下实现起来更简单。如果想让某些特定的活动重复执行多次，可以将该活动设置为多实例，让其按照配置来执行相应的次数。

17.1.1 多实例的概念

多实例活动用于在业务流程中定义重复环节。从开发角度讲，多实例相当于循环。可以根据给定的集合，为每个元素顺序或并行地执行某个环节，甚至某个子流程。

所谓多实例，指在一个普通活动上添加额外的属性定义（称作"多实例特性"），使活动在运行时可以执行多次。以下活动可以设置为多实例活动：
- 用户任务；
- 脚本任务；
- 服务任务；
- Web Service任务；
- 业务规则任务；
- 电子邮件任务；
- 手动任务；
- 接收任务；
- （嵌入式）子流程；
- 调用活动。

提示：网关和事件不能设置为多实例。

按照BPMN 2.0规范的要求，在Flowable设计中，为每个实例创建的执行实例的父执行实例都内置了如表17.1所示的变量。

表17.1 多实例的父执行实例的内置变量

变量名	含义
nrOfInstances	实例总数
nrOfActiveInstances	当前活动的（尚未完成的）实例数量。对于串行多实例来说，这个值总是1
nrOfCompletedInstances	已经完成的实例的数量

表17.1中的3个变量值可以通过execution.getVariable(变量名)方法获取。

另外，每个创建的执行实例都会有一个本地变量，如表17.2所示。它对于其他执行实例不可见，并且不存储在流程实例级别。

表17.2 多实例的子执行实例的内置变量

变量名	含义
loopCounter	表示特定实例正在循环的索引值。loopCounter变量可以使用flowable的elementIndexVariable属性重命名

17.1.2 多实例的配置

1. 图形标记

如果一个活动被设置为多实例，则在活动底部用3条短线表示。短线的朝向表示多实例的类型：纵向表示并行多实例（并行执行），横向表示串行多实例（顺序执行），如图17.1所示。

图17.1 多实例图形标记示例

2. XML内容

如果要将一个活动设置为多实例活动，需要为该活动的XML元素设置一个multiInstanceLoopCharacteristics子元素，一般一个多实例需要配置以下3个信息：

- 多实例类型的配置；
- 多实例的数量计算；
- 多实例结束条件配置。

1）多实例类型的配置

Flowable中使用multiInstanceLoopCharacteristics的isSequential属性表示多实例的类型，isSequential="false"表示活动是一个并行多实例，isSequential="true"表示活动是一个串行多实例。示例代码如下：

```xml
<multiInstanceLoopCharacteristics isSequential="false">
<!-- 此处省略其他参数配置 -->
</multiInstanceLoopCharacteristics>
```

以上配置表示该活动是一个并行多实例。

2）多实例的数量计算

在进入活动时会计算一次多实例的数量，Flowable为此提供了多种配置方法。

第一种配置方法是使用loopCardinality子元素指定。这种方法是使用loopCardinality子元素直接指定一个数字作为多实例的数量，格式如下：

```xml
<multiInstanceLoopCharacteristics isSequential="false|true">
    <loopCardinality>6</loopCardinality>
</multiInstanceLoopCharacteristics>
```

使用这种方法时，也可以配置为执行结果为整数的表达式，格式如下：

```xml
<multiInstanceLoopCharacteristics isSequential="false|true">
    <loopCardinality>${nrOfOrders-nrOfCancellations}</loopCardinality>
</multiInstanceLoopCharacteristics>
```

第二种配置方法是使用loopDataInputRef子元素指定。这种方法是使用loopDataInputRef子元素指定一个类型为集合的流程变量。该集合中的每个元素都会创建一个实例。另外，也可以使用inputDataItem子元素配置存储集合元素的变量名（可选）。以用户任务为例，使用这种方法的示例代码如下：

```xml
<userTask id="userTask1" name="多实例用户任务" flowable:assignee="${assignee}">
    <multiInstanceLoopCharacteristics isSequential="false">
        <loopDataInputRef>assigneeList</loopDataInputRef>
        <inputDataItem name="assignee" />
    </multiInstanceLoopCharacteristics>
</userTask>
```

以上用户任务配置通过loopDataInputRef子元素指定了类型为集合的assigneeList流程变量，同时通过

inputDataItem子元素设置assignee。假设assigneeList变量的值包括hebo、liuxiaopeng、huhaiqin，那么在以上配置中，3个用户任务会同时被创建（并行多实例），并且每个执行都会拥有一个名为assignee的流程变量，其包含集合中的对应元素，用于分配用户任务。

使用这种方式配置多实例的数量，存在两个缺点：loopDataInputRef和inputDataItem的名称不易记忆；根据BPMN 2.0格式定义，不能包含表达式。

第三种配置方法是通过collection和elementVariable属性指定。为了解决使用loopDataInputRef方式配置多实例数量时存在的问题，Flowable为multiInstanceCharacteristics引入了collection和elementVariable属性，其配置如下：

```xml
<userTask id="userTask1" name="多实例用户任务" flowable:assignee="${assignee}">
    <multiInstanceLoopCharacteristics isSequential="true"
        flowable:collection="${myTaskUserService.getUsersOfTask()}"
        flowable:elementVariable="assignee" >
    </multiInstanceLoopCharacteristics>
</userTask>
```

从以上配置中可知，这里其实是使用collection属性替代了loopDataInputRef子元素，使用elementVariable属性替代了inputDataItem子元素，不同之处在于collection属性可以配置为一个表达式，使用起来更加灵活。

需要注意的是，collection属性会作为表达式进行解析。如果表达式执行结果为字符串而非集合，则无论其本身配置的就是静态字符串值，还是表达式执行结果为字符串，该字符串都会被当作变量名，其值为实际的集合。示例代码如下：

```xml
<userTask id="userTask1" name="多实例用户任务" flowable:assignee="${assignee}">
    <multiInstanceLoopCharacteristics isSequential="true"
        flowable:collection="assigneeList" flowable:elementVariable="assignee" >
    </multiInstanceLoopCharacteristics>
</userTask>
```

在以上配置中，需要将集合存储在assigneeList流程变量中。

为了进一步说明，看另一个示例：

```xml
<userTask id="userTask1" name="多实例用户任务" flowable:assignee="${assignee}">
    <multiInstanceLoopCharacteristics isSequential="true"
        flowable:collection="${myTaskUserService.getCollectionVariableName()}"
        flowable:elementVariable="assignee" >
    </multiInstanceLoopCharacteristics>
</userTask>
```

在以上配置中，如果表达式${myTaskUserService.getCollectionVariableName()}的执行结果是一个字符串值，工作流引擎就会用该字符串值作为变量名，获取流程变量保存的集合。

3）多实例结束条件的配置

Flowable默认多实例活动在所有实例都完成后才能结束。同时，Flowable提供了completionCondition子元素用于配置评估是否结束多实例的表达式，这个表达式在每个实例结束时执行一次：如果表达式计算结果为true，则当前多实例中所有剩余实例将被销毁，多实例活动结束，流程离开当前活动继续流转；如果表达式计算结果为false，则继续等待剩余实例完成。看下面的示例：

```xml
<userTask id="miTasks" name="多实例用户任务" flowable:assignee="${assignee}">
    <multiInstanceLoopCharacteristics isSequential="false"
        flowable:collection="assigneeList" flowable:elementVariable="assignee" >
        <completionCondition>${nrOfCompletedInstances/nrOfInstances >= 0.5 }
        </completionCondition>
    </multiInstanceLoopCharacteristics>
</userTask>
```

以上配置会为assigneeList集合的每个元素创建一个并行实例。当50%及以上的任务完成时（加粗部分的代码），其他任务就会被删除，流程继续向下流转。

17.1.3　多实例与其他流程元素的搭配使用

本小节将介绍多实例与边界事件、监听器搭配使用的效果和注意事项。

1. 多实例与边界事件搭配使用

由于多实例活动本身是一个常规活动，可以在其边界上定义各种边界事件。对于中断型边界事件，当事件被捕获时，所有未完成的实例都将被销毁。图17.2展示了多实例子流程与定时器边界事件搭配使用的示例流程。

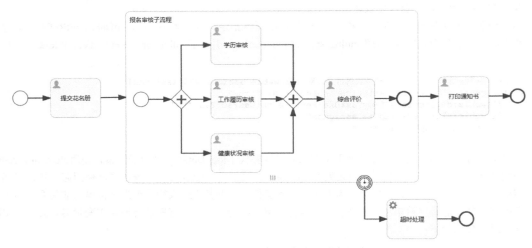

图17.2 多实例与定时器边界事件搭配使用示例流程

在该示例流程中，子流程被指定为并行多实例子流程，子流程的边界上定义了一个中断型定时器边界事件。当定时器被触发时，子流程的所有实例都会被销毁，无论它们是否完成。

2. 多实例与执行监听器搭配使用

多实例与执行监听器也可以搭配使用。以下配置执行监听器的代码片段配置在与multiInstanceLoopCharacteristics XML元素相同的级别上：

```xml
<extensionElements>
    <flowable:executionListener event="start"
        class="com.bpm.example.demo.listener.MyStartListener"/>
    <flowable:executionListener event="end"
        class="com.bpm.example.demo.listener.MyEndListener"/>
</extensionElements>
```

对于普通的BPMN活动来说，会在活动开始与结束时分别调用一次监听器。但如果将该节点设置为多实例，其行为将有所不同。

对于start事件来说：
- 当流转到多实例活动时，会在任何内部活动执行前抛出一个start事件，此时loopCounter变量还未设置（值为null）；
- 当进入每个实际执行的活动时，会抛出一个start事件，此时loopCounter变量已经设置。

对于end事件来说：
- 会在离开每个实际执行的活动后抛出一个end事件，此时loopCounter变量已经设置；
- 当多实例活动整体完成后，会抛出一个end事件。

下面通过一个示例进行说明。示例代码如下：

```xml
<userTask id="userTask1" name="多实例用户任务" flowable:assignee="${assignee}">
    <extensionElements>
        <flowable:executionListener event="start"
            class="com.bpm.example.demo.listener.MyStartListener"/>
        <flowable:executionListener event="end"
            class="com.bpm.example.demo.listener.MyEndListener"/>
    </extensionElements>
    <multiInstanceLoopCharacteristics isSequential="false">
        <loopDataInputRef>assigneeList</loopDataInputRef>
        <inputDataItem name="assignee" />
```

```
</multiInstanceLoopCharacteristics>
</userTask>
```

在上面的示例中，假设assigneeList流程变量的值为3项，那么在进入该多实例用户任务时会发生以下事情：

- 多实例整体抛出一个start事件，因此会调用1次start执行监听器，此时loopCounter与assignee变量均未设置（值为null）；
- 每个活动实例都抛出一个start事件，因此会调用3次start执行监听器，loopCounter与assignee变量均已设置（值不为null）。

因此，start执行监听器共会被调用4次。

同样，如果multiInstanceLoopCharacteristics配置在其他活动上，执行监听器的行为也是一致的。

17.2 多实例用户任务应用

在实际业务流程中，用户任务一般由一人进行处理。当然，也会有需要多人同时处理一个任务的场景，比如一个任务需要多人进行审批或者表决，根据这些审批结果来决定流程的走向，这种需求人们称之为会签。所谓会签，指多人针对同一事务进行协商处理，共同签署决策一件事情。会签场景在实际中非常常见，如签发一份文件，在领导审核环节，需要多部门领导共同签字才能生效。对应到BPM流程，可以把领导签字环节定义为用户任务。

如果部门领导数是固定的，可以通过多个Flowable的并行用户任务或串行用户任务进行处理，如图17.3和图17.4所示。

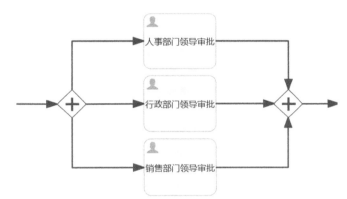

图17.3　多个并行用户任务解决固定审批人场景

图17.4　多个串行用户任务解决固定审批人场景

如果部门领导数不固定，即审批人员是动态的，上一种方法就难以实现了，此时可以采用多实例方式，将多部门领导会签定义为并行或串行多实例用户任务，从而实现会签，如图17.5和图17.6所示。

图17.5　并行多实例用户任务解决动态审批人场景　　图17.6　串行多实例用户任务解决动态审批人场景

下面看一个多实例用户任务综合应用示例，其流程如图17.7所示。首先，由会务人员发起流程并提交会议申请，收到会议邀请的人员现场依次签到；所有人员全部签到完成后进入投票环节，当投票完成率达到60%

时结束投票。最后,会务人员根据投票结果形成决议,结束流程。

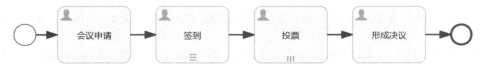

图17.7 多实例用户任务综合应用示例流程

图17.7所示流程对应的XML文件内容如下:

```xml
<process id="multiUserTaskProcess" name="多实例用户任务综合应用示例流程">
    <startEvent id="startEvent1"/>
    <userTask id="firstUserTask" name="会议申请"/>
    <userTask id="secondUserTask" name="签到" flowable:assignee="${assignee}">
        <multiInstanceLoopCharacteristics isSequential="true"
            flowable:collection="${assigneeList}" flowable:elementVariable="assignee">
            <completionCondition>
                ${nrOfCompletedInstances == nrOfInstances}
            </completionCondition>
        </multiInstanceLoopCharacteristics>
    </userTask>
    <userTask id="thirdUserTask" name="投票" flowable:assignee="${assignee}">
        <multiInstanceLoopCharacteristics isSequential="false"
            flowable:collection="${assigneeList}" flowable:elementVariable="assignee">
            <completionCondition>
                ${nrOfCompletedInstances/nrOfInstances >= 0.6}
            </completionCondition>
        </multiInstanceLoopCharacteristics>
    </userTask>
    <userTask id="fourthUserTask" name="形成决议"/>
    <endEvent id="endEvent1"/>
    <sequenceFlow id="seqFlow1" sourceRef="startEvent1" targetRef="firstUserTask"/>
    <sequenceFlow id="seqFlow2" sourceRef="firstUserTask" targetRef="secondUserTask"/>
    <sequenceFlow id="seqFlow3" sourceRef="secondUserTask" targetRef="thirdUserTask"/>
    <sequenceFlow id="seqFlow4" sourceRef="fourthUserTask" targetRef="endEvent1"/>
    <sequenceFlow id="seqFlow5" sourceRef="thirdUserTask" targetRef="fourthUserTask"/>
</process>
```

在以上流程定义中,加粗部分的代码将签到用户任务和投票用户任务设置为多实例。

- 签到用户任务设置为串行多实例,通过flowable:collection指定该会签环节的参与人的集合。此处使用assigneeList流程变量实现。多实例在遍历assigneeList集合时把单个值保存在flowable:elementVariable指定的名为assignee的变量中,其与userTask的flowable:assignee结合使用可以决定该实例由谁进行处理;结束条件表达式配置为${nrOfCompletedInstances == nrOfInstances},表明多实例的所有任务办理完成后才能结束多实例。
- 投票用户任务设置为并行多实例。办理人集合存储在assigneeList变量中,结束条件表达式配置为${nrOfCompletedInstances/nrOfInstances >= 0.6},表明完成总实例数的60%后结束多实例。

加载该流程模型并执行相应流程控制的示例代码如下:

```java
@Slf4j
public class RunMultiUserTaskProcessDemo extends FlowableEngineUtil {
    SimplePropertyPreFilter executionFilter = new SimplePropertyPreFilter(Execution.class,
            "id", "parentId", "businessKey", "processInstanceId", "scope", "activityId");

    @Test
    public void runMultiUserTaskProcessDemo() {
        //加载Flowable配置文件并初始化工作流引擎及服务
        initFlowableEngineAndServices("flowable.cfg.xml");
        //部署流程
        deployResource("processes/MultiUserTaskProcess.bpmn20.xml");

        //设置流程变量
        List<String> assigneeList = Lists.newArrayList("litao", "huhaiqin",
                "wangjunlin", "liuxiaopeng", "hebo");
        Map<String, Object> varMap1 = ImmutableMap.of("assigneeList", assigneeList);
```

```java
//启动流程
ProcessInstance procInst = runtimeService
        .startProcessInstanceByKey("multiUserTaskProcess", varMap1);
ExecutionQuery executionQuery = runtimeService.createExecutionQuery()
        .processInstanceId(procInst.getId());
//查询执行实例
List<Execution> executionList1 = executionQuery.list();
log.info("流程发起后，执行实例数为：{}，分别为：{}", executionList1.size(),
        JSON.toJSONString(executionList1, executionFilter));
TaskQuery taskQuery = taskService.createTaskQuery()
        .processInstanceId(procInst.getId());
//查询第一个任务
Task firstTask = taskQuery.singleResult();
log.info("即将完成第一个节点的任务，当前任务taskId: {}, taskName: {}",
        firstTask.getId(), firstTask.getName());
//完成第一个任务
taskService.complete(firstTask.getId());
//串行多实例用户任务，需要逐个依次办理，办理5次
for (int i = 0; i < assigneeList.size(); i++) {
    log.info("即将办理串行多实例第{}个任务", (i + 1));
    List<Task> tasks = taskQuery.list();
    log.info("此时任务个数为：{}", tasks.size());
    log.info("当前任务taskId: {}, taskName: {}, 办理人: {}", tasks.get(0).getId(),
            tasks.get(0).getName(), tasks.get(0).getAssignee());
    //查询执行实例
    List<Execution> executionList2 = executionQuery.list();
    log.info("到达串行多实例节点后，执行实例数为：{}，分别为：{}", executionList2.size(),
            JSON.toJSONString(executionList2, executionFilter));
    //查询流程变量
    List<Map<String, Object>> varMap2 = getAllVariables(procInst.getId());
    log.info("当前流程变量为：{}", JSON.toJSONString(varMap2));
    taskService.complete(tasks.get(0).getId());
}

//并行多实例用户任务，5*0.6=3个办完之后结束
for (int i = 0; i < 3; i++) {
    log.info("办理并行多实例第{}个任务", (i + 1));
    List<Task> tasks = taskQuery.list();
    log.info("此时任务个数为：{}", tasks.size());
    log.info("当前任务taskId: {}, taskName: {}, 办理人: {}", tasks.get(0).getId(),
            tasks.get(0).getName(), tasks.get(0).getAssignee());
    //查询执行实例
    List<Execution> executionList3 = executionQuery.list();
    log.info("到达并行多实例节点后，执行实例数为：{}，分别为：{}", executionList3.size(),
            JSON.toJSONString(executionList3, executionFilter));
    //查询流程变量
    List<Map<String, Object>> varMap3 = getAllVariables(procInst.getId());
    log.info("当前流程变量为：{}", JSON.toJSONString(varMap3));
    taskService.complete(tasks.get(0).getId());
}

//查询流程变量
List<Map<String, Object>> varMap4 = getAllVariables(procInst.getId());
log.info("当前流程变量为：{}", JSON.toJSONString(varMap4));
//单实例用户任务
Task task = taskQuery.singleResult();
log.info("即将完成最后一个节点的任务，当前任务taskId: {}, taskName: {}",
        task.getId(), task.getName());
taskService.complete(task.getId());
//查询执行实例
List<Execution> executionList4 = executionQuery.list();
log.info("流程结束后，执行实例数为：{}，分别为：{}", executionList4.size(),
        JSON.toJSONString(executionList4, executionFilter));
}

//查询所有流程变量
private List<Map<String, Object>> getAllVariables(String processInstanceId) {
    //查询所有执行实例
    List<Execution> executionList = runtimeService.createExecutionQuery()
```

```
            .processInstanceId(processInstanceId).list();
    //获取所有执行实例编号
    Set<String> executionIds = executionList.stream()
            .map(e -> e.getId()).distinct().collect(Collectors.toSet());
    //根据执行实例编号查询流程变量
    List<VariableInstance> variableInstances = runtimeService
            .getVariableInstancesByExecutionIds(executionIds);
    List<Map<String, Object>> variables = new ArrayList<>();
    for (VariableInstance variableInstance : variableInstances) {
        Map<String, Object> varMap = ImmutableMap
                .of("processInstanceId", variableInstance.getProcessInstanceId(),
                        "name", variableInstance.getName(),
                        "value", variableInstance.getValue(),
                        "executionId",variableInstance.getExecutionId());
        variables.add(varMap);
    }
    return variables;
}
```

以上代码先初始化工作流引擎并部署流程，发起流程，初始化流程变量assigneeList，查询并办理"会议申请"用户任务。流程流转到"签到"用户任务，依次获取并办理5个任务结束该多实例任务后，流转到"投票"用户任务，分别办理3个任务结束该多实例任务。最后，流程流转到"形成决议"用户任务，任务办理完成后流程结束。在这个过程中，在不同阶段分别输出了相应的执行实例和流程变量信息。代码运行结果如下：

```
07:14:33,245 [main] INFO  RunMultiUserTaskProcessDemo  - 流程发起后，执行实例数为：2，分别为：[{"id":
"5","processInstanceId":"5","scope":true},{"activityId":"firstUserTask","id":"9","parentId":"5",
"processInstanceId":"5","scope":false}]
07:14:33,283 [main] INFO  RunMultiUserTaskProcessDemo  - 即将完成第一个节点的任务，当前任务taskId：13，
taskName：会议申请
07:14:33,470 [main] INFO  RunMultiUserTaskProcessDemo  - 即将办理串行多实例第1个任务
07:14:33,476 [main] INFO  RunMultiUserTaskProcessDemo  - 此时任务个数为：1
07:14:33,476 [main] INFO  RunMultiUserTaskProcessDemo  - 当前任务taskId：23，taskName：签到，办理人：litao
07:14:33,482 [main] INFO  RunMultiUserTaskProcessDemo  - 到达串行多实例节点后，执行实例数为：3，分别为：
[{"activityId":"secondUserTask","id":"15","parentId":"5","processInstanceId":"5","scope":false},
{"activityId":"secondUserTask","id":"16","parentId":"15","processInstanceId":"5","scope":false},
{"id":"5","processInstanceId":"5","scope":true}]
07:14:33,503 [main] INFO  RunMultiUserTaskProcessDemo  - 当前流程变量为：[{"processInstanceId":"5",
"executionId":"15","name":"nrOfActiveInstances","value":1},{"processInstanceId":"5","executionId":
"15","name":"nrOfInstances","value":5},{"processInstanceId":"5","executionId":"16","name":"assignee",
"value":"litao"},{"processInstanceId":"5","executionId":"5","name":"assigneeList","value":["litao",
"huhaiqin","wangjunlin","liuxiaopeng","hebo"]},{"processInstanceId":"5","executionId":"15","name":
"nrOfCompletedInstances","value":0},{"processInstanceId":"5","executionId":"16","name":"loopCounter",
"value":0}]
07:14:33,563 [main] INFO  RunMultiUserTaskProcessDemo  - 即将办理串行多实例第2个任务
07:14:33,572 [main] INFO  RunMultiUserTaskProcessDemo  - 此时任务个数为：1
07:14:33,572 [main] INFO  RunMultiUserTaskProcessDemo  - 当前任务taskId：29，taskName：签到，办理人：
huhaiqin
07:14:33,585 [main] INFO  RunMultiUserTaskProcessDemo  - 到达串行多实例节点后，执行实例数为：3，分别为：
[{"activityId":"secondUserTask","id":"15","parentId":"5","processInstanceId":"5","scope":false},
{"activityId":"secondUserTask","id":"16","parentId":"15","processInstanceId":"5","scope":false},
{"id":"5","processInstanceId":"5","scope":true}]
07:14:33,594 [main] INFO  RunMultiUserTaskProcessDemo  - 当前流程变量为：[{"processInstanceId":"5",
"executionId":"15","name":"nrOfActiveInstances","value":1},{"processInstanceId":"5","executionId":
"16","name":"assignee","value":"huhaiqin"},{"processInstanceId":"5","executionId":"16","name":"loopCounter",
"value":1},{"processInstanceId":"5","executionId":"15","name":"nrOfInstances","value":5},{"processInstanceId":
"5","executionId":"5","name":"assigneeList","value":["litao","huhaiqin","wangjunlin","liuxiaopeng",
"hebo"]},{"processInstanceId":"5","executionId":"15","name":"nrOfCompletedInstances","value":1}]
07:14:33,632 [main] INFO  RunMultiUserTaskProcessDemo  - 即将办理串行多实例第3个任务
07:14:33,634 [main] INFO  RunMultiUserTaskProcessDemo  - 此时任务个数为：1
07:14:33,634 [main] INFO  RunMultiUserTaskProcessDemo  - 当前任务taskId：35，taskName：签到，办理人：
wangjunlin
07:14:33,643 [main] INFO  RunMultiUserTaskProcessDemo  - 到达串行多实例节点后，执行实例数为：3，分别为：
[{"activityId":"secondUserTask","id":"15","parentId":"5","processInstanceId":"5","scope":false},
{"activityId":"secondUserTask","id":"16","parentId":"15","processInstanceId":"5","scope":false},
{"id":"5","processInstanceId":"5","scope":true}]
07:14:33,649 [main] INFO  RunMultiUserTaskProcessDemo  - 当前流程变量为：[{"processInstanceId":"5",
"executionId":"15","name":"nrOfActiveInstances","value":1},{"processInstanceId":"5","executionId":
"16","name":"loopCounter","value":2},{"processInstanceId":"5","executionId":"15","name":"nrOfInstances",
```

```
"value":5},{"processInstanceId":"5","executionId":"5","name":"assigneeList","value":["litao",
"huhaiqin","wangjunlin","liuxiaopeng","hebo"]},{"processInstanceId":"5","executionId":"15","name":
"nrOfCompletedInstances","value":2},{"processInstanceId":"5","executionId":"16","name":"assignee",
"value":"wangjunlin"}]
07:14:33,691 [main] INFO  RunMultiUserTaskProcessDemo   - 即将办理串行多实例第4个任务
07:14:33,696 [main] INFO  RunMultiUserTaskProcessDemo   - 此时任务个数为: 1
07:14:33,696 [main] INFO  RunMultiUserTaskProcessDemo   - 当前任务taskId: 41, taskName: 签到, 办理人:
liuxiaopeng
07:14:33,701 [main] INFO  RunMultiUserTaskProcessDemo   - 到达串行多实例节点后, 执行实例数为: 3, 分别为:
[{"activityId":"secondUserTask","id":"15","parentId":"5","processInstanceId":"5","scope":false},
{"activityId":"secondUserTask","id":"16","parentId":"15","processInstanceId":"5","scope":false},
{"id":"5","processInstanceId":"5","scope":true}]
07:14:33,711 [main] INFO  RunMultiUserTaskProcessDemo   - 当前流程变量为: [{"processInstanceId":"5",
"executionId":"15","name":"nrOfActiveInstances","value":1},{"processInstanceId":"5","executionId":
"16","name":"assignee","value":"liuxiaopeng"},{"processInstanceId":"5","executionId":"15","name":
"nrOfInstances","value":5},{"processInstanceId":"5","executionId":"16","name":"loopCounter","value":
3},{"processInstanceId":"5","executionId":"5","name":"assigneeList","value":["litao","huhaiqin",
"wangjunlin","liuxiaopeng","hebo"]},{"processInstanceId":"5","executionId":"15","name":
"nrOfCompletedInstances","value":3}]
07:14:33,760 [main] INFO  RunMultiUserTaskProcessDemo   - 即将办理串行多实例第5个任务
07:14:33,769 [main] INFO  RunMultiUserTaskProcessDemo   - 此时任务个数为: 1
07:14:33,769 [main] INFO  RunMultiUserTaskProcessDemo   - 当前任务taskId: 47, taskName: 签到, 办理人: hebo
07:14:33,778 [main] INFO  RunMultiUserTaskProcessDemo   - 到达串行多实例节点后, 执行实例数为: 3, 分别为:
[{"activityId":"secondUserTask","id":"15","parentId":"5","processInstanceId":"5","scope":false},
{"activityId":"secondUserTask","id":"16","parentId":"15","processInstanceId":"5","scope":false},
{"id":"5","processInstanceId":"5","scope":true}]
07:14:33,788 [main] INFO  RunMultiUserTaskProcessDemo   - 当前流程变量为: [{"processInstanceId":"5",
"executionId":"15","name":"nrOfActiveInstances","value":1},{"processInstanceId":"5","executionId":
"16","name":"assignee","value":"hebo"},{"processInstanceId":"5","executionId":"16","name":
"loopCounter","value":4},{"processInstanceId":"5","executionId":"15","name":"nrOfInstances",
"value":5},{"processInstanceId":"5","executionId":"5","name":"assigneeList","value":["litao",
"huhaiqin","wangjunlin","liuxiaopeng","hebo"]},{"processInstanceId":"5","executionId":"15","name":
"nrOfCompletedInstances","value":4}]
07:14:33,914 [main] INFO  RunMultiUserTaskProcessDemo   - 办理并行多实例第1个任务
07:14:33,920 [main] INFO  RunMultiUserTaskProcessDemo   - 此时任务个数为: 5
07:14:33,920 [main] INFO  RunMultiUserTaskProcessDemo   - 当前任务taskId: 68, taskName: 投票, 办理人: litao
07:14:33,927 [main] INFO  RunMultiUserTaskProcessDemo   - 到达并行多实例节点后, 执行实例数为: 7, 分别为:
[{"id":"5","processInstanceId":"5","scope":true},{"activityId":"thirdUserTask","id":"52","parentId":
"5","processInstanceId":"5","scope":false},{"activityId":"thirdUserTask","id":"56","parentId":"52",
"processInstanceId":"5","scope":false},{"activityId":"thirdUserTask","id":"57","parentId":"52",
"processInstanceId":"5","scope":false},{"activityId":"thirdUserTask","id":"58","parentId":"52",
"processInstanceId":"5","scope":false},{"activityId":"thirdUserTask","id":"59","parentId":"52",
"processInstanceId":"5","scope":false},{"activityId":"thirdUserTask","id":"60","parentId":"52",
"processInstanceId":"5","scope":false}]
07:14:33,976 [main] INFO  RunMultiUserTaskProcessDemo   - 当前流程变量为: [{"processInstanceId":"5",
"executionId":"52","name":"nrOfActiveInstances","value":5},{"processInstanceId":"5","executionId":
"56","name":"loopCounter","value":0},{"processInstanceId":"5","executionId":"59","name":"loopCounter",
"value":3},{"processInstanceId":"5","executionId":"5","name":"assigneeList","value":["litao",
"huhaiqin","wangjunlin","liuxiaopeng","hebo"]},{"processInstanceId":"5","executionId":"57","name":
"loopCounter","value":1},{"processInstanceId":"5","executionId":"60","name":"loopCounter","value":
4},{"processInstanceId":"5","executionId":"56","name":"assignee","value":"litao"},{"processInstanceId":
"5","executionId":"57","name":"assignee","value":"huhaiqin"},{"processInstanceId":"5","executionId":
"58","name":"assignee","value":"wangjunlin"},{"processInstanceId":"5","executionId":"58","name":
"loopCounter","value":2},{"processInstanceId":"5","executionId":"52","name":"nrOfInstances","value":
5},{"processInstanceId":"5","executionId":"59","name":"assignee","value":"liuxiaopeng"},
{"processInstanceId":"5","executionId":"52","name":"nrOfCompletedInstances","value":0},
{"processInstanceId":"5","executionId":"60","name":"assignee","value":"hebo"}]
07:14:34,003 [main] INFO  RunMultiUserTaskProcessDemo   - 办理并行多实例第2个任务
07:14:34,008 [main] INFO  RunMultiUserTaskProcessDemo   - 此时任务个数为: 4
07:14:34,008 [main] INFO  RunMultiUserTaskProcessDemo   - 当前任务taskId: 72, taskName: 投票, 办理人:
huhaiqin
07:14:34,012 [main] INFO  RunMultiUserTaskProcessDemo   - 到达并行多实例节点后, 执行实例数为: 7, 分别为:
[{"id":"5","processInstanceId":"5","scope":true},{"activityId":"thirdUserTask","id":"52","parentId":
"5","processInstanceId":"5","scope":false},{"activityId":"thirdUserTask","id":"56","parentId":"52",
"processInstanceId":"5","scope":false},{"activityId":"thirdUserTask","id":"57","parentId":"52",
"processInstanceId":"5","scope":false},{"activityId":"thirdUserTask","id":"58","parentId":"52",
"processInstanceId":"5","scope":false},{"activityId":"thirdUserTask","id":"59","parentId":"52",
"processInstanceId":"5","scope":false},{"activityId":"thirdUserTask","id":"60","parentId":"52",
"processInstanceId":"5","scope":false}]
```

```
07:14:34,034 [main] INFO  RunMultiUserTaskProcessDemo   - 当前流程变量为: [{"processInstanceId":"5",
"executionId":"52","name":"nrOfActiveInstances","value":4},{"processInstanceId":"5","executionId":
"56","name":"loopCounter","value":0},{"processInstanceId":"5","executionId":"59","name":"loopCounter",
"value":3},{"processInstanceId":"5","executionId":"5","name":"assigneeList","value":["litao",
"huhaiqin","wangjunlin","liuxiaopeng","hebo"]},{"processInstanceId":"5","executionId":"57","name":
"loopCounter","value":1},{"processInstanceId":"5","executionId":"60","name":"loopCounter","value":
4},{"processInstanceId":"5","executionId":"56","name":"assignee","value":"litao"},{"processInstanceId":
"5","executionId":"57","name":"assignee","value":"huhaiqin"},{"processInstanceId":"5","executionId":
"58","name":"assignee","value":"wangjunlin"},{"processInstanceId":"5","executionId":"58","name":
"loopCounter","value":2},{"processInstanceId":"5","executionId":"52","name":"nrOfInstances","value":
5},{"processInstanceId":"5","executionId":"59","name":"assignee","value":"liuxiaopeng"},
{"processInstanceId":"5","executionId":"52","name":"nrOfCompletedInstances","value":1},
{"processInstanceId":"5","executionId":"60","name":"assignee","value":"hebo"}]
07:14:34,066 [main] INFO  RunMultiUserTaskProcessDemo   - 办理并行多实例第3个任务
07:14:34,069 [main] INFO  RunMultiUserTaskProcessDemo   - 此时任务个数为: 3
07:14:34,069 [main] INFO  RunMultiUserTaskProcessDemo   - 当前任务taskId: 76, taskName: 投票, 办理人:
wangjunlin
07:14:34,090 [main] INFO  RunMultiUserTaskProcessDemo   - 到达并行多实例节点后,执行实例数为: 7, 分别为: [{
"id":"5","processInstanceId":"5","scope":true},{"activityId":"thirdUserTask","id":"52","parentId":"5",
"processInstanceId":"5","scope":false},{"activityId":"thirdUserTask","id":"56","parentId":"52",
"processInstanceId":"5","scope":false},{"activityId":"thirdUserTask","id":"57","parentId":"52",
"processInstanceId":"5","scope":false},{"activityId":"thirdUserTask","id":"58","parentId":"52",
"processInstanceId":"5","scope":false},{"activityId":"thirdUserTask","id":"59","parentId":"52",
"processInstanceId":"5","scope":false},{"activityId":"thirdUserTask","id":"60","parentId":"52",
"processInstanceId":"5","scope":false}]
07:14:34,111 [main] INFO  RunMultiUserTaskProcessDemo   - 当前流程变量为: [{"processInstanceId":"5",
"executionId":"52","name":"nrOfActiveInstances","value":3},{"processInstanceId":"5","executionId":
"56","name":"loopCounter","value":0},{"processInstanceId":"5","executionId":"59","name":"loopCounter",
"value":3},{"processInstanceId":"5","executionId":"5","name":"assigneeList","value":["litao",
"huhaiqin","wangjunlin","liuxiaopeng","hebo"]},{"processInstanceId":"5","executionId":"57","name":
"loopCounter","value":1},{"processInstanceId":"5","executionId":"60","name":"loopCounter","value":
4},{"processInstanceId":"5","executionId":"56","name":"assignee","value":"litao"},{"processInstanceId":
"5","executionId":"57","name":"assignee","value":"huhaiqin"},{"processInstanceId":"5","executionId":
"58","name":"assignee","value":"wangjunlin"},{"processInstanceId":"5","executionId":"58","name":
"loopCounter","value":2},{"processInstanceId":"5","executionId":"52","name":"nrOfInstances","value":
5},{"processInstanceId":"5","executionId":"59","name":"assignee","value":"liuxiaopeng"},
{"processInstanceId":"5","executionId":"52","name":"nrOfCompletedInstances","value":2},
{"processInstanceId":"5","executionId":"60","name":"assignee","value":"hebo"}]
07:14:34,225 [main] INFO  RunMultiUserTaskProcessDemo   - 当前流程变量为: [{"processInstanceId":"5",
"executionId":"5","name":"assigneeList","value":["litao","huhaiqin","wangjunlin","liuxiaopeng",
"hebo"]}]
07:14:34,228 [main] INFO  RunMultiUserTaskProcessDemo   - 即将完成最后一个节点的任务,当前任务taskId: 93,
taskName: 形成决议
07:14:34,267 [main] INFO  RunMultiUserTaskProcessDemo   - 流程结束后,执行实例数为: 0, 分别为: []
```

从代码运行结果中可知执行实例的变化过程如下。

- 主流程发起后,存在两个执行实例,二者互为父子关系,如表17.3所示。

表17.3　流程发起后的执行实例

id	parentId	processInstanceId	activityId	scope	描述
5	无	5	无	true	主流程实例
9	5	5	firstUserTask	false	执行实例

- 流程流转到串行多实例用户任务后,存在3个执行实例:1个主流程实例、1个多实例用户任务的执行实例、1个任务实例的执行实例,如表17.4所示。在串行多实例用户任务办理过程中,执行实例的数量一直没有变化。

表17.4　流程流转到串行多实例用户任务后的执行实例

id	parentId	processInstanceId	activityId	scope	描述
5	无	5	无	true	主流程实例
15	5	5	secondUserTask	false	多实例用户任务的执行实例
16	15	5	secondUserTask	false	多实例每个任务实例的执行实例

❑ 流程流转到并行多实例用户任务后，初始存在7个执行实例：1个主流程实例、1个多实例用户任务的执行实例、5个任务实例的执行实例，如表17.5所示。

表17.5 流程流转到并行多实例用户任务后的执行实例

id	parentId	processInstanceId	activityId	scope	描述
5	无	5	无	true	主流程实例
52	5	5	thirdUserTask	false	多实例用户任务的执行实例
56	52	5	thirdUserTask	false	多实例每个任务实例的执行实例
57	52	5	thirdUserTask	false	多实例每个任务实例的执行实例
58	52	5	thirdUserTask	false	多实例每个任务实例的执行实例
59	52	5	thirdUserTask	false	多实例每个任务实例的执行实例
60	52	5	thirdUserTask	false	多实例每个任务实例的执行实例

❑ 流程结束之后，执行实例数为0。

再看一下流程变量的变化过程。

❑ 流程发起后，初始化了流程变量assigneeList。

❑ 流程流转到串行多实例用户任务后，流程变量在assigneeList的基础上增加了nrOfInstances、nrOfCompletedInstances、nrOfActiveInstances、loopCounter和assignee等执行实例级别的变量。其中，nrOfInstances、nrOfCompletedInstances、nrOfActiveInstances分别代表总实例数、已完成实例数、未完成实例数，loopCounter用于存储当前任务在多实例循环中的索引值，assignee用于存储当前任务的办理人。在串行多实例任务的办理过程中，除了nrOfInstances和nrOfActiveInstances，其他执行实例级别的变量均会发生变化。多实例任务结束后，这几个执行变量会被删除。

❑ 流程流转到并行多实例用户任务后，流程变量在assigneeList的基础上增加了nrOfInstances、nrOfCompletedInstances、nrOfActiveInstances执行变量，以及每个任务实例所在执行上的loopCounter和assignee两个执行变量。在并行多实例任务办理过程中，除了nrOfInstances，其他执行变量均会发生变化。每办理完成一个任务，该任务所在执行实例上的loopCounter和assignee变量即被移除。

17.3 多实例服务任务应用

与用户任务需要人工参与不同，服务任务可以自动完成，不需要任何人工干涉。服务任务可以同时执行一些自己的逻辑代码，同样支持设置为多实例，可用于需要自动运行的多实例，如向多个用户发送信息、邮件等。下面看一个多实例服务任务的使用示例，其流程如图17.8所示。流程发起后进入用户任务节点，提交人员名单，然后进入并行多实例服务任务发送录用通知。

图17.8 多实例服务任务使用示例流程

图17.8所示流程对应的XML内容如下：

```xml
<process id="multiServiceTaskProcess" name="多实例服务任务使用示例流程">
    <startEvent id="startEvent1"/>
    <userTask id="userTask1" name="提交人员名单"/>
    <serviceTask id="serviceTask1" name="发送录用通知"
        flowable:class="com.bpm.example.demo2.delegate.SendOfferLetterDelegate">
        <extensionElements>
            <flowable:field name="userIdField" expression="${userId}"/>
        </extensionElements>
        <multiInstanceLoopCharacteristics isSequential="false"
            flowable:collection="${userIdList}" flowable:elementVariable="userId">
            <completionCondition>
                ${nrOfCompletedInstances == nrOfInstances}
```

```xml
            </completionCondition>
        </multiInstanceLoopCharacteristics>
    </serviceTask>
    <endEvent id="endEvent1"/>
    <sequenceFlow id="seqFlow1" sourceRef="startEvent1" targetRef="userTask1"/>
    <sequenceFlow id="seqFlow2" sourceRef="userTask1" targetRef="serviceTask1"/>
    <sequenceFlow id="seqFlow3" sourceRef="serviceTask1" targetRef="endEvent1"/>
</process>
```

在以上流程定义中，发送录用通知环节被设置为并行多实例服务任务，通过flowable:collection指定存储该多实例的集合的变量为userIdList。多实例在遍历userIdList集合时把单个值保存在flowable:elementVariable指定的名为userId的变量中。结束条件表达式配置为${nrOfCompletedInstances == nrOfInstances}，表明多实例所有服务任务完成后才能结束多实例。这里还在服务任务嵌入的extensionElements子元素中通过flowable:field子元素注入了name为userIdField的属性，并通过其expression属性指定了UEL表达式${userId}。

服务任务通过flowable:class指定其执行时调用的类为com.bpm.example.demo2.delegate.SendOfferLetterDelegate，其内容如下：

```java
@Slf4j
public class SendOfferLetterDelegate implements JavaDelegate {
    @Setter
    Expression userIdField;
    @Override
    public void execute(DelegateExecution execution) {
        //获取loopCounter、userId变量的值
        int loopCounter = (Integer) execution.getVariable("loopCounter");
        String userId = (String)execution.getVariable("userId");
        //获取属性注入的userIdField属性的值
        Object userIdFieldValue = userIdField.getValue(execution);
        log.info("第{}位录取人员{}的录用通知发送成功！", (loopCounter + 1), userId);
        log.info("通过属性注入的userIdField属性值为：{}", userIdFieldValue);
    }
}
```

加载该流程模型并执行相应流程控制的示例代码如下：

```java
@Slf4j
public class RunMultiServiceTaskProcessDemo extends FlowableEngineUtil {
    @Test
    public void runMultiServiceTaskProcessDemo() {
        //加载Flowable配置文件并初始化工作流引擎及服务
        initFlowableEngineAndServices("flowable.cfg.xml");
        //部署流程
        deployResource("processes/MultiServiceTaskProcess.bpmn20.xml");

        //启动流程
        ProcessInstance procInst = runtimeService
                .startProcessInstanceByKey("multiServiceTaskProcess");
        //查询第一个任务
        Task userTask1 = taskService.createTaskQuery()
                .processInstanceId(procInst.getId()).singleResult();
        log.info("即将完成第一个任务，当前任务名称：{}", userTask1.getName());
        //设置流程变量
        List<String> userIds = Lists.newArrayList("hebo", "liuxiaopeng", "huhaiqin");
        Map<String, Object> varMap = ImmutableMap.of("userIdList", userIds);
        //完成第一个任务
        taskService.complete(userTask1.getId(), varMap);
    }
}
```

以上代码先初始化工作流引擎并部署流程，发起流程并查询第一个用户任务，办理该任务时设置流程变量userIdList，然后流程流转到多实例服务任务节点，任务完成后结束。代码运行结果如下：

```
18:59:00,885 [main] INFO  RunMultiServiceTaskProcessDemo - 即将完成第一个任务，当前任务名称：提交人员名单
18:59:00,934 [main] INFO  SendOfferLetterDelegate - 第1位录取人员hebo的录用通知发送成功！
18:59:00,934 [main] INFO  SendOfferLetterDelegate - 通过属性注入的userIdField属性值为：hebo
18:59:00,949 [main] INFO  SendOfferLetterDelegate - 第2位录取人员liuxiaopeng的录用通知发送成功！
18:59:00,949 [main] INFO  SendOfferLetterDelegate - 通过属性注入的userIdField属性值为：liuxiaopeng
```

```
18:59:00,949 [main] INFO  SendOfferLetterDelegate - 第3位录取人员huhaiqin的录用通知发送成功！
18:59:00,949 [main] INFO  SendOfferLetterDelegate - 通过属性注入的userIdField属性值为：huhaiqin
```

17.4 多实例子流程应用

第15章介绍过子流程。子流程可以分解复杂流程，将其划分为多个不同的阶段，便于实现对流程的整体把握。子流程在实际需求场景中应用比较广泛，同样支持多实例。尽管可以将单个活动设置为多实例，但实际需求场景中经常要求对一组活动使用多实例。例如，多部门联合发文流程，公文起草之后需要多部门协作审批，只有各部门都审批完成后才能进入下一环节。多部门审批具有通用性，并且要求可以同时进行，因此可以采用多实例子流程来实现，如图17.9所示。

图17.9　多实例子流程使用示例流程

图17.9所示流程对应的XML内容如下：

```xml
<process id="multiSubprocessProcess" name="多实例子流程使用示例流程">
    <startEvent id="startEventOfMainProcess"/>
    <userTask id="firstUserTaskOfMainProcess" name="起草公文"/>
    <subProcess id="subProcess1" name="部门审批子流程">
        <multiInstanceLoopCharacteristics isSequential="false"
            flowable:collection="${assigneeList}" flowable:elementVariable="assignee"/>
        <startEvent id="startEventOfSubProcess"/>
        <userTask id="firstUserTaskOfSubProcess" name="经理审批"
            flowable:assignee="${assignee}"/>
        <userTask id="secondUserTaskOfSubProcess" name="秘书盖章"
            flowable:assignee="${nextUserId}"/>
        <endEvent id="endEventOfSubProcess"/>
        <sequenceFlow id="seqFlow5" sourceRef="startEventOfSubProcess"
            targetRef="firstUserTaskOfSubProcess"/>
        <sequenceFlow id="seqFlow6" sourceRef="firstUserTaskOfSubProcess"
            targetRef="secondUserTaskOfSubProcess"/>
        <sequenceFlow id="seqFlow7" sourceRef="secondUserTaskOfSubProcess"
            targetRef="endEventOfSubProcess"/>
    </subProcess>
    <userTask id="secondUserTaskOfMainProcess" name="公文下发"/>
    <endEvent id="endEventOfMainProcess"/>
    <sequenceFlow id="seqFlow1" sourceRef="startEventOfMainProcess"
        targetRef="firstUserTaskOfMainProcess"/>
    <sequenceFlow id="seqFlow2" sourceRef="firstUserTaskOfMainProcess"
        targetRef="subProcess1"/>
    <sequenceFlow id="seqFlow3" sourceRef="subProcess1"
        targetRef="secondUserTaskOfMainProcess"/>
    <sequenceFlow id="seqFlow4" sourceRef="secondUserTaskOfMainProcess"
        targetRef="endEventOfMainProcess"/>
</process>
```

以上流程定义中，加粗部分的代码为子流程加入了multiInstanceLoopCharacteristics子元素，表明它是一个多实例子流程，并通过其collection属性指定集合为表达式${assigneeList}，通过elementVariable属性指定存储集合元素的变量名为assignee。

加载该流程模型并执行相应流程控制的示例代码如下：

```java
@Slf4j
public class RunMultiSubprocessProcessDemo extends FlowableEngineUtil {
    SimplePropertyPreFilter executionFilter = new SimplePropertyPreFilter(Execution.class,
            "id", "parentId", "processInstanceId", "scope", "activityId");
```

```java
//初始化秘书信息
private Map<String, String> secretaryMap = ImmutableMap.of("hebo", "huhaiqin",
        "liuxiaopeng", "litao", "wangjunlin", "liushaoli");

@Test
public void runMultiSubprocessProcessDemo() {
    //加载Flowable配置文件并初始化工作流引擎及服务
    initFlowableEngineAndServices("flowable.cfg.xml");
    //部署流程
    deployResource("processes/MultiSubprocessProcess.bpmn20.xml");

    //发起流程
    ProcessInstance mainProcInst = runtimeService
            .startProcessInstanceByKey("multiSubprocessProcess");
    ExecutionQuery executionQuery = runtimeService.createExecutionQuery()
            .processInstanceId(mainProcInst.getId());
    //查询执行实例
    List<Execution> executionList1 = executionQuery.list();
    log.info("主流程发起后,执行实例数为: {},分别为: {}", executionList1.size(),
            JSON.toJSONString(executionList1, executionFilter));
    TaskQuery taskQuery = taskService.createTaskQuery()
            .processInstanceId(mainProcInst.getId());
    //查询主流程第一个任务
    Task firstTaskOfMainProcess = taskQuery.singleResult();
    log.info("主流程当前所在节点为: {}", firstTaskOfMainProcess.getName());
    //设置主流程的流程变量
    List<String> assigneeList = Arrays.asList("wangjunlin", "liuxiaopeng", "hebo");
    Map<String, Object> varMap1 = ImmutableMap.of("assigneeList", assigneeList);
    //完成主流程第一个任务,启动子流程
    taskService.complete(firstTaskOfMainProcess.getId(), varMap1);
    //查询执行实例
    List<Execution> executionList2 = executionQuery.list();
    log.info("子流程发起后,执行实例数为: {},分别为: {}", executionList2.size(),
            JSON.toJSONString(executionList2, executionFilter));

    //查询子流程第一个节点的任务,并依次完成
    List<Task> firstTasksOfSubProcess = taskQuery.list();
    for (Task firstTaskOfSubProcess : firstTasksOfSubProcess) {
        log.info("子流程当前所在节点为: {}, taskId: {}, 办理人: {}",
                firstTaskOfSubProcess.getName(), firstTaskOfSubProcess.getId(),
                firstTaskOfSubProcess.getAssignee());
        Map<String, Object> varMap2 = ImmutableMap.of("nextUserId",
                secretaryMap.get(firstTaskOfSubProcess.getAssignee()));
        taskService.complete(firstTaskOfSubProcess.getId(), varMap2);
    }

    //查询子流程第二个节点的任务,并依次完成
    List<Task> secondTasksOfSubProcess = taskQuery.list();
    for (Task secondTaskOfSubProcess : secondTasksOfSubProcess) {
        log.info("子流程当前所在节点为: {}, taskId: {}, 办理人: {}",
                secondTaskOfSubProcess.getName(), secondTaskOfSubProcess.getId(),
                secondTaskOfSubProcess.getAssignee());
        taskService.complete(secondTaskOfSubProcess.getId());
    }

    //查询执行实例
    List<Execution> executionList3 = executionQuery.list();
    log.info("子流程结束后,执行实例数为: {},执行实例信息为: {}", executionList3.size(),
            JSON.toJSONString(executionList3, executionFilter));

    //查询主流程第二个任务
    Task secondTaskOfMainProcess = taskQuery.singleResult();
    log.info("主流程所在当前节点为: " + secondTaskOfMainProcess.getName());
    taskService.complete(secondTaskOfMainProcess.getId());

    //查询执行实例
    List<Execution> executionList4 = executionQuery.list();
    log.info("主流程结束后,执行实例数为: {},执行实例信息为: {}", executionList4.size(),
```

```
            JSON.toJSONString(executionList4, executionFilter));
    }
}
```

以上代码先初始化工作流引擎并部署流程，发起流程后查询并办理第一个用户任务，这时流程流转到多实例子流程节点。接下来，查询多实例子流程中的第一个用户任务环节的task，依次设置nextUserId变量并完成该任务，在这个过程中子流程第二个环节的task会依次创建，nextUserId变量设置其办理人。随后，查询多实例子流程中的第二个用户任务环节的task，进行遍历并依次完成，当所有的任务均完成之后，多实例子流程结束，重新回到主流程。最后，查询主流程的第二个用户任务，办理完成后流程结束。在这个过程中，在不同阶段输出了相应的执行实例信息。代码运行结果如下：

```
07:26:04,783 [main] INFO   RunMultiSubprocessProcessDemo  - 主流程发起后，执行实例数为：2，分别为：[{"id":
"5","processInstanceId":"5","scope":true},{"activityId":"firstUserTaskOfMainProcess","id":"6",
"parentId":"5","processInstanceId":"5","scope":false}]
07:26:04,799 [main] INFO   RunMultiSubprocessProcessDemo  - 主流程当前所在节点为：起草公文
07:26:04,930 [main] INFO   RunMultiSubprocessProcessDemo  - 子流程发起后，执行实例数为：8，分别为：
[{"activityId":"subProcess1","id":"16","parentId":"5","processInstanceId":"5","scope":false},
{"activityId":"subProcess1","id":"20","parentId":"16","processInstanceId":"5","scope":true},
{"activityId":"subProcess1","id":"21","parentId":"16","processInstanceId":"5","scope":true},
{"activityId":"subProcess1","id":"22","parentId":"16","processInstanceId":"5","scope":true},
{"activityId":"firstUserTaskOfSubProcess","id":"28","parentId":"20","processInstanceId":"5","scope":
false},{"activityId":"firstUserTaskOfSubProcess","id":"31","parentId":"21","processInstanceId":"5",
"scope":false},{"activityId":"firstUserTaskOfSubProcess","id":"34","parentId":"22","processInstanceId":
"5","scope":false},{"id":"5","processInstanceId":"5","scope":true}]
07:26:04,933 [main] INFO   RunMultiSubprocessProcessDemo  - 子流程当前所在节点为：经理审批，taskId: 42，办
理人：wangjunlin
07:26:04,964 [main] INFO   RunMultiSubprocessProcessDemo  - 子流程当前所在节点为：经理审批，taskId: 46，办
理人：liuxiaopeng
07:26:04,997 [main] INFO   RunMultiSubprocessProcessDemo  - 子流程当前所在节点为：经理审批，taskId: 50，办
理人：hebo
07:26:05,032 [main] INFO   RunMultiSubprocessProcessDemo  - 子流程当前所在节点为：秘书盖章，taskId: 56，办
理人：liushaoli
07:26:05,089 [main] INFO   RunMultiSubprocessProcessDemo  - 子流程当前所在节点为：秘书盖章，taskId: 61，办
理人：litao
07:26:05,120 [main] INFO   RunMultiSubprocessProcessDemo  - 子流程当前所在节点为：秘书盖章，taskId: 66，办
理人：huhaiqin
07:26:05,171 [main] INFO   RunMultiSubprocessProcessDemo  - 子流程结束后，执行实例数为：2，执行实例信息为：
[{"id":"5","processInstanceId":"5","scope":true},{"activityId":"secondUserTaskOfMainProcess","id":"
79","parentId":"5","processInstanceId":"5","scope":false}]
07:26:05,173 [main] INFO   RunMultiSubprocessProcessDemo  - 主流程所在当前节点为：公文下发
07:26:05,207 [main] INFO   RunMultiSubprocessProcessDemo  - 主流程结束后，执行实例数为：0，执行实例信息为：[]
```

从代码运行结果可知，执行实例的变化过程如下。
- 主流程发起后，存在两个执行实例，二者互为父子关系，如表17.6所示。

表17.6 主流程发起后的执行实例

id	parentId	processInstanceId	activityId	scope	描述
5	无	5	无	true	主流程实例
6	5	5	firstUserTaskOfMainProcess	false	主流程的执行实例

- 流程流转到并行多实例子流程后，存在8个执行实例：1个主流程实例、1个多实例子流程的执行实例、3个实例的执行实例、3个子流程中的执行实例，如表17.7所示。

表17.7 流程流转到并行多实例子流程后的执行实例

id	parentId	processInstanceId	activityId	scope	描述
5	无	5	无	true	主流程实例
16	5	5	subProcess1	false	多实例子流程的执行实例
20	16	5	subProcess1	true	多实例每个实例的执行实例
21	16	5	subProcess1	true	多实例每个实例的执行实例
22	16	5	subProcess1	true	多实例每个实例的执行实例

续表

id	parentId	processInstanceId	activityId	scope	描述
28	20	5	firstUserTaskOfSubProcess	false	子流程的执行实例
31	21	5	firstUserTaskOfSubProcess	false	子流程的执行实例
34	22	5	firstUserTaskOfSubProcess	false	子流程的执行实例

- 流程结束之后，执行实例数为0。

17.5 本章小结

本章主要介绍了Flowable支持的多实例，详细讲解了多实例的概念和配置，并结合具体案例介绍了用户任务、服务任务、子流程这3种不同的多实例应用。由于篇幅有限，本章并没有介绍其他BPMN节点的多实例应用，读者可基于本章的理论介绍和3种多实例应用的讲解自行探索。

高级实战篇

第18章 Flowable核心架构解析

使用Flowable进行开发之前，先来了解一下Flowable核心架构。掌握Flowable核心架构组成，有助于理解引擎结构、功能模块，以及各模块之间的相互关系。本章将着重对Flowable的架构设计、设计模式进行分析和梳理，同时对流程部署、流程启动、节点流转、网关控制等核心代码进行解读，以帮助读者快速掌握Flowable核心架构。

18.1 Flowable工作流引擎架构概述

Flowable工作流引擎架构大致分为6层，如图18.1所示。从上到下依次为工作流引擎层、部署层、业务接口层、命令拦截层、命令层和行为层。

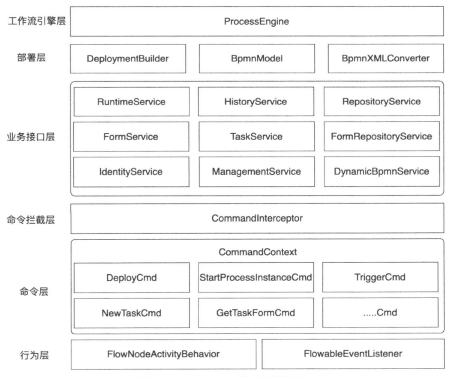

图18.1　Flowable工作流引擎架构

- 工作流引擎层：主要指ProcessEngine接口，这是Flowable所有接口的总入口。
- 部署层：包括DeploymentBuilder和BpmnModel等与流程部署相关的类。理论上，部署层并不属于Flowable引擎架构的分层体系。将其单独拿出来作为一层，只是为了突出其重要性。流程运转基于流程定义，而流程定义解析就是流程部署的开始。从流程模型转换为流程定义、将其解析为简单Java对象（Plain Ordinary Java Object，POJO），都是基于部署层实现的。
- 业务接口层：面向业务提供各种服务接口，如RuntimeService、TaskService等。
- 命令拦截层：采用责任链模式，通过拦截器为命令的执行创造条件，如开启事务、创建CommandContext

上下文、记录日志等。
- 命令层：Flowable的业务处理层。Flowable的整体编码模式采用的是命令模式，将业务逻辑封装为一个个Command接口实现类。这样，新增一个业务功能时只需新增一个Command实现。
- 行为层：包括各种FlowNodeActivityBehavior和FlowableEventListener，这些类负责执行和监听Flowable流程具体的流转动作。

18.2 Flowable设计模式

Flowable源码主要应用了命令模式、责任链模式和命令链模式，要更好地理解Flowable源码及其设计理念，有必要深入理解这3种设计模式。

18.2.1 Flowable命令模式

GoF设计模式是目前最为经典的设计模式之一，其名称源自Elich Gamma、Richard Helm、Ralph Johnson和John Vlissides共同编写的图书 *Design Patterns: Elements of Reusable Object-Oriented Software*（《设计模式：可复用面向对象软件的基础》）。这4位作者常被称为Gang of Four（四人组），简称GoF。

在GoF设计模式中，命令模式属于行为型模式。可以将一个请求或者操作（包含接收者信息）封装到命令对象中，然后将该命令对象交由执行者执行，执行者无须关心命令的接收者或者命令的具体内容，因为这些信息均已被封装到命令对象中。命令模式中涉及的角色及其作用分别介绍如下。

- Command（抽象命令类）：抽象命令对象，可以根据不同的命令类型写出不同的实现类。
- ConcreteCommand（具体命令类）：抽象命令对象的具体实现。
- Invoker（调用者）：请求的发送者，通过命令对象来执行请求。一个调用者并不需要在设计时确定其接收者，因此它只与抽象命令之间存在关联。程序运行时，会调用命令对象的execute()方法，间接调用接收者的相关操作。
- Receiver（接收者）：接收者执行与请求相关的操作，是真正执行命令的对象，实现对请求的业务处理。
- Client（客户端）：在客户类中需要创建调用者对象、具体命令类对象，创建具体命令对象时需要指定对应的接收者。发送者和接收者之间不存在关联关系，均通过命令对象来调用。

Flowable命令模式UML结构图如图18.2所示。

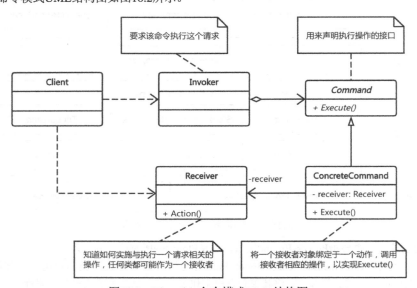

图18.2　Flowable命令模式UML结构图

了解了GoF命令模式，可知Flowable中每一个数据库的增、删、改、查操作，均为将一个命令的实现交给Flowable的命令执行者执行。Flowable使用一个CommandContext类作为命令接收者，该类维护一系列Manager对象，这些Manager对象类似J2EE中的数据访问对象（Data Access Object，DAO）。

在Flowable中构建的命令模式的类主要包括以下5个部分。
- Command：抽象命令接口。该接口定义了一个execute()抽象方法，调用该方法时，需要传入参数CommandContext。
- CommandContext：命令上下文。CommandContext实例从Context获取，以栈的形式存储在使用本地线程的变量中（ThreadLocal<Stack<CommandContext>>）。
- CommandExecutor：命令执行者。该接口提供了两种方法执行命令，可以同时传入命令配置参数CommandConfig和Command，也可以只传入Command。
- ServiceImpl：Flowable的服务类，如TaskServiceImpl等，这些类均继承自ServiceImpl类。该类持有CommandExecutor对象，在该服务实现中，构造各个Command的实现类传递给CommandExecutor执行。这个类是命令的发送者，对应标准命令模式定义中的Client。
- CommandInterceptor：命令拦截器，有多个实现类，它被CommandExecutor实现类调用。命令拦截器链的最后一个是CommandInvoker，该拦截器是最终的命令执行者，同时也是串接命令模式和责任链模式的衔接点。

18.2.2　Flowable责任链模式

Flowable使用了一系列命令拦截器（CommandInterceptor），这些命令拦截器拦截每一个执行的命令，将一些通用功能从命令中分离处理，如记录日志、开启事务等。那么这些命令拦截器是如何工作的呢？让我们先来了解一下责任链模式。

与命令模式一样，责任链模式也是GoF设计模式之一，同样也是行为型模式。该设计模式让多个对象都有机会处理请求，从而避免了请求发送者与请求接收者耦合的情况发生。这些请求接收者将组成一条链，并沿着这条链传递请求，直到有一个对象处理请求为止。责任链模式有以下参与者。
- Handler（请求处理者接口）：定义一个处理请求的接口，包含抽象处理方法和一个后继链。
- ConcreteHandler（请求处理者实现）：请求处理接口的实现，它可以判断是否能够处理本次请求，如果可以处理请求就进行处理，否则就将该请求转发给它的后继者。
- Client（客户端）：组装责任链，并向链头的具体对象提交请求。它不关心处理细节和请求的传递过程。

Flowable责任链模式UML结构图如图18.3所示。

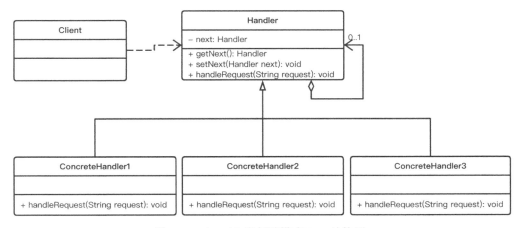

图18.3　Flowable责任链模式UML结构图

Flowable责任链模式下的类主要有以下3种。
- CommandInterceptor：命令拦截器接口。它是采用命令模式实现的拦截器，作为责任链的"链节点"的定义，可以执行命令，也可以获取和设置下一个"链节点"。
- ProcessEngineConfigurationImpl：维护整条责任链的类，在该工作流引擎抽象实现类中，实现了对整条责任链的维护。
- CommandInvoker：CommandInterceptor责任链"链节点"实现类之一，负责责任链末尾节点的命令执行。

18.2.3 Flowable命令链模式

了解了Flowable命令模式和责任链模式后,可以发现Flowable命令链模式实质上就是命令模式和责任链模式结合的产物。Flowable命令链模式UML结构图如图18.4所示。

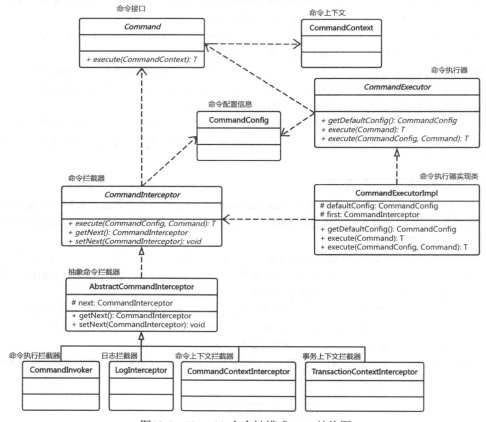

图18.4 Flowable命令链模式UML结构图

接下来详细讲解Flowable是如何使用责任链串联一系列命令拦截器的。

Flowable在引擎初始化时,会调用AbstractEngineConfiguration中的initCommandExecutor()方法初始化命令拦截器链:

```
public void initCommandExecutor() {
    if (commandExecutor == null) {
        CommandInterceptor first = initInterceptorChain(commandInterceptors);
        commandExecutor = new CommandExecutorImpl(getDefaultCommandConfig(), first);
    }
}

//初始化拦截器链
public CommandInterceptor initInterceptorChain(List<CommandInterceptor> chain) {
    if (chain != null && !chain.isEmpty()) {
        for(int i = 0; i < chain.size() - 1; ++i) {
            ((CommandInterceptor)chain.get(i)).setNext(
                (CommandInterceptor)chain.get(i + 1));
        }
        return (CommandInterceptor)chain.get(0);
    } else {
        throw new FlowableException("invalid command interceptor chain configuration: " + chain);
    }
}
```

在initCommandExecutor()方法中,先判断commandExecutor是否为null,只有当该对象为空时,才实例化命令执行器。

Flowable实例化命令执行器时，将一系列命令拦截器作为参数，传递给initInterceptorChain()方法，组成了命令拦截器责任链，并返回责任链的开始节点，该操作是为了方便后续程序依次执行命令拦截器。

Flowable根据命令配置对象defaultCommandConfig，以及命令拦截器责任链中开始节点实例化CommandExecutorImpl类，该类负责全局统筹命令拦截器的调用工作。

18.3 核心代码走读

要想深入了解Flowable的底层代码逻辑，最有效的方式就是上手实践一个流程实例的运行全过程。本节以图18.5所示的简单审批流程为例，深入讲解从流程部署，到流程发起、运行、结束等各个环节的核心代码，进而掌握Flowable的核心代码逻辑。

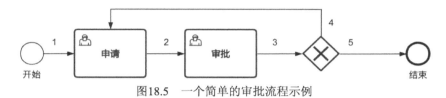

图18.5　一个简单的审批流程示例

18.3.1 流程模型部署

流程模型部署是Flowable中非常重要的一步操作，用于将绘制好的流程模型转化为流程定义。Flowable后续的流程运转均基于流程定义进行。通过流程设计器编辑好的流程模型一般以JSON格式存储在ACT_DE_MODEL表的model_editor_json字段中。而流程定义是后缀为.bpmn20.xml或者.bpmn.xml的XML文件，保存在ACT_GE_BYTEARRAY表中。

流程模型部署过程可以划分为以下3个步骤。

第一步，获取ACT_DE_MODEL表中的流程模型数据，将其转换为BpmnModel对象。由于不同流程设计器的保存格式不一样，这部分逻辑主要由用户自己实现。

第二步，调用Flowable提供的BpmnXMLConverter类。该类支持BpmnModel对象和符合BPMN 2.0规范的XML互相转换。这个过程将在18.3.2小节详述，此处不做过多解释。

第三步，使用Flowable提供的RepositoryService接口，执行流程模型部署操作。代码片段如下：

```
//创建部署构造器
DeploymentBuilder deploymentBuilder = repositoryService.createDeployment();
//定义部署对象的name、key等属性
deploymentBuilder.name(processModel.getName()).key(processModel.getKey())
        .tenantId(tenantFlag);
//设置XML输入流
deploymentBuilder.addInputStream(processModel.getKey().replaceAll(" ", "") + ".bpmn",
        new ByteArrayInputStream(modelXML));
//设置表单、决策表等，代码略
//执行流程模型部署操作
Deployment deployment = deploymentBuilder.deploy();
```

以上代码中，先通过RepositoryService的createDeployment()方法创建DeploymentBuilder实例对象。添加相应属性后，调用DeploymentBuilder的deploy()方法执行流程模型部署操作。

接下来重点介绍DeploymentBuilder的deploy()方法执行流程模型部署操作的具体过程。DeploymentBuilder接口的默认实现类是DeploymentBuilderImpl，DeploymentBuilderImpl通过调用RepositoryService来执行部署操作，RepositoryService将DeploymentBuilderImpl对象传递给DeployCmd，因此，最终的部署操作由DeployCmd执行。流程模型部署时序图如图18.6所示。

DeployCmd是Command接口的实现类，必须要实现execute()方法。在execute()方法中，它先对工作流引擎版本进行判断，可以向后兼容Flowable v5的流程模型部署，并实现Flowable v6的流程模型部署。

我们针对Flowable v6部署展开executeDeploy()方法源码。如果开启了重复过滤功能，那么获取上次部署的最新版本的流程定义数据直接返回；如果是新建的流程定义，则会创建新的部署对象，调用DeploymentManager

进行部署（这里省略了部分代码）：

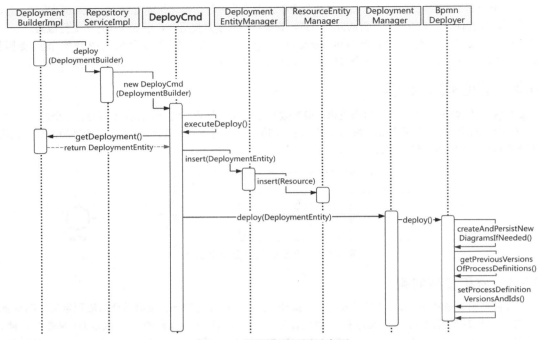

图18.6　流程模型部署时序图

```
protected Deployment executeDeploy(CommandContext commandContext) {
    DeploymentEntity deployment = deploymentBuilder.getDeployment();
    ProcessEngineConfigurationImpl processEngineConfiguration =
            CommandContextUtil.getProcessEngineConfiguration(commandContext);
    deployment.setDeploymentTime(processEngineConfiguration.getClock()
            .getCurrentTime());
    //如果DeploymentBuilder开启了重复过滤功能，则获取上次部署的最新版本流程定义
    //如果存在，且内容完全一致，则直接返回
    if (deploymentBuilder.isDuplicateFilterEnabled()) {
        ...
        return existingDeployment;
    }

    //设置当前部署对象为新部署对象
    deployment.setNew(true);

    //将DeploymentEntity对象添加到数据库
    processEngineConfiguration.getDeploymentEntityManager().insert(deployment);

    //部署设置
    Map<String, Object> deploymentSettings = new HashMap<>();
    deploymentSettings.put(DeploymentSettings.IS_BPMN20_XSD_VALIDATION_ENABLED,
            deploymentBuilder.isBpmn20XsdValidationEnabled());
    deploymentSettings.put(DeploymentSettings.IS_PROCESS_VALIDATION_ENABLED,
            deploymentBuilder.isProcessValidationEnabled());

    //调用DeploymentManager开始部署
    processEngineConfiguration.getDeploymentManager().deploy(deployment,
            deploymentSettings);

    return deployment;
}
```

下面展开DeploymentManager源码，查看执行deploy()方法时它具体执行了哪些操作。DeploymentManager负责调用各个Deployer，对流程模型、表单模型等进行部署。

```java
public void deploy(DeploymentEntity deployment, Map<String, Object> deploymentSettings){
    for (Deployer deployer : deployers) {
        deployer.deploy(deployment, deploymentSettings);
    }
}
```

Deployer的实现类包括BpmnDeployer、FormDeployer、RulesDeployer、DmnDeployer等,其中BpmnDeployer负责流程模型部署。接下来看看BpmnDeployer是如何执行流程模型部署的。

首先,BpmnDeployer将部署对象deployment按照deploymentSettings设置解析为ParsedDeployment对象,该对象用于描述与流程定义相关联的部署信息、BPMN资源和模型数据等。接下来,补充流程定义对象的相关信息并持久化到ACT_RE_PROCDEF表中。最后,更新缓存中的流程定义相关数据,以提升后续使用该流程定义数据时获取的性能。BpmnDeployer的deploy()方法的代码片段如下:

```java
public void deploy(DeploymentEntity deployment, Map<String, Object> deploymentSettings) {

    //ParsedDeployment用于描述与流程定义相关联的部署信息、BPMN资源和模型等
    ParsedDeployment parsedDeployment = parsedDeploymentBuilderFactory
            .getBuilderForDeploymentAndSettings(deployment, deploymentSettings).build();

    //校验是否有重复的流程定义key
    bpmnDeploymentHelper.verifyProcessDefinitionsDoNotShareKeys(
            parsedDeployment.getAllProcessDefinitions());
    //将Deployment对象中的部分数据赋给流程定义
    bpmnDeploymentHelper.copyDeploymentValuesToProcessDefinitions(
            parsedDeployment.getDeployment(),
            parsedDeployment.getAllProcessDefinitions());
    //设置流程定义中的资源名称
    bpmnDeploymentHelper.setResourceNamesOnProcessDefinitions(parsedDeployment);
    //创建新的流程图
    createAndPersistNewDiagramsIfNeeded(parsedDeployment);
    //设置流程定义的DiagramResourceName属性值
    setProcessDefinitionDiagramNames(parsedDeployment);

    if (deployment.isNew()) {
        //非衍生部署,即不是在动态修改流程定义时产生的部署
        if (!deploymentSettings.containsKey(DeploymentSettings.IS_DERIVED_DEPLOYMENT)) {
            Map<ProcessDefinitionEntity, ProcessDefinitionEntity>
            mapOfNewProcessDefinitionToPreviousVersion =
                    getPreviousVersionsOfProcessDefinitions(parsedDeployment);
            //设置流程定义的版本号和ID
            setProcessDefinitionVersionsAndIds(parsedDeployment,
                    mapOfNewProcessDefinitionToPreviousVersion);
            //持久化流程定义到数据库并且添加有关联的用户信息
            persistProcessDefinitionsAndAuthorizations(parsedDeployment);
            //更新TimerJob和EventSubscription
            updateTimersAndEvents(parsedDeployment,
                    mapOfNewProcessDefinitionToPreviousVersion);
        } else {
            Map<ProcessDefinitionEntity, ProcessDefinitionEntity>
            mapOfNewProcessDefinitionToPreviousDerivedVersion =
                    getPreviousDerivedFromVersionsOfProcessDefinitions(parsedDeployment);
            //设置动态部署流程定义的版本号和ID
            setDerivedProcessDefinitionVersionsAndIds(parsedDeployment,
                    mapOfNewProcessDefinitionToPreviousDerivedVersion, deploymentSettings);
            persistProcessDefinitionsAndAuthorizations(parsedDeployment);
        }
    } else {
        //非新建部署对象保持之前保存的版本号
        makeProcessDefinitionsConsistentWithPersistedVersions(parsedDeployment);
    }

    //将流程定义数据保存到缓存中
    cachingAndArtifactsManager.updateCachingAndArtifacts(parsedDeployment);
    ...
}
```

18.3.2 流程定义解析

流程模型部署后，流程定义作为扩展名为.bpmn20.xml或者.bpmn.xml的XML文件，保存在ACT_GE_BYTEARRAY资源表中。流程执行过程十分依赖流程定义信息，因此需要解析流程定义，将之转换为工作流引擎易于使用的对象，使得工作流引擎可以在创建、流转流程的过程中，方便地按照流程定义进行正确的处理。

Flowable解析流程定义其实也是在流程部署过程中进行的。在18.3.1小节中，BpmnDeployer类的deploy()方法执行流程定义解析的代码如下：

```
ParsedDeployment parsedDeployment = parsedDeploymentBuilderFactory
        .getBuilderForDeploymentAndSettings(deployment, deploymentSettings).build();
```

上述代码段调用了ParsedDeploymentBuilder类的build()方法，该build()方法执行以下操作（此处省略了部分代码）：

```java
//构建ParsedDeployment
public ParsedDeployment build() {
    ...
    for (ResourceEntity resource : deployment.getResources().values()) {
        if (isBpmnResource(resource.getName())) {
            //创建BpmnParse
            BpmnParse parse = createBpmnParseFromResource(resource);
            ...
        }
    }

    return new ParsedDeployment(deploymentEntity, processDefinitions,
            processDefinitionsToBpmnParseMap, processDefinitionsToResourceMap);
}

//创建BpmnParse
protected BpmnParse createBpmnParseFromResource(ResourceEntity resource) {
    String resourceName = resource.getName();
    //读取XML字节输入流(对应ACT_GE_BYTEARRAY资源表Byte字段中的bpmn.xml)
    ByteArrayInputStream inputStream = new ByteArrayInputStream(resource.getBytes());

    BpmnParse bpmnParse = bpmnParser.createParse()
            .sourceInputStream(inputStream)
            .setSourceSystemId(resourceName)
            .deployment(deployment)
            .name(resourceName);
    ...
    //执行流程定义解析
    bpmnParse.execute();
    return bpmnParse;
}
```

上述代码段在build()方法中调用了createBpmnParseFromResource()方法创建了一个BpmnParse对象。createBpmnParseFromResource()方法先读取XML字节流，然后创建一个BpmnParse对象，最后调用BpmnParse对象的execute()方法解析XML字节输入流。

我们再看一下BpmnParse对象的execute()方法是如何进行流程定义解析的，其源码如下（此处省略了部分代码）：

```java
public BpmnParse execute() {
    try {
        ProcessEngineConfigurationImpl processEngineConfiguration =
                CommandContextUtil.getProcessEngineConfiguration();
        BpmnXMLConverter converter = new BpmnXMLConverter();
        boolean enableSafeBpmnXml = false;
        String encoding = null;
        if (processEngineConfiguration != null) {
            enableSafeBpmnXml = processEngineConfiguration.isEnableSafeBpmnXml();
            encoding = processEngineConfiguration.getXmlEncoding();
        }
```

```
        if (encoding != null) {
            bpmnModel = converter.convertToBpmnModel(streamSource, validateSchema,
                enableSafeBpmnXml, encoding);
        } else {
            bpmnModel = converter.convertToBpmnModel(streamSource, validateSchema,
                enableSafeBpmnXml);
        }
        ...
        //调用各个节点对应BpmnParseHandler的parse()方法，设置元素对应的Behavior等逻辑
        applyParseHandlers();
        ...

    } catch (Exception e) {
        if (e instanceof FlowableException) {
            ...
        }
    }
    return this;
}
```

在以上代码中，BpmnParse先创建一个BpmnXMLConverter实例，然后调用BpmnXMLConverter类的convertToBpmnModel()方法，将XML格式的流程定义转换为bpmnModel对象。这个转换好的bpmnModel对象存储在BpmnParse对象属性中，BpmnParse对象又存储在ParsedDeployment对象的Map<ProcessDefinitionEntity, BpmnParse> mapProcessDefinitionsToParses属性中，ParsedDeployment对象的相关属性最后转换为ProcessDefinitionCacheEntry对象存入缓存。在后续流程实例中创建和流转过程时，只需直接从缓存中获取流程定义对应的bpmnModel对象。

第1章中介绍了流程模型组件。那么，BpmnXMLConverter类在进行流程定义转换时，如何处理不同类型组件的转换呢？

我们看一下BpmnXMLConverter类将包含不同流程组件的流程定义转换为BpmnModel对象的过程。

展开BpmnXMLConverter类源码，可以发现其convertToBpmnModel()方法执行了以下操作。

首先，通过XMLInputFactory创建一个XMLStreamReader，读取XML格式输入流（此处省略了部分代码）：

```
public BpmnModel convertToBpmnModel(InputStreamProvider inputStreamProvider,
        boolean validateSchema, boolean enableSafeBpmnXml, String encoding) {
    XMLInputFactory xif = XMLInputFactory.newInstance();
    ...//设置XMLInputFactory的属性
    ...//校验模板
    try {InputStreamReader in =
            new InputStreamReader(inputStreamProvider.getInputStream(), encoding);
        //XML conversion
        return convertToBpmnModel(xif.createXMLStreamReader(in));
    } catch (UnsupportedEncodingException e) {
        ...
    }
}
```

接下来，调用BpmnXMLConverter类的另一个方法convertToBpmnModel()对XMLStreamReader进行转换（此处省略了部分代码）：

```
public BpmnModel convertToBpmnModel(XMLStreamReader xtr) {
    BpmnModel model = new BpmnModel();
    model.setStartEventFormTypes(startEventFormTypes);
    model.setUserTaskFormTypes(userTaskFormTypes);
    try {
        Process activeProcess = null;
        List<SubProcess> activeSubProcessList = new ArrayList<SubProcess>();
        while (xtr.hasNext()) {
            try {
                xtr.next();
            } catch (Exception e) {
                LOGGER.debug("Error reading XML document", e);
                throw new XMLException("Error reading XML", e);
            }
            ...
            //解析definitions标签
            if (ELEMENT_DEFINITIONS.equals(xtr.getLocalName())) {
```

```
                    definitionsParser.parse(xtr, model);
                ...
                //解析process标签
                }else if (ELEMENT_PROCESS.equals(xtr.getLocalName())) {
                    Process process = processParser.parse(xtr, model);
                    if (process != null) {
                        activeProcess = process;
                        process.setAttributes(activeProcess.getAttributes());
                        process.setDocumentation(activeProcess.getDocumentation());
                        process.setExtensionElements(activeProcess.getExtensionElements());
                    }
                ...
                }else {
                    if (!activeSubProcessList.isEmpty() &&
                            ELEMENT_MULTIINSTANCE.equalsIgnoreCase(xtr.getLocalName())) {
                        multiInstanceParser.parseChildElement(xtr, activeSubProcessList
                                .get(activeSubProcessList.size() - 1), model);
                    } else if (convertersToBpmnMap.containsKey(xtr.getLocalName())) {
                        if (activeProcess != null) {
                            BaseBpmnXMLConverter converter =
                                    convertersToBpmnMap.get(xtr.getLocalName());
                            //调用其他converter进行解析
                            converter.convertToBpmnModel(xtr, model, activeProcess,
                                    activeSubProcessList);
                        }
                    }
                }
            }
        ...
    } catch (Exception e) {
        LOGGER.error("Error processing BPMN document", e);
        throw new XMLException("Error processing BPMN document", e);
    }
    return model;
}
```

上述代码段解析了definitions、process等节点，但是并没有对UserTask、ExclusiveGateway、SequenceFlow等流程元素进行解析，那么BpmnXMLConverter类如何解析这些流程元素呢？答案是由上述代码段中加粗的部分解析。BpmnXMLConverter类从convertersToBpmnMap对象中获取其他converter来解析这些节点。

convertersToBpmnMap是在BpmnXMLConverter类首次加载时被赋值的，源码如下：

```
static {
    //添加开始事件和结束事件的解析器
    addConverter(new EndEventXMLConverter());
    addConverter(new StartEventXMLConverter());

    //添加各种任务的解析器
    addConverter(new BusinessRuleTaskXMLConverter());
    addConverter(new ManualTaskXMLConverter());
    addConverter(new ReceiveTaskXMLConverter());
    addConverter(new ScriptTaskXMLConverter());
    addConverter(new ServiceTaskXMLConverter());
    addConverter(new HttpServiceTaskXMLConverter());
    addConverter(new CaseServiceTaskXMLConverter());
    addConverter(new SendEventServiceTaskXMLConverter());
    addConverter(new ExternalWorkerServiceTaskXMLConverter());
    addConverter(new SendTaskXMLConverter());
    addConverter(new UserTaskXMLConverter());
    addConverter(new TaskXMLConverter());
    addConverter(new CallActivityXMLConverter());

    //添加各种网关的解析器
    addConverter(new EventGatewayXMLConverter());
    addConverter(new ExclusiveGatewayXMLConverter());
    addConverter(new InclusiveGatewayXMLConverter());
    addConverter(new ParallelGatewayXMLConverter());
    addConverter(new ComplexGatewayXMLConverter());
```

```
//添加顺序流的解析器
addConverter(new SequenceFlowXMLConverter());

//添加捕获事件、抛出事件和边界事件的解析器
addConverter(new CatchEventXMLConverter());
addConverter(new ThrowEventXMLConverter());
addConverter(new BoundaryEventXMLConverter());

//添加注释和关联的解析器
addConverter(new TextAnnotationXMLConverter());
addConverter(new AssociationXMLConverter());

//添加数据存储引用的解析器
addConverter(new DataStoreReferenceXMLConverter());

//添加值对象的解析器
addConverter(new ValuedDataObjectXMLConverter(), StringDataObject.class);
addConverter(new ValuedDataObjectXMLConverter(), BooleanDataObject.class);
addConverter(new ValuedDataObjectXMLConverter(), IntegerDataObject.class);
addConverter(new ValuedDataObjectXMLConverter(), LongDataObject.class);
addConverter(new ValuedDataObjectXMLConverter(), DoubleDataObject.class);
addConverter(new ValuedDataObjectXMLConverter(), DateDataObject.class);
addConverter(new ValuedDataObjectXMLConverter(), JsonDataObject.class);

//外部定义的类型
addConverter(new AlfrescoStartEventXMLConverter());
addConverter(new AlfrescoUserTaskXMLConverter());
}
```

从以上代码段可以看到,不同的事件、任务、网关、顺序流等元素都有各自特定的解析器,这些解析器初始化后都被存储到convertersToBpmnMap对象中。BpmnXMLConverter解析XML时,会根据节点的名称在convertersToBpmnMap中查找并调用对应的converter进行特定元素的解析。

下面,我们以UserTaskXMLConverter为例讲解用户节点的解析过程。

```
public class UserTaskXMLConverter extends BaseBpmnXMLConverter {
    protected Map<String, BaseChildElementParser> childParserMap = new HashMap();
    ...
    //实例化UserTask节点解析器
    public UserTaskXMLConverter() {
        HumanPerformerParser humanPerformerParser = new HumanPerformerParser();
        childParserMap.put(humanPerformerParser.getElementName(),humanPerformerParser);
        PotentialOwnerParser potentialOwnerParser = new PotentialOwnerParser();
        childParserMap.put(potentialOwnerParser.getElementName(),potentialOwnerParser);
        CustomIdentityLinkParser customIdentityLinkParser =
                new CustomIdentityLinkParser();
        childParserMap.put(customIdentityLinkParser.getElementName(),
                customIdentityLinkParser);
    }

    //转换XML为UserTask对象
    protected BaseElement convertXMLToElement(XMLStreamReader xtr, BpmnModel model)
            throws Exception {
        //获取UserTask节点设置的表单key
        String formKey = BpmnXMLUtil.getAttributeValue(ATTRIBUTE_FORM_FORMKEY, xtr);
        //实例化UserTask对象
        UserTask userTask = null;
        if (StringUtils.isNotEmpty(formKey) && model.getUserTaskFormTypes() != null &&
                model.getUserTaskFormTypes().contains(formKey)) {
            userTask = new AlfrescoUserTask();
        }
        if (userTask == null) {
            userTask = new UserTask();
        }
        BpmnXMLUtil.addXMLLocation((BaseElement)userTask, xtr);
        //设置过期时间
        userTask.setDueDate(BpmnXMLUtil.getAttributeValue(
                ATTRIBUTE_TASK_USER_DUEDATE, xtr));
        userTask.setBusinessCalendarName(BpmnXMLUtil.getAttributeValue(
                ATTRIBUTE_TASK_USER_BUSINESS_CALENDAR_NAME, xtr));
```

```
            userTask.setCategory(BpmnXMLUtil.getAttributeValue(
                    ATTRIBUTE_TASK_USER_CATEGORY, xtr));
            userTask.setFormKey(formKey);
            userTask.setValidateFormFields(BpmnXMLUtil.getAttributeValue(
                    ATTRIBUTE_FORM_FIELD_VALIDATION, xtr));
            //设置办理人
            userTask.setAssignee(BpmnXMLUtil.getAttributeValue(
                    ATTRIBUTE_TASK_USER_ASSIGNEE, xtr));
            userTask.setOwner(BpmnXMLUtil.getAttributeValue(
                    ATTRIBUTE_TASK_USER_OWNER, xtr));
            userTask.setPriority(BpmnXMLUtil.getAttributeValue(
                    ATTRIBUTE_TASK_USER_PRIORITY, xtr));
            userTask.setTaskIdVariableName(BpmnXMLUtil.getAttributeValue(
                    ATTRIBUTE_TASK_ID_VARIABLE_NAME, xtr));
            String sameDeploymentAttribute =
                    BpmnXMLUtil.getAttributeValue(ATTRIBUTE_SAME_DEPLOYMENT, xtr);
            if (ATTRIBUTE_VALUE_FALSE.equalsIgnoreCase(sameDeploymentAttribute)) {
                userTask.setSameDeployment(false);
            }
            //设置候选人
            if (StringUtils.isNotEmpty(BpmnXMLUtil.getAttributeValue(
                    ATTRIBUTE_TASK_USER_CANDIDATEUSERS, xtr))) {
                String expression = BpmnXMLUtil.getAttributeValue(
                        ATTRIBUTE_TASK_USER_CANDIDATEUSERS, xtr);
                userTask.getCandidateUsers().addAll(parseDelimitedList(expression));
            }
            //设置候选组
            if (StringUtils.isNotEmpty(BpmnXMLUtil.getAttributeValue(
                    ATTRIBUTE_TASK_USER_CANDIDATEGROUPS, xtr))) {
                String expression = BpmnXMLUtil.getAttributeValue(
                        ATTRIBUTE_TASK_USER_CANDIDATEGROUPS, xtr);
                userTask.getCandidateGroups().addAll(parseDelimitedList(expression));
            }

            userTask.setExtensionId(BpmnXMLUtil.getAttributeValue(
                    ATTRIBUTE_TASK_SERVICE_EXTENSIONID, xtr));
            if (StringUtils.isNotEmpty(BpmnXMLUtil.getAttributeValue(
                    ATTRIBUTE_TASK_USER_SKIP_EXPRESSION, xtr))) {
                String expression = BpmnXMLUtil.getAttributeValue(
                        ATTRIBUTE_TASK_USER_SKIP_EXPRESSION, xtr);
                userTask.setSkipExpression(expression);
            }
            //将自定义属性添加到BaseElement属性对象中
            BpmnXMLUtil.addCustomAttributes(xtr, userTask, defaultElementAttributes,
                    defaultActivityAttributes, defaultUserTaskAttributes);
            //解析UserTask子元素
            parseChildElements(getXMLElementName(), userTask, childParserMap, model, xtr);
            //返回UserTask实例
            return userTask;
    }
}
```

其他节点解析器是如何工作的,这里就不一一介绍了,感兴趣的读者可以参考BpmnXMLConverter类自行了解。

18.3.3 流程启动

本小节介绍Flowable是如何启动流程的。

我们调用RuntimeService接口的createProcessInstanceBuilder()方法创建一个ProcessInstanceBuilder对象,然后调用ProcessInstanceBuilder的start()方法来启动流程实例(此处省略了部分代码):

```
//创建流程实例构造器
ProcessInstanceBuilder processInstanceBuilder = 
        runtimeService.createProcessInstanceBuilder();
...//设置流程实例属性
//启动流程实例
ProcessInstance instance = processInstanceBuilder.start();
```

展开ProcessInstanceBuilder的start()方法源码,可知它调用RuntimeService接口的startProcessInstance()方法

启动流程实例：
```java
public class ProcessInstanceBuilderImpl implements ProcessInstanceBuilder {
    public ProcessInstance start() {
        return runtimeService.startProcessInstance(this);
    }
}
```

接下来展开RuntimeService接口的实现类RuntimeServiceImpl的源码，看一看startProcessInstance()方法如何启动流程实例：

```java
public class RuntimeServiceImpl extends ServiceImpl implements RuntimeService {
    public ProcessInstance startProcessInstance(
            ProcessInstanceBuilderImpl processInstanceBuilder) {
        if (processInstanceBuilder.getProcessDefinitionId() != null ||
                processInstanceBuilder.getProcessDefinitionKey() != null) {
            return commandExecutor.execute(
                    new StartProcessInstanceCmd<ProcessInstance>(processInstanceBuilder));
        } else if (processInstanceBuilder.getMessageName() != null) {
            return commandExecutor.execute(
                    new StartProcessInstanceByMessageCmd(processInstanceBuilder));
        } else {
            throw new FlowableIllegalArgumentException(
                    "No processDefinitionId, processDefinitionKey nor messageName provided");
        }
    }
}
```

在以上代码中，如果设置了processDefinitionId或processDefinitionKey属性，RuntimeService会调用StartProcessInstanceCmd命令启动流程；如果设置了messageName属性，RuntimeService会调用StartProcessInstanceByMessageCmd命令启动流程，否则将抛出异常。

下面将以StartProcessInstanceCmd命令为例，讲解基于流程定义启动流程的过程。以下是StartProcessInstanceCmd命令的相关代码（此处省略了部分代码）：

```java
public class StartProcessInstanceCmd<T> implements Command<ProcessInstance>, Serializable {

    public ProcessInstance execute(CommandContext commandContext) {
        ProcessEngineConfigurationImpl processEngineConfiguration =
                CommandContextUtil.getProcessEngineConfiguration(commandContext);
        processInstanceHelper = processEngineConfiguration.getProcessInstanceHelper();
        //根据流程定义ID或流程定义key获取流程定义
        ProcessDefinition processDefinition =
                getProcessDefinition(processEngineConfiguration, commandContext);

        ProcessInstance processInstance = null;
        //如果有表单数据，则先处理表单数据，再发起流程
        if (hasFormData()) {
            processInstance = handleProcessInstanceWithForm(commandContext,
                    processDefinition, processEngineConfiguration);
        } else {
            //无表单数据，直接发起流程
            processInstance = startProcessInstance(processDefinition);
        }

        return processInstance;
    }

    protected ProcessInstance startProcessInstance(ProcessDefinition processDefinition) {
        return processInstanceHelper.createProcessInstance(processDefinition,
                businessKey, businessStatus, processInstanceName,startEventId,
                overrideDefinitionTenantId, predefinedProcessInstanceId, variables,
                transientVariables,callbackId, callbackType, referenceId, referenceType,
                ownerId, assigneeId, stageInstanceId, true);
    }
}
```

在以上代码中，StartProcessInstanceCmd命令执行execute()方法时，先根据参数查找相应的流程定义，然后调用startProcessInstance()方法，通过调用ProcessInstanceHelper类创建并发起流程实例。

下面我们展开 ProcessInstanceHelper 源码，了解一下它创建并发起流程的过程。以下是
ProcessInstanceHelper 创建并发起流程实例的代码片段（此处省略了部分代码）：

```java
public class ProcessInstanceHelper {
    public ProcessInstance createProcessInstance(ProcessDefinition processDefinition,
            String businessKey, String businessStatus, String processInstanceName,
            String startEventId, String overrideDefinitionTenantId,
            String predefinedProcessInstanceId, Map<String, Object> variables,
            Map<String, Object> transientVariables,String callbackId, String callbackType,
            String referenceId, String referenceType, String ownerId, String assigneeId,
            String stageInstanceId, boolean startProcessInstance) {
        CommandContext commandContext = Context.getCommandContext();
        ...//对Flowable5版本的流程定义进行兼容处理
        ...//校验流程定义
        ...//获取流程的开始节点
        return createAndStartProcessInstanceWithInitialFlowElement(
            processDefinition,businessKey, businessStatus, processInstanceName,
            overrideDefinitionTenantId,predefinedProcessInstanceId,
            initialFlowElement, process, variables, transientVariables,
            callbackId, callbackType, referenceId, referenceType, ownerId,
            assigneeId, stageInstanceId, startProcessInstance);
    }

    //通过流程的开始节点创建和启动流程实例
    public ProcessInstance createAndStartProcessInstanceWithInitialFlowElement(
            ProcessDefinition processDefinition,String businessKey,
            String businessStatus, String processInstanceName,
            String overrideDefinitionTenantId, String predefinedProcessInstanceId,
            FlowElement initialFlowElement, Process process,
            Map<String, Object> variables, Map<String, Object> transientVariables,
            String callbackId, String callbackType, String referenceId,
            String referenceType, String ownerId, String assigneeId,
            String stageInstanceId, boolean startProcessInstance) {
        CommandContext commandContext = Context.getCommandContext();
        ...
        //创建流程实例
        ExecutionEntity processInstance = processEngineConfiguration
            .getExecutionEntityManager()
            .createProcessInstanceExecution(...);
        //记录历史
        processEngineConfiguration.getHistoryManager()
            .recordProcessInstanceStart(processInstance);

        //设置流程的owner和assignee
        if (StringUtils.isNotEmpty(startInstanceBeforeContext.getOwnerId())) {
            IdentityLinkUtil.createProcessInstanceIdentityLink(processInstance,
                ownerId, null, IdentityLinkType.OWNER);
        }
        if (StringUtils.isNotEmpty(startInstanceBeforeContext.getAssigneeId())) {
            IdentityLinkUtil.createProcessInstanceIdentityLink(processInstance,
                assigneeId, null, IdentityLinkType.ASSIGNEE);
        }

        //分发流程创建事件
        FlowableEventDispatcher eventDispatcher =
            processEngineConfiguration.getEventDispatcher();
        boolean eventDispatcherEnabled = eventDispatcher != null
            && eventDispatcher.isEnabled();
        if (eventDispatcherEnabled) {
            eventDispatcher.dispatchEvent(FlowableEventBuilder.createEntityEvent(
                FlowableEngineEventType.PROCESS_CREATED, processInstance),
                processEngineConfiguration.getEngineCfgKey());
        }

        //设置流程变量，包括持久化变量和瞬时变量
        processInstance.setVariables(processDataObjects(process.getDataObjects()));
        if (startInstanceBeforeContext.getVariables() != null) {
            ...
        }
```

```
        if (startInstanceBeforeContext.getTransientVariables() != null) {
            ...
        }

        //创建流程实例的第一个子执行实例
        ExecutionEntity execution =
                processEngineConfiguration.getExecutionEntityManager()
                .createChildExecution(processInstance);
        //将开始节点设置为该执行实例的当前元素
        execution.setCurrentFlowElement(startInstanceBeforeContext
                .getInitialFlowElement());
        //记录节点开始
        processEngineConfiguration.getActivityInstanceEntityManager()
                .recordActivityStart(execution);
        //启动流程,触发流程流转
        if (startProcessInstance) {
            startProcessInstance(processInstance, commandContext,
                startInstanceBeforeContext.getVariables());
        }
        //返回流程实例
        return processInstance;
    }

    //启动流程
    public void startProcessInstance(ExecutionEntity processInstance,
            CommandContext commandContext, Map<String, Object> variables) {
        Process process = ProcessDefinitionUtil.getProcess(
                processInstance.getProcessDefinitionId());
        //处理事件子流程
        processAvailableEventSubProcesses(processInstance, process, commandContext);
        //获取第一个子执行实例
        ExecutionEntity execution = processInstance.getExecutions().get(0);
        //推动流程流转
        CommandContextUtil.getAgenda(commandContext).planContinueProcessOperation(execution);
        //分发事件
        ProcessEngineConfigurationImpl processEngineConfiguration =
                CommandContextUtil.getProcessEngineConfiguration(commandContext);
        FlowableEventDispatcher eventDispatcher =
                processEngineConfiguration.getEventDispatcher();
        if (eventDispatcher != null && eventDispatcher.isEnabled()) {
            eventDispatcher.dispatchEvent(FlowableEventBuilder
                .createProcessStartedEvent(execution, variables, false),
                processEngineConfiguration.getEngineCfgKey());
        }
    }
```

18.3.4 节点流转

流程启动后,Flowable工作流引擎将进行节点流转。Flowable流转流程主要依赖FlowableEngineAgenda接口实现,该接口主要包含以下方法:

```
public interface FlowableEngineAgenda extends Agenda {
    //计划继续流程操作
    void planContinueProcessOperation(ExecutionEntity execution);
    //计划继续流程同步操作
    void planContinueProcessSynchronousOperation(ExecutionEntity execution);
    //计划继续流程迁移操作
    void planContinueProcessWithMigrationContextOperation(ExecutionEntity execution,
        MigrationContext migrationContext);
    //计划继续流程补偿操作
    void planContinueProcessInCompensation(ExecutionEntity execution);
    //计划继续多实例操作
    void planContinueMultiInstanceOperation(ExecutionEntity execution);
    //计划外出顺序流操作
    void planTakeOutgoingSequenceFlowsOperation(ExecutionEntity execution, boolean eval
            uateConditions);
    //计划外出顺序流同步操作
    void planTakeOutgoingSequenceFlowsSynchronousOperation(ExecutionEntity execution,
```

```
        boolean evaluateConditions);
//计划结束执行操作
void planEndExecutionOperation(ExecutionEntity execution);
//计划结束执行同步操作
void planEndExecutionOperationSynchronous(ExecutionEntity execution);
//计划触发执行操作
void planTriggerExecutionOperation(ExecutionEntity execution);
//计划触发执行异步操作
void planAsyncTriggerExecutionOperation(ExecutionEntity execution);
//计划计算条件事件操作
void planEvaluateConditionalEventsOperation(ExecutionEntity execution);
//计划执行变量监听事件操作
void planEvaluateVariableListenerEventsOperation(String processDefinitionId,
        String processInstanceId);
//计划销毁当前作用域操作
void planDestroyScopeOperation(ExecutionEntity execution);
//计划执行非活跃行为操作
void planExecuteInactiveBehaviorsOperation();
}
```

FlowableEngineAgenda接口的默认实现类是DefaultFlowableEngineAgenda，该类持有两个变量。其代码如下：

```
protected LinkedList<Runnable> operations = new LinkedList<Runnable>();
protected CommandContext commandContext;
```

其中operations是一个链表，在流程流转过程中，不同阶段会通过FlowableEngineAgenda接口将不同的operation加入链表。过程如下：

```
public void planContinueProcessOperation(ExecutionEntity execution) {
    planOperation(new ContinueProcessOperation(commandContext, execution), execution);
}

public void planOperation(Runnable operation, ExecutionEntity executionEntity) {
    operations.add(operation);
    LOGGER.debug("Operation {} added to agenda", operation.getClass());
    if (executionEntity != null) {
        CommandContextUtil.addInvolvedExecution(commandContext, executionEntity);
    }
}
```

加入operations链表中的operation不会直接执行，而是将在CommandInvoker中被调度执行，这也是FlowableEngineAgenda接口方法都以plan开头的原因。

接下来，让我们看一下CommandInvoker如何执行这些operation：

```
public class CommandInvoker extends AbstractCommandInterceptor {
    public <T> T execute(final CommandConfig config, final Command<T> command) {
        final CommandContext commandContext = Context.getCommandContext();
        FlowableEngineAgenda agenda = CommandContextUtil.getAgenda(commandContext);

        if (commandContext.isReused() && !agenda.isEmpty()) {
            return (T) command.execute(commandContext);
        } else {
            //将Command包装成Runnable，加入到agenda的链表中
            agenda.planOperation(new Runnable() {
                @Override
                public void run() {
                    commandContext.setResult(command.execute(commandContext));
                }
            });
            //执行Operations
            executeOperations(commandContext);
            ...
            return (T) commandContext.getResult();
        }
    }
}
```

```java
//执行所有操作
protected void executeOperations(final CommandContext commandContext) {
    FlowableEngineAgenda agenda = CommandContextUtil.getAgenda(commandContext);
    while (!agenda.isEmpty()) {
        Runnable runnable = agenda.getNextOperation();
        executeOperation(commandContext, runnable);
    }
}

//执行单个操作
public void executeOperation(Runnable runnable) {
    if (runnable instanceof AbstractOperation) {
        AbstractOperation operation = (AbstractOperation) runnable;
        if (operation.getExecution() == null || !operation.getExecution().isEnded()) {
            agendaOperationRunner.executeOperation(commandContext, operation);
        }
    } else {
        runnable.run();
    }
}
```

CommandInvoker会遍历所有的operation，再通过agendaOperationRunner调用相应操作的run()方法进行执行。agendaOperationRunner是函数式接口AgendaOperationRunner的实现，默认值是一个lamada表达式，作用是调用run()方法，其源码如下：

```java
protected AgendaOperationRunner agendaOperationRunner = (commandContext, runnable) -> {
    runnable.run();
};
```

接下来，我们仍以图18.3为例来说明流程是如何流转的。回顾18.3.3小节，我们已经将execution的当前节点设置为了startEvent，并调用了planContinueProcessOperation()方法加入了ContinueProcessOperation。

接下来，CommandInvoker会调用ContinueProcessOperation的run()方法，继续推进流程流转（这里省略了部分代码）：

```java
public class ContinueProcessOperation extends AbstractOperation {
    @Override
    public void run() {
        //获取当前节点（注意，当前节点是开始节点）
        FlowElement currentFlowElement = getCurrentFlowElement(execution);
        ...
        continueThroughFlowNode((FlowNode) currentFlowElement);
        ...
    }

    //通过流程节点
    protected void continueThroughFlowNode(FlowNode flowNode) {
        ...
        executeSynchronous(flowNode);
        ...
    }

    //同步执行
    protected void executeSynchronous(FlowNode flowNode) {
        ...
        //获取当前节点的behavior
        ActivityBehavior activityBehavior = (ActivityBehavior) flowNode.getBehavior();
        if (activityBehavior != null) {
            executeActivityBehavior(activityBehavior, flowNode);
            executeBoundaryEvents(boundaryEvents, boundaryEventExecutions);
        }
        ...
    }

    //执行behavior
    protected void executeActivityBehavior(ActivityBehavior activityBehavior,
        FlowNode flowNode) {
```

```
    ...
    //调用behavior的execute()方法
    activityBehavior.execute(execution);
    ...
    }
}
```

当前节点是一个空开始事件节点，对应的behavior是NoneStartEventActivityBehavior，这个behavior中什么也没有，直接继承父类方法，在父类FlowNodeActivityBehavior中调用leave()方法。其代码如下：

```
public class NoneStartEventActivityBehavior extends FlowNodeActivityBehavior {
    private static final long serialVersionUID = 1L;
    //这个开始节点不需要做什么，执行父类的方法
}

public abstract class FlowNodeActivityBehavior implements TriggerableActivityBehavior {
    private static final long serialVersionUID = 1L;
    protected BpmnActivityBehavior bpmnActivityBehavior = new BpmnActivityBehavior();
    public void execute(DelegateExecution execution) {
        leave(execution);
    }
    //离开节点
    public void leave(DelegateExecution execution) {
        bpmnActivityBehavior.performDefaultOutgoingBehavior((ExecutionEntity) execution);
    }
}
```

FlowNodeActivityBehavior的leave()方法调用了bpmnActivityBehavior对象的performDefaultOutgoingBehavior()方法，执行节点外出顺序流的behavior。接下来，进入BpmnActivityBehavior源码，看一下它执行外出顺序流的相关操作。其源码如下：

```
public class BpmnActivityBehavior implements Serializable {

    public void performDefaultOutgoingBehavior(ExecutionEntity activityExecution) {
        performOutgoingBehavior(activityExecution, true, false);
    }

    protected void performOutgoingBehavior(ExecutionEntity execution, boolean
            checkConditions, boolean throwExceptionIfExecutionStuck) {
        //将执行外出顺序流操作放入执行计划
        CommandContextUtil.getAgenda().planTakeOutgoingSequenceFlowsOperation(
                execution, true);
    }
}
```

它将执行外出顺序流的操作TakeOutgoingSequenceFlowsOperation放入执行计划。接下来，CommandInvoker会调用TakeOutgoingSequenceFlowsOperation的run()方法，将当前节点变更为顺序流1。其相关代码如下（这里省略了部分代码）：

```
public class TakeOutgoingSequenceFlowsOperation extends AbstractOperation {
    @Override
    public void run() {
        //获取当前节点（注意，当前节点还是开始节点）
        FlowElement currentFlowElement = getCurrentFlowElement(execution);
        ...
        if (currentFlowElement instanceof FlowNode) {
            handleFlowNode((FlowNode) currentFlowElement);
        } else if (currentFlowElement instanceof SequenceFlow) {
            handleSequenceFlow();
        }
    }
    //处理流程节点
    protected void handleFlowNode(FlowNode flowNode) {
        boolean continueNormally = handleActivityEnd(flowNode);
        if (continueNormally) {
            if (flowNode.getParentContainer() != null && flowNode.getParentContainer()
                    instanceof AdhocSubProcess) {
                //处理特别子流程
```

```
                handleAdhocSubProcess(flowNode);
            } else {
                leaveFlowNode(flowNode);
            }
        }
    }
    //离开流程节点
    protected void leaveFlowNode(FlowNode flowNode) {
        ...//获取"开始"节点外出顺序流
        SequenceFlow sequenceFlow = outgoingSequenceFlows.get(0);
        //此时将执行实例的当前节点变更为"顺序流1"
        execution.setCurrentFlowElement(sequenceFlow);
        execution.setActive(false);
        outgoingExecutions.add((ExecutionEntity) execution);
        ...

        //将继续流程操作放入执行计划
        for (ExecutionEntity outgoingExecution : outgoingExecutions) {
            agenda.planContinueProcessOperation(outgoingExecution);
        }
    }
}
```

TakeOutgoingSequenceFlowsOperation执行完相关操作后，再次调用planContinueProcessOperation()方法，将顺序流后续操作放入执行计划。

接下来，CommandInvoker将第二次执行ContinueProcessOperation操作，实现顺序流1到"申请"节点的流转，即将流程的当前节点设置为"申请"节点。其相关代码如下（这里省略了部分代码）：

```
public class ContinueProcessOperation extends AbstractOperation {
    @Override
    public void run() {
        //获取当前节点（注意，当前节点是顺序流1）
        FlowElement currentFlowElement = getCurrentFlowElement(execution);
        ...
        continueThroughSequenceFlow((SequenceFlow) currentFlowElement);
        ...
    }

    //通过顺序流
    protected void continueThroughSequenceFlow(SequenceFlow sequenceFlow) {
        ...
        //获取顺序流的目标节点，并将目标节点设置为执行实例的当前节点
        FlowElement targetFlowElement = sequenceFlow.getTargetFlowElement();
        execution.setCurrentFlowElement(targetFlowElement);
        execution.setActive(targetFlowElement instanceof FlowNode);

        //将继续流程操作放入执行计划
        agenda.planContinueProcessOperation(execution);
    }
}
```

修改完当前节点后，CommandInvoker会第三次执行ContinueProcessOperation操作，这次当前节点是FlowNode，因此会执行continueThroughFlowNode()方法。其相关代码如下（这里省略了部分代码）：

```
public class ContinueProcessOperation extends AbstractOperation {
    @Override
    public void run() {
        //获取当前节点（注意，当前节点是"申请"节点）
        FlowElement currentFlowElement = getCurrentFlowElement(execution);
        ...
        continueThroughFlowNode((FlowNode) currentFlowElement);
        ...
    }

    //通过流程节点
    protected void continueThroughFlowNode(FlowNode flowNode) {
        ...
        executeSynchronous(flowNode);
```

```
    ...
}
//同步执行
protected void executeSynchronous(FlowNode flowNode) {
    ...
    //获取当前节点的behavior
    ActivityBehavior activityBehavior = (ActivityBehavior) flowNode.getBehavior();
    if (activityBehavior != null) {
        executeActivityBehavior(activityBehavior, flowNode);
        executeBoundaryEvents(boundaryEvents, boundaryEventExecutions);
    }
    ...
}
//执行behavior
protected void executeActivityBehavior(ActivityBehavior activityBehavior,
        FlowNode flowNode) {
    ...
    //调用behavior的execute()方法
    activityBehavior.execute(execution);
    ...
}
```

因为当前节点是用户节点，对应的behavior是UserTaskActivityBehavior，所以会调用该behavior的execute()方法创建相应的用户任务。

此时，流程从"开始"节点流转到了"申请"用户节点，如图18.7所示。

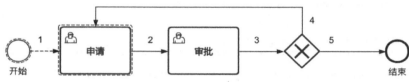

图18.7　流程流转到"申请"用户节点

18.3.5　网关控制

如图18.8所示，当通过"审批"用户节点后，流程会继续往下流转，这时会经过一个排他网关，Flowable如何处理网关节点呢？

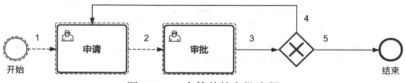

图18.8　一个简单的审批流程

我们将从调用TaskService类的complete()方法完成"审批"用户任务这个动作入口开始，了解Flowable流转到网关并执行网关处理相关逻辑的过程：

```
public class TaskServiceImpl extends ServiceImpl implements TaskService{
    public void complete(String taskId, Map<String, Object> variables) {
        commandExecutor.execute(new CompleteTaskCmd(taskId, variables));
    }
}
```

在TaskService的实现类TaskServiceImpl中，通过执行CompleteTaskCmd命令完成用户任务。

接下来，进入CompleteTaskCmd源码，看一下"审批"用户任务完成时，流程是如何流转到网关节点的（这里省略了部分代码）：

```
public class CompleteTaskCmd extends AbstractCompleteTaskCmd {
    protected Void execute(CommandContext commandContext, TaskEntity task) {
        ...
```

```
        TaskHelper.completeTask(task, variables, variablesLocal,
            transientVariables, transientVariablesLocal, commandContext);
        return null;
    }
}

//执行完成任务相关操作
public static void completeTask(TaskEntity taskEntity, Map<String, Object> variables,
        Map<String, Object> localVariables,Map<String, Object> transientVariables,
        Map<String, Object> localTransientVariables, CommandContext commandContext) {
    .../设置流程变量，包括持久化变量和瞬时变量
    .../执行监听器
    .../分发事件
    .../删除运行时任务及相关数据
    if (taskEntity.getExecutionId() != null && !bpmnErrorPropagated) {
        ExecutionEntity executionEntity = processEngineConfiguration
            .getExecutionEntityManager().findById(taskEntity.getExecutionId());
        //将触发执行实例操作放入执行计划
        CommandContextUtil.getAgenda(commandContext)
            .planTriggerExecutionOperation(executionEntity);
    }
}
```

CompleteTaskCmd在任务完成后，将TriggerExecutionOperation放入执行计划，通过TriggerExecutionOperation来触发执行实例继续流转（这里省略了部分代码）：

```
public class TriggerExecutionOperation extends AbstractOperation {
    @Override
    public void run() {
        //获取当前节点（注意，当前节点是"审批"用户节点）
        FlowElement currentFlowElement = getCurrentFlowElement(execution);
        if (currentFlowElement instanceof FlowNode) {
            ActivityBehavior activityBehavior =
                (ActivityBehavior) ((FlowNode) currentFlowElement).getBehavior();
            if (activityBehavior instanceof TriggerableActivityBehavior) {
                if (!triggerAsync) {
                    //同步执行，调用activityBehavior的trigger()方法
                    ((TriggerableActivityBehavior) activityBehavior).trigger(
                        execution, null, null);
                } else {
                    ...
                    //异步执行，创建Job
                    JobEntity job = JobUtil.createJob(execution, currentFlowElement,
                        AsyncTriggerJobHandler.TYPE, processEngineConfiguration);
                    jobService.createAsyncJob(job, true);
                    jobService.scheduleAsyncJob(job);
                }
            }
            ...
        }
        ...
    }
}
```

当前节点"审批"是用户任务（UserTask），对应的behavior是UserTaskActivityBehavior（详见表22.1）。因此，会调用UserTaskActivityBehavior的trigger()方法（这里省略了部分代码）：

```
public class UserTaskActivityBehavior extends TaskActivityBehavior {
    public void trigger(DelegateExecution execution, String signalName, Object signalData) {
        ...
        //离开用户任务
        leave(execution);
    }
}
```

此处省略了UserTaskActivityBehavior的具体操作，仅关注流程的流转。UserTaskActivityBehavior执行操作后，调用父类FlowNodeActivityBehavior的leave()方法（这里省略了部分代码）：

```java
public abstract class FlowNodeActivityBehavior implements TriggerableActivityBehavior {
    public void leave(DelegateExecution execution) {
        bpmnActivityBehavior.performDefaultOutgoingBehavior((ExecutionEntity) execution);
    }
}
```

以上代码段在执行leave()方法时，调用BpmnActivityBehavior的performDefaultOutgoingBehavior()方法，将执行外出顺序流操作放入执行计划。

```java
public class BpmnActivityBehavior implements Serializable {
    public void performDefaultOutgoingBehavior(ExecutionEntity activityExecution) {
        performOutgoingBehavior(activityExecution, true, false);
    }

    protected void performOutgoingBehavior(ExecutionEntity execution, boolean
            checkConditions, boolean throwExceptionIfExecutionStuck) {
        //将执行外出顺序流操作放入执行计划
        CommandContextUtil.getAgenda().planTakeOutgoingSequenceFlowsOperation(
                execution, true);
    }
}
```

当CommandInvoker执行TakeOutgoingSequenceFlowsOperation时，当前节点还是"审批"用户节点，因此会执行leaveFlowNode()方法，将当前节点流转为"审批"用户节点之后的外出顺序流3（这里省略了部分代码）：

```java
public class TakeOutgoingSequenceFlowsOperation extends AbstractOperation {
    @Override
    public void run() {
        //获取当前节点（注意，当前节点还是"审批"用户节点）
        FlowElement currentFlowElement = getCurrentFlowElement(execution);
        ...
        if (currentFlowElement instanceof FlowNode) {
            handleFlowNode((FlowNode) currentFlowElement);
        } else if (currentFlowElement instanceof SequenceFlow) {
            handleSequenceFlow();
        }
    }
    //处理流程节点
    protected void handleFlowNode(FlowNode flowNode) {
        boolean continueNormally = handleActivityEnd(flowNode);
        if (continueNormally) {
            if (flowNode.getParentContainer() != null && flowNode.getParentContainer()
                    instanceof AdhocSubProcess) {
                handleAdhocSubProcess(flowNode);
            } else {
                leaveFlowNode(flowNode);
            }
        }
    }
    //离开流程节点
    protected void leaveFlowNode(FlowNode flowNode) {
        ...//获取"审批"用户节点外出第一个顺序流，该顺序流复用之前的执行实例
        SequenceFlow sequenceFlow = outgoingSequenceFlows.get(0);
        execution.setCurrentFlowElement(sequenceFlow);
        execution.setActive(false);
        //此时执行实例的当前节点变更为顺序流3
        outgoingExecutions.add((ExecutionEntity) execution);
        ...
        if (outgoingSequenceFlows.size() > 1) {
            for (int i = 1; i < outgoingSequenceFlows.size(); i++) {
                ...//为其他满足条件的顺序流创建执行实例
                outgoingExecutions.add(outgoingExecutionEntity);
            }
        }
        ...
        //为所有满足条件的顺序流执行实例创建继续流程操作，并放入执行计划
        for (ExecutionEntity outgoingExecution : outgoingExecutions) {
            agenda.planContinueProcessOperation(outgoingExecution);
```

        }
    }
}

TakeOutgoingSequenceFlowsOperation变更当前节点为"顺序流3"后，将继续流程操作放入执行计划链表，CommandInvoker会调用ContinueProcessOperation的run()方法流转流程。当前节点是顺序流，所以会调用continueThroughSequenceFlow()方法（这里省略了部分代码）：

```
public class ContinueProcessOperation extends AbstractOperation {
    @Override
    public void run() {
    //获取当前节点(注意,当前节点是顺序流3)
    FlowElement currentFlowElement = getCurrentFlowElement(execution);
        ...
        continueThroughSequenceFlow((SequenceFlow) currentFlowElement);
        ...
    }

    //通过顺序流
    protected void continueThroughSequenceFlow(SequenceFlow sequenceFlow) {
        ...
        //获取顺序流的目标节点,并将目标节点设置为执行实例的当前节点
        FlowElement targetFlowElement = sequenceFlow.getTargetFlowElement();
        execution.setCurrentFlowElement(targetFlowElement);
        execution.setActive(targetFlowElement instanceof FlowNode);
        //将执行实例放入执行计划
        agenda.planContinueProcessOperation(execution);
    }
}
```

上面这段代码已将流程的当前节点变更为"网关"节点，并再次将执行实例放入执行计划，因此，CommandInvoker会再次调用ContinueProcessOperation的run()方法流转流程。当前节点是网关节点，所以执行continueThroughFlowNode()方法（这里省略了部分代码）：

```
public class ContinueProcessOperation extends AbstractOperation {
    @Override
    public void run() {
        //获取当前节点(注意,当前节点是网关)
        FlowElement currentFlowElement = getCurrentFlowElement(execution);
        ...
        continueThroughFlowNode((FlowNode) currentFlowElement);
        ...
    }

    //通过流程节点
    protected void continueThroughFlowNode(FlowNode flowNode) {
        ...
        executeSynchronous(flowNode);
        ...
    }

    //同步执行
    protected void executeSynchronous(FlowNode flowNode) {
        ...
        //获取当前节点的behavior
        ActivityBehavior activityBehavior = (ActivityBehavior) flowNode.getBehavior();
        if (activityBehavior != null) {
            executeActivityBehavior(activityBehavior, flowNode);
        }
        ...
    }

    //执行behavior
    protected void executeActivityBehavior(ActivityBehavior activityBehavior, FlowNode flowNode) {
        ...
        //调用behavior的execute()方法
        activityBehavior.execute(execution);
        ...
```

    }
}

当前节点是排他网关节点，对应的behavior是ExclusiveGatewayActivityBehavior，接下来正式进入排他网关的behavior执行代码。其相关代码如下（这里省略了部分代码）：

```java
public class ExclusiveGatewayActivityBehavior extends GatewayActivityBehavior {

    //排他网关的execute()方法，继承父类的execute()方法，默认执行leave()操作

    @Override
    public void leave(DelegateExecution execution) {
        ExclusiveGateway exclusiveGateway =
                (ExclusiveGateway) execution.getCurrentFlowElement();
        ...
        SequenceFlow outgoingSequenceFlow = null;
        SequenceFlow defaultSequenceFlow = null;
        String defaultSequenceFlowId = exclusiveGateway.getDefaultFlow();

        //判断要流转哪条外出顺序流
        Iterator<SequenceFlow> sequenceFlowIterator =
                exclusiveGateway.getOutgoingFlows().iterator();
        while (outgoingSequenceFlow == null && sequenceFlowIterator.hasNext()) {
            SequenceFlow sequenceFlow = sequenceFlowIterator.next();
            String skipExpressionString = sequenceFlow.getSkipExpression();
            //不允许跳过
            if (!SkipExpressionUtil.isSkipExpressionEnabled(skipExpressionString,
                    sequenceFlow.getId(), execution, commandContext)) {
                //判断分支条件是否为true
                boolean conditionEvaluatesToTrue =
                        ConditionUtil.hasTrueCondition(sequenceFlow, execution);
                if (conditionEvaluatesToTrue && (defaultSequenceFlowId == null ||
                        !defaultSequenceFlowId.equals(sequenceFlow.getId()))) {
                    outgoingSequenceFlow = sequenceFlow;
                }
            } else if (SkipExpressionUtil
                    .shouldSkipFlowElement(Context.getCommandContext(),
                    execution, skipExpressionString)) {
                outgoingSequenceFlow = sequenceFlow;
            }

            //查找默认外出顺序流
            if (defaultSequenceFlowId != null
                    && defaultSequenceFlowId.equals(sequenceFlow.getId())) {
                defaultSequenceFlow = sequenceFlow;
            }
        }

        if (outgoingSequenceFlow != null) {
            //将找到的符合条件的外出顺序流设置为当前节点
            execution.setCurrentFlowElement(outgoingSequenceFlow);
        } else {
            if (defaultSequenceFlow != null) {
                //将默认外出顺序流设置为当前节点
                execution.setCurrentFlowElement(defaultSequenceFlow);
            } else {
                //没有找到可以执行的外出顺序流，报错
                throw new NoOutgoingException("No outgoing sequence flow of the exclusive gateway '"
                        + exclusiveGateway.getId() + "' could be selected for continuing the process");
            }
        }
        //离开网关
        super.leave(execution);
    }
}

public abstract class FlowNodeActivityBehavior implements TriggerableActivityBehavior {
```

```java
    public void execute(DelegateExecution execution) {
        leave(execution);
    }

    public void leave(DelegateExecution execution) {
        bpmnActivityBehavior.performDefaultOutgoingBehavior(
                (ExecutionEntity) execution);
    }
}

public class BpmnActivityBehavior implements Serializable {

    public void performDefaultOutgoingBehavior(ExecutionEntity activityExecution) {
        performOutgoingBehavior(activityExecution, true, false);
    }

    protected void performOutgoingBehavior(ExecutionEntity execution, boolean
            checkConditions, boolean throwExceptionIfExecutionStuck) {
        //将执行外出顺序流操作放入执行计划
        CommandContextUtil.getAgenda().planTakeOutgoingSequenceFlowsOperation(
                execution, true);
    }
}
```

排他网关的behavior执行代码会获取排他网关的外出顺序流，并判断当前执行实例满足哪个分支条件，如当"审批"同意，符合条件的外出顺序流就是"5"。behavior在将符合条件的顺序流设置为当前对象后，调用父类FlowNodeActivityBehavior的leave()方法继续流程。

18.3.6 流程结束

紧接18.3.5小节的操作，当执行实例离开排他网关节点，会途径顺序流5流转到"结束"节点。首先，CommandInvoker会从执行计划中获取并执行TakeOutgoingSequenceFlowsOperation（这里省略了部分代码）：

```java
public class TakeOutgoingSequenceFlowsOperation extends AbstractOperation {
    @Override
    public void run() {
        //获取当前节点(注意，当前节点是排他网关节点后的外出顺序流5)
        FlowElement currentFlowElement = getCurrentFlowElement(execution);
        ...
        if (currentFlowElement instanceof FlowNode) {
            handleFlowNode((FlowNode) currentFlowElement);
        } else if (currentFlowElement instanceof SequenceFlow) {
            handleSequenceFlow();
        }
    }
    //处理流程节点
    protected void handleSequenceFlow() {
        CommandContextUtil.getActivityInstanceEntityManager(commandContext)
                .recordActivityEnd(execution, null);
        //将继续流程操作放入执行计划
        agenda.planContinueProcessOperation(execution);
    }
}
```

TakeOutgoingSequenceFlowsOperation再次将ContinueProcessOperation放入执行计划。CommandInvoker再次调用ContinueProcessOperation的run()方法，因为当前节点是顺序流节点，所以调用continueThroughSequenceFlow()方法，将顺序流5的"结束"目标节点变更为当前节点（这里省略了部分代码）：

```java
public class ContinueProcessOperation extends AbstractOperation {
    @Override
    public void run() {
        //获取当前节点(注意，当前节点是排他网关节点后的外出顺序流5)
        FlowElement currentFlowElement = getCurrentFlowElement(execution);
        ...
        continueThroughSequenceFlow((SequenceFlow) currentFlowElement);
        ...
    }
```

```java
    //通过顺序流
    protected void continueThroughSequenceFlow(SequenceFlow sequenceFlow) {
        ...
        //获取顺序流的目标节点，并将目标节点变更为执行实例的当前节点
        FlowElement targetFlowElement = sequenceFlow.getTargetFlowElement();
        execution.setCurrentFlowElement(targetFlowElement);
        execution.setActive(targetFlowElement instanceof FlowNode);
        //将执行实例放入执行计划
        agenda.planContinueProcessOperation(execution);
    }
}
```

设置当前节点后，程序会再次执行ContinueProcessOperation的run()方法，此时当前节点变更为"结束"节点。"结束"节点是FlowNode，因此会执行continueThroughFlowNode()方法（这里省略了部分代码）：

```java
public class ContinueProcessOperation extends AbstractOperation {
    @Override
    public void run() {
        //获取当前节点（注意，当前节点是"结束"节点）
        FlowElement currentFlowElement = getCurrentFlowElement(execution);
        ...
        continueThroughFlowNode((FlowNode) currentFlowElement);
        ...
    }
    //通过流程节点
    protected void continueThroughFlowNode(FlowNode flowNode) {
        ...
        executeSynchronous(flowNode);
        ...
    }
    //同步执行
    protected void executeSynchronous(FlowNode flowNode) {
        ...
        //获取当前节点的behavior
        ActivityBehavior activityBehavior = (ActivityBehavior) flowNode.getBehavior();
        if (activityBehavior != null) {
            executeActivityBehavior(activityBehavior, flowNode);
        }
        ...
    }

    //执行behavior
    protected void executeActivityBehavior(ActivityBehavior activityBehavior,
            FlowNode flowNode) {
        ...
        //调用behavior的execute()方法
        activityBehavior.execute(execution);
        ...
    }
}
```

当前节点是"结束"节点，对应的behavior是NoneEndEventActivityBehavior，因此接下来会调用NoneEndEventActivityBehavior的execute()方法：

```java
public class NoneEndEventActivityBehavior extends FlowNodeActivityBehavior {

    public void execute(DelegateExecution execution) {
        CommandContextUtil.getAgenda().planTakeOutgoingSequenceFlowsOperation(
            (ExecutionEntity) execution, true);
    }
}
```

NoneEndEventActivityBehavior不做任何操作，只将TakeOutgoingSequenceFlowsOperation放入执行计划。当CommandInvoker再次执行TakeOutgoingSequenceFlowsOperation时，因为"结束"节点没有外出顺序流，所以将结束流程操作EndExecutionOperation放入执行计划（这里省略了部分代码）：

```java
public class TakeOutgoingSequenceFlowsOperation extends AbstractOperation {
    @Override
```

```
public void run() {
    //获取当前节点（注意，当前节点是"结束"节点）
    FlowElement currentFlowElement = getCurrentFlowElement(execution);
    ...
    if (currentFlowElement instanceof FlowNode) {
        handleFlowNode((FlowNode) currentFlowElement);
    } else if (currentFlowElement instanceof SequenceFlow) {
        handleSequenceFlow();
    }
}
//处理流程节点
protected void handleFlowNode(FlowNode flowNode) {
    boolean continueNormally = handleActivityEnd(flowNode);
    if (continueNormally) {
        if (flowNode.getParentContainer() != null && flowNode.getParentContainer()
                instanceof AdhocSubProcess) {
            handleAdhocSubProcess(flowNode);
        } else {
            leaveFlowNode(flowNode);
        }
    }
}
//离开流程节点
protected void leaveFlowNode(FlowNode flowNode) {
    ...
    //结束节点没有外出顺序流
    if (outgoingSequenceFlows.size() == 0) {
        if (flowNode.getOutgoingFlows() == null ||
                flowNode.getOutgoingFlows().size() == 0) {
            //将结束执行实例操作放入执行计划
            agenda.planEndExecutionOperation(execution);
        }
        ...
    }
    ...
}
```

最后，CommandInvoker执行EndExecutionOperation操作结束流程的执行实例时，还会执行流程结束监听器，业务上可以在流程结束监听器中处理与流程结束相关的业务操作，如给申请人发通知告知流程已完成等（这里省略了部分代码）：

```
public class EndExecutionOperation extends AbstractOperation {
    @Override
    public void run() {
        if (execution.isProcessInstanceType()) {
            handleProcessInstanceExecution(execution);
        } else {
            handleRegularExecution();
        }
    }
    //处理流程实例的执行实例
    protected void handleProcessInstanceExecution(
            ExecutionEntity processInstanceExecution) {
        ExecutionEntityManager executionEntityManager =
                CommandContextUtil.getExecutionEntityManager(commandContext);

        String processInstanceId = processInstanceExecution.getId();
        ExecutionEntity superExecution = processInstanceExecution.getSuperExecution();
        //如果是异步调用活动，则生成对应的异步任务，并直接返回
        if (!forceSynchronous && isAsyncCompleteCallActivity(superExecution)) {
            scheduleAsyncCompleteCallActivity(superExecution, processInstanceExecution);
            return;
        }

        SubProcessActivityBehavior subProcessActivityBehavior = null;
        //存在父级执行实例
        if (superExecution != null) {
            ...//执行父级执行实例当前节点的behavior的completing()方法
```

```java
//获取流程实例当前活动的执行实例数量
int activeExecutions = getNumberOfActiveChildExecutionsForProcessInstance(
        executionEntityManager, processInstanceId);
if (activeExecutions == 0) {
    //删除流程实例的执行实例
    executionEntityManager.deleteProcessInstanceExecutionEntity(
            processInstanceId, execution.getCurrentFlowElement() != null ?
            execution.getCurrentFlowElement().getId() : null, null,
            false, false, true);
} else {
    logger.debug("Active executions found. Process instance {} will not be ended.",
            processInstanceId);
}

Process process = ProcessDefinitionUtil.getProcess(
        processInstanceExecution.getProcessDefinitionId());

//执行流程结束监听器
if (CollectionUtil.isNotEmpty(process.getExecutionListeners())) {
    **executeExecutionListeners(process, processInstanceExecution,
            ExecutionListener.EVENTNAME_END);**
}

//存在父级执行实例
if (superExecution != null) {
    ...//执行父级执行实例当前节点的behavior的completed()方法
}
```

此时流程实例执行结束，流程流转完全部节点，如图18.9所示。

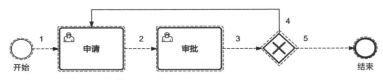

图18.9　流程执行结束

18.4　本章小结

本章先介绍了Flowable的核心架构、数据库模型及Flowable的主要设计模式，使读者从整体上对Flowable的工作机制和原理有一个基本的了解。接着通过代码走读的形式对流程模型部署、流程定义解析、流程启动、节点流转、网关控制等Flowable核心功能进行了讲解，以便读者快速厘清Flowable的运行过程。

第19章 Flowable集成Spring Boot

随着Spring生态的发展成熟，Spring在Java开发中的应用越来越广泛。Spring Boot在Spring基础上，对Spring的依赖、配置等做了大量的优化和整合，进一步简化了Spring的开发流程。近年来，随着微服务架构的推广，Spring Boot快速构建服务的特性更是备受市场青睐。Flowable作为一款企业级Java开源软件，可以与Spring Boot集成，作为独立的应用对外提供流程服务，也因此在微服务架构中得到广泛的应用。本章将介绍Flowable与Spring Boot的整合。

19.1 Spring Boot简介

Spring Boot是什么？简单来说，就是能够简单快速创建一款独立的、生产级Spring应用的基础框架。本节将对Spring Boot特性和基本实现原理进行讲解。

19.1.1 Spring Boot特性

Spring Boot自诞生以来，因其诸多的优秀特性，在企业应用开发中得到了广泛应用。下面将对比Spring Boot与Spring MVC的开发配置流程，以便于读者深入理解Spring Boot的特性。

1. 使用Spring MVC开发应用

在Spring Boot诞生之前，要创建一个基于Maven的Spring MVC应用，其步骤如下。

（1）生成Web项目。可以通过Maven的maven-archetype-webapp直接生成。其完整命令如下：

```
mvn archetype:generate -DgroupId=com.example -DartifactId=spring-mvc-demo
        -DarchetypeArtifactId=maven-archetype-webapp  -DinteractiveMode=false
```

通过该命令可以生成一个Java Web工程的必要目录结构及文件，如目录resources、webapp及文件web.xml等。如果使用IDE，一般也支持创建Java Web工程。如IDEA，可以在创建项目时选择Maven项目，再选择"org.apache. maven.archetypes:maven-archetype-webapp"，创建出具备同样目录结构的项目。

（2）引入Spring MVC的JAR包。在pom.xml文件中引入Spring MVC依赖：

```xml
<dependency>
    <groupId>org.springframework</groupId>
    <artifactId>spring-webmvc</artifactId>
    <version>5.3.16</version>
</dependency>
```

引入Spring MVC时，会自动导入依赖的Spring Core、Spring Web等JAR包，因此无须单独引入这些JAR包。

（3）配置前端控制器。在web.xml中配置org.springframework.web.servlet.DispatcherServlet，指定配置文件位置及URL的转发规则。

（4）配置视图解析器。如果页面使用JSP实现，还需要进行以下配置：

```xml
<bean class="org.springframework.web.servlet.view.InternalResourceViewResolver">
    //指定jsp文件的存放位置
    <property name="prefix" value="/WEB-INF/jsp/" />
    //指定文件扩展名
    <property name="suffix" value=".jsp" />
</bean>
```

在目前的开发模式中，通常采用前后端完全分离的模式，即前端通过Ajax请求从后台获取数据，后端返回JSON格式数据。这样就可以通过添加注解@ResponseBody返回JSON格式数据，无须配置视图解析器，但需要引入jackson的依赖：

```xml
<dependency>
    <groupId>com.fasterxml.jackson.core</groupId>
    <artifactId>jackson-databind</artifactId>
    <version>2.12.0</version>
</dependency>
```

（5）编写后端控制器及服务代码。可以通过注解@Controller配置后端控制器，并在配置文件中指定扫描的包，启动注解驱动开发：

```xml
<context:component-scan base-package="com.example.springmvc.controller"/>
<mvc:annotation-driven />
```

（6）配置应用服务器。如采用Tomcat作为servlet的容器，需要先下载Tomcat，并对其进行相应的配置。

（7）部署服务。将代码打包成WAR文件，部署到指定的目录，启动Tomcat，一个基于Spring MVC的Web项目就部署成功了。

上述步骤完成了一个简单的Web项目。如果需要整合其他功能，如集成Redis，还需加入相应的JAR包，如jedis、spring-data-redis等，并且对包的版本进行严格匹配，否则可能会出现版本不兼容的问题。此外，还需配置JedisPoolConfig、JedisConnectionFactory及RedisTemplate等Bean，才能完成其整合，整个过程比较烦琐。

2. 使用Spring Boot开发应用

通过Spring Boot构建一个Web应用的步骤如下。

（1）创建项目。通过Maven创建一个Java工程，其命令如下：

```
mvn archetype:generate -DgroupId=com.example -DartifactId=spring-boot-demo -DarchetypeArtifactId=maven-archetype-quickstart  -DinteractiveMode=false
```

通过上述命令，可以创建一个普通的Maven项目。同样，这一步也可以使用IDE工具自动创建，如在IDEA中，可以先选择Maven项目，再选择"org.apache.maven.archetypes:maven-archetype-quickstart"，创建一个与上述命令创建的项目具备相同目录结构的Maven项目。

（2）引入对应的starter。在引入starter之前，需要先指定Spring Boot的parent。parent的主要作用是对Spring Boot依赖的JAR包及版本进行统一管理。然后引入Web项目所需的spring-boot-starter-web。其配置内容如下：

```xml
<parent>
    <groupId>org.springframework.boot</groupId>
    <artifactId>spring-boot-starter-parent</artifactId>
    <version>2.7.18</version>
</parent>
<dependencies>
    <dependency>
        <groupId>org.springframework.boot</groupId>
        <artifactId>spring-boot-starter-web</artifactId>
    </dependency>
</dependencies>
```

（3）创建启动类。创建启动类非常简单，只需创建一个main()方法，并在类上配置注解@SpringBootApplication：

```java
@SpringBootApplication
public class Application {
    public static void main(String[] args) {
        SpringApplication.run(Application.class, args);
    }
}
```

（4）编写控制器及业务代码。控制器通过@Controller注解进行标识，如果要返回JSON格式的数据，则可使用@RestController注解实现：

```java
@RestController
public class HelloController {
    @GetMapping("/hello")
    public Map<String, Object> sayHello() {
        Map<String, Object> ret = new HashMap<>();
        ret.put("msg", "success");
        return ret;
```

}
}
　　(5) 启动服务。先通过Maven生成对应的JAR包，然后通过java -jar命令运行JAR包，一个基于Spring Boot的Web应用便创建完成。

如果还需要整合其他功能，如Redis功能，只需在POM文件中引入spring-boot-starter-data-redis（无须指定版本号，其版本号由Spring Boot统一管理），然后配置Redis的地址、端口等，直接通过注入的方式获取RedisTemplate的实例。

对比Spring MVC与Spring Boot的开发流程，可以发现Spring Boot存在诸多优势，举例如下。

- 简化配置：在上述Spring Boot示例中，基本无须编写配置文件。使用Spring Boot可以减少大量的配置工作，尤其是组件之间整合的配置。当然，针对组件本身的参数设置，如服务器端口号、线程数等，Spring Boot也提供了相应的配置方式，如通过classpath下的application.properties或application.yml进行配置。
- 快速部署：基于Spring Boot的Web服务部署，只需直接运行java -jar命令，而无须单独下载和配置Tomcat或其他servlet容器。这主要是因为spring-boot-starter-web内嵌了servlet容器，默认使用Tomcat，也支持Jetty、Undertow。
- 扩展性强：在上面的示例中，为了支持Web服务，在POM文件中引入了spring-boot-starter-web，这是Spring Boot官方提供的一个starter。starter是Spring Boot最核心的功能，Spring Boot通过starter实现自动配置，完成组件与Spring之间的整合。例如，要整合Redis功能，只需引入spring-boot-starter-data-redis。如果官方没有合适的starter，用户可以自定义starter以满足需求。通过starter，用户可以轻松地扩展出所需的自定义功能。下面就通过一个简单的用户自定义starter示例，帮助大家理解Spring Boot的starter原理。

19.1.2　自定义starter

要实现自定义starter，最核心的是实现组件的自动配置。本小节将详细介绍自定义starter的具体步骤。

1. 创建starter项目

首先，我们创建一个普通的Maven项目。需要注意的是，starter的命名最好遵循一定的规范（但并不强制遵循）。Spring Boot官方建议，官方starter以spring-boot-starter-***方式命名，而第三方starter则以***-spring-boot-starter方式命名，因此，这里将示例项目命名为hello-spring-boot-starter。自动配置功能是基于Spring Boot实现的，需要引入Spring Boot的JAR包。其POM文件配置如下：

```xml
<parent>
    <artifactId>spring-boot-starter-parent</artifactId>
    <groupId>org.springframework.boot</groupId>
    <version>2.7.18</version>
</parent>
<dependencies>
    <dependency>
        <groupId>org.springframework.boot</groupId>
        <artifactId>spring-boot-starter</artifactId>
    </dependency>
</dependencies>
```

2. 实现业务功能

具体业务功能可以根据个人需要实现。作为演示，这里只实现了一个比较简单的功能。该类的实现与Spring没有直接的联系，只是一个普通的Java类：

```java
public class HelloService {

    private String msg;

    public HelloService(String msg) {
        this.msg = msg;
    }

    public String sayHello(String name) {
        return name + ":" + msg;
```

3. 实现自动化配置

Spring Boot的自动化配置是通过Conditional注解实现的。Spring Boot提供了多种类型的Conditional注解，常见的Conditional注解如表19.1所示。

表19.1 常见Conditional注解

注解	说明
@ConditionalOnBean	当前Spring容器中存在某个bean时实例化
@ConditionalOnClass	当前classpath存在某个类时实例化
@ConditionalOnProperty	当前Spring容器中存在某个属性时实例化
@ConditionalOnWebApplication	当前项目为Web项目时实例化
@ConditionalOnMissingBean	当前Spring容器中缺少某个bean时实例化

上述实现的业务功能需要传递一个参数msg。下面代码实现的功能是，如果配置文件中存在hello.msg属性，就实例化HelloService：

```java
@Configuration
@ConditionalOnProperty(prefix = "hello", name = "msg")
public class HelloAutoConfig {

    @Value("${hello.msg}")
    private String msg;

    @ConditionalOnMissingBean(HelloService.class)
    @Bean
    public HelloService helloService() {
        return new HelloService(msg);
    }
}
```

这里使用了两个Conditional类型的注解。@ConditionalOnProperty注解指定只有存在hello.msg属性时才会执行该类中相关的操作。该注解也可以用在方法上，表示存在对应属性时才执行该方法。@ConditionalOnMissingBean注解是在Spring容器中没有HelloService类的实例时才执行该方法。这样一个简单的自动配置类就完成了，其功能是在有hello.msg属性且Spring容器中不存在其他HelloService实例时，在Spring容器中生成HelloService实例对象。

4. 打包发布

在打包发布之前，还需要做最后一项配置，即在资源目录下创建META-INF/spring.factories文件，并且添加以下内容：

```
org.springframework.boot.autoconfigure.EnableAutoConfiguration=\
com.example.springboot.starter.config.HelloAutoConfig
```

Spring Boot会自动加载META-INF/spring.factories中的配置类，以实现组件的自动配置功能。然后将其打包部署到Maven仓库。至此，一个自定义的starter就开发完成了。

5. 使用starter

下面通过一个Spring Boot的Web工程来验证上述功能。首先，在pom.xml文件中引入spring-boot-starter-web以及上述开发的hello-spring-boot-starter，代码如下：

```xml
<dependencies>
    <dependency>
        <groupId>org.springframework.boot</groupId>
        <artifactId>spring-boot-starter-web</artifactId>
    </dependency>
    <dependency>
        <groupId>com.example</groupId>
        <artifactId>hello-spring-boot-starter</artifactId>
        <version>1.0-SNAPSHOT</version>
    </dependency>
</dependencies>
```

按之前的实现，还需要在application.yml中指定配置项hello.msg，这里设置值为"你好！"。然后新建一个控制器类调用HelloService的功能：

```
@RestController
public class HelloController {
    @Autowired
    private HelloService helloService;

    @GetMapping("/springboot/starter/hello")
    public String sayHello(String name){
        return helloService.sayHello(name);
    }
}
```

加粗部分的代码表示自动注入HelloService实例，并调用其sayHello()方法。最后，启动Spring Boot服务，并访问/springboot/starter/hello?name=liuxiaopeng，输出结果如下：

liuxiaopeng:你好!

从输出结果可知，我们已经成功完成了自定义starter功能。在使用该starter的工程中，除了必要的配置项hello.msg，并没有针对HelloService做其他配置，但是我们可以正常使用其实例，这体现了Spring Boot的自动配置能力。

19.2 Spring Boot配置详解

Spring Boot可以简化大量的配置工作，但是有些配置是无可避免的，如数据库地址、服务器端口号等。本节将详细介绍Spring Boot的配置管理。

19.2.1 配置文件读取

Spring Boot默认读取classpath下名为application的配置文件，支持Properties和YAML两种格式。Properties是Java常用的一种配置文件，文件扩展名为.properties，以"键=值"的形式存储数据。例如，Tomcat配置项，在application.properties文件中的存储格式如下：

```
server.port=8082
server.tomcat.threads.max=200
server.tomcat.accept-count=1000
```

YAML是一种方便人类读写的数据格式，文件扩展名为.yml或.yaml，通过缩进表示层级关系，除了支持普通的纯值（如字符、数字、日期等），还支持数组、对象。以Tomcat的配置项为例，在application.yml文件中的存储格式如下所示：

```
server:
   port: 8092
   tomcat:
      accept-count: 1000
      threads:
         max: 200
```

相比于Properties文件，YAML的可读性更强，支持的数据结构也更丰富，因此后续的示例都通过YAML进行配置。

Spring Boot默认读取文件application.yml，但是也可以在运行时指定文件名。如果配置文件是在classpath下，则可以在启动Spring Boot服务的命令行中，通过参数--spring.config.name=$fileName来指定读取的文件，其中$fileName代表配置文件的名称。如果配置文件不在classpath下，则通过命令行参数--spring.config.location=$fileName来指定，其中$fileName为文件的路径名，可以是绝对路径，也可以是相对路径。

各个组件都有自己的配置项，如Tomcat可以配置连接数、端口等，数据库可以配置用户名、密码、连接数等，具体的配置项可以在Spring Boot官网上查询。

19.2.2 自定义配置属性

除了使用Spring Boot内置的配置项，实际应用中往往还需要使用自定义配置项，本小节将介绍常见的自定义配置项的读取方式。先在application.yml中增加如下配置项，然后通过不同的方式来读取该配置文件：

```yaml
test-config:
    name: user01
    password: 123456
```

1. 通过@Value注解读取

通过@Value注解可以直接读取application.yml中的属性值。该注解可以加载在成员属性上或者对应的setter()方法上。需要注意的是，服务启动时，会自动注入@Value对应的属性，如果发现配置文件中未配置该属性，则会抛出java.lang.IllegalArgumentException异常，从而导致服务启动失败。该问题可以通过设置默认值来解决，即在属性名后加冒号和对应的默认值，如果冒号后面为空，则表示默认为空字符串。看下面这个示例：

```java
@Value("${test-config.name:liuxiaopeng}")
private String name;
@Value("${test-config.password:}")
private String password;
```

在以上代码中，通过注解@Value读取配置文件，并设置name属性的默认值为liuxiaopeng，password默认为空字符串。

2. 通过@ConfigurationProperties注解读取

将注解@Value用于单个属性的读取比较简单、直观，但是如果属性较多，配置起来就比较烦琐了。为了避免这个问题，可以通过注解@ConfigurationProperties把前缀相同的属性自动注入对象属性。对于上述配置文件，看下面的示例：

```java
@Configuration
@ConfigurationProperties(prefix="test-config")
public class UserConfig {
    private String name;
    private String password;

    //getter()和setter()方法
}
```

在以上代码中，通过注解@ConfigurationProperties的prefix属性指定具体的前缀，@Configuration注解将该类注入Spring容器。也可以用注解@Component等实现该功能，不过使用@Configuration含义更明确。除展示的代码，还必须为对应的属性添加getter()和setter()方法。

3. 通过@ConfigurationProperties和@PropertySource注解读取

注解@ConfigurationProperties只能注入application.yml或application.properties中的属性，因此如果要把自定义配置项定义在一个单独的配置文件中，就需要注解@PropertySource的配合了。该注解可以指定具体加载的配置文件。需要注意的是，注解@PropertySource只能加载Properties文件，不能加载YAML文件。例如，先在resources目录下新增一个test.properties文件，并添加下述配置项：

```
test-config.name=user01
test-config.password=123456
```

然后可以通过注解@PropertySource指定要加载的文件，同样，需要添加注解@Configuration来向Spring容器中注入该类，并通过注解@ConfigurationProperties的prefix属性指定具体的前缀。其实现如下：

```java
@Configuration
@PropertySource("classpath:test.properties")
@ConfigurationProperties(prefix="test-config")
public class UserConfig02 {
    private String name;
    private String password;

    //getter()和setter()方法
}
```

以上介绍的3种方式都可以读取自定义配置项，具体采用哪种方式，读者可以根据实际情况决定。

19.2.3 多环境配置

在实际开发中，往往会有多个环境，如开发环境、测试环境和生产环境等。不同环境下配置文件往往是不相同的，如测试环境的数据库地址、缓存地址，与生产环境相应的地址一般是不同的。这就需要读取配置文件的功能可以支持不同的环境。在Spring Boot以前，通常采用Maven来实现多环境配置，有兴趣的读者可以自行访问其官网查阅Maven多环境配置的实现方式。本小节主要讲解如何通过Spring Boot实现多环境配置。

要实现多环境配置，需要解决两个问题：如何存储不同环境的配置项、如何读取对应环境的配置项。对于第一个问题，Spring Boot提供了两种解决方案，第一种方案是所有配置项都写在application.yml中，通过"---"分割不同环境的配置项，再用spring.profiles来标识不同的环境，每个环境会继承分割线前面的配置内容，如果有相同的配置项则进行覆盖。看下面的示例：

```yaml
test-config:
    name: user01
    password: 123
---
spring:
    profiles: dev
test-config:
    password: 123456
---
spring:
    profiles: test
test-config:
    password: 111111
```

上述配置文件中指定了dev和test两个环境的配置项，这两个环境都会继承分割线之前的配置项test-config.name的值，并且覆盖配置项test-config.password的值。

除了上述方式，Spring Boot还支持为不同环境创建不同的配置文件，文件命名格式为aplication-$env.yml或aplication-$env.properties。其中，$env标识不同的环境，如对开发环境创建名称为aplication-dev.yml的配置文件，而对测试环境则创建aplication-test.yml文件。这种方式下，每个环境都会继承application.yml或application.properties中的属性。如果有相同的配置项，则同样进行覆盖。

解决了不同环境配置项的存储问题后，再看一看如何读取对应环境的配置。Spring Boot提供了3种方式读取指定环境的配置项，分别介绍如下。

- 在配置文件aplication.yml中，通过spring.profiles.active属性指定要读取的环境配置，如要读取test环境的配置，其实现如下：

```yaml
spring:
    profiles:
        active: test
```

- 通过命令行参数 -Dspring.profiles.active指定要读取的环境配置，其中-D参数是JVM设置系统属性的参数，可以通过System.getProperty()方法获取。其完整命令如下：

```
java -Dspring.profiles.active=test -jar chapter19-spring-boot-config-1.0.0.RELEASE.jar
```

- 通过命令行参数 --spring.profiles.active指定要读取的环境配置，其中"--"类型参数是Spring Boot特有的参数，与在application.yml配置的效果一致，同样可以通过注解@Value等方式自动注入。需要注意的是，如果让该类型的参数生效，需要在Sping Boot的启动方法SpringApplication.run()中传递main()方法的参数，否则所有的"--"类型参数都会失效。其完整命令如下：

```
java -jar chapter19-spring-boot-config-1.0.0.RELEASE.jar --spring.profiles.active=test
```

以上3种读取环境配置的方式的优先级不同，通过命令行参数 --spring.profiles.active指定要读取的环境配置的优先级最高，其次是通过命令行参数 -Dspring.profiles.active指定要读取的环境配置，而在配置文件中指定要读取的环境配置的优先级最低。

19.3 手动实现Spring Boot与Flowable的集成

通过前面的介绍，读者应该对Spring Boot的使用及原理已经有了初步了解。本节将介绍Spring Boot与Flowable的集成，实现一个基于Spring Boot的工作流引擎Web服务。Spring Boot与Flowable的集成主要分为以下3个步骤：

（1）将Flowable的配置文件交由Spring Boot管理；
（2）将MyBatis、Flowable与Spring Boot进行整合；
（3）通过Spring Boot管理工作流引擎实例。

19.3.1　通过Spring Boot配置工作流引擎

Flowable工作流引擎的配置主要通过ProcessEngineConfiguration及其子类ProcessEngineConfigurationImpl完成。这可以通过配置文件进行配置。默认情况下，Flowable会加载classpath下的flowable.cfg.xml中id为processEngineConfiguration的bean作为配置类ProcessEngineConfiguration的实例对象，相关配置项也会自动注入该实例对象中。配置文件flowable.cfg.xml的内容如下：

```xml
<bean id="processEngineConfiguration"
    class="org.flowable.engine.impl.cfg.StandaloneProcessEngineConfiguration">
    <property name="jdbcUrl" value="jdbc:h2:mem:flowable;DB_CLOSE_DELAY=1000" />
    <property name="jdbcDriver" value="org.h2.Driver" />
    <property name="jdbcUsername" value="sa" />
    <property name="jdbcPassword" value="" />
    <property name="databaseSchemaUpdate" value="true" />
</bean>
```

需要注意的是，除了flowable.cfg.xml这个文件名称是固定的，bean的id值processEngineConfiguration也是固定的。否则，通过ProcessEngines.getDefaultProcessEngine()获取默认工作流引擎或通过ProcessEngineConfiguration.createProcessEngineConfigurationFromResourceDefault()方法创建配置类实例时会抛出异常。如果要自定义配置文件名称和id，可以通过以下方式实现：

```java
ProcessEngine customProcessEngineAndBeanName = ProcessEngineConfiguration
        .createProcessEngineConfigurationFromResource("custom.cfg.xml","customConfig")
        .buildProcessEngine();
```

除了通过配置文件的方式配置工作流引擎，还可以通过编程的方式配置工作流引擎，如手动创建ProcessEngineConfiguration实例，再调用其set()方法设置对应的选项：

```java
ProcessEngineConfiguration configuration =
        ProcessEngineConfiguration.createStandaloneProcessEngineConfiguration();
configuration.setJdbcDriver("org.h2.Driver" );
configuration.setJdbcPassword("");
configuration.setJdbcUrl("jdbc:h2:mem:flowable;DB_CLOSE_DELAY=1000");
configuration.setJdbcUsername("sa");
configuration.setDatabaseSchemaUpdate("true");
configuration.setProcessEngineName("code-config-engine");
ProcessEngine processEngine = configuration.buildProcessEngine();
```

了解了Flowable自身的配置方式后，再来看一看如何通过Spring Boot配置Flowable工作流引擎。最简单的方式是在application.yml中添加相应的配置项，然后通过@Value注解读取配置项，通过编程配置工作流引擎，如首先在application.yml中加入以下配置：

```yaml
flowable:
    jdbcUrl: jdbc:h2:mem:flowable;DB_CLOSE_DELAY=1000
    jdbcDriver: org.h2.Driver
    jdbcUsername: sa
    jdbcPassword:
    databaseSchemaUpdate: true
```

然后通过注解@Value读取上述配置项，并通过编程实现工作流引擎的配置，其实现如下：

```java
@Value("${flowable.jdbcUrl}")
private String jdbcUrl;
@Value("${flowable.jdbcDriver}")
private String jdbcDriver;
@Value("${flowable.jdbcUsername}")
private String jdbcUsername;
@Value("${flowable.jdbcPassword}")
private String jdbcPassword;
@Value("${flowable.databaseSchemaUpdate}")
private String databaseSchemaUpdate;
```

```
@Bean
public ProcessEngine createProcessEngine(){
    ProcessEngineConfiguration configuration =
            ProcessEngineConfiguration.createStandaloneProcessEngineConfiguration();
    configuration.setJdbcDriver(jdbcDriver );
    configuration.setJdbcPassword(jdbcPassword);
    configuration.setJdbcUrl(jdbcUrl);
    configuration.setJdbcUsername(jdbcUsername);
    configuration.setDatabaseSchemaUpdate(databaseSchemaUpdate);
    ProcessEngine engine = configuration.buildProcessEngine();
    return engine;
}
```

完成以上配置之后，就将Flowable配置项委托给Spring Boot管理了。这种方式有一个缺点：需要为每个配置项添加成员属性，并通过注解@Value获取值。这个问题可以通过前缀实现属性的自动注入（参见19.2.2小节）的方式来解决，这里可以通过该方式简化配置：先定义一个配置类，继承ProcessEngineConfigurationImpl类，并通过注解@ConfigurationProperties指定对应配置的前缀，这样只需配置项与ProcessEngineConfigurationImpl对应属性的名称一致，即可实现自动注入。对于上述配置文件，配置类的实现如下：

```
@Configuration
@ConfigurationProperties(prefix = "flowable")
public class SpringbootProcessEngineConfiguration extends ProcessEngineConfigurationImpl {

    @Override
    public CommandInterceptor createTransactionInterceptor() {
        return null;
    }
}
```

以上代码段中的加粗部分表示读取application.yml或application.properties文件中前缀为flowable的配置项。最后，通过该配置类实现工作流引擎实例的创建：

```
@Bean
public ProcessEngine
createProcessEngineByConfig(SpringbootProcessEngineConfiguration configuration){
    ProcessEngine engine = configuration.buildProcessEngine();
    return engine;
}
```

这种方式也可以实现通过Spring Boot管理Flowable配置文件的功能，且该方式更加简单、方便。

19.3.2 Flowable、MyBatis与Spring Boot整合

Flowable通过MyBatis进行数据库相关操作。MyBatis最核心的配置包括数据源和映射文件。在Flowable中，数据源的配置项由配置类ProcessEngineConfiguration提供，而映射文件的配置信息则存储在org/flowable/db/mapping/mappings.xml文件中。Flowable与Spring Boot集成后，需要通过Spring Boot管理数据源，对Flowable原有映射文件及自定义映射文件提供支持。本小节将介绍Flowable、MyBatis和Spring Boot的集成。

MyBatis与Spring Boot的集成可以直接使用mybatis-spring-boot-starter实现：首先引入对应的JAR包，然后在Spring Boot配置文件中通过mapper-locations指定映射文件的位置，最后在Spring Boot启动类上通过注解@MapperScan指定需要扫描的数据访问接口路径。

对于MyBatis、Spring Boot与Flowable三者的集成，只需将Flowable数据源和事务管理委托给Spring Boot管理。可以通过Spring Boot配置数据源，然后由工作流引擎调用对应的数据源。为了支持Spring事务，MyBatis需要先指定事务管理方式为MANAGED，表示通过容器来管理事务，而非使用MyBatis自身的事务机制，这可以通过ProcessEngineConfiguration的transactionsExternallyManaged属性配置实现。另外，需要将数据源包装成TransactionAwareDataSourceProxy。其最终实现如下：

```
@Configuration
public class SpringBootProcessEngineAutoConfig {
    @Bean
    public ProcessEngine
    createProcessEngineByConfig(
            SpringbootProcessEngineConfiguration configuration, DataSource dataSource){
        configuration.setTransactionsExternallyManaged(true);
```

```
        configuration.setDataSource(new TransactionAwareDataSourceProxy(dataSource));
        ProcessEngine engine = configuration.buildProcessEngine();
        return engine;
    }
}
```

完成上述配置后，就可以通过注解@Transactional开启事务了。

19.3.3 通过Spring Boot管理工作流引擎

在完成工作流引擎配置后，最后一步就是通过Spring Boot管理工作流引擎。工作流引擎本质上就是ProcessEngine的一个实例化对象，因此通过Spring Boot管理工作流引擎，实际上就是将ProcessEngine实例化对象注入Spring IoC容器中。在Spring Boot中，直接通过注解@Bean就能完成对象的注入。除ProcessEngine实例对象，Flowable工作流引擎中还包含7个常用的服务对象，如TaskService用于任务管理，可以查询待办、办理任务等；RepositoryService用于流程的部署、流程定义的查询等。这些对象都可以通过ProcessEngine对象获取。为了方便操作，也将其注入Spring容器中。其实现如下：

```
@Configuration
public class SpringBootProcessEngineAutoConfig {
    @Bean
    public ProcessEngine
            createProcessEngineByConfig(SpringbootProcessEngineConfiguration configuration,
            DataSource dataSource) {
        configuration.setTransactionsExternallyManaged(true);
        configuration.setDataSource(new TransactionAwareDataSourceProxy(dataSource));
        return configuration.buildProcessEngine();
    }

    @Bean
    public TaskService taskService(ProcessEngine processEngine) {
        return processEngine.getTaskService();
    }

    @Bean
    public RepositoryService repositoryService(ProcessEngine processEngine) {
        return processEngine.getRepositoryService();
    }

    @Bean
    public FormService formService(ProcessEngine processEngine) {
        return processEngine.getFormService();
    }

    @Bean
    public IdentityService identityService(ProcessEngine processEngine) {
        return processEngine.getIdentityService();
    }

    @Bean
    public RuntimeService runtimeService(ProcessEngine processEngine) {
        return processEngine.getRuntimeService();
    }

    @Bean
    public HistoryService historyService(ProcessEngine processEngine) {
        return processEngine.getHistoryService();
    }

    @Bean
    public ManagementService managementService(ProcessEngine processEngine) {
        return processEngine.getManagementService();
    }
}
```

通过上述步骤，就实现了Spring Boot与Flowable的集成。实际上，Flowable官方提供了Spring Boot starter(flowable-spring-boot-starter)用于完成两者的集成。接下来通过Flowable官方提供的flowable-spring-boot-starter来实现Spring Boot与Flowable之间的集成。

19.4 通过官方starter实现Spring Boot与Flowable的集成

通过Flowable官方的starter实现Spring boot与Flowable的集成，首先需要在pom.xml中引入对应的依赖，实现如下：

```xml
<dependency>
    <groupId>org.flowable</groupId>
    <artifactId>flowable-spring-boot-starter</artifactId>
    <version>6.8.0</version>
</dependency>
```

引入依赖后，还需在.yml文件中配置相应的选项，其配置项以flowable为前缀，如历史数据级别、数据库表创建策略、异步任务启动等：

```yaml
flowable:
    history-level: AUDIT
    database-schema-update: false
    async-executor-activate: true
```

需要注意的是，flowable-spring-boot-starter中，会使用Spring的数据源作为Flowable的数据源。因此，不提供单独配置数据源的配置项，直接配置Spring的数据源即可，如使用MySQL作为Flowable的数据库，其配置如下：

```yaml
spring:
    datasource:
        url: jdbc:mysql://localhost:3306/flowable_core?useSSL=false&characterEncoding=UTF-8
        driver-class-name: com.mysql.jdbc.Driver
        username: root
        password: 123456
```

通过上述步骤，就实现了Spring Boot与Flowable的集成。也就是在Spring的IoC容器中能获取ProcessEngine、RuntimeService、RepositoryService等工作流引擎相关实例，通过这些实例可以实现对工作流引擎的操作。这里引入的flowable-spring-boot-starter实际上包含4个starter，分别代表Spring Boot与Flowable的4种引擎的集成。

❏ flowable-spring-boot-starter-app，与应用引擎的集成。

❏ flowable-spring-boot-starter-process，与工作流引擎的集成。

❏ flowable-spring-boot-starter-cmmn，与案例管理引擎的集成。

❏ flowable-spring-boot-starter-dmn，与决策引擎的集成。

在实际工作中，不一定需要上述的所有功能，读者可以根据自己的需求自由选择，如只需要工作流引擎，则只需引入flowable-spring-boot-starter-process。

19.5 本章小结

本章先对Spring Boot及starter做了简单的介绍，并通过自定义starter对其原理进行了讲解。此后，对Spring Boot配置文件的读取、自定义配置和多环境配置做了详细的介绍。在此基础上，手动实现了Spring Boot与Flowable的整合，包括配置文件的加载、MyBatis的管理、事务的处理，以及通过Spring Boot管理工作流引擎实例。同时，我们也通过Flowable官网提供的flowable-spring-boot-starter实现Spring Boot与Flowable的集成。可以看到，这比手动集成更加简单。这里之所以讲解手动集成的过程，一方面是为了加深读者对Spring Boot和Flowable集成原理的理解，另一方面是因为flowable-spring-boot-starter无法满足部分特定需求。例如，官方提供的starter是通过命令拦截器来开启事务的，该方式会导致所有查询的Command也开启事务，从而无法自动实现数据库的读写分离，这在请求量较大时，会给主库带来更大的访问压力。因此，读者需要对整个过程有较深入的理解，才能更好地实现业务需求。

第20章 集成外部表单设计器

表单是Web系统与人交互的主要手段之一。Flowable支持为流程中的人工任务添加表单,可以将一个表单指定为由一个或者多个流程参与者、多个会签者或多个抄送方查看和填写。表单设计器可以通过可视化的界面轻松添加各种表单元素、设置布局和样式,以及添加验证规则等,从而快速创建和编辑业务表单。Flowable与表单设计器集成,可以更好地满足业务流程中对表单的需求,提高工作流中数据收集和处理的效率。本章将主要介绍Flowable和外部表单设计器的集成方法。

20.1 Flowable支持的表单类型

表单在BPM中扮演着关键的角色,它是用户与流程进行交互的重要工具。表单通常被用于收集、展示、验证、传递业务流程中所需的数据,这些数据可以包括用户输入的信息、系统生成的数据或者从其他系统或数据库检索的信息。

Flowable支持内置表单和外置表单两种类型的表单。

20.1.1 内置表单

内置表单,又称为动态表单,是Flowable框架中预定义的表单功能。Flowable内置的多种表单元素直接嵌入流程定义BPMN文件,从而构成开始事件或用户任务的表单,以便在流程实例运行时收集和显示用户输入的数据。

以下为一个使用内置表单的流程定义示例:

```xml
<process id="InnerFormProcess" name="内置表单流程" isExecutable="true">
    <startEvent id="startEvent1" flowable:formFieldValidation="true">
        <extensionElements>
            <flowable:formProperty id="leave_start_date" name="请假开始时间" type="date" datePattern=
                "yyyy-MM-dd" required="true"></flowable:formProperty>
            <flowable:formProperty id="leave_end_date" name="请假结束时间" type="date" datePattern=
                "yyyy-MM-dd" required="true"></flowable:formProperty>
            <flowable:formProperty id="leave_reason" name="请假理由" type="string" required="true">
                </flowable:formProperty>
            <flowable:formProperty id="leave_days" name="请假天数" type="long" required="true">
                </flowable:formProperty>
        </extensionElements>
    </startEvent>
</process>
```

以上示例中,只保留了一个开始事件,省略了其他元素。在startEvent1节点的扩展元素下有4个通过flowable:formProperty标签配置的表单元素。Flowable内置表单支持多种字段类型,如文本、日期、选择框等,允许用户根据实际需求自定义表单结构和字段。Flowable内置表单与Flowable的工作流引擎紧密集成,可以在流程定义中直接定义表单,实现了流程与表单的无缝衔接。Flowable提供了一系列内置表单相关的接口,可以方便地获取和保存表单数据。

需要注意的是,Flowable 内置表单虽然方便易用,但是这种将表单与流程元素混合在一起的做法,配置和维护的成本比较高。并且Flowable内置表单默认支持的表单元素有限,在一些复杂的场景下无法满足需求。在实际应用中,更多的是使用外置表单。

20.1.2 外置表单

外置表单是Flowable支持的另外一种表单方式,允许开发者在流程定义之外单独定义表单。然后,在流程定义中配置开始事件或用户任务绑定的表单名称（form key），实际运行时通过Flowable提供的API读取用户任务对应的表单内容并输出到页面。

以下为一个使用外置表单的流程定义示例：

```
<process id="OuterFormProcess" name="外置表单流程" isExecutable="true">
    <startEvent id="startEvent1" flowable:formKey="leave_apply_form"></startEvent>
</process>
```

以上示例中只保留了一个开始事件，省略了其他元素。startEvent1节点的flowable:formKey属性配置了表单名称leave_apply_form，表单的内容是独立于流程定义之外的。

在Flowable中，外置表单支持使用JSON或HTML两种格式来定义，这两种格式为用户提供了灵活的方式来描述和呈现表单的结构、布局和属性。JSON提供了结构化的数据描述方式，而HTML则提供了丰富的界面和布局选项。在前后端分离的开发架构中，通常推荐使用JSON格式来定义Flowable的外置表单，这是因为JSON格式更适合作为前后端之间数据交换的媒介。

简单的外置表单定义可以手动创建和编辑，但是实际应用中绝大部分表单需要通过专门的表单设计器来创建和编辑。表单设计器提供了可视化的界面，可以通过拖曳的方式配置各种表单元素，如文本框、下拉列表、复选框等，从而快速地创建业务表单。此外，表单设计器一般还提供表单布局调整、表单验证、表单提交等功能，使得用户能够轻松地管理和处理表单数据。

20.2 表单数据存储方案简介

在开始介绍Flowable集成外部表单设计器之前，先简单介绍一下4种常见的表单数据的存储方案。因为表单数据的存储方案决定了表单数据的解析方案。在实际业务中，流程伴随着各种各样的表单，因为每个应用所需的表、字段以及关系都是不一样的，所以表单数据的存储一直是个难题。常见的有4种表单数据存储方案都有自己的优缺点。在实际应用中，需要结合具体的需求，综合考虑各个因素，包括数据的规模、访问频率、安全性、成本、技术栈、兼容性等，选择最适合的表单数据存储方案。

20.2.1 动态建表存储方案

在传统的软件开发模式中，表单往往与数据库的物理表结构紧密相关。每个表单都对应着数据库中的一个或多个表，而表单中的每个字段则对应着表中的列。当表单元素发生变化时，比如增加了一个新的输入框或者删除了一个选项，就需要相应地修改数据库表的结构。如果想要实现自动化修改数据表结构，通常涉及数据库的DDL操作，如ALTER TABLE命令，用于添加、删除或修改列。

这种方案在一些早期或特定的应用场景中很常见。其优点在于表单数据的直观性和结构性。每个表单都有自己的数据存储空间，数据模型清晰明了，便于开发者理解和维护。此外，这种方案的查询性能高，可以方便地与报表、数据可视化系统对接。

然而，随着软件系统的日益复杂和灵活，传统的表单与物理表映射方案逐渐暴露出其局限性。

首先，该方案实施成本较高。因为如果需要支持多种数据库系统，如Oracle、MySQL、达梦数据库等，由于每种数据库都有其独特的语法和方言，需要针对每种不同的数据库编写相应的DDL语句。

其次，该方案在执行DDL操作时面临挑战。部分数据库在执行如添加字段等DDL操作时会对表进行锁定，这会对正在运行的业务产生影响。因此，执行DDL操作时需要避开业务高峰期，以减少对业务的干扰。

此外，该方案还存在安全风险。执行DDL操作需要相应的账号拥有创建用户和执行DDL操作的权限，而这在许多公司中是不被允许的，因为出于对数据完整性和系统安全的考虑，线上账号通常不会被授予如此高的权限。

20.2.2 数据宽表存储方案

为了解决DDL动态增加字段的问题，一种常见的做法是在数据库表中预留空白字段，也称为数据宽表。这种方法的基本思想是在表设计初期就预先定义一些额外的字段，这些字段在初始状态下可能并不使用，但随着业务需求的变化，它们可以被用来动态地存储新的数据。另外，还需要一个元数据表用来记录表单字段数据的存放位置。

使用数据宽表存储方案可以避免频繁进行DDL操作，由于不需要每次添加新字段时都修改表结构，可以减少DDL操作的频率，从而降低锁表的风险和对业务的影响。当业务需求发生变化时，可以通过使用预留的空白字段来快速适应这些变化，大大提高了灵活性。

然而，数据宽表存储方案也有其缺点，比如预留的空白字段可能长期不被使用，从而导致数据库空间的浪费。随着预留字段的增加，数据宽表结构会变得复杂且难以管理。数据查询也会面临诸多的困难，每次查询前都需要先查询元数据信息，然后再去查询真正的数据。预留字段的类型只能是字符串，所以对于日期、数字等其他类型的数据，在读取和写入时需要根据数据类型进行转换。

20.2.3 使用Key/Value格式存储方案

表单数据采用Key/Value格式存储也是一种常见的方法，在这种方法中，每个表单元素都被表示为一个键值对，其中键（Key）是表单元素的唯一标识符，而值（Value）是与该键相关联的表单数据。这种方法可以在不修改表结构的情况下，根据需要添加、删除或修改表单字段。与数据宽表存储方案相比，采用Key/Value格式存储只占用必要的空间，不会造成大量的空间浪费，是一种灵活且可扩展的解决方案。

然而，使用Key/Value格式存储的表单数据也存在一些缺点和挑战。与结构化数据相比，基于Key/Value的查询效率较低。尤其是在处理大量数据时，需要优化查询策略以提高性能。对于结构化数据，数据库通常提供索引和搜索功能。但在Key/Value格式存储中，这些功能可能需要额外实现。

在Flowable中流程变量就是以Key/Value格式存储在数据库中的。因此，采用这种方案可以把表单数据作为流程变量的一部分来处理。当表单被提交时，表单字段的名称可以作为流程变量的键，而字段的值则作为流程变量的值。这样表单数据就被转换成了Key/Value格式的流程变量，存储在Flowable的变量表中。

20.2.4 文档型数据库存储方案

采用文档型数据库存储表单数据也是一种灵活且适应性强的方法。文档型数据库（如MongoDB）以文档的形式存储数据，每个文档都可以包含不同的字段和值，类似于JSON对象。这种存储方式非常适合处理表单数据，因为它允许每个文档具有不同的结构，同时保持了数据的灵活性和可扩展性。文档型数据库通常提供丰富的查询功能，允许通过字段名和值来检索文档。这使得查询表单数据变得简单高效，即使数据结构有所不同。

然而，该方案也有显著的缺点。文档型数据库通常遵循BASE（基本可用、软状态、最终一致性）理念，而不是ACID（原子性、一致性、隔离性、持久性）原则，在需要强一致性的复杂业务场景中，文档型数据库可能不如关系型数据库可靠。另外，尽管文档型数据库提供了丰富的查询功能，但执行复杂查询，特别是跨多个文档或集合的查询，可能不如关系型数据库高效。在文档型数据库中，数据模型的设计至关重要。不恰当的设计可能导致数据冗余、难以维护和查询效率低下。与关系型数据库相比，文档型数据库的工具和生态系统可能还不够成熟，在国内的发展比较缓慢，这可能会影响开发、管理和维护的便利性。

由于篇幅有限，本节只简单介绍一下4种表单数据的存储方案。本章示例在表单数据存储格式的问题上，选用了第三种方案Key/Value格式来存储表单数据，这样可以直接使用Flowable已有的功能，减少一些额外的开发工作。

20.3 集成外部表单设计器

Flowable的官方示例项目flowable-ui.war中自带的表单设计器提供了可视化的界面，用户能够通过拖放和配置表单元素来快速创建表单。但是它支持的表单元素相对较少，对一些复杂的表单需求可能无法完全满足。另外，Flowable自带的表单设计器可能无法提供足够的定制选项，对于需要高度定制化表单的用户来说可能不够灵活。

这里介绍一种为Flowable集成外部表单设计器的方案。外部表单设计器通常专注于表单设计，提供了更加专业的表单元素、布局和样式设置，以及用户友好的交互界面。这有助于提升表单设计的专业性和用户体验，使得流程参与者能够更轻松地与表单进行交互。通过集成外部表单设计器，Flowable可以充分利用外部工具提供的丰富功能和灵活性，从而满足更广泛的表单设计需求。

目前市面上有许多优秀的开源表单设计器，在进行表单设计器技术选型时需要考虑多方面因素，包括：
- 技术栈，首先需要确定项目的主要技术栈，比如是否使用React、Vue等主流的前端框架，也可以根据团队的技术储备来综合考虑；
- 功能性，表单设计器支持的表单元素种类，以及是否支持表单验证、数据绑定、页面布局、动态渲染等；
- 易用性，表单设计器应该具备简洁易用的界面和操作流程，方便用户快速创建和编辑表单；
- 扩展性，表单设计器可以支持自定义组件和扩展功能，以满足不同项目的需求；
- 文档与社区，完善的文档和开源社区的活跃度。

基于以上多方面因素考虑，当前有多款开源和商业版的外部表单设计器可供选择。本章以XRender表单设计器为例来介绍与Flowable的集成。XRender是由阿里巴巴旗下的飞猪内部孵化出的一款开源表单产品，目前已经在阿里飞猪内部服务了多年，许多知名公司也都在使用这款产品。它封装了FormRender、TableRender、ChatRender、SchameBuilder等组件，可以实现表单、表格、图表组件的开箱即用，其中SchameBuilder是一款表单生成器，能以拖曳的形式快速设计表单，设计完成后可以导出JSON格式的表单模型，该模型可以在FormRender中完整显示。

本章接下来的内容将以XRender为例来讲解Flowable和外部表单设计器的集成方法。读者如果需要选用其他的开源表单设计器进行集成，方法是相通的。

本章示例项目采用了前后端分离的开发模式。前端项目选用React框架，后端选用SpringBoot框架。本节主要讲解前端项目React集成XRender表单设计器的过程，主要分为以下4个步骤：

（1）创建React工程；
（2）定义前后端交互接口；
（3）创建视图页面；
（4）配置页面路由。

20.3.1 创建React工程

XRender是基于React.js框架开发的。React是一个用于构建用户界面的JavaScript库，起源于Facebook的内部项目，是目前受欢迎的前端框架之一。本章示例中的前端代码也是基于React.js框架开发的。

1．准备工作

在创建工程之前需要确保安装好JavaScript的运行时环境Node.js。读者可以从Node.js官网根据操作系统的版本选择对应的安装包下载。下载完成后，双击安装包开始安装，安装包提供了可视化界面，按照操作指引完成安装即可。

可以通过在命令行窗口输入node –v命令来验证是否成功安装了Node.js。如果显示了版本号，说明安装成功。本书选用的Node版本为20.11.0。

2．创建React项目

打开命令行窗口，通过cd命令切换到想要创建项目的目录下，然后执行以下命令，创建一个新的React项目：

```
npx create-react-app chapter20-ui --template typescript
```

该命令使用的是Create React App脚手架创建的一个新的React项目，项目名称为chapter20-ui，该名称可以自定义。通过template参数指定了使用TypeScript作为默认语言。TypeScript是一种基于JavaScript构建的强类型编程语言，是JavaScript的超集。TypeScript特别适合开发大型、复杂的项目，许多知名的开源项目都在使用TypeScript，本章示例代码也是采用TypeScript编写的。

以上命令执行完后，命令行窗口会输出以下信息：

```
Creating a new React app in /Users/hhq/project/flowable/chapter20-ui.

Installing packages. This might take a couple of minutes.
Installing react, react-dom, and react-scripts with cra-template...

added 1485 packages in 13s

Initialized a git repository.

Installing template dependencies using npm...
```

```
added 69 packages, and changed 1 package in 3s
Removing template package using npm...

removed 1 package in 3s

Created git commit.

Success! Created chapter20-ui at /Users/hhq/project/flowable/chapter20-ui
Inside that directory, you can run several commands:

  npm start
    Starts the development server.

  npm run build
    Bundles the app into static files for production.

  npm test
    Starts the test runner.

  npm run eject
    Removes this tool and copies build dependencies, configuration files
    and scripts into the app directory. If you do this, you can't go back!

We suggest that you begin by typing:

  cd chapter20-ui
  npm start

Happy hacking!
```

接下来，在命令行窗口中先执行cd chapter20-ui命令切换到项目目录下，然后，执行npm start命令运行项目。执行完后，命令行窗口会输出以下信息：

```
Compiled successfully!

You can now view chapter20-ui in the browser.

  Local:            http://localhost:3000
  On Your Network:  http://192.168.0.105:3000

Note that the development build is not optimized.
To create a production build, use npm run build.

webpack compiled successfully
```

浏览器会自动打开新的窗口或新的标签页，通过访问http://localhost:3000地址来访问chapter20-ui项目。

3．项目文件说明

使用Visual Studio Code编辑器打开chapter20-ui项目，可以看到通过Create React App脚手架默认生成了一些项目目录和文件，如图20.1所示。

其中，主要的一些目录和文件的作用分别如下。

- ❑ node_modules目录，存放项目所依赖的第三方包文件。
- ❑ public目录，存放静态资源文件，其中index.html为项目首页的HTML模板。
- ❑ src目录，存放源码文件，其中index.tsx是入口文件，所有的组件都会通过index.tsx载入。App.tsx是默认创建的App组件，App.css是App组件的样式。index.css是全局样式。
- ❑ package-lock.json，记录项目依赖的所有安装包的精确版本信息。
- ❑ package.json，在Node.js项目中起到了至关重要的作用，主要包括项目名称、版本、依赖管理、自定义脚本等。
- ❑ README.md，项目的介绍文件，采用Markdown标记语言编写。
- ❑ tsconfig.json，定义TypeScript编译的选项和需要编译的文件，是TypeScript项目的配置文件。

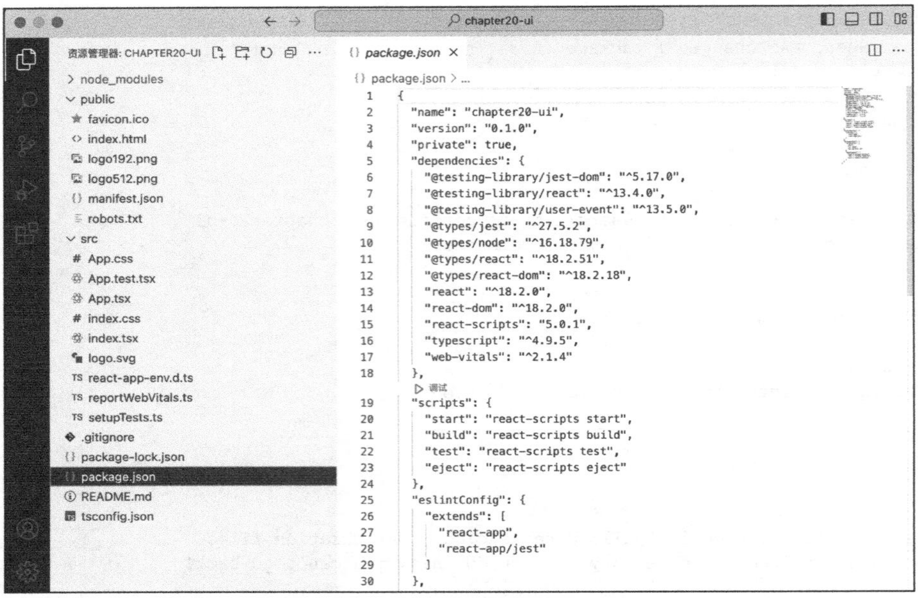

图20.1　自动创建的React项目结构

20.3.2　定义前后端交互接口

chapter20-ui是一个前端项目，主要用于表单设计器的界面展示和用户进行交互，它需要和后端服务进行交互来获取和保存数据。一般为了方便管理会在项目中新建一个目录专门存放和后端交互的代码。例如，可以在src目录下新建一个http子目录，专门用于存放前后端交互的代码。

在React中与后端进行数据交互有多种实现方式，常用的方式是使用Fetch API或Axios库发送HTTP请求。Fetch API是浏览器原生提供的用于发送HTTP请求的API，可以发起GET、POST、PUT、DELETE等请求。而Axios是一个广泛使用的第三方的HTTP客户端库，可以在浏览器和Node.js中运行。使用Axios可以简化接口调用的过程，并提供更多的功能和选项。本章示例选用Axios来进行HTTP交互。

1．安装Axios

首先，需要安装Axios库。在Visual Studio Code中新建终端窗口，执行以下命令：

```
npm install axios --save
```

安装成功后，项目会自动在package.json文件的dependencies中增加对axios的依赖，项目目录node_modules下面也会增加axios组件。

2．配置代理

然后，需要配置跨域访问的代理。前后端分离开发时通常会遇到跨域问题，跨域是指一个域名下的网页去请求另一个域名下的资源，如果跨域请求不加处理直接发送会被浏览器阻止。Axios可通过配置代理来解决跨域问题。

只需要在package.json文件中增加proxy设置，指向后端服务的地址和端口即可，例如：

```
"proxy": "http://127.0.0.1:8080"
```

3．定义接口

接下来，在http子目录中新建一个文件，专门用来集中存放和后端交互的代码，在本章示例中新建了一个http.tsx文件用于存放和后端交互的代码。

为了实现对表单模型的增删改查和流程任务的表单提交功能，在http.tsx中一共定义了7个需要和后端交互的接口。

http.tsx文件的代码如下：

```
import axios from "axios";
//1.表单模型列表查询
```

```
export const searchList = async (params: any) => {
    const { success, data } = await axios.get('/list', { params })
            .then(res => ({ success: true, data: res.data }))
            .catch(() => ({ success: false, data: {} }))
    if (success) {
        console.log('==== query list api success ====');
        return data;
    } else {
        //必须返回data和total
        return {
            data: [],
            total: 0,
        }
    }
};
//2.调用新建模型后端接口
export const addModel = (params: any) => {
    return axios.post('/add', params);
}
//3.调用表单模型json查询接口
export const getModelJson = (modelId: string) => {
    return axios.get('/detail/' + modelId);
};
//4.调用表单模型json保存接口
export const saveModelJson = (modelId: string, modelJson: string) => {
    return axios.post('/save/', { modelId: modelId, modelJson: modelJson })
};
//5.调用表单模型删除接口
export const delModel = (modelId: string) => {
    return axios.delete('/delete/' + modelId);
};
//6.调用任务表单详情查询接口
export const getTaskFormJson = (taskId: string) => {
    return axios.get('/getForm/' + taskId)
};
//7.调用提交表单办理任务接口
export const submitTaskForm = (taskId: string, params: any) => {
    return axios.post('/submit/' + taskId, params)
};
```

以上代码中前5个接口主要用来支持表单模型的增删改查功能，后2个接口分别用来展示流程任务挂载的表单以及通过提交表单来办理任务。

20.3.3 创建视图页面

要集成外部表单设计器，表单模型的管理功能必不可少。为了实现表单模型的增删改查功能，至少需要创建3个视图页面，分别用来进行表单模型列表的展示、表单模型的新建、表单模型的设计。另外，还需要创建一个页面来展示流程的任务表单，可以通过表单界面进行任务办理。为了方便代码的管理，可以在src目录下新建一个views子目录，专门用于存放视图页面相关的代码。

1. 表单模型列表

在chapter20-ui项目中，FormList.tsx这个组件用来展示表单模型列表。该表单模型列表基于XRender的TableRender组件库进行开发，TableRender依赖Ant Design组件库（基于Ant Design设计体系的React UI组件库）。在使用之前，需要先通过npm install命令来安装Ant Design和TableRender。

Ant Design的安装命令如下：

```
npm install antd@4.24.15 --save
```

这里指定安装4.24.15版本的antd，如果不指定版本号，则默认安装最新版本的组件。

TableRender的安装命令如下：

```
npm install table-render --save
```

FormList.tsx文件的代码如下：

```
import React, { useRef } from 'react';
import TableRender, { TableContext, ProColumnsType } from 'table-render';
```

```tsx
import { Button, message } from 'antd';
import { Link, useNavigate } from 'react-router-dom';
import { searchList, delModel } from '../http/http'

const FormList = () => {
    const navigate = useNavigate();
    const [messageApi, contextHolder] = message.useMessage();
    const tableRef = useRef<TableContext>(null);
    //定义表格查询条件
    const schema = {
        type: 'object',
        labelWidth: 70,
        properties: {
            name: {
                title: '表单名称',
                type: 'string'
            },
            key: {
                title: '表单key',
                type: 'string'
            }
        }
    };
    //定义表格列
    const columns: ProColumnsType = [
        {
            title: '表单名称',
            dataIndex: 'name',
        },
        {
            title: '表单key',
            dataIndex: 'key',
        },
        {
            title: '描述说明',
            dataIndex: 'description',
        },
        {
            title: '创建时间',
            key: 'since',
            dataIndex: 'created',
            valueType: 'date',
        },
        {
            title: '操作',
            render: (row: any, record: any) =>
                <>
                    <a onClick={() => editModel(row.id)}>编辑</a> 
                    <a onClick={() => deleteModel(row.id)}>删除</a>
                </>,
        }
    ];
    //点击"编辑"超链接,跳转到表单设计器页面
    const editModel = (modelId: string) => {
        navigate('/designer?modelId=' + modelId);
    }
    //点击"删除"超链接,操作响应
    const deleteModel = (modelId: string) => {
        delModel(modelId)
            .then(response => {
                console.log(response.data);
                delTip(true, response.data);
                //刷新列表
                tableRef.current?.refresh();
            })
            .catch(error => {
                console.log(error.message);
                delTip(false, error.message);
            });
```

```
        }
        //删除后的提示
        const delTip = (success: boolean, message: string): void => {
            messageApi.open({
                type: success ? 'success' : 'error',
                content: success ? '删除成功' : message,
                onClose: () => {
                    console.log('提示关闭');
                    //刷新列表
                },
            });
        }
        //返回列表
        return (
            <div className='x-form'>
                {contextHolder}
                <TableRender ref={tableRef} title='表单模型列表' columns={columns} request={searchList}
                    search={{ schema }} pagination={{ pageSize: 10 }}
                    toolbarRender={
                        <>
                            <Button type='primary'>
                                <Link to='/newform'>新增</Link>
                            </Button>
                        </>
                    }
                />
            </div>
        );
}

export default FormList;
```

以上代码先引入了FormList.tsx依赖的组件库，然后定义了一个名为FormList的方法，在该方法中定义了表单查询条件和表单列，点击编辑、删除操作的响应方法等，该方法最后返回了一个通过TableRender构建的表单模型列表视图页面。

2. 新建表单模型

在chapter20-ui项目中，NewForm.tsx这个组件用来展示新增表单模型页面。该表单模型列表基于XRender的FormRender组件库进行开发。在使用之前，需要先通过npm install命令安装FormRender组件库。

FormRender的安装命令如下：

```
npm install form-render --save
```

NewForm.tsx的代码如下：

```
import React from 'react';
import FormRender, { useForm } from 'form-render';
import { Link, useNavigate } from 'react-router-dom';
import { Button, message } from 'antd';
import { addModel } from '../http/http'

const NewForm = () => {
    const form = useForm();
    const navigate = useNavigate();
    const [messageApi, contextHolder] = message.useMessage();
    //表单schame定义
    const schema =
    {
        "type": "object",
        "properties": {
            "model_key": {
                "title": "表单Key",
                "type": "string",
                "required": true,
                "widget": "input"
            },
            "model_name": {
                "title": "表单名称",
```

```
                        "type": "string",
                        "required": true,
                        "widget": "input"
                    },
                    "description": {
                        "title": "描述说明",
                        "type": "string",
                        "widget": "textArea"
                    }
                }
            },
            "displayType": "row"
        };
        //单击"提交"按钮,添加表单
        const onFinish = (formData: any) => {
            console.log('formData:', formData);
            addModel(formData)
                .then(response => {
                    console.log(response.data);
                    addTip(true, response.data);
                })
                .catch(error => {
                    console.log(error.message);
                    addTip(false, error.message);
                });
        };
        //添加表单模型提示
        const addTip = (success: boolean, message: string): void => {
            messageApi.open({
                type: success ? 'success' : 'error',
                content: success ? '添加成功' : message,
                onClose: () => {
                    console.log('提示关闭');
                    if (success) {
                        //跳转到列表页面
                        navigate('/');
                    }
                },
            });
        }
        //返回表单FormRender
        return (
            <div className='x-form'>
                {contextHolder}
                <div style={{ width: '800px' }}>
                    <FormRender form={form} schema={schema} onFinish={onFinish} maxWidth={360} footer=
                        {true} />
                </div>
            </div>
        );
}

export default NewForm;
```

以上代码首先引入NewForm.tsx依赖的组件库,然后定义一个名为NewForm的方法,在该方法中定义了表单的schema、表单提交的相应方法等,最后返回一个通过FormRender构建的新建表单视图页面。

3. 表单设计页面

在chapter20-ui项目中,FormDesigner.tsx这个组件用来展示表单设计页面。该表单设计页面基于XRender的SchemaBuilder组件库进行开发。在使用之前,需要先通过npm install命令安装SchemaBuilder组件库。

SchemaBuilder的安装命令如下:

```
npm install @xrenders/schema-builder --save
```

FormDesigner.tsx文件的代码如下:

```
import React, { useRef } from 'react';
import SchemaBuilder from '@xrenders/schema-builder';
import { Button, message } from 'antd';
import { Link, useNavigate } from 'react-router-dom';
```

```tsx
import { getModelJson, saveModelJson } from '../http/http'
const FormDesigner = () => {
    const containerRef = useRef<any>(null);
    const navigate = useNavigate();
    const [messageApi, contextHolder] = message.useMessage();
    //创建一个新的 URLSearchParams 实例
    let params = new URLSearchParams(window.location.search);
    //获取参数
    let modelId = params.get('modelId');

    //单击"保存"按钮响应
    const saveFn = {
        onClick: (schema: any) => {
            if (modelId != null) {
                let modelJson = JSON.stringify(schema.properties);
                console.log(modelJson);
                saveModelJson(modelId, modelJson)
                    .then(response => {
                        console.log('==== save model json success ====');
                        saveTip(true, response.data);
                    })
                    .catch(error => {
                        console.error('==== save model json failed ====');
                        saveTip(false, error.message);
                    })
            } else {
                console.error("unknown modelId, save failed.");
            }
        }
    }
    //保存表单模型提示
    const saveTip = (success: boolean, message: string): void => {
        messageApi.open({
            type: success ? 'success' : 'error',
            content: success ? '添加成功' : message,
            onClose: () => {
                console.log('提示关闭');
                if (success) {
                    //跳转到列表页面
                    navigate('/');
                }
            },
        });
    }
    //首次加载完成
    const mountFn = () => {
        if (modelId != null) {
            getModelJson(modelId)
                .then(res => {
                    console.log('表单模型==', res.data)
                    console.log('containerRef==', containerRef.current)
                    //设置表单schema
                    containerRef.current.setValue(res.data)
                })
                .catch(err => {
                    console.error('==== load model json failed ====');
                })
        } else {
            console.error("unknown modelId, load model json failed.");
        }
    }
    //返回表单设计器
    return (
        <div style={{ height: '100vh' }}>
            {contextHolder}
            <SchemaBuilder ref={containerRef} importBtn={true} exportBtn={true} pubBtn={false}
                saveBtn={saveFn} onMount={mountFn} />
        </div>
```

```
    );
};

export default FormDesigner;
```

以上代码首先引入FormDesigner.tsx依赖的组件库,然后定义一个名为FormDesigner的方法,该方法最后返回一个通过SchemaBuilder构建的表单设计器视图页面。FormDesigner方法会从URL中获取modelId参数,当页面首次加载时,会调用获取表单模型JSON数据的http接口,然后,根据返回的表单模型JSON设置表单设计器的值。使得表单模型能在表单设计器的画布区域显示。还定义了单击"保存"按钮相应的方法,该方法会调用保存表单模型JSON的http接口保存数据。

4. 任务表单页面

在chapter20-ui项目中,FormData.tsx这个组件用来展示流程任务关联的表单页面。该表单页面基于XRender的FormRender组件库进行开发。

FormData.tsx的代码如下:

```
import React, { useState } from 'react';
import { message } from 'antd';
import FormRender, { useForm } from 'form-render';
import { getTaskFormJson, submitTaskForm } from '../http/http'

const FormData = () => {
    const form = useForm();
    const [schema, setSchema] = useState({});
    const [messageApi, contextHolder] = message.useMessage();
    //创建一个新的 URLSearchParams 实例
    let params = new URLSearchParams(window.location.search);
    //获取参数
    let taskId = params.get('taskId');
    //默认表单
    const defaultSchema =
    {
        "type": "object",
        "properties": {
            "input": {
                "title": "单行文本",
                "type": "string",
                "widget": "input"
            }
        },
        "displayType": "row"
    };
    //加载表单schema
    const loadFormJson = () => {
        if (taskId != null) {
            //获取任务表单详情
            getTaskFormJson(taskId)
                .then(res => {
                    console.log('res', res)
                    const formJson = res.data["formJson"]
                    console.log('formJson', formJson)
                    //设置表单schema
                    setSchema(formJson);
                    const values = res.data["values"]
                    console.log('values', values)
                    //设置表单内容
                    form.setValues(values);
                })
                .catch(err => {
                    console.error(err.message);
                    setSchema(defaultSchema);
                });
        } else {
            setSchema(defaultSchema);
        }
    }
    //表单首次加载
```

```
const onMount = () => {
    loadFormJson();
}
//提交表单
const onFinish = (formData: any) => {
    console.log('formData:', formData);
    if (taskId != null) {
        submitTaskForm(taskId, formData)
                .then(res => {
                    console.log(res.data);
                    submitTip(true, res.data);
                })
                .catch(err => {
                    console.log(err.message);
                    submitTip(false, err.message);
                });
    }
};
//提交操作提示
const submitTip = (success: boolean, message: string): void => {
    messageApi.open({
        type: success ? 'success' : 'error',
        content: success ? '提交成功' : message,
        onClose: () => {
            console.log('提示关闭');
        },
    });
}
//返回FormRender组件
return (
    <div className='x-form'>
        {contextHolder}
        <div style={{ width: '800px' }}>
            <FormRender form={form} schema={schema} onMount={onMount} onFinish={onFinish}
                maxWidth={360} footer={true} />
        </div>
    </div>
);
};

export default FormData;
```

以上代码首先引入FormData.tsx依赖的组件库，然后定义一个名为FormData的方法，该方法最后返回一个通过FormRender构建的表单视图页面。与新建表单页面不同的是，该表单页面的schema不是静态设置的，而是从后端动态获取的。FormData方法会从URL中获取taskId参数，当页面首次加载时，会调用获取任务表单数据的http接口，然后，根据返回的表单模型JSON和表单变量设置表单schema和显示值。FormData方法中还定义了单击"提交表单"按钮相应的方法，该方法会调用保存提交表单的http接口来办理任务。

20.3.4 配置页面路由

20.3.3小节定义了4个视图页面，在React项目中，要实现页面之间的路由切换，通常通过React Router来实现。React Router是一个用于构建单页面应用的路由管理工具，通过使用React Router，开发者可以轻松地定义页面之间的导航关系，处理页面参数传递，实现路由守卫和权限控制等。

1．安装React Router库

首先需要安装React Router库，可以通过npm来安装：

```
npm install react-router-dom --save
```

在浏览器中运行只需要安装react-router-dom。reac-router-dom的依赖react-router会自动安装，不需要再手动安装。安装成功后，项目会自动在package.json文件的dependencies中增加对react-router-dom的依赖，项目目录node_modules下面也会增加react-router-dom组件。

2．创建路由器

在src目录下新建一个router子目录，用来存放路由定义。在router目录下新建一个index.tsx文件，使用

RouteConfig对路由进行统一管理。

index.tsx文件的代码如下：

```tsx
import { createBrowserRouter } from "react-router-dom";
import FormList from '../views/FormList'
import FormDesigner from '../views/FormDesigner'
import FormData from '../views/FormData'
import NewForm from '../views/NewForm'

const router = createBrowserRouter([
    {
        path: "/",
        element: <FormList />,
    },
    {
        path: "/designer",
        element: <FormDesigner />,
    },
    {
        path: "/formdata",
        element: <FormData />,
    },
    {
        path: "/newform",
        element: <NewForm />,
    },
]);

export default router;
```

以上代码调用createBrowserRouter()方法创建了一个浏览器路由器实例router，这个方法传入了一个路由配置对象数组作为参数，数组包含了应用程序的4个路由配置对象，每个对象表示一个路由规则，包括路径（path）和要渲染的React组件（element）。router定义了4个路由路径分别映射到20.3.3小节创建的4个页面组件上。

3．加载路由器

src目录下的index.tsx是chapter20-ui项目的入口文件，需要在index.tsx中增加router设置。

index.tsx文件的代码如下：

```tsx
import React from 'react';
import ReactDOM from 'react-dom/client';
import './index.css';
import reportWebVitals from './reportWebVitals';
import 'antd/dist/antd.css';
import { RouterProvider } from "react-router-dom";
import router from './router';

const root = ReactDOM.createRoot(
        document.getElementById('root') as HTMLElement
);
root.render(
    <RouterProvider router={router} />
);
reportWebVitals();
```

以上代码中加粗部分引入了RouterProvider组件和上一步定义的路由器实例router。然后，定义了一个RouterProvider组件，将路由器实例router作为 RouterProvider 的 router 属性传递给了该组件。RouterProvider是一个提供路由上下文的容器，为整个应用提供路由功能。

20.4 自定义表单引擎

20.3节完成了前端项目集成表单设计器的介绍，本节将介绍如何基于Spring Boot搭建一个Web服务，实现Flowable及自定义表单引擎的集成。

该Web服务项目的创建主要分为以下4个步骤：

(1)创建Spring Boot工程；
(2)集成Flowable；
(3)集成自定义表单引擎；
(4)Web服务接口实现。

20.4.1 创建Spring Boot工程

在本章示例中，服务端工程是基于Spring Boot框架构建的。具体创建步骤如下。

1．创建项目

通过Maven创建一个Java工程，其命令如下：

```
mvn archetype:generate -DgroupId=com.example -DartifactId=Chapter20 -DarchetypeArtifactId=
     maven-archetype-quickstart -DinteractiveMode=false
```

通过上述命令，可以创建一个普通的Maven项目。同样，这一步也可以使用IDE工具自动创建，如在IDEA中，可以先选择Maven项目，再选择"org.apache.maven.archetypes:maven-archetype-quickstart"，创建一个与上述命令创建的项目具备相同目录结构的Maven项目。

2．引入依赖

首先，在项目的pom.xml文件中添加Spring Boot的parent。parent的主要作用是对Spring Boot依赖的JAR包及版本进行统一管理。本章示例使用的Spring Boot的版本为2.7.18。

```xml
<parent>
    <groupId>org.springframework.boot</groupId>
    <artifactId>spring-boot-starter-parent</artifactId>
    <version>2.7.18</version>
</parent>
```

然后，引入Web项目所需的spring-boot-starter-web。其配置内容如下：

```xml
<dependencies>
    <dependency>
        <groupId>org.springframework.boot</groupId>
        <artifactId>spring-boot-starter-web</artifactId>
    </dependency>
</dependencies>
```

3．创建启动类

创建启动类非常简单，只需创建一个main()方法，并在类上配置注解@SpringBootApplication：

```java
@SpringBootApplication
public class Application {
    public static void main(String[] args) {
        SpringApplication.run(Application.class, args);
    }
}
```

4．编写控制器及业务代码

控制器通过@Controller注解进行标识，如果要返回JSON格式的数据，则可使用@RestController注解实现：

```java
@RestController
public class TestController {
    @GetMapping("/test")
    public String test() {
        return "Hello world!!!";
    }
}
```

此时，一个简单的Spring Boot服务已经创建好了。启动该服务后，可以通过浏览器访问http://localhost:8080/test，页面会输出"Hello world!!!"

20.4.2 集成Flowable

接下来，在20.4.1小节创建好的Spring Boot项目工程中引入Flowable相关JAR包、增加数据库连接设置。

1. 修改pom.xml

打开Chapter20项目的pom.xml文件，在pom.xml文件中增加以下依赖包，包括flowable相关、flowable-form相关、spring-data-jpa、数据库连接池、JDBC驱动、lombok等，具体代码如下：

```xml
<!-- Flowable依赖包 -->
<dependency>
    <groupId>org.flowable</groupId>
    <artifactId>flowable-engine</artifactId>
    <version>${flowable.version}</version>
</dependency>
<dependency>
    <groupId>org.flowable</groupId>
    <artifactId>flowable-spring</artifactId>
    <version>${flowable.version}</version>
</dependency>
<dependency>
    <groupId>org.flowable</groupId>
    <artifactId>flowable-json-converter</artifactId>
    <version>${flowable.version}</version>
    <exclusions>
        <exclusion>
            <groupId>org.flowable</groupId>
            <artifactId>flowable-bpmn-model</artifactId>
        </exclusion>
    </exclusions>
</dependency>

<!-- Flowable-form依赖包 -->
<dependency>
    <groupId>org.flowable</groupId>
    <artifactId>flowable-form-engine</artifactId>
    <version>${flowable.version}</version>
</dependency>
<dependency>
    <groupId>org.flowable</groupId>
    <artifactId>flowable-form-engine-configurator</artifactId>
    <version>${flowable.version}</version>
</dependency>
<dependency>
    <groupId>org.flowable</groupId>
    <artifactId>flowable-form-spring-configurator</artifactId>
    <version>${flowable.version}</version>
</dependency>
<dependency>
    <groupId>org.flowable</groupId>
    <artifactId>flowable-form-json-converter</artifactId>
    <version>${flowable.version}</version>
</dependency>
<dependency>
    <groupId>org.flowable</groupId>
    <artifactId>flowable-form-model</artifactId>
    <version>${flowable.version}</version>
</dependency>
<dependency>
    <groupId>org.flowable</groupId>
    <artifactId>flowable-form-api</artifactId>
    <version>${flowable.version}</version>
</dependency>
<dependency>
    <groupId>org.flowable</groupId>
    <artifactId>flowable-form-spring</artifactId>
    <version>${flowable.version}</version>
</dependency>
<dependency>
    <groupId>org.flowable</groupId>
    <artifactId>flowable-form-rest</artifactId>
    <version>${flowable.version}</version>
</dependency>
```

```xml
<dependency>
    <groupId>org.flowable</groupId>
    <artifactId>flowable-spring-boot-sample-form</artifactId>
    <version>${flowable.version}</version>
</dependency>

<!-- 引入spring-data及数据库连接池、JDBC驱动包 -->
<dependency>
    <groupId>mysql</groupId>
    <artifactId>mysql-connector-java</artifactId>
    <version>5.1.47</version>
</dependency>
<dependency>
    <groupId>com.alibaba</groupId>
    <artifactId>druid</artifactId>
    <version>1.1.2</version>
</dependency>
<dependency>
    <groupId>org.springframework.boot</groupId>
    <artifactId>spring-boot-starter-data-jpa</artifactId>
</dependency>

<!-- 引入lombok依赖包 -->
<dependency>
    <groupId>org.projectlombok</groupId>
    <artifactId>lombok</artifactId>
    <version>1.16.16</version>
</dependency>
```

以上代码只列出了本次需要在pom.xml中增加的内容，完整内容可参见本书配套资源。从以上配置文件中可知，这里主要引入了以下第三方依赖。

- flowable-engine及相关：Flowable开发运行的核心依赖包。
- flowable-form-engine及相关：Flowable表单引擎开发运行的核心依赖包。
- mysql-connector-java：MYSQL的JDBC驱动。如果采用其他数据库，则需要引入对应数据库版本的JDBC驱动包。
- druid：阿里巴巴Druid数据库连接池，当然也可以选择其他数据库连接池。
- spring-data-jpa：可简化数据库访问和操作，提高开发效率。
- lombok：可以通过添加注解的方式简化Java代码。

2. 配置数据库连接

在Chapter20项目的resource目录下新建application.yml文件，在application.yml文件中增加数据库连接相关配置，具体代码如下：

```yaml
#Spring
spring:
  main:
    allow-bean-definition-overriding: true
  flyway:
    enabled: false
  liquibase:
    enabled: false
  thymeleaf:
    cache: false
  #数据库设置
  datasource:
    url: jdbc:mysql://localhost:3306/flowable?allowMultiQueries=true&useUnicode=true&characterEncoding=UTF-8&useSSL=false
    driverClassName: com.mysql.jdbc.Driver
    username: root
    password: 12345678
    type: com.alibaba.druid.pool.DruidDataSource
    filters: stat,wall,log4j
    maxActive: 20
    initialSize: 10
    maxWait: 60000
```

```yaml
      minIdle: 10
      timeBetweenEvictionRunsMillis: 60000
      minEvictableIdleTimeMillis: 300000
      testWhileIdle: true
      testOnBorrow: false
      testOnReturn: false
      poolPreparedStatements: true
      maxPoolPreparedStatementPerConnectionSize: 20
      validationQuery: SELECT 1 FROM DUAL
      connection-init-sql: set names utf8mb4
#jpa设置
jpa:
  hibernate:
    ddl-auto: update
  properties:
    hibernate:
      dialect: org.hibernate.dialect.MySQL5InnoDBDialect
  show-sql: true
```

以上配置文件中，主要配置了数据库连接地址、数据库驱动、数据库连接池等与数据库连接相关的设置，以及jpa相关设置。其中，spring.jpa.hibernate.ddl-auto属性是Spring Boot应用程序中用于配置Hibernate DDL自动生成策略的属性，当设置为update时，Hibernate会在启动时检查数据库表结构，并与实体类映射进行比较。如果实体类映射与数据库表结构不匹配，Hibernate会自动更新数据库表结构以匹配实体类映射。update模式在开发过程中很有用，但在生产环境中使用它可能会带来风险。在生产环境中，更推荐使用 validate（仅验证表结构是否与实体类映射匹配）或none（不进行任何自动DDL操作）设置。

3. 定义Model对象

本章项目中创建Model对象的目的是将表单模型数据持久化到数据表ACT_DE_MODE中，这里直接使用了Flowable的流程模型表来保存表单模型的数据。Model类代码如下：

```java
@Data
@Entity
@Table(name = "ACT_DE_MODEL")
public class Model {
    public static final int MODEL_TYPE_BPMN = 0;
    public static final int MODEL_TYPE_FORM = 2;
    public static final int MODEL_TYPE_APP = 3;
    public static final int MODEL_TYPE_DECISION_TABLE = 4;

    @Id
    @GeneratedValue(generator = "modelIdGenerator")
    @GenericGenerator(name = "modelIdGenerator", strategy = "uuid2")
    @Column(name = "id", unique = true)
    protected String id;
    @Column(name = "name")
    protected String name;
    @Column(name = "model_key")
    protected String key;
    @Column(name = "description")
    protected String description;
    @Column(name = "created")
    protected Date created;
    @Column(name = "last_updated")
    protected Date lastUpdated;
    @Column(name = "created_by")
    private String createdBy;
    @Column(name = "last_updated_by")
    private String lastUpdatedBy;
    @Column(name = "version")
    protected int version;
    @Column(name = "model_editor_json", columnDefinition = "TEXT")
    protected String modelEditorJson;
    @Column(name = "model_comment")
    protected String comment;
    @Column(name = "model_type")
    protected Integer modelType;
    @Column(name = "thumbnail")
```

```
    private byte[] thumbnail;

    public Model() {
        this.created = new Date();
        this.lastUpdated = new Date();
    }
}
```

在以上代码中，@Entity注解表明该类是一个实体类，@Table注解指定其对应数据库中的表名为ACT_DE_MODEL，@Column注解用于指定实体类中属性名与数据库中表的字段名的映射规则，@Id注解用于指定表的主键。另外，@GeneratedValue、@GenericGenerator注解指定了主键的生成策略，这里选用uuid方式，实际应用时可以根据情况选择策略。关于这些注解的详细介绍，读者可自行查看JPA规范。

4．定义ModelRepository

在Chapter20项目中新建一个ModelRepository接口类，继承JpaRepository接口，JpaRepository是Spring Data JPA提供的一个非常强大的基础接口，它可以轻松地实现基于JPA的数据访问操作，而无须编写大量的SQL语句和数据访问逻辑。

ModelRepository的代码如下：

```
@Repository
public interface ModelRepository extends JpaRepository<Model, String> {
    @Query("from Model as model where model.key = :key and model.modelType = :modelType")
    List<Model> findModelsByKeyAndType(@Param("key") String key, @Param("modelType") Integer modelType);
}
```

本章示例中在ModelRepository接口中新增了一个findModelsByKeyAndType()方法，该方法根据模型key和模型type查找模型记录。这里采用@Query注解的方式定义查询语句，JpaRepository接口提供了丰富的查询方法，包括基于方法命名的查询和基于@Query注解的查询。基于方法命名的查询可以根据方法名自动生成查询语句，这种方式非常适合简单的查询场景。对于更复杂的查询需求，可以使用@Query注解来指定自定义的查询语句。读者可以自行查看JPA文档了解更多信息。

20.4.3 集成自定义表单引擎

Flowable支持自定义表单引擎以适应各种复杂的或特定的业务需求，通过实现Flowable提供的表单引擎接口，可以创建自己的表单处理逻辑，从而扩展或替换Flowable的默认表单功能。

1．自定义表单引擎

新建一个CustomFormEngine类继承org.flowable.engine.impl.form.FormEngine接口，以实现自定义表单引擎。CustomFormEngine类的代码如下：

```
public class CustomFormEngine implements FormEngine {
    @Override
    public String getName() {
        return "custom-form-engine";
    }

    @Override
    public Object renderStartForm(StartFormData startForm) {
        if (startForm.getFormKey() == null) {
            return null;
        }
        return getFormTemplateString(startForm, startForm.getFormKey());
    }

    @Override
    public Object renderTaskForm(TaskFormData taskForm) {
        if (taskForm.getFormKey() == null) {
            return null;
        }
        return getFormTemplateString(taskForm, taskForm.getFormKey());
    }

    protected String getFormTemplateString(FormData formInstance, String formKey) {
```

```java
        String deploymentId = formInstance.getDeploymentId();

        ResourceEntity resourceStream = CommandContextUtil.getResourceEntityManager()
                .findResourceByDeploymentIdAndResourceName(deploymentId, getResourceName(formKey));

        if (resourceStream == null) {
            throw new FlowableObjectNotFoundException("Form with formKey '" + formKey + "'"
                    does not exist", String.class);
        }

        return new String(resourceStream.getBytes(), StandardCharsets.UTF_8);
    }
    protected String getResourceName(String formKey) {
        return "form-" + formKey + ".form";
    }
}
```

CustomFormEngine主要需要实现FormEngine接口的renderStartForm()和renderTaskForm()两个方法，这2个表单分别用来获取开始节点的表单模型和用户任务节点的表单模型。这里是根据部署ID以及资源名称，通过ResourceEntityManager从Flowable资源表ACT_GE_BYTEARRAY中查找的部署后的表单模型信息。

2. 注册自定义表单引擎

新建一个FlowableEngineConfiguration类用于配置Flowable工作流引擎及自定义表单引擎。FlowableEngineConfiguration类的代码如下：

```java
@Configuration
public class FlowableEngineConfiguration {

    private final Logger logger = LoggerFactory.getLogger(FlowableEngineConfiguration.class);

    @Autowired
    private DataSource dataSource;

    @Autowired
    private PlatformTransactionManager transactionManager;

    @Bean(name = "processEngine")
    public ProcessEngineFactoryBean processEngineFactoryBean() {
        ProcessEngineFactoryBean factoryBean = new ProcessEngineFactoryBean();
        factoryBean.setProcessEngineConfiguration(processEngineConfiguration());
        return factoryBean;
    }

    @Bean(name = "processEngineConfiguration")
    public ProcessEngineConfigurationImpl processEngineConfiguration() {
        //初始化工作流引擎配置
        SpringProcessEngineConfiguration processEngineConfiguration = new
                SpringProcessEngineConfiguration();
        processEngineConfiguration.setDataSource(dataSource);
        processEngineConfiguration.setDatabaseSchemaUpdate("true");
        processEngineConfiguration.setTransactionManager(transactionManager);

        //初始化表单引擎配置
        SpringFormEngineConfiguration formEngineConfiguration = new SpringFormEngineConfiguration();
        formEngineConfiguration.setDataSource(dataSource);
        formEngineConfiguration.setTransactionManager(transactionManager);
        formEngineConfiguration.setDatabaseSchemaUpdate("true");

        //表单引擎配置器
        FormEngineConfigurator formEngineConfigurator = new FormEngineConfigurator();
        formEngineConfigurator.setFormEngineConfiguration(formEngineConfiguration);
        //注册到工作流引擎配置中
        processEngineConfiguration.addConfigurator(formEngineConfigurator);

        //注册自定义表单引擎
        List<FormEngine> customFormEngines = Collections.singletonList(new CustomFormEngine());
        processEngineConfiguration.setCustomFormEngines(customFormEngines);
```

```
        return processEngineConfiguration;
    }
}
```

以上代码定义了2个Bean，分别为processEngine和processEngineConfiguration。其中processEngineConfiguration为实例化的引擎配置类，在该实例的初始化过程中先创建了一个SpringProcessEngineConfiguration，设置了工作流引擎连接的数据源、事务管理器等。接着，创建了一个SpringFormEngineConfiguration，设置了表单引擎连接的数据源、事务管理器。然后，将表单引擎配置注册到工作流引擎的配置器中，同时，也将自定义的表单引擎注册到工作流引擎的配置器中。processEngine则是根据processEngineConfiguration配置类生成的实例化工作流引擎。

3. 自定义表单模型

表单模型是以JSON字符串的格式存储在数据库中的，为了方便读取JSON格式的表单数据，可以将JSON结构的表单模型转换成相应的Java对象。本章示例中新建了一个CustomFormModel类用来表示自定义的表单模型。

CustomFormModel类的代码如下：

```java
@JsonInclude(JsonInclude.Include.NON_NULL)
@JsonIgnoreProperties(ignoreUnknown = true)
@Data
public class CustomFormModel implements FormModel {
    private static final long serialVersionUID = 1L;
    protected String name;
    protected String key;
    protected int version;
    protected String description;
    protected Map<String, CustomFormField> fields;

    @Data
    @JsonIgnoreProperties(ignoreUnknown = true)
    public static class CustomFormField {
        String widget; //组件类型
        String title; //组件标签
        String type;  //组件值类型
        Object value; //组件值
        String format; //组件值格式
        boolean readOnly;  //只读
        boolean required;  //必填
        String readOnlyWidget; //只读组件
        Props props;  //组件属性
        String maxWidth; //组件宽度
    }

    @Data
    @JsonIgnoreProperties(ignoreUnknown = true)
    public static class Props {
        List<Option> options;  //选项列表
        Object placeholder;  //占位提示
        boolean allowClear;
        boolean showCount;
        boolean autoSize;
    }

    @Data
    public static class Option {
        String label; //选项名
        String value; //选项值
    }
}
```

以上代码是一个嵌套结构的Java类，和JSON的嵌套相对应。代码中只定义了属性，主子类都使用了Lombok注解@Data，代码会在编译时自动生成getter()、setter()等方法。

20.4.4 Web服务接口实现

在20.3.2小节中,定义了6个前后端交互接口,分别对应表单模型的管理和提交表单办理任务的操作。为了给前端提供服务,在后端项目中定义了2个controller分别来接收前端的请求并进行相应的处理。

1. 定义ModelController

在Chapter20项目中新建一个ModelController类,用于处理前端项目表单模型管理功能相关的请求。

ModelController的代码如下:

```java
@Slf4j
@RestController
public class ModelController {

    @Autowired
    ModelRepository modelRepository;
    ObjectMapper objectMapper = new ObjectMapper();

    @GetMapping("/list")
    public ResponseListDto<Model> getListByPage(HttpServletRequest request) {
        int current = 1;
        int pageSize = 10;
        try {
            String curStr = request.getParameter("current");
            if (StringUtils.isNotEmpty(curStr)) {
                current = Integer.parseInt(curStr);
            }
            String pageSizeStr = request.getParameter("pageSize");
            if (StringUtils.isNotEmpty(pageSizeStr)) {
                pageSize = Integer.parseInt(pageSizeStr);
            }
        } catch (Exception e) {
            log.warn("parse parameter error!");
        }
        int page = Math.max(0, current - 1);

        ResponseListDto<Model> responseListDto = new ResponseListDto<>();
        long total = modelRepository.count();
        responseListDto.setTotal(total);
        if (total > 0) {
            Page<Model> list = modelRepository.findAll(PageRequest.of(page, pageSize));
            responseListDto.setData(list.getContent());
        }
        return responseListDto;
    }

    @PostMapping("/add")
    public String newModel(@RequestBody NewModelDto newModelDto) throws Exception {
        String modelKey = newModelDto.getModelKey();
        if (StringUtils.isEmpty(modelKey)) {
            throw new Exception("缺少必填内容:表单模型key");
        }
        List<Model> result = modelRepository.findModelsByKeyAndType(modelKey, Model.MODEL_TYPE_FORM);
        if (result != null && result.size() > 0) {
            throw new Exception("重复性校验不通过:表单模型key已存在");
        }
        Model newModel = new Model();
        newModel.setName(newModelDto.getModelName());
        newModel.setKey(newModelDto.getModelKey());
        newModel.setDescription(newModelDto.getDescription());
        newModel.setModelType(Model.MODEL_TYPE_FORM);
        newModel.setCreatedBy("huhaiqin");
        newModel.setLastUpdatedBy("huhaiqin");
        newModel.setModelEditorJson("{}");
        Model model = modelRepository.save(newModel);
        return model.getId();
    }

    @GetMapping("/detail/{modelId}")
```

20.4 自定义表单引擎

```java
    public String getDetail(@PathVariable("modelId") String modelId) throws Exception {
        Optional<Model> result = modelRepository.findById(modelId);
        if (result.isPresent()) {
            Model model = result.get();
            String modelJson = model.getModelEditorJson();
            Map<String, Object> fieldMap = objectMapper.readValue(modelJson,
                    new TypeReference<Map<String, Object>>() {
                    });
            Map<String, Object> formMap = new HashMap<>();
            formMap.put("type", "object");
            formMap.put("displayType", "row");
            formMap.put("properties", fieldMap);
            return objectMapper.writeValueAsString(formMap);
        }
        return "{}";
    }

    @DeleteMapping("/delete/{modelId}")
    public void deleteModel(@PathVariable("modelId") String modelId) {
        modelRepository.deleteById(modelId);
    }

    @PostMapping("/save")
    public String saveModel(@RequestBody SaveModelDto saveModelDto) throws Exception {
        Optional<Model> result = modelRepository.findById(saveModelDto.getModelId());
        if (!result.isPresent()) {
            throw new Exception("表单模型不存在");
        }
        Model model = result.get();
        model.setModelEditorJson(saveModelDto.getModelJson());
        model.setLastUpdatedBy("huhaiqin");
        model.setLastUpdated(new Date());
        modelRepository.save(model);
        return "success";
    }
}
```

在ModelController中定义了5个方法，分别对应表单模型列表查询、新增表单模型、表单模型详情、删除表单模型、编辑保存表单模型功能，这5个方法均通过ModelRepository实现与数据库的交互操作，如以上代码中加粗部分所示。其中仅findModelsByKeyAndType()方法是ModelRepository中自定义的方法，其余的都是继承的父类的方法。ModelRepository是在前面20.4.2小节中定义的。

2. 定义ProcessController

在Chapter20项目中新建一个ProcessController类，用来接收流程部署、流程发起、任务办理等流程相关的请求。

ProcessController的代码如下：

```java
@Slf4j
@RestController
public class ProcessController {
    @Autowired
    private FormService formService;
    @Autowired
    private FormRepositoryService formRepositoryService;
    @Autowired
    private RepositoryService repositoryService;
    @Autowired
    private TaskService taskService;
    @Autowired
    private HistoryService historyService;
    @Autowired
    private ManagementService managementService;
    @Autowired
    private ModelRepository modelRepository;
    private final ObjectMapper objectMapper = new ObjectMapper();

    /**
```

```java
 * 部署流程
 */
@GetMapping("/deploy")
public String deploy() throws Exception {
    String processXml = "CustomFormProcess.bpmn20.xml";
    String formKey = "leave_apply";
    //查找表单模型
    List<Model> result = modelRepository.findModelsByKeyAndType(formKey, Model.MODEL_TYPE_FORM);
    if (result == null || result.size() == 0) {
        return "表单模型" + formKey + "不存在!!";
    }
    log.info("部署流程xml: {}, 表单key: {}", processXml, formKey);
    Model model = result.get(0);
    CustomFormModel customFormModel = FormModelUtil.trans(model);
    SimpleFormModel simpleFormModel = FormModelUtil.trans(customFormModel);
    String formJson = objectMapper.writeValueAsString(simpleFormModel);
    log.info("表单模型Json: {}", formJson);
    String resourceName = "form-" + formKey + ".form";
    //部署流程和表单
    Path path = Paths.get("src/main/resources/processes/" + processXml);
    InputStream inputStream = Files.newInputStream(path);
    Deployment deployment = repositoryService.createDeployment().addInputStream(processXml,
            inputStream).addString(resourceName, formJson).deploy();
    log.info("部署ID={}", deployment.getId());
    return "部署成功!!";
}

/**
 * 发起流程
 */
@GetMapping("/start")
public String start() {
    //查询流程定义
    ProcessDefinition processDefinition = repositoryService.createProcessDefinitionQuery()
            .processDefinitionKey("customFormProcess").latestVersion().singleResult();
    if (processDefinition == null) {
        return "没有找到customFormProcess的流程定义!!";
    }
    //提交表单发起流程
    SimpleDateFormat dateFormat = new SimpleDateFormat("yyyy-MM-dd HH:mm:ss");
    Map<String, String> startForm = new HashMap<>();
    startForm.put("applicant", "胡海琴");
    startForm.put("apply_time", dateFormat.format(new Date()));
    ProcessInstance processInstance = formService.submitStartFormData(processDefinition.getId(),
            startForm);
    log.info("发起流程实例: {}", processInstance.getId());
    printCurrentTaskInfo(processInstance.getId());
    return "流程实例发起成功";
}

/**
 * 获取任务表单数据
 */
@GetMapping("/getForm/{taskId}")
public String getForm(@PathVariable String taskId) throws Exception {
    //查找任务关联的表单
    FormInfo taskFormModel = taskService.getTaskFormModel(taskId);
    SimpleFormModel formModel = (SimpleFormModel) taskFormModel.getFormModel();
    //转换表单模型
    CustomFormModel customFormModel = FormModelUtil.trans(formModel);
    Map<String, CustomFormModel.CustomFormField> fieldMap = customFormModel.getFields();
    //表单变量
    List<FormField> fields = formModel.getFields();
    Map<String, Object> variables = new HashMap<>();
    fields.forEach(field -> {
        variables.put(field.getId(), field.getValue());
    });
    //判断节点是否配置了表单只读属性
    boolean formReadOnly = isFormReadOnly(taskId);
```

20.4 自定义表单引擎

```java
        if (formReadOnly) {
            setReadOnly(fieldMap);
        }
        //构造x-render需要的表单信息
        Map<String, Object> formMap = new HashMap<>();
        formMap.put("type", "object");
        formMap.put("displayType", "row");
        formMap.put("properties", fieldMap);
        //返回表单模型和表单数据
        Map<String, Object> formJSONAndVariableMap = new HashMap<>();
        formJSONAndVariableMap.put("formJson", formMap);
        formJSONAndVariableMap.put("values", variables);
        return objectMapper.writeValueAsString(formJSONAndVariableMap);
    }

    /**
     * 判断节点是否设置了表单只读
     */
    private boolean isFormReadOnly(String taskId) {
        TaskInfo taskInfo = historyService.createHistoricTaskInstanceQuery().taskId(taskId).
                singleResult();
        //查找流程模型
        return managementService.executeCommand(new Command<Boolean>() {
            @Override
            public Boolean execute(CommandContext commandContext) {
                BpmnModel bpmnModel = ProcessDefinitionUtil.getBpmnModel(taskInfo.
                        getProcessDefinitionId());
                Process process = bpmnModel.getMainProcess();
                Collection<FlowElement> flowElements = process.getFlowElements();
                for (FlowElement flowElement : flowElements) {
                    if (flowElement instanceof UserTask) {
                        UserTask userTask = (UserTask) flowElement;
                        if (userTask.getId().equals(taskInfo.getTaskDefinitionKey())) {
                            Map<String, List<ExtensionElement>> extensionElements = userTask.
                                    getExtensionElements();
                            if (extensionElements.containsKey("formReadOnly")) {
                                List<ExtensionElement> extensionElementList = extensionElements.
                                        get("formReadOnly");
                                String formReadOnly = extensionElementList.get(0).getElementText();
                                return "true".equalsIgnoreCase(formReadOnly);
                            }
                        }
                    }
                }
                return false;
            }
        });
    }

    /**
     * 设置表单字段为只读状态
     */
    private void setReadOnly(Map<String, CustomFormModel.CustomFormField> fieldMap) {
        for (Map.Entry<String, CustomFormModel.CustomFormField> fieldEntry : fieldMap.entrySet()) {
            CustomFormModel.CustomFormField customFormField = fieldEntry.getValue();
            customFormField.setReadOnly(true);
        }
    }

    /**
     * 办理任务
     */
    @PostMapping("/submit/{taskId}")
    public String submit(@PathVariable String taskId, @RequestBody Map<String, Object> formData) {
        //获取待办任务
        Task task = taskService.createTaskQuery().taskId(taskId).singleResult();
        if (task == null) {
            return "任务实例" + taskId + "不存在!!";
        }
```

```java
        log.info("开始办理任务：任务ID={},任务名称={}", taskId, task.getName());
        log.info("表单提交的内容: {}", formData);
        //查找流程定义
        ProcessDefinition processDefinition = repositoryService.createProcessDefinitionQuery()
                .processDefinitionId(task.getProcessDefinitionId()).singleResult();
        //查找表单定义
        FormDefinition formDefinition = formRepositoryService.createFormDefinitionQuery()
                .parentDeploymentId(processDefinition.getDeploymentId())
                .formDefinitionKey(task.getFormKey())
                .singleResult();
        //办理任务
        taskService.completeTaskWithForm(taskId, formDefinition.getId(), "agree", formData);
        printCurrentTaskInfo(task.getProcessInstanceId());
        return "办理成功!!";
    }

    private void printCurrentTaskInfo(String processInstanceId) {
        //获取待办任务
        List<Task> taskList = taskService.createTaskQuery().processInstanceId(processInstanceId)
                .list();
        if (taskList != null && taskList.size() > 0) {
            for (Task task : taskList) {
                log.info("==流程实例{}当前节点任务==", processInstanceId);
                log.info("**任务名称:{}", task.getName());
                log.info("**任务ID:{}", task.getId());
            }
        } else {
            log.info("流程实例{}所有节点任务执行完成!", processInstanceId);
        }
    }
}
```

以上代码中创建了4个接口，分别用来处理流程部署、流程发起、任务表单查看、任务办理4个请求。

deploy()方法用来执行流程模型及表单模型的部署，该方法部署的流程模型CustomFormProcess.bpmn20.xml在后面的20.5.2小节将会详细介绍，该流程绑定的外部表单的表单模型key为leave_apply，该表单模型在后面的20.5.1小节将会详细介绍。从数据库取出表单模型后首先通过FormModelUtil工具类转换为自定义表单模型CustomFormModel，然后通过FormModelUtil转换为Flowable内置的表单模型SimpleFormModel，最后将SimpleFormModel转换为JSON字符串进行部署。表单模型是同流程模型一起部署的，表单资源名称使用表单key加上"form_"前缀和".form"后缀，其中后缀".form"是必不可少的，flowable内置的表单部署器会将资源后缀为".form"视为表单模型进行部署，如果要改用其他后缀，需要自定义FormDeployer实现部署，由于篇幅有限，此处不做介绍。该方法最后调用了Flowable的repositoryService服务执行流程部署操作。

start()方法用来接收处理发起流程实例的请求，方法内的加粗部分代码通过调用Flowable的formService.submitStartFormData()通过提交申请节点的表单发起了一个流程实例，发起流程的同时传入了2个表单组件的值。

getForm()方法用来获取任务表单信息，方法内加粗部分代码调用了Flowable的taskService.getTaskFormModel()方法获取任务表单信息FormInfo，可以方便地从FormInfo中获取表单模型信息和表单变量数据。该方法还调用了isFormReadOnly()方法读取流程模型上用户任务的自定义扩展属性formReadOnly，如果formReadOnly扩展属性为true，则将表单模型组件设置为只读，实现用户只能查看表单不能编辑的需求。示例中通过节点上的扩展属性来控制整个表单的只读和编辑属性，如果要实现表单控件更精细化的操作权限控制，读者可以根据需求自行设计。

submit()方法用来提交执行任务办理请求，方法内的加粗部分代码通过调用Flowable的taskService.completeTaskWithForm()方法完成了提交表单和任务办理操作。

3. 自定义表单模型转换工具类

上一步在ProcessController中多次使用了FormModelUtil工具类，这个工具类是用来处理自定义表单模型和Flowable内置表单模型之间的相互转换。

FormModelUtil工具类的代码如下：

20.4 自定义表单引擎

```java
public class FormModelUtil {
    private static final ObjectMapper objectMapper = new ObjectMapper();

    //Model转CustomFormModel
    public static CustomFormModel trans(Model formModel) throws Exception {
        CustomFormModel customFormModel = new CustomFormModel();
        customFormModel.setName(formModel.getName());
        customFormModel.setKey(formModel.getKey());
        customFormModel.setDescription(formModel.getDescription());
        customFormModel.setVersion(formModel.getVersion());
        String modelEditorJson = formModel.getModelEditorJson();
        Map<String, CustomFormField> fieldMap =
                objectMapper.readValue(modelEditorJson, new TypeReference<Map<String,
                    CustomFormField>>() { });
        customFormModel.setFields(fieldMap);
        return customFormModel;
    }

    //CustomFormModel转SimpleFormModel
    public static SimpleFormModel trans(CustomFormModel formModel) throws Exception {
        SimpleFormModel simpleFormModel = new SimpleFormModel();
        simpleFormModel.setName(formModel.getName());
        simpleFormModel.setKey(formModel.getKey());
        simpleFormModel.setDescription(formModel.getDescription());
        simpleFormModel.setVersion(formModel.getVersion());
        simpleFormModel.setFields(convertFormFields(formModel.getFields()));
        return simpleFormModel;
    }

    //SimpleFormModel转CustomFormModel
    public static CustomFormModel trans(SimpleFormModel simpleFormModel) throws Exception {
        CustomFormModel customFormModel = new CustomFormModel();
        customFormModel.setName(simpleFormModel.getName());
        customFormModel.setKey(simpleFormModel.getKey());
        customFormModel.setDescription(simpleFormModel.getDescription());
        customFormModel.setVersion(simpleFormModel.getVersion());

        List<FormField> formFields = simpleFormModel.getFields();
        Map<String, CustomFormField> fieldMap = new LinkedHashMap<>();
        for (FormField formField : formFields) {
            String fieldId = formField.getId();
            CustomFormField fieldObj = convertFormField(formField);
            fieldMap.put(fieldId, fieldObj);
        }
        customFormModel.setFields(fieldMap);
        return customFormModel;
    }

    //CustomFormField转FormField
    private static List<FormField> convertFormFields(Map<String, CustomFormField> fieldMap) throws
            Exception {
        List<FormField> formFields = new ArrayList<>();
        if (fieldMap != null) {
            int rowNum = 1;
            for (Map.Entry<String, CustomFormField> fieldEntry : fieldMap.entrySet()) {
                String fieldId = fieldEntry.getKey();
                CustomFormField fieldObj = fieldEntry.getValue();
                FormField formField = convertFormField(fieldId, fieldObj);
                formField.setLayout(new LayoutDefinition(rowNum));
                formFields.add(formField);
                rowNum++;
            }
        }
        return formFields;
    }

    private static FormField convertFormField(String fieldId, CustomFormField customFormField)
```

```java
        throws Exception {
    FormField formField = new FormField();
    formField.setId(fieldId);
    formField.setName(customFormField.getTitle());
    formField.setType(customFormField.getWidget());
    formField.setRequired(customFormField.isRequired());
    formField.setReadOnly(customFormField.isReadOnly());

    if (customFormField.getProps() != null) {
        if (customFormField.getProps().getPlaceholder() != null) {
            String placeholder = objectMapper.writeValueAsString(customFormField.getProps()
                .getPlaceholder());
            formField.setPlaceholder(placeholder);
        }

        List<CustomFormModel.Option> options = customFormField.getProps().getOptions();
        if (options != null && options.size() > 0) {
            Map<String, Object> params = new HashMap<>();
            params.put("options", options);
            formField.setParams(params);
        }
    }
    return formField;
}

//FormField转CustomFormField
private static CustomFormField convertFormField(FormField formField) throws Exception {
    CustomFormField customFormField = new CustomFormField();
    customFormField.setTitle(formField.getName());
    customFormField.setWidget(formField.getType());
    customFormField.setRequired(formField.isRequired());
    customFormField.setReadOnly(formField.isReadOnly());
    customFormField.setValue(formField.getValue());
    CustomFormModel.Props props = new CustomFormModel.Props();
    if (formField.getPlaceholder() != null) {
        Object placeholder = objectMapper.readValue(formField.getPlaceholder(), Object.class);
        props.setPlaceholder(placeholder);
    }

    formField.getValue();
    Object options = formField.getParam("options");
    if (options instanceof List) {
        props.setOptions((List) options);
    }
    customFormField.setProps(props);
    return customFormField;
}
}
```

在以上代码中定义了3个公共的trans()方法，分别实现Model数据对象转CustomFormModel对象、CustomFormModel对象转SimpleFormModel对象、SimpleFormModel对象转CustomFormModel对象。

20.5 运行示例

至此，前后端项目的代码已准备完毕，接下来就可以分别启动前后端服务来进行功能的验证。

20.5.1 新建表单模型

在浏览器中输入http://localhst:3000打开表单模型列表页面，如图20.2所示。

单击"新增"按钮，页面跳转到新增表单模型页面，如图20.3所示。输入表单名称、表单key、描述说明等信息后，单击"提交"按钮保存新增的表单模型。

提交成功后，页面会再次跳转回表单模型列表页面。在列表中找到新增的"请假申请单"记录，点击该记录对应的操作列中的"编辑"超链接，可打开表单设计器进行表单设计，如图20.4所示。

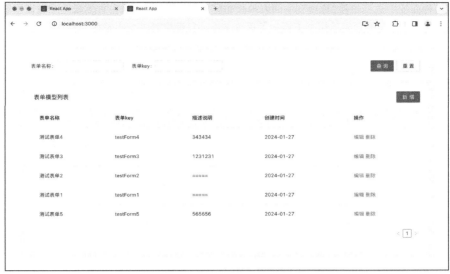

图20.2　表单模型列表页面

图20.3　新增表单模型页面

图20.4　表单设计器页面

从左侧组件面板中选择组件，拖曳到中间表单画布区域，选中组件可以在右侧属性区域设置组件的标题、字段名、选项等。图20.4所示表单模型中添加了单行文本、日期选择、点击单选、日期区间选择、下拉单选和多行文本等不同类型的组件元素。表单模型设计好后，单击右上角的"保存"按钮，保存表单模型。

20.5.2 新建流程定义并绑定表单模型

接下来，创建一个简单的请假流程，并在该流程节点绑定20.5.1小节创建的表单key为leave_apply的"请假申请单"，如图20.5所示。

图20.5 简单的请假流程

该流程定义对应的XML文件内容如下：

```xml
<process id="customFormProcess" name="简单的请假流程">
    <startEvent id="startEvent" flowable:formKey="leave_apply"/>
    <userTask id="userTask1" name="请假申请" flowable:assignee="$INITIATOR" flowable:formKey="leave_
        apply"/>
    <userTask id="userTask2" name="领导审批" flowable:formKey="leave_apply">
        <extensionElements>
            <flowable:formReadOnly>true</flowable:formReadOnly>
        </extensionElements>
    </userTask>
    <endEvent id="endEvent"/>
    <sequenceFlow id="sequenceFlow1" sourceRef="startEvent" targetRef="userTask1"/>
    <sequenceFlow id="sequenceFlow2" sourceRef="userTask1" targetRef="userTask2"/>
    <sequenceFlow id="sequenceFlow3" sourceRef="userTask2" targetRef="endEvent"/>
</process>
```

以上代码中加粗部分分别为流程开始节点、"请假申请"节点和"领导审批"节点绑定的表单模型key为leave_apply。其中人工任务userTask2还额外配置了一个自定义扩展属性formReadOnly，该属性值设置为true，代表该节点上表单为只读状态。

将该流程定义文件命名为CustomFormProcess.bpmn20.xml，保存在后端项目的src/main/resources/processes/目录下，流程部署时会读取该文件进行部署。

20.5.3 部署流程

在浏览器地址栏中输入http://localhost:8080/deploy后按回车键，浏览器的请求会被分配到后端项目中的ProcessController的deploy()方法中处理。deploy()方法接收到请求后会执行部署操作，后端项目的控制台中输出以下内容：

```
2024-02-03 19:40:13.863  INFO 67343 --- [nio-8080-exec-1] c.e.c.controller.ProcessController
: 部署流程xml: CustomFormProcess.bpmn20.xml
2024-02-03 19:40:13.863  INFO 67343 --- [nio-8080-exec-1] c.e.c.controller.ProcessController
: 部署表单key: leave_apply
2024-02-03 19:40:13.927  INFO 67343 --- [nio-8080-exec-1] c.e.c.controller.ProcessController:
表单模型Json: {"id":"94248b47-fa80-4b9b-96e0-aa42ceb69d33","name":"请假申请单","key":"leave_apply",
"description":"这是一个正经的表单","created":1706950844000,"lastUpdated":1706951264000,"createdBy":
"huhaiqin","lastUpdatedBy":"huhaiqin","version":0,"modelEditorJson":"{\"applicant\":{\"title\":\"申请
人\",\"type\":\"string\",\"readOnly\":true,\"maxWidth\":\"340px\",\"readOnlyWidget\":\"\",\"widget\":
\"input\"},\"apply_time\":{\"title\":\"申请时间\",\"type\":\"string\",\"readOnly\":true,\"maxWidth\":
\"340px\",\"readOnlyWidget\":\"\",\"widget\":\"datePicker\",\"props\":{\"placeholder\":\"请选择日期\"}},
\"leave_type\":{\"title\":\"请假类型\",\"type\":\"string\",\"required\":true,\"widget\":\"radio\",
\"props\":{\"options\":[{\"label\":\"年假\",\"value\":\"A\"},{\"label\":\"事假\",\"value\":\"B\"},
{\"label\":\"病假\",\"value\":\"C\"}]}},\"leave_time\":{\"title\":\"请假时间\",\"type\":\"range\",
\"format\":\"date\",\"required\":true,\"widget\":\"dateRange\",\"props\":{\"placeholder\":[\"开始时间\",
\"结束时间\"]}},\"need_handover\":{\"title\":\"是否需交接\",\"type\":\"string\",\"widget\":\"select\",
\"props\":{\"placeholder\":\"请选择\",\"options\":[{\"label\":\"是\",\"value\":\"Y\"},{\"label\":
\"否\",\"value\":\"N\"}],\"mode\":\"single\"}},\"handover_name\":{\"title\":\"工作联系人\",\"type\":
\"string\",\"widget\":\"input\"},\"leave_reason\":{\"title\":\"请假事由\",\"type\":\"string\",\"widget\":
```

```
\"textArea\",\"props\":{\"allowClear\":true,\"showCount\":false,\"autoSize\":false}}}","comment":
null,"modelType":2,"thumbnail":null}
2024-02-03 19:40:16.294  INFO 67343 --- [nio-8080-exec-1] c.e.c.e.f.deployer.CustomFormDeployer
: FormDeployer: processing resource leave_apply.form
2024-02-03 19:40:16.398  INFO 67343 --- [nio-8080-exec-1] c.e.c.controller.ProcessController
: 部署ID=42501
```

20.5.4 发起流程实例

在浏览器地址栏中输入http://localhost:8080/start后按回车键，浏览器的请求会被分配到后端项目中的ProcessController的start()方法中处理。start()方法接收到请求后会发起一个流程实例，后端项目的控制台中输出以下内容：

```
2024-02-15 22:51:15.142  INFO 19458 --- [nio-8080-exec-1]
c.e.c.controller.ProcessController       : 发起流程实例：85001
2024-02-15 22:51:15.161  INFO 19458 --- [nio-8080-exec-1]
c.e.c.controller.ProcessController       : ==流程实例85001当前节点任务==
2024-02-15 22:51:15.161  INFO 19458 --- [nio-8080-exec-1]
c.e.c.controller.ProcessController       : **任务名称:请假申请
2024-02-15 22:51:15.161  INFO 19458 --- [nio-8080-exec-1]
c.e.c.controller.ProcessController       : **任务ID:85010
```

从以上日志内容中可以看出，调用start()方法后，发起了一个流程实例id为85001的实例，流程当前的节点是"请假申请"，任务ID为85010。

20.5.5 填写表单办理任务

在浏览器地址栏中输入http://localhost:3000/formdata?taskId=85010后按回车键，浏览器会打开任务表单详情页面，如图20.6所示。其中申请人和申请时间是发起流程实例时传入的变量。

图20.6 "请假申请"用户任务表单

填写好表单内容后，单击"提交"按钮，请求后端的任务办理接口。任务办理接口submit()方法接收到请求后会进行任务办理，后端项目的控制台中输出以下内容：

```
2024-02-15 22:58:24.039  INFO 19458 --- [nio-8080-exec-6]
c.e.c.controller.ProcessController       : 开始办理任务：任务ID=85010,任务名称=请假申请
2024-02-15 22:58:24.039  INFO 19458 --- [nio-8080-exec-6]
c.e.c.controller.ProcessController       : 表单提交的内容：{applicant=胡海琴, apply_time=2024-02-15
22:51:14, leave_type=A, leave_time=[2024-02-01, 2024-02-10], need_handover=Y, handover_name=贺波,
leave_reason=回老家探亲}
2024-02-15 22:58:24.134  INFO 19458 --- [nio-8080-exec-6] c.e.c.controller.ProcessController
```

```
: ==流程实例85001当前节点任务==
2024-02-15 22:58:24.134  INFO 19458 --- [nio-8080-exec-6]
c.e.c.controller.ProcessController       : **任务名称:领导审批
2024-02-15 22:58:24.134  INFO 19458 --- [nio-8080-exec-6]
c.e.c.controller.ProcessController       : **任务ID:85025
```

从以上日志内容中可以看出，调用submit()方法后，完成了任务ID为85010的"请假申请"任务，并保存了表单中填写的内容，流程流转到下一个任务节点"领导审批"，任务ID为85025。

在浏览器地址栏中输入http://localhost:3000/formdata?taskId=85025后按回车键，浏览器会打开任务表单详情页面，如图20.7所示。这是"领导审批"节点对应的表单页面，表单为只读状态，页面显示了"请假申请"节点填写的表单内容。

图20.7 "领导审批"用户任务表单

单击"提交"按钮，再次请求后端的任务办理接口。任务办理接口submit()方法接收到请求后会进行任务办理，后端项目的控制台中输出以下内容：

```
2024-02-15 23:01:05.355  INFO 19458 --- [nio-8080-exec-8]
c.e.c.controller.ProcessController       : 开始办理任务：任务ID=85025，任务名称=领导审批
2024-02-15 23:01:05.356  INFO 19458 --- [nio-8080-exec-8]
c.e.c.controller.ProcessController       : 表单提交的内容：{applicant=胡海琴, apply_time=2024-02-15
22:51:14, leave_type=A, leave_time=[2024-02-01, 2024-02-10],
need_handover=Y, handover_name=贺波, leave_reason=回老家探亲}
2024-02-15 23:01:05.443  INFO 19458 --- [nio-8080-exec-8]
c.e.c.controller.ProcessController       : 流程实例85001所有节点任务执行完成！
```

从以上日志内容中可以看出，调用submit()方法后，完成了任务ID为85025的"领导审批"任务，并保存了表单中填写的内容，流程流转到结束节点结束。

20.6 本章小结

本章开篇简单介绍了Flowable支持的2种类型的表单，以及表单数据的4种常见的存储方式。然后，通过分别创建前后端项目来介绍Flowable集成外部表单设计器XRender的过程。最后，通过运行示例来演示通过外部表单设计器设计表单模型，将表单模型和流程任务进行绑定，部署流程后，通过表单页面提交流程、办理任务。市面上还有许多其他优秀的开源表单设计器，它们和Flowable集成的方法大同小异，读者如果需要和其他表单设计器进行集成，可以基于本章介绍的方法自行探索。

第21章

集成在线流程设计器bpmn-js

工欲善其事，必先利其器。本书第2章介绍过IDEA和Eclipse下的流程设计器插件，但这需要由软件开发人员在IDE中设计流程，再将设计好的流程文件上传到工作流引擎服务器才能运行。本章将介绍另一款由Camunda团队提供的流程设计利器：bpmn-js。bpmn-js是一款基于Web的流程建模工具，是一个开源的JavaScript库。它提供了丰富的功能和强大的工具库，可以帮助用户在Web应用程序中快速创建、编辑和管理业务流程。本章将详细介绍bpmn-js和Flowable工作流引擎的集成，以及bpmn-js的基本功能和使用方法。

21.1 bpmn-js简介

在bpmn-js尚未推出时，开发人员使用Flowable Modeler进行流程设计。Flowable Modeler是一种基于Web的流程设计器，但是该设计器存在使用复杂、界面不够美观、用户体验不佳等缺点。因此，Camunda团队推出了一个全新的基于Web的BPMN设计器：bpmn-js。bpmn-js是一款用JavaScript编写的BPMN 2.0渲染工具包和Web建模器，可以很方便地将BPMN 2.0模型嵌入现代浏览器，便于用户在线设计遵循BPMN 2.0规范的流程。相对于Flowable Modeler，bpmn-js有如下优点。

- ❑ 易于使用：bpmn-js提供简洁、清晰的界面，方便用户在线创建、编辑BPMN图形。同时提供丰富且易于使用的API，对于二次开发也非常友好。
- ❑ 可扩展性强：bpmn-js是基于原生JavaScript开发的，可以方便地集成到Vue、React等开源框架中，扩展性强。
- ❑ 高度可定制化：bpmn-js提供了丰富的自定义选项和扩展功能，用户可以根据自己的需求和偏好进行定制和调整。
- ❑ 界面美观：bpmn-js采用了现代化的设计风格和布局，界面整洁美观，同时支持mxGraph，可以实现很多用户体验极佳的交互效果。
- ❑ 文档完善：bpmn-js提供了丰富且完善的文档，社区活跃度也非常高。相对来说，Flowable Modeler的文档就比较匮乏。

总之，bpmn-js相对Flowable Modeler来说，无论是用户体验还是技术开发都具有明显的优势，企业也往往会基于bpmn-js来实现自己特定的流程设计器以满足企业定制化的需求。

21.2 bpmn-js与React的集成

bpmn-js基于原生JavaScript开发，不依赖任何特定的前端框架，具有高度的灵活性和可扩展性，能够方便地与其他前端框架进行集成。React是一个功能强大、高效、灵活的JavaScript库，用于构建用户界面。React采用声明式编程范式、虚拟DOM等先进技术，能够大大提高开发效率和应用性能，是目前最流行的前端框架之一。本节主要介绍bpmn-js与React的集成过程。

21.2.1 React开发环境搭建

因为在React与bpmn-js的集成过程中需要使用Node包管理器（npm）来管理项目依赖，所以需要先安装npm，但npm是在安装Node时自动安装的，因此只需要安装Node即可。Node的安装过程比较简单，读者可自行查阅安装方式。安装完成后，可以通过node -v命令确认是否安装成功。

npm安装成功后，可以通过React官方提供的脚手架工具RCA，快速创建一个单页面React应用程序。RCA提供一套预设的配置和脚本，使得开发者能够更简单地开始一个React项目的开发，而无须手动配置webpack、Babel等构建工具。其命令如下：

```
npx create-react-app <项目名称>
```

注意，这里使用的npx是npm的一款扩展工具，npx的主要作用是允许开发者在本地或全局范围内运行未全局安装的npm包中的命令，Node安装过程中也会自动安装该工具。接下来就通过RCA脚手架工具创建一个名称为flowable-ui的项目：

```
npx create-react-app flowable-ui
```

命令执行成功后会创建一个名为flowable-ui的项目，其目录结构如图21.1所示。

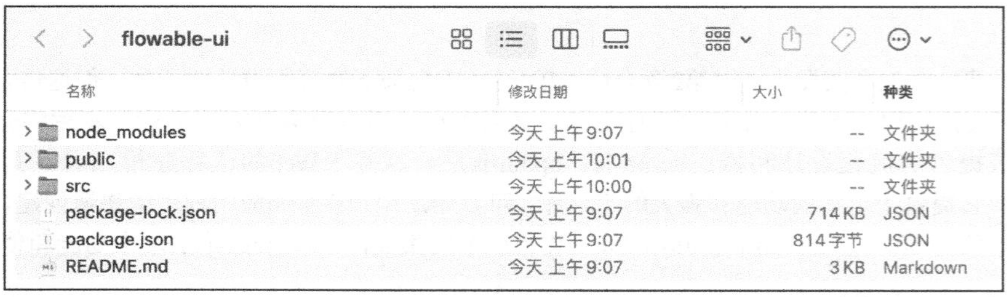

图21.1　RCA项目目录结构

- node_modules：该目录包含了项目所有依赖的npm包。当通过npm安装依赖包时，这些包会自动下载到该目录中。
- public：静态资源目录，该目录包含了项目的一些公共静态文件，这些文件不会被webpack处理，而是直接复制到构建的输出目录中。
- src：该目录包含了React应用程序的源代码文件和资源文件，是项目的核心代码库，src目录下的文件会被webpack编译处理。
- package.json：JSON格式文件，包含了项目的元数据和配置信息，描述了项目的依赖项、脚本，以及其他重要的配置信息。
- package-lock.json：同样是一个JSON格式文件，与package.json配合使用，用于锁定项目的依赖包的版本和其他相关元数据，以确保项目的依赖关系是可重复和可预测的。
- README.md：Markdown格式的文件，主要用于对项目进行文字说明。

最后，可以进入该目录，执行启动命令npm start，该命令会启动一个Web项目，端口默认为3000，通过浏览器访问http://localhost:3000，出现图21.2界面表示项目启动成功。

图21.2　RCA项目启动成功默认界面

RCA创建的项目中，public和src目录下默认会有一些示例文件，我们可以删除这两个目录下不需要的文件，主要留下如下4个文件。

- public/index.html：该文件是入口HTML文件，不需要对其做任何修改。

- src/index.js：该文件是项目的入口文件，webpack会从这个文件开始构建项目。可以删除该文件的默认内容，只留下如下内容。

```
import React from 'react';
import ReactDOM from 'react-dom/client';
import App from './App';

const root = ReactDOM.createRoot(document.getElementById('root'));
root.render(
  <App />
);
```

- src/App.js：App组件的实现文件，为了简单起见，后续代码逻辑的实现主要都在该文件中编写。当前内容如下所示。

```
import './App.css';

function App() {
    return (
        <div>
        </div>
    );
}

export default App;
```

- src/App.css：App组件对应的样式文件，后续需要的样式在该文件中编写，可以清空该文件的默认内容，只保留文件本身。

经过上述步骤，再重新访问http://localhost:3000，可以看到一个空白页，这样React的环境就搭建好了，接下来实现React与bpmn-js的集成。

21.2.2 React与bpmn-js的集成

21.2.1小节中我们创建了React项目flowable-ui，接下来可以直接在该项目中通过如下命令安装bpmn-js的依赖：

```
npm install bpmn-js
```

bpmn-js安装成功后，首先需要在App.js中导入名为BpmnModeler的类，接下来通过该类创建对应的实例对象，然后通过创建的实例对象加载符合BPMN 2.0规范的XML文件，最后还需要在返回的JSX中增加一个容器来承载渲染的图形。其实现代码如下所示：

```
import './App.css';

import BpmnModeler from 'bpmn-js/lib/Modeler'
import { useEffect } from 'react';
import { xmlStr } from './bpmnXml.js'

function App() {

  let bpmnModeler = null;
  useEffect(() => { initBpmn() }, []);

  const initBpmn = () => {
    bpmnModeler = new BpmnModeler({ container: "#canvas", height: "100vh" });
    createBpmnDiagram();
  }

  const createBpmnDiagram = async () => {
    const result = await bpmnModeler.importXML(xmlStr);
  }

  return (
    <div>
      <div id='canvas'></div>
```

```
        </div>
    );
}

export default App;
```

上述代码中,在创建BpmnModeler对象bpmnModeler时,需要指定承载的容器,即container属性,其值与组件返回的JSX中相应标签对应。bpmnModeler加载的BPMN 2.0文件内容如下:

```xml
<?xml version="1.0" encoding="UTF-8"?>
    <definitions xmlns="http://www.omg.org/spec/BPMN/20100524/MODEL"
    xmlns:xsi="http://www.w3.org/2001/XMLSchema-instance"
    xmlns:flowable="http://flowable.org/bpmn"
    xmlns:bpmndi="http://www.omg.org/spec/BPMN/20100524/DI"
    xmlns:omgdc="http://www.omg.org/spec/DD/20100524/DC"
    xmlns:omgdi="http://www.omg.org/spec/DD/20100524/DI"
    xmlns:xsd="http://www.w3.org/2001/XMLSchema"
    targetNamespace="http://www.flowable.org/processdef">
    <process id="Process_1" isExecutable="true">
        <startEvent id="start_event" flowable:initiator="initiator" />
    </process>
    <bpmndi:BPMNDiagram id="BPMNDiagram_1">
        <bpmndi:BPMNPlane id="BPMNPlane_1" bpmnElement="Process_1">
            <bpmndi:BPMNShape id="BPMNShape_start_event" bpmnElement="start_event">
                <omgdc:Bounds x="412" y="240" width="36" height="36" />
            </bpmndi:BPMNShape>
        </bpmndi:BPMNPlane>
    </bpmndi:BPMNDiagram>
</definitions>
```

上述BPMN 2.0文件的内容非常简单,除了相关的命名空间,还包含一个开始事件。BpmnModeler类的实例化以及BPMN 2.0文件内容的加载都放在React的HOOK函数useEffect中执行,该函数的第二个参数为空数组,表示App组件在挂载后执行一次。现在再次运行flowable-ui项目,可以看到图21.3所示的结果。

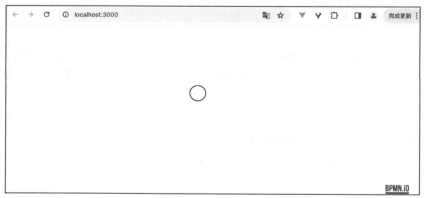

图21.3　bpmn-js初始化流程模型界面

经过上述步骤,我们就实现了在React的基础上对BPMN 2.0流程模型的展示。但是目前仅仅是只读模式,接下来实现可编辑模式。实现可编辑模式只需要导入下列CSS文件:

```
import 'bpmn-js/dist/assets/diagram-js.css'
import 'bpmn-js/dist/assets/bpmn-js.css'
import 'bpmn-js/dist/assets/bpmn-font/css/bpmn.css'
import 'bpmn-js/dist/assets/bpmn-font/css/bpmn-embedded.css'
```

导入CSS文件后,再运行flowable-ui项目,可以看到图21.4所示的结果。用户可以通过左侧工具栏向中间画布添加各类BPMN 2.0元素,也可以修改元素的类型等。

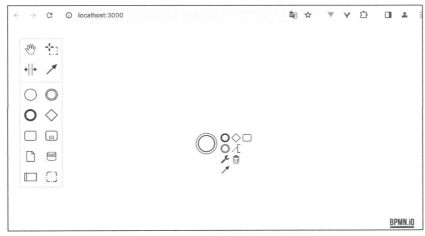

图21.4 bpmn-js可编辑流程模型界面

21.2.3 bpmn-js的属性面板实现

21.2.2小节实现了在React的基础上对流程模型的展示与编辑，但是这种展示和编辑是针对元素类型的，如可以增加一个用户节点或一个排他网关等，而每个节点都有自己的属性。本小节将介绍流程及节点的属性的编辑。

bpmn-js官方支持属性面板功能，只需要对属性面板进行安装和配置，其步骤分为如下4步。

（1）安装依赖（bpmn-js-properties-panel）。可直接在项目目录下执行如下命令：

```
npm install bpmn-js-properties-panel
```

（2）导入相应模块，并在BpmnModeler实例化时配置对应模块：

```
import { BpmnPropertiesPanelModule, BpmnPropertiesProviderModule } from 'bpmn-js-properties-panel'

bpmnModeler = new BpmnModeler({
    container: "#canvas", height: "100vh",
    additionalModules: [
        BpmnPropertiesPanelModule,
        BpmnPropertiesProviderModule
    ]
});
```

（3）在App组件的JSX中新增属性面板标签，并在BpmnModeler实例化时配置propertiesPanel属性：

```
bpmnModeler = new BpmnModeler({
    container: "#canvas", height: "100vh",
    propertiesPanel: {
        parent: "#js-properties-panel"
    },
    additionalModules: [
        BpmnPropertiesPanelModule,
        BpmnPropertiesProviderModule
    ]
});

<div>
    <div id='canvas'></div>
    <div className='properties-panel-parent' id='js-properties-panel'></div>
</div>
```

（4）导入CSS，并在App.css中设置属性面板标签的样式：

```
import '@bpmn-io/properties-panel/assets/properties-panel.css'
//App.css中配置
.properties-panel-parent {
    border-left: 1px solid #ccc;
    position: absolute;
```

```
        right: 0;
        top: 0;
        width: 300px;
}
```

完成上述配置后，重新运行flowable-ui项目，可以看到图21.5所示的结果，在画布的左侧出现了属性面板，可以针对流程或节点配置相关属性，不过默认只有两个分组，仅支持Name、ID和Documentation属性，如果要增加其他属性，还需要对属性面板进行扩展，这部分内容将在21.3节详细介绍。

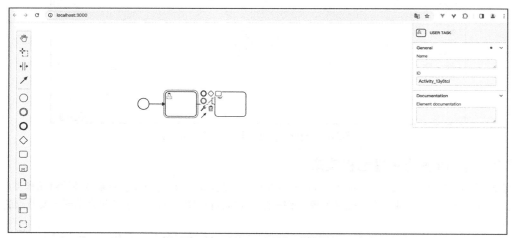

图21.5　bpmn-js属性面板界面

21.2.4　bpmn-js的汉化

经过上述配置，已经基本实现React与bpmn-js的集成，但是整个界面的文字显示都是英文的，可以对bpmn-js进行汉化，步骤如下。

（1）准备语料。语料以JavaScript对象形式保存，比如将任务相关的语料保存在项目的translate目录下的zh.js文件中，内容如下：

```
export default {
    "Task": "任务",
    "Send task": "发送任务",
    "Receive task": "接收任务",
    "User task": "用户任务",
    "Manual task": "手动任务",
    "Business rule task": "业务规则任务",
    "Service task": "服务任务",
    "Script task": "脚本任务"
    //省略其他语料
}
```

（2）创建语言转换函数。该函数的逻辑非常简单，即先查找是否配置了相关的语料，如果有配置，则进行替换，否则展示原来的文本：

```
import translations from './zh'

export default function zhTranslate(template, replacements) {
    replacements = replacements || {};
    template = translations[template] || template;

    return template.replace(/{([^}]+)}/g, function (_, key) {
        return replacements[key] || '{' + key + '}';
    });
}
```

（3）在BpmnModeler实例化时配置语言转换模块，核心代码如下（这里省略了部分代码）：

```
//导入中文转换函数
import zhTranslate from './translate/zhTranslator.js';
```

```
//声明符合bpmn-js规范的模块
let zhTranslateModule = {
    translate: ['value', zhTranslate]
}
//在BpmnModeler实例化时传递中文转换模块
bpmnModeler = new BpmnModeler({
    container: "#canvas", height: "100vh",
    propertiesPanel: {
        parent: "#js-properties-panel"
    },
    additionalModules: [
        zhTranslateModule,
        BpmnPropertiesPanelModule,
        BpmnPropertiesProviderModule
    ]
});
```

完成上述配置后，重新运行flowable-ui项目，可以看到图21.6所示的结果，任务相关的文本已全部转换为中文，剩余部分文本因为缺乏中文语料，仍然显示为英文。其他部分的语料，读者可以根据需要自行添加。

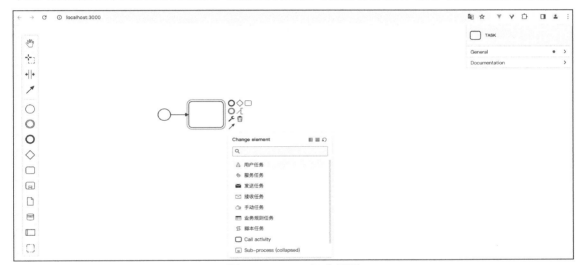

图21.6　bpmn-js汉化界面

21.3　bpmn-js与Flowable的集成

21.2节中实现了bpmn-js与React的集成，可以通过bpmn-js实现对符合BPMN 2.0规范的XML文件进行展示和修改，也支持对流程和节点属性的编辑，但是仅支持Name和ID等少数几个属性。本节将对bpmn-js属性面板进行扩展，支持Flowable特定的属性，并最终调用Flowable工作流引擎接口实现对流程模型的保存和部署，实现bpmn-js与Flowable的集成。

21.3.1　bpmn-js扩展用户节点属性

在Flowable的用户节点上，可以设置用户节点的办理人，而bpmn-js的属性面板中没有该配置项。因此，本小节将在用户节点上扩展一个"设置办理人"分组，该分组下可以配置用户节点"办理人"。扩展属性主要需要两个模块，分别介绍如下。

❑ provider：扩展属性的逻辑处理模块，包括扩展属性的分组、分组下的组件等。
❑ descriptor：扩展属性的描述文件，以JSON格式存储。

因此，我们先创建一个AssigneePropertiesProvider模块，其内容如下：

```
import { is } from "bpmn-js/lib/util/ModelUtil"
import assigneeProps from './parts/AssigneeProps'

export default function AssigneePropertiesProvider(propertiesPanel, translate) {
```

```js
    this.getGroups = function (element) {
        return function (groups) {
            if (is(element, 'bpmn:UserTask')) {
                groups.push(createAssigneeGroup(element, translate));
            }
            return groups;
        }
    }
    propertiesPanel.registerProvider(500, this);
}
function createAssigneeGroup(element, translate) {
    const assigneeGroup = {
        id: 'UserTaskAssigneeGroup',
        label: translate('User task assignee'),
        entries: assigneeProps(element),
        tooltip: translate('Please set user task assignee')
    }

    return assigneeGroup;
}
```

上述代码的加粗部分表示，如果当前元素是用户节点，则创建一个id为UserTaskAssigneeGroup的分组，并通过registerProvider()方法将当前组件注册到属性面板中。注意该方法的第一个参数表示执行的优先级，该值可以设置得大一点，以保证在基础属性面板加载完成后再加载扩展属性。分组中的内容由assigneeProps控制，其实现如下：

```js
import { html } from 'htm/preact'

import { TextFieldEntry, isTextAreaEntryEdited } from '@bpmn-io/properties-panel'
import { useService } from 'bpmn-js-properties-panel'

export default function (element) {
    return [
        {
            id: 'assignee',
            element,
            component: Assignee,
            isEdited: isTextAreaEntryEdited
        }
    ]
}

function Assignee(props) {
    const { element, id } = props;

    const modeling = useService('modeling');
    const translate = useService('translate');
    const debounce = useService('debounceInput');

    const getValue = () => {
        return element.businessObject.assignee
    }

    const setValue = value => {
        return modeling.updateProperties(element, {
            assignee: value
        })
    }

    return html`<${TextFieldEntry}
        id=${id}
        element=${element}
        label=${translate('Assignee')}
        getValue=${getValue}
        setValue=${setValue}
        debounce=${debounce}
        toolTip=${'Please set user task assignee'}
```

```
            />
        `;
}
```

该模块的返回值是一个对象数组，代表一个分组中可以包含多个组件。组件Assignee的返回值是一个HTM的对象，HTM是与React的JSX类似的一个JavaScript库，可以在JavaScript代码中编写HTML标签。

完成分组及分组中的组件逻辑编写后，还需要导出对应的provider，其实现如下：

```
import AssigneePropertiesProvider from './AssigneePropertiesProvider';

export default {
    __init__: ['assigneePropertiesProvider'],
    assigneePropertiesProvider: ['type', AssigneePropertiesProvider]
};
```

完成provider的编写后，编写描述文件，其内容如下：

```
{
    "name": "Assignee",
    "prefix": "flowable",
    "uri": "http://flowable.org",
    "xml": {
        "tagAlias": "lowerCase"
    },
    "associations": [],
    "types": [
        {
            "name": "UserTaskAssignee",
            "extends": [
                "bpmn:UserTask"
            ],
            "properties": [
                {
                    "name": "assignee",
                    "isAttr": true,
                    "type": "String"
                }
            ]
        }
    ]
}
```

该描述文件主要设置了扩展属性的前缀为flowable，关联的元素为用户节点，并且是作为用户节点的属性存在，数据类型为String。

创建完成AssigneePropertiesProvider以及对应的描述文件后，还需要将这两者传递给BpmnModeler类的实例对象。核心代码如下：

```
import assigneePropertiesProviderModule from './flowable-extensions/index.js';
import assigneeDescriptor from './flowable-extensions/descriptors/assignee.json';

bpmnModeler = new BpmnModeler({
    container: "#canvas", height: "100vh",
    propertiesPanel: {
        parent: "#js-properties-panel"
    },
    additionalModules: [
        zhTranslateModule,
        BpmnPropertiesPanelModule,
        BpmnPropertiesProviderModule,
        assigneePropertiesProviderModule
    ],
    moddleExtensions: {
        assigneeDescriptor
    }
});
```

完成上述配置后，重新运行flowable-ui项目，可以看到图21.7所示的结果。

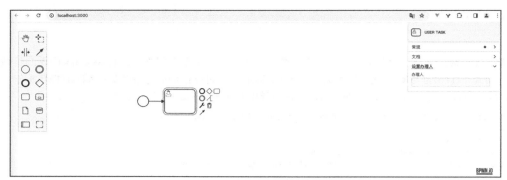

图21.7　bpmn-js扩展用户节点界面

从图中可以看到，用户节点右侧的属性面板中多了一个"设置办理人"分组，该分组下有一个"办理人"输入框组件。其他Flowable属性扩展的实现原理与之类似，读者可以根据自身的需要来实现，这里不再赘述。

21.3.2　保存Flowable流程模型

21.3.1小节中完成了Flowable与bpmn-js的集成，因此，可以通过bpmn-js在线设计一个符合Flowable规范的流程模型。但是目前设计好的流程模型仅保存在前端，无法通过Flowable工作流引擎来管理、部署和执行。本小节将结合Flowable工作流引擎，实现流程模型的服务器保存和部署。

1．流程模型保存和部署逻辑的实现

Flowable工作流引擎之前可以使用ACT_RE_MODEL来存储设计的流程模型，但是Flowable 6.4.1已不推荐使用该表，而改用ACT_DE_MODEL来存储，不过Flowable工作流引擎中并不存在对该表操作的API，且该表存储的设计模型是JSON格式，而bpmn-js设计的流程模型是XML格式。因此这里新建一个FLW_DE_MODEL表来存储bpmn-js设计的流程模型数据，其字段如表21.1所示。

表21.1　FLW_DE_MODEL表字段

字段	类型	字段说明
id	varchar(64)	流程模型ID（主键）
name	varchar (64)	流程名称
model_key	varchar (255)	流程模型标识
created_by	varchar (255)	流程创建人
created	datetime(6)	创建时间
last_updated_by	varchar (255)	最后更新人
last_updated	datetime(6)	最后更新时间
version_	int	流程模型版本
model_xml	longtext	采用XML格式保存的流程模型
tenant_id	varchar (255)	租户ID

为了方便操作，这里采用JPA来操作FLW_DE_MODEL表。JPA的集成非常简单，可直接在SpringBoot工程的pom.xml文件中导入如下依赖：

```
<dependency>
    <groupId>org.springframework.boot</groupId>
    <artifactId>spring-boot-starter-data-jpa</artifactId>
</dependency>
```

接下来，我们采用经典的三层架构来实现对该表的操作。

（1）实体对象和数据访问层。根据表21.1创建Model实体类，其实现如下：

```
@Data
@Entity(name = "FLW_DE_MODEL")
public class Model {
```

```java
    @Id
    private String id;
    private String name;
    private String modelKey;
    private String createdBy;
    private Date created;
    private String lastUpdatedBy;
    private Date lastUpdated;
    private Integer version;
    private String modelXml;
    private String tenantId;
}
```

数据访问层直接继承接口JpaRepository即可:

```java
@Repository
public interface ModelRepository extends JpaRepository<Model, String> {

}
```

(2) 服务层。服务层主要有两个方法：一个方法用于保存流程模型；另一个方法用于根据ID查询流程模型。其具体实现如下：

```java
@Service
public class ModelService {
    @Autowired
    private ModelRepository modelRepository;
    @Autowired
    private ProcessEngine engine;

    @Transactional
    public void saveModel(Model model) {
        String nextId = engine.getProcessEngineConfiguration()
                .getIdGenerator()
                .getNextId();
        model.setId(nextId);
        model.setVersion(1);
        model.setCreated(new Date());
        model.setLastUpdated(new Date());
        modelRepository.save(model);
    }

    public Model getModelById(String id) {
        return modelRepository
                .findById(id)
                .orElseThrow(()->new RuntimeException("流程模型不存在"));
    }
}
```

(3) 控制器层。控制器层提供两个接口：一个是保存流程模型接口，直接调用服务层接口保存流程模型，前端以JSON格式传递参数；另一个是部署接口，根据模型ID获取流程模型的XML后，调用Flowable的部署接口实现流程模型的部署。

```java
@RestController
public class ModelerController {

    @Autowired
    private RepositoryService repositoryService;
    @Autowired
    private ModelService modelService;

    @PostMapping("/model/saveModel")
    public String saveModel(@RequestBody Model model) {
        modelService.saveModel(model);
        return model.getId();
    }

    @PostMapping("/model/deploy/{modelId}")
    public String deploy(@PathVariable String modelId) {
        Model model = modelService.getModelById(modelId);
```

```
        Deployment deploy = repositoryService
                .createDeployment()
                .addString(model.getName(), model.getModelXml())
                .deploy();

        ProcessDefinition processDefinition = repositoryService
                .createProcessDefinitionQuery()
                .deploymentId(deploy.getId())
                .singleResult();

        return processDefinition.getId();
    }
}
```

（4）跨域处理。由于前后端运行在不同的服务上，前端请求后端时会出现跨域访问的情况。目前常见的解决方案有两种：一种是通过代理服务器（如NGINX）转发前后端请求来避免跨域访问的现象；另一种是采用CORS（Cross-Origin Resource Sharing，跨域资源共享），由浏览器和服务器共同配合解决跨域访问问题。服务器通过设置响应头中的Access-Control-Allow-Origin字段来允许特定域的请求访问资源。这里采用第二种方案来处理，在服务器端增加如下配置：

```
@Configuration
public class CorsConfig implements WebMvcConfigurer {
    @Override
    public void addCorsMappings(CorsRegistry registry) {
        registry.addMapping("/**")
                .allowedOriginPatterns("*")
                .allowCredentials(true)
                .allowedMethods("GET", "POST", "DELETE", "PUT", "PATCH")
                .maxAge(3600);
    }
}
```

2．"保存"和"部署"按钮的实现

服务器接口实现后，需要在前端增加相应的功能。首先，在页面上增加"保存"和"部署"两个按钮，分别执行保存和部署操作。可以在App组件返回的JSX中增加如下加粗部分的代码：

```
<div>
    <button className='btn' onClick={saveModel}>保存</button>
    <button className='btn' onClick={deploy}>部署</button>
    <div id='canvas'></div>
    <div className='properties-panel-parent' id='js-properties-panel'></div>
</div>
```

对应的样式btn内容如下：

```
.btn {
    font-size: 14px;
    border: none;
    color: white;
    padding: 6px 22px;
    border-radius: 4px;
    background-color: #068dba;
    margin: 10px 10px;
}
```

配置完成后，可以看到bpmn-js设计器左上方出现了"保存"和"部署"两个按钮，如图21.8所示。

图21.8　新增"保存"和"部署"按钮

接下来，我们通过"保存"按钮的单击事件，将bpmn-js设计好的流程通过AJAX调用服务器端接口保存到服务器端。bpmn-js设计的流程本质上是一个符合BPMN 2.0规范的XML文件，因此流程模型的保存需要先获取该XML文件。BpmnModeler类提供了saveXML()方法来获取对应的XML文件：

```
const saveModel = function () {
    let xmlRes = bpmnModeler.saveXML({ format: true });
}
```

bpmnModeler.saveXML()方法的返回结果是一个Promise的实例对象，该实例对象上有一个xml的属性能获取当前流程模型的XML格式数据。获取XML格式数据后，便可以请求后端接口来实现流程模型的保存了。这里采用axios来发送AJAX请求。首先，安装axios的依赖：

```
npm install axios
```

然后，在App组件中导入axios模块：

```
import axios from 'axios';
```

最后，在"保存"按钮的单击事件中通过axios请求后端接口，最终实现如下所示：

```
const saveXML = function () {
    bpmnModeler.saveXML({ format: true }).then(async res => {
        try {
            const response = await axios.post('http://localhost:8100/model/saveModel',
                { "modelXml": res.xml });
            modelId = response.data;
        } catch (error) {
            console.error('Error save model:', error);
        }
    })
}
```

上述代码的加粗部分表示在调用后端接口成功后，会将保存后的ID返回给前端，这里定义一个全局变量modelId来接收返回的结果，该变量主要用于部署操作。部署的逻辑比较简单，直接传递modelId即可，其实现如下：

```
const deploy = async function () {
    if (!modelId) {
        alert("请先保存流程模型");
    }
    try {
        const response = await axios.post('http://localhost:8100/model/deploy/' + modelId,
            {});
    } catch (error) {
        console.error('Error deploy model:', error);
    }
}
```

需要注意的是，流程部署前需要先保存流程模型，因此可以在BpmnModeler实例上增加一个事件处理函数，一旦流程模型发生变化，则将modelId置空，其实现如下：

```
bpmnModeler.on('commandStack.changed', function () {
    modelId = null;
});
```

21.4 本章小结

本章主要介绍了bpmn-js和React的优点，并在React的基础上实现了Flowable与bpmn-js的集成，包括属性面板的配置、整体的汉化，以及流程、节点自定义属性的实现等，可以通过bpmn-js对Flowable流程模型进行展示、设计和编辑，且可以通过后端接口，将bpmn-js设计好的流程模型进行保存和部署，从而实现在线流程设计、流程部署和流程执行的一体化流程服务。

第22章 Flowable自定义扩展（一）

Flowable作为一款优秀的开源BPM中间件，除了有较为完备的流程功能，还提供了丰富的灵活配置和扩展点，以满足各种不同的流程需求。在实际开发应用场景中，既可以使用Flowable已有的功能和接口，也可以对其进行自定义扩展，以进一步增强对业务流程场景的支持。本章将介绍多种扩展Flowable引擎的方法。

22.1 自定义ProcessEngineConfiguration扩展

第3章中讲解了ProcessEngineConfiguration的属性配置及其作用。ProcessEngineConfiguration代表Flowable的一个配置实例，它本身是一个抽象类。如果Flowable工作流引擎无法完全满足实际应用需求，就需要对工作流引擎进行个性化定制，为ProcessEngineConfiguration配置不同的实现。Flowable对此提供了支持。本节介绍的自定义ProcessEngineConfiguration类继承自ProcessEngineConfigurationImpl类。

22.1.1 自定义ProcessEngineConfiguration

如果要继承ProcessEngineConfigurationImpl类，那么需要实现获取事务拦截器的createTransactionInterceptor()方法，提供自定义ProcessEngineConfiguration自己的事务处理实现。另外，还可以在自定义ProcessEngineConfiguration类中添加自定义扩展属性，并且添加相应的getter()、setter()方法。看下面的示例：

```java
@Data
public class CustomProcessEngineConfiguration extends ProcessEngineConfigurationImpl {
    //自定义扩展属性1：事务管理器
    protected PlatformTransactionManager customTransactionManager;

    //自定义扩展属性2：引擎类型
    protected String engineType;

    @Override
    public CommandInterceptor createTransactionInterceptor() {
        if (customTransactionManager == null) {
            throw new FlowableException("属性customTransactionManager不能为空");
        }
        return new SpringTransactionInterceptor(customTransactionManager);
    }
}
```

以上代码定义了两个自定义扩展属性customTransactionManager、engineType，并且通过Lombok的@Data注解为这两个扩展属性添加了相应的getter()、setter()方法。其中，customTransactionManager是事务管理器，engineType是引擎类型。在重写的createTransactionInterceptor()方法中，使用了SpringTransactionInterceptor事务拦截器。

22.1.2 编写工作流引擎配置文件

流程配置文件flowable.custom-processengineconfiguration.xml的内容如下：

```xml
<beans>
    <!-- 数据源配置 -->
    <bean id="dataSource" class="org.apache.commons.dbcp.BasicDataSource">
        <property name="driverClassName" value="org.h2.Driver"/>
        <property name="url" value="jdbc:h2:mem:flowable"/>
        <property name="username" value="sa"/>
        <property name="password" value=""/>
    </bean>
    <!-- 配置事务管理器 -->
```

```xml
    <bean id="transactionManager" class="org.springframework.jdbc.datasource
        .DataSourceTransactionManager">
        <property name="dataSource" ref="dataSource"/>
    </bean>
    <!-- Flowable工作流引擎 -->
    <bean id="processEngineConfiguration"
        class="com.bpm.example.demo1.cfg.CustomProcessEngineConfiguration">
        <!-- 数据源 -->
        <property name="dataSource" ref="dataSource"/>
        <!-- 配置自定义属性engineType -->
        <property name="engineType" value="custom"/>
        <!-- 配置自定义属性customTransactionManager -->
        <property name="customTransactionManager" ref="transactionManager"/>

        <!-- 此处省略其他属性配置 -->
    </bean>
</beans>
```

以上配置文件中略去了命名空间，完整内容可参看本书配套资源。加粗部分的代码使用了自定义的com.bpm.example.demo1.cfg.CustomProcessEngineConfiguration类，其中，属性dataSource和databaseSchemaUpdate继承自其父类，而属性engineType和customTransactionManager是自定义的扩展属性。

22.1.3 使用示例

使用自定义ProcessEngineConfiguration的示例代码如下：

```java
@Slf4j
public class RunCustomProcessEngineConfigurationDemo {
    @Test
    public void runCustomProcessengineconfigurationDemo() throws Exception {
        //创建工作流引擎配置
        CustomProcessEngineConfiguration processEngineConfiguration =
                (CustomProcessEngineConfiguration) ProcessEngineConfiguration
                .createProcessEngineConfigurationFromResource("flowable" +
                        ".custom-processengineconfiguration.xml");
        //创建工作流引擎
        ProcessEngine processEngine = processEngineConfiguration.buildProcessEngine();
        //获取自定义属性
        log.info("engineType: {}", ((CustomProcessEngineConfiguration) processEngine
                .getProcessEngineConfiguration()).getEngineType());
        log.info("customTransactionManager: {}",
                ((CustomProcessEngineConfiguration)processEngine
                        .getProcessEngineConfiguration()).getCustomTransactionManager()
                        .getClass().getName());
    }
}
```

在以上代码中，先由加粗部分的代码加载flowable.custom-processengineconfiguration.xml文件创建工作流引擎配置，实例化自定义的CustomProcessEngineConfiguration类，然后通过该类创建工作流引擎，从而实现对工作流引擎进行个性化定制，最后通过工作流引擎读取并输出自定义属性。代码运行结果如下：

```
11:35:29.494 [main] INFO RunCustomProcessEngineConfigurationDemo - engineType: custom
11:35:29.494 [main] INFO RunCustomProcessEngineConfigurationDemo - customTransactionManager: org.springframework.jdbc.datasource.DataSourceTransactionManager
```

从代码运行结果可知，工作流引擎获取了自定义的扩展属性。在实际使用过程中，可以根据需要进行各种更复杂的个性化定制，以支持不同的业务流程需求场景。

除了本节中介绍的方式，还可以通过继承ProcessEngineConfiguration抽象类来自定义ProcessEngineConfiguration，采用这种方式需要实现以下方法：

❑ buildProcessEngine()；

❑ getRepositoryService()；

❑ getRuntimeService()；

❑ getFormService()；

❑ getTaskService()；

- ❏ getHistoryService();
- ❏ getIdentityService();
- ❏ getManagementService();
- ❏ getProcessEngineConfiguration();
- ❏ getEngineCfgKey();
- ❏ getEngineScopeType();
- ❏ createTransactionInterceptor();
- ❏ initDbSqlSessionFactoryEntitySettings();
- ❏ getMyBatisXmlConfigurationStream()。

22.2 自定义流程元素属性

Flowable的每种流程元素都具备自己的属性，但这些默认的属性往往并不能完全满足实际业务的需要。为了满足各种业务流程需求，实际应用时经常需要为Flowable的流程元素扩展出一系列自定义属性。通过在流程定义中定义扩展属性，比如自定义流程属性、节点属性等，在流程执行过程中可以根据这些扩展属性的值来执行不同的逻辑。因此，增加扩展属性可以提高Flowable的灵活性和可扩展性，使得Flowable能够更好地适应不同的业务场景。

22.2.1 使用ExtensionElement自定义流程元素属性

ExtensionElement是Flowable提供的一种扩展元素，用于在流程定义中添加自定义的扩展属性或信息。ExtensionElement可以用于在流程定义中添加额外的元数据，以便在运行时使用。它可以包含任何自定义属性或信息，并且可以根据需要进行扩展。

ExtensionElement有4个主要属性：name、namespace、namespacePrefix和elementText。name属性用于指定元素的名称，namespace属性用于指定元素的命名空间，namespacePrefix属性用于指定命名空间的前缀，elementText属性用于指定元素的文本内容。通过ExtensionElement，用户可以在流程定义中添加额外的信息，如自定义的属性、描述等。

在Flowable中，ExtensionElement可以通过以下两种方式添加。

第一种方式是在流程定义的BPMN XML文件中为流程或其他流程元素添加ExtensionElement，并在其中定义自定义属性。以为用户任务添加自定义属性initiator-can-complete为例：

```xml
<userTask id="UserTask1">
    <extensionElements>
        <modeler:initiator-can-complete xmlns:modeler="http://flowable.org/modeler">true</modeler:initiator-can-complete>
    </extensionElements>
</userTask>
```

在以上用户任务的定义中，加粗部分的代码使用了extensionElements子元素，它通常用于扩展和定制BPMN模型中的元素，可用于添加自定义属性、标签、扩展类等信息，以满足特定业务需求。extensionElements可以在各种BPMN元素（如流程、任务、网关、事件等）上定义，并可以包含任意数量的扩展元素。这些扩展元素可以是自定义的XML元素，也可以是其他标准的BPMN元素。在上面的例子中，extensionElements包含了一个自定义的元素，该元素名称为initiator-can-complete，命名空间为http://flowable.org/modeler，命名空间前缀为modeler，元素文本内容为true。

第二种方式是通过Flowable API在流程或其他流程元素中添加ExtensionElement，并在其中定义自定义属性。下面看一个使用Flowable API实现的与第一种方式效果相同的示例：

```java
BpmnModel bpmnModel = repositoryService.getBpmnModel(processDefinitionId);
UserTask userTask = (UserTask) bpmnModel.getFlowElement("UserTask1");
ExtensionElement extensionElement = new ExtensionElement();
extensionElement.setName("initiator-can-complete");
extensionElement.setNamespacePrefix("modeler");
extensionElement.setNamespace("http://flowable.org/modeler");
extensionElement.setElementText("true");
userTask.addExtensionElement(extensionElement);
```

在以上代码中，加粗部分的代码首先实例化一个ExtensionElement对象，然后分别设置name、namespacePrefix、namespace和elementText属性，最后调用addExtensionElement()方法将该扩展属性对象实例添加到用户任务上。

以上两种扩展属性的方式实现的效果是相同的，不同之处在于，第二种方式通过addExtensionElement()方法添加的属性会在工作流引擎重启后失效。这是因为Flowable的工作流引擎在重启时会重新读取流程定义的XML文件，并重新解析XML文件中的属性，因此通过addExtensionElement()方法添加的属性会被覆盖或丢失。而第一种方式则不存在这个问题。

在运行时，可以使用Flowable API获取自定义属性。以获取上面定义的扩展属性initiator-can-complete为例：

```
BpmnModel bpmnModel = repositoryService.getBpmnModel(task.getProcessDefinitionId());
UserTask userTask = (UserTask) bpmnModel.getFlowElement(task.getTaskDefinitionKey());
Map<String, List<ExtensionElement>> map = userTask.getExtensionElements();
List<ExtensionElement> extensionElements = map.get("initiator-can-complete");
String initiatorCanComplete = null;
if (extensionElements != null && !extensionElements.isEmpty()) {
    for (ExtensionElement extensionElement : extensionElements) {
        if ("http://flowable.org/modeler".equals(extensionElement.getNamespace())) {
            initiatorCanComplete = extensionElement.getElementText();
            break;
        }
    }
}
```

在以上代码中，首先通过调用用户任务的getExtensionElements()返回存储所有扩展属性的Map对象，该对象的key为扩展属性名，value为扩展属性对象ExtensionElement的列表（如由不同命名空间前缀定义的相同属性名的多个属性，或者相同命名空间前缀的相同属性名定义的多个属性）。然后根据扩展属性名initiator-can-complete从Map对象中获取扩展属性对象ExtensionElement的列表。最后遍历该列表，根据命名空间匹配到对应的扩展属性对象并调用其getElementText()方法获取配置的扩展属性值。

22.2.2 使用ExtensionAttribute自定义流程元素属性

ExtensionAttribute是Flowable提供的另一种扩展元素，用于在流程定义中添加自定义的扩展属性或信息。ExtensionAttribute有4个主要属性：name、value、namespace和namespacePrefix。name属性用于指定属性的名称，value属性用于指定属性的值，namespace属性用于指定属性的命名空间，namespacePrefix属性用于指定命名空间的前缀。

在Flowable中，ExtensionAttribute可以通过以下两种方式添加。

第一种方式是在流程定义的BPMN XML文件中为流程或其他流程元素添加ExtensionAttribute定义自定义属性。以为用户任务添加自定义属性initiator-can-complete为例：

```
<userTask id="UserTask1" modeler:initiator-can-complete="true"/>
```

在以上用户任务的定义中，加粗部分的代码定义了名称为initiator-can-complete的扩展属性，它的命名空间前缀为modeler，属性值为true。通过这种方式，它的命名空间需要添加在流程定义的命名空间中。

第二种方式是通过Flowable API在流程或其他流程元素中添加ExtensionAttribute定义自定义属性。下面看一个使用Flowable API实现的与第一种方式效果相同的示例：

```
BpmnModel bpmnModel = repositoryService.getBpmnModel(processDefinitionId);
UserTask userTask = (UserTask) bpmnModel.getFlowElement("UserTask1");
ExtensionAttribute extensionAttribute = new ExtensionAttribute();
extensionAttribute.setName("initiator-can-complete");
extensionAttribute.setNamespacePrefix("modeler");
extensionAttribute.setNamespace("http://flowable.org/modeler");
extensionAttribute.setValue("true");
userTask.addAttribute(extensionAttribute);
```

在以上代码中，加粗部分的代码首先实例化一个ExtensionAttribute对象，然后分别设置name、namespacePrefix、namespace和value属性，最后调用addAttribute()方法将该扩展属性对象实例添加到用户任务上。

以上两种扩展属性的方式实现的效果是相同的,不同之处在于,第二种方式通过addAttribute()方法添加的属性会在工作流引擎重启后失效。这是因为Flowable的工作流引擎在重启时会重新读取流程定义的XML文件,并重新解析XML文件中的属性,因此通过addAttribute()方法添加的属性会被覆盖或丢失。而第一种方式则不存在这个问题。

在运行时,可以使用Flowable API获取自定义属性。以获取上面定义的扩展属性initiator-can-complete为例:

```
BpmnModel bpmnModel = repositoryService.getBpmnModel(task.getProcessDefinitionId());
UserTask userTask = (UserTask) bpmnModel.getFlowElement(task.getTaskDefinitionKey());
String initiatorCanComplete = userTask.getAttributeValue("http://flowable.org/modeler",
        "initiator-can-complete");
```

以上代码通过调用用户任务的getAttributeValue()方法根据命名空间和属性名获得扩展属性值。

22.2.3 使用示例

本小节展示一个使用自定义流程元素属性的综合示例,其流程如图22.1所示,需要在其基础上通过扩展实现:

- 自定义流程标题内容;
- 自定义是否发送待办通知和自定义待办通知内容;
- 自定义流程结束是否给流程发起者发通知以及通知内容。

图22.1 自定义流程元素属性示例流程

图22.1所示流程对应的XML内容如下:

```xml
<process id="customAttributeProcess" name="自定义流程元素属性示例流程">
    <startEvent id="startEvent1" flowable:initiator="INITIATOR">
        <extensionElements>
            <flowable:title><![CDATA[${INITIATOR}发起的请假申请]]></flowable:title>
            <flowable:executionListener event="start" class="com.bpm.example.demo2.listener.
                MyExectuionListener"/>
        </extensionElements>
    </startEvent>
    <userTask id="userTask1" name="申请" flowable:assignee="${INITIATOR}"
        flowable:enableToDoNotice="false">
        <extensionElements>
            <flowable:noticeContent>
                <![CDATA[${task.getAssignee()},收到一条新的流程待办,流程标题为【${title}】,任务名称为【${task.
                    getName()}】]]>
            </flowable:noticeContent>
            <flowable:taskListener event="create" class="com.bpm.example.demo2.listener.
                MyTaskListener"/>
        </extensionElements>
    </userTask>
    <userTask id="userTask2" name="审批" flowable:assignee="hebo"
        flowable:enableToDoNotice="true">
        <extensionElements>
            <flowable:noticeContent>
                <![CDATA[${task.getAssignee()},收到一条新的流程待办,流程标题为【${title}】,任务名称为【${task.
                    getName()}】]]>
            </flowable:noticeContent>
            <flowable:taskListener event="create" class="com.bpm.example.demo2.listener.
                MyTaskListener"/>
        </extensionElements>
    </userTask>
    <endEvent id="endEvent1" flowable:endNoticeStarter="true">
        <extensionElements>
            <flowable:noticeContent>
                <![CDATA[${INITIATOR},你发起的标题为【${title}】的流程已办结]]>
            </flowable:noticeContent>
            <flowable:executionListener event="end"
```

```xml
            class="com.bpm.example.demo2.listener.MyExectuionListener"/>
        </extensionElements>
    </endEvent>
    <sequenceFlow id="seqFlow1" sourceRef="startEvent1" targetRef="userTask1"/>
    <sequenceFlow id="SeqFlow2" sourceRef="userTask1" targetRef="userTask2"/>
    <sequenceFlow id="SeqFlow3" sourceRef="userTask2" targetRef="endEvent1"/>
</process>
```

在以上流程定义中,加粗部分的代码是为流程不同元素添加的自定义属性,为了流程定义结构紧凑、不引入额外的命名空间,这些属性的命名空间使用了Flowable默认的命名空间(xmlns:flowable="http://flowable.org/bpmn"),命名空间前缀为flowable。具体介绍如下。

(1)开始节点startEvent1使用ExtensionElement自定义流程title,属性内容为一段自定义的文本,设置了流程标题的格式和内容。

(2)用户任务userTask1、用户任务userTask2使用ExtensionAttribute自定义属性enableToDoNotice,属性值分别为false、true;使用ExtensionElement自定义属性noticeContent,属性内容为一段自定义的文本,设置了待办通知的格式和内容。

(3)结束节点endEvent1使用ExtensionAttribute自定义属性endNoticeStarter,属性值为true;使用ExtensionElement自定义属性noticeContent,属性内容为一段自定义的文本,设置了流程结束后给发起人发送通知的格式和内容。

开始节点、结束节点配置的执行监听器的代码如下:

```java
@Slf4j
public class MyExectuionListener extends ListenerUtil implements ExecutionListener {
    @Override
    public void notify(DelegateExecution execution) {
        //获取当前节点
        FlowElement currentFlowElement = execution.getCurrentFlowElement();
        if (execution.getEventName().equals("start")) {
            //查询开始节点自定义属性title配置的内容
            String title = super.getExtensionElementValue(currentFlowElement, "title");
            //计算表达式获取最终的值
            String titleValue = super.getExpressValue(title, execution);
            //设置流程标题
            procEngineConf.getRuntimeService().setProcessInstanceName(execution
                    .getProcessInstanceId(), titleValue);
            //设置流程变量
            execution.setVariable("title", titleValue);
        } else if (execution.getEventName().equals("end")) {
            //获取结束节点自定义属性endNoticeStarter的值
            String endNoticeStarter = super.getExtensionAttributeValue(currentFlowElement,
                    "endNoticeStarter");
            if (StringUtils.isNotBlank(endNoticeStarter)
                    && Boolean.parseBoolean(endNoticeStarter)) {
                //获取用户任务自定义属性noticeContent配置的内容
                String noticeContent = super.getExtensionElementValue(currentFlowElement,
                        "noticeContent");
                //计算表达式获取最终的值
                String noticeContentValue = super.getExpressValue(noticeContent, execution);
                log.info("发送流程结束通知:{}", noticeContentValue);
            }
        }
    }
}
```

用户任务配置的任务监听器的代码如下:

```java
@Slf4j
public class MyTaskListener extends ListenerUtil implements TaskListener {
    @Override
    public void notify(DelegateTask delegateTask) {
        //获取流程BpmnModel
        BpmnModel bpmnModel = procEngineConf.getRepositoryService()
                .getBpmnModel(delegateTask.getProcessDefinitionId());
        //查询用户任务的FlowElement
        FlowElement flowElement = bpmnModel
```

```
                .getFlowElement(delegateTask.getTaskDefinitionKey()));
        //获取用户任务自定义属性enableToDoNotice的值
        String enableToDoNotice = super
                .getExtensionAttributeValue(flowElement , "enableToDoNotice");
        if (StringUtils.isNotBlank(enableToDoNotice) && Boolean.parseBoolean(enableToDoNotice)) {
            //查询用户任务自定义属性noticeContent配置的内容
            String noticeContent = super
                    .getExtensionElementValue(flowElement, "noticeContent");
            //计算表达式获取最终的值
            String noticeContentValue = super.getExpressValue(noticeContent, delegateTask);
            log.info("发送待办通知：{}", noticeContentValue);
        }
    }
}
```

以上执行监听器和任务监听器所继承的父类内容如下：

```
public class ListenerUtil {
    //设置命名空间
    private static String namespace = "http://flowable.org/bpmn";
    //获取工作流引擎配置
    protected ProcessEngineConfigurationImpl procEngineConf = Context
            .getProcessEngineConfiguration();
    //获取表达式管理器
    protected ExpressionManager expressionManager = procEngineConf.getExpressionManager();

    /**
     * 查询ExtensionElement定义的扩展属性的内容
     * @param element              流程元素对象
     * @param extensionElementName 扩展属性名
     * @return
     */
    public String getExtensionElementValue(BaseElement element, String extensionElementName) {
        Map<String, List<ExtensionElement>> extensionElementMap = element
                .getExtensionElements();
        List<ExtensionElement> extensionElements = extensionElementMap.get
                (extensionElementName);
        if (extensionElements != null && !extensionElements.isEmpty()) {
            for (ExtensionElement extensionElement : extensionElements) {
                if ((namespace == null && extensionElement.getNamespace() == null) ||
                        namespace.equals(extensionElement.getNamespace())) {
                    return extensionElement.getElementText();
                }
            }
        }
        return null;
    }

    /**
     * 查询ExtensionAttribute定义的扩展属性的内容
     * @param element              流程元素对象
     * @param extensionElementName 扩展属性名
     * @return
     */
    public String getExtensionAttributeValue(BaseElement element, String
            extensionElementName) {
        String extensionAttribute = element.getAttributeValue(namespace, extensionElementName);
        return extensionAttribute;
    }

    /**
     * 计算表达式的值
     * @param express          表达式文本
     * @param variableContainer 变量所在的容器
     * @return
     */
    public String getExpressValue(String express, VariableContainer variableContainer) {
        return (String) expressionManager.createExpression(express)
                .getValue(variableContainer);
```

```
        }
    }
```

加载该流程模型并执行相应流程控制的示例代码如下：

```
@Slf4j
public class RunCustomAttributeProcessDemo extends FlowableEngineUtil {
    @Test
    public void runCustomAttributeProcessDemo() {
        //加载Flowable配置文件并初始化工作流引擎及服务
        initFlowableEngineAndServices("flowable.cfg.xml");
        //部署流程
        deployResource("processes/CustomAttributeProcess.bpmn20.xml");
        //设置流程发起者
        identityService.setAuthenticatedUserId("liuxiaopeng");
        //发起流程实例
        ProcessInstance procInst = runtimeService
                .startProcessInstanceByKey("customAttributeProcess");
        log.info("流程标题为：{}", procInst.getName());
        identityService.setAuthenticatedUserId(null);
        TaskQuery taskQuery = taskService.createTaskQuery()
                .processInstanceId(procInst.getId());
        //查询并办理第一个用户任务
        Task firstTask = taskQuery.singleResult();
        taskService.complete(firstTask.getId());
        //查询并办理第二个用户任务
        Task secondTask = taskQuery.singleResult();
        taskService.complete(secondTask.getId());
    }
}
```

以上代码先初始化工作流引擎并部署流程，然后设置流程发起人并发起流程实例，接下来依次查询并办理前两个用户任务。代码运行结果如下：

```
11:51:21.406 [main] INFO RunCustomAttributeProcessDemo - 流程标题为：liuxiaopeng发起的请假申请
11:51:21.505 [main] INFO MyTaskListener - 发送待办通知：hebo，收到一条新的流程待办，流程标题为【liuxiaopeng发起的请假申请】，任务名称为【审批】
11:51:21.579 [main] INFO MyExectuionListener - 发送流程结束通知：liuxiaopeng，你发起的标题为【liuxiaopeng发起的请假申请】的流程已办结
```

从代码运行结果可知，为开始节点、用户任务、结束节点自定义扩展的属性均已加入BPMN对象并被引擎识别。

22.3　自定义流程活动行为

Flowable的各个流程活动都分别对应一个ActivityBehavior对象，如表22.1所示。ActivityBehavior代表流程节点的行为。如果Flowable默认提供的节点行为无法满足实际应用需求，就可以通过自定义节点的行为类扩展节点行为。以UserTask为例，假设场景中UserTask配置的候选人仅为1人，此时自动将其设为办理人。本节将通过自定义扩展UserTask的行为类UserTaskActivityBehavior实现这一需求。

表22.1　Flowable流程活动对应的ActivityBehavior

流程活动	对应的ActivityBehavior
空开始事件	org.flowable.engine.impl.bpmn.behavior.NoneStartEventActivityBehavior
空结束事件	org.flowable.engine.impl.bpmn.behavior.NoneEndEventActivityBehavior
取消结束事件	org.flowable.engine.impl.bpmn.behavior.CancelEndEventActivityBehavior
错误结束事件	org.flowable.engine.impl.bpmn.behavior.ErrorEndEventActivityBehavior
终止结束事件	org.flowable.engine.impl.bpmn.behavior.TerminateEndEventActivityBehavior
升级结束事件	org.flowable.engine.impl.bpmn.behavior.EscalationEndEventActivityBehavior
用户任务	org.flowable.engine.impl.bpmn.behavior.UserTaskActivityBehavior
排他网关	org.flowable.engine.impl.bpmn.behavior.ExclusiveGatewayActivityBehavior
包容网关	org.flowable.engine.impl.bpmn.behavior.InclusiveGatewayActivityBehavior

续表

流程活动	对应的ActivityBehavior
并行网关	org.flowable.engine.impl.bpmn.behavior.ParallelGatewayActivityBehavior
事件网关	org.flowable.engine.impl.bpmn.behavior.EventBasedGatewayActivityBehavior
接收任务	org.flowable.engine.impl.bpmn.behavior.ReceiveTaskActivityBehavior
脚本任务	org.flowable.engine.impl.bpmn.behavior.ScriptTaskActivityBehavior
邮件任务	org.flowable.engine.impl.bpmn.behavior.MailActivityBehavior
手动任务	org.flowable.engine.impl.bpmn.behavior.ManualTaskActivityBehavior
Shell任务	org.flowable.engine.impl.bpmn.behavior.ShellActivityBehavior
Web Service任务	org.flowable.engine.impl.bpmn.behavior.WebServiceActivityBehavior
接收事件任务	org.flowable.engine.impl.bpmn.behavior.ReceiveEventTaskActivityBehavior
发送事件任务	org.flowable.engine.impl.bpmn.behavior.SendEventTaskActivityBehavior
业务规则任务	org.flowable.engine.impl.bpmn.behavior.BusinessRuleTaskActivityBehavior
外部工作者任务	org.flowable.engine.impl.bpmn.behavior.ExternalWorkerTaskActivityBehavior
Case任务	org.flowable.engine.impl.bpmn.behavior.CaseTaskActivityBehavior
DMN任务	org.flowable.engine.impl.bpmn.behavior.DmnActivityBehavior
取消边界事件	org.flowable.engine.impl.bpmn.behavior.BoundaryCancelEventActivityBehavior
补偿边界事件	org.flowable.engine.impl.bpmn.behavior.BoundaryCompensateEventActivityBehavior
消息边界事件	org.flowable.engine.impl.bpmn.behavior.BoundaryMessageEventActivityBehavior
信号边界事件	org.flowable.engine.impl.bpmn.behavior.BoundarySignalEventActivityBehavior
定时器边界事件	org.flowable.engine.impl.bpmn.behavior.BoundaryTimerEventActivityBehavior
条件边界事件	org.flowable.engine.impl.bpmn.behavior.BoundaryConditionalEventActivityBehavior
升级边界事件	org.flowable.engine.impl.bpmn.behavior.BoundaryEscalationEventActivityBehavior
注册事件边界事件	org.flowable.engine.impl.bpmn.behavior.BoundaryEventRegistryEventActivityBehavior
变量监听器边界事件	org.flowable.engine.impl.bpmn.behavior.BoundaryVariableListenerEventActivityBehavior
服务任务（通过flowable:delegateExpression配置）	org.flowable.engine.impl.bpmn.behavior.ServiceTaskDelegateExpressionActivityBehavior
服务任务（通过flowable:expression配置）	org.flowable.engine.impl.bpmn.behavior.ServiceTaskExpressionActivityBehavior
服务任务（通过flowable:class配置）	org.flowable.engine.impl.bpmn.behavior.ServiceTaskJavaDelegateActivityBehavior
服务任务（通过flowable:class配置）	org.flowable.engine.impl.bpmn.behavior.ServiceTaskFutureJavaDelegateActivityBehavior
调用活动	org.flowable.engine.impl.bpmn.behavior.CallActivityBehavior
内嵌式流程	org.flowable.engine.impl.bpmn.behavior.SubProcessActivityBehavior
事务子流程	org.flowable.engine.impl.bpmn.behavior.TransactionActivityBehavior
事件子流程（通过错误开始事件发起）	org.flowable.engine.impl.bpmn.behavior.EventSubProcessErrorStartEventActivityBehavior
事件子流程（通过消息开始事件发起）	org.flowable.engine.impl.bpmn.behavior.EventSubProcessMessageStartEventActivityBehavior
事件子流程（通过条件开始事件发起）	org.flowable.engine.impl.bpmn.behavior.EventSubProcessConditionalStartEventActivityBehavior
事件子流程（通过升级开始事件发起）	org.flowable.engine.impl.bpmn.behavior.EventSubProcessEscalationStartEventActivityBehavior
事件子流程（通过注册开始事件发起）	org.flowable.engine.impl.bpmn.behavior.EventSubProcessEventRegistryStartEventActivityBehavior
事件子流程（通过信号开始事件发起）	org.flowable.engine.impl.bpmn.behavior.EventSubProcessSignalStartEventActivityBehavior

流程活动	对应的ActivityBehavior
事件子流程（通过定时器开始事件发起）	org.flowable.engine.impl.bpmn.behavior.EventSubProcessTimerStartEventActivityBehavior
事件子流程（通过变量监听器开始事件发起）	org.flowable.engine.impl.bpmn.behavior.EventSubProcessVariableListenerlStartEventActivityBehavior
消息中间捕获事件	org.flowable.engine.impl.bpmn.behavior.IntermediateCatchMessageEventActivityBehavior
信号中间捕获事件	org.flowable.engine.impl.bpmn.behavior.IntermediateCatchSignalEventActivityBehavior
定时器中间捕获事件	org.flowable.engine.impl.bpmn.behavior.IntermediateCatchTimerEventActivityBehavior
条件中间捕获事件	org.flowable.engine.impl.bpmn.behavior.IntermediateCatchConditionalEventActivityBehavior
事件注册中间捕获事件	org.flowable.engine.impl.bpmn.behavior.IntermediateCatchEventRegistryEventActivityBehavior
变量监听器中间捕获事件	org.flowable.engine.impl.bpmn.behavior.IntermediateCatchVariableListenerEventActivityBehavior
补偿中间抛出事件	org.flowable.engine.impl.bpmn.behavior.IntermediateThrowCompensationEventActivityBehavior
升级中间抛出事件	org.flowable.engine.impl.bpmn.behavior.IntermediateThrowEscalationEventActivityBehavior
空中间抛出事件	org.flowable.engine.impl.bpmn.behavior.IntermediateThrowNoneEventActivityBehavior
信号中间抛出事件	org.flowable.engine.impl.bpmn.behavior.IntermediateThrowSignalEventActivityBehavior
并行多实例	org.flowable.engine.impl.bpmn.ParallelMultiInstanceBehavior
串行多实例	org.flowable.engine.impl.bpmn.SequentialMultiInstanceBehavior

22.3.1 创建自定义流程活动行为类

自定义扩展UserTask行为类，可以继承默认的UserTaskActivityBehavior类，只需重写父类中的方法。自定义UserTask行为类的代码如下：

```java
@Slf4j
public class CustomUserTaskActivityBehavior extends UserTaskActivityBehavior {
    public CustomUserTaskActivityBehavior(UserTask userTask) {
        super(userTask);
    }

    @Override
    public void execute(DelegateExecution execution) {
        ProcessEngineConfigurationImpl engineConf = Context
                .getProcessEngineConfiguration();
        TaskEntityManager taskEntityManager = engineConf.getTaskServiceConfiguration()
                .getTaskEntityManager();

        //第1步，创建任务实例对象
        TaskEntity task = taskEntityManager.create();
        task.setProcessInstanceId(execution.getProcessInstanceId());
        task.setExecutionId(execution.getId());
        task.setTaskDefinitionKey(userTask.getId());
        task.setName(userTask.getName());
        task.setDescription(userTask.getDocumentation());
        taskEntityManager.insert(task, true);

        ExpressionManager expressionManager = engineConf.getExpressionManager();
        //第2步，查询用户任务节点人员配置
        String activeTaskAssignee = userTask.getAssignee();
        List<String> activeTaskCandidateUsers = userTask.getCandidateUsers();
        //第3步，分配任务办理人及候选人
        handleAssignments(taskEntityManager, activeTaskAssignee, activeTaskCandidateUsers,
                task, expressionManager, execution);

        //第4步，触发任务创建监听器
        engineConf.getListenerNotificationHelper()
                .executeTaskListeners(task, TaskListener.EVENTNAME_CREATE);

        //第5步，发送任务创建事件
        if (Context.getProcessEngineConfiguration().getEventDispatcher().isEnabled()) {
```

```java
            Context.getProcessEngineConfiguration().getEventDispatcher().dispatchEvent(
                    FlowableEventBuilder.createEntityEvent(FlowableEngineEventType
                            .TASK_CREATED, task), engineConf.getEngineCfgKey());
        }
    }

    //分配办理人
    private void handleAssignments(TaskEntityManager taskEntityManager, String assignee,
            List<String> candidateUsers, TaskEntity task,
            ExpressionManager expressionManager,
            DelegateExecution execution) {
        boolean isSetAssignee = false;
        //分配任务办理人
        if (StringUtils.isNotEmpty(assignee)) {
            Object assigneeExpressionValue = expressionManager.createExpression(assignee)
                    .getValue(execution);
            String assigneeValue = null;
            if (assigneeExpressionValue != null) {
                assigneeValue = assigneeExpressionValue.toString();
            }
            if (StringUtils.isNoneBlank(assigneeValue)) {
                taskEntityManager.changeTaskAssignee(task, assigneeValue);
                isSetAssignee = true;
            }
        }

        //分配任务候选人
        if (!isSetAssignee && candidateUsers != null && !candidateUsers.isEmpty()) {
            List<String> allCandidates = new ArrayList<>();
            for (String candidateUser : candidateUsers) {
                Expression userIdExpr = expressionManager
                        .createExpression(candidateUser);
                Object value = userIdExpr.getValue(execution);
                if (value instanceof String) {
                    Collection<String> candidates = extractCandidates((String) value);
                    allCandidates.addAll(candidates);
                } else if (value instanceof Collection) {
                    allCandidates.addAll((Collection) value);
                } else {
                    throw new FlowableException("Expression did not resolve to a string or " +
                            "collection of strings");
                }
            }
            List<String> distinctCandidates = (List) allCandidates.stream().distinct()
                    .collect(Collectors.toList());
            if (distinctCandidates != null) {
                //如果只有一个任务候选人,则设置为办理人
                if (distinctCandidates.size() == 1) {
                    log.info("TaskId为{}的用户任务只有一个候选人,将设置为办理人", task.getId());
                    taskEntityManager.changeTaskAssignee(task, distinctCandidates.get(0));
                    isSetAssignee = true;
                } else {
                    task.addCandidateUsers(distinctCandidates);
                }
            }
        }
    }
}
```

以上代码重写了UserTaskActivityBehavior的execute(DelegateExecution execution)方法,实现的核心步骤如下:

(1) 创建任务实例对象;
(2) 查询用户任务节点人员配置;
(3) 分配任务办理人及候选人;
(4) 触发任务创建监听器;
(5) 发送任务创建事件。

其中，步骤（3）用于实现本示例的需求，加粗部分的代码用于判断候选人数量，如果只有一个候选人，则直接将其设置为办理人。如果实际应用中还希望实现其他功能，扩展UserTask以支持更多复杂的场景，也可以通过重写UserTaskActivityBehavior的execute()方法的方式来实现。

22.3.2　创建自定义流程活动行为工厂

要想使22.3.1小节中创建的自定义流程活动行为类在工作流引擎中生效，需要将其注册到流程活动行为工厂中。Flowable默认的流程活动行为工厂是org.flowable.engine.impl.bpmn.parser.factory.DefaultActivityBehaviorFactory，它指定了所有流程活动的行为实现类。要自定义流程活动行为工厂，继承DefaultActivityBehaviorFactory，重写对应的流程活动创建行为类的方法即可。

```java
public class CustomActivityBehaviorFactory extends DefaultActivityBehaviorFactory {
    @Override
    public UserTaskActivityBehavior createUserTaskActivityBehavior(UserTask userTask) {
        return new CustomUserTaskActivityBehavior(userTask);
    }
}
```

以上代码段中的加粗部分重写了创建UserTask行为类的方法createUserTaskActivityBehavior(UserTask userTask)，将自定义的行为类CustomUserTaskActivityBehavior注册为UserTask的行为类。

22.3.3　在工作流引擎中设置自定义流程活动行为工厂

22.3.2小节创建了自定义行为工厂CustomActivityBehaviorFactory。要使其在工作流引擎中生效，还需要将其配置到工作流引擎中。配置文件flowable.custom-activitybehavior.xml中的工作流引擎配置片段如下：

```xml
<bean id="processEngineConfiguration"
    class="org.flowable.engine.impl.cfg.StandaloneProcessEngineConfiguration">
    <!-- 设置自定义行为工厂 -->
    <property name="activityBehaviorFactory">
        <bean class="com.bpm.example.demo3.parser.factory.CustomActivityBehaviorFactory" />
    </property>

    <!-- 此处省去其他属性配置 -->
</bean>
```

以上配置文件中略去了命名空间，完整内容可参阅本书配套资源。加粗部分的代码通过activityBehaviorFactory属性指定了自定义流程活动行为工厂CustomActivityBehaviorFactory。

22.3.4　使用示例

下面看一个自定义流程活动行为的使用示例，其流程如图22.2所示。该流程是运维申请流程，其中"专家服务"用户任务只配置了1个候选人。

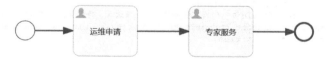

图22.2　自定义流程活动行为示例流程

图22.2所示流程对应的XML内容如下：

```xml
<process id="customActivityBehaviorProcess" name="自定义流程活动行为类示例流程">
    <startEvent id="startEvent1"/>
    <userTask id="userTask1" name="运维申请" flowable:assignee="liuxiaopeng"/>
    <sequenceFlow id="sequenceFlow1" sourceRef="startEvent1" targetRef="userTask1"/>
    <userTask id="userTask2" name="专家服务" flowable:candidateUsers="hebo"/>
    <sequenceFlow id="sequenceFlow2" sourceRef="userTask1" targetRef="userTask2"/>
    <endEvent id="endEvent1"/>
    <sequenceFlow id="sequenceFlow3" sourceRef="userTask2" targetRef="endEvent1"/>
</process>
```

在以上流程定义中，加粗部分的代码定义了用户任务userTask2，通过flowable:candidateUsers属性配置了1个候选人hebo。

加载该流程模型并执行相应流程控制的示例代码如下：

```java
@Slf4j
public class RunCustomActivityBehaviorProcessDemo extends FlowableEngineUtil {
    SimplePropertyPreFilter taskFilter = new SimplePropertyPreFilter(Task.class,
            "taskId", "name", "assignee");
    SimplePropertyPreFilter identityLinkFilter =
            new SimplePropertyPreFilter(IdentityLink.class, "taskId", "type", "userId");

    @Test
    public void runCustomActivityBehaviorDemo() {
        //加载Flowable配置文件并初始化工作流引擎及服务
        initFlowableEngineAndServices("flowable.custom-activitybehavior.xml");
        //部署流程
        deployResource("processes/CustomActivityBehaviorProcess.bpmn20.xml");

        //启动流程实例
        ProcessInstance procInst = runtimeService
                .startProcessInstanceByKey("customActivityBehaviorProcess");
        TaskQuery taskQuery = taskService.createTaskQuery()
                .processInstanceId(procInst.getId());
        //查询第一个用户任务
        Task firstTask = taskQuery.singleResult();
        log.info("第一个用户任务：{}", JSON.toJSONString(firstTask, taskFilter));
        //办理完成第一个用户任务
        taskService.complete(firstTask.getId());
        //查询第二个用户任务
        Task secondTask = taskQuery.singleResult();
        log.info("第二个用户任务：{}", JSON.toJSONString(secondTask, taskFilter));
        List<IdentityLink> identityLinks = taskService
                .getIdentityLinksForTask(secondTask.getId());
        log.info("办理/候选人：{}", JSON.toJSONString(identityLinks, identityLinkFilter));
        //办理完成第二个用户任务
        taskService.complete(secondTask.getId());
    }
}
```

以上代码先初始化工作流引擎并部署流程，发起流程后依次查询并办理前两个用户任务，同时输出该任务的相关信息。代码运行结果如下：

```
19:45:45.626 [main] INFO RunCustomActivityBehaviorProcessDemo - 第一个用户任务：{"assignee":"liuxiaopeng","name":"运维申请"}
19:45:45.651 [main] INFO CustomUserTaskActivityBehavior - TaskId为13的用户任务只有一个候选人，将设置为办理人
19:45:45.687 [main] INFO RunCustomActivityBehaviorProcessDemo - 第二个用户任务：{"assignee":"hebo","name":"专家服务"}
19:45:45.718 [main] INFO RunCustomActivityBehaviorProcessDemo - 办理/候选人：[{"taskId":"13","type":"assignee","userId":"hebo"}]
```

从代码运行结果可知，第二个用户任务只分配了办理人hebo，原用户任务定义中配置的候选人在自定义行为类中被转换为办理人。

22.3.1~22.3.3小节中介绍的操作实现了UserTask自定义用户任务行为扩展。其他流程活动类型的自定义节点行为扩展也可以参照上述操作进行，读者可自行进行尝试。

22.4 自定义事件

16.2.2小节中介绍了Flowable默认提供的多种事件类型，但面对实际应用中各种复杂的流程场景，如驳回、撤回、撤销和催办等，没有提供对应的事件类型进行匹配。在这种情况下，需要补充一些额外的事件。本节以扩展用户任务的"催办"事件为例，讲解为Flowable扩展自定义事件的过程。

22.4.1 创建自定义事件类型

创建自定义事件类型，以用户任务为例，扩展一个催办事件类型，代码如下：

```java
public enum CustomFlowableEventType {
    //催办
    TASK_URGING;
}
```

22.4.2 创建自定义事件

创建自定义事件需要继承org.flowable.common.engine.api.delegate.event.FlowableEvent接口，扩展的催办事件接口代码如下：

```java
public abstract interface FlowableTaskUrgingEvent extends FlowableEvent {
    public Object getEntity();
    public CustomFlowableEventType getCustomFlowableEventType();
}
```

以上代码段中的加粗部分定义了两个接口方法。其中，getEntity()方法用于获取事件对象，getCustomFlowableEventType()方法用于获取自定义事件类型。

接下来实现自定义事件的实现类，扩展的催办事件接口的实现类代码如下：

```java
@Getter
public class FlowableTaskUrgingEventImpl extends FlowableEventImpl
        implements FlowableTaskUrgingEvent {
    protected Object entity;
    protected CustomFlowableEventType customFlowableEventType;

    public FlowableTaskUrgingEventImpl(TaskEntity entity, FlowableEventType type,
            CustomFlowableEventType customFlowableEventType) {
        super(type);
        this.entity = entity;
        this.customFlowableEventType = customFlowableEventType;
    }
}
```

在以上代码中，该实现类继承了org.flowable.common.engine.impl.event.FlowableEventImpl，实现了自定义事件接口com.bpm.example.demo4.event.FlowableTaskUrgingEvent。

22.4.3 实现自定义事件监听器

扩展的催办事件的自定义事件监听器代码如下：

```java
@Slf4j
public class TaskUrgingEventListener implements FlowableEventListener {
    @Override
    public void onEvent(FlowableEvent event) {
        FlowableEventType eventType = event.getType();
        if (eventType.equals(FlowableEngineEventType.CUSTOM)) {
            if (event instanceof FlowableTaskUrgingEvent) {
                FlowableTaskUrgingEvent flowableTaskUrgingEvent =
                        (FlowableTaskUrgingEvent) event;
                Object entityObject = flowableTaskUrgingEvent.getEntity();
                if (flowableTaskUrgingEvent.getCustomFlowableEventType()
                        .equals(CustomFlowableEventType.TASK_URGING)) {
                    TaskEntity task = (TaskEntity)entityObject;
                    log.info("{}被催办了！", task.getName());
                }
            }
        }
    }

    @Override
    public boolean isFailOnException() {
        return false;
    }

    @Override
    public boolean isFireOnTransactionLifecycleEvent() {
        return false;
    }

    @Override
    public String getOnTransaction() {
        return null;
    }
}
```

在以上代码中，该监听器实现了org.flowable.common.engine.api.delegate.event.FlowableEventListener接口，并重写了onEvent()、isFailOnException()、isFireOnTransactionLifecycleEvent()和getOnTransaction()这4个方法。在onEvent()方法中，先判断事件类型是否为CUSTOM，再判断事件对象是否为FlowableTaskUrgingEvent。如果二者皆满足，则进行后续处理。该示例从事件中获取Entity对象，并根据其名称输出一条催办信息。

22.4.4 使用示例

下面看一个自定义事件的使用示例，其流程如图22.3所示。该流程为运维申请流程，这里将由"专家服务"用户任务触发自定义的催办事件。

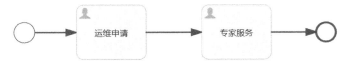

图22.3 自定义事件示例流程

图22.3所示流程对应的XML内容如下：

```xml
<process id="customEventProcess" name="自定义事件示例流程">
    <extensionElements>
        <flowable:eventListener events="CUSTOM"
            class="com.bpm.example.demo4.listener.TaskUrgingEventListener"/>
    </extensionElements>
    <startEvent id="startEvent1"/>
    <userTask id="userTask1" name="运维申请"/>
    <sequenceFlow id="sequenceFlow1" sourceRef="startEvent1" targetRef="userTask1"/>
    <endEvent id="endEvent1"/>
    <sequenceFlow id="sequenceFlow2" sourceRef="userTask1" targetRef="userTask2"/>
    <userTask id="userTask2" name="专家服务"/>
    <sequenceFlow id="sequenceFlow3" sourceRef="userTask2" targetRef="endEvent1"/>
</process>
```

在以上流程定义中，加粗部分的代码在process元素的extensionElements子元素中声明了事件监听器，通过class属性进行全类名定义添加了事件监听器com.bpm.example.demo4.listener.TaskUrgingEventListener。它将监听CUSTOM事件。

加载该流程模型并执行相应流程控制的示例代码如下：

```java
@Slf4j
public class RunDemo4 extends FlowableEngineUtil {
    @Test
    public void runCustomEventDemo() {
        //加载Flowable配置文件并初始化工作流引擎及服务
        initFlowableEngineAndServices("flowable.cfg.xml");
        //部署流程
        deployResource("processes/CustomEventProcess.bpmn20.xml");

        //启动流程实例
        ProcessInstance procInst = runtimeService
                .startProcessInstanceByKey("customEventProcess");
        TaskQuery taskQuery = taskService.createTaskQuery()
                .processInstanceId(procInst.getId());
        //查询并完成第一个用户任务
        Task firstTask = taskQuery.singleResult();
        taskService.complete(firstTask.getId());
        //查询第二个用户任务
        Task secondTask = taskQuery.singleResult();

        //查询BpmnModel
        BpmnModel bpmnModel = repositoryService
                .getBpmnModel(procInst.getProcessDefinitionId());
        //获取FlowableEventSupport
        FlowableEventSupport flowableEventSupport =
                ((FlowableEventSupport) bpmnModel.getEventSupport());
        //触发自定义事件
        flowableEventSupport.dispatchEvent(new FlowableTaskUrgingEventImpl((TaskEntity)
```

```
            secondTask, FlowableEngineEventType.CUSTOM,
            CustomFlowableEventType.TASK_URGING));
    }
}
```

以上代码先初始化工作流引擎并部署流程，发起流程后查询并办理第一个用户任务，然后查询第二个用户任务，最后查询BpmnModel并获取FlowableEventSupport，加粗部分通过FlowableEventSupport的dispatchEvent()方法触发自定义的"催办"事件。代码运行结果如下：

```
19:51:38.052 [main] INFO TaskUrgingEventListener - 专家服务被催办了！
```

从代码运行结果可知，自定义事件抛出后被对应的自定义事件监听器捕获并处理。

22.5 自定义流程校验

为了保证流程设计器设计的流程能够正常运行，有必要对流程及活动的配置进行合法性校验。为此，Flowable引擎针对各类流程元素及配置提供了一系列默认校验规则，如表22.2所示。这些规则从BPMN合法性的角度进行校验。在Flowable实际使用过程中，针对业务的特点，经常需要对流程及节点配置做额外的约束性校验。本节以添加"校验用户任务是否分配办理人或候选人（组）"规则为例，介绍如何针对Flowable扩展自定义校验规则。

表22.2　Flowable中不同流程元素的校验规则

流程元素	对应的校验规则
事件监听器	org.flowable.validation.validator.impl.FlowableEventListenerValidator
关联	org.flowable.validation.validator.impl.AssociationValidator
边界事件	org.flowable.validation.validator.impl.BoundaryEventValidator
BPMN模型	org.flowable.validation.validator.impl.BpmnModelValidator
结束事件	org.flowable.validation.validator.impl.EndEventValidator
错误定义	org.flowable.validation.validator.impl.ErrorValidator
事件网关	org.flowable.validation.validator.impl.EventGatewayValidator
事件子流程	org.flowable.validation.validator.impl.EventSubprocessValidator
事件	org.flowable.validation.validator.impl.EventValidator
排他网关	org.flowable.validation.validator.impl.ExclusiveGatewayValidator
执行监听器	org.flowable.validation.validator.impl.ExecutionListenerValidator
中间捕获事件	org.flowable.validation.validator.impl.IntermediateCatchEventValidator
中间抛出事件	org.flowable.validation.validator.impl.IntermediateThrowEventValidator
消息事件	org.flowable.validation.validator.impl.MessageValidator
脚本任务	org.flowable.validation.validator.impl.ScriptTaskValidator
发送任务	org.flowable.validation.validator.impl.SendTaskValidator
顺序流	org.flowable.validation.validator.impl.SequenceflowValidator
服务任务	org.flowable.validation.validator.impl.ServiceTaskValidator
信号定义	org.flowable.validation.validator.impl.SignalValidator
开始事件	org.flowable.validation.validator.impl.StartEventValidator
内嵌子流程	org.flowable.validation.validator.impl.SubprocessValidator
用户任务	org.flowable.validation.validator.impl.UserTaskValidator

22.5.1　创建自定义校验规则

首先需要扩展能够满足业务需求的自定义校验规则，它需要实现org.flowable.validation.validator.Validator接口。这里选择继承org.flowable.validation.validator.ProcessLevelValidator抽象类，其父类（org.flowable.validation.validator.ValidatorImpl）已经实现了org.flowable.validation.validator.Validator接口。自定义校验规则类的内容如下：

```java
public class CustomValidator extends ProcessLevelValidator {
    @Override
    protected void executeValidation(BpmnModel bpmnModel, Process process,
            List<ValidationError> errors) {
        //查询流程中的所有UserTask节点
        List<UserTask> userTasks = process.findFlowElementsOfType(UserTask.class);
        if (!CollectionUtils.isEmpty(userTasks)) {
            for (UserTask userTask : userTasks) {
                //查询办理人配置
                String assignee = userTask.getAssignee();
                //查询候选人配置
                List<String> candidateUsers = userTask.getCandidateUsers();
                //查询候选组配置
                List<String> candidateGroups = userTask.getCandidateGroups();
                //如果办理人、候选人、候选组全部没有配置
                if (StringUtils.isBlank(assignee)
                        && CollectionUtils.isEmpty(candidateUsers)
                        && CollectionUtils.isEmpty(candidateGroups)
                        ) {
                    //记录校验错误信息
                    this.addError(errors, "用户任务【" + userTask.getName() +"】
                            办理人、候选人、候选组不能全为空", process, userTask,
                            "用户任务节点办理人、候选人、候选组不能全为空");
                }
            }
        }
    }
}
```

以上代码重写了executeValidation()方法，校验逻辑就是在该方法中完成的。其核心逻辑是，从流程中查询并遍历所有UserTask节点，获取查询办理人、候选人和候选组的配置，如果某个UserTask节点的办理人、候选人和候选组都未配置，则通过addError()方法记录该UserTask节点的校验错误信息。

22.5.2 重写流程校验器

Flowable默认的流程校验器是org.flowable.validation.ProcessValidator，它在工作流引擎启动时初始化，是Flowable进行流程校验的入口。要使22.5.1小节中创建的自定义校验规则生效，需要将其注册到流程校验器中。这里通过重写流程校验器，让扩展的自定义校验规则生效，选择继承org.flowable.validation.ProcessValidatorImpl类，它是org.flowable.validation.ProcessValidator的实现类。重写的流程校验器如下：

```java
public class CustomProcessValidator extends ProcessValidatorImpl {
    public CustomProcessValidator() {
        //加入Flowable默认校验规则
        this.addValidatorSet((new ValidatorSetFactory())
                .createFlowableExecutableProcessValidatorSet());
        //加入自定义校验规则
        ValidatorSet customValidatorSet = new ValidatorSet("custom-validtor");
        customValidatorSet.addValidator(new CustomValidator());
        this.addValidatorSet(customValidatorSet);
    }
}
```

在以上代码中，加粗部分的代码在流程校验器的构造方法中做了以下两件事情。
- 加入Flowable内置的默认校验规则集。
- 加入自定义校验规则。如果扩展了多条自定义校验规则，需要在这里将它们加入工作流引擎。

22.5.3 在工作流引擎中设置自定义流程校验器

要使22.5.2小节中重写的流程校验器在工作流引擎中生效，需要将其配置到工作流引擎配置中。通过processValidator属性即可指定自定义的流程校验器。配置文件flowable.custom-validation.xml中的工作流引擎配置片段如下：

```xml
<bean id="processEngineConfiguration"
    class="org.flowable.engine.impl.cfg.StandaloneProcessEngineConfiguration">
    <!-- 设置自定义流程校验器 -->
    <property name="processValidator">
```

```xml
        <bean class="com.bpm.example.demo5.validation.validator.CustomProcessValidator" />
    </property>
    <!-- 此处省去其他属性配置 -->
</bean>
```

以上配置文件中略去了命名空间,完整内容可参阅本书配套资源。加粗部分的代码通过processValidator属性指定了自定义流程校验器CustomProcessValidator。

除了以上这种直接给工作流引擎属性赋值的方法,这里再介绍一种通过自定义EngineConfigurator设置工作流引擎属性的方法。EngineConfigurator是一个用于配置和定制工作流引擎的接口,它允许在启动工作流引擎之前对其进行各种配置和定制操作。通过EngineConfigurator,我们可以灵活地定制和扩展Flowable的工作流引擎,以满足特定的业务需求。这里使用它来设置自定义流程校验器。我们选择继承org.flowable.engine.cfg.AbstractProcessEngineConfigurator,它是实现EngineConfigurator接口的抽象类。自定义EngineConfigurator内容如下:

```java
public class CustomProcessValidatorConfigurator extends AbstractProcessEngineConfigurator {
    @Setter
    protected ProcessValidator processValidator;

    @Override
    public void beforeInit(AbstractEngineConfiguration engineConfiguration) {
    }

    //在工作流引擎创建之前,所有默认配置已经完成之后被调用
    @Override
    public void configure(AbstractEngineConfiguration engineConfiguration) {
        ProcessEngineConfigurationImpl processEngineConfiguration =
                (ProcessEngineConfigurationImpl)engineConfiguration;
        processEngineConfiguration.setProcessValidator(processValidator);
    }

    @Override
    public int getPriority() {
        return 1;
    }
}
```

在以上代码中,重写了beforeInit()、configure()和getPriority()方法。
- beforeInit()方法是在Flowable引擎初始化之前执行的方法,可以用来执行一些预初始化操作。
- configure()方法用于配置Flowable引擎,可以对引擎进行一些自定义配置,加粗的部分设置了自定义流程校验器。
- getPriority()方法用于获取当前配置类的优先级,Flowable引擎在初始化时会按照配置类的优先级顺序执行beforeInit()和configure()方法。如果有多个配置类,可以通过设置不同的优先级来确定执行顺序。优先级越高,越先执行。

为了使自定义EngineConfigurator生效,需要将其注册到工作流引擎中。在配置文件flowable.custom-validation.xml中的工作流引擎配置片段如下:

```xml
<!-- 配置自定义EngineConfigurator -->
<bean id="customProcessValidarotConfigurator"
    class="com.bpm.example.demo5.configurator.CustomProcessValidatorConfigurator">
    <property name="processValidator">
        <bean class="com.bpm.example.demo5.validation.validator.CustomProcessValidator" />
    </property>
</bean>
<!-- Flowable工作流引擎 -->
<bean id="processEngineConfiguration"
    class="org.flowable.engine.impl.cfg.StandaloneProcessEngineConfiguration">
    <!-- 配置自定义EngineConfigurator -->
    <property name="configurators">
        <list>
            <ref bean="customProcessValidarotConfigurator"/>
        </list>
    </property>
```

```xml
    <!-- 此处省略其他属性配置 -->
</bean>
```

以上配置中加粗的部分通过configurators属性将自定义EngineConfigurator注册到工作流引擎中。通过EngineConfigurator可以实现对工作流引擎的个性化定制和扩展，在其他场景下也可以选用。

22.5.4 使用示例

下面看一个自定义流程校验的使用示例，其流程如图22.4所示。该流程为运维申请流程，其中"运维申请"用户任务配置办理人为流程发起者，"专家服务"用户任务不配置办理人和候选人（组）。

图22.4 自定义流程校验示例流程

图22.4所示流程对应的XML内容如下：

```xml
<process id="customValidatorProcess" name="自定义流程校验示例流程">
    <startEvent id="startEvent"/>
    <userTask id="userTask1" name="运维申请" flowable:assignee="$INITIATOR"/>
    <userTask id="userTask2" name="专家服务"/>
    <endEvent id="endEvent"/>
    <sequenceFlow id="sequenceFlow1" sourceRef="startEvent" targetRef="userTask1"/>
    <sequenceFlow id="sequenceFlow2" sourceRef="userTask1" targetRef="userTask2"/>
    <sequenceFlow id="sequenceFlow3" sourceRef="userTask2" targetRef="endEvent"/>
</process>
```

在以上流程定义中，定义了两个用户任务节点userTask1、userTask2，其中，userTask1通过flowable:assignee配置了办理人，而userTask2未配置任何办理人、候选人或候选组。

加载该流程模型并执行相应流程控制的示例代码如下：

```java
@Slf4j
public class RunCustomValidatorProcessDemo extends FlowableEngineUtil {
    @Test
    public void runCustomValidatorProcessDemo() throws Exception {
        //加载Flowable配置文件并初始化工作流引擎及服务
        initFlowableEngineAndServices("flowable.custom-validation.xml");
        //解析流程定义XML文件
        XMLInputFactory factory = XMLInputFactory.newFactory();
        InputStream stream = getClass().getClassLoader()
                .getResourceAsStream("processes/CustomValidatorProcess.bpmn20.xml");
        XMLStreamReader reader = factory.createXMLStreamReader(stream);
        //将流程定义XML文件转换为BpmnModel
        BpmnXMLConverter converter = new BpmnXMLConverter();
        BpmnModel bpmnModel = converter.convertToBpmnModel(reader);
        //获取自定义流程校验器
        ProcessValidator processValidator = processEngineConfiguration
                .getProcessValidator();
        //进行模型校验
        List<ValidationError> validate = processValidator.validate(bpmnModel);
        //如果校验错误集合长度大于1，则说明校验出错，遍历打印出错信息
        if(validate.size()>=1){
            for (ValidationError validationError : validate) {
                log.info("{}校验异常: {}", validationError.getValidatorSetName(),
                        validationError.getProblem());
            }
        }
    }
}
```

以上代码先读取工作流引擎配置并创建工作流引擎，读取流程定义XML文件并将其解析转换为BpmnModel，然后从工作流引擎配置中获取流程校验器，最后执行校验操作并输出异常信息。代码运行结果如下：

```
19:54:21.559 [main] INFO RunCustomValidatorProcessDemo - custom-validtor校验异常：用户任务【专家服务】办
理人、候选人、候选组不能全为空
```

从代码运行结果可知，"专家服务"用户任务未配置办理人和候选人（组），被自定义校验规则检测出配置错误。

22.6 实现多租户动态切换多数据源

随着企业规模的扩大和业务的复杂化，工作流引擎在企业中扮演着越来越重要的角色。Flowable在企业中最常见的用法是一个Flowable引擎对应一个数据库，为了实现系统/业务的数据隔离，还会使用Flowable提供的多租户功能（不同租户通过数据库表中的TenantId进行区别）。随着数据量的不断增加，这种多租户单数据源的模式可能会导致数据库负载过重，出现存储容量不足、读写性能下降等问题。为了解决这些问题，可以考虑多租户多数据源的模式，它允许在一个工作流引擎实例中处理多个租户的数据，并将不同租户的数据存储在不同的数据源中，以提高系统的容量和性能，并进一步提高数据的隔离性和安全性。

22.6.1 Flowable对多租户多数据源模式的支持

在3.1.1小节中介绍了多数据库多租户工作流引擎配置类MultiSchemaMultiTenantProcessEngineConfiguration，它提供了一些特定的方法和属性，用于配置工作流引擎以支持多租户和多数据源模式的数据存储。当工作流引擎需要连接到多个数据源进行操作时，此类通过自动路由机制自动选择需要操作的数据源，数据库的操作对客户端来说是透明的。

MultiSchemaMultiTenantProcessEngineConfiguration的抽象方法定义如下：

```
public MultiSchemaMultiTenantProcessEngineConfiguration(TenantInfoHolder tenantInfoHolder) {
    this.tenantInfoHolder = tenantInfoHolder;
    this.dataSource = new TenantAwareDataSource(tenantInfoHolder);

    //此处省略其他
}
```

以上代码中，加粗的部分定义了比较重要的属性tenantInfoHolder、dataSource，分别对应org.flowable.common.engine.impl.cfg.multitenant.TenantInfoHolder、org.flowable.common.engine.impl.cfg.multitenant.TenantAwareDataSource，下面分别进行介绍。

1. TenantInfoHolder接口

TenantInfoHolder是一个接口，主要的作用是持有Flowable的多租户信息。TenantInfoHolder提供了一种方便的方式来获取和设置当前租户的信息，以便在多租户环境中进行数据隔离和管理。通过TenantInfoHolder，用户可以轻松地在不同的租户之间切换，并且确保在处理数据时始终使用正确的租户信息。TenantInfoHolder的内容如下：

```
public interface TenantInfoHolder {
    Collection<String> getAllTenants();
    void setCurrentTenantId(String tenantid);
    String getCurrentTenantId();
    void clearCurrentTenantId();
}
```

这个接口一共有4个方法，其中getAllTenants()方法用于获取所有租户的ID列表，setCurrentTenantId(String tenantid)方法用于设置当前租户ID，getCurrentTenantId()方法用于获取当前租户ID，clearCurrentTenantId()方法用于清空当前租户ID。

2. TenantAwareDataSource数据源封装类

在Flowable中，多租户数据源的管理对于支持多租户的业务流程和数据访问非常重要。通过TenantAwareDataSource，可以更灵活地管理不同租户的数据源，从而更好地支持多租户的应用场景。TenantAwareDataSource是Flowable提供的一个数据源的封装类，该类实现了DataSource接口，用于支持多租户的数据源管理，负责路由数据库请求到不同的目标数据源，可以实现多数据源的动态切换和路由，根据租户的身份来动态地切换数据源，以确保每个租户只能访问属于自己的数据。这种数据源可以帮助开发人员在多租户应用程序中有效地管理数据，并确保数据的安全性和隔离性。TenantAwareDataSource中定义了两个成员变量：

```
protected TenantInfoHolder tenantInfoHolder;
protected Map<Object, DataSource> dataSources = new ConcurrentHashMap<>();
```

其中，tenantInfoHolder持有多租户信息，dataSources通过ConcurrentHashMap存储租户ID与数据源的映射关系，这个映射关系通过TenantAwareDataSource类的addDataSource建立：

```
public void addDataSource(Object key, DataSource dataSource) {
    dataSources.put(key, dataSource);
}
```

获取当前的租户ID，进而返回真正的数据源的核心方法是getCurrentDataSource()，其内容如下：

```
protected DataSource getCurrentDataSource() {
    String tenantId = tenantInfoHolder.getCurrentTenantId();
    DataSource dataSource = dataSources.get(tenantId);
    if (dataSource == null) {
        throw new FlowableException("Could not find a dataSource for tenant " + tenantId);
    }
    return dataSource;
}
```

以上代码的核心逻辑是首先从tenantInfoHolder中通过getCurrentTenantId()方法获取当前租户，然后根据租户从dataSources中查询得到该租户的数据源，从而实现多租户数据访问的需求。

因此，当Flowable执行数据库操作之前，需要先获取数据源链接，此时会调用TenantAwareDataSource的getConnection()方法：

```
@Override
public Connection getConnection() throws SQLException {
    return getCurrentDataSource().getConnection();
}
```

该方法实现了javax.sql.DataSource的getConnection()方法，通过调用getCurrentDataSource()方法获取到真正的目标数据源，进而将数据库操作委托给目标数据源进行处理。

22.6.2 Flowable对多租户多数据源模式的实现

本小节将介绍在Flowable中实现多租户动态切换多数据源的一种方式。这里采用自定义一个注解TenantAnnotation并结合自定义AOP切面的方式来实现。通过使用该注解，可以在不同的方法中根据租户动态切换数据源。

1. 实现TenantInfoHolder接口

为了保存租户信息的上下文对象，以便在Flowable的各个组件能访问和管理租户信息，这里选择实现TenantInfoHolder接口：

```
public class MultiTenantInfoHolder implements TenantInfoHolder {
    @Setter
    @Getter
    private CopyOnWriteArrayList<String> tenantList = new CopyOnWriteArrayList<>();

    private static ThreadLocal<String> tenantThreadLocal = new ThreadLocal();

    @Override
    public Collection<String> getAllTenants() {
        return tenantList;
    }

    @Override
    public void setCurrentTenantId(String tenantId) {
        tenantThreadLocal.set(tenantId);
    }

    @Override
    public String getCurrentTenantId() {
        return tenantThreadLocal.get();
    }
```

```
    @Override
    public void clearCurrentTenantId() {
        tenantThreadLocal.remove();
    }
}
```

以上代码中实现了TenantInfoHolder接口的getAllTenants()、setCurrentTenantId(String tenantid)、getCurrentTenantId()和clearCurrentTenantId()方法。该类定义了tenantList、tenantThreadLocal两个变量，其中，tenantList是一个线程安全的ArrayList，用于存储租户列表；tenantThreadLocal是一个线程变量，用于持有当前租户。该类的配置如下：

```xml
<!-- 定义租户 -->
<bean id="tenantList" class="java.util.concurrent.CopyOnWriteArrayList">
    <constructor-arg>
        <list>
            <value>tenantId1</value>
            <value>tenantId2</value>
        </list>
    </constructor-arg>
</bean>
<!-- 定义tenantInfoHolder -->
<bean id="tenantInfoHolder"
    class="com.bpm.example.demo6.multidatasource.MultiTenantInfoHolder">
    <property name="tenantList" ref="tenantList"/>
</bean>
```

在以上配置中：

- 定义的tenantList是一个CopyOnWriteArrayList，初始化了tenantId1、tenantId2两个组合；
- 定义的tenantInfoHolder是我们实现的MultiTenantInfoHolder，它通过tenantList属性引用前面定义的tenantList。

2. 自定义MultiSchemaMultiTenantProcessEngineConfiguration配置类

为了更方便地管理租户和对应的数据源，这里自定义MultiSchemaMultiTenantProcessEngineConfiguration配置类：

```java
public class MultiTenantDataSourceProcessEngineConfiguration
        extends MultiSchemaMultiTenantProcessEngineConfiguration {
    @Setter
    @Getter
    private Map<String, DataSource> tenantDataSourceRelationMap = new ConcurrentHashMap<>();

    public MultiTenantDataSourceProcessEngineConfiguration(TenantInfoHolder tenantInfoHolder) {
        super(tenantInfoHolder);
    }

    @Override
    public ProcessEngine buildProcessEngine() {
        //绑定租户和数据源
        for (String tenantId : tenantInfoHolder.getAllTenants()) {
            super.registerTenant(tenantId, tenantDataSourceRelationMap.get(tenantId));
        }
        return super.buildProcessEngine();
    }
}
```

在以上代码中定义了变量tenantDataSourceRelationMap，它是一个线程安全的HashMap，用于存储租户和数据源之间的映射关系。同时，重写了buildProcessEngine()方法，加粗部分代码的逻辑是对租户进行遍历，通过父类的registerTenant(String tenantId, DataSource dataSource)方法绑定租户和数据源。该类的配置如下：

```xml
<!-- 定义数据源1 -->
<bean id="dataSource1" class="org.apache.commons.dbcp.BasicDataSource">
    <property name="driverClassName" value="org.h2.Driver"/>
    <property name="url" value="jdbc:h2:mem:flowable1"/>
    <property name="username" value="sa"/>
    <property name="password" value=""/>
```

```xml
</bean>
<!-- 定义数据源2 -->
<bean id="dataSource2" class="org.apache.commons.dbcp.BasicDataSource">
    <property name="driverClassName" value="org.h2.Driver"/>
    <property name="url" value="jdbc:h2:mem:flowable2"/>
    <property name="username" value="sa"/>
    <property name="password" value=""/>
</bean>
<!-- 绑定租户和数据源-->
<bean id="tenantDataSourceRelationMap" class="java.util.concurrent.ConcurrentHashMap">
    <constructor-arg>
        <map key-type="java.lang.String" value-type="javax.sql.DataSource">
            <entry key="tenantId1" value-ref="dataSource1"/>
            <entry key="tenantId2" value-ref="dataSource2"/>
        </map>
    </constructor-arg>
</bean>
<!-- Flowable工作流引擎 -->
<bean id="processEngineConfiguration"
    class="com.bpm.example.demo6.multidatasource.MultiTenantDataSourceProcessEngineConfiguration">
    <constructor-arg name="tenantInfoHolder" ref="tenantInfoHolder"/>
    <property name="tenantDataSourceRelationMap" ref="tenantDataSourceRelationMap"/>
    <!-- 数据库更新策略 -->
    <property name="databaseSchemaUpdate" value="drop-create"/>
    <property name="databaseType" value="h2"/>
    <property name="disableEventRegistry" value="true"/>
</bean>
```

在以上配置中：

- 定义了dataSource1、dataSource2两个数据源；
- 定义的tenantDataSourceRelationMap是一个ConcurrentHashMap，通过它绑定了两个租户和对应的数据源，租户tenantId1对应数据源dataSource1，租户tenantId2对应数据源dataSource2；
- 定义的processEngineConfiguration是自定义的MultiTenantDataSourceProcessEngineConfiguration，它通过tenantInfoHolder属性引用前面定义的tenantInfoHolder，通过tenantDataSourceRelationMap属性引用前面定义的tenantDataSourceRelationMap。

3．自定义租户注解

为了方便动态切换数据源，可以自定义一个注解，通过传入不同的租户ID来切换数据源。注解定义如下：

```java
@Target({ElementType.METHOD})
@Retention(RetentionPolicy.RUNTIME)
public @interface TenantAnnotation {
    String tenantId() default "";
}
```

在以上代码中：

- 使用@interface关键字声明TenantAnnotation注解，成员变量tenantId以无形参的方法形式来声明，其方法名和返回值定义了该成员变量的名字和类型；
- 使用@Target注解指明了它所修饰的自定义注解使用的范围，这里指定为ElementType.METHOD表示用于描述方法；
- 使用@Retention注解指明了注解的生命周期，这里指定为RetentionPolicy.RUNTIME表示注解将在运行时保留，允许通过反射获取注解信息。

4．自定义AOP切面根据注解切换租户

面向切面编程（Aspect-Oriented Programming，AOP）是一种编程范式，它的主要目的是通过预编译和运行期动态代理实现程序功能的横切（cross-cutting）特性，将横切关注点（cross-cutting concern）从核心业务逻辑中分离出来，以模块化的方式在整个应用程序中重复使用。横切关注点是指与核心业务逻辑无关但存在于多个类或模块中的非功能性需求，通常用于日志记录、性能监控、事务管理等，这里用于动态切换租户。代码如下：

```java
@Slf4j
public class TenantAspect {
```

```java
@Autowired
private MultiTenantInfoHolder multiTenantInfoHolder;

public Object tenantPointCut(ProceedingJoinPoint point) throws Throwable {
    //获取方法签名
    MethodSignature signature = (MethodSignature) point.getSignature();
    //获取切入方法的对象
    Method method = signature.getMethod();
    //获取方法上的AOP注解
    TenantAnnotation ds = method.getAnnotation(TenantAnnotation.class);
    //获取注解上的tenantId值
    String tenantId = generateKeyBySpEL(ds.tenantId(), point);
    log.info("切换到业务方{}开始", tenantId);
    //切换租户
    multiTenantInfoHolder.setCurrentTenantId(tenantId);
    try {
        return point.proceed();
    } finally {
        //清空租户
        multiTenantInfoHolder.clearCurrentTenantId();
        log.info("切换到业务方{}结束", tenantId);
    }
}

//此处省略其他代码
}
```

在以上代码中，tenantPointCut()方法的核心逻辑是首先获取方法上的注解，根据注解上的tenantId值，通过第1处加粗部分的代码切换上下文中的租户，然后调用point.proceed()方法执行被代理的方法，最后通过第2处加粗部分的代码清空上下文中的租户信息。配置如下：

```xml
<!-- 配置AOP切面类 -->
<bean id="tenantAspect" class="com.bpm.example.demo6.aspect.TenantAspect"/>
<!-- 配置AOP -->
<aop:config>
    <!-- 配置切点 -->
    <aop:pointcut id="tenantPoint" expression="@annotation(com.bpm.example.demo6.annotation.
        TenantAnnotation)"/>
    <!-- 配置切面 -->
    <aop:aspect ref="tenantAspect">
        <!-- 配置环绕通知 -->
        <aop:around method="tenantPointCut" pointcut-ref="tenantPoint"/>
    </aop:aspect>
</aop:config>
```

在以上配置中，首先定义了AOP切面类tenantAspect，然后通过<aop:config>元素定义切点和切面：

- 通过<aop:pointcut>元素配置切点tenantPoint，其expression属性配置为表达式@annotation(com.bpm.example.demo6.annotation.TenantAnnotation)，表示以人们自定义的注解作为切点；
- 通过<aop:aspect>元素配置切面，切面类即注解处理器是tenantAspect，通过<aop:around>子元素指定为环绕切入方式，切点为tenantPoint，主处理逻辑在方法名为tenantPointCut的方法中。

由于使用了AOP，需要在配置文件中引入AOP约束，如以下代码中加粗的部分：

```xml
<beans xmlns="http://www.springframework.org/schema/beans"
    xmlns:xsi="http://www.w3.org/2001/XMLSchema-instance"
    xmlns:aop="http://www.springframework.org/schema/aop"
    xsi:schemaLocation="http://www.springframework.org/schema/beans
    http://www.springframework.org/schema/beans/spring-beans.xsd
    http://www.springframework.org/schema/aop
    http://www.springframework.org/schema/aop/spring-aop.xsd">
```

同时，需要在项目的pom.xml文件中引入以下依赖：

```xml
<!-- Spring AOP依赖包 -->
<dependency>
    <groupId>org.springframework</groupId>
    <artifactId>spring-aop</artifactId>
```

```xml
        <version>5.3.0</version>
    </dependency>
    <!-- aspectj -->
    <dependency>
        <groupId>org.aspectj</groupId>
        <artifactId>aspectjweaver</artifactId>
        <version>1.8.8</version>
    </dependency>
```

5. 使用示例

接下来定义一个多租户流程部署的工具类:

```java
@Slf4j
public class MultiTenantDeployUtil {
    //根据租户部署流程定义
    @TenantAnnotation(tenantId = "#tenantId")
    public void deployByTenant(RepositoryService repositoryService, String tenantId,
            String key, String resource) {
        //部署流程
        Deployment deployment = repositoryService.createDeployment()
                .addClasspathResource(resource).key(key).tenantId(tenantId).deploy();
        //查询流程定义
        ProcessDefinition procDef = repositoryService.createProcessDefinitionQuery()
                .deploymentId(deployment.getId()).singleResult();
        log.info("version:{},id:{}, key:{},tenantId:{}", procDef.getVersion(),
                procDef.getId(), procDef.getKey(), procDef.getTenantId());
    }

    //根据租户查询流程定义
    @TenantAnnotation(tenantId = "#tenantId")
    public void queryProcessDefinitionFromTenant(RepositoryService repositoryService,
            String tenantId, String key) {
        List processDefList = repositoryService.createProcessDefinitionQuery()
                .processDefinitionTenantId(tenantId)
                .processDefinitionKey(key)
                .list();
        SimplePropertyPreFilter processDefFilter =
                new SimplePropertyPreFilter(ProcessDefinition.class,
                "version", "id", "key", "tenantId");
        log.info("业务方{}下的流程定义有:{}",
                tenantId, JSON.toJSONString(processDefList, processDefFilter));
    }
}
```

在以上代码中，定义了多租户流程部署的方法deployByTenant()和多租户查询流程定义的方法queryProcessDefinitionFromTenant()。在这两个方法上都加上了注解@TenantAnnotation(tenantId = "#tenantId")，这是前面自定义的注解，它可以动态传入tenantId参数。代码执行这两个方法时，自定义AOP切面会根据tenantId参数切换租户。

这里依然以图22.4所示流程为例，加载该流程模型并执行相应流程控制的示例代码如下:

```java
@Slf4j
@RunWith(SpringJUnit4ClassRunner.class)
@ContextConfiguration(locations = "classpath:flowable.multidatasource.xml")
public class RunMultiTenantDemo {
    @Autowired
    private MultiTenantInfoHolder multiTenantInfoHolder;
    @Autowired
    private MultiTenantDeployUtil multiTenantDeployUtil;
    @Autowired
    private MultiTenantDataSourceProcessEngineConfiguration configuration;

    @Test
    public void runMultiTenantDemo() {
        //创建工作流引擎并获取RepositoryService服务
        ProcessEngine processEngine = configuration
                .buildProcessEngine();
        RepositoryService repositoryService = processEngine.getRepositoryService();
        //在不同的租户下部署流程定义
```

```
        multiTenantDeployUtil.deployByTenant(repositoryService, "tenantId1",
                "customValidatorProcess", "processes/CustomValidatorProcess.bpmn20.xml");
        multiTenantDeployUtil.deployByTenant(repositoryService, "tenantId2",
                "customValidatorProcess", "processes/CustomValidatorProcess.bpmn20.xml");
        //查询不同租户下的流程定义信息
        multiTenantDeployUtil.queryProcessDefinitionFromTenant(repositoryService,
                "tenantId1", "customValidatorProcess");
        multiTenantDeployUtil.queryProcessDefinitionFromTenant(repositoryService,
                "tenantId2", "customValidatorProcess");
    }
}
```

在以上代码中，首先创建工作流引擎并获取RepositoryService服务，然后调用工具类分别将流程模型部署到两个租户下，最后调用工具类根据租户查询流程定义信息。代码运行结果如下：

```
20:30:39,782 [main] INFO    TenantAspect     - 切换到业务方tenantId1开始
20:30:40,302 [main] INFO    MultiTenantDeployUtil  - version:1,id:customValidatorProcess:1:9a7ce55c-
910e-11ee-a328-54e1ad438760, key:customValidatorProcess,tenantId:tenantId1
20:30:40,302 [main] INFO    TenantAspect     - 切换到业务方tenantId1结束
20:30:40,303 [main] INFO    TenantAspect     - 切换到业务方tenantId2开始
20:30:40,525 [main] INFO    MultiTenantDeployUtil  - version:1,id:customValidatorProcess:1:9aa63f50-
910e-11ee-a328-54e1ad438760, key:customValidatorProcess,tenantId:tenantId2
20:30:40,526 [main] INFO    TenantAspect     - 切换到业务方tenantId2结束
20:30:40,527 [main] INFO    TenantAspect     - 切换到业务方tenantId1开始
20:30:40,637 [main] INFO    MultiTenantDeployUtil  - 业务方tenantId1下的流程定义有:[{"id":
"customValidatorProcess:1:9a7ce55c-910e-11ee-a328-54e1ad438760","key":"customValidatorProcess",
"tenantId":"tenantId1","version":1}]
20:30:40,637 [main] INFO    TenantAspect     - 切换到业务方tenantId1结束
20:30:40,638 [main] INFO    TenantAspect     - 切换到业务方tenantId2开始
20:30:40,640 [main] INFO    MultiTenantDeployUtil  - 业务方tenantId2下的流程定义有:[{"id":
"customValidatorProcess:1:9aa63f50-910e-11ee-a328-54e1ad438760","key":"customValidatorProcess",
"tenantId":"tenantId2","version":1}]
20:30:40,640 [main] INFO    TenantAspect     - 切换到业务方tenantId2结束
```

从代码执行结果可以看出，部署流程定义时可以根据传入的tenantId参数动态切换租户将流程部署到对应的数据源中，最后根据不同租户也能查到对应的流程定义信息。读者们可以到数据库中查看相关数据。

22.7 本章小结

本章介绍了多种自定义扩展Flowable引擎的方式，分别如下。

- 当默认的ProcessEngineConfiguration无法满足实际应用场景的需求时，可以通过自定义ProcessEngineConfiguration实现工作流引擎的个性化定制，赋予它不同的引擎能力。
- 通过自定义流程元素属性扩展，可以为流程和活动等流程元素扩展一系列的自定义属性，以满足各种业务流程需求。
- 在Flowable默认提供的流程活动行为无法满足实际应用需求时，可以通过对流程活动行为进行自定义扩展的方式来实现。
- 当Flowable中默认提供的事件类型无法满足复杂流程场景的需求时，可以通过自定义事件扩展的方式，补充一些额外的事件。
- 当业务需要对流程元素配置做BPMN合法性之外的约束性校验时，可以自定义扩展各种校验规则。通过EngineConfigurator可以实现对工作流引擎的个性化定制和扩展。
- 如果需要将不同租户的数据存储在不同的数据源中，则可以通过扩展MultiSchemaMultiTenantProcessEngineConfiguration工作流引擎配置来实现。

以上自定义扩展方式在Flowable实际使用中经常会用到，读者需要熟练掌握。

第 23 章
Flowable自定义扩展（二）

本章将介绍3种扩展Flowable的方法：替换Flowable身份认证服务、适配国产数据库、自定义查询。这3种扩展方法在Flowable实战中经常用到，读者可以根据个人需要学习掌握。

23.1 自定义Flowable身份管理引擎

第6章介绍过，Flowable提供的身份管理引擎中内置了用户和组管理服务，但这种简单的设计难以满足部分应用系统对人员组织架构管理的需求。在国内的一些应用中，身份模块会包含用户、组织、角色和岗位等。Flowable中没有组织、岗位、角色的概念，只有用户和组的概念。这时可以摒弃Flowable自带的身份管理，而使用自己应用系统的用户认证、授权等机制取代。

通常替换Flowable身份认证服务的方案有以下3种。

第一种方案是通过创建与Flowable的用户表（ACT_ID_USER）、用户组表（ACT_ID_GROUP）、用户组与用户关联关系表（ACT_ID_MEMBERSHIP）、用户信息表（ACT_ID_INFO）以及用户或者用户组扩展属性表（ACT_ID_PROPERTY）同名的数据库视图，读取自己应用系统中的用户与组织数据。该方案的优点在于无须修改Flowable代码，难点在于将自己系统的用户数据和Flowable的用户数据对应起来。注意，采用这种方案时，需要删除上述Flowable表，这会导致Flowable启动时报错。要避免这种情况，需要禁用身份管理引擎的数据库表检查。

第二种方案是通过定时同步或数据推送的方式将自己应用系统的数据同步到Flowable的5个表中。该方案的优点是不用修改Flowable的代码和表结构，缺点是数据同步增加了系统的复杂度。

第三种方案是通过自定义身份管理引擎IdmEngine，非侵入式地替换接口，适用于公司内部有统一身份访问接口的场景。

前两种方案都较为简单，并且有一定的局限性。本节主要介绍第三种方案的实现，如何使用Flowable的身份管理引擎调用第三方系统的服务。

23.1.1 自定义实体管理器和数据管理器

Flowable引擎使用MyBatis实现与数据库的交互。Flowable的每一张表都有一个对应的名称以EntityManager结尾的实体管理器类（有接口和实现类）和以DataManager结尾的数据管理器类（有接口和实现类），引擎初始化时会初始化所有表的实体管理器和数据管理器。Flowable的各种Service接口在需要对实体执行CRUD操作时会根据接口获取注册的实体管理器实现类，由实体管理器通过调用数据管理器实现类的相关方法完成操作。以IdentityService服务为例，用户的实体管理器接口为UserEntityManager，用户组的实体管理器接口为GroupEntityManager，用户与用户组关联关系的实体管理器接口为MembershipEntityManager；对应的用户的数据管理器接口为UserDataManager，用户组的数据管理器接口为GroupDataManager，用户与用户组关联关系的数据管理器接口为MembershipDataManager，数据管理器的默认实现类分别为MybatisUserDataManager、MybatisGroupDataManager和MybatisMembershipDataManager。

Flowable工作流引擎允许自定义设置实体管理器和数据管理器，查看身份管理引擎配置对象IdmEngineConfiguration类可以找到userEntityManager、groupEntityManager和membershipEntityManager属性，以及userDataManager、groupDataManager和membershipDataManager属性。其中，前三者可用于配置自定义用户、用户组和关联关系的实体管理器，后三者可用于配置自定义用户、用户组和关联关系的数据管理器。我们可以使用它们替换Flowable默认的用户、用户组和关联关系的实体管理器和数据管理器，并将其注册到引擎中。这种方式适用于公司内部有独立的身份系统或者公共身份模块的情况，所有有关用户、角色或用户组的服务均通过一个统一的接口获取。Flowable工作流引擎中不需要保存这些数据，因此身份模块表（表名以ACT_ID_为前缀）也没必要存在。

1. 创建自定义实体类

由于用户、用户组或角色是通过调用身份系统或者公共身份模块接口获取的，为了与外部接口交互进行数据传递和交换，需要定义相关的实体类。

自定义用户实体类代码如下：

```java
@Data
public class CustomUserEntity implements Serializable {
    //用户名
    private String userName;
    //真实姓名
    private String realName;
    //电子邮箱
    private String email;
    //密码
    private String password;
}
```

自定义用户组实体类代码如下：

```java
@Data
public class CustomGroupEntity implements Serializable {
    //用户组编号
    private String groupId;
    //用户组名称
    private String groupName;
}
```

自定义关联关系实体类代码如下：

```java
@Data
public class CustomMembershipEntity implements Serializable {
    //关联关系编号
    private String id;
    //用户名
    private String userName;
    //用户组编号
    private String groupId;
}
```

2. 创建自定义实体与Flowable实体的相互转换类

因为Flowable运行过程中只识别默认的用户、用户组和关联关系，所以需要提供一个实现自定义实体与Flowable实体相互转换的工具类，代码如下：

```java
//实现自己定义的用户、用户组实体与Flowable中的user、group互转
public class FlowableIdentityUtils {
    //将自定义用户实体转换为Flowable的User
    public static User toFlowableUser(CustomUserEntity user) {
        if (user != null) {
            User userEntity=new UserEntityImpl();
            userEntity.setId(user.getUserName());
            if (user.getRealName() != null) {
                userEntity.setFirstName(user.getRealName().substring(0,1));
                userEntity.setLastName(user.getRealName().substring(1));
            }
            userEntity.setEmail(user.getEmail());
            userEntity.setPassword(user.getPassword());
            return userEntity;
        }
        return null;
    }

    //将Flowable的User转换为自定义用户实体
    public static CustomUserEntity toCustomUser(User user) {
        if (user != null) {
            CustomUserEntity customUserEntity = new CustomUserEntity();
```

```java
            customUserEntity.setUserName(user.getId());
            customUserEntity.setRealName(user.getFirstName() + user.getLastName());
            customUserEntity.setEmail(user.getEmail());
            customUserEntity.setPassword(user.getPassword());
            return customUserEntity;
        }
        return null;
    }

    //将自定义用户组实体转换为Flowable的Group
    public static Group toFlowableGroup(CustomGroupEntity group) {
        if (group != null) {
            Group groupEntity=new GroupEntityImpl();
            groupEntity.setId(group.getGroupId());
            groupEntity.setType("CustomGroup");
            groupEntity.setName(group.getGroupName());
            return groupEntity;
        }
        return null;
    }

    //将Flowable的Group转换为自定义用户组实体
    public static CustomGroupEntity toCustomGroup(Group group) {
        if (group != null) {
            CustomGroupEntity customGroupEntity = new CustomGroupEntity();
            customGroupEntity.setGroupId(group.getId());
            customGroupEntity.setGroupName(group.getName());
            return customGroupEntity;
        }
        return null;
    }

    //将自定义关系实体转换为Flowable的MembershipEntity
    public static MembershipEntity toFlowableMembershipEntity(CustomMembershipEntity
            customMembershipEntity) {
        if (customMembershipEntity != null) {
            MembershipEntity membershipEntity=new MembershipEntityImpl();
            membershipEntity.setUserId(customMembershipEntity.getUserName());
            membershipEntity.setGroupId(customMembershipEntity.getGroupId());
            return membershipEntity;
        }
        return null;
    }

    //将Flowable的MembershipEntity转换为自定义关系实体
    public static CustomMembershipEntity toCustomMembershipEntity(MembershipEntity membershipEntity) {
        if (membershipEntity != null) {
            CustomMembershipEntity customMembershipEntity = new CustomMembershipEntity();
            customMembershipEntity.setGroupId(membershipEntity.getGroupId());
            customMembershipEntity.setUserName(membershipEntity.getUserId());
            return customMembershipEntity;
        }
        return null;
    }

    //将Flowable的Query对象转为Map
    public static Map<String, Object> toQueryCriteriaMap(Query query) {
        Map<String, Object> queryCriteriaMap = new HashMap<>();
        try{
            //通过getDeclaredFields()方法获取对象类中的所有属性(含私有)
            Field[] fields = query.getClass().getDeclaredFields();
            for (Field field : fields) {
                //设置允许通过反射访问私有变量
                field.setAccessible(true);
                //过滤掉private类型的属性
                if(Modifier.isPrivate(field.getModifiers())) {
                    continue;
                }
                //获取字段的值
```

```java
                Object value = field.get(query);
                if (Objects.nonNull(value)) {
                    //获取字段属性名称
                    String name = field.getName();
                    queryCriteriaMap.put(name, value);
                }
            }
        }
        catch (Exception ex){
            //处理异常
        }
        return queryCriteriaMap;
    }
}
```

3. 创建自定义数据管理器

自定义用户数据管理器需要实现org.flowable.idm.engine.impl.persistence.entity.data.UserDataManager接口，代码如下（这里省略了部分代码）：

```java
@Slf4j
public class CustomUserDataManager implements UserDataManager {
    //创建一个用户对象
    public UserEntity create() {
        return new UserEntityImpl();
    }

    //调用第三方身份管理服务根据用户主键查询用户信息
    public UserEntity findById(String entityId) {
        CustomUserEntity userEntity = new CustomUserEntity();
        userEntity.setUserName(entityId);
        //为了节省篇幅，此处省略调用第三方身份管理服务根据用户主键查询用户信息的代码，仅用打印日志替代
        log.info("调用第三方身份管理服务根据用户主键{}查询用户信息", entityId);
        return (UserEntity) FlowableIdentityUtils.toFlowableUser(userEntity);
    }

    //调用第三方身份管理服务新建用户
    public void insert(UserEntity entity) {
        CustomUserEntity userEntity = FlowableIdentityUtils.toCustomUser(entity);
        //为了节省篇幅，此处省略调用第三方身份管理服务新建用户的代码，仅用打印日志替代
        log.info("调用第三方身份管理服务新建用户：{}", JSON.toJSONString(userEntity));
    }

    //调用第三方身份管理服务修改用户
    public UserEntity update(UserEntity entity) {
        CustomUserEntity customUserEntity = FlowableIdentityUtils.toCustomUser(entity);
        //为了节省篇幅，此处省略调用第三方身份管理服务修改用户的代码，仅用打印日志替代
        log.info("调用第三方身份管理服务修改用户：{}", JSON.toJSONString(customUserEntity));
        return (UserEntity) FlowableIdentityUtils.toFlowableUser(customUserEntity);
    }

    //调用第三方身份管理服务删除用户
    public void delete(String id) {
        //为了节省篇幅，此处省略调用第三方身份管理服务删除用户的代码，仅用打印日志替代
        log.info("调用第三方身份管理服务删除主键为{}的用户", id);
    }

    //调用第三方身份管理服务删除用户
    public void delete(UserEntity entity) {
        delete(entity.getId());
    }

    //调用第三方身份管理服务查询符合条件的用户列表
    public List<User> findUserByQueryCriteria(UserQueryImpl userQuery) {
        Map queryCriteriaMap = FlowableIdentityUtils.toQueryCriteriaMap(userQuery);
        //为了节省篇幅，此处省略调用第三方身份管理服务根据查询条件查询用户列表的逻辑，仅用打印日志替代
        log.info("调用第三方身份管理服务根据查询条件{}查询用户列表",
                Joiner.on("&").withKeyValueSeparator("=").join(queryCriteriaMap));
        return new ArrayList<User>();
    }
```

```java
    //调用第三方身份管理服务查询符合条件的用户数
    public long findUserCountByQueryCriteria(UserQueryImpl userQuery) {
        Map queryCriteriaMap = FlowableIdentityUtils.toQueryCriteriaMap(userQuery);
        //为了节省篇幅,此处省略调用第三方身份管理服务查询用户数的逻辑,仅用打印日志替代
        log.info("调用第三方身份管理服务根据查询条件{}查询用户数",
                Joiner.on("&").withKeyValueSeparator("=").join(queryCriteriaMap));
        return 0;
    }

    public List<User> findUsersByNativeQuery(Map<String, Object> map) {
        //为了节省篇幅,此处省略调用第三方身份管理服务根据查询条件查询用户列表的逻辑,读者根据需要自行实现
        return new ArrayList<User>();
    }

    public long findUserCountByNativeQuery(Map<String, Object> parameterMap) {
        //为了节省篇幅,此处省略调用第三方身份管理服务根据查询条件查询用户数的逻辑,读者根据需要自行实现
        return 0;
    }

    public List<User> findUsersByPrivilegeId(String s) {
        return null;
    }
}
```

以上代码实现了UserDataManager接口的create()、insert()、delete()、update()、findById()、findUserByQueryCriteria()和findUserCountByQueryCriteria()等方法,主要是调用第三方身份管理服务对用户数据进行增删改查。与外部接口交互并不是此次介绍的重点,因此这里并没有实现相关代码,只是输出日志代表调用过程。另外,由于篇幅有限,其他方法并没有实现,读者可以根据需要进行补充。

同样,自定义用户组数据管理器需要实现org.flowable.idm.engine.impl.persistence.entity.data.GroupDataManager接口,调用第三方身份管理服务对用户组数据进行增删改查。由于篇幅有限,这里不给出代码内容,请读者自行查看随书附带的代码。

自定义关联关系数据管理器需要实现org.flowable.idm.engine.impl.persistence.entity.data.MembershipDataManager接口,调用第三方身份管理服务对关联关系数据进行增删改查。由于篇幅有限,这里不给出代码内容,请读者自行查看随书附带的代码。

4. 创建自定义实体管理器

如果没有特殊的定制需求,则可以直接复用Flowable默认的实体管理器。如果要对身份对象实体进行更精细化的控制、实现特殊需求,则可以自定义实体管理器。

自定义用户的实体管理器需要实现org.flowable.idm.engine.impl.persistence.entity.UserEntityManager接口,内容如下(这里省略了部分代码):

```java
public class CustomUserEntityManager extends AbstractIdmEngineEntityManager<UserEntity,
        UserDataManager> implements UserEntityManager {

    public CustomUserEntityManager(IdmEngineConfiguration idmEngineConfiguration,
            UserDataManager dataManager) {
        super(idmEngineConfiguration, dataManager);
    }

    /**
     * 创建一个用户对象
     */
    public User createNewUser(String userId) {
        UserEntity userEntity = create();
        userEntity.setId(userId);
        userEntity.setRevision(0);
        return userEntity;
    }

    /**
     * 修改用户信息
     */
    public void updateUser(User updatedUser) {
```

```java
        super.update((UserEntity) updatedUser);
    }

    /**
     * 调用用户数据管理器查询符合条件的用户列表
     */
    public List<User> findUserByQueryCriteria(UserQueryImpl userQuery) {
        return dataManager.findUserByQueryCriteria(userQuery);
    }

    /**
     * 调用用户数据管理器查询符合条件的用户列表数
     */
    public long findUserCountByQueryCriteria(UserQueryImpl query) {
        return dataManager.findUserCountByQueryCriteria(query);
    }

    public UserQuery createNewUserQuery() {
        return new UserQueryImpl(this.getCommandExecutor());
    }

    public Boolean checkPassword(String s, String s1, PasswordEncoder passwordEncoder,
        PasswordSalt passwordSalt) {
        return null;
    }

    public List<User> findUsersByNativeQuery(Map<String, Object> map) {
        return dataManager.findUsersByNativeQuery(map);
    }

    public long findUserCountByNativeQuery(Map<String, Object> parameterMap) {
        return dataManager.findUserCountByNativeQuery(parameterMap);
    }

    public boolean isNewUser(User user) {
        return ((UserEntity) user).getRevision() == 0;
    }

    public Picture getUserPicture(User user) {
        return null;
    }

    public void setUserPicture(User user, Picture picture) { }

    public void deletePicture(User user) { }

    public List<User> findUsersByPrivilegeId(String s) {
        return null;
    }
}
```

在以上代码中，自定义用户实体管理器继承自 org.flowable.idm.engine.impl.persistence.entity. AbstractIdmEngineEntityManager，并实现了UserEntityManager接口中的方法。由于篇幅有限，部分接口并未实现，如有需要，读者可自行实现。

自定义用户组的实体管理器需要实现org.flowable.idm.engine.impl.persistence.entity.GroupEntityManager 接口，可以继承org.flowable.idm.engine.impl.persistence.entity.AbstractIdmEngineEntityManager，复用其中的通用能力。由于篇幅有限，这里不给出代码内容，请读者自行查看随书附带的代码。

自定义关联关系的实体管理器需要实现 org.flowable.idm.engine.impl.persistence.entity. MembershipEntityManager 接口，可以继承 org.flowable.idm.engine.impl.persistence.entity. AbstractIdmEngineEntityManager，复用其中的通用能力。由于篇幅有限，这里不给出代码内容，请读者自行查看随书附带的代码。

23.1.2 自定义身份管理引擎配置及配置器

在Flowable的设计中，身份管理引擎的配置和初始化是由身份管理引擎配置IdmEngineConfiguration和身份管理引擎配置器IdmEngineConfigurator来完成的。

IdmEngineConfiguration是用于配置和初始化IdmEngine的类，提供一系列方法来配置IdmEngine的各种属性，比如数据库连接、密码策略、实体管理器和数据管理器等。另外，还可以通过调用它的buildIdmEngine()方法来构建和初始化IdmEngine实例。

IdmEngineConfigurator是用于创建和管理IdmEngineConfiguration对象的工具类，提供创建及修改IdmEngineConfiguration对象的方法。IdmEngineConfigurator实现了ProcessEngineConfigurator接口，会在Flowable工作流引擎启动时被加载，并通过调用IdmEngineConfiguration的buildIdmEngine()方法来构建和初始化IdmEngine实例。

基于这套运行机制，这里选择采用自定义IdmEngineConfiguration和IdmEngineConfigurator的方式来初始化身份管理引擎。

1. 自定义身份管理引擎配置

自定义身份管理引擎配置，这里选择继承org.flowable.idm.engine.IdmEngineConfiguration，重写它的buildIdmEngine()和init()方法，内容如下：

```java
public class CustomIdmEngineConfiguration extends IdmEngineConfiguration {
    @Override
    public IdmEngine buildIdmEngine() {
        this.init();
        return new IdmEngineImpl(this);
    }

    @Override
    protected void init() {
        //初始化引擎配置
        super.initEngineConfigurations();
        //初始化命令上下文工厂
        super.initCommandContextFactory();
        //初始化命令执行器
        super.initCommandExecutors();
        //初始化身份管理相关服务
        super.initServices();
    }
}
```

2. 自定义身份管理引擎配置器

自定义身份管理引擎配置器，这里选择继承org.flowable.idm.engine.configurator.IdmEngineConfigurator，重写其configure(AbstractEngineConfiguration engineConfiguration)方法，内容如下：

```java
public class CustomIdmEngineConfigurator extends IdmEngineConfigurator {
    @Override
    public void configure(AbstractEngineConfiguration engineConfiguration) {
        //初始化引擎配置
        initEngineConfigurations(engineConfiguration, idmEngineConfiguration);
        //启动身份管理引擎
        idmEngineConfiguration.buildIdmEngine();
        //初始化服务配置
        initServiceConfigurations(engineConfiguration, idmEngineConfiguration);
    }
}
```

23.1.3 在工作流引擎中注册自定义身份管理引擎

完成前面几步操作后，至此，准备工作全部完成。为了替换Flowable默认的身份管理，接下来需要将自定义身份管理引擎注册到工作流引擎中去。配置文件flowable.custom-identity.xml的内容如下：

```xml
<beans>
    <!-- 定义自定义用户数据管理器 -->
    <bean id="customUserDataManager" class="com.bpm.example.demo1.identity.user.data.
        CustomUserDataManager" />
    <!-- 定义自定义用户组数据管理器 -->
    <bean id="customGroupDataManager" class="com.bpm.example.demo1.identity.group.data.
        CustomGroupDataManager" />
```

```xml
<!-- 定义自定义关联关系数据管理器 -->
<bean id="customMembershipDataManager" class="com.bpm.example.demo1.identity.membership.data.
    CustomMembershipDataManager" />

<!-- 定义自定义用户实体管理器 -->
<bean id="customUserEntityManager" class="com.bpm.example.demo1.identity.user.
    CustomUserEntityManager" >
    <constructor-arg name="idmEngineConfiguration" ref="customIdmEngineConfiguration"/>
    <constructor-arg name="dataManager" ref="customUserDataManager"/>
</bean>
<!-- 定义自定义用户组实体管理器 -->
<bean id="customGroupEntityManager" class="com.bpm.example.demo1.identity.group.
    CustomGroupEntityManager" >
    <constructor-arg name="idmEngineConfiguration" ref="customIdmEngineConfiguration"/>
    <constructor-arg name="dataManager" ref="customGroupDataManager"/>
</bean>
<!-- 定义自定义关联关系实体管理器 -->
<bean id="customMembershipEntityManager" class="com.bpm.example.demo1.identity.membership.
    CustomMembershipEntityManager" >
    <constructor-arg name="idmEngineConfiguration" ref="customIdmEngineConfiguration"/>
    <constructor-arg name="dataManager" ref="customMembershipDataManager"/>
</bean>

<!-- 自定义身份管理引擎配置 -->
<bean id="customIdmEngineConfiguration" class="com.bpm.example.demo1.idm.engine.
    CustomIdmEngineConfiguration">
    <!-- 配置自定义userDataManager -->
    <property name="userDataManager" ref="customUserDataManager" />
    <!-- 配置自定义groupDataManager -->
    <property name="groupDataManager" ref="customGroupDataManager" />
    <!-- 配置自定义membershipDataManager -->
    <property name="membershipDataManager" ref="customMembershipDataManager" />
    <!-- 配置自定义userEntityManager -->
    <property name="userEntityManager" ref="customUserEntityManager" />
    <!-- 配置自定义groupEntityManager -->
    <property name="groupEntityManager" ref="customGroupEntityManager" />
    <!-- 配置自定义membershipEntityManager -->
    <property name="membershipEntityManager" ref="customMembershipEntityManager" />
    <!-- 配置用户密码编码器 -->
    <property name="passwordEncoder">
        <bean class="org.flowable.idm.engine.impl.authentication.ClearTextPasswordEncoder"/>
    </property>
    <!-- 配置密码加密盐 -->
    <property name="passwordSalt">
        <bean class="org.flowable.idm.engine.impl.authentication.BlankSalt"/>
    </property>
</bean>

<!-- 自定义身份管理引擎配置器 -->
<bean id="customIdmEngineConfigurator" class="com.bpm.example.demo1.idm.engine.configurator.
    CustomIdmEngineConfigurator">
    <property name="idmEngineConfiguration" ref="customIdmEngineConfiguration"/>
</bean>

<!-- flowable工作流引擎配置 -->
<bean id="processEngineConfiguration"
    class="org.flowable.engine.impl.cfg.StandaloneProcessEngineConfiguration">
    <!-- 数据源 -->
    <property name="dataSource" ref="dataSource"/>
    <!-- 数据库更新策略 -->
    <property name="databaseSchemaUpdate" value="true"/>
    <!-- 启用身份管理引擎 -->
    <property name="disableIdmEngine" value="false" />
    <!-- 注册身份管理引擎 -->
    <property name="idmEngineConfigurator" ref="customIdmEngineConfigurator"/>
</bean>

<!--数据源配置-->
<bean id="dataSource" class="org.apache.commons.dbcp.BasicDataSource">
```

```xml
            <property name="driverClassName" value="org.h2.Driver"/>
            <property name="url" value="jdbc:h2:mem:flowable"/>
            <property name="username" value="sa"/>
            <property name="password" value=""/>
        </bean>
</beans>
```

在以上配置文件中：

（1）定义了用户、用户组和关联关系的自定义数据管理器、实体管理器；

（2）定义了自定义身份管理引擎配置customIdmEngineConfiguration，通过userDataManager、groupDataManager和membershipDataManager属性指定用户、用户组和关联关系的自定义数据管理器，通过userEntityManager、groupEntityManager和membershipEntityManager属性指定用户、用户组和关联关系的实体管理器；

（3）定义了自定义身份管理引擎配置器customIdmEngineConfigurator，通过idmEngineConfiguration属性指定自定义身份管理引擎配置；

（4）在定义工作流引擎配置processEngineConfiguration时，通过定义disableIdmEngine属性表示启用身份管理引擎，通过idmEngineConfigurator属性指定自定义身份管理引擎配置器。

23.1.4 使用示例

下面介绍一个用户、用户组和关联关系的使用示例，其中使用自定义身份管理引擎。其代码如下：

```java
@Slf4j
public class RunIdentityDemo extends FlowableEngineUtil {
    @Test
    public void runIdentityDemo() throws Exception {
        //加载Flowable配置文件并初始化工作流引擎及服务
        initFlowableEngineAndServices("flowable.custom-identity.xml");

        //新建用户实例
        User newUser = identityService.newUser("zhangsan");
        newUser.setFirstName("张");
        newUser.setLastName("三");
        newUser.setEmail("zhangsan@qq.com");
        newUser.setPassword("******");
        //保存用户信息
        identityService.saveUser(newUser);

        List<User> userList = identityService.createUserQuery()
                .userId("zhangsan").userEmailLike("zhangsan").list();

        //修改用户信息
        newUser.setLastName("三丰");
        newUser.setEmail("zhangsan@163.com");
        newUser.setPassword("######");
        ((UserEntity) newUser).setRevision(1);
        identityService.saveUser(newUser);

        //创建用户组
        Group newGroup = identityService.newGroup("group1");
        newGroup.setName("高管用户组");
        identityService.saveGroup(newGroup);

        //将用户加入用户组
        identityService.createMembership(newUser.getId(), newGroup.getId());

        //删除用户信息
        identityService.deleteUser(newUser.getId());
        //删除用户组信息
        identityService.deleteGroup(newGroup.getId());
        //删除关联关系
        identityService.deleteMembership(newUser.getId(), newGroup.getId());
    }
}
```

以上代码先读取配置文件初始化工作流引擎，然后获取IdentityService服务，并进行创建用户、修改用户、创建用户组、将用户加入用户组、删除用户、删除用户组和删除关联关系操作。代码运行结果如下：

```
11:49:25,948 [main] INFO  CustomUserDataManager       - 调用第三方身份管理服务新建用户：
{"email":"zhangsan@qq.com","password":"******","realName":"张三","userName":"zhangsan"}
11:49:25,953 [main] INFO  CustomUserDataManager       - 调用第三方身份管理服务根据查询条件id=
zhangsan&emailLike=zhangsan查询用户列表
11:49:25,953 [main] INFO  CustomUserDataManager       - 调用第三方身份管理服务根据用户主键zhangsan查询用户信息
11:49:25,954 [main] INFO  CustomUserDataManager       - 调用第三方身份管理服务修改用户：{"email":"zhangsan@163.
com","realName":"张三丰","userName":"zhangsan"}
11:49:25,957 [main] INFO  CustomGroupDataManager      - 调用第三方身份管理服务新建用户组：{"groupId":"group1",
"groupName":"高管用户组"}
11:49:25,960 [main] INFO  CustomMembershipDataManager - 调用第三方身份管理服务新建关联关系：{"groupId":
"group1","userName":"zhangsan"}
11:49:25,960 [main] INFO  CustomUserDataManager       - 调用第三方身份管理服务根据用户主键zhangsan查询用户信息
11:49:25,960 [main] INFO  CustomUserDataManager       - 调用第三方身份管理服务删除主键为zhangsan的用户
11:49:25,961 [main] INFO  CustomGroupDataManager      - 调用第三方身份管理服务根据用户组主键group1查询用户组信息
11:49:25,961 [main] INFO  CustomGroupDataManager      - 调用第三方身份管理服务删除主键为group1的用户组
11:49:25,961 [main] INFO  CustomMembershipDataManager - 调用第三方身份管理服务删除userId为zhangsan、
groupId为group1的关联关系
```

从代码运行结果可知，调用IdentityService服务对用户进行各类操作，最终执行的是自定义身份管理引擎中的逻辑，表明替换成功。

23.2 适配国产数据库

为了加强信息安全建设、推动探索安全可控的平台及产品，国内众多企业和机构纷纷开始探索改造原有IT系统，使用国产中间件或基础设施替换原有的国外产品。国产数据库在这种背景下快速发展，使用越来越广泛。市场上涌现了大量的国产数据库管理系统产品，如达梦数据库、神通数据库、人大金仓和南大通用等。

Flowable作为一款开源中间件，支持H2、MySQL、Oracle、PostgreSQL、msSQL、DB2、HSQL和CockroachDB等主流数据库，但没有提供对国产数据库的支持和适配。本节以达梦数据库V8版本为例，介绍与Flowable适配的方法。

要使用达梦数据库，需要先引入达梦的驱动包。在pom.xml文件中添加以下Maven依赖：

```xml
<dependency>
    <groupId>com.dameng</groupId>
    <artifactId>DmJdbcDriver18</artifactId>
    <version>8.1.2.192</version>
</dependency>
```

Flowable的表使用SQL脚本模式和Liquibase模式进行管理，比如工作流引擎的表通过SQL脚本模式管理，而IDM引擎、注册事件引擎、表单引擎、DMN引擎和CMMN引擎的表通过Liquibase模式管理。下面分别针对这两种模式进行修改以适配达梦数据库。

23.2.1 修改SQL脚本模式

在这种模式下，Flowable提供了针对不同类型数据库的SQL脚本文件，Flowable启动时会执行建表及初始化语句。这些SQL脚本文件被分散存储在不同的JAR包中，但它没有提供达梦数据库的SQL脚本，因此需要手动创建。由于达梦数据库的脚本与Oracle语法非常相似，可以基于Oracle的SQL脚本来修改。

1. 复制并修改SQL脚本文件

一种方式是将对应JAR中的SQL建表文件复制到项目的路径下并更改文件名称，达梦数据库需要复制的文件、目标路径和更改后的文件名称如表23.1所示。

表23.1　达梦数据库需要复制的文件、目标路径和更改后的文件名称

所在JAR包	JAR包内路径	文件名称	目标路径	更改后的文件名称
flowable-engine-6.8.0.jar	org/flowable/db/create	flowable.oracle.create.engine.sql	org/flowable/db/create	flowable.dm.create.engine.sql
		flowable.oracle.create.history.sql		flowable.dm.create.history.sql

续表

所在JAR包	JAR包内路径	文件名称	目标路径	更改后的文件名称
flowable-engine-6.8.0.jar	org/flowable/db/drop	flowable.oracle.drop.engine.sql	org/flowable/db/drop	flowable.dm.drop.engine.sql
		flowable.oracle.drop.history.sql		flowable.dm.drop.history.sql
flowable-engine-common-6.8.0.jar	org/flowable/common/db/create	flowable.oracle.create.common.sql	org/flowable/common/db/create	flowable.dm.create.common.sql
	org/flowable/common/db/drop	flowable.oracle.drop.common.sql	org/flowable/common/db/drop	flowable.dm.drop.common.sql
flowable-task-service-6.8.0.jar	org/flowable/task/service/db/create	flowable.oracle.create.task.sql	org/flowable/task/service/db/create	flowable.dm.create.task.sql
		flowable.oracle.create.task.history.sql		flowable.dm.create.task.history.sql
	org/flowable/task/service/db/drop	flowable.oracle.drop.task.sql	org/flowable/task/service/db/drop	flowable.dm.drop.task.sql
		flowable.oracle.drop.task.history.sql		flowable.dm.drop.task.history.sql
flowable-variable-service-6.8.0.jar	org/flowable/variable/service/db/create	flowable.oracle.create.variable.sql	org/flowable/variable/service/db/create	flowable.dm.create.variable.sql
		flowable.oracle.create.variable.history.sql		flowable.dm.create.variable.history.sql
	org/flowable/variable/service/db/drop/	flowable.oracle.drop.variable.sql	org/flowable/variable/service/db/drop/	flowable.dm.drop.variable.sql
		flowable.oracle.drop.variable.history.sql		flowable.dm.drop.variable.history.sql
flowable-identitylink-service-6.8.0.jar	org/flowable/identitylink/service/db/create	flowable.oracle.create.identitylink.sql	org/flowable/identitylink/service/db/create	flowable.dm.create.identitylink.sql
		flowable.oracle.create.identitylink.history.sql		flowable.dm.create.identitylink.history.sql
	org/flowable/identitylink/service/db/drop/	flowable.oracle.drop.identitylink.sql	org/flowable/identitylink/service/db/drop/	flowable.dm.drop.identitylink.sql
		flowable.oracle.drop.identitylink.history.sql		flowable.dm.drop.identitylink.history.sql
flowable-entitylink-service-6.8.0.jar	org/flowable/entitylink/service/db/create	flowable.oracle.create.entitylink.sql	org/flowable/entitylink/service/db/create	flowable.dm.create.entitylink.sql
		flowable.oracle.create.entitylink.history.sql		flowable.dm.create.entitylink.history.sql
		flowable.oracle.drop.entitylink.sql		flowable.dm.drop.entitylink.sql
		flowable.oracle.drop.entitylink.history.sql		flowable.dm.drop.entitylink.history.sql
flowable-batch-service-6.8.0.jar	org/flowable/batch/service/db/create/	flowable.oracle.create.batch.sql	org/flowable/batch/service/db/create/	flowable.dm.create.batch.sql
	org/flowable/batch/service/db/drop	flowable.oracle.drop.batch.sql	org/flowable/batch/service/db/drop	flowable.dm.drop.batch.sql
flowable-idm-engine-6.8.0.jar	org/flowable/idm/db/create	flowable.oracle.create.identity.sql	org/flowable/idm/db/create	flowable.dm.create.identity.sql
	org/flowable/idm/db/drop	flowable.oracle.drop.identity.sql	org/flowable/idm/db/drop	flowable.dm.drop.identity.sql
flowable-job-service-6.8.0.jar	org/flowable/job/service/db/create	flowable.oracle.create.job.sql	org/flowable/job/service/db/create	flowable.dm.create.job.sql
	org/flowable/job/service/db/drop	flowable.oracle.drop.job.sql	org/flowable/job/service/db/drop	flowable.dm.drop.job.sql
flowable-eventsubscription-service-6.8.0.jar	org/flowable/eventsubscription/service/db/create	flowable.oracle.create.eventsubscription.sql	org/flowable/eventsubscription/service/db/create	flowable.dm.create.eventsubscription.sql
	org/flowable/eventsubscription/service/db/drop	flowable.oracle.drop.eventsubscription.sql	org/flowable/eventsubscription/service/db/drop	flowable.dm.drop.eventsubscription.sql

以上30个脚本文件分散在10个JAR包中，手动复制的工作量比较大，而且容易出错。这里提供另一种自动化的方法，使用工具类FlowableAdaptDmDatabaseUtils提供的copySqlFiles()方法：

```java
public void copySqlFiles() throws Exception {
    String resourcesPath = ReflectUtil.class.getClassLoader().getResource("").getPath();
    String prefix = "org/flowable/";
    String suffix = ".sql";
    List<String> sqls = new ArrayList() {{
        add("common/db/create/flowable.oracle.create.common");
        add("common/db/drop/flowable.oracle.drop.common");
        add("identitylink/service/db/create/flowable.oracle.create.identitylink");
        add("identitylink/service/db/create/flowable.oracle.create.identitylink.history");
        add("identitylink/service/db/drop/flowable.oracle.drop.identitylink");
        add("identitylink/service/db/drop/flowable.oracle.drop.identitylink.history");
        add("entitylink/service/db/create/flowable.oracle.create.entitylink");
        add("entitylink/service/db/create/flowable.oracle.create.entitylink.history");
        add("entitylink/service/db/drop/flowable.oracle.drop.entitylink");
        add("entitylink/service/db/drop/flowable.oracle.drop.entitylink.history");
        add("eventsubscription/service/db/create/flowable.oracle.create.eventsubscription");
        add("eventsubscription/service/db/drop/flowable.oracle.drop.eventsubscription");
        add("task/service/db/create/flowable.oracle.create.task");
        add("task/service/db/create/flowable.oracle.create.task.history");
        add("task/service/db/drop/flowable.oracle.drop.task");
        add("task/service/db/drop/flowable.oracle.drop.task.history");
        add("variable/service/db/create/flowable.oracle.create.variable");
        add("variable/service/db/create/flowable.oracle.create.variable.history");
        add("variable/service/db/drop/flowable.oracle.drop.variable");
        add("variable/service/db/drop/flowable.oracle.drop.variable.history");
        add("job/service/db/create/flowable.oracle.create.job");
        add("job/service/db/drop/flowable.oracle.drop.job");
        add("batch/service/db/create/flowable.oracle.create.batch");
        add("batch/service/db/drop/flowable.oracle.drop.batch");
        add("db/create/flowable.oracle.create.engine");
        add("db/create/flowable.oracle.create.history");
        add("db/drop/flowable.oracle.drop.engine");
        add("db/drop/flowable.oracle.drop.history");
        add("idm/db/create/flowable.oracle.create.identity");
        add("idm/db/drop/flowable.oracle.drop.identity");
    }};
    for (String sqlFile : sqls) {
        InputStream input = ReflectUtil.getResourceAsStream(prefix + sqlFile + suffix);
        File targetFile = new File(resourcesPath + prefix + sqlFile.replace("oracle",
                "dm") + suffix);
        FileUtils.copyInputStreamToFile(input, targetFile);
    }
}
```

以上代码的核心逻辑是，将JAR包中的SQL脚本文件复制到项目的resources路径下，并将文件名中的oracle改为dm。

2. 复制并修改数据库分页语法配置资源文件

在flowable-engine-common-6.8.0.jar的org/flowable/common/db/properties路径下提供了针对各种数据库的properties配置文件，用于为不同数据库配置分页语法。一种方式是把Oracle数据库的配置文件oracle.properties复制到resources路径下并改名为org/flowable/common/db/properties/dm.properties。这里再提供另一种自动化的方法，使用工具类FlowableAdaptDmDatabaseUtils提供的copyPropertiesFiles()方法：

```java
public void copyPaginationProperties() throws Exception {
    String resourcesPath = ReflectUtil.class.getClassLoader().getResource("").getPath();
    String path = "org/flowable/common/db/properties/oracle.properties";
    InputStream input = ReflectUtil.getResourceAsStream(path);
    File targetFile = new File(resourcesPath + path.replace("oracle", "dm"));
    FileUtils.copyInputStreamToFile(input, targetFile);
}
```

以上代码的核心逻辑是，将JAR包中的properties资源文件复制到项目的resources路径下，并将文件名中的oracle改为dm。

3. 动态修改AbstractEngineConfiguration注入达梦数据库配置

在工作流引擎配置的顶层抽象类org.flowable.common.engine.impl.AbstractEngineConfiguration中定义了

支持的各种数据库，但没有达梦数据库，因此需要将其追加进去。这里采用Javassist在运行期间动态添加。Javassist是一个开源的分析、编辑和创建Java字节码的类库，可以直接编辑和生成Java生成的字节码。要使用Javassist，需要在pom.xml文件中引入如下依赖：

```xml
<dependency>
    <groupId>org.javassist</groupId>
    <artifactId>javassist</artifactId>
    <version>3.29.2-GA</version>
</dependency>
```

在工具类FlowableAdaptDmDatabaseUtils中通过Javassist动态实现添加达梦数据库支持，可使用方法injectDmToProcessEngineConfiguration()，其内容如下：

```java
try {
    //创建一个ClassPool对象，并指定JAR包的路径
    ClassPool classPool = ClassPool.getDefault();
    classPool.insertClassPath(new LoaderClassPath(FlowableAdaptDmDatabaseUtils.class
            .getClassLoader()));
    //获取需要动态修改的类
    CtClass ctClass = classPool
            .get("org.flowable.common.engine.impl.AbstractEngineConfiguration");
    //增加代表达梦数据库的成员变量
    CtField field = CtField
            .make("public static final String DATABASE_TYPE_DM = \"dm\";", ctClass);
    ctClass.addField(field);
    //在getDefaultDatabaseTypeMappings()方法中加入对达梦数据库的适配
    CtMethod method = ctClass.getDeclaredMethod("getDefaultDatabaseTypeMappings");
    method.insertAfter("$_.setProperty(\"DM DBMS\", \"dm\");");
    //将CtClass实例转换为Java类并实际加载到当前线程的ClassLoader中
    ctClass.toClass();
}catch (Exception e){
    e.printStackTrace();
}
```

在以上代码中，通过Javassist加载AbstractEngineConfiguration后，首先增加代表达梦数据库的成员变量DATABASE_TYPE_DM，然后在getDefaultDatabaseTypeMappings()方法中加入达梦数据库的映射配置，最后转换为新的Java类并实际加载到当前线程的ClassLoader中。需要注意的是，在Java虚拟机中一个类只能被一个ClassLoader加载一次，因此这个动态修改AbstractEngineConfiguration注入达梦数据库配置的类需要在工作流引擎初始化前完成加载。

至此，修改SQL脚本模式适配达梦数据库的工作已完成。如果项目中只使用到了工作流引擎，到这一步就完成了对达梦数据库的适配。

23.2.2 修改Liquibase模式

Flowable的DMN引擎、EventRegistry引擎使用Liquibase来管理相应的数据库表。Liquibase是一个用于跟踪、管理和应用数据库变化的开源数据库重构工具，它将所有数据库的变化（包括数据和结构）都保存到XML文件中，便于版本控制。

Liquibase使用Java SPI根据数据库的连接动态加载对应数据库类型的实现，遵循实现可插拔、降低耦合的思想。SPI全称Service Provider Interface，是Java提供的一套用来被第三方实现或者扩展的API，实际上是"基于接口的编程＋策略模式＋配置文件"组合实现的动态加载机制，它可以用来启用框架扩展和替换组件。Liquibase适配数据库的服务接口是liquibase.database.Database，在Liquibase的JAR包的META-INF/services/目录里有一个以该接口全限定名命名的文件，内容为实现类的全限定名。在加载的时候，Liquibase通过java.util.ServiceLoder动态装载实现模块，首先扫描META-INF/services目录下的配置文件找到实现类的全限定名，然后通过反射方法Class.forName()加载实现类对象到JVM，最后用instance()方法将类实例化，从而实现通过配置来选中相应实现类。

下面根据这个原理来修改Liquibase实现对达梦数据库的适配。

1. 开发达梦数据库的Database实现类

从Liquibase的JAR包的META-INF/services/liquibase.database.Database文件里可以找到针对不同数据库的Database实现类。这里选择继承Oracle数据库的实现类liquibase.database.core.OracleDatabase，创建针对达梦

数据库的实现类liquibase.database.core.DmDatabase，主要修改点如下：
- 设置PRODUCT_NAME常量值为"DM DBMS"；
- 重写getShortName()方法，设置返回结果为"dm"；
- 重写getDefaultDatabaseProductName()方法，设置返回结果为属性PRODUCT_NAME；
- 重写getDefaultPort()方法，设置返回结果为5236；
- 重写getDefaultDriver(String url)方法。

达梦数据库的Database实现类DmDatabase的内容详见本书配套资源。

2. 复制并修改Java SPI配置文件

在上一步中开发了针对达梦数据库的Database实现类，接下来需要将它添加到SPI配置文件中。一种方式是把Liquibase的JAR包的META-INF/services/liquibase.database.Database文件复制到resources路径下，路径保持不变，然后打开该文件在最后一行加上liquibase.database.core.DmDatabase。这里再提供另一种自动化的方法，使用工具类FlowableAdaptDmDatabaseUtils提供的copyLiquibaseFile()方法：

```java
public void copyLiquibaseFile() throws Exception {
    String resourcesPath = ReflectUtil.class.getClassLoader().getResource("").getPath();
    String liquibaseFilePath = "META-INF/services/liquibase.database.Database";
    InputStream input = ReflectUtil.getResourceAsStream(liquibaseFilePath);
    File targetFile = new File(resourcesPath + liquibaseFilePath);
    //复制文件
    FileUtils.copyInputStreamToFile(input, targetFile);
    //在文件底部加一行
    FileWriter fw = new FileWriter(targetFile, true);
    fw.write("liquibase.database.core.DmDatabase");
    fw.flush();
    fw.close();
}
```

至此，修改Liquibase模式适配达梦数据库的工作已完成。如果项目中使用到了IDM引擎、注册事件引擎、表单引擎、DMN引擎和CMMN引擎中的一种或几种，需要修改Liquibase模式来完成适配。

23.2.3 使用示例

本小节将通过实际的示例验证前文适配达梦数据库的效果。

1. 在流程配置文件中配置数据库连接

在配置文件flowable.national-db.xml中配置达梦数据库的连接，配置如下：

```xml
<beans>
    <!-- 数据源配置 -->
    <bean id="dataSource" class="org.apache.commons.dbcp.BasicDataSource">
        <!-- 数据库驱动名称 -->
        <property name="driverClassName" value="dm.jdbc.driver.DmDriver"/>
        <!-- 数据库地址 -->
        <property name="url" value="jdbc:dm://localhost:5236"/>
        <!-- 数据库用户名 -->
        <property name="username" value="FLOWABLE"/>
        <!-- 数据库密码 -->
        <property name="password" value="qwerty123456"/>
    </bean>

    <bean id="processEngineConfiguration"
        class="org.flowable.engine.impl.cfg.StandaloneProcessEngineConfiguration">
        <!-- 数据源 -->
        <property name="dataSource" ref="dataSource"/>
        <!-- 数据库更新策略 -->
        <property name="databaseSchemaUpdate" value="true"/>
        <!-- 启用IDM引擎 -->
        <property name="disableIdmEngine" value="false"/>
        <!-- 启用EventRegistry引擎 -->
        <property name="disableEventRegistry" value="false"/>
        <!-- 引用DMN引擎、表单引擎配置器 -->
        <property name="configurators">
            <list>
                <ref bean="dmnEngineConfigurator"/>
```

```xml
            <ref bean="formEngineConfigurator"/>
            <ref bean="cmmnEngineConfigurator"/>
        </list>
    </property>
</bean>
<!-- DMN引擎配置器 -->
<bean id="dmnEngineConfigurator"
    class="org.flowable.dmn.engine.configurator.DmnEngineConfigurator">
    <property name="dmnEngineConfiguration" ref="dmnEngineConfiguration"/>
</bean>
<!-- DMN引擎配置 -->
<bean id="dmnEngineConfiguration" class="org.flowable.dmn.engine.DmnEngineConfiguration">
    <property name="dataSource" ref="dataSource"/>
    <property name="databaseSchemaUpdate" value="create-drop"/>
</bean>
<!-- 表单引擎配置器 -->
<bean id="formEngineConfigurator" class="org.flowable.form.engine.configurator.
    FormEngineConfigurator">
    <property name="formEngineConfiguration" ref="formEngineConfiguration"/>
</bean>
<!-- 表单引擎配置 -->
<bean id="formEngineConfiguration" class="org.flowable.form.engine.impl.cfg.
    StandaloneFormEngineConfiguration">
    <property name="dataSource" ref="dataSource"/>
    <property name="databaseSchemaUpdate" value="true"/>
</bean>
<!-- CMMN引擎配置器 -->
<bean id="cmmnEngineConfigurator" class="org.flowable.cmmn.engine.configurator.
    CmmnEngineConfigurator">
    <property name="cmmnEngineConfiguration" ref="cmmnEngineConfiguration"/>
</bean>
<!-- CMMN引擎配置 -->
<bean id="cmmnEngineConfiguration" class="org.flowable.cmmn.engine.impl.cfg.
    StandaloneInMemCmmnEngineConfiguration">
    <property name="dataSource" ref="dataSource"/>
    <property name="databaseSchemaUpdate" value="true"/>
</bean>
</beans>
```

在以上流程配置中，配置工作流引擎processEngineConfiguration时：

（1）通过dataSource属性指定了连接达梦数据库的DBCP的连接池；

（2）通过配置disableIdmEngine属性为false启用IDM引擎；

（3）通过configurators引用了DMN引擎配置器、表单引擎配置器和CMMN引擎配置器，从而启动这3个引擎。

这样，在工作流引擎启动的时候就能创建所有的表。

2．在流程配置文件中配置数据库连接

下面以图15.3所示的内嵌子流程的使用示例来验证达梦数据库的适配效果。加载该流程模型并执行相应流程控制的示例代码如下：

```java
@Slf4j
public class RunNationalDbDemo {
    SimplePropertyPreFilter executionFilter = new SimplePropertyPreFilter(Execution.class,
            "id", "parentId", "businessKey", "processInstanceId",
            "processDefinitionId", "rootProcessInstanceId", "scope", "activityId");
    SimplePropertyPreFilter jobFilter = new SimplePropertyPreFilter(Job.class,
            "id", "executionId", "duedate", "jobHandlerType", "jobType",
            "processDefinitionId", "processInstanceId", "retries");

    @Test
    public void runNationalDbDemo() throws Exception {
        FlowableAdaptDmDatabaseUtils adaptDmUtils = new FlowableAdaptDmDatabaseUtils();
        //动态修改AbstractEngineConfiguration注入达梦数据库配置，需要在工作流引擎配置加载之前完成
        adaptDmUtils.injectDmToProcessEngineConfiguration();
        //复制并修改SQL脚本文件
        adaptDmUtils.copySqlFiles();
        //复制并修改数据库分页语法配置资源文件
```

```java
adaptDmUtils.copyPaginationProperties();
//复制并修改Java SPI配置文件
adaptDmUtils.copyLiquibaseFile();

//加载Spring配置文件
ApplicationContext applicationContext =
        new ClassPathXmlApplicationContext("flowable.national-db.xml");
//加载工作流引擎配置并初始化工作流引擎
ProcessEngineConfigurationImpl processEngineConfiguration = applicationContext
        .getBean("processEngineConfiguration", ProcessEngineConfigurationImpl.class);
ProcessEngine processEngine = processEngineConfiguration.buildProcessEngine();

//部署流程
processEngine.getRepositoryService().createDeployment()
        .addClasspathResource("processes/SubProcessProcess.bpmn20.xml")
        .deploy();

//设置主流程的流程变量
Map<String, Object> varMap1 = ImmutableMap.of("lender", "huhaiqin");
RuntimeService runtimeService = processEngine.getRuntimeService();
//发起流程
ProcessInstance mainProcessInstance = runtimeService
        .startProcessInstanceByKey("subProcessProcess", varMap1);
ExecutionQuery executionQuery = processEngine.getRuntimeService()
        .createExecutionQuery().processInstanceId(mainProcessInstance.getId());
//查询执行实例
List<Execution> executionList1 = executionQuery.list();
log.info("主流程发起后，执行实例数为{}，分别为：{}", executionList1.size(),
        JSON.toJSONString(executionList1, executionFilter));
//查询主流程的流程变量
Map<String, Object> mainProcessVarMap1 = runtimeService
        .getVariables(mainProcessInstance.getId());
log.info("主流程的流程变量为：{}", mainProcessVarMap1);
TaskService taskService = processEngine.getTaskService();
TaskQuery taskQuery = taskService.createTaskQuery()
        .processInstanceId(mainProcessInstance.getId());
//查询主流程第一个任务
Task firstTaskOfMainProcess = taskQuery.singleResult();
log.info("主流程发起后，流程当前所在用户任务为：{}", firstTaskOfMainProcess.getName());
//完成主流程第一个任务
processEngine.getTaskService().complete(firstTaskOfMainProcess.getId());
log.info("完成用户任务：{}，启动子流程", firstTaskOfMainProcess.getName());
//查询执行实例
List<Execution> executionList2 = executionQuery.list();
log.info("子流程发起后，执行实例数为{}，分别为：{}", executionList2.size(),
        JSON.toJSONString(executionList2, executionFilter));
//查询子流程第一个任务
Task firstTaskOfSubProcess = taskQuery.singleResult();
log.info("子流程发起后，流程当前所在用户任务为：{}", firstTaskOfSubProcess.getName());
//查询子流程的流程变量
Map<String, Object> subProcessVarMap1 = runtimeService
        .getVariables(firstTaskOfSubProcess.getProcessInstanceId());
log.info("子流程的流程变量为：{}", subProcessVarMap1);
//设置子流程的流程变量
Map<String, Object> varMap2 = ImmutableMap.of("loanAmount", 10000000);
//完成子流程第一个任务
taskService.complete(firstTaskOfSubProcess.getId(), varMap2);
log.info("完成用户任务：{}", firstTaskOfSubProcess.getName());
//查询子流程第二个任务
Task secondTaskOfSubProcess = taskQuery.singleResult();
log.info("完成用户任务：{}后，流程当前所在用户任务为：{}",
        firstTaskOfSubProcess.getName(), secondTaskOfSubProcess.getName());
Map<String, Object> mainProcessVarMap2 = runtimeService
        .getVariables(mainProcessInstance.getId());
log.info("主流程的流程变量为：{}", mainProcessVarMap2);

//查询定时器任务
List<Job> jobs = processEngine.getManagementService()
        .createTimerJobQuery().list();
```

```
        log.info("定时器任务有: {}", JSON.toJSONString(jobs, jobFilter));
        log.info("暂停90秒...");
        //暂停90秒，触发边界定时器事件，流程结束
        Thread.sleep(90 * 1000);

        //查询执行实例
        List<Execution> executionList4 = executionQuery.list();
        log.info("主流程结束后，执行实例数为{}，执行实例信息为: {}", executionList4.size(),
                JSON.toJSONString(executionList4, executionFilter));

        //关闭工作流引擎
        processEngine.close();
    }
}
```

以上代码先初始化达梦数据库适配工具类FlowableAdaptDmDatabaseUtils，然后执行其动态修改AbstractEngineConfiguration注入达梦数据库配置、复制并修改SQL脚本文件、复制并修改数据库分页语法配置资源文件和复制并修改Java SPI配置文件等方法。接着加载Spring配置文件，加载工作流引擎配置并初始化工作流引擎。接下来部署流程，初始化流程变量并发起主流程后，查询并完成主流程的第一个用户任务（此时流程将流转到内嵌子流程），再查询并办理子流程的用户任务。最后，程序暂停90秒，等待定时器（1分钟时）触发流程结束。以上代码在不同阶段输出了执行实例和流程变量的信息用以观察整个执行过程中数据的变化。代码运行结果如下：

```
23:13:50,822 [main] INFO  RunNationalDbDemo     - 主流程发起后，执行实例数为2，分别为：[{"id":"5",
"processDefinitionId":"subProcessProcess:1:4","processInstanceId":"5","rootProcessInstanceId":"5",
"scope":true},{"activityId":"firstTaskOfMainProcess","id":"7","parentId":"5","processDefinitionId":
"subProcessProcess:1:4","processInstanceId":"5","rootProcessInstanceId":"5","scope":false}]
23:13:50,838 [main] INFO  RunNationalDbDemo     - 主流程的流程变量为：{lender=huhaiqin}
23:13:50,851 [main] INFO  RunNationalDbDemo     - 主流程发起后，流程当前所在用户任务为：贷款申请
23:13:50,914 [main] INFO  RunNationalDbDemo     - 完成用户任务：贷款申请，启动子流程
23:13:50,921 [main] INFO  RunNationalDbDemo     - 子流程发起后，执行实例数为4，分别为：[{"activityId":
"subProcess","id":"13","parentId":"5","processDefinitionId":"subProcessProcess:1:4","processInstanceId":
"5","rootProcessInstanceId":"5","scope":true},{"activityId":"boundaryEventOfMainProcess","id":"15",
"parentId":"13","processDefinitionId":"subProcessProcess:1:4","processInstanceId":"5",
"rootProcessInstanceId":"5","scope":false},{"activityId":"firstTaskOfSubProcess","id":"17","parentId":
"13","processDefinitionId":"subProcessProcess:1:4","processInstanceId":"5","rootProcessInstanceId":
"5","scope":false},{"id":"5","processDefinitionId":"subProcessProcess:1:4","processInstanceId":"5",
"rootProcessInstanceId":"5","scope":true}]
23:13:50,923 [main] INFO  RunNationalDbDemo     - 子流程发起后，流程当前所在用户任务为：审批贷款额度
23:13:50,926 [main] INFO  RunNationalDbDemo     - 子流程的流程变量为：{lender=huhaiqin}
23:13:50,964 [main] INFO  RunNationalDbDemo     - 完成用户任务：审批贷款额度
23:13:50,966 [main] INFO  RunNationalDbDemo     - 完成用户任务：审批贷款额度后，流程当前所在用户任务为：复核贷款额度
23:13:50,969 [main] INFO  RunNationalDbDemo     - 主流程的流程变量为：{lender=huhaiqin, loanAmount=10000000}
23:13:51,004 [main] INFO  RunNationalDbDemo     - 定时器任务有：[{"duedate":1694272490881,"executionId":
"15","id":"19","jobHandlerType":"trigger-timer","jobType":"timer","processDefinitionId":
"subProcessProcess:1:4","processInstanceId":"5","retries":3}]
23:13:51,004 [main] INFO  RunNationalDbDemo     - 暂停90秒...
23:15:21,016 [main] INFO  RunNationalDbDemo     - 主流程结束后，执行实例数为4，执行实例信息为：[{"activityId":
"subProcess","id":"13","parentId":"5","processDefinitionId":"subProcessProcess:1:4","processInstanceId":
"5","rootProcessInstanceId":"5","scope":true},{"activityId":"boundaryEventOfMainProcess","id":"15",
"parentId":"13","processDefinitionId":"subProcessProcess:1:4","processInstanceId":"5",
"rootProcessInstanceId":"5","scope":false},{"activityId":"secondTaskOfSubProcess","id":"17","parentId":
"13","processDefinitionId":"subProcessProcess:1:4","processInstanceId":"5","rootProcessInstanceId":
"5","scope":false},{"id":"5","processDefinitionId":"subProcessProcess:1:4","processInstanceId":"5",
"rootProcessInstanceId":"5","scope":true}]
```

从执行结果可以看出，流程正常运行直至结束，说明适配达梦数据库成功。

23.3 自定义查询

Flowable提供了多种数据查询方式。前面介绍了查询API方式的标准查询方式，本节将介绍另外两种自定义查询方式。

23.3.1 使用NativeSql查询

Flowable提供了一套数据查询API供开发者使用，支持使用各个服务组件的名称以create开头、含有对象

名、以Query结尾的方式来获取查询对象，如IdentityService中的createUserQuery()方法和createGroupQuery()方法、RuntimeService中的createProcessInstanceQuery()方法和createExecutionQuery()方法、TaskService中的createTaskQuery()方法等。这些方法返回一个Query实例，如createTaskQuery()方法返回的是TaskQuery。TaskQuery是Query的子接口。Query是全部查询对象的父接口，该接口定义了若干基础方法。各个查询对象均可以使用这些公共方法，包括设置排序方式、数据量统计、列表、分页和唯一记录查询等。

此外，Flowable还支持原生SQL查询。Flowable的各个服务组件提供了名称以createNative开头、含有对象名、以Query结尾的查询方式，返回名称以Native为开头、含有对象名、以Query结尾的对象的实例，这些对象均是NativeQuery的子接口。使用NativeQuery中的方法，可以传入原生SQL进行数据查询（主要使用sql()方法传入SQL语句，使用parameter()方法设置查询参数）。通过这种方式，开发人员可以自定义SQL实现更复杂的查询，如使用OR条件或无法使用查询API实现的条件查询。返回类型由使用的查询对象决定，数据会映射到正确的对象上。

下面看一个NativeSql查询的使用示例，其流程如图23.1所示。流程包含开始事件、结束事件、用户任务和顺序流4个元素。

图23.1　自定义SQL查询示例流程

图23.1所示流程对应的XML内容如下：

```xml
<process id="nativeSqlProcess" name="自定义SQL查询示例流程">
    <startEvent id="startEvent1"/>
    <userTask id="userTask1" name="数据上报" flowable:candidateUsers="liuxiaopeng,huhaiqin"/>
    <sequenceFlow id="seqFlow1" sourceRef="startEvent1" targetRef="userTask1"/>
    <endEvent id="endEvent1"/>
    <sequenceFlow id="seqFlow2" sourceRef="userTask1" targetRef="endEvent1"/>
</process>
```

加载该流程模型并执行相应的流程，同时使用NativeSql查询的示例代码如下：

```java
@Slf4j
public class RunNativeSqlProcessDemo extends FlowableEngineUtil {
    SimplePropertyPreFilter processFilter = new SimplePropertyPreFilter(ProcessInstance.class,
            "id", "revision", "scope", "parentId", "businessKey", "processInstanceId",
            "activityId", "processDefinitionKey", "processDefinitionId",
            "rootProcessInstanceId", "startTime");
    SimplePropertyPreFilter taskFilter = new SimplePropertyPreFilter(Task.class,
            "id", "revision", "name", "parentTaskId", "description", "priority",
            "createTime", "owner", "assignee", "delegationStateString", "executionId",
            "claimTime", "taskDefinitionKey", "processInstanceId", "processDefinitionId",
            "dueDate", "category", "tenantId", "formKey", "suspensionState");

    @Test
    public void runNativeSqlProcessDemo() throws Exception {
        //加载Flowable配置文件并初始化工作流引擎及服务
        initFlowableEngineAndServices("flowable.cfg.xml");
        //部署流程
        deployResource("processes/NativeSqlProcess.bpmn20.xml");

        //启动流程
        String businessKey = UUID.randomUUID().toString();
        runtimeService.startProcessInstanceByKey("nativeSqlProcess", businessKey);

        //通过NativeSql查询单个ProcessInstance对象
        ProcessInstance processInstance = runtimeService
                .createNativeProcessInstanceQuery()
                .sql("select * from ACT_RU_EXECUTION where BUSINESS_KEY_ = #{businessKey}")
                .parameter("businessKey", businessKey)
                .singleResult();
        log.info("流程实例信息为: {}", JSON.toJSONString(processInstance, processFilter));
```

```java
        //通过NativeSql查询任务列表
        List<Task> tasks = taskService.createNativeTaskQuery()
                .sql("select ID_, REV_ , NAME_, PARENT_TASK_ID_, DESCRIPTION_, PRIORITY_,"
                    + " CREATE_TIME_, OWNER_, ASSIGNEE_, DELEGATION_, EXECUTION_ID_,"
                    + " PROC_INST_ID_, PROC_DEF_ID_, TASK_DEF_KEY_, DUE_DATE_, CATEGORY_,"
                    + " SUSPENSION_STATE_, TENANT_ID_, FORM_KEY_, CLAIM_TIME_"
                    + " from ACT_RU_TASK where PROC_INST_ID_ = #{processInstanceId}")
                .parameter("processInstanceId",processInstance.getId())
                .list();
        log.info("流程中的待办任务有: {}", JSON.toJSONString(tasks, taskFilter));

        //通过NativeSql查询任务个数
        long num = taskService.createNativeTaskQuery()
                .sql("select count(0) from ACT_RU_TASK as t1"
                    + " join ACT_RU_IDENTITYLINK as t2 on t1.ID_ = t2.TASK_ID_"
                    + " where t1.ASSIGNEE_ is null and t2.USER_ID_ = #{userId}")
                .parameter("userId", "huhaiqin")
                .count();
        log.info("用户huhaiqin的待办任务数为: {}", num);
    }
}
```

在以上代码中，综合使用了runtimeService和taskService提供的"createNative***Query()"方法，返回"Native***Query"实例，这些对象均是NativeQuery的子接口。使用NativeQuery的方法，可以传入原生SQL进行数据查询，主要使用sql()方法传入SQL语句。如果SQL中需要传入参数，可以使用#{字段key}表示，再使用parameter()方法设置查询参数值，参数名和字段key前后要保持一致。以上3处加粗的代码进行了3次原生SQL查询，均使用sql()方法传入SQL语句，并通过parameter()方法设置参数。第一次是使用singleResult()方法查询单个对象，第二次是使用list()方法查询对象列表，第三次是使用count()方法查询对象个数。代码运行结果如下：

```
02:38:57,255 [main] INFO   RunNativeSqlProcessDemo  - 流程实例信息为: {"businessKey":"d7126735-8578-
4427-8a66-bdf7c3ffbd40","id":"5","processDefinitionId":"NativeSqlProcess:1:4","processInstanceId":
"5","revision":1,"rootProcessInstanceId":"5","scope":true,"startTime":1688279937117}
02:38:57,270 [main] INFO   RunNativeSqlProcessDemo  - 流程中的待办任务有: [{"createTime":1688279937124,
"executionId":"6","id":"10","name":"数据上报","priority":50,"processDefinitionId":"NativeSqlProcess:
1:4","processInstanceId":"5","revision":1,"suspensionState":1,"taskDefinitionKey":"userTask1",
"tenantId":""}]
02:38:57,271 [main] INFO   RunNativeSqlProcessDemo  - 用户huhaiqin的待办任务数为: 1
```

使用原生SQL查询较为灵活，可以满足大部分的业务需求。除了sql()方法和parameter()方法，NativeQuery接口还提供以下方法：

- count();
- singleResult();
- list();
- listPage(int firstResult, int maxResults)。

这些方法的功能和用法与查询API相同，这里不再赘述。Flowable服务与对应的"createNative***Query()"方法如表23.2所示。

表23.2　Flowable服务与对应的"createNative***Query()"方法

Flowable服务	名称以createNative开头、以Query结尾的方法
repositoryService	createNativeDeploymentQuery()
	createNativeModelQuery()
	createNativeProcessDefinitionQuery()
runtimeService	createNativeVariableInstanceQuery()
	createNativeExecutionQuery()
	createNativeProcessInstanceQuery()
	createNativeActivityInstanceQuery()
taskService	createNativeTaskQuery()

Flowable服务	名称以createNative开头、以Query结尾的方法
historyService	createNativeHistoricDetailQuery()
	createNativeHistoricVariableInstanceQuery()
	createNativeHistoricProcessInstanceQuery()
	createNativeHistoricTaskInstanceQuery()
	createNativeHistoricActivityInstanceQuery()
	createNativeHistoricTaskLogEntryQuery()
identityService	createNativeGroupQuery()
	createNativeUserQuery()

23.3.2 使用CustomSql查询

Flowable使用MyBatis与数据库进行交互。除了已提供的各类服务和API，Flowable引擎还具有利用MyBatis自定义SQL语句的能力。MyBatis是一款优秀的持久层框架，支持定制化SQL、存储过程及高级映射，避免了几乎所有JDBC代码的编写和手动设置参数及获取结果集。MyBatis提供了XML和注解两种方式，用于配置和映射原生类型、接口及Java的POJO为数据库中的记录。对应地，我们可以通过MyBatis XML和注解实现Flowable的CustomSql查询。

1. 采用MyBatis Mapper XML配置方式实现

映射器是MyBatis中核心的组件之一，Mapper XML是最基础的映射器。MyBatis通过Mapper映射文件实现对SQL语句的封装、结果集映射关系的编写等。工作流引擎配置类ProcessEngineConfigurationImpl提供了customMybatisXMLMappers属性，允许附加自定义的MyBatis Mapper XML文件，工作流引擎可执行其中配置的查询。

1）创建自定义MyBatis Mapper XML配置文件

在custom-mappers路径下创建一个CustomSqlMapper.xml文件，其mapper部分内容如下：

```xml
<mapper namespace="customSql">
    <!-- 使用resultMap元素将自定义SQL查询Task的结果映射到结果集中 -->
    <resultMap id="customTaskResultMap" type="org.flowable.task.service.impl.persistence.entity.TaskEntityImpl">
        <id property="id" column="ID_" jdbcType="VARCHAR"/>
        <result property="revision" column="REV_" jdbcType="INTEGER"/>
        <result property="name" column="NAME_" jdbcType="VARCHAR"/>
        <result property="parentTaskId" column="PARENT_TASK_ID_" jdbcType="VARCHAR"/>
        <result property="description" column="DESCRIPTION_" jdbcType="VARCHAR"/>
        <result property="priority" column="PRIORITY_" jdbcType="INTEGER"/>
        <result property="createTime" column="CREATE_TIME_" jdbcType="TIMESTAMP" />
        <result property="owner" column="OWNER_" jdbcType="VARCHAR"/>
        <result property="assignee" column="ASSIGNEE_" jdbcType="VARCHAR"/>
        <result property="delegationStateString" column="DELEGATION_" jdbcType="VARCHAR"/>
        <result property="executionId" column="EXECUTION_ID_" jdbcType="VARCHAR" />
        <result property="processInstanceId" column="PROC_INST_ID_" jdbcType="VARCHAR" />
        <result property="processDefinitionId" column="PROC_DEF_ID_" jdbcType="VARCHAR"/>
        <result property="taskDefinitionKey" column="TASK_DEF_KEY_" jdbcType="VARCHAR"/>
        <result property="dueDate" column="DUE_DATE_" jdbcType="TIMESTAMP"/>
        <result property="category" column="CATEGORY_" jdbcType="VARCHAR" />
        <result property="suspensionState" column="SUSPENSION_STATE_" jdbcType="INTEGER" />
        <result property="tenantId" column="TENANT_ID_" jdbcType="VARCHAR" />
        <result property="formKey" column="FORM_KEY_" jdbcType="VARCHAR" />
        <result property="claimTime" column="CLAIM_TIME_" jdbcType="TIMESTAMP" />
        <result property="attorney" column="DELEGATE_ATTORNEY_" jdbcType="VARCHAR"/>
    </resultMap>

    <!-- 使用resultMap元素将自定义SQL查询IdentityLink的结果映射到结果集中 -->
    <resultMap id="customIdentityLinkResultMap" type="java.util.HashMap">
        <result property="processInstanceName" column="PROC_INST_NAME_" jdbcType="VARCHAR"/>
        <result property="taskName" column="TASK_NAME_" jdbcType="VARCHAR"/>
        <result property="businessKey" column="BUSINESS_KEY_" jdbcType="VARCHAR"/>
        <result property="type" column="TYPE_" jdbcType="VARCHAR" />
```

```xml
        <result property="userId" column="USER_ID_" jdbcType="VARCHAR" />
    </resultMap>

    <!-- 使用resultMap标签将自定义SQL查询ProcessInstance的结果映射到结果集中 -->
    <resultMap id="customProcessInstanceResultMap" type="java.util.HashMap">
        <id property="id" column="ID_" jdbcType="VARCHAR"/>
        <result property="processInstanceId" column="PROC_INST_ID_" jdbcType="VARCHAR"/>
        <result property="businessKey" column="BUSINESS_KEY_" jdbcType="VARCHAR"/>
        <result property="processDefinitionId" column="PROC_DEF_ID_" jdbcType="VARCHAR"/>
        <result property="name" column="NAME_" jdbcType="VARCHAR"/>
        <result property="startTime" column="START_TIME_" jdbcType="TIMESTAMP"/>
        <result property="startUserId" column="START_USER_ID_" jdbcType="VARCHAR"/>
    </resultMap>

    <!-- 使用select标签定义根据businessKey查询ProcessInstance的自定义SQL -->
    <select id="customSelectProcessInstanceByBusinessKey" parameterType="string" resultMap=
        "customProcessInstanceResultMap">
        select ID_,PROC_INST_ID_,BUSINESS_KEY_,PROC_DEF_ID_,NAME_,START_TIME_,START_USER_ID_
        from ACT_RU_EXECUTION
        where BUSINESS_KEY_ = #{businessKey}
    </select>

    <!-- 使用select标签定义根据processInstanceId查询Task的自定义SQL -->
    <select id="customSelectTasksByProcessInstanceId" parameterType="org.flowable.common.engine.
        impl.db.ListQueryParameterObject" resultMap="customTaskResultMap">
        select * from ACT_RU_TASK where PROC_INST_ID_ = #{parameter}
    </select>

    <!-- 使用select标签定义根据taskId查询IdentityLink的自定义SQL -->
    <select id="customSelectIdentityLinkByTaskId" parameterType="org.flowable.common.engine.impl.
        db.ListQueryParameterObject" resultMap="customIdentityLinkResultMap">
        select
        t1.NAME_ as PROC_INST_NAME_, t2.NAME_ as TASK_NAME_, t1.BUSINESS_KEY_, t3.TYPE_, t3.USER_ID_
        from ACT_RU_EXECUTION t1
        join ACT_RU_TASK t2 on t1.ID_ = t2.PROC_INST_ID_
        join ACT_RU_IDENTITYLINK t3 on t3.TASK_ID_ = t2.ID_
        where t3.TASK_ID_ = #{parameter}
    </select>
</mapper>
```

从以上配置中可以看出,这是一个标准的MyBatis Mapper XML文件。首先,通过resultMap标签定义了3个查询结果集映射规则——customTaskResultMap、customIdentityLinkResultMap和customProcessInstanceResultMap,然后通过select标签定义了3个查询操作——customSelectProcessInstanceByBusinessKey、customSelectTasksByProcessId和customSelectIdentityLinkByTaskId,查询结果与前面的映射规则相对应。

2)配置工作流引擎customMybatisXMLMappers属性

在工作流引擎配置中,通过customMybatisXMLMappers属性即可附加自定义的MyBatis Mapper XML文件。配置文件flowable.custom-mybatis-xml-mapper.xml中的工作流引擎定义片段如下:

```xml
<bean id="processEngineConfiguration"
    class="org.flowable.engine.impl.cfg.StandaloneProcessEngineConfiguration">
    <!-- 配置自定义MyBatis Mapper XML -->
    <property name="customMybatisXMLMappers">
        <set>
            <value>custom-mappers/CustomSqlMapper.xml</value>
        </set>
    </property>

    <!-- 此处省去其他属性配置 -->
</bean>
```

在以上配置中,加粗部分的代码使用customMybatisXMLMappers属性指定自定义的MyBatis Mapper XML文件,该属性使用Spring的set标签注入配置文件的集合。

3)使用示例

这里依然以图23.1所示的流程为例。加载该流程模型并执行相应的流程,同时采用MyBatis Mapper XML配置方式实现CustomSql查询的示例代码如下:

```java
@Slf4j
public class RunCustomSqlProcessDemo extends FlowableEngineUtil {
    @Test
    public void runCustomSqlProcessDemo() {
        //加载Flowable配置文件并初始化工作流引擎及服务
        initFlowableEngineAndServices("flowable.custom-mybatis-xml-mapper.xml");
        //部署流程
        deployResource("processes/CustomSqlProcess.bpmn20.xml");

        //启动流程
        String businessKey = UUID.randomUUID().toString();
        runtimeService.startProcessInstanceByKey("customSqlProcess", businessKey);

        //自定义命令
        Command customSqlCommand = new Command<Void>() {
            @Override
            public Void execute(CommandContext commandContext) {
                //从上下文commandContext中获取DbSqlSession对象
                DbSqlSession dbSqlSession = CommandContextUtil.getDbSqlSession(commandContext);
                //通过dbSqlSession的selectOne()方法调用自定义MyBatis
                //XML中定义的customSelectProcessInstanceByBusinessKey查询单个结果
                Map<String, String> processMap = (Map) dbSqlSession
                        .selectOne("customSelectProcessInstanceByBusinessKey", businessKey);
                log.info("流程实例信息为: {}", JSON.toJSONString(processMap));
                //通过dbSqlSession的selectList方法调用自定义MyBatis
                //XML中定义的customSelectTasksByProcessId查询结果集
                List<TaskEntity> tasks = dbSqlSession
                        .selectList("customSelectTasksByProcessInstanceId",
                                processMap.get("id"));
                log.info("流程中的待办任务个数为: {}", tasks.size());
                TaskEntity taskEntity = tasks.get(0);
                //通过dbSqlSession的selectList()方法调用自定义MyBatis
                //XML中定义的customSelectIdentityLinkByTaskId查询结果集
                List<Map> identityLinks = dbSqlSession
                        .selectList("customSelectIdentityLinkByTaskId", taskEntity.getId());
                log.info("流程任务及候选人信息为: {}", JSON.toJSONString(identityLinks));
                return null;
            }
        };
        //执行自定义命令
        managementService.executeCommand(customSqlCommand);
    }
}
```

以上代码先初始化工作流引擎并部署流程、发起流程实例，然后创建自定义命令，通过CommandContextUtil的静态方法getDbSqlSession()根据上下文参数commandContext获取DbSqlSession对象，从而通过DbSqlSession的selectOne()、selectList()方法调用自定义MyBatis Mapper XML中配置的查询，最后调用managementService的executeCommand()方法执行自定义命令。代码运行结果如下：

```
03:41:10,648 [main] INFO  RunCustomSqlProcessDemo  - 流程实例信息为: {"processInstanceId":"5",
"processDefinitionId":"CustomSqlProcess:1:4","businessKey":"29fee99b-73d2-4100-bb59-e08285fd181e",
"startTime":1688283670535,"id":"5"}
03:41:10,650 [main] INFO  RunCustomSqlProcessDemo  - 流程中的待办任务个数为: 1
03:41:10,652 [main] INFO  RunCustomSqlProcessDemo  - 流程任务及候选人信息为: [{"businessKey":"29fee99b-
73d2-4100-bb59-e08285fd181e","taskName":"数据上报","type":"candidate","userId":"liuxiaopeng"},
{"businessKey":"29fee99b-73d2-4100-bb59-e08285fd181e","taskName":"数据上报","type":"candidate",
"userId":"huhaiqin"}]
```

2. 采用MyBatis Mapper接口注解方式实现

MyBatis 3引入了利用注解实现SQL映射的机制，构建在全面而且强大的Java注解之上。注解提供了一种实现简单SQL映射语句的便捷方式，可以简化编写XML的过程。工作流引擎配置类ProcessEngineConfigurationImpl提供了customMybatisMappers属性，允许附加自定义的MyBatis注解类，工作流引擎可执行其中配置的查询。

1）创建自定义MyBatis Mapper类

创建一个MyBatis Mapper接口类，其代码如下：

```java
public interface CustomSqlMapper {
    //使用@Select注解定义根据businessKey查询ProcessInstance的自定义SQL
```

```
    @Select({"select ID_,PROC_INST_ID_,BUSINESS_KEY_,PROC_DEF_ID_,NAME_,START_TIME_," +
        "START_USER_ID_ from ACT_RU_EXECUTION where BUSINESS_KEY_ = #{businessKey}"})
    Map<String, String> customSelectProcessInstanceByBusinessKey(String businessKey);

    //使用@Select注解定义根据processInstanceId查询Task的自定义SQL
    @Select({"select ID_ as id, REV_ as revision, NAME_ as name, PARENT_TASK_ID_ as " +
        "parentTaskId, DESCRIPTION_ as description, PRIORITY_ as priority, CREATE_TIME_ " +
        "as createTime, OWNER_ as owner, ASSIGNEE_ as assignee, DELEGATION_ as " +
        "delegationStateString, EXECUTION_ID_ as executionId, PROC_INST_ID_ as " +
        "processInstanceId, PROC_DEF_ID_ as processDefinitionId, TASK_DEF_KEY_ as " +
        "taskDefinitionKey, DUE_DATE_ as dueDate, CATEGORY_ as category, " +
        "SUSPENSION_STATE_ as suspensionState, TENANT_ID_ as tenantId, FORM_KEY_ as " +
        "formKey, CLAIM_TIME_ as claimTime from ACT_RU_TASK where PROC_INST_ID_ = " +
        "#{processInstanceId}"})
    List<TaskEntityImpl> customSelectTasksByProcessId(String processInstanceId);

    //使用@Select注解定义根据taskId查询IdentityLink的自定义SQL
    @Select({"select t1.NAME_ as PROC_INST_NAME_, t2.NAME_ as TASK_NAME_, t1.BUSINESS_KEY_, " +
        "t3.TYPE_, t3.USER_ID_ from ACT_RU_EXECUTION t1 join ACT_RU_TASK t2 on t1.ID_ = " +
        "t2.PROC_INST_ID_ join ACT_RU_IDENTITYLINK t3 on t3.TASK_ID_ = t2.ID_ where " +
        "t3.TASK_ID_ = #{taskId}"})
    List<Map<String, String>> customSelectIdentityLinkByTaskId(String taskId);
}
```

从以上代码可以看出，这是一个标准的MyBatis Mapper接口类。其中，通过@Select注解实现了自定义查询SQL与查询接口方法的绑定。

2）配置工作流引擎的customMybatisMappers属性

在工作流引擎配置中，通过customMybatisMappers属性即可注册自定义的MyBatis Mapper。配置文件flowable.custom-mybatis-mapper.xml中的工作流引擎配置片段如下：

```xml
<bean id="processEngineConfiguration"
    class="org.flowable.engine.impl.cfg.StandaloneProcessEngineConfiguration">
    <!-- 配置自定义MyBatis Mapper -->
    <property name="customMybatisMappers">
        <set>
            <value>com.bpm.example.demo4.mapper.CustomSqlMapper</value>
        </set>
    </property>

    <!-- 此处省去其他属性配置 -->
</bean>
```

在以上配置中，加粗部分的代码使用customMybatisMappers属性指定了自定义的MyBatis Mapper映射类，该属性使用Spring的set标签注入映射类的集合。

3）使用示例

这里依然以图23.1所示的流程为例进行讲解。加载该流程模型并执行相应的流程，同时采用MyBatis Mapper接口注解方式实现CustomSql查询的示例代码如下：

```java
@Slf4j
public class RunCustomSqlProcessDemo extends FlowableEngineUtil {
    @Test
    public void runCustomSqlProcessDemo() {
        //加载Flowable配置文件并初始化工作流引擎及服务
        initFlowableEngineAndServices("flowable.custom-mybatis-mapper.xml");
        //部署流程
        deployResource("processes/CustomSqlProcess.bpmn20.xml");

        //启动流程
        String businessKey = UUID.randomUUID().toString();
        runtimeService.startProcessInstanceByKey("customSqlProcess", businessKey);

        //配置CustomSqlExecution调用自定义MyBatis
        //Mapper类中的customSelectProcessInstanceByBusinessKey接口进行查询
        CustomSqlExecution<CustomSqlMapper, Map<String, String>> customSqlExecution1 =
                new AbstractCustomSqlExecution<CustomSqlMapper, Map<String, String>>
                    (CustomSqlMapper.class) {
```

```java
            @Override
            public Map<String, String> execute(CustomSqlMapper customSqlMapper) {
                return customSqlMapper.customSelectProcessInstanceByBusinessKey(businessKey);
            }
        };
        Map<String, String> processMap = managementService
                .executeCustomSql(customSqlExecution1);
        log.info("流程实例信息为：{}", JSON.toJSONString(processMap));

        //配置CustomSqlExecution调用自定义MyBatis Mapper类中的customSelectTasksByProcessId接口进行查询
        CustomSqlExecution<CustomSqlMapper, List<TaskEntityImpl>> customSqlExecution2 =
                new AbstractCustomSqlExecution<CustomSqlMapper, List<TaskEntityImpl>>
                        (CustomSqlMapper.class) {
            @Override
            public List<TaskEntityImpl> execute(CustomSqlMapper customSqlMapper) {
                return customSqlMapper.customSelectTasksByProcessId(processMap.get("ID_"));
            }
        };
        List<TaskEntityImpl> tasks = managementService.executeCustomSql(customSqlExecution2);
        log.info("流程中的待办任务个数有：{}", tasks.size());
        TaskEntity task = tasks.get(0);

        //配置CustomSqlExecution调用自定义MyBatis Mapper类中的customSelectIdentityLinkByTaskId接口进行查询
        CustomSqlExecution<CustomSqlMapper, List<Map<String, String>>> customSqlExecution3 =
                new AbstractCustomSqlExecution<CustomSqlMapper, List<Map<String, String>>>
                        (CustomSqlMapper.class) {
            @Override
            public List<Map<String, String>> execute(CustomSqlMapper customSqlMapper) {
                return customSqlMapper.customSelectIdentityLinkByTaskId(task.getId());
            }
        };
        List<Map<String, String>> identityLinks = managementService.executeCustomSql
                (customSqlExecution3);
        log.info("流程任务及候选人信息为：{}", JSON.toJSONString(identityLinks));
    }
}
```

以上代码先初始化工作流引擎并部署流程、发起流程实例；然后创建不同的CustomSqlExecution实体类分别调用自定义MyBatis Mapper接口类中的查询方法，这种实体类是一个封装类，隐藏了工作流引擎内部实现所需执行的信息；最后通过调用managementService的executeCustomSql()方法传入CustomSqlExecution实体执行对应的查询操作。代码运行结果如下：

```
04:12:11,281 [main] INFO    RunCustomSqlProcessDemo    - 流程实例信息为：{"PROC_INST_ID_":"5",
"BUSINESS_KEY_":"ee5118d7-7aa1-4329-8d12-0812c037a26a","ID_":"5","PROC_DEF_ID_":"CustomSqlProcess:1:
4","START_TIME_":1688285531164}
04:12:11,284 [main] INFO    RunCustomSqlProcessDemo    - 流程中的待办任务个数有：1
04:12:11,286 [main] INFO    RunCustomSqlProcessDemo    - 流程任务及候选人信息为：[{"BUSINESS_KEY_":"ee5118d7-
7aa1-4329-8d12-0812c037a26a","USER_ID_":"liuxiaopeng","TYPE_":"candidate","TASK_NAME_":"数据上报"},
{"BUSINESS_KEY_":"ee5118d7-7aa1-4329-8d12-0812c037a26a","USER_ID_":"huhaiqin","TYPE_":"candidate",
"TASK_NAME_":"数据上报"}]
```

23.4 本章小结

本章介绍了3种自定义扩展Flowable的方式：通过自定义Flowable身份管理引擎，使用读者自己的应用系统或第三方的用户认证、授权等机制，从而支持多样化的用户模式；通过适配国产数据库，实现Flowable对国产数据库的支持，从而在要求自主可控、加强信息安全建设的场景中投入使用；通过自定义查询（NativeSql查询和由MyBatis Mapper XML配置或MyBatis Mapper接口注解实现的CustomSql查询），实现各类复杂场景的查询。以上3种自定义扩展方式，读者可以根据实际情况自行选用。

第 24 章
Flowable自定义扩展（三）

本章将介绍4种扩展Flowable的方法：自定义流程活动；更换默认的Flowable流程定义缓存；手动创建定时器任务；自定义业务日历。这4种扩展方法在Flowable实战中经常使用。

24.1 自定义流程活动

BPMN 2.0中提供了一系列流程元素，包括各种事件、网关和任务等，不同的流程元素具有不同的特性。如果BPMN 2.0提供的默认流程元素均不能满足流程需求，该如何处理呢？第12章介绍过Flowable通过服务任务扩展了邮件任务、Web Service任务、Camel任务、Mule任务、Shell任务等一系列任务。本节将介绍一种扩展方案，基于服务任务自定义满足特殊流程需求的流程元素，并基于服务任务扩展出执行给ActiveMQ发送消息的"Mq任务"，它使用serviceTask元素定义。为了与服务任务相区分，Mq任务将其type属性设置为mq。Mq任务的定义格式如下：

```
<serviceTask id="mqTask1" name="Mq任务" flowable:type="mq" />
```

为了给指定的ActiveMQ服务发送消息，自定义Mq任务可以通过属性注入的方式配置各种属性，这些属性的值可以使用UEL表达式，并将在流程执行时进行解析。这里自定义的Mq任务可配置如表24.1所示的属性。

表24.1 自定义Mq任务可配置属性

属性	是否必需	描述
brokerURL	是	ActiveMQ服务器地址
activeQueue	是	消息队列名称
messageText	是	消息内容
ignoreException	否	是否忽略请求异常，可选值包括true、false

下面将介绍如何自定义具备以上特性的Mq任务。

24.1.1 流程定义XML文件解析原理

流程定义XML文件需要被解析为Flowable内部模型，才能在Flowable引擎中运行。对于每个流程，BpmnParser类都会创建一个新的BpmnParse实例，这个实例会作为解析过程中的容器来使用。Flowable通过BpmnParse解析BPMN 2.0 XML流程定义文件，它是解析的核心类，从根节点开始解析，依次对标准BPMN 2.0元素进行解析。

对于每个BPMN 2.0元素，其解析过程都包括定位流程文档、初始化元素解析器、加载自定义元素解析器、查找元素解析器、解析所需元素及属性，以及将其封装为工作流引擎中的实体对象等内容。对于每种元素，工作流引擎中都会存在一个对应的org.flowable.engine.parse.BpmnParseHandler实例解析器，在解析各个元素时判断其类型，如果元素是"活动"类型（包括Task、Gateway等），则会为活动设置相应的ActivityBehavior；如果流程定义文件中定义了额外属性，Flowable会自动利用反射机制将其注入ActivityBehavior。

24.1.2 自定义Mq任务的实现

此次基于服务任务改造自定义的Mq任务，遵循了24.1.1小节中介绍的流程定义解析过程和原则，并结合了Flowable工作流引擎的机制和扩展点实现。

1．自定义活动行为类

22.3节中介绍过，在Flowable中每个BPMN 2.0流程活动都对应一个活动行为类，它决定了该流程活动的执行逻辑和流程实例的后续走向。这里自定义的Mq任务要实现给ActiveMQ服务发送消息,可以在自定义活动行为类中实现。自定义Mq任务的活动行为类内容如下:

```java
public class MqTaskActivityBehavior extends AbstractBpmnActivityBehavior {

    private static final long serialVersionUID = 1L;
    //ActiveMQ服务器地址
    protected Expression brokerURL;
    //队列名称
    protected Expression activeQueue;
    //消息内容
    protected Expression messageText;
    //是否忽略异常
    protected Expression ignoreException;

    @Override
    public void execute(DelegateExecution execution) {
        //获取各属性的值
        String brokerURLStr = getStringFromField(brokerURL, execution);
        String activeQueueStr = getStringFromField(activeQueue, execution);
        String messageTextStr = getStringFromField(messageText, execution);
        String ignoreExceptionStr = getStringFromField(ignoreException, execution);
        //执行发送mq消息
        executeJmsProduce(execution, brokerURLStr, activeQueueStr, messageTextStr,
                ignoreExceptionStr);
        //离开当前节点
        leave(execution);
    }

    private void executeJmsProduce(DelegateExecution execution, String brokerURLStr,
        String activeQueueStr, String messageTextStr,
        String ignoreExceptionStr) {
        try {
            //创建连接工厂
            ActiveMQConnectionFactory activeMQConnectionFactory =
                    new ActiveMQConnectionFactory(brokerURLStr);
            //获得连接
            Connection connection = activeMQConnectionFactory.createConnection();
            //启动访问
            connection.start();
            //创建会话
            Session session = connection.createSession(false, Session.AUTO_ACKNOWLEDGE);
            //创建队列
            Queue queue = session.createQueue(activeQueueStr);
            //创建消息的生产者
            MessageProducer producer = session.createProducer(queue);
            //创建消息
            TextMessage textMessage = session.createTextMessage(messageTextStr);
            //发送消息
            producer.send(textMessage);
            producer.close();
            session.close();
            connection.close();
        } catch (JMSException e) {
            //抛出流程异常
            if (!"true".equals(ignoreExceptionStr)) {
                BpmnError error = new BpmnError("mqTaskError", e.getMessage());
                ErrorPropagation.propagateError(error, execution);
            }
        }
    }

    //查询表达式的值
    private String getStringFromField(Expression expression, DelegateExecution execution) {
        if (expression != null) {
            Object value = expression.getValue(execution);
            if (value != null) {
                return value.toString();
            }
        }
```

```
        }
        return null;
    }
}
```

在以上代码中，自定义活动行为类继承了AbstractBpmnActivityBehavior类，并重写了其execute()方法。execute()方法先获取了注入的各属性的值，然后将其作为参数值传入executeJmsProduce()方法以便给ActiveMQ服务发送消息，最后调用leave()方法离开当前活动使流程继续向下流转。

executeJmsProduce()方法中使用ActiveMQ提供的API来完成消息的发送，参数来自于Mq任务中配置的属性值。如果执行过程中出现异常，且ignoreException属性值为false，则抛出BPMN错误。

2. 自定义活动行为工厂类

Flowable将所有活动行为类的创建工作都交给活动行为工厂类来完成，默认的活动行为工厂类为org.flowable.engine.impl.bpmn.parser.factory.DefaultActivityBehaviorFactory，它实现了org.flowable.engine.impl.bpmn.parser.factory.ActivityBehaviorFactory接口并且继承了org.flowable.engine.impl.bpmn.parser.factory.AbstractBehaviorFactory类。所有活动行为类的创建都需要在ActivityBehaviorFactory接口中进行，以便集中管理和对抽象工厂类进行维护。遵循该原则，自定义Mq任务的活动行为类也需要由活动行为工厂类创建，这里采用继承DefaultActivityBehaviorFactory类并实现自定义Mq任务活动行为类的创建方法。自定义Mq任务活动行为工厂类的代码如下：

```
public class CustomActivityBehaviorFactory extends DefaultActivityBehaviorFactory {
    //创建自定义ActivityBehavior
    public MqTaskActivityBehavior createMqActivityBehavior(ServiceTask serviceTask){
        List<FieldDeclaration> fieldDeclarations = super
                .createFieldDeclarations(serviceTask.getFieldExtensions());
        return (MqTaskActivityBehavior) ClassDelegate.defaultInstantiateDelegate(
                MqTaskActivityBehavior.class, fieldDeclarations);
    }
}
```

以上代码定义了createMqActivityBehavior(ServiceTask serviceTask)方法。它先将FieldExtension类型的集合转化为FieldDeclaration类型的集合（flowable:filed元素），然后调用ClassDelegate代理类的defaultInstantiateDelegate()方法实例化了一个MqTaskActivityBehavior对象，并通过反射为其属性赋值。

3. 自定义元素解析处理器

Flowable通过元素解析处理器将各元素解析为引擎识别的对象。例如，服务任务对应的元素解析处理器为org.flowable.engine.impl.bpmn.parser.handler.ServiceTaskParseHandler，它提供的executeParse()方法会根据ServiceTask的类型设置对应的活动行为类。

自定义Mq任务解析处理器的代码如下：

```
public class CustomServiceTaskParseHandler extends ServiceTaskParseHandler {
    @Override
    protected void executeParse(BpmnParse bpmnParse, ServiceTask serviceTask) {
        if (StringUtils.isNotEmpty(serviceTask.getType())) {
            if (serviceTask.getType().equalsIgnoreCase("mq")) {
                serviceTask.setBehavior(((CustomActivityBehaviorFactory)bpmnParse
                        .getActivityBehaviorFactory()).createMqActivityBehavior(serviceTask));
            }
        }
        super.executeParse(bpmnParse, serviceTask);
    }
}
```

以上代码继承了ServiceTaskParseHandler类，重写了其executeParse()方法。executeParse()方法先判断服务任务的类型：如果类型为mq，则表示其为自定义Mq任务，因此通过自定义活动工厂CustomActivityBehaviorFactory创建自定义活动行为类，并设置为Mq任务的活动行为类。

4. 自定义元素校验器

前面22.5节中提到，Flowable工作流引擎为各类流程元素及配置提供了一系列默认校验规则，如服务任务的校验器为org.flowable.validation.validator.impl.ServiceTaskValidator。在ServiceTaskValidator中校验时会先判断任务的类型，如果类型不为external-worker、send-event、dmn、case、http、mail、mule、camel或shell，

则会抛出flowable-servicetask-invalid-type错误，错误内容为Invalid or unsupported service task type。要想使自定义mq类型通过校验，需要扩展校验器。自定义Mq任务校验器内容如下：

```java
public class CustomServiceTaskValidator extends ServiceTaskValidator {
    //校验服务任务
    @Override
    protected void verifyType(Process process, ServiceTask serviceTask,
            List<ValidationError> errors) {
        if (StringUtils.isNotEmpty(serviceTask.getType())) {
            if (serviceTask.getType().equalsIgnoreCase("mq")) {
                validateFieldDeclarationsForMq(process, serviceTask,
                        serviceTask.getFieldExtensions(), errors);
            } else {
                super.verifyType(process, serviceTask, errors);
            }
        }
    }

    //校验MqTask类型的服务任务
    private void validateFieldDeclarationsForMq(Process process,
            TaskWithFieldExtensions task,
            List<FieldExtension> fieldExtensions,
            List<ValidationError> errors) {
        boolean brokerURLDefined = false;
        boolean activeQueueDefined = false;
        boolean messageTextDefined = false;

        for (FieldExtension fieldExtension : fieldExtensions) {
            if (fieldExtension.getFieldName().equals("brokerURL")) {
                brokerURLDefined = true;
            }
            if (fieldExtension.getFieldName().equals("activeQueue")) {
                activeQueueDefined = true;
            }
            if (fieldExtension.getFieldName().equals("messageText")) {
                messageTextDefined = true;
            }
        }
        if (!brokerURLDefined) {
            addError(errors, "flowable-mqtask-no-brokerURL", process, task,
                    "Mq节点没有配置brokerURL属性");
        }
        if (!activeQueueDefined) {
            addError(errors, "flowable-mqtask-no-activeQueue", process, task,
                    "Mq节点没有配置activeQueue属性");
        }
        if (!messageTextDefined) {
            addError(errors, "flowable-mqtask-no-messageText", process, task,
                    "Mq节点没有配置messageText属性");
        }
    }
}
```

以上代码继承了ServiceTaskValidator类，重写了其verifyType()方法。verifyType()方法先判断服务任务的类型：如果类型为mq，则执行validateFieldDeclarationsForMq()方法进行校验；如果为其他类型，则执行父类的verifyType()方法进行Flowable的默认校验。

在validateFieldDeclarationsForMq()方法中，会判断自定义的Mq任务是否配置了brokerURL、activeQueue和messageText属性，如果未配置，则抛出错误。

5. 自定义流程校验器工厂类

要使自定义元素校验器生效，需要将其注册到流程校验器中。Flowable中的流程校验器由流程校验器工厂org.flowable.validation.ProcessValidatorFactory创建。这里选择创建自定义流程校验器工厂类，其代码如下：

```java
public class CustomProcessValidatorFactory extends ProcessValidatorFactory {

    @Override
    public ProcessValidator createDefaultProcessValidator() {
```

```
        //初始化流程校验器
        ProcessValidatorImpl processValidator = new ProcessValidatorImpl();
        //获取Flowable默认流程元素校验器
        ValidatorSet validatorSet = new ValidatorSetFactory()
                .createFlowableExecutableProcessValidatorSet();
        //移除ServiceTask的默认校验器
        validatorSet.removeValidator(ServiceTaskValidator.class);
        //加入自定义的校验器
        validatorSet.addValidator(new CustomServiceTaskValidator());
        processValidator.addValidatorSet(validatorSet);
        return processValidator;
    }
}
```

以上方法继承了ProcessValidatorFactory类,重写了createDefaultProcessValidator()方法。createDefaultProcessValidator()方法先创建了一个ProcessValidatorImpl对象,然后获取其默认ValidatorSet,并从中移除服务任务默认的校验器,加入自定义校验器,最后将其添加到ProcessValidatorImpl对象中的validatorSets集合中。ProcessValidatorImpl进行模型校验时,遍历该集合,再遍历validatorSet中的Validator实现,对BpmnModel模型进行校验,并将校验错误添加到List<ValidationError>集合中,遍历结束返回ValidationError结果集。

6. 在工作流引擎中配置

将前面自定义的内容注册到工作流引擎中,工作流引擎配置文件flowable.mqtask.xml中的内容如下:

```xml
<beans>
    <!--数据源配置-->
    <bean id="dataSource" class="org.apache.commons.dbcp.BasicDataSource">
        <property name="driverClassName" value="org.h2.Driver"/>
        <property name="url" value="jdbc:h2:mem:flowable"/>
        <property name="username" value="sa"/>
        <property name="password" value=""/>
    </bean>

    <!-- 自定义ActivityBehaviorFactory -->
    <bean id="customActivityBehaviorFactory" class="com.bpm.example.demo1.bpmn.parser.factory.
        CustomActivityBehaviorFactory" />
    <!-- 自定义流程元素TaskParseHandler -->
    <bean id="customServiceTaskParseHandler" class="com.bpm.example.demo1.bpmn.parser.handler.
        CustomServiceTaskParseHandler" />
    <!-- 自定义ProcessValidatorFactory -->
    <bean id ="customProcessValidatorFactory" class="com.bpm.example.demo1.validation.
        CustomProcessValidatorFactory"/>
    <!-- 自定义ProcessValidator -->
    <bean id="processValidator" class="org.flowable.validation.ProcessValidatorImpl" factory-bean=
        "customProcessValidatorFactory" factory-method="createDefaultProcessValidator"/>

    <!--Flowable工作流引擎-->
    <bean id="processEngineConfiguration"
        class="org.flowable.engine.impl.cfg.StandaloneProcessEngineConfiguration">
        <!-- 数据源 -->
        <property name="dataSource" ref="dataSource"/>
        <!-- 数据库更新策略 -->
        <property name="databaseSchemaUpdate" value="create-drop"/>
        <!-- 配置customDefaultBpmnParseHandlers -->
        <property name="customDefaultBpmnParseHandlers" >
            <list>
                <ref bean="customServiceTaskParseHandler"/>
            </list>
        </property>
        <!-- 配置自定义ActivityBehaviorFactory -->
        <property name="activityBehaviorFactory" ref="customActivityBehaviorFactory"/>
        <!-- 配置自定义ProcessValidator -->
        <property name="processValidator" ref="processValidator"/>
    </bean>
</beans>
```

以上配置文件中略去了命名空间,完整内容可参看本书配套资源。在以上配置中,首先定义了自定义活动行为工厂类customActivityBehaviorFactory、自定义元素解析处理器customServiceTaskParseHandler和自定义流程校验器工厂类customProcessValidatorFactory，然后定义了流程校验器processValidator（通过调用自定义流程校验器工具类customProcessValidatorFactory的createDefaultProcessValidator()方法创建）。在工作流引擎配置中，通过customDefaultBpmnParseHandlers属性引用了自定义元素解析处理器，通过activityBehaviorFactory属性引用了自定义活动行为工厂类，通过processValidator属性引用了流程校验器，从而能在Flowable中使用工作流引擎中的自定义Mq任务。

24.1.3 使用示例

下面看一个Mq任务的使用示例，如图24.1所示。"发送注册信息"服务任务为Mq任务，它会给ActiveMQ服务发送消息。

图24.1 自定义Mq任务示例流程

该流程对应的XML内容如下：

```xml
<process id="mqTaskProcess" name="自定义Mq任务示例流程" isExecutable="true">
    <startEvent id="startEvent1"/>
    <userTask id="userTask1" name="用户注册"/>
    <serviceTask id="serviceTask1" name="发送注册信息" flowable:type="mq">
        <extensionElements>
            <flowable:field name="brokerURL" stringValue="tcp://localhost:61616"/>
            <flowable:field name="activeQueue" stringValue="userRegisterQueue"/>
            <flowable:field name="messageText">
                <flowable:expression>
                    <![CDATA[{"userName":"${userName}","realName":"${realName}","registerAddress":
                        "${registerAddress}","registerTime":"${registerTime}"}]]>
                </flowable:expression>
            </flowable:field>
            <flowable:field name="ignoreException" stringValue="false"/>
        </extensionElements>
    </serviceTask>
    <sequenceFlow id="seqFlow1" sourceRef="startEvent1" targetRef="userTask1"/>
    <sequenceFlow id="seqFlow2" sourceRef="userTask1" targetRef="serviceTask1"/>
    <sequenceFlow id="seqFlow3" sourceRef="serviceTask1" targetRef="endEvent1"/>
    <endEvent id="endEvent1"/>
</process>
```

在以上流程定义中，服务任务serviceTask1的flowable:type属性值为mq，表示它是一个Mq任务。它配置了brokerURL、activeQueue、messageText和ignoreException属性。

加载该流程模型并执行相应流程控制的示例代码如下：

```java
@Slf4j
public class RunMqTaskDemo extends FlowableEngineUtil {

    SimpleDateFormat sdf = new SimpleDateFormat("yyyy-MM-dd HH:mm:ss");

    @Test
    public void runMqTaskDemo() throws Exception {
        //加载Flowable配置文件并初始化工作流引擎及服务
        initFlowableEngineAndServices("flowable.mqtask.xml");
        //部署流程
        deployResource("processes/RestMqTaskProcess.bpmn20.xml");

        //设置流程变量
        Map<String, Object> varMap = ImmutableMap.of("userName", "hebo",
                "realName", "贺波", "registerAddress", "北京",
                "registerTime", sdf.format(new Date()));
        //启动流程
        ProcessInstance procInst = runtimeService
                .startProcessInstanceByKey("mqTaskProcess", varMap);
        //查询第一个任务
```

```java
        Task task = taskService.createTaskQuery().processInstanceId(procInst.getId())
                .singleResult();
        //办理第一个任务
        taskService.complete(task.getId());

        //从ActiveMQ服务查询消息
        fetchActiveMQMessage();
    }
    private void fetchActiveMQMessage() throws Exception {
        //创建连接工厂
        ActiveMQConnectionFactory activeMQConnectionFactory =
                new ActiveMQConnectionFactory("tcp://localhost:61616");
        //获得连接
        Connection connection = activeMQConnectionFactory.createConnection();
        //启动访问
        connection.start();
        while (true) {
            //创建会话
            Session session = connection.createSession(false, Session.AUTO_ACKNOWLEDGE);
            //创建队列
            Destination destination = session.createQueue("userRegisterQueue");
            //创建消费者
            MessageConsumer consumer = session.createConsumer(destination);
            //读取消息
            TextMessage message = (TextMessage) consumer.receive();
            String text = message.getText();
            log.info("用户注册成功,注册信息为: {}", text);
            consumer.close();
            session.close();
        }
    }
}
```

以上代码先初始化工作流引擎并部署流程,然后初始化流程变量userName、realName、registerAddress和registerTime并发起流程,查询并办理第一个用户任务,最后从ActiveMQ服务查询消息并打印出来。以上代码运行结果如下:

```
08:16:29,038 [main] INFO  RunMqTaskDemo   - 用户注册成功,注册信息为: {"userName":"hebo","realName":"贺波","registerAddress":"北京","registerTime":"2023-07-08 20:16:28"}
```

从代码运行结果可知,从ActiveMQ服务中查询到了存储用户注册信息的消息,它是由Mq节点发出的。

24.2 更换默认Flowable流程定义缓存

缓存广泛应用于各类应用系统,用于存储相应数据,避免了数据的重复创建、处理和传输,有效提高了系统性能。本节将介绍Flowable中的流程定义缓存架构,并使用Redis和Caffeine这些成熟的第三方缓存组件构建两级缓存来替换Flowable默认的流程缓存,从而提高工作流引擎的性能。

24.2.1 Flowable流程定义缓存的用途

所谓缓存,就是将程序或系统经常要调用的对象存储在内存中,以便快速调用,而不必再从数据库(或者其他存储介质)中获取数据或创建新的重复的实例。这样可以减少系统开销,提高系统效率。

一般来说,在应用程序中缓存数据有以下好处:
- 减少交互的通信量,使缓存数据能有效减少进程与机器间的传输量;
- 降低系统中的处理量,减少处理次数;
- 减少磁盘访问次数,如缓存在内存中的数据。

因此,Flowable工作流引擎在设计中也广泛地使用了缓存。在18.3.1小节的流程模型部署代码走读中会发现,流程模型被部署之后,流程定义对象会存放在缓存中,使得在流程的发起、推进过程中频繁地获取流程定义信息时,只需从缓存直接读取该对象,而无须反复从数据库中查询、解析和转换,从而大大提高工作流引擎的运转效率。

在Flowable核心配置类ProcessEngineConfigurationImpl中,我们可以看到以下代码片段:

```
protected int processDefinitionCacheLimit = -1;
protected DeploymentCache<ProcessDefinitionCacheEntry> processDefinitionCache;

protected int processDefinitionInfoCacheLimit = -1;
protected DeploymentCache<ProcessDefinitionInfoCacheObject> processDefinitionInfoCache;

protected int knowledgeBaseCacheLimit = -1;
protected DeploymentCache<Object> knowledgeBaseCache;
```

以上代码列举了Flowable中的3种缓存，如流程定义缓存processDefinitionCache、流程定义信息缓存processDefinitionInfoCache和知识库缓存knowledgeBaseCache。以流程定义缓存为例，processDefinitionCache为存储流程定义缓存数据的容器，processDefinitionCacheLimit通过最近最少使用（Least Recently Used，LRU）算法控制缓存的容量。

Flowable中默认的流程定义缓存实现类为org.flowable.common.engine.impl.persistence.deploy.DefaultDeploymentCache，它的核心逻辑是基于LinkedHashMap，重写其removeEldestEntry()方法实现LRU缓存移除算法。每次流程部署时都会将流程定义的数据加入缓存，每次流程启动时都会尝试从缓存中获取数据。如果缓存中存在该数据，则直接返回数据，否则就从数据库中加载数据并放入缓存以供下次使用。

24.2.2 自定义Flowable流程定义缓存

本小节将介绍使用自定义Flowable流程定义缓存替代默认的流程定义缓存，有效地提高查询效率。目标是建立两级缓存：第一级缓存为使用Redis存储，Redis是一款高性能的内存数据库，它支持缓存数据的持久化和分布式部署，可以提供可靠和高效的缓存方案；第二级缓存使用Caffeine存储，Caffeine是一个基于Java 8开发的，提供了近乎最佳命中率的高性能的本地缓存库。不同于传统意义上的两级缓存，这里只有当第一级Redis缓存失效时，才会启用第二级Caffeine缓存。

1．Redis与Caffeine简介

Redis是一个使用ANSI C语言编写的高性能键值对数据库，完全开源免费，遵循BSD协议。Redis具有以下优势和特点。

- 性能高：Redis读取速度为每秒110 000次，写速度为每秒81 000次。
- 原子性：Redis的所有操作都是原子性的，即要么成功执行，要么失败完全不执行。
- 丰富的数据类型：Redis的值由string（字符串）、hash（哈希）、list（列表）、set（集合）、zset（有序集合）、bitmap（位图）和GEO（地理信息定位）等多种数据结构和算法组成。
- 持久化：Redis支持数据持久化，提供了RDB和AOF两种持久化方式，可以将内存中的数据保存在磁盘中，重启时直接加载使用。
- 客户端语言多：支持Redis的客户端语言非常多，如Java、PHP、Python、C、C++和Node.js等。
- 丰富的功能：Redis支持publish/subscribe、通知和key过期等特性。
- 主从复制：Redis提供了复制（replication）功能，用于自动实现多台Redis服务器的数据同步。

Caffeine是基于Java 8的高性能缓存库，它参考Google Guava的API重写缓存框架，基于LRU算法实现，支持多种缓存过期策略。Spring Boot 1.x版本中的默认本地缓存为Guava Cache，在Spring5(Spring Boot 2.x)后，Spring官方放弃了Guava Cache作为缓存机制，而是使用性能更优秀的Caffeine作为默认缓存组件。

2．Redis、Caffeine与Spring的整合

1）Redis与Spring整合

Spring很好地封装了与Redis的整合，这里使用Spring Data Redis和Jedis操作Redis，需要在项目的pom.xml文件中加入相关的JAR依赖，内容如下：

```
<dependency>
    <groupId>redis.clients</groupId>
    <artifactId>jedis</artifactId>
    <version>3.1.0</version>
</dependency>
<dependency>
    <groupId>org.springframework.data</groupId>
    <artifactId>spring-data-redis</artifactId>
    <version>2.3.4.RELEASE</version>
</dependency>
```

在Spring的XML配置文件中可配置Redis的连接池,并按照Spring的规范定义RedisTemplate,配置文件的片段如下:

```xml
<!-- Jedis连接池配置 -->
<bean id="jedisPoolConfig" class="redis.clients.jedis.JedisPoolConfig">
    <!-- 连接池中最大空闲的连接数 -->
    <property name="maxIdle" value="300" />
    <!-- 连接池中最大连接数 -->
    <property name="maxTotal" value="600" />
    <!--创建实例时最长等待时间-->
    <property name="maxWaitMillis" value="1000" />
    <!--创建实例时是否验证-->
    <property name="testOnBorrow" value="true" />
</bean>

<!--spring-data-redis2.0以上的配置-->
<bean id="redisStandaloneConfiguration" class="org.springframework.data.redis.connection.
    RedisStandaloneConfiguration">
    <!-- IP地址 -->
    <property name="hostName" value="127.0.0.1"/>
    <!-- 端口号 -->
    <property name="port" value="6379"/>
</bean>

<!-- Spring-Redis连接池管理工厂 -->
<bean id="jedisConnectionFactory" class="org.springframework.data.redis.connection.jedis.
    JedisConnectionFactory">
    <constructor-arg name="standaloneConfig" ref="redisStandaloneConfiguration"/>
</bean>

<!-- 配置RedisTemplate模板工具 -->
<bean id="redisTemplate" class="org.springframework.data.redis.core.RedisTemplate">
    <property name="connectionFactory" ref="jedisConnectionFactory"/>
    <property name="keySerializer">
        <bean class="org.springframework.data.redis.serializer.StringRedisSerializer"/>
    </property>
    <property name="valueSerializer">
        <bean class="org.springframework.data.redis.serializer.JdkSerializationRedisSerializer"/>
    </property>
    <property name="hashKeySerializer">
        <bean class="org.springframework.data.redis.serializer.StringRedisSerializer"/>
    </property>
    <property name="hashValueSerializer">
        <bean class="org.springframework.data.redis.serializer.JdkSerializationRedisSerializer"/>
    </property>
    <!--开启事务  -->
    <property name="enableTransactionSupport" value="true"/>
</bean>
```

以上配置文件配置了Jedis连接池jedisPoolConfig、Redis标准配置redisStandaloneConfiguration、Spring-Redis连接池工厂jedisConnectionFactory和RedisTemplate模板工具redisTemplate。其中,JedisPoolConfig用于配置JedisPool连接池,以节省Redis初始化连接资源;RedisTemplate是Spring Data Redis中用于操作Redis的操作模板,可以对Redis进行序列化操作;JedisConnectionFactory在Spring Data Redis中用于管理连接池。

配置好Redis连接后,接下来编写自定义Redis操作工具类,代码如下:

```java
public final class RedisClient {
    @Setter
    private RedisTemplate<String, Object> redisTemplate;

    /**
     * 判断key是否存在
     * @param key 键
     * @return true 存在 false不存在
     */
    public boolean hasKey(String key) {
        return redisTemplate.hasKey(key);
    }
```

```java
/**
 * 删除缓存
 * @param key 可以传一个或多个值
 */
@SuppressWarnings("unchecked")
public void del(String... key) {
    if (key != null && key.length > 0) {
        if (key.length == 1) {
            redisTemplate.delete(key[0]);
        } else {
            List<String> keys = (List<String>)CollectionUtils.arrayToList(key);
            redisTemplate.delete(keys);
        }
    }
}

/**
 * 普通缓存获取
 * @param key 键
 * @return 值
 */
public Object get(String key) {
    return key == null ? null : redisTemplate.opsForValue().get(key);
}

/**
 * 普通缓存放入
 * @param key 键
 * @param value 值
 * @return true成功 false失败
 */
public void set(String key, Object value) {
    redisTemplate.opsForValue().set(key, value);
}

/**
 * 普通缓存放入并设置时间
 * @param key 键
 * @param value 值
 * @param time 时间(秒) time要大于0，如果time小于或等于0，则将设置无限期
 * @return true成功 false 失败
 */
public void set(String key, Object value, long time) {
    if (time > 0) {
        redisTemplate.opsForValue().set(key, value, time, TimeUnit.SECONDS);
    } else {
        set(key, value);
    }
}

/**
 * 获取redis中以某些字符串为前缀的key列表
 * @param pattern
 * @return
 */
public Set keys(String pattern) {
    return redisTemplate.keys(pattern);
}

/**
 * 获取redis中以某些字符串为前缀的key的缓存对象
 * @param pattern 匹配规则
 * @return
 */
public List<Object> multiGet(String pattern) {
    Set keys = this.keys(pattern);
    if (!CollectionUtils.isEmpty(keys)) {
        return redisTemplate.opsForValue().multiGet(keys);
```

```
        }
        return null;
    }
}
```

在以上代码中注入了RedisTemplate模板工具类，对于Redis的操作都由该工具类完成。自定义Redis操作工具类中一共有7个方法：

- hasKey(String key)，用于判断Redis中是否存在指定的key；
- del(String... key)，用于删除Redis中已存在的key，不存在的key会被忽略；
- get(String key)，用于从Redis中获取指定key的值，如果key不存在，则返回null；
- set(String key, Object value)，为指定的key设置值，如果key已经存在，则会替换旧值；
- set(String key, Object value, long time)，为指定的key设置值及其过期时间，如果key已经存在，则会替换旧值；
- keys(String pattern)，模糊匹配以pattern为前缀的key，获取Redis中的key列表；
- multiGet(String pattern)，模糊匹配以pattern为前缀的key，获取Redis中的缓存对象。

为了在Spring中使用该自定义Redis操作工具类，需要将其在配置文件中做如下定义：

```xml
<!-- 配置Redis客户端工具类 -->
<bean id="redisClient" class="com.bpm.example.demo2.util.RedisClient">
    <property name="redisTemplate" ref="redisTemplate"/>
</bean>
```

2）Caffeine与Spring整合

要使用Caffeine，需要在项目的pom.xml文件中加入相关的JAR依赖，内容如下：

```xml
<dependency>
    <groupId>com.github.ben-manes.caffeine</groupId>
    <artifactId>caffeine</artifactId>
    <version>2.9.0</version>
</dependency>
```

Spring提供了CaffeineCacheManager作为Caffeine的缓存管理器，它在Spring XML配置文件中配置如下：

```xml
<bean id="caffeineCacheManager" class="org.springframework.cache.caffeine.CaffeineCacheManager">
    <!-- 配置缓存参数，最大缓存数1000，超时时间10分钟 -->
    <property name="cacheSpecification" value="maximumSize=1000,expireAfterWrite=10m"/>
    <!-- 不缓存空值 -->
    <property name="allowNullValues" value="false"/>
</bean>
```

3. 更换自定义Flowable流程缓存

在Flowable 6.x中，流程定义缓存对象为org.flowable.engine.impl.persistence.deploy.ProcessDefinitionCacheEntry，它定义了3个成员变量：

```java
protected ProcessDefinition processDefinition;
protected BpmnModel bpmnModel;
protected Process process;
```

其中，BpmnModel、Process都未实现序列化接口，同时还有很多它们的子元素也没有实现Serializable接口，因此均无法使用spring-data-redis提供的JdkSerializationRedisSerializer等工具实现序列化。这里采用Javassist在运行期间动态为这些类实现Serializable接口。

1）借助Javassist动态实现Serializable接口

通过Javassist动态实现Serializable接口的工具类内容如下：

```java
@Data
public class FlowableSerializable {
    //需要动态序列化的类
    List<String> serializableFlowableClassList;

    public void execute() throws Exception {
        //创建一个ClassPool对象，并指定Jar包的路径
        ClassPool classPool = ClassPool.getDefault();
        classPool.insertClassPath(new LoaderClassPath(FlowableSerializable.class
            .getClassLoader()));
```

```
        for(String serializableFlowableClass : serializableFlowableClassList) {
            //获取需要动态修改的类
            CtClass ctClass = classPool.get(serializableFlowableClass);
            //动态添加实现Serializable
            ctClass.addInterface(classPool.get("java.io.Serializable"));
            //如果该类不是接口，则动态添加serialVersionUID属性
            if (!ctClass.isInterface()) {
                CtField field = CtField
                        .make("private static final long serialVersionUID = 1L;", ctClass);
                ctClass.addField(field);
            }
            //将CtClass实例转换为Java类并实际加载到当前线程的ClassLoader中
            ctClass.toClass();
        }
        //引入CommandContextUtil类
        classPool.importPackage("org.flowable.engine.impl.util.CommandContextUtil");
        CtClass ctClass = classPool
                .get("org.flowable.common.engine.impl.el.JuelExpression");
        //在JuelExpression类的expressionManager属性前加上transient关键字
        ctClass.getField("expressionManager").setModifiers(Modifier.TRANSIENT);
        //在JuelExpression类的getValue、setValue中添加从工作流引擎中获取的expressionManager
        CtMethod[] methods = ctClass.getMethods();
        for (CtMethod method : methods) {
            if (method.getName().equals("getValue") || method.getName().equals("setValue")) {
                method.insertBefore("expressionManager = CommandContextUtil.getProcessEngineConfigu
                    ration().getExpressionManager();");
            }
        }
        ctClass.toClass();
    }
}
```

在以上代码中，execute()方法通过Javassist首先遍历serializableFlowableClassList指定的类做以下操作：通过Javassist获取后，动态实现Serializable接口，判断该类如果不是接口则动态添加serialVersionUID属性用于保证序列化时版本的兼容性，最后转换为新的Java类并实际加载该类到ClassLoader中。然后，引入CommandContextUtil类，获取JuelExpression类，并对其进行以下操作：在expressionManager属性前加上transient关键字使它不参与序列化，然后在getValue()、setValue()方法体中添加通过工作流引擎中获取的expressionManager，保证反序列化回来时expressionManager的内容是完整的，最后转换为新的Java类并实际加载该类到ClassLoader中。需要注意的是，由于在Java虚拟机中一个类只能被一个ClassLoader加载一次，这些动态实现了Serializable接口的类需要在工作流引擎初始化前完成加载。

该工具类在flowable.cache.xml中的配置如下：

```
<!-- 配置需要动态序列化的类 -->
<bean id="flowableSerializable" class="com.bpm.example.demo2.javassist.FlowableSerializable" init-
    method="execute">
    <property name="serializableFlowableClassList">
        <list>
            <value>org.flowable.bpmn.model.BpmnModel</value>
            <value>org.flowable.bpmn.model.BaseElement</value>
            <value>org.flowable.bpmn.model.GraphicInfo</value>
            <value>org.flowable.common.engine.impl.event.FlowableEventSupport</value>
            <value>org.flowable.bpmn.model.BpmnDiEdge</value>
            <value>org.flowable.bpmn.model.ExtensionAttribute</value>
            <value>org.flowable.common.engine.impl.persistence.entity.AbstractEntity</value>
            <value>org.flowable.engine.impl.delegate.invocation.DefaultDelegateInterceptor</value>
            <value>org.flowable.common.engine.api.delegate.FlowableFunctionDelegate</value>
            <value>org.flowable.common.engine.impl.el.FlowableAstFunctionCreator</value>
        </list>
    </property>
</bean>
```

在以上配置中，通过serializableFlowableClassList配置了需要动态实现Serializable接口的类的列表。这里列出来的都是流程模型中不能序列化的类的根类，因为当一个父类实现序列化后，子类会自动实现序列化，不需要显式实现Serializable接口。在使用的过程中，如果发现还存在其他不能序列化的类，将其根类加入进

来即可。

2）自定义流程定义缓存处理类

自定义流程定义缓存处理类需要实现org.flowable.common.engine.impl.persistence.deploy.DeploymentCache接口，其代码如下：

```java
@Data
public class CustomProcessDeploymentCache
        implements DeploymentCache<ProcessDefinitionCacheEntry> {
    //Redis客户端工具
    private RedisClient redisClient;
    //Caffeine缓存管理器
    private CaffeineCacheManager caffeineCacheManager;
    //流程定义前缀标识
    private String processDefinitonCacheKeyPrefix;

    /**
     * 添加流程定义缓存
     * @param id 流程定义编号
     * @param cacheEntry 流程定义缓存对象
     * @return
     */
    @Override
    public void add(String id, ProcessDefinitionCacheEntry cacheEntry) {
        try {
            redisClient.set(processDefinitonCacheKeyPrefix + id, cacheEntry);
        } catch (Exception e) {
            e.printStackTrace();
        }
        getCaffeineCache().put(processDefinitonCacheKeyPrefix + id, cacheEntry);
    }

    /**
     * 查询流程定义缓存
     * @param id 流程定义编号
     * @return 流程定义缓存对象
     */
    @Override
    public ProcessDefinitionCacheEntry get(String id) {
        ProcessDefinitionCacheEntry cacheEntry = null;
        try {
            cacheEntry = (ProcessDefinitionCacheEntry)redisClient
                    .get(processDefinitonCacheKeyPrefix + id);
        } catch (Exception e) {
            e.printStackTrace();
        }
        if (Objects.isNull(cacheEntry)) {
            cacheEntry = getCaffeineCache().get(processDefinitonCacheKeyPrefix + id,
                    ProcessDefinitionCacheEntry.class);
        }
        return cacheEntry;
    }

    /**
     * 删除流程定义缓存
     * @param id 流程定义编号
     */
    @Override
    public void remove(String id) {
        try {
            redisClient.del(processDefinitonCacheKeyPrefix + id);
        } catch (Exception e) {
            e.printStackTrace();
        }
        getCaffeineCache().evictIfPresent(processDefinitonCacheKeyPrefix + id);
    }

    /**
     * 清除所有流程定义缓存
```

```java
     */
    @Override
    public void clear() {
        try {
            redisClient.del((String[])redisClient
                    .keys(processDefinitonCacheKeyPrefix + "*")
                    .toArray(new String[]{}));
        } catch (Exception e) {
            e.printStackTrace();
        }
        getCaffeineCache().clear();
    }

    /**
     * 校验redis中是否存在以id为key的流程定义缓存
     * @param id 流程定义编号
     * @return
     */
    @Override
    public boolean contains(String id) {
        boolean result = false;
        try {
            result = redisClient.hasKey(processDefinitonCacheKeyPrefix + id);
        } catch (Exception e) {

        }
        return result;
    }

    /**
     * 查询所有流程定义缓存
     * @return
     */
    @Override
    public Collection<ProcessDefinitionCacheEntry> getAll() {
        List<ProcessDefinitionCacheEntry> cacheEntries = new ArrayList<>();
        try {
            List<Object> objects = redisClient
                    .multiGet(processDefinitonCacheKeyPrefix + "*");
            if (CollectionUtils.isEmpty(objects)) {
                objects.forEach(object -> {
                    cacheEntries.add((ProcessDefinitionCacheEntry) objects);
                });
            }
        } catch (Exception e) {
            e.printStackTrace();
        }
        if (Objects.isNull(cacheEntries)) {
            return null;
        }
        return cacheEntries;
    }

    /**
     * 查询所有流程定义缓存数
     * @return
     */
    @Override
    public int size() {
        Set keys = redisClient.keys(processDefinitonCacheKeyPrefix + "*");
        if (!CollectionUtils.isEmpty(keys)) {
            return keys.size();
        }
        return 0;
    }

    private Cache getCaffeineCache() {
        return caffeineCacheManager.getCache("default");
    }
}
```

在以上代码中,自定义缓存处理类RedisProcessDeploymentCache实现了DeploymentCache接口,以及add()、get()、remove()、clear()和contains()方法。该类中有3个成员变量redisClient、caffeineCacheManager和processDefinitonCacheKeyPrefix,其中redisClient是注入的Redis的操作工具类,caffeineCacheManager是Caffeine缓存管理器,processDefinitonCacheKeyPrefix是流程定义前缀标识。这里采用键值对的方式操作缓存数据,存储的key为流程定义前缀标识+流程定义编号,value为ProcessDefinitionCacheEntry实例对象。以add()方法为例,同时将流程定义缓存放入Redis和Caffeine,这样当将流程定义缓存放入Redis失败(如网络抖动、Redis宕机或序列化失败等情况)抛出异常时,将由Caffeine负责缓存。

为了使自定义缓存处理类生效,需要将其定义到配置文件flowable.cache.xml中:

```xml
<!-- 配置自定义Redis流程缓存类 -->
<bean id="customProcessDeploymentCache" class="com.bpm.example.demo2.cache.CustomProcessDeploymentCache">
    <!-- 配置Redis客户端工具类 -->
    <property name="redisClient" ref="redisClient"/>
    <!-- 配置Caffeine缓存管理器 -->
    <property name="caffeineCacheManager" ref="caffeineCacheManager"/>
    <!-- 配置流程定义前缀标识 -->
    <property name="processDefinitonCacheKeyPrefix" value="processDefinitonCache-"/>
</bean>
```

3)配置工作流引擎

为了使自定义流程缓存类生效,需要将其注册到工作流引擎中。在配置文件flowable.cache.xml中的工作流引擎配置片段如下:

```xml
<bean id="processEngineConfiguration"
    class="org.flowable.engine.impl.cfg.StandaloneProcessEngineConfiguration"
    depends-on="flowableSerializable">
    <!-- 配置流程定义缓存类 -->
    <property name="processDefinitionCache" ref="customProcessDeploymentCache"/>
    <!-- 配置流程定义缓存数量 -->
    <property name="processDefinitionCacheLimit" value="1000"/>

    <!-- 此处省略其他属性配置 -->
</bean>
```

以上配置通过processDefinitionCache属性将自定义customProcessDeploymentCache注册到工作流引擎中。

验证Flowable替换为自定义Redis流程定义缓存的示例代码如下:

```java
@Slf4j
public class RunCustomProcessDeploymentCacheDemo extends FlowableEngineUtil {
    @Test
    public void runCustomProcessDeploymentCacheDemo() {
        //加载Flowable配置文件并初始化工作流引擎及服务
        loadFlowableConfigAndInitEngine("flowable.cache.xml");
        //部署流程
        ProcessDefinition procDef =
                deployResource("processes/RedisCacheProcess.bpmn20.xml");
        //查询流程定义
        ProcessDefinition cacheProcessDefinition = repositoryService
                .createProcessDefinitionQuery()
                .processDefinitionId(procDef.getId())
                .singleResult();
        log.info("流程定义key为: {},流程定义编号为: {}", cacheProcessDefinition.getKey(),
                cacheProcessDefinition.getId());
    }
}
```

上述代码首先读取配置文件并初始化工作流引擎,然后部署流程,最后查询流程定义并输出流程定义key和流程定义编号。代码运行结果如下:

```
12:29:16,701 [main] INFO  RunRedisProcessDeploymentCacheDemo  - 流程定义key为: RedisCacheProcess,流程定义编号为: RedisCacheProcess:1:4
```

接下来,通过redis-cli连接Redis,执行keys *命令查询Redis中的所有key。代码运行结果如下:

```
C:\Users\hebo>redis-cli
127.0.0.1:6379> keys *
```

```
1) "processDefinitonCache-RedisCacheProcess:1:4"
127.0.0.1:6379>
```

从代码运行结果可知，Redis中已经有了key，即processDefinitonCache-RedisCacheProcess:1:4。

这一节介绍了使用Redis作为一级缓存、Caffeine作为二级缓存的方案，它比较适用于Flowable集群部署，由Redis作为集中式缓存，Caffeine作为本地缓存。如果是Flowable采用单机部署，可以单独使用Caffeine做缓存。

24.3 手动创建定时器任务

在8.3.2小节介绍过定时器开始事件会在指定的时间启动一个流程，或者在指定周期内循环启动多次流程；在9.1.1小节介绍过定时器边界事件会在指定时间点触发，流程沿定时器边界事件的外出顺序流继续流转。这两种事件都是Flowable支持的。在实际应用中存在一些特殊的场景，如每天下班时统计汇总当天未完成的任务项、借助Flowable定时器机制实现非流程功能（如定时或按周期发送短信）等，是Flowable本身所不支持的。我们可以借助Flowable定时器的支持扩展实现它们。本节将以2分钟为周期查询未完成任务项的场景为例，介绍扩展定时器机制的方法。

24.3.1 创建自定义作业处理器

org.flowable.job.service.JobHandler是Flowable提供的作业处理器接口，拥有多种实现类，如表24.2所示。

表24.2 Flowable提供的作业处理器实现类

作业处理器实现类	描述
org.flowable.engine.impl.jobexecutor.AbstractProcessInstanceMigrationJobHandler	抽象流程实例迁移作业处理器
org.flowable.engine.impl.jobexecutor.AsyncCompleteCallActivityJobHandler	异步完成调用活动作业处理器
org.flowable.engine.impl.jobexecutor.AsyncContinuationJobHandler	异步节点作业处理器
org.flowable.engine.impl.jobexecutor.AsyncLeaveJobHandler	异步离开作业处理器
org.flowable.engine.impl.jobexecutor.AsyncSendEventJobHandler	异步发送事件作业处理器
org.flowable.engine.impl.jobexecutor.AsyncTriggerJobHandler	异步触发作业处理器
org.flowable.engine.impl.jobexecutor.BpmnHistoryCleanupJobHandler	BPMN历史记录清理作业处理器
org.flowable.engine.impl.event.BreakpointJobHandler	调试断点作业处理器
org.flowable.engine.impl.delete.ComputeDeleteHistoricProcessInstanceIdsJobHandler	该作业处理器用于计算要删除的历史流程实例的ID列表
org.flowable.engine.impl.delete.ComputeDeleteHistoricProcessInstanceStatusJobHandler	该作业器用于计算并更新已删除的历史流程实例的状态
org.flowable.engine.impl.delete.DeleteHistoricProcessInstanceIdsJobHandler	该作业处理器用于异步删除历史流程实例
org.flowable.engine.impl.delete.DeleteHistoricProcessInstanceIdsStatusJobHandler	该作业处理器用于删除历史流程实例ID状态
org.flowable.engine.impl.delete.DeleteHistoricProcessInstancesSequentialJobHandler	该作业处理器用于按顺序逐个删除历史流程实例
org.flowable.engine.impl.jobexecutor.ExternalWorkerTaskCompleteJobHandler	外部工作者任务完成作业处理器
org.flowable.engine.impl.jobexecutor.ParallelMultiInstanceActivityCompletionJobHandler	并行多实例活动完成作业处理器
org.flowable.engine.impl.jobexecutor.ParallelMultiInstanceWithNoWaitStatesAsyncLeaveJobHandler	无等待状态的并行多实例异步离开作业处理器
org.flowable.engine.impl.jobexecutor.ProcessEventJobHandler	流程事件作业处理器
org.flowable.engine.impl.jobexecutor.ProcessInstanceMigrationJobHandler	流程实例迁移作业处理器
org.flowable.engine.impl.jobexecutor.ProcessInstanceMigrationStatusJobHandler	流程实例迁移状态作业处理器
org.flowable.engine.impl.jobexecutor.TimerActivateProcessDefinitionHandler	定时激活流程定义处理器

作业处理器实现类	描述
org.flowable.engine.impl.jobexecutor.TimerChangeProcessDefinitionSuspensionStateJobHandler	定时更新流程定义挂起状态作业处理器
org.flowable.engine.impl.jobexecutor.TimerStartEventJobHandler	定时启动流程实例作业处理器
org.flowable.engine.impl.jobexecutor.TimerSuspendProcessDefinitionHandler	定时挂起流程定义处理器
org.flowable.engine.impl.jobexecutor.TriggerTimerEventJobHandler	触发时间事件作业处理器

要实现自定义逻辑定时器，需要实现org.flowable.engine.impl.jobexecutor.JobHandler接口，其代码如下：

```
@Slf4j
public class TimeoutReminderJobHandler extends TimerEventHandler implements JobHandler {
    public static final String TYPE = "timeout-reminder";

    public String getType() {
        return TYPE;
    }

    public void execute(JobEntity job, String configuration, VariableScope variableScope,
            CommandContext commandContext) {
        //获取传递给作业处理器的参数，转换为原始类型
        Map<String, String> userInfo = JSONObject.parseObject(configuration, Map.class);
        //获取工作流引擎配置
        ProcessEngineConfiguration processEngineConfiguration =
                CommandContextUtil.getProcessEngineConfiguration(commandContext);
        //获取TaskService
        TaskService taskService = processEngineConfiguration.getTaskService();
        //查询待办任务数
        long taskNum = taskService.createTaskQuery()
                .taskCandidateOrAssigned(userInfo.get("id")).count();
        //获取年月日时分秒毫秒组成的时间戳
        DateFormat sdf = new SimpleDateFormat("yyyy-MM-dd HH:mm:ss.SSS");
        String dataTime = sdf.format(new Date());
        log.info("截至{}, {}存在{}个未处理工作项! ", dataTime, userInfo.get("name"), taskNum);
    }
}
```

以上代码继承了org.flowable.engine.impl.jobexecutor.TimerEventHandler类，实现了org.flowable.job.service.JobHandler接口的getType()方法和execute()方法。其中，getType()方法用于返回自定义JobHandler的类型，这里定义的类型是timeout-reminder；execute()方法用于实现定时器任务要执行的业务逻辑，这里实现的是统计未处理的用户任务数，并输出相关信息。

24.3.2　在工作流引擎中注册自定义作业处理器

在22.3.1小节中创建的自定义作业处理器需要注册到工作流引擎中才能被定时器调用。在配置文件flowable.job.xml中注册自定义作业处理器到工作流引擎的片段如下：

```
<bean id="processEngineConfiguration"
    class="org.flowable.engine.impl.cfg.StandaloneProcessEngineConfiguration">
    <!-- 数据源 -->
    <property name="dataSource" ref="dataSource"/>
    <!-- 数据库更新策略 -->
    <property name="databaseSchemaUpdate" value="create-drop"/>
    <!-- 开启异步执行 -->
    <property name="asyncExecutorActivate" value="true"/>
    <!-- 配置自定义JobHandler -->
    <property name="customJobHandlers">
        <list>
            <bean class="com.bpm.example.demo3.handler.TimeoutReminderJobHandler" />
        </list>
    </property>
</bean>
```

在以上配置中，加粗部分的代码使用customJobHandlers属性指定自定义作业处理器，该属性使用Spring

的list标签注入自定义作业处理器的集合。这里需要注意以下两点：
- 使用定时器需要开启异步执行器，所以应将asyncExecutorActivate属性配置为true；
- 如果自定义作业处理器的类型和Flowable默认作业处理器相同，则默认作业处理器将被替换。

24.3.3 使用示例

验证手动创建定时器任务的示例代码如下：

```java
public class RunTimeoutReminderJobDemo extends FlowableEngineUtil {
    @Test
    public void runTimeoutReminderJobDemo() throws Exception {
        //加载Flowable配置文件并初始化工作流引擎及服务
        loadFlowableConfigAndInitEngine("flowable.job.xml");
        //部署流程
        ProcessDefinition processDefinition =
                deployResource("processes/UserTaskProcess.bpmn20.xml");

        //创建10个流程实例
        for (int i=0; i<10; i++) {
            runtimeService.startProcessInstanceById(processDefinition.getId());
        }

        //自定义命令
        Command customTimerJobCommand = new Command<Void>() {
            @Override
            public Void execute(CommandContext commandContext) {
                //获取JobServiceConfiguration
                JobServiceConfiguration jobServiceConfiguration =
                        processEngineConfiguration.getJobServiceConfiguration();
                //获取TimerJob实体管理器
                TimerJobEntityManager timerJobEntityManager = jobServiceConfiguration
                        .getTimerJobEntityManager();
                //创建TimerJob对象
                TimerJobEntity timer = timerJobEntityManager.create();
                //设置TimerJob类型
                timer.setJobType(JobEntity.JOB_TYPE_TIMER);
                //设置作业处理器
                timer.setJobHandlerType(TimeoutReminderJobHandler.TYPE);
                //设置传递给作业处理器的参数
                Map<String, Object> userInfo = ImmutableMap.of("id", "liuxiaopeng",
                        "name", "刘晓鹏");
                timer.setJobHandlerConfiguration(JSONObject.toJSONString(userInfo));
                //设置定时器任务执行周期
                timer.setRepeat("R/PT2M");
                timer.setRetries(processEngineConfiguration.getAsyncExecutorNumberOfRetries());
                timer.setExclusive(true);

                //时间计算
                Date now = new Date();
                //delay为相较当前时间，延时的时间变量
                Date target = new Date(now.getTime() + 10 * 1000);
                //设置当前定时器任务的触发时间
                timer.setDuedate(target);

                //保存并触发定时器任务
                JobManager jobManager = jobServiceConfiguration.getJobManager();
                jobManager.scheduleTimerJob(timer);
                return null;
            }
        };
        //执行自定义命令
        managementService.executeCommand(customTimerJobCommand);
        //主线程暂停
        Thread.sleep(1000 * 60 * 10);
    }
}
```

以上代码先初始化工作流引擎并部署流程、发起10个流程实例，然后创建自定义命令。自定义命令中加

粗的部分创建了一个定时器任务对象，设置任务类型为timer，设置任务处理类型为自定义timeout-reminder，设置定时器任务执行周期为R/PT2M（表示每2分钟执行一次），配置完定时器任务后保存并触发任务；最后调用managementService的executeCommand()方法执行自定义命令。代码运行结果如下：

```
12:31:12,639 [flowable-async-job-executor-thread-1] INFO  TimeoutReminderJobHandler    - 截至2023-07-
09 12:31:12.639,刘晓鹏存在10个未处理工作项！
12:33:22,638 [flowable-async-job-executor-thread-2] INFO  TimeoutReminderJobHandler    - 截至2023-07-
09 12:33:22.638,刘晓鹏存在10个未处理工作项！
12:35:32,619 [flowable-async-job-executor-thread-3] INFO  TimeoutReminderJobHandler    - 截至2023-07-
09 12:35:32.619,刘晓鹏存在10个未处理工作项！
12:37:32,630 [flowable-async-job-executor-thread-4] INFO  TimeoutReminderJobHandler    - 截至2023-07-
09 12:37:32.630,刘晓鹏存在10个未处理工作项！
12:39:32,641 [flowable-async-job-executor-thread-5] INFO  TimeoutReminderJobHandler    - 截至2023-07-
09 12:39:32.641,刘晓鹏存在10个未处理工作项！
```

从代码运行结果可以看出，自定义定时器任务每2分钟执行一次。

24.4 自定义业务日历

在实际业务中，工作时间的计算往往不是按照自然日来进行的：通常会区分工作日和非工作日，比如非工作日一般是周末和法定节假日；另外还会定义特定的时间段，如每天的上午9点到下午6点为工作时间。这样就需要根据不同的业务需求和工作规则定义各种用于计算工作时间和非工作时间的日历，即业务日历。它可以帮助企业更好地管理和调整业务流程中的时间逻辑，灵活地控制流程的计时器和定时器任务的触发时间，从而满足不同的业务需求。同时，也可以提高流程的执行效率和准确性，避免在非工作时间触发任务，从而减少不必要的等待和延迟。

24.4.1 自定义业务日历的实现

Flowable工作流引擎支持自定义不同的业务日历，例如，可以根据国家/地区的假期和工作日等因素，创建不同的业务日历来计算工作时间。这样，在流程实例的计时器和定时器任务中，就可以使用相应的业务日历来计算下一次触发的时间，从而更好地控制和调度流程中的任务。

1. 创建自定义业务日历

org.flowable.common.engine.impl.calendar.BusinessCalendar是Flowable提供的业务日历接口，拥有多种实现类，如表24.3所示。

表24.3 Flowable提供的业务日历实现类

业务日历实现类	描述
org.flowable.common.engine.impl.calendar.DueDateBusinessCalendar	处理timeDate配置属性的默认业务日历实现类
org.flowable.common.engine.impl.calendar.DurationBusinessCalendar	处理timeDuration配置属性的默认业务日历实现类
org.flowable.common.engine.impl.calendar.CycleBusinessCalendar	处理timeCycle配置属性的默认业务日历实现类
org.flowable.common.engine.impl.calendar.BusinessCalendarImpl	以上实现类的公共父类

要实现自定义逻辑定时器，需要实现org.flowable.common.engine.impl.calendar.BusinessCalendar接口，这里选择继承org.flowable.common.engine.impl.calendar.BusinessCalendarImpl。这里自定义一个工作日为周一至周五、工作时间为上午9点到下午6点的业务日历，其代码如下：

```
public class CustomBusinessCalendar extends BusinessCalendarImpl {
    public CustomBusinessCalendar(ClockReader clockReader) {
        super(clockReader);
    }

    @Override
    public Date resolveDuedate(String duedate, int maxIterations) {
        try {
            if (duedate.startsWith("P")) {
                //获取当前时间
                LocalDateTime currentTime = LocalDateTime.now();
                LocalDateTime startTime = null;
                LocalDateTime endTime = null;
```

```java
            if (currentTime.getDayOfWeek() == 6) {
                startTime = getLocalDateTime(currentTime.plusDays(2), 9, 0, 0);
                endTime = getLocalDateTime(currentTime.plusDays(2), 18, 0, 0);
            } else if (currentTime.getDayOfWeek() == 7) {
                startTime = getLocalDateTime(currentTime.plusDays(1), 9, 0, 0);
                endTime = getLocalDateTime(currentTime.plusDays(1), 18, 0, 0);
            } else {
                startTime = getLocalDateTime(currentTime, 9, 0, 0);
                endTime = getLocalDateTime(currentTime, 18, 0, 0);
            }
            LocalDateTime effectiveStartTime = null;
            if (currentTime.toDate().before(startTime.toDate())) {
                effectiveStartTime = startTime;
            } else if (currentTime.toDate().after(startTime.toDate())
                    && currentTime.toDate().before(endTime.toDate())) {
                effectiveStartTime = currentTime;
            } else if (currentTime.toDate().after(endTime.toDate())) {
                effectiveStartTime = startTime.plusDays(1);
                while (effectiveStartTime.getDayOfWeek() == 6
                        || effectiveStartTime.getDayOfWeek() == 7) {
                    effectiveStartTime = effectiveStartTime.plusDays(1);
                }

            }
            Duration totalDuration =
                    new Duration(effectiveStartTime.toDateTime(),
                    (getLocalDateTime(effectiveStartTime, 18, 0, 0)).toDateTime());
            Duration duedateDuration = Period.parse(duedate).toStandardDuration();
            if (totalDuration.isLongerThan(duedateDuration)) {
                return effectiveStartTime.plus(Period.parse(duedate)).toDate();
            } else {
                LocalDateTime nextDay = effectiveStartTime;
                while(true) {
                    nextDay = nextDay.plusDays(1);
                    if (nextDay.getDayOfWeek() == 6 || nextDay.getDayOfWeek() == 7) {
                        continue;
                    }
                    Duration nextDayDuration = new Duration(
                            getLocalDateTime(nextDay, 9, 0, 0).toDateTime(),
                            (getLocalDateTime(nextDay, 18, 0,0)).toDateTime());
                    if (totalDuration.plus(nextDayDuration)
                            .isShorterThan(duedateDuration)) {
                        totalDuration = totalDuration.plus(nextDayDuration);
                    } else {
                        return getLocalDateTime(nextDay, 9, 0, 0).plus(
                                duedateDuration.minus(totalDuration)).toDate();
                    }
                }
            }
            return DateTime.parse(duedate).toDate();
        } catch (Exception e) {
            throw new FlowableException("couldn't resolve duedate: " + e.getMessage(), e);
        }
    }

    private LocalDateTime getLocalDateTime(LocalDateTime dateTime, int hourOfDay,
            int minuteOfHour, int secondOfMinute) {
        return new LocalDateTime(dateTime.getYear(), dateTime.getMonthOfYear(),
                dateTime.getDayOfMonth(), hourOfDay, minuteOfHour, secondOfMinute);
    }
}
```

在以上代码中，重写了resolveDuedate()，具体代码的逻辑是根据duedate来计算到期时间，这里不做详细讲解。

2. 在工作流引擎中配置

要使自定义业务日历生效，需要将其配置到工作流引擎中。配置文件flowable.timer.xml内容如下：

```xml
<beans>
    <!-- 数据源配置 -->
    <bean id="dataSource" class="org.apache.commons.dbcp.BasicDataSource">
        <property name="driverClassName" value="org.h2.Driver"/>
        <property name="url" value="jdbc:h2:mem:activiti"/>
        <property name="username" value="sa"/>
        <property name="password" value=""/>
    </bean>
    <!-- 初始化时钟 -->
    <bean id="clock" class="org.flowable.common.engine.impl.util.DefaultClockImpl"/>
    <!-- 自定义业务日历 -->
    <bean id="customBusinessCalendar" class="com.bpm.example.demo4.calendar.CustomBusinessCalendar">
        <constructor-arg name="clockReader" ref="clock"/>
    </bean>
    <!-- 业务日历管理器 -->
    <bean id="businessCalendarManager" class="org.flowable.common.engine.impl.calendar.
        MapBusinessCalendarManager">
        <constructor-arg name="businessCalendars">
            <map>
                <!-- 配置自定义业务日历 -->
                <entry key="custom" value-ref="customBusinessCalendar"/>
            </map>
        </constructor-arg>
    </bean>
    <!-- Flowable工作流引擎 -->
    <bean id="processEngineConfiguration"
        class="org.flowable.engine.impl.cfg.StandaloneProcessEngineConfiguration">
        <!-- 数据源 -->
        <property name="dataSource" ref="dataSource"/>
        <!-- 数据库更新策略 -->
        <property name="databaseSchemaUpdate" value="create-drop"/>
        <property name="asyncExecutorActivate" value="true"/>
        <!-- 业务日历管理器 -->
        <property name="businessCalendarManager" ref="businessCalendarManager"/>
    </bean>
</beans>
```

以上配置文件中略去了命名空间,完整内容可参看本书配套资源。在以上配置中,加粗部分首先定义了时钟clock和自定义业务日历customBusinessCalendar,然后定义业务日历管理器businessCalendarManager,通过其businessCalendars属性添加自定义业务日历,这里引用了自定义业务日历customBusinessCalendar,并命名为custom。最后在工作流引擎配置中,通过businessCalendarManager属性引用了业务日历管理器。

24.4.2 使用示例

下面看一个自定义业务日历的使用示例,其流程如图24.2所示。该流程为客户投诉处理流程,客服工作时间为每周一至周五的早上9点到下午6点,因此可以使用24.4.1小节中的自定义业务日历。客户提交投诉信息后,先由一线客服人员处理。如果在工作时长10小时内一线客服处理完成,流程将流转到"结案"节点;如果工作时长超过10小时一线客服仍然未能处理完成,则标记为过期未处理,如果15小时仍未处理则自动流转给二线客服人员继续处理。

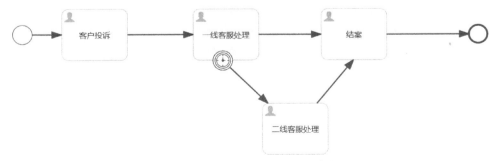

图24.2 自定义业务日历示例流程

该流程对应的XML内容如下:

```xml
<process id="timerBoundaryEventProcess" name="自定义业务日历示例流程">
    <startEvent id="startEvent1"/>
    <userTask id="userTask1" name="客户投诉"/>
    <sequenceFlow id="seqFlow1" sourceRef="startEvent1" targetRef="userTask1"/>
    <userTask id="userTask2" name="一线客服处理" flowable:businessCalendarName="custom"
        flowable:dueDate="PT10H"/>
    <sequenceFlow id="seqFlow2" sourceRef="userTask1" targetRef="userTask2"/>
    <userTask id="userTask3" name="结案"/>
    <sequenceFlow id="seqFlow3" sourceRef="userTask2" targetRef="userTask3"/>
    <endEvent id="endEvent1"/>
    <sequenceFlow id="seqFlow4" sourceRef="userTask3" targetRef="endEvent1"/>
    <!-- 定义定时器边界事件 -->
    <boundaryEvent id="boundaryEvent1" attachedToRef="userTask2" cancelActivity="true">
        <timerEventDefinition flowable:businessCalendarName="custom">
            <timeDuration>PT15H</timeDuration>
        </timerEventDefinition>
    </boundaryEvent>
    <userTask id="userTask4" name="二线客服处理"/>
    <sequenceFlow id="seqFlow5" sourceRef="boundaryEvent1" targetRef="userTask4"/>
    <sequenceFlow id="seqFlow6" sourceRef="userTask4" targetRef="userTask3"/>
</process>
```

在以上流程配置中，第一处加粗部分为用户任务userTask2通过flowable:businessCalendarName属性指定了使用业务日历custom，通过flowable:dueDate属性设置过期时间为PT10H。第二处加粗部分定义了定时器事件，通过其flowable:businessCalendarName属性指定了使用业务日历custom，通过timeDuration子元素指定触发时间为PT15H。

加载该流程模型并执行相应流程控制的示例代码如下：

```java
@Slf4j
public class RunTimerBoundaryInterrputingEventProcessDemo extends FlowableEngineUtil {
    @Test
    public void runTimerBoundaryInterrputingEventProcessDemo() throws Exception {
        //加载Flowable配置文件并初始化工作流引擎及服务
        initFlowableEngineAndServices("flowable.timer.xml");
        //部署流程
        deploy("processes/TimerBoundaryEventProcess.bpmn20.xml");

        //启动流程实例
        ProcessInstance procInst = runtimeService
                .startProcessInstanceByKey("timerBoundaryEventProcess");
        //查询并办理第一个用户任务
        TaskQuery taskQuery = taskService.createTaskQuery()
                .processInstanceId(procInst.getId());
        Task task1 = taskQuery.singleResult();
        taskService.complete(task1.getId());
        //查询第二个用户任务
        Task task2 = taskQuery.singleResult();
        log.info("任务创建时间：{}，过期时间：{}", task2.getCreateTime(), task2.getDueDate());
        //查询定时器任务
        managementService.executeCommand(new Command<Void>() {
            @Override
            public Void execute(CommandContext commandContext) {
                List<TimerJobEntity> list = CommandContextUtil.getTimerJobService()
                        .findTimerJobsByProcessInstanceId(procInst.getId());
                list.stream().forEach(timerJob -> log.info("TimerJob创建时间：{}，触发时间：{}",
                        timerJob.getCreateTime(), timerJob.getDuedate()));
                return null;
            }
        });
    }
}
```

以上代码首先初始化工作流引擎并部署流程，然后发起流程，查询并办理第一个用户任务，接着查询第二个用户任务并打印其创建时间和过期时间，最后查询定时器任务并打印创建时间和触发时间。以上代码运行结果如下：

```
22:21:19,946 [main] INFO  RunTimerBoundaryInterrputingEventProcessDemo   - 任务创建时间：Mon Sep 04 22:21:19 CST 2023, 过期时间：Wed Sep 06 10:00:00 CST 2023
```

```
22:21:19,948 [main] INFO  RunTimerBoundaryInterrputingEventProcessDemo  - TimerJob创建时间: Mon Sep
04 22:21:19 CST 2023,触发时间: Wed Sep 06 15:00:00 CST 2023
```

从执行结果可以看出：用户任务创建的时间为2023-09-04 22:21:19，经过自定义业务日历计算得到的10小时工作时间后的过期时间为2023-09-06 10:00:00，边界定时器的定时器任务创建时间为2023-09-04 22:21:19，经过自定义业务日历计算得到的15个小时工作时间后的触发时间为2023-09-06 15:00:00，均满足了业务需求。

24.5 本章小结

本章介绍了多种自定义扩展Flowable引擎的方式：
- 当Flowable默认的BPMN元素无法满足流程需求时，可以通过自定义流程活动实现各种个性化流程功能；
- Flowable支持更换默认的Flowable流程定义缓存，可以更换为Redis，也可以更换为其他高性能缓存框架；
- 当遇到Flowable本身定时器机制无法满足流程需求的场景时，可以通过扩展Flowable定时器机制手动创建定时器任务来实现；
- Flowable中可以根据不同的业务需求和工作规则定义不同的业务日历，它可以帮助工作流引擎根据业务需求自动调整任务的到期日期和到期时间，更好地控制和调度流程中的任务，从而提高流程执行的效率和准确性。

以上4种自定义扩展方式在Flowable实际使用过程中应用较多，读者需要熟练掌握。

第25章
本土化业务流程场景的实现（一）

BPM引入国内已有约20年，流程管理理念在国内企业中不断深化，越来越多的企业开始关注并应用BPM平台，以端到端业务流程为中心，实现价值链提升，进一步优化业务流程，提升业务流程绩效，进而提升行业竞争力。随着时间的推移，流程管理的需求逐渐变得多样且复杂，如动态跳转（自由流）、任务撤回、流程撤销和会签（包括加/减签）等。Flowable作为一款国外的流程管理中间件，对这些常用流程场景的支持并不理想。

本章将讲解Flowable的扩展封装，使其支持以下3种本土化业务流程场景：动态跳转、任务撤回和流程撤销。

25.1 动态跳转

动态跳转是本土化业务流程的主要场景之一，要求流程能在节点间灵活跳转（既能跳转到已经执行过的节点，又能跳转到未执行的节点）。依照BPMN 2.0标准，这需要在流程中绘制很多连线，导致流程图变得非常复杂。

在实际应用中，特定的流程场景需要在原本不存在转移关系的节点之间进行特定的跳转，以及支持动态跳转到流程中其他节点。虽然动态跳转可以通过在两个节点间添加连线实现，但是如果流程连线较多，就会显得杂乱，增加解读和维护成本。本节将介绍如何通过Flowable实现节点间动态跳转的各种场景的应用。

25.1.1 Flowable对动态跳转的支持

Flowable对流程动态跳转提供了支持，提供了ChangeActivityStateBuilder工具接口用于构建改变流程活动状态的操作，它的主要用途是允许用户通过编程方式在运行时动态地改变流程活动的状态，以便根据业务需求进行灵活的流程控制和管理。我们可以借助它实现流程的动态跳转。ChangeActivityStateBuilder提供的改变流程活动状态的方法如下：

- moveExecutionToActivityId(String executionId, String activityId);
- moveExecutionsToSingleActivityId(List<String> executionIds, String activityId);
- moveSingleExecutionToActivityIds(String executionId, List<String> activityIds);
- moveActivityIdTo(String currentActivityId, String newActivityId);
- moveActivityIdsToSingleActivityId(List<String> currentActivityIds, String newActivityId);
- moveSingleActivityIdToActivityIds(String currentActivityId, List<String> newActivityIds);
- moveActivityIdToParentActivityId(String currentActivityId, String newActivityId);
- moveActivityIdToSubProcessInstanceActivityId(String currentActivityId, String newActivityId, String callActivityId);
- moveActivityIdToSubProcessInstanceActivityId(String currentActivityId, String newActivityId, String callActivityId, Integer subProcessDefinitionVersion).

这里采用了链式编程的方式，以上每个方法都返回ChangeActivityStateBuilder实例本身，这样就可以实现链式调用了。最后通过调用其changeState()方法来执行状态变更的逻辑处理。在以上方法中：

- moveExecutionToActivityId()方法的作用是将执行实例（executionId）从当前节点移动到指定的节点（activityId），通常用于流程实例的跳转和回退等场景；
- moveExecutionsToSingleActivityId()方法的作用是将一组执行实例（executionIds）移动到指定的节点（activityId），通常用于将多个并行执行实例合并到一个节点，或者将多个执行实例移动到一个新的节点中；
- moveSingleExecutionToActivityIds()方法的作用是将单个执行实例（executionId）移动到指定的一个或多个节点（activityIds），通常用于流程实例的跳转和回退等场景；
- moveActivityIdTo()方法的作用是将流程实例从一个当前节点（currentActivityId）移动到指定的另一个节点（newActivityId），该方法用于流程中的节点的移动和转移，以便更好地控制流程的执行顺序和流转路径，常用于流程实例的跳转和回退等场景；
- moveActivityIdsToSingleActivityId()方法的作用是将流程实例从多个当前所在节点（currentActivityIds）移动到一个单独的节点（newActivityId）；
- moveSingleActivityIdToActivityIds()方法的作用是将流程实例从单个当前所在节点（currentActivityId）移动到多个节点（newActivityIds）；
- moveActivityIdToParentActivityId()方法的作用是将调用活动所引用的子流程实例中的一个当前节点（currentActivityId）移动到主流程中的一个节点（newActivityId）；
- 两个moveActivityIdToSubProcessInstanceActivityId()方法的作用是将主流程中一个当前节点（currentActivityId）移动到调用活动（callActivityId）所引用的子流程中的一个节点（newActivityId），还能通过subProcessDefinitionVersion指定子流程的流程定义版本。

ChangeActivityStateBuilder的实现类ChangeActivityStateBuilderImpl中还额外提供了另外几个改变流程活动状态的方法：

- moveExecutionToActivityId(String executionId, String activityId, String newAssigneeId, String newOwnerId);
- moveExecutionsToSingleActivityId(List<String> executionIds, String activityId, String newAssigneeId, String newOwnerId);
- moveSingleExecutionToActivityIds(String executionId, List<String> activityIds, String newAssigneeId, String newOwnerId);
- moveActivityIdTo(String currentActivityId, String newActivityId, String newAssigneeId, String newOwnerId);
- moveActivityIdsToSingleActivityId(List<String> activityIds, String activityId, String newAssigneeId, String newOwnerId);
- moveSingleActivityIdToActivityIds(String currentActivityId, List<String> newActivityIds, String newAssigneeId, String newOwnerId);
- moveActivityIdToParentActivityId(String currentActivityId, String newActivityId, String newAssigneeId, String newOwnerId);
- moveActivityIdToSubProcessInstanceActivityId(String currentActivityId, String newActivityId, String callActivityId, Integer callActivitySubProcessVersion, String newAssigneeId, String newOwnerId);
- moveActivityIdsToSingleActivityId(List<String> activityIds, String activityId, String newAssigneeId, String newOwnerId);
- moveActivityIdsToParentActivityId(List<String> currentActivityIds, String newActivityId, String newAssigneeId, String newOwnerId);
- moveActivityIdsToSubProcessInstanceActivityId(List<String> activityIds, String newActivityId, String callActivityId, Integer callActivitySubProcessVersion, String newAssigneeId, String newOwnerId);
- moveSingleActivityIdToParentActivityIds(String currentActivityId, List<String> newActivityIds);
- moveSingleActivityIdToSubProcessInstanceActivityIds(String currentActivityId, List<String> newActivityIds, String callActivityId, Integer callActivitySubProcessVersion);

以上方法中，前9个方法比ChangeActivityStateBuilder中同名的方法多出了newAssigneeId、newOwnerId两个参数，说明当移动到的新节点为用户任务时，分别设置它们的办理人和所属者为newAssigneeId、newOwnerId。其他4个方法的说明如下：

- moveActivityIdsToParentActivityId()方法的作用是将调用活动所引用的子流程实例中的多个当前节点（currentActivityIds）移动到主流程中的一个节点（newActivityId），当移动到的新节点为用户任务时，分别设置它们的办理人和所属者为newAssigneeId、newOwnerId；

- moveActivityIdsToSubProcessInstanceActivityId()方法的作用是将主流程中多个当前节点（activityIds）移动到调用活动（callActivityId）所引用的子流程指定流程定义版本（callActivitySubProcessVersion）中的一个节点（newActivityId），当移动到的新节点为用户任务时，分别设置它们的办理人和所属者为newAssigneeId、newOwnerId；
- moveSingleActivityIdToParentActivityIds()方法的作用是将调用活动所引用的子流程实例中的单个当前节点（currentActivityId）移动到主流程中的多个节点（newActivityIds）；
- moveSingleActivityIdToSubProcessInstanceActivityIds()方法的作用是将主流程中单个当前节点（currentActivityId）移动到调用活动（callActivityId）所引用的子流程指定流程定义版本（callActivitySubProcessVersion）中的多个节点（newActivityIds）。

下面通过不同的场景介绍这些方法的使用。

25.1.2 动态跳转的基础场景

两个节点间的跳转是最基础、最常见的跳转场景。下面以图25.1所示的动态跳转基础场景示例流程为例，介绍如何通过Flowable的API来实现两个没有直接流转关系的节点间的动态跳转。

图25.1 动态跳转基础场景示例流程

该流程对应的XML内容如下：

```xml
<process id="dynamicJumpProcess" name="动态跳转基础场景示例流程">
    <startEvent id="startEvent1"/>
    <userTask id="firstNode" name="普通用户任务1"/>
    <userTask id="secondNode" name="并行多实例任务" flowable:assignee="${assignee}">
        <multiInstanceLoopCharacteristics isSequential="false"
            flowable:collection="${assigneeList1}" flowable:elementVariable="assignee">
            <completionCondition>
                ${nrOfCompletedInstances==nrOfInstances}
            </completionCondition>
        </multiInstanceLoopCharacteristics>
    </userTask>
    <userTask id="thirdNode" name="普通用户任务2"/>
    <userTask id="fourthNode" name="串行多实例任务" flowable:assignee="${assignee}">
        <multiInstanceLoopCharacteristics isSequential="true"
            flowable:collection="${assigneeList2}" flowable:elementVariable="assignee">
            <completionCondition>
                ${nrOfCompletedInstances==nrOfInstances}
            </completionCondition>
        </multiInstanceLoopCharacteristics>
    </userTask>
    <endEvent id="endEvent1"/>
    <sequenceFlow id="sequenceFlow1" sourceRef="startEvent1" targetRef="firstNode"/>
    <sequenceFlow id="sequenceFlow2" sourceRef="firstNode" targetRef="secondNode"/>
    <sequenceFlow id="sequenceFlow3" sourceRef="secondNode" targetRef="thirdNode"/>
    <sequenceFlow id="sequenceFlow4" sourceRef="thirdNode" targetRef="fourthNode"/>
    <sequenceFlow id="sequenceFlow5" sourceRef="fourthNode" targetRef="endEvent1"/>
</process>
```

在上述流程定义中，定义了4个用户任务节点，其中firstNode和thirdNode为普通用户任务，secondNode为并行多实例任务，fourthNode为串行多实例任务。

加载该流程模型并执行相应流程控制的示例代码如下：

```java
@Slf4j
public class RunBasicDynamicJumpDemo extends FlowableEngineUtil {
    SimplePropertyPreFilter taskFilter = new SimplePropertyPreFilter(Task.class, "id",
            "name", "executionId", "taskDefinitionKey", "assignee", "owner");
    SimplePropertyPreFilter executionFilter = new SimplePropertyPreFilter(Execution.class,
            "id", "parentId", "processInstanceId", "activityId", "isScope");
```

```java
@Test
public void runBasicDynamicJumpDemo() {
    //加载Flowable配置文件并初始化工作流引擎及服务
    initFlowableEngineAndServices("flowable.cfg.xml");
    //部署流程
    deployResource("processes/BasicDynamicJumpProcess.bpmn20.xml");

    //初始化流程变量
    List<String> assigneeList1 = Lists.newArrayList("wangjunlin", "huhaiqin");
    List<String> assigneeList2 = Lists.newArrayList("liuxiaopeng", "hebo");
    Map<String, Object> varMap = ImmutableMap.of("assigneeList1", assigneeList1,
            "assigneeList2", assigneeList2);
    //启动流程
    ProcessInstance procInst = runtimeService
            .startProcessInstanceByKey("dynamicJumpProcess", varMap);
    TaskQuery taskQuery = taskService.createTaskQuery()
            .processInstanceId(procInst.getId());
    ExecutionQuery executionQuery = runtimeService.createExecutionQuery()
            .processInstanceId(procInst.getId());
    //查询第一个用户任务
    Task firstTask = taskQuery.processInstanceId(procInst.getId()).singleResult();
    List<Execution> executionList = executionQuery.list();
    log.info("第一次跳转前,当前任务为: {}", JSON.toJSONString(firstTask, taskFilter));
    log.info("当前执行实例有: {}", JSON.toJSONString(executionList, executionFilter));

    //从第1个节点跳转到第4个节点
    runtimeService.createChangeActivityStateBuilder()
            .processInstanceId(procInst.getId())
            .moveExecutionToActivityId(firstTask.getExecutionId(), "fourthNode")
            .changeState();
    log.info("第一次跳转后,当前任务为: {}", JSON.toJSONString(taskQuery.list(), taskFilter));
    log.info("当前执行实例有: {}", JSON.toJSONString(executionQuery.list(), executionFilter));

    //从第4个节点跳转到第2个节点
    runtimeService.createChangeActivityStateBuilder()
            .processInstanceId(procInst.getId())
            .moveActivityIdTo("fourthNode", "secondNode")
            .changeState();
    log.info("第二次跳转后,当前任务为: {}",
            JSON.toJSONString(taskQuery.list(), taskFilter));
    log.info("当前执行实例有: {}", JSON.toJSONString(executionQuery.list(), executionFilter));

    //从第2个节点跳转到第3个节点
    ((ChangeActivityStateBuilderImpl) runtimeService
            .createChangeActivityStateBuilder()
            .moveActivityIdTo("secondNode", "thirdNode", "liuwenjun", ""))
            .processInstanceId(procInst.getId())
            .changeState();
    log.info("第三次跳转后,当前任务为: {}", JSON.toJSONString(taskQuery.list(), taskFilter));
    log.info("当前执行实例有: {}", JSON.toJSONString(executionQuery.list(), executionFilter));
}
```

以上代码先初始化工作流引擎并部署流程,初始化流程变量后发起流程,然后加粗部分的代码用不同的接口实现从第1个节点跳转到第4个节点、从第4个节点跳转到第2个节点和从第2个节点跳转到第3个节点的场景。在这个过程中分别查询和输出各阶段流程当前任务信息和执行实例信息。代码运行结果如下:

```
20:10:03,422 [main] INFO  RunBasicDynamicJumpDemo   - 第一次跳转前,当前任务为: {"executionId":"12","id":
"16","name":"普通用户任务1","taskDefinitionKey":"firstNode"}
20:10:03,433 [main] INFO  RunBasicDynamicJumpDemo   - 当前执行实例有: [{"activityId":"firstNode","id":
"12","isScope":false,"parentId":"5","processInstanceId":"5"},{"id":"5","isScope":true,"processInstanceId":
"5"}]
20:10:03,492 [main] INFO  RunBasicDynamicJumpDemo   - 第一次跳转后,当前任务为: [{"assignee":"liuxiaopeng",
"executionId":"20","id":"27","name":"串行多实例任务","taskDefinitionKey":"fourthNode"}]
20:10:03,502 [main] INFO  RunBasicDynamicJumpDemo   - 当前执行实例有: [{"activityId":"fourthNode","id":
"19","isScope":false,"parentId":"5","processInstanceId":"5"},{"activityId":"fourthNode","id":"20",
"isScope":false,"parentId":"19","processInstanceId":"5"},{"id":"5","isScope":true,"processInstanceId":
"5"}]
```

```
20:10:03,556 [main] INFO  RunBasicDynamicJumpDemo  - 第二次跳转后,当前任务为:[{"assignee":"wangjunlin",
"executionId":"36","id":"42","name":"并行多实例任务","taskDefinitionKey":"secondNode"},{"assignee":
"huhaiqin","executionId":"37","id":"48","name":"并行多实例任务","taskDefinitionKey":"secondNode"}]
20:10:03,562 [main] INFO  RunBasicDynamicJumpDemo  - 当前执行实例有: [{"activityId":"secondNode","id":
"32","isScope":false,"parentId":"5","processInstanceId":"5"},{"activityId":"secondNode","id":"36",
"isScope":false,"parentId":"32","processInstanceId":"5"},{"activityId":"secondNode","id":"37","isScope":
false,"parentId":"32","processInstanceId":"5"},{"id":"5","isScope":true,"processInstanceId":"5"}]
20:10:03,593 [main] INFO  RunBasicDynamicJumpDemo  - 第三次跳转后,当前任务为: [{"assignee":"liuwenjun",
"executionId":"52","id":"54","name":"普通用户任务2","taskDefinitionKey":"thirdNode"}]
20:10:03,593 [main] INFO  RunBasicDynamicJumpDemo  - 当前执行实例有: [{"id":"5","isScope":true,
"processInstanceId":"5"},{"activityId":"thirdNode","id":"52","isScope":false,"parentId":"5",
"processInstanceId":"5"}]
```

从执行结果可以看出,流程都完成了动态跳转,包括普通用户任务和多实例用户任务的跳出和跳入,实现的效果跟画线连接相同。当然,把用户任务换为其他类型的流程节点也是可以的,读者可以自行尝试。

在这个例子中,多实例用户任务跳转采用的是moveActivityIdTo()方法。多实例用户任务的跳转也可以采用moveExecutionToActivityId()方法,此时传入的执行实例为多实例的根执行实例,以从第4个节点跳转到第2个节点为例,代码如下:

```
//查询第4个节点的用户任务
Task fourthTask = taskService.createTaskQuery()
    .processInstanceId(procInst.getId())
    .taskDefinitionKey("fourthNode").singleResult();
//查询用户任务的执行实例
Execution execution = runtimeService.createExecutionQuery()
    .executionId(fourthTask.getExecutionId()).singleResult();
//查询多实例用户任务的根执行实例
Execution multiInstanceRootExecution = runtimeService.createExecutionQuery()
    .executionId(execution.getParentId()).singleResult();
//从第4个节点跳转到第2个节点
runtimeService.createChangeActivityStateBuilder()
    .moveExecutionToActivityId(multiInstanceRootExecution.getId(), "secondNode")
    .changeState();
```

在以上代码中,首先查询用户任务和其所在的执行实例,然后查询多实例用户任务的根执行实例,最后通过moveExecutionToActivityId()方法实现跳转。

25.1.3 动态跳转与网关结合场景

下面看一个流程动态跳转与网关结合场景的使用示例。在图25.2所示的流程中,使用了2个并行网关、3个包容网关和1个排他网关构成了一个较为复杂的流程。接下来,基于这个流程介绍如何通过Flowable的API实现在网关结合场景下的动态跳转。

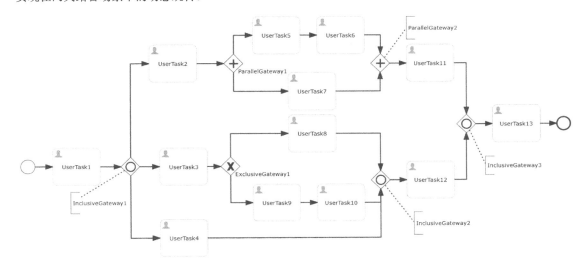

图25.2 动态跳转与网关结合场景示例流程

该流程对应的XML内容如下：

```xml
<process id="gatewayDynamicJumpProcess" name="动态跳转与网关结合场景示例流程">
    <startEvent id="startEvent1"/>
    <userTask id="task1" name="UserTask1"/>
    <inclusiveGateway id="inclusiveGateway1"/>
    <userTask id="task2" name="UserTask2"/>
    <userTask id="task3" name="UserTask3"/>
    <userTask id="task4" name="UserTask4"/>
    <parallelGateway id="parallelGateway1" name="ParallelGateway1"/>
    <userTask id="task5" name="UserTask5"/>
    <userTask id="task7" name="UserTask7"/>
    <userTask id="task6" name="UserTask6"/>
    <parallelGateway id="parallelGateway2"/>
    <userTask id="task11" name="UserTask11"/>
    <exclusiveGateway id="exclusiveGateway1" name="ExclusiveGateway1"/>
    <userTask id="task8" name="UserTask8"/>
    <userTask id="task9" name="UserTask9"/>
    <userTask id="task10" name="UserTask10"/>
    <userTask id="task12" name="UserTask12"/>
    <inclusiveGateway id="inclusiveGateway2"/>
    <inclusiveGateway id="inclusiveGateway3"/>
    <userTask id="task13" name="UserTask13"/>
    <endEvent id="endEvent1"/>
    <sequenceFlow id="seqFlow1" sourceRef="startEvent1" targetRef="task1"/>
    <sequenceFlow id="seqFlow2" sourceRef="task1" targetRef="inclusiveGateway1"/>
    <sequenceFlow id="seqFlow6" sourceRef="task2" targetRef="parallelGateway1"/>
    <sequenceFlow id="seqFlow7" sourceRef="task3" targetRef="exclusiveGateway1"/>
    <sequenceFlow id="seqFlow9" sourceRef="parallelGateway1" targetRef="task5"/>
    <sequenceFlow id="seqFlow10" sourceRef="task5" targetRef="task6"/>
    <sequenceFlow id="seqFlow11" sourceRef="task6" targetRef="parallelGateway2"/>
    <sequenceFlow id="seqFlow12" sourceRef="parallelGateway1" targetRef="task7"/>
    <sequenceFlow id="seqFlow13" sourceRef="task7" targetRef="parallelGateway2"/>
    <sequenceFlow id="seqFlow15" sourceRef="task8" targetRef="inclusiveGateway2"/>
    <sequenceFlow id="seqFlow16" sourceRef="exclusiveGateway1" targetRef="task9">
        <conditionExpression xsi:type="tFormalExpression">
            ${condition5==true}
        </conditionExpression>
    </sequenceFlow>
    <sequenceFlow id="seqFlow8" sourceRef="task4" targetRef="inclusiveGateway2"/>
    <sequenceFlow id="seqFlow17" sourceRef="task9" targetRef="task10"/>
    <sequenceFlow id="seqFlow18" sourceRef="task10" targetRef="inclusiveGateway2"/>
    <sequenceFlow id="seqFlow19" sourceRef="parallelGateway2" targetRef="task11"/>
    <sequenceFlow id="seqFlow20" sourceRef="inclusiveGateway2" targetRef="task12"/>
    <sequenceFlow id="seqFlow21" sourceRef="task11" targetRef="inclusiveGateway3"/>
    <sequenceFlow id="seqFlow22" sourceRef="task12" targetRef="inclusiveGateway3"/>
    <sequenceFlow id="seqFlow23" sourceRef="inclusiveGateway3" targetRef="task13"/>
    <sequenceFlow id="seqFlow24" sourceRef="task13" targetRef="endEvent1"/>
    <sequenceFlow id="seqFlow14" sourceRef="exclusiveGateway1" targetRef="task8">
        <conditionExpression xsi:type="tFormalExpression">
            ${condition4==true}
        </conditionExpression>
    </sequenceFlow>
    <sequenceFlow id="seqFlow3" sourceRef="inclusiveGateway1" targetRef="task2">
        <conditionExpression xsi:type="tFormalExpression">
            ${condition1==true}
        </conditionExpression>
    </sequenceFlow>
    <sequenceFlow id="seqFlow4" sourceRef="inclusiveGateway1" targetRef="task3">
        <conditionExpression xsi:type="tFormalExpression">
            ${condition2==true}
        </conditionExpression>
    </sequenceFlow>
    <sequenceFlow id="seqFlow5" sourceRef="inclusiveGateway1" targetRef="task4">
        <conditionExpression xsi:type="tFormalExpression">
            ${condition3==true}
        </conditionExpression>
    </sequenceFlow>
</process>
```

加载该流程模型并执行相应流程控制的示例代码如下：

```java
@Slf4j
public class RunGatewayDynamicJumpDemo extends FlowableEngineUtil {
    SimplePropertyPreFilter taskFilter = new SimplePropertyPreFilter(Task.class, "id",
            "name", "executionId", "taskDefinitionKey", "assignee");
    SimplePropertyPreFilter executionFilter = new SimplePropertyPreFilter(Execution.class,
            "id", "parentId", "processInstanceId", "activityId");

    @Test
    public void runGatewayDynamicJumpDemo() {
        //加载Flowable配置文件并初始化工作流引擎及服务
        initFlowableEngineAndServices("flowable.cfg.xml");
        //部署流程
        deployResource("processes/GatewayDynamicJumpProcess.bpmn20.xml");

        //初始化流程变量
        Map<String, Object> varMap = ImmutableMap.of("condition1", true,
                "condition2", true, "condition3", true,
                "condition4", false, "condition5", true);
        //启动流程
        ProcessInstance procInst = runtimeService
                .startProcessInstanceByKey("gatewayDynamicJumpProcess", varMap);
        TaskQuery taskQuery = taskService.createTaskQuery()
                .processInstanceId(procInst.getId());
        ExecutionQuery executionQuery = runtimeService.createExecutionQuery()
                .processInstanceId(procInst.getId());
        //查询并办理第一个用户任务
        Task task1 = taskQuery.singleResult();
        taskService.complete(task1.getId());
        log.info("第一次跳转前,当前任务为: {}", JSON.toJSONString(taskQuery.list(), taskFilter));
        log.info("当前执行实例有: {}", JSON.toJSONString(executionQuery.list(), executionFilter));

        //从UserTask2跳转到UserTask6、UserTask7
        runtimeService.createChangeActivityStateBuilder()
                .processInstanceId(procInst.getId())
                .moveSingleActivityIdToActivityIds("task2",
                        Arrays.asList("task6", "task7"))
                .changeState();
        log.info("第一次跳转后,当前任务为: {}", JSON.toJSONString(taskQuery.list(), taskFilter));
        log.info("当前执行实例有: {}", JSON.toJSONString(executionQuery.list(), executionFilter));

        //从UserTask3跳转到UserTask10
        Task task3 = taskQuery.list().stream()
                .filter(t -> "task3".equals(t.getTaskDefinitionKey()))
                .findFirst().get();
        runtimeService.createChangeActivityStateBuilder()
                .moveExecutionToActivityId(task3.getExecutionId(), "task10")
                .changeState();
        log.info("第二次跳转后,当前任务为: {}", JSON.toJSONString(taskQuery.list(), taskFilter));
        log.info("当前执行实例有: {}", JSON.toJSONString(executionQuery.list(), executionFilter));

        //从UserTask4、UserTask10跳转到UserTask12
        runtimeService.createChangeActivityStateBuilder()
                .processInstanceId(procInst.getId())
                .moveActivityIdsToSingleActivityId(Arrays.asList("task4", "task10"),
                        "task12")
                .changeState();
        log.info("第三次跳转后,当前任务为: {}", JSON.toJSONString(taskQuery.list(), taskFilter));
        log.info("当前执行实例有: {}", JSON.toJSONString(executionQuery.list(), executionFilter));

        //从UserTask12跳转到UserTask3、UserTask4
        Task task12 = taskQuery.list().stream()
                .filter(t -> "task12".equals(t.getTaskDefinitionKey()))
                .findFirst().get();
        runtimeService.createChangeActivityStateBuilder()
                .moveSingleExecutionToActivityIds(task12.getExecutionId(),
                        Arrays.asList("task3", "task4"))
                .changeState();
```

```java
        log.info("第四次跳转后,当前任务为: {}", JSON.toJSONString(taskQuery.list(), taskFilter));
        log.info("当前执行实例有: {}", JSON.toJSONString(executionQuery.list(), executionFilter));

        //从UserTask3、UserTask4跳转到网关InclusiveGateway2
        List<Task> taskList1 = taskQuery.list().stream()
                .filter(t -> t.getTaskDefinitionKey().equals("task3")
                        || t.getTaskDefinitionKey().equals("task4"))
                .collect(Collectors.toList());
        List<String> executionList1 = taskList1.stream().map(Task::getExecutionId)
                .collect(Collectors.toList());
        runtimeService.createChangeActivityStateBuilder()
                .moveExecutionsToSingleActivityId(executionList1, "inclusiveGateway2")
                .changeState();
        log.info("第五次跳转后,当前任务为: {}", JSON.toJSONString(taskQuery.list(), taskFilter));
        log.info("当前执行实例有: {}", JSON.toJSONString(executionQuery.list(), executionFilter));

        //查询并办理UserTask6、UserTask7的任务
        List<Task> taskList2 = taskQuery.list().stream()
                .filter(t -> t.getTaskDefinitionKey().equals("task6")
                        || t.getTaskDefinitionKey().equals("task7"))
                .collect(Collectors.toList());
        taskList2.forEach(task -> {
            taskService.complete(task.getId());
        });
        //查询并办理UserTask11、UserTask12的任务
        List<Task> taskList3 = taskQuery.list().stream()
                .filter(t -> t.getTaskDefinitionKey().equals("task11")
                        || t.getTaskDefinitionKey().equals("task12"))
                .collect(Collectors.toList());
        taskList3.forEach(task -> {
            taskService.complete(task.getId());
        });

        //从UserTask13跳转到UserTask1
        runtimeService.createChangeActivityStateBuilder()
                .processInstanceId(procInst.getId())
                .moveActivityIdTo("task13", "task1")
                .changeState();
        log.info("第六次跳转后,当前任务为: {}", JSON.toJSONString(taskQuery.list(), taskFilter));
        log.info("当前执行实例有: {}", JSON.toJSONString(executionQuery.list(), executionFilter));
    }
}
```

以上代码先初始化工作流引擎并部署流程,初始化流程变量后发起流程,然后加粗部分的代码用不同的接口实现了不同网关结合场景下的动态跳转:

(1) 第一次跳转是使用moveSingleActivityIdToActivityIds接口实现从用户任务UserTask2跳转到并行网关后的用户任务UserTask6、UserTask7,需要注意的是,这次跳转中调用ChangeActivityStateBuilder的processInstanceId()方法指定了流程实例编号;

(2) 第二次跳转是使用moveExecutionToActivityId接口实现从用户任务UserTask3跳转到排他网关ExclusiveGateway1后的UserTask10;

(3) 第三次跳转是使用moveActivityIdsToSingleActivityId接口实现从用户任务UserTask4、UserTask10跳转到UserTask12,需要注意的是,这次跳转中调用ChangeActivityStateBuilder的processInstanceId()方法指定了流程实例编号;

(4) 第四次跳转是使用moveSingleExecutionToActivityIds接口实现从用户任务UserTask12跳转到包容网关InclusiveGateway2前的UserTask3、UserTask4;

(5) 第五次跳转是使用moveExecutionsToSingleActivityId接口实现从用户任务UserTask3、UserTask4跳转到包容网关InclusiveGateway2,经网关汇聚后流转到用户任务UserTask12;

(6) 第六次跳转是使用moveActivityIdTo接口实现从用户任务UserTask13跳转到用户任务UserTask1,需要注意的是,这次跳转中调用ChangeActivityStateBuilder的processInstanceId()方法指定了流程实例编号。

在这个过程中分别查询和输出各阶段流程当前任务信息和执行实例信息。代码运行结果如下:

```
18:51:10,363 [main] INFO  RunGatewayDynamicJumpDemo  - 第一次跳转前，当前任务为: [{"executionId":"11",
"id":"25","name":"UserTask2","taskDefinitionKey":"task2"},{"executionId":"19","id":"28","name":
"UserTask3","taskDefinitionKey":"task3"},{"executionId":"20","id":"31","name":"UserTask4",
"taskDefinitionKey":"task4"}]
18:51:10,383 [main] INFO  RunGatewayDynamicJumpDemo  - 当前执行实例有: [{"activityId":"task2","id":
"11","parentId":"5","processInstanceId":"5"},{"activityId":"task3","id":"19","parentId":"5",
"processInstanceId":"5"},{"activityId":"task4","id":"20","parentId":"5","processInstanceId":"5"},
{"id":"5","processInstanceId":"5"}]
18:51:10,422 [main] INFO  RunGatewayDynamicJumpDemo  - 第一次跳转后，当前任务为: [{"executionId":"19",
"id":"28","name":"UserTask3","taskDefinitionKey":"task3"},{"executionId":"20","id":"31","name":
"UserTask4","taskDefinitionKey":"task4"},{"executionId":"33","id":"36","name":"UserTask6",
"taskDefinitionKey":"task6"},{"executionId":"34","id":"39","name":"UserTask7","taskDefinitionKey":
"task7"}]
18:51:10,431 [main] INFO  RunGatewayDynamicJumpDemo  - 当前执行实例有: [{"activityId":"task3","id":
"19","parentId":"5","processInstanceId":"5"},{"activityId":"task4","id":"20","parentId":"5",
"processInstanceId":"5"},{"activityId":"task6","id":"33","parentId":"5","processInstanceId":"5"},
{"activityId":"task7","id":"34","parentId":"5","processInstanceId":"5"},{"id":"5","processInstanceId":
"5"}]
18:51:10,457 [main] INFO  RunGatewayDynamicJumpDemo  - 第二次跳转后，当前任务为: [{"executionId":"20",
"id":"31","name":"UserTask4","taskDefinitionKey":"task4"},{"executionId":"33","id":"36","name":
"UserTask6","taskDefinitionKey":"task6"},{"executionId":"34","id":"39","name":"UserTask7",
"taskDefinitionKey":"task7"},{"executionId":"41","id":"43","name":"UserTask10","taskDefinitionKey":
"task10"}]
18:51:10,459 [main] INFO  RunGatewayDynamicJumpDemo  - 当前执行实例有: [{"activityId":"task4","id":
"20","parentId":"5","processInstanceId":"5"},{"activityId":"task6","id":"33","parentId":"5",
"processInstanceId":"5"},{"activityId":"task7","id":"34","parentId":"5","processInstanceId":"5"},
{"activityId":"task10","id":"41","parentId":"5","processInstanceId":"5"},{"id":"5","processInstanceId":
"5"}]
18:51:10,478 [main] INFO  RunGatewayDynamicJumpDemo  - 第三次跳转后，当前任务为: [{"executionId":"33",
"id":"36","name":"UserTask6","taskDefinitionKey":"task6"},{"executionId":"34","id":"39","name":
"UserTask7","taskDefinitionKey":"task7"},{"executionId":"45","id":"47","name":"UserTask12",
"taskDefinitionKey":"task12"}]
18:51:10,482 [main] INFO  RunGatewayDynamicJumpDemo  - 当前执行实例有: [{"activityId":"task6","id":
"33","parentId":"5","processInstanceId":"5"},{"activityId":"task7","id":"34","parentId":"5",
"processInstanceId":"5"},{"activityId":"task12","id":"45","parentId":"5","processInstanceId":"5"},
{"id":"5","processInstanceId":"5"}]
18:51:10,517 [main] INFO  RunGatewayDynamicJumpDemo  - 第四次跳转后，当前任务为: [{"executionId":"33",
"id":"36","name":"UserTask6","taskDefinitionKey":"task6"},{"executionId":"34","id":"39","name":
"UserTask7","taskDefinitionKey":"task7"},{"executionId":"49","id":"52","name":"UserTask3",
"taskDefinitionKey":"task3"},{"executionId":"50","id":"55","name":"UserTask4","taskDefinitionKey":
"task4"}]
18:51:10,520 [main] INFO  RunGatewayDynamicJumpDemo  - 当前执行实例有: [{"activityId":"task6","id":
"33","parentId":"5","processInstanceId":"5"},{"activityId":"task7","id":"34","parentId":"5",
"processInstanceId":"5"},{"activityId":"task3","id":"49","parentId":"5","processInstanceId":"5"},
{"id":"5","processInstanceId":"5"},{"activityId":"task4","id":"50","parentId":"5","processInstanceId":
"5"}]
18:51:10,545 [main] INFO  RunGatewayDynamicJumpDemo  - 第五次跳转后，当前任务为: [{"executionId":"33",
"id":"36","name":"UserTask6","taskDefinitionKey":"task6"},{"executionId":"34","id":"39","name":
"UserTask7","taskDefinitionKey":"task7"},{"executionId":"58","id":"63","name":"UserTask12",
"taskDefinitionKey":"task12"}]
18:51:10,547 [main] INFO  RunGatewayDynamicJumpDemo  - 当前执行实例有: [{"activityId":"task6","id":
"33","parentId":"5","processInstanceId":"5"},{"activityId":"task7","id":"34","parentId":"5",
"processInstanceId":"5"},{"id":"5","processInstanceId":"5"},{"activityId":"task12","id":"58",
"parentId":"5","processInstanceId":"5"}]
18:51:10,620 [main] INFO  RunGatewayDynamicJumpDemo  - 第六次跳转后，当前任务为:
[{"executionId":"81","id":"83","name":"UserTask1","taskDefinitionKey":"task1"}]
18:51:10,621 [main] INFO  RunGatewayDynamicJumpDemo  - 当前执行实例有: [{"id":"5","processInstanceId":
"5"},{"activityId":"task1","id":"81","parentId":"5","processInstanceId":"5"}]
```

从以上执行过程和结果的输出日志可以看出，流程都按预期完成了动态跳转。

25.1.4 动态跳转与子流程结合场景

下面看一个流程动态跳转与子流程结合场景的使用示例。在图25.3所示的流程中包含了2个嵌入式子流程和1个事件子流程，构成了一个较为复杂的流程。接下来，基于这个流程介绍如何通过Flowable的API实现子流程结合场景下的动态跳转。

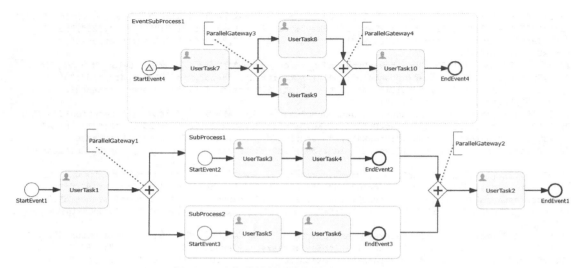

图25.3 动态跳转与子流程结合场景示例流程

该流程对应的XML内容如下:

```xml
<signal id="mySignal" name="测试信号" flowable:scope="processInstance"/>
<process id="subProcessDynamicJumpProcess" name="动态跳转与子流程结合场景示例流程">
    <startEvent id="startEvent1" name="StartEvent1"/>
    <userTask id="task1" name="UserTask1"/>
    <parallelGateway id="parallelGateway1"/>
    <subProcess id="subProcess1" name="SubProcess1">
        <startEvent id="startEvent2" name="StartEvent2"/>
        <userTask id="task3" name="UserTask3"/>
        <userTask id="task4" name="UserTask4"/>
        <endEvent id="endEvent2" name="EndEvent2"/>
        <sequenceFlow id="seqFlow5" sourceRef="startEvent2" targetRef="task3"/>
        <sequenceFlow id="seqFlow6" sourceRef="task3" targetRef="task4"/>
        <sequenceFlow id="seqFlow7" sourceRef="task4" targetRef="endEvent2"/>
    </subProcess>
    <subProcess id="subProcess2" name="SubProcess2">
        <startEvent id="startEvent3" name="StartEvent3"/>
        <userTask id="task5" name="UserTask5"/>
        <userTask id="task6" name="UserTask6"/>
        <endEvent id="endEvent3" name="EndEvent3"/>
        <sequenceFlow id="seqFlow8" sourceRef="startEvent3" targetRef="task5"/>
        <sequenceFlow id="seqFlow9" sourceRef="task5" targetRef="task6"/>
        <sequenceFlow id="seqFlow10" sourceRef="task6" targetRef="endEvent3"/>
    </subProcess>
    <parallelGateway id="parallelGateway2"/>
    <userTask id="task2" name="UserTask2"/>
    <endEvent id="endEvent1" name="EndEvent1"/>
    <subProcess id="eventSubProcess1" name="EventSubProcess1" triggeredByEvent="true">
        <startEvent id="startEvent4" name="StartEvent4" isInterrupting="true">
            <signalEventDefinition signalRef="mySignal"/>
        </startEvent>
        <userTask id="task7" name="UserTask7"/>
        <userTask id="task8" name="UserTask8"/>
        <userTask id="task9" name="UserTask9"/>
        <endEvent id="endEvent4" name="EndEvent4"/>
        <parallelGateway id="parallelGateway3"/>
        <parallelGateway id="parallelGateway4"/>
        <userTask id="task10" name="UserTask10"/>
        <sequenceFlow id="seqFlow15" sourceRef="startEvent4" targetRef="task7"/>
        <sequenceFlow id="seqFlow16" sourceRef="task7" targetRef="parallelGateway3"/>
        <sequenceFlow id="seqFlow17" sourceRef="parallelGateway3" targetRef="task8"/>
        <sequenceFlow id="seqFlow18" sourceRef="parallelGateway3" targetRef="task9"/>
        <sequenceFlow id="seqFlow19" sourceRef="task8" targetRef="parallelGateway4"/>
        <sequenceFlow id="seqFlow20" sourceRef="task9" targetRef="parallelGateway4"/>
```

```xml
            <sequenceFlow id="seqFlow22" sourceRef="task10" targetRef="endEvent4"/>
            <sequenceFlow id="seqFlow21" sourceRef="parallelGateway4" targetRef="task10"/>
        </subProcess>
    <sequenceFlow id="seqFlow1" sourceRef="startEvent1" targetRef="task1"/>
    <sequenceFlow id="seqFlow2" sourceRef="task1" targetRef="parallelGateway1"/>
    <sequenceFlow id="seqFlow13" sourceRef="parallelGateway2" targetRef="task2"/>
    <sequenceFlow id="seqFlow14" sourceRef="task2" targetRef="endEvent1"/>
    <sequenceFlow id="seqFlow3" sourceRef="parallelGateway1" targetRef="subProcess1"/>
    <sequenceFlow id="seqFlow4" sourceRef="parallelGateway1" targetRef="subProcess2"/>
    <sequenceFlow id="seqFlow11" sourceRef="subProcess1" targetRef="parallelGateway2"/>
    <sequenceFlow id="seqFlow12" sourceRef="subProcess2" targetRef="parallelGateway2"/>
</process>
```

加载该流程模型并执行相应流程控制的示例代码如下：

```java
@Slf4j
public class RunSubProcessDynamicJumpDemo extends FlowableEngineUtil {
    SimplePropertyPreFilter taskFilter = new SimplePropertyPreFilter(Task.class, "id",
            "name", "executionId", "taskDefinitionKey", "assignee");
    SimplePropertyPreFilter executionFilter = new SimplePropertyPreFilter(Execution.class,
            "id", "parentId", "processInstanceId", "activityId");

    @Test
    public void runSubProcessDynamicJumpDemo() {
        //加载Flowable配置文件并初始化工作流引擎及服务
        initFlowableEngineAndServices("flowable.cfg.xml");
        //部署流程
        deployResource("processes/SubProcessDynamicJumpProcess.bpmn20.xml");

        //启动流程
        ProcessInstance procInst = runtimeService
                .startProcessInstanceByKey("subProcessDynamicJumpProcess");
        TaskQuery taskQuery = taskService.createTaskQuery()
                .processInstanceId(procInst.getId());
        ExecutionQuery executionQuery = runtimeService.createExecutionQuery()
                .processInstanceId(procInst.getId());

        Task task1 = taskQuery.singleResult();
        log.info("第一次跳转前，当前任务为：{}", JSON.toJSONString(task1, taskFilter));
        log.info("当前执行实例有：{}", JSON.toJSONString(executionQuery.list(), executionFilter));

        //在事件子流程EventSubProcess1内部从StartEvent4跳转到UserTask8、UserTask9
        runtimeService.createChangeActivityStateBuilder()
                .processInstanceId(procInst.getId())
                .moveSingleActivityIdToActivityIds("startEvent4",
                        Arrays.asList("task8", "task9"))
                .changeState();
        log.info("第一次跳转后，当前任务为：{}", JSON.toJSONString(taskQuery.list(), taskFilter));
        log.info("当前执行实例有：{}", JSON.toJSONString(executionQuery.list(), executionFilter));

        //在事件子流程EventSubProcess1内部UserTask8、UserTask9跳转到UserTask10
        List<Task> taskList1 = taskQuery.list().stream()
                .filter(t -> t.getTaskDefinitionKey().equals("task8")
                        || t.getTaskDefinitionKey().equals("task9"))
                .collect(Collectors.toList());
        List<String> executionList1 = taskList1.stream()
                .map(Task::getExecutionId).collect(Collectors.toList());
        runtimeService.createChangeActivityStateBuilder()
                .moveExecutionsToSingleActivityId(executionList1, "task10")
                .changeState();
        log.info("第二跳转后，当前任务为：{}", JSON.toJSONString(taskQuery.list(), taskFilter));
        log.info("当前执行实例有：{}", JSON.toJSONString(executionQuery.list(), executionFilter));

        //从事件子流程EventSubProcess1的UserTask10跳转到子流程SubProcess1的UserTask3、SubProcess2的
        //UserTask6
        Task task10 = taskQuery.list().stream()
                .filter(t -> t.getTaskDefinitionKey().equals("task10"))
                .findFirst().get();
        runtimeService.createChangeActivityStateBuilder()
                .moveSingleExecutionToActivityIds(task10.getExecutionId(),
```

```
                    Arrays.asList("task3", "task6"))
                .changeState();
        log.info("第三次跳转后,当前任务为: {}", JSON.toJSONString(taskQuery.list(), taskFilter));
        log.info("当前执行实例有: {}", JSON.toJSONString(executionQuery.list(), executionFilter));

        //从子流程SubProcess1的UserTask3、SubProcess2的UserTask6跳转到主流程的ParallelGateway2
        runtimeService.createChangeActivityStateBuilder()
                .processInstanceId(procInst.getId())
                .moveActivityIdsToSingleActivityId(Arrays.asList("task3", "task6"),
                        "parallelGateway2")
                .changeState();
        log.info("第四次跳转后,当前任务为: {}", JSON.toJSONString(taskQuery.list(), taskFilter));
        log.info("当前执行实例有: {}", JSON.toJSONString(executionQuery.list(), executionFilter));

        //完成任务task2
        Task task2 = taskQuery.list().stream()
                .filter(t -> t.getTaskDefinitionKey().equals("task2"))
                .findFirst().get();
        taskService.complete(task2.getId());

        //从主流程的UserTask1跳转到主流程的UserTask2
        runtimeService.createChangeActivityStateBuilder()
                .processInstanceId(procInst.getId())
                .moveActivityIdTo("task1", "task2")
                .changeState();
        log.info("第五次跳转后,当前任务为: {}", JSON.toJSONString(taskQuery.list(), taskFilter));
        log.info("当前执行实例有: {}", JSON.toJSONString(executionQuery.list(), executionFilter));
    }
}
```

以上代码先初始化工作流引擎并部署流程,然后发起流程,接着加粗部分的代码用不同的接口实现了不同子流程结合场景下的动态跳转:

(1)第一次跳转是使用moveSingleActivityIdToActivityIds接口实现在事件子流程EventSubProcess1内部从StartEvent4跳转到UserTask8、UserTask9,需要注意的是,这次跳转中调用ChangeActivityStateBuilder的processInstanceId()方法指定了流程实例编号;

(2)第二次跳转是使用moveExecutionsToSingleActivityId接口实现在事件子流程EventSubProcess1内部从UserTask8、UserTask9跳转到UserTask10;

(3)第三次跳转是使用moveSingleExecutionToActivityIds接口实现从事件子流程EventSubProcess1的UserTask10跳转到子流程SubProcess1的UserTask3、SubProcess2的UserTask6;

(4)第四次跳转是使用moveActivityIdsToSingleActivityId接口实现从子流程SubProcess1的UserTask3、SubProcess2的UserTask6跳转到主流程的ParallelGateway2,需要注意的是,这次跳转中调用ChangeActivityStateBuilder的processInstanceId()方法指定了流程实例编号;

(5)第五次跳转是使用moveActivityIdTo接口实现从主流程的UserTask1跳转到主流程的UserTask2,需要注意的是,这次跳转中调用ChangeActivityStateBuilder的processInstanceId()方法指定了流程实例编号。

在这个过程中分别查询和输出各阶段流程当前任务信息和执行实例信息。代码运行结果如下:

```
20:32:41,641 [main] INFO  RunSubProcessDynamicJumpDemo  - 第一次跳转前,当前任务为: [{"executionId":"6",
"id":"12","name":"UserTask1","taskDefinitionKey":"task1"}]
20:32:41,681 [main] INFO  com.bpm.example.demo1.RunSubProcessDynamicJumpDemo  - 当前执行实例有: [{
"id":"5","processInstanceId":"5"},{"activityId":"task1","id":"6","parentId":"5","processInstanceId":"5"},
{"activityId":"startEvent4","id":"8","parentId":"5","processInstanceId":"5"}]
20:32:41,729 [main] INFO  RunSubProcessDynamicJumpDemo  - 第一次跳转后,当前任务为: [{"executionId":"6",
"id":"12","name":"UserTask1","taskDefinitionKey":"task1"},{"executionId":"14","id":"17","name":
"UserTask8","taskDefinitionKey":"task8"},{"executionId":"15","id":"20","name":"UserTask9",
"taskDefinitionKey":"task9"}]
20:32:41,734 [main] INFO  RunSubProcessDynamicJumpDemo  - 当前执行实例有: [{"activityId":"task8","id":
"14","parentId":"5","processInstanceId":"5"},{"activityId":"task9","id":"15","parentId":"5",
"processInstanceId":"5"},{"id":"5","processInstanceId":"5"},{"activityId":"task1","id":"6","parentId":
"5","processInstanceId":"5"}]
20:32:41,789 [main] INFO  RunSubProcessDynamicJumpDemo  - 第二跳转后,当前任务为: [{"executionId":"6",
"id":"12","name":"UserTask1","taskDefinitionKey":"task1"},{"executionId":"22","id":"24","name":
"UserTask10","taskDefinitionKey":"task10"}]
20:32:41,794 [main] INFO  RunSubProcessDynamicJumpDemo  - 当前执行实例有: [{"activityId":"task10","id":
```

```
"22","parentId":"5","processInstanceId":"5"},{"id":"5","processInstanceId":"5"},{"activityId":"task1",
"id":"6","parentId":"5","processInstanceId":"5"}]
20:32:41,843 [main] INFO  RunSubProcessDynamicJumpDemo  - 第三次跳转后，当前任务为:[{"executionId":"6",
"id":"12","name":"UserTask1","taskDefinitionKey":"task1"},{"executionId":"30","id":"33","name":
"UserTask3","taskDefinitionKey":"task3"},{"executionId":"31","id":"36","name":"UserTask6",
"taskDefinitionKey":"task6"}]
20:32:41,851 [main] INFO  RunSubProcessDynamicJumpDemo  - 当前执行实例有:[{"activityId":"subProcess1",
"id":"26","parentId":"5","processInstanceId":"5"},{"activityId":"subProcess2","id":"28","parentId":
"5","processInstanceId":"5"},{"activityId":"task3","id":"30","parentId":"26","processInstanceId":
"5"},{"activityId":"task6","id":"31","parentId":"28","processInstanceId":"5"},{"id":"5",
"processInstanceId":"5"},{"activityId":"task1","id":"6","parentId":"5","processInstanceId":"5"}]
20:32:41,918 [main] INFO  RunSubProcessDynamicJumpDemo  - 第四次跳转后,当前任务为:[{"executionId":"6",
"id":"12","name":"UserTask1","taskDefinitionKey":"task1"},{"executionId":"39","id":"44","name":
"UserTask2","taskDefinitionKey":"task2"}]
20:32:41,922 [main] INFO  RunSubProcessDynamicJumpDemo  - 当前执行实例有:[{"activityId":"task2","id":
"39","parentId":"5","processInstanceId":"5"},{"id":"5","processInstanceId":"5"},{"activityId":
"task1","id":"6","parentId":"5","processInstanceId":"5"}]
20:32:41,965 [main] INFO  RunSubProcessDynamicJumpDemo  - 第五次跳转后,当前任务为:[{"executionId":"48",
"id":"50","name":"UserTask2","taskDefinitionKey":"task2"}]
20:32:41,968 [main] INFO  RunSubProcessDynamicJumpDemo  - 当前执行实例有:[{"activityId":"task2","id":
"48","parentId":"5","processInstanceId":"5"},{"id":"5","processInstanceId":"5"}]
```

从以上执行过程和结果的输出日志可以看出，流程都按预期完成了动态跳转。

25.1.5 动态跳转与调用活动结合场景

下面看一个流程动态跳转与调用活动结合场景的使用示例。在图25.4所示的流程中包含了1个调用活动，该调用活动引用了图25.5所示的流程，构成了一对主子流程。接下来，基于这对主子流程介绍如何通过Flowable的API实现调用活动结合场景下的动态跳转。

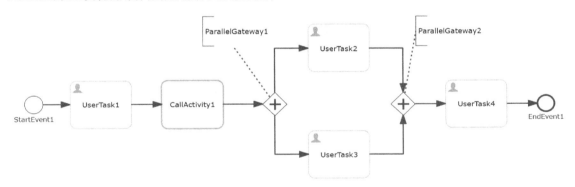

图25.4 动态跳转与调用活动结合场景示例主流程

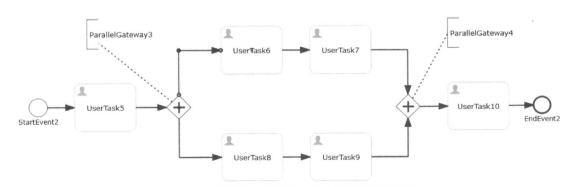

图25.5 动态跳转与调用活动结合场景示例子流程

图25.4所示主流程对应的XML内容如下：

```
<process id="CallActivityDynamicJumpMainProcess" name="动态跳转与调用活动结合场景示例主流程">
    <startEvent id="startEvent1" name="StartEvent1"/>
```

```xml
    <userTask id="task1" name="UserTask1"/>
    <callActivity id="callActivity1" name="CallActivity1" calledElement=
        "CallActivityDynamicJumpSubProcess" flowable:calledElementType="key"/>
    <parallelGateway id="parallelGateway1"/>
    <userTask id="task2" name="UserTask2"/>
    <userTask id="task3" name="UserTask3"/>
    <parallelGateway id="parallelGateway2"/>
    <userTask id="task4" name="UserTask4"/>
    <endEvent id="endEvent1" name="EndEvent1"/>
    <sequenceFlow id="seqFlow1" sourceRef="startEvent1" targetRef="task1"/>
    <sequenceFlow id="seqFlow2" sourceRef="task1" targetRef="callActivity1"/>
    <sequenceFlow id="seqFlow3" sourceRef="callActivity1" targetRef="parallelGateway1"/>
    <sequenceFlow id="seqFlow4" sourceRef="parallelGateway1" targetRef="task2"/>
    <sequenceFlow id="seqFlow5" sourceRef="parallelGateway1" targetRef="task3"/>
    <sequenceFlow id="seqFlow7" sourceRef="task3" targetRef="parallelGateway2"/>
    <sequenceFlow id="seqFlow6" sourceRef="task2" targetRef="parallelGateway2"/>
    <sequenceFlow id="seqFlow8" sourceRef="parallelGateway2" targetRef="task4"/>
    <sequenceFlow id="seqFlow9" sourceRef="task4" targetRef="endEvent1"/>
</process>
```

以上流程定义中,加粗部分的代码定义了调用活动callActivity1,通过其flowable:calledElementType、calledElement属性引用了流程定义key为CallActivityDynamicJumpSubProcess的子流程。

子流程对应的XML内容如下:

```xml
<process id="CallActivityDynamicJumpSubProcess" name="动态跳转与调用活动结合场景示例子流程">
    <startEvent id="startEvent2" name="StartEvent2"/>
    <userTask id="task5" name="UserTask5"/>
    <parallelGateway id="parallelGateway3"/>
    <userTask id="task6" name="UserTask6"/>
    <userTask id="task8" name="UserTask8"/>
    <parallelGateway id="parallelGateway4"/>
    <userTask id="task7" name="UserTask7"/>
    <userTask id="task9" name="UserTask9"/>
    <userTask id="task10" name="UserTask10"/>
    <endEvent id="endEvent2" name="EndEvent2"/>
    <sequenceFlow id="seqFlow10" sourceRef="startEvent2" targetRef="task5"/>
    <sequenceFlow id="seqFlow11" sourceRef="task5" targetRef="parallelGateway3"/>
    <sequenceFlow id="seqFlow12" sourceRef="parallelGateway3" targetRef="task6"/>
    <sequenceFlow id="seqFlow13" sourceRef="task6" targetRef="task7"/>
    <sequenceFlow id="seqFlow14" sourceRef="task7" targetRef="parallelGateway4"/>
    <sequenceFlow id="seqFlow15" sourceRef="parallelGateway3" targetRef="task8"/>
    <sequenceFlow id="seqFlow16" sourceRef="task8" targetRef="task9"/>
    <sequenceFlow id="seqFlow17" sourceRef="task9" targetRef="parallelGateway4"/>
    <sequenceFlow id="seqFlow18" sourceRef="parallelGateway4" targetRef="task10"/>
    <sequenceFlow id="seqFlow19" sourceRef="task10" targetRef="endEvent2"/>
</process>
```

加载主子流程模型并执行相应流程控制的示例代码如下:

```java
@Slf4j
public class RunCallActivityDynamicJumpDemo extends FlowableEngineUtil {
    SimplePropertyPreFilter taskFilter = new SimplePropertyPreFilter(Task.class, "id",
            "name", "executionId", "taskDefinitionKey", "assignee");
    SimplePropertyPreFilter executionFilter = new SimplePropertyPreFilter(Execution.class,
            "id", "parentId", "processInstanceId", "activityId");

    @Test
    public void runCallActivityDynamicJumpDemo() {
        //加载Flowable配置文件并初始化工作流引擎及服务
        initFlowableEngineAndServices("flowable.cfg.xml");
        //部署流程
        ProcessDefinition parentProcessDefinition = deployResource
                ("processes/CallActivityDynamicJumpMainProcess.bpmn20.xml");
        ProcessDefinition subProcessDefinition = deployResource
                ("processes/CallActivityDynamicJumpSubProcess.bpmn20.xml");

        //启动流程
        ProcessInstance procInst = runtimeService
                .startProcessInstanceById(parentProcessDefinition.getId());
```

```java
ExecutionQuery executionQuery = runtimeService.createExecutionQuery()
        .rootProcessInstanceId(procInst.getId());

Task task1 = getTaskQuery(executionQuery).singleResult();
log.info("第一次跳转前,当前任务为:{}", JSON.toJSONString(task1, taskFilter));
log.info("当前执行实例有:{}", JSON.toJSONString(executionQuery.list(), executionFilter));

//从主流程的UserTask1跳转到子流程的UserTask5
getChangeActivityStateBuilder()
        .processInstanceId(procInst.getId())
        .moveActivityIdToSubProcessInstanceActivityId("task1", "task5",
            "callActivity1")
        .changeState();
log.info("第一次跳转后,当前任务为:{}", JSON.toJSONString(getTaskQuery(executionQuery).list(),
        taskFilter));
log.info("当前执行实例有:{}", JSON.toJSONString(executionQuery.list(), executionFilter));

//从子流程的UserTask5跳转到主流程的UserTask4
getChangeActivityStateBuilder()
        .processInstanceId(getSubProcessInstanceId(procInst.getId()))
        .moveActivityIdToParentActivityId("task5", "task4")
        .changeState();
log.info("第二次跳转后,当前任务为:{}", JSON.toJSONString(getTaskQuery(executionQuery).list(),
        taskFilter));
log.info("当前执行实例有:{}", JSON.toJSONString(executionQuery.list(), executionFilter));

//从主流程的UserTask4跳转到子流程的UserTask7、UserTask8
getChangeActivityStateBuilder()
        .moveSingleActivityIdToSubProcessInstanceActivityIds("task4",
            Arrays.asList("task7", "task8"), "callActivity1",
            subProcessDefinition.getVersion())
        .processInstanceId(procInst.getId())
        .changeState();
log.info("第三次跳转后,当前任务为:{}", JSON.toJSONString(getTaskQuery(executionQuery).list(),
        taskFilter));
log.info("当前执行实例有:{}", JSON.toJSONString(executionQuery.list(), executionFilter));

//从子流程的UserTask7、UserTask8跳转到主流程的UserTask1
getChangeActivityStateBuilder()
        .moveActivityIdsToParentActivityId(Arrays.asList("task7", "task8"),
            "task1", "huhaiqin", "")
        .processInstanceId(getSubProcessInstanceId(procInst.getId()))
        .changeState();
log.info("第四次跳转后,当前任务为:{}", JSON.toJSONString(getTaskQuery(executionQuery).list(),
        taskFilter));
log.info("当前执行实例有:{}", JSON.toJSONString(executionQuery.list(), executionFilter));

//从主流程的UserTask1跳转到主流程的UserTask2、UserTask3
getChangeActivityStateBuilder()
        .processInstanceId(procInst.getId())
        .moveSingleActivityIdToActivityIds("task1", Arrays.asList("task2", "task3"))
        .changeState();
log.info("第五次跳转后,当前任务为:{}", JSON.toJSONString(getTaskQuery(executionQuery).list(),
        taskFilter));
log.info("当前执行实例有:{}", JSON.toJSONString(executionQuery.list(), executionFilter));

//从主流程的UserTask2、UserTask3跳转到子流程的UserTask10
getChangeActivityStateBuilder()
        .moveActivityIdsToSubProcessInstanceActivityId(Arrays.asList("task2", "task3"),
            "task10", "callActivity1",
            subProcessDefinition.getVersion(), "hebo", "")
        .processInstanceId(procInst.getId())
        .changeState();
log.info("第六次跳转后,当前任务为:{}", JSON.toJSONString(getTaskQuery(executionQuery).list(),
        taskFilter));
log.info("当前执行实例有:{}", JSON.toJSONString(executionQuery.list(), executionFilter));

//从子流程的UserTask10跳转到主流程的UserTask2、UserTask3
getChangeActivityStateBuilder()
```

```java
                .moveSingleActivityIdToParentActivityIds("task10",
                    Arrays.asList("task2", "task3"))
                .processInstanceId(getSubProcessInstanceId(procInst.getId()))
                .changeState();
        log.info("第七次跳转后,当前任务为:{}", JSON.toJSONString(getTaskQuery(executionQuery).list(),
                taskFilter));
        log.info("当前执行实例有:{}", JSON.toJSONString(executionQuery.list(), executionFilter));
    }

    //获取查询主子流程中的所有用户任务的TaskQuery
    private TaskQuery getTaskQuery(ExecutionQuery executionQuery) {
        List<Execution> list = executionQuery.list();
        List<String> processIds = list.stream()
                .map(Execution::getProcessInstanceId)
                .distinct().collect(Collectors.toList());
        TaskQuery taskQuery = taskService.createTaskQuery()
                .processInstanceIdIn(processIds);
        return taskQuery;
    }

    //获取调用活动所引用的流程实例编号
    private String getSubProcessInstanceId(String parentProcInstId) {
        ProcessInstance subProcInst = runtimeService
                .createProcessInstanceQuery()
                .superProcessInstanceId(parentProcInstId)
                .singleResult();
        return subProcInst.getId();
    }

    //获取ChangeActivityStateBuilder
    private ChangeActivityStateBuilderImpl getChangeActivityStateBuilder() {
        return ((ChangeActivityStateBuilderImpl) runtimeService
                .createChangeActivityStateBuilder());
    }
}
```

以上代码先初始化工作流引擎并分别部署主子流程,然后发起主流程,接着加粗部分的代码用不同的接口实现了不同调用活动结合场景下的动态跳转:

(1) 第一次跳转是使用moveActivityIdToSubProcessInstanceActivityId接口实现从主流程的UserTask1跳转到子流程的UserTask5;

(2) 第二次跳转是使用moveActivityIdToParentActivityId接口实现从子流程的UserTask5跳转到主流程的UserTask4,需要注意的是,这次跳转中调用ChangeActivityStateBuilder的processInstanceId()方法指定的是子流程的流程实例编号;

(3) 第三次跳转是使用moveSingleActivityIdToSubProcessInstanceActivityIds接口实现从主流程的UserTask4跳转到子流程的UserTask7、UserTask8;

(4) 第四次跳转是使用moveActivityIdsToParentActivityId接口实现从子流程的UserTask7、UserTask8跳转到主流程的UserTask1,需要注意的是,这次跳转中调用ChangeActivityStateBuilder的processInstanceId()方法指定的是子流程的流程实例编号;

(5) 第五次跳转是使用moveSingleActivityIdToActivityIds接口实现从主流程的UserTask1跳转到主流程的UserTask2、UserTask3;

(6) 第六次跳转是使用moveActivityIdsToSubProcessInstanceActivityId接口实现从主流程的UserTask2、UserTask3跳转到子流程的UserTask10;

(7) 第七次跳转是使用moveSingleActivityIdToParentActivityIds接口实现从子流程的UserTask10流转到主流程的UserTask2、UserTask3,需要注意的是,这次跳转中调用ChangeActivityStateBuilder的processInstanceId()方法指定的是子流程的流程实例编号。

在这个过程中分别查询和输出各阶段流程当前任务信息和执行实例信息。代码运行结果如下:

```
06:59:08,368 [main] INFO  RunCallActivityDynamicJumpDemo    - 第一次跳转前,当前任务为:{"executionId":"10",
"id":"14","name":"UserTask1","taskDefinitionKey":"task1"}
06:59:08,386 [main] INFO  RunCallActivityDynamicJumpDemo    - 当前执行实例有:[{"activityId":"task1",
```

```
"id":"10","parentId":"9","processInstanceId":"9"},{"id":"9","processInstanceId":"9"}]
06:59:08,445 [main] INFO  RunCallActivityDynamicJumpDemo  - 第一次跳转后，当前任务为：[{"executionId":
"20","id":"22","name":"UserTask5","taskDefinitionKey":"task5"}]
06:59:08,448 [main] INFO  com.bpm.example.demo1.RunCallActivityDynamicJumpDemo  - 当前执行实例有：
[{"activityId":"callActivity1","id":"16","parentId":"9","processInstanceId":"9"},{"id":"18",
"processInstanceId":"18"},{"activityId":"task5","id":"20","parentId":"18","processInstanceId":"18"},
{"id":"9","processInstanceId":"9"}]
06:59:08,507 [main] INFO  RunCallActivityDynamicJumpDemo  - 第二次跳转后，当前任务为：[{"executionId":
"25","id":"27","name":"UserTask4","taskDefinitionKey":"task4"}]
06:59:08,510 [main] INFO  com.bpm.example.demo1.RunCallActivityDynamicJumpDemo  - 当前执行实例有：
[{"activityId":"task4","id":"25","parentId":"9","processInstanceId":"9"},{"id":"9",
"processInstanceId":"9"}]
06:59:08,538 [main] INFO  RunCallActivityDynamicJumpDemo  - 第三次跳转后，当前任务为：[{"executionId":
"33","id":"36","name":"UserTask7","taskDefinitionKey":"task7"},{"executionId":"34","id":"40","name":
"UserTask8","taskDefinitionKey":"task8"}]
06:59:08,543 [main] INFO  RunCallActivityDynamicJumpDemo  - 当前执行实例有：[{"activityId":
"callActivity1","id":"29","parentId":"9","processInstanceId":"9"},{"id":"31","processInstanceId":
"31"},{"activityId":"task7","id":"33","parentId":"31","processInstanceId":"31"},{"activityId":
"task8","id":"34","parentId":"31","processInstanceId":"31"},{"id":"9","processInstanceId":"9"}]
06:59:08,595 [main] INFO  RunCallActivityDynamicJumpDemo  - 第四次跳转后，当前任务为：[{"assignee":
"huhaiqin","executionId":"43","id":"45","name":"UserTask1","taskDefinitionKey":"task1"}]
06:59:08,597 [main] INFO  RunCallActivityDynamicJumpDemo  - 当前执行实例有：[{"activityId":"task1",
"id":"43","parentId":"9","processInstanceId":"9"},{"id":"9","processInstanceId":"9"}]
06:59:08,623 [main] INFO  RunCallActivityDynamicJumpDemo  - 第五次跳转后，当前任务为：[{"executionId":
"49","id":"52","name":"UserTask2","taskDefinitionKey":"task2"},{"executionId":"50","id":"55","name":
"UserTask3","taskDefinitionKey":"task3"}]
06:59:08,627 [main] INFO  RunCallActivityDynamicJumpDemo  - 当前执行实例有：[{"activityId":"task2",
"id":"49","parentId":"9","processInstanceId":"9"},{"activityId":"task3","id":"50","parentId":"9",
"processInstanceId":"9"},{"id":"9","processInstanceId":"9"}]
06:59:08,668 [main] INFO  RunCallActivityDynamicJumpDemo  - 第六次跳转后，当前任务为：[{"executionId":
"61","id":"63","name":"UserTask10","taskDefinitionKey":"task10"}]
06:59:08,671 [main] INFO  RunCallActivityDynamicJumpDemo  - 当前执行实例有：[{"activityId":
"callActivity1","id":"57","parentId":"9","processInstanceId":"9"},{"id":"59","processInstanceId":
"59"},{"activityId":"task10","id":"61","parentId":"59","processInstanceId":"59"},{"id":"9",
"processInstanceId":"9"}]
06:59:08,715 [main] INFO  RunCallActivityDynamicJumpDemo  - 第七次跳转后，当前任务为：[{"executionId":
"66","id":"69","name":"UserTask2","taskDefinitionKey":"task2"},{"executionId":"67","id":"72","name":
"UserTask3","taskDefinitionKey":"task3"}]
06:59:08,725 [main] INFO  RunCallActivityDynamicJumpDemo  - 当前执行实例有：[{"activityId":"task2",
"id":"66","parentId":"9","processInstanceId":"9"},{"activityId":"task3","id":"67","parentId":"9",
"processInstanceId":"9"},{"id":"9","processInstanceId":"9"}]
```

从以上执行过程和结果的输出日志可以看出，流程均按预期完成了动态跳转。

25.2 任务撤回

任务撤回功能是指发起人发起流程或办理人办理任务后，如果发现错误或者需要重新办理，可以在后续用户任务的办理人（或候选人）办理该任务前将任务撤回，以便进行修正或再次办理。任务撤回是一个很常见的场景，如申请人发起流程后发现提交材料内容有误，但是此时流程已经流转到下一个审批用户任务，这种情况下如果让申请人沟通下一节点的办理人驳回流程重新编辑，会增加很多工作量，并且大大延长流程的审批时间，而任务撤回非常适用于这种场景。任务撤回功能能够提高工作效率，避免出错的流程继续执行，确保流程的正确性。

25.2.1 任务撤回的扩展实现

借款申请流程如图25.6所示：申请人发起流程提交"借款申请"用户任务后，流程将流转到"直属上级审批"用户任务和"财务经理审批"用户任务。如果申请人发现提交的申请信息有误，并且"直属上级审批"用户任务和"财务经理审批"用户任务均未办理该任务，那么申请人可以执行任务撤回操作，使流程重新回到"借款申请"用户任务，由申请人修改信息后再次提交。下面就来介绍如何扩展Flowable实现任务撤回。

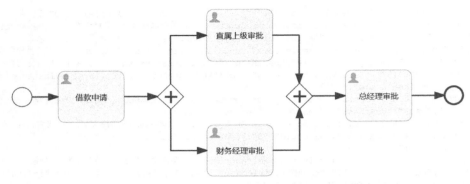

图25.6 任务撤回示例流程

1. 任务撤回Command类

这里同样通过Flowable的命令与拦截器运行机制实现自定义任务撤回命令，并交给Flowable工作流引擎执行。任务撤回Command命令类的代码如下：

```
@AllArgsConstructor
public class TaskRecallCmd implements Command<Void> {
    //任务编号
    protected final String taskId;

    public Void execute(CommandContext commandContext) {
        //taskId参数不能为空
        if (this.taskId == null) {
            throw new FlowableIllegalArgumentException("Task id is required");
        }
        ProcessEngineConfigurationImpl procEngineConf = CommandContextUtil
                .getProcessEngineConfiguration(commandContext);
        RuntimeService runtimeService = procEngineConf.getRuntimeService();
        //获取历史服务
        HistoryService historyService = procEngineConf.getHistoryService();
        //根据taskId查询历史任务
        HistoricTaskInstance task = historyService.createHistoricTaskInstanceQuery()
                .taskId(this.taskId).singleResult();
        //进行一系列任务和流程校验
        basicCheck(runtimeService, task);
        //获取流程模型
        BpmnModel bpmnModel = ProcessDefinitionUtil
                .getBpmnModel(task.getProcessDefinitionId());
        FlowElement flowElement = bpmnModel.getFlowElement(task.getTaskDefinitionKey());
        List<String> nextElementIdList = new ArrayList();
        List<UserTask> nextUserTaskList = new ArrayList();
        //先获取后续节点信息
        getNextElementInfo(bpmnModel, flowElement, nextElementIdList, nextUserTaskList);
        //再校验后续节点任务是否已经办理完成
        existNextFinishedTaskCheck(historyService, task, nextUserTaskList);
        //清理节点历史
        deleteHistoricActivityInstance(procEngineConf, historyService, task);
        //执行跳转
        List<String> recallElementIdList = getRecallElementIdList(runtimeService, task,
                nextElementIdList);
        runtimeService.createChangeActivityStateBuilder()
                .processInstanceId(task.getProcessInstanceId())
                .moveActivityIdsToSingleActivityId(recallElementIdList, task
                        .getTaskDefinitionKey())
                .changeState();
        return null;
    }

    //任务校验
    private void basicCheck(RuntimeService runtimeService, HistoricTaskInstance task) {
        if (task == null) {
            String msg = "任务不存在";
```

25.2 任务撤回

```java
            throw new FlowableObjectNotFoundException(msg);
        }
        if (task.getEndTime() == null) {
            String msg = "任务正在执行,不需要回退";
            throw new FlowableException(msg);
        }
        ProcessInstance processInstance = runtimeService.createProcessInstanceQuery()
                .processInstanceId(task.getProcessInstanceId()).singleResult();
        if (processInstance == null) {
            String msg = "该流程已经结束,无法进行任务回退。";
            throw new FlowableException(msg);
        }
    }

    /**
     * 获取后续节点信息
     * @param bpmnModel          流程模型
     * @param currentNode        当前节点
     * @param nextNodeIdList     后续节点Id列表
     * @param nextUserTaskList   后续用户任务节点列表
     */
    private void getNextElementInfo(BpmnModel bpmnModel, FlowElement currentNode,
            List<String> nextNodeIdList,
            List<UserTask> nextUserTaskList) {
        //查询当前节点所有流出顺序流
        List<SequenceFlow> outgoingFlows = ((FlowNode) currentNode).getOutgoingFlows();
        for (SequenceFlow flow : outgoingFlows) {
            //后续节点
            FlowElement targetNode = bpmnModel.getFlowElement(flow.getTargetRef());
            nextNodeIdList.add(targetNode.getId());
            if (targetNode instanceof UserTask) {
                nextUserTaskList.add((UserTask) targetNode);
            } else if (targetNode instanceof Gateway) {
                Gateway gateway = ((Gateway) targetNode);
                //网关节点执行递归操作
                getNextElementInfo(bpmnModel, gateway, nextNodeIdList, nextUserTaskList);
            } else {
                //其他类型节点读者可自行实现
            }
        }
    }

    /**
     * 校验后续节点任务是否已经办理完成
     * @param historyService         历史服务
     * @param currentTaskInstance    当前任务实例
     * @param nextUserTaskList       后续用户
     */
    private void existNextFinishedTaskCheck(HistoryService historyService,
            HistoricTaskInstance currentTaskInstance,
            List<UserTask> nextUserTaskList) {
        List<HistoricTaskInstance> hisTaskList = historyService
                .createHistoricTaskInstanceQuery()
                .processInstanceId(currentTaskInstance.getProcessInstanceId())
                .taskCompletedAfter(currentTaskInstance.getEndTime())
                .list();
        List<String> nextUserTaskIdList = nextUserTaskList.stream().map(UserTask::getId)
                .collect(Collectors.toList());
        if (!hisTaskList.isEmpty()) {
            hisTaskList.forEach(obj -> {
                if (nextUserTaskIdList.contains(obj.getTaskDefinitionKey())) {
                    String msg = "存在已完成下一节点任务";
                    throw new FlowableException(msg);
                }
            });
        }
    }

    /**
```

```java
 * 获取可撤回的节点列表
 * @param runtimeService      工作流引擎配置
 * @param currentTaskInstance  任务实例
 * @param nextElementIdList    后续节点列表
 * @return
 */
private List<String> getRecallElementIdList(RuntimeService runtimeService,
        HistoricTaskInstance currentTaskInstance,
        List<String> nextElementIdList) {
    List<String> recallElementIdList = new ArrayList();
    List<Execution> executions = runtimeService.createExecutionQuery()
            .processInstanceId(currentTaskInstance.getProcessInstanceId())
            .onlyChildExecutions().list();
    if (!executions.isEmpty()) {
        executions.forEach(obj -> {
            if (nextElementIdList.contains(obj.getActivityId())) {
                recallElementIdList.add(obj.getActivityId());
            }
        });
    }
    return recallElementIdList;
}

/**
 * 清理节点历史
 * @param procEngineConf
 * @param historyService
 * @param task
 */
private void deleteHistoricActivityInstance(ProcessEngineConfigurationImpl procEngineConf,
        HistoryService historyService,
        HistoricTaskInstance task) {
    //删除要撤回的节点的历史
    List<HistoricActivityInstance> allHisActivityList = historyService
            .createHistoricActivityInstanceQuery()
            .processInstanceId(task.getProcessInstanceId())
            .activityId(task.getTaskDefinitionKey()).list();
    HistoricActivityInstance hisActivity = allHisActivityList
            .stream().filter(obj -> task.getId().equals(obj.getTaskId()))
            .findFirst().get();
    HistoricActivityInstanceEntityManager hisActivityEntityManager = procEngineConf
            .getHistoricActivityInstanceEntityManager();
    hisActivityEntityManager.delete(hisActivity.getId());
    //删除被撤回的节点的历史
    List<HistoricActivityInstance> hisActivityList = historyService
            .createHistoricActivityInstanceQuery()
            .processInstanceId(task.getProcessInstanceId())
            .startedAfter(task.getEndTime())
            .orderByHistoricActivityInstanceStartTime()
            .asc().list();
    List<String> deleteHisActivityIdList = new ArrayList();
    if (!CollectionUtils.isEmpty(hisActivityList)) {
        hisActivityList.forEach(obj -> {
            if (!deleteHisActivityIdList.contains(obj.getActivityId())) {
                deleteHisActivityIdList.add(obj.getId());
                hisActivityEntityManager.delete(obj.getId());
            }
        });
    }
}
```

以上代码实现了org.flowable.common.engine.impl.interceptor.Command接口类的execute()方法。其核心逻辑是先根据taskId查询历史任务实例，进行一系列任务和流程校验，包括校验任务是否存在、任务是否完成，以及流程是否结束；然后获取流程模型信息和后续节点信息，并校验后续节点任务是否已经完成，如果所有校验都已通过，则继续后面的操作。一切就绪后，删除节点历史，最后执行流程跳转操作。

2．任务撤回服务类

Flowable的ManagementService管理服务提供的executeCommand()方法可以用于执行Command类，这里通

过调用ManagementService的executeCommand()方法执行TaskRecallCmd命令实现任务撤回。任务撤回服务类的代码如下：

```java
@AllArgsConstructor
public class TaskRecallService {
    protected ManagementService managementService;

    public void executeRecall(String taskId) {
        //实例化撤回Command类
        TaskRecallCmd taskRecallCmd = new TaskRecallCmd(taskId);
        //通过ManagementService管理服务执行撤回Command类
        managementService.executeCommand(taskRecallCmd);
    }
}
```

在以上代码中，executeRecall()方法的传入参数为任务编号。其核心逻辑如下：首先实例化任务撤回Command类TaskRecallCmd，然后通过ManagementService管理服务的executeCommand()方法执行该实例，从而实现任务的撤回。

25.2.2 任务撤回使用示例

依然来看图25.6所示的任务撤回使用示例：申请人发起流程提交"借款申请"用户任务后，流程将流转到"直属上级审批"用户任务和"财务经理审批"用户任务。通过25.2.1小节的扩展实现流程由"直属上级审批"用户任务和"财务经理审批"用户任务撤回到"借款申请"用户任务。该流程对应的XML内容如下：

```xml
<process id="taskRecallProcess" name="借款申请流程">
    <startEvent id="startEvent1"/>
    <userTask id="userTask1" name="借款申请"/>
    <sequenceFlow id="seqFlow1" sourceRef="startEvent1" targetRef="userTask1"/>
    <parallelGateway id="parallelGateway1"/>
    <sequenceFlow id="seqFlow2" sourceRef="userTask1" targetRef="parallelGateway1"/>
    <userTask id="userTask2" name="直属上级审批"/>
    <sequenceFlow id="seqFlow3" sourceRef="parallelGateway1" targetRef="userTask2"/>
    <userTask id="userTask3" name="财务经理审批"/>
    <sequenceFlow id="seqFlow4" sourceRef="parallelGateway1" targetRef="userTask3"/>
    <parallelGateway id="parallelGateway2"/>
    <sequenceFlow id="seqFlow5" sourceRef="userTask2" targetRef="parallelGateway2"/>
    <sequenceFlow id="seqFlow6" sourceRef="userTask3" targetRef="parallelGateway2"/>
    <userTask id="userTask4" name="总经理审批"/>
    <sequenceFlow id="seqFlow7" sourceRef="parallelGateway2" targetRef="userTask4"/>
    <endEvent id="endEvent1"/>
    <sequenceFlow id="seqFlow8" sourceRef="userTask4" targetRef="endEvent1"/>
</process>
```

加载该流程模型并执行相应流程控制的示例代码如下：

```java
@Slf4j
public class RunTaskRecallDemo extends FlowableEngineUtil {
    SimplePropertyPreFilter taskFilter = new SimplePropertyPreFilter(Task.class,
            "id", "name", "executionId", "taskDefinitionKey");
    SimplePropertyPreFilter executionFilter = new SimplePropertyPreFilter(Execution.class,
            "id", "parentId", "processInstanceId", "activityId", "isScope");
    SimplePropertyPreFilter historicActivityFilter =
            new SimplePropertyPreFilter(HistoricActivityInstance.class,
            "id", "activityId", "activityName", "taskId");

    @Test
    public void runTaskRecallDemo() {
        //加载Flowable配置文件并初始化工作流引擎及服务
        initFlowableEngineAndServices("flowable.cfg.xml");
        //部署流程
        deployResource("processes/TaskRecallProcess.bpmn20.xml");

        //发起流程实例
        ProcessInstance procInst = runtimeService
                .startProcessInstanceByKey("taskRecallProcess");
        TaskQuery taskQuery = taskService.createTaskQuery()
                .processInstanceId(procInst.getId());
```

```java
        ExecutionQuery executionQuery = runtimeService.createExecutionQuery()
                .processInstanceId(procInst.getId());
        HistoricActivityInstanceQuery hisActivityQuery = historyService
                .createHistoricActivityInstanceQuery()
                .processInstanceId(procInst.getId());
        //查询借款申请用户任务的task
        Task firstTask = taskQuery.singleResult();
        //完成借款申请用户任务的task
        taskService.complete(firstTask.getId());
        log.info("撤回前,当前任务为: {}", JSON.toJSONString(taskQuery.list(), taskFilter));
        log.info("当前执行实例有: {}", JSON.toJSONString(executionQuery.list(), executionFilter));
        log.info("历史节点实例有: {}", JSON.toJSONString(hisActivityQuery.list(),
                historicActivityFilter));

        //执行撤回操作
        TaskRecallService taskRecallService = new TaskRecallService(managementService);
        taskRecallService.executeRecall(firstTask.getId());

        log.info("撤回后,当前任务为: {}", JSON.toJSONString(taskQuery.list(), taskFilter));
        log.info("当前执行实例有: {}", JSON.toJSONString(executionQuery.list(), executionFilter));
        log.info("历史节点实例有: {}", JSON.toJSONString(hisActivityQuery.list(),
                historicActivityFilter));
    }
}
```

以上代码先初始化工作流引擎并部署流程，发起流程后查询并办理"借款申请"用户任务的task；然后查询并输出任务撤回前流程所处节点的信息，由加粗部分的代码初始化任务撤回服务类TaskRecallService并执行其executeRecall()方法执行撤回操作；在执行撤回操作前后输出了任务实例、执行实例和历史节点实例信息，代码运行结果如下：

```
20:41:52,383 [main] INFO  RunTaskRecallDemo   - 撤回前,当前任务为:[{"executionId":"6","id":"18","name":
"直属上级审批","taskDefinitionKey":"userTask2"},{"executionId":"14","id":"21","name":"财务经理审批",
"taskDefinitionKey":"userTask3"}]
20:41:52,436 [main] INFO  RunTaskRecallDemo   - 当前执行实例有: [{"activityId":"userTask3","id":"14",
"isScope":false,"parentId":"5","processInstanceId":"5"},{"id":"5","isScope":true,"processInstanceId":
"5"},{"activityId":"userTask2","id":"6","isScope":false,"parentId":"5","processInstanceId":"5"}]
20:41:52,499 [main] INFO  RunTaskRecallDemo   - 历史节点实例有: [{"activityId":"seqFlow2","id":"12"},
{"activityId":"parallelGateway1","id":"13"},{"activityId":"seqFlow3","id":"15"},{"activityId":
"seqFlow4","id":"16"},{"activityId":"userTask2","activityName":"直属上级审批","id":"17","taskId":
"18"},{"activityId":"userTask3","activityName":"财务经理审批","id":"20","taskId":"21"},{"activityId":
"startEvent1","id":"7"},{"activityId":"seqFlow1","id":"8"},{"activityId":"userTask1","activityName":
"借款申请","id":"9","taskId":"10"}]
20:41:52,678 [main] INFO  RunTaskRecallDemo   - 撤回后,当前任务为:[{"executionId":"23","id":"25","name":
"借款申请","taskDefinitionKey":"userTask1"}]
20:41:52,682 [main] INFO  RunTaskRecallDemo   - 当前执行实例有: [{"activityId":"userTask1","id":"23",
"isScope":false,"parentId":"5","processInstanceId":"5"},{"id":"5","isScope":true,"processInstanceId":
"5"}]
20:41:52,683 [main] INFO  RunTaskRecallDemo   - 历史节点实例有:[{"activityId":"userTask1","activityName":
"借款申请","id":"24","taskId":"25"},{"activityId":"startEvent1","id":"7"},{"activityId":"seqFlow1",
"id":"8"}]
```

从代码运行结果可知，执行撤回操作前流程处于"直属上级审批"和"财务经理审批"用户任务节点，执行撤回操作后流程处于"借款申请"用户任务节点。因此，撤回操作成功执行。

本节介绍了扩展Flowable实现流程发起后，发起人从后续多个节点撤回任务的思路和过程。由于流程撤回的场景多种多样，读者可以借鉴本节的思路自行尝试扩展支持更复杂的任务撤回场景。

25.3 流程撤销

流程撤销是指在流程运行过程中，因某些原因需要将流程恢复到发起时的状态，重新处理。流程撤销是由流程发起人进行的操作，当发起人发现流程执行错误或者需要重新考虑时可以进行流程撤销操作，流程撤销后该流程实例的所有的运行时和历史数据都全部被清理，流程实例恢复到最开始的状态，发起人可以更改参数并重新提交第一个任务。流程撤销是一个很常见的应用场景，如申请人发起流程后，流程已经流转了若干环节，而申请人发现提交材料内容存在严重错误，这时就可以进行流程撤销操作。流程撤销功能可以帮助企业或组织避免因为流程错误而导致的风险和损失，提高组织的运营效率和数据的准确性。

25.3.1 流程撤销的扩展实现

如图25.7所示的流程为特殊借款申请流程，申请人发起流程提交"特殊借款申请"用户任务后，流程将流转到"直属上级审批"用户任务和"财务经理审批"用户任务，两个并行分支分别执行。如果流程已经流转到"部门经理审批"用户任务和"财务总监审批"用户任务时，申请人发现提交的申请信息有误，那么申请人可以执行流程撤销操作，使流程重新回到"特殊借款申请"用户任务，由申请人修改信息后再次提交。下面介绍如何扩展Flowable实现流程撤销操作。

图25.7 流程撤销示例流程

流程撤销应用场景具备以下3个特点：
- 只能由流程发起人操作；
- 清除流程执行历史；
- 流程恢复到流程发起时的状态。

基于这3个特点，流程撤销可以考虑以先删除原有流程实例，再重建一个一模一样的流程实例（流程实例编号相同）的方式实现。

1. 自定义撤销Command类

这里同样通过Flowable的命令与拦截器运行机制实现自定义Command，并交给Flowable工作流引擎执行。第18章中介绍过，Flowable的持久化机制是数据集中提交，即所有的insert、update和delete操作在org.flowable.common.engine.impl.db.DbSqlSession的flush()方法中集中提交，并且顺序是先insert，再update，最后delete。流程撤销操作中涉及删除原有流程实例再创建新的流程实例，因此为避免新产生的数据在数据集提交机制中被删除，为两个操作分别创建Command类。

流程删除Command命令类的代码如下：

```
@AllArgsConstructor
public class DeleteProcessInstanceCmd implements Command<Map<String, Object>> {
    //流程实例编号
    protected String processInstanceId;

    public Map<String, Object> execute(CommandContext commandContext) {
        ProcessEngineConfigurationImpl procEngineConf = CommandContextUtil
                .getProcessEngineConfiguration(commandContext);
        RuntimeService runtimeService = procEngineConf.getRuntimeService();
        //根据processInstanceId查询流程实例
        ProcessInstance procInst = runtimeService.createProcessInstanceQuery()
                .processInstanceId(processInstanceId).singleResult();
        if (procInst == null) {
            throw new FlowableObjectNotFoundException("编号为" + processInstanceId +
                    "的流程实例不存在。", ProcessInstance.class);
        }
        //不是流程发起者不能撤销流程
        String authenticatedUserId = Authentication.getAuthenticatedUserId();
        if (!procInst.getStartUserId().equals(authenticatedUserId)) {
            throw new FlowableException("非流程发起者不能撤销流程。");
        }
        //查询流程变量
        Map<String, Object> varMap = runtimeService.getVariables(processInstanceId);
```

```java
        //删除流程实例
        runtimeService.deleteProcessInstance(processInstanceId, "流程撤销删除流程");
        //删除历史流程实例
        HistoryService historyService = procEngineConf.getHistoryService();
        historyService.deleteHistoricProcessInstance(processInstanceId);
        Map<String, Object> procInstMap = new HashMap<>();
        procInstMap.put("processInstanceId", processInstanceId);
        procInstMap.put("processDefinitionId", procInst.getProcessDefinitionId());
        procInstMap.put("processDefinitionKey", procInst.getProcessDefinitionKey());
        procInstMap.put("businessKey", procInst.getBusinessKey());
        procInstMap.put("tenantId", procInst.getTenantId());
        procInstMap.put("variables", varMap);
        return procInstMap;
    }
}
```

以上代码实现了org.flowable.common.engine.impl.interceptor.Command接口类，传入参数为流程实例编号processInstanceId，并重写了该接口类的execute()方法。其核心逻辑是先根据processInstanceId查询流程实例，进行一系列校验，包括校验流程实例是否存在、当前操作人是否为流程发起人；然后查询流程变量备用，删除流程实例和历史流程实例，最后将流程实例的相关信息放入一个Map作为结果返回，供后续重建流程时使用。

流程重建的Command命令类的代码如下：

```java
@AllArgsConstructor
public class ReCreateProcessInstanceCmd implements Command<ProcessInstance> {
    protected Map<String, Object> procInstMap;

    public ProcessInstance execute(CommandContext commandContext) {
        RuntimeService runtimeService = CommandContextUtil
                .getProcessEngineConfiguration(commandContext).getRuntimeService();
        //重建流程
        ProcessInstanceBuilder processInstanceBuilder = runtimeService
                .createProcessInstanceBuilder();
        ProcessInstance newProcessInstance = processInstanceBuilder
            .processDefinitionId((String)procInstMap.get("processDefinitionId"))
            .processDefinitionKey((String)procInstMap.get("processDefinitionKey"))
            .predefineProcessInstanceId((String)procInstMap.get("processInstanceId"))
            .businessKey((String)procInstMap.get("businessKey"))
            .variables((Map)procInstMap.get("variables"))
            .tenantId((String)procInstMap.get("tenantId"))
            .start();
        return newProcessInstance;
    }
}
```

以上代码同样实现了org.flowable.common.engine.impl.interceptor.Command接口类，传入参数为存放流程相关信息的Map，并重写了该类的execute()方法。其加粗部分的代码使用ProcessInstanceBuilder来构建新的流程实例。Flowable提供标准的流程发起API，是调用RuntimeService的"startProcessInstanceBy…"系列方法，但这些方法都不支持传入流程实例编号参数，因此这里采用了ProcessInstanceBuilder来发起流程。ProcessInstanceBuilder采用链式编程，其predefineProcessInstanceId(String processInstanceId)方法用于设置新发起流程实例的编号。

2. 流程撤销服务类

在准备好前面的准备工作后，下面开始实现流程撤销服务类，其代码如下：

```java
@AllArgsConstructor
public class RevokeProcessInstanceService {
    protected ManagementService managementService;

    public ProcessInstance executeRevoke(String processInstanceId) {
        //实例化删除流程实例Command类
        DeleteProcessInstanceCmd deleteProcessInstanceCmd =
                new DeleteProcessInstanceCmd(processInstanceId);
        //通过ManagementService管理服务执行删除流程实例的Command类
        Map<String, Object> procInstMap = managementService
```

```
            .executeCommand(deleteProcessInstanceCmd);
        //实例化重建流程实例Command类
        ReCreateProcessInstanceCmd reCreateProcessInstanceCmd
                = new ReCreateProcessInstanceCmd(procInstMap);
        //通过ManagementService管理服务执行重建流程实例Command类
        ProcessInstance procInst = managementService.executeCommand(reCreateProcessInstanceCmd);
        return procInst;
    }
}
```

在以上代码中，executeRevoke()方法的传入参数为流程实例编号。其核心逻辑为先传入流程实例编号初始化流程删除Command类DeleteProcessInstanceCmd，再通过ManagementService管理服务的executeCommand()方法执行该Command类，删除流程实例并返回存放流程信息的Map。接下来，传入前面返回的Map初始化重建流程Command类ReCreateProcessInstanceCmd，最后通过ManagementService管理服务的executeCommand()方法执行该Command类重建流程实例并返回。

25.3.2 流程撤销使用示例

下面仍然以图25.7所示流程为例：申请人发起流程提交"特殊借款申请"用户任务后，流程将流转到"直属上级审批"用户任务和"财务经理审批"用户任务。通过25.3.1小节的扩展实现流程由"部门经理审批"用户任务和"财务总监审批"用户任务撤销到"特殊借款申请"用户任务。该流程对应的XML内容如下：

```xml
<process id="revokeProcessInstanceProcess" name="撤销示例流程">
    <startEvent id="startEvent1"/>
    <userTask id="userTask1" name="特殊借款申请"/>
    <parallelGateway id="parallelGateway1"/>
    <userTask id="userTask2" name="直属上级审批"/>
    <userTask id="userTask4" name="部门经理审批"/>
    <userTask id="userTask3" name="财务经理审批"/>
    <userTask id="userTask5" name="财务总监审批"/>
    <parallelGateway id="parallelGateway2"/>
    <userTask id="userTask6" name="总经理审批"/>
    <endEvent id="endEvent1"/>
    <sequenceFlow id="seqFlow1" sourceRef="startEvent1" targetRef="userTask1"/>
    <sequenceFlow id="seqFlow2" sourceRef="userTask1" targetRef="parallelGateway1"/>
    <sequenceFlow id="seqFlow3" sourceRef="parallelGateway1" targetRef="userTask2"/>
    <sequenceFlow id="seqFlow4" sourceRef="parallelGateway1" targetRef="userTask3"/>
    <sequenceFlow id="seqFlow5" sourceRef="userTask2" targetRef="userTask4"/>
    <sequenceFlow id="seqFlow6" sourceRef="userTask3" targetRef="userTask5"/>
    <sequenceFlow id="seqFlow7" sourceRef="userTask4" targetRef="parallelGateway2"/>
    <sequenceFlow id="seqFlow8" sourceRef="userTask5" targetRef="parallelGateway2"/>
    <sequenceFlow id="seqFlow9" sourceRef="parallelGateway2" targetRef="userTask6"/>
    <sequenceFlow id="seqFlow10" sourceRef="userTask6" targetRef="endEvent1"/>
</process>
```

加载该流程模型并执行相应流程控制的示例代码如下：

```java
@Slf4j
public class RunRevokeProcessInstanceDemo extends FlowableEngineUtil {
    SimplePropertyPreFilter taskFilter = new SimplePropertyPreFilter(Task.class, "id",
            "name", "processInstanceId", "taskDefinitionKey");

    @Test
    public void runRevokeProcessInstanceDemo() {
        //加载Flowable配置文件并初始化工作流引擎及服务
        initFlowableEngineAndServices("flowable.cfg.xml");
        //部署流程
        deployResource("processes/RevokeProcessInstanceProcess.bpmn20.xml");

        //设置流程发起人
        Authentication.setAuthenticatedUserId("huhaiqin");
        //启动流程
        ProcessInstance procInst = runtimeService
                .startProcessInstanceByKey("revokeProcessInstanceProcess");
        Authentication.setAuthenticatedUserId(null);
        TaskQuery taskQuery = taskService.createTaskQuery()
                .processInstanceId(procInst.getId());
```

```
    //查询特殊借款申请用户任务的task
    Task firstTask = taskQuery.singleResult();
    //完成特殊借款申请用户任务的task
    taskService.complete(firstTask.getId());
    log.info("完成用户任务：{}", firstTask.getName());

    List<Task> taskList1 = taskQuery.list();
    taskList1.stream().forEach(task -> {
        log.info("完成用户任务：{}", task.getName());
        taskService.complete(task.getId());
    });
    log.info("流程撤销前，当前任务为：{}", JSON.toJSONString(taskQuery.list(), taskFilter));
    Authentication.setAuthenticatedUserId("huhaiqin");
    //执行流程撤销操作
    RevokeProcessInstanceService revokeProcessService =
            new RevokeProcessInstanceService(managementService);
    revokeProcessService.executeRevoke(procInst.getId());
    log.info("流程撤销后，当前任务为：{}", JSON.toJSONString(taskQuery.list(), taskFilter));
    }
}
```

以上代码先初始化工作流引擎并部署流程，发起流程实例后，依次查询并办理任务，使流程流转到"部门经理审批"用户任务和"财务总监审批"用户任务，然后加粗部分的代码执行流程撤销操作。流程撤销前后分别输出了流程的编号和所处的节点名称。代码运行结果如下：

```
20:47:59,691 [main] INFO   RunRevokeProcessInstanceDemo   - 完成用户任务：特殊借款申请
20:47:59,691 [main] INFO   RunRevokeProcessInstanceDemo   - 完成用户任务：直属上级审批
20:47:59,725 [main] INFO   RunRevokeProcessInstanceDemo   - 完成用户任务：财务经理审批
20:47:59,929 [main] INFO   RunRevokeProcessInstanceDemo   - 流程撤销前，当前任务为：[{"id":"26","name":"部门经理审批","processInstanceId":"5","taskDefinitionKey":"userTask4"},{"id":"30","name":"财务总监审批","processInstanceId":"5","taskDefinitionKey":"userTask5"}]
20:48:00,044 [main] INFO   RunRevokeProcessInstanceDemo   - 流程撤销后，当前任务为：[{"id":"37","name":"特殊借款申请","processInstanceId":"5","taskDefinitionKey":"userTask1"}]
```

从代码运行结果可知，撤销后的流程处于"特殊借款申请"用户任务节点，并且流程实例编号与撤销前相同。

25.4　本章小结

本章主要讲解扩展Flowable实现各种本土化业务流程场景的方法和操作，包括动态跳转、任务撤回和流程撤销操作。这些操作均由基于Flowable提供的功能和命令与拦截器运行机制所开发的自定义命令实现，读者可借鉴本章介绍的实现思路和过程，自行实现更加复杂的应用场景。

第 26 章

本土化业务流程场景的实现（二）

本章将继续讲解如何实现Flowable的本土化扩展封装，满足各类本土化业务流程场景的需求，如通过代码创建流程模型、为流程实例动态增加临时节点、会签加签和会签减签等。

26.1 通过代码创建流程模型

本书介绍的各种流程都是通过流程设计器绘制的，能够实现各种流程需求确定的场景。但在某些特殊场景下，流程需求是不确定的，不能事先通过流程设计器绘制。这需要人们根据实际情况实时且自动化地组装、部署、运行流程。本节将介绍通过Flowable实现代码自动化创建流程模型的方法和过程。

我们知道，Flowable流程图的核心对象是BpmnModel对象，它是BPMN 2.0 XML流程定义的Java表现形式，所有流程定义的信息都可以通过BpmnModel获取。BpmnModel由流程文档的BPMN 2.0 XML文件转换得到，其中定义的元素含义在BpmnModel中都有对应的元素属性承载类，如用户任务节点的元素属性承载类为UserTask、开始事件的元素承载类为StartEvent等。在进行流程部署时，工作流引擎会对流程文档的BPMN 2.0 XML文件进行解析，将其中的所有元素都解析为对应的承载类，从而组装成一个BpmnModel对象。BmpnModel与示例流程元素如图26.1所示。

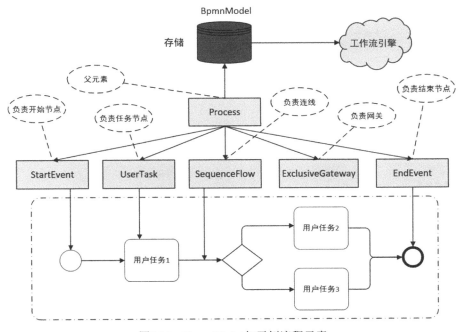

图26.1 BpmnModel与示例流程元素

因此，如果能够直接生成BpmnModel对象，就可以跳过通过流程设计器绘制得到流程文档的BPMN 2.0 XML文件的步骤。幸运的是，Flowable提供了一系列API，用于创建BpmnModel及其子元素。

26.1.1 工具类实现

从图26.1可知，BpmnModel中包含Process元素，而Process元素又是所有节点元素的父元素，因此可以通

过Flowable接口编写工具类,代码如下:

```java
@AllArgsConstructor
public class DynamicProcessCreateUtil {
    private RepositoryService repositoryService;
    private BpmnModel model;
    private Process process;

    /**
     * 创建流程
     * @param processKey 流程key
     * @param processName 流程名称
     */
    public void createProcess(String processKey, String processName) {
        this.model.addProcess(process);
        this.process.setId(processKey);
        this.process.setName(processName);
    }

    /**
     * 创建开始节点
     * @param id   节点编号
     * @param name 节点名称
     * @return
     */
    public StartEvent createStartEvent(String id, String name) {
        StartEvent startEvent = new StartEvent();
        startEvent.setId(id);
        startEvent.setName(name);
        this.process.addFlowElement(startEvent);
        return startEvent;
    }

    /**
     * 创建结束节点
     * @param id   节点编号
     * @param name 节点名称
     * @return
     */
    public EndEvent createEndEvent(String id, String name) {
        EndEvent endEvent = new EndEvent();
        endEvent.setId(id);
        endEvent.setName(name);
        this.process.addFlowElement(endEvent);
        return endEvent;
    }

    /**
     * 创建用户任务
     * @param id       节点编号
     * @param name     节点名称
     * @param assignee 办理人
     * @return
     */
    public UserTask createUserTask(String id, String name, String assignee) {
        UserTask userTask = new UserTask();
        userTask.setName(name);
        userTask.setId(id);
        userTask.setAssignee(assignee);
        this.process.addFlowElement(userTask);
        return userTask;
    }

    /**
     * 创建排他网关
     * @param id   节点编号
     * @param name 节点名称
     * @return
     */
```

```java
    public ExclusiveGateway createExclusiveGateway(String id, String name) {
        ExclusiveGateway exclusiveGateway = new ExclusiveGateway();
        exclusiveGateway.setId(id);
        exclusiveGateway.setName(name);
        this.process.addFlowElement(exclusiveGateway);
        return exclusiveGateway;
    }

    /**
     * 创建顺序流
     * @param from    起始节点编号
     * @param to      目标节点编号
     * @return
     */
    public SequenceFlow createSequenceFlow(String from, String to) {
        SequenceFlow flow = new SequenceFlow();
        flow.setSourceRef(from);
        flow.setTargetRef(to);
        this.process.addFlowElement(flow);
        return flow;
    }

    /**
     * 创建带条件的顺序流
     * @param from                    起始节点编号
     * @param to                      目标节点编号
     * @param conditionExpression     条件
     * @return
     */
    public SequenceFlow createSequenceFlow(String from, String to, String conditionExpression) {
        SequenceFlow flow = new SequenceFlow();
        flow.setSourceRef(from);
        flow.setTargetRef(to);
        flow.setConditionExpression(conditionExpression);
        this.process.addFlowElement(flow);
        return flow;
    }

    /**
     * 生成BPMN自动布局
     */
    public void autoLayout() {
        new BpmnAutoLayout(model).execute();
    }

    /**
     * 部署流程
     * @return
     */
    public ProcessDefinition deployProcess() {
        Deployment deployment = repositoryService.createDeployment()
            .addBpmnModel(process.getId() + ".bpmn", model)
            .name(process.getName()).deploy();
        ProcessDefinition processDefinition = repositoryService
            .createProcessDefinitionQuery()
            .deploymentId(deployment.getId()).singleResult();
        return processDefinition;
    }
}
```

在以上代码中，工具类初始化时会先创建BpmnModel、Process实例，工具类的createProcess()方法用于设置Process的id、name属性，并将其附加到BpmnModel中。工具类的createStartEvent()、createEndEvent()、createUserTask()、createExclusiveGateway()、createSequenceFlow()方法用于创建各种节点元素并为其属性赋值，同时将节点附加到Process中。流程中的节点除了上述属性信息，还需要位置信息，工具类的autoLayout()方法可自动进行流程图布局。deployProcess()方法用于部署BpmnModel获取流程定义。

26.1.2 使用示例

下面看一个通过代码创建流程模型的示例,这是一个员工借款流程:员工发起借款流程后,如果借款金额小于5000元,则后续由直属上级审批;如果借款金额大于或等于5000元,则后续由部门经理审批,直属上级或部门经理审批后流程结束。

调用工具类创建上述流程模型并运行流程的示例代码如下:

```java
@Slf4j
public class RunDynamicProcessCreateDemo extends FlowableEngineUtil {
    @Test
    public void runDynamicProcessCreateDemo() throws Exception {
        //加载Flowable配置文件并初始化工作流引擎及服务
        initFlowableEngineAndServices("flowable.cfg.xml");
        //初始化流程创建工具类
        DynamicProcessCreateUtil dynamicUtil = new DynamicProcessCreateUtil
                (repositoryService, new BpmnModel(), new Process());
        //创建流程
        dynamicUtil.createProcess("loanProcess", "借款流程");
        //创建开始节点
        StartEvent startEvent = dynamicUtil.createStartEvent("startEvent1", "开始节点");
        //创建"借款申请"用户任务
        UserTask userTask1 = dynamicUtil.createUserTask("userTask1", "借款申请", "employee");
        //创建开始节点到"借款申请"用户任务的顺序流
        dynamicUtil.createSequenceFlow(startEvent.getId(), userTask1.getId());
        //创建分支网关
        ExclusiveGateway exclusiveGateway = dynamicUtil.createExclusiveGateway
                ("exclusiveGateway1", "排他网关");
        //创建"借款申请"用户任务到分支网关的顺序流
        dynamicUtil.createSequenceFlow(userTask1.getId(), exclusiveGateway.getId());
        //创建"直属上级审批"用户任务
        UserTask userTask2 = dynamicUtil.createUserTask("userTask2", "直属上级审批", "leader");
        //创建分支网关到"直属上级审批"用户任务的顺序流
        dynamicUtil.createSequenceFlow(exclusiveGateway.getId(), userTask2.getId(),
                "${money<5000}");
        //创建"部门经理审批"用户任务
        UserTask userTask3 = dynamicUtil.createUserTask("userTask3", "部门经理审批", "manager");
        //创建分支网关到"部门经理审批"用户任务的顺序流
        dynamicUtil.createSequenceFlow(exclusiveGateway.getId(), userTask3.getId(),
                "${money>=5000}");
        //创建结束任务
        EndEvent endEvent = dynamicUtil.createEndEvent("endEvent1", "结束任务");
        //创建"直属上级审批"用户任务到结束任务的顺序流
        dynamicUtil.createSequenceFlow(userTask2.getId(), endEvent.getId());
        //创建"部门经理审批"用户任务到结束任务的顺序流
        dynamicUtil.createSequenceFlow(userTask3.getId(), endEvent.getId());
        //流程自动布局
        dynamicUtil.autoLayout();
        //部署流程
        ProcessDefinition procDef = dynamicUtil.deployProcess();
        //导出流程图
        exportProcessDiagram(procDef.getId(), procDef.getName());
        //导出流程BPMN 2.0 XML文件
        exportProcessDefinitionXml(procDef.getId());

        //启动流程
        ProcessInstance procInst = runtimeService.startProcessInstanceById(procDef.getId());
        //查询第一个任务
        Task firstTask = taskService.createTaskQuery()
                .processInstanceId(procInst.getId()).singleResult();
        //设置流程变量
        Map<String, Object> varMap = ImmutableMap.of("money", 1000);
        //完成第一个任务
        taskService.complete(firstTask.getId(), varMap);
        //查询第二个任务
        Task secondTask = taskService.createTaskQuery()
                .processInstanceId(procInst.getId()).singleResult();
        log.info("第二个节点任务名称为: {}", secondTask.getName());
        //完成第二个任务
```

```
            taskService.complete(secondTask.getId());
        }
    }
```

以上代码先初始化工作流引擎和工具类，创建开始节点、用户任务节点、网关节点、结束节点和顺序流，并自动布局、部署流程，导出流程图和BPMN 2.0 XML文件；然后发起流程，查询并办理第一个任务，同时设置流程变量money为1000。流程流转到下一节点后，查询第二个任务并输出其节点信息，办理完成该任务后结束流程。代码运行结果如下：

```
05:43:52,270 [main] INFO  RunDynamicProcessCreateDemo  - 第二个节点任务名称为：直属上级审批
```

通过代码创建的借款流程如图26.2所示。

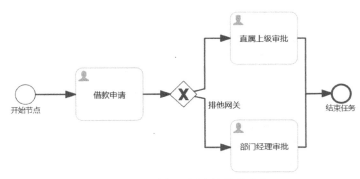

图26.2　通过代码创建的借款流程

导出该流程的BPMN 2.0 XML文件的内容如下：

```xml
<process id="loanProcess" name="借款流程" isExecutable="true">
    <startEvent id="startEvent1" name="开始节点"/>
    <userTask id="userTask1" name="借款申请" flowable:assignee="employee"/>
    <sequenceFlow id="sequenceFlow-d1f4c6f2-b159-4ebd-a30d-e6a889be9f6b"
        sourceRef="startEvent1" targetRef="userTask1"/>
    <exclusiveGateway id="exclusiveGateway1" name="排他网关"/>
    <sequenceFlow id="sequenceFlow-100736cd-e188-4e2b-8eb9-11d4ed460c1b"
        sourceRef="userTask1" targetRef="exclusiveGateway1"/>
    <userTask id="userTask2" name="直属上级审批" flowable:assignee="leader"/>
    <sequenceFlow id="sequenceFlow-0ed09aac-e9b5-41da-a7c9-6339151f7efd"
        sourceRef="exclusiveGateway1" targetRef="userTask2">
        <conditionExpression xsi:type="tFormalExpression">
            <![CDATA[${money<5000}]]>
        </conditionExpression>
    </sequenceFlow>
    <userTask id="userTask3" name="部门经理审批" flowable:assignee="manager"/>
    <sequenceFlow id="sequenceFlow-948ee306-a7d2-4dc9-b7f3-4b7cc762211f"
        sourceRef="exclusiveGateway1" targetRef="userTask3">
        <conditionExpression xsi:type="tFormalExpression">
            <![CDATA[${money>=5000}]]>
        </conditionExpression>
    </sequenceFlow>
    <endEvent id="endEvent1" name="结束任务"/>
    <sequenceFlow id="sequenceFlow-2a811ef9-ecc7-4179-a5a2-dfcf00d7bfa5"
        sourceRef="userTask2" targetRef="endEvent1"/>
    <sequenceFlow id="sequenceFlow-6d2bc5d9-b3c2-428a-9c5c-ef290f3faa36"
        sourceRef="userTask3" targetRef="endEvent1"/>
</process>
```

26.2　为流程实例动态增加临时节点

为运行时流程实例动态增加临时节点的需求在本土化业务流程场景中很常见。以图26.3所示的借款申请流程为例，正常的执行过程是"借款申请"用户任务完成后，依次执行"财务经理审批"用户任务和"总经理审批"用户任务。但是因为某种原因，需要在"借款申请"用户任务和"财务经理审批"用户任务之间临

时动态增加一个"部门经理审批"用户任务节点，同时要求该审批节点只对当前流程实例生效，不能影响到同一流程定义下的其他流程实例。这个需求该如何实现？

图26.3 动态增加临时节点示例流程

针对这一需求，最直观的方法是直接修改流程，在"借款申请"用户任务和"财务经理审批"用户任务之间增加"部门经理审批"用户任务，然后重新部署流程。但需要注意的是，这种方法会影响该流程定义下的其他流程实例，不符合需求，因此不可取。

新增临时节点涉及BpmnModel的调整，Flowable的DynamicBpmnService中提供了如下动态调整API：

- void injectUserTaskInProcessInstance(String processInstanceId, DynamicUserTaskBuilder dynamicUserTaskBuilder);
- void injectParallelUserTask(String taskId, DynamicUserTaskBuilder dynamicUserTaskBuilder);
- void injectEmbeddedSubProcessInProcessInstance(String processInstanceId, DynamicEmbeddedSubProcessBuilder dynamicEmbeddedSubProcessBuilder);
- void injectParallelEmbeddedSubProcess(String taskId, DynamicEmbeddedSubProcessBuilder dynamicEmbeddedSubProcessBuilder);

以上4个API中，第一个API的作用是在流程的开始节点和连接到的第一个节点间添加一个并行网关，并行网关的另一条分支连接到一个增加的用户任务上，该用户任务直接连接到一个结束节点。调用该API执行前后的效果如图26.4所示。

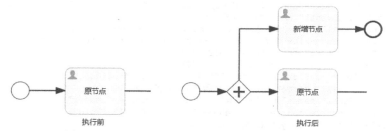

图26.4 injectUserTaskInProcessInstance()执行效果图

第二个API的作用是将原用户任务的位置换为嵌入式子流程，该子流程内部由开始节点连接到一个并行网关，网关分发至原用户任务和一个新增的用户任务，再汇聚到一个并行网关，然后连接到结束节点。调用该API执行前后的效果如图26.5所示。

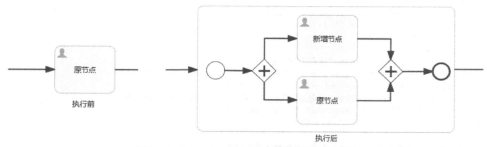

图26.5 injectParallelUserTask()执行效果图

第三个API的作用是在流程的开始节点和连接到的第一个节点间加一个并行网关，并行网关的另一条分支连接到一个增加的子流程上，子流程内部嵌入一个外部的流程定义，该子流程直接连接到一个结束节点。调用该API执行前后的效果如图26.6所示。

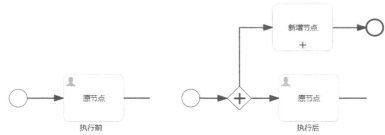

图26.6 injectEmbeddedSubProcessInProcessInstance()执行效果图

第四个API的作用是将原用户任务的位置换为嵌入式子流程,该子流程的名称默认与原节点相同,子流程内部由开始节点连接到一个并行网关,网关分发至原用户任务和一个新增的子流程,该新增子流程内部嵌入一个外部的流程定义,再汇聚到一个并行网关,然后连接到结束节点。调用该API执行前后的效果如图26.7所示。

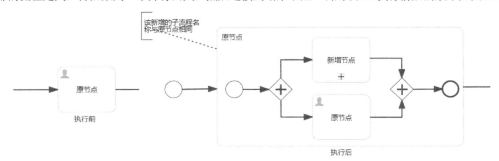

图26.7 injectParallelEmbeddedSubProcess()执行效果图

26.1节中通过创建BpmnModel对象生成了一个流程,那是否能够通过修改BpmnModel实现为运行时流程实例动态增加临时节点呢?参考DynamicBpmnService提供的实现,这里提供另外一种思路。

26.2.1 动态增加临时节点的扩展实现

由于Flowable提供的DynamicBpmnService中默认的实现不能满足需求,这里对它进行扩展以实现动态增加临时节点的功能。

1. 动态增加临时节点Command类

Flowable 提供了一个用于在运行时动态修改流程模型的抽象类 org.flowable.engine.impl.cmd.AbstractDynamicInjectionCmd,提供了一些通用的方法,方便开发人员实现自定义的动态修改逻辑。这里选择继承该抽象类开发动态增加临时节点的Command类。

```
@AllArgsConstructor
public class InjectUserTaskInProcessInstanceCmd
        extends AbstractDynamicInjectionCmd implements Command<Void> {
    protected String taskId;
    protected DynamicUserTaskBuilder dynamicUserTaskBuilder;

    @Override
    public Void execute(CommandContext commandContext) {
        Task task = CommandContextUtil.getProcessEngineConfiguration(commandContext)
                .getTaskServiceConfiguration().getTaskEntityManager().findById(taskId);
        createDerivedProcessDefinitionForProcessInstance(commandContext,
                task.getProcessInstanceId(), task.getTaskDefinitionKey());
        return null;
    }

    //根据当前流程实例编号和节点编号创建新的流程定义
    protected void createDerivedProcessDefinitionForProcessInstance(
            CommandContext commandContext, String processInstanceId, String currentTaskKey) {
        //获取当前流程实例
        ProcessInstance procInst = CommandContextUtil
                .getExecutionEntityManager().findById(processInstanceId);
```

```java
        //获取流程模型
        BpmnModel bpmnModel = ProcessDefinitionUtil
                .getBpmnModel(procInst.getProcessDefinitionId());
        //获取流程当前所在节点
        FlowElement currentFlowElement = bpmnModel.getFlowElement(currentTaskKey);
        createDerivedProcessDefinition(commandContext, procInst, currentFlowElement);
    }

    //根据流程实例创建新的流程定义
    protected void createDerivedProcessDefinition(CommandContext commandContext,
            ProcessInstance procInst,
            FlowElement currentFlowElement) {
        //获取流程定义
        ProcessDefinitionEntity originalProcessDefinitionEntity = CommandContextUtil
                .getProcessDefinitionEntityManager()
                .findById(procInst.getProcessDefinitionId());
        //创建修改后的部署对象
        DeploymentEntity deploymentEntity = createDerivedDeployment(commandContext,
                originalProcessDefinitionEntity);
        //创建新的流程模型
        BpmnModel bpmnModel = createBpmnModel(commandContext,
                originalProcessDefinitionEntity,
                deploymentEntity, currentFlowElement);
        //保存新版流程模型的资源
        storeBpmnModelAsByteArray(commandContext, bpmnModel, deploymentEntity,
                originalProcessDefinitionEntity.getResourceName());
        //动态部署修改后的流程定义
        ProcessDefinitionEntity derivedProcessDefinitionEntity =
                deployDerivedDeploymentEntity(commandContext,
                deploymentEntity, originalProcessDefinitionEntity);
        //将流程实例的所有运行时和历史数据更换至新的流程定义
        updateExecutions(commandContext, derivedProcessDefinitionEntity,
                (ExecutionEntity) procInst, bpmnModel);
    }

    //根据旧的流程定义创建新的流程模型
    protected BpmnModel createBpmnModel(CommandContext commandContext,
            ProcessDefinitionEntity originalProcessDefinition,
            DeploymentEntity newDeploymentEntity,
            FlowElement currentFlowElement) {
        //获取旧流程的部署资源
        ResourceEntity originalBpmnResource = CommandContextUtil
                .getResourceEntityManager()
                .findResourceByDeploymentIdAndResourceName(originalProcessDefinition
                        .getDeploymentId(), originalProcessDefinition.getResourceName());
        //获取旧流程的流程模型
        BpmnModel bpmnModel = new BpmnXMLConverter().convertToBpmnModel(
                new BytesStreamSource(originalBpmnResource.getBytes()),
                false, false);
        Process process = bpmnModel.getProcessById(originalProcessDefinition.getKey());
        //动态修改流程模型
        updateBpmnProcess(commandContext, process, currentFlowElement, bpmnModel,
                originalProcessDefinition, newDeploymentEntity);
        return bpmnModel;
    }

    //动态修改流程模型
    protected void updateBpmnProcess(CommandContext commandContext, Process process,
            FlowElement currentFlowElement, BpmnModel bpmnModel,
            ProcessDefinitionEntity originalProcessDefinitionEntity,
            DeploymentEntity newDeploymentEntity) {
        //新建节点
        UserTask userTask = new UserTask();
        if (dynamicUserTaskBuilder.getId() != null) {
            userTask.setId(dynamicUserTaskBuilder.getId());
        } else {
            userTask.setId(dynamicUserTaskBuilder
                    .nextTaskId(process.getFlowElementMap()));
        }
```

```java
        dynamicUserTaskBuilder.setDynamicTaskId(userTask.getId());
        userTask.setName(dynamicUserTaskBuilder.getName());
        userTask.setAssignee(dynamicUserTaskBuilder.getAssignee());
        process.addFlowElement(userTask);
        //找到当前节点的出口
        List<SequenceFlow> outgoingFlows = ((FlowNode) currentFlowElement)
                .getOutgoingFlows();
        //设置新增节点的出口
        for (SequenceFlow outgoingFlow : outgoingFlows) {
            process.removeFlowElement(outgoingFlow.getId());
            outgoingFlow.setSourceRef(userTask.getId());
            process.addFlowElement(outgoingFlow);
        }
        //创建当前节点与新建节点的连线
        SequenceFlow flowToUserTask = new SequenceFlow(currentFlowElement.getId(),
                userTask.getId());
        flowToUserTask.setId(dynamicUserTaskBuilder
                .nextFlowId(process.getFlowElementMap()));
        process.addFlowElement(flowToUserTask);
        //自动布局
        new BpmnAutoLayout(bpmnModel).execute();
        BaseDynamicSubProcessInjectUtil.processFlowElements(commandContext, process,
                bpmnModel, originalProcessDefinitionEntity, newDeploymentEntity);
    }

    @Override
    protected void updateBpmnProcess(CommandContext commandContext, Process process,
            BpmnModel bpmnModel,
            ProcessDefinitionEntity originalProcessDefinitionEntity,
            DeploymentEntity newDeploymentEntity) {

    }

    @Override
    protected void updateExecutions(CommandContext commandContext,
            ProcessDefinitionEntity processDefinitionEntity,
            ExecutionEntity processInstance,
            List<ExecutionEntity> childExecutions) {

    }
}
```

以上代码的核心实现逻辑如下：

（1）通过流程的实例编号获取流程定义包括BpmnModel在内的各种信息；

（2）根据需求修改BpmnModel，通过Flowable接口增加新节点，移除旧顺序流并创建新顺序流，得到新的BpmnModel；

（3）重新生成流程布局；

（4）部署该BpmnModel得到新的流程定义；

（5）更新该流程实例各种运行时与历史数据，将旧流程定义编号换为新流程定义编号。

2．动态增加临时节点Service类

Flowable中的ManagementService服务提供的executeCommand()方法可以用于执行Command类，这里使用ManagementService服务调用InjectUserTaskInProcessInstanceCmd实现动态增加临时节点。动态增加临时节点Service类的代码如下：

```java
@AllArgsConstructor
public class InjectUserTaskInProcessInstanceService {
    protected ManagementService managementService;

    public void executeInjectUserTaskInProcessInstance(String currentTaskId,
            String newTaskKey, String newTaskName,
            String newTaskAssignee) {
        //初始化DynamicUserTaskBuilder
        DynamicUserTaskBuilder dynamiBuilder = new DynamicUserTaskBuilder();
        dynamiBuilder.setId(newTaskKey);
        dynamiBuilder.setName(newTaskName);
```

```
            dynamiBuilder.setAssignee(newTaskAssignee);
            //初始化Command类
            InjectUserTaskInProcessInstanceCmd injectUserTaskInProcessInstanceCmd =
                    new InjectUserTaskInProcessInstanceCmd(currentTaskId, dynamiBuilder);
            //通过ManagementService管理服务执行动态增加临时节点Command类
            managementService.executeCommand(injectUserTaskInProcessInstanceCmd);
    }
}
```

在以上代码中，executeInjectUserTaskInProcessInstance()方法的传入参数为当前任务编号、新增用户任务的key、名称和办理人，其核心逻辑为先实例化DynamicUserTaskBuilder和动态增加临时节点Command类InjectUserTaskInProcessInstanceCmd，然后通过ManagementService管理服务的executeCommand()方法执行该Command类，从而实现动态增加临时节点。

26.2.2　动态增加临时节点的使用示例

下面看一个动态增加临时节点的使用示例，其流程如图26.8所示。该流程为借款申请流程，接下来借助26.2.1小节介绍的扩展实现在财务经理审批和总经理审批中间动态增加"部门经理审批"节点。

图26.8　动态增加用户任务示例流程

该流程对应的XML内容如下：

```xml
<process id="injectUserTaskProcess" name="动态增加用户任务示例流程">
    <startEvent id="startEvent1"/>
    <userTask id="userTask1" name="借款申请"/>
    <userTask id="userTask2" name="财务经理审批"/>
    <userTask id="userTask3" name="总经理审批"/>
    <endEvent id="endEvent1"/>
    <sequenceFlow id="sequenceFlow1" sourceRef="startEvent1" targetRef="userTask1"/>
    <sequenceFlow id="sequenceFlow2" sourceRef="userTask1" targetRef="userTask2"/>
    <sequenceFlow id="sequenceFlow3" sourceRef="userTask2" targetRef="userTask3"/>
    <sequenceFlow id="sequenceFlow4" sourceRef="userTask3" targetRef="endEvent1"/>
</process>
```

加载该流程模型并执行相应流程控制的示例代码如下：

```java
@Slf4j
public class RunInjectUserTaskInProcessInstanceDemo extends FlowableEngineUtil {
    @Test
    public void runInjectUserTaskInProcessInstanceDemo() throws Exception {
        //加载Flowable配置文件并初始化工作流引擎及服务
        initFlowableEngineAndServices("flowable.cfg.xml");
        //部署流程
        deployResource("processes/InjectUserTaskProcess.bpmn20.xml");

        //启动流程
        ProcessInstance procInst = runtimeService
                .startProcessInstanceByKey("injectUserTaskProcess");
        TaskQuery taskQuery = taskService.createTaskQuery()
                .processInstanceId(procInst.getId());
        //查询第一个任务
        Task firstTask = taskQuery.singleResult();
        //完成第一个任务
        taskService.complete(firstTask.getId());
        //查询第二个任务
        Task secondTask = taskQuery.singleResult();
        log.info("当前流程的流程定义id为：{}", procInst.getProcessDefinitionId());
        //查询流程模型
        BpmnModel bpmnModel = repositoryService
                .getBpmnModel(procInst.getProcessDefinitionId());
        log.info("当前流程的用户任务数为：{}", bpmnModel.getMainProcess()
                .findFlowElementsOfType(UserTask.class).size());
```

```java
        //导出动态增加节点前的流程图
        exportProcessDiagram(procInst.getProcessDefinitionId(), "加节点前图片");
        //动态增加节点
        InjectUserTaskInProcessInstanceService injectUserTaskInProcessInstanceService =
                new InjectUserTaskInProcessInstanceService(managementService);
        injectUserTaskInProcessInstanceService.executeInjectUserTaskInProcessInstance(
                secondTask.getId(), "userTask4", "部门经理审批", "zhangsan");
        //重新查询流程实例
        procInst = runtimeService.createProcessInstanceQuery()
                .processInstanceId(procInst.getId()).singleResult();
        log.info("加节点后流程的流程定义id为: {}", procInst.getProcessDefinitionId());
        bpmnModel = repositoryService.getBpmnModel(procInst.getProcessDefinitionId());
        log.info("加节点后流程的用户任务数为: {}", bpmnModel.getMainProcess()
                .findFlowElementsOfType(UserTask.class).size());
        //导出动态增加节点后的流程图和流程定义XML文件
        exportProcessDiagram(procInst.getProcessDefinitionId(), "加节点后图片");
        exportProcessDefinitionXml(procInst.getProcessDefinitionId());
        //依次办理流程中的各个任务
        while (true) {
            List<Task> tasks = taskQuery.list();
            if (CollectionUtils.isEmpty(tasks)) {
                break;
            }
            for (Task task : tasks) {
                log.info("办理用户任务: {}, 节点key为: {}", task.getName(),
                        task.getTaskDefinitionKey());
                taskService.complete(task.getId());
            }
        }
        //查询历史流程实例
        HistoricProcessInstance hisProcInst = historyService
                .createHistoricProcessInstanceQuery()
                .processInstanceId(procInst.getId()).singleResult();
        if (hisProcInst.getEndTime() != null) {
            log.info("流程已结束");
        }
    }
}
```

以上代码先初始化工作流引擎并部署流程，发起流程后完成第一个用户任务，并根据第二个用户任务输出当前流程定义编号和流程模型中的用户节点数，导出当前流程图。然后加粗部分的代码执行扩展的动态增加临时节点方法增加key为userTask4、名称为部门经理审批、办理人为zhangsan的用户任务，再重新查询流程实例输出新的流程定义编号和流程模型中的用户节点数，导出当前流程图和流程定义XML文件。接下来依次办理流程的各个任务，最后查询历史流程实例。代码运行结果如下：

```
08:08:42,467 [main] INFO   RunInjectUserTaskInProcessInstanceDemo   - 当前流程的流程定义id为:
injectUserTaskProcess:1:4
08:08:42,468 [main] INFO   RunInjectUserTaskInProcessInstanceDemo   - 当前流程的用户任务数为: 3
08:08:43,142 [main] INFO   RunInjectUserTaskInProcessInstanceDemo   - 加节点后流程的流程定义id为: 17
08:08:43,143 [main] INFO   RunInjectUserTaskInProcessInstanceDemo   - 加节点后流程的用户任务数为: 4
08:08:43,156 [main] INFO   RunInjectUserTaskInProcessInstanceDemo   - 办理用户任务:财务经理审批,节点key为:
userTask2
08:08:43,193 [main] INFO   RunInjectUserTaskInProcessInstanceDemo   - 办理用户任务:部门经理审批,节点key为:
userTask4
08:08:43,229 [main] INFO   RunInjectUserTaskInProcessInstanceDemo   - 办理用户任务:总经理审批,节点key为:
userTask3
08:08:43,329 [main] INFO   RunInjectUserTaskInProcessInstanceDemo   - 流程已结束
```

导出的流程定义BPMN 2.0的XML文件内容如下：

```xml
<process id="injectUserTaskProcess" name="动态增加用户任务示例流程" isExecutable="true">
    <startEvent id="startEvent1"/>
    <userTask id="userTask1" name="借款申请"/>
    <userTask id="userTask2" name="财务经理审批"/>
    <userTask id="userTask3" name="总经理审批"/>
    <endEvent id="endEvent1"/>
    <sequenceFlow id="sequenceFlow1" sourceRef="startEvent1" targetRef="userTask1"/>
    <sequenceFlow id="sequenceFlow2" sourceRef="userTask1" targetRef="userTask2"/>
```

```
<sequenceFlow id="sequenceFlow4" sourceRef="userTask3" targetRef="endEvent1"/>
<userTask id="userTask4" name="部门经理审批" flowable:assignee="zhangsan"/>
<sequenceFlow id="sequenceFlow3" sourceRef="userTask4" targetRef="userTask3"/>
<sequenceFlow id="dynamicFlow1" sourceRef="userTask2" targetRef="userTask4"/>
</process>
```

导出的流程图如图26.9所示。

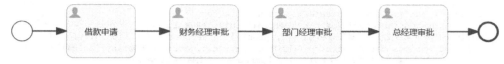

图26.9 动态增加"部门经理审批"用户任务后的流程

26.3 会签加签/减签

第20章多实例实战应用中介绍过多实例用户任务适用于需要多人同时处理一个任务的场景（会签）。本节将在会签的基础上介绍会签加签/减签的实现。

26.3.1 会签加签/减签的扩展实现

Flowable中的RuntimeService默认提供了以下两个操作多实例任务的API接口：
- Execution addMultiInstanceExecution(String activityId, String parentExecutionId, Map<String, Object> executionVariables);
- void deleteMultiInstanceExecution(String executionId, boolean executionIsCompleted)。

其中，addMultiInstanceExecution()方法用来添加一个多实例执行的子执行实例，借助它可以实现加签。它有3个参数，activityId是待加签用户任务的key；parentExecutionId可以是流程实例编号，也可以是当前多实例任务的父执行实例；executionVariables是在新创建的多实例执行上设置为局部变量的变量。

deleteMultiInstanceExecution()方法用于删除多实例执行的一个子执行实例，借助它可以实现减签。它有两个参数，executionId是待减签的子执行实例编号，executionIsCompleted表示是否将删除的这个实例标记为完成。

借助以上两个接口，可以实现加签/减签功能，具体的工具类如下：

```
@AllArgsConstructor
public class MultiInstanceExecutionUtil {
    //流程存储服务
    protected RepositoryService repositoryService;
    //运行时服务
    protected RuntimeService runtimeService;
    //任务服务
    protected TaskService taskService;

    /**
     * 加签
     * @param collectionName    多实例配置中flowable:collection配置的变量名
     * @param elementVariable   多实例配置中flowable:elementVariable配置的变量名
     * @param procInstId        流程实例编号
     * @param currentTask       操作加签任务的Task
     * @param userIds           加签用户列表
     */
    public void addSign(String collectionName, String elementVariable, String procInstId,
            Task currentTask, List<String> userIds) {
        //必要的参数校验
        if (StringUtils.isBlank(collectionName) || StringUtils.isBlank(elementVariable)
                || StringUtils.isBlank(procInstId)) {
            throw new FlowableIllegalArgumentException
                    ("参数collectionName、elementVariable和processInstanceId均不能为空");
        }
        if (CollectionUtils.isEmpty(userIds)) {
            throw new FlowableIllegalArgumentException("参数userIds不能为空");
        }
        //查询并重设多实例办理人集合的变量
        List<String> assigneeList = (List) runtimeService
```

```java
                .getVariable(procInstId, collectionName);
        assigneeList.addAll(userIds);
        runtimeService.setVariable(procInstId, collectionName, assigneeList);
        //查询多实例的根执行实例
        Execution miExecution = getMultiInstanceRootExecution(procInstId,
                currentTask.getTaskDefinitionKey());
        //查询并重设多实例的总实例数
        Integer nrOfInstances = (Integer) runtimeService
                .getVariableLocal(miExecution.getId(), "nrOfInstances");
        runtimeService.setVariableLocal(miExecution.getId(), "nrOfInstances",
                nrOfInstances + userIds.size());
        //查询多实例的参数
        MultiInstanceLoopCharacteristics loopCh = getLoopCharacteristics(procInstId,
                currentTask.getTaskDefinitionKey());
        if (!loopCh.isSequential()) {
            for (String userId : userIds) {
                //并行多实例要查询并重设多实例的激活实例数
                Integer nrOfActiveInstances = (Integer) runtimeService
                        .getVariableLocal(miExecution.getId(), "nrOfActiveInstances");
                runtimeService.setVariableLocal(miExecution.getId(),
                        "nrOfActiveInstances", nrOfActiveInstances + 1);
                //并行多实例要创建执行实例和相关的对象
                runtimeService
                        .addMultiInstanceExecution(currentTask.getTaskDefinitionKey(),
                                procInstId, ImmutableMap.of(elementVariable, userId));
            }
        }
    }

    /**
     * 减签
     * @param collectionName  多实例配置中flowable:collection配置的变量名
     * @param procInstId      流程实例编号
     * @param currentTask     操作减签任务的Task
     * @param userId          减签用户
     */
    public void deleteSign(String collectionName, String procInstId, Task currentTask,
            String userId) {
        //必要的参数校验
        if (StringUtils.isBlank(collectionName) || StringUtils.isBlank(procInstId)
                || StringUtils.isBlank(userId)) {
            throw new FlowableIllegalArgumentException
                    ("参数collectionName、processInstanceId和userId均不能为空");
        }
        //查询多实例的根执行实例
        Execution miExecution = getMultiInstanceRootExecution(procInstId,
                currentTask.getTaskDefinitionKey());
        //查询并重设多实例的总实例数
        Integer nrOfInstances = (Integer) runtimeService
                .getVariableLocal(miExecution.getId(), "nrOfInstances");
        runtimeService.setVariableLocal(miExecution.getId(), "nrOfInstances",
                nrOfInstances - 1);
        //查询多实例的参数
        MultiInstanceLoopCharacteristics loopCharacteristics =
                getLoopCharacteristics(procInstId, currentTask.getTaskDefinitionKey());
        List<String> assigneeList = (List) runtimeService
                .getVariable(procInstId, collectionName);
        if (loopCharacteristics.isSequential()) {
            //串行多实例校验被减签人是否在会签后续办理人中
            Integer loopCounter = (Integer) runtimeService
                    .getVariableLocal(currentTask.getExecutionId(), "loopCounter");
            if (!assigneeList.subList(loopCounter, assigneeList.size() - 1)
                    .contains(userId)) {
                throw new FlowableException("会签后续办理者中没有用户" + userId);
            }
        } else {
            //并行多实例校验被减签人是否是会签的运行时任务的办理人
            List<Task> tasks = taskService.createTaskQuery()
                    .processInstanceId(currentTask.getProcessInstanceId())
```

```java
                .taskDefinitionKey(currentTask.getTaskDefinitionKey())
                .active().list();
        if (!tasks.stream().map(e -> e.getAssignee()).collect(Collectors.toList())
                .contains(userId)) {
            throw new FlowableException("没有用户" + userId + "的会签任务");
        }
        //并行多实例要查询并重设多实例的激活实例数
        Integer nrOfActiveInstances = (Integer) runtimeService
                .getVariableLocal(miExecution.getId(), "nrOfActiveInstances");
        runtimeService.setVariableLocal(miExecution.getId(), "nrOfActiveInstances",
                nrOfActiveInstances - 1);
        //并行多实例要删除被减签人所拥有任务的执行实例
        Task deleteTask = taskService.createTaskQuery()
                .processInstanceId(procInstId)
                .taskDefinitionKey(currentTask.getTaskDefinitionKey())
                .taskAssignee(userId).singleResult();
        runtimeService.deleteMultiInstanceExecution(deleteTask.getExecutionId(),
                false);
    }
    //重设多实例办理人集合的变量
    assigneeList.remove(userId);
    runtimeService.setVariable(procInstId, collectionName, assigneeList);
}

//查询多实例的参数
private MultiInstanceLoopCharacteristics getLoopCharacteristics(
        String processInstanceId, String taskDefinitionKey) {
    ProcessInstance procInst = runtimeService.createProcessInstanceQuery()
            .processInstanceId(processInstanceId).singleResult();
    if (procInst == null) {
        throw new FlowableObjectNotFoundException("id为" + processInstanceId + "的流程实例不存在");
    }
    BpmnModel bpmnModel = repositoryService
            .getBpmnModel(procInst.getProcessDefinitionId());
    MultiInstanceLoopCharacteristics loopCharacteristics =
            ((UserTask) (bpmnModel.getFlowElement(taskDefinitionKey)))
            .getLoopCharacteristics();
    if (loopCharacteristics == null) {
        throw new FlowableIllegalArgumentException("该节点不是多实例用户任务");
    }
    return loopCharacteristics;
}

//查询多实例的根执行实例
private Execution getMultiInstanceRootExecution(String procInstId,
        String taskDefinitionKey) {
    List<Execution> executions = runtimeService.createExecutionQuery()
            .processInstanceId(procInstId).activityId(taskDefinitionKey).list();
    Execution multiInstanceRootExecution = null;
    Execution currentExecution = executions.get(0);
    while (currentExecution != null && multiInstanceRootExecution == null &&
            currentExecution.getParentId() != null) {
        if (((ExecutionEntity) currentExecution).isMultiInstanceRoot()) {
            multiInstanceRootExecution = currentExecution;
        } else {
            currentExecution = runtimeService.createExecutionQuery()
                    .executionId(currentExecution.getParentId()).singleResult();
        }
    }
    return multiInstanceRootExecution;
}
```

在以上代码中，addSign()方法用于实现加签功能，其传入参数中collectionName是多实例UserTask的multiInstanceLoopCharacteristics子元素中flowable:collection属性配置的集合变量名，elementVariable是flowable:elementVariable属性配置的变量名。参数procInstId是流程实例编号，currentTask是当前进行加签操作的运行时任务实例，userIds是需要加签的用户列表。该方法的逻辑是先进行各种必要的参数校验，然后查询并重设多实例办理人集合的变量。接着在查询多实例的根执行实例后,根据根执行实例查询并重设多实例的总实例数。接下来查询多实例的类型,如果是并行多实例,遍历要加签的用户列表,为每个用户查询并重设多实例的激活实例数,最后调用addMultiInstanceExecution()方法完成创建多实例的执行实例和相关的对象。

deleteSign()方法用于实现减签功能,其传入参数中collectionName是多实例UserTask的multiInstanceLoopCharacteristics子元素中flowable:collection属性配置的集合变量名,参数procInstId是流程实例编号,currentTask是当前进行减签操作的运行时任务实例,userId是需要减签的用户。该方法的逻辑是先进行各种必要的参数校验,然后在查询多实例的根执行实例后,根据根执行实例查询并重设多实例的总实例数。接着,查询多实例的类型,如果是串行多实例,则校验被减签人是否在会签后续办理人中;如果是并行多实例,则先校验被减签人是否是会签的运行时任务的办理人,再查询并重设多实例的激活实例数,接着调用deleteMultiInstanceExecution()方法删除多实例的执行实例和相关的对象。最后,重设多实例办理人集合的变量。

需要注意的是,由于串行多实例在执行过程中,多实例的激活实例数始终为1,多实例任务的执行实例始终不变,在addSign()方法进行加签操作时,既没有更新多实例的激活实例数,也没有调用addMultiInstanceExecution()方法创建新的执行实例。同样的道理,在deleteSign()方法中,既没有更新多实例的激活实例数,也没有调用deleteMultiInstanceExecution()方法删除执行实例。

26.3.2 会签加签/减签的使用示例

下面看一个会签加签/减签的使用示例,其流程如图26.10所示。该流程为上线申请流程,"平台管理员审批"用户任务配置为并行多实例,"运维管理员操作"用户任务配置为串行多实例,分别对这两个节点进行加签/减签操作。

图26.10 会签加签/减签示例流程

该流程对应的XML内容如下:

```xml
<process id="multiInstanceUserTaskProcess" name="会签加签/减签示例流程">
    <startEvent id="startEvent1"/>
    <userTask id="userTask1" name="上线申请"/>
    <userTask id="userTask2" name="平台管理员审批" flowable:assignee="${assignee}">
        <multiInstanceLoopCharacteristics isSequential="false"
            flowable:collection="${assigneeList1}" flowable:elementVariable="assignee">
            <completionCondition>
                ${nrOfCompletedInstances == nrOfInstances}
            </completionCondition>
        </multiInstanceLoopCharacteristics>
    </userTask>
    <userTask id="userTask3" name="运维管理员操作" flowable:assignee="${assignee}">
        <multiInstanceLoopCharacteristics isSequential="true"
            flowable:collection="${assigneeList2}" flowable:elementVariable="assignee">
            <completionCondition>
                ${nrOfCompletedInstances == nrOfInstances}
            </completionCondition>
        </multiInstanceLoopCharacteristics>
    </userTask>
    <endEvent id="endEvent1"/>
    <userTask id="userTask4" name="测试负责人验收"/>
    <sequenceFlow id="sequenceFlow1" sourceRef="startEvent1" targetRef="userTask1"/>
    <sequenceFlow id="sequenceFlow2" sourceRef="userTask1" targetRef="userTask2"/>
    <sequenceFlow id="sequenceFlow3" sourceRef="userTask2" targetRef="userTask3"/>
    <sequenceFlow id="sequenceFlow4" sourceRef="userTask3" targetRef="userTask4"/>
    <sequenceFlow id="sequenceFlow5" sourceRef="userTask4" targetRef="endEvent1"/>
</process>
```

在以上流程定义中,加粗部分的代码将平台管理员审批、运维管理员操作两个用户任务分别设置为并行多实例和串行多实例,并通过flowable:collection指定该会签环节的参与人的集合,这里分别使用了名为

assigneeList1、assigneeList2的流程变量。多实例在遍历assigneeList1、assigneeList2集合时把单个值保存在flowable:elementVariable指定的名为assignee的变量中。结合该变量和userTask的flowable:assignee就可以决定该实例应该由谁来处理。结束条件表达式均配置为${nrOfCompletedInstances == nrOfInstances}，表明多实例的所有任务办理完成后才能结束多实例。

加载该流程模型并执行相应流程控制的示例代码如下：

```java
@Slf4j
public class RunAddAndDeleteMultiInstanceExecutionDemo extends FlowableEngineUtil {
    SimplePropertyPreFilter executionFilter = new SimplePropertyPreFilter(Execution.class,
            "id", "parentId", "businessKey", "processInstanceId", "scope", "activityId");
    SimplePropertyPreFilter variableFilter =
            new SimplePropertyPreFilter(VariableInstance.class,
            "name", "executionId", "value");

    @Test
    public void runAddAndDeleteMultiInstanceExecutionDemo() {
        //加载Flowable配置文件并初始化工作流引擎及服务
        initFlowableEngineAndServices("flowable.cfg.xml");
        //部署流程
        deployResource("processes/MultiInstanceUserTaskProcess.bpmn20.xml");

        List<String> assigneeList1 = Lists.newArrayList("hebo", "litao");
        List<String> assigneeList2 = Lists.newArrayList("liushaoli", "xuqiangwei");
        Map<String, Object> varMap = ImmutableMap.of("assigneeList1", assigneeList1,
                "assigneeList2", assigneeList2);
        //启动流程
        ProcessInstance procInst = runtimeService
                .startProcessInstanceByKey("multiInstanceUserTaskProcess", varMap);
        TaskQuery taskQuery = taskService.createTaskQuery()
                .processInstanceId(procInst.getId());
        //查询第一个节点的任务
        Task firstTask = taskQuery.singleResult();
        //完成第一个节点的任务
        taskService.complete(firstTask.getId());
        log.info("用户任务{}办理完成", firstTask.getName());
        //查询第二个节点的任务
        List<Task> taskOfSecondNode = taskQuery.list();
        //输出执行实例和变量信息
        logExecutionAndVariableData(procInst.getId(), taskOfSecondNode.get(0).getName(),
                "执行加签前");
        MultiInstanceExecutionUtil multiInstanceExecutionUtil =
                new MultiInstanceExecutionUtil(repositoryService, runtimeService,
                taskService);
        //执行加签两个人
        multiInstanceExecutionUtil.addSign("assigneeList1", "assignee",
                procInst.getId(), taskOfSecondNode.get(0),
                Arrays.asList("wangjunlin", "huhaiqin"));
        //输出执行实例和变量信息
        logExecutionAndVariableData(procInst.getId(),
                taskOfSecondNode.get(0).getName(), "执行加签后");
        //执行减签一个人
        multiInstanceExecutionUtil.deleteSign("assigneeList1", procInst.getId(),
                taskOfSecondNode.get(0), "litao");
        //输出执行实例和变量信息
        logExecutionAndVariableData(procInst.getId(),
                taskOfSecondNode.get(0).getName(), "执行减签后");
        List<Task> taskList1 = taskQuery.list();
        //办理完成第二个节点的所有任务
        for (Task task : taskList1) {
            taskService.complete(task.getId());
            log.info("{}办理完成{}的用户任务", task.getAssignee(), task.getName());
        }
        //查询第三个节点的任务
        Task thirdTask = taskQuery.singleResult();
        //输出执行实例和变量信息
        logExecutionAndVariableData(procInst.getId(), thirdTask.getName(), "执行加签前");
        //执行加签两个人
```

```java
        multiInstanceExecutionUtil.addSign("assigneeList2", "assignee",
                procInst.getId(), thirdTask, Arrays.asList("wangxiaolong", "wanglina"));
        //输出执行实例和变量信息
        logExecutionAndVariableData(procInst.getId(), thirdTask.getName(), "执行加签后");
        //执行减签一个人
        multiInstanceExecutionUtil.deleteSign("assigneeList2", procInst.getId(),
                thirdTask, "xuqiangwei");
        //输出执行实例和变量信息
        logExecutionAndVariableData(procInst.getId(), thirdTask.getName(), "执行减签后");
        //办理完成第三个节点的所有任务
        for (int i = 0; i < 3; i++) {
            Task task = taskQuery.singleResult();
            taskService.complete(task.getId());
            log.info("{}办理完成用户任务: {}", task.getAssignee(), task.getName());
        }
        //查询第四个节点的任务
        Task forthTask = taskQuery.singleResult();
        log.info("流程流转到: {}", forthTask.getName());
    }

    /**
     * 输出执行实例和变量信息
     * @param processInstanceId 流程实例编号
     * @param taskName          任务名称
     * @param operate           操作名称
     */
    private void logExecutionAndVariableData(String processInstanceId,
            String taskName, String operate) {
        List<Execution> executionList = runtimeService.createExecutionQuery()
                .processInstanceId(processInstanceId).list();
        log.info("{}节点{}的执行实例数为{}, 分别是: {}", taskName, operate,
                executionList.size(),
                JSON.toJSONString(executionList, executionFilter));
        List<VariableInstance> variables = runtimeService.createVariableInstanceQuery()
                .processInstanceId(processInstanceId).list();
        log.info("{}节点{}的流程变量为: {}", taskName, operate,
                JSON.toJSONString(variables, variableFilter));
    }
}
```

在以上代码中,先初始化工作流引擎并部署流程,初始化流程变量并发起流程,然后完成第一个用户任务,接下来分别对两个多实例节点加签两个用户、减签一个用户(加粗部分的代码),并完成所有的多实例任务,最后查询流程最后流转到的节点。在整个过程中,分别输出了各阶段执行实例和流程变量的数据。代码运行结果如下:

```
08:14:50,537 [main] INFO  RunAddAndDeleteMultiInstanceExecutionDemo  - 用户任务上线申请办理完成
08:14:50,752 [main] INFO  RunAddAndDeleteMultiInstanceExecutionDemo  - 平台管理员审批节点执行加签前的执
行实例数为4, 分别是: [{"activityId":"userTask2","id":"18","parentId":"5","processInstanceId":"5",
"scope":false},{"activityId":"userTask2","id":"22","parentId":"18","processInstanceId":"5","scope":
false},{"activityId":"userTask2","id":"23","parentId":"18","processInstanceId":"5","scope":false},
{"id":"5","processInstanceId":"5","scope":true}]
08:14:50,787 [main] INFO  RunAddAndDeleteMultiInstanceExecutionDemo  - 平台管理员审批节点执行加签前的流
程变量为: [{"executionId":"5","name":"assigneeList1","value":["hebo","litao"]},{"executionId":"18",
"name":"nrOfInstances","value":2},{"executionId":"18","name":"nrOfCompletedInstances","value":0},
{"executionId":"18","name":"nrOfActiveInstances","value":2},{"executionId":"22","name":"assignee",
"value":"hebo"},{"executionId":"23","name":"assignee","value":"litao"},{"executionId":"22","name":
"loopCounter","value":0},{"executionId":"23","name":"loopCounter","value":1},{"executionId":"5",
"name":"assigneeList2","value":["liushaoli","xuqiangwei"]}]
08:14:50,917 [main] INFO  RunAddAndDeleteMultiInstanceExecutionDemo  - 平台管理员审批节点执行加签后的执
行实例数为6, 分别是: [{"activityId":"userTask2","id":"18","parentId":"5","processInstanceId":"5",
"scope":false},{"activityId":"userTask2","id":"22","parentId":"18","processInstanceId":"5","scope":false},
{"activityId":"userTask2","id":"23","parentId":"18","processInstanceId":"5","scope":false},
{"activityId":"userTask2","id":"36","parentId":"18","processInstanceId":"5","scope":false},
{"activityId":"userTask2","id":"43","parentId":"18","processInstanceId":"5","scope":false},{"id":
"5","processInstanceId":"5","scope":true}]
08:14:50,932 [main] INFO  RunAddAndDeleteMultiInstanceExecutionDemo  - 平台管理员审批节点执行加签后的流
程变量为: [{"executionId":"5","name":"assigneeList1","value":["hebo","litao","wangjunlin","huhaiqin"]},
{"executionId":"18","name":"nrOfInstances","value":6},{"executionId":"18","name":"nrOfCompletedInstances",
"value":2},{"executionId":"18","name":"nrOfActiveInstances","value":4},{"executionId":"22","name":
```

```
"assignee","value":"hebo"},{"executionId":"23","name":"assignee","value":"litao"},{"executionId":
"22","name":"loopCounter","value":0},{"executionId":"23","name":"loopCounter","value":1},{"executionId":
"36","name":"assignee","value":"wangjunlin"},{"executionId":"36","name":"loopCounter","value":4},
{"executionId":"43","name":"assignee","value":"huhaiqin"},{"executionId":"43","name":"loopCounter",
"value":5},{"executionId":"5","name":"assigneeList2","value":["liushaoli","xuqiangwei"]}]
08:14:51,016 [main] INFO  RunAddAndDeleteMultiInstanceExecutionDemo  - 平台管理员审批节点执行减签后的执
行实例数为5,分别是:[{"activityId":"userTask2","id":"18","parentId":"5","processInstanceId":"5","scope":
false},{"activityId":"userTask2","id":"22","parentId":"18","processInstanceId":"5","scope":false},
{"activityId":"userTask2","id":"36","parentId":"18","processInstanceId":"5","scope":false},{"activityId":
"userTask2","id":"43","parentId":"18","processInstanceId":"5","scope":false},{"id":"5",
"processInstanceId":"5","scope":true}]
08:14:51,030 [main] INFO  RunAddAndDeleteMultiInstanceExecutionDemo  - 平台管理员审批节点执行减签后的流
程变量为:[{"executionId":"5","name":"assigneeList1","value":["hebo","wangjunlin","huhaiqin"]},
{"executionId":"18","name":"nrOfInstances","value":4},{"executionId":"18","name":"nrOfCompletedInstances",
"value":1},{"executionId":"18","name":"nrOfActiveInstances","value":3},{"executionId":"22","name":
"assignee","value":"hebo"},{"executionId":"22","name":"loopCounter","value":0},{"executionId":"36",
"name":"assignee","value":"wangjunlin"},{"executionId":"36","name":"loopCounter","value":4},
{"executionId":"43","name":"assignee","value":"huhaiqin"},{"executionId":"43","name":"loopCounter",
"value":5},{"executionId":"5","name":"assigneeList2","value":["liushaoli","xuqiangwei"]}]
08:14:51,076 [main] INFO  RunAddAndDeleteMultiInstanceExecutionDemo  - hebo办理完成平台管理员审批的用户任务
08:14:51,102 [main] INFO  RunAddAndDeleteMultiInstanceExecutionDemo  - wangjunlin办理完成平台管理员审
批的用户任务
08:14:51,157 [main] INFO  RunAddAndDeleteMultiInstanceExecutionDemo  - huhaiqin办理完成平台管理员审批的
用户任务
08:14:51,165 [main] INFO  RunAddAndDeleteMultiInstanceExecutionDemo  - 运维管理员操作节点执行加签前的执
行实例数为3,分别是:[{"id":"5","processInstanceId":"5","scope":true},{"activityId":"userTask3","id":
"56","parentId":"5","processInstanceId":"5","scope":false},{"activityId":"userTask3","id":"57",
"parentId":"56","processInstanceId":"5","scope":false}]
08:14:51,169 [main] INFO  RunAddAndDeleteMultiInstanceExecutionDemo  - 运维管理员操作节点执行加签前的流
程变量为:[{"executionId":"5","name":"assigneeList1","value":["hebo","wangjunlin","huhaiqin"]},
{"executionId":"56","name":"nrOfInstances","value":2},{"executionId":"56","name":"nrOfCompletedInstances",
"value":0},{"executionId":"56","name":"nrOfActiveInstances","value":1},{"executionId":"57","name":
"assignee","value":"liushaoli"},{"executionId":"57","name":"loopCounter","value":0},{"executionId":
"5","name":"assigneeList2","value":["liushaoli","xuqiangwei"]}]
08:14:51,193 [main] INFO  RunAddAndDeleteMultiInstanceExecutionDemo  - 运维管理员操作节点执行加签后的执
行实例数为3,分别是:[{"id":"5","processInstanceId":"5","scope":true},{"activityId":"userTask3","id":
"56","parentId":"5","processInstanceId":"5","scope":false},{"activityId":"userTask3","id":"57",
"parentId":"56","processInstanceId":"5","scope":false}]
08:14:51,196 [main] INFO  RunAddAndDeleteMultiInstanceExecutionDemo  - 运维管理员操作节点执行加签后的流
程变量为:[{"executionId":"5","name":"assigneeList1","value":["hebo","wangjunlin","huhaiqin"]},
{"executionId":"56","name":"nrOfInstances","value":4},{"executionId":"56","name":"nrOfCompletedInstances",
"value":0},{"executionId":"56","name":"nrOfActiveInstances","value":1},{"executionId":"57","name":
"assignee","value":"liushaoli"},{"executionId":"57","name":"loopCounter","value":0},{"executionId":
"5","name":"assigneeList2","value":["liushaoli","xuqiangwei","wangxiaolong","wanglina"]}]
08:14:51,221 [main] INFO  RunAddAndDeleteMultiInstanceExecutionDemo  - 运维管理员操作节点执行减签后的执
行实例数为3,分别是:[{"id":"5","processInstanceId":"5","scope":true},{"activityId":"userTask3","id":
"56","parentId":"5","processInstanceId":"5","scope":false},{"activityId":"userTask3","id":"57",
"parentId":"56","processInstanceId":"5","scope":false}]
08:14:51,225 [main] INFO  RunAddAndDeleteMultiInstanceExecutionDemo  - 运维管理员操作节点执行减签后的流
程变量为:[{"executionId":"5","name":"assigneeList1","value":["hebo","wangjunlin","huhaiqin"]},
{"executionId":"56","name":"nrOfInstances","value":3},{"executionId":"56","name":"nrOfCompletedInstances",
"value":0},{"executionId":"56","name":"nrOfActiveInstances","value":1},{"executionId":"57","name":
"assignee","value":"liushaoli"},{"executionId":"57","name":"loopCounter","value":0},{"executionId":
"5","name":"assigneeList2","value":["liushaoli","wangxiaolong","wanglina"]}]
08:14:51,259 [main] INFO  RunAddAndDeleteMultiInstanceExecutionDemo  - liushaoli办理完成用户任务:运维管
理员操作
08:14:51,294 [main] INFO  RunAddAndDeleteMultiInstanceExecutionDemo  - wangxiaolong办理完成用户任务:运
维管理员操作
08:14:51,346 [main] INFO  RunAddAndDeleteMultiInstanceExecutionDemo  - wanglina办理完成用户任务:运维管
理员操作
08:14:51,349 [main] INFO  RunAddAndDeleteMultiInstanceExecutionDemo  - 流程流转到:测试负责人验收
```

26.4 本章小结

本章主要介绍了如何通过扩展Flowable实现各种本土化业务流程场景的需求,包括通过代码创建流程模型、为流程实例动态增加临时节点、会签加签/减签等常见场景。这些操作都是借助基于Flowable的引擎能力或运行机制扩展实现的,读者可以学习和借鉴本章的实现思路和过程,实现更加复杂的应用场景需求。

第 27 章
本土化业务流程场景的实现（三）

本章将继续讲解如何实现Flowable的本土化扩展封装，以满足各类本土化业务流程场景的需求，如流程复活、任务知会（流程抄送）、流程节点自动跳过、流程实例跨版本迁移、动态修改流程定义元素属性和多语种支持等。

27.1 流程复活

流程复活是一种比较常见的本土化业务流程场景。在业务流程中，有时候会遇到一些特殊情况或者错误操作导致流程提前结束，这时候需要将已经结束的流程复活到流程中的指定环节，重新激活流程进行处理。在实际应用中，流程复活常常出现在需要重新审批、修改或补充信息的情况下。例如，当某个流程在某个环节结束后，发现需要重新审批或修改某些关键信息时，可以选择将该流程复活，使其回到之前的环节，以便重新进行处理。流程复活提高了业务流程的灵活性和效率，可以避免因为一些细微的变动而重新创建新的流程实例，从而节省了时间和资源。同时，流程复活也提供了更好的错误纠正和修改机制，使得在流程执行过程中出现的问题能够及时得到解决。

27.1.1 流程复活扩展实现

Flowable为了保证引擎的高效运行，将数据分为运行时数据和历史数据。运行时数据的主要目的是支持流程实例的顺利进行和任务的执行，当一个流程实例结束时，所有的运行时数据都会被清除，只有历史数据会被保留下来。这意味着在流程实例结束后，无法直接访问和操作运行时数据。为了复活流程，需要从历史数据中提取所需信息来重新创建相关的流程实例、执行实例、任务、变量等运行时数据，从而重新执行流程。

1. 流程复活Command类

这里同样通过Flowable的命令与拦截器运行机制实现自定义流程复活命令，并交给Flowable工作流引擎执行。流程复活Command命令类的代码如下：

```
@AllArgsConstructor
public class RestartProcessInstanceCmd implements Command<ProcessInstance> {
    //待复活的流程实例编号
    protected String processInstanceId;
    //要复活到的节点列表
    protected List<String> activityIds;

    @Override
    public ProcessInstance execute(CommandContext commandContext) {
        ProcessEngineConfiguration procEngineConf = CommandContextUtil
                .getProcessEngineConfiguration(commandContext);
        HistoryService historyService = procEngineConf.getHistoryService();
        //校验和查询历史流程实例
        HistoricProcessInstance hisProcInst =
                checkAndGetHistoricProcessInstance(historyService);
        //校验待复活节点
        checkActivityIds(hisProcInst.getProcessDefinitionId());
        //校验流程定义
        ProcessDefinition processDefinition = ProcessDefinitionUtil
                .getProcessDefinition(hisProcInst.getProcessDefinitionId());
        if (processDefinition == null) {
            throw new FlowableException("流程定义不存在");
        }
        //获取流程启动节点
```

```java
        Process process = ProcessDefinitionUtil.getProcess(processDefinition.getId());
        StartEvent initialFlowElement = (StartEvent) process.getInitialFlowElement();
        //重建运行时流程实例的主执行实例
        ExecutionEntity processInstance = reCreateProcessInstance(processDefinition,
                initialFlowElement, hisProcInst);
        //创建子执行实例
        ExecutionEntity childExecution = CommandContextUtil.getExecutionEntityManager()
                .createChildExecution(processInstance);
        childExecution.setCurrentFlowElement(initialFlowElement);
        //收集待复活的流程变量
        Map<String, Object> varMap = collectVariables(historyService, hisProcInst);
        //设置历史流程实例结束节点和结束时间为空
        ((HistoricProcessInstanceEntityImpl) hisProcInst).setEndActivityId(null);
        ((HistoricProcessInstanceEntityImpl) hisProcInst).setEndTime(null);
        //执行动态跳转
        procEngineConf.getRuntimeService()
                .createChangeActivityStateBuilder()
                .processInstanceId(processInstance.getProcessInstanceId())
                .moveSingleExecutionToActivityIds(childExecution.getId(), activityIds)
                .processVariables(varMap)
                .changeState();
        return procEngineConf.getRuntimeService().createProcessInstanceQuery()
                .processInstanceId(processInstance.getId()).singleResult();
    }

    //校验和查询历史流程实例
    private HistoricProcessInstance checkAndGetHistoricProcessInstance(
            HistoryService historyService) {
        if (StringUtils.isBlank(processInstanceId)) {
            throw new FlowableIllegalArgumentException("processInstanceId不能为空");
        }
        HistoricProcessInstance hisProcInst = historyService
                .createHistoricProcessInstanceQuery()
                .processInstanceId(processInstanceId).singleResult();
        if (hisProcInst == null) {
            throw new FlowableException("id为" + processInstanceId + "的流程实例不存在");
        } else if (hisProcInst != null && hisProcInst.getEndTime() == null) {
            throw new FlowableException("id为" + processInstanceId + "的流程实例没有结束");
        }
        return hisProcInst;
    }

    //校验复活节点
    private void checkActivityIds(String processDefinitionId) {
        if (CollectionUtils.isEmpty(activityIds)) {
            throw new FlowableIllegalArgumentException("activityIds不能为空");
        }
        BpmnModel bpmnModel = ProcessDefinitionUtil.getBpmnModel(processDefinitionId);
        List<String> notExistedFlowElements = new ArrayList<>();
        for (String activityId : activityIds) {
            if (!bpmnModel.getMainProcess().containsFlowElementId(activityId)) {
                notExistedFlowElements.add(activityId);
            }
        }
        if (!CollectionUtils.isEmpty(notExistedFlowElements)) {
            throw new FlowableIllegalArgumentException("Id为" + String.join("、",
                    notExistedFlowElements) + "节点不存在");
        }
    }

    //重建流程实例
    private ExecutionEntity reCreateProcessInstance(ProcessDefinition processDefinition,
            StartEvent initialFlowElement,
            HistoricProcessInstance hisProcInst) {
        //创建流程实例
        ExecutionEntity procInst = CommandContextUtil.getExecutionEntityManager()
                .createProcessInstanceExecution(processDefinition, hisProcInst.getId(),
```

```
                    hisProcInst.getBusinessKey(), hisProcInst.getBusinessStatus(),
                    hisProcInst.getName(), hisProcInst.getCallbackId(),
                    hisProcInst.getCallbackType(), hisProcInst.getReferenceId(),
                    hisProcInst.getReferenceType(),
                    hisProcInst.getPropagatedStageInstanceId(),
                    hisProcInst.getTenantId(), initialFlowElement.getInitiator(),
                    hisProcInst.getStartActivityId());
    //重设流程开始事件
    procInst.setStartTime(hisProcInst.getStartTime());
    return procInst;
}

//收集待复活的流程变量
private Map<String, Object> collectVariables(HistoryService historyService,
        HistoricProcessInstance hisProcInst) {
    Map<String, Object> varMap = new HashMap<>();
    //查询历史流程变量
    List<HistoricVariableInstance> hisVariables = historyService
            .createHistoricVariableInstanceQuery()
            .processInstanceId(hisProcInst.getId())
            .executionId(hisProcInst.getId()).list();
    for (HistoricVariableInstance hisVariable : hisVariables) {
        varMap.put(hisVariable.getVariableName(), hisVariable.getValue());
    }
    return varMap;
}
}
```

以上代码实现了org.flowable.common.engine.impl.interceptor.Command接口类的execute()方法。其核心逻辑是先对传入的参数processInstanceId、activityIds进行一系列的校验,包括校验是否为空、流程实例是否存在、流程实例是否结束、复活节点是否存在,以及流程定义是否存在等。如果所有的校验均通过,则继续后面的操作。一切就绪后,获取流程启动节点,然后基于它重建运行时流程实例的主执行实例、创建子执行实例,接下来收集运行时流程变量,设置历史流程实例结束节点和结束时间为空,最后执行流程跳转操作将重建的流程跳转到待复活的节点。

2. 流程复活Service类

Flowable中的ManagementService服务提供的executeCommand()方法可以用于执行Command类,这里使用ManagementService服务调用RestartProcessInstanceCmd实现流程复活。流程复活Service类的代码如下:

```
@AllArgsConstructor
public class RestartProcessInstanceService {
    protected ManagementService managementService;

    public void executeRestart(String processInstanceId, List<String> activityIds) {
        //实例化流程复活Command类
        RestartProcessInstanceCmd restartProcessInstance =
                new RestartProcessInstanceCmd(processInstanceId, activityIds);
        //通过ManagementService管理服务执行流程复活Command类
        managementService.executeCommand(restartProcessInstance);
    }
}
```

在以上代码中,executeRestart()方法的传入参数为流程实例编号和要复活到的节点列表,其核心逻辑为先实例化RestartProcessInstanceCmd,然后通过ManagementService管理服务的executeCommand()方法执行该Command类,从而实现流程复活。

27.1.2 流程复活使用示例

下面看一个流程复活的使用示例,其流程如图27.1所示。这是一个员工物料领用流程,员工提交申请后首先经并行网关到达"财务经理审批""直属上级审批"和"物料管理员审批"任务节点,"财务经理审批"和"直属上级审批"用户任务完成后经并行网关汇聚到"部门主管审批"任务节点,部门主管审批和物料管理员审批完成后经并行网关汇聚后到"物料发放"任务节点,办理完成后流程结束。

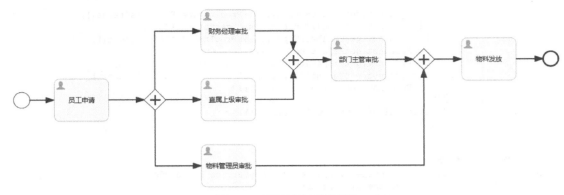

图27.1 流程复活示例流程

该流程对应的XML内容如下：

```xml
<process id="restartProcessInstanceProcess" name="流程复活示例流程">
    <startEvent id="startEvent1"/>
    <userTask id="userTask1" name="员工申请"/>
    <parallelGateway id="parallelGateway1"/>
    <userTask id="userTask2" name="财务经理审批"/>
    <userTask id="userTask3" name="直属上级审批"/>
    <userTask id="userTask4" name="物料管理员审批"/>
    <parallelGateway id="parallelGateway2"/>
    <userTask id="userTask5" name="部门主管审批"/>
    <parallelGateway id="parallelGateway3"/>
    <userTask id="userTask6" name="物料发放"/>
    <endEvent id="endEvent1"/>
    <sequenceFlow id="seqFlow1" sourceRef="startEvent1" targetRef="userTask1"/>
    <sequenceFlow id="seqFlow2" sourceRef="userTask1" targetRef="parallelGateway1"/>
    <sequenceFlow id="seqFlow4" sourceRef="parallelGateway1" targetRef="userTask3"/>
    <sequenceFlow id="seqFlow6" sourceRef="userTask2" targetRef="parallelGateway2"/>
    <sequenceFlow id="seqFlow7" sourceRef="userTask3" targetRef="parallelGateway2"/>
    <sequenceFlow id="seqFlow8" sourceRef="parallelGateway2" targetRef="userTask5"/>
    <sequenceFlow id="seqFlow9" sourceRef="userTask4" targetRef="parallelGateway3"/>
    <sequenceFlow id="seqFlow10" sourceRef="userTask5" targetRef="parallelGateway3"/>
    <sequenceFlow id="seqFlow11" sourceRef="parallelGateway3" targetRef="userTask6"/>
    <sequenceFlow id="seqFlow12" sourceRef="userTask6" targetRef="endEvent1"/>
    <sequenceFlow id="seqFlow3" sourceRef="parallelGateway1" targetRef="userTask2"/>
    <sequenceFlow id="seqFlow5" sourceRef="parallelGateway1" targetRef="userTask4"/>
</process>
```

加载该流程模型并执行相应流程控制的示例代码如下：

```java
@Slf4j
public class RunRestartProcessInstanceDemo extends FlowableEngineUtil {
    SimplePropertyPreFilter taskFilter = new SimplePropertyPreFilter(Task.class,
            "id", "name", "executionId", "taskDefinitionKey");
    SimplePropertyPreFilter executionFilter = new SimplePropertyPreFilter(Execution.class,
            "id", "parentId", "processInstanceId", "activityId", "isScope");

    @Test
    public void runRestartProcessInstanceDemo() {
        //加载Flowable配置文件并初始化工作流引擎及服务
        initFlowableEngineAndServices("flowable.cfg.xml");
        //部署流程
        deployResource("processes/RestartProcessInstanceProcess.bpmn20.xml");
        //设置流程变量
        Map<String, Object> varMap = ImmutableMap.of("applyUserId", "hebo",
                "applyNum", 100, "totalAmount", 9999.99);
        //启动流程
        ProcessInstance procInst = runtimeService
                .startProcessInstanceByKey("restartProcessInstanceProcess", varMap);
        //自动办理任务至流程结束
        autoCompleteTasks(procInst.getId());
        //流程复活
```

```java
        RestartProcessInstanceService restartProcessInstanceService =
                new RestartProcessInstanceService(managementService);
        restartProcessInstanceService.executeRestart(procInst.getId(),
                Arrays.asList("userTask2", "userTask3", "userTask4"));
        List<Task> tasks = taskService.createTaskQuery()
                .processInstanceId(procInst.getId()).list();
        log.info("复活后，当前任务为: {}", JSON.toJSONString(tasks, taskFilter));
        List<Execution> executions = runtimeService.createExecutionQuery()
                .processInstanceId(procInst.getId()).list();
        log.info("当前执行实例有: {}", JSON.toJSONString(executions, executionFilter));
        Map<String, Object> newVarMap = runtimeService.getVariables(procInst.getId());
        log.info("运行时流程变量有: {}", JSON.toJSONString(newVarMap));
    }

    //自动办理任务至流程结束
    private void autoCompleteTasks(String processInstanceId) {
        boolean isProcessInstanceEnded = false;
        while (!isProcessInstanceEnded) {
            List<Task> tasks = taskService.createTaskQuery()
                    .processInstanceId(processInstanceId).list();
            if (!CollectionUtils.isEmpty(tasks)) {
                for (Task task : tasks) {
                    taskService.complete(task.getId());
                }
            }
            HistoricProcessInstance historicProcessInstance = historyService
                    .createHistoricProcessInstanceQuery()
                    .processInstanceId(processInstanceId).singleResult();
            if (historicProcessInstance.getEndTime() != null) {
                isProcessInstanceEnded = true;
            }
        }
    }
}
```

以上代码先初始化工作流引擎并部署流程，设置流程变量并发起流程后，自动办理任务至流程结束。然后由加粗部分的代码进行流程复活操作，最后输出复活后的流程相关信息。代码运行结果如下：

```
20:44:47,314 [main] INFO  RunRestartProcessInstanceDemo  - 复活后，当前任务为: [{"executionId":"53",
"id":"57","name":"财务经理审批","taskDefinitionKey":"userTask2"},{"executionId":"54","id":"60","name":
"直属上级审批","taskDefinitionKey":"userTask3"},{"executionId":"55","id":"63","name":"物料管理员审批",
"taskDefinitionKey":"userTask4"}]
20:44:47,355 [main] INFO  RunRestartProcessInstanceDemo  - 当前执行实例有: [{"id":"5","isScope":true,
"processInstanceId":"5"},{"activityId":"userTask2","id":"53","isScope":false,"parentId":"5",
"processInstanceId":"5"},{"activityId":"userTask3","id":"54","isScope":false,"parentId":"5",
"processInstanceId":"5"},{"activityId":"userTask4","id":"55","isScope":false,"parentId":"5",
"processInstanceId":"5"}]
20:44:47,386 [main] INFO  RunRestartProcessInstanceDemo  - 运行时流程变量有: {"totalAmount":9999.99,
"applyNum":100,"applyUserId":"hebo"}
```

从执行结果来看，流程复活后，到达了"财务经理审批""直属上级审批"和"物料管理员审批"任务节点，存在4个执行实例，运行时变量也重建成功，这个流程能够正常执行。

27.2 任务知会

任务知会通常也称作流程抄送，指的是将流程的某个任务发送给其他人，以便他们了解流程进展或参与流程决策。与候选人和办理人不同的是，知会的任务只能查看、不能办理。通过任务知会功能可以实现信息的共享和协作，提高工作协作效率，减少信息传递的时间和成本。同时，抄送功能还能够增加流程的透明度和可追溯性，确保流程的合规性和质量。

27.2.1 任务知会扩展实现

通过任务知会的介绍可以发现，被知会的人与任务之间存在一个关联关系。我们知道，在Flowable中还存在另外一种候选人与任务之间的关联关系，它们存储在ACT_RU_IDENTITYLINK和ACT_HI_IDENTITYLINK表中，分别对应IdentityLinkEntity和HistoricIdentityLinkEntity对象，它们的type值为candidate。因此，构建被知会的人与任务之间的关系也可以借鉴这种思路，同样使用IdentityLinkEntity和HistoricIdentityLinkEntity对象来表示，而type值设置为carbonCopy。另外，新构建的知会关系不能影响Flowable的默认逻辑，比如不能干扰查询待办任务、候选任务和已办任务等接口。

1. 任务知会Command类

这里同样通过Flowable的命令与拦截器运行机制，实现自定义任务知会命令，并交给Flowable工作流引擎执行。任务知会Command命令类的代码如下：

```java
@AllArgsConstructor
public class TaskCarbonCopyCmd implements Command<Void> {
    private String taskId;
    private List<String> userIds;

    @Override
    public Void execute(CommandContext commandContext) {
        ProcessEngineConfigurationImpl procEngineConf = CommandContextUtil
                .getProcessEngineConfiguration(commandContext);
        HistoryService historyService = procEngineConf.getHistoryService();
        //校验并获取任务实例
        HistoricTaskInstance hisTask = checkAndGetHistoricTaskInstance(historyService);
        if (hisTask.getEndTime() == null) {
            //对未结束的任务同时创建运行时和历史关联关系
            for (String userId : userIds) {
                IdentityLinkEntity identityLink = procEngineConf
                        .getIdentityLinkServiceConfiguration()
                        .getIdentityLinkService()
                        .createTaskIdentityLink(taskId, userId, null, "carbonCopy");
                CommandContextUtil.getHistoryManager()
                        .recordIdentityLinkCreated(identityLink);
            }
        } else {
            //对于已结束的任务，仅创建历史关联关系
            HistoricIdentityLinkService hisLinkService = procEngineConf
                    .getIdentityLinkServiceConfiguration()
                    .getHistoricIdentityLinkService();
            for (String userId : userIds) {
                HistoricIdentityLinkEntity hisIdentityLink = hisLinkService
                        .createHistoricIdentityLink();
                hisIdentityLink.setGroupId(null);
                hisIdentityLink.setProcessInstanceId(null);
                hisIdentityLink.setTaskId(taskId);
                hisIdentityLink.setType("carbonCopy");
                hisIdentityLink.setUserId(userId);
                hisLinkService.insertHistoricIdentityLink(hisIdentityLink, false);
            }
        }
        return null;
    }

    //校验并获取任务实例
    private HistoricTaskInstance checkAndGetHistoricTaskInstance(HistoryService historyService) {
        if (StringUtils.isBlank(taskId)) {
            throw new FlowableIllegalArgumentException("taskId不能为空");
        }
        if (CollectionUtils.isEmpty(userIds)) {
            throw new FlowableIllegalArgumentException("userIds不能为空");
        }
        HistoricTaskInstance historicTaskInstance = historyService
                .createHistoricTaskInstanceQuery().taskId(taskId).singleResult();
        if (historicTaskInstance == null) {
            throw new FlowableException("id为" + taskId + "的任务实例不存在");
        }
        return historicTaskInstance;
    }
}
```

以上代码实现了org.flowable.common.engine.impl.interceptor.Command接口类的execute()方法。其核心逻辑是先对传入的参数taskId、userIds进行一系列的校验，包括校验是否为空、任务实例是否存在等。如果所

有的校验均通过，再根据当前任务是否已完成来分别做不同的操作：对于未结束的任务，通过IdentityLinkService为每个知会人创建type值为carbonCopy的IdentityLinkEntity对象，同时通过HistoryManager的 recordIdentityLinkCreated(IdentityLinkEntity identityLink) 方法根据 IdentityLinkEntity 对象创建HistoricIdentityLinkEntity对象；对于已结束的任务，通过HistoricIdentityLinkService为每个知会人创建type值为carbonCopy的HistoricIdentityLinkEntity对象。

2．任务知会Service类

Flowable中的ManagementService服务提供的executeCommand()方法可以用于执行Command类，这里使用ManagementService服务调用TaskCarbonCopyCmd实现任务知会。任务知会Service类的代码如下：

```java
@AllArgsConstructor
public class TaskCarbonCopyService {
    private ManagementService managementService;
    private TaskService taskService;
    private HistoryService historyService;

    public void executeTaskCarbonCopy(String taskId, List<String> userIds) {
        //实例化任务知会Command类
        TaskCarbonCopyCmd taskCarbonCopyCmd = new TaskCarbonCopyCmd(taskId, userIds);
        //通过ManagementService管理服务执行任务知会Command类
        managementService.executeCommand(taskCarbonCopyCmd);
    }

    //查询运行时知会任务
    public List<Task> getCarbonCopyTasks(String userId) {
        List<Task> tasks = taskService.createNativeTaskQuery()
                .sql("select t1.* from ACT_RU_TASK t1 join ACT_RU_IDENTITYLINK t2 on "
                    + "t2.TASK_ID_=t1.ID_ and t2.TYPE_='carbonCopy' and "
                    + "t2.USER_ID_=#{userId}")
                .parameter("userId", userId).list();
        return tasks;
    }

    //查询历史知会任务
    public List<HistoricTaskInstance> getHistoricCarbonCopyTasks(String userId) {
        List<HistoricTaskInstance> tasks = historyService
                .createNativeHistoricTaskInstanceQuery()
                .sql("select * from ACT_HI_TASKINST t1 join ACT_HI_IDENTITYLINK t2 on "
                    + "t2.TASK_ID_=t1.ID_ and t2.TYPE_='carbonCopy' and t2.USER_ID_="
                    + "#{userId}")
                .parameter("userId", userId).list();
        return tasks;
    }
}
```

在以上代码中，executeTaskCarbonCopy()方法的传入参数为知会任务编号和待知会人列表，其核心逻辑为先实例化任务知会Command类TaskCarbonCopyCmd，然后通过ManagementService管理服务的executeCommand()方法执行该Command类，从而实现任务知会。

另外，该服务内中还提供了getCarbonCopyTasks(String userId)和getHistoricCarbonCopyTasks(String userId)两个方法，分别通过TaskService的NativeTaskQuery和HistoryService的NativeHistoricTaskInstanceQuery使用自定义的SQL来查询知会任务和历史知会任务。

27.2.2 任务知会使用示例

下面看一个任务知会的使用示例，其流程如图27.2所示。该流程为请假申请流程，接下来借助27.2.1小节介绍的扩展实现为"请假申请"和"经理审批"两个节点上的任务增加知会人。

图27.2 任务知会示例流程

该流程对应的XML内容如下：

```xml
<process id="taskCarbonCopyProcess" name="任务知会示例流程">
    <startEvent id="startEvent1"/>
    <userTask id="application" name="请假申请"/>
    <userTask id="approval" name="经理审批"/>
    <endEvent id="endEvent1"/>
    <sequenceFlow id="seqFlow1" sourceRef="startEvent1" targetRef="application"/>
    <sequenceFlow id="seqFlow2" sourceRef="application" targetRef="approval"/>
    <sequenceFlow id="seqFlow3" sourceRef="approval" targetRef="endEvent1"/>
</process>
```

加载该流程模型并执行相应流程控制的示例代码如下：

```java
@Slf4j
public class RunTaskCarbonCopyDemo extends FlowableEngineUtil {
    @Test
    public void runTaskCarbonCopyDemo() {
        //加载Flowable配置文件并初始化工作流引擎及服务
        initFlowableEngineAndServices("flowable.cfg.xml");
        //部署流程
        deployResource("processes/TaskCarbonCopyProcess.bpmn20.xml");

        //启动流程
        ProcessInstance procInst = runtimeService
                .startProcessInstanceByKey("taskCarbonCopyProcess");
        TaskQuery taskQuery = taskService.createTaskQuery()
                .processInstanceId(procInst.getId());
        //查询并办理第一个任务
        Task firstTask = taskQuery.singleResult();
        taskService.complete(firstTask.getId());
        //查询第二个任务
        Task secondTask = taskQuery.singleResult();
        //分别为两个任务添加知会人
        TaskCarbonCopyService taskCarbonCopyService =
                new TaskCarbonCopyService(managementService, taskService,
                historyService);
        taskCarbonCopyService.executeTaskCarbonCopy(firstTask.getId(),
                Arrays.asList("huhaiqin", "liuxiaopeng"));
        taskCarbonCopyService.executeTaskCarbonCopy(secondTask.getId(),
                Arrays.asList("hebo"));
        //查询liuxiaopeng的已办任务数
        long hisTaskNum = historyService.createHistoricTaskInstanceQuery()
                .taskAssignee("liuxiaopeng").processInstanceId(procInst.getId())
                .count();
        //查询liuxiaopeng的历史知会数
        long hisCarbonCopyNum = taskCarbonCopyService
                .getHistoricCarbonCopyTasks("liuxiaopeng")
                .stream().filter(hisTask
                        -> hisTask.getProcessInstanceId().equals(procInst.getId()))
                .count();
        log.info("{}在流程实例{}下的已办任务数为{}，历史知会数为{}", "liuxiaopeng",
                procInst.getId(), hisTaskNum, hisCarbonCopyNum);
        //查询hebo的待办任务数
        long taskNum = taskQuery.taskCandidateOrAssigned("hebo").count();
        //查询hebo的知会数
        long carbonCopyNum = taskCarbonCopyService.getCarbonCopyTasks("hebo")
                .stream().filter(task
                        -> task.getProcessInstanceId().equals(procInst.getId()))
                .count();
        log.info("{}在流程实例{}下的待办任务数为{}，知会数为{}", "hebo", procInst.getId(),
                taskNum, carbonCopyNum);
    }
}
```

以上代码先初始化工作流引擎并部署流程，发起流程后完成第一个用户任务，接着加粗部分的代码为第一个任务增加知会人huhaiqin、liuxiaopeng，为第二个任务增加知会人hebo。然后，查询liuxiaopeng的已办任务数、历史知会数，以及hebo的待办任务数和知会数，并输出日志。代码运行结果如下：

```
20:50:23,013 [main] INFO  RunTaskCarbonCopyDemo  - liuxiaopeng在流程实例5下的已办任务数为0，历史知会数为1
20:50:23,021 [main] INFO  RunTaskCarbonCopyDemo  - hebo在流程实例5下的待办任务数为0，知会数为1
```

从执行结果可以看出，对已结束任务和运行中任务均已成功添加了知会人，并且构建的知会关系并不影响Flowable查询待办、已办等接口。

27.3　流程节点自动跳过

流程节点自动跳过是指在流程运行过程中，能够根据一定的条件或规则自动跳过某些节点而不做任何操作，流程继续向下流转，从而提高流程的执行效率和减少人工操作。例如，若某个用户任务的办理人正好也是流程发起人，则可以不用办理该任务而直接跳到下一个用户任务；又如，若流程中正好有两个用户任务的办理人是同一人，则可以不办理后一个任务而直接跳到接下来的用户任务。流程节点自动跳过它可以用于简化流程、优化流程执行路径，减少不必要的环节，加快流程执行速度。通过自动跳过，可以实现流程的自动化和智能化，提高工作效率和精确度。本节将介绍如何实现流程节点的自动跳过，以图27.3所示流程为例，对于"部门经理审批"用户任务，如果其办理人为"直属上级审批"用户任务的办理人，它将被自动跳过。

图27.3　节点自动跳过示例流程

该流程对应的XML内容如下：

```xml
<process id="autoSkipProcess" name="节点自动跳过示例流程">
    <startEvent id="startEvent1"/>
    <userTask id="userTask1" name="请假申请" flowable:assignee="${employee}"/>
    <sequenceFlow id="seqFlow1" sourceRef="startEvent1" targetRef="userTask1"/>
    <userTask id="userTask2" name="直属上级审批" flowable:assignee="${leader}"/>
    <sequenceFlow id="seqFlow2" sourceRef="userTask1" targetRef="userTask2"/>
    <userTask id="userTask3" name="部门经理审批" flowable:assignee="${manager}"
        flowable:skipExpression="${manager == leader}"/>
    <sequenceFlow id="seqFlow3" sourceRef="userTask2" targetRef="userTask3"/>
    <userTask id="userTask4" name="人力总监审批" flowable:assignee="${hr}"/>
    <sequenceFlow id="seqFlow4" sourceRef="userTask3" targetRef="userTask4"/>
    <endEvent id="endEvent1"/>
    <sequenceFlow id="seqFlow5" sourceRef="userTask4" targetRef="endEvent1"/>
</process>
```

在以上流程定义中，"部门经理审批"用户任务设置了flowable:skipExpression属性，用于配置跳过表达式。加粗部分的代码设置flowable:skipExpression属性为表达式${manager == leader}。表示当该表达式的执行结果为true时，该用户任务就会自动跳过。

加载该流程模型并执行相应流程控制的示例代码如下：

```java
@Slf4j
public class RunTaskSkipDemo extends FlowableEngineUtil {
    @Test
    public void runTaskSkipDemo() {
        //加载Flowable配置文件并初始化工作流引擎及服务
        initFlowableEngineAndServices("flowable.cfg.xml");
        //部署流程
        deployResource("processes/AutoSkipProcess.bpmn20.xml");

        //设置流程变量
        Map<String, Object> varMap = ImmutableMap.of("employee", "liuxiaopeng",
                "leader", "hebo", "manager", "hebo", "hr", "huhaiqin",
                "_FLOWABLE_SKIP_EXPRESSION_ENABLED", true);
        //启动流程
        ProcessInstance procInst = runtimeService
                .startProcessInstanceByKey("autoSkipProcess", variables);
        TaskQuery taskQuery = taskService.createTaskQuery()
                .processInstanceId(procInst.getId());
        //查询并完成第一个任务
```

```
        Task firstTask = taskQuery.singleResult();
        taskService.complete(firstTask.getId());
        log.info("用户任务{}办理完成。", firstTask.getName());
        //查询并完成第二个任务
        Task secondTask = taskQuery.singleResult();
        taskService.complete(secondTask.getId());
        log.info("用户任务{}办理完成。", secondTask.getName());
        //查询第三个任务
        Task thirdTask = taskQuery.singleResult();
        log.info("当前流程所处节点名称为: {}, 节点key为: {}", thirdTask.getName(),
                thirdTask.getTaskDefinitionKey());
    }
}
```

以上代码先初始化工作流引擎并部署流程，配置流程变量后发起流程，依次查询并办理前两个用户任务，最后查询并输出当前所处节点的信息。代码运行结果如下：

```
20:53:52,000 [main] INFO  RunTaskSkipDemo  - 用户任务请假申请办理完成。
20:53:52,069 [main] INFO  RunTaskSkipDemo  - 用户任务直属上级审批办理完成。
20:53:52,076 [main] INFO  RunTaskSkipDemo  - 当前流程所处节点名称为: 人力总监审批, 节点key为: userTask4
```

从代码运行结果可知，"直属上级审批"用户任务办理完成后，流程流转到"人力总监审批"用户任务，成功地跳过了"部门经理审批"用户任务。

需要注意的是，在代码中配置流程变量时，加粗部分的代码加入了一个额外的变量_FLOWABLE_SKIP_EXPRESSION_ENABLED并设置其值为true。必须加入该变量，否则该节点自动跳过功能将不可用。

对本节内容总结如下，要实现节点的自动跳过，必须具备以下条件：
- 在流程节点上通过flowable:skipExpression属性配置跳过表达式；
- 流程变量中必须加入额外的变量_FLOWABLE_SKIP_EXPRESSION_ENABLED并设置其值为true。

27.4 流程实例跨版本迁移

Flowable支持流程多版本部署，可以方便地管理和使用不同版本的流程定义。在多版本部署的情况下，Flowable会保留所有已经部署的流程定义。当启动一个流程实例时，可以指定要使用的流程定义版本。这样，就可以同时运行不同版本的流程。流程实例跨版本迁移支持将运行中的一个流程实例从所在的流程定义版本迁移到其他版本。该功能通常用于在业务流程发生变化，更新流程发布新版后，让已经运行的流程实例按照新版本的流程定义来流转。

27.4.1 Flowable对流程实例跨版本迁移的支持

Flowable中提供了ProcessMigrationService可用于流程实例的跨版本迁移。该服务提供了一系列API，可以创建迁移计划、验证迁移逻辑、执行迁移计划、批处理迁移实例以及获取批处理执行结果等。通过使用ProcessMigrationService，可以将一个流程实例从一个流程定义迁移到另一个流程定义。流程实例跨版本迁移可以用于多种场景，比如升级流程定义、修复错误的流程定义、重新设计流程等。ProcessMigrationService中提供的API方法如下：

- ProcessInstanceMigrationBuilder createProcessInstanceMigrationBuilder();
- ProcessInstanceMigrationBuilder createProcessInstanceMigrationBuilderFromProcessInstanceMigrationDocument(ProcessInstanceMigrationDocument document);
- ProcessInstanceMigrationValidationResult validateMigrationForProcessInstance(String processInstanceId, ProcessInstanceMigrationDocument processInstanceMigrationDocument);
- ProcessInstanceMigrationValidationResult validateMigrationForProcessInstancesOfProcessDefinition(String processDefinitionId, ProcessInstanceMigrationDocument processInstanceMigrationDocument);
- ProcessInstanceMigrationValidationResult validateMigrationForProcessInstancesOfProcessDefinition(String processDefinitionKey, int processDefinitionVersion, String processDefinitionTenantId, ProcessInstanceMigrationDocument processInstanceMigrationDocument);
- void migrateProcessInstance(String processInstanceId, ProcessInstanceMigrationDocument processInstance

MigrationDocument);
- void migrateProcessInstancesOfProcessDefinition(String processDefinitionId, ProcessInstanceMigration Document processInstanceMigrationDocument);
- void migrateProcessInstancesOfProcessDefinition(String processDefinitionKey, int processDefinitionVersion, String processDefinitionTenantId, ProcessInstanceMigrationDocument processInstanceMigrationDocument);
- Batch batchMigrateProcessInstancesOfProcessDefinition(String processDefinitionId, ProcessInstance MigrationDocument processInstanceMigrationDocument);
- Batch batchMigrateProcessInstancesOfProcessDefinition(String processDefinitionKey, int processDefinition Version, String processDefinitionTenantId, ProcessInstanceMigrationDocument processInstanceMigration Document);
- ProcessInstanceBatchMigrationResult getResultsOfBatchProcessInstanceMigration(String migrationBatchId)。

以上方法可以分为以下5类。

（1）以createProcessInstanceMigration开头的2个方法用于创建迁移计划ProcessInstanceMigrationBuilder，该实例对象中可以设置一系列的迁移逻辑，比如将哪个版本下的流程实例迁移到其他版本的模板中。

（2）以validateMigration开头的3个方法用于在进行流程迁移操作之前，对迁移操作进行验证，如果验证通过，则进行迁移操作；如果验证不通过，则不能进行迁移操作。比如两个版本间流程差异过大会被判定为无法迁移，这样就可以避免迁移之后流程无法正常运行，确保了迁移操作的有效性和安全性。

（3）以migrateProcessInstance开头的3个方法用于同步执行迁移计划，调用该API之后，工作流引擎立即开始执行迁移工作。

（4）以batchMigrateProcessInstances开头的2个方法用于批量迁移流程实例版本，通常在迁移数量较多的流程实例的情况下使用。需要注意的是，调用该API之前需要开启工作流引擎的异步执行器，否则批量迁移不生效。

（5）getResultsOfBatchProcessInstanceMigration用于查询批量迁移流程实例版本的执行结果。

27.4.2 流程实例跨版本迁移使用示例

下面我们来看一个流程实例跨版本迁移使用示例。图27.4所示为旧版的员工物品领用流程，员工提交申请后，首先经并行网关到达"直属上级审批"和"物料管理员审批"任务节点，"直属上级审批"和"物料管理员审批"用户任务完成后经并行网关汇聚到"物料发放"任务节点，办理完成后流程结束。业务流程发生变化后的新版流程如图27.5所示，不同之处在于，"直属上级审批"后增加了一个"部门负责人审批"任务节点。

图27.4　流程实例跨版本迁移旧版流程

图27.5　流程实例跨版本迁移新版流程

旧版流程对应的XML内容如下：

```xml
<process id="migrateProcessInstanceOldProcess" name="流程实例跨版本迁移旧版流程">
    <startEvent id="startEvent1"/>
    <userTask id="usertTask1" name="员工申请"/>
    <parallelGateway id="parallelGateway1"/>
    <userTask id="userTask2" name="直属上级审批"/>
    <userTask id="userTask3" name="物料管理员审批"/>
    <parallelGateway id="parallelGateway2"/>
    <userTask id="userTask4" name="物料发放"/>
    <endEvent id="endEvent1"/>
    <sequenceFlow id="seqFlow1" sourceRef="startEvent1" targetRef="usertTask1"/>
    <sequenceFlow id="seqFlow2" sourceRef="usertTask1" targetRef="parallelGateway1"/>
    <sequenceFlow id="seqFlow3" sourceRef="parallelGateway1" targetRef="userTask2"/>
    <sequenceFlow id="seqFlow4" sourceRef="userTask2" targetRef="parallelGateway2"/>
    <sequenceFlow id="seqFlow5" sourceRef="parallelGateway1" targetRef="userTask3"/>
    <sequenceFlow id="seqFlow6" sourceRef="userTask3" targetRef="parallelGateway2"/>
    <sequenceFlow id="seqFlow7" sourceRef="parallelGateway2" targetRef="userTask4"/>
    <sequenceFlow id="seqFlow8" sourceRef="userTask4" targetRef="endEvent1"/>
</process>
```

新版流程对应的XML内容如下：

```xml
<process id="migrateProcessInstanceNewProcess" name="流程实例跨版本迁移新版流程">
    <startEvent id="startEvent1"/>
    <userTask id="usertTask1" name="员工申请"/>
    <parallelGateway id="parallelGateway1"/>
    <userTask id="userTask2" name="直属上级审批"/>
    <userTask id="userTask3" name="物料管理员审批"/>
    <parallelGateway id="parallelGateway2"/>
    <userTask id="userTask4" name="物料发放"/>
    <endEvent id="endEvent1"/>
    <userTask id="userTask5" name="部门负责人审批"/>
    <sequenceFlow id="seqFlow9" sourceRef="userTask5" targetRef="parallelGateway2"/>
    <sequenceFlow id="seqFlow1" sourceRef="startEvent1" targetRef="usertTask1"/>
    <sequenceFlow id="seqFlow2" sourceRef="usertTask1" targetRef="parallelGateway1"/>
    <sequenceFlow id="seqFlow3" sourceRef="parallelGateway1" targetRef="userTask2"/>
    <sequenceFlow id="seqFlow4" sourceRef="userTask2" targetRef="userTask5"/>
    <sequenceFlow id="seqFlow5" sourceRef="parallelGateway1" targetRef="userTask3"/>
    <sequenceFlow id="seqFlow6" sourceRef="userTask3" targetRef="parallelGateway2"/>
    <sequenceFlow id="seqFlow7" sourceRef="parallelGateway2" targetRef="userTask4"/>
    <sequenceFlow id="seqFlow8" sourceRef="userTask4" targetRef="endEvent1"/>
</process>
```

接下来用两个例子演示使用Flowable的API进行流程实例跨版本迁移。

1. 从旧版本迁移到新版本

假设旧版流程下的一个流程实例已经流转到了"直属上级审批"和"物料管理员审批"任务节点，这个时候将它迁移到新版。加载两个流程模型并执行相应流程控制的示例代码如下：

```java
@Slf4j
public class RunMigrateProcessInstanceFromOldToNewDemo extends FlowableEngineUtil {
    @Test
    public void runMigrateProcessInstanceFromOldToNewDemo() {
        //加载Flowable配置文件并初始化工作流引擎及服务
        initFlowableEngineAndServices("flowable.cfg.xml");
        //部署流程
        ProcessDefinition oldProDef = deployResource("processes"
                + "/MigrateProcessInstanceOldProcess.bpmn20.xml");
        ProcessDefinition newProDef = deployResource("processes"
                + "/MigrateProcessInstanceNewProcess.bpmn20.xml");

        //启动旧版下的流程
        ProcessInstance procInst = runtimeService
                .startProcessInstanceById(oldProDef.getId());
        log.info("迁移前流程实例所在的流程定义为{}", procInst.getProcessDefinitionId());
        TaskQuery taskQuery = taskService.createTaskQuery()
                .processInstanceId(procInst.getId());
        //查询并完成第一个任务
        Task firstTask = taskQuery.singleResult();
```

```
        taskService.complete(firstTask.getId());

        //流程迁移校验
        boolean migrationValid = processMigrationService
                .createProcessInstanceMigrationBuilder()
                .migrateToProcessDefinition(newProDef.getId())
                .validateMigration(procInst.getId())
                .isMigrationValid();
        log.info("流程迁移校验结果为: {}", migrationValid);
        if (!migrationValid) {
            //校验不通过
            log.info("迁移校验不通过,无法迁移! ");
            return;
        }
        //校验通过后执行流程迁移
        processMigrationService.createProcessInstanceMigrationBuilder()
                .migrateToProcessDefinition(newProDef.getId())
                .migrate(procInst.getId());
        procInst = runtimeService.createProcessInstanceQuery()
                .processInstanceId(procInst.getId()).singleResult();
        log.info("迁移后流程实例所在的流程定义为{}", procInst.getProcessDefinitionId());
    }
}
```

以上代码先初始化工作流引擎并部署两个流程,使用旧版流程定义发起流程后完成第一个用户任务,接着用加粗部分的代码从工作流引擎获取ProcessMigrationService服务,然后先进行迁移校验:通过createProcessInstanceMigrationBuilder()方法创建ProcessInstanceMigrationBuilder,它采用链式编程的方式,使用migrateToProcessDefinition(String processDefinitionId)方法指定要迁移到的流程定义,使用validateMigration(String processInstanceId)方法指定待迁移的流程实例编号,调用isMigrationValid()方法返回校验结果。如果校验不通过,则抛出异常;如果校验通过,则接下来进行迁移操作:通过createProcessInstanceMigrationBuilder()方法创建ProcessInstanceMigrationBuilder,它采用链式编程的方式,使用migrateToProcessDefinition(String processDefinitionId)方法指定要迁移到的流程定义,使用migrate(String processInstanceId)方法指定待迁移的流程实例编号并执行流程迁移操作。最后查询迁移后的流程实例。在流程迁移前后输出了流程实例所在的流程定义编号。代码执行结果如下:

```
20:59:16,307 [main] INFO   RunMigrateProcessInstanceFromOldToNewDemo  - 迁移前流程实例所在的流程定义为
MigrateProcessInstanceOldProcess:1:4
20:59:16,415 [main] INFO   RunMigrateProcessInstanceFromOldToNewDemo  - 流程迁移校验结果为: true
20:59:16,548 [main] INFO   RunMigrateProcessInstanceFromOldToNewDemo  - 迁移后流程实例所在的流程定义为
MigrateProcessInstanceNewProcess:1:8
```

从执行结果可以看出,流程迁移校验通过,执行迁移操作后流程实例的流程定义编号发生了变化。

在上面的代码中:

- 进行流程校验时,如果将validateMigration(String processInstanceId)方法改为validateMigrationOfProcessInstances(String processDefinitionId)方法指定一个流程定义编号,表示将校验这个流程定义下所有的流程实例;
- 进行流程迁移时,如果将migrate(String processInstanceId)方法改为migrateProcessInstances(String processDefinitionId)方法指定一个流程定义编号,工作流引擎将迁移这个流程定义下所有的流程实例。

在跨版本迁移时,Flowable还支持指定节点间的映射关系,比如可以把A1、A2节点对应到B1、B2节点上进行迁移,示例如下:

```
//指定节点映射
ActivityMigrationMapping.OneToOneMapping mappingFromA1ToB1 =
        ActivityMigrationMapping.createMappingFor("A1", "B1");
ActivityMigrationMapping.OneToOneMapping mappingFromA1ToB2 =
        ActivityMigrationMapping.createMappingFor("A2", "B2");
//校验通过后执行流程迁移
processMigrationService.createProcessInstanceMigrationBuilder()
        .migrateToProcessDefinition(newProcDef.getId())
        .addActivityMigrationMapping(mappingFromA1ToB1)
        .addActivityMigrationMapping(mappingFromA1ToB2)
        .migrate(procInst.getId());
```

在以上代码中,第一处加粗的代码指定了A1→B1、A2→B2节点间的映射关系,第二处加粗的代码通过addActivityMigrationMapping()方法将映射关系加入迁移过程中。以上代码执行的结果是将A1节点迁移到B1节点,A2节点迁移到B2节点。

2. 从新版本迁移到旧版本

假设新版流程下的一个流程实例已经流转到了"部门负责人审批"和"物料管理员审批"任务节点,这个时候将它迁移到旧版。加载两个流程模型并执行相应流程控制的示例代码如下:

```java
@Slf4j
public class RunMigrateProcessInstanceFromNewToOldDemo extends FlowableEngineUtil {
    @Test
    public void runMigrateProcessInstanceFromNewToOldDemo() {
        //加载Flowable配置文件并初始化工作流引擎及服务
        initFlowableEngineAndServices("flowable.cfg.xml");
        //部署流程
        ProcessDefinition oldProcDef = deployResource("processes"
                + "/MigrateProcessInstanceOldProcess.bpmn20.xml");
        ProcessDefinition newProcDef = deployResource("processes"
                + "/MigrateProcessInstanceNewProcess.bpmn20.xml");

        //启动新版下的流程
        ProcessInstance procInst = runtimeService
                .startProcessInstanceById(newProcDef.getId());
        log.info("迁移前流程实例所在的流程定义为{}", procInst.getProcessDefinitionId());
        TaskQuery taskQuery = taskService.createTaskQuery()
                .processInstanceId(procInst.getId());
        //查询并完成第一个任务
        Task firstTask = taskQuery.singleResult();
        taskService.complete(firstTask.getId());
        //办理完成"直属上级审批""物料管理员审批"用户任务
        List<Task> taskList = taskQuery.list();
        taskList.stream().forEach(task -> {
            log.info("办理完成任务: {}", task.getName());
            taskService.complete(task.getId());
        });

        //流程迁移校验
        boolean migrationValid = processMigrationService
                .createProcessInstanceMigrationBuilder()
                .migrateToProcessDefinition(oldProcDef.getId())
                .validateMigration(procInst.getId())
                .isMigrationValid();
        log.info("流程迁移校验结果为: {}", migrationValid);
        if (!migrationValid) {
            //校验不通过
            log.info("迁移校验不通过,无法迁移!");
            return;
        }

        //校验通过后执行流程迁移
        processMigrationService.createProcessInstanceMigrationBuilder()
                .migrateToProcessDefinition(oldProcDef.getId())
                .migrate(procInst.getId());
        procInst = runtimeService.createProcessInstanceQuery()
                .processInstanceId(procInst.getId()).singleResult();
        log.info("迁移后流程实例所在的流程定义为{}", procInst.getProcessDefinitionId());
    }
}
```

以上代码先初始化工作流引擎并部署两个流程,使用新版流程定义发起流程后完成第一个用户任务,然后查询流程当前的任务列表并逐个完成,使流程流转到"部门负责人审批"任务节点。后续的处理与上个示例中的代码相同。代码执行结果如下:

```
21:00:41,052 [main] INFO  RunMigrateProcessInstanceFromNewToOldDemo - 迁移前流程实例所在的流程定义为 MigrateProcessInstanceNewProcess:1:8
21:00:41,175 [main] INFO  RunMigrateProcessInstanceFromNewToOldDemo - 办理完成任务: 直属上级审批
21:00:41,207 [main] INFO  RunMigrateProcessInstanceFromNewToOldDemo - 办理完成任务: 物料管理员审批
```

```
21:00:41,282 [main] INFO  RunMigrateProcessInstanceFromNewToOldDemo  - 流程迁移校验结果为：false
21:00:41,282 [main] INFO  RunMigrateProcessInstanceFromNewToOldDemo  - 迁移校验不通过，无法迁移！
```

从执行结果可以看出，流程迁移校验不通过。因为流程实例当前所在的"部门负责人审批"任务节点在旧版流程定义中不存在，如果迁移过去，流程将无法运行。

27.5 动态修改流程定义元素属性

在实际业务场景中，流程调整是常见的需求。随着业务的变化和发展，流程节点的属性需要动态修改，以满足不同的业务需求，比如流程节点名称、用户任务办理人和处理时限等属性。常见的做法是修改流程模型，然后部署发布新的流程定义。流程部署本身是一个比较重的操作，很多情况下，我们希望能够不通过流程部署操作，而采用更轻的操作动态地对流程定义中的元素属性进行修改。

27.5.1 动态修改流程定义元素属性的思路

以用户任务为例，在其行为类UserTaskActivityBehavior的execute()方法中，有以下代码：

```
String activeTaskName = null;
String activeTaskDescription = null;
String activeTaskDueDate = null;

...

if (processEngineConfiguration.isEnableProcessDefinitionInfoCache()) {
    ObjectNode taskElementProperties = BpmnOverrideContext.getBpmnOverrideElementProperties
            (userTask.getId(), execution.getProcessDefinitionId());
    activeTaskName = DynamicPropertyUtil.getActiveValue(userTask.getName(), DynamicBpmnConstants.
            USER_TASK_NAME, taskElementProperties);
    activeTaskDescription = DynamicPropertyUtil.getActiveValue(userTask.getDocumentation(),
            DynamicBpmnConstants.USER_TASK_DESCRIPTION, taskElementProperties);
    activeTaskDueDate = DynamicPropertyUtil.getActiveValue(userTask.getDueDate(),
            DynamicBpmnConstants.USER_TASK_DUEDATE, taskElementProperties);

    ...

} else {
    activeTaskName = userTask.getName();
    activeTaskDescription = userTask.getDocumentation();
    activeTaskDueDate = userTask.getDueDate();

    ...

}
```

以上代码的逻辑是，当工作流引擎配置的isEnableProcessDefinitionInfoCache()值为true时，给用户任务属性（名称、描述、过期时间等）赋值的时候就会先从ACT_PROCDEF_INFO表中读取是否有对应的记录（对应ProcessDefinitionInfoCacheObject对象）：如果没有，则直接用XML中配置的属性；如果有，则使用ProcessDefinitionInfoCacheObject的infoNode属性（jackson的ObjectNode对象）中配置的值。

由此可以看出，通过设置ProcessDefinitionInfoCacheObject的值，可以实现不通过部署对流程定义中的各个元素（如任务、节点等）进行属性修改，包括名称、描述、候选人、候选组等。在Flowable中，可以借助DynamicBpmnService提供的API来设置ProcessDefinitionInfoCacheObject的值，如表27.1所示。

表27.1　DynamicBpmnService提供的动态修改流程定义元素属性的"change..."系列方法

方法名	用途
void changeServiceTaskClassName(String id,String className,ObjectNode infoNode)	修改服务任务的className属性
void changeServiceTaskExpression(String id,Stringexpression,ObjectNode infoNode)	修改服务任务的expression属性
void changeServiceTaskDelegateExpression(String id, String delegateExpression, ObjectNode infoNode)	修改服务任务的delegateExpression属性
void changeScriptTaskScript(String id,String script,ObjectNode infoNode)	修改脚本任务的script属性
void changeSkipExpression(String id,String skipExpression,ObjectNode infoNode)	修改节点的跳过表达式

续表

方法名	用途
void changeUserTaskName(String id,String name,ObjectNode infoNode)	修改用户任务的名称
void changeUserTaskDescription(String id,String description,ObjectNode infoNode)	修改用户任务的描述
void changeUserTaskDueDate(String id,String dueDate,ObjectNode infoNode)	修改用户任务的过期时间
void changeUserTaskPriority(String id,String priority,ObjectNode infoNode)	修改用户任务的级别
void changeUserTaskCategory(String id,String category,ObjectNode infoNode)	修改用户任务的分类
void changeUserTaskFormKey(String id,String formKey,ObjectNode infoNode)	修改用户任务的表单key
void changeUserTaskAssignee(String id,String assignee,ObjectNode infoNode)	修改用户任务的办理人
void changeUserTaskOwner(String id,String owner,ObjectNode infoNode)	修改用户任务的所属人
void changeUserTaskCandidateUser(String id,String candidateUser, boolean overwriteOtherChangedEntries,ObjectNode infoNode)	修改用户任务的单个候选人
void changeUserTaskCandidateGroup(String id,String candidateGroup, boolean overwriteOtherChangedEntries,ObjectNode infoNode)	修改用户任务的单个候选组
void changeUserTaskCandidateUsers(String id,List<String> candidateUsers, ObjectNode infoNode)	修改用户任务的多个候选人
void changeUserTaskCandidateGroups(String id,List<String> candidateGroups, ObjectNode infoNode)	修改用户任务的多个候选组
void changeMultiInstanceCompletionCondition(String id,String completionCondition, ObjectNode infoNode)	修改多实例的结束条件
void changeDmnTaskDecisionTableKey(String id,String decisionTableKey, ObjectNode infoNode)	修改DMN任务的决策表key
void changeSequenceFlowCondition(String id,String condition,ObjectNode infoNode)	修改条件顺序流的条件
void changeCallActivityCalledElement(String id,String calledElement, ObjectNode infoNode)	修改调用活动的calledElement属性

通过DynamicBpmnService提供的API动态修改流程定义元素属性的步骤如下：

（1）使用DynamicBpmnService的getProcessDefinitionInfo(String processDefinitionId)根据流程定义ID查询ObjectNode对象（ProcessDefinitionInfoCacheObject的infoNode属性值）；

（2）使用DynamicBpmnService的"change…"系列方法修改一个或多个属性值；

（3）使用DynamicBpmnService的saveProcessDefinitionInfo(String processDefinitionId, ObjectNode infoNode)保存动态修改的设置。

注意，使用这种方式动态修改流程定义元素属性，需要设置流程定义配置的enableProcessDefinitionInfoCache属性值为true。

27.5.2 动态修改流程定义元素属性的使用示例

下面来看一个动态修改流程定义元素属性的使用示例，其流程如图27.6所示。该流程包含"申请"和"审批"两个用户任务。

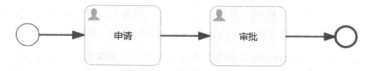

图27.6 动态修改流程定义元素属性示例流程

该流程对应的XML内容如下：

```
<process id="DynamicBpmnServiceProcess" name="动态修改流程定义元素属性示例流程">
    <startEvent id="startEvent1"/>
    <userTask id="application" name="申请" flowable:assignee="huhaiqin"/>
    <userTask id="approval" name="审批" flowable:assignee="liuxiaopeng"/>
    <endEvent id="endEvent1"/>
    <sequenceFlow id="seqFlow1" sourceRef="startEvent1" targetRef="application"/>
```

27.5 动态修改流程定义元素属性

```xml
    <sequenceFlow id="seqFlow2" sourceRef="application" targetRef="approval"/>
    <sequenceFlow id="seqFlow3" sourceRef="approval" targetRef="endEvent1"/>
</process>
```

在以上流程定义中，两个用户任务的名称分别为"申请""审批"，办理者分别为huhaiqin、liuxiaopeng。加载该流程模型并执行相应流程控制的示例代码如下：

```java
@Slf4j
public class RunDynamicBpmnServiceProcessDemo extends FlowableEngineUtil {
    @Test
    public void runDynamicBpmnServiceDemo() {
        //加载Flowable配置文件并初始化工作流引擎及服务
        initFlowableEngineAndServices("flowable.cfg.xml");
        //部署流程
        deployResource("processes/DynamicBpmnServiceProcess.bpmn20.xml");

        //启动修改前的流程
        ProcessInstance procInst1 = runtimeService
                .startProcessInstanceByKey("dynamicBpmnServiceProcess");
        TaskQuery taskQuery = taskService.createTaskQuery()
                .processInstanceId(procInst1.getId());
        Task firstTask = taskQuery.singleResult();
        log.info("修改前第一个节点的名称：{}", firstTask.getName());
        taskService.complete(firstTask.getId());
        Task secondTask = taskQuery.singleResult();
        log.info("第二个节点的名称：{}，办理人：{}", secondTask.getName(), secondTask.getAssignee());

        //查询ProcessDefinitionInfoCacheObject的infoNode值
        ObjectNode infoNode = dynamicBpmnService
                .getProcessDefinitionInfo(procInst1.getProcessDefinitionId());
        //修改第一个节点的名称
        dynamicBpmnService.changeUserTaskName("application", "请假申请", infoNode);
        //修改第二个节点的名称和办理人
        dynamicBpmnService.changeUserTaskName("approval", "上级审批", infoNode);
        dynamicBpmnService.changeUserTaskAssignee("approval", "hebo", infoNode);
        //保存动态修改后的ProcessDefinitionInfoCacheObject
        dynamicBpmnService.saveProcessDefinitionInfo(procInst1
                .getProcessDefinitionId(), infoNode);

        //启动修改后的流程
        ProcessInstance procInst2 = runtimeService
                .startProcessInstanceByKey("dynamicBpmnServiceProcess");
        taskQuery = taskService.createTaskQuery()
                .processInstanceId(procInst2.getId());
        firstTask = taskQuery.singleResult();
        log.info("修改后第一个节点的名称：{}", firstTask.getName());
        taskService.complete(firstTask.getId());
        secondTask = taskQuery.singleResult();
        log.info("第二个节点的名称：{}，办理人：{}", secondTask.getName(),
                secondTask.getAssignee());
    }
}
```

以上代码先初始化工作流引擎并部署流程，发起流程后查询第一个用户任务，输出节点名称，完成第一个任务后查询第二个用户任务，输出节点名称和办理人，然后调用DynamicBpmnService的服务修改第一个节点的名称、第二个节点的名称和办理人并保存。接下来，启动一个新的流程实例，查询第一个用户任务，输出节点名称，完成第一个任务后查询第二个用户任务的输出节点名称和办理人。代码运行结果如下：

```
00:09:16,547 [main] INFO  RunDynamicBpmnServiceProcessDemo - 修改前第一个节点的名称：申请
00:09:16,572 [main] INFO  RunDynamicBpmnServiceProcessDemo - 第二个节点的名称：审批，办理人：liuxiaopeng
00:09:16,621 [main] INFO  RunDynamicBpmnServiceProcessDemo - 修改后第一个节点的名称：请假申请
00:09:16,639 [main] INFO  RunDynamicBpmnServiceProcessDemo - 第二个节点的名称：上级审批，办理人：hebo
```

从执行结果可以看出，修改后第一个节点的名称由"申请"变为了"请假申请"，第二个节点的名称由"审批"变为了"上级审批"，办理人由liuxiaopeng变为了hebo，成功实现了动态修改流程定义元素属性。

27.6 多语种支持

随着全球化的发展，越来越多的企业将业务拓展到海外，这种情况下，多语言支持变得至关重要。不同国家和地区有不同的语言和文化背景，用户在使用软件时希望能够以自己熟悉的语言进行操作。流程方面也是如此，对于流程标题、流程描述、任务名称和任务描述等信息，如果能够为不同国家和地区的员工提供多种不同的语言，将大幅节省宝贵时间，顺畅处理各项业务，打造跨国的、高效运作的组织和团队。

27.6.1 Flowable多语种的支持

Flowable支持流程定义、用户任务、子流程的名称和描述的多语种，既可以在流程定义文件中进行多语种的配置，也支持通过API进行多语种的设置。

1. 在流程定义XML文件中设置

可以在流程定义的元素中通过extensionElements子元素的flowable:localization子元素来定义多语种，以用户任务配置多语种为例：

```
<userTask id="userTask1" name="用户任务">
    <documentation>用户任务描述信息</documentation>
    <extensionElements>
        <flowable:localization locale="语种1标识" name="语种1翻译的名称">
            <flowable:documentation>语种1翻译的描述</flowable:documentation>
        </flowable:localization>
        <flowable:localization locale="语种2标识" name="语种2翻译的名称">
            <flowable:documentation>语种2翻译的描述</flowable:documentation>
        </flowable:localization>
    </extensionElements>
</userTask>
```

在以上配置中，用户任务userTask1配置了名称和描述信息，然后在它的extensionElements子元素中通过flowable:localization配置了多语种的名称和描述信息，其中locale表示语种标识，name是用该语种表示的名称，子元素flowable:documentation表示用该语种表示的描述信息。

Flowable支持process、userTask和subProcess通过flowable:localization子元素来定义多语种。

2. 通过Flowable的API设置

在Flowable中，可以借助DynamicBpmnService提供的API来设置ProcessDefinitionInfoCacheObject的值，从而实现多语种的设置，如表2.7.2所示。

表27.2 DynamicBpmnService提供的设置多语种的"changeLocalization…"系列方法

方法名	用途
void changeLocalizationName(String language, String id, String value, ObjectNode infoNode)	设置多语种的名称
void changeLocalizationDescription(String language, String id, String value, ObjectNode infoNode)	设置多语种的描述

通过DynamicBpmnService提供的API设置多语种的步骤如下：

（1）使用DynamicBpmnService的getProcessDefinitionInfo(String processDefinitionId)根据流程定义ID查询ObjectNode对象（ProcessDefinitionInfoCacheObject的infoNode属性值）；

（2）使用DynamicBpmnService的changeLocalizationName()方法设置多语种的名称，使用changeLocalizationDescription()方法设置多语种的描述；

（3）使用DynamicBpmnService的saveProcessDefinitionInfo(String processDefinitionId, ObjectNode infoNode)保存多语种的设置。

通过以上两种方式设置的多语种信息，可以通过API进行查询。ProcessDefinitionQuery、ProcessInstanceQuery、ExecutionQuery、TaskQuery、HistoricProcessInstanceQuery和HistoricTaskInstanceQuery中均提供locale(String locale)方法根据语种标识查询对应对象，对象的name属性值为该语种设置的名称，description属性值为该语种设置的描述。如果没有该语种标识下设置的值，则使用默认值。

27.6.2 流程多语种设置使用示例

下面我们来看流程多语种设置的使用示例，其流程如图27.7所示。该流程包含"系统上线"用户任务。

图27.7 多语种设置示例流程

该流程对应的XML内容如下：

```xml
<process id="localizationProcess" name="多语种设置示例流程">
    <documentation>这是系统上线人工处理流程</documentation>
    <extensionElements>
        <flowable:localization locale="en" name="System Online Process">
            <flowable:documentation>
                This is the manual handling process for system deployment
            </flowable:documentation>
        </flowable:localization>
        <flowable:localization locale="fr" name="Processus de mise en ligne du système">
            <flowable:documentation>
                Il s'agit du processus de traitement manuel en ligne du système
            </flowable:documentation>
        </flowable:localization>
    </extensionElements>
    <startEvent id="theStart"/>
    <sequenceFlow id="flow1" sourceRef="theStart" targetRef="theTask" />
    <userTask id="theTask" name="系统上线">
        <documentation>该环节用于人工操作系统上线</documentation>
        <extensionElements>
            <flowable:localization locale="en" name="System Online">
                <flowable:documentation>
                    This stage is used for manual deployment of the operating system
                </flowable:documentation>
            </flowable:localization>
            <flowable:localization locale="fr" name="Système en ligne">
                <flowable:documentation>
                    Cette étape est utilisée pour la mise en ligne manuelle du système d'exploitation
                </flowable:documentation>
            </flowable:localization>
        </extensionElements>
    </userTask>
    <sequenceFlow id="flow2" sourceRef="theTask" targetRef="theEnd"/>
    <endEvent id="theEnd"/>
</process>
```

在以上流程定义中，process、userTask元素下通过extensionElements子元素下的flowable:localization配置了英语语种（用locale设置标识en）、法语语种（用locale设置标识fr）的名称和描述信息。

加载该流程模型并执行相应流程控制的示例代码如下：

```java
@Slf4j
public class RunLocalizationProcessDemo extends FlowableEngineUtil {
    @Test
    public void runLocalizationProcessDemo() {
        //加载Flowable配置文件并初始化工作流引擎及服务
        initFlowableEngineAndServices("flowable.cfg.xml");
        //部署流程
        ProcessDefinition procDef = deployResource("processes/LocalizationProcess.bpmn20.xml");
        log.info("默认流程名称：{}，描述：{}", procDef.getName(), procDef.getDescription());
        //查询各语言版本流程名称和描述
        procDef = queryProcessDefinition(procDef.getId(), "en");
        log.info("en版流程名称：{}，描述：{}", procDef.getName(), procDef.getDescription());
        procDef = queryProcessDefinition(procDef.getId(), "fr");
        log.info("fr版流程名称：{}，描述：{}", procDef.getName(), procDef.getDescription());

        //启动流程
```

```java
        ProcessInstance procInst = runtimeService.startProcessInstanceById(procDef.getId());
        //查询各语言版本任务名称和描述
        Task task = queryTask(procInst.getId(), null);
        log.info("默认任务名称:{}, 描述:{}", task.getName(), task.getDescription());
        task = queryTask(procInst.getId(), "en");
        log.info("en版任务名称:{}, 描述:{}", task.getName(), task.getDescription());
        task = queryTask(procInst.getId(), "fr");
        log.info("fr版任务名称:{}, 描述:{}", task.getName(), task.getDescription());

        ObjectNode infoNode = dynamicBpmnService
                .getProcessDefinitionInfo(procInst.getProcessDefinitionId());
        //修改法文版流程名称和描述
        dynamicBpmnService.changeLocalizationName("fr", procDef.getKey(),
                "Mise en ligne du système", infoNode);
        dynamicBpmnService.changeLocalizationDescription("fr", procDef.getKey(),
                "Ce lien est utilisé pour la mise en ligne du système d'exploitation humaine",
                infoNode);
        //添加韩文版流程名称和描述
        dynamicBpmnService.changeLocalizationName("ko", procDef.getKey(),
                "시스템 온라인 프로세스", infoNode);
        dynamicBpmnService.changeLocalizationDescription("ko", procDef.getKey(),
                "이것은 시스템 온라인에서의 수동 처리 과정입니다", infoNode);
        //添加韩文版任务名称和描述
        dynamicBpmnService.changeLocalizationName("ko", task.getTaskDefinitionKey(),
                "시스템 온라인", infoNode);
        dynamicBpmnService.changeLocalizationDescription("ko",
                task.getTaskDefinitionKey(),
                "이 단계는 인공 운영 시스템의 온라인 상태를 수동으로 조작하는 데 사용됩니다",
                infoNode);
        //保存
        dynamicBpmnService.saveProcessDefinitionInfo(procInst.getProcessDefinitionId(),
                infoNode);

        //查询各语言版本流程名称和描述
        procDef = queryProcessDefinition(procDef.getId(), "fr");
        log.info("修改后, fr版流程名称: {}, 描述: {}", procDef.getName(), procDef.getDescription());
        procDef = queryProcessDefinition(procDef.getId(), "ko");
        log.info("ko版流程名称: {}, 描述: {}", procDef.getName(), procDef.getDescription());
        //查询各语言版本任务名称和描述
        task = queryTask(procInst.getId(), "ko");
        log.info("ko版任务名称:{}, 描述:{}", task.getName(), task.getDescription());
    }

    /**
     * 查询流程定义信息
     * @param processDefinitionId 流程定义编号
     * @param locale              语种标识
     * @return
     */
    private ProcessDefinition queryProcessDefinition(String processDefinitionId, String locale) {
        ProcessDefinitionQuery processDefinitionQuery = repositoryService
                .createProcessDefinitionQuery();
        if (StringUtils.isNotBlank(processDefinitionId)) {
            processDefinitionQuery.processDefinitionId(processDefinitionId);
        }
        if (StringUtils.isNotBlank(locale)) {
            processDefinitionQuery.locale(locale);
        }
        return processDefinitionQuery.singleResult();
    }

    /**
     * 查询任务信息
     * @param processInstanceId 流程定义编号
     * @param locale            语种标识
     * @return
     */
    private Task queryTask(String processInstanceId, String locale) {
        TaskQuery taskQuery = taskService.createTaskQuery();
```

```
        if (StringUtils.isNotBlank(processInstanceId)) {
            taskQuery.processInstanceId(processInstanceId);
        }
        if (StringUtils.isNotBlank(locale)) {
            taskQuery.locale(locale);
        }
        return taskQuery.singleResult();
    }
}
```

　　以上代码先初始化工作流引擎并部署流程，然后分别查询输出默认配置、英语语种、法语语种下的流程定义名称和描述信息。接着发起流程实例，查询输出默认配置、英语语种、法语语种下的任务名称和描述。接下来，使用DynamicBpmnService修改法语版流程名称和描述，添加韩语版流程名称和描述，添加韩语版任务名称和描述。最后查询输出法语语种和韩语语种的流程定义名称和描述，以及韩语语种的任务名称和描述。代码运行结果如下：

```
23:11:43,965 [main] INFO  RunLocalizationProcessDemo    - 默认流程名称：系统上线流程，描述：这是系统上线人工处
理流程
23:11:43,991 [main] INFO  RunLocalizationProcessDemo    - en版流程名称：System Online Process，描述：This
is the manual handling process for system deployment
23:11:43,992 [main] INFO  com.bpm.example.demo6.RunLocalizationProcessDemo - fr版流程名称：Processus
de mise en ligne du système，描述：Il s'agit du processus de traitement manuel en ligne du système
23:11:44,067 [main] INFO  RunLocalizationProcessDemo    - 默认任务名称：系统上线，描述：该环节用于人工操作系统上线
23:11:44,070 [main] INFO  RunLocalizationProcessDemo    - en版任务名称：System Online，描述：This stage
is used for manual deployment of the operating system
23:11:44,072 [main] INFO  RunLocalizationProcessDemo    - fr版任务名称：Système en ligne，描述：Cette
étape est utilisée pour la mise en ligne manuelle du système d'exploitation
23:11:44,080 [main] INFO  RunLocalizationProcessDemo    - 修改后，fr版流程名称：Mise en ligne du système，
描述：Ce lien est utilisé pour la mise en ligne du système d'exploitation humaine
23:11:44,081 [main] INFO  RunLocalizationProcessDemo    - ko版流程名称：시스템 온라인 프로세스，描述：이것은
시스템 온라인에서의 수동 처리 과정입니다
23:11:44,083 [main] INFO  RunLocalizationProcessDemo    - ko版任务名称：시스템 온라인，描述：이 단계는 인공 운영
시스템의 온라인 상태를 수동으로 조작하는 데 사용됩니다
```

　　从执行结果中可以看出，首先查询并输出了流程定义XML文件中设置的英语语种和法语语种的信息，通过DynamicBpmnService修改和设置新语种信息后，输出了修改后的法语语种信息和新增的韩语语种信息。通过这种方式，就可以将不同语种的信息查询出来返回给用户，从而实现对多语种的支持。

27.7　本章小结

　　本章主要介绍了如何通过扩展Flowable实现各种本土化业务流程场景需求，包括流程复活、任务知会、流程节点自动跳过、流程实例跨版本迁移、动态修改流程定义元素属性和多语种支持等常见场景。这些操作都是借助基于Flowable的引擎功能或运行机制扩展实现的，读者可以学习和借鉴本章的实现思路和过程，实现更加复杂的应用场景需求。

架构扩展篇

第28章

Flowable性能与容量优化

在工作流领域内，需要面对的多是公司内部的审批场景。这类场景数据量小、并发量低，因此在性能和容量上的要求相对比较低。但是，工作流引擎的应用场景远远不止审批业务。除了审批，工作流引擎还可以作为一个业务平台，直接完成业务的执行。此外，工作流引擎还可以作为一个集成平台，打通公司内部的各个独立业务系统。这些场景对工作流引擎的容量和并发能力提出了非常高的要求，如在某些平台公司的线上作业系统中，要求工作流引擎支持每天1000万次以上的流程实例发起，并发量在2000 TPS以上，接口响应时间P99值不能高于100毫秒。这些要求是原生Flowable无法满足的，因此需要对其进行改造和优化。本章将介绍ID生成器、定时器和流程历史数据异步化这3方面的优化过程。

28.1 ID生成器优化

Flowable中实体的ID（即数据库中主键字段ID_）需要由专门的生成器生成。Flowable ID生成器需要配置IdGenerator接口，该接口只有一个方法，即获取下一个ID：

```
public interface IdGenerator {
    String getNextId();
}
```

Flowable自带的ID生成器有两个：数据库ID生成器DbIdGenerator和UUID生成器StrongUuidGenerator。

28.1.1 数据库ID生成器DbIdGenerator

通过数据库生成ID的实现方式是在数据库中创建一个表保存一个数字作为当前ID，并在获取当前ID后，在原来的基础上递增生成下一个ID。但是如果这样做，就要在每次生成一个ID时都查询和更新数据库，因此数据库的压力会比较大。此外，因为操作的都是同一张表的同一行数据，所以并发量比较大的情况下，容易产生数据库行锁冲突，效率会比较低。因此，为了提高生成ID的效率，降低数据库压力，通常采用分段生成ID的方式，即每次从数据库中获取的ID不是一个，而是一批，当一批ID用完后再从数据库中获取下一批ID。DbIdGenerator的源码如下所示：

```
protected int idBlockSize;//分段大小
protected long nextId;//下一个ID的值
protected long lastId = -1;//分段的最后一个值

//获取ID
public synchronized String getNextId() {
    //判断当前分段是否还有值
    if (lastId < nextId) {
        getNewBlock();
    }
    long _nextId = nextId++;
    return Long.toString(_nextId);
}

//获取下一个分段
protected synchronized void getNewBlock() {
    IdBlock idBlock =
            commandExecutor.execute(commandConfig, new GetNextIdBlockCmd(idBlockSize));
    this.nextId = idBlock.getNextId();
    this.lastId = idBlock.getLastId();
}
```

在获取ID时，首先判断当前分段是否有剩余，如果有则直接返回ID，否则直接从数据库获取下一个分段。

这里用nextId存储该分段下一个ID（每次递增1），用lastId存储该分段的最后一个ID。Flowable通过GetNextIdBlockCmd获取下一个分段的ID，其实现源码如下：

```java
public class GetNextIdBlockCmd implements Command<IdBlock> {

    private static final long serialVersionUID = 1L;
    protected int idBlockSize;

    public GetNextIdBlockCmd(int idBlockSize) {
        this.idBlockSize = idBlockSize;
    }

    public IdBlock execute(CommandContext commandContext) {
        PropertyEntity property =
                (PropertyEntity) commandContext.getPropertyEntityManager().findById("next.dbid");
        long oldValue = Long.parseLong(property.getValue());
        long newValue = oldValue + idBlockSize;
        property.setValue(Long.toString(newValue));
        return new IdBlock(oldValue, newValue - 1);
    }
}
```

从execute()方法可知，这里先从ACT_GE_PROPERTY表中查询name为next.dbid的记录，并将其value作为下一个ID，然后将value加上分段大小idBlockSize的值更新到数据库。由于数据库中存储的值为下一个分段的开始值，当前分段值的最后一个值需要用数据库中的值减1。需要注意的是，虽然这里没有主动调用更新数据库操作，但是因为这里是在Command中修改PropertyEntity实体类的值，所以最后DbSqlSession会判断缓存中的对象是否有变化。如果有变化，则自动同步到数据库中。这里修改了PropertyEntity实体对象的value属性，所以对象最终会自动同步到数据库中。

基于数据库的ID生成器的优点是有序且长度较短，对于使用InnoDB作为存储引擎的数据库来说，采用这种方式插入效率会比较高。其缺点是依赖数据库，并发压力比较大。此外，在分布式环境下，如果要生成全局唯一的ID，需要将ID生成器作为独立服务进行部署和维护，复杂度和运维成本会大幅度增加。

28.1.2 UUID生成器StrongUuidGenerator

除了数据ID生成器，Flowable还提供了一个UUID生成器，其源码如下：

```java
public class StrongUuidGenerator implements IdGenerator {
    protected static TimeBasedGenerator timeBasedGenerator;

    public StrongUuidGenerator() {
        ensureGeneratorInitialized();
    }

    protected void ensureGeneratorInitialized() {
        if (timeBasedGenerator == null) {
            synchronized (StrongUuidGenerator.class) {
                if (timeBasedGenerator == null) {
                    timeBasedGenerator = Generators.timeBasedGenerator(EthernetAddress.
                            fromInterface());
                }
            }
        }
    }

    public String getNextId() {
        return timeBasedGenerator.generate().toString();
    }

}
```

从上述代码可知，Flowable的UUID是通过com.fasterxml.uuid.impl.TimeBasedGenerator生成的。UUID生成器的优点是不依赖其他服务，并发效率高，分布式情况下也能生成全局唯一ID。其缺点一是无序，对于与InnoDB类似的存储引擎，插入时容易导致索引页分裂，影响插入的性能；二是UUID的长度比较长，占用的空间相对较大。

28.1 ID生成器优化

上述两种ID生成器都有各自的优缺点，但在数据量大、并发和性能要求高的场景下都难以满足业务要求，需要采用更优的ID生成器来实现。更优的生成器需要既满足性能上的要求，又保证全局有序和唯一。这里采用流行ID生成算法——"雪花算法"来实现。

28.1.3 自定义ID生成器

雪花算法是Twitter推出的开源分布式ID生成算法，将一个64位长整型数字作为全局ID，共分为以下4个部分。

- 第1位：固定值0。
- 第2位~第42位：41位时间戳。
- 第43位~第52位：10位机器ID。
- 第53位~第64位：12位序列号，从0开始递增，最大为4095。

雪花算法每毫秒最多生成4096个ID，也就是每秒能生成多达400万个ID，能够满足绝大部分应用场景的业务需求。雪花算法由Scala实现，需要使用Java重写该算法。这里采用开源的雪花算法实现，并在pom.xml文件中引入对应的JAR包：

```xml
<dependency>
    <groupId>com.littlenb</groupId>
    <artifactId>snowflake</artifactId>
    <version>1.0.5</version>
</dependency>
```

要实现自定义ID生成器，必须要继承Flowable的IdGenerator接口，其具体实现如下：

```java
public class SnowFlakeIdGenerator implements IdGenerator {

    private com.littlenb.snowflake.sequence.IdGenerator idGenerator;

    public SnowFlakeIdGenerator() {
        LocalDateTime startTime = LocalDateTime.of(2022, 1, 1, 0, 0, 0);
        long startMillis = startTime.toInstant(ZoneOffset.of("+8")).toEpochMilli();
        MillisIdGeneratorFactory millisIdGeneratorFactory = new
                MillisIdGeneratorFactory(startMillis);
        idGenerator = millisIdGeneratorFactory.create(getMachineId());
    }

    private int getMachineId() {
        long result = 0;
        try {
            String ip = InetAddress.getLocalHost().getHostAddress();
            ip = ip.replace(".", "");
            result = Long.parseLong(ip);
        } catch (UnknownHostException e) {
            e.printStackTrace();
        }
        return (int) result % 1024;
    }

    @Override
    public String getNextId() {
        return String.valueOf(idGenerator.nextId());
    }
}
```

在上述代码中，时间戳以2022年1月1日0点0分0秒为起点。机器ID的长度是10位，最大值不能超过1024，因此用当前IP转为数字后对1024进行取模。完成自定义ID生成器的开发后，还需要配置工作流引擎使用自定义ID生成器，配置内容如下：

```java
@Bean
public ProcessEngine createProcessEngine(DataSource dataSource) {
    SpringProcessEngineConfiguration engineConf = new SpringProcessEngineConfiguration();
    engineConf.setDataSource(dataSource);
    engineConf.setDatabaseSchemaUpdate(ProcessEngineConfiguration.DB_SCHEMA_UPDATE_TRUE);
    engineConf.setTransactionManager(transactionManager);
```

```
engineConf.setAsyncExecutorActivate(true);
engineConf.setAsyncExecutorMaxPoolSize(10);
//指定自定义流程定义缓存
engineConf.setProcessDefinitionCache(processDefinitionCache);
//使用自定义ID生成器
engineConf.setIdGenerator(new SnowFlakeIdGenerator());
return engineConf.buildProcessEngine();
}
```

至此,实现了自定义ID生成器。我们发起一个流程来验证效果。以运行时任务实例表(ACT_RU_TASK)为例,其部分字段值如表28.1所示。

表28.1　ACT_RU_TASK部分字段值

ID_	EXECUTION_ID_	PROC_INST_ID_
251371053920653312	251371053685772288	251371053610274816

从表28.1可知,ACT_RU_TASK对应的任务实例ID、执行实例ID和流程实例ID都是通过雪花算法生成的。

28.2　定时器优化

Flowable支持定时器功能,但是Flowable内置的定时器在数据量较大、并发度较高时,存在一定的性能问题。本节将介绍Flowable定时器的执行原理,并对其进行优化,以提高定时器任务的性能和容量。

28.2.1　Flowable定时器执行过程

Flowable定时器处理流程如图28.1所示。

图28.1　Flowable定时器处理流程

(1)创建TimerJobEntity。当流程执行到定时器中间事件或者定时器边界事件时,会创建TimerJobEntity,在数据库表ACT_RU_TIMER_JOB中生成一条记录。

(2)获取到期的TimerJobEntity。工作流引擎启动时会启动一个线程循环扫描到期的定时器任务,该线程调用AcquireTimerJobsRunnable的run()方法,查询ACT_RU_TIMER_JOB表中到期的TimerJobEntity。需要注意的是,默认情况下每次会从数据库查询512条数据,如果要改变批次的大小,可以通过AsyncJobExecutorConfiguration配置类的setMaxTimerJobsPerAcquisition()方法来设置。

(3)将TimerJobEntity转换为JobEntity。这一步包含两个操作,一是根据TimerJobEntity生成一个新的JobEntity,二是删除TimerJobEntity。从数据库的角度来看,即在ACT_RU_JOB表中生成一条新记录,然后删除ACT_RU_TIMER_JOB表中的记录。这一步是通过线程池来完成的,线程池的设置同样通过异步任务配置类AsyncJobExecutorConfiguration来实现,比如可以通过setMoveTimerExecutorPoolSize()方法设置线程池的核心线程数和最大线程数。

(4)获取JobEntity并执行。工作流引擎启动时会启动一个线程扫描需要执行的JobEntity。该线程执行AcquireAsyncJobsDueRunnable类的run()方法,查询ACT_RU_JOB表中的数据。获取JobEntity后,通过异步执行器AsyncExecutor的executeAsyncJob()方法异步执行任务。如果任务执行失败,就激活重试逻辑。默认重试3次仍然失败,则将数据转移到ACT_RU_DEADLETTER_JOB表中。需要注意的是,查询JobEntity是单线程的,但是执行JobEntity则是由线程池异步完成的。任务执行效率与两个参数有关。一个是每次从数据库获取JobEntity的数量,默认值为512,可以通过异步任务配置类AsyncJobExecutorConfiguration的setMaxAsyncJobsDuePerAcquisition()方法进行设置。另一个参数是任务的执行线程数,由线程池控制,包括核心线程数和最大线程数两个参数,默认值都为8,可以通过工作流引擎配置类ProcessEngineConfigurationImpl的setAsyncExecutorCorePoolSize()方法和setAsyncExecutorMaxPoolSize()方法分别设置核心线程数和最大线程数。

28.2.2 Flowable定时器优化

通过对定时器执行过程的解析,可以发现定时器存在几个性能问题,本小节将针对这些问题进行详细分析并优化。

1. TimerJobEntity转换为JobEntity

Flowable首先会查询到期的TimerJobEntity,并锁定对应的记录,即设置ACT_RU_TIMER_JOB表中的LOCK_EXP_TIME_和LOCK_OWNER_字段。这一步的逻辑比较简单,通过单线程完成,性能通常足以满足需求,可以通过调节每批次查询的数量来进一步优化性能。这里的主要问题是,生产环境下,通常采用多服务器部署模式,可能导致同一TimerJobEntity会被多台机器获取,从而引起并发冲突。Flowable提供全局锁的模式来获取到期的定时器任务,其配置如下:

```
@Bean
public ProcessEngine createProcessEngine() {
    SpringProcessEngineConfiguration engineConf = new SpringProcessEngineConfiguration();
    engineConf.setDataSource(dataSource);
    engineConf.setTransactionManager(transactionManager);

    AsyncJobExecutorConfiguration jobConf = new AsyncJobExecutorConfiguration();
    jobConf.setGlobalAcquireLockEnabled(true);
    engineConf.setAsyncExecutorConfiguration(jobConf);

    ProcessEngine engine = engineConf.buildProcessEngine();
    return engine;
}
```

以上代码段中,加粗部分的代码表示开启异步任务全局锁模式,Flowable的全局锁本质上是通过数据库实现的分布式锁。Flowable会在数据库表ACT_GE_PROPERTY中插入指定名称的记录,其值是当前时间以及所在服务器的机器名和IP地址。下列3种情况表示获取锁成功:

- ❏ 数据库中没有指定名称的记录;
- ❏ 数据库中有指定名称的记录,但是其值为空;
- ❏ 数据库中有指定名称的记录,其值也不为空,但是锁已经超时。

锁超时的计算是用锁设置的时间加上指定的时长与当前时间做比较,如果早于当前时间,则表示锁已超时。Flowable的全局锁由LockCmd实现,其核心逻辑如下:

```
public Boolean execute(CommandContext commandContext) {
    AbstractEngineConfiguration engineConfiguration =
            commandContext.getEngineConfigurations().get(engineType);
    PropertyEntityManager propertyEntityManager =
            engineConfiguration.getPropertyEntityManager();
    PropertyEntity property = propertyEntityManager.findById(lockName);
    if (property == null) {
        property = propertyEntityManager.create();
        property.setName(lockName);
        property.setValue(Instant.now().toString() + hostLockDescription);
        propertyEntityManager.insert(property);
        return true;
    } else if (property.getValue() == null) {
        property.setValue(Instant.now().toString() + hostLockDescription);
        return true;
    } else if (forceAcquireAfter != null) {
        String value = property.getValue();
        Instant lockAcquireTime = Instant.parse(value.substring(0,
                value.indexOf('Z') + 1));
        if (lockAcquireTime.plus(forceAcquireAfter).isBefore(Instant.now())) {
            property.setValue(Instant.now().toString() + hostLockDescription);
            return true;
        }
        return false;
    } else {
        return false;
    }
}
```

以上代码段中,加粗部分的代码分别表示记录为空、值为空和锁超时3种情况。锁的释放通过ReleaseLockCmd来实现,释放锁有两种方式:一种是直接删除ACT_GE_PROPERTY中的对应记录;另一种是将对应记录的值设置为空。其实现如下:

```java
public Void execute(CommandContext commandContext) {
    PropertyEntityManager propertyEntityManager = commandContext
            .getEngineConfigurations().get(engineType).getPropertyEntityManager();
    PropertyEntity property = propertyEntityManager.findById(lockName);
    if (property != null) {
        property.setValue(null);
        if (delete) {
            propertyEntityManager.delete(property);
        }
        return null;
    } else {
        throw new FlowableObjectNotFoundException("Lock with name "
                + lockName + " does not exist");
    }
}
```

全局锁模式下,通过AcquireTimerJobsWithGlobalAcquireLockCmd命令来获取并锁定TimerJobEntity,而非全局锁模式下,则通过AcquireTimerJobsCmd命令来实现。其源码如下所示:

```java
if (globalAcquireLockEnabled) {
    try {
        timerJobs = lockManager.waitForLockRunAndRelease(
                configuration.getLockWaitTime(), () -> {
                    return commandExecutor.execute(new
                            AcquireTimerJobsWithGlobalAcquireLockCmd(asyncExecutor));
                });
    } catch (Exception e) {
        //记录日志
    }
} else {
    timerJobs = commandExecutor.execute(new AcquireTimerJobsCmd(asyncExecutor));
}
```

AcquireTimerJobsWithGlobalAcquireLockCmd与AcquireTimerJobsCmd的区别在于,前者在锁定TimerJobEntity时是批量更新数据库的,不检查版本号。这是因为已经有全局锁的保护,不会存在乐观锁冲突的情况。而后者则是一条记录一条记录地更新,且更新时要进行版本号的检查,以防止并发更新导致数据冲突。

成功获取到TimerJobEntity后,下一步需要将TimerJobEntity转移到JobEntity。同样,Flowable也分为全局锁模式和非全局锁模式,但是这个过程是通过线程池来执行的。其源码实现如下:

```java
protected long executeAcquireAndMoveCycle() {
    //省略其他部分
    if (!timerJobs.isEmpty()) {
        List<TimerJobEntity> finalTimerJobs = timerJobs;
        moveTimerJobsExecutorService.execute(() -> {
            executeMoveTimerJobsToExecutableJobs(finalTimerJobs);
        });
    }
    //省略其他部分
}

protected void executeMoveTimerJobsToExecutableJobs(List<TimerJobEntity> timerJobs) {
    try {
        if (configuration.isGlobalAcquireLockEnabled()) {
            commandExecutor.execute(new BulkMoveTimerJobsToExecutableJobsCmd(
                    jobManager, timerJobs));
        } else {
            commandExecutor.execute(new MoveTimerJobsToExecutableJobsCmd(
                    jobManager, timerJobs));
        }
    } catch (FlowableOptimisticLockingException optimisticLockingException) {
        logOptimisticLockingException(optimisticLockingException);
        unlockTimerJobs(timerJobs);
```

```
        } catch (Throwable t) {
            unlockTimerJobs(timerJobs);
        }
    }
```

在全局锁模式下，会通过BulkMoveTimerJobsToExecutableJobsCmd将TimerJobEntity转换为JobEntity，而非全局锁模式则通过MoveTimerJobsToExecutableJobsCmd来实现。其区别在于，前者删除TimerJobEntity时是批量删除的，且不做版本检测，而后者则是一条一条删除的，删除时需要检测版本号。这一过程影响性能最主要的因素是线程池的线程数，默认值为4，可以通过异步任务配置类AsyncJobExecutorConfiguration的setMoveTimerExecutorPoolSize()方法设置。

2. 查询JobEntity并执行

将TimerJobEntity转换为JobEntity后，Flowable会通过另外一个线程查询所有未被锁定的JobEntity。查询成功后，需要锁定对应的记录，即设置表ACT_RU_JOB中的LOCK_EXP_TIME_和LOCK_OWNER_字段值。与获取TimerJobEntity类似，在多服务器部署的情况下，同一JobEntity可能会被多台机器获取，导致并发冲突。同理，可以通过开启全局锁模式解决。

```
if (globalAcquireLockEnabled) {
    acquiredJobs = commandExecutor.execute(new
            AcquireJobsWithGlobalAcquireLockCmd(asyncExecutor, remainingCapacity,
                    jobEntityManager));
} else {
    acquiredJobs = commandExecutor.execute(new
            AcquireJobsCmd(asyncExecutor, remainingCapacity, jobEntityManager));
}
```

全局锁模式和非全局锁模式下，分别通过命令AcquireJobsWithGlobalAcquireLockCmd和命令AcquireJobsCmd来查询JobEntity数据，两者主要区别在于，前者在锁定JobEntity时是批量操作的，更新时不会对数据库中记录进行版本校验，而后者则是单条数据操作的，更新时需要校验版本号。

查询到JobEntity后，开始执行JobEntity，该阶段是真正执行业务逻辑的阶段，是整个定时器任务生命周期中最耗费资源与时间的阶段。Flowable采用异步多线程方式执行JobEntity。查询JobEntity时需要通过全局锁来解决多台机器获取相同数据的问题，因此执行JobEntity前需要先获取全局锁，这容易导致在某一台机器执行的任务数量较多，压力偏大，出现负载不均衡的现象。因此，我们采用MQ来优化JobEntity的执行机制。可以把任务ID发送到MQ中，所有机器通过消费MQ中的消息来执行JobEntity。这里使用Apache RocketMQ实现该功能。

RocketMQ是阿里巴巴开发的一款分布式消息中间件，于2012年开源，并于2017年正式成为Apache的顶级项目。RocketMQ性能好，消息可靠性强，支持顺序消息和延时消息。这里在Spring Boot基础上集成RocketMQ。首先引入对应的starter，在pom.xml文件中加入如下内容：

```
<dependency>
    <groupId>org.apache.rocketmq</groupId>
    <artifactId>rocketmq-spring-boot-starter</artifactId>
    <version>2.2.1</version>
</dependency>
```

引入starter后，还需要配置RocketMQ地址及生产者组。在application.yml文件中添加如下内容：

```
rocketmq:
    name-server: 128.0.0.1:9876
    producer:
        group: producer_group
```

完成上述配置后，就可以在Spring的IoC容器中获取RocketMQTemplate实例，并通过RocketMQTemplate实例发送定时器任务消息。为了支持MQ模式，Flowable提供了可扩展抽象类AbstractMessageBasedJobManager，可以继承该类来实现将任务消息发送到MQ的功能。代码实现如下：

```
@Component
public class RocketMQMessageBasedJobManager extends AbstractMessageBasedJobManager {
    @Autowired
    private RocketMQTemplate rocketMQTemplate;
    private final static String JOB_TOPIC = "job_topic";
```

```java
@Override
protected void sendMessage(JobInfo job) {
    if (job instanceof JobEntity) {
        JobEntity jobEntity = (JobEntity) job;
        rocketMQTemplate.syncSendOrderly(JOB_TOPIC,
            new JobMessage(jobEntity.getProcessInstanceId(), jobEntity.getId()),
            jobEntity.getProcessInstanceId());
    }
}
```

以上代码段中，加粗部分的代码表示发送消息采用同步顺序方式实现，内容为流程实例ID和定时器任务JobEntity的ID，并将流程实例ID作为Hash key，保证同一个流程的消息是有序的。JobMessage是自定义类，包括processInstanceId和jobId两个属性。除了继承AbstractMessageBasedJobManager类，还需在工作流引擎配置类中设置JobManager，代码如下：

```java
@Configuration
public class FlowableConfig {
    @Autowired
    private DataSource dataSource;
    @Autowired
    private PlatformTransactionManager platformTransactionManager;
    @Autowired
    private RocketMQMessageBasedJobManager jobManager;

    @Bean
    public ProcessEngine createProcessEngine() {
        SpringProcessEngineConfiguration engineConf = new SpringProcessEngineConfiguration();
        engineConf.setDataSource(dataSource);
        engineConf.setTransactionManager(platformTransactionManager);

        AsyncJobExecutorConfiguration jobConf = new AsyncJobExecutorConfiguration();
        jobConf.setGlobalAcquireLockEnabled(true);
        engineConf.setAsyncExecutorConfiguration(jobConf);

        engineConf.setAsyncExecutorMessageQueueMode(true);
        engineConf.setJobManager(jobManager);
        ProcessEngine engine = engineConf.buildProcessEngine();
        return engine;
    }
}
```

以上代码段中，加粗部分的代码用于设置Flowable工作流引擎的JobManager，并设置异步任务执行模式为消息队列模式。这样TimerJobEntity在转换为JobEntity后，会直接调用RocketMQMessageBasedJobManager的sendMessage()方法，将异步任务信息发送到RocketMQ。此外，开启消息队列模式后，扫描ACT_RU_JOB的线程将不会被启动。

将异步任务信息发送到MQ后，接下来就是消费MQ中的消息，并通过Flowable提供的ManagementService调用executeJob()方法执行异步任务。其代码实现如下：

```java
@Component
@RocketMQMessageListener(
    topic = RocketMQMessageBasedJobManager.JOB_TOPIC,
    consumerGroup = "job_consumer_group",
    consumeMode = ConsumeMode.ORDERLY
)
@Slf4j
public class JobConsumer implements RocketMQListener<JobMessage> {
    @Autowired
    private ManagementService managementService;

    @Override
    public void onMessage(JobMessage jobMessage) {
        log.info("Consumer job message {}", jobMessage);
        managementService.executeJob(jobMessage.getJobId());
    }
}
```

该消费者类实现RocketMQListener接口，并通过注解@RocketMQMessageListener配置消费的Topic为对应任务生产者的Topic。此外，这里将消费模式配置为ConsumeMode.ORDERLY，确保了同一流程实例的消息能够顺序消费，防止同一流程实例的定时器任务出现乱序执行的问题。获取定时器任务消息后，通过Flowable工作流引擎API执行对应ID的定时器任务。

通过以上改造，我们实现了基于RocketMQ的定时器任务逻辑。基于MQ的定时器方案，我们可以采用更多的优化策略来保障定时器的执行，如更优的负载均衡策略、更好的横向扩展能力以及更优的流量控制策略等。因此，通过该方式可以有效地提高定时器的并发度和容量。

28.3 历史数据异步化

为了提高流程执行的效率，Flowable将流程数据分为运行时数据和历史数据，以避免历史数据积累影响工作流引擎性能。如果业务本身不需要历史数据，工作流引擎可以不保存历史数据，这样引擎性能会有进一步的提升。

3.4.1小节中介绍了Flowable历史数据存储的4个级别。其中，none级别不存储历史数据，其他3种级别都会存储历史数据。本节主要针对需要保存历史流程数据的场景展开介绍。同时保存运行时数据和历史数据的要求会导致流程执行效率下降，因为历史数据虽然不会影响流程的执行，但会使数据量随着时间累积。因此，对于历史数据，一方面要解决其对工作流引擎性能的影响，另一方面则要解决大数据量的存储问题。基于这两个目标，对于历史数据，可采用异步分布式存储方式存储。本节将分析Flowable的异步历史数据存储机制，并对其进行优化。首先通过异步方式存储历史数据，然后结合RocketMQ和分布式数据库MongoDB解决海量数据的存储问题。

28.3.1 Flowable异步历史机制

Flowable自身已经支持异步历史。开启Flowable的异步历史机制，需要在工作流引擎配置类中指定asyncHistoryExecutorActivate和isAsyncHistoryEnabled两个配置项的值为true。其配置类代码如下：

```
@Configuration
public class FlowableConfig {
    @Autowired
    private DataSource dataSource;
    @Autowired
    private PlatformTransactionManager transactionManager;

    @Bean
    public ProcessEngine createProcessEngine() {
        SpringProcessEngineConfiguration engineConf = new
                SpringProcessEngineConfiguration();
        engineConf.setDataSource(dataSource);
        engineConf.setTransactionManager(transactionManager);
        engineConf.setAsyncHistoryExecutorActivate(true);
        engineConf.setAsyncHistoryEnabled(true);
        ProcessEngine engine = engineConf.buildProcessEngine();
        return engine;
    }
}
```

Flowable工作流引擎默认使用DefaultHistoryManager来处理历史数据，如果启用异步历史，则使用AsyncHistoryManager来处理历史数据，其源码实现如下：

```
public void initHistoryManager() {
    if (historyManager == null) {
        if (isAsyncHistoryEnabled) {
            historyManager = new AsyncHistoryManager(this);
        } else {
            historyManager = new DefaultHistoryManager(this);
        }
    }
}
```

异步历史管理器AsyncHistoryManager对历史数据的处理逻辑是将数据转换为JSON格式后存入数据库表

ACT_GE_BYTEARRAY，并在ACT_RU_HISTORY_JOB表中创建一个历史任务。以流程实例历史记录为例，源码处理逻辑如下：

```java
public void recordProcessInstanceStart(ExecutionEntity processInstance) {
    if (getHistoryConfigurationSettings()
            .isHistoryEnabledForProcessInstance(processInstance)) {
        ObjectNode data = processEngineConfiguration.getObjectMapper()
                .createObjectNode();
        addCommonProcessInstanceFields(processInstance, data);
        getAsyncHistorySession().addHistoricData(getJobServiceConfiguration(),
                HistoryJsonConstants.TYPE_PROCESS_INSTANCE_START, data,
                processInstance.getTenantId());
    }
}
```

上述代码段中，加粗部分的代码先通过jackson的ObjectMapper创建ObjectNode对象，再依次将流程实例的属性添加到ObjectNode对象中，最后调用addHistoricData()方法将JSON数据写入AsyncHistorySession中。注意，这时候数据并没有写入数据库，最终数据的写入是在命令执行完的时候，CommandContext的close()方法会调用AsyncHistorySessionCommandContextCloseListener的closing()方法。在该方法中，调用DefaultAsyncHistoryJobProducer的historyDataGenerated()方法实现数据库写入和更新。这里生成的数据包括两部分：一部分是异步历史任务数据，即表ACT_RU_HISTORY_JOB中的数据；另一部分是历史流程实例的JSON格式数据，这部分数据会写入ACT_GE_BYTEARRAY表中。ACT_RU_HISTORY_JOB表通过ADV_HANDLER_CFG_ID_字段与ACT_GE_BYTEARRAY表的ID_字段关联。这里数据的写入可以是单条写入，也可以是批量写入，即将多条历史数据信息放在一个大的JSON中一起存储。其源码实现如下：

```java
if (jobServiceConfiguration.isAsyncHistoryJsonGroupingEnabled() &&
        historyObjectNodes.size() >=
                jobServiceConfiguration.getAsyncHistoryJsonGroupingThreshold()) {
    String jobType = getJobType(jobServiceConfiguration, true);
    HistoryJobEntity jobEntity = createJob(commandContext, asyncHistorySession,
            jobServiceConfiguration, jobType);
    ArrayNode arrayNode = jobServiceConfiguration.getObjectMapper().createArrayNode();
    for (ObjectNode historyJsonNode : historyObjectNodes) {
        arrayNode.add(historyJsonNode);
    }
    addJsonToJob(commandContext, jobServiceConfiguration, jobEntity, arrayNode,
            jobServiceConfiguration.isAsyncHistoryJsonGzipCompressionEnabled());
    return Collections.singletonList(jobEntity);

} else {
    List<HistoryJobEntity> historyJobEntities = new
            ArrayList<>(historyObjectNodes.size());
    String jobType = getJobType(jobServiceConfiguration, false);
    for (ObjectNode historyJsonNode : historyObjectNodes) {
        HistoryJobEntity jobEntity = createJob(commandContext, asyncHistorySession,
                jobServiceConfiguration, jobType);
        addJsonToJob(commandContext, jobServiceConfiguration, jobEntity,
                historyJsonNode, false);
        historyJobEntities.add(jobEntity);
    }
    return historyJobEntities;
}
```

从上述加粗部分的代码可以看到，在批量模式下，多条历史数据写入同一个ArrayNode中，且只会生成一个异步历史任务。而在非批量模式下，每一条历史数据都会生成一条记录以及一个异步历史任务。此外，从上述源码还能看到，批量模式需要满足两个条件：一是工作流引擎配置类中启用批量模式，二是历史数据的数量大于指定的阈值，该值默认是10条，可以通过如下方式修改该值：

```java
@Configuration
public class FlowableConfig {
    @Autowired
    private DataSource dataSource;
    @Autowired
    private PlatformTransactionManager transactionManager;
```

```java
@Bean
public ProcessEngine createProcessEngine() {
    SpringProcessEngineConfiguration engineConf = new
            SpringProcessEngineConfiguration();
    engineConf.setDataSource(dataSource);
    engineConf.setTransactionManager(transactionManager);
    engineConf.setAsyncHistoryExecutorActivate(true);
    engineConf.setAsyncHistoryEnabled(true);
    engineConf.setAsyncHistoryJsonGroupingEnabled(true);
    engineConf.setAsyncHistoryJsonGroupingThreshold(3);
    ProcessEngine engine = engineConf.buildProcessEngine();
    return engine;
}
```

上述代码段中,加粗部分的代码表示启用Flowable的异步历史任务模式,并在异步历史数据量大于或等于3条时,将其组合在一起插入数据库。需要注意的是,这时数据仅仅存在于ACT_GE_BYTEARRAY表中,并没有插入相应的历史数据表。最终还需要通过线程读取异步历史任务数据,分别插入不同的历史数据表中,其过程如下:

- 首先将工作流引擎配置项asyncHistoryExecutorActivate设置为true,此时该工作流引擎会启动异步历史任务扫描线程,读取ACT_RU_HISTORY_JOB表中的数据;
- 通过线程池执行异步历史任务;
- 调用各个历史数据对应的Transformer将JSON格式数据转换为对应的实体对象,如活动节点开始时产生的历史数据,会通过ActivityStartHistoryJsonTransformer类的transformJson()方法,将JSON格式数据转换为HistoricActivityInstanceEntity实体对象,并通过historicActivityInstanceEntityManager的insert()方法将数据写入数据库的ACT_HI_ACTINST表中。其核心实现源码(这里省略了部分代码)如下:

```java
public class ActivityStartHistoryJsonTransformer extends AbstractHistoryJsonTransformer {
    @Override
    public void transformJson(HistoryJobEntity job, ObjectNode historicalData,
            CommandContext commandContext) {
        HistoricActivityInstanceEntityManager historicActivityInstanceEntityManager =
                processEngineConfiguration.getHistoricActivityInstanceEntityManager();

        HistoricActivityInstanceEntity historicActivityInstanceEntity =
                createHistoricActivityInstanceEntity(historicalData, commandContext,
                historicActivityInstanceEntityManager);
        historicActivityInstanceEntity.setProcessDefinitionId(getStringFromJson(
                historicalData, HistoryJsonConstants.PROCESS_DEFINITION_ID));
        historicActivityInstanceEntity.setProcessInstanceId(getStringFromJson(
                historicalData, HistoryJsonConstants.PROCESS_INSTANCE_ID));
        //省略其他字段值的设置
        historicActivityInstanceEntity.setTenantId(getStringFromJson(
                historicalData, HistoryJsonConstants.TENANT_ID));

        historicActivityInstanceEntityManager.insert(historicActivityInstanceEntity);
        dispatchEvent(commandContext, FlowableEventBuilder.createEntityEvent(
                FlowableEngineEventType.HISTORIC_ACTIVITY_INSTANCE_CREATED,
                historicActivityInstanceEntity));
    }
}
```

以上代码段中,加粗部分的代码先创建了HistoricActivityInstanceEntity实体对象,然后依次将JSON中的数据赋值给该对象,最终通过HistoricActivityInstanceEntityManager将数据插入数据库中。影响异步历史存储性能的主要因素包括如下4个:

- 每次读取异步历史任务的数量,默认值为512,可以通过异步任务配置类AsyncJobExecutorConfiguration的setMaxAsyncJobsDuePerAcquisition()方法进行修改;
- 异步历史任务全局锁是否开启,通过AsyncJobExecutorConfiguration的setGlobalAcquireLockEnabled()方法设置;
- 执行异步任务的线程数量,即异步线程池的核心线程数和最大线程数,默认值都为8,可以通过工作流引擎配置类 ProcessEngineConfigurationImpl 的 setAsyncHistoryExecutorCorePoolSize() 方法和 setAsyncHistoryExecutorMaxPoolSize() 方法分别设置核心线程数和最大线程数；
- 批量异步历史的设置以及批次的大小。

综合上述，一个完整的异步历史配置示例如下所示：

```java
@Configuration
public class FlowableConfig {
    @Autowired
    private DataSource dataSource;
    @Autowired
    private PlatformTransactionManager transactionManager;

    @Bean
    public ProcessEngine createProcessEngine() {
        SpringProcessEngineConfiguration engineConf = new SpringProcessEngineConfiguration();
        engineConf.setDataSource(dataSource);
        engineConf.setTransactionManager(transactionManager);
        //启动异步历史
        engineConf.setAsyncHistoryExecutorActivate(true);
        engineConf.setAsyncHistoryEnabled(true);
        AsyncJobExecutorConfiguration jobConf = new AsyncJobExecutorConfiguration();
        //设置每批次获取的异步历史任务数
        jobConf.setMaxAsyncJobsDuePerAcquisition(100);
        jobConf.setGlobalAcquireLockEnabled(true);
        engineConf.setAsyncHistoryExecutorConfiguration(jobConf);
        //启用批量异步历史存储，阈值为3
        engineConf.setAsyncHistoryJsonGroupingEnabled(true);
        engineConf.setAsyncHistoryJsonGroupingThreshold(3);
        //设置异步历史执行线程池的核心线程数和最大线程数
        engineConf.setAsyncHistoryExecutorCorePoolSize(20);
        engineConf.setAsyncHistoryExecutorMaxPoolSize(20);

        ProcessEngine engine = engineConf.buildProcessEngine();
        return engine;
    }
}
```

上述代码段中，加粗部分的代码表示异步历史相关的配置项，读者可以根据自身的情况进行相应的调整。如果Flowable已有的异步历史机制无法满足性能和容量等需求，可以通过MQ来进行一步来优化历史数据的处理，下面将基于RocketMQ来实现Flowable的历史数据异步化。

28.3.2 基于RocketMQ的历史数据异步化

28.3.1小节详细讲述了Flowable的异步历史实现机制以及相应的配置，本节通过RocketMQ对Flowable的异步历史进行更进一步的优化。与异步任务类似，基于RocketMQ的异步历史化，也需要将历史异步任务的ID发送到消息队列中，然后通过RocketMQ的消费端来消费对应消息，获取消息的异步历史任务ID，再由Flowable来执行对应的异步任务。因此，这里也需要继承AbstractMessageBasedJobManager，并实现sendMessage()方法。基于RocketMQ对异步历史的处理如下：

```java
@Service
@Slf4j
public class RocketMQMessageBasedJobManager extends AbstractMessageBasedJobManager {
    public final static String JOB_HISTORY_TOPIC = "job_history_topic";
    @Autowired
    private RocketMQTemplate rocketMQTemplate;
    @Autowired
    private ProcessEngineConfiguration configuration;

    @Override
    protected void sendMessage(JobInfo job) {
        if (job instanceof HistoryJobEntityImpl) {
            HistoryJobEntityImpl historyJob = (HistoryJobEntityImpl) job;
            String historicalData = historyJob.getAdvancedJobHandlerConfiguration();
            ObjectMapper objectMapper = configuration.getObjectMapper();
            JsonNode historyNode;
```

28.3 历史数据异步化

```java
        String processInstanceId = "";
        try {
            historyNode = objectMapper.readTree(historicalData);
            if (historyNode instanceof ArrayNode) {
                ArrayNode arrayNode = (ArrayNode) historyNode;
                for (JsonNode jsonNode : arrayNode) {
                    processInstanceId = getProcessInstanceId(jsonNode);
                    if (StringUtils.isNotEmpty(processInstanceId)) {
                        break;
                    }
                }
            } else {
                processInstanceId = getProcessInstanceId(historyNode);
            }
        } catch (Exception e) {
            throw new FlowableException("Could not deserialize async " +
                    "history json for job (id=" + job.getId() + ")", e);
        }
        log.info("Send history data to MQ: {}", historicalData);
        JobMessage jobMessage = new JobMessage(processInstanceId,
                historyJob.getId());
        rocketMQTemplate.syncSendOrderly(JOB_HISTORY_TOPIC, jobMessage,
                processInstanceId);
    }
}

private String getProcessInstanceId(JsonNode jsonNode) {
    ObjectNode jsonData = (ObjectNode) jsonNode
            .get(HistoryJsonTransformer.FIELD_NAME_DATA);
    String processInstanceId = AsyncHistoryJsonUtil.getStringFromJson(jsonData,
            HistoryJsonConstants.PROCESS_INSTANCE_ID);
    return processInstanceId == null ? "" : processInstanceId;
}
}
```

对于异步历史数据发送MQ来说,同一流程实例下需要保证有序性,否则容易出现数据错乱。但是历史数据是以JSON格式字符串的形式转换为二进制数据后存储在数据库中的,因此这里需要先将二进制数据转回JSON格式数据,再从JSON数据中获取流程实例ID作为有序的依据。还有一点需要注意,并不是所有的历史数据记录中都有流程实例ID,因此如果历史数据中不存在流程实例ID,则可以自己继承AsyncHistoryManager类,重写相应的方法,补充流程实例ID字段。例如,更新活动实例的历史数据中缺少流程实例ID字段,可以通过如下方式处理:

```java
public class CustomAsyncHistoryManager extends AsyncHistoryManager {
    public CustomAsyncHistoryManager(ProcessEngineConfigurationImpl
        processEngineConfiguration) {
            super(processEngineConfiguration);
    }
    @Override
    public void updateHistoricActivityInstance(ActivityInstance activityInstance) {
        if (getHistoryConfigurationSettings().
                isHistoryEnabledForActivity(activityInstance)) {
            if (activityInstance.getExecutionId() != null) {
                ObjectNode data = processEngineConfiguration
                        .getObjectMapper().createObjectNode();
                putIfNotNull(data, HistoryJsonConstants.PROCESS_INSTANCE_ID,
                        activityInstance.getProcessInstanceId());
                putIfNotNull(data, HistoryJsonConstants.RUNTIME_ACTIVITY_INSTANCE_ID,
                        activityInstance.getId());
                putIfNotNull(data, HistoryJsonConstants.TASK_ID,
                        activityInstance.getTaskId());
                putIfNotNull(data, HistoryJsonConstants.ASSIGNEE,
                        activityInstance.getAssignee());
                putIfNotNull(data, HistoryJsonConstants.CALLED_PROCESS_INSTANCE_ID,
                        activityInstance.getCalledProcessInstanceId());
                getAsyncHistorySession().addHistoricData(getJobServiceConfiguration(),
                        HistoryJsonConstants.TYPE_UPDATE_HISTORIC_ACTIVITY_INSTANCE,
                        data);
```

上述代码段中，加粗部分的代码补充了流程实例ID字段，其他部分与AsyncHistoryManager中的内容一致。除了自定义异步历史管理类，还需要在工作流引擎配置类中进行设置：

```
@Bean
public ProcessEngine processEngine() {
    SpringProcessEngineConfiguration engineConf = new SpringProcessEngineConfiguration();
    engineConf.setDataSource(dataSource);
    engineConf.setDatabaseSchemaUpdate(
            ProcessEngineConfiguration.DB_SCHEMA_UPDATE_TRUE);
    engineConf.setTransactionManager(transactionManager);
    engineConf.setHistoryManager(new CustomAsyncHistoryManager(engineConf));
    //省略部分代码
}
```

通过上述步骤，实现了将异步任务ID有序发送到RocketMQ。接下来，实现对RocketMQ相关数据的消费，并调用Flowable自身的API来执行异步历史任务。其实现如下：

```
@Component
@RocketMQMessageListener(
        topic = RocketMQMessageBasedJobManager.JOB_HISTORY_TOPIC,
        consumerGroup = "job_consumer_group",
        consumeMode = ConsumeMode.ORDERLY
)
@Slf4j
public class HistoricConsumer implements RocketMQListener<JobMessage> {
    @Autowired
    private ManagementService managementService;
    @Override
    public void onMessage(JobMessage jobMessage) {
        log.info("Consumer job message {}", jobMessage);
        managementService.executeHistoryJob(jobMessage.getJobId());
    }
}
```

以上代码段中，加粗部分的代码首先指定了消费的Topic，该值需要与异步历史数据发送的Topic保持一致，其次指定按顺序消费，最后调用ManagementService的executeHistoryJob()方法执行异步历史任务。

完成以上改造后，发起一个流程实例，可以看到以下日志（部分）：

```
19:44:46.716 [http-nio-9999-exec-2] INFO com.example.demo.mq.RocketMQMessageBasedJobManager - Send history data to MQ: {"type":"process-instance-start","data":{"id":"251795337335902208","revision":1,"processInstanceId":"251795337335902208","deploymentId":"251793698940096512","startTime":"2023-11-26T11:44:46.552Z","startActivityId":"startEvent1","tenantId":"","processDefinitionId":"leaveApply:2:251793708914151424","processDefinitionKey":"leaveApply","processDefinitionName":"请假流程","processDefinitionVersion":2,"processDefinitionCategory":"http://www.flowable.org/processdef","processDefinitionDerivedVersion":0,"__timeStamp":"2023-11-26T11:44:46.565Z"}}
19:44:46.784 [http-nio-9999-exec-2] INFO com.example.demo.mq.RocketMQMessageBasedJobManager - Send history data to MQ: {"type":"activity-start","data":{"runtimeActivityInstanceId":"251795337566588929","processDefinitionId":"leaveApply:2:251793708914151424","processInstanceId":"251795337335902208","executionId":"251795337440759808","activityId":"sid-13E65335-29F9-4476-A6CD-5844DED0C056","activityName":"Application","activityType":"userTask","transactionOrder":3,"tenantId":"","startTime":"2023-11-26T11:44:46.607Z","__timeStamp":"2023-11-26T11:44:46.607Z","assignee":"user01"}}
//省略部分日志
19:44:46.842 [ConsumeMessageThread_1] INFO com.example.demo.mq.HistoricConsumer - Consumer job message JobMessage(processInstanceId=251795337335902208, jobId=251795337843412992)
19:44:46.878 [ConsumeMessageThread_1] INFO com.example.demo.mq.HistoricConsumer - Consumer job message JobMessage(processInstanceId=251795337335902208, jobId=251795337851801600)
//省略部分日志
```

从该日志中可知，异步历史任务先发送到了RocketMQ中，再由RocketMQ消费端获取异步历史任务的ID，最后调用Flowable相应的API将异步历史数据插入各个历史表。

28.3.3 基于MongoDB的历史数据异步化

对于上述优化，数据最终都还是与Flowable工作流引擎数据存放在同一个库中。在面对海量历史数据的场景下,历史数据对传统关系型数据库的压力会比较大,这时可以采用分布式数据存储机制来进行处理。本小节将介绍基于MongoDB的历史数据异步存储方案。由于篇幅有限,本小节只实现了对历史流程实例数据的处理,其他历史数据的处理方案与此类似,读者可以自行实现。

1. 通过MongoDB与Spring Boot集成

MongoDB是一个分布式文档型数据库,由C++编写,旨在为Web应用提供可扩展的高性能数据存储解决方案,是目前非关系型数据库中使用广泛的数据库之一。MongoDB中的文档以JSON格式存储数据。MongoDB提供分片集群机制,可在用户无感知的情况下进行水平动态扩容,支持海量数据的存储和查询,适用于流程历史数据存储场景。因此,这里采用MongoDB实现历史数据的异步存储。

第19章中介绍了Flowable与Spring Boot的集成,本小节将在Spring Boot的基础上集成MongoDB。首先,需要引入对应的starter,Spring Boot官方提供了spring-boot-starter-data-mongodb来实现两者的集成,可在pom.xml文件中加入如下内容:

```xml
<dependency>
    <groupId>org.springframework.boot</groupId>
    <artifactId>spring-boot-starter-data-mongodb</artifactId>
</dependency>
```

引入starter后,还需要配置MongoDB的地址,以及用户名、密码等参数。Spring Boot提供了两种配置方式,一种方式是通过uri配置:

```
spring:
  data:
    mongodb:
      uri: mongodb://flowable:123456@128.0.0.1:27017/flowable_history
```

以上配置的加粗部分代码中,mongodb代表通信协议,flowable是MongoDB对应数据库的用户名,123456是该用户的密码,128.0.0.1是MongoDB服务的地址,27017是服务端口号,flowable_history是用于存储流程历史数据的数据库名。

另一种方式是将这些配置项单独配置,其格式如下:

```
spring:
  data:
    mongodb:
      host: 128.0.0.1
      port: 27017
      username: flowable
      password: '123456'
      database: flowable_history
```

该配置方式与通过uri配置的效果一致,二者的具体配置项一一对应。

完成上述配置后,就可以在Spring的IoC容器中获取MongoTemplate实例。通过MongoTemplate实例,可以实现对MongoDB数据的增、删、改、查操作,进而在此基础上实现自定义DataManager。

2. 自定义DataManager

Flowable对数据的操作都是通过对应的DataManager实现的。以历史流程实例数据为例,其数据操作默认由MybatisHistoricProcessInstanceDataManager来完成,该类最终会通过MyBatis来实现对历史流程实例数据的增、删、改、查。因为需要采用MongoDB来存储异步历史数据,所以这里需要自定义对应的DataManager来实现基于MongoDB的数据操作。为了方便操作,可以在相应的实体类中增加注解,所以我们自定义实体类MongoHistoricProcessInstanceEntityImpl,该类实现HistoricProcessInstanceEntity接口,其实现如下:

```java
@Document(collection = "act_hi_procinst_mongo")
@Data
public class MongoHistoricProcessInstanceEntityImpl implements HistoricProcessInstanceEntity {
    private static final long serialVersionUID = 1L;

    @MongoId
    private String id;
    private int revision = 1;
    @Transient
    private boolean isInserted;
```

```
@Transient
private boolean isUpdated;
@Transient
private boolean isDeleted;
@Transient
private Object originalPersistentState;
@Indexed
private String processInstanceId;
@Indexed
private String processDefinitionId;
@Indexed
private Date startTime;
private Date endTime;
//省略其他字段
}
```

在上述代码中，类名上方增加了注解@Document，并指定属性collection的值为act_hi_procinst_mongo，表示将该实体类存入MongoDB的act_hi_procinst_mongo表中；id属性上方增加了注解@MongoId，表示用id字段作为数据库中文档的ID，该字段值不能重复；属性processInstanceId、processDefinitionId和startTime等字段上方增加了@Indexed注解，表示需要在表中的这些字段上添加索引；isInserted、isUpdated等属性上的@Transient注解表示该字段无须保存到MongoDB中。

在通过MongoTemplate实现自定义DataManger之前，可以先参照Flowable中默认的历史流程实例存储类继承体系，其实现如图28.2所示。

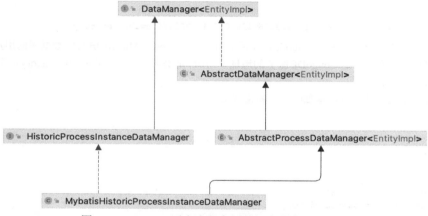

图28.2　Flowable历史流程实例数据存储类继承体系

依照该继承体系，自定义DataManager也需要实现DataManger接口。但抽象类AbstractDataManger和AbstractProcessDataManager实现了许多通用的方法，如提供了工作流引擎配置类实例及执行过程中的上下文等信息，因此自定义DataManger可以直接继承自抽象类AbstractProcessDataManager。具体实现如下：

```
@Slf4j
public class MongoHistoricProcessInstanceDataManager extends AbstractProcessDataManager<HistoricPro
cessInstanceEntity> implements HistoricProcessInstanceDataManager {

    private MongoTemplate mongoTemplate;

    public MongoHistoricProcessInstanceDataManager(ProcessEngineConfigurationImpl
            processEngineConfiguration, MongoTemplate mongoTemplate) {
        super(processEngineConfiguration);
        this.mongoTemplate = mongoTemplate;
    }

    //根据ID查询历史流程实例数据
    public HistoricProcessInstanceEntity findById(String entityId) {
        MongoHistoricProcessInstanceEntityImpl entity = mongoTemplate
                .findById(entityId, MongoHistoricProcessInstanceEntityImpl.class);
        return entity;
```

```java
}
//插入历史流程实例
public void insert(HistoricProcessInstanceEntity entity) {
    mongoTemplate.insert(entity);
}
//更新历史流程实例
public HistoricProcessInstanceEntity update(HistoricProcessInstanceEntity entity) {
    Query query = new Query();
    query.addCriteria(Criteria.where("id").is(entity.getId()));
    Document document = (Document) mongoTemplate.getConverter()
            .convertToMongoType(entity);
    Update update = Update.fromDocument(document);
    mongoTemplate.updateFirst(query, update,
            MongoHistoricProcessInstanceEntityImpl.class);
    return entity;
}

//根据ID删除流程历史
public void delete(String id) {
    Query query = new Query();
    query.addCriteria(Criteria.where("id").is(id));
    mongoTemplate.remove(query, MongoHistoricProcessInstanceEntityImpl.class);
}

//根据实体对象删除流程历史
public void delete(HistoricProcessInstanceEntity entity) {
    Query query = new Query();
    query.addCriteria(Criteria.where("id").is(entity.getId()));
    mongoTemplate.remove(query, MongoHistoricProcessInstanceEntityImpl.class);
}

//根据流程定义ID查询历史流程实例
@Override
public List<String> findHistoricProcessInstanceIdsByProcessDefinitionId(String processDefinitionId) {
    Query query = new Query();
    query.addCriteria(Criteria.where("processDefinitionId")
            .is(processDefinitionId));
    query.fields().include("processInstanceId");
    List<MongoHistoricProcessInstanceEntityImpl> list = mongoTemplate.find(
            query, MongoHistoricProcessInstanceEntityImpl.class);
    return list.stream().map(entity -> entity.getProcessInstanceId())
            .collect(Collectors.toList());
}

//根据主流程实例ID查询历史流程实例
@Override
public List<HistoricProcessInstance> findHistoricProcessInstancesBySuperProcessInstanceId(String
        superProcessInstanceId) {
    Query query = new Query();
    query.addCriteria(Criteria.where("superProcessInstanceId")
            .is(superProcessInstanceId));
    List<MongoHistoricProcessInstanceEntityImpl> list = mongoTemplate.find(
            query, MongoHistoricProcessInstanceEntityImpl.class);
    List<HistoricProcessInstance> ret = new ArrayList<>(list);
    return ret;
}

//根据主流程实例ID批量查询历史流程实例
@Override
public List<String> findHistoricProcessInstanceIdsBySuperProcessInstanceIds(
        Collection<String> superProcessInstanceIds) {
    Query query = new Query();
    query.addCriteria(Criteria.where("superProcessInstanceId")
            .in(superProcessInstanceIds));
    List<MongoHistoricProcessInstanceEntityImpl> list = mongoTemplate.find(
            query, MongoHistoricProcessInstanceEntityImpl.class);
    return list.stream().map(entity -> entity.getProcessInstanceId())
```

```java
            .collect(Collectors.toList());
}

//根据条件查询历史流程实例数量
@Override
public long findHistoricProcessInstanceCountByQueryCriteria(HistoricProcessInstanceQueryImpl
        historicProcessInstanceQuery) {
    Query query = convertQuery(historicProcessInstanceQuery);
    return mongoTemplate.count(query, MongoHistoricProcessInstanceEntityImpl.class);
}

//根据条件查询历史流程实例
@Override
public List<HistoricProcessInstance> findHistoricProcessInstancesByQueryCriteria(HistoricProces
        sInstanceQueryImpl historicProcessInstanceQuery) {
    Query query = convertQuery(historicProcessInstanceQuery);
    return new ArrayList<>(mongoTemplate.find(query,
            MongoHistoricProcessInstanceEntityImpl.class));
}

@Override
public List<HistoricProcessInstance> findHistoricProcessInstancesAndVariablesByQueryCriteria
        (HistoricProcessInstanceQueryImpl historicProcessInstanceQuery) {
    throw new RuntimeException("不支持的操作");
}

@Override
public List<HistoricProcessInstance> findHistoricProcessInstancesByNativeQuery(Map<String,
        Object> parameterMap) {
    throw new RuntimeException("不支持的操作");
}

@Override
public long findHistoricProcessInstanceCountByNativeQuery(Map<String, Object> parameterMap) {
    throw new RuntimeException("不支持的操作");
}

//根据条件删除历史流程实例数据
@Override
public void deleteHistoricProcessInstances(HistoricProcessInstanceQueryImpl
        historicProcessInstanceQuery) {
    Query query = convertQuery(historicProcessInstanceQuery);
    mongoTemplate.remove(query, MongoHistoricProcessInstanceEntityImpl.class);
}

//根据流程实例ID批量删除历史流程实例数据
@Override
public void bulkDeleteHistoricProcessInstances(Collection<String>
        processInstanceIds) {
    Query query = new Query();
    query.addCriteria(Criteria.where("processInstanceId").in(processInstanceIds));
    mongoTemplate.remove(query, MongoHistoricProcessInstanceEntityImpl.class);
}

//部分查询条件实现
private Query convertQuery(HistoricProcessInstanceQueryImpl instanceQuery) {
    Query query = new Query();
    if (StringUtils.isNotBlank(instanceQuery.getId())) {
        query.addCriteria(Criteria.where("id").is(instanceQuery.getId()));
    }
    if (StringUtils.isNotBlank(instanceQuery.getProcessInstanceId())) {
        query.addCriteria(Criteria.where("processInstanceId")
                .is(instanceQuery.getProcessInstanceId()));
    }
    if (StringUtils.isNotBlank(instanceQuery.getProcessDefinitionId())) {
        query.addCriteria(Criteria.where("processDefinitionId")
                .is(instanceQuery.getProcessDefinitionId()));
    }
    if (StringUtils.isNotBlank(instanceQuery.getBusinessKey())) {
```

```
            query.addCriteria(Criteria.where("businessKey")
                    .is(instanceQuery.getBusinessKey()));
        }
        return query;
    }
    public MongoHistoricProcessInstanceDataManager(ProcessEngineConfigurationImpl
            processEngineConfiguration) {
        super(processEngineConfiguration);
    }

    @Override
    public Class<? extends HistoricProcessInstanceEntity> getManagedEntityClass() {
        return MongoHistoricProcessInstanceEntityImpl.class;
    }

    @Override
    public HistoricProcessInstanceEntity create() {
        return new MongoHistoricProcessInstanceEntityImpl();
    }

    @Override
    public HistoricProcessInstanceEntity create(ExecutionEntity
        processInstanceExecutionEntity) {
            return new MongoHistoricProcessInstanceEntityImpl(
                    processInstanceExecutionEntity);
    }
}
```

以上代码通过MongoTemplate实现了历史流程实例的增、删、改、查操作，条件查询部分只实现了根据processInstanceId、processDefinitionId和businessKey等条件的查询，读者可以根据业务实际情况自行补充其他条件查询。

上面创建了自定义历史流程实例的数据管理类MongoHistoricProcessInstanceDataManager，接下来需在工作流引擎配置类ProcessEngineConfigurationImpl中使用该类替换Flowable默认的MybatisHistoricProcessInstanceDataManager，其配置如下：

```
@Configuration
public class FlowableEngineConfiguration {
    @Autowired
    private DataSource dataSource;
    @Autowired
    private PlatformTransactionManager transactionManager;
    @Autowired
    private RedisProcessDefinitionCache processDefinitionCache;
    @Autowired
    private MongoTemplate mongoTemplate;

    @Bean
    public ProcessEngine createProcessEngine() {
        SpringProcessEngineConfiguration engineConf = new SpringProcessEngineConfiguration();
        engineConf.setDataSource(dataSource);
        engineConf.setDatabaseSchemaUpdate(ProcessEngineConfiguration.DB_SCHEMA_UPDATE_TRUE);
        engineConf.setTransactionManager(transactionManager);
        //指定自定义的流程定义缓存
        engineConf.setProcessDefinitionCache(processDefinitionCache);
        //指定历史流程实例数据处理类
        engineConf.setHistoricProcessInstanceDataManager(
                new MongoHistoricProcessInstanceDataManager(engineConf, mongoTemplate));
        return engineConf.buildProcessEngine();
    }
}
```

以上代码段中，加粗部分的代码通过setHistoricProcessInstanceDataManager()方法设置历史流程实例的数据管理类为MongoHistoricProcessInstanceDataManager。

通过以上方式，我们实现了基于MongoDB的自定义历史流程实例DataManager。最后，重新发起一个流程，可以看到如下日志：

```
21:50:57.237 [http-nio-9999-exec-1] INFO  c.e.d.e.MongoHistoricProcessInstanceDataManager - Insert
HistoricProcessInstanceEntity MongoHistoricProcessInstanceEntityImpl(id=251827091065114624, revision=
1, isInserted=false, isUpdated=false, isDeleted=false, originalPersistentState=null, processInstanceId=
251827091065114624, processDefinitionId=leaveApply:2:251793708914151424, startTime=Sun Nov 26 21:50:
57 CST 2023, endTime=null, durationInMillis=null, deleteReason=null, endActivityId=null, businessKey=
null, businessStatus=null, startUserId=null, startActivityId=startEvent1, superProcessInstanceId=
null, tenantId=, name=null, localizedName=null, description=null, localizedDescription=null,
processDefinitionKey=leaveApply, processDefinitionName=请假流程, processDefinitionVersion=2,
deploymentId=251793698940096512, callbackId=null, callbackType=null, referenceId=null, referenceType=
null, propagatedStageInstanceId=null, queryVariables=null)
```

从上述日志内容可知，历史流程实例数据的插入已经通过自定义数据管理类 MongoHistoricProcessInstanceDataManager 实现，在 MongoDB 中也可以查询到如下数据：

```
db.act_hi_procinst_mongo.find({"_id":'251827091065114624'})
[
  {
    _id: '251827091065114624',
    revision: 1,
    processInstanceId: '251827091065114624',
    processDefinitionId: 'leaveApply:2:251793708914151424',
    startTime: ISODate('2023-11-26T13:50:57.231Z'),
    startActivityId: 'startEvent1',
    tenantId: '',
    processDefinitionKey: 'leaveApply',
    processDefinitionName: '请假流程',
    processDefinitionVersion: 2,
    deploymentId: '251793698940096512',
    _class: 'com.example.demo.extend.MongoHistoricProcessInstanceEntityImpl'
  }
]
```

28.3.4 数据一致性保证

28.3.3 小节实现了基于 MongoDB 的历史数据的存储。我们可以通过 MongoDB 来分离运行时数据和历史数据，但同时也引入了一个新的问题，即运行时数据和历史数据一致性问题：如果在数据提交的过程中发生了异常，就可能会出现数据不一致的现象。在单一数据源的场景中，可以通过数据库事务保证数据的一致性，但在分布式场景下，则需要更复杂的机制来保证数据的一致性。分布式场景下的数据一致性又可以分为强一致性、弱一致性和最终一致性 3 种情况。

- **强一致性**：最严格的一致性保障，要求所有节点在任意时刻都拥有相同的数据。分布式场景下实现强一致性的复杂度比较高，同时对性能的影响也比较大。
- **弱一致性**：弱一致性不要求所有节点在任何时候数据都相同，也不承诺多久以后能达到相同的状态，但会尽可能地在某个时间级别下达到数据一致性。
- **最终一致性**：是弱一致性的特殊情况，系统会保证在一定时间内达到数据一致的状态。

在历史数据应用场景中，往往无须保证数据的强一致性。因此，我们主要讨论历史数据的最终一致性问题，即允许短时间内数据状态不一致。而历史数据写入 MongoDB 又分为两种情况，即同步写入和异步写入。异步写入，也就是 Flowable 中开启了异步历史，在流程的执行过程中，Flowable 已经将历史数据以 JSON 的形式写入了 ACT_GE_BYTEARRAY 表，并创建了对应的异步历史任务。这时，只要能保证这些异步历史任务正常执行，就能实现数据的最终一致性。下面我们主要讨论一般场景下如何实现历史数据的最终一致性，仍然以历史流程实例数据为例。

同步历史数据写入 MongoDB 即在同一线程中完成运行时数据和历史数据的增、删、改操作。在 Flowable 中，如果通过 MongoDB 重写了对应 DataManager，但是不开启异步历史，即这种场景。在该场景下写入数据时，如果 MongoDB 数据写入成功，但由于网络抖动导致返回失败或超时等异常，则会导致整个事务回滚，从而出现数据不一致的情况。这时，可以将数据发送到消息队列，等待一段时间再进行重试。因此，这里使用 RocketMQ 延时消息来实现数据一致性保证。RocketMQ 延时消息仅支持特定级别的延时，总共分为 18 个级别，分别对应 1 秒、5 秒、10 秒、30 秒、1 分、2 分、3 分、4 分、5 分、6 分、7 分、8 分、9 分、10 分、20 分、30 分、1 小时和 2 小时。这里将级别设置为 4，生产者类的具体实现如下所示：

```java
@Component
@Slf4j
public class HistoricDataCompensationProducer {
    @Autowired
    private RocketMQTemplate rocketMQTemplate;
    public static final String HISTORIC_TOPIC = "historic_mq_topic";

    public void sendJobMessage(OpType opType, Entity entity) {
        log.info("Producer historic variable message,processInstanceId={},variable={}", entity);
        HistoricProcessInstanceEntityMessage entityMessage = new HistoricProcessInstanceEntityMessage(
                opType, entity, System.currentTimeMillis());
        Message<HistoricProcessInstanceEntityMessage> message = MessageBuilder
                .withPayload(entityMessage)
                .build();
        rocketMQTemplate.syncSend(HISTORIC_TOPIC, message, 1000, 4);
    }
}
```

以上代码段中，加粗部分的代码封装了HistoricProcessInstanceEntityMessage消息类，该类包含了历史流程实例实体、操作类型和发送的时间戳。操作类型主要分为3种：插入（INSERT）、更新（UPDATE）和删除（DELETE）。发送MQ消息的延时级别为4，表示延时30秒开始消费。接下来，在MongoHistoricProcessInstanceDataManager的增、删、改方法中调用HistoricDataCompensationProducer发送操作异常的历史流程实例数据。其实现如下：

```java
//插入历史流程实例
public void insert(HistoricProcessInstanceEntity entity) {
    log.info("Insert HistoricProcessInstanceEntity {}", entity);
    executeWithCompensation(() -> mongoTemplate.insert(entity), entity, OpType.INSERT);
}

//更新历史流程实例
public HistoricProcessInstanceEntity update(HistoricProcessInstanceEntity entity) {
    executeWithCompensation(() -> {
        Query query = new Query();
        query.addCriteria(Criteria.where("id").is(entity.getId()));
        Document document = (Document) mongoTemplate.getConverter()
                .convertToMongoType(entity);
        Update update = Update.fromDocument(document);
        mongoTemplate.updateFirst(query, update,
                MongoHistoricProcessInstanceEntityImpl.class);
    }, entity, OpType.UPDATE);
    return entity;
}

//根据实体对象删除流程历史
public void delete(HistoricProcessInstanceEntity entity) {
    executeWithCompensation(() -> {
        Query query = new Query();
        query.addCriteria(Criteria.where("id").is(entity.getId()));
        mongoTemplate.remove(query, MongoHistoricProcessInstanceEntityImpl.class);
    }, entity, OpType.DELETE);
}

private void executeWithCompensation(Runnable runnable,
        HistoricProcessInstanceEntity entity,
        OpType opType) {
    try {
        runnable.run();
    } catch (Exception ex) {
        historicDataProducer.sendJobMessage(opType, entity);
    }
}
```

以上代码段中，加粗部分的代码表示对MongoDB数据进行增、删、改操作时，调用executeWithCompensation()方法来执行。在该方法中，如果发生异常，则将历史流程实例数据和对应的操作发送到RocketMQ。

最后，再消费RocketMQ中的数据对异常数据进行补偿。需要注意的是，历史流程实例数据中存在版本号，补偿时只需补偿MongoDB中版本号比RocketMQ低的数据，其实现如下：

```java
@Component
@RocketMQMessageListener(
        topic = HistoricDataCompensationProducer.HISTORIC_TOPIC,
        consumerGroup = "historic_compensation_consumer_group"
)
@Slf4j
public class HistoricDataCompensationConsumer implements RocketMQListener
        <HistoricProcessInstanceEntityMessage> {
    @Autowired
    private ProcessEngineConfigurationImpl configuration;

    @Override
    public void onMessage(HistoricProcessInstanceEntityMessage entityMessage) {
        HistoricProcessInstanceDataManager processInstanceDataManager =
                configuration.getHistoricProcessInstanceDataManager();
        HistoricProcessInstanceEntity entity = processInstanceDataManager
                .findById(entityMessage.getEntity().getId());
        switch (entityMessage.getOpType()) {
            case INSERT:
                if (entity == null) {
                    processInstanceDataManager.insert(entityMessage.getEntity());
                }
                break;
            case UPDATE:
                if (entity != null && entity.getRevision() <= entityMessage.getEntity().
                        getRevision()) {
                    processInstanceDataManager.update(entityMessage.getEntity());
                }
                break;
            case DELETE:
                if (entity != null && entity.getRevision() <= entityMessage.getEntity().
                        getRevision()) {
                    processInstanceDataManager.delete(entityMessage.getEntity());
                }
                break;
            default:
                log.error("Unsupported opType.message={}", entityMessage);
        }
    }
}
```

在以上代码段中，RocketMQ消费者需要实现RocketMQListener接口，并通过注解@RocketMQMessageListener配置要消费的Topic，该Topic必须与对应生产者的Topic保持一致。补偿过程通过调用工作流引擎中的HistoricProcessInstanceDataManager实现类来实现，根据工作流引擎配置，这里的HistoricProcessInstanceDataManager实现类为MongoHistoricProcessInstanceDataManager。如果补偿过程中再次发生异常，会再次将该消息延时30秒，直到消费成功，保证了数据的最终一致性。

28.4 本章小结

本章针对工作流引擎的性能和容量，在历史数据异步化、ID生成器和定时器等方面对Flowable底层原理做了比较详细的分析，并提供了一系列优化思路和具体的实现方法。通过历史数据异步化可以有效地提高工作流引擎性能及容量；基于雪花算法的ID生成器可在分布式场景下提供全局唯一且基本有序的ID；采用RocketMQ优化定时器的执行，大幅度提高了系统的容量。读者可以根据实际需求进行调整和优化。

第 29 章

Flowable多引擎架构的初阶实现

第28章从单引擎的角度介绍了对Flowable的改造与优化。但针对并发、性能及容量要求较高的场景，单引擎仍然无法提供有效支撑。因此，我们需要从Flowable整体架构层面考虑优化工作流引擎服务。本章将从系统架构层面进行分析，通过改造Flowable的整体架构体系，使其能够支撑数据量更大、并发更高的业务场景。

29.1 多引擎架构分析

通常情况下，为了支持更高的并发量，可以将服务层设计为无状态服务，将存储层分库分表。无状态服务设计相对比较简单，难点在于数据库的分库分表。分库分表通常有两种方案。比较简单的方案是垂直拆分，即将不同的业务拆分到不同的表或库中。垂直拆分有一个明显的缺点：当同一个业务的数据量比较大、并发比较高、单库单表无法承载时，无法分库分表。这个时候就需要用到第二种方案——水平拆分，即通过分片的方式存储数据。水平拆分可分为表的水平拆分和库的水平拆分。本章主要讨论水平拆分场景的实现。

29.1.1 水平分库分表方案的局限性

水平分库分表指将单表的数据切分到多个分片中，每个分片具有相同结构的库与表，只是库、表存储的数据不同。水平分库分表可解决单机单库的性能瓶颈，突破IO、连接数等限制。但在Flowable中采用常规的水平分库分表方案存在一定的难度和问题，具体如下。

1. 没有合适的分库分表依据

要采用水平分库分表方案，首先要决定采用何种分库分表策略。这通常需要根据业务的特性来决策，常见的分库分表策略有按范围或Hash取模拆分等。

对于基于范围的分库分表策略，可以按时间范围或者流程定义范围进行分库分表，如按年或者月进行分库分表等。但在流程领域，往往需要按流程实例ID、任务实例ID和人员ID等场景查询流程和任务，无法确定时间范围，导致这些场景的查询无法满足。按时间范围分库分表的另一个问题是同一时间段的数据需要写入相同的库表中，无法通过多个数据库和表来分担并发压力。按流程定义分库分表方案也存在类似的问题。首先，流量并非按流程定义均匀分布的，少量的流程定义占据了大部分的数据，易导致分库分表方案失效。其次，该方案无法实现按流程实例ID、任务实例ID和人员ID等查询流程和任务的场景。

对于基于Hash取模的分库分表策略，可以按人员ID的Hash取模进行分库分表，如按人的维度将流程实例分布在不同的库和表上，能解决按人查询的场景需求。但在该方案下，同一个流程会关联多人，同一个任务也可能与多人关联，如同一个用户任务存在多个候选人，这就导致按人分库分表时存在数据冗余。此外，该方案也无法实现基于流程实例ID或者任务ID进行数据查询的场景。当然，也可以按流程实例ID和任务ID进行分库分表，但这又无法实现按人员ID查询流程或任务的场景。

综合来说，没有一种合适的分库分表方案能够同时满足流程领域常见场景的需求。

2. 常规分库分表方案改造成本高

分库分表实现本身的复杂度比较高，尤其SQL比较复杂时，要自己实现一套完整的水平分库分表方案成本非常高昂。因此，通常会使用开源组件实现分库分表。常见的水平分库分表实现方案有两种：第一种是客户端水平分库分表，比较常见的是sharding-jdbc；第二种是通过代理进行分库分表，如Mycat。sharding-jdbc以JAR包的形式嵌入代码，对代码具有一定的侵入性，但运维成本较低。Mycat需要维护一套单独的集群，运维成本比较高，对代码无侵入性。无论采用哪种方式，都有部分功能实现起来比较复杂，对系统性能影响也比较大，甚至无法实现。例如，Flowable底层SQL中存在大量的join操作，一旦涉及多表的跨库操作，实现起来就非常困难。除join操作，排序、分组、分页等常用的SQL操作性能也非常低。总之，想在Flowable基础上实现一套分库分表方案，无论是设计的难度还是开发的成本都非常高。

3．常规分库分表方案扩容困难

分库分表的另一个难题是扩容。出于成本考虑，一开始不可能拆分过多的库表。但是随着业务的发展，已有的库表无法满足业务需求，这时就需要对原有的库表进行扩容。扩容往往涉及数据迁移，而数据迁移过程风险比较大，难以在不停服且用户无感知的情况下完成。虽然可以采用一致性哈希算法来减少迁移的数据量，但是无法彻底解决数据迁移问题，导致系统扩容比较困难。

29.1.2　多引擎架构方案设计

综上所述，常见的分库分表方案并不适合Flowable应用场景，所以这里介绍另一种方案来实现基于Flowable工作流引擎的分布式架构：多引擎架构。简单来说，就是将Flowable工作流引擎作为独立工作单元存储数据，每个引擎集群有自己的数据库，通过网关进行数据的路由和分发。其整体架构如图29.1所示。

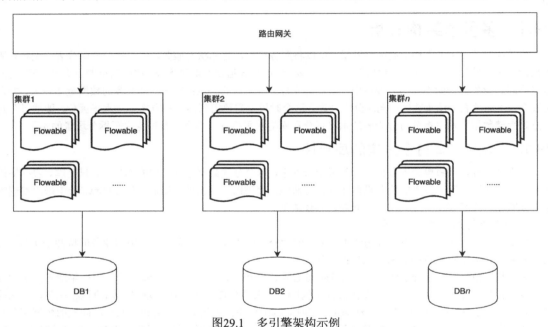

图29.1　多引擎架构示例

多引擎架构模式中，可以创建多个集群，每个集群中包含多个Flowable工作流引擎，同一个集群中的工作流引擎连接同一个数据库，集群与集群之间相互独立。该架构中路由网关起到的如下作用至关重要。

- 进行请求的负载均衡。这是针对发起新流程的请求的。网关可以将发起新流程的请求根据策略分发到不同的集群中，起到负载均衡的作用。
- 进行请求与集群的匹配和路由。这是针对已发起流程的各种操作请求的。同一个流程实例的所有数据都存在于同一个集群下，网关会将已发起流程的各种操作请求路由分发到该流程实例所在的集群中去处理。

多引擎架构有以下优点。

- 引擎改造成本低。从单集群的角度来说，Flowable是一个独立的工作单元，其业务逻辑与原来基本一致，也不存在跨库跨表操作等常见问题，因此，对于Flowable的底层逻辑，基本无须调整。
- 扩容简单。多引擎架构下，扩容时并不需要对历史数据进行迁移，因此扩容只需简单地增加一个集群，以及对应的数据库，且可在用户无感知的情况下快速实现。
- 数据均衡。多引擎架构模式下，流量的分发由网关决定，与业务没有直接的关系，不会产生热点数据，可以实现集群数据的均衡。此外，还可以灵活配置负载均衡算法，实现更复杂的路由策略。
- 差异化的引擎能力。这是多引擎架构最大的优势，也是常规分库分表方案无法实现的能力。所谓差异化，是指可以根据业务的不同提供不同的引擎能力。在实际业务中，不同业务对引擎能力的需求也不相同，如审批场景的数据量比较小，对性能要求也不高，但是业务复杂，与人员组织紧密相关；系统集成场景往往数据量大，对性能要求高，但是业务简单，查询条件少。

为了实现这个多引擎架构，还需要解决以下两个问题：

❑ 不同流程实例的数据分散在多个集群中，但是流程模型信息必须是共享的；
❑ 网关需要知道已发起流程实例的数据存储于哪个集群中才能正确地进行路由。

本章后面将介绍这两个问题的解决方案。

29.2 多引擎建模服务实现

在多引擎架构模式中，要实现流程模型在多个引擎之间的共享，可以创建一个独立的服务专门负责流程建模与部署，而其他工作流引擎则通过调用该服务获取流程模型及流程定义信息。其整体架构如图29.2所示。

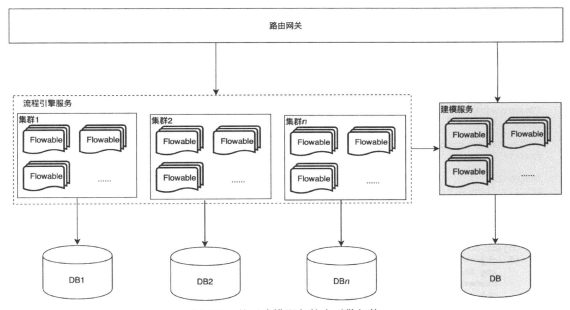

图29.2 基于建模服务的多引擎架构

如图29.2所示，灰色部分表示建模服务。建模服务本质上也是Flowable的工作流引擎，只不过二者职责有所不同：建模服务负责流程建模与部署，工作流引擎服务负责流程的流转。

29.2.1 建模服务搭建

建模服务本身也是一个Flowable工作流引擎，可以结合Spring Boot对外提供HTTP服务，其具体实现可参考第19章。

多引擎架构下，工作流引擎服务所需的流程模型和流程定义信息不再通过数据库查询，而是通过调用建模服务接口获取。但是如果每次获取流程模型和流程定义信息都需要远程调用，必然会导致性能的急剧下降，因此这里采用共享Redis缓存的方式进行建模信息的同步。对于Redis中不存在的流程模型和流程定义信息，调用建模服务将其写入Redis。因此，需要在建模服务中增加同步缓存的HTTP接口。其实现如下：

```
@Autowired
private ManagementService managementService;

@PostMapping("/processDefinition/syncById/{processDefinitionId}")
public ResponseEntity<String> syncProcessDefinition(
        @PathVariable("processDefinitionId") String processDefinitionId) {
    //如果缓存中不存在，该方法会从数据库中重新加载流程定义到缓存中
    ProcessDefinition processDefinition = managementService.executeCommand(context ->
            CommandContextUtil.getProcessEngineConfiguration(context)
```

```
                        .getDeploymentManager()
                        .findDeployedProcessDefinitionById(processDefinitionId));
    if (processDefinition != null) {
        return ResponseEntity.ok("success");
    } else {
        return ResponseEntity.notFound().build();
    }
}
```

以上代码段中,加粗部分的代码会将流程定义缓存对象重新写入Redis。基于Redis流程定义缓存的实现可以参阅24.2节,这里不再赘述。

29.2.2 工作流引擎服务缓存改造

Flowable查询流程定义的逻辑是先读取缓存中的流程定义缓存对象,如果其不存在,则从数据库中查询并将其加载到缓存。在24.2节中实现了基于Redis的第三方系统缓存机制,但其整体上还是遵循原来的逻辑。在多引擎架构下,工作流引擎服务对应的数据库中不再保存流程模型和流程定义信息,只能从建模服务中获取数据。为了提高工作流引擎性能,降低建模服务的负荷,这里采用共享Redis缓存机制来获取流程模型与流程定义信息。其实现逻辑如下:

```
@Component
@Slf4j
public class RedisProcessDefinitionCache implements
        DeploymentCache<ProcessDefinitionCacheEntry> {
    @Resource(name = "processDefinitionCacheRedisTemplate")
    private RedisTemplate<String, ProcessDefinitionCacheEntry> redisTemplate;

    @Value("${bpm.process-definitions.cache.key}")
    private String processDefinitionCacheKey;

    @Autowired
    private ProcessDefinitionClient processDefinitionClient;

    @Override
    public ProcessDefinitionCacheEntry get(String id) {
        log.info("Query cache from redis: id={}", id);
        Object obj = redisTemplate.opsForHash().get(processDefinitionCacheKey, id);
        if (obj == null) {
            log.info("Sync cache to redis. id={}", id);
            processDefinitionClient.syncProcessDefinition(id);
            obj = redisTemplate.opsForHash().get(processDefinitionCacheKey, id);
        }
        if (obj == null) {
            throw new FlowableObjectNotFoundException("流程定义ID: " + id + "; 不存在");
        }
        return (ProcessDefinitionCacheEntry) obj;
    }

    @Override
    public boolean contains(String id) {
        return redisTemplate.opsForHash().hasKey(processDefinitionCacheKey, id);
    }

    @Override
    public void add(String id, ProcessDefinitionCacheEntry object) {
        throw new FlowableException("不支持的操作");
    }

    @Override
    public void remove(String id) {
        throw new FlowableException("不支持的操作");
    }

    @Override
    public void clear() {
        throw new FlowableException("不支持的操作");
    }
```

```java
    @Override
    public Collection<ProcessDefinitionCacheEntry> getAll() {
        return null;
    }

    @Override
    public int size() {
        return 0;
    }
}
```

以上代码段中,加粗部分的代码用于在Redis中不存在流程定义对象时调用建模服务来同步缓存。对建模服务的调用通过接口ProcessDefinitionClient完成。ProcessDefinitionClient是一个OpenFeign客户端。OpenFeign是Spring Cloud中的子项目,提供申明式的HTTP调用服务,可以像调用本地方法一样调用远程HTTP服务。ProcessDefinitionClient的实现如下:

```java
@FeignClient(name = "process-modeling-service",url = "${service.process-modeling-service.url}")
public interface ProcessDefinitionClient {
    @PostMapping("/processDefinition/syncById/{processDefinitionId}")
    public ResponseEntity<String> syncProcessDefinition(@PathVariable("processDefinitionId") String
        processDefinitionId);
```

在以上代码段中,注解@FeignClient通过属性url配置了远程调用地址,可以采用变量的形式引用配置文件中对应的属性配置项。具体的请求路径及HTTP方法通过Spring MVC注解来指定。@PostMapping注解表示HTTP请求方式为POST,请求路径为/processDefinition/syncById/{processDefinitionId},其中{processDefinitionId}为路径参数,实际调用时会替换为方法参数processDefinitionId。使用OpenFeign需要引入以下对应JAR包:

```xml
<dependency>
    <groupId>org.springframework.cloud</groupId>
    <artifactId>spring-cloud-starter-openfeign</artifactId>
</dependency>
```

由于OpenFeign是Spring Cloud的子项目,需要引入其父POM文件spring-cloud-dependencies。由于Maven的POM文件中只允许出现一个<parent>标签,因此这里采用dependencyManagement标签引入,并且指定其scope为import,其代码如下:

```xml
<dependencyManagement>
    <dependencies>
        <dependency>
            <groupId>org.springframework.cloud</groupId>
            <artifactId>spring-cloud-dependencies</artifactId>
            <version>${spring-cloud.version}</version>
            <type>pom</type>
            <scope>import</scope>
        </dependency>
    </dependencies>
</dependencyManagement>
```

除了引入JAR包,还需要在Spring Boot启用类中通过注解@EnableFeignClients注解启用OpenFeign功能,其实现如下:

```java
@SpringBootApplication
@EnableFeignClients
public class FlowableEngineApplication {
    public static void main(String[] args) {
        SpringApplication.run(FlowableEngineApplication.class, args);
    }
}
```

完成流程定义缓存类的修改后,还需要自定义流程定义数据管理器,将原有的数据库操作改为缓存操作,该类实现ProcessDefinitionDataManager接口,实现如下:

```java
@Service
public class CustomProcessDefinitionDataManagerImpl implements
ProcessDefinitionDataManager {
```

```java
@Autowired
private RedisProcessDefinitionCache processDefinitionCache;

@Override
public ProcessDefinitionEntity findById(String entityId) {
    return (ProcessDefinitionEntity) processDefinitionCache
            .get(entityId).getProcessDefinition();
}

@Override
public ProcessDefinitionEntity findLatestProcessDefinitionByKey(
    String processDefinitionKey) {
    return null;
}
//省略其他未实现方法
}
```

这里只实现了findById()方法。在流程执行过程中一般无须使用其他方法,如果有需要,读者可自行调用缓存类或者通过OpenFeign调用建模服务实现其他方法。最后,还需要在工作流引擎配置类ProcessEngineConfigurationImpl中指定自定义缓存与流程定义管理类:

```java
@Configuration
public class FlowableEngineConfiguration {

    @Autowired
    private PlatformTransactionManager transactionManager;

    @Autowired
    private RedisProcessDefinitionCache processDefinitionCache;

    @Autowired
    private CustomProcessDefinitionDataManagerImpl processDefinitionDataManager;

    @Bean(name = "processEngineConfiguration")
    public ProcessEngineConfigurationImpl processEngineConfiguration(DataSource dataSource) {
        SpringProcessEngineConfiguration configuration =
                new SpringProcessEngineConfiguration();
        configuration.setDataSource(dataSource);
        configuration.setDatabaseSchemaUpdate
                (ProcessEngineConfiguration.DB_SCHEMA_UPDATE_TRUE);
        configuration.setTransactionManager(transactionManager);
        //自定义流程定义缓存类
        configuration.setProcessDefinitionCache(processDefinitionCache);
        //自定义流程定义数据管理类
        configuration.setProcessDefinitionDataManager(processDefinitionDataManager);
        return configuration;
    }
}
```

在以上代码段中,加粗部分的代码为工作流引擎指定了自定义缓存类和流程定义数据管理类。

29.3 工作流引擎路由

对于工作流引擎路由,可以分为以下两种场景展开讨论。

- 新流程发起。新发起流程的路由需要实现流程数据的负载均衡,可以采用轮询、随机等算法,将流程发起流量均衡地负载到不同的集群上(当然也可以根据业务需要实现其他负载策略)。新流程发起的路由与工作流引擎没有直接关系,其具体逻辑由网关层实现,相关内容将在29.4节详细介绍。
- 已有流程数据操作。流程实例一旦发起,关于该流程实例的所有操作,如流程实例查询、关联任务办理等,都必须路由到同一个集群上。这就需要记录该流程实例相关数据存储在哪个集群上。这里采用路由表来保存流程实例数据与引擎之间的关联关系。工作流引擎在发起流程时将路由信息写入路由表。对流程进行其他操作时,网关根据请求参数,读取路由表中的集群信息,再将请求路由到对应的集群上。基于路由表的多引擎架构如图29.3所示。

路由表中记录流程实例ID和任务ID对应的工作流引擎。路由表操作均为K-V操作,所以这里采用360公司推出的开源数据存储系统Pika存储路由信息。

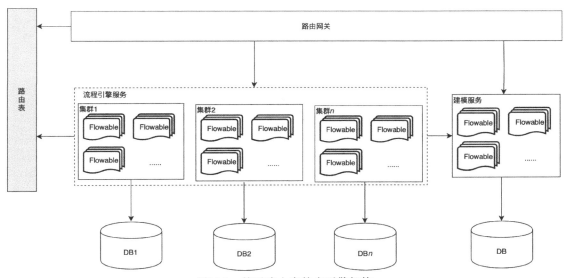

图29.3 基于路由表的多引擎架构

29.3.1 Pika与Spring Boot的整合

Pika是360公司推出的一款开源类Redis存储系统。其底层使用RocksDB存储数据,且数据会直接持久化到磁盘,相对于Redis,其支持更大数据的存储,数据可靠性也更高。Pika完全支持Redis协议,可以直接通过Redis客户端操作。Spring Boot 2默认使用Lettuce作为Redis客户端,但由于新版本的Lettuce客户端与Pika可能存在兼容性问题,因此这里选择使用Jedis连接Pika。在Spring Boot中集成Jedis,需要在项目的pom.xml文件中引入相关依赖:

```xml
<dependency>
    <groupId>redis.clients</groupId>
    <artifactId>jedis</artifactId>
</dependency>

<dependency>
    <groupId>org.apache.commons</groupId>
    <artifactId>commons-pool2</artifactId>
</dependency>
```

这里除了引入Jedis,还引入了commons-pool2,该JAR包的作用是配置Jedis连接池。引入相关依赖后,还需要在application.yml中增加Pika的连接信息:

```
pika:
    host: 127.0.0.1
    port: 9221
    timeout: 1000ms
    connect-timeout: 1000ms
    jedis:
        pool:
            max-active: 50
            min-idle: 5
            max-idle: 10
            max-wait: 1000ms
```

上述配置信息指定了Pika服务器的地址和端口,并配置了连接池相关信息。最后,手动创建Pika客户端。其实现如下:

```java
@Configuration
public class PikaConfig {
    @Value("${pika.host}")
    private String pickHost;
```

```java
@Value("${pika.port}")
private int pickPort;
@Value("${pika.timeout:1000ms}")
private Duration readTimeout;
@Value("${pika.connect-timeout:1000ms}")
private Duration connectTimeout;
@Value("${pika.jedis.pool.max-active:8}")
private int maxActive;
@Value("${pika.jedis.pool.max-idle:4}")
private int minIdle;
@Value("${pika.jedis.pool.min-idle:0}")
private int maxIdle;
@Value("${pika.jedis.pool.max-wait:1000ms}")
private Duration maxWait;

@Bean(name = "pikaTemplate")
public RedisTemplate<String, String> pikaTemplate() {
    //配置服务器信息
    RedisStandaloneConfiguration configuration =
            new RedisStandaloneConfiguration(pickHost, pickPort);
    //配置客户端连接池信息
    GenericObjectPoolConfig poolConfig = new GenericObjectPoolConfig();
    poolConfig.setMaxTotal(maxActive);
    poolConfig.setMinIdle(minIdle);
    poolConfig.setMaxIdle(maxIdle);
    poolConfig.setMaxWait(maxWait);
    JedisClientConfiguration clientConfiguration = JedisClientConfiguration
            .builder()
            .readTimeout(readTimeout)
            .connectTimeout(connectTimeout)
            .usePooling()
            .poolConfig(poolConfig)
            .build();
    JedisConnectionFactory connectionFactory =
            new JedisConnectionFactory(configuration, clientConfiguration);
    connectionFactory.afterPropertiesSet();
    //配置序列化方式
    RedisTemplate<String, String> redisTemplate = new RedisTemplate<>();
    StringRedisSerializer stringRedisSerializer = new StringRedisSerializer();
    redisTemplate.setKeySerializer(stringRedisSerializer);
    redisTemplate.setHashKeySerializer(stringRedisSerializer);
    redisTemplate.setHashValueSerializer(stringRedisSerializer);
    redisTemplate.setValueSerializer(stringRedisSerializer);
    redisTemplate.setConnectionFactory(connectionFactory);
    return redisTemplate;
}
}
```

因为路由表中key和value均为字符串，所以这里指定的key和value的序列化方式都是StringRedisSerializer。完成Pika的客户端配置后，即可在流程执行过程中通过RedisTemplate将路由信息写入Pika。

29.3.2 将路由信息写入Pika

为了方便操作，可以封装一个专门的工具类来实现各种路由操作，代码如下：

```java
@Service
public class IdRouterService {
    private Logger log = LoggerFactory.getLogger(IdRouterService.class);
    private static final String PIKA_PREFIX_PROCESS_ID = "BPM#ENGINE#PROCESSID";
    private static final String PIKA_PREFIX_TASK_ID = "BPM#ENGINE#TASKID";

    @Resource(name = "pikaTemplate")
    private RedisTemplate<String, Object> pikaTemplate;

    @Value("${bpm.engine-name:default}")
    private String engineName;

    public void addProcessId(String processInstanceId) {
        put(PIKA_PREFIX_PROCESS_ID, processInstanceId, engineName);
```

```
    }
    public void addTaskId(String taskId) {
        put(PIKA_PREFIX_TASK_ID, taskId, engineName);
    }

    private void put(String key, String hashKey, String value) {
        log.info("Insert Pika success.key={},hashKey={}", key, hashKey);
        pikaTemplate.opsForHash().put(key, hashKey, value);
    }

    public String getProcessEngineName(String processInstanceId) {
        Object value = pikaTemplate.opsForHash()
                .get(PIKA_PREFIX_PROCESS_ID, processInstanceId);
        return value == null ? "" : value.toString();
    }

    public String getTaskEngineName(String taskId) {
        Object value = pikaTemplate.opsForHash().get(PIKA_PREFIX_TASK_ID, taskId);
        return value == null ? "" : value.toString();
    }

    public void deleteProcessId(String processInstanceId) {
        pikaTemplate.opsForHash().delete(PIKA_PREFIX_PROCESS_ID, processInstanceId);
        log.info("Delete Pika success.processInstanceId={}", processInstanceId);
    }

    public void deleteTaskId(String taskId) {
        pikaTemplate.opsForHash().delete(PIKA_PREFIX_TASK_ID, taskId);
    }
}
```

以上代码实现了对流程实例ID和任务ID路由信息的增加、删除和查询操作，引擎名称在配置文件中通过bpm.engine-name选项进行配置。路由信息写入的逻辑可以添加到不同的监听器中，使得在流程发起和任务创建时，可以分别将路由信息写入路由表。

1. 流程发起监听器

流程发起时将路由信息写入路由表，需要对所有流程生效，因此使用全局监听器。全局监听器的详细说明可以回顾16.2节。流程发起监听器继承AbstractFlowableEngineEventListener类，重写processCreated()方法，并在该方法中将流程实例ID写入路由表，其实现如下：

```
@Component
public class ProcessStartListener extends AbstractFlowableEngineEventListener {
    @Autowired
    private IdRouterService idRouterService;

    @Override
    protected void processCreated(FlowableEngineEntityEvent event) {
        //将流程实例ID路由信息写入路由表
        idRouterService.addProcessId(event.getProcessInstanceId());
    }

    @Override
    public boolean isFailOnException() {
        return true;
    }
}
```

以上代码段中，加粗部分的代码将流程实例ID路由信息写入Pika。需要注意的是，isFailOnException()方法的返回结果为true，表示一旦流程实例ID路由信息写入失败，则回滚整个事务，流程发起失败。

2. 任务创建监听器

任务创建的时候写入路由表，同样是针对所有流程生效，也需要使用全局监听器，因此继承抽象类AbstractFlowableEngineEventListener，并重写taskCreated()方法，其实现如下：

```
@Component
public class TaskCreateListener extends AbstractFlowableEngineEventListener {
```

```java
    @Autowired
    private IdRouterService idRouterService;

    @Override
    protected void taskCreated(FlowableEngineEntityEvent event) {
        TaskEntity taskEntity = (TaskEntity) (event).getEntity();
        //将任务ID路由信息写入路由表
        idRouterService.addTaskId(taskEntity.getId());
    }

    @Override
    public boolean isFailOnException() {
        return true;
    }
}
```

以上代码段中,加粗部分的代码将任务ID路由信息写入Pika。同样,这里isFailOnException()方法的返回结果也为true,表示一旦任务ID路由信息写入失败,则回滚整个事务,任务创建失败。

3. 注册监听器

最后,还需要将上述监听器注册到工作流引擎中。这可以通过调用工作流引擎配置类ProcessEngineConfigurationImpl的setTypedEventListeners()实现。流程发起监听器ProcessStartListener监听流程发起事件(PROCESS_STARTED),任务创建监听器TaskCreateListener监听任务创建事件(TASK_CREATED),其实现如下:

```java
@Configuration
public class FlowableEngineConfiguration {
    @Autowired
    private DataSource dataSource;

    @Autowired
    private PlatformTransactionManager transactionManager;

    @Autowired
    private ProcessStartListener processStartListener;

    @Autowired
    private TaskCreateListener taskCreateListener;

    @Autowired
    private RedisProcessDefinitionCache processDefinitionCache;

    @Autowired
    private CustomProcessDefinitionDataManagerImpl processDefinitionDataManager;

    @Bean(name = "processEngineConfiguration")
    public SpringProcessEngineConfiguration processEngineConfiguration() {
        SpringProcessEngineConfiguration configuration = new
                SpringProcessEngineConfiguration();
        configuration.setDataSource(dataSource);
        configuration.setDatabaseSchemaUpdate(ProcessEngineConfiguration.
            DB_SCHEMA_UPDATE_TRUE);
        configuration.setTransactionManager(transactionManager);
        configuration.setProcessDefinitionCache(processDefinitionCache);
        configuration.setProcessDefinitionDataManager(processDefinitionDataManager);

        Map<String, List<FlowableEventListener>> eventListeners = new HashMap<>();
        eventListeners.put(PROCESS_STARTED.name(),
                Arrays.asList(processStartListener));
        eventListeners.put(TASK_CREATED.name(), Arrays.asList(taskCreateListener));
        configuration.setTypedEventListeners(eventListeners);
        return configuration;
    }
}
```

以上代码段中,加粗部分的代码实现了processStartListener和taskCreateListener的注册。

29.4 建立服务网关

29.3节介绍了路由表的写入。工作流引擎服务在流程发起和任务创建时会将流程实例ID和任务ID写入路由表。本节继续介绍通过网关实现路由的转发的方法和过程，这里通过Spring Cloud Gateway实现网关服务。

29.4.1 Spring Cloud Gateway简介

Spring Cloud Gateway是Spring Cloud的一个子项目，用于取代Netflix Zuul，是基于Spring 5、Spring Boot 2和Project Reactor等技术实现的一个高性能网关服务。Spring Cloud Gateway中包含以下3个核心概念。

- 路由（route）：网关最基础的组成部分，由一个唯一ID、一个目标URI、多个断言和过滤器组成，当断言为true时，表示路由匹配成功。
- 断言（predicate）：即Java 8中的函数式编程接口Predicate，输入类型为org.springframework.web.server.ServerWebExchange，通过断言可以匹配HTTP请求中的任何内容，包括请求参数、请求头等。
- 过滤器（filter）：接口org.springframework.cloud.gateway.filter.GatewayFilter实现类的实例，多个过滤器形成过滤器链，可以在请求前对请求（request）进行修改，或在请求后对响应（response）进行修改。

Spring Cloud Gateway工作原理如图29.4所示。

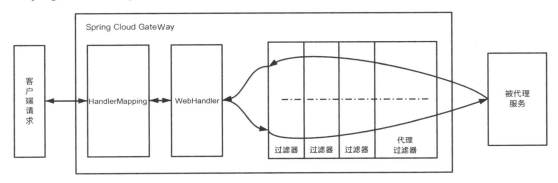

图29.4　Spring Cloud Gateway工作原理

客户端请求Spring Cloud Gateway后，Gateway通过HandlerMapping找到与请求所匹配的路由，然后将请求发送给WebHandler。WebHandler会创建指定的过滤器链，并且将请求发送给第一个过滤器。经过过滤器链后，请求最终被转发给实际的服务器进行业务逻辑处理。

29.4.2 Spring Cloud Gateway服务搭建

搭建Spring Cloud Gateway服务要先引入相应的JAR包。因为Spring Cloud Gateway是Spring Cloud的子项目，所以需要在POM文件中加入Spring Cloud的父依赖。因为Spring Cloud Gateway还依赖于Spring Boot，所以还需要加入Spring Boot的父依赖。最后，加入spring-cloud-starter-gateway。最终的项目pom.xml文件内容如下：

```
<properties>
    <maven.compiler.source>8</maven.compiler.source>
    <maven.compiler.target>8</maven.compiler.target>
    <spring-boot.version>2.7.18</spring-boot.version>
    <spring-cloud.version>2021.0.5</spring-cloud.version>
</properties>

<parent>
    <artifactId>spring-boot-starter-parent</artifactId>
    <groupId>org.springframework.boot</groupId>
    <version>2.7.18</version>
    <relativePath />
</parent>

<dependencies>
    <dependency>
        <groupId>org.springframework.cloud</groupId>
        <artifactId>spring-cloud-starter-gateway</artifactId>
```

```xml
        </dependency>
    </dependencies>

<dependencyManagement>
    <dependencies>
        <dependency>
            <groupId>org.springframework.cloud</groupId>
            <artifactId>spring-cloud-dependencies</artifactId>
            <version>${spring-cloud.version}</version>
            <type>pom</type>
            <scope>import</scope>
        </dependency>
    </dependencies>
</dependencyManagement>
```

添加依赖后，还需要编写一个Spring Boot启动类：

```java
@SpringBootApplication
public class GatewayApplication {
    public static void main(String[] args) {
        SpringApplication.run(GatewayApplication.class, args);
    }
}
```

完成上述配置后，接下来开始配置工作流引擎路由规则。

29.4.3 新发起流程路由配置

在配置路由之前，先准备两个工作流引擎服务engine01、engine02。二者代码一致，但使用的配置文件不同。配置文件application-engine01.yml的内容如下：

```yaml
bpm:
    engine-name: engine01
server:
    port: 8101
spring:
    datasource:
        url: jdbc:mysql://localhost:3306/flowable_engine01?allowMultiQueries=true&useUnicode=
            true&characterEncoding=UTF-8&useSSL=false
        username: root
        password: 123456
```

配置文件application-engine02.yml的内容如下：

```yaml
bpm:
    engine-name: engine02
server:
    port: 8102
spring:
    datasource:
        url: jdbc:mysql://localhost:3306/flowable_engine02?allowMultiQueries=true&useUnicode=
            true&characterEncoding=UTF-8&useSSL=false
        username: root
        password: 123456
```

此外，还需要在工作流引擎服务中添加流程发起接口，代码如下：

```java
@RestController
@RequestMapping("/processInstance")
public class ProcessInstanceController {

    @Autowired
    private RuntimeService runtimeService;

    @PostMapping("/startByProcessDefinitionId/{processDefinitionId}")
    public String startProcessInstance(@PathVariable("processDefinitionId") String
            processDefinitionId, @RequestBody Map<String, Object> variables) {
        ProcessInstance processInstance =
                runtimeService.startProcessInstanceById(processDefinitionId, variables);
        return processInstance.getProcessInstanceId();
    }
```

最后，通过启动命令分别指定虚拟机参数-Dspring.profiles.active=engine01和-Dspring.profiles.active=engine02，用于启动以下两个工作流引擎服务：

```
java -Dspring.profiles.active=engine01 -jar bpm-engine-1.0-SNAPSHOT.jar
java -Dspring.profiles.active=engine02 -jar bpm-engine-1.0-SNAPSHOT.jar
```

接下来，针对上面两个工作流引擎服务配置流程发起的路由规则。这里需要根据请求的路径进行转发，所以采用Path进行断言。此外，还需要将流量均衡地发送到这两个工作流引擎，因此还需要增加Weight断言。最终，网关服务配置文件appplication.yml中的路由配置如下：

```yaml
spring:
  cloud:
    gateway:
      routes:
        - id: engine01-router
          uri: http://localhost:8101
          predicates:
            - Path=/processInstance/startByProcessDefinitionId/**
            - Weight=engine-group,5
        - id: engine02-router
          uri: http://localhost:8102
          predicates:
            - Path=/processInstance/startByProcessDefinitionId/**
            - Weight=engine-group,5
```

上述配置文件中配置了两个路由，其id分别为engine01-router和engine02-router，分别对应工作流引擎engine01和engine02，路径断言均为/processInstance/startByProcessDefinitionId/**，权重断言指定分组均为engine-group，值均为5，表示路径为/processInstance/startByProcessDefinitionId/**的请求会平均分发到engine01和engine02两个工作流引擎上。

29.4.4 已有流程路由配置

29.4.3小节中介绍了针对新发起流程的路由，接下来将介绍针对已发起流程的路由。已发起流程的路由与新发起流程不同：已发起流程的路由需要解析请求的参数，再根据参数获取对应的工作流引擎，最后由网关实现路由转发。本章将介绍按流程实例ID查询待办任务和按任务ID办理任务两种场景的实现。首先，在工作流引擎服务中增加以下两个接口：

```java
@RestController
@RequestMapping("/task")
public class TaskController {

    @Autowired
    private TaskService taskService;

    /**
     * 根据流程实例ID查询待办任务
     */
    @GetMapping("/processInstance/{processInstanceId}")
    public ResponseEntity<List<Map<String, Object>>>
        queryTasks(@PathVariable("processInstanceId") String processInstanceId) {
        List<Task> taskList = taskService
                .createTaskQuery()
                .processInstanceId(processInstanceId)
                .list();
        List<Map<String, Object>> ret = new ArrayList<>();
        for (Task task : taskList) {
            Map<String, Object> taskData = new HashMap<>();
            taskData.put("taskId", task.getId());
            taskData.put("name", task.getName());
            ret.add(taskData);
        }
        return ResponseEntity.ok(ret);
    }

    /**
```

```
 * 根据任务ID办理任务
 */
@PostMapping("/complete/{taskId}")
public ResponseEntity<String> completeTask(@PathVariable("taskId") String taskId,
        Map<String, Object> variables) {
    taskService.complete(taskId, variables);
    return ResponseEntity.ok("success");
}
```

接下来，在网关中实现这两个接口的路由。因为这两个接口的路由是根据路径匹配的，所以仍然采用Path断言。但是，最终转发的URI是动态获取的而非固定的。因此，在配置上可以先用占位符表示，并且通过不同的占位符来区分流程实例ID和任务ID。最终的路由配置如下：

```
spring:
  cloud:
    gateway:
      routes:
        - id: task-complete-router
          uri: er://task
          predicates:
            - Path=/task/complete/*
        - id: task-query-router
          uri: er://process
          predicates:
            - Path=/task/processInstance/*
```

在以上配置中，加粗部分的代码是两个自定义URI。er://task表示schema为er，用于判断该URI是否需要动态查询；host为task，表示需要根据任务ID获取引擎信息。er://process中的host为process，表示需要根据流程实例ID获取工作流引擎。此外，还需要增加工作流引擎配置信息和ID提取模式，代码如下：

```
engine-config:
  engines:
    - name: engine01
      url: http://localhost:8101
    - name: engine02
      url: http://localhost:8102
  pattens:
    - /task/complete/(.+)
    - /task/processInstance/(.+)
```

以上配置中包含了工作流引擎配置信息和正则表达式。工作流引擎配置指定了工作流引擎的名称和请求地址，当根据流程实例ID和任务ID读取到对应的工作流引擎名称后，能根据其名称查询到对应的地址。正则表达式则用于提取路径中的ID信息。可以通过自定义配置类来读取上述配置：

```
@Configuration
@ConfigurationProperties(prefix = "engine-config")
@Data
public class EngineConfig {
    private List<EngineInfo> engines;
    private List<String> pattens;

    @Data
    public static class EngineInfo{
        private String name;
        private String url;
    }
}
```

自定义配置类的详细说明可以参阅19.2节。完成上述配置后，即可通过Spring Cloud Gateway的全局过滤器实现最终请求地址的替换，具体实现如下：

```
@Component
public class EngineRouterGlobalFilter implements GlobalFilter, Ordered {

    @Autowired
    private EngineConfig engineConfig;
```

```java
@Resource(name = "pikaTemplate")
private RedisTemplate<String, String> redisTemplate;

private static final String PIKA_PREFIX_PROCESS_ID = "BPM#ENGINE#PROCESSID";

private static final String PIKA_PREFIX_TASK_ID = "BPM#ENGINE#TASKID";

@Override
public Mono<Void> filter(ServerWebExchange exchange, GatewayFilterChain chain) {
    URI url = exchange.getAttribute(GATEWAY_REQUEST_URL_ATTR);
    if (url == null || !"er".equals(url.getScheme())) {
        return chain.filter(exchange);
    }
    String id = matchId(url.getPath());
    if (StringUtils.hasText(id)) {
        String prefix = url.getHost().equals("task") ? PIKA_PREFIX_TASK_ID :
            PIKA_PREFIX_PROCESS_ID;
        String engineName = String.valueOf(redisTemplate.opsForHash().get(prefix, id));
        for (EngineConfig.EngineInfo engine : engineConfig.getEngines()) {
            if (engine.getName().equals(engineName)) {
                URI requestUri = UriComponentsBuilder
                    .fromUriString(engine.getUrl())
                    .path(url.getPath())
                    .build().toUri();
                exchange.getAttributes().put(GATEWAY_REQUEST_URL_ATTR, requestUri);
                break;
            }
        }
    }
    return chain.filter(exchange);
}

@Override
public int getOrder() {
    return 10001;
}

private String matchId(String path) {
    for (String regex : engineConfig.getPattens()) {
        Pattern pattern = Pattern.compile(regex);
        Matcher matcher = pattern.matcher(path);
        if (matcher.matches()) {
            return matcher.group(1);
        }
    }
    return "";
}
```

在以上代码中，加粗部分代码的逻辑是：判断当前schema是否为er，如果是，则从请求路径中根据配置的正则表达获取ID信息；根据host信息判断是流程实例ID还是任务ID，并根据ID信息从Pika的路由表中获取工作流引擎名称；根据工作流引擎名称查询实际的URL地址，再替换ServerWebExchange对象中属性GATEWAY_REQUEST_URL_ATTR的值，由Spring Cloud Gateway根据该属性值进行最终的路由转发。

需要注意的是，EngineRouterGlobalFilter除了实现了GlobalFilter接口，还实现了Ordered接口。Ordered接口的作用是指定过滤器执行的顺序。这里getOrder()方法返回的值为10 001，主要原因是EngineRouterGlobalFilter过滤器需要从ServerWebExchange对象中获取属性GATEWAY_REQUEST_URL_ATTR的值，该值通过全局过滤器RouteToRequestUrlFilter设置。RouteToRequestUrlFilter过滤器的getOrder()方法返回的值为10 000，因此为了保证EngineRouterGlobalFilter过滤器在RouteToRequestUrlFilter过滤器之后执行，getOrder()方法的返回值就必须大于10 000。

29.5 本章小结

本章根据流程领域的特殊场景提出了多引擎架构。多引擎架构模式可以通过多个引擎来提高系统的容量和性能，解决流程领域高并发、大数据量业务场景的需求。多引擎架构中，Flowable工作流引擎的底层逻辑不需要进行大的调整，整体改造成本比较低。另外，服务网关和路由表为多引擎架构模式提供了强大的扩容能力，使得在不进行任何数据迁移的情况下，实现快速扩容。此外，多引擎架构模式还提供了差异化的引擎能力，解决了众多流程领域中的复杂问题。

本章实现了一个简单的多引擎架构模式，但是还存在一些问题，主要包括：

- 本章中工作流引擎集群都只包含一台服务器，存在单点风险，并且重启过程会导致服务不可用，因此需要采用集群部署模式；
- 本章中的路由信息是在配置文件中固定配置的，如果要增加或修改路由信息，则需要重新上线，成本较高；
- 通过多引擎差异化能力可以尽量避免跨库数据的查询，但是实际工作中难免会有这种场景，目前的架构无法完成跨库查询功能。

以上提到的3个问题将在第30章中解决。

第30章

Flowable多引擎架构的高阶实现

在第29章中,我们通过建模服务化、路由表和网关服务完成了多引擎架构的落地。但存在几个需要解决的问题:引擎服务为单机模式,服务之间通过IP调用,而IP地址有可能会变动,尤其随着云原生应用的广泛使用,每次部署时都可能变更IP地址,从而影响服务的可用性;网关路由是静态配置的,无法支持动态路由配置;无法支持跨集群的数据查询。本章将介绍这3个问题的解决方案。

30.1 工作流引擎集群搭建

在第29章的多引擎架构设计中,工作流引擎应该以集群为工作单元对外提供流程服务,但是在实现中,工作流引擎服务是以单机模式提供服务的,这会影响工作流引擎的稳定性和容量。因此需实现工作流引擎服务的集群部署,但集群模式又会带来管理上的挑战,如服务器地址管理、服务上下线及服务健康状态监测等。可以通过服务注册中心来解决集群管理问题,本节使用Nacos完成工作流引擎服务集群模式的实现。

30.1.1 Nacos服务搭建

Nacos是阿里巴巴推出的一个开源服务注册中心,同时也是一个配置中心。Nacos致力于发现、配置和管理微服务。Nacos提供了一组简单、易用的特性集,可以快速实现动态服务发现、服务配置、服务元数据及流量管理。Nacos主要提供以下功能。

- 服务注册与发现。Nacos支持基于DNS和基于RPC的服务发现。服务提供者使用原生SDK或OpenAPI向Nacos注册服务,服务消费者通过HTTP接口查找和发现服务。
- 服务健康监测。Nacos提供了对服务的实时健康检查,阻止向不健康的主机或服务实例发送请求。
- 动态配置服务。Nacos提供了配置中心管理能力,实现了对配置文件的动态修改,配置变更时无须重新部署应用和服务,让配置管理变得更加高效和敏捷。

本小节主要利用Nacos的服务注册与发现,以及服务健康监测功能实现工作流引擎集群的搭建。Nacos是一个独立服务,可以通过Git下载对应的二进制版本进行解压缩启动。Nacos与Spring Cloud、Spring Cloud Alibaba版本的对应如表30.1所示。

表30.1 Nacos与Spring Cloud、Spring Cloud Alibaba版本对应表

Nacos版本	Spring Cloud版本	Spring Cloud Alibaba版本
2.2.1	2022.0.0	2022.0.0.0
2.2.0	2021.0.5	2021.0.5.0
2.1.0	Hoxton.SR12	2.2.9.RELEASE
2.0.4	2021.0.4	2021.0.4.0
2.0.3	Hoxton.SR12	2.2.7.RELEASE
1.4.2	2021.0.1	2021.0.1.0
1.4.1	2020.0.1	2021.1
1.4.2	Hoxton.SR9	2.2.6.RELEASE
1.2.1	Hoxton.SR3	2.2.1.RELEASE
1.1.4	Hoxton.RELEASE	2.2.0.RELEASE
1.4.1	Greenwich.SR6	2.1.4.RELEASE
1.2.1	Greenwich	2.1.2.RELEASE

由于Spring Cloud 2022.0.0对应的是Spring Boot 3,需要JDK 17以上才能支持。而本书采用的Flowable 6.8

是基于JDK 8实现的，因此本书使用支持Spring Boot 2x的Spring Cloud版本，本书写作时其最新版本为2021.0.5，对应Nacos版本为2.2.0。Nacos默认使用嵌入式数据库derby，为了方便管理和维护，可以改成MySQL。首先在MySQL中新建一个数据库，然后执行下载解压缩文件中conf目录下的nacos-mysql.sql文件，并修改conf目录下的配置文件application.properties，增加以下数据库配置：

```
spring.datasource.platform=mysql
db.num=1
db.url.0=jdbc:mysql://127.0.0.1:3306/nacos?characterEncoding=utf8&connectTimeout=1000&socketTimeout=3000&autoReconnect=true&useUnicode=true&useSSL=false&serverTimezone=UTC
db.user.0=root
db.password.0=123456
```

在以上配置中，spring.datasource.platform=mysql表示使用数据库MySQL；db.num=1表示使用一个数据库；Nacos支持多数据源，db.url.0、db.user.0和db.password.0分别表示第一个库的地址、用户名和密码。Nacos支持单机和集群两种启动模式，这里采用单机模式启动，Linux环境下的启动命令如下：

```
sh startup.sh -m standalone
```

Windows环境下的启动命令如下：

```
startup.cmd -m standalone
```

Nacos默认使用的端口号为8848，可以在application.properties文件中修改配置项server.port来指定其他端口号。启动成功后，可以通过浏览器访问http://locahost:8848/nacos，Nacos默认用户名和密码均为nacos，登录成功后的界面如图30.1所示。

图30.1　Nacos登录成功后的界面

30.1.2　基于Nacos的引擎集群构建

搭建完成Nacos服务后，需要将工作流引擎服务注册到Nacos中。Nacos提供了注册客户端，可以通过调用HTTP接口完成服务注册。在Spring Cloud环境下，可以通过对应的starter实现Nacos客户端的整合。首先，在POM文件中引入Spring Cloud Alibaba的父依赖，根据表30.1中的对应关系，版本号应为2021.0.5.0。因此，在dependencyManagement标签中增加了以下内容：

```xml
<dependencies>
    <dependency>
        <groupId>com.alibaba.cloud</groupId>
        <artifactId>spring-cloud-alibaba-dependencies</artifactId>
        <version>2021.0.5.0</version>
        <type>pom</type>
        <scope>import</scope>
    </dependency>
</dependencies>
```

此外，还需要加入Nacos服务注册发现组件spring-cloud-starter-alibaba-nacos-discovery。在POM文件中加入以下内容：

```xml
<dependency>
    <groupId>com.alibaba.cloud</groupId>
    <artifactId>spring-cloud-starter-alibaba-nacos-discovery</artifactId>
</dependency>
```

添加以上依赖后配置服务注册信息。Nacos地址信息属于公共配置，因此可以配置在application.yml文件中：

```yaml
spring:
    cloud:
        nacos:
            discovery:
                server-addr: 127.0.0.1:8848
                username: nacos
                password: nacos
```

各引擎中，服务名是不同的，所以将其配置在各引擎的配置文件中。在application-engine01.yml文件中增加以下内容：

```yaml
spring:
    cloud:
        nacos:
            discovery:
                service: engine01-cluster
```

在application-engine02.yml文件中增加以下内容：

```yaml
spring:
    cloud:
        nacos:
            discovery:
                service: engine02-cluster
```

Nacos默认使用spring.application.name属性值作为服务注册名称，也可以通过spring.cloud.nacos.discovery.service指定服务注册名称。如果这两个值都没设定，则会抛出如下异常：

```
java.lang.IllegalArgumentException: Param 'serviceName' is illegal, serviceName is blank
```

最后，通过命令行来启动服务。服务都在同一台机器上，这里通过端口号来进行区分，集群engine01启动命令如下：

```
java -Dspring.profiles.active=engine01 -Dserver.port=8101 -jar bpm-engine-1.0-SNAPSHOT.jar
java -Dspring.profiles.active=engine01 -Dserver.port=8102 -jar bpm-engine-1.0-SNAPSHOT.jar
```

集群engine02启动命令如下：

```
java -Dspring.profiles.active=engine02 -Dserver.port=8201 -jar bpm-engine-1.0-SNAPSHOT.jar
java -Dspring.profiles.active=engine02 -Dserver.port=8202 -jar bpm-engine-1.0-SNAPSHOT.jar
```

启动完成后，可以通过Nacos"服务管理"下的"服务列表"界面查看引擎集群状态，如图30.2所示。

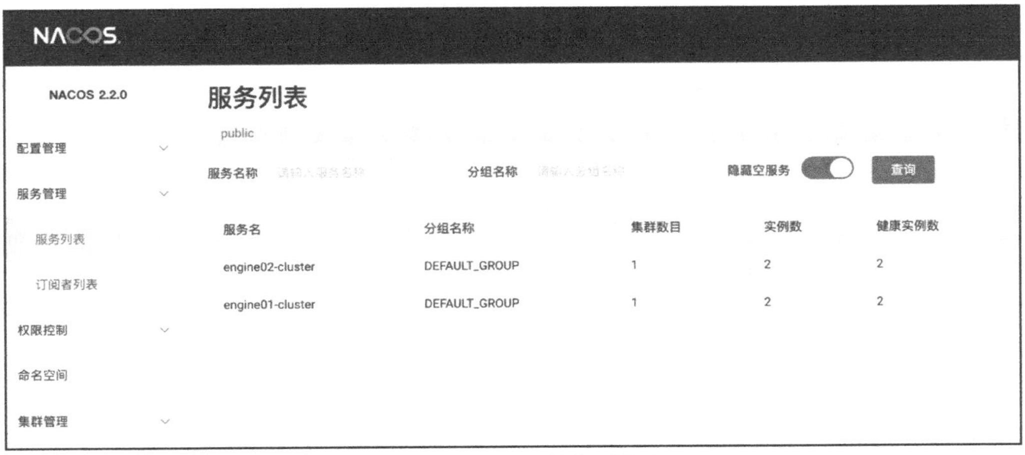

图30.2 工作流引擎集群状态

现在存在两个集群，服务名分别为engine01-cluster和engine02-cluster，默认分组名称为DEFAULT_GROUP，分组名称也可以在配置文件中指定，两个集群中都有两个运行正常的实例。可以查看每个集群的详细信息，如图30.3所示。

从集群详细信息中可以了解集群中每个实例的IP及端口，也可以操作实例的下线及设置每个实例的权重，权重值代表每个实例所占流量的比例。接下来，通过网关服务实现工作流引擎集群流量的分发。

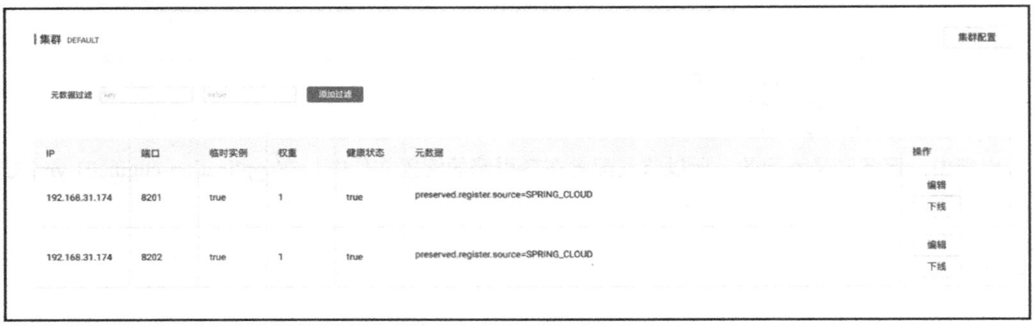

图30.3　引擎集群engine01-cluster的详细信息

30.1.3　引擎集群路由配置

在第29章中，工作流引擎为单机服务，网关通过IP地址调用工作流引擎服务。在本章中，工作流引擎服务在Nacos基础上实现了集群模式，因此网关服务也可以借助Nacos的服务发现能力，实现工作流引擎集群的服务路由。与30.1.2小节类似，网关服务需要先引入Spring Cloud Alibaba的父依赖及spring-cloud-starter-alibaba-nacos-discovery。此外，为了实现负载均衡，这里还需要引入spring-cloud-starter-loadbalancer：

```xml
<dependency>
    <groupId>org.springframework.cloud</groupId>
    <artifactId>spring-cloud-starter-loadbalancer</artifactId>
</dependency>
```

接下来，在网关服务的application.yml中配置Nacos服务地址及服务名：

```yaml
spring:
  cloud:
    nacos:
      discovery:
        service: bpm-gateway
        server-addr: 127.0.0.1:8848
        username: nacos
        password: nacos
```

完成Nacos配置后，网关服务就可以通过Nacos中注册的集群服务名调用工作流引擎服务了。为了实现同一个集群服务下多个实例的流量负载均衡，需要指定schema为lb（即LoaderBalance的简写），因此原有的配置修改为如下形式：

```yaml
spring:
  cloud:
    gateway:
      routes:
        - id: task-complete-router
          uri: er://task
          predicates:
            - Path=/task/complete/*
        - id: task-query-router
          uri: er://process
          predicates:
            - Path=/task/processInstance/*
        - id: engine01-router
          uri: lb://engine01-cluster
          predicates:
            - Path=/processInstance/startByProcessDefinitionId/**
```

```
                    - Weight=engine-group,5
            - id: engine02-router
              uri:   lb://engine02-cluster
              predicates:
                  - Path=/processInstance/startByProcessDefinitionId/**
                  - Weight=engine-group,5
engine-config:
    engines:
       - name: engine01
         url: lb://engine01-cluster
       - name: engine02
         url: lb://engine02-cluster
    pattens:
       - /task/complete/(.+)
       - /task/processInstance/(.+)
```

在以上配置中，加粗部分的代码将原HTTP地址修改为lb://服务名的形式，这样就实现了工作流引擎集群多实例负载均衡的调用模式。如果有实例重启或宕机，Nacos能及时监控到对应实例的状态，从而将其从有效实例列表中剔除，这样网关就不会将流量转发到该实例上，从而提高了整个系统的稳定性。

30.2 网关动态路由配置

第29章介绍过，网关路由信息配置在application.yml文件中。一旦路由信息发生变动，就需要重新部署上线整个网关服务，效率比较低，因此需要支持路由的动态配置，实现路由信息的在线修改。网关路由信息分为两部分：引擎配置信息，包括引擎名称与URI；路由信息，包括路由ID、断言和过滤器。

30.2.1 引擎信息动态配置

在Spring Cloud项目中要使用Nacos配置中心，首先要引入对应的JAR包，除父依赖Spring Cloud Alibaba，还需要引入spring-cloud-starter-alibaba-nacos-config。在项目的pom.xml文件中增加如下内容：

```
<dependency>
    <groupId>com.alibaba.cloud</groupId>
    <artifactId>spring-cloud-starter-alibaba-nacos-config</artifactId>
</dependency>
```

此外，要在resouces目录下增加bootstrap.yml或bootstrap.properties文件。该文件会优先于application.yml和application.properties配置文件加载，但是Spring Cloud 2020及其后续版本默认不加载bootstrap文件。要加载bootstrap文件，需要加入如下依赖：

```
<dependency>
    <groupId>org.springframework.cloud</groupId>
    <artifactId>spring-cloud-starter-bootstrap</artifactId>
</dependency>
```

接下来，在bootstrap.yml中添加Nacos配置信息：

```
spring:
   cloud:
       nacos:
           config:
               server-addr: 127.0.0.1:8848
               file-extension: yaml
               group: bpm-gateway
               namespace: public
               name: engine-config
```

在以上配置中，server-addr为Nacos服务器地址；file-extension表示Nacos支持的配置文件格式，Nacos支持TEXT、JSON、XML、YAML、HTML、Properties 6种文件格式；group表示配置文件的分组，默认分组为DEFAULT_GROUP；namespace表示命名空间，默认值为public，如果使用其他值，需要先在Nacos中创建对应名称的命名空间；name为配置文件的ID，同一分组下不能重复，默认取值为spring.application.name的值，这里指定的值为engine-config，所以需要在Nacos的配置管理中增加数据ID为engine-config，分组为bpm-gateway，格式为YAML，配置内容为引擎信息的Nacos配置信息。具体如下所示：

```yaml
engine-config:
    engines:
        - name: engine01
          url: lb://engine01-cluster
        - name: engine02
          url: lb://engine02-cluster
    pattens:
        - /task/complete/(.+)
        - /task/processInstance/(.+)
```

以上配置文件的内容与本地application.yml文件中对应的部分一致,但是优先级高于本地配置文件。通过这种方式,即可实现基于Nacos配置中心的引擎信息动态变更。如果Nacos中的引擎配置信息发生变化,配置类EngineConfig中的内容就会自动更新。

30.2.2 路由信息动态配置

路由配置信息与引擎配置信息不同。Spring Cloud Gateway中的路由配置信息会转换为路由定义类org.springframework.cloud.gateway.route.RouteDefinition的实例,RouteDefinition包含的属性如下所示:

```java
public class RouteDefinition {

    private String id;

    @NotEmpty
    @Valid
    private List<PredicateDefinition> predicates = new ArrayList<>();

    @Valid
    private List<FilterDefinition> filters = new ArrayList<>();

    @NotNull
    private URI uri;

    private Map<String, Object> metadata = new HashMap<>();

    private int order = 0;
}
```

在以上代码中,RouteDefinition的属性与application.yml文件中的路由配置对应,Spring Cloud Gateway默认通过类org.springframework.cloud.gateway.route.InMemoryRouteDefinitionRepository来管理路由定义,InMemoryRouteDefinitionRepository会在内存中保存路由定义信息。因此,路由信息动态配置除了感知配置信息变更,还需更新InMemoryRouteDefinitionRepository中保存的路由信息,并且通知Spring Cloud Gateway路由发生了变化。Spring Cloud Gateway通过Spring事件机制来实现路由变化的通知,因此,路由信息动态更新类需要实现接口ApplicationEventPublisherAware,代码如下:

```java
@Service
public class DynamicEngineRouteService implements ApplicationEventPublisherAware {

    private ApplicationEventPublisher publisher;

    @Autowired
    private RouteDefinitionWriter routeDefinitionWriter;

    public void addRouteDefinition(RouteDefinition definition) {
        routeDefinitionWriter.save(Mono.just(definition)).subscribe();
        this.publisher.publishEvent(new RefreshRoutesEvent(this));
    }

    public void updateRouteDefinition(RouteDefinition definition) {
        routeDefinitionWriter.delete(Mono.just(definition.getId())).subscribe();
        routeDefinitionWriter.save(Mono.just(definition)).subscribe();
        this.publisher.publishEvent(new RefreshRoutesEvent(this));
    }

    public void deleteRouteDefinition(String id) {
        routeDefinitionWriter.delete(Mono.just(id)).subscribe();
```

```java
        this.publisher.publishEvent(new RefreshRoutesEvent(this));
    }

    @Override
    public void setApplicationEventPublisher(
        ApplicationEventPublisher applicationEventPublisher) {
        this.publisher = applicationEventPublisher;
    }
}
```

以上代码实现了路由信息的增、删、改操作,并结合Spring的ApplicationEventPublisherAware接口和Spring Cloud Gateway提供的RefreshRoutesEvent事件,实现了路由变更的通知。

路由信息变动的感知可以通过Nacos配置中心实现,为了方便将路由配置信息转为RouteDefinition对象,这里采用JSON格式来保存配置信息。application.yml文件中的路由配置信息对应的JSON格式数据如下:

```json
[
    {
        "id":"task-complete-router",
        "uri":"er://task",
        "predicates":[
            {
                "name":"Path",
                "args":{
                    "pattern":"/task/complete/*"
                }
            }
        ]
    },
    {
        "id":"task-query-router",
        "uri":"er://process",
        "predicates":[
            {
                "name":"Path",
                "args":{
                    "pattern":"/task/processInstance/*"
                }
            }
        ]
    },
    {
        "id":"engine01-router",
        "uri":"lb://engine01-cluster",
        "predicates":[
            {
                "name":"Path",
                "args":{
                    "pattern":"/processInstance/startByProcessDefinitionId/**"
                }
            },
            {
                "name": "Weight",
                "args": {
                    "weight.group": "engine-group",
                    "weight.weight": "5"
                }
            }
        ]
    },
    {
        "id":"engine02-router",
        "uri":"lb://engine02-cluster",
        "predicates":[
            {
                "name":"Path",
                "args":{
                    "pattern":"/processInstance/startByProcessDefinitionId/**"
                }
```

```
            },
            {
                "name": "Weight",
                "args": {
                    "weight.group": "engine-group",
                    "weight.weight": "5"
                }
            }
        ]
    }
]
```

将以上配置信息保存在Nacos的配置管理中，数据ID为router-definition.json，分组为bpm-gateway。接下来需要监听该配置文件的变化，并调用动态变更路由对应的方法，其实现如下：

```java
@Component
public class RouterConfigListener {
    private Logger log = LoggerFactory.getLogger(RouterConfigListener.class);
    @Autowired
    private DynamicEngineRouteService dynamicEngineRouteService;
    @Autowired
    private NacosConfigManager nacosConfigManager;
    @Value("${router.config.dataId:router-definition.json}")
    private String dataId;
    @Value("${spring.cloud.nacos.config.group:bpm-gateway}")
    private String group;

    private final static Set<String> ROUTER_SET = new HashSet<>();

    @PostConstruct
    public void dynamicRouteListener() throws NacosException {
        nacosConfigManager.getConfigService().addListener(dataId, group, new Listener() {
            @Override
            public Executor getExecutor() {
                return null;
            }

            @Override
            public void receiveConfigInfo(String configInfo) {
                ObjectMapper mapper = new ObjectMapper();
                try {
                    List<RouteDefinition> definitions = mapper.readValue(configInfo,
                            new TypeReference<List<RouteDefinition>>() {
                    });
                    Set<String> newRouterIds = definitions.stream()
                            .map(definition -> definition.getId())
                            .collect(Collectors.toSet());

                    Iterator<String> iterator = ROUTER_SET.iterator();
                    while (iterator.hasNext()) {
                        String next = iterator.next();
                        if (!newRouterIds.contains(next)) {
                            dynamicEngineRouteService.deleteRouteDefinition(next);
                        }
                        iterator.remove();
                    }

                    for (RouteDefinition definition : definitions) {
                        if (ROUTER_SET.contains(definition.getId())) {
                            dynamicEngineRouteService.updateRouteDefinition(definition);
                        } else {
                            ROUTER_SET.add(definition.getId());
                            dynamicEngineRouteService.addRouteDefinition(definition);
                        }
                    }
                    log.info("路由更新完成----------------------");
                } catch (JsonProcessingException e) {
                    log.error("JsonProcessingException e", e);
                }
```

```
        }
    });
}
```

在以上代码段中，注解@PostConstruct表示Spring完成RouterConfigListener类的初始化后调用dynamicRouteListener()方法，在该方法中注册了对配置文件router-definition.json变更的监听，一旦Nacos修改该文件并进行发布，就会执行监听器的receiveConfigInfo()方法，自动更新Spring Cloud Gateway路由定义信息，实现路由的动态变更。为了判断路由是新增、修改还是删除，RouterConfigListener中增加了一个类型为HashSet的成员属性ROUTER_SET，用于保存已存在的路由ID。

这里需要注意，网关服务启动时并不会触发变更逻辑，因此需要在服务器启动后主动从Nacos中获取路由配置信息，完成路由定义信息的初始化：

```
@PostConstruct
public void init() throws NacosException, JsonProcessingException {
    String configInfo = nacosConfigManager
            .getConfigService()
            .getConfig(dataId, group, 10000);
    ObjectMapper mapper = new ObjectMapper();
    List<RouteDefinition> definitions = mapper.readValue(
            configInfo, new TypeReference<List<RouteDefinition>>() {});
    for (RouteDefinition definition : definitions) {
        ROUTER_SET.add(definition.getId());
        dynamicEngineRouteService.addRouteDefinition(definition);
    }
    log.info("路由初始化完成-----------------------");
}
```

30.3 流程查询服务搭建

多引擎架构的最大优势在于可以根据业务的不同提供差异化的工作流引擎能力，从而最大限度地避免跨数据库的查询，但是实际应用中，经常会遇到一些特殊的场景，不可避免地需要跨数据库查询流程或任务数据。对于这种情况，可以通过专门的查询服务来实现。本节将介绍如何基于Elasticsearch来搭建综合查询服务。

30.3.1 Elasticsearch与Spring Boot的整合

Elasticsearch是一款分布式、高扩展、高实时的搜索与数据分析引擎。Elasticsearch底层使用Lucene建立倒排索引，支持分布式实时文件存储与搜索。Elasticsearch中索引可以被分成多个分片，每个分片又可能有若干个副本。Elasticsearch具备强大的水平扩展能力，支持PB级数据的存储和查询，能够满足大数据量、多条件的复杂查询场景需求。

对于Spring Boot与Elasticsearch的集成，Spring Boot官方提供了对应的starter，只需在项目的pom.xml文件中直接引入依赖：

```
<dependency>
    <groupId>org.springframework.boot</groupId>
    <artifactId>spring-boot-starter-data-elasticsearch</artifactId>
</dependency>
```

本书使用的Spring Boot版本为2.7.18，该版本下默认使用的Elasticsearch客户端版本为7.17.15。引入JAR包后，还需要在application.yml中配置Elasticsearch服务的地址，其配置如下：

```
spring:
  elasticsearch:
    uris:
      - 127.0.0.1:9200
```

完成上述配置后，就可以在Spring的IoC容器中获取ElasticsearchRestTemplate实例，并通过该实例实现对Elasticsearch的增、删、改、查等操作了。

30.3.2 将数据写入Elasticsearch

Elasticsearch中写入什么数据，需要根据业务的具体需求来确定。这里以任务数据为例来演示数据写入

Elasticsearch的过程。首先，需要在Elasticsearch中创建索引，并设置mappings，内容如下：

```json
{
    "mappings": {
        "properties": {
            "id":{
                "type": "keyword",
                "index": true
            },
            "name":{
                "type": "keyword",
                "index": true
            },
            "activityId":{
                "type": "keyword",
                "index": true
            },
            "processInstanceId":{
                "type": "keyword",
                "index": true
            },
            "processInstanceName":{
                "type": "keyword",
                "index": true
            },
            "assignee":{
                "type": "keyword",
                "index": true
            },
            "candidates":{
                "type": "keyword",
                "index": true
            },
            "status":{
                "type": "integer",
                "index": true
            },
            "createTime":{
                "type": "date",
                "index": true
            },
            "completeTime":{
                "type": "date",
                "index": true
            }
        }
    }
}
```

在以上代码中，type表示数据类型，支持text、keyword、integer、double、boolean、long、date等，也支持嵌套对象类型object和一些特殊的数据类型，如表示地理位置的geo_point、geo_shape等。keyword和text都表示字符串，区别在于keyword不进行分词，text需要进行分词。index表示是否需要为该字段创建索引，true表示创建索引，false表示不创建索引。接下来，在引擎服务中创建与上述索引对应的实体类：

```java
@Data
@Document(indexName = "bpm_task")
public class TaskDoc {
    private String id;                          //任务ID
    private String engine;                      //对应的引擎名称
    private String name;                        //任务名称
    private String activityId;                  //任务对应节点的key
    private String processInstanceId;           //流程实例ID
    private String processInstanceName;         //流程实例名称
    private String assignee;                    //任务办理人
    private int status;                         //任务状态
    private String[] candidates;                //候选人
    private Date createTime;                    //任务创建时间
    private Date completeTime;                  //任务办理时间
}
```

30.3 流程查询服务搭建

将任务数据写入Elasticsearch，可以通过任务监听器实现。为了不影响流程执行效率，可以在事务提交后，通过异步方式写入Elasticsearch，监听器的实现如下：

```java
@Component
@Slf4j
public class TaskToEsListener extends AbstractFlowableEventListener {
    @Value("${bpm.engine-name}")
    private String engineName;
    @Value("${es.task-index:bpm_task}")
    private String taskIndex;
    @Autowired
    private ElasticsearchRestTemplate elasticsearchRestTemplate;

    ExecutorService executorService = Executors.newFixedThreadPool(20);

    @Override
    public void onEvent(FlowableEvent event) {
        TaskEntity taskEntity = (TaskEntity) ((FlowableEntityEventImpl) event).getEntity();
        if (event.getType() == TASK_CREATED || event.getType() == TASK_ASSIGNED) {
            TaskDoc taskDoc = toTaskDoc(taskEntity);
            execute(() -> elasticsearchRestTemplate.save(taskDoc));
        } else if (event.getType() == TASK_COMPLETED) {
            Document document = Document.create();
            document.put("status", 2);
            document.put("completeTime", new Date());
            UpdateQuery updateQuery = UpdateQuery.builder(taskEntity.getId())
                    .withDocument(document)
                    .build();
            execute(() -> elasticsearchRestTemplate.update(updateQuery, IndexCoordinates.of
                    (taskIndex)));
        }
    }

    private void execute(Runnable runnable) {
        //事务提交后再写入ElasticSearch
        TransactionSynchronizationManager.registerSynchronization(new TransactionSynchronization() {
            @Override
            public void afterCommit() {
                executorService.submit(runnable);
            }
        });
    }

    private TaskDoc toTaskDoc(TaskEntity taskEntity) {
        TaskDoc doc = new TaskDoc();
        doc.setId(taskEntity.getId());
        doc.setName(taskEntity.getName());
        doc.setActivityId(taskEntity.getTaskDefinitionKey());
        doc.setAssignee(taskEntity.getAssignee());
        if (taskEntity.getAssignee() == null && taskEntity.getCandidates() != null) {
            String[] candidates = taskEntity.getCandidates().toArray(new String[taskEntity.
                    getCandidates().size()]);
            doc.setCandidates(candidates);
        }
        doc.setProcessInstanceId(taskEntity.getProcessInstanceId());
        HistoricProcessInstanceEntity processInstance = CommandContextUtil
                .getHistoricProcessInstanceEntityManager()
                .findById(taskEntity.getProcessInstanceId());
        if (StringUtils.hasText(processInstance.getName())) {
            doc.setProcessInstanceName(processInstance.getName());
        } else {
            doc.setProcessInstanceName(processInstance.getProcessDefinitionName());
        }
        doc.setEngine(engineName);
        doc.setStatus(1);
        doc.setCreateTime(taskEntity.getCreateTime());
        return doc;
    }
}
```

```java
@Override
public boolean isFailOnException() {
    return false;
}
}
```

在以上代码中，有以下3点需要注意。

- 为了保证不将中间过程数据写入Elasticsearch，需要在事务提交后再执行Elasticsearch写入逻辑。这里通过TransactionSynchronizationManager.registerSynchronization注册了回调接口TransactionSynchronization，事务提交成功后会调用其中的afterCommit()方法进行Elasticsearch数据的写入。如果流程执行过程中发生了异常，导致事务回滚，则无须将数据写入Elasticsearch。
- 数据在写入Elasticsearch的过程中可能会发生异常。为了保证数据的一致性，应该在异常处理机制中进行数据的补偿。补偿过程与异步历史数据的补偿逻辑类似，可以先将异常数据写入MQ，再消费MQ中的数据进行补偿，具体可以参考28.3.4小节。
- 以上代码同时监听了TASK_CREATED和TASK_ASSIGNED事件，并且两者处理逻辑一致。主要原因在于，在Flowable中，如果流程定义中已设置了任务办理人，则会生成TASK_ASSIGNED事件，并且该事件会先于TASK_CREATED发生；如果未设置任务办理人，则只生成TASK_CREATED事件。所以这里Elasticsearch写入的逻辑是，如果对应ID的数据已经存在，则进行数据的全量更新，否则插入一条新的数据。

最后，在工作流引擎启动时将监听器TaskToEsListener注入引擎：

```java
@Configuration
public class FlowableEngineConfiguration {
    @Autowired
    private DataSource dataSource;
    @Autowired
    private PlatformTransactionManager transactionManager;
    @Autowired
    private ProcessStartListener processStartListener;
    @Autowired
    private TaskCreateListener taskCreateListener;
    @Autowired
    private TaskToEsListener taskToEsListener;
    @Autowired
    private RedisProcessDefinitionCache processDefinitionCache;
    @Autowired
    private CustomProcessDefinitionDataManagerImpl processDefinitionDataManager;

    @Bean
    public ProcessEngine createProcessEngine() {
        SpringProcessEngineConfiguration engineConf = new SpringProcessEngineConfiguration();
        engineConf.setDataSource(dataSource);
        engineConf.setDatabaseSchemaUpdate(ProcessEngineConfiguration.DB_SCHEMA_UPDATE_TRUE);
        engineConf.setTransactionManager(transactionManager);
        engineConf.setProcessDefinitionCache(processDefinitionCache);
        engineConf.setProcessDefinitionDataManager(processDefinitionDataManager);
        engineConf.setIdGenerator(new SnowFlakeIdGenerator());

        Map<String, List<FlowableEventListener>> eventListeners = new HashMap<>();
        eventListeners.put(PROCESS_STARTED.name(), Arrays.asList(processStartListener));
        **eventListeners.put(TASK_CREATED.name(), Arrays.asList(taskCreateListener, taskToEsListener));**
        **eventListeners.put(TASK_COMPLETED.name(), Arrays.asList(taskToEsListener));**
        **eventListeners.put(TASK_ASSIGNED.name(), Arrays.asList(taskToEsListener));**
        engineConf.setTypedEventListeners(eventListeners);
        return engineConf.buildProcessEngine();
    }
}
```

以上代码段中，加粗部分的代码针对任务创建、任务分配和任务办理3个事件增加了TaskToEsListener监听器。

30.3.3 创建查询服务

任务数据写入Elasticsearch后，即可创建查询服务来实现任务的综合查询。例如，实现按人查询待办任务的代码如下：

```java
@Component
@Slf4j
public class ElasticSearchDocQuery {
    @Autowired
    private ElasticsearchRestTemplate elasticsearchRestTemplate;

    public List<TaskDoc> queryTasksByUserId(String userId) {
        List<TaskDoc> ret = new ArrayList<>();
        try {
            QueryBuilder builder = QueryBuilders.termQuery("assignee", userId);
            Query query = new NativeSearchQuery(builder);
            query.addSort(Sort.by(Sort.Direction.DESC, "createTime"));
            SearchHits<TaskDoc> searchHits = elasticsearchRestTemplate.search(query, TaskDoc.class);
            for (SearchHit<TaskDoc> searchHit : searchHits.getSearchHits()) {
                ret.add(searchHit.getContent());
            }
        } catch (Exception ex) {
            log.error("Exception ex", ex);
        }
        for (TaskDoc taskDoc : ret) {
            log.info("任务ID: {}, 工作流引擎: {}", taskDoc.getId(), taskDoc.getEngine());
        }
        return ret;
    }
}
```

最后，通过网关发起多个流程，并访问上述查询接口，可以看到如下日志：

```
12:03:35,447 [main] INFO  ElasticSearchDocQuery  - 任务ID: 253186690852413440, 工作流引擎: engine01
12:03:37,359 [main] INFO  ElasticSearchDocQuery  - 任务ID: 253186700226682880, 工作流引擎: engine01
12:03:38,991 [main] INFO  ElasticSearchDocQuery  - 任务ID: 253186686012186624, 工作流引擎: engine02
12:03:40,449 [main] INFO  ElasticSearchDocQuery  - 任务ID: 253186674125529088, 工作流引擎: engine02
12:03:42,241 [main] INFO  ElasticSearchDocQuery  - 任务ID: 253186695759749120, 工作流引擎: engine01
```

通过上面的结果可以看出，按人员查询任务已经实现了跨集群的数据查询。

30.4 本章小结

本章基于Nacos的服务注册与发现功能实现了多引擎架构下的引擎集群模式，提高了引擎服务的可用性与系统容量；基于Nacos的配置中心，实现了网关路由信息的动态变更；通过Elasticsearch构建查询服务，实现了跨集群之间的数据查询。至此，一个相对完整的多引擎架构模式搭建完成。读者需要深入理解多引擎架构模式及其各个模块的解决方案。在实际的工作中，如果遇到高并发、大数据量的场景，可以根据需求对多引擎架构模式进行灵活调整和完善，最终达成业务目标。